Dorn-Bader

Physik
in einem Band

Schroedel Schulbuchverlag

Dorn-Bader
Physik in einem Band

Herausgegeben von:
Professor Friedrich Dorn
Professor Dr. Franz Bader
(Seminar für Studienreferendare II, Stuttgart)

Bearbeitet von:
Professor Dr. Bader, Diplomphysiker — Studiendirektor Dr. Bergold — Studiendirektor Bremer — Professor Dorn — Studiendirektor Grabenstein — Oberstudiendirektor Heise — Studiendirektor Kraemer — Professor Dr. Lefrank † — Professor Raith — Oberschulrat Umland — Oberstudienrat Zeier unter Mitwirkung der Verlagsredaktion

Illustrationen:
Gundolf Frey, Friedrichshafen (Bodensee)
Günter Schlierf, Hannover

Titelbild:
Feldlinien eines Ringmagneten
Ernst Leitz GmbH, Wetzlar

ISBN 3-507-86170-4

© 1976 Schroedel Schulbuchverlag GmbH, Hannover

Alle Rechte vorbehalten. Dieses Werk sowie einzelne Teile desselben sind urheberrechtlich geschützt. Jede Verwertung in anderen als den gesetzlich zugelassenen Fällen ist ohne vorherige schriftliche Zustimmung des Verlages nicht zulässig.

Reproduktionen: Claus Offset-Repro, Großburgwedel (Hann.)
Satz, Druck, Einband: Universitätsdruckerei H. Stürtz AG, Würzburg

Vorwort

Neue Lehrpläne und die Einführung der SI-Einheiten erforderten auch eine Neubearbeitung der früheren C-Ausgabe unseres Physikwerkes. Sie heißt „*Physik in einem Band*" und ist für Schulen gedacht, die in einem gestrafften Plan den Physikunterricht einzügig erteilen wollen. Sie wendet sich aber auch an Autodidakten und an alle, die die Schulphysik in einem Band zusammengefaßt haben möchten.

Dieses Buch kommt also den immer häufiger vorgetragenen Wünschen nach einer *Reduktion des Unterrichtsstoffes* (Ausforstung der Lehrpläne) entgegen. Es enthält einen in sich geschlossenen Kurs der Physik. Wie in den anderen Bänden sind die Grundlagen so sorgfältig und schülernah dargestellt, daß sie im Selbststudium erarbeitet werden können. Die technischen Anwendungen wie auch die Versuche sind genauso ausführlich beschrieben wie in den anderen Bänden. Weiterführende Darlegungen wurden weggelassen; für sie besteht an den Schulen, die wir mit diesem Buch ansprechen möchten, keine Zeit. Auch fehlen schwierigere mathematische Begriffe und schwierigere Aufgaben. Gegenüber der früheren C-Ausgabe ist der Text noch leichter faßlich gestaltet. Zudem wurden die *Abbildungen* im allgemeinen räumlich wirkend gezeichnet. Sie verbinden so die Vorteile einer flächigen Schemazeichnung, wie sie etwa der Schüler im Unterricht ins Heft zeichnet, mit denen eines Fotos, das meist durch allerlei Beiwerk, welches nicht zur Sache gehört, vom physikalischen Gehalt ablenkt. Diese Abbildungen sollen den Schüler anregen, einerseits zum Wesentlichen hin zu abstrahieren, andererseits zum Konkreten hin zu ergänzen. Da sie nicht „fertig" wie Fotos sind, motivieren sie den Schüler vielfältig zum Denken und nicht nur zum Betrachten. Ferner sind sie von speziellen Firmengeräten unabhängig. Das abfragbare Wissen ist durch Fettdruck und rote Rahmen herausgehoben. Wir glauben, die Bildungsaufgabe der Physik zu erfüllen, indem wir den Schüler vom Versuch aus stetig und sorgfältig bis hin zum Merksatz oder zur mathematisch gefaßten Formulierung des Ergebnisses führen und dabei den einfachsten Weg in physikalisch korrekter Weise beschreiten. Die sogenannten „Rückblicke" sollen den Schüler anhalten, über den Weg zur Erkenntnisgewinnung zu reflektieren und sich so die Methoden der Physik bewußt zu machen. Auch werden dabei Vergleiche zwischen verschiedenen Begriffen der Physik, die vom Alltag her häufig vermengt werden, angestellt.

Wir benutzen die *SI-Einheiten* und haben unser methodisches Vorgehen auf diese umgestellt. Dies bringt den unbestreitbaren Vorteil, daß der Schüler nicht mehrmals umdenken muß. Die für den Schüler nicht verständlichen Definitionen der Grundgrößen nach der jetzigen Fassung des Einheitengesetzes sind im allgemeinen nur angedeutet, da diese Definitionen den Fortschritten der Präzisionsmeßtechnik laufend angepaßt und zum Teil schon in naher Zukunft geändert werden dürften (SI-Basiseinheiten, PTB, Braunschweig, Juli 1975). Wichtig für die Schule sind dagegen die Namen der gesetzlichen Einheiten und die greifbaren und angemessenen Sekundärnormale (Stoppuhr, Meterstab, Kilogrammstück, Kraftmesser, Knallgaszelle usw.).

Den Kraftbegriff führen wir — entsprechend der wissenschaftlichen Axiomatisierung der Mechanik — schülernah als Grundgröße ein, auch wenn zur Einheitendefinition eine spezielle Kraftwirkung herangezogen wurde (Lehrerheft zum Mittelstufenband S. 15). Die Wärmelehre ist noch stärker als bisher auf das Teilchenmodell bezogen. Um den Begriff Wärme klar von der anderen Übergangsgröße Arbeit zu trennen, wird sie durch Tauchsieder- und nicht durch Reibungsversuche eingeführt. In der Elektrizitätslehre werden auch die Grundlagen der Halbleiter besprochen; die Versuche zur Wellenoptik sind vorwiegend mit dem Laser ausgeführt.

Die Verfasser sind auch weiterhin für Anregungen und Verbesserungsvorschläge aus dem Kreis der Benutzer des Buches dankbar.

Stuttgart, im August 1976
Die Herausgeber

Bildquellenverzeichnis:

Bader, F., Ludwigsburg: 5.2, 29.2, 65.1, 65.2, 67.1, 176.1, 178.1, 178.2, 184.1, 185.2, 186.2, 191.1, 201.1, 246.1, 248.2, 252.1, 265.1, 270.1, 273.1, 348.3, 349.1, 389.2, 482.1 — *Bergmann, Schäfer, Lehrbuch der Experimentalphysik, Bd. 1, 8. Aufl., Verlag Walter de Gruyter, Berlin 1970:* 284.1 — *BEWAG, Berlin:* 120.2 — *Deutsche Presse-Agentur GmbH, Frankfurt:* 463.1 — *Deutsches Museum, München:* 475.1 — *Dorn, F., Waiblingen:* 299.1, 320.1 — *Education Development Center, Newton/Mass., USA:* 323.2, 324.1, 405.1 — *Finkelnburg, Einführung in die Atomphysik, Springer-Verlag, Berlin:* 489.1 — *Gentner, Maier-Leibnitz, Bothe, Atlas typischer Nebelkammerbilder, Springer-Verlag, Berlin:* 444.1, 445.3, 452.1, 478.2 — *Heise, H., Berlin:* 124.1 — *Helwich, Dr., Forschungslab. für Infrarotfotografie, Wien:* 434.1, 434.2 — *Klimt, L., Freiburg/Breisgau:* 138.2, 141.3, 142.3, 144.4 — *Kracht, O., Petershagen:* 19.1, 38.1, 68.2, 81.1, 84.1, 88.1, 142.1, 174.3 — *Lambrecht KG, Göttingen:* 72.3 — *Ernst Leitz GmbH, Wetzlar:* 154.1, 164.1 — *Leybold-Heraeus GmbH & Co. KG, Köln:* 127.1, 192.2, 198.2 — *Luckhaupt, H., Hannover:* 86.2 — *Mauritius, Bildagentur, Mittenwald:* 166.2 — *Mt. Palomar Observatorium, Kalifornien, USA:* 470.1 — *NASA/USIS:* 13.2 — *NEVA, Dr. Vatter KG, Geislingen:* 385.1 — *Noldt, U., Hannover:* 173.1, 173.3 — *PHYWE AG, Göttingen:* 205.1 — *Raith, F., Freiburg/Breisgau:* 331.2 — *Siemens AG, München:* 211.3, 380.3 — *SKF Kugellagerfabriken GmbH, Schweinfurt:* 22.2 — *Sternwarte Königsstuhl:* 132.1 — *Struve, Astronomie, Verlag Walter de Gruyter, Berlin 1962:* 301.2 — *Volkswagenwerk AG, Wolfsburg:* 122.1 — *Walz, A., Weingarten:* 11.2, 139.1, 179.2, 187.1, 200.1, 209.3, 235.3, 395.1, 396.1, 397.1 — *Wilder, H.:* 339.2

Inhaltsübersicht

Mechanik, 1. Teil

		Seite
§ 1	Einführung	5
§ 2	Kräfte und ihre Messung	10
§ 3	Die Masse der Körper; die Dichte der Stoffe	14
§ 4	Die elastischen Eigenschaften der festen Körper; Hookesches Gesetz	17
§ 5	Kräftegleichgewicht; Kraft und Gegenkraft	19
§ 6	Die Reibung	21
§ 7	Einfache Maschinen (Maschinenelemente)	24
§ 8	Arbeit, Energie, Leistung	26
§ 9	Zusammensetzung und Zerlegung von Kräften	33
§ 10	Die schiefe Ebene	36
§ 11	Der Hebel	38
§ 12	Hebel beliebiger Form	41
§ 13	Der Schwerpunkt (Massenmittelpunkt); Gleichgewichtsarten	45

Statik der Flüssigkeiten und Gase

§ 14	Eigenschaften der Flüssigkeiten; Wichte	48
§ 15	Der Stempeldruck in Flüssigkeiten	49
§ 16	Der hydrostatische Druck; verbundene Gefäße	53
§ 17	Der Auftrieb in Flüssigkeiten	57
§ 18	Schwimmen, Schweben und Sinken in Flüssigkeiten	61
§ 19	Vom Aufbau der Körper; Molekularkräfte	64
§ 20	Eigenschaften der Gase	70
§ 21	Der Luftdruck, das Barometer	71
§ 22	Druck in eingeschlossenen Gasen; Gesetz von Boyle und Mariotte	74
§ 23	Pumpen; Anwendungen des Luftdrucks; Auftrieb in Gasen	76

Wärmelehre

§ 24	Die Temperatur und ihre Messung	81
§ 25	Messung der Wärmeausdehnung fester und flüssiger Körper	84
§ 26	Das thermische Verhalten der Luft und anderer Gase	89
§ 27	Temperatur und Molekülbewegung	92
§ 28	Wärme als Energieübergangsgröße und ihre Messung	94
§ 29	Mischungsversuche, Wärmequellen	98
§ 30	Mechanische Arbeit und Wärme	103
§ 31	Schmelzen und Erstarren	104
§ 32	Verdampfen und Kondensieren	107
§ 33	Ausbreitung der Wärme	114
§ 34	Wetterkunde	119
§ 35	Wärmeenergiemaschinen	120

Optik

§ 36	Das optische Bild	126
§ 37	Die Ausbreitung des Lichts	128
§ 38	Der Schatten	130
§ 39	Die Reflexion des Lichts am ebenen Spiegel	133
§ 40	Die Reflexion des Lichts an gekrümmten Spiegeln	135
§ 41	Die Brechung des Lichts	138
§ 42	Der Strahlengang durch eine planparallele Platte und ein Prisma	142

§ 43 Der Strahlengang durch konvexe Linsen 144
§ 44 Das Entstehen von Bildern durch Konvexlinsen und Hohlspiegel 146
§ 45 Der Strahlengang und die Bildentstehung bei konkaven optischen Linsen . 150
§ 46 Die Linsengleichung 151
§ 47 Die Brechkraft von Linsen; Linsenkombinationen 152
§ 48 Der Fotoapparat 154
§ 49 Das menschliche Auge 155
§ 50 Die Bildwerfer 158
§ 51 Optische Instrumente für die Nahbeobachtung 159
§ 52 Optische Instrumente für Fernbeobachtungen 162
§ 53 Farbige Lichter; das Spektrum 164
§ 54 Die Addition von Farben 167
§ 55 Körperfarben; die subtraktive Farbenmischung 168
§ 56 Die Farbwahrnehmung des Auges und Anwendungen der Farbenlehre . . 170

Magnetismus und Elektrizitätslehre, 1. Teil

§ 57 Der Magnet und seine Pole; Elementarmagnete 173
§ 58 Das magnetische Feld; die Erde als Magnet 177
§ 59 Der elektrische Stromkreis 179
§ 60 Leiter und Isolatoren; Glimmlampe 182
§ 61 Der elektrische Strom ist fließende Ladung 184
§ 62 Konventionelle Stromrichtung; Elektrizitätsleitung durch Ionen 188
§ 63 Elektrizitätsleitung in Metallen; Elektronen 189
§ 64 Atombau, statische Aufladung und Influenz im Elektronenbild 193
§ 65 Messung von Ladung und Stromstärke 196
§ 66 Die magnetische Wirkung des elektrischen Stroms; Anwendungen . . . 200
§ 67 Die elektrische Spannung 207
§ 68 Das Ohmsche Gesetz; der elektrische Widerstand 214
§ 69 Der spezifische Widerstand; technische Widerstände 218
§ 70 Der verzweigte Stromkreis 222
§ 71 Der unverzweigte Stromkreis 224
§ 72 Gefahren des Stroms 229
§ 73 Elektrische Arbeit und Leistung 231
§ 74 Die elektromagnetische Induktion 234
§ 75 Halbleiter 237
§ 76 Halbleiterbauelemente und ihre Anwendungen 240

Mechanik, 2. Teil

Dynamik

§ 77 Trägheitssatz und Bezugssystem 246
§ 78 Die Geschwindigkeit als Vektor; Momentangeschwindigkeit 250
§ 79 Die geradlinige Bewegung mit konstanter Beschleunigung 253
§ 80 Die Newtonsche Bewegungsgleichung (Grundgleichung der Mechanik) . 258
§ 81 Der freie Fall 263
§ 82 Die Vektoraddition bei Bewegungen; Wurfbewegungen 268
§ 83 Die Newtonschen Axiome; Modelle; Massenpunkt; Kausalität 276
§ 84 Die Arbeit 277
§ 85 Die drei mechanischen Energieformen 281
§ 86 Der Energieerhaltungssatz 284
§ 87 Der Impulssatz 289
§ 88 Kreisbewegung eines Massenpunktes 295
§ 89 Zentripetalbeschleunigung und Zentripetalkraft 296

Planetenbewegung und Gravitation

§ 90 Beobachtungen am Himmel und ihre Beschreibung 301
§ 91 Das Gravitationsgesetz, allgemeine Massenanziehung 305

Mechanische Schwingungen

§ 92 Beobachtung und Beschreibung von Schwingungen 308
§ 93 Das Kraftgesetz für Sinusschwingungen 310
§ 94 Periodendauer, Energieumwandlung und Dämpfung 314
§ 95 Erzwungene mechanische Schwingungen, Resonanz 318
§ 96 Schall und Ton 321

Mechanische Wellen

§ 97 Beobachtungen 323
§ 98 Das Fortschreiten mechanischer Störungen 325
§ 99 Die sinusförmige Querwelle 329
§ 100 Überlagerung von Störungen und Sinuswellen, Interferenz 331
§ 101 Stehende Querwellen 334
§ 102 Transversale Eigenschwingungen 337
§ 103 Längswellen 339
§ 104 Längs- und Querwellen im Raum 342
§ 105 Stehende Längswellen 344

Elektrizitätslehre, 2. Teil

§ 106 Elektrische Feldlinien und Feldformen 347
§ 107 Die elektrische Feldstärke und die Spannung 349
§ 108 Feldstärke und Flächendichte der Ladung 354
§ 109 Der Kondensator, die Kapazität 355
§ 110 Coulomb-Gesetz; Feldliniendichte 359
§ 111 Energie des Kondensators und des elektrischen Feldes; Feldtheorie 360
§ 112 Der Millikan-Versuch 362
§ 113 Die Kraft auf Ströme im Magnetfeld 364
§ 114 Messung an magnetischen Feldern; die magnetische Flußdichte . . 366
§ 115 Elektronen im Vakuum; Lorentzkraft 369
§ 116 Ablenkung von Elektronen in elektrischen Feldern 373
§ 117 Der lichtelektrische Effekt (Fotoeffekt) 375
§ 118 Elektrizitätsleitung in Gasen 377
§ 119 Die Röntgenstrahlen 380
§ 120 Induktionsvorgänge im Magnetfeld 381
§ 121 Die Selbstinduktion 387
§ 122 Erzeugung sinusförmiger Wechselspannungen 391
§ 123 Der Transformator (Trafo); Elektrizitätsversorgung 395

Schwingungen und Wellen

§ 124 Zweidimensionale Wellenfelder; das Huygenssche Prinzip 399
§ 125 Interferenzen bei Kreiswellen 404

Elektromagnetische Schwingungen und Wellen

§ 126 Der geschlossene elektromagnetische Schwingkreis 406
§ 127 Der Hertz-Dipol als offener Schwingkreis 412
§ 128 Das Fernfeld des Dipols 414
§ 129 Die Ausbreitung der elektromagnetischen Wellen 416

§ 130 Radiowellen 418
§ 131 Mikrowellen 420

Deutung des Lichts als elektromagnetische Welle

§ 132 Die Geschwindigkeit des Lichts; Brechung, Dispersion und Beugung 424
§ 133 Die Messung von Lichtwellenlängen; Interferenz bei Licht 427
§ 134 Transversalität der Lichtwellen 431
§ 135 Gesamtbereich der elektromagnetischen Wellen 432

Atom- und Kernphysik

Atomare Teilchen und ihr Nachweis

§ 136 Die Entwicklung von Atommodellen bis Rutherford 436
§ 137 Der Massenspektrograf; Kernmassen 438
§ 138 Die Energieeinheit Elektronvolt 442

Kernumwandlungen

§ 139 Radioaktive Strahlung und ihr Nachweis 443
§ 140 Grundsätzliches zum Arbeiten mit Zählrohren 447
§ 141 Halbwertszeit und Zerfallsreihen 449
§ 142 Künstliche Atomumwandlung; Neutronenstrahlen 452
§ 143 Künstliche Radioaktivität; Positronen 454
§ 144 Der Bau des Atomkerns; Massendefekt und Einsteinsche Gleichung 456
§ 145 Strahlenschäden und Strahlenschutz; Energiedosis 459

Kernspaltung

§ 146 Atombomben 461
§ 147 Die friedliche Nutzung der Kernenergie 463
§ 148 Weltenergiewirtschaft; Umweltprobleme bei der Energieerzeugung 466
§ 149 Die kosmische Strahlung 468

Quantenphysik

Quantenphysik des Lichts

§ 150 Voraussetzungen der Quantenphysik aus der Optik 469
§ 151 Energieumsetzungen beim Fotoeffekt 472
§ 152 Methoden der Gewinnung physikalischer Erkenntnisse 476
§ 153 Photonenimpuls und Compton-Effekt 477
§ 154 Weitere quantenphysikalisch erklärbare Vorgänge 478
§ 155 Die Wahrscheinlichkeitsdichte von Photonenlokalisationen 481
§ 156 Die Unbestimmtheitsrelation beim Licht 483
§ 157 Photonen — klassische Korpuskeln oder Wellen? 486

Quantenphysik des Elektrons

§ 158 De Broglie-Wellen; Wahrscheinlichkeitswellen; Schrödingergleichung . . . 489
§ 159 Elektronenbeugung am Doppelspalt 491
§ 160 Unbestimmtheitsrelation bei Elektronen 492
§ 161 Rückblick 495

Anwendungen auf Elektronen im Atom und Spektrallinien

§ 162 Energiequantelung in der Atomhülle 497

Tabellenanhang 502
Sach- und Namenverzeichnis 506

Mechanik, 1. Teil

§ 1 Einführung

1. Beim Wort *Natur* denkt man zunächst an Pflanzen und Tiere; sie werden in der *Biologie* erforscht. Als physikalische Naturerscheinungen kennen wir Sonnenschein, Regen, Stürme und Wasserfälle. Blitz und Donner flößen den Menschen Angst ein; sie regen auch zur Frage an, was dabei in der Natur vor sich geht *(Abb. 5.1)*. Durch Beobachten und Nachdenken allein konnte man diese Frage über Jahrtausende hinweg nicht beantworten; man mußte erst lernen, mit der Natur zu *experimentieren* (experiri, lat.; erproben). Als Naturforscher zu Beginn des 18. Jahrhunderts anfingen, elektrische Vorgänge im Experiment planmäßig zu untersuchen, konnten sie kleine, ungefährliche Blitze erzeugen. Wir wissen heute, daß Blitze elektrischer Natur sind. Aufgrund dieses Wissens kann man Blitze nicht nur künstlich erzeugen, sondern sich auch vor ihnen durch Blitzableiter schützen. Zum Beispiel wird behauptet, daß Blitze in Autos mit Metalldächern nicht einschlagen. Um diese Aussage zu überprüfen, führen wir ein Experiment aus; wir befragen die Natur:

5.1 Blitze sind eindrucksvolle physikalische Naturerscheinungen.

Versuch 1: Mit einem Bandgenerator (Seite 184) erzeugt man ungefährliche Blitze. Bringt man in ihre Bahn ein Spielzeugauto aus Blech, so schlagen sie heftig in das Dach *(Abb. 5.2)*. Auf ihm liegende, mit Benzin getränkte Watte wird sofort entzündet. Wenn sie jedoch im Auto liegt, fängt sie kein Feuer. Also ist nur das Innere geschützt. Wer neben oder auf dem Auto steht, kann sehr wohl von einem Blitz getroffen werden. Was wir hier im Kleinen gemacht haben, kann der Physiker auch im Großen nachprüfen.

> **Der Physiker befragt die Natur, indem er Experimente ausführt.**

Das beschriebene Experiment gehört ins Gebiet der **Elektrizitätslehre** und ist sehr eindrucksvoll. Doch läßt es sich nicht einfach erklären. Dies hängt teilweise damit

5.2 Der Blitz schlägt vom Bandgenerator auf das Auto und entzündet die benzingetränkte Watte auf dem Dach. Im Innern finden sich keine Spuren des Blitzeinschlags.

zusammen, daß wir für die Elektrizität kein besonderes Sinnesorgan (wie das Auge für das Licht, das Ohr für den Schall usw.) haben. Deswegen ist die Elektrizitätslehre zusammen mit dem **Magnetismus** erst in der 2. Hälfte des Buches behandelt, ebenso wichtige Teile der **Atomphysik**. Bei der **Wärmelehre**, der **Akustik** (Lehre vom Schall) und der **Optik** (Lehre vom Licht) haben wir es leichter. Hier können wir viele Vorgänge unmittelbar beobachten. Dies gilt auch für die **Mechanik**; sie befaßt sich mit den Bewegungen von Körpern und den Kräften, die diese Bewegungen verursachen. Das Anfahren eines Autos ist zum Beispiel ein Vorgang, mit dem man sich in der Mechanik beschäftigt.

> Die Physik ist eine Naturwissenschaft. Ihre Teilgebiete sind Mechanik, Wärmelehre, Akustik, Optik, Magnetismus, Elektrizitätslehre und Atomphysik.

2. Um zu erfahren, wie man in der Physik vorgeht, sehen wir uns zunächst im Physiksaal um. Wir beobachten viele Dinge und Vorgänge: Mit Auge und Tastsinn erkennen wir Tische, Bücher, Metallstangen; in Gläsern stehen Flüssigkeiten; ein Ventilator bringt die Luft im Zimmer in Bewegung. Dinge, wie sie hier aufgezählt sind, nennt man in der Physik **Körper**. Darunter versteht man jede *abgegrenzte Menge eines Stoffs:* ein Stück Eisen, eine Portion Eis, die Luftmenge eines Zimmers, die Wassermenge in einem Becherglas usw. Diese Körper verhalten sich sehr verschieden. Man kann sie nach vielen Gesichtspunkten ordnen, zum Beispiel nach Größe, Farbe oder Form. In der Physik beschäftigen wir uns vorzugsweise mit Vorgängen und Änderungen in der Natur und ordnen die Körper danach ein, wie man ihre Größe und Form ändern kann. Hierzu führen wir planmäßige Experimente aus:

Versuch 2: Versuche, einen Eisenstab mit der Hand zusammenzupressen! Er behält seine Gestalt und auch seine Länge bei. Wir haben Eisen im *festen Zustand* vor uns.

Versuch 3: Miß in einem engen **Meßzylinder** *(Abb. 6.1)* nacheinander dreimal 100 cm³ Wasser ab, und gieße es in einen weiten Meßzylinder! Die *Flüssigkeit* paßt sich jeweils der Form des Gefäßes an und bildet eine waagerechte Oberfläche. Im weiten Zylinder liest man 300 cm³ ab; am Gesamtvolumen hat sich beim Umgießen nichts verändert.

Versuch 4: Fülle in eine mit cm³-Teilung versehene *Glasspritze* nach *Abb. 6.2* Wasser ein, und versuche, es mit dem dicht schließenden Kolben zusammenzudrücken! Das Volumen des Wassers ändert sich auch hier nicht. Wenn die Spritze aber Luft enthält, kann man den Kolben weit hineinschieben und die Luft zusammenpressen. Läßt man ihn los, so kehrt er in die ursprüngliche Stellung zurück. Die Luft dehnt sich wieder aus. Sie läßt sich – wie alle Gase – einerseits zusammenpressen; andererseits füllt sie den ganzen Raum aus, der ihr zur Verfügung steht.

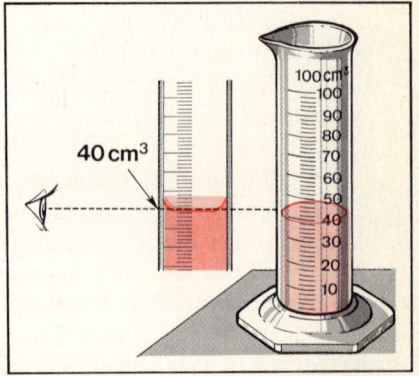

6.1 Dieser Meßzylinder hat den Meßbereich 0 bis 100 cm³; man liest an der Unterkante der gewölbten Wasseroberfläche ab.

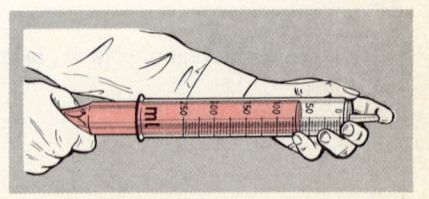

6.2 Wie kann man feststellen, ob sich in der Glasspritze Luft oder Wasser befindet?

Versuch 5: Wenn man eine Äther- oder Parfümflasche öffnet, so riecht man bald, daß sich die Dämpfe im Raum verteilen. Solche Dämpfe sind wie Wasserdampf und Luft im *gasförmigen* Zustand. — Die Ergebnisse dieser Versuche verallgemeinern wir in den folgenden Sätzen:

> Feste Körper haben eine bestimmte Gestalt und ein gleichbleibendes Volumen; beides kann man im allgemeinen nur mit starken Kräften ändern.
>
> Körper im flüssigen Zustand passen sich der Form des Gefäßes an, lassen sich aber nicht merklich zusammenpressen. Sie bilden eine waagerechte Oberfläche.
>
> Gestalt und Volumen von Körpern im gasförmigen Zustand kann man leicht ändern. Darüber hinaus zeigen sie das Bestreben, jeden Raum zu füllen, den man ihnen zur Verfügung stellt.

Jeder, der die beschriebenen Versuche wiederholt und erweitert, kommt zu gleichen Ergebnissen. Derartige Aussagen über die Natur sind *allgemeingültig;* man nennt sie **Naturgesetze.** Auf Seite 66 werden wir die angeführten Eigenschaften der drei **Zustandsformen** fest, flüssig und gasförmig erklären, indem wir den *Aufbau der Stoffe* genauer untersuchen.

Versuch 6: In der Spritze nach *Abb. 6.2* kann der Glaskolben nicht gleichzeitig den Raum einnehmen, der mit Luft oder Wasser angefüllt ist.

Versuch 7: Der Trichter nach *Abb. 7.1* wird unter Wasser gedrückt, während der Finger die Öffnung oben verschließt. Der Wasserspiegel steigt an: Die Luft unter dem Trichter wie auch die Glaswand verdrängen Wasser. Wenn der Finger die Öffnung freigibt, dringt mehr Wasser in den Trichter und verdrängt Luft aus ihm nach oben. Das Wasser steht dann im Trichterrohr so hoch wie im Becherglas.

Solche planvoll ausgeführten Versuche bestätigen ein allgemeines Naturgesetz:

> Alle Körper nehmen einen Raum ein.

7.1 Luft verdrängt Wasser

3. Bei den Versuchen benutzten wir einfache **Meßgeräte,** zum Beispiel Meßzylinder. Meßgeräte sichern und verschärfen unsere Beobachtungen wesentlich. Deshalb wollen wir jetzt klären, was Messen bedeutet, und beginnen mit einem alltäglichen Beispiel:
Unter mehreren nebeneinanderstehenden Tischen findet man durch unmittelbaren Vergleich den längsten. Sind die Tische aber weit voneinander entfernt, so vergleicht man ihre Längen zunächst mit einem *Maßstab*, man mißt sie. Wenn man dabei einen Meterstab dreimal anlegen muß, so ist der betreffende Tisch dreimal so lang wie 1 Meter (m); er hat eine Länge von 3mal 1 Meter, kurz gesagt 3 m. Für kürzere Strecken ist der Meterstab in Zentimeter (cm) und Millimeter (mm) unterteilt.

> Das Meßergebnis 3 m ist das Produkt aus der Maßzahl 3 und der Einheit 1 m.

Aus 1 m = 1000 mm folgt: 3 m = 3·1 m = 3·1000 mm = 3000 mm. — Hat man alle Tische gemessen, so findet man den längsten durch Vergleich der Meßergebnisse. Ein Tischler, dem man das Meßergebnis 3 m mitteilt, kann einen gleich langen Tisch herstellen. Die Angabe der Maßzahl 3 allein wäre jedoch unvollständig, da sie die benützte Längeneinheit nicht enthält.

> **Wenn man mißt, vergleicht man die zu messende Größe mit einer vorher festgelegten Einheit (1 m), deren Teilen (1 cm, 1 mm) oder Vielfachen (zum Beispiel 7 mm; 3,7 cm; 4,95 m). Die Einheit ist beim Meßergebnis immer mit anzuführen; die Angabe eines Meßergebnisses ohne Einheit ist sinnlos.**

Früher gab es viele Einheiten für die Länge (Elle, Fuß, Spanne usw.); man brauchte daher viele verschieden unterteilte Maßstäbe. Doch einigte man sich seit 1800 in der Wissenschaft der ganzen Welt und in zunehmendem Maße auch im täglichen Leben vieler Völker auf die Längeneinheit 1 m. Man machte sie auf Grund damaliger Messungen gleich dem 40000000ten Teil des Erdumfangs. In vielen Ländern werden Meterstäbe aus sehr beständigen Metallen aufbewahrt. 1969 wurden in Deutschland alle physikalischen und technischen Einheiten durch ein Bundesgesetz auf Grund internationaler Vereinbarungen neu festgelegt. Dabei führte man das Meter auf ein unveränderliches, der Optik entnommenes Naturmaß zurück, nämlich die Wellenlänge einer genau bestimmten Lichtart. So konnte man 1 m für alle Zeiten und Orte bis auf ca. 1 Millionstel Millimeter genau festlegen.

Die **Mikrometerschraube** *(Abb. 8.1)* gestattet uns, $\frac{1}{100}$ mm abzulesen. Sie besteht aus einer drehbaren Schraube (rot gezeichnet). Diese rückt bei jeder vollen Umdrehung um 1 mm zurück. Der Umfang der sich mitdrehenden Trommel ist in 100 gleiche Teile geteilt; eine Drehung um 1 Teilstrich bedeutet also eine Längenänderung um 0,01 mm. In *Abb. 8.1* wurde die Trommel von der Null-Marke aus um 7,35 Umdrehungen, das heißt um 7,35 mm, zurückgeschraubt. — Bei vielen Mikrometerschrauben hat die Schraube eine Ganghöhe von 0,5 mm (statt 1 mm in *Abb. 8.1*); sie rückt also bei einer vollen Umdrehung nur um 0,5 mm zurück. Der Trommelumfang ist aber in nur 50 gleiche Teile unterteilt. Dann bedeutet ein Teilstrich wieder 0,01 mm; doch haben die Teilstriche doppelten Abstand voneinander (gegenüber *Abb. 8.1*); die Ablesegenauigkeit ist größer.

Die **Schieblehre** zeigt zunächst einen Millimetermaßstab (in *Abb. 8.2* weiß). Der rot gezeichnete Schieber trägt neben der Nullmarke noch 10 Striche des sogenannten **Nonius** (fälschlicherweise nach dem Portugiesen *P. Nonius*, 16. Jahrhundert). Sie haben voneinander 0,9 mm Abstand.

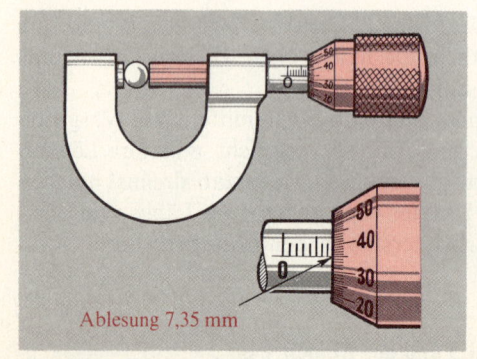

8.1 Mikrometerschraube

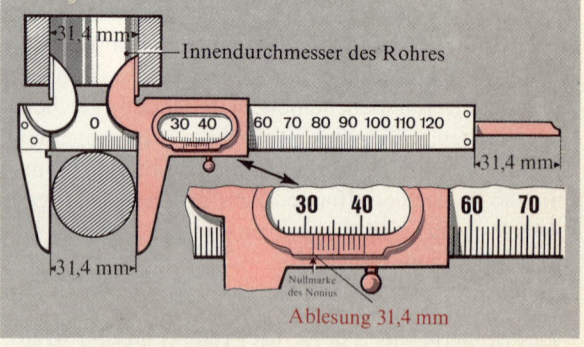

8.2 Schieblehre mit Nonius

In *Abb. 8.2* fällt der 4. Noniusstrich mit einem Strich der grau gezeichneten Millimeterteilung zusammen. Die Nullmarke des Nonius liegt dann 0,4 mm rechts von dem Strich der Hauptteilung, an dem man die ganzen Millimeter (hier 31) abliest. Denn von einem Noniusstrich zum nächsten ändert sich der Abstand zum jeweils benachbarten Strich der Hauptteilung um $(1{,}0-0{,}9)$ mm = 0,1 mm. Da erst der 4. Noniusstrich mit einem Strich der Hauptteilung übereinstimmt, summiert sich dieser Abstand auf 0,4 mm. Die Ablesung beträgt also 31,4 mm.

4. Genauigkeit bei Messungen

5 Schüler messen die Länge des gleichen Tisches und geben an: 3,854 m; 3,851 m; 3,858 m; 3,855 m; 3,856 m. Der *Mittelwert* 3,8548 m aus diesen 5 Angaben dürfte genauer sein als eine einzelne Messung. Doch wäre es sinnlos, mehr als 3 Dezimalen anzugeben, da keine Einzelmessung genauer war. Wir *runden* deshalb auf 3,855 m. — Die Kanten eines Quaders sind 2,93 m; 2,87 m; 2,94 m. Es hat aber keinen Sinn, das vollständig berechnete Produkt $V = 24{,}722754$ m³ anzuschreiben. Mißt nämlich ein anderer die Kanten zu 2,94 m; 2,86 m und 2,95 m, so erhält er $V = 24{,}804780$ m³. Man *rundet* deshalb auf 24,8 m³. Dabei ist bereits die letzte Ziffer unsicher. — Die folgenden Meßwerte sind gleich und haben die gleiche Genauigkeit, auch wenn sie sich in der Zahl der Dezimalen unterscheiden: 27,3 mm; 2,73 cm und 0,0273 m. Für die *Genauigkeit* der Angabe ist deshalb die Stellung des Kommas nicht ausschlaggebend, sondern nur die Zahl der durch Messung gefundenen Ziffern, der sogenannten *geltenden Ziffern*; die Genauigkeit des Beispiels ist dreistellig. Doch müssen wir auch Nullen, die gemessen sind, anschreiben. So ist 3,80 m ein genaueres Meßergebnis als die 2stellige Angabe 3,8 m. Denn bei 3,80 m wurde nach Ablesen der Dezimeter noch ein Meßwert für die Zentimeter gesucht und eine 0 gefunden. Bei 3,8 m sind die Zentimeter überhaupt nicht beachtet. Wer 3,800 m angibt, hat sogar noch die Millimeter gemessen und eine 4stellige Genauigkeit erreicht.

> **Miß so genau wie möglich, gib das Ergebnis aber nicht genauer an, als es der Meßgenauigkeit entspricht!**

Aufgaben:

1. *Bestimme mit einem Meßzylinder, was die Angaben des Arztes bedeuten: 1 Teelöffel, 1 Eßlöffel, 5 Tropfen! Wie geht man vor, um ein möglichst genaues Ergebnis zu erhalten?*
2. *Wie dick ist ein Blatt dieses Buches? Kann man die Dicke auch ohne Mikrometerschraube bestimmen?*
3. *Warum kann man das Volumen von Staubzucker und Mehl im Meßglas ermitteln? (Die Hohlräume zwischen den Teilchen werden mitgemessen.)*
4. *Die Regenhöhe bei einem Wolkenbruch beträgt 10 mm. Wie könnte man sie messen? Wieviel Wasser leiten die Dachrinnen eines Hauses mit 100 m² Grundfläche ab?*
5. *Wieviel Eimer Wasser (je 9 l) wären nötig, um einen Garten von 300 m² Fläche so zu sprengen, wie es einer durchschnittlichen Regenhöhe von 2 mm entspricht?*
6. *Wo liest man bei der Schieblehre die ganzen, wo die Zehntel-Millimeter ab? Wie würde der Schieber in Abb. 8.2 bei 34,0 mm, wo bei 30,4 mm stehen?*
7. *Warum sind enge Meßzylinder genauer als weite? Am Rande steht das Wasser etwas höher; dies hat man beim Anbringen der Skala berücksichtigt.*
8. *Womit beschäftigen sich die Naturwissenschaften Chemie, Geographie, Astronomie, Geologie? Schlage in einem Lexikon nach! Was findest Du dort unter dem Stichwort Physik?*
9. *Wie bestimmt man mit der Schieblehre nach Abb. 8.2 Hohl- und Tiefmaße?*

§ 2 Kräfte und ihre Messung

1. Mit gespannten Muskeln wirft der Handballspieler *(Abb. 10.1)* den Ball auf das Tor; er setzt ihn mit großer Kraft schnell *in Bewegung.* „Von selbst" würde der Ball in Ruhe bleiben. Der Torwart versucht umgekehrt mit all seiner Kraft, den Ball *abzubremsen* oder ihn aus seiner *Bahn abzulenken.* Jeder, der eine Kraft ausübt, spürt dies unmittelbar in seinen Muskeln. Die anderen erkennen die Kraft jedoch nur an ihren *Wirkungen.* Man kann Bälle oder Steine auch durch Schleudern abschnellen lassen. Zwar spürt niemand, was in ihren Gummibändern vor sich geht. Doch sprechen wir auch diesen Bändern eine Kraft zu; denn sie bringen ähnliche Wirkungen zustande wie unsere Muskelkraft. Dabei übertragen wir gedanklich die in unseren Muskeln unmittelbar empfundene Kraft auf die unbelebte Natur. Vieles, was wir dort beobachten, verstehen wir als die Wirkung von Kräften:

Versuch 8: Auf dem Tisch liegt eine große Eisenkugel. „Von selbst" bleibt sie in Ruhe. Nähern wir ihr einen *Magneten,* so wird sie in Bewegung gesetzt und *beschleunigt.* Als Ursache hierfür schreiben wir dem Magneten eine Kraft zu. Der Magnet bremst die rollende Kugel, wenn er ihr von hinten genähert wird. In *Abb. 10.2* lenkt er sie aus ihrer geradlinigen Bahn ab. In diesen Beispielen wird der **Bewegungszustand** der Kugel geändert. Der Bewegungszustand eines Körpers ändert sich, wenn der Körper schneller bzw. langsamer wird oder wenn er seine Bewegungsrichtung ändert.

Versuch 9: Nähere den Magneten einer einseitig eingespannten Blattfeder aus Stahl *(Abb. 10.3)*! Sie wird von der magnetischen Kraft verbogen.

> Kräfte erkennt man daran, daß sie Körper verformen oder ihren Bewegungszustand ändern.

Versuch 10: Halte ein großes Eisenstück mit ausgestrecktem Arm! Es ist schwer, das heißt, es wird mit einer großen Kraft nach unten gezogen. Man nennt sie **Gewichtskraft.** Läßt Du das Eisenstück los, so wird es von der Gewichtskraft, die es ständig erfährt, nach unten in Bewegung gesetzt und fällt senkrecht auf die Erde.

10.1 Mit großer Kraft beschleunigt der Handballspieler den Ball.

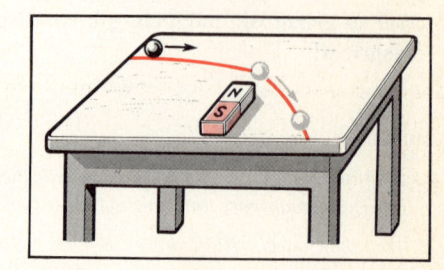

10.2 Die Kraft des Magneten ändert die Richtung der rollenden Kugel.

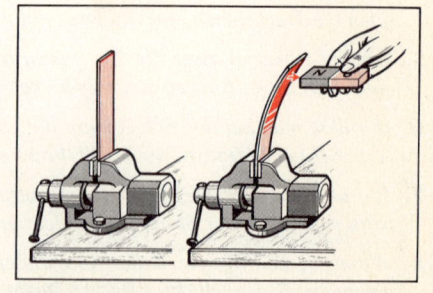

10.3 Die magnetische Kraft verformt die Blattfeder.

Nach *Abb. 11.1* zeigt die Gewichtskraft zur Erdmitte hin; sie ist die *Anziehungskraft durch die Erde*. Da auch unmagnetische Stoffe (Holz, Glas usw.) nach unten fallen, dürfen wir Gewichtskräfte nicht mit magnetischen Kräften verwechseln. — Neben *Gewichtskräften* und *magnetischen* Kräften haben wir noch *Muskelkräfte* und die Kräfte *gespannter Gummibänder* kennengelernt. In der Technik läßt man die Kräfte meist von Motoren ausüben; diese ersetzen die Kräfte, die man früher Zugtieren oder Sklaven abverlangte. Aber nicht alle physikalischen Vorgänge werden durch Kräfte verursacht. Um zum Beispiel einen Körper mit einer Flamme zu erwärmen, braucht man keine Kraft. Was dabei physikalisch geschieht, werden wir in der *Wärmelehre* untersuchen.

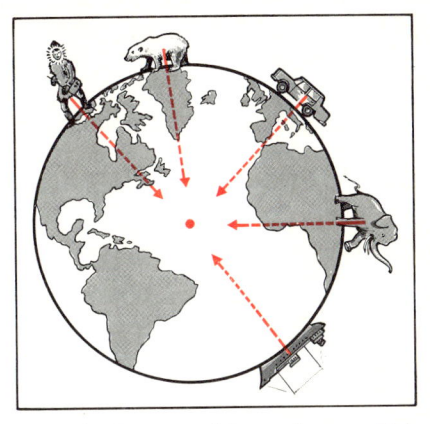

11.1 Die Körper erfahren eine zur Erdmitte gerichtete Gewichtskraft.

2. Wenn zwei Jungen „ihre Kräfte messen", prüfen sie, ob sie gleich stark sind oder ob einer stärker ist als der andere:

Versuch 11: Zwei Schüler ziehen nacheinander am gleichen *Expander (Abb. 11.2)*. Wird er von beiden gleich stark verlängert, so sagen wir, ihre Kräfte seien gleich groß und vereinbaren über die **Maßgleichheit:**

> **Zwei Kräfte sind gleich groß, wenn sie dieselbe Feder gleich stark verlängern.**

Im Expander muß man viele Gummischnüre oder starke Federn spannen; man braucht große Kräfte. Mit einer Feder aus dünnem Draht können wir viel kleinere Kräfte vergleichen:

11.2 Je stärker man am Expander zieht, um so mehr wird er verlängert.

Versuch 12: An eine **Schraubenfeder** aus dünnem Stahldraht *(Abb. 11.3)* wird ein Metallstück gehängt. Die Gewichtskraft verlängert die Feder um 5 cm. Ein zweites Metallstück verlängere sie ebenso um 5 cm; es erfährt also die gleiche Gewichtskraft. Nach diesem Verfahren können wir beliebig viele gleich schwere Körper aussuchen oder herstellen. Es liegt nun nahe, festzulegen, daß zum Beispiel 3 solche Körper zusammen die 3fache Gewichtskraft erfahren wie einer allein. *n* gleich große und gleichgerichtete Kräfte sollen also zusammen *eine n-fache Kraft* geben.

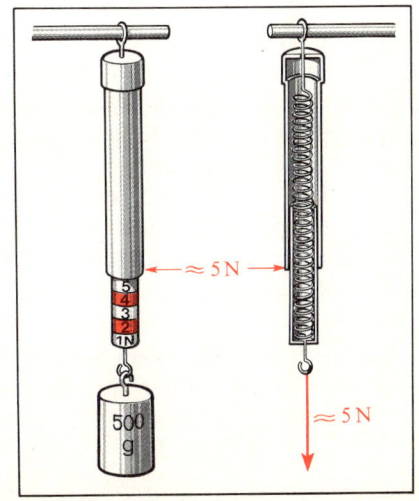

> **Vereinbarung zur Maßvielfachheit:**
> ***n* gleich schwere Körper erfahren zusammen die *n*-fache Gewichtskraft wie einer von ihnen.**

11.3 Kraftmesser im Schnitt

Mechanik

Wenn wir Versuch 12 nach einiger Zeit mit derselben Feder wiederholen, so zeigen sich bei einer guten Stahlfeder dieselben Ergebnisse. Deshalb benutzen wir zum Messen von Kräften **Kraftmesser**, die solche Federn enthalten. Nach *Abb. 11.3* ist eine Schraubenfeder aus Stahldraht von zwei Hülsen umgeben, die ineinander gleiten können. Die äußere Hülse wurde mit dem oberen Ende der Feder fest verbunden, die innere mit dem unteren. Wenn eine Kraft die Feder verlängert, so wird eine Skala auf der inneren Hülse sichtbar. Dieser Skala können wir die *Krafteinheit* entnehmen. Während es früher mehrere Krafteinheiten gab, ist jetzt durch Gesetz das **Newton**[1]) (abgekürzt **N**) als einzige Krafteinheit vorgeschrieben (siehe Vorwort auf Seite 4).

> **Die Einheit der Kraft ist das Newton (N). Wir messen Kräfte mit Kraftmessern, die in Newton geeicht sind.**

Versuch 13: Wir hängen Wägestücke aus einem Wägesatz an einen geeichten Kraftmesser, bis er 1 N anzeigt. In ganz Mitteleuropa findet man, daß hierzu Wägestücke von insgesamt 102 g nötig sind. Mit dieser Erfahrung können wir — auch zu Hause — eine Stahlfeder in Newton eichen. Wir brauchen nur Wägestücke von insgesamt 102 g an sie zu hängen und die Verlängerung an einer Skala zu markieren.

Das Ergebnis aus Versuch 13 dürfen wir aber nicht leichtfertig verallgemeinern. *Abb. 11.1* zeigte, daß die *Richtung* der in Versuch 13 benutzten Gewichtskraft vom Ort abhängt. Dies gilt auch für ihren *Betrag.* Ein genauer Kraftmesser wird durch den gleichen Körper an den Polen um 0,25% stärker verlängert als bei uns, am Äquator dagegen um 0,25% weniger stark (Die Erde rotiert und ist an den Polen etwas abgeplattet). Diese Änderung könnte man mit unseren Kraftmessern gerade noch feststellen.

Wenn man sich von der Erde entfernt, so nimmt ihre Anziehungskraft sehr stark ab: In 6370 km Höhe über dem Boden, also im doppelten Abstand vom Erdmittelpunkt, ist sie auf $\frac{1}{4}$ gesunken. Der Mond ist sehr viel kleiner als die Erde. Er kann alle Körper auf seiner Oberfläche nur mit dem 6. Teil der Gewichtskraft anziehen, die sie auf der Erde erfahren würden *(Abb. 12.1)*. Man müßte auf dem Mond 6 gleiche Metallstücke an eine Feder hängen, bis sie genau so stark verlängert würde wie auf der Erde durch ein einziges. Ein Raumfahrer kann auf dem Mond mit derselben Muskelkraft viel höher springen als bei uns. Auf anderen Himmelskörpern kann die Gewichtskraft, die ein Körper erfährt, jedoch auch größer sein als auf der Erde: Auf der Oberfläche des Planeten Jupiter ist sie 2,65mal so groß wie auf der Erdoberfläche!

> **Die Gewichtskraft, die ein Körper erfährt, ändert sich mit dem Ort, und zwar für alle Körper im gleichen Verhältnis.**

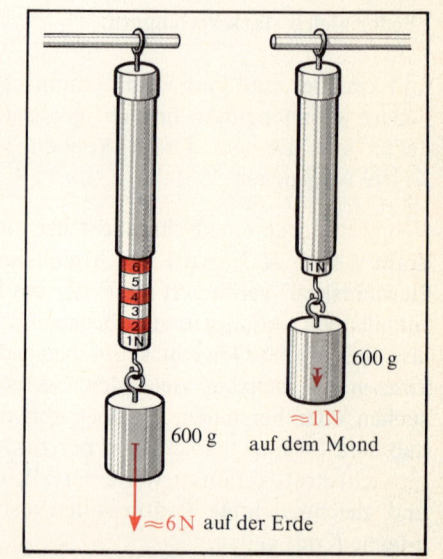

12.1 Am Kraftmesser hängen 600 g; links: auf der Erde, rechts: auf dem Mond.

---

[1]) Dem englischen Physiker *Isaac Newton* (1643 bis 1727) verdanken wir die grundlegenden Gesetze der Mechanik, insbesondere die der *Gravitationskraft,* mit der sich Körper — auch Himmelskörper — gegenseitig anziehen.

§ 2 Kräfte und ihre Messung 13

Da Wägestücke von insgesamt 102 g nach Versuch 13 bei uns die Gewichtskraft 1 N erfahren, beträgt diese Kraft bei einem 1 Gramm-Stück folglich etwa 0,01 N. Für 0,01 N schreiben wir künftig 1 cN (Zenti-Newton; die Vorsilbe Zenti- bedeutet Hundertstel; siehe Zentimeter).

> **Ein 1 Gramm-Stück erfährt bei uns die Gewichtskraft von etwa 1 cN = 0,01 N.**

Die Erde verleiht also einem Kilogramm-Stück (1000 g) die Gewichtskraft von etwa

$$1000 \text{ cN} = 10 \text{ N, genauer } \frac{1 \text{ N}}{0,102} = 9,81 \text{ N};$$

denn 0,102 kg erfahren bei uns die Gewichtskraft 1 N. Dies bestätigt ein Kraftmesser, wenn man an ihn ein Kilogramm-Stück hängt. Auf dem Mond würde der Kraftmesser beim Anhängen eines Kilogramm-Stücks dagegen nur den 6. Teil von 9,81 N, das heißt 1,6 N, auf dem Planeten Jupiter dagegen das 2,65fache, also 26 N, anzeigen.

Man nannte früher die Gewichtskraft, die ein Kilogramm-Stück bei uns erfährt, 1 Kilopond (1 kp; pondus, lat.; Gewicht). Die Krafteinheit 1 kp ist im geschäftlichen Verkehr nach 1977 nicht mehr zugelassen. 1 Kilopond (kp) ist die Gewichtskraft, die ein Kilogramm-Stück bei uns erfährt. Es gilt: 1 kp = 9,81 N ≈ 10 N. 1 p (Pond) ist also die Gewichtskraft eines Gramm-Stücks bei uns. Es gilt 1 p ≈ 1 cN.

3. Man zieht waagerecht an einem dünnen Baumstamm. Er verbiegt sich nach der Richtung, in der man zieht. Deshalb zeichnen wir Kräfte als *Pfeile* (siehe *Abb. 12.1* und *14.1*). Der Pfeil zeigt die *Richtung* der Kraft. Zudem vereinbart man häufig einen **Kräftemaßstab**, etwa 1 cm ≙ 1 N *(Abb. 13.1)*. Dann gibt der Pfeil durch seine Länge den Betrag F der Kraft an. Der Buchstabe F zur Abkürzung für den physikalischen Begriff Kraft kommt von *force*, engl.; Kraft. Man nennt physikalische Größen, die man durch Pfeile darstellen kann, **Vektorgrößen** (vector, lat.; Träger).

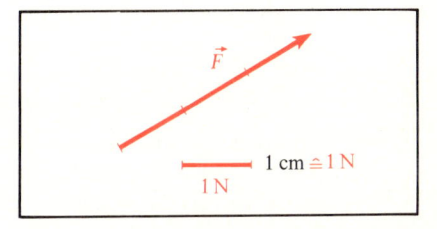

13.1 Kraftpfeil mit Kräftemaßstab; $F = 3$ N. Der Pfeil ist gekennzeichnet durch Länge und Richtung.

> **Kräfte sind Vektorgrößen, das heißt Größen, denen eine Richtung zugeordnet ist.**

Vektorgrößen bezeichnen wir durch einen Pfeil über dem Buchstaben (Kraft $\vec{F}$, Gewichtskraft $\vec{G}$). Sprechen wir nur vom *Betrag*, so schreiben wir den Buchstaben allein ($F = 30$ N; $G = 200$ N). Größen, denen dagegen keine bestimmte Richtung zukommt, wie Volumen V und Zeit t, nennt man **Skalare** (scala, lat.; Leiter).

Wenn man sagt, eine Kraft sei doppelt so groß wie eine andere, so meint man, daß sie den doppelten Betrag habe; ihr Kraftpfeil ist doppelt so lang. Die beiden Kräfte brauchen dabei nicht die gleiche Richtung zu haben.

Die Formelzeichen (V, F usw.) physikalischer *Meßgrößen* (Volumen, Kraft usw.) bedeuten das Produkt Maßzahl mal Einheit (Seite 7).

13.2 Der Mondfahrer trägt einen Tornister, der auf der Erde eine Gewichtskraft von 840 N, auf dem Mond dagegen von nur 140 N erfährt.

§ 3 Die Masse der Körper; die Dichte der Stoffe

1. Was versteht man unter Masse?

Auf Wägestücken steht die Einheit kg oder g. Da Kräfte aber, wie wir jetzt wissen, in Newton (oder kp) gemessen werden, erhebt sich die Frage, welche Größe man in der Einheit Kilogramm (kg) oder Gramm (g) mißt. Um dies zu klären, betrachten wir zum Beispiel eine Schokoladentafel. Sie ist auf dem Mond viel leichter als bei uns auf der Erde, stillt aber den Hunger gleich gut. Auf der Fahrt zum Mond ändert sich die Schokoladenmenge nicht. Man sagt in der Physik, die Masse m der Tafel sei gleich geblieben.

> Die Masse m eines Körpers ist überall gleich, wenn nichts weggenommen oder zugefügt wird.

Versuch 14: Lege zwei Schokoladentafeln auf die Balkenwaage! Wenn sie einspielt, werden beide gleich stark von der Erde angezogen. Auf dem Mond würde die Waage dann ebenfalls einspielen und Gleichheit der Massen anzeigen *(Abb. 14.1)*. Wenn wir Massen angeben, so interessiert uns die Gewichtsänderung beim Ortswechsel nicht. Wohl aber sehen wir an der Balkenwaage sehr genau (genauer als an Federn), wenn zum Beispiel von einer der beiden Tafeln etwas weggenommen wurde. Dann sind ihre Massen verschieden. – Bisher verglichen wir nur die Massen von zwei Tafeln Schokolade, also Massen aus dem *gleichen* Stoff. Man schreibt aber auch einem Messingklotz und einer Schokoladentafel gleiche Masse zu, wenn sie miteinander die Waage zum Einspielen bringen. (Die Körper können dabei sehr verschiedenes Volumen haben.) Auf diese Weise wird der Begriff Masse auf Körper aus allen Stoffen erweitert:

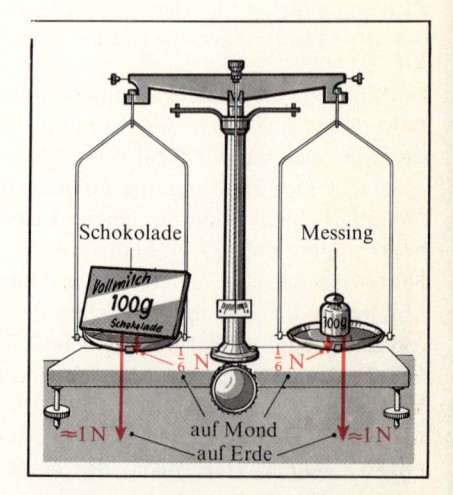

14.1 Mit der Balkenwaage vergleicht man Massen unabhängig vom Ort.

> Wenn zwei Körper am gleichen Ort die gleiche Gewichtskraft erfahren, so schreibt man ihnen die gleiche Masse zu. Die Balkenwaage vergleicht Massen.

Auf der Schokoladentafel bleibt bei der Mondfahrt mit Recht die Aufschrift 100 g stehen; denn die Tafel bringt eine Waage sowohl auf der Erde wie auch auf dem Mond zum Einspielen, wenn in der anderen Schale ein 100 g-Stück aus dem Wägesatz liegt. Die Schokoladentafel und das 100 g-Stück haben überall die gleiche Masse 100 g, wenn auch die Gewichtskräfte, die sie auf dem Mond erfahren, nur den 6. Teil betragen. In den Einheiten Gramm und Kilogramm mißt man also die Masse m und nicht die Gewichtskraft G. 1 kg ist festgelegt als die Masse eines Körpers aus der Legierung Platin-Iridium (2 Edelmetalle), den man in Paris sorgfältig aufbewahrt. Diesem sogenannten **Urkilogramm** gab man 1799 möglichst genau die Masse von 1 dm³ Wasser bei 4 °C. 1 m³ Wasser hat dann die Masse $m = 1000$ kg $= 1$ t (Tonne). 1 t ist kein Maß für die Gewichtskraft, sondern für die Masse!

§ 3 Die Masse der Körper; die Dichte der Stoffe 15

> Die Einheit der Masse m ist das Kilogramm (kg). $1\,\text{kg} = 1000\,\text{g} = 10^6\,\text{mg}$ (Milligramm).
> Eine weitere Masseneinheit ist die Tonne (t). $1\,\text{t} = 1000\,\text{kg}$.

Zwei Wägestücke von je 1 kg schreibt man zusammen die Masse 2 kg zu usw. In einem Wägesatz sind Stücke mit den Massen 1 kg, 500 g, 100 g, 50 g, 2mal 20 g, 10 g usw. vereinigt. — Der Masse m kann man keine Richtung zuschreiben; sie ist ein Skalar. Eine *Richtung* hat jedoch die Gewichtskraft $\vec{G}$, die der Körper von der Erde oder einem andern Himmelskörper erfährt.

	Symbol	Einheit	Meßgerät	vom Ort abhängig	
Masse	m	kg, g	Balkenwaage	nein	Skalar
Gewichtskraft	G	N, cN, (kp)	Kraftmesser	ja	Vektor

2. Dichte der Stoffe

Ein kleines Bleikügelchen ist leichter als ein großer Aluminiumtopf. Trotzdem sagt man, Blei sei schwerer als Aluminium. Der Widerspruch klärt sich auf, wenn man ein Blei- und ein Aluminiumstück von gleichem Volumen betrachtet. Dabei wollen wir ihre Massen vergleichen; denn die Gewichtskräfte, die sie erfahren, ändern sich mit dem Ort:

Versuch 15: Bestimme die Masse von Kubikzentimeterwürfeln aus verschiedenen Stoffen *(Abb. 15.1)!* 1 cm³ Blei hat die Masse 11,3 g, 1 cm³ Aluminium nur 2,7 g.

Versuch 16: Eine Glasplatte mit 10 cm³ Volumen hat die Masse 25 g. Wenn das Glas durchgängig gleich beschaffen *(homogen)* ist, entfallen 2,5 g auf 1 cm³. Es ist nicht nötig, das Glasstück in Kubikzentimeterwürfel aufzuteilen, um die Masse von 1 cm³ zu ermitteln. Wir dividieren einfach die Gesamtmasse $m = 25$ g durch das Volumen $V = 10$ cm³ und erhalten die den Stoff Glas kennzeichnende Dichte ϱ als Quotient (ϱ: griech. Buchstabe „Rho"):

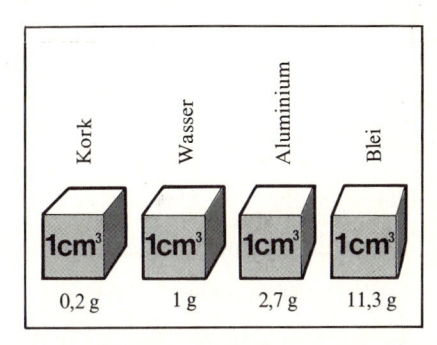

15.1 Kubikzentimeterwürfel aus verschiedenen Stoffen und ihre Massen

$$\varrho = \frac{m}{V} = \frac{25\,\text{g}}{10\,\text{cm}^3} = 2{,}5\,\frac{\text{g}}{\text{cm}^3}.$$

Die Einheit g/cm³ der Dichte gibt den anschaulichen Ausdruck „Gramm je cm³" wieder. Korrekter ist „Gramm durch cm³". Die „Dichte" gibt an, „wie dicht die Materie gepackt ist". Ist sie für einen Stoff ermittelt, so gilt sie für ihn auch an anderen Orten. Deshalb sind ihre Werte in *Tabellen* zusammengestellt, die überall gelten (siehe Tabellenanhang am Ende des Buches).

> Unter der Dichte ϱ eines homogenen Stoffes versteht man den Quotienten aus der Masse m und dem Volumen V von Körpern, die aus diesem Stoff bestehen:
>
> $$\varrho = \frac{m}{V}. \qquad (15.1)$$
>
> **Die Einheit der Dichte ist** $1\,\frac{\text{g}}{\text{cm}^3} = 1\,\frac{\text{kg}}{\text{dm}^3}$.

Beispiele:

1. Wasser hat die Dichte 1 g/cm³; denn 1 cm³ Wasser besitzt die Masse 1 g. Die Maßzahl der Dichte eines Stoffes gibt also an, wieviel mal so groß die Masse eines Körpers aus diesem Stoff ist wie die Masse einer Wassermenge von gleichem Volumen.

2. Kork hat die Dichte 0,2 g/cm³; 1 cm³ Kork hat also die Masse 0,2 g. Ein Korkstück von 20 cm³ besitzt eine 20mal so große Masse, nämlich 4 g. In der Physik ist es üblich, zu derartigen Berechnungen die Gleichung (15.1) heranzuziehen. Wir lösen sie entsprechend den Regeln der Algebra nach m auf und erhalten $m = V \cdot \varrho$. Es folgt $m = 20\text{ cm}^3 \cdot 0,2\text{ g/cm}^3 = 4\text{ g}$. Mit der Einheit cm³ wurde gekürzt. Das Ergebnis stimmt mit dem Wert überein, den wir durch anschauliche Überlegungen erhalten haben und durch Versuche nachprüfen können. Aus der Definitionsgleichung $\varrho = m/V$ folgt

$$\text{zum Berechnen der Masse:} \quad m = \varrho \cdot V \quad (16.1)$$

$$\text{zum Berechnen des Volumens:} \quad V = \frac{m}{\varrho}. \quad (16.2)$$

3. **Versuch 17:** 2,5 m³ trockener Sand soll auf einem Lastwagen weggefahren werden. Dieser kann höchstens eine Masse von 5 t = 5000 kg transportieren. Ist der Transport mit einer Fuhre möglich? Um dies zu klären, nimmt man vom Sand eine kleine Probe und ermittelt die Dichte $\varrho = m/V = 1,7\text{ kg/dm}^3$. Dann berechnet man nach Gleichung (16.1) die Gesamtmasse $m = \varrho \cdot V = 2500\text{ dm}^3 \cdot 1,7\text{ kg/dm}^3 = 4250\text{ kg}$. Eine Fuhre genügt.

Die Gleichung (16.1) $m = \varrho \cdot V$ zeigt, daß Masse m und Dichte ϱ zwei ganz verschiedene Größen sind: Kennt man die Dichte eines Stoffs, so weiß man noch nicht, welche Masse m ein Körper aus diesem Stoff hat. Man muß noch sein Volumen V angeben.

> **Die Masse m ist eine Eigenschaft von Körpern, die Dichte ϱ eine Eigenschaft von Stoffen, auch Materialien genannt; die Dichte ist also eine Materialkonstante.**

Aufgaben:

1. *Was zwingt uns, zwischen Masse (kg) und Gewichtskraft (N) zu unterscheiden?*
2. *Welche Masse m und welche Gewichtskraft hätte das Urkilogramm auf dem Mond?*
3. *Mit welchem Gerät wiegen wir Erbsen vom Gewicht 10 N ab? Bekäme man dabei bei uns, an den Polen, am Äquator, auf dem Mond immer die gleiche Zahl Erbsen? (Denke an das Gewicht einer Erbse!)*
4. *Der Kaufmann wiegt 100 g Erbsen mit der Balkenwaage ab. Müßte er am Nordpol weniger Erbsen auf die Waage legen?*
5. *Zwei Körper haben gleiches Volumen, der eine hat aber 3fache Masse. Wie verhalten sich ihre Dichten? Zwei andere Körper haben gleiche Masse, der eine hat 5faches Volumen. Wie verhalten sich die Dichten?*
6. *Schätze und berechne die Masse von 1 m³ Kork! Wie groß ist seine Gewichtskraft bei uns (in N und kp)?*
7. *Welches Volumen hat eine Styroporscheibe von 100 g Masse? (Styropor wird im Bauwesen als Wärmeisolator benutzt, $\varrho = 0,017\text{ g/cm}^3$.)*
8. *Welches Volumen hat die Alkoholmenge, die gleich viel wiegt wie 1 Liter Quecksilber (Tabelle im Anhang)?*
9. *Welches Volumen hat 1 kg Quecksilber?*
10. *Berechne die Rauminhalte von 1 g Kork, 1 g Alkohol, 1 g Glas, 1 g Eisen, 1 g Platin und 1 g Styropor (siehe Aufgabe 7)!*
11. *In einem Tank lagern 7 m³ Heizöl (0,92 g/cm³). Welche Masse hat es (in Tonnen)?*

§ 4 Die elastischen Eigenschaften der festen Körper; *Hooke*sches Gesetz

Der Physiker muß wissen, wie zuverlässig seine Meßgeräte sind und bis zu welchen Grenzen man sie verwenden kann. So ist ein Kraftmesser nur dann brauchbar, wenn seine Feder wieder die ursprüngliche Länge einnimmt, sobald die verformende Kraft nicht mehr wirkt. Dann sagt man, die Feder sei **elastisch.** Wegen ihrer guten elastischen Eigenschaften verwendet man Stahlfedern in verschiedenen Größen und Formen:

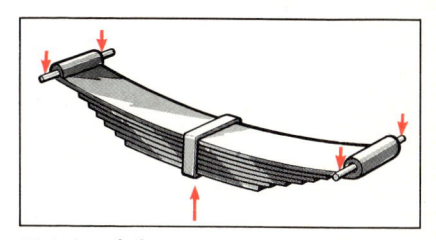

17.1 Autofeder

Schraubenfedern in Wäscheklammern, Blattfedern in Fahrzeugen *(Abb. 17.1)*, Federkerne in Polstermöbeln und in Matratzen. – Viele Werkstoffe haben diese elastische Eigenschaft nicht oder nur in geringem Maße:

Versuch 18: Aus Weicheisen-, Kupfer- oder Bleidrähten kann man leicht Schraubenfedern wickeln. Sie werden aber schon durch kleine Kräfte bleibend verformt. Die Form bleibt verändert, auch wenn die Kraft nicht mehr wirkt. Noch deutlicher zeigt sich dies bei Knetmasse oder Plastilin. Man nennt Stoffe mit solchen Eigenschaften **plastisch.** – Plastische und elastische Verformung tritt häufig am gleichen Stoff auf:

Versuch 19: Nach einer zu starken Belastung bleibt auch eine gute Stahlfeder etwas verlängert; der Bereich, in dem sie elastisch ist, wurde überschritten, sie wurde plastisch verformt.

> **Eine plastische Verformung bleibt nach dem Wegnehmen der Kraft bestehen, während sich eine elastische Verformung von selbst wieder zurückbildet.**

Versuch 20: Hänge verschiedene Wägestücke an eine Feder und miß die durch ihre Gewichtskräfte F erzielten Verlängerungen. Nach den Meßergebnissen wird ein Diagramm angefertigt (siehe *Tabelle 17.1* und *Abb. 17.2*)!

Tabelle 17.1

Zugkraft F in cN	0	100	200	300	400
Verlängerung s in cm	0	5,1	10,1	15,2	20,0
$\frac{F}{s} = D$ in $\frac{cN}{cm}$	–	19,6	19,8	19,7	20,0

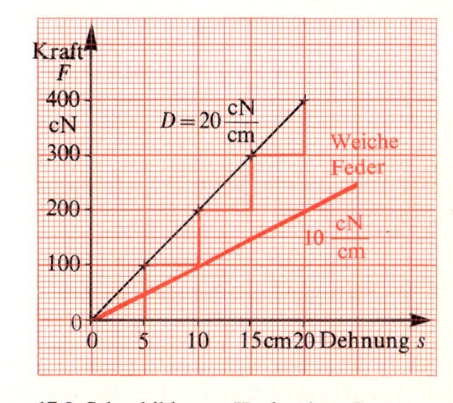

17.2 Schaubild zum *Hooke*schen Gesetz

Der Mittelwert in der 3. Zeile beträgt $D = 19,8$ cN/cm ≈ 20 cN/cm. Man braucht also zu einer Verlängerung um 1 cm jeweils 20 cN. In *Abb. 17.2* ist für diese Feder – wie auch für eine weichere – die Zugkraft F über der Verlängerung s aufgetragen. Die eingezeichneten Stufen wie auch *Tabelle 17.1* zeigen im Rahmen der Meßfehler eine Gesetzmäßigkeit, die für beide Federn gilt:

18 Mechanik

a) Nimmt die Zugkraft F um den gleichen Betrag zu (jeweils um 100 cN), so wächst auch die Verlängerung s um den gleichen Wert (um etwa 5 cm bei der harten Feder). Deshalb sind die Skalen von Kraftmessern gleichmäßig unterteilt. Hieraus folgt weiter:

b) Bei der doppelten Kraft F bekommt man die doppelte Verlängerung s, usw. F und s sind also proportional. Dies bedeutet:

c) Der Quotient $\frac{F}{s} \left(= \frac{2F}{2s} = \frac{3F}{3s} = \cdots \right)$ ist konstant (*Tabelle 17.1*, 3. Zeile). Man bezeichnet diesen Quotienten mit dem Buchstaben D.

Überstiege die Kraft 10 N, so würde die Feder plastisch verformt, der *Elastizitätsbereich* wäre überschritten. Bleiben wir genügend unter dieser Grenze, so bestätigen unsere Messungen ein von **Hooke** (engl. Naturforscher, 1635 bis 1703) gefundenes Gesetz:

Hookesches Gesetz: Die Verlängerung s einer Feder ist innerhalb eines gewissen Bereichs der Kraft F proportional. Man schreibt $F \sim s$.

Das heißt: Der Quotient aus Kraft F und Verlängerung s ist in diesem Bereich konstant:

$$\frac{F}{s} = D = \text{konstant} \quad \text{oder} \quad F = D \cdot s \quad \text{oder} \quad s = \frac{F}{D}. \tag{18.1}$$

Man nennt D die **Federkonstante** oder **Federhärte**. Sie ist bei einer weicheren Feder kleiner; bei ihr braucht man zur gleichen Verlängerung s eine kleinere Kraft F (*Abb. 17.2*).

Versuch 21: Wiederhole Versuch 20 statt mit einer Stahlfeder mit einem Gummiband! Das Ergebnis zeigt *Abb. 18.1*. Hier ist die Kraft F der Verlängerung s nicht proportional; das *Hookesche* Gesetz gilt nicht; es ist also nicht selbstverständlich. — Oft hängt die Verformung auch davon ab, wie lange die Kraft einwirkt.

$F \sim s$ ist gleichwertig mit $F/s =$ konstant oder mit $F =$ konstant $\cdot s$. Man sagt allgemein:

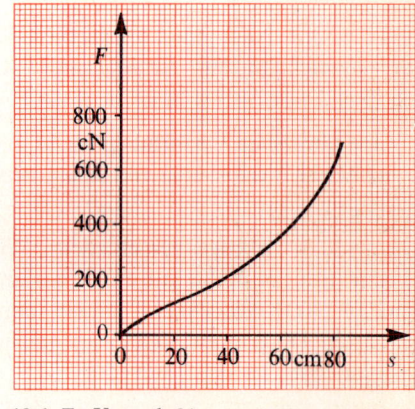

18.1 Zu Versuch 21

Ist eine Größe a zu einer anderen Größe b proportional ($a \sim b$), dann gilt $a = k \cdot b$. Die Konstante k heißt Proportionalitätsfaktor. Das Schaubild zeigt eine Gerade durch den Ursprung.

So ist nach der Gleichung $m = \varrho \cdot V$ bei einem Stoff mit konstanter Dichte ϱ die **Masse** m dem Volumen V proportional; die Dichte ϱ ist der Proportionalitätsfaktor.

Mit dem *Hookeschen* Gesetz haben wir ein Naturgesetz in mathematischer Form gefunden.

Versuch 22: Wiederhole Versuch 20 mit der gleichen Feder und mit den gleichen Kräften! Wenn die Feder in der Zwischenzeit nicht durch übermäßige Dehnung plastisch verformt wurde, findet man (im Rahmen der Meßfehler) die gleichen Verlängerungen. Man kann sogar mit

Gleichung (18.1) oder mit dem Schaubild die Ergebnisse von Messungen voraussagen, die bisher noch nicht durchgeführt wurden (siehe die Aufgaben). Dies bedeutet, daß gleiche Voraussetzungen *(Ursachen)* zuverlässig immer die gleichen Erscheinungen *(Wirkungen)* bedingen.

> **Naturgesetze erlauben sichere Voraussagen, soweit man in ihrem Gültigkeitsbereich bleibt.**

Aufgaben:
1. *Durch welche Gleichung ist die Federkonstante (Federhärte) definiert? Forme die Gleichung so um, daß man die Kraft beziehungsweise die Verlängerung berechnen kann!*
2. *Eine Feder wird durch dieselbe Kraft 3mal so stark verlängert wie eine andere. Wie verhalten sich ihre Federkonstanten? Welche von beiden ist weicher? — Zur gleichen Verlängerung einer Feder braucht man die doppelte Kraft wie bei einer andern. Wie verhalten sich ihre Federhärten?*
3. *Kraftmesser zeigen bei einer Verlängerung um 10 cm Kräfte von 0,1 N; 1 N; 5 N beziehungsweise 10 N. Berechne die Federkonstanten!*
4. *Entnimm Abb. 17.2 für beide Federn die Verlängerung s bei der Belastung $F = 150$ cN! Welche Kräfte verlängern die Federn um 25 cm? Wie groß ist die Konstante D für beide Federn?*
5. *Woran erkennt man in Abb. 17.2, daß die rote Gerade zur weicheren Feder gehört?*

§ 5 Kräftegleichgewicht; Kraft und Gegenkraft

Auf Seite 11 stellten wir fest: Zwei Kräfte sind gleich groß, wenn sie eine Feder gleich stark verlängern. Beim Tauziehen zeigt sich auf andere Weise, ob zwei Mannschaften gleich stark sind *(Abb. 19.1)*: Wenn ihre entgegengesetzt gerichteten Kräfte $\vec{F}_1$ und $\vec{F}_2$ gleiche Beträge haben ($F_1 = F_2$), so bleibt das Tau in Ruhe (es wird höchstens etwas verlängert); an ihm besteht **Kräftegleichgewicht**. Da die Kräfte entgegengesetzt gerichtet sind, schreiben wir für die Vektoren: $\vec{F}_1 = -\vec{F}_2$ *(Abb. 19.1)*.

19.1 Gleichgewicht der Kräfte beim Tauziehen: $\vec{F}_1 = -\vec{F}_2$.

> **Wirken auf ein und denselben Körper zwei entgegengesetzt gerichtete Kräfte $\vec{F}_1$ und $\vec{F}_2$ von gleichem Betrag ($F_1 = F_2$), dann bleibt der Körper in Ruhe. An ihm herrscht Kräftegleichgewicht. Es gilt:**
> $$\vec{F}_1 = -\vec{F}_2.$$
> **Der Körper wird in Bewegung gesetzt, wenn kein Kräftegleichgewicht besteht.**

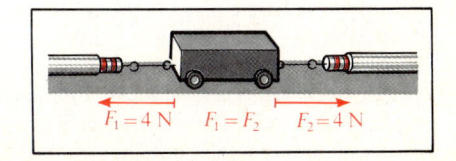

19.2 Kräftegleichgewicht am Wagen

Das Teilgebiet der Mechanik, das sich mit dem Gleichgewicht der Kräfte beschäftigt, nennt man **Statik** (stare, lat.; stehen bleiben). Sie spielt zum Beispiel beim Konstruieren und Berechnen von Brücken, Kranen usw. eine große Rolle. — Das Beschleunigen von Körpern, etwa das Anfahren von Autos, behandelt man in der **Dynamik.** Mit ihr beschäftigen wir uns in der zweiten Hälfte des Buches.

Wenn beim Tauziehen die linke Mannschaft das Tau losläßt, so zieht es die rechte leicht weg. Wurde es aber links an einem Baum befestigt *(Abb. 20.1)*, so herrscht wieder Gleichgewicht. Dabei ersetzt der Baum die linke Mannschaft: Sein elastischer Stamm biegt sich so weit zur Seite, bis er die zum Gleichgewicht nötige zweite Kraft ausübt. Sie zieht am Seil nach *Abb. 20.1* mit 500 N nach links. Bei einem dünnen, elastischen Baum erkennen wir diese Kraft leicht, wenn wir den Stamm wieder in die Ausgangslage zurückschnellen lassen. Bei dicken Stämmen genügt eine kleine, kaum merkliche Verformung.

Wenn wir das Seil als Körper A, den Baum als Körper B ansehen, so können wir verallgemeinern:

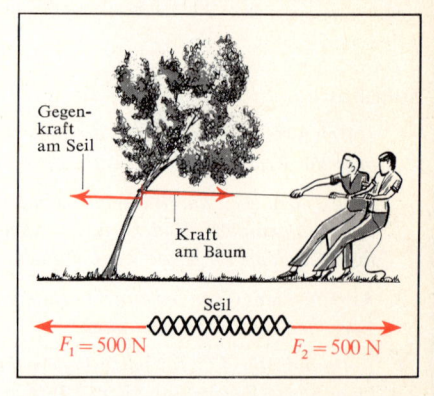

20.1 Das Seil zieht am Baum mit 500 N nach rechts; der Baum zieht am Seil mit der Gegenkraft 500 N nach links.

> **Ein Körper (A) kann eine Kraft auf einen zweiten (B) ausüben. Greift der Körper A mit der Kraft $\vec{F}_1$ am Körper B an, so übt B auf A die Gegenkraft $\vec{F}_2 = -\vec{F}_1$ von gleichem Betrag und entgegengesetzter Richtung aus.**

Versuch 23: Lege ein Lineal mit beiden Enden auf Holzklötze und beschwere es in seiner Mitte durch ein Wägestück! Das Wägestück übt seine Gewichtskraft $\vec{G}$ auf das Lineal (als Kraft $\vec{F}_2$) aus und verbiegt es *(Abb. 20.2)*. Dabei entsteht im Lineal eine nach oben gerichtete, elastische Kraft, die auf das Wägestück als $\vec{F}_1$ einwirkt. Sie hält der nicht gezeichneten Gewichtskraft $\vec{G}$ des Wägestücks das Gleichgewicht.

> **Häufig wird die zum Gleichgewicht nötige zweite Kraft als Gegenkraft von einem verformten elastischen Körper erzeugt.**

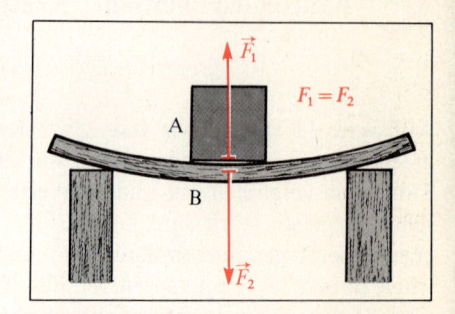

20.2 Im verbogenen Lineal entsteht eine elastische Gegenkraft F_1 zur Kraft F_2, die der Körper A ausübt. Mit der Gegenkraft F_1 wirkt das Lineal (B) auf A zurück. Beachte die Angriffspunkte!

Versuch 24: Lasse einen Magneten und ein Eisenstück je auf einem Korken schwimmen! Sie ziehen sich gegenseitig mit den Kräften $\vec{F}_1$ und $\vec{F}_2$ an und schwimmen aufeinander zu. $\vec{F}_1$ und $\vec{F}_2$ greifen an zwei verschiedenen Körpern an und sind *Kraft* und *Gegenkraft*. Solange beide Körper aufeinander zuschwimmen, besteht noch *kein Gleichgewicht*. Erst wenn sie sich berühren, verformen sie sich gegenseitig ein wenig und erzeugen so die zum Gleichgewicht nötigen Gegenkräfte. Dann bleiben Magnet und Eisen in Ruhe, obwohl sie starke Kräfte aufeinander ausüben. *Beachte: Kraft und Gegenkraft greifen stets an verschiedenen Körpern an, Gleichgewichtskräfte dagegen am gleichen Körper!*

Zieht man an einem Kraftmesser mit der Kraft $\vec{F}$, so wird seine Feder so weit gedehnt, bis sie eine gleich große, entgegengesetzt gerichtete elastische *Rückstellkraft* $-\vec{F}$ ausübt. Mit ihr wirkt der Kraftmesser auf den an ihm ziehenden Körper zurück.

Versuch 25: Man zieht an einem Kraftmesser, dessen anderes Ende frei ist; er wird in Bewegung gesetzt, aber nicht verlängert. Will man eine Kraft $\vec{F}$ messen, so muß am anderen Ende die gleich große, entgegengesetzt gerichtete Kraft $-\vec{F}$ angreifen. Beide Kräfte verlängern die Feder und halten sich dann das Gleichgewicht.

§ 6 Die Reibung

Presse Deine Hand auf eine Tischplatte und ziehe sie dabei weg! Du spürst bei diesem Reibungsvorgang deutlich eine *hemmende Kraft*.

Versuch 26: Lege nach *Abb. 21.1* zwei Bürsten so aufeinander, daß die Borsten ineinandergreifen! Ziehe die obere Bürste mit der Kraft $\vec{F}$ nach rechts! Dabei werden die Borsten der unteren Bürste nach rechts gebogen; deshalb wirken sie mit der *Gegenkraft* $\vec{R}$ auf die obere Bürste zurück, und zwar nach links, das heißt der Bewegung entgegen. Diese *Gegenkraft* hemmt die Gleitbewegung; man nennt sie **Gleitreibungskraft** R. Da die Oberflächen von Körpern immer etwas rauh sind (*Abb. 21.2*), tritt diese Gleitreibungskraft stets auf, wenn Körper aneinander gleiten. Sie ist um so größer, je rauher die Gleitflächen sind und je stärker man die beiden Körper aufeinander preßt. Deshalb wird ein Fahrzeug um so schneller gebremst, je kräftiger man die Bremsbacken gegen die mit dem Rad umlaufende Bremstrommel drückt (*Abb. 23.1 und 23.2*). Hochpolierte Flächen gleiten dagegen mit geringer Reibung aneinander, verringern also die Gleitreibungskraft. Die in *Abb. 21.2* vergrößert dargestellten Rauhigkeiten sind hier unbedeutend.

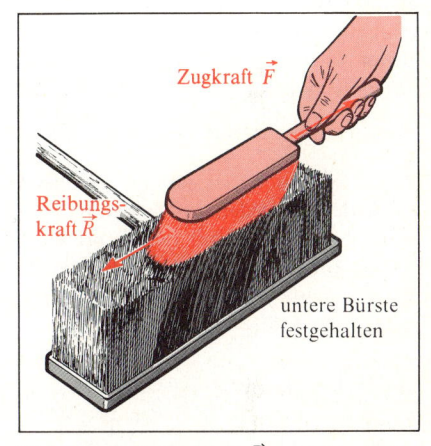

21.1 Die Reibungskraft $\vec{R}$ entsteht als Gegenkraft der verbogenen Borsten.

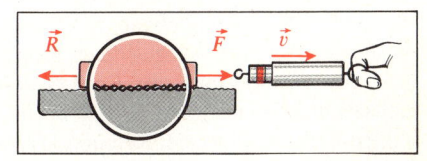

21.2 Die Reibung kommt durch die Rauhigkeiten der gleitenden Flächen zustande. Im Kreis sind sie mikroskopisch vergrößert.

Versuch 27: Setze den Klotz nach *Abb. 21.2* mit dem Kraftmesser vorsichtig in Bewegung! Solange der Klotz noch auf der Unterlage haftet, kann man stärker an ihm ziehen als nachher beim gleichförmigen Gleiten. Wenn nämlich zwei Körper aneinander *haften*, so verzahnen sich die Unebenheiten stärker ineinander als beim raschen Hinweggleiten. Obwohl man bei „Reiben" zunächst nur an Bewegungsvorgänge denkt, entstammen die Kräfte beim Haften den gleichen Ursachen wie beim Gleiten. Man spricht hier von einer **Haftreibungskraft** R'. Sie tritt auch bei den Bürsten nach *Abb. 21.1* auf und ist stärker als die Gleitreibungskraft R.

22 Mechanik

Versuch 28: Lege nach *Abb. 22.1* ein Stück Eisen auf Bleistifte und ziehe es mit einem Kraftmesser weg! Die hemmende **Rollreibungskraft** ist viel kleiner als die Reibungskraft beim Gleiten. Die Unebenheiten können wie die Zähne zweier Zahnräder aufeinander abrollen und hemmen die Bewegung nur wenig. Allerdings gleitet das Rad eines Wagens im allgemeinen mit seiner Nabe auf dem Zapfen der Achse. Doch kann man diese Stelle fein polieren oder gar mit Kugel- oder Rollenlagern *(Abb. 22.2)* versehen. Dann wird auch dort das Gleiten durch ein Abrollen ersetzt. Wir haben gefunden:

> **Haftreibungskraft > Gleitreibungskraft > Rollreibungskraft**

Bringt man Öl oder Fett zwischen reibende Flächen, zum Beispiel ins Achslager von Rädern, so bildet sich dort ein dünner Flüssigkeitsfilm aus. Die festen Teile berühren und verzahnen sich nicht mehr; nur die anliegenden Ölschichten gleiten aneinander. Man muß nur noch die kleine *Flüssigkeitsreibung* überwinden (Seite 48). Deshalb schmiert oder ölt man in der Technik alle Gleitstellen.

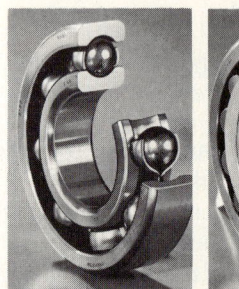

Vom Radfahren her ist als weitere bewegungshemmende Kraft der **Luftwiderstand** bekannt. Im Gegensatz zur Gleitreibung wächst er mit der Geschwindigkeit stark an. Das gleiche gilt vom Widerstand, den ein Boot oder ein Schwimmer im Wasser erfährt. Deshalb erfordert schnelles Schwimmen große Kräfte.

22.1 Rollreibung

22.2 Kugellager (links) und Rollenlager (rechts)

Ein Holzklotz von 1 kg Masse wird über einen Steinboden gezogen und durch die Gewichtskraft $G = 10$ N auf diesen gepreßt. Um den haftenden Klotz in Bewegung zu setzen, braucht man die Kraft 7 N. Die *Haftreibungskraft* R' ist also der Bruchteil $f' = \frac{7}{10}$ der Kraft G, mit der die reibenden Flächen aneinandergepreßt werden. In *Tabelle 22.1* ist diese **Haftreibungszahl** f' für verschiedene Stoffpaare angegeben. — Beim *Gleiten* muß man nur $R = 3$ N aufbringen. Die **Gleitreibungszahl** f ist also $f = R/G = \frac{3}{10}$. Sie ist kleiner als f'. Beide Zahlen erlauben es, die Reibungskräfte bei waagerechter Unterlage aus der Gewichtskraft G zu berechnen:

> | | | |
> |---|---|---|
> | **Gleitreibungskraft** | $R = f \cdot G$ | (22.1) |
> | **Haftreibungskraft** | $R' = f' \cdot G$ | (22.2) |

Tabelle 22.1
Haftreibungszahl f' und Gleitreibungszahl f

Stoffpaar	Haften f'	Gleiten f
Stahl auf Stahl	0,15	0,05
Holz auf Holz	0,6	0,5
Holz auf Stein	0,7	0,3
Schlittschuh auf Eis	0,03	0,01
Gummi auf Straße	0,6	0,3
Riemen auf Rad	0,7	0,3

Beispiel: Eine Holzkiste mit der Gewichtskraft $G = 500$ N liegt auf einem waagerechten Steinboden. Da nach *Tabelle 22.1* die Haftreibungszahl $f' = 0,7$ ist, braucht man zum Anschieben mindestens die Kraft $R' = f' \cdot G = 350$ N. Wenn die Kiste gleitet, so ist die Gleitreibungskraft $R = f \cdot G = 0,3 \cdot 500$ N $= 150$ N zu überwinden. Bei einer schiefen Unterlage ersetzt man die Gewichtskraft G durch die sog. Normalkraft an der schiefen Ebene (Seite 37).

Technische Anwendungen

Die Gleitreibung ist — abgesehen vom Abbremsen der Fahrzeuge — meist unerwünscht. Dagegen ist die Haftreibung oft unentbehrlich: Sie verhindert das Rutschen des Keilriemens beim Automotor und das Ausgleiten beim Gehen. Bei Glatteis streut man Sand auf den Gehweg, die Straßenbahnschienen und die Straße, um die nötigen Rauhigkeiten zu vergrößern. Gebirgsschuhe erhalten Nägel, Gummisohlen und Autoreifen ein „Profil". Bei abgefahrenem Reifenprofil sind auf nasser Straße oder auf Glatteis die Gleit- und Haftreibungskräfte so klein, daß die Fahrzeuge leicht seitlich rutschen (schleudern) oder viel zu große Bremswege haben. Ohne Reibung könnte man die Fäden aus einem Gewebe oder einer Naht leicht herausziehen; Knoten würden nicht halten.

Bei der Eisenbahnbremse und der Felgenbremse im Fahrrad werden die feststehenden Bremsbacken gegen die Lauffläche bzw. die Felge des Rades von außen, bei der Trommelbremse der Kraftfahrzeuge *(Abb. 23.1)* gegen die umlaufende Bremstrommel von innen gepreßt. Ähnlich arbeitet die Rücktrittbremse des Fahrrads. Die Scheibenbremse zeigt *Abb. 23.2*.

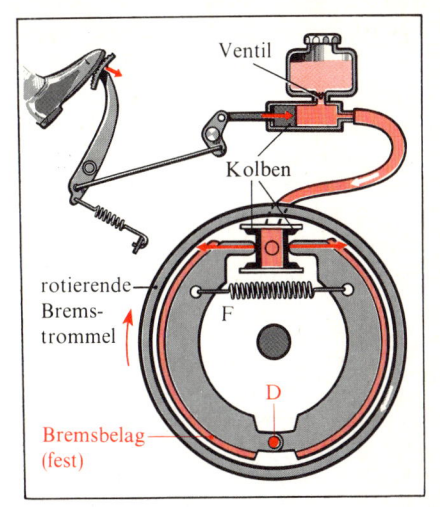

23.1 Trommelbremse. Wenn man die Bremsflüssigkeit mit dem Bremspedal unter Druck setzt, so preßt sie die beiden Bremskolben auseinander und die beiden Bremsbeläge von innen gegen die mit dem Rad umlaufende Bremstrommel. Bei D sind die Bremsbeläge drehbar befestigt. Sie werden bei Nichtgebrauch der Bremse von der Feder F nach innen gezogen.

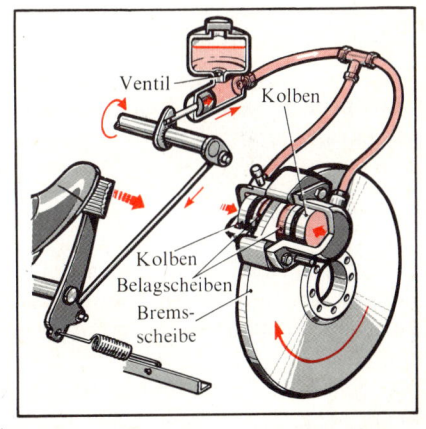

Aufgaben:

1. *Unterscheide beim Hinterrad eines Fahrrads die drei Zustände Rollen, Gleiten und Haften! Wann sind sie erwünscht, wann nicht? — Welche Bedeutung hat das Reifenprofil beim Rollen, Gleiten und Haften des Rades auf der Straße?*
2. *Wann ist eine große Haftreibungskraft unerwünscht, wann eine große Gleitreibungskraft?*
3. *Untersuche die Vorderradbremse Deines Fahrrads!*
4. *Arbeite am selben Werkstück mit einer rauhen und einer abgeschliffenen Feile! Vergleiche die nötigen Kräfte!*
5. *Welche Rolle spielt die Reibung an der Kletterstange?*
6. *Du willst eine schwere Kiste wegschieben. Die Haftreibung verhindert es. Besteht Kräftegleichgewicht?*
7. *Warum dürfen Bremsbeläge nicht naß oder gar ölig werden?*
8. *Welche Gleitreibungskraft erfährt eine Person von 700 N Gewicht beim Schlittschuhlaufen?*
9. *Ein Auto hat eine Masse von 1000 kg; seine 4 Räder sind blockiert. Mit welcher Kraft muß man schieben?*

23.2 Scheibenbremse. Die beiden Bremskolben pressen die Belagscheiben von links und rechts gegen die umlaufende Bremsscheibe, wenn man die Bremsflüssigkeit beim Betätigen des Bremspedals unter Druck setzt. Die bei jedem Bremsvorgang entwickelte Wärme wird bei der Scheibenbremse durch den Fahrwind gut abgeführt, so daß die Bremsen nicht so schnell heiß laufen und dann nicht mehr gut greifen (Fading). Hierin ist die Scheibenbremse der Trommelbremse überlegen.

§ 7 Einfache Maschinen (Maschinenelemente)

Man will Ziegel ins Dachgeschoß bringen. Trägt man sie über die Treppe, so muß man jedes Mal seinen Körper mit hochschaffen. Deshalb zieht man die Ziegel mit einem Seil vom Giebelfenster aus hoch. Das Seil verlängert künstlich den Arm; es überträgt den *Angriffspunkt* der Muskelkraft nach unten auf die Ziegel. Dabei ändert es *Betrag* und *Richtung* dieser Kraft nicht (wenn man vom Seilgewicht absieht). Dies zeigt der folgende Versuch:

Versuch 29: Ziehe nach *Abb. 24.1* am rechten Kraftmesser mit 1 N! Die beiden andern zeigen auch 1 N an. (Siehe Versuch 25 auf Seite 21!)

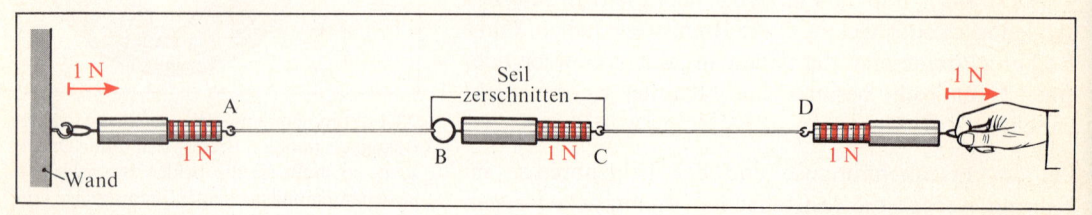

24.1 Das Seil überträgt die rechts ausgeübte Zugkraft 1 N unverändert. An jedem Seilstück (zum Beispiel an AB) und an jedem Kraftmesser besteht Gleichgewicht.

Nach *Abb. 24.1* zieht der linke Kraftmesser mit der Kraft 1 N an der Wand nach rechts; diese übt auf ihn — und damit auf das Seil — die Gegenkraft 1 N nach links aus. Da rechts die Hand am ganzen Seilzug mit 1 N nach rechts zieht, besteht am Seil Kräftegleichgewicht. Wie der mittlere Kraftmesser zeigt, herrscht im Seil die Zugkraft 1 N (selbst wenn auch links eine Hand mit 1 N zöge).

> **In einem gespannten Seil herrscht überall die gleiche Zugkraft.**

Seile werden angewandt beim Abschleppen von Autos, bei Aufzügen, Kränen und Seilbahnen. Man findet sie als Glockenseil, Angelschnur, Ankerkette, *Bowdenzug* am Fahrrad zum Bedienen der Bremsen (hier läuft das Seil in einem biegsamen Führungsrohr; *Bowden*, engl. Erfinder).

Mit einem Seil kann man zwar ein Auto abschleppen. Doch verhindert es nicht, daß das Auto auf den Zugwagen auffährt. Deshalb benutzt man zwischen Auto und Anhänger eine feste Stange als Kupplung. Sie kann *Zug-* und *Schubkräfte* übertragen. Beachte in *Abb. 42.2* die Pleuelstange der Kolbenmaschine. (Auf Seite 38 werden wir sehen, daß eine Stange auch noch als Hebel wirken kann: dann gelten andere Gesetze.)

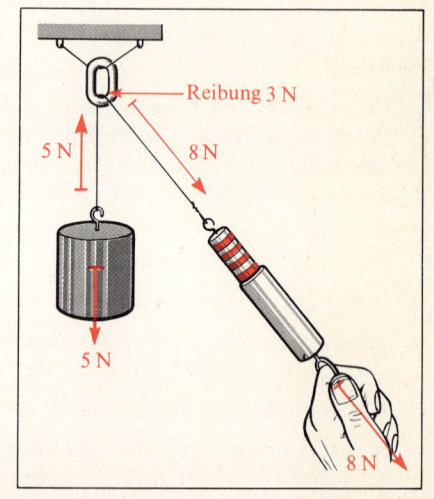

24.2 Im Ring tritt eine Reibungskraft von 3 N auf; man muß mit 8 N ziehen.

> **Ein Seil überträgt Zugkräfte, eine Stange Zug- und Schubkräfte, ohne Betrag und Richtung zu verändern. Dabei wird der Angriffspunkt der Kraft verlagert.**

§ 7 Einfache Maschinen (Maschinenelemente)

In dem hier anfangs angeführten Beispiel ist es unbequem und gefährlich, die Ziegel vom Giebelfenster aus nach oben zu ziehen. Wenn man nach *Abb. 24.2* das Seil durch einen Ring laufen läßt, kann man viel bequemer nach unten ziehen; am Ring ändert sich die *Richtung* der Kraft. Doch muß man, wie der Kraftmesser zeigt, wegen der Reibung viel mehr Kraft aufwenden. Um diese Reibung zu verkleinern, könnte man das ganze Seil schmieren. Viel besser ist es, das Seil nach *Abb. 25.1* über eine **Rolle** zu legen. Sie dreht sich in einer *Gabel* und muß nur in den festen Achslagern geölt werden. Wenn man diese poliert oder gar mit Kugellagern ausstattet, so ist gegen die Reibung nur noch eine geringe Kraft aufzuwenden:

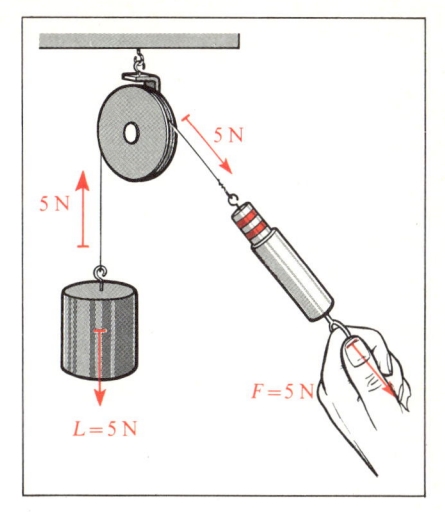

25.1 An der festen Rolle tritt keine merkliche Reibung auf; man muß nur mit 5 N ziehen.

| An der ortsfesten Rolle herrscht Gleichgewicht, wenn die Kräfte auf beiden Seiten gleich groß sind. Die ortsfeste Rolle lenkt eine Kraft in eine andere Richtung um. |

Versuch 30: Nach *Abb. 25.2* wird links eine sogenannte **lose Rolle** in eine Seilschlinge gelegt. Die Last hängt mit ihrer Gewichtskraft an der Gabel der losen Rolle. Wie die Kraftmesser zeigen, verteilt sich die Gewichtskraft von Last und loser Rolle (zusammen $L = 6$ N) gleichmäßig auf die beiden Stücke der Seilschlinge; jeder Unterschied würde sofort durch eine kleine Drehung der reibungsfrei gelagerten Rolle ausgeglichen. Um Gleichgewicht zu halten, müssen beide Seilstücke an der losen Rolle mit je $F = L/2$ nach oben ziehen. Man braucht deshalb am rechten Seilende nur die Kraft $F = L/2 = 3$ N. Die andere Hälfte der Last wird vom Balken bei A getragen.

Versuch 31: Hebe die Last um 1 m! Der *Lastweg* beträgt 1 m. Jedes der beiden Stücke der Seilschlinge, in der die lose Rolle hängt, ist um je 1 m zu verkürzen. Man muß deshalb das Seilende rechts um 2 m nach unten ziehen; der *Kraftweg* beträgt 2 m.

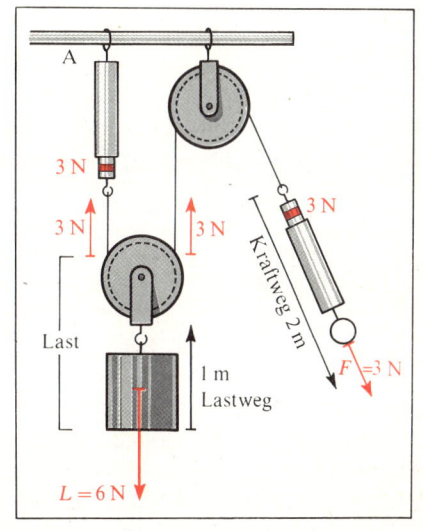

25.2 Die beiden Seilstücke halten die lose Rolle und damit je die Hälfte der Last $L = 6$ N. Die Kraft im Seil beträgt 3 N.

| An der losen Rolle halbiert das Aufhängen der Last an zwei Seilstücken die zum Gleichgewicht nötige Kraft F in einem Seilstück: $F = L/2$ (L = Gewicht von Last und Rolle). Zum Heben der Last braucht man die halbe Kraft längs des doppelten Wegs. |

Wenn ein Mann höchstens mit der Kraft $F = 600$ N am Seil ziehen kann, so hebt er mit der losen Rolle eine Last mit der Gewichtskraft $L = 1200$ N. Der Balken, an dem die beiden Rollen nach *Abb. 25.2* befestigt sind, muß allerdings die Kraft 1800 N aushalten (vom Rollengewicht ist abgesehen).

Versuch 32: Nach *Abb. 26.1* werden mehrere lose und feste Rollen in zwei Gabeln *(Flaschen)* gehängt. Ein Seil ist über die Rollen geschlungen; fahre ihm mit dem Bleistift nach! Das Gewicht L der Last hängt insgesamt in 2 Seilschlingen, verteilt sich also auf 4 Seilstücke. Jedes zieht an der Last mit $F=L/4$ nach oben. Deshalb braucht man bei diesem **Flaschenzug** am rechten Seilende nur die Kraft $F=L/4$:

> **Hängt beim Flaschenzug die Last L an n Seilstücken, so braucht man zum Gleichgewicht im Seil nur den n-ten Teil der Last: $F=L/n$.**
>
> **Der Kraftweg ist n-mal so groß wie der Lastweg.**

Die Kraft wird nicht durch die *Rollen* verkleinert, sondern dadurch, daß die Last an mehreren *Seilstücken* hängt. In der Technik werden die Rollen nicht über-, sondern nebeneinander auf eine Achse gesetzt.

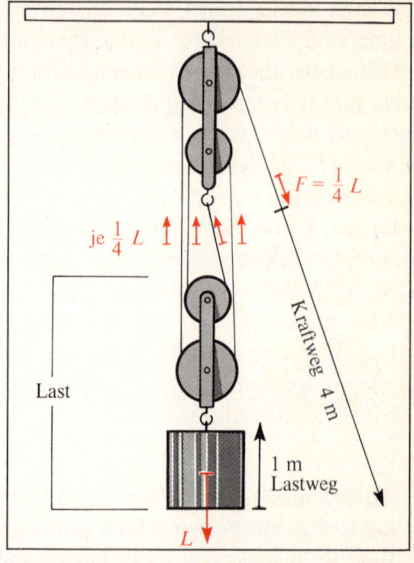

26.1 Flaschenzug mit 2 ortsfesten und 2 losen Rollen. Jedes Seilstück trägt 1/4 der Last.

§ 8   Arbeit, Energie, Leistung

1. Die Arbeit

Ein Arbeiter soll einen Sack von 600 N Gewichtskraft in ein 10 m höheres Stockwerk heben. Nach *Abb. 26.2, rechts*, zieht er ihn mit einem Seil, das über eine feste Rolle gelegt ist, hoch. Dabei muß er die Kraft $F_{s_1} = 600$ N längs des Weges $s_1 = 10$ m ausüben. Der Index s bei F_s zeigt, daß die Kraft *in der Richtung des Weges s* wirkt. Mit einer losen Rolle kann der Mann den Sack auch 10 m hochschaffen, das heißt an ihm die *gleiche Arbeit* verrichten. Dabei braucht er nur die halbe Kraft $F_{s_2} = 300$ N längs des doppelten Wegs $s_2 = 20$ m. Das Produkt

$$F_s \cdot s = 600 \text{ N} \cdot 10 \text{ m} = 300 \text{ N} \cdot 20 \text{ m} = 6000 \text{ N m}$$

bleibt gleich. Benutzt der Arbeiter einen Flaschenzug mit 6 Rollen, so braucht er die Kraft $F_{s_3} = 100$ N längs des Weges $s_3 = 6 s_1 = 60$ m. Wieder hat er die *gleiche Arbeit an der Last* verrichtet, das heißt sie um 10 m gehoben.

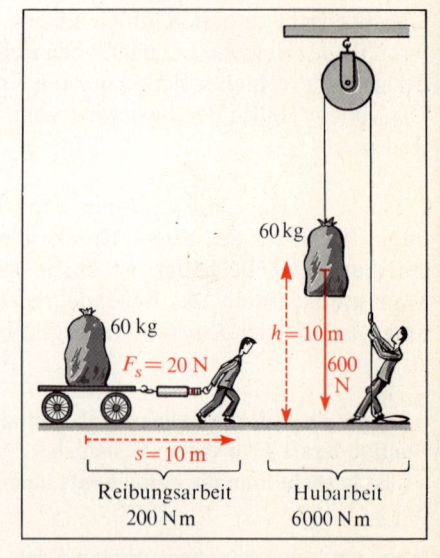

26.2 Rechts: An der Last wird beim Heben *Hubarbeit* verrichtet. Links wird *Reibungsarbeit* zum Ziehen des Wagens aufgewandt.

Wieder ist das Produkt $F_s \cdot s = 100 \text{ N} \cdot 60 \text{ m} = 6000 \text{ N m}$ gleich. Dieses Produkt ist *unabhängig* davon, welche Hilfsmittel der Mann benützt. *Zudem gibt es an, wieviel er gearbeitet hat:* Würde er 2 Säcke um 30 m hochschaffen, so wäre in allen besprochenen Fällen die Kraft F_s in der Wegrichtung doppelt und der Weg s dreifach, das Produkt $F_s \cdot s$ sechsfach *(Abb. 27.1, rechts)*. Dieses Produkt $W = F_s \cdot s$ nennen wir die *an der gehobenen Last verrichtete Arbeit W* (*W* kommt von work, engl.; Arbeit):

$L = F \cdot S \quad L = G \cdot h$

> **Die Arbeit W wird berechnet durch das Produkt aus dem Weg s und der Kraft F_s in der Wegrichtung:**
>
> $$W = F_s \cdot s. \quad (27.1)$$
>
> **Durch einfache Maschinen kann man Arbeit nicht einsparen; man kann sie sich aber günstiger einteilen.**

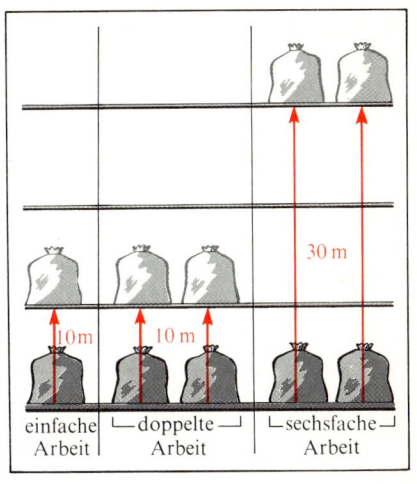

27.1 Die Arbeit hängt von Kraft *und* Weg ab und ist das Produkt aus beiden. Man muß rechts mit 1 Sack 6 Treppen steigen.

Die Arbeit zum *Heben* eines Körpers vom Gewicht G um den Höhenunterschied h nennt man **Hubarbeit** W_H. Sie beträgt $\qquad W_H = G \cdot h. \qquad (27.2)$

Die Einheit der Arbeit $1 \text{ N} \cdot 1 \text{ m} = 1 \text{ Nm}$ nennt man **1 Joule** (Kurzzeichen **J**) nach dem englischen Physiker *J. P. Joule* (1818 bis 1889). Sie ist im Einheitengesetz wie folgt definiert:

> **1 Joule (J) ist gleich der Arbeit, die verrichtet wird, wenn der Angriffspunkt der Kraft 1 N in Richtung der Kraft um 1 m verschoben wird. 1 J = 1 Nm (Newton-Meter).**

Abb. 26.2 erläutert, warum man stets die Kraft F_s in der Wegrichtung nehmen muß: Der linke Mann zieht den Sack mit 600 N Gewicht leicht auf dem Wagen weg. Der Kraftmesser zeigt, daß er nur die Kraft $F_s = 20 \text{ N}$ *in der Wegrichtung* braucht (gegen die Reibung und zum Anfahren). Die Arbeit beträgt $W = F_s \cdot s = 200 \text{ J}$. Die Gewichtskraft 600 N, die beim Heben eine Rolle spielt, steht hier senkrecht zur Verschiebung s und wird von der Straße getragen. Sie ist in diesem Fall für die Berechnung der Arbeit belanglos.

Das Wort „*Arbeit*" ist im täglichen Leben vieldeutig (Aufgabe 2). Wir müssen uns davor hüten, aus der *Ermüdung* unserer Muskeln auf die Größe der *an einem Körper verrichteten Arbeit* zu schließen: Wenn man sich mit den Armen an einer Stange 10 m hochhangelt, so verrichtet man im Sinne der Physik am eigenen Körper ($G = 800 \text{ N}$) die gleiche Arbeit 8000 J, wie wenn man auf einer bequemen Leiter 10 m hochsteigt. Die Arme ermüden hier schneller als die Beine. Dies gibt das subjektive Gefühl größerer Anstrengung. – Man wird auch müde, wenn man einen Sack längere Zeit in gleicher Höhe *hält*. Da der Weg s Null ist, verrichtet man dabei an der Last keine Arbeit im Sinne der Physik: Es gilt $W = F_s \cdot s = 0$. Man hätte den Sack auch auf einen Tisch stellen können. Zum *Heben*, das heißt zum Verrichten von Arbeit, braucht man jedoch die Muskeln oder sogenannte *Arbeitsmaschinen* (Elektromotoren, Dampfmaschinen usw.).

> **Beim Heben eines Körpers verrichtet man an ihm Arbeit, nicht aber beim Halten in gleicher Höhe.**

2. Energie

Eine *Uhr* läuft nur dann ständig, wenn an ihr ununterbrochen *Arbeit* verrichtet wird; denn die vielen Räder reiben ihre Zähne aneinander, auch reiben die Achsen in den Lagern. Da wir selbst die Uhr nicht ständig antreiben können, „ziehen" wir sie von Zeit zu Zeit auf: Bei einer Kuckucksuhr heben wir das Antriebs„gewicht", bei anderen Uhren spannen wir Federn. In beiden Fällen *wenden wir Arbeit auf*. So ist das Gewichtsstück infolge seiner *erhöhten Lage* fähig geworden, am Räderwerk Arbeit zu verrichten; die Feder kann Arbeit verrichten, solange sie gespannt ist. Man sagt: Durch den *Arbeitsaufwand* habe das Gewichtsstück **Lageenergie,** die Feder **Spannungsenergie** bekommen. Je höher wir anheben oder je stärker wir spannen, desto mehr Arbeit müssen wir am Gewichtsstück oder an der Feder aufwenden. Um so mehr Arbeit können diese dann ihrerseits an der Uhr verrichten, das heißt um so länger können sie diese antreiben. Unten angekommen hat das Gewichtsstück seine Lageenergie verloren; die entspannte Feder ist nicht mehr arbeitsfähig. Wohin kam diese Energie? Wir wissen, daß sich beim Reiben die Temperatur erhöht; man denke an das Heißlaufen von Bremsen. Die heißen Bremsen geben *Wärme* ab. Auch an den Reibungsstellen der Uhr wird die Energie in Wärme umgesetzt und abgegeben.

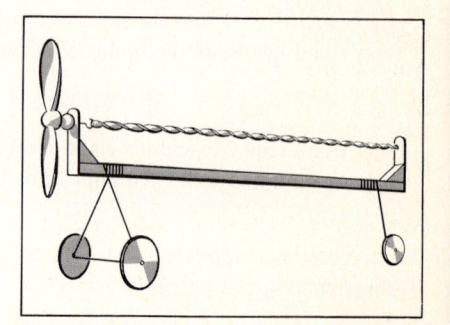

> **Die Fähigkeit eines Körpers, Arbeit zu verrichten oder Wärme abzugeben, nennt man Energie. Verrichtet ein Körper Arbeit oder gibt er Wärme ab, dann sinkt seine Energie. Verrichtet man umgekehrt an einem Körper Arbeit, so nimmt seine Energie zu. Man mißt die Energie eines Körpers durch die Arbeit, die er verrichten kann.**

28.1 Die beim Verdrillen des Gummibands verrichtete Arbeit ist in ihm als Energie gespeichert.

Versuch 33: Wir heben einen großen Wasserball 2 m hoch, das heißt wir verrichten an ihm Arbeit und geben ihm *Lageenergie* (a in Abb. 28.2). Dann lassen wir den Ball fallen (v bedeutet Geschwindigkeit):

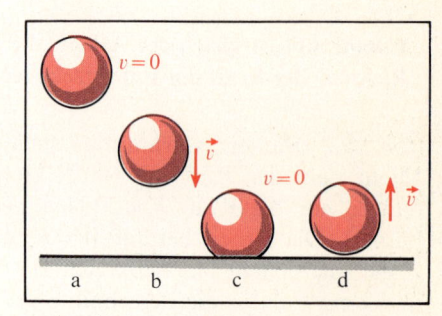

Seine *Lageenergie* nimmt ab, und er wird immer schneller (b), das heißt seine *Bewegungsenergie* wächst. Wenn der Ball den Boden zu berühren beginnt, so hat er das Maximum an *Bewegungsenergie*. Anschließend wird er etwas abgeplattet und kommt für einen Augenblick zur Ruhe. In diesem tiefsten Punkt haben sich *Bewegungs-* und *Lageenergie* voll in *Spannungsenergie* umgewandelt (c). Diese geht beim Zurückprallen wiederum in *Bewegungsenergie* über (d). Beim Hochsteigen wird der Ball langsamer und bekommt zunehmend *Lageenergie*. Oben ist er für einen Augenblick in Ruhe und hat wieder nur *Lageenergie* (a). Die beim Herabfallen eintretenden Energieumwandlungen sind rückgängig gemacht.

28.2 Bei einem hüpfenden Ball wandeln sich Lage-, Bewegungs- und Spannungsenergie ständig ineinander um.

> **Es gibt drei mechanische Energieformen: Lage-, Bewegungs- und Spannungsenergie. Bei mechanischen Vorgängen wandeln sich diese Energieformen ineinander um. Beim Auftreten von Reibungsarbeit geht jedoch mechanische Energie verloren.**

§ 8 Arbeit, Energie, Leistung 29

Der in *Abb. 28.2* am Boden abgeprallte Ball erreicht nicht mehr ganz die ursprüngliche Höhe wie zuvor; die Lageenergie im höchsten Punkt wurde also kleiner. Diese Energieverluste haben mehrere Ursachen: Der Ball erwärmt sich etwas beim Aufschlag. Vor allem verrichtet er ständig Arbeit gegen den *Luftwiderstand*. Vom schnellen Fahren auf dem Rad kennen wir diesen Arbeitsaufwand. Bei langsamen Bewegungen ist er klein. Dies zeigt der folgende Versuch:

Versuch 34: Eine schwere Kugel hängt an einem sehr langen Draht und wird ausgelenkt. Da sie dabei etwas angehoben wird, erhält sie *Lageenergie (Abb. 29.1)*. Diese wandelt sich beim Schwingen wie bei einer Schaukel in *Bewegungs-* und dann wieder in *Lageenergie* um. Geschwindigkeit und Luftwiderstand bleiben klein. Auch nach mehreren Schwingungen haben Ausschlag und Geschwindigkeit des Pendelkörpers kaum abgenommen; der Verlust an mechanischer Energie ist fast unmerklich. Im luftleeren Raum würde er nur noch wegen einer geringen Reibungskraft des Drahts an der Aufhängung eintreten. Ein *Satellit* kann um so länger die Erde *ohne Antrieb* umkreisen, je höher er fliegt, je dünner also die Luft ist. Schon seit Millionen von Jahren umkreist der *Mond* als ein solcher Satellit die Erde.

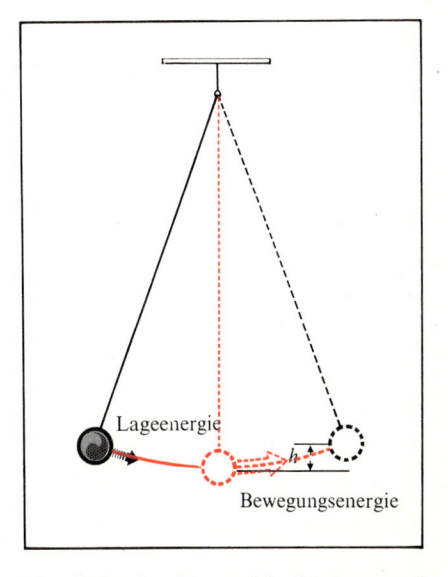

> **Wenn Reibung und Luftwiderstand fehlen, bleibt die mechanische Energie insgesamt erhalten.**

29.1 Beim Pendel wandeln sich Lage- und Bewegungsenergie periodisch ineinander um.

Die Energie der **Sonnenstrahlen** erwärmt uns. Sie läßt aber auch Wasser im Meer verdunsten und den Dampf in die Höhe steigen. Dort bilden sich Wolken, in denen sich der Wasserdampf zu Tröpfchen verdichtet hat. *Wolken* sind also Wassermengen mit viel Lageenergie. Man sammelt das aus ihnen stammende Regenwasser in hoch gelegenen *Stauseen*. Wenn es herabfließt, treibt es *Turbinen* und *Dynamomaschinen* an. Die *Lageenergie* wird in **elektrische Energie** umgesetzt:

Versuch 35: 3 m über dem Boden ist ein *Fahrraddynamo* befestigt *(Abb. 29.2)*. Auf seiner Achse sitzt eine Rolle, auf die ein Faden gewickelt wurde. Vom Boden heben wir unter Arbeitsaufwand ein 150 g-Stück und hängen es an den Faden. Nach einem kleinen Stoß sinkt es schnell herab; seine *Lageenergie* wandelt sich weitgehend in *Bewegungsenergie* um; nur ein kleiner Teil verrichtet im Dynamo *Reibungsarbeit*. Nun schließen wir an den Dynamo über eine Leitung elektrische Lämpchen an und wiederholen den Versuch. Das Wägestück sinkt

29.2 Mechanische Energie wird im Dynamo in elektrische Energie, diese in Licht und Wärme umgesetzt.

jetzt langsam ab und hat unten nur wenig Bewegungsenergie. Seine *Lageenergie* wurde weitgehend in *elektrische Energie* umgesetzt. Diese bringt die Glühfäden in den Lämpchen zum Leuchten; sie geben *Lichtenergie* und *Wärme* ab.

Diese *Energieumwandlungen* sind für unser heutiges Leben sehr wichtig. In der Kohle und im Mineralöl ist die Energie der Sonnenstrahlung vergangener Jahrmillionen in **chemischer Form** gespeichert. Sie wird beim Verbrennen in Dampfkesseln als **Wärme** an Wasser weitergeleitet. Dieses verdampft; die *Energie des heißen Dampfes* treibt Dampfturbinen oder Kolbenmaschinen an (Seite 120). Sie verrichten Arbeit und geben dabei die Energie in anderer Form weiter. Alle Energie auf der Erde stammt letztlich von der Sonne (Ausnahmen: Kernenergie, Gezeitenenergie, Vulkanismus).

Abschließend formulieren wir den *Zusammenhang* zwischen *Arbeit*, *Wärme* und *Energie*:
Wenn ein Körper A an einem Körper B Arbeit verrichtet oder ihm Wärme zuführt, so nimmt die Energie von A ab und die von B zu.

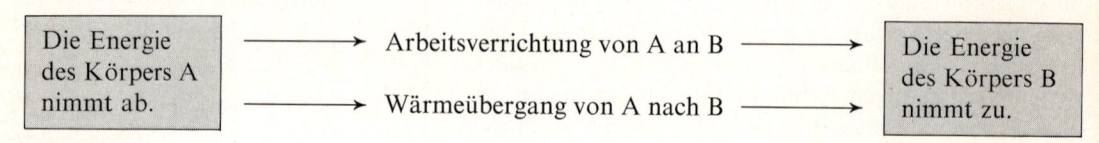

Die Energie des Körpers A nimmt ab.	→ Arbeitsverrichtung von A an B → → Wärmeübergang von A nach B →	Die Energie des Körpers B nimmt zu.

3. Leistung

Beim Berechnen der Arbeit W kümmerten wir uns nicht darum, wie *lange* man braucht, die Säcke hochzuschaffen. In der Gleichung $W = F_s \cdot s$ werden nur Kraft und Weg berücksichtigt, nicht aber die Zeit t. Natürlich ist es oft nicht gleichgültig, ob dieselbe Arbeit in einer oder in zwei Stunden verrichtet wird. Je *schneller* man eine bestimmte Arbeit ausführt, desto *mehr leistet man*. Deshalb nimmt man die *Arbeit je Zeiteinheit* als Maß für die **Leistung P** (in technischem Englisch bedeutet „power" Leistung):

Unter der Leistung P versteht man den Quotienten aus der verrichteten Arbeit W und der dazu gebrauchten Zeit t:
$$P = \frac{W}{t}. \tag{30.1}$$

Die Leistung P ist also um so größer, je größer die verrichtete Arbeit W (im Zähler) und je kleiner die hierzu gebrauchte Zeit t (im Nenner) sind. Die Angabe der verrichteten Arbeit allein genügt nicht, um die Leistung zu kennzeichnen.

Die **Einheit der Leistung** ist nach Gleichung (30.1) $1 \frac{N \cdot m}{s} = 1 \frac{J}{s}$. Man nennt sie zu Ehren des Erfinders der Dampfmaschine *James Watt* (1736 bis 1819) **1 Watt**.

1 W (Watt) = 1 J/s; 1 kW = 1000 W; 1 MW (Megawatt) = 1 000 000 W = 10^6 W.

Schafft ein Arbeiter 150 kg Kohle in 5 Minuten 12 m hoch, so ist während dieser Zeit seine Leistung

$$P = \frac{W}{t} = \frac{G \cdot h}{t} = \frac{1500 \, N \cdot 12 \, m}{300 \, s} = 60 \, \frac{Nm}{s} = 60 \, W.$$

§ 8 Arbeit, Energie, Leistung 31

Tabelle 31.1 Leistungen (ungefähre Werte)

Leistung eines Menschen während mehrerer Stunden	100 W
kurzzeitige Höchstleistung eines Menschen	2 kW
Leistung eines Personenwagens (VW 1200; 34 PS)	25 kW
Sportwagen (Mercedes 300 SL)	160 kW
Diesellokomotive	bis zu 3000 kW
Dampfturbine	bis zu 1200 MW
Schluchseekraftwerk	536 MW

Früher benutzte man die *Kraft*einheit 1 kp = 9,81 N, die Arbeitseinheit 1 kpm und die *Leistungs*einheit 1 kpm/s = 9,81 Nm/s = 9,81 W. Die Leistung von Maschinen gab man in „*Pferdestärken*" (PS) an:

$$1 \text{ PS} = 75 \text{ kpm/s} = 736 \text{ W} \approx \frac{3}{4} \text{ kW}.$$

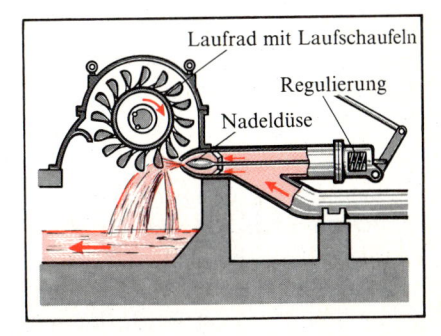

Versuch 36: Renne so schnell wie möglich eine gerade Treppe hoch und stoppe die Zeit ab! Berechne aus Deinem Gewicht und dem Höhenunterschied die verrichtete Arbeit! Bestimme dann Deine Leistung!

Versuch 37: Befestige auf der Achse eines kleinen Elektromotors einen Faden, der beim Laufen aufgewickelt wird und dabei ein geeignetes Wägestück langsam hochzieht! Berechne die Leistung des Motors!

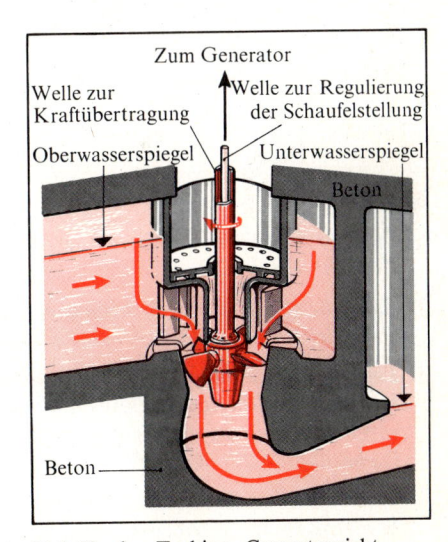

31.1 Pelton-Turbine

In modernen **Wasserkraftwerken** wandelt sich bei *hohem Gefälle* (100 – 1800 m) die *Lageenergie* des Wassers in der Düse am Ende der Druckleitung in *Bewegungsenergie* um. Mit großer Geschwindigkeit stürzt dann der Wasserstrahl auf die Schaufeln der **Freistrahl-** oder **Pelton-Turbine** *(Abb. 31.1)*. Eine im **Walchenseewerk** eingebaute Freistrahlturbine hat bei einem *Gefälle* von 195 m und einem Wasserdurchlauf von 9,4 m³/s die Leistung 15 000 kW. — Bei *kleinem Gefälle*, aber *großer Wassermenge*, laufen in *Flußkraftwerken* **Kaplan-Turbinen** *(Abb. 31.2)*. In ihnen wird zunächst durch *feststehende* Schaufeln das Wasser im Sinne des Uhrzeigers in Drehung versetzt, um dann auf die propellerartig geformten Flügel zu stoßen. Damit diese eine große Kraft erfahren, gibt man ihnen eine große Fläche (bis zu 7 m Durchmesser). Je nach der zur Verfügung stehenden Wassermenge neigt man die Schaufeln durch einen in die Achse eingebauten Mechanismus mehr oder weniger stark. Das Prinzip der angeschlossenen Generatoren wird auf Seite 236 erläutert. Diese beiden Turbinenarten werden bis zu einer Leistung von etwa 50 000 kW gebaut.

31.2 Kaplan-Turbine, Gesamtansicht

Die Einheit Watt ist von *elektrischen* Lampen und Heizgeräten her bekannt. Schaltet man zum Beispiel einen Heizofen ein, auf dessen Typenschild 2 kW steht, so läuft der Elektrizitätszähler sehr schnell; die Stromrechnung steigt. Die Maschinen im Elektrizitätswerk müssen eine um *P* = 2 kW größere Leistung aufwenden (siehe Versuch 35; wegen gewisser Verluste, die schon im E-Werk und unterwegs als Wärme frei werden, sogar etwas mehr). Ist der Heizofen während der Zeit $t=3$ h in Betrieb, so „läuft" der Zähler um $W=P\cdot t=2$ kW·3 h=6 kWh (**Kilowattstunden**) weiter. Die Zähleranzeige gibt das Produkt aus einer Leistung ($P=2$ kW) und einer Zeit ($t=3$ h). Dieses Produkt $W=P\cdot t$ ist nach Gleichung (30.1) die vom Elektrizitätswerk aufzubringende mechanische Arbeit W; 1 kWh ist also keine *Leistungs-*, sondern eine *Arbeits-* und *Energieeinheit*. 1 kWh kostet für den Haushalt etwa 12 Dpf.

$$1 \text{ kWh} = 1000 \text{ W} \cdot 3600 \text{ s} = 3\,600\,000 \text{ Ws} = 3\,600\,000 \text{ J} = 3{,}6 \cdot 10^6 \text{ J}.$$

Denn $1 \text{ W}\cdot\text{s}=1\frac{\text{J}}{\text{s}}\cdot\text{s}=1$ J ist die Einheit der *Arbeit*. Dieses Beispiel zeigt, mit welcher Sorgfalt man die Begriffe *Arbeit* und *Leistung* unterscheiden muß. Wir sagen nie „man leistet Arbeit", sondern „man verrichtet Arbeit" oder „man bringt Arbeit auf". Den Unterschied zwischen Arbeit und Leistung erläutert das folgende Beispiel: Ein Motor läuft mit der *konstanten* Leistung 10 kW. In 1 s verrichtet er 10 kJ an Arbeit, in 5 s das 5fache, nämlich 50 kJ usw. Während die Leistung konstant bleibt, steigt die verrichtete Arbeit proportional zur Zeit an.

Wir haben eine ganze Reihe von Begriffen wie *Federhärte* $D=F/s$, *Arbeit* $W=F_s\cdot s$, *Energie* und *Leistung* $P=W/t$ definiert, indem wir die Größen *Strecke* s, *Kraft* F und *Zeit* t verschiedenartig zusammensetzten. In der Umgangssprache werden diese Begriffe von „*Kraft*" kaum unterschieden. Doch braucht man diese exakten Begriffe, um physikalische Vorgänge wie etwa das Spannen von Federn unter *verschiedenen Gesichtspunkten* klar zu beschreiben: Mit dem Kraftmesser bestimmt man *Kräfte* durch die Verlängerung s einer Feder. Um harte Federn von weichen zu unterscheiden, genügt die Angabe einer Kraft nicht; wir führten den Quotienten $F/s=D$ ein. — Beim Spannen muß die Kraft *längs eines Weges s* wirken; man verrichtet *Arbeit*. Ist die Feder bis zu einer gewissen Marke verlängert, so braucht man keine weitere Arbeit; doch ist *Kraft* nötig, um sie am Zurückschnellen zu hindern.

Aufgaben:

1. *Durch welche Gleichung ist die Arbeit definiert? Wie ändert sich die Arbeit, wenn man die Kraft verdreifacht und den Weg halbiert?*

2. *Zähle die verschiedenen Bedeutungen des Wortes „Arbeit" im täglichen Leben auf und untersuche jeweils, ob es sich dabei auch um Arbeit im physikalischen Sinne handelt!*

3. *Ein Bergmann schiebt einen Wagen von 1 t Masse auf waagrechtem Geleise 5 km weit. Ein Nichtphysiker berechnet die Arbeit zu 50 000 000 J = 50 MJ (Mega-Joule). Was müßte der Bergmann tun, um der Rechnung entsprechend zu arbeiten? Wie groß ist seine Arbeit tatsächlich, wenn die Reibungskraft 50 N beträgt (siehe Abb. 26.2, links)?*

4. *Man zieht einen Körper am Flaschenzug nach Abb. 26.1 12 m hoch. Hierzu braucht man die Kraft 100 N. Wie groß ist die Arbeit, wenn man von Reibung absieht?*

5. *Ein Eisenträger (200 kg Masse) wird 10 m hoch gehoben. Welche Arbeit muß man aufwenden? — Man verwendet einen Flaschenzug mit 4 Rollen und braucht nur den 4ten Teil an Kraft. Ist auch die Arbeit auf $1/4$ gesunken?*

6. *Eine Pumpe fördert je Sekunde 2 Liter Wasser aus 8 m Tiefe. Welche Arbeit verrichtet sie in 1 Tag?*

7. *Man zieht eine Holzkiste (50 kg) 20 m weit waagerecht über einen Steinboden. Welche Kraft braucht man hierzu (s. Gl. 22.1)? Welche Arbeit ist nötig?*

8. *Was braucht ein Junge, der auf die Dauer 50 W leistet, an reiner Arbeitszeit, um 150 kg Kohlen 12 m hoch zu bringen? Wieviel PS sind 50 W?*
9. *Wie weit vermag ein Pferd (500 W) einen Wagen in 1 h mit der Kraft 200 N zu ziehen? Wie viele PS sind 500 W?*
10. *Wie lange braucht ein 5 PS-Motor, um 10 m³ Wasser 20 m hoch zu pumpen? Wie viele kW sind 5 PS?*
11. *Welche Leistung liefert eine Freistrahlturbine, die bei einem Gefälle von 195 m in 1 s von 9,4 m³ Wasser durchlaufen wird, wenn man von Verlusten absieht? Wieviel % betragen also die Verluste in dem im Text S. 31 angegebenen Beispiel?*
12. *Ein Wanderer im Gebirge hat eine Leistung von 80 W und eine Masse von 100 kg. Welchen Höhenunterschied überwindet er in 1 h (dieser Wert ist bisweilen auf Wanderkarten angegeben)?*

§ 9 Zusammensetzung und Zerlegung von Kräften

1. Zusammensetzung von Kräften

Bei der Festlegung der Kraftmessung auf Seite 11 haben wir gesehen: Wenn zwei Kräfte F_1 und F_2 (zum Beispiel von 200 N und 300 N) in *gleicher* Richtung am selben Punkt angreifen, so addieren wir einfach ihre Beträge *(Abb. 33.1)*: Das Resultat ist dasselbe, als wirke eine einzige Kraft F von diesem Betrag (500 N). Wir nennen sie die **Resultierende** $\vec{F} = \vec{F}_1 + \vec{F}_2$. Wir schreiben sie als Summe, weil man ihren Kraftpfeil $\vec{F}$ aus den Kraftpfeilen $\vec{F}_1$ und $\vec{F}_2$ ebenso erhält, wie man Zahlen auf der Zahlengeraden geometrisch addiert.

Beim Kräftegleichgewicht greifen im selben Punkt zwei *entgegengesetzte* Kräfte $\vec{F}_1$ und $\vec{F}_2 = -\vec{F}_1$ an, das heißt zwei Kräfte von gleichem Betrag und entgegengesetzter Richtung. Das Resultat ist dasselbe, als wirke keine Kraft: Die Resultierende ist Null.

Auch wenn zwei Kräfte im selben Punkt in *unterschiedlichen* Richtungen angreifen, setzen sie sich zu einer Resultierenden zusammen: Nach *Abb. 33.2* ziehen zwei Hunde in verschiedenen Richtungen an ihrer gemeinsamen Leine *l*, diese zeigt die Richtung der Resultierenden an. Um deren Betrag und Richtung zu finden, führen wir den folgenden Versuch aus.

Versuch 38: Das gemeinsame Stück Leine wird durch ein Gummiband ersetzt, das am einen Ende (A) links

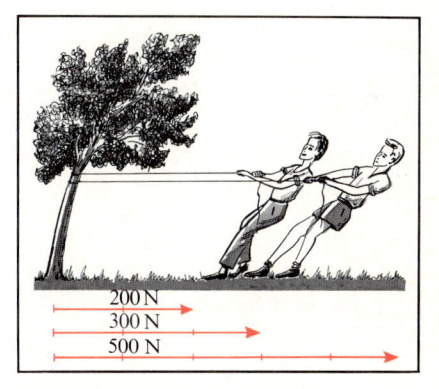

33.1 Zwei Kräfte gleicher Richtung setzen sich zu einer Kraft zusammen.

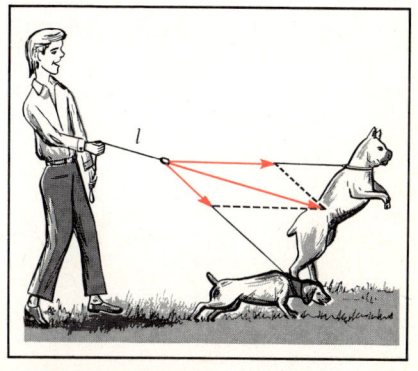

33.2 Zusammensetzung von Kräften verschiedener Richtung

oben an der Wandtafel befestigt ist. Am anderen Ende (B) greifen zwei Kräfte $\vec{F}_1$, $\vec{F}_2$ (3,0 N; 4,0 N) in verschiedenen Richtungen an, deren Kraftpfeile wir vom Angriffspunkt B aus auf die Tafel zeichnen (1 N ≙ 1 dm; *Abb. 34.1*). Wir wollen die Resultierende $\vec{F}$ finden, welche die gleiche Wirkung ausübt wie die beiden **Kraftkomponenten** (componere, lat.; zusammensetzen) $\vec{F}_1$ und $\vec{F}_2$ zusammen. Hierzu dehnen wir mit einem einzigen Kraftmesser das Gummiband bis zum selben Endpunkt B. Den Kraftpfeil der Resultierenden $\vec{F}$ (5,0 N) halten wir gleichfalls auf der Tafel fest. Ihr Betrag ist kleiner als die Summe der Beträge und läßt sich aus den Beträgen allein nicht errechnen. Wohl aber kann man den Kraftpfeil $\vec{F}$ aus den Kraftpfeilen $\vec{F}_1$ und $\vec{F}_2$ ermitteln: Ergänzt man die Kraftpfeile $\vec{F}_1$ und $\vec{F}_2$ zum sogenannten **Kräfteparallelogramm**, so ergibt die

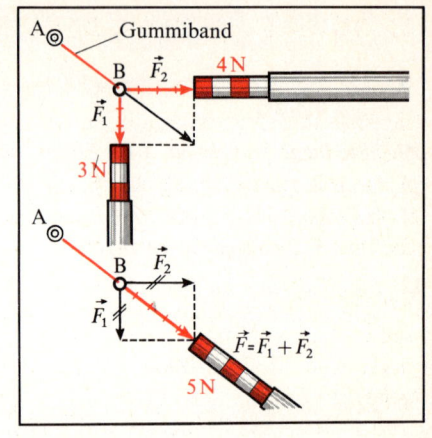

34.1 Zu Versuch 38

vom Angriffspunkt ausgehende Diagonale den Kraftpfeil der Resultierenden $\vec{F}$. Man sieht, daß sie näher bei der größeren Kraft liegt. Wir schreiben diese geometrische Zusammenfügung der Kraftpfeile als Vektoraddition $\vec{F} = \vec{F}_1 + \vec{F}_2$ (Festsetzung). Der Fall gleich- oder entgegengesetzt gerichteter Kräfte ist darin enthalten: $\vec{F}_1$ und $\vec{F}_2$ zeigen dann in der gleichen bzw. entgegengesetzten Richtung.

> **Zwei Kräfte, die in einem Punkt angreifen, lassen sich durch eine einzige Kraft ersetzen. Man findet den Kraftpfeil der Resultierenden $\vec{F}$ als Diagonale eines Parallelogramms, dessen Seiten die Kraftpfeile der beiden gegebenen Komponenten $\vec{F}_1$, $\vec{F}_2$ sind: Die Resultierende ist die Vektorsumme der Komponenten:**
>
> $$\vec{F} = \vec{F}_1 + \vec{F}_2 \ .\tag{34.1}$$

Wenn man die Vektorsumme konstruiert hat, streiche man die Pfeile der ersetzten Komponenten! Man vermeidet so den Eindruck, als wirkten drei Kräfte zugleich.

Kräfte setzen sich wie Vektoren zusammen: Man darf im allgemeinen nicht ihre Beträge *algebraisch*, sondern muß ihre Kraftpfeile *geometrisch* addieren. Je größer der Winkel ist, den die Komponenten miteinander bilden, um so kleiner wird trotz gleicher Beträge ihre Resultierende *(Abb. 34.2)*. Nur wenn die Kräfte $\vec{F}_1$ und $\vec{F}_2$ die gleiche Richtung haben, darf man die Vektorgleichung $\vec{F} = \vec{F}_1 + \vec{F}_2$ durch die Betragsgleichung $F = F_1 + F_2$ ersetzen. Bei entgegengesetzt gerichteten Kräften gilt: $F = F_1 - F_2$.

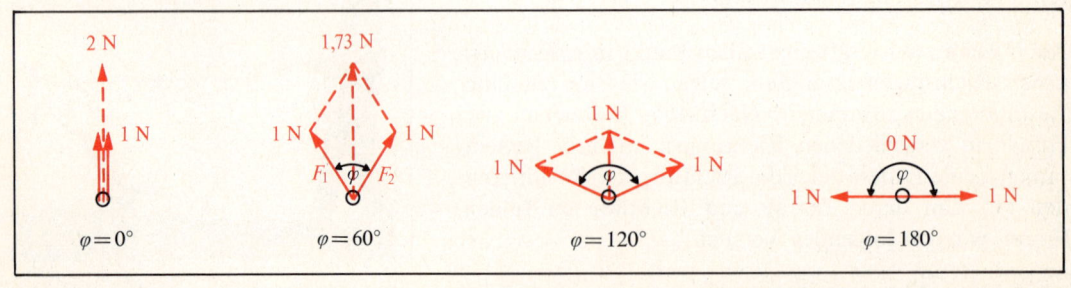

34.2 Die Resultierende der beiden Komponenten 1 N sinkt von 2 N (links) auf Null (rechts), wenn der Winkel zwischen ihnen von Null auf 180° wächst.

2. Zerlegung einer Kraft in Komponenten

Wenn zwei miteinander einen Eimer tragen, so entfernen sie sich etwas voneinander, damit sie der Eimer beim Gehen nicht behindert. Je größer der Winkel ist, den die Arme miteinander bilden, um so mehr zerrt die Last an ihnen *(Abb. 35.1)*. Im folgenden Versuch ersetzen wir die Arme durch Kraftmesser:

35.1 Die Gewichtskraft wird aufgeteilt.

Versuch 39: Ein Körper, der an einem Kraftmesser mit seiner Gewichtskraft $G = 1{,}0$ N nach unten zieht, wird nach *Abb. 35.2* an zwei schräg stehende Kraftmesser gehängt. Er zieht an ihnen mit den Kräften $F_1 = 0{,}6$ N und $F_2 = 0{,}8$ N; die Kraft von 1 N hat sich in Komponenten von 0,6 N und 0,8 N „aufgeteilt". Wieder bilden die drei Kraftpfeile ein Kräfteparallelogramm. Nur wird jetzt die Kraft $\vec{G}$ (die Diagonale) nicht aus den Komponenten $\vec{F}_1$ und $\vec{F}_2$ zusammengesetzt, sondern in diese *zerlegt*. Man streiche dann die Diagonale weg! Die Komponentenzerlegung ist eindeutig möglich, wenn die in der Diagonale wirkende Kraft nach Betrag und Richtung bekannt ist und von den beiden Komponenten nur die (nicht parallelen) Richtungen gegeben sind. Diese Richtungen müssen mit der Diagonalenrichtung in einer Ebene liegen.

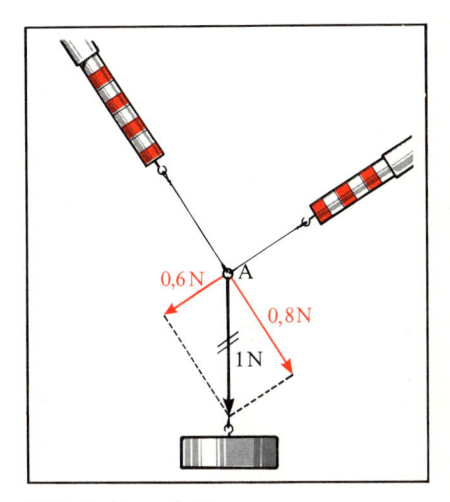

35.2 Zu Versuch 39

Eine gegebene Kraft $\vec{F}$ kann durch Komponenten $\vec{F}_1, \vec{F}_2$ mit zwei beliebig wählbaren nichtparallelen Richtungen ersetzt werden, die mit der Kraft in einer Ebene liegen. Die Kraftpfeile der Komponenten erhält man als Seiten eines Parallelogramms, dessen Diagonale die zu ersetzende Kraft darstellt und dessen Seitenrichtungen die Komponentenrichtungen sind:

$$\vec{F} = \vec{F}_1 + \vec{F}_2 \quad \text{(Kräfteparallelogramm)}.$$

Man sagt: Die Kraft ist in Komponenten zerlegt worden.

In *Abb. 35.3* greift die Kraft $\vec{F}$ in Deichselrichtung schräg nach oben am Wagen an. Sie zieht ihn nicht nur voran, sondern sucht ihn gleichzeitig zu heben. Das Heben wird zum Beispiel dann wichtig, wenn der Wagen mit den Rädern eingesunken ist. Man zieht dann an der Deichsel steil nach oben. Wir fassen die Kraft $\vec{F}$ als Diagonale eines Kräfteparallelogramms auf und zerlegen sie in eine Komponente $\vec{F}_1$ in Wegrichtung und in eine dazu senkrechte Komponente $\vec{F}_2$ senkrecht nach oben. Diese Wahl der Komponentenrichtungen ist physikalisch zweckmäßig; denn die Komponente $\vec{F}_1$ zieht den Wagen voran, $\vec{F}_2$ sucht ihn anzuheben und vermindert so die Reibung. Bewegt sich nun der Wagen unter der Wirkung der Kraft $\vec{F}$ um den Weg s, so folgt er in seiner Bewegung

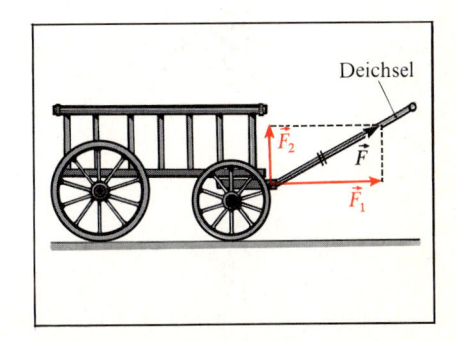

35.3 Die Zugkraft $\vec{F}$ am Wagen wird in Komponenten zerlegt. $\vec{F}_1$ zieht den Wagen und verrichtet Arbeit, $\vec{F}_2$ vermindert die Reibung.

nur der Kraft $\vec{F}_1$, nicht aber der Kraft $\vec{F}_2$. Daher wird an ihm die Arbeit $W = F_1 \cdot s$ verrichtet; die Komponente $\vec{F}_2$ liefert dazu keinen Beitrag. Die in der Erklärung der Arbeit auf Seite 27 genannte Kraft F_s bedeutet also die *Kraftkomponente in Wegrichtung*, wenn man die Kraft in zwei Komponenten derart zerlegt, daß die eine $\vec{F}_1$ parallel zur Bewegungsrichtung, die andere $\vec{F}_2$ senkrecht dazu orientiert ist. Das Kräfteparallelogramm ist hierbei stets ein Rechteck!

Aufgaben:

1. *Ermittle durch Konstruktion die Resultierende der beiden Kräfte 6 N und 8 N, wenn sie Winkel von 0°, 30°, 60°, 90°, 120°, 150°, 180° einschließen! Zwischen welchen Grenzen liegt der Betrag der Resultierenden („Dreiecksungleichung")? Bei welchen Winkeln kann man mit den Beträgen allein in gewohnter algebraischer Weise rechnen?*

2. *In Abb. 36.1 wirkt die Kraft $\vec{F}$ auf den Keil. Sie ist in zwei Komponenten senkrecht zu den Keilflächen zerlegt. Wie wirken sich diese Komponenten aus? Wie ändern sich ihre Beträge, wenn der Keil spitzer wird?*

3. *Über die Straße ist ein zunächst waagerechtes Seil gespannt. In seiner Mitte wird eine Lampe aufgehängt (Abb. 36.2). Zerlege die Gewichtskraft der Lampe in Komponenten, die in den beiden Seilrichtungen ziehen! Vom Gewicht des Seils sei abgesehen. Die Komponenten geben die Spannkräfte im Seil. Wie ändern sich diese Seilspannungen, wenn — bei Kälte — der Durchhang des Seils kleiner wird?*

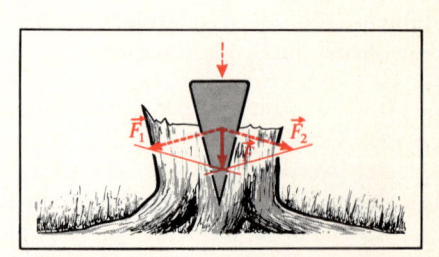

36.1 Kräftezerlegung am Keil; zu Aufgabe 2

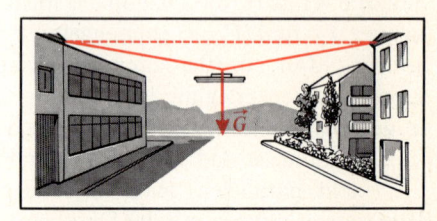

36.2 Konstruiere die Spannkraft im Seil; zu Aufgabe 3.

§ 10 Die schiefe Ebene

Wir haben bereits in § 7 einfache Maschinen untersucht, mit denen sich Angriffspunkt, Richtung oder Betrag von Kräften verändern lassen. Sie können wohl das Arbeiten erleichtern, aber keine Arbeit einsparen. Wir untersuchen nunmehr weitere Maschinenelemente.

Um einen Personenwagen auf einen Güterwaggon zu laden, könnte man auf ebener Erde bis an den Waggon heranfahren. Dann müßte man ihn aber mit erheblichem Kraftaufwand — nämlich der Gewichtskraft des Wagens — senkrecht hochziehen *(Abb. 36.3)*. Statt dessen fährt man auf einer *Schrägauffahrt* (Rampe) bis auf die Höhe der Ladefläche. Die Schrägauffahrt bezeichnet man in der Physik als **schiefe Ebene**. Längs ihrer Rich-

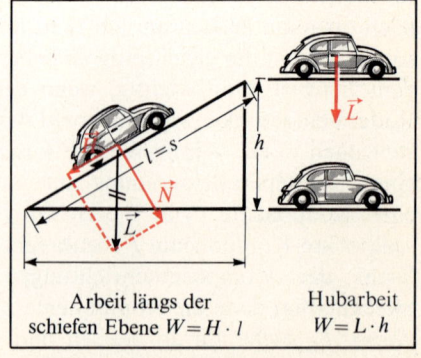

Arbeit längs der schiefen Ebene $W = H \cdot l$ Hubarbeit $W = L \cdot h$

36.3 Die schiefe Ebene läßt die Hubarbeit ungeändert.

§ 10 Die schiefe Ebene 37

tung wirkt nur die Kraft H, die man als **Hangabtrieb** bezeichnet. Wir messen diesen Hangabtrieb mit einem Kraftmesser, der nach *Abb. 37.1* parallel zur schiefen Ebene gehalten wird. Sein Betrag ist kleiner als der Betrag der Gewichtskraft $\vec{L}$ („Last"). Zeichnerisch ermittelt man den Hangabtrieb, indem man die Gewichtskraft $\vec{L}$ in zwei Komponenten zerlegt, deren eine $\vec{H}$ parallel zur Fahrbahn und deren andere $\vec{N}$, die sogenannte „Normalkraft", dazu senkrecht gerichtet ist („normal" bedeutet hier „rechtwinklig"). Nach § 8 verrichtet die Normalkraft bei Bewegung keine Arbeit; weder unterstützt sie die Bewegung, noch hemmt sie diese.

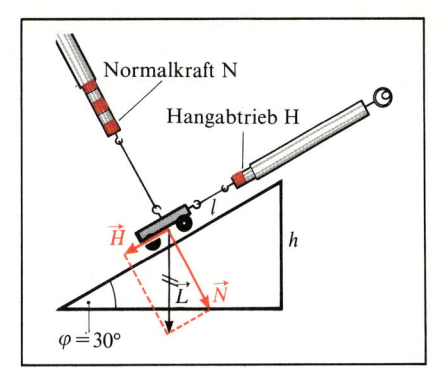

37.1 Zu Versuch 40

Versuch 40: Miß die Komponentenbeträge H und N nach *Abb. 37.1* mit Kraftmessern und vergleiche sie mit den Werten, die sich durch zeichnerische Komponentenzerlegung der Gewichtskraft L ergeben!

Versuch 41: Verändere bei einer schiefen Ebene den Neigungswinkel φ so lange, bis der Hangabtrieb H halb so groß ist wie die Last L ($H = L/2$)! Man ist vielleicht erstaunt, daß dies nicht bei 45°, sondern schon bei 30° eintritt. Das Ergebnis wird aber durch Ausmessen der Kraftpfeile in *Abb. 37.1* bestätigt. (Bei $\varphi = 30°$ ist das halbe Kräfteparallelogramm ein halbes gleichseitiges Dreieck!)

Beim Winkel 30° wird andererseits die Länge l der schiefen Ebene doppelt so groß wie der Höhenunterschied h, den sie überwindet: $l = 2h$. (Auch das Wegdreieck ist ein halbes gleichseitiges Dreieck.) Für die an der schiefen Ebene verrichtete Arbeit W gilt also: $W = H \cdot l = (L/2) \cdot 2h = L \cdot h$; die Arbeit $H \cdot l$ zur Auffahrt ist gleich der Hubarbeit $L \cdot h$. Wie bei den schon bekannten einfachen Maschinen läßt sich auch hier keine Arbeit „einsparen": Die verringerte Kraft erfordert einen vergrößerten Weg. Diese Gleichung $H \cdot l = L \cdot h$ gilt für alle Neigungswinkel:

Der Hangabtrieb H verhält sich zur Last L wie die Höhe h zur Länge l der schiefen Ebene: $$\frac{H}{L} = \frac{h}{l}.$$ (37.1)

Wir nennen das Verhältnis h/l die *Neigung* der schiefen Ebene. Nach Gleichung (37.1) gibt sie den Bruchteil H/L der Gewichtskraft an, der als Zugkraft aufgewendet werden muß. Beträgt die Neigung h/l z.B. 10%, so ist der Quotient $h/l = 0{,}10$; der Hangabtrieb H ist 10% der Gewichtskraft G.

Aufgaben:

1. *Ein Kraftwagen von 1000 kg Masse fährt eine Straße mit einer Neigung von 20% bergauf. Welche Gewichtskraft erfährt der Wagen, welche Zugkraft muß der Motor aufbringen?*

2. *Mit welcher Kraft (abgesehen von der Reibung) zieht eine D-Zug-Lokomotive einen Zug von 500 t Masse auf einer Strecke von 3% Neigung bergauf?*

3. *Warum lagert ein Fluß bei flacherem Lauf mehr Sand und Geröll ab (Deltabildung am Meer)?*

4. *Wenn man eine schiefe Ebene um einen Zylinder wickelt, erhält man eine Schraube. Fasse sie als einfache Maschine auf (Abb. 37.2)! Wie wird mit ihr Kraft gewonnen?*

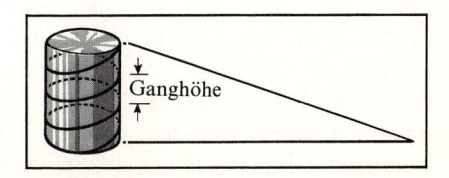

37.2 Die Schraube kann als schiefe Ebene aufgefaßt werden.

§ 11 Der Hebel

1. Der Hebel als Kraftwandler

Eine frei bewegliche Stange überträgt in ihrer Längsrichtung Schubkräfte unverändert (§ 7). Anders verhält sie sich, wenn wir sie *um eine feste Achse drehbar* lagern und so als Brechstange oder als Hebebaum benutzen. Dann kann man mit ihr bei kleinem Kraftaufwand große Kräfte ausüben und schwere Lasten heben *(Abb. 38.1)*. Eine Stange, die um eine feste Achse drehbar ist, heißt **Hebel**. Wie ein Hebel Kräfte überträgt, zeigen die folgenden Versuche. Wenn — wie in *Abb. 38.2* — die Kräfte senkrecht zum Hebel angreifen, so nennen wir die Strecke von der Drehachse zum Angriffspunkt einer Kraft den *Hebelarm* dieser Kraft.

Versuch 42: Hänge nach *Abb. 38.2* an die rechte Seite des waagerechten Hebels mit dem Hebelarm $a_1 = 10$ cm ein Wägestück! Mit seiner Gewichtskraft $F_1 = 6{,}0$ N zieht es nach unten und sucht den Hebel im Uhrzeigersinn zu drehen. Miß mit einem Kraftmesser auf der anderen Seite der Achse („zweiseitiger Hebel"), welche Kraft F_2 nach unten an verschiedenen Hebelarmen a_2 aufgewendet werden muß, um die Last langsam zu heben oder in der Schwebe zu halten (siehe *Tabelle 38.1!*).

Versuch 43: Beim sogenannten einseitigen Hebel greift die Kraft F_2 auf derselben Seite wie die Last F_1 an, aber in entgegengesetzter Richtung *(Abb. 39.1)*. Miß F_2 mit einem Kraftmesser bei verschiedenen Hebelarmen! Die Ergebnisse sind für $F_1 = 6{,}0$ N und $a_1 = 10$ cm in der *Tabelle 38.1* zusammengestellt:

Tabelle 38.1

Hebelarm a_2 in cm	5	10	15	20	30
Kraft F_2 in N	12	6	4	3	2
$F_2 \cdot a_2$ in N cm	60	60	60	60	60

Beim zweiseitigen Hebel haben die Kräfte F_1 und F_2 dieselbe, beim einseitigen entgegengesetzte Richtung. Ob die Last gehoben oder nur auf gleicher Höhe gehalten werden soll, erfordert dieselbe Kraft. Diese hängt nur vom Hebelarm ab: Je länger der Hebelarm, um so kleiner ist die Kraft. Am Hebelarm der doppelten (gleichen, halben) Länge ist eine Kraft vom halben (gleichen, doppelten) Betrag nötig. Das Produkt von Kraft und Hebelarm $F \cdot a$ hat daher stets denselben Wert. (Von der kleinen Reibung an der Drehachse wollen wir in allen Beispielen absehen.) Auch $F_1 \cdot a_1$ ist 60 N cm.

38.1 Diese Brechstange wirkt als zweiseitiger Hebel.

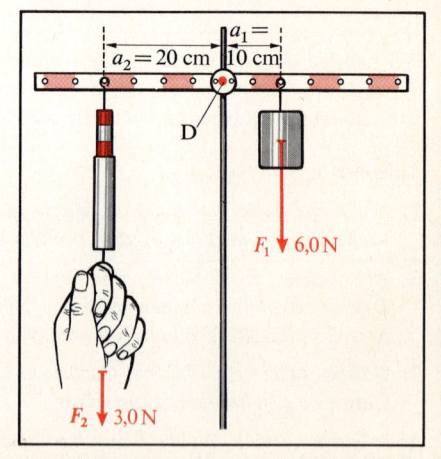

38.2 Gleichgewicht am zweiseitigen Hebel; D ist die Drehachse.

> **Mit dem Hebel kann man Betrag, Richtung und Angriffspunkt einer Kraft ändern. Am n-fachen Hebelarm braucht man nur $1/n$ der Kraft. Für die Kräfte F_1, F_2 und ihre Hebelarme a_1, a_2 gilt:**
>
> $$F_1 \cdot a_1 = F_2 \cdot a_2 \quad \text{(Hebelgesetz)}. \qquad (39.1)$$

Beispiel: Wo muß man an einem Hebel eine Kraft $F_2 = 10$ N angreifen lassen, damit er am Hebelarm $a_1 = 4$ cm eine Kraft $F_1 = 50$ N ausübt? Da die Kraft $F_2 = F_1/5$ ist, muß F_2 am 5fachen Hebelarm $a_2 = 5\,a_1$ ausgeübt werden; also ist $a_2 = 20$ cm. Man kann die Frage auch mit Hilfe von Gleichung (39.1) beantworten. Es gilt: $\quad F_1 \cdot a_1 = F_2 \cdot a_2$,

das heißt $\qquad 50\text{ N} \cdot 4\text{ cm} = 10\text{ N} \cdot a_2$,

das heißt $\qquad\qquad a_2 = 20$ cm.

Dies gilt für den einseitigen wie auch für den zweiseitigen Hebel.

2. Arbeit am Hebel

Am längeren Hebelarm hebt man zwar die Last mit kleinerer Kraft; man muß aber dafür beim Heben einen längeren Weg s zurücklegen. Wie *Abb. 39.3* zeigt, ist der Hubweg s am n-fachen Hebelarm auch n-mal so groß. Da die Kraft F auf 1 n-tel sank, muß man die gleiche Arbeit $W = F \cdot s$ wie ohne Hebel aufwenden.

> **Auch für den Hebel gilt der Satz von der Erhaltung der Arbeit.**

Für die Arbeitsberechnung darf man auf keinen Fall den Hebelarm a als Weg einsetzen! Die Angriffspunkte der Kraft und der Last bewegen sich vielmehr senkrecht zu den Hebelarmen in Kraftrichtung.

Nicht immer soll der Hebel die aufzuwendende Kraft verringern: Der menschliche Unterarm ist ein Hebel, der eine kleinere Last um einen größeren Weg hebt, als es der Armmuskel allein vermöchte. Liegt die zu hebende Last 6mal so weit entfernt von der „Drehachse", dem Ellbogengelenk, wie der Angriffspunkt des Oberarmmuskels, dann muß dieser die 6fache Kraft aufwenden.

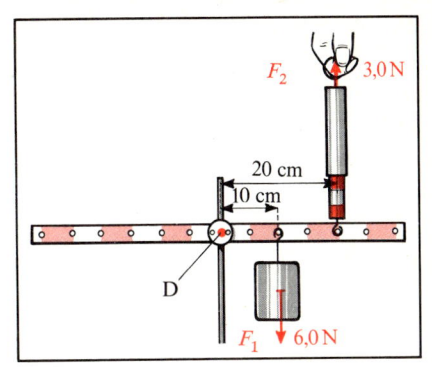

39.1 Einseitiger Hebel

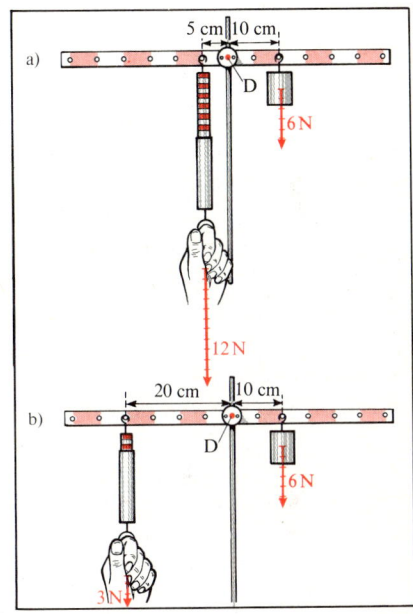

39.2 Man braucht a) die doppelte, b) die halbe Kraft.

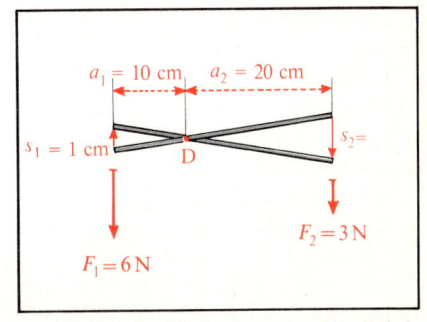

39.3 Berechne Drehmoment und Arbeit beider Kräfte! Das Drehmoment hängt vom Hebelarm a, die Arbeit vom Verschiebungsweg s ab (*Seite 40*).

3. Das Drehmoment; Gleichgewicht am Hebel

Wenn in *Abb. 38.2* und *39.1* die Last F_1 von der Kraft F_2 auf gleicher Höhe gehalten wird, so sucht F_1 am Hebelarm a_1 den Hebel im Uhrzeigersinn, F_2 (Hebelarm a_2) jedoch entgegen dem Uhrzeigersinn zu drehen. Beide Drehwirkungen „halten sich die Waage", am Hebel herrscht „Gleichgewicht". Nach dem Hebelgesetz sind dann die Produkte aus den Beträgen der Kraft F und des Hebelarms a für beide Drehrichtungen gleich groß, $F_1 \cdot a_1 = F_2 \cdot a_2$. Dieses Produkt $F \cdot a$ ist demnach ein Maß für die Drehwirkung einer Kraft F am Hebelarm a und wird Drehmoment der Kraft genannt (das Moment: Antrieb; movere, lat.; bewegen). Die Kraft allein reicht nicht aus, um die Drehwirkung zu kennzeichnen.

> Unter dem Drehmoment M einer Kraft F versteht man das Produkt aus dem Kraftbetrag F und dem Hebelarm a; $\quad M = F \cdot a \quad$ (Definition des Drehmoments). (40.1)
>
> Die Einheit des Drehmoments ist 1 Nm. Sie gibt die Drehwirkung der Kraft 1 N an, die senkrecht zum Hebelarm 1 m wirkt (1 Nm = 100 Ncm).

Versuch 44: Nach *Abb. 40.1* greifen mehrere Kräfte am gleichen Hebel an. An ihm herrscht Gleichgewicht. Die Drehmomente im Uhrzeigersinn sind 1,1 N · 20 cm = 22 Ncm und 0,3 N · 10 cm = 3 Ncm. Ihre Summe beträgt 25 Ncm. Gegen den Uhrzeiger wirken die Drehmomente 0,4 N · 10 cm = 4 Ncm, 0,3 N · 20 cm = 6 Ncm und 0,5 N · 30 cm = 15 Ncm. Ihre Summe ist auch 25 Ncm. Greifen also mehrere Kräfte im selben Drehsinn an, so ist es sinnvoll, ihre Drehmomente zu addieren.

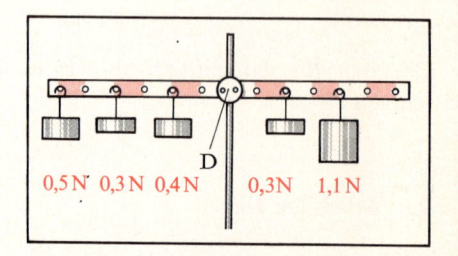

40.1 Zu Versuch 44

> Am Hebel herrscht Gleichgewicht, wenn die Summe M_1 der Drehmomente im Uhrzeigersinn so groß ist wie die Summe M_2 der Drehmomente im Gegenzeigersinn:
>
> $$M_1 = M_2 \quad \text{(Momentengleichgewicht).} \tag{40.2}$$
>
> Sind die Drehmomente nicht gleich, so dreht sich der Hebel im Sinne des größeren Drehmoments.

4. Rückschau

Physikalische Größen wie *Arbeit, Leistung, Drehmoment* usw. müssen genau festgelegt, **definiert** werden (definire, lat.; begrenzen, genau bestimmen). Man versucht, diese Definitionen möglichst *zweckmäßig* zu wählen. Insbesondere sollen sich die Naturgesetze mit ihrer Hilfe möglichst einfach und umfassend ausdrücken lassen. Dies erkennt man am Hebelgesetz, das unter Benutzung des Drehmoments einfacher und umfassender lautet: Ist ein Hebel in Ruhe, so besteht Momentengleichgewicht.

Trotz zufällig gleicher Einheiten sind Arbeit und Drehmoment völlig verschiedene Größen: Die Arbeit wird durch ihren Betrag vollständig gekennzeichnet, das Drehmoment erst durch einen Betrag und einen Drehsinn. Aus diesem Grunde schreiben wir für die Arbeits- und Energieeinheit in der Regel die Abkürzung 1 J, für die Einheit des Drehmoments dagegen stets die Einheit 1 Nm, nicht J.

Aufgaben:

1. Suche bei Abb. 41.1 die Drehachsen und zeige, daß die dargestellten Geräte Hebel sind! Welche Kräfte erfahren die Nuß beziehungsweise der Nagel, wenn die Hand die Kraft $F_2 = 50$ N ausübt? (Schätze das Verhältnis der Hebelarme in der Abbildung!)

2. Ist die Sense ein kraft- oder ein wegsparender Hebel? Entscheide diese Frage auch für die verschiedenen Anwendungen des Spatens!

3. Am Hebel nach Abb. 40.1 wird das links mit Hebelarm 30 cm angehängte Wägestück (0,5 N) entfernt. Welchen Wert muß dann die Gewichtskraft des rechts mit Hebelarm 20 cm angehängten Wägestücks bekommen?

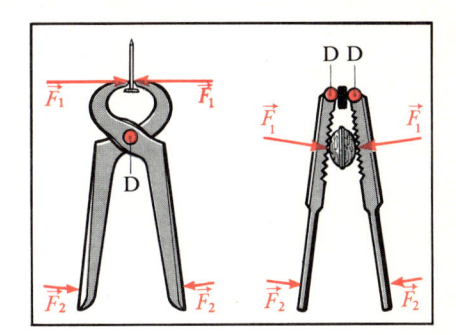

41.1 Zange und Nußknacker setzen sich aus zwei Hebeln zusammen.

§ 12 Hebel beliebiger Form

Bisher benutzten wir Hebel in Form gerader Stangen. Die Hebelgesetze gelten aber auch für andere Körper, die sich nur um eine feste Achse drehen können, also für Türen, für die Tretkurbeln und die Lenkstange am Fahrrad und für Räder aller Arten.

Versuch 45: Nach *Abb. 41.2* ist eine Kreisscheibe („Momentenscheibe") um ihre waagerechte Achse D drehbar. In zwei Punkten, die von D unterschiedlich weit entfernt und mit D nicht auf einer Geraden liegen, greifen die beiden Gewichtskräfte F_1 und F_2 an. Die Scheibe dreht sich und kommt dabei von selbst ins Gleichgewicht. Bei gleichen Kräften ($F_1 = F_2 = 2,5$ N) stellen sich gleiche (senkrechte) *Abstände* a_1, a_2 der Drehachse von den *Wirkungslinien* der Kräfte F_1, F_2 ein. Unter der Wirkungslinie einer Kraft versteht man dabei die Gerade durch den Angriffspunkt in Richtung der Kraft. Bei unterschiedlichen Kräften ($F_1 = 2,5$ N, $F_2 = 5,0$ N) hat die Wirkungslinie der größeren Kraft den kleineren Abstand von der Drehachse ($a_1 = 16$ cm, $a_2 = 8$ cm). Auch hier ist das Produkt $F_1 \cdot a_1 = F_2 \cdot a_2$ für beide Drehrichtungen gleich. Wie der Versuch zeigt, kann das Hebelgesetz auch hier angewandt werden, wenn man als Hebelarme die *Abstände* a_1 und a_2 der Wirkungslinien von der Drehachse nimmt: 2,5 N · 16 cm = 5,0 N · 8 cm.

Wir definieren endgültig:

> **Der Hebelarm a einer Kraft F ist der Abstand ihrer Wirkungslinie von der Drehachse.**

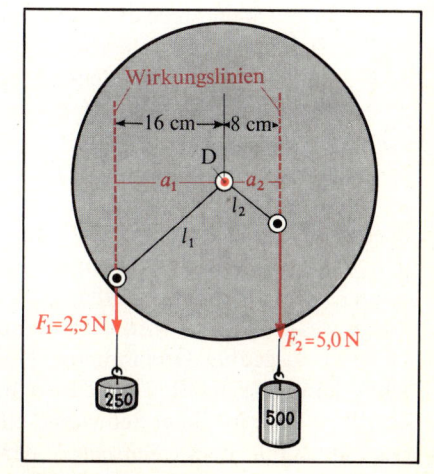

41.2 Zu Versuch 45

Versuch 46: Verschiebe die Angriffspunkte beider Kräfte längs ihrer Wirkungslinien! Die Entfernungen l_1 und l_2 der Angriffspunkte von der Drehachse ändern sich; das Gleichgewicht bleibt aber bestehen. Für die Drehmomente haben also l_1 und l_2 keine Bedeutung, wohl aber a_1 und a_2. – Um die besonderen Verhältnisse des § 11 zu bekommen, müßte man im Versuch nach *Abb. 41.2* die Kräfte auf einer horizontalen Geraden durch die Drehachse angreifen lassen.

> **Das Drehmoment $M = a \cdot F$ einer Kraft F ändert sich nicht, wenn man an einem festen Körper ihren Angriffspunkt längs ihrer Wirkungslinie verschiebt.**

Durch die Ergebnisse der Versuche 45 und 46 haben wir den Begriff des Hebelarms einer Kraft wesentlich erweitert: Er ist nicht die Entfernung ihres Angriffspunkts, sondern der Abstand ihrer Wirkungslinie von der Drehachse. Deshalb kann man den Angriffspunkt längs dieser Wirkungslinie verschieben. Außerdem brauchen die beiden Hebelarme nicht auf derselben Geraden zu liegen; sie und damit die zugehörigen Kräfte können einen beliebigen Winkel miteinander bilden.

Versuch 47: Der wesentliche Teil der Briefwaage nach *Abb. 42.1* ist ein Winkelhebel mit der Drehachse D. Der zu wägende Körper erfährt die Gewichtskraft L; sie greift mit dem Hebelarm a_1 am Winkelhebel an. Der Hebelarm des „Gegengewichts" G ist a_2. Man kann die zugehörigen Wirkungslinien durch aufgehängte Lote verdeutlichen. Je schwerer der zu wiegende Körper L ist, um so stärker schwenkt das „Gegengewicht" G aus, um so länger wird sein Hebelarm a_2. Gleichzeitig wird der Hebelarm a_1 kürzer. So kann G verschieden schweren Lasten das Gleichgewicht halten, ohne daß man G ändert.

Die Waage des Kaufmanns hat wie die Briefwaage ein „Gewicht", dessen Hebelarm sich durch Neigen ändert und dabei das veränderliche rücktreibende Drehmoment liefert. Man spricht von **Neigungsgewichtswaagen.** – Wenn man den Preis von 100 g der Ware kennt, läßt sich sofort an der dem Verkäufer zugewandten Seite der Preis des abgewogenen Stücks ablesen.

Wie bei der Briefwaage steht bei den Pleuelstangen der *Dampfmaschinen* und *Kolbenmotoren* der Hebelarm a senkrecht zum Kraftpfeil *(Abb. 42.2)*. Steht die Pleuelstange waagerecht, so wird a und damit das von ihr auf das Rad ausgeübte Drehmoment Null. In diesem **Totpunkt** kann die Kraft $\vec{F}$ das Rad nicht in Bewegung setzen. Doch wird diese Schwierigkeit bei ständiger Bewegung durch den „*Schwung*" der Maschine überwunden.

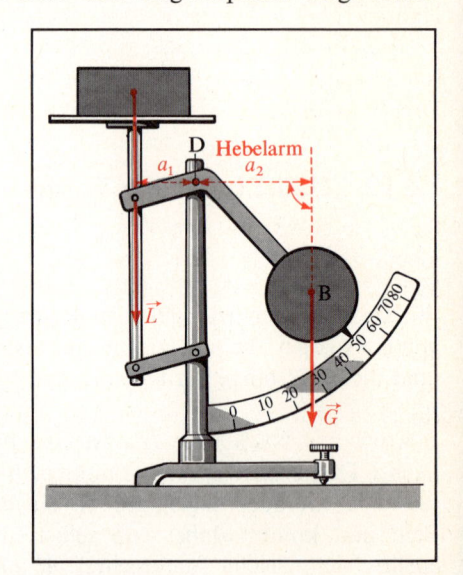

42.1 Briefwaage

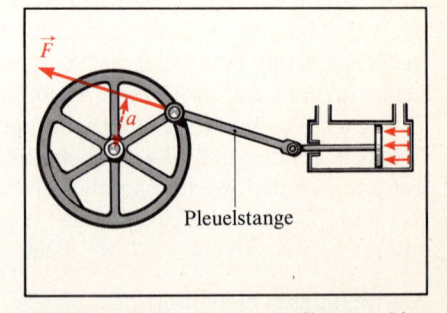

42.2 Kurbeltrieb an einer Kolbenmaschine (Dampfmaschine, Kolbenmotor im Auto). Mit diesem Kurbeltrieb wird eine hin- und hergehende Bewegung in eine Rotation umgewandelt.

Abb. 43.1 zeigt ein **Wellrad,** bei dem ein Rad mit einer Welle fest verbunden ist. Der Mann zieht am endlosen Seil und übt damit auf das Rad ein Drehmoment aus. Das Gegendrehmoment erzeugt die Last am langen Seil, das auf die Welle mit kleinerem Radius gewickelt wurde. Der kreisförmige Querschnitt von Rad und Welle sorgt dafür, daß bei beliebiger Stellung des Rades beide Hebelarme ihre Länge behalten. Die Muskelkraft des Mannes greift mit langem Hebelarm an und kann daher auch eine schwere Last heben.

Anstatt mit einem Rad, kann man ein Drehmoment auf eine Welle auch mit einer **Kurbel** ausüben, die einen Handgriff oder ein Pedal trägt (Lenkrad, Lenkstange, Tretkurbel am Fahrrad). Bei einer langen Kurbel braucht man eine kleine Kraft, um ein bestimmtes Drehmoment zu erzeugen. Dafür muß man einen großen Weg zurücklegen. Die Arbeit ist die gleiche wie bei einer kurzen Kurbel.

Hebel sind Maschinenelemente, die Kräfte, Drehmomente und Arbeit *übertragen* können. Sie vermögen hierbei Betrag, Angriffspunkt und Richtung der Kraft zu verändern, nicht aber das Drehmoment (Momentengleichgewicht!) und nicht die Arbeit. Beim Wellrad haben diese Hebel die Form von Rädern. Das gilt auch für die **Getriebe,** die aus mehreren solchen Rädern bestehen. Mit ihrer Hilfe kann man aber auch Drehmomente ändern (Momentenwandler):

43.1 Altes Wellrad

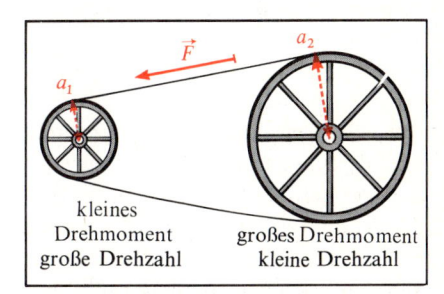

43.2 Riemengetriebe

Beim **Riemengetriebe** nach *Abb. 43.2* wird das linke Rad („Riemenscheibe", Radius a_1) von einem Motor angetrieben und zieht mit der Kraft F am endlosen **Treibriemen.** Er überträgt sie *unverändert* (wie ein Seil) an den Umfang des rechten Rades (Radius a_2). Dort bewirkt sie das Drehmoment $M_2 = F \cdot a_2$. Am linken Rad hat der Motor nur das kleinere Drehmoment $M_1 = F \cdot a_1$ aufzubringen, da $a_1 < a_2$. Das rechte Rad kann deshalb eine Maschine treiben, die ein größeres Drehmoment braucht, als es der Motor erzeugt. Doch führt das linke Rad mehr Umdrehungen aus als das rechte. (Übertrage das bei einer Umdrehung der linken Riemenscheibe abgewickelte Riemenstück auf den Umfang des rechten!)

Beim Fahrrad gibt das Kettengetriebe dem Hinterrad eine größere Drehzahl als die, mit der wir die Tretkurbelwelle bewegen. Dafür ist das Drehmoment am Hinterrad kleiner. Zudem ist der Radius des Hinterrads groß gegenüber seinem Kettenrad. Deshalb kommt das Rad um etwa 5 m vorwärts, wenn die Füße auf ihrer Kreisbahn 1 m zurücklegen. Doch übt das Hinterrad nur $\frac{1}{5}$ der Kraft auf den Boden aus, mit der man auf die Pedale tritt (Versuch 48, Abb. 44.1).

Auch **Türen** sind Hebel; sie haben in ihren Achsen (Angeln) stets etwas Reibung. Um die Tür zu drehen, muß man ein bestimmtes *Drehmoment* ausüben, das diese Reibung überwindet. Will man — etwa mit dem Daumen — die Tür in der Nähe der Angel drehen, so braucht man eine große Kraft, da der Hebelarm klein ist. An der Klinke genügt eine kleine Kraft. Zieht man an der Klinke von der Angel weg, ist der Hebelarm Null; die Tür dreht sich nicht.

Versuch 48: Zieh nach *Abb. 44.1* an den Pedalen mit $F_1 = 100$ N! (Fahrrad auf Sattel und Lenkstange stellen!). Das Hinterrad kann man an seiner Lauffläche mit nur 20 N festhalten. Dies ist die Kraft $\vec{F}_2$, mit der es beim Fahren auf den Boden wirken würde. Die entgegengesetzte Reibungskraft $-\vec{F}_2$, die der Boden auf das Rad ausübt, treibt dieses vorwärts! Bei Glatteis fällt der Antrieb weg. Die Gesetze für Drehmoment- und Kraftübertragung gelten auch beim **Zahnradgetriebe:** An der Berührungsstelle übt ein Zahn des einen Rades eine Kraft unmittelbar auf einen Zahn des anderen aus. Hat das zweite Rad den n-fachen Radius, so wird an ihm das n-fache Drehmoment erzeugt.

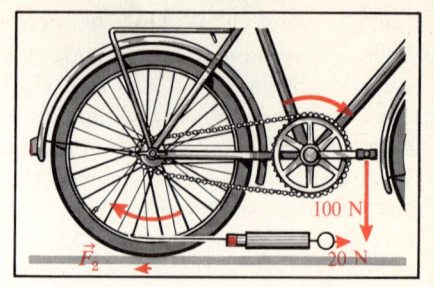

44.1 Kräfteverhältnis am Fahrrad: 5:1

> **Im Riemen-, Ketten- und Zahnradgetriebe wirkt zwischen zwei unmittelbar verbundenen Rädern dieselbe Kraft. Sie bewirkt am größeren Rad das größere Drehmoment bei kleinerer Umdrehungszahl (Drehmomentwandler).**

Abb. 44.2 erläutert die Drehmomentübertragung im (nichtsynchronisierten) Autogetriebe, bei dem die *Übersetzung*, das heißt das Verhältnis der Umdrehungszahlen, geändert werden kann *(Wechselgetriebe)*. Im umgekehrten Sinne ändern sich die Drehmomente. Am Berg muß man einen kleineren Gang, also eine stärkere Untersetzung „einlegen". Dann erhöht sich das Drehmoment und damit die Kraft an den Laufflächen der Räder. Doch bekommen diese eine kleinere Drehzahl. Dazu müssen andere Zahnradpaare ineinandergreifen. Sie lassen sich nur einrücken, wenn beide Zahnkränze dieselbe Umfangsgeschwindigkeit haben und keine Kraft übertragen. Vor dem Schalten trennt man daher das Getriebe vom Motor durch Betätigen der Kupplung. Diese besteht aus zwei Scheiben, welche normalerweise durch starke Federn gegeneinander gepreßt werden, so daß die eine die andere durch Haftreibungskräfte „mitnimmt" und so das Drehmoment des Motors weitergibt.

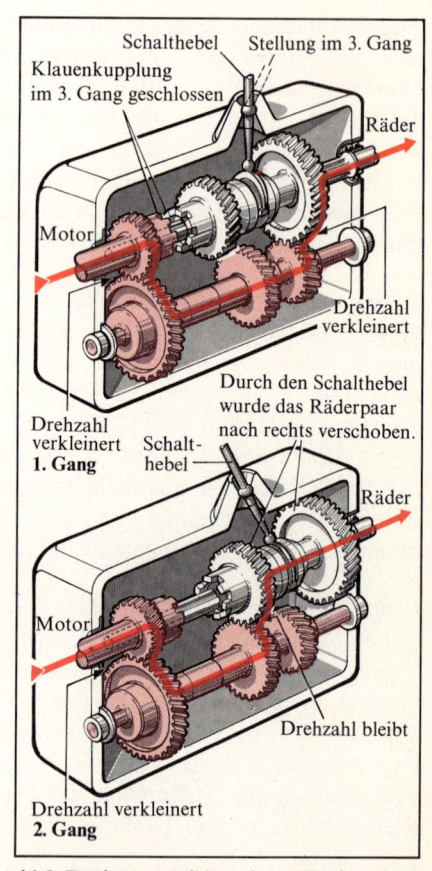

44.2 Dreiganggetriebe eines Kraftwagens, stark vereinfacht

Aufgaben:

1. *Suche bei der Nähmaschine, der Schreibmaschine, der Handbohrmaschine Hebel auf! Welche verringern die Kraft, welche den Weg? Welche Hebel findest Du am Fahrrad? Wo gibt es Totpunkte?*

2. *Fasse die feste und die lose Rolle als Hebel auf! Wo muß man jeweils den Drehpunkt annehmen (siehe Text zu Abb. 46.1)? Zeige, daß bei der losen Rolle $F = L/2$ ist!*

§ 13 Der Schwerpunkt (Massenmittelpunkt); Gleichgewichtsarten

1. Der Schwerpunkt

Versuch 49: Lege ein flaches Lineal in einem beliebigen Punkt quer auf einen waagerecht festgehaltenen runden Bleistift! Sein längeres Ende zieht nach unten. Verschiebe das Lineal vorsichtig so lange, bis es waagerecht schwebt! Es ist jetzt genau in der Mitte unterstützt. Die übrigen Teile erscheinen schwerelos, wie man sofort sieht, wenn man ein Ende auf die Briefwaage legt: Sie wird nicht belastet. Das Lineal verhält sich so, als wäre seine ganze Masse in der Mitte, im **Schwerpunkt** S **(Massenmittelpunkt)**, vereinigt und als griffe dort die Gewichtskraft G an.

Versuch 50: Lege zur Bestätigung nach *Abb. 45.1* die Drehachse durch den Punkt D! Stets muß man dem Drehmoment der Gewichtskraft G, die man sich an der in S zusammengezogenen Masse angreifend denkt, das Gleichgewicht halten. Rechts von D läßt sich im Punkte A ($\overline{DA} = \overline{DS}$) der Stab durch einen Kraftmesser mit der Kraft $F = G$ in waagerechter Lage halten. Im Punkt B, der den doppelten Abstand von der Achse hat ($\overline{DB} = 2\overline{DS}$), braucht man nur noch die halbe Kraft $G/2$.

> **Ein fester Körper verhält sich häufig so, als wäre seine gesamte Masse im Schwerpunkt S vereinigt. Dort kann man sich die Gesamtgewichtskraft angreifend denken.**

Die Versuche bestätigen, was wir bereits früher gefunden hatten: Die Gewichtskräfte, mit denen die Erde an den einzelnen Teilchen eines Körpers zieht, setzen sich insgesamt zu einer Resultierenden G mit *wohlbestimmtem Angriffspunkt* zusammen (vergleiche *Abb. 45.2*). Beim Lineal, wie überhaupt bei jedem Körper, bei dem die Masse punktsymmetrisch in bezug auf einen Punkt S verteilt ist, fassen wir nach *Abb. 45.2* die symmetrisch zu S liegenden Beiträge 1 und 1', 2 und 2' usw. paarweise zusammen. Daher greift die Resultierende in S an, und zwar für jede Lage des Körpers. Unterstützen wir ihn in S, so wirkt die Resultierende G in jeder Lage mit Hebelarm Null, das heißt ohne Drehmoment. – Hat ein homogener Körper eine Symmetrieachse oder eine Symmetrieebene, so liegt der Schwerpunkt darauf (*Abb. 45.3*). Der Schwerpunkt kann auch außerhalb des Körpers liegen: Bei einer Röhre liegt er in der Mitte des Hohlraums, bei einem Ring in der Mitte der Öffnung, bei einer Flasche in ihrem Innern usw.

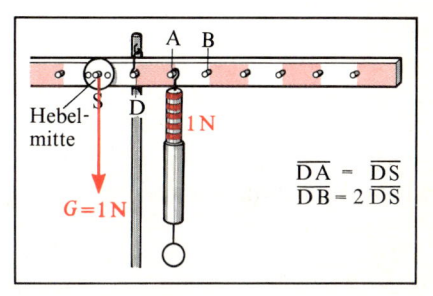

45.1 Zu Versuch 50

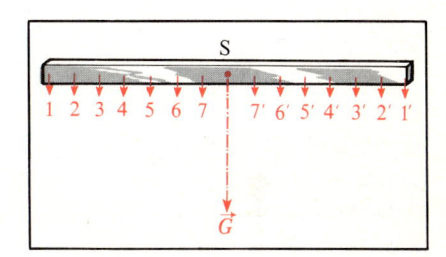

45.2 Schwerpunkt am Lineal

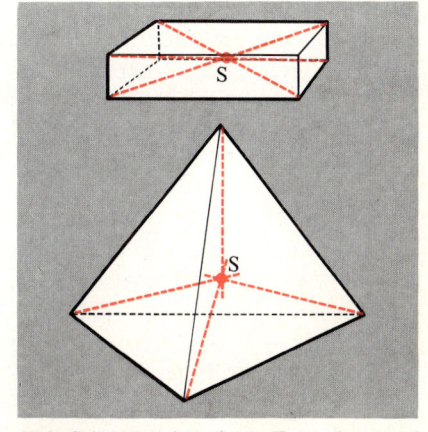

45.3 Schwerpunkt eines Tetraeders und eines Quaders

2. Störung des Gleichgewichts

Körper im Gleichgewicht können sich sehr verschieden verhalten, wenn sie gestört werden:

Versuch 51: Suche nach *Abb. 46.1* einen Tischtennisball in einem größeren Uhrglas, auf dem umgedrehten Uhrglas, auf einer genau waagerechten Tischplatte ins Gleichgewicht zu bringen! Störe das Gleichgewicht jeweils durch leichtes Anblasen!

Versuch 52: Führe den entsprechenden Versuch mit einem Eiswürfel und einer nassen flachen Schale aus!

Versuch 53: Stecke durch einen Stab (Pappe, Styropor) eine waagerechte Achse D, die nicht durch den Schwerpunkt S geht, und laß ihn los! Er dreht sich in eine Gleichgewichtslage und verharrt dort stabil. Drehe ihn dann um 180° aus dieser stabilen Lage und beobachte! Stecke schließlich die Achse genau durch den Schwerpunkt *(Abb. 46.2)*! Störe jede der 3 Gleichgewichtslagen durch eine geringfügige Drehung!

Von selbst nehmen Ball, Eiswürfel und Stab eine **stabile** Gleichgewichtslage ein. Nach jeder kleinen Störung (Verschiebung, Verdrehung) pendelt der Körper um diese stabile Lage und kehrt schließlich zu ihr zurück (stabilis, lat.; feststehend, sicher).

In der sogenannten **labilen** Gleichgewichtslage *(Abb. 47.1)* wird ein Körper nur mit Mühe gehalten: Bei der geringsten Störung strebt er von dieser fort (labilis, lat.; wankend).

Stört man ein indifferentes Gleichgewicht, so verharrt der Körper auch in einer benachbarten Gleichgewichtslage (indifferens, lat.; unterschiedslos).

Dieses unterschiedliche Verhalten läßt sich einmal mit Hilfe der Größen *Kraft* und *Drehmoment*, zum andern mit Hilfe der Begriffe *Arbeit, Schwerpunkt, Lageenergie* klar beschreiben:

a) In allen untersuchten Gleichgewichtslagen greifen am Körper zwei entgegengesetzte Kräfte an: Außer der Gewichtskraft $\vec{G}$ wirkt am Ball und Eisstück noch die Gegenkraft $-\vec{G}$ der verformten Unterlage, am Stab noch die Gegenkraft der verformten Achse *(Abb. 20.2)*: Es herrscht **Kräftegleichgewicht**. Wir müssen auch noch die *Drehmomente* untersuchen, um zu klären, ob sich der Körper nicht etwa noch dreht.

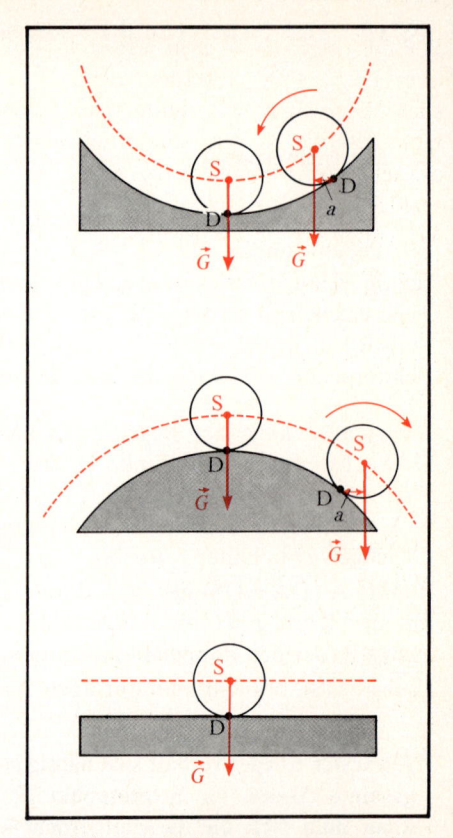

46.1 Die drei Gleichgewichtsarten bei einer Kugel. Bei einer Drehung bewegt sich ihr Schwerpunkt S, während der Kugelpunkt D für einen Augenblick in Ruhe ist. D stellt also den jeweiligen Drehpunkt dar.

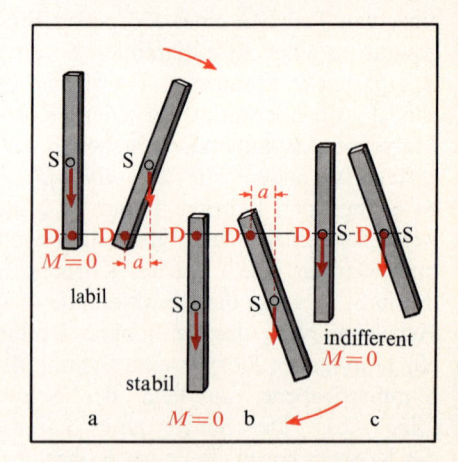

46.2 Der Stab kippt von der labilen Lage (a) in die stabile (b) um. (c): indifferentes Gleichgewicht.

Bei drehbaren Körpern, wie dem Ball in Versuch 51 oder dem um die Achse beweglichen Stab von Versuch 53, besteht nur dann Gleichgewicht, wenn sich nicht nur die Kräfte, sondern auch die Drehmomente aufheben oder wenn sie den Wert Null haben (**Momentengleichgewicht**). Beim Ball und beim Stab gehen die Wirkungslinien der Schwerkraft in jeder Gleichgewichtslage durch die Drehachse. Dies können wir sowohl bei *Abb. 46.1* wie bei *Abb. 46.2* nachprüfen: S und D liegen im Gleichgewichtsfall senkrecht übereinander. Das Drehmoment ist also Null (auch das Drehmoment der Gegenkraft $-\vec{G}$ ist Null).

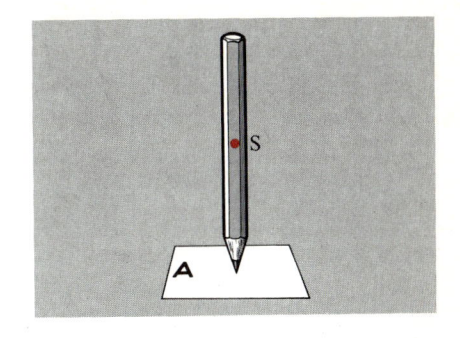

47.1 Labiles Gleichgewicht

b) Bewegt eine Störung den Körper etwas aus seiner stabilen (labilen) Gleichgewichtslage, so tritt am verschiebbaren Körper (Eiswürfel) eine Kraft auf, die ihn in diese zurück (von ihr fort) treibt. Am drehbaren Körper (Ball, Stab) entsteht ein Drehmoment, das ihn in die Gleichgewichtslage zurück (weiter aus ihr heraus) zu drehen trachtet. Suche in den *Abb. 46.2* den jeweiligen Hebelarm *a* und prüfe den Richtungssinn des auftretenden Drehmoments! Im *indifferenten* Gleichgewicht weckt eine Störung weder eine Kraft noch ein Drehmoment.

c) Bei allen betrachteten Beispielen nimmt der Schwerpunkt im *stabilen* Gleichgewicht die tiefste Lage ein und wird bei jeder Bewegung zunächst gehoben. Daher muß dem Körper zu jeder Lageveränderung Arbeit von außen zugeführt werden. Ohne Energiezufuhr kann er die Stellung geringster Lageenergie nicht verlassen.

Im *labilen* Gleichgewicht kann sich der Körper in benachbarte Stellungen geringerer Lageenergie bewegen. Dabei verrichtet er Arbeit nach außen oder gewinnt Bewegungsenergie. Bei dieser Lageveränderung senkt sich sein Schwerpunkt. Aus einer solchen Stellung geringerer Lageenergie kann sich der Körper nicht von selbst in die Gleichgewichtslage zurückbewegen.

Im indifferenten Gleichgewicht kann der Körper in benachbarte Lagen gelangen, in denen er wieder im Gleichgewicht ist. Bei solchen Veränderungen bleibt der Schwerpunkt auf gleicher Höhe.

> **Ein Körper ist im stabilen Gleichgewicht, wenn alle benachbarten Lagen größere Lageenergie besitzen.**
>
> **Das Gleichgewicht eines Körpers ist labil, wenn er sich in eine Stellung kleinerer Lageenergie bewegen kann.**
>
> **Das Gleichgewicht eines Körpers ist indifferent, wenn er sich in eine benachbarte Gleichgewichtslage gleicher Lageenergie, aber in keine Stellung mit kleinerer Energie bewegen kann.**

Aufgaben:

1. *Ein 80 cm langer, homogener Stab hat eine Masse von 200 g und ist 20 cm rechts von der Mitte drehbar gelagert. Welche Kraft muß am rechten Ende angreifen, damit Gleichgewicht besteht? Wo müßte man hierzu mit 1 N senkrecht nach oben ziehen?*

2. *Ein 1 m langer Stab (m = 500 g) ist in der Mitte drehbar aufgehängt. Wo liegt sein Schwerpunkt, wenn man ihn am linken Ende mit 50 g belasten muß, damit er waagerecht bleibt?*

Statik der Flüssigkeiten und Gase

§ 14 Eigenschaften der Flüssigkeiten; Wichte

Versuch 54: Wir vergleichen Wasser mit Mehl. Beide Stoffe lassen sich in Gefäße füllen und nehmen deren Form an. Während sich aber Mehl zu einem Berg aufhäufen läßt, hat ruhendes Wasser eine waagerechte Oberfläche; Wasserteilchen würden an der kleinsten Erhebung abgleiten und so alle Unebenheiten ausgleichen. Dies gilt für alle Flüssigkeiten; ihre kleinsten Teilchen lassen sich noch leichter gegeneinander verschieben als Mehlstäubchen. Flüssigkeiten verhalten sich deshalb anders als feste Körper; wir müssen sie gesondert betrachten. Dabei beschränken wir uns vorerst auf Flüssigkeiten in Ruhe oder bei nur langsamer Bewegung. Wir behandeln die **Hydrostatik**, *die Lehre vom Gleichgewicht in Flüssigkeiten* (hydor, griech.; Wasser).

> **Flüssigkeitsteilchen lassen sich bei langsamen Bewegungen leicht gegeneinander verschieben.**

Leichte und schwere Stoffe könnte man an sich durch ihre *Dichte*, das heißt durch den Quotienten aus Masse m und Volumen V, unterscheiden (Seite 15). Die Dichte hat die Einheit 1 g/cm³ und gibt die Masse für 1 cm³ an. Es liegt aber näher, die *Gewichtskräfte* von 1 cm³ verschiedener Stoffe zu vergleichen. Hierzu führen wir den Quotienten aus der Gewichtskraft G und dem Volumen V ein und nennen ihn **Wichte** $\gamma = G/V$. Das Kunstwort „Wichte" ist dem Wort „Dichte" nachgebildet; man sagt statt Wichte häufig auch *„spezifisches Gewicht"*. Wir wollen die Wichte von Wasser berechnen:

Nach Seite 13 erfährt Wasser der Masse $m = 102$ g vom Volumen $V = 102$ cm³ in Mitteleuropa die Gewichtskraft $G = 1$ N $= 100$ cN. Also beträgt die Wichte von Wasser bei uns

$$\gamma = \frac{G}{V} = \frac{1\text{ N}}{102\text{ cm}^3} = \frac{100\text{ cN}}{102\text{ cm}^3} = 0{,}981\,\frac{\text{cN}}{\text{cm}^3} \approx 1\,\frac{\text{cN}}{\text{cm}^3}. \tag{48.1}$$

Das Gewicht G und damit die Wichte $\gamma = G/V$ ändern sich auf der Erde höchstens um 0,5%. Dies spielt meist keine Rolle. Wir können auf der Erde sogar noch einen Schritt weitergehen: Dort ist der Zahlenwert der in cN/cm³ gemessenen Wichte fast so groß wie der Zahlenwert der in g/cm³ angegebenen Dichte (bei Wasser 1 g/cm³). Der Unterschied beträgt etwa 2%. Man kann die Wichte von Stoffen auf der Erde deshalb den Dichtetabellen im Anhang entnehmen. Dies gilt aber nicht mehr auf dem Mond: Dort hat Wasser ebenfalls die Dichte 1 g/cm³; die Wichte beträgt aber nur noch $\frac{1}{6}$ cN/cm³; denn die Gewichtskraft G ist auf $\frac{1}{6}G$ gesunken. Man muß also begrifflich streng zwischen Dichte und Wichte unterscheiden.

> **Wichte** $\gamma = \dfrac{G}{V}$; $G = V \cdot \gamma$; $V = \dfrac{G}{\gamma}$. (48.2)
>
> Die Einheit der Wichte ist 1 cN/cm³. Die Wichte ist im Gegensatz zur Dichte ortsabhängig. Auf der Erde sind die Zahlenwerte von Wichte (in cN/cm³) und Dichte (in g/cm³) angenähert gleich.

Aufgaben:

1. *Welche Wichte haben Alkohol (Dichte 0,8 g/cm³), Eisen (7,2 g/cm³), Quecksilber (13,6 g/cm³) auf der Erde, welche auf dem Mond? (Rechne in cN/cm³ und in N/cm³!)*
2. *Man bestimmt die Wichte eines Körpers mit Kraftmesser und Meßzylinder auf dem Mond zu 0,4 cN/cm³. Welche Wichte hätte er auf der Erde? Wie groß ist seine Dichte?*
3. *Die Dichte von Steinen beträgt etwa 2,5 g/cm³. Wie groß ist ihre Wichte auf dem Mond? — Welches Volumen hat ein Stein, dessen Gewicht ein Mondfahrer dort mit dem Kraftmesser zu 100 N bestimmt?*

§ 15 Der Stempeldruck in Flüssigkeiten

Auf *feste* Körper lassen sich Kräfte ausüben, die jeweils eine ganz bestimmte *Richtung* haben. Will man dagegen mit dem Finger eine Kraft auf eine Wasseroberfläche übertragen, so weichen die Teilchen seitlich aus. Deshalb kann man auch keinen Stein auf Wasser legen.

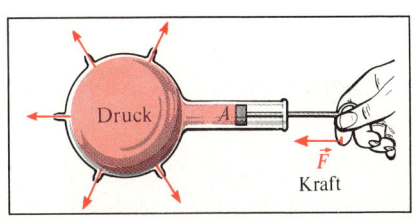

Versuch 55: Um eine Kraft auf Wasser auszuüben, benutzt man nach *Abb. 49.1* einen dicht schließenden Stempel. Auf seiner ganzen Fläche A (area, lat.; vergleiche Ar) wirkt die Kraft $\vec{F}$ der Hand auf das Wasser nach links. Dieses spritzt jedoch aus den Öffnungen nach *allen Richtungen* gleich stark. Die auf das Wasser nach links ausgeübte Kraft wirkt sich nach allen Seiten aus.

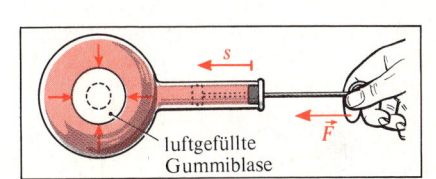

49.1 Zu Versuch 55

Versuch 56: Das Gefäß nach *Abb. 49.2* enthält neben Wasser eine mit Luft gefüllte Gummiblase. Übt man eine Kraft auf den Stempel aus und verschiebt ihn nach links um die Strecke s, so wird die Blase kleiner, bleibt aber rund (gestrichelt). Klemmte man sie dagegen zwischen feste Körper, so würde sie plattgedrückt.

49.2 Zu Versuch 56

Um dieses Verhalten der Flüssigkeiten zu verstehen, denken wir uns im Modellversuch nach *Abb. 49.3* ein Gefäß mit kleinen, reibungsfreien Kügelchen angefüllt. Auf sie übt der rechte Stempel eine Kraft nach links aus (vergleiche mit *Abb. 49.1*). Jedes Kügelchen versucht, sich zwischen zwei andere zu schieben. So wirken die Kügelchen insgesamt nach allen Seiten. Im Innern entsteht ein als **Druck** bezeichneter *Zustand*. Dies bedeutet, daß nach allen Richtungen Kräfte wirksam werden. Wie man diesen *Druckzustand* in Flüssigkeiten definiert, zeigt der folgende Versuch:

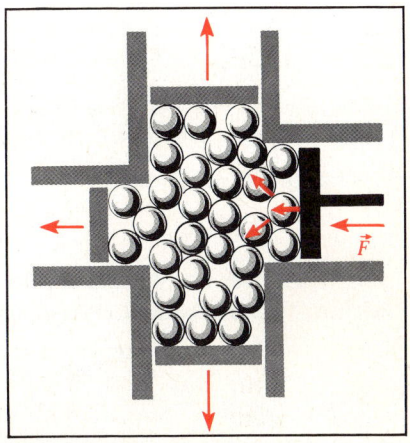

49.3 Die Kugeln suchen sich nach allen Seiten wegzudrücken, wenn $\vec{F}$ wirkt.

Versuch 57: Nach *Abb. 50.1* sind drei Glasspritzen mit einer Flüssigkeit gefüllt und durch Schlauchleitungen miteinander verbunden. Legt man zunächst überall gleiche Wägestücke auf, so wird der dickste Kolben gehoben. Er wirkt zwar mit der gleichen Kraft F auf die Flüssigkeit wie die andern, bietet ihr aber die größte Angriffsfläche. Nur dann tritt Gleichgewicht ein, wenn sich die Kräfte F wie die Flächen A der Kolben verhalten (siehe *Tabelle 50.1*). Auch dies erklärt der Modellversuch nach *Abb. 49.3*: Je größer eine Fläche ist, um so mehr Kugeln üben auf sie Kräfte aus.

Tabelle 50.1

	Fläche A	Kraft F	F/A
Kolben 1	2 cm²	200 cN	100 cN/cm²
Kolben 2	4 cm²	400 cN	100 cN/cm²
Kolben 3	6 cm²	600 cN	100 cN/cm²

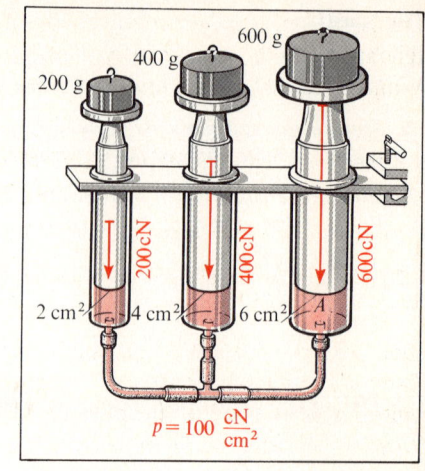

50.1 Die Kräfte sind verschieden; der Druck jedoch überall gleich, nämlich 100 cN/cm². Es herrscht *Druckgleichgewicht*. Vor dem Auflegen der Wägestücke bestand Gleichgewicht; das Gewicht der Kolben ist nicht zu berücksichtigen.

Offensichtlich wirkt die Flüssigkeit auf jedes Quadratzentimeter ihrer Begrenzungsfläche mit der gleichen Kraft 100 cN. Deshalb ändert sich am Versuch nichts, wenn man noch mehr Kolben anbringt und diese proportional zu ihren Flächen belastet.

Der Quotient $\frac{F}{A}$ ist in der ruhenden Flüssigkeit überall gleich groß, sofern keine großen Höhenunterschiede auftreten. Dies gilt auch für Gase (Teilchen leicht verschiebbar).

$$p = \frac{\text{Kraft } F}{\text{gedrückte Fläche } A}.$$

Man nennt diese Größe den **Druck** p. Er gibt an, mit welcher Kraft die Flüssigkeit auf 1 cm² ihrer Begrenzungsfläche wirkt. Diese Kraft ist dem Druck proportional. Die Angabe einer Kraft genügt nicht, um den Druck zu kennzeichnen; man muß auch die Größe der Fläche A kennen.

Erfährt in einer Flüssigkeit die Begrenzungsfläche A die Kraft F, so nennen wir den Quotienten $\frac{F}{A}$ den Druck p:

$$p = \frac{F}{A} \quad \text{(Definition des Drucks).} \tag{50.1}$$

Der Druck, den ein Stempel in einer ruhenden Flüssigkeit erzeugt (Stempeldruck), ist wegen der leichten Verschiebbarkeit der Flüssigkeitsteilchen überall gleich groß:

$$\frac{F_1}{A_1} = \frac{F_2}{A_2} = \frac{F_3}{A_3} = \cdots = \text{konstant} = p \quad \text{(Gesetz für den Stempeldruck).} \tag{50.2}$$

Die Fläche A, auf welche die Kraft $\vec{F}$ wirkt, ist an der Spitze des Kraftpfeils durch einen Querstrich angedeutet (siehe *Abb. 52.1*). Von einem Angriffs*punkt* der Kraft kann man nicht mehr sprechen.

Die Kraft steht *senkrecht* zur Fläche A; denn eine schräg wirkende Kraft würde die Flüssigkeitsteilchen seitlich wegschieben. Dies wird aber im Gleichgewichtszustand nicht beobachtet (ein Wagen, auf den man schräg von oben eine Kraft ausübt, fährt weg).

Kennt man den Druck p in einer Flüssigkeit, so folgt für die Kraft F auf eine beliebig liegende Begrenzungsfläche A:

1) $F = p \cdot A$ (Betrag der Druckkraft), (51.1)

2) F steht senkrecht zur gedrückten Fläche (Richtung der Druckkraft).

Der Druck selbst hängt also nicht von der Stellung der gedrückten Fläche ab. Wir dürfen ihm *keine Richtung* zuschreiben. Er ist ein *Skalar* wie Volumen und Masse (Seite 13). Erst wenn wir eine bestimmte Begrenzungsfläche ins Auge fassen, können wir die senkrecht zu ihr wirkende *Druckkraft $\vec{F}$* als *Vektor* eintragen. Der Begriff Druck ist als physikalischer Fachausdruck von der Druckkraft genauso zu unterscheiden wie etwa Arbeit von Leistung oder Masse von Gewicht, während in der Umgangssprache kaum zwischen Kraft und Druck unterschieden wird.

Wir fanden in *Tabelle 50.1* für den Druck $p = F/A$ die Einheit 1 cN/cm^2; in der Wetterkunde nennt man sie **1 Millibar (mbar;** siehe die Wetterkarte Seite 119). Ferner benutzen wir die 1000mal größere Einheit **1 bar** $= 1000 \text{ mbar} = 1000 \text{ cN/cm}^2 = 10 \text{ N/cm}^2$.

Also gilt für die von uns künftig benutzten Druckeinheiten 1 bar und 1 mbar:

$$1 \text{ mbar} = 1 \frac{\text{cN}}{\text{cm}^2} \quad \text{und} \quad 1 \text{ bar} = 10 \frac{\text{N}}{\text{cm}^2}. \tag{51.2}$$

Nach Seite 13 gilt: $1 \text{ kp} = 9{,}81 \text{ N} \approx 10 \text{ N}$. Deshalb ist das in der Technik vor Einführung des Einheitengesetzes übliche Druckmaß

$$1 \text{ Atmosphäre (1 at)} = 1 \frac{\text{kp}}{\text{cm}^2} = 0{,}981 \text{ bar} \approx 1 \text{ bar}. \tag{51.3}$$

Im Einheitengesetz ist auch die sehr kleine Druckeinheit **1 Pascal (Pa)** $= 1 \text{ N/m}^2 = \frac{1}{100000}$ bar angeführt.

Geräte zur Druckmessung heißen **Manometer** (manos, griech.; dünn). Beim **Membranmanometer** erzeugt der zu messende Druck an der dünnen, gewellten Membran eine ihm proportionale Kraft. Ein Hebelmechanismus überträgt die eintretende Verbiegung nach oben auf den Zeiger, der an der Skala den Druck angibt. Empfindliche Manometer haben große und dünne Membranen.

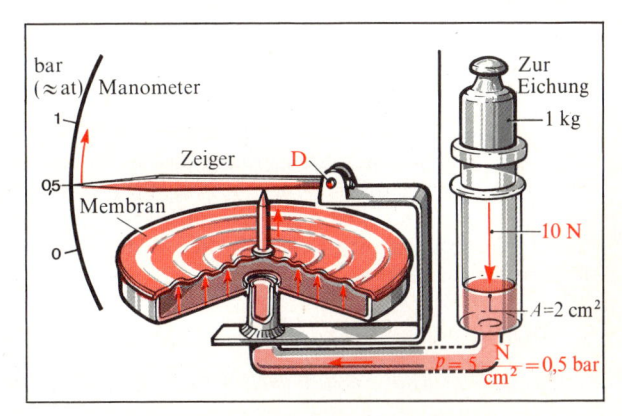

51.1 Membranmanometer, Aufbau und Eichung

Versuch 58: *Abb. 51.1* zeigt rechts, wie man das Manometer *eicht*, das heißt die Skala nach Druckeinheiten unterteilt. Man stellt wie in *Abb. 50.1* bekannte Drücke mit Hilfe des Kolbens und der aufgelegten Wägestücke her.

Der Stempeldruck $p = F/A$ sei an einer Stelle der Flüssigkeit gemessen und betrage zum Beispiel 2 bar (≈ 2 at). Dann wirkt auf eine beliebige Fläche der Größe $A = 100\ \mathrm{cm}^2$ die Kraft

$$F = p \cdot A = 2\ \mathrm{bar} \cdot 100\ \mathrm{cm}^2 = 20\ \frac{\mathrm{N}}{\mathrm{cm}^2} \cdot 100\ \mathrm{cm}^2 = 2000\ \mathrm{N} \approx 200\ \mathrm{kp}.$$

Anwendungen des Drucks

a) Bei der mit Öl gefüllten **hydraulischen Presse** nach *Abb. 52.1* übt die Hand über den Hebel auf den linken Stempel die Kraft $F_1 = 40\ \mathrm{N}$ aus. Diese Kraft verteilt sich gleichmäßig auf die $2\ \mathrm{cm}^2$ des Stempelquerschnitts A_1. Infolge dieses Stempeldrucks herrscht in der ganzen Flüssigkeit nach Gleichung (50.2) der gleiche Druck

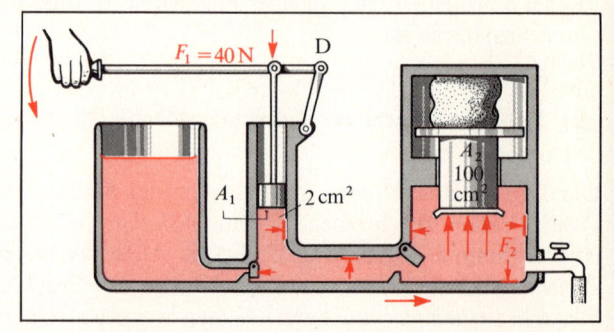

$$p = \frac{F_1}{A_1} = \frac{40\ \mathrm{N}}{2\ \mathrm{cm}^2} = 20\ \frac{\mathrm{N}}{\mathrm{cm}^2} = 2\ \mathrm{bar}.$$

52.1 Hydraulische Presse. Beim Senken des linken Kolbens wird das linke Ventil geschlossen, das rechte geöffnet. Beim Heben ist es umgekehrt; der Kolben „saugt" Öl vom linken Vorratsgefäß an, das er beim Senken nach rechts preßt.

Damit erfährt jedes beliebige Quadratzentimeter der Begrenzungsfläche die Kraft 20 N. Dies nutzt man im rechten Kolben der Fläche $A_2 = 100\ \mathrm{cm}^2$ aus. Er erfährt die Druckkraft

$$F_2 = p \cdot A_2 = 2\ \mathrm{bar} \cdot 100\ \mathrm{cm}^2 = 20\ \frac{\mathrm{N}}{\mathrm{cm}^2} \cdot 100\ \mathrm{cm}^2 = 2000\ \mathrm{N}.$$

Die Kraftübersetzung ist $40\ \mathrm{N} : 2000\ \mathrm{N} = 1 : 50$, also gleich dem Verhältnis der beiden Kolbenflächen ($2\ \mathrm{cm}^2 : 100\ \mathrm{cm}^2$).

Hydraulische Pressen verwendet man zum Formen von Karosserieteilen, zum Pressen von Stroh und Obst sowie zum Geldprägen. In der **Hebebühne** für Kraftfahrzeuge nach *Abb. 52.2* wird der Druck durch Preßluft erzeugt, die ein motorgetriebener, schnell laufender Kompressor herstellt, dessen Kolbenfläche klein ist. Auch zum Heben von Stühlen verwendet man einfache hydraulische Pressen.

b) Um alle 4 Räder beim Kraftwagen gleichmäßig zu bremsen, wird beim Betätigen des Bremspedals die Bremsflüssigkeit von einem Kolben unter Druck gesetzt. Sie wirkt durch Schlauchleitungen an allen 4 Rädern auf Bremskolben, welche die Bremsbacken mit gleichen Kräften an die rotierenden Bremstrommeln pressen *(Abb. 23.1)*.

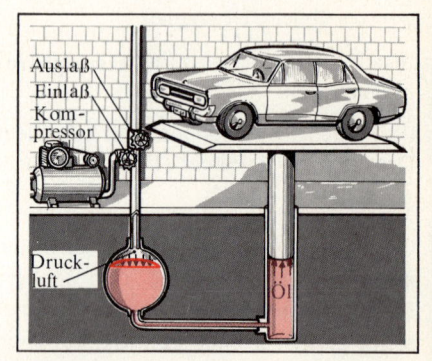

52.2 Hebebühne für Kraftfahrzeuge

Aufgaben:

1. *Was ändert sich im Versuch nach Abb. 50.1, wenn man auf den linken Stempel 1,5 kg statt 0,2 kg legt?*

2. *Auf eine Fläche von $5\ \mathrm{cm}^2$ wirkt die Kraft 200 N. Wie groß ist der Druck in Bar, Millibar, Atmosphären?*

3. *Der Druckkolben einer hydraulischen Presse hat $5\ \mathrm{cm}^2$ Querschnitt, der Preßkolben $500\ \mathrm{cm}^2$. Welche Kraft ist am Druckkolben nötig, um einen Wagen von $10^4\ \mathrm{N}$ Gewicht zu heben? Wieviel Flüssigkeit muß man zum Preßkolben pumpen, damit sich dieser um 1 m hebt? Um wieviel muß sich dann der Druckkolben insgesamt senken? Berechne die Arbeit an beiden Kolben und vergleiche!*

§ 16 Der hydrostatische Druck; verbundene Gefäße

1. Gewichtsdruck in Gefäßen mit vertikalen Wänden

Bisher haben wir den Druck durch Stempel erzeugt, die von *außen* Kräfte auf die Flüssigkeit ausüben. Wir empfinden aber beim Tauchen im Schwimmbad Kräfte in den Ohren. Sie nehmen mit der Tiefe zu. Offensichtlich werden sie von der *Gewichtskraft* des über dem Taucher lastenden Wassers erzeugt.

Versuch 59: Wir zeigen diese Druckkräfte mit einer *Drucksonde* nach *Abb. 53.1*. In ihr wirkt die Druckkraft auf eine Gummimembran wie auf das Trommelfell im Ohr. Drücken wir die Membran mit dem Finger etwas ein, so verdrängt sie Luft, die den Stand des rot gezeichneten Wassers im angeschlossenen U-Rohr verändert. Wird diese Drucksonde in Wasser getaucht, so steigt die Anzeige im U-Rohr vom Wert Null an der Oberfläche mit wachsender Tiefe an; denn die Gewichtskraft des über der Sonde lastenden Wassers nimmt zu. Diese Gewichtskraft zeigt nach unten. Trotzdem bleibt die Anzeige im U-Rohr und damit die Druckkraft gleich groß, wenn man in einer bestimmten Tiefe die Membran um die horizontale Achse BC dreht. Wie man zudem an der Verformung der Membran erkennt, steht diese Druckkraft in jeder Stellung senkrecht zur gedrückten Fläche. Der hier nachgewiesene Druck ist also wie der Stempeldruck *von der Stellung der gedrückten Fläche unabhängig*. Er ist dagegen abhängig von der jeweiligen Wassertiefe. Man nennt ihn **hydrostatischen Druck** oder **Gewichtsdruck**.

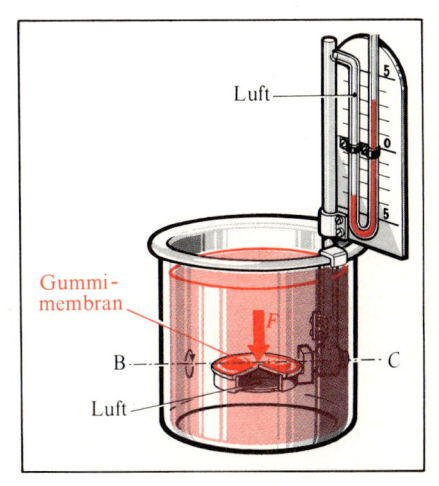

53.1. Drucksonde

Wir können den Gewichtsdruck in einer bestimmten Tiefe h einfach berechnen. Hierzu stellen wir uns die darüber lastende Flüssigkeit der Wichte γ als Stempel mit der Grundfläche A und der Höhe h vor (*Abb. 53.2*; siehe Seite 50). Das Volumen dieses Stempels ist $V = A \cdot h$, seine Gewichtskraft beträgt $G = V \cdot \gamma = A \cdot h \cdot \gamma$. Sie wirkt als Druckkraft $F = G$ voll auf die Fläche A in der Tiefe h, da die vertikalen Gefäßwände von ihr nichts abfangen können. Dort erzeugt sie den Druck

$$p = \frac{F}{A} = \frac{G}{A} = \frac{A \cdot h \cdot \gamma}{A} = h \cdot \gamma. \qquad (53.1)$$

In dieser Gleichung $p = h \cdot \gamma$ tritt der Querschnitt A des Gefäßes nicht mehr auf; der Druck ist von der Fläche unabhängig.

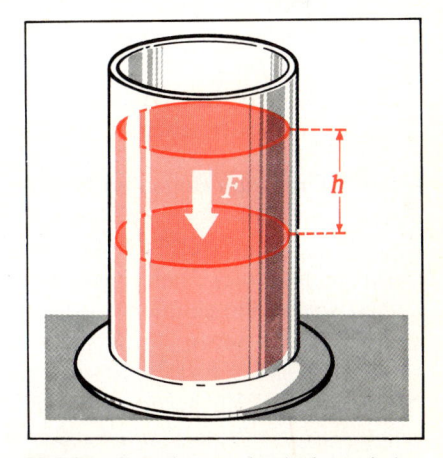

53.2 Zur Berechnung des hydrostatischen Drucks in der Tiefe h bestimmt man die Gewichtskraft $F = G$ der über der unteren, rot gezeichneten Fläche lastenden Flüssigkeit.

54 Mechanik

Ein zylindrisches Gefäß ist 20 cm hoch mit Wasser ($\gamma = 0{,}98$ cN/cm³) gefüllt. Der Druck an der Bodenfläche beträgt $p = h \cdot \gamma = 20$ cm $\cdot\ 0{,}98$ cN/cm³ $= 19{,}6$ cN/cm² $= 19{,}6$ mbar ≈ 20 mbar (siehe Gleichung 53.1).

Hieraus folgt ein für das folgende sehr bequemer Merksatz:

> **Der hydrostatische Druck einer x cm hohen Wassersäule beträgt ungefähr x mbar $=$ x cN/cm²: in 1 m Wassertiefe ist er 100 mbar $= 0{,}1$ bar $= 1$ N/cm² (genaugenommen ist er um 2% kleiner).**

2. Gewichtsdruck bei beliebiger Gefäßform

Versuch 60: In *Abb. 54.1* sind 4 verschieden geformte Glasgefäße gezeichnet, die gleiche Grundflächen haben. Sie sind durch eine Gummimembran M verschließbar. Die Druckkräfte, welche diese Membran erfährt, werden durch den Ausschlag des Zeigers verglichen. Dieser steigt beim Einfüllen von Wasser und zeigt die Druckzunahme mit der Füllhöhe *h*. Doch ist er bei gleicher Füllhöhe unabhängig davon, welches der Gefäße a bis d wir benützen. Beim sich nach oben erweiternden Gefäß b können wir dies noch am ehesten verstehen: Der hydrostatische Druck am Boden wird nur vom Gewicht derjenigen Flüssigkeit erzeugt, die senkrecht über dem Boden steht (in *Abb. 54.1b* durch senkrecht gestrichelte Linien abgegrenzt). Alles Wasser, das über den schrägen Wänden liegt, wird von diesen getragen. Deshalb darf die oben gefundene Gleichung $p = h \cdot \gamma$ auch hier angewandt werden.

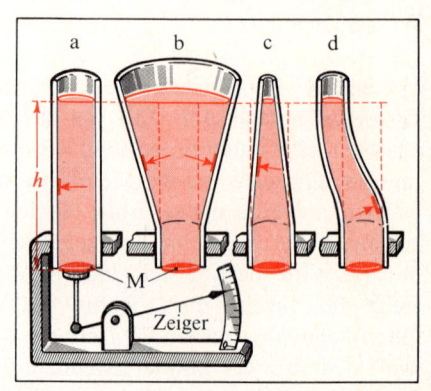

54.1 In allen Gefäßen ist gleicher Druck.

Auch bei dem sich nach oben verjüngenden Gefäß c ist der Druck bei gleicher Füllhöhe *h* so groß wie in den Gefäßen a und b. Hier erzeugt eine viel kleinere Wassermenge die gleiche Druckkraft auf den Boden wie bei den andern Gefäßen. Das Wasser übt nämlich senkrecht zur Wand eine Druckkraft schräg nach oben aus. Die Wand wirkt auf das Wasser mit einer *Gegenkraft* schräg nach unten zurück (Seite 20). Die Druckkraft auf den Boden ist deshalb größer als die Gewichtskraft des Wassers. In ähnlicher Weise kann man sich, auf einer Waage stehend, gegen die Decke abstützen; man wird scheinbar schwerer.

Um den Druck am Boden im Gefäß d zu verstehen, betrachten wir zunächst einen Taucher, der in eine Unterwasserhöhle waagerecht schwimmt (*Abb. 54.2a*). Er bemerkt keine Druckunterschiede in der Horizontalen. Sollten solche Druckunterschiede in einer Horizontalebene auftreten (etwa durch zufließendes Wasser), so verschieben sich sofort die Flüssigkeitsteilchen und führen Druckausgleich herbei. *Da alle Flüssigkeitsteilchen eine Gewichtskraft nach unten erfahren, kann der Druck nur nach unten, nicht auch nach einer Seite, zunehmen.*

> **In einer waagerechten, ruhenden Flüssigkeitsschicht besteht überall der gleiche Druck.**

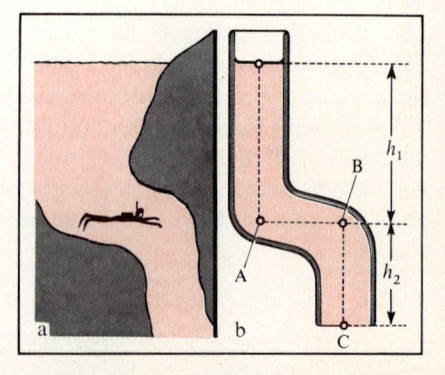

54.2 Der hydrostatische Druck ist in einer horizontalen Ebene konstant.

In *Abb. 54.2b* betrachten wir die Drücke an den Stellen A, B und C. Die Höhe h_1 bestimmt den Druck in A. In B ist er gleich groß. Die Höhe h_2 bestimmt die Druckzunahme von B nach C. Daher kann man den Druck in C so berechnen, als ob über C eine senkrechte Wassersäule der Höhe $h = h_1 + h_2$ stehen würde (siehe *Abb. 54.1d*). Versuch 60 erlaubt uns also, die für Gefäße mit vertikalen Wänden abgeleitete Gleichung $p = h \cdot \gamma$ ohne Einschränkung auf beliebig geformte Gefäße anzuwenden.

> Der hydrostatische Druck p in einer Flüssigkeit ist von der Form des Gefäßes und von der Stellung der gedrückten Fläche unabhängig. Er hängt nur von der Tiefe h und von der Wichte γ der Flüssigkeit ab:
>
> $$p = h \cdot \gamma. \qquad (55.1)$$

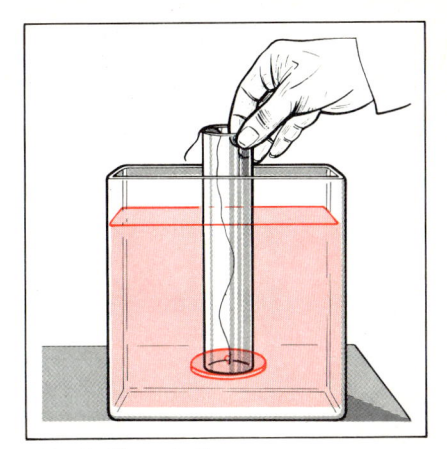

55.1 Zu Versuch 61

Versuch 61: Wir verschließen außerhalb des Wassers die untere Öffnung des Glaszylinders nach *Abb. 55.1* mit einer sehr leichten Platte, indem wir sie mit einem Faden an den unteren Zylinderrand ziehen. Dann tauchen wir den Zylinder ein. Die vom Wasser nach oben ausgeübte Druckkraft F preßt die Platte gegen die Zylinderöffnung. Diese Kraft spürt man, wenn man den Zylinder mit der Hand hält. Nun gießen wir vorsichtig Wasser in den Zylinder. Wenn es innen so hoch wie außen steht, fällt die Platte ab. Der Druck unter und über der Platte ist dann gleich groß. Er hängt nicht von der Form der ihn ausübenden Wassermenge ab.

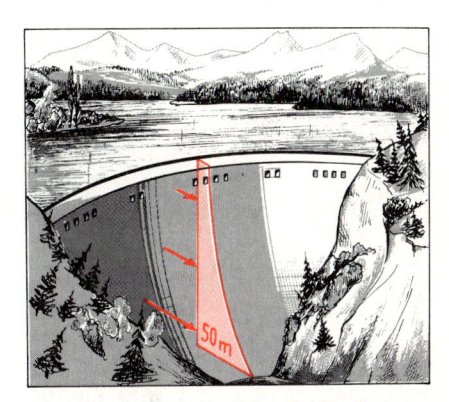

Die **Staumauer** nach *Abb. 55.2* ist nicht nur im Felsen gut verankert. Um den Druckkräften im Stausee standhalten zu können, wird sie wie ein Gewölbe dem Wasser entgegen gebogen. Da diese Kräfte nach unten zunehmen, macht man sie in 60 m Tiefe etwa 50 m dick (rot gezeichneter Querschnitt). 60 m unter dem Wasserspiegel beträgt der Druck nach Seite 54 etwa 6 bar = 60 N/cm². Eine 500 m lange und 60 m hohe Mauer erfährt Druckkräfte von insgesamt 10^{10} N. Dies entspricht der Gewichtskraft von 10^6 t, das heißt von 1000 beladenen Güterzügen.

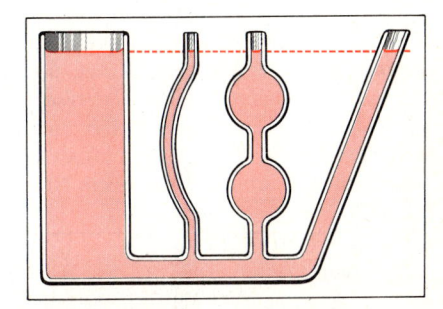

55.2 Staumauer mit Querschnitt. Das gestaute Wasser wird durch dicke Rohrleitungen in mehrere 100 m tiefer liegende Turbinen geleitet und treibt durch seinen großen Druck die Generatoren an (S. 31).

3. Verbundene Gefäße

Unter **verbundenen Gefäßen** verstehen wir offene, mit Flüssigkeit gefüllte Behälter, die *unterhalb* des Flüssigkeitsspiegels miteinander verbunden und oben offen sind. Steht zum Beispiel in *Abb. 55.3* das Wasser in einer

55.3 Gleichgewicht in verbundenen Gefäßen tritt dann ein, wenn in ihnen eine einheitliche Flüssigkeit überall gleich hoch steht und wenn oben der gleiche Druck herrscht, wenn sie also oben offen sind (vergleiche mit *Abb. 57.1*).

Röhre beim Eingießen zunächst etwas höher als in den andern, so ist an der Einmündung dieser Röhre in das waagerechte Verbindungsrohr der hydrostatische Druck etwas größer. Das Wasser fließt deshalb in die anderen Röhren ab, bis in allen die Oberflächen auf gleicher Höhe stehen. Wir können dies verfolgen, wenn wir das Fließen des Wassers in der waagerechten Röhre beim Einfüllen durch eingestopfte Watte verlangsamen.

In verbundenen Gefäßen liegen die Oberflächen einer ruhenden Flüssigkeit in gleicher Höhe.

(*Ausnahmen:* enge Gefäße, siehe Seite 69, und nicht einheitliche Flüssigkeit, siehe Aufgabe 7.)

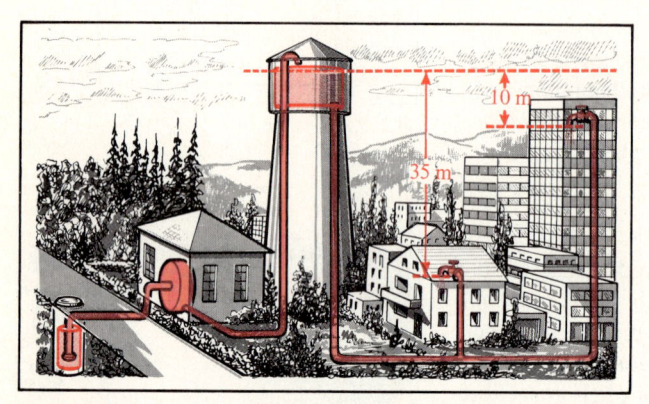

56.1 Wasserversorgung. Der Hochbehälter im Wasserturm muß so groß sein, daß er dem oft stoßweisen Wasserverbrauch gewachsen ist.

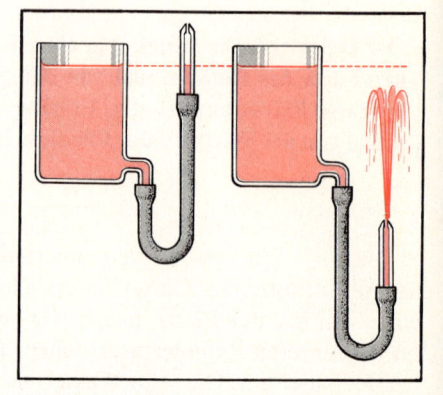

56.2 Wegen des Strömungs- und Luftwiderstands spritzt rechts das Wasser nicht ganz bis zur Oberfläche im Gefäß hoch.

Verbundene Gefäße findet man beim Rohrsystem der **Wasserversorgung.** In *Abb. 56.1* wird aus dem Brunnen Wasser durch das Pumphaus in den Wasserturm gepumpt. Von dort erreicht es die Zapfstellen in den Häusern. Diese müssen tiefer liegen als der Wasserspiegel im Turm. — Eine natürliche Wasserversorgung stellen die **artesischen Brunnen** dar (nach der französischen Landschaft Artois; *Abb. 56.3*). 1841 spritzte in Paris ein solcher Brunnen 87 m hoch.

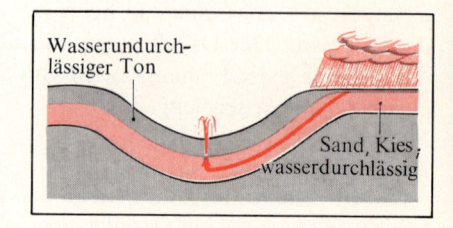

56.3 Artesischer Brunnen

Das Gesetz der verbundenen Gefäße ermöglicht es, in **Schleusenanlagen** ein Schiff ohne Kräne und Pumpen zu heben *(Abb. 56.4):* Das aus dem „*Unterwasser*" kommende Schiff fährt durch das geöffnete „*Untertor*" in die Schleusenkammer ein *(Abb. 56.4a).* Dann werden das Untertor und der untere „*Umlauf*" B geschlossen *(Abb. 56.4b).* Nun öffnet man den oberen Umlauf C; „*Oberwasser*" fließt in die Kammer und hebt das Schiff auf das obere Niveau. Nach Öffnen des „*Obertors*" kann das Schiff ausfahren (c).

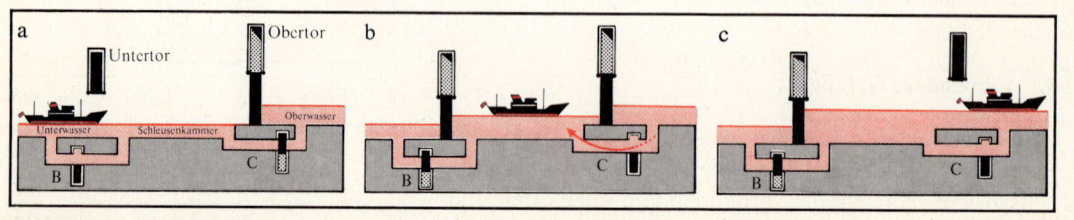

56.4 Schleusenanlage

Wir schließen die Stadtgasleitung an ein *U-Rohr* an, das mit gefärbtem Wasser gefüllt ist. Dieses steigt rechts und sinkt links. Der Unterschied h der beiden Oberflächen zeigt den Gasdruck an *(Abb. 57.1)*. Entfernt man nämlich links den Gasanschluß und rechts gleichzeitig die Wassersäule der Höhe h, so zeigt sich, daß das Wasser unter der gestrichelten Linie für sich im Gleichgewicht ist. Also hält der hydrostatische Druck $p = h \cdot \gamma$ der Wassersäule der Höhe h dem links herrschenden Gasdruck das Gleichgewicht. Ist $h = 4$ cm, so beträgt der Gasdruck nach Seite 54 etwa 4 mbar.

Aufgaben:

1. *Berechne den Druck 10 cm unter der Oberfläche von Wasser (Wichte 0,98 cN/cm³), Quecksilber ($\gamma = 13,3$ cN/cm³), Alkohol (0,8 cN/cm³) in den Einheiten mbar und at!*

2. *Wie groß ist der Druck in 923 m Meerestiefe (Wichte von Salzwasser 1,00 cN/cm³)? Diese Tiefe erreichte als erster Beebe 1934. Welcher Druck herrscht in 11 000 m Tiefe (in bar und at)?*

3. *Hängt die Kraft, die ein Staudamm auszuhalten hat, von der Größe des dahinterliegenden Stausees ab?*

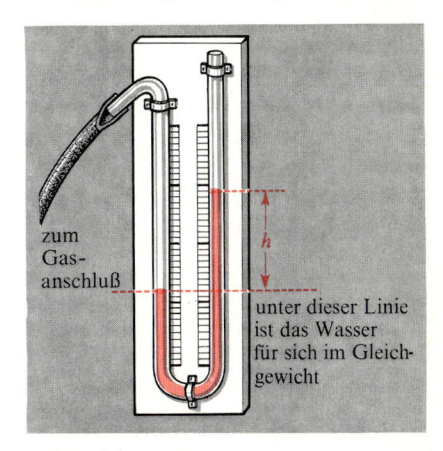

4. *Ist der Druck in 10 m Tiefe im Stillen Ozean mit seiner großen Fläche größer als in einem 10 m tiefen, engen Schacht, der ebenfalls mit Salzwasser gefüllt ist?*

5. *Wie groß wäre der Höhenunterschied h im Manometer nach Abb. 57.1 bei Quecksilberfüllung, wenn der Druck 4 mbar beträgt; wie groß wäre er bei Alkoholfüllung?*

6. *Wann dringt Wasser von einem Fluß in benachbarte Keller? Wann kommt Grundwasser in der Nähe eines Flusses in Wiesen an die Oberfläche?*

7. *In einem U-Rohr befindet sich Quecksilber. Schütte in dem einen Schenkel Wasser dazu! Wie verändern sich die Quecksilberoberflächen? Wie verhalten sich die Höhen der Wasser- und der Quecksilbersäule über der Trennfläche ($\gamma_{Hg} = 13,3$ cN/cm³)? Fertige eine Skizze!*

57.1 U-Manometer

§ 17 Der Auftrieb in Flüssigkeiten

Nur mit großer Kraft kann man einen leeren Eimer mit dem Boden voraus unter Wasser drücken; denn die Druckkräfte des Wassers wirken auf die Unterseite des Eimers nach oben und geben ihm eine nach oben gerichtete **Auftriebskraft** F_A, kurz **Auftrieb** genannt. Läßt man den Eimer los, bevor er völlig eingetaucht ist, so schnellt er hoch. Diese Druckkräfte lassen aber auch einen vollen Eimer unter Wasser viel leichter erscheinen; sie täuschen eine Verminderung der nach unten gerichteten Gewichtskraft G vor. Dieser **scheinbare Gewichtsverlust** wird beim Baden angenehm empfunden. Man fühlt sich von der Erdschwere befreit; spitze Steine, auf die man tritt, spürt man um so weniger, je tiefer man eintaucht. In großen Wasserbehältern bereiten sich Astronauten auf das Arbeiten im schwerelosen Zustand vor.

> **Ein ganz oder teilweise in eine Flüssigkeit getauchter Körper erfährt eine Auftriebskraft F_A, kurz Auftrieb genannt. Sie täuscht einen Gewichtsverlust vor.**

Versuch 62: Wir wollen nun untersuchen, wie groß diese Auftriebskraft F_A ist. Hierzu tauchen wir einen 5 cm hohen Quader mit 10 cm² Grundfläche und 70 cN Gewicht nach *Abb. 58.1* Zentimeter um Zentimeter in Wasser. Die Anzeige des Kraftmessers geht zurück, solange noch ein Teil über Wasser ragt. Verdrängt der Körper zum Beispiel 40 cm³ Wasser vom Gewicht 40 cN, so zeigt der Kraftmesser statt 70 cN nur noch 30 cN an. Der scheinbare Gewichtsverlust von 40 cN stimmt also mit dem Gewicht des verdrängten Wassers überein. – In Alkohol getaucht beträgt der Gewichtsverlust nur 32 cN; denn 40 cm³ Alkohol wiegen 32 cN ($\gamma = 0{,}8$ cN/cm³).

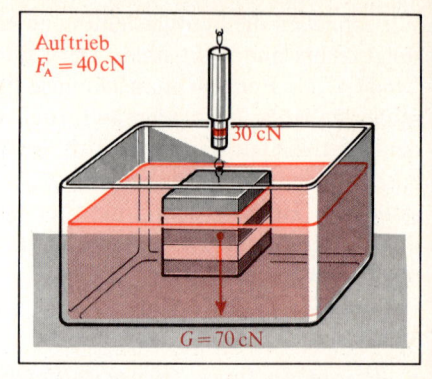

58.1 Der Quader wiegt $G = 70$ cN und ist in 5 Sektoren zu je 10 cm³ unterteilt. Von ihnen tauchen 4 unter Wasser und verdrängen 40 cN Wasser. Wie der Kraftmesser zeigt, erfährt der Würfel einen Auftrieb F_A von ebenfalls 40 cN.

Versuch 63: Wir lassen nun den Körper ganz eintauchen. Er verdrängt 50 cm³. In Wasser ist der Auftrieb auf 50 cN, in Alkohol auf 40 cN gestiegen. Er bleibt konstant, auch wenn man den Körper noch tiefer taucht.

Die hier durch Versuch ermittelten Gesetze fand *Archimedes* (Seite 80) bereits um 250 vor Christus.

> **Satz des Archimedes: Der Auftrieb ist gleich dem Gewicht der verdrängten Flüssigkeit.**

Der Satz des Archimedes ist so wichtig, daß wir uns nicht damit zufrieden geben, ihn nur *experimentell* zu ermitteln. Die Versuche zeigen nämlich nicht, woher dieser Gewichtsverlust rührt. Man könnte sich zum Beispiel vorstellen, daß die Flüssigkeit die Erdanziehung „abschirmt". Oben haben wir schon vermutet, daß die *Druckkräfte* diesen Gewichtsverlust erzeugen. Wenn dies richtig ist, so müßte es gelingen, den Satz des Archimedes *mathematisch* – ohne Zuhilfenahme eines Experiments – aus den uns bekannten Gesetzen über den Druck in Flüssigkeiten herzuleiten: Der Körper nach *Abb. 58.2* erfährt zunächst Druckkräfte von den *Seiten*. Sie halten sich das Gleichgewicht. Die *untere* Fläche A erfährt eine nach *oben* gerichtete *Druckkraft* F_2, die mit wachsender Tiefe h_2 zunimmt. In der Tiefe h_2 ist der hydrostatische Druck $p_2 = h_2 \cdot \gamma_{Fl}$. Dabei ist γ_{Fl} die Wichte der Flüssigkeit. Der eingetauchte Körper erfährt also die nach oben gerichtete Kraft

$$F_2 = p_2 \cdot A = h_2 \cdot \gamma_{Fl} \cdot A.$$

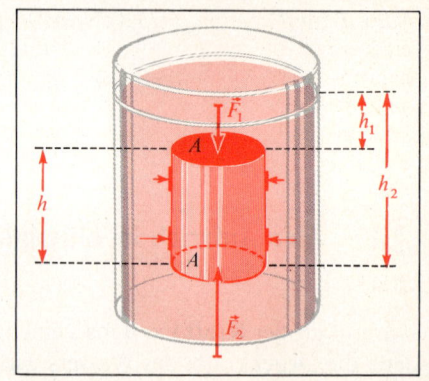

58.2 Berechnung des Auftriebs aus den Druckkräften

Nun erfährt die *obere* Fläche A des ganz eingetauchten Körpers eine *Druckkraft* F_1 nach unten. Sie ist kleiner als F_2, da an der oberen Fläche der kleinere Druck $p_1 = h_1 \cdot \gamma_{Fl}$ herrscht; es gilt $F_1 = p_1 \cdot A = h_1 \cdot \gamma_{Fl} \cdot A$. Insgesamt wirkt auf den eingetauchten Körper nur die Differenz $F_2 - F_1$ dieser beiden entgegengesetzt gerichteten Druckkräfte.

Sie wird vom Kraftmesser angezeigt als Auftriebskraft:

$$F_A = F_2 - F_1 = h_2 \cdot \gamma_{Fl} \cdot A - h_1 \cdot \gamma_{Fl} \cdot A = (h_2 - h_1) \cdot \gamma_{Fl} \cdot A. \tag{59.1}$$

Dabei ist $h = h_2 - h_1$ die Höhe des Körpers, $(h_2 - h_1) \cdot A$ also sein Volumen V. Dies ist gleich dem *Volumen V* der verdrängten Flüssigkeit. Multipliziert man es mit deren Wichte γ_{Fl}, so erhält man das *Gewicht* der verdrängten Flüssigkeit, nämlich $(h_2 - h_1) \cdot A \cdot \gamma_{Fl}$. Nach Gleichung (59.1) ist dies aber gerade die Auftriebskraft F_A.

Wir fassen zusammen:
a) **Der Auftrieb entsteht dadurch, daß der hydrostatische Druck mit der Tiefe zunimmt.**
b) **Diese Druckzunahme allein erklärt die Größe des gemessenen Auftriebs vollständig.**

Der Satz des Archimedes gilt auch für beliebig gestaltete Körper:

Versuch 64: Aus Plastilin wird ein Quader geformt und sein Auftrieb in Wasser bestimmt. Hierzu taucht man ihn an einem Kraftmesser hängend ein und bestimmt den scheinbaren Verlust an Gewichtskraft. Dieser ändert sich nicht, wenn man den Körper beliebig verformt. Er kann zum Beispiel nach unten spitz zulaufen; nur darf sich sein Volumen nicht ändern.

Versuch 65: An einem Waagebalken halten sich ein Messing- und ein Eisenstück von je 200 cN das Gleichgewicht *(Abb. 59.1)*. Taucht man aber beide in Wasser, so hebt sich die linke Seite mit dem Eisenstück. Eisen ($\gamma = 7{,}9$ cN/cm^3) verdrängt bei gleichem Gewicht infolge seines größeren Volumens (25 cm^3) mehr Wasser und erfährt einen größeren Auftrieb als Messing ($\gamma = 8{,}3$ cN/cm^3; $V = 24$ cm^3).

Auf diese Weise soll *Archimedes* nachgeprüft haben, ob ein dem König *Hieron von Syrakus* gelieferter goldener Kranz auch wirklich echt sei. Er tauchte den „goldenen" Kranz und einen gleich schweren Klumpen reinen Goldes an der Waage hängend in Wasser. Da sich die Seite mit dem Kranz hob, war der Goldschmied überführt, Gold zum Teil unterschlagen und durch ein gleich schweres Stück Silber ersetzt zu haben. (1 g Silber hat nach der Tabelle am Schluß des Buches ein Volumen von etwa 0,1 cm^3, 1 g Gold von 0,05 cm^3.)

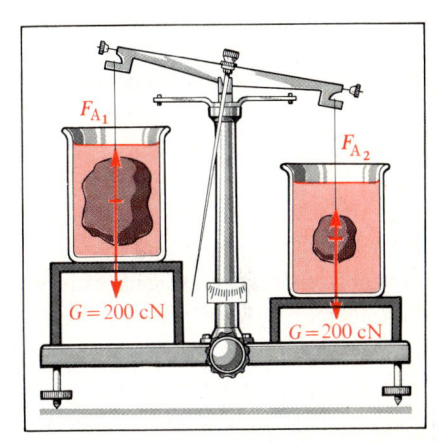

59.1 Der Körper mit dem größeren Volumen erfährt den größeren Auftrieb.

Rückschau

Wir haben *zwei verschiedene Methoden* kennengelernt, um den Satz des *Archimedes* zu finden. Wir wollen sie nochmals herausstellen, da man sie in der Physik ständig nebeneinander benutzt:
In Versuch 62, 63 und 64 fanden wir an Hand weniger Beobachtungen und Experimente, daß bei den von uns benützten Körpern und Flüssigkeiten die Auftriebskraft so groß wie die Gewichtskraft der verdrängten Flüssigkeit ist. Dieses Ergebnis haben wir kühn verallgemeinert. Man nennt dieses Vorgehen das **induktive** Verfahren. Dabei könnte eine einzige gesicherte gegenteilige Beobachtung diesen *induktiven Schluß* aufheben oder zumindest einschränken. Auch das *Hookesche Gesetz* (Seite 18) fanden wir induktiv aus einigen Meßwerten. Doch mußte es auf den Elastizi-

tätsbereich der Feder eingeschränkt werden. Selbstverständlich wird unser induktives Verfahren durch noch genauere Messungen zahlreicher anderer Physiker und durch viele technische Anwendungen gestützt.

Wir lernten aber auch eine zweite physikalische Methode kennen, mit der man in der Physik Erkenntnisse gewinnt, nämlich die **deduktive:** Auf Seite 59 *erklärten* wir den Auftrieb durch die *Zunahme des hydrostatischen Drucks mit der Tiefe*. Wir leiteten das Gesetz des *Archimedes* aus den bereits bekannten Gleichungen zum hydrostatischen Druck her. Dieses deduktive Verfahren schafft im Gegensatz zum induktiven *logische Zusammenhänge* und gibt damit eine *Erklärung* für das gefundene Gesetz. **Man versteht in der Physik unter Erklären das Zurückführen eines Tatbestands auf schon bekannte Gesetze.** Diese können natürlich ihrerseits wieder aus anderen deduktiv gewonnen worden sein. Dabei kommt man schließlich zu einigen wenigen grundlegenden Sätzen, die nur induktiv, das heißt aus Versuchen, gewonnen werden können. So sind die Gesetze des hydrostatischen Drucks, mit denen wir den Auftrieb erklärten, deduktiv daraus abgeleitet, daß auch Flüssigkeiten eine Gewichtskraft erfahren; dies ist aber induktiv, das heißt durch vielfältige Erfahrung gewonnen, und kann von uns nicht weiter erklärt werden.

An diesen Beispielen erkennen wir, wie bei der physikalischen Forschung das *induktive* Verfahren mit dem *deduktiven* Hand in Hand geht. Die überragende Rolle der **Experimente** in der Physik erkennen wir daran, daß die *induktiven* Schlüsse auf Experimenten beruhen. Außerdem müssen *deduktiv* gewonnene Erkenntnisse experimentell *bestätigt* werden (siehe Versuch 64). Andererseits liefert das *deduktive* Verfahren die *Beziehungen*, die wir erfassen möchten, wenn wir das Naturgeschehen in seinen **Zusammenhängen** begreifen wollen.

Musteraufgabe

a) Ein Körper wiegt in Luft 70 cN, in Wasser nur noch 40 cN. Berechne Volumen und Wichte!

Gewicht des Körpers in Luft	$G = 70$ cN (Wägung)
Scheinbares Gewicht des Körpers in Wasser	40 cN (Wägung)
Scheinbarer Gewichtsverlust in Wasser (Auftrieb)	30 cN (Differenz)
Gewicht der verdrängten Wassermenge	30 cN (Archimedes)
Volumen der verdrängten Wassermenge	$V_1 = 30$ cm^3 ($\gamma = 1$ cN/cm^3)
Volumen des verdrängenden Körpers	$V = 30$ cm^3 ($V = V_1$)
Wichte des Körpers	$\gamma = G/V = 70$ cN/30 cm^3 = **2,33 cN/cm^3**

b) In einer unbekannten Flüssigkeit wiegt dieser Körper nur noch 30 cN. Wie groß ist ihre Wichte?

Scheinbares Gewicht des Körpers in der unbekannten Flüssigkeit	30 cN (Wägung)
Scheinbarer Gewichtsverlust in der Flüssigkeit	40 cN (Differenz)
Gewicht der verdrängten Flüssigkeit	$G' = 40$ cN (Archimedes)
Volumen der verdrängten Flüssigkeit	$V' = V = 30$ cm^3 (Volumen des Körpers)
Wichte der verdrängten Flüssigkeit	$\gamma' = G'/V' = 40$ cN/30 cm^3 = **1,33 cN/cm^3**

Man kann das Volumen eines festen Körpers auch durch Eintauchen in einen teilweise mit Wasser gefüllten Meßzylinder nach *Abb. 6.1* bestimmen. Wenn man dies mehrfach wiederholt, so streuen die Meßwerte wesentlich stärker als bei der Volumenbestimmung nach Archimedes; denn bei ihr kann man eine sehr genaue Waage benutzen. So wird auch die Dichte genauer bestimmt.

Aufgaben:

1. Hängt der Auftrieb vom Gewicht oder vom Volumen des eingetauchten Körpers ab? Ist er einem von beiden gleich?
2. Erkläre mit der Gleichung $p = h \cdot \gamma$, warum der Auftrieb eines bestimmten Körpers in einer spezifisch schweren Flüssigkeit größer ist als in einer leichten?
3. Ein Brett wird waagerecht ganz in Wasser getaucht. Ändert sich der Auftrieb, wenn man es vertikal stellt? Hängt der Auftrieb eines eingetauchten Kegels davon ab, ob Spitze oder Grundfläche nach unten zeigen?
4. Führe den Beweis nach Gl. 59.1 für einen nur teilweise eingetauchten Körper aus! Die untere Zylinderfläche liege in der Tiefe h_2 unter der Oberfläche der Flüssigkeit.
5. Ein 100 cN schweres Stück Zucker wiegt in Petroleum ($\gamma = 0{,}8$ cN/cm³), in dem es unlöslich ist, nur noch 50 cN. Wie groß sind Volumen und Wichte?
6. Du hebst unter Wasser einen Felsblock ($\gamma = 2{,}5$ cN/cm³) mit der Kraft 100 N. Welches Gewicht hat er über Wasser? Betrachte zunächst 1 cm³!
7. Ein Körper wiegt in Luft 20,50 cN, in Wasser 13,75 cN, in einer unbekannten Flüssigkeit 9,36 cN. Berechne die Wichte dieser Flüssigkeit ($\gamma_{Wasser} = 0{,}981$ cN/cm³)!
8. Irgendwo im Weltraum ist Wasser ohne Gewicht in einem Gefäß. Gibt es einen Auftrieb? Wirkt sich der Stempeldruck einer eingeschlossenen Flüssigkeitsmenge dort überall gleichmäßig aus?

§ 18 Schwimmen, Schweben und Sinken in Flüssigkeiten

Soll ein *U-Boot (Unterseeboot)* tauchen, so pumpt man in große Wasserbehälter *(Tauchzellen* in *Abb. 61.1)* Wasserballast, den man zum Auftauchen mit Druckluft wieder hinauspreßt. Nach Aufnahme einer ganz bestimmten Wassermenge kann das U-Boot unter Wasser *schweben*.

Auf jeden völlig eingetauchten Körper wirken zwei entgegengesetzt gerichtete Kräfte, nämlich seine Gewichtskraft G und die Auftriebskraft F_A *(Abb. 62.1)*. Er folgt der größeren von beiden. Dies zeigt *Tabelle 61.1*.

Tabelle 61.1

	Sinken	Schweben in beliebiger Tiefe	Steigen
Kräftevergleich am völlig eingetauchten Körper vom Gewicht G	$G > F_A$	$G = F_A$	$G < F_A$
Vergleich der Wichten	$\gamma_{Kö} > \gamma_{Fl}$	$\gamma_{Kö} = \gamma_{Fl}$	$\gamma_{Kö} < \gamma_{Fl}$

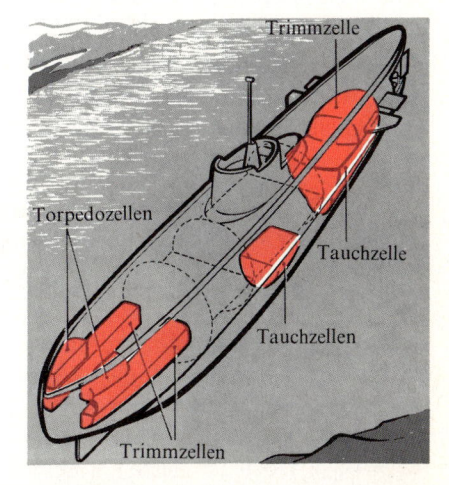

61.1 Beim Tauchen des U-Boots werden die Tauchzellen „geflutet". Die Trimmzellen dienen zum Waagerechtstellen des Bootes. Soll das Boot längere Zeit unter Wasser ohne Fahrt schweben, müssen Gewicht und Auftrieb genau gleich sein!

Tabelle 61.1 vergleicht die Kräfte und die Wichten. In ihr ist $\gamma_{Kö}$ die Wichte des Körpers, γ_{Fl} die Wichte der Flüssigkeit. Der *völlig eingetauchte Körper* und die von ihm verdrängte Flüssigkeit haben das gleiche Volumen V. Dann ist sein Gewicht $G = \gamma_{Kö} \cdot V$; der Auftrieb beträgt $F_A = \gamma_{Fl} \cdot V$. Deshalb folgt die 3. Zeile der *Tabelle 61.1* unmittelbar aus der zweiten.

Unter $\gamma_{Kö}$ versteht man bei *zusammengesetzten* Körpern die *mittlere Wichte* $\gamma_{Kö} = G/V$. Bei einem eisernen Schiff ist durch die großen luftgefüllten Hohlräume das Volumen V so groß geworden, daß diese mittlere Wichte kleiner als 1 cN/cm³ ist. – Kompaktes Eisen hat die Wichte 7,8 cN/cm³ und sinkt in Wasser, schwimmt aber auf Quecksilber. In *Abb. 61.1* regelt man die mittlere Wichte durch Einpumpen von Luft.

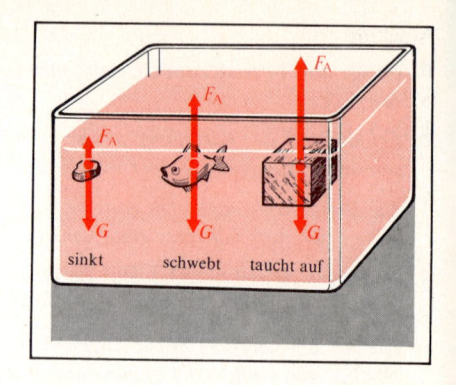

62.1 Ein Körper kann in einer Flüssigkeit sinken, schweben oder auftauchen, je nachdem ob der Auftrieb F_A kleiner, gleich oder größer als die Gewichtskraft G ist.

> **Ein Körper schwimmt, wenn seine mittlere Wichte kleiner als die der Flüssigkeit ist.**

Hier in der *Hydrostatik* betrachten wir das Schwimmen eines *ruhenden* Körpers in einer *ruhenden* Flüssigkeit. Wir sehen also von Schwimmbewegungen ab.

Versuch 66: Ein Körper aus Holz schwimmt auf Wasser *(Abb. 62.2)*. Er taucht so weit ein, bis seine Gewichtskraft $G_{Kö}$ durch die Auftriebskraft F_A ausgeglichen ist. Die Anzeige des Kraftmessers geht auf Null zurück. Der Körper erscheint gewichtslos; es gilt $G_{Kö} = F_A$. Drücken wir den schwimmenden Körper etwas tiefer, so erhöhen wir den Auftrieb F_A. Wenn wir den Körper dann loslassen, steigt er so weit, bis wieder $G_{Kö} = F_A$ ist. Ziehen wir den Körper etwas hoch, so vermindern wir F_A. In beiden Fällen sind die Kräfte bestrebt, das Gleichgewicht wieder herzustellen. Es handelt sich also um ein *stabiles Gleichgewicht*.

Nach dem Satz des *Archimedes* ist der Auftrieb F_A gleich dem Gewicht G_{Fl} der verdrängten Flüssigkeit. Hieraus folgt mit $G_{Kö} = F_A$:

> **Ein schwimmender Körper taucht so tief ein, bis das Gewicht G_{Fl} der verdrängten Flüssigkeit gleich dem Körpergewicht $G_{Kö}$ ist: $G_{Fl} = G_{Kö}$.**

Ein beladener *Frachtkahn* verdrängt mehr Wasser als ein leerer; er sinkt tiefer in das Wasser ein. Der Kahn fahre vom Süß- in Salzwasser mit größerer Wichte. Am Gewicht G_{Fl} des verdrängten Wassers ändert sich nichts ($G_{Fl} = G_{Kö}$). Doch ist dessen Volumen $V_{Fl} = G_{Fl}/\gamma_{Fl}$ im Salzwasser kleiner. Der Kahn hebt sich etwas.

Auf dem Gleichgewicht beim Schwimmen beruht die **Senkwaage** (auch **Aräometer** genannt; araios, griech.; dünn, schmal). Mit ihr mißt man die Wichte von Flüssigkeiten *(Abb. 63.1)*. Eine Senkwaage wiege 10 cN. Dann

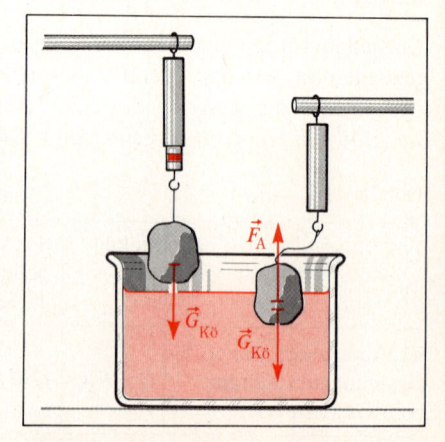

62.2 Ein schwimmender Körper erscheint gewichtslos.

muß sie beim Schwimmen auch 10 cN Flüssigkeit verdrängen ($G_{Kö}=F_A=G_{Fl}$). Dies sind 10 cm³ Wasser, 8,3 cm³ Salzlösung ($\gamma=1{,}2$ cN/cm³) oder 12,5 cm³ Alkohol (0,8 cN/cm³). In Alkohol sinkt sie am tiefsten ein. An der Eintauchtiefe kann man also die Wichte ablesen (siehe Aufgabe 10). Außerdem benutzt man Senkwaagen (auch *Spindeln* genannt) mit speziellen Einteilungen: *Alkoholwaagen* geben den Alkoholgehalt von Spirituosen je nach Eichung in Gewichts- oder Volumenprozenten an.

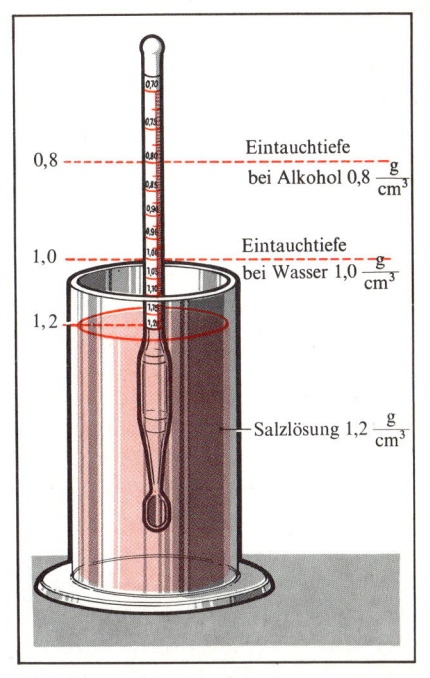

63.1 Dichtebestimmung mit einer Senkwaage; vergleiche Aufgabe 10!

Aufgaben:

Je nach Genauigkeit ist die Wichte von Süßwasser zu 0,98 cN/cm³ oder 1 cN/cm³ angegeben:

1. Suche Gemeinsamkeiten und Unterschiede beim Schweben und Schwimmen!

2. Fülle einen Papierbecher zur Hälfte mit Wasser und lasse ihn auf Wasser schwimmen! Wie tief sinkt er ein, wenn man von seinem Gewicht absieht?

3. Ein 50 cm³ fassender Körper taucht beim Schwimmen auf Wasser (1 cN/cm³) mit 40 cm³ unter die Oberfläche. Wie groß ist sein Gewicht? Wie groß müßte die Wichte einer Flüssigkeit sein, daß er in ihr schwebt?

4. Ein Körper wiegt 100 cN und schwebt unter Wasser (1 cN/cm³). Mit welcher Kraft sinkt er in Alkohol (0,8 cN/cm³)? Mit welcher Kraft steigt er in Kochsalzlösung (1,12 cN/cm³)? Wie viele cm³ ragen beim Schwimmen über die Oberfläche?

5. Wieviel Prozent eines Eisbergs (0,90 cN/cm³) ragen über die Oberfläche? (Wichte des Salzwassers 1,0 cN/cm³).

6. In einem randvoll gefüllten Becherglas schwimmt ein Eisbrocken (0,9 cN/cm³). Läuft das Wasser über, wenn das Eis schmilzt?

7. Wieviel wiegt ein Kriegsschiff mit 20 000 Tonnen Wasserverdrängung? Wieviel m³ Meerwasser (1,00 cN/cm³) verdrängt es? (Die Bruttoregistertonne ist übrigens ein Raummaß, in dem man den gesamten Rauminhalt eines Schiffes mißt: 1 B.R.T. = 100 englische Kubikfuß = 2,8316 m³.)

8. Die mittlere Wichte des Menschen liegt zwischen 0,96 und 1,00 cN/cm³. Warum ändert sie sich beim Atmen? Warum müssen wir auch im Salzwasser zusätzliche „Schwimm"bewegungen machen, um mit dem Kopf über der Oberfläche zu bleiben?

9. Zwei gleich große Bechergläser sind randvoll mit Wasser gefüllt. Dabei schwimmt in einem ein Stück Holz (0,8 cN/cm³). Welches Glas hat den schwereren Inhalt?

10. Warum mißt man mit der Senkwaage strenggenommen nicht die Wichte, sondern die Dichte (denke den Versuch am Pol und am Äquator ausgeführt!)?

11. Ein Baumstamm ($V=0{,}5$ m³; $\gamma=0{,}6$ cN/cm³) schwimmt auf Wasser (1 cN/cm³). Wie viele Schiffbrüchige könnten sich an ihm theoretisch halten, wenn sich jeder einzelne auf den Stamm mit 100 N stützen würde?

12. Wieviel dm³ Kork muß ein Schwimmgürtel haben, damit er eine Tragkraft von 30 N bekommt ($\gamma=0{,}2$ cN/cm³)? Berechne zuerst die Tragkraft von 1 cm³ Kork!

64 Mechanik

§ 19   Vom Aufbau der Körper; Molekularkräfte

1. Molekülbewegung und Molekülgröße

Vielfältige Untersuchungen aus Physik und Chemie zeigen unwiderlegbar: Alle Körper sind aus kleinsten Teilchen zusammengesetzt, ähnlich wie eine Mauer aus Ziegelsteinen oder ein Sandstein aus Sandkörnern. Wir wollen diese kleinsten Teilchen **Moleküle** nennen (molecula, lat.; kleine Masse; in der Chemie unterscheidet man genauer zwischen *Molekülen*, *Atomen* und *Ionen*). Kann man Moleküle im *Mikroskop* sehen?

Versuch 67: Wir beobachten einen Tropfen Milch bei 1000facher Vergrößerung unter dem Mikroskop und sehen zahlreiche kleine Kügelchen. Dies sind aber nicht die Moleküle. Verdünnt man nämlich die Milch mit Wasser, so wächst der Abstand dieser Kügelchen. Die neu dazwischengetretenen Moleküle des Wassers erkennt man nicht. Die Kügelchen sind Fett-Tröpfchen, die im Wasser schweben. Man sieht weder die Moleküle der Fett-Tröpfchen, noch die des Wassers oder der in ihm gelösten Nährstoffe. Die Moleküle sind also sicher kleiner als $\frac{1}{1000}$ mm. Merkwürdigerweise zittern diese Tröpfchen *ständig unregelmäßig* hin und her. Dies beobachtete 1727 der englische Botaniker *Brown*. Diese **Brownsche Bewegung** ist um so stärker, je kleiner die Teilchen sind. Um sie zu verdeutlichen, vergleichen wir die Fett-Tröpfchen mit Papierschnitzeln auf einem Ameisenhaufen. Aus einigem Abstand sehen wir zwar nicht, wie sich die Ameisen bewegen; doch stoßen sie an die Papierstückchen. Je kleiner ein solches Stück ist, um so stärker wird es hin und her gestoßen. Doch bewegt es sich langsamer als die Ameisen. Hieraus dürfen wir schließen, daß die unsichtbaren Moleküle in der Milch eine noch viel stärkere Bewegung ausführen als selbst die kleinsten Fett-Tröpfchen. Diese wichtige Folgerung wird im nächsten Versuch bestätigt:

Versuch 68: Die ständige Bewegung der Moleküle kann man auch ohne Mikroskop nachweisen: Lege in ein Glasgefäß einen blauen Kupfersulfatkristall und gieße destilliertes Wasser ein! Auch wenn es noch so ruhig steht, löst sich der Kristall im Laufe von Tagen; durch seine kleinsten Teilchen wird das Wasser von unten her blau gefärbt. Infolge ihrer ständigen Bewegung breiten sich diese Teilchen ganz allmählich aus; man sagt, sie *diffundieren* in das zunächst reine Wasser (diffundere, lat.; zerfließen).

Versuch 69: Wenn man in einem geschlossenen Raum, in dem die Luft in Ruhe ist, eine Äther- oder Parfümflasche öffnet, so erkennt man bald überall am Geruch, daß Äther- oder Parfümmoleküle in die Luft hineindiffundiert sind (*Abb. 64.1;* siehe auch Versuch 5 von Seite 7). Die Flüssigkeit verdunstet allmählich. Dieses *Verdunsten* tritt auch auf, wenn Wasser ruhig in einer Schale längere Zeit steht. Bekanntlich trocknet auch gefrorene Wäsche. Dabei lösen sich die Moleküle von der Oberfläche des Eises ab und diffundieren in den umgebenden Luftraum.

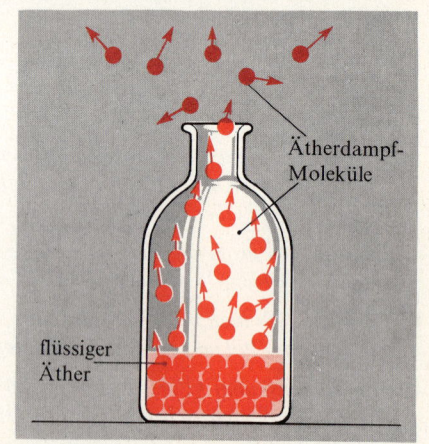

64.1 Äthermoleküle verdampfen und diffundieren in die Luft wegen ihrer ständigen Bewegung.

Wir sehen zwar die einzelnen Moleküle nicht, können aber dennoch ihren *Durchmesser* bestimmen. Wie dies geschieht, soll ein Vorversuch klären:

Versuch 70: Fülle kleine Holzkugeln bis zur Marke 100 cm³ in einen Meßzylinder. Zusammen mit den Zwischenräumen nehmen sie das Volumen 100 cm³ ein. Schütte sie dann in einen flach gewölbten Teller und schüttle etwas! Sie breiten sich zu einer kreisförmigen Schicht aus, in der Kugel neben Kugel liegt *(Abb. 65.1)*. Ihre Grundfläche A kann man auf kariertem Papier nachzeichnen und durch Auszählen bestimmen[1]). Sie betrage $A = 200$ cm². Die Höhe h der Schicht gibt mit der Grundfläche A multipliziert ihr Volumen V zu $A \cdot h = V$. Hieraus berechnet man die Höhe und damit den Kugeldurchmesser

$$h = \frac{V}{A} = \frac{100 \text{ cm}^3}{200 \text{ cm}^2} = 0{,}5 \text{ cm}.$$

65.1 Einlagige Schicht von Kugeln

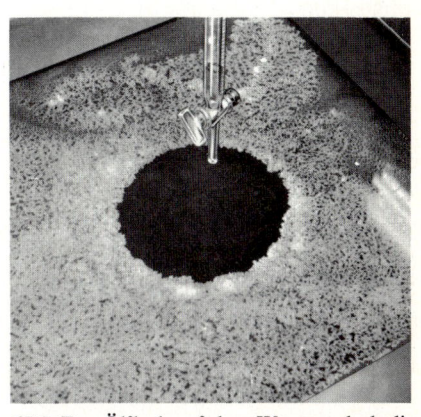

Versuch 71: Wie die Fettaugen einer Suppe zeigen, schwimmen Fette und Öle auf Wasser. Wir stellen nun eine *Ölschicht* von bekanntem Volumen V auf einer Wasseroberfläche her. Hierzu nehmen wir Benzin, in dem 0,1 Volumprozent Öl gelöst wurde. Aus einer Bürette (Glasrohr mit cm³-Einteilung; *Abb. 65.2*) tropft diese Lösung langsam aus. Dabei lesen wir ab, daß sich 1 cm³ der Lösung in 60 Tropfen aufteilt. 1 Tropfen mißt also $\frac{1}{60}$ cm³ und enthält $V = \frac{1}{60\,000}$ cm³ Öl. Wir lassen einen

65.2 Der Ölfleck auf dem Wasser schob die Bärlappsporen beiseite.

Tropfen auf eine ruhige Wasseroberfläche fallen, die vorher mit Bärlappsporen bestreut wurde. Die Lösung verteilt sich sofort auf eine große Kreisfläche, zieht sich aber schnell auf eine kleinere von $r = 7$ cm Radius zusammen; denn das Benzin verdunstet. Es bleibt eine dünne Ölschicht, in der die Ölmoleküle nur nebeneinanderliegen[1]) *(Abb. 65.1)*. Vielleicht lagern zunächst viele Moleküle übereinander. Wegen ihres Gewichts und der ständigen Bewegung fallen sie aber herab und drücken die unten liegenden zur Seite. So entsteht die *einmolekulare Schicht* (in Versuch 70 mußten wir dazu etwas schütteln). Die Grundfläche der Ölschicht beträgt $A \approx 160$ cm². Wie in Versuch 70 gilt für die Höhe h dieser Schicht und damit für den Durchmesser der Ölmoleküle, die sich nebeneinander an der Oberfläche lagern:

$$h = \frac{V}{A} = \frac{1 \text{ cm}^3}{60\,000 \cdot 160 \text{ cm}^2} = \frac{1 \text{ cm}}{160 \cdot 6 \cdot 10000} = \frac{10 \text{ mm}}{960 \cdot 10000} \approx \frac{1 \text{ mm}}{1\,000\,000}.$$

Versuch 72: Wir nahmen an, daß die Ölmoleküle in einer einmolekularen Schicht liegen *(Abb. 65.1)*. Wenn dies richtig ist, so behält diese Schicht beim Zugeben eines 2. Tropfens ihre Höhe h und verdoppelt die Fläche; beim 4. Tropfen wird die Fläche 4fach. Dies wird im Versuch gut bestätigt.

---

[1]) Man kann die Fläche A auch nach der Gleichung $A = 3{,}14 \, r^2$ aus dem Radius r des Kreises berechnen.

> **Der Durchmesser eines Ölmoleküls ist von der Größenordnung ein Millionstel Millimeter.**

Diesen kleinen Wert des Moleküldurchmessers veranschaulichen zwei Gedankenexperimente:

a) Wir wollen nun berechnen, wie viele Ölmoleküle vom Durchmesser $\frac{1}{1\,000\,000}$ mm in einem Würfel vom Volumen 1 mm³ Platz haben. Längs seiner Grundkante (1 mm) liegen $1\,000\,000 = 10^6$ Moleküle; auf der ganzen Grundfläche finden sich daher $10^6 \cdot 10^6 = 10^{12}$ Moleküle (1 000 000 000 000, d.h. 1 Billion). Im Würfel der Höhe 1 mm liegen 10^6 solcher Schichten übereinander. In ihm sind also $Z = 10^{12} \cdot 10^6 = 10^{18}$ Moleküle ($Z = 1\,000\,000\,000\,000\,000\,000$)!

b) Wir denken uns alle diese Z Ölmoleküle von je $\frac{1}{1\,000\,000}$ mm Durchmesser zu einer *Kette* aneinandergelegt. Sie wäre 1 000 000 000 000 mm oder 1 000 000 km lang und reichte 2,5 mal zum Mond! Man sieht, daß die riesige Zahl der Moleküle noch weniger vorstellbar ist als ihr winziger Durchmesser. Deshalb können wir häufig von ihrer Existenz absehen und uns die Körper so vorstellen, als ob sie aus *beliebig unterteilbaren Stoffen* bestünden. So erscheinen sie ja auch unseren Sinnesorganen, selbst wenn wir ein Mikroskop zu Hilfe nehmen. — Ein Ölmolekül besteht aus vielen noch viel kleineren Atomen.

2. Molekulare Deutung der drei Aggregatzustände

Wir wollen nun die Eigenschaften der drei Zustandsformen (§ 1) mit Hilfe der Molekülvorstellung erklären. Hierzu stellen wir uns die Moleküle vergröbert als kleine Glas- oder Kunststoffkügelchen vor. Dies gibt einen groben, aber anschaulichen Vergleich, ein sogenanntes **Modell** (denke an das stark vergrößerte Modell einer kleinen Blüte im Biologieunterricht). — Die drei Zustandsformen fest, flüssig und gasförmig sind dadurch bestimmt, wie sich die Moleküle bzw. Atome zueinander verhalten; man nennt sie deshalb auch die drei **Aggregatzustände** (aggregare, lat.; sich anschließen):

a) Flüssigkeiten

Versuch 73: Fülle ein Glas mit einer *„Modellflüssigkeit"*, die aus kleinen Kunststoffkügelchen besteht *(Abb. 66.1)*! Kippe es! Die Kügelchen verschieben sich so, daß stets eine angenähert waagerechte Oberfläche entsteht. An jeder Unebenheit rollen sie herab, bis diese ausgeglichen ist. Bei richtigen *Flüssigkeiten* hilft dabei die Molekülbewegung. Dringt man mit dem Finger in die Modellflüssigkeit, so weicht sie aus; die „Oberfläche" hebt sich, ein Teil „fließt" aus dem Glas. — In einer Hinsicht versagt unser Modell: Fallen einige Kügelchen auf den Tisch, so rollen sie nach allen Seiten weg. Flüssigkeiten bleiben aber im allgemeinen (zumindest als Tropfen) beisammen; ein Wassertropfen bleibt am Finger oder einer Glasscheibe hängen *(Abb. 68.2)*. Also müssen zwischen den Molekülen — wenn auch geringe — **Molekularkräfte** bestehen. Sie hielten die Moleküle des Ölflecks in *Abb. 65.2* beisammen.

66.1 „Modellflüssigkeit" zu Versuch 73

> **Die Moleküle einer Flüssigkeit berühren sich und haften mit geringen Kräften zusammen. Sie lassen sich leicht gegeneinander verschieben. Man kann sie nur schwer zusammenpressen.**

b) Gase lassen sich leicht zusammenpressen *(siehe Abb. 6.2)*; sie sind also anders aufgebaut als Flüssigkeiten. Zwischen ihren Molekülen besteht offensichtlich viel freier Raum *(Abb. 64.1)*. Obwohl sie auch eine Gewichtskraft erfahren, fallen sie nicht zu Boden. Im Gegenteil: Sie nehmen den ganzen ihnen zur Verfügung stehenden Raum ein. Dies kann man nur so erklären, daß sich die Moleküle eines Gases ständig sehr schnell bewegen. Ihr Aufprall auf die Wand erzeugt dabei zum Beispiel den *Luftdruck* im Fahrradreifen. Auch dies verdeutlichen wir im folgenden Modellversuch, bei dem die Gasmoleküle durch kleine Glaskügelchen dargestellt sind.

Versuch 74: In einem Gefäß mit Glaswänden ist der Boden als Stempel S ausgebildet und wird von einem Motor schnell auf- und abbewegt. Kleine Glaskugeln fliegen deshalb völlig regellos im Gefäß umher *(Abb. 67.1)*. Durch ihren Aufprall heben sie die das Gefäß oben abschließende Platte P aus Pappe; denn sie üben auf diese eine Druckkraft aus. Der große Zelluloidball B macht nur eine schwache Zitterbewegung (vergleiche mit den Fett-Tröpfchen in Milch!).

> **Die Moleküle eines Gases sind in schneller Bewegung; zwischen ihnen ist viel Raum; deshalb kann man das Gas leicht zusammendrücken.**

Bei der *Wärmelehre* kommen wir auf diese Vorstellungen zurück und vertiefen sie durch weitere Versuche.

67.1 Modellversuch (Versuch 74), der den Druck von Gasen erklärt; im Foto sind Stempel und Kügelchen wegen ihrer Bewegung unscharf.

c) Feste Körper

Wenn Wasser zu Eis gefroren ist, verschieben sich die Moleküle nicht mehr gegeneinander. Wie die schönen **Kristallformen** einer Schneeflocke vermuten lassen, ordnen sich ihre Moleküle in ganz bestimmter Weise *(Abb. 67.2)*. Im Kochsalzkristall bilden die kleinsten Teilchen ein rechtwinkliges „Gitter". Er läßt sich nach bestimmten Richtungen leicht spalten.

> **Im Kristall sind die kleinsten Teilchen in einer festen Ordnung aneinander gebunden.**

Die Moleküle des Kristalls (und damit der ganze Körper) werden durch Kräfte, die zwischen ihnen wirken *(Molekularkräfte)*, zusammengehalten. Man könnte sie *symbolisch* durch kleine Federchen zwischen den Molekülen nach *Abb. 68.1* darstellen.

67.2 Kein Schneekristall ist gleich dem andern; doch treten stets Winkel von 60° auf! Um das Entstehen und Wachsen eines Kristalls zu zeigen, gießt man verflüssigtes Fixiersalz auf eine Glasplatte (Seite 106).

> **Feste Körper werden durch starke Molekularkräfte zusammengehalten. Diese Kräfte nennt man Kohäsionskräfte (cohaerere, lat.; zusammenhalten).**

Ein Kochsalzkristall löst sich in Wasser. Verschwindet dabei das Salz? Sicher nicht; denn wir können es mit der Zunge schmecken. Wenn wir die Lösung eindampfen, wird das Salz wieder auskristallisiert. Die Wassermoleküle hatten sich zwischen die kleinsten Teilchen des Salzes geschoben und diese so voneinander „gelöst". Ähnlich *diffundieren* Äthermoleküle nach *Abb. 64.1* in die Luft, das heißt sie schieben sich zwischen deren Moleküle.

In früheren Paragraphen gingen wir von unseren *Sinneswahrnehmungen* aus und beschäftigten uns nur mit dem, was wir *unmittelbar* erkennen und messen können (Raumerfüllung und Bewegung der Körper, Kräfte usw.). In die Welt der Moleküle dringen aber unsere Sinne nicht ein. Doch liegen dort die Ursachen für die wahrnehmbaren Eigenschaften der Stoffe. Wir versuchten deshalb, diese Eigenschaften mit Hilfe einfacher *Vorstellungen* von kleinsten Teilchen zu erklären. Dabei halfen uns anschauliche *Modelle*.

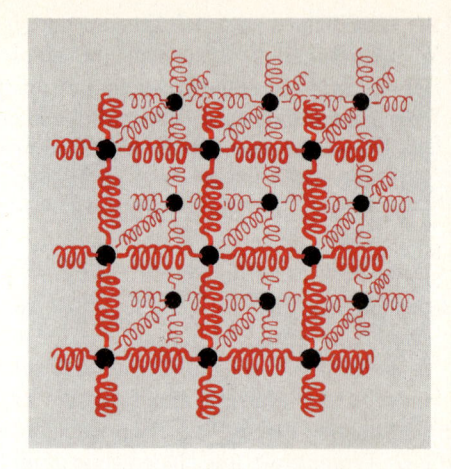

68.1 Modellvorstellung vom Aufbau eines kristallinen Festkörpers; die Federchen sollen sowohl auf Zug wie auch auf Druck ansprechen.

3. Kohäsionskräfte und Oberflächenspannung

Versuch 75: Lege auf eine saubere Wasseroberfläche vorsichtig eine Rasierklinge, eine Büroklammer oder ein ebenes Stück von einem Drahtnetz! Diese Gegenstände schwimmen, obwohl ihre Wichten größer sind als die von Wasser; man kann sie sogar noch etwas belasten. Erst wenn man die Gegenstände etwas unter die Oberfläche drückt, sinken sie. Offensichtlich sind an der Oberfläche besondere Kräfte wirksam:

Eine Seifenblasenhaut scheint wie die Gummihülle eines Luftballons gespannt zu sein. Nun wissen wir bereits, daß zwischen den Molekülen fester Körper Molekularkräfte, sogenannte Kohäsionskräfte, wirken (siehe die kleinen Federchen in *Abb. 68.1*). Solche Kohäsionskräfte halten auch die Moleküle des Wassertropfens in *Abb. 68.2* zusammen; sonst würde er herabfallen. Doch sind diese Kräfte in Flüssigkeiten klein und können nicht verhindern, daß man ihre Moleküle leicht gegeneinander verschieben kann. Betrachten wir nach *Abb. 68.3* ein solches Molekül im *Innern* der Flüssigkeit. Es erfährt von den Nachbarmolekülen Kräfte nach allen Richtungen. Diese heben sich auf; ihre Resultierende (Vektorsumme) R ist Null. Bei Molekülen an der *Oberfläche* fallen die nach oben gerichteten Kräfte weg. Die andern addieren sich zu einer starken Resultierenden $\vec{R}$ nach innen. Sie ist bestrebt, das Oberflächenmolekül ins Innere zu ziehen, also die Oberfläche zu verkleinern. Die Oberfläche ist wie eine „Haut" gespannt, die sich so weit wie möglich zusammenzieht; man spricht von einer **Oberflächenspannung**. Diese „Haut" hält einen Tropfen angenähert rund; sie zieht auch kleine Quecksilbermengen zur Kugelform zusammen *(Abb. 69.1)*; denn die Kugel hat von allen Körpern gleichen Volumens die kleinste Oberfläche (1 cm³ hat als Kugel die Oberfläche 4,8 cm², als Würfel 6 cm²).

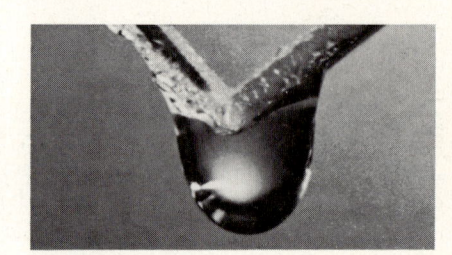

68.2 Wassertropfen an Glasplatte

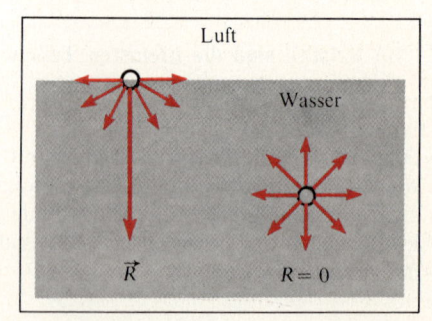

68.3 Molekularkräfte auf ein Teilchen an der Oberfläche (links) und im Innern einer Flüssigkeit (rechts).

Versuch 76: Wir bringen einige Körnchen oder Tropfen eines *Spülmittels* auf die Wasseroberfläche in Versuch 75. Sobald es sich verteilt hat, sinkt das Drahtnetz; die Oberflächenspannung des Wassers wurde stark verkleinert. Deshalb tritt Wasser durch die Öffnungen im Netz nach oben und benetzt die Drähte von allen Seiten; die Oberflächenspannung entfällt nun für das Netz, und es sinkt. Man sagt, das Wasser wurde „*entspannt*". Analog zu diesem Drahtnetzversuch dringt beim *Waschvorgang* Wasser, das durch *Waschmittel* „*entspannt*" wurde, zwischen Schmutzteilchen und Textilfasern und löst beide voneinander. Auf Geschirr vermag „*entspanntes Wasser*" keine haftenden Tropfen zu bilden. Reines Wasser hat eine so große Oberflächenspannung, daß man aus ihm keine seifenblasenähnlichen Gebilde machen kann; Seifenblasen haben ja viel größere Oberflächen als Tropfen (bei gleicher Wassermenge). Blasen und Schaum sind nur dann beständig, wenn die Oberflächenspannung herabgesetzt ist, etwa durch Waschmittelreste in Flüssen oder bei Wasser aus Moorgebieten.

Der Tropfen in *Abb. 68.2* löst sich trotz seines Gewichts nicht von der Glasplatte; er haftet und *benetzt* das Glas. Offensichtlich werden die Wassermoleküle stark von den Glasmolekülen angezogen. Diese Kraft zwischen verschiedenen Molekülarten nennt man **Adhäsion** (adhaerere, lat.; festhängen, ankleben); sie ist zu unterscheiden von der Kohäsion, die zwischen gleichartigen Molekülen auftritt. Adhäsion wie Kohäsion sind *Molekularkräfte gleicher Art*; sie können aber verschieden groß sein. Sauberes Quecksilber haftet nicht an Glas, benetzt es also nicht. Die Kohäsionskräfte der Quecksilbermoleküle untereinander überwiegen nämlich die Adhäsionskräfte zum Glas erheblich; es bilden sich *Quecksilbertropfen*, die leicht über das Glas laufen, während Wasser Glas benetzt und haftet.

Versuch 77: Auch nach *Abb. 69.1* und *69.2* verhalten sich Quecksilber und Wasser gegenüber sauberen Glasflächen völlig verschieden. Die Quecksilberoberfläche ist am Gefäßrand nach unten so abgerundet, als ob sie einen Tropfen bilden wollte *(Abb. 69.1 links)*. Die starken Kohäsionskräfte überwiegen die Adhäsionskräfte bei weitem und bilden eine erhebliche Oberflächenspannung. Diese hält die Quecksilberoberfläche insgesamt so klein wie möglich. Deshalb sinkt der Quecksilberfaden um so stärker, je dünner die Röhre ist (bei dünnen Röhren ist — wie bei kleinen Tropfen — die Oberfläche groß gegenüber dem Volumen). Zwischen Wasser und sauberem Glas bestehen dagegen starke Adhäsionskräfte. Diese ziehen die Wassermoleküle an die Wand und lassen sie sogar hochsteigen. Die Oberflächenspannung des Wassers hebt dann die Wasserteilchen auch zur Mitte des Röhrchens hin und verkleinert so die Oberfläche. Je enger ein Röhrchen ist, um so weniger spielt die Gewichtskraft des Wassers gegenüber diesen Molekularkräften eine Rolle. Entgegen dem Gesetz über verbundene Gefäße (Seite 55) steigt Wasser in **Kapillaren** höher, und zwar um so mehr, je enger sie sind (capillus, lat.; Haar; Kapillare: Haarröhrchen). Diese **Kapillarwirkung** läßt Wasser in den Poren von Papier, von Tüchern, in Kreide, in porösen Steinen und in Würfelzucker hochsteigen. Damit Wasser nicht in die Poren von Mauerwerk eindringt, schützt man dies im Erdboden durch Teeranstriche und Dachpappe. — Die Kapillarwirkung spielt auch in der Biologie bei der Wasserversorgung der Pflanzen eine Rolle.

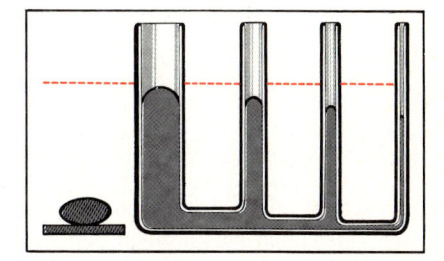

69.1 Kapillarwirkung bei Quecksilber

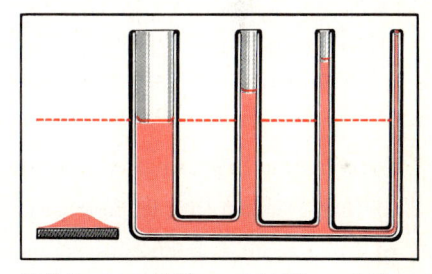

69.2 In engen Röhren steht Wasser höher.

Die Adhäsionskräfte zwischen Öl (Fett) und Wasser sind viel kleiner als die Kohäsionskräfte zwischen den Wassermolekülen. Deshalb perlt Wasser von eingeölten Gegenständen ab. Hierauf beruht die wasserabweisende Wirkung des *Ölzeugs* der Seeleute sowie des Vogelgefieders und die *Imprägnierung* von Regenmänteln und Holzböden. Die Karosserie von Autos wird mit Wachspflegemitteln (Politur) behandelt. Dann sinkt die Adhäsion zu Wasser so stark, daß das Wasser Tropfen bildet, welche abperlen und vom Fahrwind leicht mitgenommen werden.

§ 20 Eigenschaften der Gase

Versuch 78: Wenn man einen Fußball aufpumpt, so spürt man, daß auch Luft einen Raum einnimmt. Im Gegensatz zu den Flüssigkeiten kann man aber das Volumen von Luft — und von allen Gasen — durch Druck stark verkleinern; zwischen den Molekülen von Gasen ist viel freier Raum (Seite 67). Deshalb sind Gasmoleküle sehr leicht gegeneinander verschiebbar. Auch ist in einer abgeschlossenen (nicht allzu großen) Gasmenge der *Druck* überall gleich. Dies bestätigt der Versuch 57 auf Seite 50, wenn man die 3 Glasspritzen mit Luft füllt.

Versuch 79: Um zu prüfen, ob auch Gase eine *Gewichtskraft* erfahren, holen wir mit einer Pumpe nach *Abb. 70.1* Luft aus einem runden Glaskolben heraus (Gefäße mit ebenem Boden könnten zertrümmert werden). Er wird etwas leichter; die Gewichtsabnahme beträgt $G = 2{,}5$ cN. Wenn wir dann den Hahn des evakuierten (leergepumpten) Kolbens unter Wasser öffnen, so strömen 2 l Wasser ein *(Abb. 78.3)*. Das Volumen der entnommenen Luft beträgt also $V = 2$ l. Die Wichte der Luft ist dann

$$\gamma = \frac{G}{V} = 1{,}25 \, \frac{\text{cN}}{\text{l}}.$$

Sie hängt von der Temperatur und dem Druck ab.

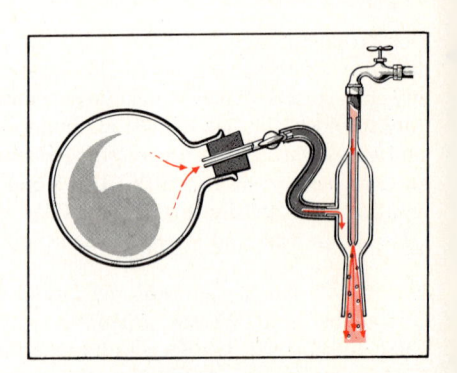

70.1 In der Wasserstrahlpumpe reißt der Wasserstrahl die Luft mit sich.

Versuch 80: Wir pumpen einen gleich großen Glaskolben leer und lassen dann Stadtgas einströmen. Der beim Auspumpen der Luft entstandene Gewichtsverlust wird nur etwa zur Hälfte ausgeglichen. Die Wichte von Stadtgas beträgt also etwa 50% der Wichte von Luft.

Gemeinsame Eigenschaften von **festen Körpern**, **Flüssigkeiten** und **Gasen**:

a) Alle Körper nehmen einen *Raum* ein.

b) Sie erfahren eine *Gewichtskraft* (1 Liter Luft wiegt etwa 1,25 cN).

Gemeinsame Eigenschaften von **Flüssigkeiten** und **Gasen**:

a) Ihre Teilchen sind leicht gegeneinander *verschiebbar*.

b) In eingeschlossenen Flüssigkeiten und Gasen ist der *Druck* in gleicher Höhe gleich groß.

Charakteristische Eigenschaften der **Gase**:

a) Sie lassen sich leicht zusammendrücken. Zwischen ihren Molekülen ist viel freier Raum.

b) Gase nehmen den ganzen ihnen zur Verfügung stehenden Raum ein. Ihre Moleküle bewegen sich und streben auseinander. Sie üben deshalb auf alle Wände des Gefäßes *Druckkräfte* aus (Seite 67).

Aufgaben:

1. Wieviel wiegt *1 m³ Luft*, wieviel die Luft in einem Raum von *12* m Länge, *8* m Breite und *4* m Höhe?
2. Wiege einen schwach gefüllten Fußball! Pumpe weitere Luft ein und wiege wieder!

§ 21 Der Luftdruck, das Barometer

Wir leben am Grunde des großen Luftmeers, der **Atmosphäre** (atmos, griech.; Dunst; sphaira, griech.; Kugel). Ebenso wie Flüssigkeiten müßte auch die Luft durch ihre Gewichtskraft einen *hydrostatischen Druck* erzeugen. Wir spüren ihn zwar nicht, können ihn aber mit einem Kunstgriff nachweisen:

Versuch 81: Aus dem Innern des Gefäßes nach *Abb. 71.1*, das mit einer Zellophanhaut verschlossen ist, wird die Luft weggepumpt. Ihre Druckkräfte wirken dann nicht mehr vom Gefäßinnern her, sondern nur noch von oben und drücken die Haut mit lautem Knall ein. — Wir spüren den hier nachgewiesenen **Luftdruck** nicht, weil die allgegenwärtige Luft von allen Seiten Kräfte ausübt. Auch im Innern unseres Körpers herrscht dieser Druck, so daß an jeder Stelle Gleichgewicht besteht. — Zwar spüren wir bei schnellem Radfahren die Luft deutlich, weil wir ihre Teilchen rasch beiseite schieben müssen. Hier handelt es sich um Vorgänge bei bewegten Körpern, nicht um den in Versuch 81 nachgewiesenen hydrostatischen Druck ruhender Luft, kurz Luftdruck genannt.

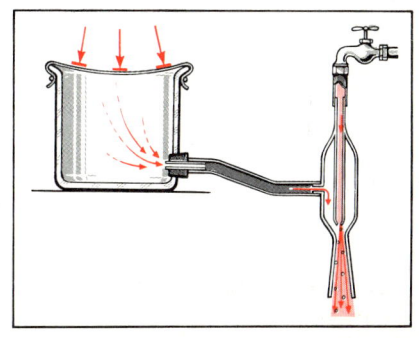

71.1 Der einseitig auftretende Luftdruck drückt die Membran ein.

Versuch 82: Die Größe des Luftdrucks können wir mit einer Glasspritze messen *(Abb. 71.2)*. Zunächst schieben wir aus ihr mit dem Kolben alle Luft hinaus und verschließen dann die Öffnung gut. Um den Stempel (8 cm²) herauszuziehen, brauchen wir eine Kraft von ungefähr 80 N gegen die nur noch von außen wirkende Luft. Der Druck der irdischen Lufthülle beträgt also etwa

$$p = F/A = 10 \text{ N/cm}^2 = 1 \text{ bar} = 1000 \text{ mbar}.$$

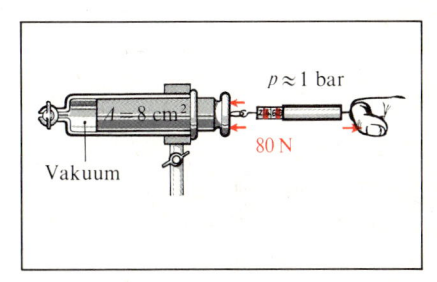

71.2 Versuch zum Messen des Luftdrucks

Versuch 83: Die Kraft zum Herausziehen des Stempels hängt nicht von der *Richtung* ab, in der wir die Spritze halten. Dies entspricht dem Versuch mit der Drucksonde nach *Abb. 53.1* und zeigt, daß auch der Luftdruck *von der Stellung der gedrückten Fläche unabhängig ist*.

Versuch 84: Mit dem **Quecksilberbarometer** kann man den Luftdruck genau messen: Wir schließen nach *Abb. 72.1* oben an eine 1 m lange Röhre eine Pumpe an. Dabei steigt aus dem Gefäß das Quecksilber nur bis zu einer Höhe von etwa 75 cm. Wenn wir das Rohr neigen, so gelangt Quecksilber über den Hahn, da der Höhenunterschied *h* gleichbleibt. Auf diese Weise ist alle Luft aus der Röhre verdrängt. Nun schließen wir den Hahn und stellen die Röhre wieder vertikal. Der Quecksilberfaden löst sich oben; zwischen ihm und dem Hahn entsteht ein leerer Raum, ein **Vakuum** (vacuus, lat.; leer). Er kann keine Kraft auf die Quecksilbersäule ausüben, da sich in ihm nichts befindet. Das Quecksilber wird also allein vom *Luftdruck* aus dem Vorratsgefäß *hochgedrückt*. Um dies zu bestätigen, vergrößert man den Druck bei A mit einer Glasspritze (das Quecksilber in der Röhre steigt) oder man erniedrigt ihn, indem man auch bei A die Pumpe anschließt.

72 Mechanik

> **Der hydrostatische Druck** $p = h \cdot \gamma$ **der Quecksilbersäule im Barometer hält dem nur einseitig auftretenden Luftdruck das Gleichgewicht.**

Im Durchschnitt ist diese Quecksilbersäule in Meereshöhe 760 mm hoch; man sagte früher, der Luftdruck betrage dort 760 mm Hg oder 760 Torr (nach *Torricelli*, italienischer Physiker, um 1644). In den heute zugelassenen Einheiten beträgt dieser sogenannte *physikalische Normdruck*

$$p = h \cdot \gamma = 76 \text{ cm} \cdot 13{,}3 \frac{\text{cN}}{\text{cm}^3}$$
$$= 1013 \frac{\text{cN}}{\text{cm}^2} = 1013 \text{ mbar} = 1{,}013 \text{ bar}.$$

Dies ist angenähert 1 at (Seite 51); 1 Torr = 1,33 mbar.

> **Der physikalische Normdruck (mittlerer Luftdruck in Meereshöhe) beträgt 1013 mbar und hält dem hydrostatischen Druck einer 760 mm hohen Quecksilbersäule das Gleichgewicht.**

Wasser würde in einem Barometer 13,6mal so hoch steigen wie Quecksilber, das heißt etwa 10 m hoch. Viel bequemer als solche Flüssigkeitsbarometer sind die **Dosenbarometer** *(Abb. 72.2)*. In ihnen ist eine Metalldose mit einem welligen, leicht biegsamen Deckel (Membran) luftleer gepumpt. Damit sie der Luftdruck nicht zusammenpreßt, wird sie von einer starken Flachfeder gehalten. Steigt der Luftdruck, so wird diese Feder stärker gebogen. Dies macht ein Zeigerwerk stark vergrößert sichtbar. Mit Hilfe von Quecksilberbarometern eicht man diese handlichen Dosenbarometer. Im **Barographen** nach *Abb. 72.3* sind mehrere Druckdosen übereinandergesetzt. Dies vergrößert den Ausschlag wesentlich. Man kann deshalb den Luftdruck von einem Schreibwerk auf einem langsam vorbeilaufenden Papierstreifen ständig registrieren lassen.

Mit Barometern wird täglich der Luftdruck an vielen Orten gemessen. Wir geben eine Meldung einer *Wetterstation* wieder: „Luftdruck um 18 Uhr in Stuttgart in 297 m Höhe 727,6 Torr = 969,9 mbar, umgerechnet auf Meereshöhe (NN) 755 Torr oder 1006 mbar. Tendenz: Steigend". Solchen Angaben entnehmen wir: a) *Der Luftdruck ändert sich im Laufe der Zeit.* Dies gilt vor allem, wenn das Wetter umschlägt. Das Barometer wird deshalb im Volksmund *Wetterglas* genannt. b) *Der Luft-*

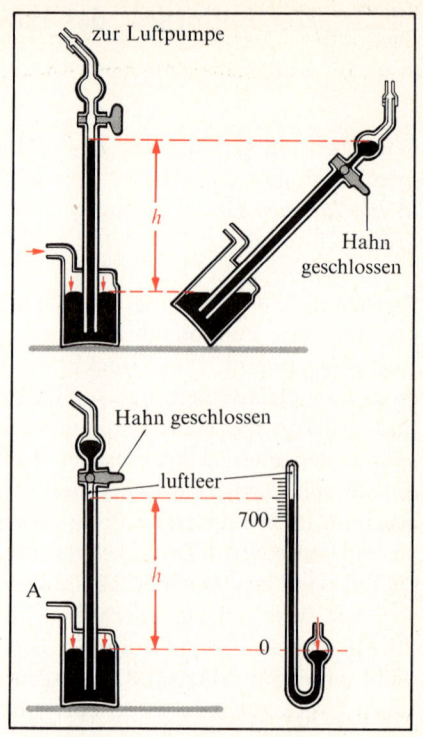

72.1 Quecksilberbarometer. Quecksilber steigt etwa 76 cm hoch.

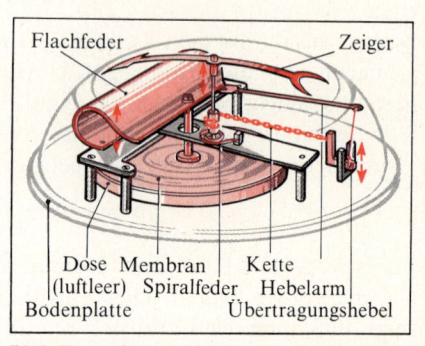

72.2 Dosenbarometer

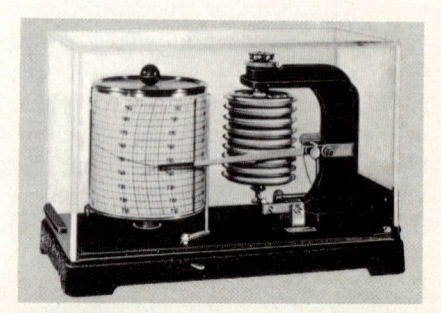

72.3 Barograph

druck nimmt um *1* mbar *ab, wenn man in der bodennahen Atmosphäre um etwa 8 m höher steigt.* Dies kann man bereits im Schulgebäude nachweisen, aber auch berechnen: Eine Luftsäule ($\gamma = 0{,}00125$ cN/cm³), die den Druck 1 mbar = 1 cN/cm² ausübt, hat die Höhe

$$h = \frac{p}{\gamma} = \frac{1 \text{ cN/cm}^2}{0{,}00125 \text{ cN/cm}^3} = 800 \text{ cm} = 8 \text{ m}.$$

Steigt man also um 8 m höher, so läßt man diese Luftsäule unter sich; man registriert ihren Druckanteil nicht mehr. Nach dieser Angabe arbeiten z. B. *Höhenmesser* in Flugzeugen; dabei muß man aber berücksichtigen, daß die Wichte der Luft mit der Höhe abnimmt:

Mit der Höhe wird die Luft immer „dünner", ihre Wichte nimmt ab. Dies verringert die weitere Abnahme des Luftdrucks. In 5,5 km Höhe ist er auf $\frac{1}{2}$ bar, in 11 km (Obergrenze der Gewitterwolken; Luftverkehr mit Düsenmaschinen) auf $\frac{1}{4}$ bar, in 16,5 km auf $\frac{1}{8}$ bar gefallen. Überschallflugzeuge können bis über 20 km Höhe steigen; der Luftwiderstand ist dort in der „dünnen" Luft sehr klein. In 100 km Höhe beträgt der Luftdruck etwa $\frac{1}{1000}$ bar. Oberhalb von 200 km Höhe gibt es praktisch keinen Luftwiderstand mehr; deshalb fliegen *Erdsatelliten* zwischen 200 km und 1000 km Höhe. *Nachrichtensatelliten* können in 36000 km Höhe über einem bestimmten Ort des Äquators „stehen" (siehe auch S. 307). Veranschauliche diese Höhen an einem Globus (der Erdradius beträgt 6370 km)! — Die Erdatmosphäre empfängt bis herab zu 70 km Höhe immer wieder von der Sonne abgeschleuderte Teilchen *(Sonnenwind),* die *Nordlichterscheinungen* (bis hinauf zu 1100 km) und Störungen des *Kurzwellenfunkverkehrs* auslösen. Zwischen 3000 km und 30000 km liegen die von Raumfahrern gefürchteten *Strahlungsgürtel* mit Teilchen sehr hoher Energie. Die Gesamtmasse der Atmosphäre beträgt $5{,}13 \cdot 10^{18}$ kg, das heißt ein Millionstel der Erdmasse ($5{,}98 \cdot 10^{24}$ kg). Über die Wettererscheinungen in der Atmosphäre siehe Seite 119.

Mit dem Barometer messen wir den Druck gegenüber dem *Vakuum*, den man manchmal **absoluten Druck** nennt. Die Härte eines Fahrradschlauchs hängt dagegen vom **Überdruck** $p_{\ddot{u}}$ gegenüber dem äußeren Luftdruck ab. Er wird von technischen Manometern angegeben. Die früher hierzu benützte Einheit 1 atü ist heute nicht mehr zulässig. Am Wassermanometer in *Abb. 57.1* haben wir den *Überdruck* des Stadtgases zu 4 mbar gemessen. Er ist für die Geschwindigkeit, mit der das Gas im Herd ausströmt, maßgebend. Mißt dieses Manometer *Unterdruck*, so steht der linke Schenkel höher als der rechte.

Aufgaben:

1. *Fülle einen Zylinder oder ein Glas mit ebenem Rand ganz mit Wasser, lege ein Papierblatt auf und drehe den Zylinder schnell um (Abb. 73.1)! Warum läuft das Wasser nicht aus? Welcher Druck herrscht am Boden B des Zylinders, wenn dieser 30 cm hoch ist (äußerer Luftdruck 1000 mbar)?*

2. *Warum enthalten Flugzeuge Barometer? Nimm zu einer Gebirgswanderung ein kleines Dosenbarometer mit! Man kann es mit einer Höhenskala versehen kaufen. Warum ist es im allgemeinen nötig, die Einstellung auf der Talstation in bekannter Höhe zu korrigieren?*

3. *Warum gilt beim Quecksilberbarometer das Gesetz der verbundenen Gefäße (Seite 55) nicht? Wo treten ähnliche Abweichungen auf? Warum müssen verbundene Gefäße auch oberhalb des Flüssigkeitsspiegels eine Verbindung aufweisen?*

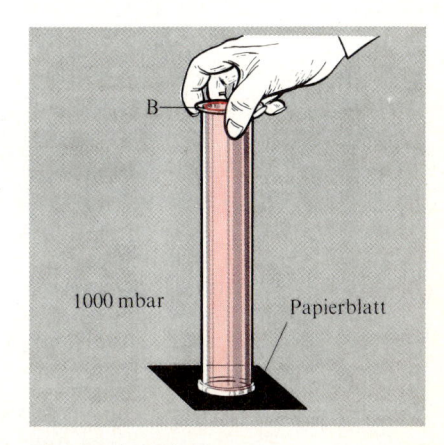

73.1 Zu Aufgabe 1

4. *Um wie viele Meter muß man in der bodennahen Atmosphäre höher steigen, damit die Anzeige des Quecksilberbarometers um 1 mm abnimmt?*

§ 22 Druck in eingeschlossenen Gasen; Gesetz von Boyle und Mariotte

Wir schlossen bereits aus dem Modellversuch auf Seite 67, daß sich die Moleküle eines Gases sehr schnell bewegen. Durch ihren Aufprall auf die Gefäßwände erzeugen sie Druckkräfte. Diese sind auch noch vorhanden, wenn das Gas von der Atmosphäre abgeschnitten wird:

Versuch 85: Verschließe die Öffnung einer halb mit Luft gefüllten Glasspritze! Der Stempel verschiebt sich nicht; die eingeschlossene Luft hat für sich einen Druck, sie besitzt **Eigendruck.** Am Stempel besteht zwischen ihm und dem äußeren Luftdruck 1 bar Gleichgewicht. Wenn wir das Volumen der Luft verkleinern, so steigt der Eigendruck über 1 bar. Die Luftmoleküle werden auf einen engeren Raum konzentriert; je Sekunde prallen mehr von ihnen auf 1 cm². – Ziehen wir den Stempel heraus, so verteilen sich die eingeschlossenen Luftmoleküle auf einen größeren Raum. Auf 1 cm² der Wand stoßen weniger; der Eigendruck der Luft sinkt unter 1 bar. Deshalb überwiegt der äußere Luftdruck und schiebt den losgelassenen Stempel wieder nach innen.

> Jede Gasmenge hat einen Druck. Er rührt von der Bewegung ihrer Moleküle her und äußert sich als Expansionsbestreben des Gases. Dieser Eigendruck steigt, wenn man das Volumen der Gasmenge verkleinert; er nimmt ab, wenn man dem Gas einen größeren Raum zur Verfügung stellt.

Versuch 86: Diese Eigenschaft der Gase kannte bereits *Heron von Alexandria* (vermutlich 1. Jahrhundert nach Christus). Bläst man Luft in den nach ihm benannten **Heronsball** *(Abb. 74.1)*, so wird die dort schon vorhandene wie auch die zugeführte Luft auf kleineren Raum zusammengepreßt. Ihr Eigendruck steigt deshalb über den äußeren Luftdruck. Wenn man die Öffnung freigibt, spritzt das Wasser aus der Flasche hoch. Den vergrößerten Eigendruck zusammengepreßter Luft (oft *Preßluft* genannt) benützt man beim *Luftgewehr*, der *Rohrpost*, im *Preßlufthammer*, in den *Reifen* und *Druckluftbremsen* von Fahrzeugen und in der *Spritzflasche* *(Abb. 74.1)*.

Versuch 87: Wir untersuchen nun den Zusammenhang zwischen Druck p und Volumen V einer *eingeschlossenen* Gasmenge. Hierzu trennen wir in einem Glasrohr von 1 cm² Querschnitt eine 10 cm lange Luftsäule durch eine genau eingepaßte, leicht verschiebbare Stahlkugel ab *(Abb. 74.2)*. Zunächst ist links und rechts von ihr der Druck 1 bar. Die mit der Glasspritze oder einer Pumpe erzeugten Drücke lesen wir am Manometer ab, das Volumen der abgetrennten Luftmenge am Maßstab.

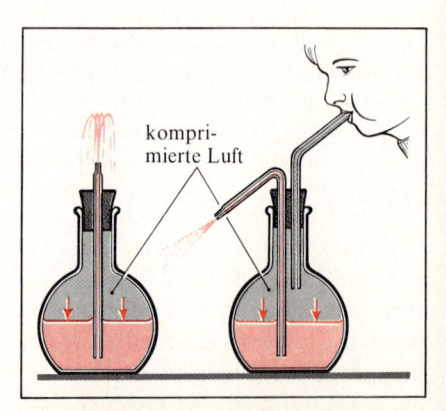

74.1 Links: Heronsball, rechts: Spritzflasche

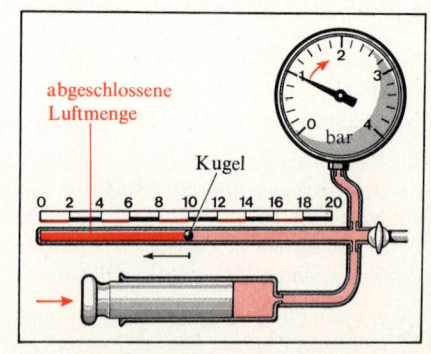

74.2 Zu Versuch 87; das Manometer zeigt den absoluten Druck p an (S. 73). Die abgetrennte Luft ist dunkelrot getönt; beim Erhöhen des Drucks verkleinert sich ihr Volumen, die Molekülzahl bleibt.

§ 22 Druck in eingeschlossenen Gasen; Gesetz von Boyle und Mariotte

Tabelle 75.1

Druck p	in bar	1	1,33	1,5	1,75	2	0,5	0,33	0,6
Volumen V	in cm³	10	7,5	6,7	5,7	5	20	30	16,7
$p \cdot V$	in bar·cm³	10	10	10	10	10	10	10	10

Wir gehen zum Beispiel vom Druck 0,5 bar und vom Volumen 20 cm³ aus. Beim doppelten Druck (1 bar) wird die Gasmenge auf 10 cm³, also auf halbes Volumen zusammengepreßt, beim dreifachen Druck (1,5 bar) auf 6,7 cm³, also $\frac{1}{3}$. Das Produkt $p \cdot V$ aus Druck und Volumen ist konstant (3. Zeile):
Gesetz von *Boyle* (engl. Physiker) und *Mariotte* (franz. Physiker), beide 2. Hälfte des 17. Jahrhunderts:

> **Das Volumen einer eingeschlossenen Gasmenge ist bei konstanter Temperatur dem Kehrwert des Drucks proportional:**
> $$V \sim \frac{1}{p}.$$
> **Oder: Das Produkt aus Druck und Volumen ist konstant:**
> $$p_1 \cdot V_1 = p_2 \cdot V_2 = p_3 \cdot V_3 = \text{konstant.} \quad (75.1)$$

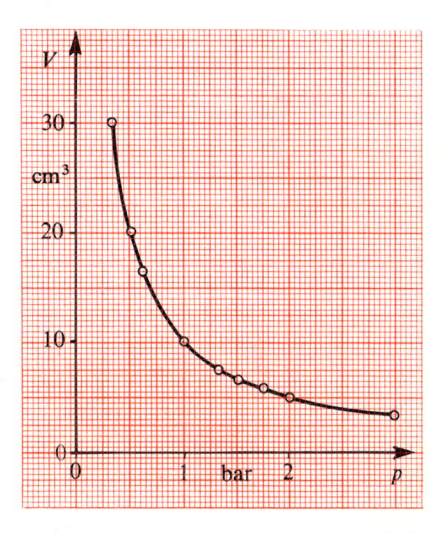

75.1 Zusammenhang zwischen p und V, graphisch dargestellt

Der Zusatz „bei konstanter Temperatur" ist nötig: Der Druck in einem Fahrradreifen, der in der Sonne steht, steigt, auch wenn das Volumen der Luft konstant bleibt. — Das Schaubild des Gesetzes von *Boyle* und *Mariotte* ist nach Abb. 75.1 eine *Hyperbel*. Sie zeigt, wie bei kleiner werdendem Druck das Volumen stark ansteigt, bei wachsendem Druck aber abnimmt. — Wir müssen hier immer mit dem *absoluten Druck* rechnen, nie mit Überdruck (Seite 73).

Beispiel:

a) Eine Preßluftflasche hat ein Innenvolumen von $V_1 = 20$ l; der Druck beträgt $p_1 = 100$ bar. Auf welches Volumen V_2 dehnt sich die Luft beim Öffnen aus ($p_2 = 1$ bar)?
Nach Gleichung (75.1) gilt 100 bar·20 l = 1 bar·V_2 oder $V_2 = 2000$ l. Beim Reduzieren des Drucks auf $\frac{1}{100}$ steigt das Volumen auf das 100fache. 1980 l Luft strömen aus.

b) Welcher Teil wurde entnommen, wenn der Druck nur auf 25 bar gesunken ist? Bei $p_3 = 25$ bar würde die gesamte Preßluft ein Volumen V_3 einnehmen, für das gilt: 25 bar · $V_3 = 100$ bar · 20 l oder $V_3 = 80$ l. Da die Flasche noch 20 l von 25 bar enthält, sind 60 l von 25 bar ausgeströmt. Bei 1 bar, also im Zimmer, dehnt sich diese Luft auf 25 · 60 l = 1500 l aus. Es wurden 75 % der ursprünglichen Luft entnommen.

Mit der *Molekülvorstellung* können wir das Gesetz von *Boyle* und *Mariotte* leicht verstehen: Haben wir eine Gasmenge auf halbes Volumen zusammengepreßt, so sind in jedem Kubikzentimeter doppelt so viele Moleküle. Sie geben auf jedes Quadratzentimeter der Wand doppelt so viele Stöße je Sekunde, das heißt die doppelte Druckkraft. Der Druck verdoppelt sich. Die Geschwindigkeit der Moleküle ist sehr groß: Sie beträgt in Luft von Zimmertemperatur etwa 500 m/s, in Wasserstoff 1800 m/s und steigt mit der Temperatur, nicht aber mit dem Druck.

76 Mechanik

Aufgaben:

1. *Eine Sauerstoffflasche enthält 20 l Gas von 200 bar. Wieviel Liter von Atmosphärendruck kann man entnehmen, wenn die Temperatur gleichbleibt? Was wiegt der Inhalt (Wichte bei 1 bar: 1,25 cN/dm³)?*
2. *Eine mit Luft gefüllte Flasche wird mit der Öffnung nach unten in einem See versenkt. Auf welchen Bruchteil wird die Luft in 30 m Tiefe zusammengedrückt? — Wann hat die Luft $\frac{1}{5}$ ihres Ausgangsvolumens?*
3. *In welcher Tiefe würde die Flasche in Aufgabe 2 mit 1000 cm³ Inhalt für sich schweben, wenn das Glas ($\gamma = 2,5$ cN/cm³) 500 cN wiegt? Die Wichte der Luft an der Oberfläche sei 1,25 cN/dm³.*
4. *Auf welchen Bruchteil würde die Luft in einer Tiefseekugel in 2000 m Tiefe zusammengedrückt, falls Wasser durch eine untenliegende Öffnung ungehindert eindringen könnte (Wichte von Meerwasser 1,0 cN/cm³).*
5. *Bei einem Unfall fährt ein Auto in einen See. Warum kann man unter Wasser die Türen nicht öffnen, auch wenn sie nicht beschädigt sind? Wie groß ist die Druckkraft auf eine Tür von 0,5 m² Fläche in 3 m Tiefe? — Lebensrettungsgesellschaften empfehlen, so lange zu warten, bis genügend Wasser ins Innere eingedrungen ist. Warum läßt sich dann eine Tür leicht öffnen?*
6. *Bei einem Wettersturz „fällt das Barometer" von 1000 mbar auf 970 mbar. Wie viele Liter Luft von 970 mbar verlassen hierbei ein Zimmer mit 100 m³ Rauminhalt, wenn die Temperatur konstant bleibt?*
7. *Ein Autoreifen hat ein Volumen von 60 l. Er wird vom Überdruck 2,5 bar auf 3,5 bar aufgepumpt. Wieviel Luft von 1 bar muß der Kompressor zuführen (siehe Beispiel b)? Rechne mit absolutem Druck!*

§ 23 Pumpen; Anwendungen des Luftdrucks; Auftrieb in Gasen

Bereits um 1650 erfand der Magdeburger Bürgermeister *Otto von Guericke* die **Kolbenluftpumpe**. Mit ihrer Hilfe führte er die Eigenschaften der Luft in eindrucksvollen Versuchen vor.

Versuch 88: Der luftdicht schließende *Kolben* schiebt nach *Abb. 76.1*, oben, zunächst die Luft aus dem Zylinder ins Freie. Hierzu bringt man den *Dreiweghahn* in die Stellung a. Legt man dann den Hahn in die Stellung b um, so wird der Zylinder von der Außenluft abgeschlossen und dafür mit der auszupumpenden Glasglocke, dem **Rezipienten R**, verbunden. Zylinder und Rezipient haben beide das Volumen 1 l. Mit erheblicher Kraft muß man dann den Kolben nach rechts ziehen. Die ursprünglich im Rezipienten vorhandene Luft verteilt sich auf Rezipient und Zylinder. Dabei verdoppelt sich ihr Volumen. Nach dem Gesetz von *Boyle* und *Mariotte* sinkt der Druck von 1 bar auf $\frac{1}{2}$ bar. Legt man den Hahn wieder in die Stellung a, so läßt sich der Vorgang wiederholen. Die beim 1. Hub im Rezipienten verbliebene Luft von $\frac{1}{2}$ bar verteilt sich beim 2. Pumpenzug auf 2 Liter; ihr Druck sinkt auf $\frac{1}{4}$ bar, beim nächsten Hub auf $\frac{1}{8}$ bar

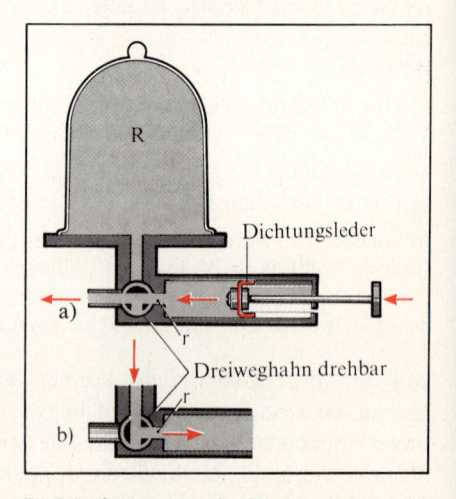

76.1 Luftpumpe mit Dreiweghahn, der von außen mit der Hand betätigt wird.

usw. Man erhält also selbst nach beliebig vielen Zügen kein absolutes Vakuum, auch wenn man von undichten Stellen absieht. Zudem füllt sich jedesmal in Stellung a das Rohrstück r mit Luft von Atmosphärendruck. Man muß diesen „schädlichen Raum" klein halten.

Versuch 89: Wir füllen eine *Injektionsspritze* mit Wasser. Hierzu vergrößern wir ihren Innenraum durch Zurückziehen des Kolbens. Infolgedessen sinkt dort der Luftdruck nach dem Gesetz von *Boyle* und *Mariotte*. Der äußere Luftdruck überwiegt nun und preßt die Flüssigkeit hoch.

Versuch 90: Auf ähnliche Weise stellen wir in unserer *Mundhöhle Unterdruck* durch Vergrößern des Mundraums her. Dann kann der äußere Luftdruck ein Getränk durch ein Röhrchen in den Mund *hochdrücken*. Es ist also nicht ganz richtig, wenn man sagt, man habe das Getränk „hochgesogen" (man lese den Text zu *Abb. 78.3*). — Beim *Einatmen* vergrößert man den Brustkorb, so daß in ihm ein schwacher Unterdruck entsteht. Die äußere Luft strömt wegen ihres etwas höheren Drucks ein.

Die **Kapselpumpe** beruht wie die Kolbenpumpe auf dem Gesetz von *Boyle* und *Mariotte (Abb. 77.1)*. Ein massiver Metallzylinder dreht sich in einer Trommel um eine waagerechte Achse, die oberhalb der Trommelachse liegt. Die rot gezeichnete Feder preßt die Stahlschieber stets luftdicht an die exakt geschliffene Innenwand. Die Luft wird von links nach rechts gepumpt. Dabei muß der Zylinder im obersten Punkt luftdicht an der Trommelwand gleiten; ein Ölfilm dichtet und schmiert zugleich. Diese rotierende Pumpe verdrängte die Kolbenpumpe fast völlig, da sie sich durch einen Elektromotor bequem antreiben läßt. Bei der 2stufigen Pumpe schaltet man zwei Pumpen im selben Gehäuse hintereinander; der Druck kann dann auf 10^{-5} mbar erniedrigt werden.

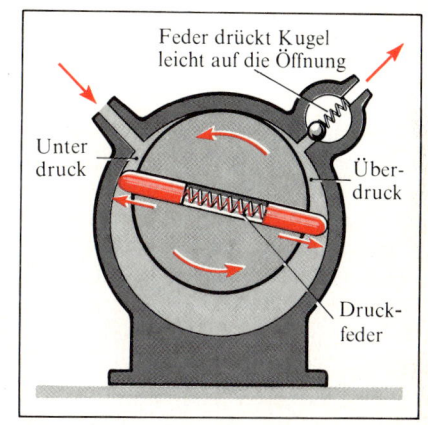

77.1 Schnitt durch eine Kapselluftpumpe (Drehschieberpumpe)

Versuch 91: Mit dem **Stechheber** nach *Abb. 77.2* hat man Wasser „hochgesaugt"; hierzu erzeugte man oberhalb des Wasserspiegels einen kleinen *Unterdruck*. Er gleicht den hydrostatischen Druck des Wassers gerade aus. Das Wasser hat deshalb an der Spitze des Hebers genau den Druck der äußeren Luft und fließt nicht aus. — Legen wir den Heber waagerecht, so fällt der hydrostatische Druck weg; der Unterdruck der Luft im Heber verschwindet, weil sie sich etwas zusammenzieht. Dies erkennt man daran, daß an der Spitze etwas Luft in den Heber dringt. Stellen wir ihn dann wieder aufrecht, so fließen einige Tröpfchen aus, und der nötige Unterdruck über der Flüssigkeit stellt sich wieder her. Das Wasser fließt aus, wenn man oben den Finger wegnimmt.

Versuch 92: Wenn man am Rohr des **Winkelhebers** *(Abb. 77.2)* bei A „saugt", so füllt er sich mit Wasser. Dieses fließt weiter, wenn der Wasserspiegel bei A tiefer als bei B liegt. Um dies zu verstehen, verschließen wir vorübergehend die Leitung bei C. Der Luftdruck verhindert das Zurückfließen des Wassers nach A und B. Links vom Hahn C herrscht nur noch ein Druck von $(1000-30)$ mbar, da der bei A drückenden Luft eine Wassersäule von 30 cm Höhe entgegenwirkt.

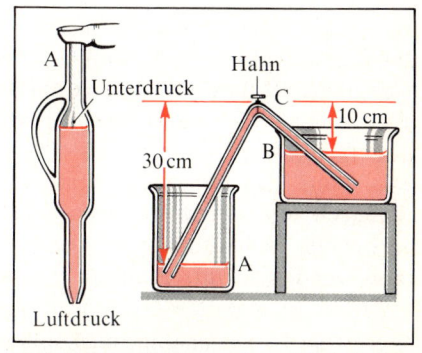

77.2 Links: Stech-, rechts: Winkelheber. Beim Stechheber saugt man bei A die Flüssigkeit hoch und schließt mit dem Finger. Der Winkelheber wird ebenfalls durch Saugen bei A gefüllt.

Rechts vom Hahn ist der Druck im Wasser dagegen etwas größer: (1000 − 10) mbar. Deshalb strömt beim Öffnen des Hahns C Wasser von rechts nach links, bis die Oberflächen in beiden Gefäßen gleich hoch stehen.

In der **Fahrradpumpe** verkleinert man das Volumen der eingeschlossenen Luft und erhöht so ihren Druck *(Abb. 78.1)*. Deshalb wird die im Kolben festgeschraubte **Ledermanschette** an den Zylindermantel gepreßt und so der Kolben abgedichtet. Der hohe Druck im rot gezeichneten Kanal des *Fahrradventils* hebt den übergestülpten weiß gezeichneten Ventilschlauch etwas vom Ventilloch ab; Preßluft strömt in den Schlauch. Beim Zurückziehen des Kolbens schließt der Ventilschlauch wieder das Ventilloch; im Pumpenzylinder entsteht zudem Unterdruck. Die Außenluft drückt jetzt die Ledermanschette am Kolben nach innen und strömt in den Zylinder *(Abb. 78.1, unten)*. So wird dieser wieder mit Luft gefüllt.

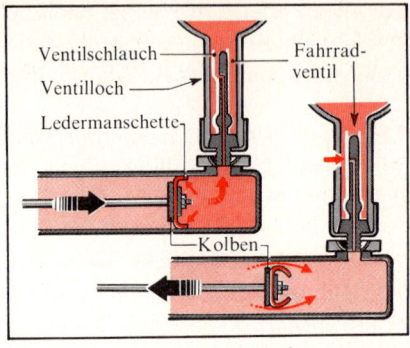

78.1 Fahrradpumpe mit Fahrradventil

c) Bei der **Kreiselpumpe** *(Abb. 78.2)* treibt ein Motor das rot gezeichnete *Flügelrad* schnell an. Das Wasser wird an die Außenwand geschleudert und fließt durch den *Druckstutzen* ab. In der Mitte entsteht Unterdruck. Daher strömt Wasser über den *Ansaugstutzen* nach. Ventile sind nicht nötig. Man findet diese Pumpe bei der *Feuerwehrspritze*. Sie braucht keinen Windkessel.

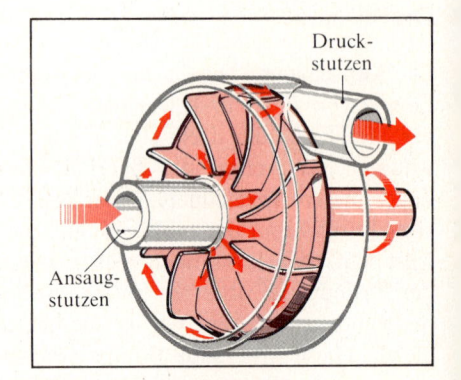

78.2 Kreiselpumpe

Im täglichen Leben sagt man, im Versuch nach *Abb. 78.3* werde das Wasser durch das *Vakuum* in den Glaskolben „gesaugt". Dabei lebt im Wort „saugen" eine Vorstellung des Mittelalters weiter, nach der die Natur aus Prinzip keinen leeren Raum dulde und ihn mit aller Kraft mit Materie anfüllen müsse; die Natur habe einen *„Schrecken vor dem Leeren"* (horror vacui). Von einem dem Wasserdruck entsprechenden *Luftdruck*, der in Wirklichkeit das Wasser hoch*drückt*, wußte man nichts. Man sprach nämlich der Luft die Eigenschaft ab, eine Gewichtskraft nach unten zu erfahren, sondern glaubte, sie strebe als *„leichtes Element"* nach *oben*, vom Erdmittelpunkt weg.

Das Wort *„saugen"* sollte man deshalb nur für das Erzeugen von *Unterdruck*, etwa nach Versuch 88 bis 90 verwenden. Es bedeutet dann, daß man Luft wegnehmen muß, um diesen Unterdruck zu erzeugen.

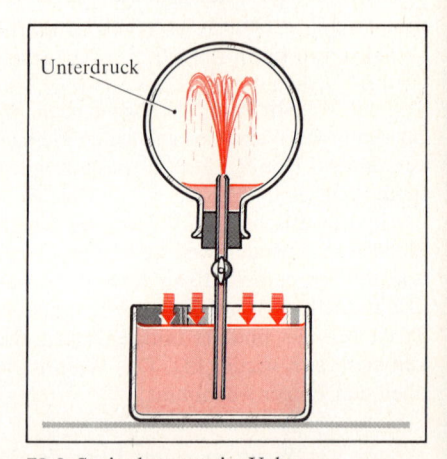

78.3 Springbrunnen im Vakuum

Wegen der Druckzunahme nach unten gibt es auch in Gasen einen **Auftrieb**.

Versuch 93: Ein mit Wasserstoff ($\gamma = 0{,}09$ cN/l) oder Stadtgas (0,6 cN/l) gefüllter Kinderballon fliegt in die Höhe, ein mit Luft (1,25 cN/l) gefüllter dagegen nicht. Beide Ballone verdrängen bei gleicher Größe dieselbe Luftmenge, erfahren also die gleiche, nach oben gerichtete Auftriebskraft

F_A. Das Eigengewicht G des Ballons ist bei Stadtgas- oder gar Wasserstoff-Füllung kleiner als F_A, selbst wenn diese Gase im Innern des Ballons komprimiert sind. Das gleiche gilt für Seifenblasen. Den Auftrieb in Gasen zeigt auch der folgende Versuch:

Versuch 94: In *Abb. 79.1* hält der kleine Messingkörper der großen, abgeschlossenen Glaskugel in Luft das Gleichgewicht. Die Glaskugel ist zwar etwas schwerer als das Messingstück, verdrängt aber mehr Luft und erfährt einen entsprechend größeren Auftrieb F_A. Dies zeigt sich, wenn wir die Luft und damit den Auftrieb unter der Glasglocke einer Pumpe wegnehmen. Die Glaskugel sinkt dann. – Man kann diese Waage auch in eine Wanne stellen und Kohlendioxid (2 cN/l) einleiten. Dann steigt die Glaskugel. Jetzt ist ihr Auftrieb größer als in Luft.

> **Der Auftrieb von Ballonen und Seifenblasen ist gleich dem Gewicht der von ihnen verdrängten Luftmenge (Satz des *Archimedes* für Gase).**

Über den Auftrieb von *Flugzeugen* siehe Seite 293. – Freiballone steigen mit Registriergeräten für Luftdruck, Temperatur usw. in Höhen über 35 km und senden die Meßwerte als Funksignale zur Erde (*Radiosonden*).

Ein Kamin muß „ziehen", damit in ihm die Verbrennungsgase hochsteigen und den Rauch mitreißen. Infolge ihrer hohen Temperatur haben sich die Gase ausgedehnt, besitzen also eine kleinere Wichte als die kalte Außenluft. Deshalb erfahren sie in ihr – wie ein mit Wasserstoff gefüllter Ballon – einen Auftrieb, der größer als ihre Gewichtskraft ist. Das gleiche gilt für die Verbrennungsgase in offenen Flammen.

79.1 Wenn man Luft wegpumpt, wird der Auftrieb F_A kleiner, die Glaskugel sinkt.

Aufgaben:

1. *Damit Milch aus einer Konservendose mit gleichmäßigem Strahl ausfließen kann, muß man vorher in den Deckel 2 Löcher stanzen. Warum kommen aus einer Dose, die nur 1 Loch enthält, nach jedem Kippen nur wenige Tropfen? Was ändert sich, wenn man zusätzlich auf den Boden der Dose drückt?*

2. *Wie wirkt ein Haftgummi am Schaufenster? Warum hält der Deckel auf einem Einmachglas so fest? Was muß man tun, um ihn leicht abnehmen zu können?*

3. *Unsere vollen Lungen enthalten 4 Liter Luft. Beim Tauchen können sie bis auf 1,15 Liter zusammengepreßt werden. In welcher Tiefe ist dann der Taucher? Taucht er tiefer, so kann der Eigendruck der Luft dem äußeren Wasserdruck nicht mehr das Gleichgewicht halten, so daß die Festigkeit des Brustkorps in Anspruch genommen werden muß. Da dies unerträglich ist, hat der Taucher beim Vorstoß in größere Tiefen Preßluft einzuatmen, die er im allgemeinen in einer Flasche mit sich führt.*

4. *Die Hülle eines Kinderballons wiegt 3,0 cN und faßt 5,0 l Gas. Wie groß ist sein Auftrieb in Luft von der Wichte 1,27 cN/l? Wie groß sind Gesamtgewicht und Tragkraft bei einer Füllung mit Leuchtgas (0,6 cN/l), Wasserstoff (0,09 cN/l) und Helium (0,18 cN/l)? Warum ist die Tragkraft bei dem gegenüber Wasserstoff doppelt so schweren Helium nicht auf die Hälfte gesunken?*

Aus der Geschichte der Statik

Schon in vorgeschichtlicher Zeit transportierte man schwere Lasten mit Hilfe von Seilen, Rollen, Keilen, Hebeln und schiefen Ebenen (Rampen). Ohne diese *einfachen Maschinen* konnte man die Pyramiden und die zahlreichen Bewässerungsanlagen des Altertums wohl nicht bauen. Die *Ägypter* kannten zudem schon um 5000 v. Chr. die *gleicharmige Hebelwaage;* das *Maß-* und *Gewichtswesen* war bereits in *Babylon* hoch entwickelt. Die *Griechen* bauten Wasserleitungen mit Drücken bis 20 bar; doch kannten sie die zugrundeliegenden Gesetze nicht; denn die wissenschaftliche Forschung setzte erst sehr zögernd ein. Die Gelehrten verstanden unter *Mechanik* bis zum Mittelalter keine Wissenschaft, mit der man die Natur erforschen wollte, sondern eine *Kunst* (griechisch „*Technik*"), die Natur zu überlisten. Im Griechischen bedeutete **Mechanik** „*eine List ersinnen*". Der Handwerker, der Maschinen und Geräte baute, wollte mit ihnen unnatürliche, der Natur zuwiderlaufende Vorgänge durch eine List erzwingen. Man war sogar überzeugt, daß *Experimente*, die man mit Geräten und Maschinen ausführt, nichts über Naturvorgänge aussagen, sondern diesen zuwiderlaufen und in das Gebiet der Magie gehören (beim naiven Betrachten der Kunststücke eines Zauberers glauben auch wir bisweilen noch, dieser überliste die Natur und ihre Gesetze; in Wirklichkeit täuscht er den Beobachter). So war man früher der Ansicht, die Natur könne man nur durch *reines Nachdenken* und durch *reine Beobachtung* (ohne Instrumente) erforschen. *Goethe*, der sich auch mit physikalischen Fragen beschäftigte, schrieb zum Beispiel in seiner Farbenlehre: „Und was sie [die Natur] deinem Geist nicht offenbaren mag, das zwingst du ihr nicht ab mit Hebeln und mit Schrauben."

Archimedes (Seite 58; um 250 v. Chr.) fand zwar das *Hebelgesetz* und die Gesetze des für die Schiffahrt wichtigen *Auftriebs. Heron von Alexandria* (wahrscheinlich 1. Jahrhundert n. Chr.) sprach die sogenannte *goldene Regel der Mechanik* aus, nach der man bei den einfachen Maschinen keine Arbeit gewinnen, sondern nur die Kraft oder nur den Weg vergrößern könne (Seite 27). Diese Ansätze wissenschaftlicher Forschung wurden wieder verschüttet, da sich die Gelehrten aus den angeführten Gründen nicht herabließen, Instrumente und Maschinen zu benutzen oder gar zu studieren. Erst *Galilei* (1564 bis 1642) überwand diesen Gegensatz zwischen Natur und „Technik" endgültig; er lehrte, daß man mit Maschinen und Instrumenten (zum Beispiel dem Fernrohr) die Natur nicht überlisten, sondern im Gegenteil besser beobachten könne und daß auch die vom Menschen „gewaltsam" erzeugten Bewegungen den Naturgesetzen entsprechen. Damit war der Weg für eine *experimentelle Naturforschung* frei.

Der Holländer *Simon Stevin* (1548 bis 1620) gab der *Statik der festen und flüssigen Körper* eine abschließende Gestalt; dabei knüpfte er an *Archimedes* an, erläuterte dessen Lehre vom *Schwerpunkt* und vom *Gleichgewicht der Kräfte;* er erklärte *Hebel* und *Flaschenzüge* sowie die Gesetze der s*chiefen Ebene* und führte das *Kräfteparallelogramm* ein. Ferner zeigte er, daß der *hydrostatische Druck* von der Gefäßform unabhängig ist und erläuterte die Gesetze des *Auftriebs* und des *Schwimmens. Torricelli* regte an, ein Quecksilberbarometer zu bauen (1643), mit dem man die Schwankungen des *Luftdrucks* nachwies. Durch großangelegte Versuche mit Pumpen zeigte *Guericke* (1602 bis 1686) die Wirkung des Luftdrucks.

Vom 17. Jahrhundert an erkannte man an der Mechanik besonders deutlich, daß die *Naturgesetze in mathematischer Form* ausgesprochen werden müssen, und erhob nun die Mechanik zum Ideal einer strengen Wissenschaft. Man glaubte sogar, alle Naturgesetze mechanisch erklären zu können.

Wir sehen: Mit den einfachen mechanischen Maschinen konnte man schon seit alters her gut umgehen, ohne aber ihre physikalischen Gesetze zu kennen; die Forschung war dagegen durch Vorurteile aller Art gehemmt. Heute setzt jeder Fortschritt in der Technik neue wissenschaftliche Entdeckungen durch eine möglichst vorurteilsfreie Erforschung der Naturgesetze voraus. Dabei befruchten sich *messende Experimente* und *mathematische Durchdringung* gegenseitig: **Die Forschung von heute ist die Technik von morgen.** Die **Technik** ist aber nicht gleichzusetzen mit der Wissenschaft: die Wissenschaft sucht nach Erkenntnissen, die Technik bemüht sich, diese Erkenntnisse für den Menschen nutzbar zu machen. Heute erkennen wir zunehmend, daß dieser Nutzen mit Nachteilen und mit Schäden für den Menschen und die Natur verbunden sein kann (Umweltverschmutzung). Der verantwortungsvolle Techniker muß sich deshalb bemühen, diese Schäden zu vermeiden. Dies kann er nur, wenn er sowohl die Naturgesetze wie auch die Gefahren, die dem Menschen drohen, beachtet. Hierin liegt eine der wichtigsten Aufgaben unserer Zeit.

Wärmelehre

§ 24 Die Temperatur und ihre Messung

In den ersten Abschnitten dieses Buches haben wir die mechanischen Eigenschaften der Körper untersucht. Dabei ließen wir Temperatureinflüsse außer acht. In der Wärmelehre wollen wir jetzt genauer untersuchen, welche Eigenschaften der Körper von der Temperatur abhängen und wie sich die Zustandsformen beim Erwärmen ändern. Neben der Temperatur werden wir dabei auch die Wärme als physikalische Größe kennenlernen, der eine ganz besondere Bedeutung in Physik und Technik zukommt: Ein großer Teil der vom Menschen technisch verbrauchten Energie wird über Wärme gewonnen. Zwei Beispiele unter vielen sind Dampfturbinen und Verbrennungsmaschinen aller Art.

1. Die Ausdehnung der Körper bei Temperaturzunahme

Nervenenden, die überall in unserer Haut verteilt sind, lassen uns einen Körper als heiß, warm, lau, kühl oder kalt empfinden. Wir beschreiben mit diesen Worten den Wärmezustand eines Körpers. Daß unsere Empfindung diesen Wärmezustand wenig zuverlässig angibt, lehrt der folgende Versuch:

Versuch 1: Wir stecken die rechte Hand in heißes, die linke in kaltes Wasser und tauchen anschließend beide Hände in die lauwarme Mischung *(Abb. 81.1)*. Nun empfinden wir diese Mischung mit der rechten Hand kälter als mit der linken.

Der Physiker braucht zum Kennzeichnen des Wärmezustandes eines Körpers ein objektives, das heißt von unserem Wärmeempfinden unabhängiges Maß; er nennt es **Temperatur.** Zum Messen von Temperaturen kann jede Eigenschaft eines Körpers dienen, die sich beim Erwärmen in meßbarer und eindeutiger Weise ändert. Geräte zum Messen von Temperaturen heißen **Thermometer** (thermos, griech.; warm). Um ihre Wirkungsweise zu verstehen, werden wir im folgenden einige einfache Versuche durchführen:

Versuch 2: Eine Eisenkugel geht bei Zimmertemperatur nur knapp durch einen eisernen Ring hindurch *(Abb. 81.2a)*. Sie bleibt in ihm stecken, wenn sie zuvor mit

81.1 So kann man die Zuverlässigkeit unseres Temperatursinns prüfen.

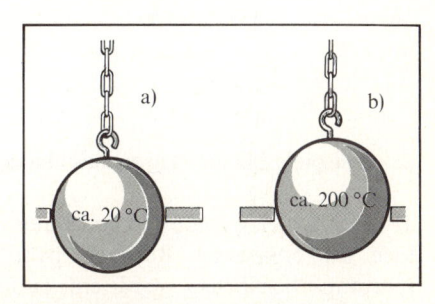

81.2 Feste Körper dehnen sich beim Erwärmen aus.

einem Bunsenbrenner erhitzt wurde *(Abb. 81.2b)*. Sie geht wieder hindurch, wenn sie sich abgekühlt hat oder wenn der Ring erwärmt wurde. Der Ring verhält sich beim Erwärmen wie ein Gürtel, den man länger und damit auch weiter einstellt.

Versuch 3: Wir füllen einen Glaskolben mit Wasser, das durch Auskochen luftfrei gemacht wurde, verschließen ihn durch einen Stopfen mit Steigrohr *(Abb. 82.1)* und erwärmen. Der Wasserspiegel im Rohr beginnt nach einiger Zeit zu steigen. Lassen wir dann das Wasser im Kolben abkühlen, so sinkt auch der Wasserspiegel im Rohr wieder.

Versuch 4: Wir halten die Rohröffnung eines mit Luft gefüllten Kolbens unter Wasser und erwärmen ihn. Luftblasen verlassen das Rohr und steigen durch das Wasser ins Freie. Kühlt sich der Kolben nun ab, so steigt das Wasser durch das Rohr in den Kolben.

Diese Versuche und andere Beobachtungen zeigen uns:

> **Im allgemeinen dehnen sich Körper beim Erwärmen aus, beim Abkühlen ziehen sie sich zusammen.**

Die Eigenschaft der Körper, sich beim Erwärmen auszudehnen, verwenden wir in vielfältiger Form zum Messen von Temperaturen. Am zweckmäßigsten hat sich für den täglichen Gebrauch das *Quecksilberthermometer* erwiesen. Sein Hauptteil ist eine oben zugeschmolzene Kapillare, die sich unten zu einem kleinen Gefäß erweitert. Das Quecksilber, welches das Gefäß und einen Teil der Kapillare ausfüllt, nimmt bei enger Berührung die Temperatur eines anderen Körpers an. Erst

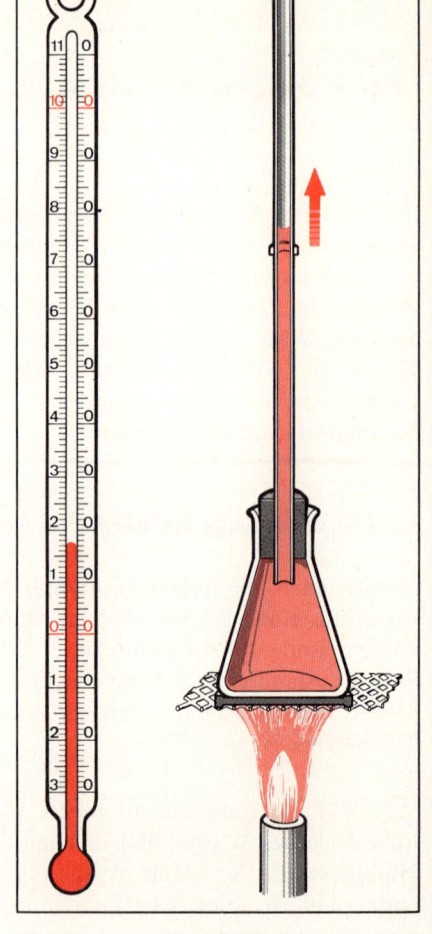

82.1 Thermometer und Thermometermodell

wenn das der Fall ist, wenn sich also der Stand des Quecksilbers in der Kapillare nicht mehr ändert, darf man die Temperatur auf der Skala hinter der Kapillare ablesen. Beim Fieberthermometer, das $\frac{1}{10}$ Grad anzeigt, dauert dies mehrere Minuten; je kleiner nämlich der Temperaturunterschied ist, desto langsamer geht der Ausgleich.

2. Beispiele für die Wärmeausdehnung

a) Metallräder werden fest mit ihrer Achse verbunden, indem man die kalte Achse in das Mittelloch des erwärmten Rades einpaßt und dieses dann abkühlen läßt. Das Rad wird „aufgeschrumpft". Ebenso wird ein eiserner Reifen, der ein Holzrad zusammenhalten soll, heiß aufgezogen; beim Abkühlen zieht er sich zusammen und gibt dadurch dem ganzen Rad festen Halt. Auf die Gußeisenscheibe eines Eisenbahnrades schrumpft man so den Radkranz aus hartem Stahl.

b) Viele Brücken sind nur auf einer Seite fest gelagert und haben auf der anderen Seite ein Rollenlager *(Abb. 83.1)*; dadurch kann sich die Länge der Brücke bei Temperaturschwankungen ändern, ohne daß gefährliche Spannungen entstehen.

c) Der festsitzende Glasstopfen einer Flasche lockert sich, wenn man den Flaschenhals vorsichtig erwärmt. Siehe Versuch 2!

d) Lange gerade Rohrleitungen erhalten Ausgleichsbogen *(Abb. 83.2)*, um die durch Temperaturänderungen bedingten Spannungen auszugleichen; in der Biegung ist das Rohr elastisch.

83.1 Rollenlager einer Brücke

3. Die Temperaturskala

Versuch 5: Wir tauchen das Thermometer in ein Gefäß mit zerstoßenem Eis. Die Kuppe des Quecksilbers stellt sich auf den Nullpunkt der Skala ein und bleibt dort stehen, bis alles Eis geschmolzen ist *(Abb. 83.3)*.

Versuch 6: Tauchen wir das Thermometer in einen Kolben mit siedendem Wasser, so stellt es sich auf den Punkt 100 der Skala ein und behält diese Stellung bei, solange das Wasser siedet. (Genaugenommen muß der Versuch bei normalem Luftdruck, das heißt bei einem Barometerstand von 1013 mbar, das ist der Druck einer 760 mm hohen Quecksilbersäule, ausgeführt werden.)

83.2 Ausgleichsbogen einer Rohrleitung

Die durch die beiden Versuche festgelegten Temperaturen heißen **Eispunkt** und **Siedepunkt.** Sie können jederzeit hergestellt und am Thermometer markiert werden. Ihr Abstand wird nach dem Vorschlag des Schweden *Celsius* (1701 bis 1744) in hundert gleiche Teile, Grade (gradus, lat.; Schritt), eingeteilt. Jeder Gradschritt heißt ein Kelvin (1 K) nach dem englischen Physiker *Kelvin* (1824 bis 1907). Der Eispunkt wird mit 0 °C (sprich Null Grad Celsius), der Siedepunkt mit 100 °C bezeichnet. Setzt man die Skala nach unten fort, so erhält man negative Celsius-Grade (−1 °C, −2 °C usw.). Die auf der Celsius-Skala gemessene Temperatur bezeichnen wir mit dem Buchstaben ϑ (griech. „Theta").

Man muß, ebenso wie bei Zeitangaben, zwischen verschiedenen Temperaturen ϑ_1, ϑ_2 (Angaben in °C) und Temperaturdifferenzen (-intervallen) $\Delta\vartheta = \vartheta_2 - \vartheta_1$ (Angabe in K) unterscheiden. Δ (gelesen „Delta") bedeutet allgemein „Differenz von".

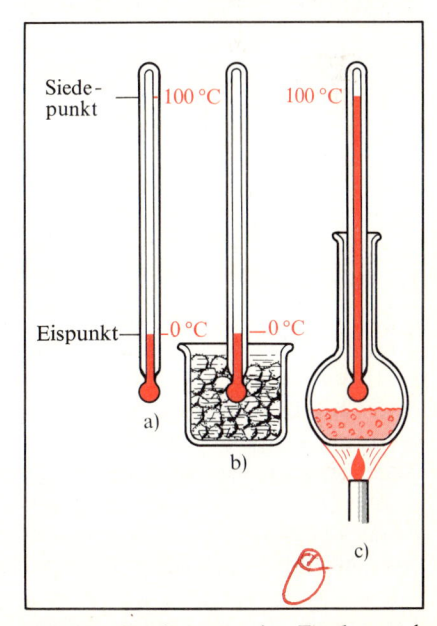

83.3 Zur Bestimmung der Fundamentalpunkte des Thermometers

Beispiele

a) Die Temperaturdifferenz $\Delta\vartheta$ zwischen den beiden Punkten $\vartheta_1 = 17{,}8\,°C$ und $\vartheta_2 = 23{,}5\,°C$ ist $\Delta\vartheta = \vartheta_2 - \vartheta_1 = 5{,}7\,K$.

b) Fällt die Temperatur an einem Winterabend von $\vartheta_1 = 2{,}3\,°C$ auf $\vartheta_2 = -8{,}8\,°C$, so beträgt die Temperaturabnahme $\Delta\vartheta = 11{,}1\,K$.

Das Quecksilber ist als Thermometersubstanz deshalb nur beschränkt verwendbar, weil es bei $-39\,°C$ gefriert und (bei normalem Luftdruck) bei $357\,°C$ siedet. Dagegen sind *Alkoholthermometer* zwischen $-70\,°C$ und $+60\,°C$ brauchbar. Pentanthermometer erlauben Messungen bis $-200\,°C$. Auf Verfahren zum Messen allertiefster und sehr hoher Temperaturen werden wir später eingehen.

Beim **Fieberthermometer** *(Abb. 84.1)* ist der Kapillarenansatz verengt. Dadurch kann sich das Quecksilber zwar nach oben ausdehnen, doch reißt der Faden beim Wiederabkühlen an der Verengung ab. Das Fieberthermometer zeigt deshalb die Höchsttemperatur an. Vor jeder neuen Messung muß der Quecksilberfaden nach unten geschleudert werden.

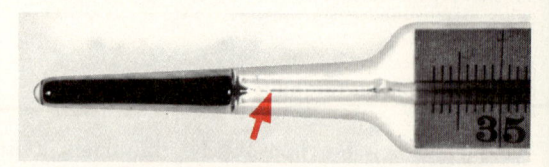

84.1 Durch die Verengung der Kapillare (Pfeil) wird das Quecksilber beim Erwärmen nach rechts getrieben, reißt aber beim Abkühlen ab.

§ 25 Messung der Wärmeausdehnung fester und flüssiger Körper

Wir haben festgestellt, daß Körper beim Erwärmen und Abkühlen ihre Länge und ihr Volumen ändern. Darüber wollen wir durch Meßversuche nähere Auskunft erhalten, zunächst für feste Körper, dann für Flüssigkeiten.

1. Feste Körper

Versuch 7: Ein Metallrohr ist links fest eingespannt *(Abb. 85.1)* und liegt rechts auf einem $a = 1{,}0$ cm hohen, rot gezeichneten Steg S (Blechstreifen, halbe Rasierklinge), der um seine untere Kante in einer Kerbe der Unterlage kippen kann. Am Steg ist ein leichter Zeiger befestigt, der vom Drehpunkt aus gemessen $r = 25$ cm lang ist. Die Verschiebung der Zeigerspitze ist also 25mal so groß wie der Weg der Stegoberkante, das heißt wie die Verlängerung $\Delta l = l - l_0$ des Rohres (in Abb. 85.1 angedeutet $\Delta l = 1$ mm für die Ausgangslänge $l_0 = 1$ m bei $0\,°C$). Für die Zunahme der Länge bei der Temperaturerhöhung von $0\,°C$ (Länge l_0) auf die Temperatur ϑ (Länge l), das heißt für $l - l_0$, schreiben wir künftig zur Abkürzung Δl.

Leitet man zunächst Eiswasser von $0\,°C$, dann Wasser von 20, 40, 60, 80 °C und schließlich Wasserdampf von $100\,°C$ durch das Rohr, so läßt sich an der Skala ablesen, um wieviel die

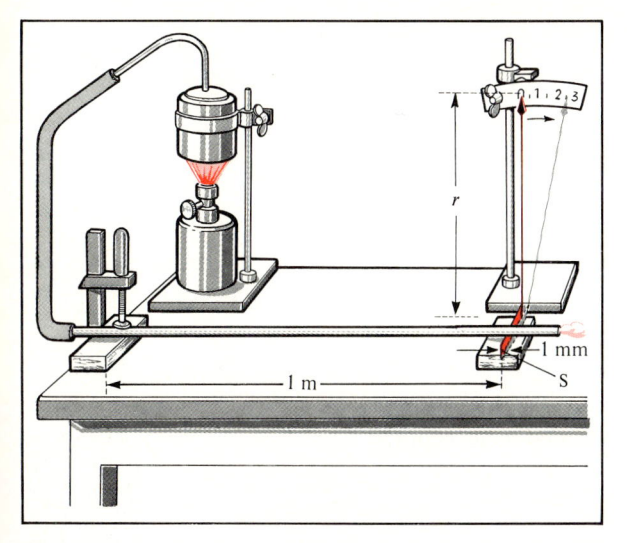

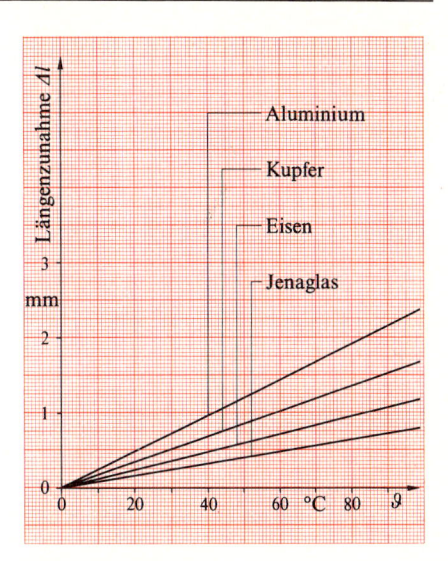

85.1 Durch Wasserdampf wird das Rohr erhitzt; es bewegt den roten Zeiger nach rechts (grau getönt).

85.2 Längenzunahme $\Delta l = l - l_0$ in Abhängigkeit von der Temperatur

Länge des Rohrs jeweils durch das Erwärmen zugenommen hat. Beim Abkühlen zieht sich das Rohr wieder zusammen, und es erhält wieder die ursprüngliche Länge. Es ergibt sich dabei, daß die Längenänderung Δl der Temperaturänderung $\Delta \vartheta$ proportional ist *(Abb. 85.2)*. Dasselbe Ergebnis erhält man auch, wenn man anstelle des Rohres einen Stab gleicher Länge erwärmt. Daraus folgt:

$$\Delta l \sim \Delta \vartheta.$$

Die Längenzunahme Δl hängt außerdem von der Ausgangslänge l_0 bei 0 °C ab: Bei der doppelten (dreifachen) Ausgangslänge l_0 ergibt sich jeweils die doppelte (dreifache) Längenzunahme Δl. (Man denke sich ein mehrere Meter langes Rohr aus 1 m langen Teilstücken zusammengesetzt.) Bei dreifacher Ausgangslänge l_0 und doppelter Temperaturzunahme $\Delta \vartheta$ erfährt ein Stab oder Rohr die sechsfache Längenzunahme Δl. Der Querschnitt ist dabei ohne Bedeutung. Nach *Tab. 85.1* verlängert sich ein Eisenstab von 1 m Länge beim Erwärmen um 100 K um 1,2 mm, ein 3 m langer Stab um 3,6 mm; beim Erwärmen um 50 K nimmt die Länge nur um 1,8 mm zu.

Verhindert man die beim Erwärmen und Abkühlen eines festen Körpers entstehende Längenänderung dadurch, daß man den Körper fest einspannt, so treten außerordentlich große Kräfte auf.

Tabelle 85.1 Ein Stab der Ausgangslänge $l_0 = 1{,}000$ m dehnt sich bei einer Erwärmung von 0 °C auf 100 °C um Δl.

Material	Dehnung Δl in mm	Material	Dehnung Δl in mm	Material	Dehnung Δl in mm
Zink	2,6	Eisen	1,2	Jenaer Glas	0,8
Aluminium	2,4	Beton	1,2	Porzellan	0,3
Messing	1,9	Chrom	0,9	Invarstahl	0,15
Kupfer	1,7	Platin	0,9	Quarzglas	0,06

Weitere Beispiele für die Wärmeausdehnung fester Körper

1. Drähte von elektrischen Hochspannungsleitungen hängen im Sommer stärker durch als im Winter.

2. *Eisenbeton*, der die günstigen Festigkeitseigenschaften von Eisen und Beton in sich vereinigt, läßt sich nur deswegen herstellen, weil beide Stoffe sich in nahezu gleicher Weise ausdehnen (siehe *Tab. 85.1*).

3. Elektrische Zuleitungen können nur dann luftdicht in Glasgeräte eingeschmolzen werden, wenn Draht und Glas sich gleichartig ausdehnen (Wichtig für die Herstellung von Glühlampen und Elektronenröhren!).

4. Werden 2 Blechstreifen, zum Beispiel aus Messing und Eisen, fest miteinander vernietet oder verschweißt, erhält man einen sogenannten **Bimetallstreifen** *(Abb. 86.1)*. Beim Erwärmen biegt er sich von der Seite weg, deren Metall sich am stärksten ausdehnt.

In vielen technischen Geräten wird diese Eigenschaft der Bimetallstreifen genutzt:

a) Man rollt sie zu einer Spirale auf und versieht sie am Ende mit einem Zeiger, der auf einer Skala die Temperatur anzeigt: *Bimetallthermometer (Abb. 86.2)*. Versieht man den Zeiger am Ende mit einem Schreibstift, so erhält man einen Temperaturschreiber oder *Thermographen*. Er registriert über einen längeren Zeitraum hinweg den Temperaturverlauf auf einem Papierstreifen, den ein Uhrwerk auf einer rotierenden Trommel an dem Schreibstift vorbeibewegt.

b) *Bimetallregler* sorgen bei Gasgeräten dafür, daß nur dann Gas ausströmen kann, wenn die Zündflamme brennt. Bei automatischen Kohleöfen regulieren sie die Luftzufuhr: Wird das Feuer schwächer, so öffnen sie die Ofenklappe.

c) *Bimetallschalter:* Ein besonders vielseitig verwendbares Bauelement erhält man, wenn man an dem Bimetall einen elektrischen Kontakt anbringt. Mit seiner Hilfe kann man bei Überschreiten einer bestimmten Temperatur Feueralarm automatisch auslösen oder eine Löscheinrichtung einschalten. Ein im Wohnzimmer angebrachter Bimetallkontakt schaltet die Zentralheizung aus, wenn eine bestimmte Temperatur erreicht ist. Kühlt sich das Zimmer danach ein wenig ab, so schließt sich der Kontakt, und die Heizung arbeitet wieder. Hier wird der Bimetallschalter zum Regler, der die Temperatur weitgehend konstant hält. Daher heißt er **Thermostat**.

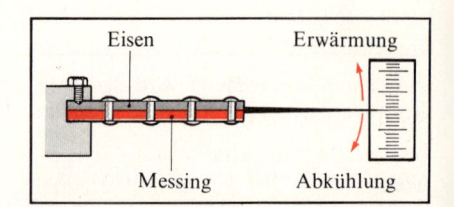

86.1 Der Bimetallstreifen verbiegt sich bei Erwärmung. Messing dehnt sich stärker aus als Eisen.

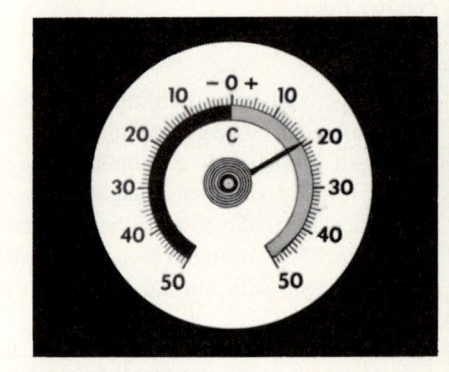

86.2 Bimetallthermometer

2. Flüssigkeiten

Sowohl das Quecksilber im Thermometer als auch das Wasser im Steigrohr in Versuch 3 (auf Seite 82) steigen beim Erwärmen empor. Das Innenvolumen der Gefäße vergrößert sich zwar auch beim Erwärmen, jedoch erheblich weniger als das Volumen der darin enthaltenen Flüssigkeit:

§ 25 Messung der Wärmeausdehnung fester und flüssiger Körper

> **Flüssigkeiten dehnen sich beim Erwärmen wesentlich stärker aus als feste Körper.**

Versuch 8: Von drei gleichen Kolben ($V \approx 250$ cm^3) füllen wir einen mit Wasser, den zweiten mit Glykol und den dritten mit Alkohol. Wir versehen die drei Kolben mit Steigrohren gleicher Weite und tauchen sie dann in warmes Wasser von etwa 45 °C *(Abb. 87.1)*.

Der Flüssigkeitsspiegel sinkt zunächst ein wenig und steigt dann in allen drei Rohren beträchtlich. Die drei Flüssigkeiten steigen verschieden hoch. Sie unterscheiden sich in ihrem Ausdehnungsverhalten. Beobachtet man das Ansteigen der Flüssigkeitssäulen genauer, so stellt man außerdem fest, daß sich eine Flüssigkeit in verschiedenen Temperaturbereichen unterschiedlich ausdehnt.

Steckt man einen wassergefüllten Kolben in Eis, so beobachtet man, daß sich das Wasser mit abnehmender Temperatur bis 4 °C zusammenzieht (bei Zimmertemperatur um etwa 0,2 $^0/_{00}$ je Kelvin), sich bei weiterer Abkühlung aber wieder ausdehnt *(Abb. 87.2)*.

Dieses im Vergleich zu anderen Stoffen ungewöhnliche Verhalten nennt man die **Anomalie des Wassers** (anomalus, griech.-lat.; regelwidrig).

Berechnet man die Dichte $\varrho = m/V$ des Wassers bei verschiedenen Temperaturen, so zeigt sich:

> **Wasser hat bei 4 °C seine größte Dichte.**

Im Bereich zwischen 3 °C und 5 °C verläuft die Kurve in *Abb. 87.2* nahezu waagerecht. Ein kleiner Fehler bei der Temperaturmessung hat in diesem Bereich fast keinen Einfluß auf die Dichte des Wassers. Aus diesem Grund hat man ursprünglich Wasser von 4 °C für die Definition des Kilogramms verwendet (siehe Seite 14).

Wenn Wasser gefriert, zeigt es eine weitere Anomalie. Das zeigt uns folgender Versuch:

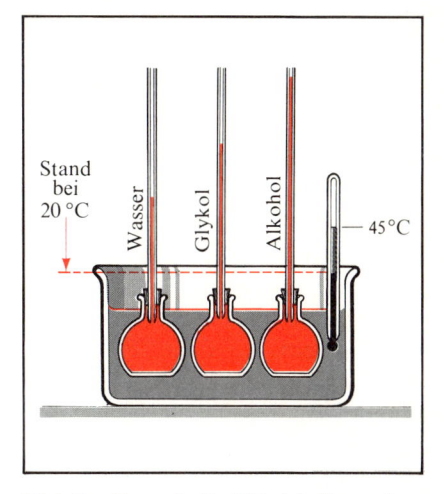

87.1 Zu Versuch 8: Flüssigkeiten zeigen beim Erwärmen eine unterschiedliche Ausdehnung.

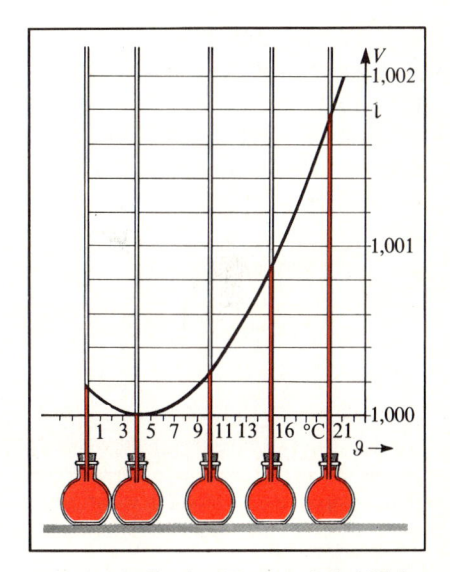

87.2 Anomalie des Wassers: Bei 4 °C hat das Wasser sein kleinstes Volumen, also seine größte Dichte.

Versuch 9: Wir füllen ein Reagenzglas bis zu einer Höhe von 10 cm mit Wasser und stecken es in eine sogenannte Kältemischung (das ist eine Mischung von Eis oder Schnee mit Salz, siehe Seite 107), welche das Wasser im Reagenzglas schnell zum Gefrieren bringt. Der beim Gefrieren des Wassers entstehende Eiszylinder hat eine Länge von annähernd 11 cm. Beim Erstarren dehnt sich das Wasser, im Gegensatz zu den meisten anderen Stoffen, aus, und zwar um etwa 9% seines Volumens bei 0 °C. Eis schwimmt daher an der Wasseroberfläche. Dabei ist nur $1/12$ des Eisblocks über Wasser, der Rest ist untergetaucht. Bei Eisbergen ragt ein größerer Teil aus dem Wasser, weil sie aus lufthaltigem Gletschereis bestehen *(Abb. 88.1)*.

Versuch 10: Wir füllen eine dickwandige Glasflasche oder besser eine gußeiserne Hohlkugel mit abgekochtem Wasser, verschließen sie fest und legen sie bei Frostwetter in eine Kiste mit Deckel (zum Schutz vor herumfliegenden Splittern) ins Freie. Flasche und Eisenkugel werden durch das sich bildende Eis gesprengt. (Im Wasser dürfen keine Luftblasen sein!)

88.1 Eis schwimmt an der Wasseroberfläche.

Das anomale Verhalten des Wassers hat in der Natur wichtige Auswirkungen:

a) Die bodennahen Schichten hinreichend tiefer Gewässer haben das ganze Jahr hindurch angenähert die Temperatur 4 °C. In den Ozeanen hat sich infolge des Salzgehalts das Dichtemaximum so weit zu tieferen Temperaturen verschoben, daß das kälteste Wasser unten liegt.

b) Im Sommer nimmt die Temperatur in Seen und Teichen sowie langsam fließenden Gewässern von oben nach unten ab, und man kommt beim Tauchen, vor allem im Frühsommer, schnell in kältere Wasserschichten. (Prüfe das mit einem Maximum-Minimum-Thermometer!) Im Winter wird das Wasser durch einfallende Kaltluft abgekühlt; der Temperaturverlauf der Wasserschichten ist umgekehrt *(Abb. 88.2)*. Stehende und langsam fließende Gewässer gefrieren deshalb stets von oben nach unten.

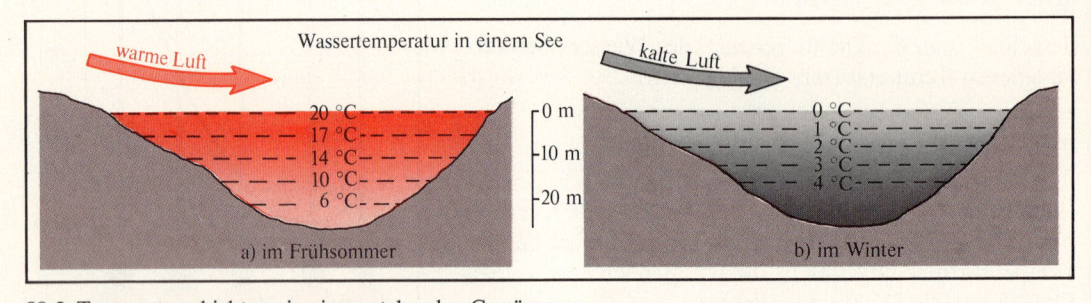

88.2 Temperaturschichtung in einem stehenden Gewässer

c) Die Verwitterung des Gesteins wird durch das Gefrieren des in Spalten und Ritzen eingedrungenen Wassers im Winter stark beschleunigt *(Spaltenfrost!)*. Ebenso werden Straßenbeläge zerstört, wenn eingesickertes Wasser im Winter gefriert *(Frostaufbrüche!)*.

Aufgaben:

1. *Um wieviel verlängert sich ein 3 m langer Kupferdraht, wenn er von 0°C auf 50°C erwärmt wird?*
2. *Um wieviel ist der Eiffelturm (Eisen), Höhe rund 300 m, an einem Sommertag bei 30 °C höher als im Winter bei −20 °C?*
3. *Warum ist Wasser als Thermometerflüssigkeit unbrauchbar?*

§ 26 Das thermische Verhalten der Luft und anderer Gase

1. Gasthermometer und Kelvin-Temperatur

Versuch 11: Wir schließen eine bestimmte Luftmenge durch einen Quecksilbertropfen nach *Abb. 89.1* in einem Kolben ein. Schon durch das Erwärmen mit den Händen dehnt sich die eingeschlossene Luft aus und schiebt den Quecksilbertropfen deutlich nach rechts. **Luft und alle anderen Gase dehnen sich beim Erwärmen viel stärker aus als feste Körper oder Flüssigkeiten.**

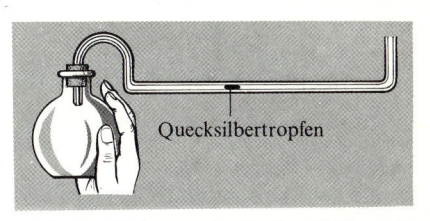

89.1 Das Volumen der in den Kolben eingeschlossenen Luft vergrößert sich durch das Erwärmen.

Genaue Messungen gestattet das Gerät nach *Abb. 89.2*; es heißt deshalb auch **Gasthermometer.** In seiner Kapillare ist unter dem Quecksilbertropfen eine bestimmte Luftmenge eingeschlossen.

Versuch 12: Wir stecken es wie ein gewöhnliches Thermometer in schmelzendes Eis und markieren mit einem Klemmring das abgeschlossene Luftvolumen bei $\vartheta_1 = 0$ °C. Anschließend stecken wir es in siedendes Wasser und markieren mit einem zweiten Klemmring das Volumen bei $\vartheta_2 = 100$ °C. Damit sind Eis- und Siedepunkt gekennzeichnet. Wir teilen den dazugehörigen Abstand in 100 gleiche Teile. Diese Teilung setzen wir nach beiden Seiten fort und kommen dabei am unteren Ende der Kapillare zu einem Teilpunkt, der auf der Celsius-Skala die Bezeichnung $\vartheta_3 = -273$ °C trägt. Es hat sich als zweckmäßig erwiesen, diesen Punkt zum Nullpunkt einer neuen Temperaturskala, der **Kelvin-Skala**, zu machen.

Kelvin- und Celsius-Skala haben gleich große Gradschritte, die wir schon bisher mit 1 K bezeichnet haben. Der Anfangspunkt der Kelvin-Skala wird mit 0 K bezeichnet. Er liegt, wie sehr genaue Messungen gezeigt haben, bei $-273{,}15$ °C. Temperaturangaben auf der Kelvin-Skala werden mit dem Buchstaben T bezeichnet. Eispunkt ($\vartheta_E = 0$ °C) und Siedepunkt ($\vartheta_S = 100$ °C) tragen auf der Kelvin-Skala die Bezeichnungen $T_E = 273$ K und $T_S = 373$ K. Der Celsius-Temperatur $\vartheta = 20$ °C entspricht die Kelvin-Temperatur $T = 293$ K. Ist also ein beliebiger Temperaturpunkt auf der Celsius-Skala durch die Angabe $\vartheta = k$ °C gegeben, so kann man umrechnen:

$$k \text{ °C} \triangleq (273 + k) \text{ K}.$$

> **Temperaturangaben der Kelvin-Skala sind um 273 K höher als die der Celsius-Skala.**

Wir werden künftig beide Skalen nebeneinander verwenden. Für Temperaturunterschiede, die wir sowohl mit ΔT als auch mit $\Delta \vartheta$ bezeichnen können ($\Delta T = \Delta \vartheta$), verwenden wir ausschließlich die Bezeichnung **Kelvin**.

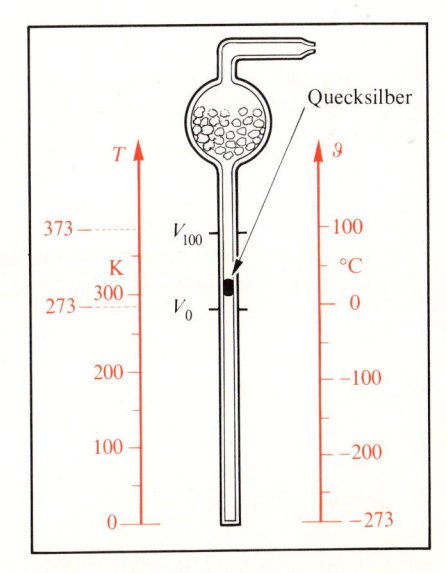

89.2 Gasthermometer mit Celsius-Teilung und Kelvin-Teilung. In der angesetzten Kugel befindet sich ein Trockenmittel. Dies ist wichtig, weil Wasserdampf unsere Meßergebnisse stört.

2. Die Gasgesetze

Das Ergebnis des Versuchs 12 stellt sich auch bei anderen Gasen ein; es läßt sich nach *Abb. 89.2* allgemein in folgender Weise formulieren:

> **Erwärmt man ein beliebiges Gas um 1 K, so dehnt es sich um $\frac{1}{273}$ seines Volumens V_0 bei 273 K (0 °C) aus, sofern der Druck konstant bleibt.**

Dieses Gesetz und auch die *Abb. 89.2* gelten streng nur für ein gedachtes **ideales Gas,** das auch bei tiefsten Temperaturen gasförmig bleibt und bei 0 K, dem absoluten Nullpunkt, überhaupt kein Volumen mehr hat. *Reale Gase* werden bei sehr tiefen Temperaturen flüssig, sie kommen jedoch dem *idealen Gaszustand* um so näher, je weiter sie vom Verflüssigungspunkt entfernt sind *(Tabelle 91.1).* Die *Abb. 90.1* zeigt unmittelbar, daß das Volumen V der Luft (und anderer Gase) dann der Kelvin-Temperatur T proportional ist.

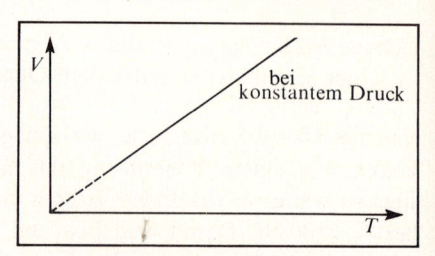

> **Das Volumen V einer abgeschlossenen Gasmenge ist bei konstantem Druck p der Kelvin-Temperatur T proportional (Gesetz von Gay-Lussac):**
>
> $$V \sim T \text{ (bei konstantem Druck } p\text{)}. \qquad (90.1)$$

90.1 Gesetz von Gay-Lussac

Wenn man also bei einer abgeschlossenen Gasmenge die Kelvin-Temperatur T ver-n-facht, erhält man n-faches Volumen. Um das Volumen konstant zu halten, muß man nach dem Gesetz von *Boyle und Mariotte* (Seite 75) den Druck, unter dem das Gas steht, ver-n-fachen. Demnach ist aber auch der Druck einer abgeschlossenen Gasmenge der Kelvin-Temperatur T proportional, wenn das Volumen konstant bleibt *(Abb. 90.2).*

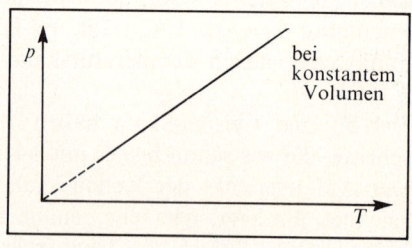

90.2 Gesetz von Amontons

> **Der Druck p einer abgeschlossenen Gasmenge ist bei konstantem Volumen V der Kelvin-Temperatur T proportional (Gesetz von Amontons):**
>
> $$p \sim T \text{ (bei konstantem Volumen)}. \qquad (90.2)$$

Diese Gesetze zeigen, wie zweckmäßig es ist, die Celsius-Skala durch die Kelvin-Skala zu ersetzen.

3. Die allgemeine Zustandsgleichung der Gase

Erhöht man die Kelvin-Temperatur bei konstantem Druck auf das Dreifache, steigt nach Gleichung (90.1) auch das Volumen auf den dreifachen Wert. Wird anschließend (bei konstanter Temperatur) der Druck verfünffacht, so sinkt das Volumen nach Gleichung (75.1) auf 3/5 des Ausgangswerts: Das Volumen V einer Gasmenge ist also dem Quotienten aus der Kelvin-Temperatur T und dem Druck p proportional: $V \sim T/p$, oder $V/(T/p) =$ konstant.

> **Wenn man Druck, Temperatur und Volumen einer abgeschlossenen Gasmenge ändert, so gilt:**
> $$\frac{p \cdot V}{T} = \text{konstant.} \tag{91.1}$$

Weil Gleichung (91.1) für beliebige Zustandsänderungen einer abgeschlossenen Gasmenge gilt, nennt man sie auch die allgemeine Zustandsgleichung der Gase oder auch das **allgemeine Gasgesetz**.

Bezeichnet man mit V_0 das Volumen einer Gasmenge bei der Temperatur $T_0 = 273$ K (0 °C) und bei dem Normdruck $p_0 = 1013$ mbar und mit p, V, T die Werte, die einen anderen Zustand der Gasmenge kennzeichnen, so erhält die Gleichung (91.1) die Form:

$$\frac{p \cdot V}{T} = \frac{p_0 \cdot V_0}{T_0}. \tag{91.2}$$

Sind in dieser Gleichung fünf Größen bekannt, so kann man die sechste berechnen. Vor allem kann man das Volumen V_1 einer Gasmenge, das man beim Druck p_1 und der Temperatur T_1 kennt, auf „**Normalbedingungen**", das heißt auf $T_0 = 273$ K (0 °C) und $p_0 = 1013$ mbar umrechnen. Das so erhaltene Volumen V_0 heißt *Normvolumen*. Diese Umrechnungen sind für die Praxis von besonderer Bedeutung, da man so Gasmengen bequem angeben und vergleichen kann. Dabei wird jedoch vorausgesetzt, daß die Gase genügend weit von ihrer Verflüssigungstemperatur entfernt sind, daß man sie also bei der Berechnung wie ein ideales Gas behandeln darf.

Beispiel: In einer Spritze mit leicht verschiebbarem Kolben ist bei $T = 288$ K (15 °C) und $p = 995$ mbar Luft vom Volumen $V = 80$ cm³ eingeschlossen. Wie groß ist das Normvolumen V_0? Aus der Gleichung (91.2) ergibt sich:

$$\frac{995 \text{ mbar} \cdot 80 \text{ cm}^3}{288 \text{ K}} = \frac{1013 \text{ mbar} \cdot V_0}{273 \text{ K}}.$$

Daraus folgt:
$$V_0 = \frac{995 \text{ mbar} \cdot 273 \text{ K}}{1013 \text{ mbar} \cdot 288 \text{ K}} \cdot 80 \text{ cm}^3 = 74{,}5 \text{ cm}^3.$$

Tabelle 91.1 Verflüssigungstemperatur verschiedener Gase bei normalem Druck ($p_0 = 1013$ mbar)

Helium	4 K ≙ −269 °C	Sauerstoff	91 K ≙ −182 °C
Wasserstoff	21 K ≙ −253 °C	Kohlendioxid *	194 K ≙ − 79 °C
Neon	27 K ≙ −246 °C	Propan	228 K ≙ − 45 °C
Stickstoff	77 K ≙ −196 °C	Butan	272,5 K ≙ − 0,5 °C

* Sublimationstemperatur

4. Temperaturmessung mit dem Gasthermometer

Nach dem Gesetz von *Gay-Lussac* läßt sich das Gasthermometer zum Messen von Temperaturen verwenden. Das zeigt folgendes Beispiel:

Bei $T_1 = 273$ K (0 °C) sei das Volumen des eingeschlossenen Gases $V_1 = 175$ mm³. Wir halten das Thermometer in warmes Wasser und finden das Volumen $V_2 = 205$ mm³.

Bei konstantem Druck kann man die Gleichung (91.2) vereinfachen zu $\frac{T_2}{T_1} = \frac{V_2}{V_1}$. Mit den genannten Werten gilt:

$$\frac{T_2}{273 \text{ K}} = \frac{V_2}{V_1} = \frac{205 \text{ mm}^3}{175 \text{ mm}^3}, \quad \text{das heißt} \quad T_2 = \frac{205}{175} \cdot 273 \text{ K} = 320 \text{ K}, \quad \text{also } 46{,}8 \text{ °C}.$$

Ein Quecksilberthermometer liefert den gleichen Wert, das heißt, wir können im normalen Temperaturbereich keine ungleichmäßige Ausdehnung des Quecksilbers gegenüber den Gasen feststellen. Erst oberhalb von 470 K (ca. 200 °C) treten mit der Annäherung an den Siedepunkt auch bei Quecksilber, ebenso wie bei anderen Flüssigkeiten, erhebliche Abweichungen auf.

Das Gasthermometer ist allerdings umständlicher als das Quecksilberthermometer zu handhaben und hat noch einen weiteren Nachteil, der seinen praktischen Gebrauch weitgehend einschränkt: Will man mit ihm am nächsten Tage messen, muß man zunächst wieder V_1 (bei 273 K) bestimmen, da sich der Luftdruck geändert haben könnte. Bei der Messung von sehr tiefen und sehr hohen Temperaturen muß man diese Nachteile in Kauf nehmen; denn unterhalb $T = 234$ K (-39 °C) versagt das Quecksilberthermometer, weil das Quecksilber bei dieser Temperatur erstarrt. Auch andere Flüssigkeiten (Alkohol, Pentan) erstarren bei sehr tiefen Temperaturen, bei denen Gasthermometer mit geeigneter Füllung (Wasserstoff oder Helium, siehe Tabelle 91.1) noch brauchbar sind. Gasthermometer werden deshalb normalerweise nur zum Eichen verwendet und nur dann praktisch benutzt, wenn andere Meßverfahren versagen.

Aufgaben:

1. a) Rechne in Kelvin-Temperatur T um: $\vartheta = 25$ °C, -183 °C, $10\,000$ °C!
   b) Rechne in Celsius-Temperatur ϑ um: $T = 350$ K, 1000 K, 0 K!
2. *Eine Gasmenge hat bei 293 K (20 °C) und 1025 mbar das Volumen 25 cm³; welches Volumen hat das Gas unter Normalbedingungen, das heißt bei 273 K (0 °C) und 1013 mbar?*
3. *Der Luftdruck in einem Autoreifen beträgt bei $T_1 = 293$ K (20 °C) $p_1 = 2{,}8$ bar, das Volumen beträgt $V_1 = 26{,}0$ dm³. Durch Erwärmung auf $T_2 = 333$ K (60 °C) gibt der Reifen so weit nach, daß das Volumen auf $V = 26{,}4$ dm³ ansteigt. Welcher Druck p_2 stellt sich ein?*

§ 27 Temperatur und Molekülbewegung

Versuche über den Zusammenhalt verschiedener Körper zeigen uns (siehe Seite 67), daß starke anziehende Kräfte zwischen den Molekülen fester und flüssiger Körper bestehen. Diese werden aber nur dann wirksam, wenn die Moleküle dicht gepackt sind. Bei festen Körpern sind die *Kohäsionskräfte* so groß, daß sie eine fast unveränderliche, bei Kristallen sogar völlig regelmäßige Anordnung der Moleküle gegeneinander erzwingen. Bei Gasen dagegen sind die Abstände zwischen den Molekülen groß und daher die zwischen ihnen wirkenden Kräfte so klein, daß sie vernachlässigt werden können. Man kann Gase leicht zusammendrücken.

Im vorigen Paragraphen haben wir festgestellt, daß eine Steigerung der Temperatur eines Gases eine Druckzunahme *(Gesetz von Amontons)* oder eine Volumenzunahme *(Gesetz von Gay-Lussac)* zur Folge hat. Diese Eigenschaft der Gase können wir an einem Modellgas studieren, bei dem kleine Kügelchen durch die vibrierende Grundplatte eines Gefäßes in Bewegung gesetzt werden. Dazu machen wir folgenden Versuch:

Versuch 13: Wir lassen die Grundplatte so heftig schwingen, daß die Kügelchen das ganze Gefäß durchfliegen und die Deckplatte anheben (siehe *Abb. 67.1*). Verstärken wir die Bewegung der Grundplatte und damit auch der Kügelchen weiter, so hebt sich die Deckplatte noch mehr, das heißt, das Volumen unseres Modellgases nimmt zu. Wir können diese Volumenzunahme dadurch verhindern oder rückgängig machen, daß wir die Deckplatte stärker belasten, das heißt einen höheren Druck auf sie ausüben.

> **Temperaturzunahme eines Gases bedeutet Zunahme der Energie der ungeordneten Bewegung seiner Moleküle.**

Daß auch die Geschwindigkeit der Moleküle in Flüssigkeiten mit der Temperatur steigt, erklärt den folgenden Versuch:

Versuch 14: Zwei gleiche Bechergläser werden mit 500 g Wasser von 10 °C bzw. 80 °C gefüllt. Anschließend wird je ein kleines Stück Zucker in jedes Becherglas gelegt. Läßt man beide Gläser ohne Erschütterung stehen, so zeigt sich, daß sich der Zucker im heißen Wasser nach wenigen Minuten aufgelöst hat, während die Auflösung im kalten Wasser viel mehr Zeit erfordert. Offensichtlich haben die Wassermoleküle bei höherer Temperatur eine höhere Geschwindigkeit und können dadurch die Zuckermoleküle leichter vom festen Zuckerstück losreißen und schneller abtransportieren. Auch viele andere Vorgänge, wie z.B. das Garkochen von Speisen, verlaufen um so schneller, je höher die Temperatur ist, je schneller sich also die Moleküle bewegen.

Versuch 15: Mit einem Quirl wird Glyzerin in einem Becherglas gerührt. Die Stäbe des schnell rotierenden Quirls schlagen gegen die Glyzerinmoleküle und verstärken deren ungeordnete Bewegung. Die Temperatur des Glyzerins steigt dadurch etwas an. Der Temperaturanstieg ist (im Gegensatz zu der beim Händereiben beobachteten starken Temperaturzunahme) deshalb so gering, weil hier alle Glyzerinmoleküle unmittelbar in lebhaftere Bewegung versetzt werden und damit die Bewegungsenergie sofort gleichmäßig verteilt wird.

In festen Körpern ändern die Moleküle ihre gegenseitige Lage zwar nicht; sie sind aber trotzdem nicht in Ruhe, sondern führen unregelmäßige Schwingungen auf kleinstem Raum aus. Mit steigender Temperatur wächst ihre Schwingungsenergie. Weil die Moleküle für die heftigeren Schwingungen dann mehr Platz brauchen, nimmt das Volumen des ganzen Körpers zu.

Einem Körper sieht man unmittelbar von außen an, ob er Lage- oder Bewegungsenergie besitzt. Die *Brownsche Bewegung* (Seite 64) wird jedoch nur in guten Mikroskopen sichtbar. Neben dieser Energie ihrer *ungeordneten Bewegung* haben die Moleküle wegen ihrer *Molekularkräfte* (*Kohäsion* Seite 67) auch noch gegeneinander *Spannungsenergie* (beachte die „Federn" in *Abb. 68.1*). Diese Energieformen *im Innern eines Körpers* lassen sich nur schwer voneinander abgrenzen. Man faßt sie deshalb unter dem Namen **innere Energie** zusammen, um sie von den von außen erkennbaren Lage- und Bewegungsenergien (Seite 28) unterscheiden zu können. Mit der inneren Energie beschäftigen wir uns in der *Wärmelehre*.

§ 28 Wärme als Energieübergangsgröße und ihre Messung

1. Energieübergang

Versuch 16: Wir bringen ein heißes Stück Eisen in kaltes Wasser. Die Temperatur des Eisens sinkt und die des Wassers steigt, bis beide die gleiche Temperatur haben. Ein in das Wasser gehaltenes Thermometer zeigt dann keine weitere Temperaturzunahme an. Die schließlich erreichte Temperatur lesen wir ab.

Versuch 17: Wir mischen heißes Wasser der Temperatur T_1 mit kaltem Wasser der Temperatur T_2. Nach gründlichem Umrühren finden wir eine zwischen T_1 und T_2 liegende Mischungstemperatur T, die wir dann ablesen können:
$$T_2 < T < T_1.$$

Bringt man Körper verschiedener Temperatur zusammen, so nehmen sie schließlich die gleiche Temperatur an. Wenn wir die Temperatur eines Körpers erhöhen (erniedrigen), so sagen wir auch, wir *erwärmen* ihn (wir kühlen ihn ab). Damit drücken wir aus, daß wir ihm *Wärme* zuführen (entziehen). Bei obigen Versuchen gab also der Körper mit der höheren Temperatur so lange Wärme an den kälteren ab, bis beide die gleiche Temperatur hatten.

Um zu erfassen, worin dieser *Wärmeübergang* besteht, gehen wir davon aus, daß die Moleküle eines heißen Körpers mehr Energie der ungeordneten Bewegung haben als die eines kalten Körpers, und können dann sagen:

> **Berühren oder mischen sich zwei Körper verschiedener Temperatur, so geben die Moleküle des heißeren Körpers durch Stöße so lange Energie an die des kälteren Körpers ab, bis beide dieselbe Temperatur haben. Der heiße Körper verliert innere Energie, der kältere nimmt sie auf.**
>
> **Die bei einem Temperaturunterschied mittels ungeordneter Molekülbewegung übertretende Energie nennt man Wärme oder Wärmemenge.**

Man kann die Temperatur und damit die innere Energie eines Körpers auch durch Verrichten von Reibungsarbeit erhöhen.

Hierzu folgende Beispiele:
a) Reibt man die *Hände* kräftig aneinander, so werden sie warm.

b) Beim *Bohren* und *Sägen* von Metall oder hartem Holz entstehen so hohe Temperaturen, daß Bohrer und Sägeblatt gelegentlich blau anlaufen. Beim Anfeuchten zischt es!

c) Beim *Schleifen* von Metallstücken entstehen oft so hohe Temperaturen, daß die abgetrennten Metallteile hell aufglühen.

d) Fährt man mit einem Fahrrad bergab und betätigt dabei die *Rücktrittbremse*, so steigt die Temperatur in der Nabe um so höher, je stärker und länger man bremst. Fährt ein Kraftfahrer versehentlich mit angezogener Bremse, so wird diese in kurzer Zeit sehr heiß. Dadurch kann schließlich die ganze Bremsanlage unwirksam werden. Versagt die Schmierung eines Eisenbahnwagens, so erhitzen sich die Achsen bis zur Rotglut.

Die **Molekülvorstellung** gibt uns eine einfache Erklärung für alle diese Vorgänge:

Rutscht ein Körper auf seiner Unterlage, so werden die Moleküle der Berührungsflächen in stärkere Schwingungen versetzt. Ist der Körper durch die Reibung zum Stillstand gekommen, so ist aus der *geordneten Bewegung*, bei der sich alle Moleküle des Körpers in der gleichen Richtung bewegten, verstärkte *ungeordnete Bewegung* der Moleküle der Reibungsflächen geworden. Da sich die Schwingungsenergie der Moleküle im Laufe der Zeit gleichmäßig auf alle Moleküle verteilt, nimmt schließlich die Temperatur des ganzen Körpers und die seiner Unterlage zu.

Wärme erhalten wir auch, wenn wir brennbare Körper (Streichholz, Kerze, Stadtgas, Benzin, Holz, Kohle usw.) entzünden. Auf bequeme und saubere Weise erhalten wir Wärme, wenn elektrischer Strom durch die Drähte von elektrischen Heizgeräten (Tauchsieder usw.) fließt.

2. Wärme und ihre Einheit

Wir haben gesehen, daß *Zufuhr von Wärme* gleichbedeutend ist mit der *Übertragung von Energie der ungeordneten Molekülbewegung*. Deshalb messen wir die Wärme wie alle Energie in der Einheit 1 Joule (siehe Seite 27). Man könnte sie unmittelbar aus der aufgewandten Reibungsarbeit bestimmen. Dieses etwas umständliche Verfahren werden wir erst auf Seite 103 benutzen. Wesentlich bequemer lassen sich viele Versuche mit einem *Tauchsieder* ausführen, auf dem wir bereits eine Leistungsangabe von zum Beispiel 300 W finden (Leistung $P = W/t$; Einheit 1 Watt = 1 J/s). Die Angabe 300 W auf dem Tauchsieder besagt, daß die Maschinen des Elektrizitätswerkes zusätzlich die mechanische Leistung $P = 300\text{ W} = 300\text{ J/s}$ aufbringen müssen, solange der Tauchsieder eingeschaltet ist. Anders ausgedrückt: Die Maschinen müssen für den Tauchsieder je Sekunde 300 J mechanischer Arbeit verrichten. Diese wird auf dem Umweg über die Energie des elektrischen Stromes (siehe Seite 29) vom Tauchsieder als Wärme an das Wasser abgegeben. Dabei werden zunächst die Moleküle der Tauchsiederspirale in heftige Bewegung versetzt; sie stoßen dann die Wassermoleküle an.

Die Einheit der Wärme Q ist das Joule (J).

Ein Wärmegerät mit der Leistung P gibt in der Zeit t die Wärme $Q = P \cdot t$ ab.

In der Mechanik lautete die analoge Gleichung: Arbeit $W = P \cdot t$.

Bei anderen elektrischen Geräten, insbesondere bei den Elektromotoren, wird elektrische Energie in mechanische Arbeit zurückverwandelt *(Abb. 95.1)*

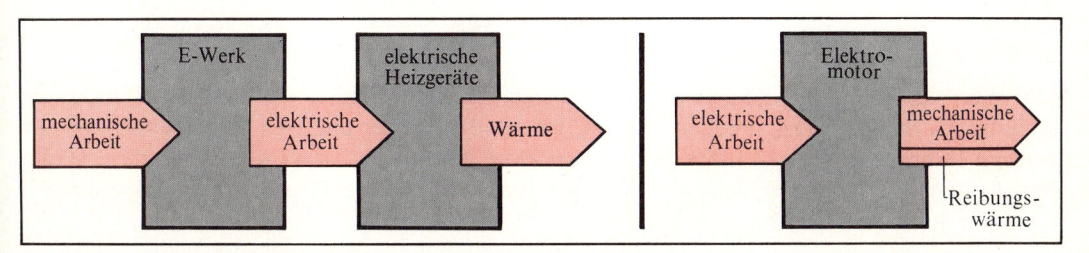

95.1 Schematische Darstellung der Energieumwandlung;
links: in elektrischen Heizgeräten (Heizofen, Kochplatte, Tauchsieder), rechts: in Elektromotoren

3. Die spezifische Wärmekapazität

Versuch 18: Wir verwenden als Wärmequelle unseren kleinen Tauchsieder mit der Aufschrift 300 W und erwärmen mit ihm eine Wassermenge von $m_1 = 300$ g einige Minuten lang. Dabei rühren wir gut um und messen alle 30 s die Temperatur des Wassers. In diesen 30 s gibt der Tauchsieder $300\,\text{W} \cdot 30\,\text{s} = 300\,\frac{\text{J}}{\text{s}} \cdot 30\,\text{s} = 9000\,\text{J} = 9\,\text{kJ}$ ab. Anschließend wiederholen wir den Versuch mit $m_2 = 600$ g und $m_3 = 1200$ g Wasser. In einer Tabelle stellen wir die Ergebnisse zusammen; wir geben an, welche Zeitspannen t, Wärmemengen Q, Wassermassen m und Temperaturzunahmen $\Delta\vartheta$ zusammengehören.

Tabelle 96.1

t in s	Q in J	m_1 in g	$\Delta\vartheta_1$ in K	m_2 in g	$\Delta\vartheta_2$ in K	m_3 in g	$\Delta\vartheta_3$ in K	$m \cdot \Delta\vartheta$ in g·K
0	0	300	0	600	0	1200	0	0
30	9000	300	7	600	3,5	1200	1,8	2100
60	18000	300	14	600	7	1200	3,5	4200
90	27000	300	21	600	10,5	1200	5,3	6300
120	36000	300	28	600	14	1200	7,0	8400
150	45000	300	35	600	17,5	1200	8,7	10500

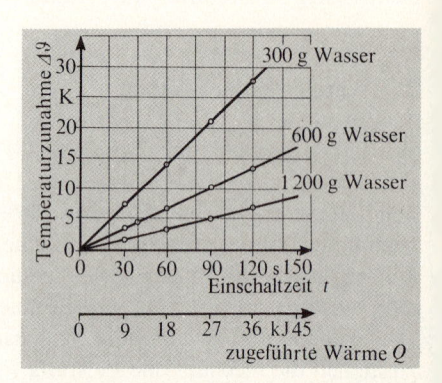

96.1 Temperaturzunahme verschiedener Wassermengen ($m_1 = 300$ g, $m_2 = 600$ g, $m_3 = 1200$ g) beim Erwärmen mit einem 300 W-Tauchsieder

Bei *gleicher* Wärmemenge Q (siehe zum Beispiel zweite Zeile mit $Q = 9000$ J) erhält man bei *doppelter* Masse (600 g) nur die *halbe* Temperaturerhöhung (3,5 K) gegenüber der einfachen Masse (300 g und 7 K). Bei vierfacher Masse mißt man nur ein Viertel der ursprünglichen Temperaturerhöhung. Das Produkt aus Masse m und Temperaturerhöhung $\Delta\vartheta$, nämlich $m \cdot \Delta\vartheta$ (siehe letzte Spalte), ist also bei gleicher Wärmemenge konstant. Wenn man weiterhin die zweite und letzte Spalte miteinander vergleicht, erkennt man, daß dieses Produkt verdoppelt (verdreifacht) wird, wenn man die doppelte (dreifache) Wärme Q zuführt. Das Produkt $m \cdot \Delta\vartheta$ ist also der zugeführten Wärme Q proportional: $Q \sim m \cdot \Delta\vartheta$; oder mit einem Proportionalitätsfaktor c: $Q = c \cdot m \cdot \Delta\vartheta$.

Um die Temperatur des Wassers um einen bestimmten Betrag zu erhöhen, wird eine Wärmemenge Q gebraucht, die dem Produkt aus der Masse m des Wassers und der Temperaturzunahme $\Delta\vartheta$ proportional ist:

$$Q = c \cdot m \cdot \Delta\vartheta. \tag{96.1}$$

Den Wert des Proportionalitätsfaktors c in dieser Gleichung finden wir für Wasser, wenn wir nach der Wärme Q fragen, die man braucht, um $m = 1$ g Wasser um $\Delta\vartheta = 1$ K zu erwärmen: Im Versuch 18 brauchten wir $Q = 18000$ J, um $m = 600$ g Wasser um $\Delta\vartheta = 7$ K zu erwärmen. Wollte man 1 g um 7 K erwärmen, bräuchte man also nur 30 J, für eine Temperaturzunahme um 1 K sogar nur 4,3 J. Aus Gleichung 96.1 folgt:

$$c = \frac{Q}{m \cdot \Delta\vartheta} = \frac{18000\,\text{J}}{600\,\text{g} \cdot 7\,\text{K}} = 4{,}3\,\frac{\text{J}}{\text{g} \cdot \text{K}}.$$

§ 28 Wärme als Energieübergangsgröße und ihre Messung

Der von uns ermittelte Wert ist etwas zu groß; denn wir haben nicht berücksichtigt, daß ein Teil der vom Tauchsieder gelieferten Wärme zum Erhöhen der Gefäßtemperatur gebraucht wird und daß ein Teil an die umgebende Luft abgegeben wird. Sehr genaue Messungen, die diese Fehler berücksichtigen, führen für Wasser zu dem Wert:

$$c = 4{,}1868 \, \frac{\text{J}}{\text{g} \cdot \text{K}} \approx 4{,}2 \, \frac{\text{J}}{\text{g} \cdot \text{K}}.$$

Man braucht also 4,2 J, um 1 g Wasser um 1 K zu erwärmen. Gilt dies für alle Stoffe?

Versuch 19: Mit einem 300 W-Tauchsieder erwärmen wir 600 g *Glykol* statt 600 g Wasser. Wir führen also dem Glykol in einer Minute $300 \cdot 60 \, \text{Ws} = 18\,000 \, \text{J}$ zu. Dabei steigt seine Temperatur um $\Delta \vartheta = 12 \, \text{K}$ (statt $\Delta \vartheta = 7 \, \text{K}$ bei Wasser)!

Aus $Q = c \cdot m \cdot \Delta \vartheta$ folgt nun $\quad c = \dfrac{Q}{m \cdot \Delta \vartheta}.$

Mit den gemessenen Werten des Glykols erhalten wir:

$$c_{\text{Glykol}} = \frac{18\,000 \, \text{J}}{600 \, \text{g} \cdot 12 \, \text{K}} = 2{,}5 \, \frac{\text{J}}{\text{g} \cdot \text{K}}.$$

Damit haben wir eine *Materialkonstante c* gefunden, die angibt, welche Wärme man braucht, um 1 g eines Stoffes um 1 K zu erwärmen. Man nennt sie **spezifische Wärmekapazität** und kürzt sie mit dem Buchstaben *c* ab.

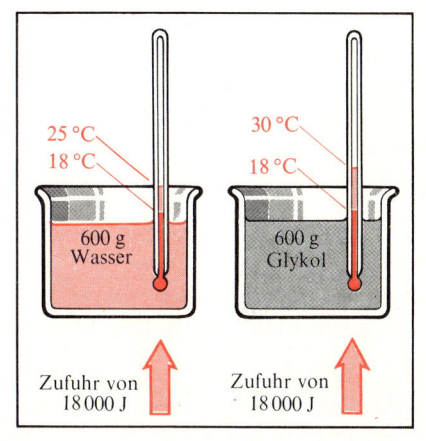

97.1 Glykol hat eine geringere spezifische Wärmekapazität als Wasser.

> **Die Einheit der spezifischen Wärmekapazität ist $1 \, \dfrac{\text{J}}{\text{g} \cdot \text{K}}$. Ihr Zahlenwert gibt an, welche Wärme (in Joule) man braucht, um 1 g des betreffenden Stoffes um 1 K zu erwärmen.**

Beispiel: Welche Wärme braucht man, um das Wasser einer Badewanne (200 l) von 15 °C auf 37 °C zu erwärmen? Nach Gleichung (96.1) gilt:

$$Q = c \cdot m \cdot \Delta \vartheta = 4{,}2 \, \frac{\text{J}}{\text{g} \cdot \text{K}} \, 200\,000 \, \text{g} \cdot 22 \, \text{K} \approx 18\,500 \, \text{kJ}.$$

Aufgaben:

1. *Wieviel Joule braucht man, um 2,5 l Wasser von 17,5 °C auf 35 °C zu erwärmen?*
2. *Ein Bunsenbrenner liefert 16 kJ/min. In welcher Zeit kommen 0,3 l Wasser von 10 °C zum Sieden?*
3. *Erwärme mit einem Tauchsieder 1 l Wasser 3 min lang und ermittle aus der Temperaturzunahme $\Delta \vartheta$ die Wärmeleistung des Tauchsieders, das heißt die in einer Sekunde gelieferte Wärmemenge! Vergleiche das Ergebnis mit der auf dem Tauchsieder vermerkten Wattzahl!*
4. *Bringe zu Hause 1 l Wasser (Anfangstemperatur 15 °C) zum Sieden und lies am Gasmesser die verbrauchte Gasmenge ab! Berechne die Wärmemenge, die 1 l Leuchtgas beim Verbrennen dem Wasser zuführt!*
5. *Welche Leistung muß die Heizspirale einer Waschmaschine haben, um 10 l Wasser in 30 Minuten von 15 °C auf 95 °C zu erhitzen?*
6. *Warum unterscheidet man zwischen Wärme und Temperatur (siehe Tabelle 96.1)?*

§ 29 Mischungsversuche, Wärmequellen

1. Mischungsversuche

Wir haben bisher untersucht, welche *Wirkungen* die von einem Tauchsieder gelieferte Wärme hat. Wir untersuchen jetzt genauer, was geschieht, wenn *Wärme* von einem wärmeren auf einen kälteren Körper *übergeht*. Statt von einem Tauchsieder könnte die Wärme auch von einer elektrischen Kochplatte, von heißen Flammengasen oder von einer heißen Flüssigkeitsmenge abgegeben werden. Dazu machen wir folgenden Versuch:

Versuch 20: Wir erwärmen mit einem Tauchsieder 300 g Wasser von 15 °C auf 30 °C und dann weiter bis auf 45 °C. Der Tauchsieder muß während der beiden Versuchsabschnitte gleich lange eingeschaltet sein und führt daher gleiche Wärmemengen Q_1 und Q_2 zu, nämlich

$$Q_1 = 4{,}19 \, \frac{J}{g \cdot K} \cdot 300 \, g \cdot (45-30) \, K = 18\,850 \, J \qquad Q_2 = 4{,}19 \, \frac{J}{g \cdot K} \cdot 300 \, g \cdot (30-15) \, K = 18\,850 \, J$$

Nun mischen wir dieses Wasser von 45 °C mit ebenfalls 300 g von 15 °C. Nach *Abb. 98.1* hat sich

| das kalte Wasser um 15 K erwärmt | das warme Wasser um 15 K abgekühlt |

und die Wärmemenge

| $Q_{auf} = 18\,850$ J aufgenommen. | $Q_{ab} = 18\,850$ J abgegeben. |

Beide Wärmemengen sind also gleich:

$$Q_{auf} = Q_{ab}.$$

Das warme Wasser hat dabei genau die Wärmemenge wieder abgegeben, die ihm zu Beginn des Versuches (während des zweiten Zeitabschnittes) vom Tauchsieder zugeführt wurde.

Wiederholt man den Versuch mit 600 g Wasser von 15 °C und 300 g Wasser von 45 °C, so erhält man eine Mischungstemperatur von 25 °C. Berechnet man die abgegebene Wärmemenge und die aufgenommene Wärmemenge, so findet man wieder:

$$Q_{auf} = Q_{ab}.$$

Für Aufnahme und Abgabe von Wärmemengen gelten demnach folgende Gesetze:

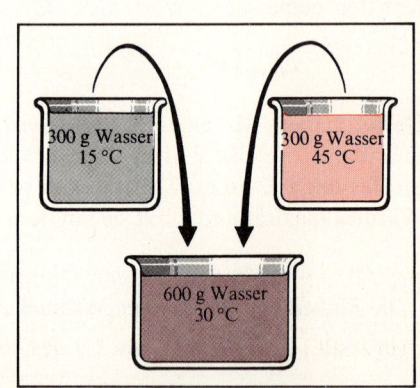

98.1 Wenn man gleiche Wassermengen mischt, erhält man den Mittelwert der Temperaturen.

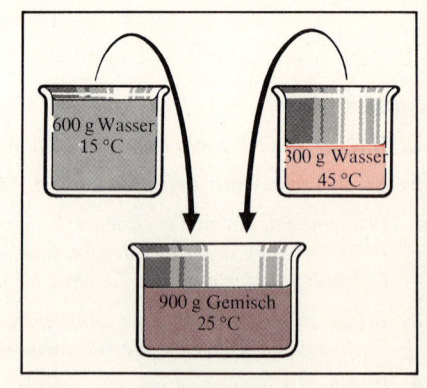

98.2 Beim Mischen verschiedener Mengen liegt die Mischungstemperatur näher bei der Temperatur der größeren Menge.

> Die beim Erwärmen eines Körpers zugeführte Wärmemenge wird beim Abkühlen auf die Ausgangstemperatur wieder abgegeben.
> Bei Mischungsversuchen ist die aufgenommene gleich der abgegebenen Wärmemenge.
> Die aufgenommene (abgegebene) Wärmemenge ist gleich dem Produkt aus der spezifischen Wärmekapazität c, der Stoffmenge m und der Temperaturänderung $\Delta\vartheta$:
>
> $$Q = c \cdot m \cdot \Delta\vartheta. \qquad (99.1)$$

Die ersten beiden Gesetze zeigen, *daß die Energie* (siehe Seite 28) *auch in der Wärmelehre insgesamt erhalten bleibt.* So kann man das Ergebnis eines Mischungsversuchs vorausberechnen, bevor man ihn durchgeführt hat. Beispiel zur Berechnung der *Mischungstemperatur* ϑ:

Für ein Bad gießt man 40 l Wasser von 85 °C in 80 l Wasser von 10 °C. Wir berechnen die Mischungstemperatur x °C. Das geschieht im folgenden links. Rechts steht zur Kontrolle und zum leichteren Verständnis die gleiche Rechnung mit der experimentell bestimmten Mischungstemperatur 35 °C. Vergleiche beide Rechnungen zeilenweise miteinander!

Abgegebene Wärmemenge:

$$Q_{ab} = 4{,}19 \, \frac{\text{kJ}}{\text{kg} \cdot \text{K}} \cdot 40 \text{ kg} \cdot (85 - x) \text{ K} \qquad Q_{ab} = 4{,}19 \, \frac{\text{kJ}}{\text{kg} \cdot \text{K}} \cdot 40 \text{ kg} \cdot (85 - 35) \text{ K}$$
$$= 4{,}19 \cdot 2000 \text{ kJ}$$

Aufgenommene Wärmemenge:

$$Q_{auf} = 4{,}19 \, \frac{\text{kJ}}{\text{kg} \cdot \text{K}} \cdot 80 \text{ kg} \cdot (x - 10) \text{ K} \qquad Q_{auf} = 4{,}19 \, \frac{\text{kJ}}{\text{kg} \cdot \text{K}} \cdot 80 \text{ kg} \cdot (35 - 10) \text{ K}$$
$$= 4{,}19 \cdot 2000 \text{ kJ}$$

Da $Q_{auf} = Q_{ab}$ ist, erhalten wir für die unbekannte Mischungstemperatur x °C die Gleichung:

Das heißt, die Bedingung $Q_{ab} = Q_{auf}$ ist erfüllt, wenn die Mischungstemperatur 35 °C beträgt.

$$4{,}19 \, \frac{\text{kJ}}{\text{kg} \cdot \text{K}} \cdot 80 \text{ kg} \cdot (x - 10) \text{ K} = 4{,}19 \, \frac{\text{kJ}}{\text{kg} \cdot \text{K}} \cdot 40 \text{ kg} \cdot (85 - x) \text{ K}.$$

Aus ihr folgt: $x = 35$. Die Mischungstemperatur beträgt also $\vartheta = 35$ °C.

2. Die spezifische Wärmekapazität fester Körper

Erwärmt man Wasser oder andere Flüssigkeiten, so wird ein Teil der zugeführten Wärme zum Erwärmen des Behälters benötigt. Will man diese Wärme berechnen, so muß man wissen, wieviel Wärme man braucht, um 1 g eines festen Stoffes um 1 K zu erwärmen. Dazu machen wir folgenden Versuch:

Versuch 21: Wir erwärmen 200 g *Stahlkugeln* (aus Kugellagern) im Wasserbad auf 100 °C und schütten sie in 200 g Wasser von 20 °C *(Abb. 99.1)*. Es ergibt sich eine überraschend niedrige Mischungstemperatur von nur 27,5 °C!

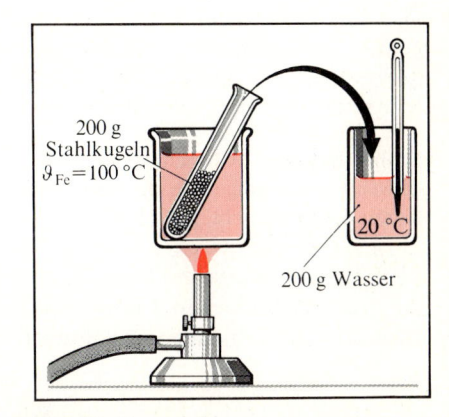

99.1 Zu Versuch 21

Daraus errechnen wir auf folgende Weise die spezifische Wärmekapazität c_{Fe} des Eisens (Fe: Abkürzung von ferrum, lat.; Eisen).

Die von den Stahlkugeln *abgegebene* Wärmemenge ist

$$Q_{ab} = c_{Fe} \cdot 200 \text{ g} \cdot (100 - 27{,}5) \text{ K}$$
$$= c_{Fe} \cdot 200 \text{ g} \cdot 72{,}5 \text{ K}$$

Die vom Wasser *aufgenommene* Wärmemenge ist

$$Q_{auf} = 4{,}19 \frac{\text{J}}{\text{g} \cdot \text{K}} \cdot 200 \text{ g} \cdot (27{,}5 - 20) \text{ K}$$
$$= 4{,}19 \frac{\text{J}}{\text{g} \cdot \text{K}} \cdot 200 \text{ g} \cdot 7{,}5 \text{ K}$$

Aus $$Q_{ab} = Q_{auf}$$

folgt $$c_{Fe} = \frac{7{,}5 \text{ K}}{72{,}5 \text{ K}} \cdot 4{,}19 \frac{\text{J}}{\text{g} \cdot \text{K}} \approx 0{,}43 \frac{\text{J}}{\text{g} \cdot \text{K}}.$$

Um 1 g Eisen um 1 K zu erwärmen, brauchen wir also nur $\frac{1}{10}$ der für dieselbe Masse Wasser erforderlichen Wärmemenge. Als genauen Wert fand man: $c_{Fe} = 0{,}45$ J/(g · K).

In der Tabelle 100.1 sind die **spezifischen Wärmekapazitäten** von festen und flüssigen Stoffen angegeben. Sie zeigt, daß die spezifische Wärmekapazität des *Wassers* die aller anderen Stoffe wesentlich übersteigt. Hierin liegt ein Grund, weshalb sich große Wassermassen, wie sie die Weltmeere darstellen, im Frühling erheblich langsamer erwärmen als das Festland. Umgekehrt kühlt sich das Meer im Herbst viel langsamer ab als das Festland (Unterschied zwischen **See-** und **Landklima**). Die ausgleichende Wirkung des Meeres auf das Klima wird wesentlich dadurch verstärkt, daß es an der Oberfläche ständig durch Wind und Gezeitenströmungen umgerührt wird. Es nehmen viel größere Wasser- als Gesteinsmengen in der Nähe der Oberfläche am Wärmeaustausch teil.

Tabelle 100.1 Spezifische Wärmekapazität einiger Stoffe

Stoff	in $\frac{\text{J}}{\text{g} \cdot \text{K}}$	in $\frac{\text{cal}}{\text{g} \cdot \text{K}}$	Stoff	in $\frac{\text{J}}{\text{g} \cdot \text{K}}$	in $\frac{\text{cal}}{\text{g} \cdot \text{K}}$
Wasser	4,19	1,000	Blei	0,13	0,031
Eis	2,09	0,50	Glas	0,7 … 0,8	0,17 … 0,20
Aluminium	0,90	0,214	Alkohol	2,4	0,57
Eisen	0,45	0,11	Benzol	1,7	0,41
Kupfer	0,38	0,092	Petroleum	2,0 … 2,1	0,47 … 0,50
Messing	0,38	0,092	Glykol	2,4	0,57
Silber	0,24	0,056	Glyzerin	2,4	0,57
Quecksilber	0,14	0,033			

Früher hat man Wärmemengen auch noch in der Einheit 1 Kalorie (cal) gemessen. Eine Kalorie war definiert als diejenige Wärme, die man braucht, um 1 g Wasser um 1 K zu erwärmen. Da man nach Seite 97 hierzu 4,19 J braucht, gilt: 1 cal = 4,19 Joule.

Weil 1 Joule eine sehr kleine Wärmeeinheit ist, verwendet man in der Praxis der Physik meist die größeren Einheiten **1 kJ** = 1000 J = 10^3 J und **1 MJ** = 10^6 J. In der Technik verwendet man auch die Kilowattstunde: 1 Kilowattstunde = 1000 · 3600 Joule = 3,6 Megajoule.

$$\boxed{1 \text{ kWh} = 3{,}6 \cdot 10^6 \text{ J} = 3{,}6 \cdot 10^6 \text{ Ws}}$$

Weitere Beispiele: a) Für die Erwärmung von 100 kg Wasser von 10 °C (das ist etwa die Temperatur des Leitungswassers) auf 35 °C (Temperatur von warmem Badewasser), braucht man

$$4,19 \frac{J}{g \cdot K} \cdot 10^5 \, g \cdot (35-10) \, K = 4,19 \cdot 10^5 \cdot 25 \, J = \frac{10,5 \cdot 10^6}{3,6 \cdot 10^6} \, kWh = 2,9 \, kWh.$$

Die dafür erforderliche Energie liefern uns die Generatoren des Elektrizitätswerks. Bei einem Preis von 0,20 DM je kWh kostet uns das Bad rund 0,60 DM; dazu kommt der Preis des Wassers!

b) Um $\frac{1}{2}$ kg Wasser von 10 °C zum Sieden zu bringen, braucht man
$90 \cdot 500 \cdot 4,19 \, Ws = 1,88 \cdot 10^5 \, Ws = 0,052$ kWh. (Preis etwa 1 Pfennig. Rechne nach!)

3. Die Verbrennungswärme, Wärmequellen

Der für das Leben auf der Erde entscheidende *Energiespender* ist die **Sonne.** Jedes Quadratmeter der Erde, das senkrecht von den Sonnenstrahlen getroffen wird, erhält in einer Minute annähernd 84 kJ. Daneben sind es vor allem die auf der ganzen Erde verstreut vorhandenen Lager von *festen* und *flüssigen Brennstoffen*, die uns heute die für unser Dasein nötige Energie liefern. Genau genommen sind auch sie in chemischer Form gespeicherte Sonnenenergie aus früheren Erdperioden. Da eine solche Speicherung unter den heutigen Bedingungen kaum noch stattfindet, müssen wir bereits heute in wachsendem Umfang auch die *Kernenergie* (siehe Seite 462) ausnutzen. An manchen Stellen, zum Beispiel in Island, kann man auch auf die im heißen Erdinnern gespeicherte Energie zurückgreifen, indem man das heiße Wasser vulkanischer Quellen zu Heizzwecken benutzt. – Um den Energiegehalt brennbarer Stoffe zu kennzeichnen, sprechen wir von ihrem **spezifischen Heizwert,** das ist der Quotient aus der beim Verbrennen gelieferten Wärmemenge und der verbrannten Stoffmenge (Einheit: 1 kJ/kg = 1 J/g; siehe *Tabelle 102.1*).

Der spezifische Heizwert eines brennbaren Stoffes läßt sich durch folgenden Versuch annähernd bestimmen:

Versuch 22: Unter einem mit 250 g kaltem Wasser $\left(c_W = 4,19 \frac{J}{g \cdot K}\right)$ gefüllten dünnwandigen Metallgefäß $\left(m = 100 \, g; \, c_{Fe} = 0,45 \frac{J}{g \cdot K}\right)$ werden 2 g Hartspiritus verbrannt *(Abb. 101.1)*. Dabei geht ein großer Teil der von der Flamme gelieferten Wärme in das Gefäß und in das Wasser über. Die Temperatur steigt von 15 °C auf 40° C. An das Wasser wird die Wärmemenge

$$Q_1 = 4,19 \frac{J}{g \cdot K} \cdot 250 \, g \cdot (40-15) \, K = 26000 \, J = 26 \, kJ,$$

an die Büchse wird die Wärmemenge

$$Q_2 = 0,45 \frac{J}{g \cdot K} \cdot 100 \, g \cdot (40-15) \, K \approx 1,1 \, kJ$$

abgegeben. Wir haben der Büchse die gleiche Temperatur zugeschrieben wie dem Wasser, da sie in engem Wärmekontakt stehen.

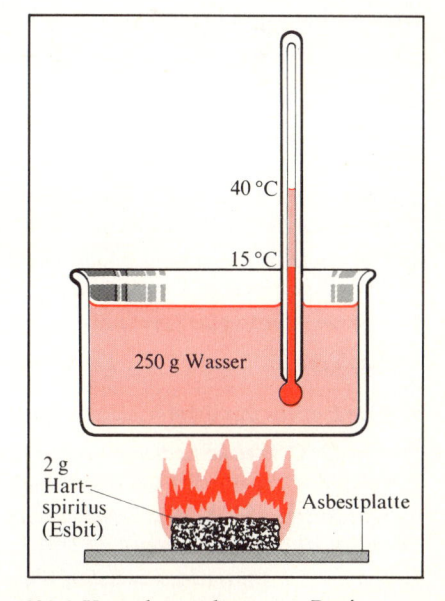

101.1 Versuchsanordnung zur Bestimmung des Heizwertes von Esbit

Die von 2 g Hartspiritus an Wasser und Büchse abgegebene Wärmemenge beträgt demnach $Q = Q_1 + Q_2 = 27$ kJ, das heißt 1 kg Hartspiritus liefert mindestens

$$500 \cdot 27 \text{ kJ} = \frac{500 \cdot 27}{3600} \text{ kWh} = 3,8 \text{ kWh.}$$

Tabelle 102.1 Spezifischer Heizwert verschiedener Brennstoffe in 10^3 kJ/kg
(bei Gasen zusätzliche Angabe in $10^3 \frac{\text{kJ}}{\text{m}^3}$)

Brennstoff	Heizwert in 10^3 kJ/kg	Brennstoff	Heizwert	
			in 10^3 kJ/kg	in 10^3 kJ/m³
trockenes Holz	14	Benzin	46	
Rohbraunkohle	8 … 15	Äthylalkohol	30	
Braunkohlenbrikett	20	Stadtgas	29	17
Koks	29	Erdgas	30 … 35	32 … 37
Steinkohle	31	Propan	50	104
Heizöl	42	Wasserstoff	143	13

Die beim Verbrennen von 1 m³ Stadtgas entstehende Wärmemenge beträgt etwa 17 MJ. Von dieser Wärmemenge werden beim Kochen auf dem Gasherd in der Regel nur 30 bis 40% ausgenutzt. Ebenso entweicht ein beträchtlicher Teil der in Heizungen und Öfen erzeugten Wärme durch den Schornstein ins Freie. Einen besseren **Wirkungsgrad** als die üblichen Gasherde erreichen die sogenannten *Durchlauferhitzer*, bei denen die Flammengase an einer größeren Zahl von Wasserrohren vorbeistreichen und dabei bis zu 85% ihrer Verbrennungswärme an das Wasser abgeben. Unter dem *Wirkungsgrad* versteht man hier den *Quotienten aus der dem Wasser zugeführten Wärme zu der bei der Verbrennung abgegebenen Wärme*. Er hat also als Quotient zweier gleichbenannter Größen (Wärme) keine Einheit und kann deshalb in Prozent angegeben werden. Der Wirkungsgrad spielt auch bei den Wärmeenergiemaschinen (Seite 120) eine wichtige Rolle.

Aufgaben:

1. *Führe die Rechnung zu Versuch 20 mit den gegebenen Zahlen durch und prüfe die Richtigkeit dieser Aussage!*
2. *Stelle durch 2 Ablesungen des Zählerstandes am Anfang und Ende eines Monats fest, wie viele Kilowattstunden in Eurem Haushalt in diesem Monat zum Betrieb aller elektrischen Geräte gebraucht worden sind!*
3. *Um wieviel Kilowattstunden läuft das Zählwerk im Elektrizitätszähler weiter, wenn eine Waschmaschine 10 l Wasser von 15 °C auf 95 °C erwärmt?*
4. *In einem Becherglas (m = 100 g) sind 500 g Wasser. Wieviel Joule sind nötig, um das Becherglas mit Inhalt von 20 °C auf 50 °C zu erwärmen?* (Die spezifische Wärmekapazität von Glas ist $c_{Gl} = 0,8 \frac{J}{g \cdot K}$.)
5. *Eine Porzellantasse (m = 125 g) mit der spezifischen Wärmekapazität $c = 0,8 \frac{J}{g \cdot K}$ hat Zimmertemperatur $\vartheta_1 = 20$ °C. Welche Endtemperatur ergibt sich, wenn man 125 g Tee (Wasser) von $\vartheta_2 = 80$ °C hineingießt, vorausgesetzt, es geht keine Wärme an die Umgebung verloren?*
6. *Was kostet eine Kilowattstunde, wenn man sie durch Verbrennen von Hartspiritus gewinnen wollte? (100 g Hartspiritus kosten 1,25 DM.)*
7. *Erkläre den Unterschied zwischen Wärme(menge), spezifischer Wärmekapazität und spezifischem Heizwert! Inwiefern erkennt man diesen Unterschied an den Einheiten? (Statt spezifischer Wärmekapazität sagte man früher spezifische Wärme.)*

§ 30 Mechanische Arbeit und Wärme

Wir haben unsere Überlegungen über die Wärme damit begonnen (Seite 95), daß wir mit einem Tauchsieder Wasser erwärmt haben. Dazu mußte zunächst *mechanische Energie* im E-Werk in *elektrische Energie*, diese dann im Tauchsieder in *Wärme* umgewandelt werden (siehe Seite 95). Diesen Umweg können wir uns ersparen, wenn wir *mechanische Energie* durch *Reibungsarbeit* unmittelbar in *Wärme* überführen. Zur Vorbereitung dient der folgende Versuch:

Versuch 23: Nach *Abb. 103.1* ist eine Schnur über eine feste Rolle gelegt und wird links durch 5 N gespannt. Wenn man mit Zeigefinger und Daumen entlang der Schnur nach rechts *reibt*, so zeigt der Kraftmesser weniger an, zum Beispiel 2 N. Also üben die Finger die Gleitreibungskraft $F_s = 5\,\text{N} - 2\,\text{N} = 3\,\text{N}$ in Wegrichtung aus. Durch stärkeren Fingerdruck kann man erreichen, daß der Kraftmesser ganz entspannt ist.

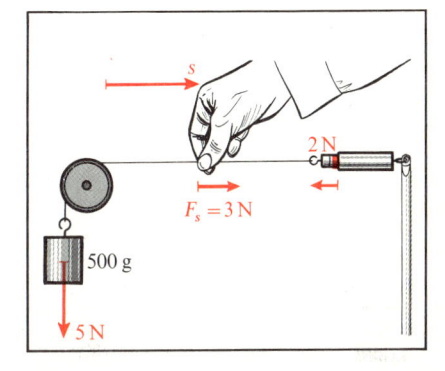

103.1 Kraftmessung beim Reiben

Versuch 24: Unser Versuchsgerät besteht aus einem Kupferzylinder Z (es kann auch Messing sein), der an einer Seite in axialer Richtung angebohrt und auf der anderen Seite drehbar gelagert ist *(Abb. 103.2)*. In die Bohrung kommt etwas gekörntes Kupfer und ein $\frac{1}{10}$ K-Thermometer. Beides wird durch eine kleine Gummidichtung gehalten. Das mehrfach um den Zylinder herumgelegte Reibband R wird auf der einen Seite durch ein 5 kg-Stück, auf der anderen Seite durch eine Schraubenfeder (Federkraftmesser) gespannt. Dreht man die Kurbel so schnell, daß die Schraubenfeder fast entspannt ist, wirkt praktisch die gesamte Gewichtskraft des 5 kg-Stücks mit $F = 49{,}1\,\text{N}$ in tangentialer Richtung auf den Zylinder. Dabei „trägt" die zwischen Zylinder und Reibband auftretende Reibungskraft das angehängte 5 kg-Stück. Der Zylindermantel muß mit der Reibungskraft $F_R = 49{,}1\,\text{N}$ gegenüber dem ruhenden Reibband bewegt werden, und zwar bei jeder Umdrehung um die Strecke des Zylinderumfangs $U = \pi d$ (siehe *Abb. 103.2*).

Aus dem Durchmesser $d = 50\,\text{mm}$ ergibt sich bei $n = 200$ Umdrehungen die insgesamt verrichtete Reibungsarbeit

$$W = n \cdot U \cdot F = n \cdot \pi \cdot d \cdot F = 200 \cdot 3{,}14 \cdot 0{,}05\,\text{m} \cdot 49{,}1\,\text{N}$$
$$= 1540\,\text{Nm} = 1540\,\text{J}.$$

Diese von uns aufgewandte Arbeit wird durch Reibung vollständig in Wärme umgewandelt. Sie müßte daher nach Gleichung (99.1) die Temperaturerhöhung

$$\Delta \vartheta = \frac{Q}{c \cdot m}$$

zur Folge haben.

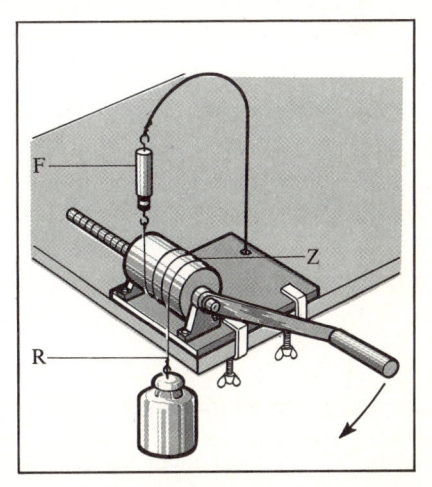

103.2 Beim Verrichten von Reibungsarbeit entsteht Wärme, welche dem Zylinder Z zufließt. Dadurch wird die Temperatur des ganzen Zylinders erhöht.

Die gesamte Masse des Kupfers (Zylinder, Reibband, Kupferschrot) beträgt $m = 1150$ g, die spezifische Wärmekapazität des Kupfers ist nach *Tabelle 100.1* $c = 0{,}38 \frac{J}{g \cdot K}$. Setzen wir ein, so ergibt sich, daß wir eine Temperaturzunahme von

$$\Delta \vartheta = \frac{1540 \text{ J}}{0{,}38 \frac{J}{g \cdot K} \cdot 1150 \text{ g}} = 3{,}5 \text{ K}$$

erwarten können. Am Thermometer können wir die Temperaturzunahme beobachten. Wir finden: Die Temperaturzunahme ist der Zahl der Umdrehungen, das heißt der verrichteten Reibungsarbeit, proportional; die Temperatur steigt nach 200 Umdrehungen, wie erwartet, um 3,5 K.

Damit ist unsere Annahme von Seite 95 bestätigt, nach der ein Tauchsieder mit der Leistungsangabe 300 Watt eine Wärme von 300 Joule je Sekunde abgibt. Wir haben also auf zwei Arten mechanische Arbeit in Wärme verwandelt und dabei das gleiche Ergebnis erhalten:

a) auf *direktem Weg* durch Reibungsvorgänge,

b) auf dem *Umweg* über elektrische Energie mit Hilfe eines Tauchsieders. Die Art der Umwandlung (das Verfahren) beeinflußt also das Ergebnis *nicht*.

> **Es gibt verschiedene Energieformen, die sich bei Naturvorgängen ineinander umwandeln. Dabei geht keine Energie verloren.**

Aufgaben:

1. *Ein Nagel von 5 g Masse* $\left(c = 0{,}45 \frac{J}{g \cdot K}\right)$ *wird mit einer Kraft von durchschnittlich 1000 N 6 cm tief in ein Brett getrieben. Um wieviel Grad erwärmt er sich, wenn er 80% der Reibungswärme aufnimmt?*

2. *Ein Bleistück von 1 kg Masse fällt aus 10 m Höhe auf eine harte Unterlage. Um wieviel erwärmt sich das Blei, wenn die ganze Lageenergie $W = G \cdot h$ in Wärme umgewandelt wird und im Blei bleibt?*

3. *Aus welcher Höhe muß 1 kg Wasser herabfallen, damit die freiwerdende Lageenergie $W = G \cdot h$ bei vollständiger Umwandlung in Wärme das Wasser um 1 K erwärmt (Wasserfall)?*

4. *Wie groß ist die Temperaturerhöhung des Wassers beim höchsten Wasserfall (in Venezuela; 810 m hoch)?*

5. *Ein Heizkessel trägt die Aufschrift: 35 000 kcal/h. Wieviel Joule bzw. kWh liefert er in 1 Stunde?*

§ 31 Schmelzen und Erstarren

1. Änderung der Zustandsform bei Wärmezufuhr

Daß Wärmezufuhr nicht immer zugleich Temperaturzunahme bedeutet, zeigte sich bereits bei der Festlegung des Nullpunkts und des Hundertpunkts der Celsiusskala (auf Seite 83). Wir erinnern uns: Die Temperatur eines Eis-Wassergemischs blieb trotz Wärmezufuhr aus der umgebenden Luft so lange bei 0 °C (273 K), bis alles Eis geschmolzen war; die Temperatur des siedenden Wassers blieb trotz dauernder Wärmezufuhr unverändert bei 100 °C (373 K).

2. Schmelz- und Erstarrungspunkt

Versuch 25: In einem Reagenzglas erwärmen wir Naphthalinpulver mit kleiner Flamme in vorgewärmtem Wasser und verfolgen die Temperatur des Naphthalins. Das Thermometer steigt zunächst ziemlich gleichmäßig bis auf etwa 80 °C an und bleibt dann nahezu an derselben Stelle stehen, bis *alles* Naphthalin geschmolzen ist, obwohl weiter Wärme zugeführt wird *(Abb. 105.1)*. Erst dann steigt die Temperatur weiter. Beim Abkühlen des flüssigen Naphthalins sinkt die Temperatur ebenso gleichmäßig bis zum *Erstarrungspunkt* (wiederum bei 80 °C) und bleibt dort stehen, bis *alles* Naphthalin erstarrt ist. Dann erst sinkt sie weiter. Da ein Temperaturunterschied zur Umgebung besteht, wird ständig Wärme abgeführt.

> **Der Erstarrungspunkt eines Stoffes fällt mit seinem Schmelzpunkt zusammen.**

Versuch 26: Hängt man über einen Block Eis ein 5 kg-Stück an einem dünnen Stahldraht *(Abb. 105.2)*, so schmilzt der Block unter dem Druck des Drahtes. Das entstehende Schmelzwasser gefriert über dem Draht sofort wieder zu Eis, so daß der Draht durch den Block allmählich hindurchwandert, ohne ihn zu zerlegen. Dieser Versuch zeigt, daß der Schmelzpunkt des Eises bei *wachsendem* Druck *sinkt*.

Die vom Druck des Drahtes bewirkte **Schmelzpunkterniedrigung** ist aber so gering, daß der Versuch schon bei Temperaturen unter −2 °C mißlingt. Auch bei diesem Versuch verhält sich das Wasser *anomal*; denn im allgemeinen wird der Schmelzpunkt eines Stoffes mit wachsendem Druck *heraufgesetzt*. Die Angaben der Tabelle im Anhang gelten deshalb genau nur bei einem Luftdruck von 1013 mbar. Ähnlich schmilzt Gletschereis am Boden unter seinem eigenen Druck und fließt dadurch langsam talwärts.

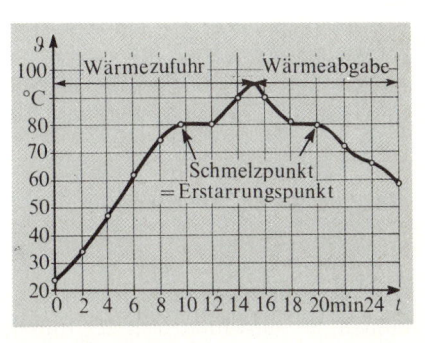

105.1 Naphthalin schmilzt und erstarrt bei der gleichen Temperatur. Dabei bleibt diese für eine Weile konstant, obwohl Wärme zu- bzw. abgeführt wird.

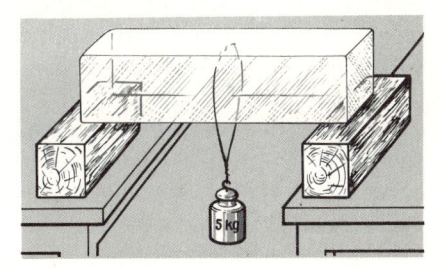

105.2 Eis schmilzt unter Druck.

Nur kristallisierte Stoffe wie Naphthalin, Eis (siehe die Schneeflocke auf Seite 67) und die Metalle schmelzen bei einer scharf bestimmten Temperatur, bei der das Kristallgitter zusammenbricht. Nicht kristallisierte Stoffe wie Glas und Paraffin werden beim Erwärmen allmählich weich und flüssig. Dies nutzt zum Beispiel der Glasbläser aus.

3. Schmelz- und Erstarrungswärme

Der Versuch 25 zeigt, daß Wärme nicht nur zum *Erhöhen der Temperatur*, sondern auch zum **Schmelzen** gebraucht wird. Dabei wird Energie zugeführt, durch die die starren Bindungen zwischen den Molekülen des festen Körpers gelockert werden. Hierzu braucht man die sogenannte **Schmelzwärme**.

> Der Quotient aus der zum Schmelzen erforderlichen Wärme Q und der geschmolzenen Stoffmenge m heißt spezifische Schmelzwärme s: $\quad s = \dfrac{Q}{m}$. Ihre Einheit ist $1\,\dfrac{J}{g} = 1\,\dfrac{kJ}{kg}$.

Versuch 27: Um die *spezifische Schmelzwärme* von Eis zu bestimmen, übergießen wir in einem Thermosgefäß einige Eisstückchen (etwa 300 g), die zwischen Fließpapier gut abgetrocknet wurden, mit der gleichen Menge Wasser von 90 °C. Dann warten wir, bis alles Eis geschmolzen ist, und messen eine Mischungstemperatur von nur 5 °C. Das Wasser hat je Gramm $85 \cdot 4{,}19\,J = 356\,J$ abgegeben, während zum Erwärmen des Schmelzwassers nur $5 \cdot 4{,}19\,J/g = 21\,J/g$ benötigt wurden. Der Rest von 335 J/g diente also zum Schmelzen des Eises.

> **Die spezifische Schmelzwärme des Eises beträgt $335\,\dfrac{J}{g}$.**

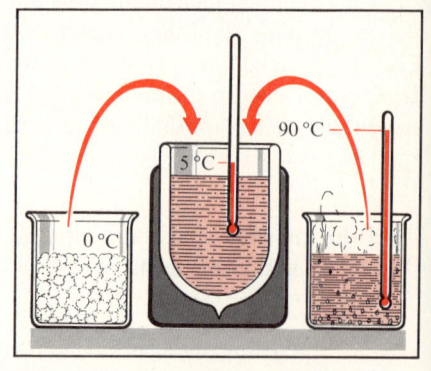

106.1 300 g Eis und 300 g Wasser von 90 °C geben 600 g Wasser von nur 5 °C.

Weil man zum Schmelzen von Eis viel Wärme braucht, kann man Getränke mit Eisstücken kühlen. Sie schwimmen in der Flüssigkeit und entziehen ihr die Schmelzwärme. Auf den Meeren treiben *Eisberge* oft wochenlang und gelangen dabei bis in Breiten mit verhältnismäßig hohen Temperaturen. Durch langsames Abschmelzen entziehen sie ihrer Umgebung Wärme und umgeben sich dadurch mit kalten Wassermassen, die eine weitere Wärmezufuhr erschweren. Nach dem Energieerhaltungssatz muß die zum Schmelzen aufgewandte Wärme beim Erstarren wieder frei werden. Beim Erstarren verfestigen sich die beim Schmelzen gelockerten Bindungen zwischen den Molekülen. Diese **Erstarrungswärme** zeigt der folgende qualitative Versuch:

Versuch 28: In einem weiten Reagenzglas wird Natriumthiosulfat (Fixiersalz) im Wasserbad erwärmt; es schmilzt bei 48 °C. Läßt man es anschließend langsam erkalten, so bleibt es bis etwa 20 °C flüssig. Die Flüssigkeit hat jetzt eine Temperatur, die weit unter ihrem Erstarrungspunkt liegt. Man nennt sie **unterkühlte Flüssigkeit.** Wirft man jetzt einige Kriställchen hinein, so bilden sich sofort viele weitere Kristalle. Dabei steigt die Temperatur auf 48 °C, obwohl wir keine Wärme von außen zugeführt haben *(Abb. 106.2)*.

Quantitative Versuche zeigen in Übereinstimmung mit dem Energieerhaltungssatz, daß die *gesamte* zum Schmelzen aufgewandte Wärme beim Erstarren frei wird.

> **Die spezifische Erstarrungswärme eines Stoffes ist gleich seiner spezifischen Schmelzwärme.**

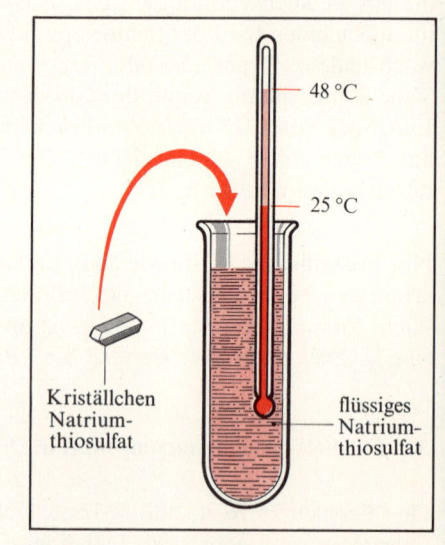

106.2 Die beim Erstarren freiwerdende Schmelzwärme erwärmt die unterkühlte Fixiersalzschmelze von 25 °C auf 48 °C.

4. Lösungswärme, Kältemischungen

Versuch 29: Löse in 200 g Wasser unter Umrühren 20 g Kochsalz bzw. 20 g Salmiaksalz (Ammoniumchlorid) und beobachte die Temperaturabnahme der Lösungen!

Beim Lösen vieler Stoffe in Wasser, Alkohol, Benzin oder anderen Flüssigkeiten sinkt die Temperatur. Zum Überführen eines Körpers aus dem festen in den gelösten Zustand ist im allgemeinen Wärme nötig, weil auch hierbei, wie beim Schmelzen, die Moleküle aus einem festgefügten Verband herausgebrochen werden müssen. Diese Wärme wird der Lösung entzogen. Der Quotient aus der zum Lösen erforderlichen Wärme und der gelösten Stoffmenge heißt die **spezifische Lösungswärme**.

Versuch 30: Mischt man fein zerstoßenes Eis oder Schnee mit Kochsalz, so löst sich das Salz, und der Schnee schmilzt. Zugleich sinkt die Temperatur der Mischung. Verwendet man drei Gewichtsteile Schnee und einen Gewichtsteil Salz, so erhält man eine Temperatur von etwa −18 °C. Die zum Schmelzen des Schnees und zum Lösen des Salzes erforderliche Wärme wird der gesamten Mischung entzogen, die sich deshalb abkühlt. Sie heißt „**Kältemischung**".

Dieser Versuch liefert uns noch ein weiteres wichtiges Ergebnis: Salzwasser hat nicht die Erstarrungstemperatur 0 °C, sondern je nach Konzentration erstarrt es unter 0 °C, etwa bei −10 °C oder −15 °C. Wenn daher Kochsalz auf Eis gestreut wird, bildet sich Salzwasser. Dies bleibt auch bei einer Umgebungstemperatur von −5 °C flüssig *(Tausalzstreuung)*. − Das Wort „Kältemischung" ist in Anführungszeichen gesetzt. *Kälte* ist ein subjektiver Begriff.

Aufgaben:

1. *Wieviel Kilojoule braucht man, um 5 kg Eis zu schmelzen?*
2. *0,5 kg Eis von 0 °C sollen in Wasser von 100 °C verwandelt werden. Welche Wärmemenge ist nötig?*
3. *Man wirft einen Eiswürfel von 15 cm³ (Dichte 0,9 g/cm³) in ein Glas mit 200 cm³ Wasser von 25 °C. Welche Temperatur stellt sich nach dem Schmelzen ein, wenn man vom Wärmeaustausch mit der Umgebung absieht?*

§ 32 Verdampfen und Kondensieren

1. Der Siedepunkt und seine Druckabhängigkeit

Lassen wir eine Schale mit Wasser offen stehen, so beobachten wir, daß schon bei Zimmertemperatur das Wasser in den *gasförmigen* Zustand übergeht; es *verdunstet*. Das **Verdunsten** geht um so schneller vor sich, je näher die Temperatur der Flüssigkeit dem *Siedepunkt* kommt; es findet nur an der Oberfläche statt. Dagegen bilden sich beim **Sieden** Gasblasen im Innern der Flüssigkeit. Zudem erfolgt das Sieden nur bei einer bestimmten Temperatur, dem **Siedepunkt**. *Verdunsten* und *Sieden* faßt man unter dem Oberbegriff **Verdampfen** zusammen, da bei beiden Vorgängen die Flüssigkeit in den gas-(dampf-)förmigen Zustand übergeht.

Beim Festlegen der Fundamentalpunkte der Temperaturskala (siehe Seite 83) sahen wir, daß die Temperatur des Wassers bei Wärmezufuhr gleichmäßig ansteigt und bei 100 °C, dem **Siedepunkt des Wassers,** unverändert stehenbleibt. Vor allem an den Stellen, an denen man Wärme zuführt, bilden sich große *Dampfblasen,* die an die Oberfläche emporsteigen: das Wasser siedet. Bei größerer Wärmezufuhr (stärkere Gasflamme) wird vermehrt Dampf gebildet; es gelingt aber nicht, bei normalem Luftdruck die Wassertemperatur über 100 °C zu steigern. Die zugeführte Wärme wird dazu verwendet, das flüssige Wasser von 100 °C in Wasserdampf von 100 °C umzuwandeln. Der Wasserdampf in den Blasen und im Kolben ist wie Luft unsichtbar.

Beim Übergang aus dem flüssigen in den gasförmigen Zustand steigt das Volumen stark an. Aus einem Liter Wasser von 100 °C werden bei normalem Druck etwa 1700 Liter Wasserdampf!

Versuch 31: Wir erwärmen mit unserem kleinen 300 W-Tauchsieder (siehe Seite 95) je 300 g verschiedener Flüssigkeiten (Wasser, Alkohol, Glykol) und verfolgen den Temperaturverlauf. Die *Abb. 108.1* zeigt den Temperaturverlauf. Macht man den Versuch mit dem Frostschutzmittel Glykol, so steigt die Temperatur weit über 100 °C; denn der Siedepunkt wird erst bei 197 °C erreicht. In allen Fällen ergibt sich eine ganz bestimmte Temperatur als Siedepunkt (siehe Tabelle im Anhang).

Der Siedepunkt des leicht brennbaren *Äthers* liegt besonders tief. Man ermittelt ihn, indem man ein Reagenzglas mit Äther in ein mäßig heißes Wasserbad (etwa 50 °C) steckt. Bei 35 °C fängt der Äther an zu sieden (Vorsicht! Keine Flamme in der Nähe brennen lassen!).

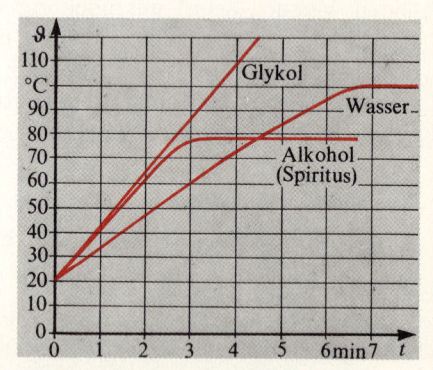

Gemische von Flüssigkeiten mit verschiedenem Siedepunkt lassen sich durch **Destillieren** (destillare, lat.; herabtropfen), das heißt langsames Verdampfen und getrenntes Auffangen der Destillate, voneinander trennen. Dabei verdampft zunächst der Stoff mit dem *niedrigeren* Siedepunkt, zum Beispiel aus einem Alkohol-Wasser-Gemisch zuerst Alkohol (bei Wein auch die Duftstoffe: Weinbrand).

108.1 Zur Bestimmung der Siedepunkte von Wasser, Alkohol und Glykol

Erdöl ist ein Gemisch von Stoffen mit verschiedenen Siedepunkten. Es wird durch *fraktionierte Destillation* (frangere, lat.; brechen, unterbrechen) in seine Bestandteile zerlegt (Leichtbenzin, Benzin, Dieselöl, Schmieröl usw.). – Durch Destillation werden Flüssigkeiten auch von Verunreinigungen befreit *(Abb. 108.2).* So stellt man destilliertes, das heißt ganz besonders reines Wasser her; man kann sogar Trinkwasser aus Meerwasser gewinnen. Die *Entsalzung von Meerwasser* ist bei der Besiedlung und Bewässerung trockener Landstriche von großer Bedeutung. Da man zum Destillieren viel Wärme braucht, kostet das Destillieren von 1 m³ Wasser über 1 DM. Man versucht, hierfür auch Sonnen- und Kernenergie heranzuziehen. Stehen billige Brennstoffe zur Verfügung, z. B. Abfallprodukte bei der Erdölförderung, kann Meerwasser sehr preiswert destilliert werden.

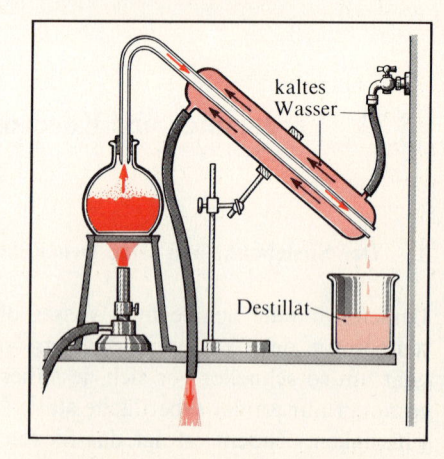

108.2 Flüssigkeiten werden durch Destillation von Verunreinigungen befreit.

§ 32 Verdampfen und Kondensieren

Wenn ein Fahrradreifen nicht mehr genügend Druck hat, also zu weich geworden ist, kann man durch Nachpumpen von Luft den Druck erhöhen; umgekehrt kann man mit Hilfe einer Saugpumpe die Luft in einem Gefäß verdünnen und damit den Druck herabsetzen (siehe Seite 76).

Versuch 32: In einem starkwandigen Gefäß, das mit einem Überdruckventil versehen ist *(Abb. 109.1)*, erwärmen wir Wasser und verfolgen am Thermometer die sich einstellenden Temperaturen. Ein solcher Dampftopf wird nach seinem Erfinder *Papin* Papinscher Topf genannt. Als Dampfkochtopf benutzt man ihn, um bei Temperaturen über 100 °C das Garkochen von Speisen zu beschleunigen.
Die Temperatur steigt weit über den normalen Siedepunkt von 100 °C. Bei dauerndem Sieden des Wassers bildet sich immer mehr Wasserdampf, der den Druck im Gefäß in gleicher Weise erhöht, wie wenn Luft hineingepumpt worden wäre. Schließlich wird der Druck so groß, daß sich das Ventil öffnet. Von diesem Augenblick an bleibt die Temperatur konstant.

Versuch 33: In einen kleinen Rundkolben füllen wir nach *Abb. 109.2* heißes Wasser und tauchen ein Thermometer hinein. Pumpen wir mit einer Wasserstrahlpumpe Luft aus dem Gefäß, so fängt nach kurzer Zeit das Wasser zu *sieden* an.

> **Der Siedepunkt des Wassers steigt, wenn der Druck zunimmt, er sinkt, wenn man den Druck herabsetzt.**

Der Papinsche Topf zeigt, daß der Druck, den der Dampf erzeugt, der sog. **Dampfdruck,** mit der Temperatur steigt. Beim Sieden kann sich eine Dampfblase nur dann bilden, wenn der Druck des Dampfes in ihr mindestens so groß ist wie der äußere Luftdruck: **Flüssigkeiten sieden bei der Temperatur, bei welcher der Dampfdruck so groß ist wie der auf ihnen lastende Luftdruck** *(Abb. 109.2).*

Wie wir wissen, nimmt der Luftdruck in der Atmosphäre nach oben immer mehr ab (siehe *Abb. 109.3*). Der Siedepunkt des Wassers wird also um so *tiefer* liegen, je *größer* die Höhe ist, in der das Sieden erfolgt. *Abb. 109.3* gibt an, wie hoch Siedepunkt und normaler Barometerstand in verschiedenen Höhen sind.

109.1 Papinscher Topf

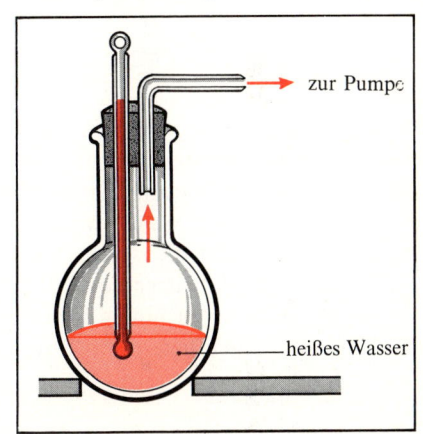

109.2 Zu Versuch 33

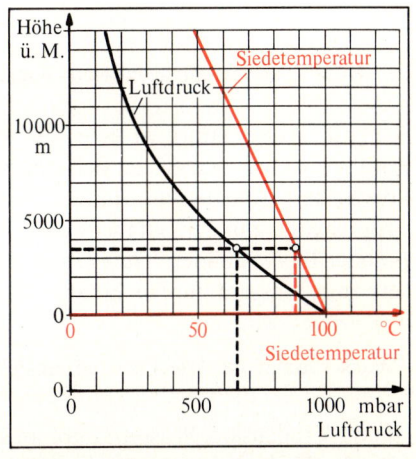

109.3 Luftdruck und Siedepunkt des Wassers bei verschiedenen Höhen ü. M.

In der Höhe der Himalajagipfel siedet das Wasser schon unter 75 °C! Will man Lösungen möglichst schnell oder bei niedriger Temperatur vom Wasser befreien, so läßt man sie unter vermindertem Druck sieden (Eindicken von Zuckerlösungen oder Marmeladen in den Zucker- und Konservenfabriken).

Ebenso, wie es unter besonderen Umständen gelingt, Flüssigkeiten zu **unterkühlen** (siehe Versuch 28 auf Seite 106), gelingt es zuweilen, Flüssigkeiten zu **überhitzen**.

2. Die spezifische Verdampfungswärme

Während des Siedevorgangs bleibt die Temperatur trotz dauernder Wärmezufuhr *unverändert*. Daraus können wir schließen, daß auch zum Verdampfen Wärme notwendig ist.

> **Der Quotient aus der zum Verdampfen erforderlichen Wärmemenge Q und der verdampften Stoffmenge m heißt die spezifische Verdampfungswärme r:**
>
> $$r = \frac{Q}{m}.$$
>
> **Ihre Einheit ist: $1\,\frac{J}{g} = 1\,\frac{kJ}{kg}$.**

Versuch 34: Um die *spezifische Verdampfungswärme des Wassers* näherungsweise zu bestimmen, bringen wir in eine kleine Blechdose 50 g Wasser von 20 °C. Wir erwärmen das Wasser mit dem Bunsenbrenner und bestimmen die Zeit, bis das Wasser siedet (zum Beispiel 30 s), und die Zeit, die vergeht, bis *alles* Wasser verdampft ist (zum Beispiel 180 s). Das Verdampfen des Wassers von 100 °C braucht also sechsmal soviel Zeit wie das Erwärmen von 20 °C auf 100 °C. Das Erwärmen von 1 g Wasser von 20 °C auf 100 °C erfordert die Wärmemenge $Q = 4{,}2 \cdot 80\,\text{J} = 336\,\text{J}$. Die zum Verdampfen nötige Wärmemenge ist sechsmal so groß und beträgt 2016 J je Gramm. Genaue Messungen liefern das folgende Ergebnis:

> **Die spezifische Verdampfungswärme des Wassers beträgt $2258\,\frac{J}{g}$.**

3. Kondensieren; die spezifische Kondensationswärme

Kommt Wasserdampf in eine wesentlich kältere Umgebung, so verdichtet er sich wieder zu Wasser, er kondensiert (condensare, lat.; verdichten) in kleinen Tröpfchen, die in der Luft schweben können und so *Nebel* oder *Wolken* bilden *(Abb. 110.1)*. Sie sind im Gegensatz zum Wasserdampf sichtbar.

> **Wasserdampf ist, wie Luft, ein unsichtbares Gas.**

Häufig kondensiert Wasserdampf an kalten Gegenständen als *Tau* („Schwitzen" einer Fensterscheibe). Geschieht dies in einem geschlossenen, nur mit Dampf ge-

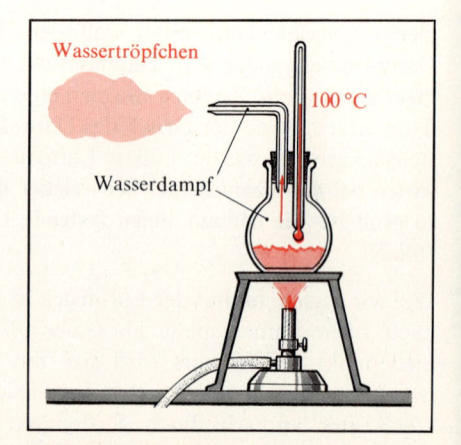

110.1 Wasserdampf ist unsichtbar.

füllten Gefäß, so nimmt dabei der Innendruck erheblich ab. So verschließt man zum Beispiel ein Weckglas. Dies zeigt der folgende Versuch:

Versuch 35: In einem Blechkanister mit Schraubdeckel wird wenig Wasser zu kräftigem Sieden erhitzt. Der Dampf verdrängt die Luft. Nimmt man die Flamme weg und schraubt schnell zu, so wird der Kanister nach einiger Zeit vom äußeren Luftdruck mit großer Gewalt zusammengedrückt.

Nun bestimmen wir die beim Kondensieren freiwerdende Wärme:

Versuch 36: Wir verschließen einen Kolben durch einen Stopfen mit einem Glasrohr und bringen das Wasser zum Sieden *(Abb. 111.1)*. Den Wasserdampf leiten wir in ein Glas mit 200 g Wasser von Zimmertemperatur (20 °C). Nach einigen Minuten unterbrechen wir den Versuch und bestimmen die Temperaturerhöhung im Glas und durch die Zunahme der Wassermenge die Masse des kondensierten Dampfs:

Anfangsmenge: 200 g   Anfangstemperatur: 20 °C
Endmenge: 206 g   Endtemperatur: 38,5 °C

200 g Wasser wurden also von 20 °C auf 38,5 °C erwärmt. Dazu sind $4{,}19 \cdot 200 \cdot 18{,}5$ J = 15 500 J nötig. Die Abkühlung von 6 g Kondenswasser von 100 °C auf 38,5 °C liefert aber nur $4{,}19 \cdot 6 \cdot 61{,}5$ J = 1550 J. Beim Übergang des Wasserdampfs von 100 °C in Wasser von 100 °C, also beim Kondensieren, müssen demnach $(15\,500 - 1550)$ J = 13 950 J frei geworden sein, das heißt je Gramm $(13\,950/6)$ J $\approx$ 2330 J.

> Der Quotient aus der beim Kondensieren freiwerdenden Wärmemenge Q und der kondensierten Stoffmenge m heißt spezifische Kondensationswärme r: $\quad r = \dfrac{Q}{m}$.
> Sie beträgt bei Wasser 2258 J/g.
>
> Die spezifische Verdampfungswärme ist gleich der spezifischen Kondensationswärme.

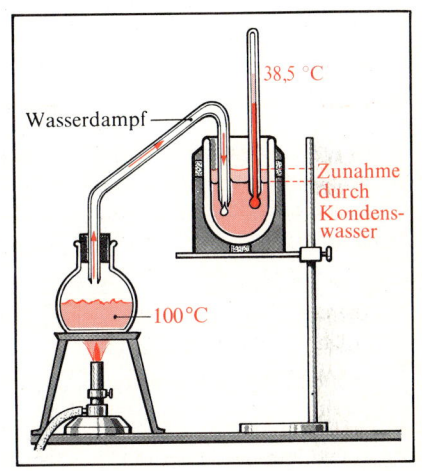

111.1 Bestimmung der spezifischen Kondensationswärme des Wassers

Vom Energieprinzip her gesehen bedeutet das: Um eine Flüssigkeit in Dampf von gleicher Temperatur zu verwandeln, müssen wir einen bestimmten Energiebetrag als Wärme aufwenden. Beim Kondensieren des Dampfes wird diese Energie wieder frei und tritt als Wärme zutage.

4. Wärmebedarf beim Verdunsten; „Verdunstungskälte"

Versuch 37: Zwischen zwei gleiche ineinandergelegte Uhrgläser werden einige Tropfen Wasser gebracht. Läßt man Äther auf der oberen Schale durch kräftiges Blasen schnell verdunsten, frieren die beiden Schälchen aneinander!

Auch zum Verdunsten ist Wärme nötig. Sie wird der Flüssigkeit und ihrer Umgebung entnommen; deren Temperatur sinkt also. Man spricht dabei – etwas ungenau – von **„Verdunstungskälte"**. Verdunstungskälte tritt auch auf, wenn Benzin beim Austreten aus der Düse eines Autovergasers zerstäubt wird und teilweise verdampft. Dem Vergaser wird bei diesem Vorgang so viel Wärme entzogen, daß er sich beim Start zuweilen bis unter 0 °C abkühlt. Es bildet sich auf der Außenseite Reif, gelegentlich auch an der Innenseite. Das kann zu Betriebsstörungen führen („Vergaservereisung").

Versuch 38: Wir erwärmen einige Jodkristalle in einem trockenen Proberöhrchen über einer kleinen Flamme. Die Kristalle werden kleiner, während sich das Röhrchen mit violettem Joddampf füllt und auf den kälteren Glasteilen ein Jodspiegel entsteht. — Einen solchen unmittelbaren Übergang vom festen in den gasförmigen Zustand können wir auch am *„Trockeneis"* (das ist festes Kohlendioxid von −78,5 °C) und bei klarem, trockenem Frostwetter an Eis und Schnee ohne zusätzliche Wärmezufuhr beobachten. Hängt man feuchte Wäsche bei trockenem, klarem Frostwetter im Freien auf, so ist sie nach kurzer Zeit steif gefroren. Trotzdem trocknet die Wäsche, vor allem im Luftzug, schnell. Wir sehen:

Feste Körper können bei Temperaturen, die unterhalb des Schmelzpunktes liegen, auch unmittelbar in Dampf übergehen, sie **sublimieren.** Der Vorgang selber heißt **Sublimation** (sublimis, lat.; in der Luft schwebend); dabei wird der flüssige Aggregatzustand übersprungen. Umgekehrt kondensiert Wasserdampf an sehr kalten Stellen (z. B. Gräsern und Zweigen), indem er unmittelbar in seine kristalline Form übergeht; es bildet sich Reif.

Tabelle 112.1 Zusammenfassende Rückschau auf die verschiedenen Änderungen des Aggregatzustands bei Wärmezufuhr

Vorgang	Molekulartheoretische Deutung	Wärmeaufwand gekennzeichnet durch
I. Erwärmen des festen Körpers mit Temperaturanstieg bis zum Schmelzpunkt	Die zugeführte Wärme wird zum Erhöhen der Energie der um ihre Gleichgewichtslage schwingenden Moleküle verwendet.	spezifische Wärmekapazität fester Stoffe $\left(\text{Eis: } 2{,}1 \; \frac{J}{g \cdot K}\right)$
II. Schmelzen des Körpers ohne Temperaturänderung	Die Bewegungsenergie der Moleküle wird so groß, daß sie nicht mehr in die Gleichgewichtslage zurückkehren. Gegen die Kohäsionskräfte wird Arbeit verrichtet.	spezifische Schmelzwärme $\left(\text{Eis: } 335 \; \frac{J}{g}\right)$
III. Erwärmen der Flüssigkeit bis zum Siedepunkt	Die zugeführte Wärme erhöht die Bewegungsenergie der gegeneinander beweglichen Moleküle.	spezifische Wärmekapazität der Flüssigkeit $\left(\text{Wasser: } 4{,}19 \; \frac{J}{g \cdot K}\right)$
IV. Verdampfen der Flüssigkeit ohne Temperaturänderung	Die zugeführte Wärme wird größtenteils zur Überwindung der zwischen den Flüssigkeitsmolekülen vorhandenen Kohäsionskräfte benutzt.	spezifische Verdampfungswärme $\left(\text{Wasser: } 2258 \; \frac{J}{g}\right)$
V. Erwärmen des Gases	Die Bewegungsenergie der Gasmoleküle nimmt zu.	spezifische Wärmekapazität des Gases $\left(\text{Wasserdampf: } 2{,}0 \; \frac{J}{g \cdot K}\right)$

Alle Vorgänge I–V verlaufen bei Wärmeabgabe in umgekehrter Richtung.

5. Kältemaschinen

Die beim Verdampfen und Kondensieren ablaufenden Vorgänge werden im **Kühlschrank** praktisch genutzt. Sein Prinzip zeigt uns der folgende Versuch:

Versuch 39: In einen kleinen Rundkolben ($V = 100$ cm^3) füllen wir etwas Äther *(Abb. 113.1)* und pumpen anschließend die Luft und auch die Ätherdämpfe aus dem Kolben, so daß der Äther infolge der Druckverminderung unterhalb seiner normalen Siedetemperatur verdampft. Die zur Bildung des Ätherdampfes erforderliche Verdampfungswärme wird der Umgebung entnommen, dadurch werden die restliche Flüssigkeit und auch die Gefäßwand stark abgekühlt. Schließlich bildet sich Reif an der Außenseite des Kolbens. Hält man ein feuchtes Tuch an den Kolben, so friert es schnell fest.

Im Kühlschrank *(Abb. 113.2)* erfolgt die durch Unterdruck beschleunigte Verdampfung einer geeigneten Flüssigkeit, des sogenannten *Kältemittels* (meist Frigen; Tabelle im Anhang), in einem besonderen Rohrsystem, dem *Verdampfer*. Um dort den nötigen geringen Druck aufrechtzuerhalten, wird der Dampf von dem Kompressor aus dem Verdampfer abgesaugt und in ein zweites Rohrsystem *(Kondensator)* hinter oder unter dem Kühlschrank gepumpt. Dort kondensiert er unter hohem Druck bei Raumtemperatur und gibt die Kondensationswärme an die Zimmerluft ab. Anschließend strömt das flüssige Kältemittel durch ein Kapillarrohr, welches den Druckausgleich zwischen dem Kondensator und dem Verdampfer verhindert, in den Verdampfer zurück. Sein Kreislauf beginnt nun von neuem. Ein besonderer Regler (Thermostat) sorgt dafür, daß die Innentemperatur des Kühlschrankes nur geringfügig schwankt, indem er den Kompressormotor automatisch ein- und auch wieder ausschaltet.

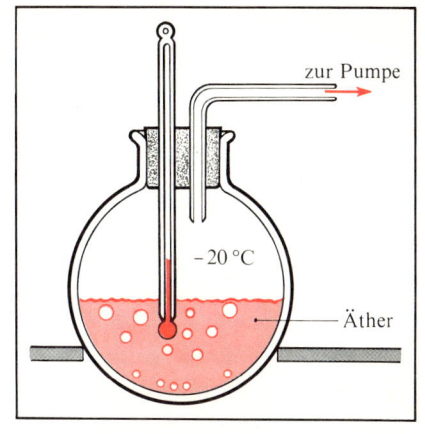

113.1 Äther siedet unter vermindertem Druck; die Temperatur sinkt auf -20 °C.

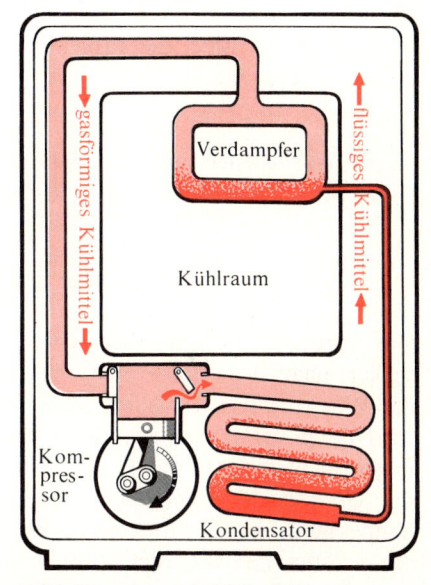

113.2 Kompressorkühlschrank (schematisch)

Aufgaben:

1. *Halte eine kalte Glasscheibe in den aus siedendem Wasser aufsteigenden Wasserdampf! Was beobachtest Du?*
2. *In Gegenden mit trockenem, heißem Klima wird das Trinkwasser in porösen Tongefäßen aufbewahrt, durch die ständig kleine Wassermengen hindurchtreten können. Warum?*
3. *Warum friert man auch bei großer Hitze, wenn man bei windigem Wetter aus dem Wasser kommt?*
4. *Bei welcher Temperatur siedet das Wasser a) auf der Zugspitze (2960 m), b) auf dem Mt. Blanc (4810 m), c) auf dem Mount Everest (8848 m)? Verwende den dazugehörigen Graphen der Abb. 109.3! Wie groß ist der Luftdruck in diesen Höhen?*

114 Wärmelehre

§ 33 Ausbreitung der Wärme

1. Die Wärmeleitung

Versuch 40: Wir halten einen eisernen Nagel und einen Kupferdraht von gleicher Länge und gleichem Querschnitt mit der Hand in die Flamme des Bunsenbrenners. Wir wiederholen den Versuch mit einem Stück Holz und einem Glasstab.

Die Versuche zeigen, daß die an einem Ende zugeführte Wärme verschieden schnell weitergeleitet wird. Wir sprechen von **Wärmeleitung,** wenn die Wärme, das heißt genaugenommen die Bewegungsenergie der Moleküle, unmittelbar von Molekül zu Molekül weitergegeben wird, ohne daß sich die Moleküle selbst dabei fortbewegen *(Abb. 114.1).*

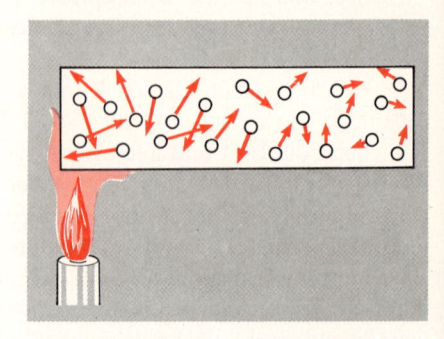

114.1 Wärmeleitung. Die Pfeile geben Momentanwerte der Geschwindigkeit der schwingenden Moleküle wieder.

> **Gute Wärmeleiter sind alle Metalle, schlechte Leiter sind Glas, Porzellan, Steingut, Holz, Kunststoffe.**

Versuch 41: Wir lassen Leuchtgas durch ein engmaschiges Kupferdrahtnetz hindurchströmen und zünden das Gas oberhalb des Netzes an *(Abb. 114.2).* Die Flamme schlägt nicht durch das Netz, weil seine Kupferdrähte die Wärme gut nach allen Seiten wegleiten; deshalb wird unter dem Netz die Entzündungstemperatur des Gases nicht mehr erreicht. – Nach diesem Prinzip ist die *Grubensicherheitslampe* gebaut: Eine Petroleumlampe wird von Drahtnetzen umschlossen; der Bergmann kann mit ihr auch Stollen beleuchten, die von brennbaren Gasen (schlagenden Wettern) erfüllt sind.

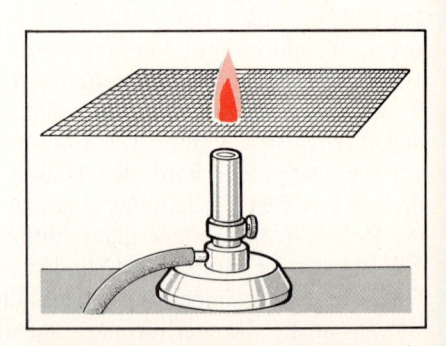

114.2 Das Drahtnetz leitet die Wärme der Flamme an die umgebende Luft ab. Das Gas darunter kommt deshalb nicht auf die Entzündungstemperatur.

Versuch 42: Wir füllen ein Reagenzglas mit Wasser, geben ein Stück Eis hinein und drücken dieses mit einer Drahtspirale nach unten. Dann fassen wir das Röhrchen am unteren Ende und erwärmen das obere Ende mit der Flamme des Bunsenbrenners. Das Wasser siedet oben, während es unten noch kalt ist (vergleiche *Abb. 114.3* und auch *Abb. 88.2a).*

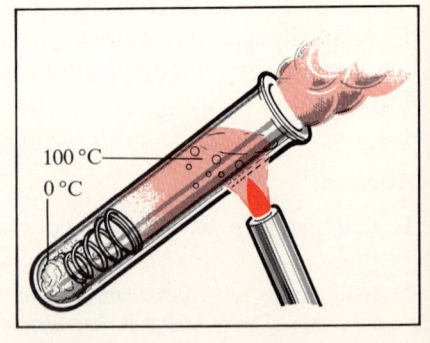

> **Wasser ist im Vergleich zu den Metallen ein schlechter Wärmeleiter.**

114.3 Dieser Versuch beweist, daß Wasser die Wärme verhältnismäßig schlecht leitet. Obwohl das Wasser im oberen Teil des Reagenzglases siedet, schmilzt das Eis am Grunde nicht.

Versuch 43: Wir erhitzen ein Stück Kupferblech oder einen recht flachen Blechlöffel stark und spritzen einige Tropfen Wasser darauf. Die Tropfen laufen auf der Platte hin und her und scheinen über der Platte beziehungsweise dem Löffel zu schweben, weil sich zwischen ihnen und dem Metall eine Dampfschicht bildet, die die Wärme schlecht leitet und das weitere Verdampfen stark verlangsamt.

Besonders schlechte Wärmeleiter sind Wasserdampf und alle sonstigen Gase.

Die Wärmeleitfähigkeit des Silbers ist mehr als 10000mal so groß wie die der Luft und etwa 350mal so groß wie die von Glas. Die sehr verschiedene Wärmeleitfähigkeit der Stoffe täuscht uns oft über die Temperatur eines Körpers, wenn man diese durch Berühren mit der Hand ermitteln will. Am Fahrrad, das im Winter draußen gestanden hat, erscheint uns der Eisenrahmen kälter als die Gummigriffe von gleicher Temperatur, weil Eisen die Körperwärme rascher ableitet als Gummi. Die unterschiedliche Wärmeleitfähigkeit der Stoffe spielt in der Technik der **Wärmeisolation** eine große Rolle: Metallgefäße werden mit Holz- oder Kunststoffgriffen versehen. – Doppelfenster halten die Wärme wesentlich besser als einfache Fenster mit mehrfacher Glasstärke. – Wasserleitungen, die gegen Wärmeverluste oder gegen Einfrieren geschützt werden sollen, umhüllt man mit Stroh, Glaswolle oder Kieselgur (Schalen von Kieselalgen, deren Hohlräume viel Luft enthalten).

Wärme kann, wie wir wissen, nur von Materie geleitet werden. Deshalb baut man nach *Abb. 115.1 Thermos-* oder *Dewar-Gefäße* mit Doppelwänden aus Glas, deren Zwischenraum sorgfältig luftleer gepumpt wird. Sie bilden so einen besonders guten Schutz gegen Wärmeverluste. Als Verschluß verwendet man einen die Wärme schlecht leitenden Korkstopfen.

2. Konvektion

Versuch 44: In ein großes, mit Wasser gefülltes Glasgefäß bringen wir einige Sägespäne oder etwas Korkmehl und erwärmen es einseitig mit einem Tauchsieder *(siehe Abb. 115.2)*. Das Wasser wird rechts unten stark erwärmt und dehnt sich dort aus; das erwärmte Wasser steigt nach oben, und es entsteht eine an der Bewegung der Späne erkennbare Strömung, durch die das erwärmte Wasser bis an die Oberfläche und an die dort noch kalte Gefäßwandung gebracht wird. Bei diesem Vorgang wird dem Wasser an einer Stelle (Tauchsieder) Wärme zugeführt, die es an einer anderen Stelle (Glaswand) wieder abgibt. Man nennt dies **Konvektion.**

Ein Beispiel für die Übertragung von Wärme durch Konvektion ist die *Warmwasserheizung (Abb. 116.1).* Das im Kessel erwärmte Wasser steigt im Rohrsystem aufwärts bis an das obere Ende eines jeden Heizkörpers.

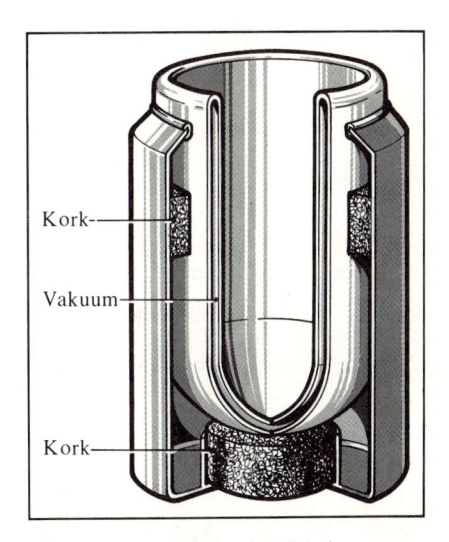

115.1 Thermosbehälter im Schnitt

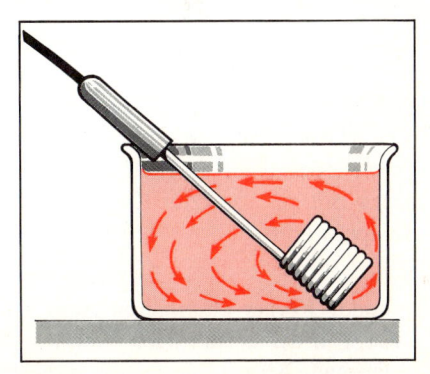

115.2 Konvektion nach Versuch 44

Diesen erwärmt es (und damit auch die Umgebung) und sinkt abgekühlt in den Kessel zurück. Der Umlauf des Wassers wird bei modernen Heizungsanlagen häufig durch eine Umwälzpumpe unterstützt.

„Warmwasserheizungen" wesentlich größeren Ausmaßes stellen verschiedene *Meeresströmungen* dar, durch die gewaltige Wassermengen aus den heißen Tropen in kältere Gebiete der Erde transportiert werden. So fließt zum Beispiel der Golfstrom aus dem Golf von Mexiko bis an die Küsten Nordeuropas und sorgt dort für einen relativ milden Winter. Ähnliches gilt von den *Luftströmungen* in der Atmosphäre.

Die gute Isolation der Luft gegen Wärmeverluste wird erst dann voll ausgenutzt, wenn der Luftraum durch schlecht leitende feste Stoffe in Kammern aufgeteilt ist, die eine Luftbewegung und damit die Konvektion der Wärme weitgehend unterbinden (Wolle, Stroh, Federn, Styropor).

Vom Standpunkt der Molekularvorstellung gesehen unterscheiden sich Wärmeleitung und Konvektion grundlegend: Bei *Wärmeleitung* wird die Energie von Molekül zu Molekül weitergegeben, während die Moleküle ortsfest sind. Bei *Konvektion* werden Flüssigkeits- oder Gasmassen unterschiedlicher Temperatur transportiert. Dabei nehmen sie die Bewegungsenergie ihrer Moleküle mit. Heiße Flüssigkeiten und Gase steigen nach oben, kalte sinken ab.

3. Wärmestrahlung

Der Kolben weitgehend luftleer gepumpter Glühlampen wird nach dem Einschalten langsam heiß, obwohl im ausgepumpten Innenraum kein merklicher Wärmetransport durch Leitung oder Konvektion möglich ist. Von der Sonne gelangen ständig große Energiemengen zu uns, obwohl im Weltraum die Materie viel dünner verteilt ist als in einer noch so gut ausgepumpten Glühlampe. – Die hier beobachtete Übertragung von Energie ohne Mitwirkung eines Stoffes heißt **Wärmestrahlung**. Über den Energietransport durch Strahlung geben folgende Versuche Auskunft:

Versuch 45: Wir nehmen zwei gleiche Thermometer, berußen die Kugel des einen über brennendem Naphthalin und umwickeln die Kugel des anderen mit Stanniol. Halten wir beide einige Zeit in die Strahlung der Sonne oder einer Bogenlampe, so zeigt das Thermometer mit geschwärzter Kugel eine beträchtlich höhere Temperatur an.

> **Dunkle Körper absorbieren (verschlucken) einen großen Teil der auffallenden Strahlung; helle, vor allem glänzende Körper, werfen sie zurück.**

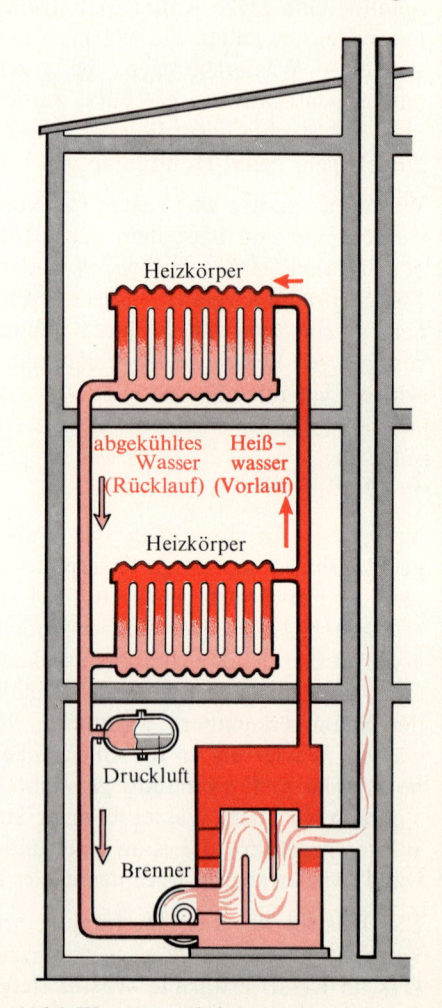

116.1 Warmwasserheizung

Versuch 46: Ein Hohlwürfel aus Metall *(Abb. 117.1)*, von dem zwei gegenüberliegende Flächen poliert bzw. schwarz angestrichen sind, wird mit heißem Wasser gefüllt. An zwei symmetrisch aufgebauten, gleichartigen Thermometern verfolgen wir den Temperaturverlauf. Wir stellen fest, daß die Temperatur des rechten Thermometers wesentlich schneller steigt als die des linken; es erreicht auch eine höhere Endtemperatur als das linke Thermometer. Die schwarze Fläche emittiert (emittere, lat.; aussenden) offensichtlich mehr Strahlung als die blanke Fläche.

> **Dunkle Körper emittieren mehr Strahlung als helle Körper der gleichen Temperatur.**

117.1 Die schwarze Fläche strahlt mehr Wärme ab als die weiße.

Die Lufthülle der Erde ist für Sonnenstrahlen fast völlig durchlässig. Die Luft kann deshalb durch die Sonnenstrahlung nicht direkt erwärmt werden. Erst der Erdboden absorbiert die Strahlung und wird dadurch wärmer. Durch Leitung und Konvektion wird die Wärme dann vom Boden auf die Luft übertragen.

Versuch 47: Wir stellen zwei Heizsonnen einander so gegenüber, wie es *Abb. 117.2* zeigt. An die Stelle des rechten Heizkörpers bringen wir die berußte Kugel unseres Prüfthermometers. Nach kurzem Probieren finden wir eine Stelle, an der die Wärmewirkung besonders stark ist.

Der „Reflektor" sammelt die Wärmestrahlung in einem Punkt, dem „Brennpunkt". Für die Wärmestrahlung gelten Gesetze, die wir in der Optik auch für das Licht kennenlernen.

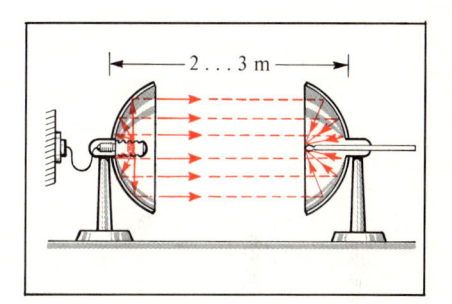

117.2 Zu Versuch 47

4. Heizung

Eine Heizung soll die Temperatur der Luft und der im Raum befindlichen Gegenstände auf etwa 20 °C erhöhen und dann konstant halten. Sind in einem geheizten Raum Wände und Möbel kalt, so strahlt unser Körper mehr Energie an sie ab, als er von ihnen empfängt. Man fröstelt, auch wenn die Luft bereits erwärmt ist. Umgekehrt kann man bei niedriger Lufttemperatur im Freien sitzen, wenn man einen elektrischen Heizstrahler *(Infrarotstrahler)* benutzt oder wenn die Sonne im Winter genügend Energie zustrahlt.

Bei *Kachelöfen* dauert es wegen der großen Masse und der verhältnismäßig hohen spezifischen Wärmekapazität der Kacheln $\left(c \approx 1 \frac{J}{g \cdot K}\right)$ ziemlich lange, bis der Ofen Wärme abgibt. Dafür bleibt er nach dem Ausgehen des Feuers lange warm. Über die Art der Wärmeabgabe durch Zentralheizungskörper und Kachelöfen an die Zimmerluft geben die *Abb. 118.1 a, b* Aufschluß:

a) Der unter dem Fenster angebrachte Zentralheizungskörper läßt bereits erwärmte Zimmerluft an die Füße der Bewohner gelangen *(Abb. 118.1 a)*.

b) Der meist in einer Zimmerecke aufgestellte Kachelofen bewirkt eine Luftströmung, welche kalte Luft vom Fenster unmittelbar an die Füße der Bewohner führt *(Abb. 118.1b)*.

Bei den modernen *Ölöfen* wird durch die heiße Ölflamme ein verhältnismäßig dünnwandiger Eisenkörper $\left(c = 0{,}4 \frac{J}{g \cdot K}\right)$ schnell aufgeheizt. Zwischen ihm und der äußeren Hülle des Ofens ist ein Zwischenraum. In ihm steigt die erhitzte Zimmerluft nach oben (Kaminwirkung) und führt die Wärme rasch an den Raum ab, während kalte Luft unten nachströmt.

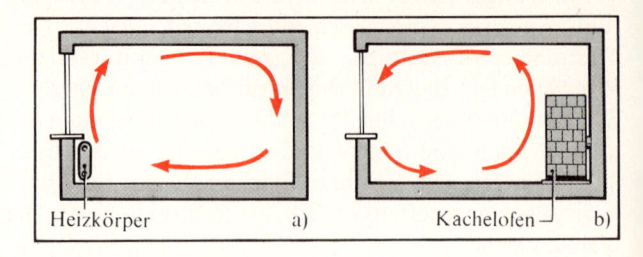

118.1 Luftströmung
a) im zentralbeheizten Zimmer
b) im ofenbeheizten Zimmer

Die *elektrischen Strahlungsöfen* senden Wärmestrahlen aus, die nicht unmittelbar die Luft, sondern nur die bestrahlten Körper erwärmen, und auch diese nur einseitig. Von dort aus geht dann allmählich die Wärme auf die Luft über.

„Stehende" Luft wirkt wärmeisolierend; bläst man dagegen mit Hilfe eines Ventilators die Luft an den elektrisch erhitzten Drähten vorbei, so werden sie stärker gekühlt und hören auf zu glühen, die Zimmerluft wird auf diese Weise rasch umgewälzt und erwärmt. Nach diesem Prinzip arbeiten die sogenannten Heizlüfter. — Die bequeme elektrische Heizung ist trotz ihres 100%igen Wirkungsgrads verhältnismäßig teuer.

Aufgaben:

1. *Man kann, ohne sich zu verbrennen, für einen Augenblick den Finger in eine Metallschmelze stecken. Warum wohl?*
2. *Beobachte und beschreibe die über einer brennenden Kerze aufsteigende Luftströmung!*
3. *Untersuche mit einer Kerzenflamme die Luftströmungen in verschiedenen Höhen an der etwas geöffneten Tür eines geheizten Zimmers und in der Umgebung des Heizkörpers (Ofen)!*
4. *Warum sind die Kühlwagen der Bundesbahn weiß angestrichen?*
5. *In hochgelegenen Gegenden Innerasiens mit kurzen Sommern streuen die Bauern im Frühjahr Asche auf die noch mit Schnee bedeckten Felder; warum?*
6. *Warum hat das Thermosgefäß einen doppelwandigen, luftleer gepumpten Glasmantel, der außerdem noch verspiegelt ist?*
7. *Warum haben Behälter, in denen in Selbstbedienungsgeschäften verderbliche Lebensmittel gekühlt aufbewahrt werden, stets Wannenform?*
8. *Hält man die Hand in eine blanke Blechbüchse ohne die Wand zu berühren, so hat man ein deutliches Wärmegefühl. Woher kommt das?*

§ 34 Wetterkunde

Die wesentlichen Wettererscheinungen spielen sich innerhalb der etwa 12 km hohen Luftschicht über dem Erdboden ab, die man **Troposphäre** nennt. Sie enthält neben 78 Volumenprozent Stickstoff 21% Sauerstoff, nahezu 1% Argon und 0,03% Kohlendioxid. Wesentlich für das Wettergeschehen ist der Wasserdampfgehalt; er schwankt zwischen 4% in den Tropen und 0,2% in Polnähe. Über der Troposphäre liegt die **Stratosphäre**.

Zur *Wettervorhersage* wird u.a. auch der Luftdruck an verschiedenen Orten gemessen und dann auf Meereshöhe umgerechnet. Denn Stärke und Richtung eines Windes kann man nur vorhersagen, wenn man Luftdrücke benutzt, die auf gleiche Höhe bezogen sind.

Mittlerer Luftdruck in Meereshöhe:	1013 mbar

Der auf Meereshöhe umgerechnete Luftdruck wird in **Wetterkarten** eingetragen. Linien mit gleichem Luftdruck verbindet man durch sog. **Isobaren**. In *Abb. 119.1* umschließt die Isobare für 1015 mbar ein Hochdruckgebiet (H), kurz „**Hoch**" genannt. In ihm ist der Luftdruck höher als in der Umgebung; im „**Tief**" dagegen niedriger. Die Druckunterschiede gleichen sich durch **Winde** aus (in *Abb. 119.1* rote Pfeile). Wegen der Erddrehung fließen sie nicht unmittelbar vom Hoch zum Tief; sie umkreisen auf der nördlichen Halbkugel das Hoch im Uhrzeigersinn, das Tief gegen den Uhrzeiger. Die Bewohner zwischen Hoch und Tief nach *Abb. 119.1* haben also Südostwind.

In das Tief strömt Luft von allen Seiten ein; sie muß nach oben ausweichen. Dabei dehnt sie sich wegen des geringer werdenden Luftdrucks aus und kühlt sich ab. Der in ihr vorhandene, zunächst unsichtbare Wasserdampf schlägt sich an kleinen Rauchteilchen (Kondensationskernen) nieder und bildet Wassertröpfchen. Wir sehen sie als **Nebel** oder **Wolken**.

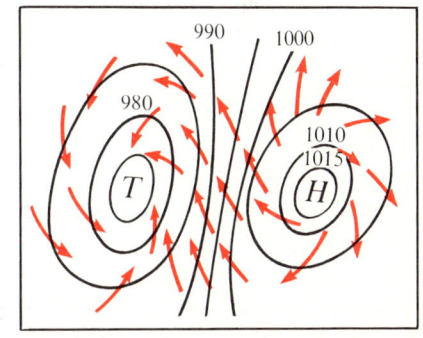

119.1 Luftströmung um ein Hoch (H) und ein Tief (T); die Zahlen geben den Luftdruck auf den schwarzen Isobaren in mbar an.

Dies können wir im kleinen nachahmen:

Versuch 48: In einen großen Glaskolben bringen wir etwas Wasser und verschließen ihn mit einem Stopfen mit Hahnrohr. Wenn wir schütteln, nimmt der Raum im Kolben soviel wie möglich an unsichtbarem Wasserdampf auf (bei 20 °C sind es 17 g/m³). Anschließend blasen wir etwas Zigarettenrauch in die Flasche (Kondensationskerne) und komprimieren dabei die Luft etwas. Dabei erwärmt sie sich zwar, hat aber nach einigen Sekunden wieder Zimmertemperatur angenommen. Wenn wir nun den Hahn öffnen, dehnt sich die Luft aus und kühlt sich ab. Dabei entsteht dichter Nebel im Kolben, der aus kleinsten Wassertröpfchen besteht. Dies entspricht dem Geschehen im **Tief**. — Der Nebel verschwindet sofort wieder, wenn wir Luft einblasen: Durch Erhöhen des Drucks wird die Luft erwärmt (s. Fahrradpumpe); der Nebel löst sich auf. Dies erläutert die Vorgänge im **Hoch**. Dort strömt am Boden nach allen Seiten die Luft weg *(Abb. 119.1)*. Dafür sinkt Luft aus der Höhe herab, wird komprimiert und löst durch die Erwärmung Wolken auf.

In einem Tief bilden sich Wolken, im Hoch werden sie aufgelöst.

Ähnliche Vorgänge spielen sich ab, wenn feuchte Luftmassen gegen einen Berghang oder gegen andere kältere Luftmassen strömen und dabei zum Aufsteigen gezwungen werden.

§ 35 Wärmeenergiemaschinen

1. Die Dampfturbine

Bei der Kolbendampfmaschine wird eine Drehbewegung erst auf dem Umweg über die hin- und hergehende Bewegung des Kolbens erreicht. Dagegen strömt bei der **Dampfturbine** der Dampf durch eine Reihe von engen Düsen (in der *Abb. 120.1* durch eine einzige angedeutet!) mit großer Geschwindigkeit gegen die Schaufeln eines großen Schaufelrades und dreht dieses.

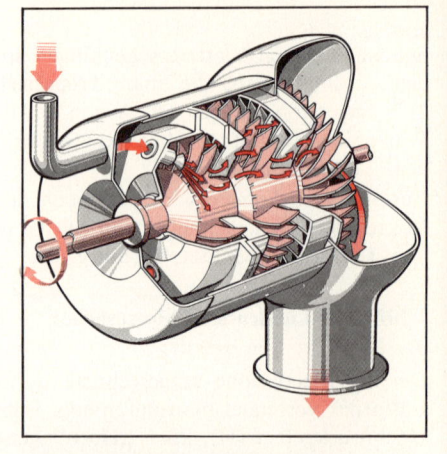

Um die Energie des Dampfes möglichst vollständig auszunutzen, genügt es nicht, den Dampf nur auf ein einziges Schaufelrad wirken zu lassen. Er wird deshalb durch feststehende Leitschaufeln auf ein zweites und drittes Schaufelrad gelenkt. (In *Abb. 120.1* sind die feststehenden Leitschaufeln grau, die Laufschaufeln rot.) Bei den großen Turbinen der Elektrizitätswerke werden in dieser Weise bis zu 15 Schaufelräder auf einer Achse befestigt und durch je ein Leitwerk voneinander getrennt (*Abb. 120.2*).

120.1 Dampfturbine (schematisch)

Die großen Dampfturbineneinheiten in den Elektrizitätswerken haben Leistungen von 300 MW bis 1200 MW. Es lohnt sich deshalb, alle nur möglichen technischen Hilfsmittel einzusetzen, um ihren Wirkungsgrad η zu verbessern. Für diesen Wirkungsgrad gilt:

$$\eta = \frac{\text{zu nutzende Arbeit}}{\text{zugeführte Wärme}}.$$

Durch Steigerung der Dampftemperatur auf über 500 °C und des Dampfdrucks auf über 200 bar konnte der Wirkungsgrad von etwa 30% im Jahre 1950 auf über 40% im Jahre 1970 gesteigert werden. Diese Entwicklung wurde dadurch möglich, daß es den Chemikern gelang, Metallegierungen zu finden, welche die nötige Festigkeit und Härte auch noch bei Dunkelrotglut behalten. Dar-

120.2 Zusammenbau einer Dampfturbine

über hinaus konnte die Luftverschmutzung durch die von den Abgasen mitgerissenen Ruß- und Ascheteilchen durch den Einbau wirksamer Elektrofilter weitgehend beseitigt werden. Größere Wärmeenergiewerke beeinträchtigen zwar durch ihre Abgase die nähere Umgebung. Ihr Betrieb ist aber insgesamt umweltfreundlicher, als wenn Haushalte und Industriebetriebe ihren Energiebedarf durch eigene Kleinanlagen decken würden.

Solche Kleinanlagen haben nämlich einen wesentlich kleineren Wirkungsgrad als große Kraftwerke; das heißt, sie würden insgesamt mehr Wärme an die Umgebung liefern als ein großes Werk. Heute haben schon die Heizungen der einzelnen Häuser einen wesentlichen Anteil an der Luftverschmutzung.

2. Verbrennungsenergiemaschinen

a) Der Ottomotor. Den ersten nach dem 4-Takt-Prinzip arbeitenden Motor, der noch nicht wie die heute verwendeten Motoren mit flüssigen Treibstoffen, sondern mit Gas betrieben wurde, konnte *N. Otto* (1832 bis 1891) im Jahre 1867 vorführen. Ihm zu Ehren heißt er heute Ottomotor. Wegen der Verwendung von Gas als Treibstoff war er zunächst an einen festen Standort gebunden. Erst *G. Daimler* (1834 bis 1900) und *C. F. Benz* (1844 bis 1929) ersetzten das Gas durch leicht verdampfende flüssige Treibstoffe, vor allem Benzin, und machten den Motor damit zum heute unentbehrlichen Antriebsmittel fast aller nicht schienengebundenen Fahrzeuge. Sein Wirkungsgrad beträgt etwa 35%.

Die Wirkungsweise des **Viertaktmotors** läßt sich in die 4 folgenden Arbeitsperioden (Takte) gliedern *(Abb. 121.1)*:

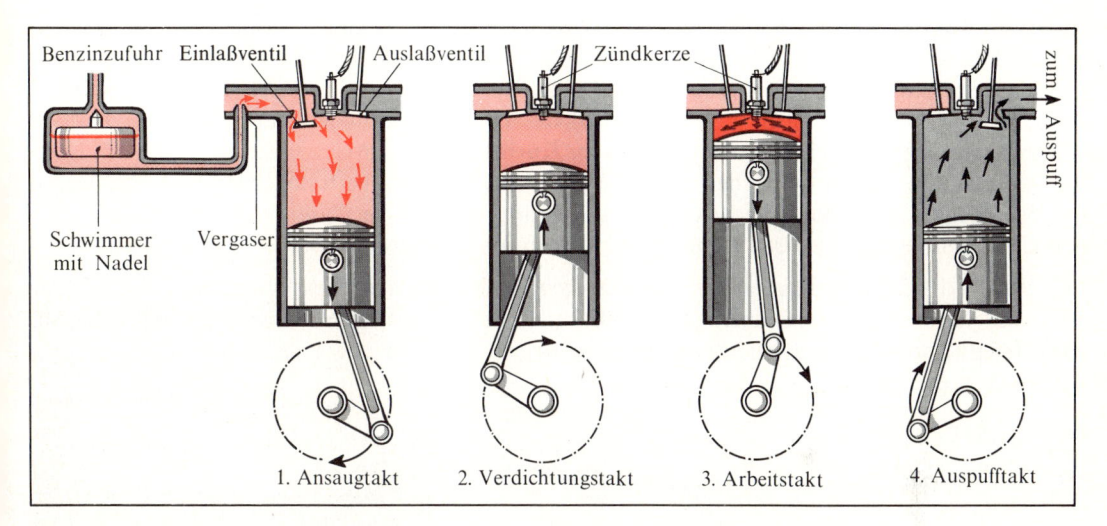

121.1 Wirkungsweise des Viertaktmotors

1. Ansaugtakt: Zu Beginn des 1. Taktes öffnet sich das Einlaßventil. Der Kolben bewegt sich nach unten. Dabei saugt er ein Kraftstoff-Luft-Gemisch in den Zylinder. Dieses wird von dem in der Ansaugleitung liegenden Vergaser erzeugt. Er arbeitet ähnlich wie ein Zerstäuber und reguliert die Benzinzufuhr selbsttätig *(Abb. 121.1 links)*.

2. Verdichtungstakt: Nachdem sich das Ventil am Ende des 1. Taktes geschlossen hat, wird das Gasgemisch von dem nach oben gehenden Kolben zusammengedrückt. Dabei steigt der Druck auf 10 bis 12 bar. Gleichzeitig steigt die Temperatur im Zylinder auf 300 bis 400 °C. Dies kennen wir von der Fahrradpumpe, wenn wir unter Arbeitsaufwand die Luft zusammenpressen.

3. Arbeitstakt: Ein Funke der Zündkerze entzündet das Gemisch am Anfang des 3. Taktes. Dabei entsteht im Innern des Zylinders ein Druck von 50 bis 70 bar und eine Temperatur von etwa 2000 °C. Ein Teil der Bewegungsenergie der Gasmoleküle wird auf den Kolben übertragen. Der Kolben wird nach unten gedrückt. Dabei wird Arbeit verrichtet und das Gas abgekühlt.

4. Auspufftakt: Das verbrannte Gasgemisch wird bei geöffnetem Auslaßventil von dem nach oben gehenden Kolben ins Freie gedrückt, und das Spiel beginnt von neuem.

Es kommen dabei 2 Umdrehungen der Kurbelwelle auf die 4 Takte, von denen nur einer Arbeit verrichtet, während die anderen Takte Arbeit benötigen. Ein Motor mit nur einem Zylinder müßte daher unregelmäßig (stoßweise) laufen, wenn man nicht ein schweres Schwungrad zum Ausgleich verwenden würde. Die meisten Fahrzeugmotoren baut man deshalb mit 4 Zylindern, deren Kolben auf dieselbe Welle wirken und so angeordnet sind, daß bei jeder halben Umdrehung jeweils einer der 4 Zylinder seinen Arbeitstakt hat.

Die Einsatzmöglichkeit eines Motors hängt außer von seinem Wirkungsgrad unter anderem auch von seinem „Leistungsgewicht" ab, das ist der Quotient aus Motormasse und Motorleistung, gemessen in kg/kW. Das Leistungsgewicht kleiner Fahrzeug-Otto-Motoren liegt bei 3 bis 4 kg/kW.

Während beim Viertaktmotor Ansaugen und Ausstoßen einen besonderen Takt beanspruchen, erfolgen diese beiden Vorgänge beim **Zweitaktmotor** in der sehr kurzen Zeitspanne zwischen Arbeits- und Verdichtungstakt. Seine Wirkungsweise ergibt sich nach *Abb. 123.1*.

Im ersten Takt drückt der Kolben auf dem Weg nach oben das Gemisch über sich zusammen, während er den Auslaßkanal und den Überströmkanal verschließt. Gleichzeitig strömt frisches Gasgemisch durch den vom Kolben freigegebenen Einlaßkanal in das darunterliegende Kurbelgehäuse. Ist der Kolben oben angelangt, wird das Gemisch gezündet und drückt den Kolben wieder nach unten. Dabei wird das Gemisch im Kurbelgehäuse vorverdichtet und kann am Ende des Arbeitstaktes durch den Überströmkanal in den Zylinder übertreten, während gleichzeitig die Verbrennungsgase durch die Auslaßöffnung entweichen. Eine Nase am Kolbenboden sorgt dafür, daß das frische Gemisch nicht unmittelbar durch den Auslaßkanal wieder entweicht.

Der Vorteil des 2-Takters gegen den 4-Takter liegt in der Ersparnis der Ventile und der zu ihrer Bedienung erforderlichen zahlreichen beweglichen Teile (Nockenwelle, Kipphebel, Ventilstangen, Ventilfedern) sowie in der Mehrleistung bei gleichem Gewicht und Platzbedarf.

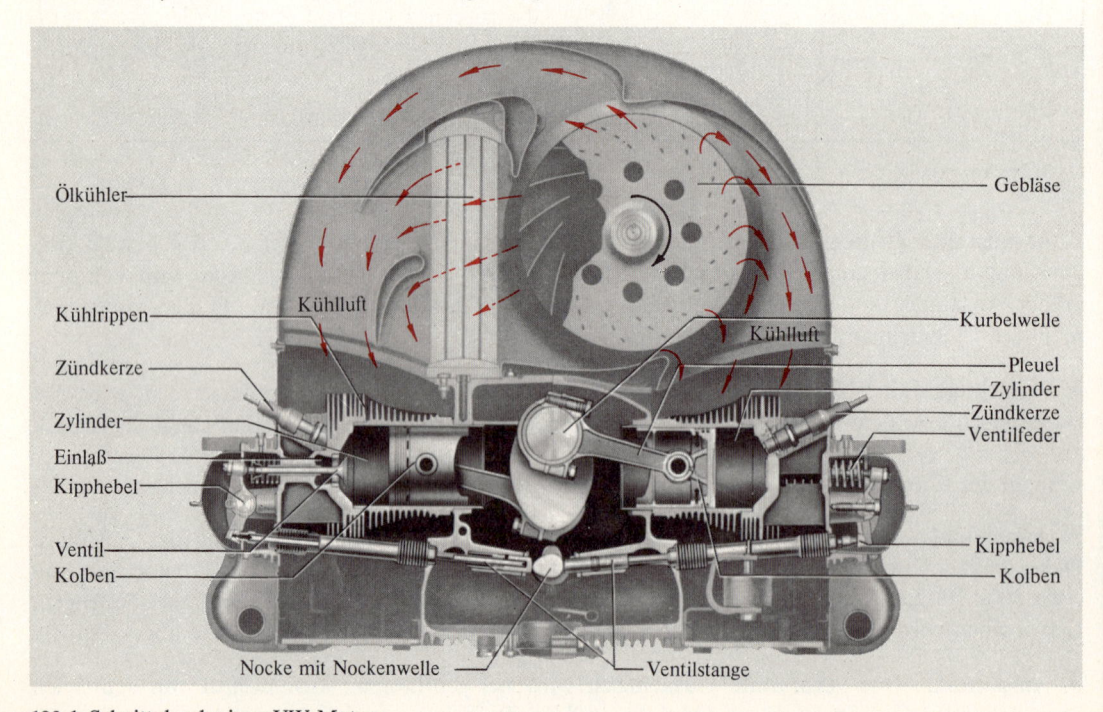

122.1 Schnitt durch einen VW-Motor

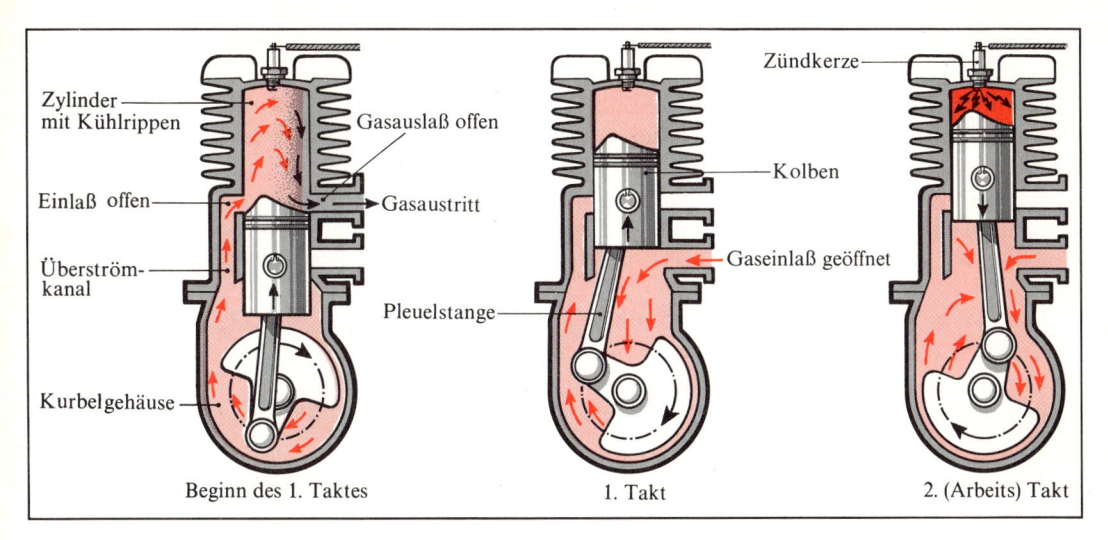

123.1 Wirkungsweise des Zweitaktmotors

Ein wesentlicher Nachteil ist es, daß das Kurbelgehäuse mit der Kurbelwelle in die Arbeit der Zylinder einbezogen ist und in Kammern (für jeden Zylinder eine) abgeteilt werden muß. Das erschwert den Bau mehrzylindriger Motoren nach dem 2-Taktprinzip wesentlich. Durch die Konzentration des Auspuff- und Ansaugvorgangs auf den äußerst kurzen Zeitraum zwischen den Takten ist es schwer, eine saubere Leerung und Neufüllung des Zylinders zu erreichen. Dadurch wird der Brennstoffverbrauch erhöht.

b) Der Dieselmotor. Ein weiterer wesentlicher Fortschritt in der Entwicklung der Verbrennungsmaschinen wurde von *R. Diesel* (1858 bis 1913) erzielt. Die Wirkungsweise des Dieselmotors unterscheidet sich in folgenden Punkten von der des Ottomotors (wir beschränken uns auf den 4-Taktdieselmotor):

An Stelle eines Brennstoffluftgemisches wird reine Luft angesaugt und verdichtet. Im Gegensatz zum Ottomotor wird die Verdichtung hier viel weiter getrieben, so daß die Luft eine Temperatur von etwa 600 °C erreicht. Am Anfang des 3. Taktes wird durch eine Hochdruckpumpe in die hoch verdichtete Luft flüssiger Brennstoff, sogenanntes Dieselöl, eingespritzt, welches sich in der heißen Luft entzündet und verbrennt. Dabei steigt die Temperatur auf über 2000 °C. Das Gas treibt den Kolben durch seinen Druck nach unten und wird im 4. Takt, wie beim Ottomotor, hinausgedrückt.

Der Vorteil des Dieselmotors liegt vor allem darin, daß auch schwer verdampfende Treibstoffe verwendet werden können. Sein Wirkungsgrad ist infolge der hohen Betriebstemperatur im allgemeinen etwas höher als der des Ottomotors und kann bis über 40% gesteigert werden.

c) Der Drehkolbenmotor (Wankelmotor). Während beim *Otto-* und *Dieselmotor* das Gasgemisch durch den Kolbenhub komprimiert wird **(Hubkolbenmotor)**, erreicht man das beim *Wankelmotor* durch Drehung eines geeignet geformten Kolbens. Dieser **Drehkolbenmotor** weist neben etlichen Vorzügen leider auch einige Nachteile auf und konnte den Hubkolbenmotor nicht verdrängen.

Zur Zeit haben Öl und Benzin als energiereiche Brennstoffe noch eine überragende Bedeutung. Es ist jedoch abzusehen, daß die Ölvorräte auf der Erde einmal zur Neige gehen werden und man in nicht zu ferner Zukunft auch unsere Kraftfahrzeuge mit neuen Energiequellen betreiben wird.

3. Strahl-(Düsen-)Triebwerke

Eine unmittelbare Form, die Energie heißer Gase in mechanische Energie umzuwandeln, finden wir bei den modernen *Strahltriebwerken*, auch Düsentriebwerke genannt. Sie werden heute fast ausschließlich zum Antrieb von Flugzeugen mit hoher Geschwindigkeit verwendet. Um ihre Wirkungsweise zu verstehen, machen wir folgenden Modellversuch:

Versuch 49: Wir hängen einen Fön an 1 bis 2 m langen Schnüren so auf *(Abb. 124.1)*, daß der Luftstrom waagerecht austritt. An der Austrittsdüse befestigen wir einen Kraftmesser. Schalten wir ein, so wird durch die seitlichen siebartigen Öffnungen Luft angesaugt und von den Schaufeln des kleinen Motors im Gehäuseinnern in Richtung der Austrittsdüse stark beschleunigt. Der Luftstrom tritt mit hoher Geschwindigkeit nach links aus. Dabei treten, wie schon bei anderen Versuchen der Mechanik (siehe Seite 20), zwei Kräfte auf, nämlich

1. die *Antriebskraft*, welche die Luftmoleküle nach links in Bewegung setzt.

2. eine gleich große, aber entgegengesetzt gerichtete *Rückstoßkraft*, welche den Fön nach rechts drückt.

Die zweite Kraft zeigt der Kraftmesser an. Die zum Betrieb erforderliche Energie wird dem Lichtnetz entnommen.

Der im Modellversuch dargestellte Vorgang läuft in ähnlicher Form in den Turbinen-Strahl-Triebwerken ab. Diese haben wegen ihrer Einfachheit und ihrer Leichtigkeit die früher zum Antrieb von Flugzeugen verwendeten Verbrennungsmotoren fast völlig verdrängt (Ausnahme:

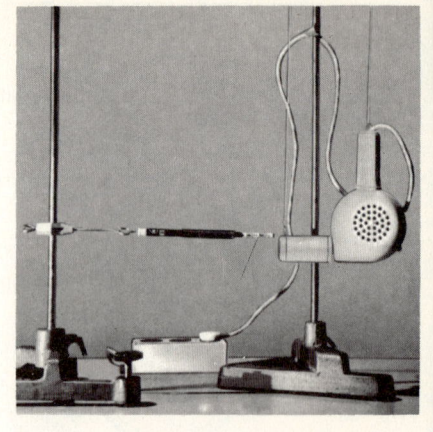

124.1 Die ausströmende Luft erzeugt am Fön eine Kraft, den Schub. Er entsteht durch Rückstoß und kann mit einem Federkraftmesser gemessen werden.

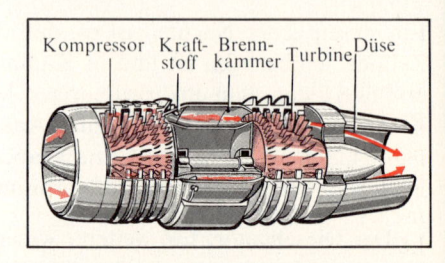

124.2 Strahltriebwerk. Der Vortrieb wird durch den mit großer Geschwindigkeit nach hinten austretenden Luftstrahl bewirkt. Die hinter den Brennkammern angeordnete Turbine soll nicht zu groß sein. Sie darf dem ausströmenden Gas nur so viel Energie entnehmen, wie zum Antrieb des Kompressors erforderlich ist.

kleine Sportflugzeuge). Ihre Wirkungsweise soll in *Abb. 124.2* erläutert werden: Der Luftkompressor, dessen Wirkungsweise der eines Staubsaugers gleicht, saugt die erforderliche Außenluft an, drückt sie in die rings um die Achse angeordneten Brennkammern und komprimiert sie gleichzeitig auf etwa 12 bar. Der Brennstoff wird durch die Düsen in gleichmäßigem Strom in die Verbrennungskammern eingespritzt und verbrennt dort. Die Temperatur wird dadurch erhöht und das Volumen der Verbrennungsgase nimmt stark zu. Sie strömen dann gegen die Schaufeln des Turbinenmotors T, der den vorn angebrachten Kompressor antreibt. Anschließend treten sie durch die Düse nach hinten aus und verleihen dem Flugzeug den erforderlichen Schub. Die gesamte Antriebskraft wird dem Flugzeug also durch den Rückstoß der Verbrennungsgase zugeführt.

Der Vorteil der Strahltriebwerke gegenüber Kolbenmotoren mit Luftschrauben liegt keineswegs in ihrem höheren Wirkungsgrad. Dieser wächst mit der Fluggeschwindigkeit und erreicht bei Reisegeschwindigkeiten von 800 km/h kaum 20%, so daß sie nur in sehr schnellen Flugzeugen wirtschaftlich verwendet werden können. Sie sind Kolbenmotoren durch ihr geringeres Leistungsgewicht und besonders durch die Möglichkeit überlegen, mit ihnen wesentlich höhere Geschwindigkeiten zu erreichen. In modernen Langstreckenflugzeugen wird ein Schub von der Größenordnung 10^5 N je Triebwerk und ein Leistungsgewicht von der Größenordnung 0,1 kg/kW erreicht, während kleine Fahrzeugmotoren (VW-Motor) ein Leistungsgewicht von etwa 3 kg/kW haben.

Aufgabe:

Der Heizwert der in den großen Wärmeenergiewerken verwendeten Brennstoffe (Steinkohle, Öl) liegt bei etwa 30 MJ/kg. Wieviel Tonnen Brennstoff müssen stündlich verfeuert werden, wenn der Wirkungsgrad 40 % ist und wenn eine Leistung von 300 MW erzielt werden soll?

Rückblick

Wir haben an zahlreichen Beispielen aus der Mechanik und Wärmelehre die Möglichkeiten kennengelernt, verschiedene Energieformen ineinander umzuwandeln.

Zuletzt haben wir gesehen, wie sich die Energie der ungeordneten Bewegung der Moleküle eines heißen Gases in andere Energieformen zurückverwandeln läßt.

Wir mußten feststellen, daß das nur beschränkt möglich ist. Voraussetzung hierfür ist in der Regel, daß zwischen dem Innen- und dem Außenraum der Maschinen unterschiedliche Temperatur und unterschiedlicher Druck herrschen und daß diese Räume durch eine bewegliche Wand voneinander getrennt sind. Diese Wand ist beim Hubkolbenmotor (Ottomotor, Dieselmotor, s.o.) der hin- und hergehende Kolben. Bei der Dampfturbine sind es die Schaufeln des Läufers, die diese Trennung bewirken. Der Unterschied der von beiden Seiten auf die Trennwand ausgeübten Kräfte setzt diese in Bewegung, und es wird dabei Arbeit verrichtet. Die ursprünglich ungeordnete Wärmebewegung der Gasmoleküle des heißen Arbeitsgases wird in eine geordnete, hin- und hergehende oder rotierende Bewegung umgewandelt. Beim Strahltriebwerk wird schließlich der gesamte Raketen-(Flugzeug-)Körper unmittelbar durch den Rückstoß der nach hinten ausströmenden Gasmoleküle in Bewegung gesetzt.

Bei all diesen Vorgängen wird nur ein Teil der Bewegungsenergie der Moleküle genutzt. Ein beträchtlicher Anteil der Bewegungsenergie der Gasmoleküle geht als Wärme, das heißt ungeordnete Bewegung, auf den Außenraum über.

Der Energieerhaltungssatz, den wir auf Seite 104 kennenlernten, bleibt trotzdem richtig; er sagt aus, daß bei Energieumwandlungen keine Energie verloren geht. Er sagt nichts darüber aus, ob und unter welchen Voraussetzungen eine solche Energieumwandlung wirklich eintritt. Das einzige, was wir bisher sagen können, ist, daß der Anteil an innerer Energie eines Körpers, der in andere Energieformen verwandelt werden kann, um so größer ist, je höher die Differenz der Temperaturen zwischen Innen- und Außenraum ist.

Diese Erkenntnisse setzten sich erst im letzten Jahrhundert durch: Lange glaubte man, ein heißer Körper enthalte mehr **„Wärmestoff"** als ein kalter; Wärmezufuhr bedeute Übergang dieses Wärmestoffs. Erst die auf Seite 103 beschriebenen Reibungsversuche und Überlegungen zeigten um 1850, daß Wärme eine Form des Energieübergangs ist. Um 1860 wurde erkannt, daß es sich dabei um die Energie der ungeordneten Bewegung der Moleküle handelt.

Optik

§ 36 Das optische Bild

1. Lichtquellen

Von heißen Körpern wie der Sonne, dem Glühfaden einer Lampe usw., aber auch von kalten, z. B. vom Fernsehschirm, erhält unser Auge *Lichtreize*. Wir sagen, *von diesen Körpern geht Licht aus;* es sind **Lichtquellen**.
In der Physik untersuchen wir weniger diese Lichtreize, die wir empfinden, als vielmehr die *Ausbreitung* des Lichts, das Lichtquellen abstrahlen.

Die oben genannten Lichtquellen senden selbst Licht aus, wir nennen sie daher *Selbstleuchter*. Der Mond, die Planeten, die Projektionswand dagegen erhalten ihr Licht erst von anderen Lichtquellen, wir nennen sie *beleuchtete Körper*.

Versuch 1: Bei leichtem Regen können wir den Weg des Lichts aus unseren Autoscheinwerfern gut verfolgen. Wir sehen unzählig viele beleuchtete Wassertröpfchen. Den Weg des Lichts aus unserer Experimentierleuchte können wir in ähnlicher Weise sichtbar machen. Wir blasen Tabakrauch oder künstlichen Nebel vor die Lampe. Die feinen vom Licht getroffenen Teilchen geben das Licht nach allen Seiten weiter. Man sagt, sie **streuen** das Licht. So gelangt ein kleiner Teil davon in unser Auge *(Abb. 126.1)*.

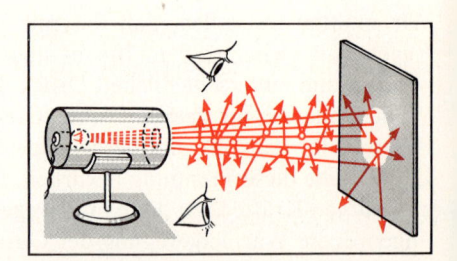

126.1 Licht wird an Staubteilchen nach allen Richtungen gestreut.

2. Das optische Bild

Versuch 2: Fällt Licht durch eine kleine Öffnung im Verdunkelungsvorhang eines Zimmers, so entsteht auf der gegenüberliegenden Wand ein Abbild der draußen hell beleuchteten Umgebung. Ein solches Bild kann man auch in einem Versuch auffangen. Wir benutzen dazu eine **Lochkamera** (camera, lat.; Kammer). Das ist ein Kasten, in dem die Rückwand durch eine Mattscheibe ersetzt ist *(Abb. 126.2)*. In der Vorderwand befindet sich ein kleines Loch. Auf der Mattscheibe sieht man ein auf dem Kopf stehendes Bild eines Gegenstandes, der sich vor dem Loch befindet. Wir nennen dieses mit Licht erzeugte Bild ein *optisches Bild*. Es unterscheidet sich von einem gemalten oder gedruckten Bild zum Beispiel dadurch, daß man es nicht aufbewahren oder wegtragen kann. Wir untersuchen es im folgenden Versuch.

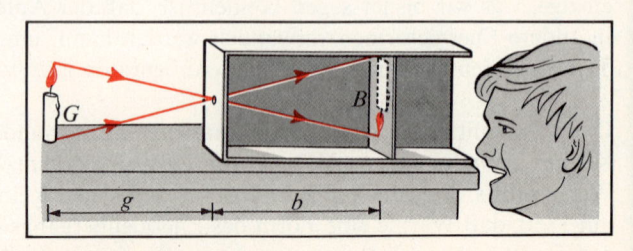

126.2 Lochkamera

§ 36 Das optische Bild 127

Versuch 3: Wir stellen ein Blech mit einem kleinen Loch, eine sogenannte Lochblende, auf und parallel dazu einen durchscheinenden Schirm. Als Gegenstand, den wir abbilden wollen, benutzen wir ein rückwärtig beleuchtetes **L** *(Abb. 127.1)*. Von jedem seiner Punkte geht Licht aus nach allen Seiten. Durch die feine Blendenöffnung dringt davon aber nur ein sehr schmales Lichtbündel und erzeugt auf dem Schirm einen klei-

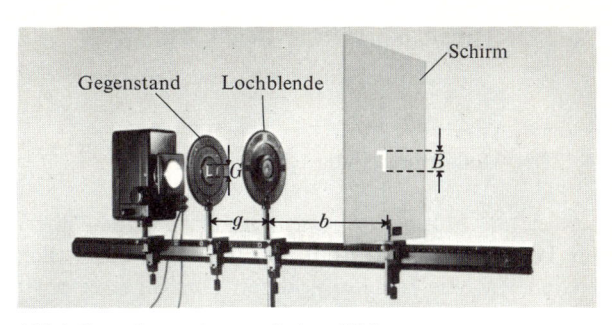

127.1 Entstehung eines optischen Bildes

nen Lichtfleck. Alle diese Flecke ordnen sich zueinander so an, wie ihre Ausgangsstellen im leuchtenden Gegenstand liegen, und ergeben zusammen das Bild des Gegenstandes. Da sich die Lichtbündel in der Blendenöffnung kreuzen, werden im Bild oben und unten, rechts und links vertauscht. Entsprechende Bild- und Gegenstandspunkte haben gleiche Farben. Auch die Helligkeit im Bild verteilt sich wie im Gegenstand. Wie von den Punkten des Gegenstandes, so geht auch von den Bildpunkten nach allen Seiten Licht aus. Man kann deshalb das Bild aus vielen Richtungen gleichzeitig sehen. Das Bild auf einer Mattscheibe kann man von beiden Seiten der Scheibe sehen.

Entsprechende Gegenstands- und Bildpunkte eines optischen Bildes bilden ähnliche Figuren, haben gleiche Farben und zeigen gleiche Helligkeitsverhältnisse.

Das durch eine Lochkamera erzeugte Bild ist umgekehrt und seitenvertauscht.

3. Der Abbildungsmaßstab

Versuch 4: Rücken wir in Versuch 3 den Gegenstand (**L**) von der Lochblende weiter weg, so wird sein Bild kleiner. Schieben wir den Schirm weiter weg, wird es größer. Dabei messen wir jedesmal die Höhe G des Gegenstands und die Höhe B seines Bildes. Der Quotient B/G ändert sich.

Der Quotient B/G wird als Abbildungsmaßstab A bezeichnet:

$$A = \frac{B}{G}. \tag{127.1}$$

Ist A zum Beispiel 2:1, so ist das Bild doppelt so hoch wie der Gegenstand, bei 1:2 nur halb so hoch. Der Abbildungsmaßstab gibt die lineare Vergrößerung oder Verkleinerung an.

Versuch 5: Wir messen in diesem Versuch auch noch den als Gegenstandsweite g bezeichneten Abstand der Blende vom Gegenstand (**L**) und die als Bildweite b bezeichnete Entfernung von der Blende zum Bild *(Abb. 127.1)*. Die Ergebnisse stellen wir in einer Meßreihe zusammen.

Der Quotient aus Bildweite und Gegenstandsweite ist stets gleich dem von Bildhöhe und Gegenstandshöhe:

$$A = \frac{B}{G} = \frac{b}{g}. \tag{127.2}$$

§ 37 Die Ausbreitung des Lichts

1. Die Modellvorstellung „Lichtstrahl"

Versuch 6: In einem Versuch nach *Abb. 126.1* tritt aus der Öffnung der Experimentierleuchte ein kegelförmiges Lichtbündel, das wir mit künstlichem Nebel sichtbar machen. Vor die Lampe stellen wir eine **Irisblende,** deren Durchmesser wir stetig verändern können *(Abb. 128.1)*. Verkleinern wir ihre Öffnung, so wird das ausgesonderte Lichtbündel immer schmäler. Wir können jedoch in der Praxis keine beliebig engen Lichtbündel herstellen. In Gedanken können wir aber das Verfahren beliebig fortsetzen. In der Vorstellung bleibt dann eine *geometrische Linie* übrig. Man nennt sie *Lichtstrahl*. Der Lichtstrahl ist eine rein gedankliche Vorstellung, eine Modellvorstellung. In Wirklichkeit gibt es nur Lichtbündel.

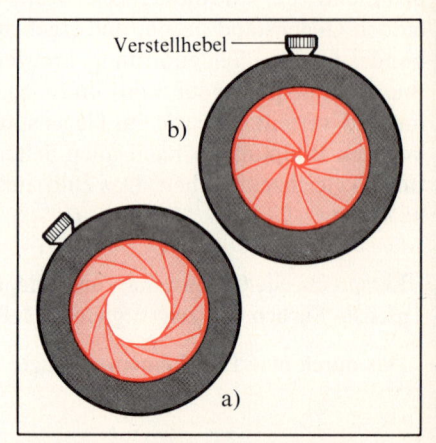

Lichtstrahlen können wir durch gezeichnete gerade Linien veranschaulichen. Nach *Abb. 126.2* können wir mit Lichtstrahlen das Bild eines Gegenstandes finden. Deshalb können wir mit den durch gerade Linien dargestellten Lichtstrahlen konstruieren wie in der Geometrie. Daher spricht man von einer **geometrischen Optik.**

128.1 Irisblende a) teilweise geöffnet, b) fast geschlossen. Am Verstellhebel können die rot gezeichneten Segmente etwas gedreht werden. Dadurch verkleinert sich die Öffnung.

2. Die geradlinige Ausbreitung des Lichts

Den Versuch 4 führten wir in einem homogenen Stoff aus (homos, griech.; gleich; genos, griech.; Art), nämlich in Luft von überall gleichem Luftdruck und gleicher Temperatur. In einem homogenen Stoff breitet sich das Licht geradlinig aus. Der Lichtstrahl gibt die Ausbreitungsrichtung des Lichts an.

Licht, das von einem Punkt her, zum Beispiel von einer kleinen Taschenlampenbirne ins Auge gelangt, ist immer ein kegelförmiges Bündel *(Abb. 128.2)*. Wir haben uns durch die dauernde Erfahrung so an die geradlinige Ausbreitung gewöhnt, daß wir den lichtaussendenden Punkt immer an der Stelle annehmen, das heißt „sehen", von der diese Strahlen herkommen oder herzukommen scheinen. Man sagt dann: „Ich sehe dort einen hellen Punkt!"

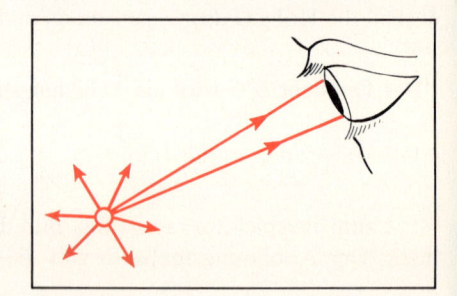

128.2 Wir „sehen" einen Punkt in der Richtung, aus der die Strahlen kommen.

In der Öffnung der Lochkamera kreuzen sich Lichtstrahlen, ohne sich gegenseitig zu stören.

> **Licht breitet sich von jedem Punkt einer Lichtquelle geradlinig und allseitig aus.**
> **Lichtstrahlen können sich gegenseitig durchdringen, ohne sich zu stören.**

3. Anwendungen

Die Eigenschaft des Lichts, sich geradlinig auszubreiten, wird im täglichen Leben vielfach angewendet. Der Schreiner sieht an der Kante eines Brettes entlang, um festzustellen, ob er gerade gehobelt hat. Ebenso können wir die Kante eines Lineals prüfen. Der Landmesser muß die rotweißen Fluchtstäbe im Gelände anvisieren (Abb. 129.1), bis ein Helfer sie in gerader Richtung hintereinander aufgestellt hat. Über Kimme und Korn visiert man mit dem Gewehr ein Ziel an, das heißt, man bringt Auge, Kimme, Korn und Ziel in eine gerade Linie.

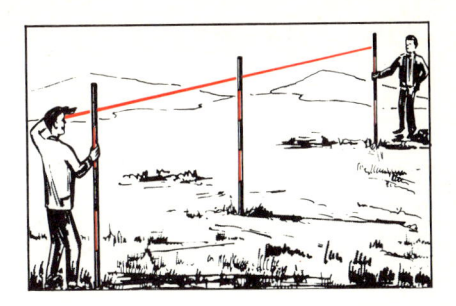

129.1 So visiert der Landmesser. Zur genaueren Messung benutzt er zusätzlich optische Instrumente.

4. Die Lichtgeschwindigkeit

Schaltet man eine Lampe ein, so wird es sofort im Raum hell. Es scheint so, als ob das Licht überhaupt keine Zeit brauche, um bis in alle Ecken zu gelangen. Tatsächlich ist es schwierig, auf solch kurze Entfernungen die Geschwindigkeit festzustellen, mit der sich das Licht ausbreitet, weil man dazu Bruchteile von Millionstelsekunden genau messen müßte. Bei sehr großen Entfernungen aber läßt sich die Zeit, die das Licht für den Weg braucht, bequem messen. Man kann zum Beispiel die Entfernung von der Erde zum Mond verwenden, die man mit Winkelmessungen von der Erdoberfläche aus bestimmen konnte. Sie beträgt 384 000 km.

Astronauten haben auf dem Mond einen Spiegel aufgestellt, der aus vielen Rückstrahlern besteht (wie sie uns zum Beispiel vom Fahrrad bekannt sind). Ein kurzer, von der Erde ausgesandter Lichtblitz läuft bis zum Spiegel und wird von ihm zur Erde zurück geschickt. Die Zeit, die das Licht für den Weg zum Mond und zurück, also für 768 000 km, braucht, wird gemessen. Sie beträgt 2,56 s. In einer Sekunde legt daher das Licht den 2,56. Teil von 768 000 km zurück, das sind etwa 300 000 km oder $3 \cdot 10^5$ km $= 3 \cdot 10^8$ m.

Das beschriebene Experiment kann man allerdings nicht mit herkömmlichen Lichtquellen durchführen. Man benötigt ein sehr intensives, exakt paralleles Lichtbündel. Dies wird heute nahezu erreicht mit dem sogenannten *Laserlicht*.

> **Die Lichtgeschwindigkeit beträgt etwa 300 000 km/s.**

Aufgaben:

1. *Warum stoppt ein Zeitnehmer beim Hundertmeterlauf die Zeit nicht nach dem Knall, sondern nach dem Rauch der Startpistole?*
2. *Wie lange braucht das Licht von der Sonne zur Erde? Die Entfernung der Erde von der Sonne beträgt $150 \cdot 10^6$ km.*
3. *In der Astronomie versteht man unter einem Lichtjahr die Strecke, die das Licht in einem Jahr zurücklegt. Wie groß ist sie? Vergleiche sie mit der Entfernung Erde — Sonne!*
4. *Der nächste Fixstern ist $40,7 \cdot 10^{12}$ km entfernt. Wieviel Lichtjahre sind das (s. Aufgabe 3!)?*
5. *Welche Richtung hat der in Abb. 129.1 eingezeichnete Lichtstrahl?*

§ 38 Der Schatten

1. Die verschiedenen Schatten

Durch die Glasscheibe im Fenster können wir alles, was sich draußen befindet, klar und deutlich sehen. Wir sagen, Fensterglas sei ein *durchsichtiger Stoff*. Es bleibt, wenn es nicht verschmutzt ist, selbst unsichtbar. Daher werden klare Glastüren meist durch Beschriftung oder andere Zeichen kenntlich gemacht. Durchsichtige Stoffe sind zum Beispiel auch Zellophan und Luft.

Ein Autofahrer kann bei Nebel andere Verkehrsteilnehmer nur schemenhaft wahrnehmen. Nebel läßt zwar Licht teilweise durch, *zerstreut* aber einen Teil an seinen feinen Tröpfchen nach allen Seiten. Zudem wird Licht *absorbiert* (absorbere, lat.; aufschlürfen). Nebel, Milch, Rauch, Pergamentpapier sind *durchscheinend*. Holz, Metalle, Hartgummi sind *undurchsichtig*.

Versuch 7: Wir untersuchen Schatten experimentell: Zunächst stellen wir eine leuchtende Kerze (oder ein kleines Glühlämpchen) vor einen Schirm und zwischen Schirm und Kerze ein Brettchen. Die in *Abb. 130.1a* gezeichneten Lichtstrahlen streifen an der Brettkante vorbei. Sie grenzen auf dem Schirm einen Bereich ab, in den kein Licht gelangt: den **Schatten.**

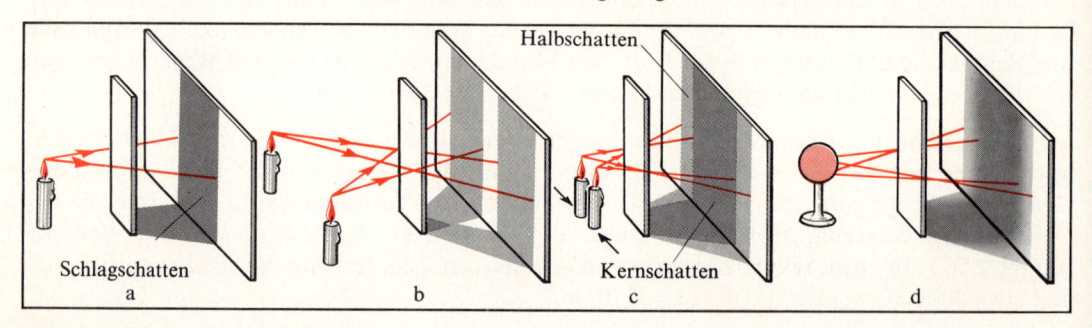

130.1 Verschiedene Arten des Schattens

Versuch 8: Entzünden wir eine zweite Kerze, so entsteht auch ein zweiter Schatten. Nähern wir die Kerzen einander, so wandern die Schatten aufeinander zu. Schließlich decken sie sich teilweise *(Abb. 130.1b und c)*. Der Schatten besteht jetzt aus einem dunklen **Kernschatten,** umgeben von einem etwas helleren **Halbschatten.** Die Übergänge zwischen ihnen sind hart.

Versuch 9: Beleuchten wir das Brett mit vielen dicht nebeneinander aufgestellten Kerzen, entsteht ein Schatten, der von der dunklen Mitte nach beiden Seiten stufenweise aufgehellt wird. Die vielen Kerzen können wir durch eine einzige, ausgedehnte Lichtquelle ersetzen *(Abb. 130.1d)*. Im Schattengebiet sind dann die Übergänge weich.

2. Mondphasen, Sonnen- und Mondfinsternisse

Der von der Sonne beleuchtete Mond zeigt uns eine wechselnde Gestalt, die sogenannten *Mondphasen*. Abb. 131.1 erläutert, was geschieht, während die der Sonne zugekehrte Hälfte des Mondes immer beleuchtet ist, die andere in seinem Körperschatten liegt: Bei den verschiedenen Stellungen

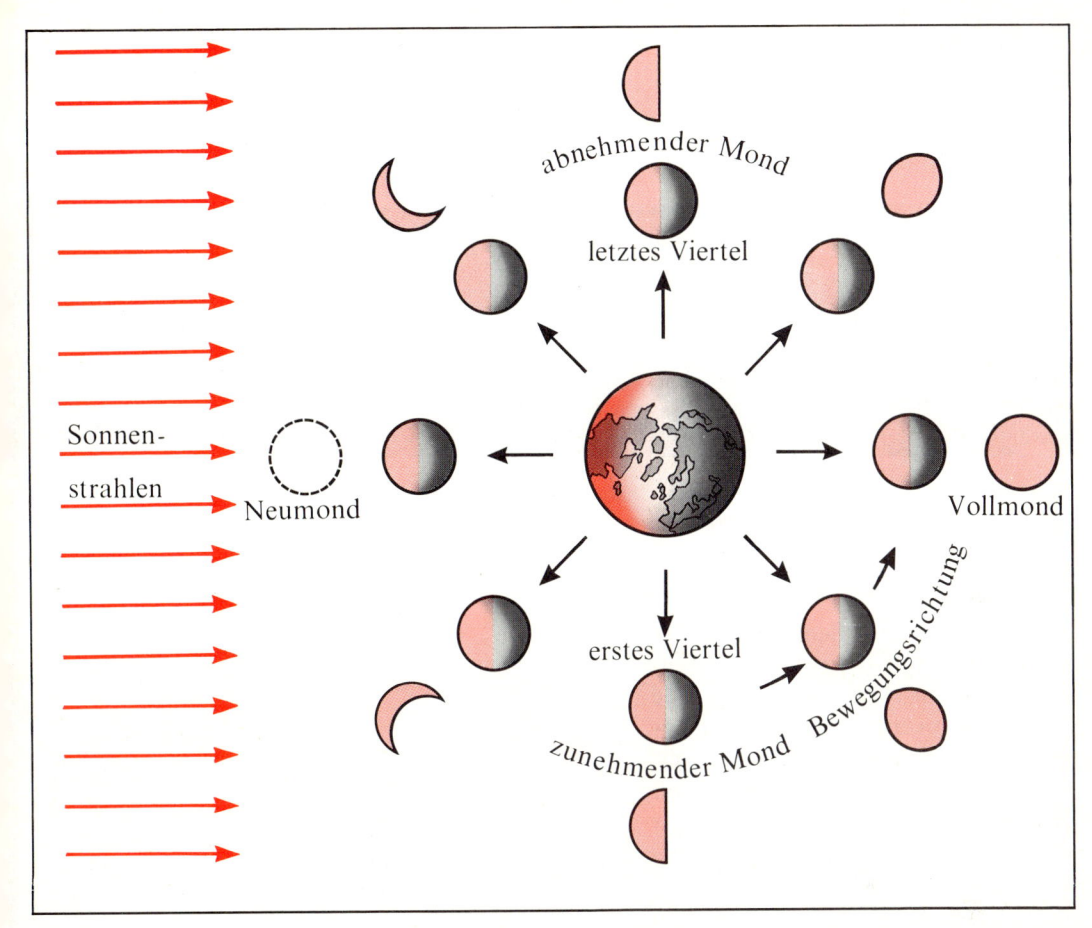

131.1 Entstehung der Mondphasen. Die schwarzen Pfeile geben die Blickrichtung von der Erde aus an. Beobachter sehen die im äußeren Kreis dargestellten Phasen des Mondes. (Die Abbildung ist nicht maßstäblich. Der Mond hat einen Abstand von 30 Erddurchmessern von der Erde! Da die Sonne von uns fast 400mal weiter entfernt ist als der Mond, können wir das von ihr einfallende Licht als parallel ansehen; links.)

von Sonne, Erde und Mond, die sich ergeben, wenn der Mond die Erde umkreist, sehen wir seinen beleuchteten Teil entweder voll *(Vollmond)*, teilweise *(zu- und abnehmender Mond)* oder gar nicht *(Neumond)*. Die Erde wirft im Sonnenlicht einen langen Schatten in den Weltraum. Wegen der großen Leuchtfläche der Sonne entstehen kegelförmige Kern- und Halbschatten. Tritt der Mond nach *Abb. 131.2* in den Erd-Kernschatten ein, so erleben wir eine *Mondfinsternis*, und zwar eine *totale* (totus, lat.; gänzlich), wenn der Mond vollständig, eine *partielle* (pars, lat.; Teil), wenn er auf seiner Bahn nur teilweise in den Kernschatten eintaucht. Der Durchgang durch den Halbschatten ist kaum merklich. Im Normalfall geht der Erdschatten am Mond vorbei.

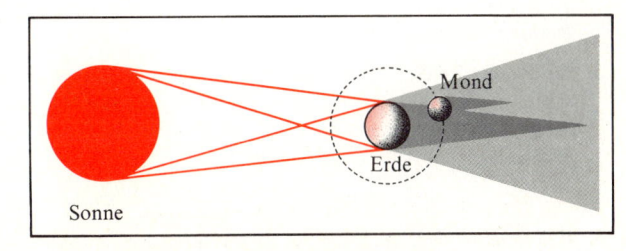

131.2 Mondfinsternis (nicht maßstabsgetreu)

Hinter dem Mond entsteht ein Schattenkegel, der gelegentlich über die Erde wandert *(Abb 132.2)*. Dabei kann der Halbschatten eine Breite erreichen, die dem Erdradius entspricht, während der größte Durchmesser des Kernschattens nur 246 km beträgt. Im Gebiet des Kernschattens tritt eine *totale Sonnenfinsternis* ein. Ein Beobachter im Halbschatten erlebt eine *partielle Sonnenfinsternis*, denn für ihn bleibt ein sichelförmiger Teil der Sonne unbedeckt.

132.1 11 Bilder einer totalen Sonnenfinsternis, aufgenommen im Abstand von 10 Minuten. Der nur teilweise in seinem Umriß erkennbare Mond schiebt sich — von rechts kommend — immer weiter vor die Sonne, bis er sie im 6. Bild völlig verdeckt. Die über den Sonnenrand hinausstrahlende, sonst nicht sichtbare Korona der Sonne überstrahlt die Aufnahme infolge der hier längeren Belichtungszeit.

Daß wir nicht bei jedem Umlauf des Mondes, also alle 4 Wochen, eine Finsternis erleben, liegt daran, daß die Mondbahn um etwa 5° gegen die Bahnebene der Erde geneigt ist. Meist geht der Mondschatten an der Erde vorbei. Die nächste totale Sonnenfinsternis können wir in Deutschland 1999 beobachten.

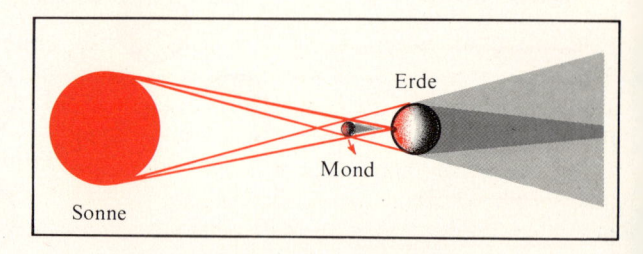

132.2 Sonnenfinsternis (nicht maßstabsgetreu)

Aufgaben:

1. *Beurteile hinsichtlich ihrer Durchsichtigkeit: Seidenpapier, Ölpapier, Schreibpapier, Pappe, Qualm, Eis, Kaffee, Tee!*
2. *Eine Mattscheibe ist infolge von Unebenheiten der rauhen Seite durchscheinend. Wie verhält sie sich, wenn auf diese Seite Öl in dünner Schicht aufgetragen wird? Was geschieht, wenn man bei der Lochkamera die Mattscheibe durch eine saubere Glasscheibe ersetzt? Was ist der Fall, wenn man diese Scheibe mit Bärlappsamen oder Mehl bestäubt?*
3. *Wie sieht der Schatten einer Kreisfläche aus, die man im Licht einer Taschenlampe (ohne Glaslinse) dreht, wie aber der Schatten eines Tischtennisballs? Was folgt aus der Beobachtung, daß bei Mondfinsternissen der Erdschatten auf dem Mond immer kreisförmig begrenzt erscheint, für die Gestalt der Erde?*
4. *Warum kann eine Mondfinsternis nur bei Vollmond, eine Sonnenfinsternis nur bei Neumond eintreten?*
5. *Wie muß bei dem in Abb. 130.1b gezeigten Versuchsaufbau der Schirm verschoben werden, damit auf ihm ein Kernschatten entsteht?*

§ 39 Die Reflexion des Lichts am ebenen Spiegel

Im Spiegel sehen wir unser eigenes Bild. Auch eine ruhig stehende Wasserfläche spiegelt die Dinge der Umgebung. Ebenso können Glasscheiben und blanke Metallflächen als Spiegel wirken. Sie müssen nur glatt, am besten poliert sein. Wir betrachten zunächst nur ebene Spiegel, auch *Planspiegel* genannt. Für den üblichen Gebrauch sind sie aus Glas hergestellt, das auf der Rückseite versilbert und mit einer Schutzschicht überzogen ist.

1. Eigenschaften des Spiegelbildes

Kinder suchen hinter einem Spiegel nach dem, was sie darin sehen. Erst die Erfahrung zeigt ihnen, daß sie das Gesehene dort nicht finden. Das Bild kann auch nicht auf einem Schirm aufgefangen werden.

Versuch 10: Wir stellen eine saubere Glasscheibe vertikal auf und davor eine Kerze. Blicken wir auf die Scheibe, sehen wir hinter ihr ein aufrechtes Bild der Kerze. Nähern wir von hinten eine genau gleiche Kerze bis sie sich mit dem Bild deckt, so stimmen ihre Größen überein. Zünden wir die vordere Kerze an, dann sieht es für alle Beobachter, die durch das Glas schauen, so aus, als ob die zweite Kerze auch brenne. Wir zeichnen auf einem Papierstreifen, der unter der Scheibe auf dem Tisch liegt, die Verbindungsstrecke zwischen den Kerzen. Sie steht senkrecht auf der Scheibe und wird von ihr halbiert. Diese Stellung von Kerze und Bild nennt man *spiegelsymmetrisch (Abb. 133.1)*.

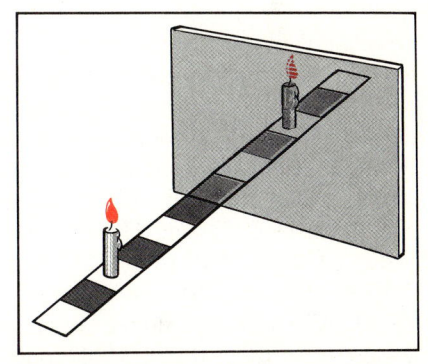

133.1 Spiegelbild einer Kerze; der Maßstab steht senkrecht zur Ebene der Glasplatte.

2. Die Reflexion eines Lichtstrahls

Versuch 11: Wir wollen herausfinden, wie ein Spiegelbild entsteht. Dazu beobachten wir zunächst einen einzelnen Lichtstrahl, der auf einen ebenen Spiegel fällt. Wir benutzen eine optische Scheibe. Das ist eine Platte, auf der eine Kreisteilung in Winkelgraden und zwei aufeinander senkrechte Durchmesser aufgezeichnet sind. In ihrem Schnittpunkt befestigen wir einen kleinen ebenen Spiegelstreifen so, daß die Spiegelfläche senkrecht zur Scheibe steht. Das Lot darauf ist der Durchmesser, der zum Winkelgrad Null geht. Aus unserer Experimentierleuchte lassen wir ein schmales Lichtbündel von links schräg auf den Spiegel treffen, den *einfallenden Strahl*. Wir verschieben die Anordnung so, daß der Strahl

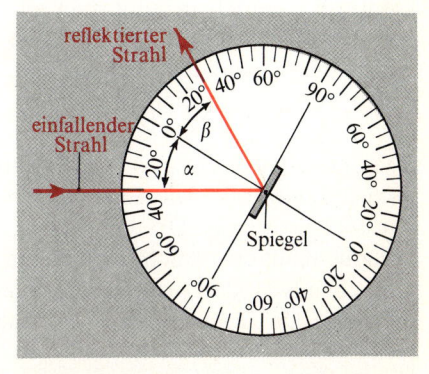

133.2 Reflexion des Lichts am ebenen Spiegel auf der optischen Scheibe. Scheibe samt Spiegel werden gedreht.

über die Scheibe streift und diese in einem schmalen hellen Band aufleuchtet. Zugleich geht dann vom Spiegel ein Strahl nach oben weg, der *reflektierte Strahl* (reflectere, lat.; zurückbeugen). Die Strahlen und das Lot auf dem Spiegel, das sogenannte *Einfallslot*, liegen dann in der durch die Scheibe bestimmten Ebene *(Abb. 133.2)*.

1. Reflexionsgesetz: Einfallender Strahl, Einfallslot und reflektierter Strahl liegen in einer Ebene.

Versuch 12: Wir nennen nach Übereinkunft den Winkel zwischen Lot und einfallendem Strahl den *Einfallswinkel* α und den Winkel zwischen Lot und reflektiertem Strahl den *Reflexionswinkel* β. Dann finden wir immer $\alpha = \beta$, und zwar unabhängig vom Einfallswinkel. Das Einfallslot ist Symmetrieachse zwischen einfallendem und reflektiertem Strahl. — Läßt man das Licht umgekehrt gegen die Richtung des vorher reflektierten Strahls auf den Spiegel fallen, so wird es längs des vorher einfallenden Strahls reflektiert: *Der Lichtweg ist umkehrbar.*

2. Reflexionsgesetz: Beim ebenen Spiegel sind Einfalls- und Reflexionswinkel gleich.

3. Die Entstehung eines Bildpunktes beim ebenen Spiegel

Strahlen, die von einem leuchtenden Punkt L ausgehen, werden an einem Spiegel reflektiert und treffen nach *Abb. 134.1* in ein Auge. Für dieses Auge scheinen die reflektierten Strahlen von einem Punkt B herzukommen. Es „sieht" einen leuchtenden Punkt B hinter der Spiegelfläche. Dieser Punkt B liegt symmetrisch zu L. B läßt sich konstruieren *(Abb. 134.2)*. Nach dem Reflexionsgesetz ist $\alpha = \beta$. Außerdem gilt $\alpha' = \beta$ (Scheitelwinkel), folglich ist $\alpha = \alpha'$. Dies gilt für jeden von L ausgehenden Strahl. Wir erhalten daher die nach rückwärts verlängerten Strahlen durch Umklappen der einfallenden Strahlen um die Achse Sp, so daß B genau so weit hinter dem Spiegel liegt wie L davor. Die Strecke $\overline{LB}$ steht immer senkrecht zum Spiegel. Das Bild eines ausgedehnten Gegenstandes kann nunmehr punktweise konstruiert werden. Klappt man an der Linie, die den Spiegel darstellt, um, so decken sich Bild und Gegenstand. Beide, Bild und Gegenstand, sind daher kongruent, also genau gleich groß.

Das Spiegelbild weist zwar alle Eigenschaften eines optischen Bildes auf. Die Lichtstrahlen kommen jedoch nur scheinbar vom Ort des Bildes. Deshalb kann es auch nicht auf einem Schirm aufgefangen werden. Es ist nur scheinbar oder **virtuell** vorhanden (virtuel, franz.; möglich). Das Bild in der Lochkamera heißt dagegen **reell** (réel, franz.; wirklich), weil vom Bildort tatsächlich Strahlen ausgehen.

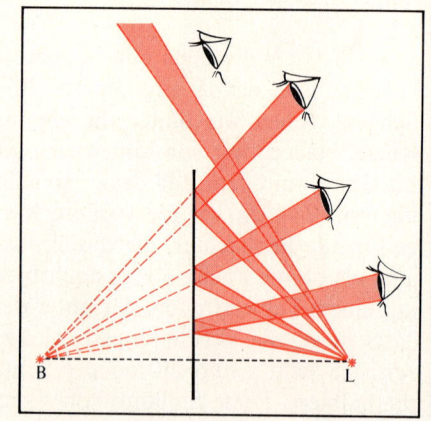

134.1 Lage des virtuellen Bildpunktes beim ebenen Spiegel. Das Auge ganz oben erhält keine Lichtstrahlen, die von L aus zunächst auf den Spiegel fallen. Es sieht deshalb auch kein Bild im Punkt B.

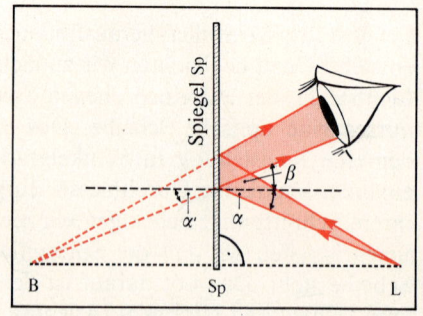

134.2 Konstruktion des Bildpunktes nach geometrischen Überlegungen

> Ein virtuelles Bild setzt sich aus virtuellen Bildpunkten zusammen. **Jeder Bildpunkt hinter dem Spiegel ist Schnittpunkt von Geraden, die rückwärtige Verlängerungen der reflektierten, ins Auge fallenden Lichtstrahlen sind.**

Aufgaben:

1. *Wie viele Bilder zeigt bei genauem Zusehen ein Spiegel aus dickem Kristallglas? Betrachte das Bild Deines Fingers, der sich dem Spiegel von der Seite her nähert!*
2. *Auf welche Entfernung muß man den Fotoapparat einstellen, wenn man sein Spiegelbild fotografieren will?*
3. *Um wieviel Grad dreht sich der reflektierte Strahl, wenn der Spiegel um 10°, 30° gedreht wird? Die Beobachtungen sollen durch einen Versuch nachgeprüft werden! Ein Taschenspiegel wird über einem Winkelmesser gedreht. (Drehachse senkrecht im Mittelpunkt des Winkelmessers.)*
4. *Wann stehen beim ebenen Spiegel einfallender und reflektierter Strahl senkrecht aufeinander?*

§ 40 Die Reflexion des Lichts an gekrümmten Spiegeln

Nicht alle Spiegel sind Planspiegel. In der versilberten Weihnachtskugel sieht man verkleinert das ganze Zimmer. In der spiegelnden Radkappe eines Autos und dem Verkehrsspiegel an unübersichtlichen Straßenkreuzungen erblickt man ein verkleinertes Bild, das mehr von der Umgebung als das Bild in einem gleichgroßen Planspiegel zeigt. Diese Spiegel sind nach vorn gewölbt, sie sind **erhaben** oder **konvex** (convexus, lat.; gewölbt). Wir nennen sie **Wölbspiegel** oder *erhabene Spiegel*. Im Rasierspiegel kann man sich vergrößert betrachten. Seine hohle Seite zeigt dabei zum Betrachter. Es ist ein **Konkav-** oder **Hohlspiegel** (concavus, lat.; hohl). Wir betrachten zunächst nur Spiegelflächen, die Teile einer Kugel sind, sogenannte **sphärische Spiegel** (sphaira, griech.; Kugel).

1. Der Strahlengang beim Hohlspiegel

Wir verabreden einige Bezeichnungen für den Hohlspiegel *(Abb. 135.1)*. Den *Kugel-* oder *Krümmungsmittelpunkt* bezeichnen wir mit M, die Mitte des Spiegels, auch *Scheitel* genannt, mit S. Die Gerade SM heißt *optische Achse*, der Radius $\overline{AM} = \overline{BM}$ *Krümmungsradius* und ⟨ AMB *Öffnungswinkel* des Spiegels.

Der Krümmungsradius wird meist groß gegen den Bogen AB gewählt. Dann ist der Spiegel flach gewölbt und der Öffnungswinkel klein. Unsere Versuche werden mit solchen *Hohlspiegeln* ausgeführt.

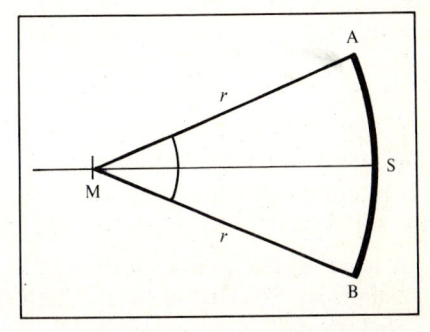

135.1 Schnitt durch einen Hohlspiegel mit den Punkten A, S und B. Der Scheitel S ist die Spiegelmitte; M liegt vor dem Spiegel.

Versuch 13: Mit einem Hohlspiegel können wir aus den parallelen Sonnenstrahlen einen hellen Lichtfleck erzeugen, auf einem Stück Papier, das wir vor den Spiegel halten. Durch Probieren finden wir eine Stelle, an der der Fleck fast zu einem Punkt zusammenschrumpft. Diese Stelle wird so heiß, daß das Papier entflammt. Wir nennen den Punkt **Brennpunkt** F oder **Fokus** (focus, lat.; Herd). Sein Abstand vom Spiegel heißt **Brennweite** f.

Abb. 136.2 erläutert den Verlauf eines achsenparallel auf einen Hohlspiegel einfallenden Strahls. Es entsteht wie beim ebenen Spiegel ein reflektierter Strahl. In der Schnittfigur durch den Hohlspiegel nach *Abb. 136.2* dürfen wir daher die Auftreffstelle A des Strahls als kleinen ebenen Spiegel betrachten. Dieser liegt tangential zum Hohlspiegel. Das Einfallslot liegt in Richtung des Radius und geht durch M. Der einfallende Strahl wird nach dem Reflexionsgesetz reflektiert und trifft die optische Achse in C. Das Einfallslot ist Winkelhalbierende zwischen den einfallenden und reflektierten Strahlen.

Hier erweist es sich, wie sinnvoll es war, Einfalls- und Reflexionswinkel vom Lot aus zu messen. C ist die Stelle, an der wir in Versuch 13 das Papier entflammen

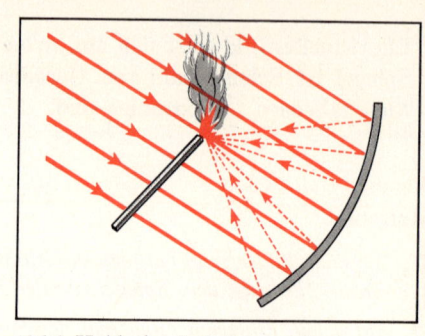

136.1 Hohlspiegel als Brennspiegel

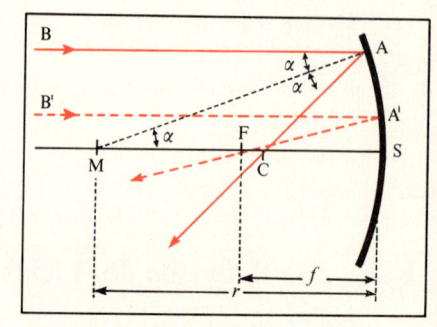

136.2 Zur Reflexion am Hohlspiegel

konnten. Durch Ausmessen finden wir, daß der Abstand $\overline{CS}$ etwa die Hälfte vom Krümmungsradius beträgt (Aufgabe Seite 138). Man definiert für den Hohlspiegel einen exakt festgelegten Brennpunkt F durch folgende Überlegung: In *Abb. 136.2* ist ⊀ BAM der Einfallswinkel α, der als Reflexionswinkel ⊀ MAC und als Wechselwinkel an Parallelen ⊀ AMC nochmals auftreten muß.

$$\sphericalangle \text{BAM} = \sphericalangle \text{CAM} = \sphericalangle \text{AMC} = \alpha.$$

Daher ist das Dreieck AMC gleichschenklig, das heißt $\overline{CA} = \overline{CM}$. Verläuft nun der Strahl BA immer näher zur Achse, so nähert sich $\overline{CA}$ immer mehr $\overline{CS}$. Wenn schließlich $\overline{CS} = \overline{CA}$ gesetzt werden darf, ist C der Brennpunkt F. ($\overline{SA}$ ist dann klein gegen $\overline{SC}$, das heißt der Spiegel hat einen kleinen Öffnungswinkel.) Daher gilt $\overline{CM} = \overline{CA} \approx \overline{CS}$. Dies ist in *Abb. 136.2* für A′ nahezu erreicht. C liegt dann nahezu in der Mitte zwischen S und M. Deshalb nennt man den Mittelpunkt der Strecke $\overline{SM}$ den **Brennpunkt F**. Für seinen Abstand zum Spiegel, die **Brennweite** $f = \overline{FS}$, gilt:

$$f = \frac{r}{2}.$$

Bei einem sog. **Parabol-Spiegel** dagegen vereinigen sich *alle* achsenparallel einfallenden Strahlen, nicht nur die achsennahen, exakt in dessen Brennpunkt (siehe Autoscheinwerfer *Abb. 137.4*).

Bei einem sphärischen Hohlspiegel mit kleinem Öffnungswinkel schneiden sich achsenparallel einfallende Strahlen nach der Reflexion nahezu im Brennpunkt. Die Brennweite ist halb so groß wie der Krümmungsradius:

$$f = \frac{r}{2}. \tag{136.1}$$

§ 40 Die Reflexion des Lichts an gekrümmten Spiegeln 137

Der Strahlengang von nicht achsenparallel einfallenden Strahlen läßt sich wie in *Abb. 136.2* nach dem Reflexionsgesetz konstruieren. Ein durch M einfallender Strahl, zum Beispiel in Richtung MA, ein sogenannter Mittelpunkts- oder Zentralstrahl, ist nach *Abb. 136.2* zugleich Einfallslot. Er wird daher in sich selbst reflektiert.

Versuch 14: Wir lassen Strahlen durch den Brennpunkt auf den Hohlspiegel fallen. Sie treffen dort auf, als wenn sie vom Brennpunkt ausgingen. Den Spiegel verlassen sie achsenparallel:

> **Strahlen, die vom Brennpunkt ausgehen, werden achsenparallel.**

2. Der Hohlspiegel als Scheinwerfer

Versuch 15: Wir bringen in den Brennpunkt eines Hohlspiegels ein kleines Glühlämpchen. Die von ihm ausgehenden Strahlen sind **divergent** (di=dis, lat.; auseinander; vergere, lat.; sich neigen), sie verlaufen kegelförmig zum Spiegel hin *(Abb. 137.1)*. Die reflektierten Strahlen verlassen ihn achsenparallel, denn es handelt sich um die Umkehrung des Weges von achsenparallel einfallenden Strahlen.

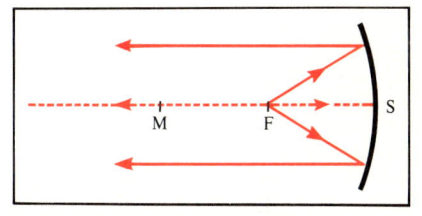

137.1 Parallel ausfallende Strahlen

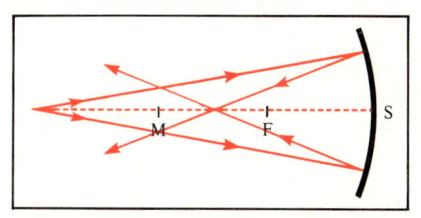

Schieben wir die Lichtquelle weiter vom Spiegel weg *(Abb. 137.2)*, so wird das reflektierte Strahlenbündel **konvergent** (con, lat.; zusammen), das heißt, die Strahlen schneiden sich. Rücken wir dagegen die Lichtquelle von F nach dem Spiegel hin, dann sind die reflektierten Strahlen nur schwächer divergent als die einfallenden Strahlen *(Abb. 137.3)*. Die Eigenschaft des Hohlspiegels, Licht zu bündeln, nutzt man unter anderem beim Scheinwerfer aus.

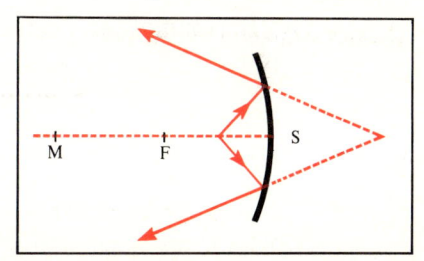

137.2 Konvergent ausfallende Strahlen

> **Hohlspiegel machen Strahlenbündel konvergent oder schwächer divergent.**

137.3 Divergent ausfallende Strahlen

Autoscheinwerfer enthalten eine Zweifadenlampe *(Abb. 137.4)*. Links ist die Wendel für das *Fernlicht* eingeschaltet; das Licht geht nach der Reflexion etwa parallel zur optischen Achse vom Scheinwerfer weg und wird durch die Riffelung der nicht eingezeichneten Abschlußscheibe vor allem in der Horizontalen gestreut. Es beleuchtet die Fahrbahn auf große Entfernungen, blendet aber den Gegenverkehr. Beim *Abblenden* wird das Licht durch ein Blech unter der jetzt eingeschalteten zweiten Wendel abgeschirmt (rechts). Sie liegt etwas außerhalb der Brenn-

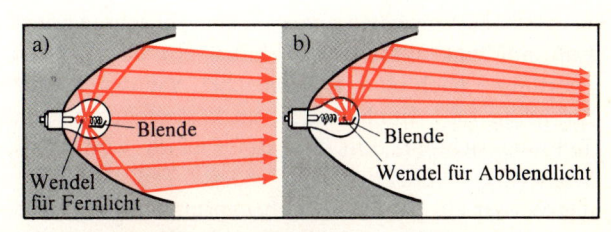

137.4 Autoscheinwerfer: a) Fernlicht, b) Abblendlicht. Die Lampe für Standlicht ist nicht gezeichnet.

weite f; ihr Licht verläßt den Scheinwerfer deshalb zunächst deutlich konvergent und wird nach einem Vereinigungspunkt schwach divergent *(Abb. 137.2)*. Da es nach der Reflexion nach unten fällt, werden nur die naheliegenden Teile der Fahrbahn beleuchtet.

3. Strahlengang beim erhabenen Spiegel

Versuch 16: Wir bringen auf der optischen Scheibe ähnlich wie in Versuch 11 einen kreisförmig gebogenen, spiegelnden Metallstreifen an, die erhabene Seite den einfallenden Strahlen zugewandt. Dann lassen wir Strahlen aus verschiedenen Richtungen auf den Spiegel fallen *(Abb. 138.1)*. Dabei finden wir:

Erhabene Spiegel machen Strahlenbündel stärker divergent.

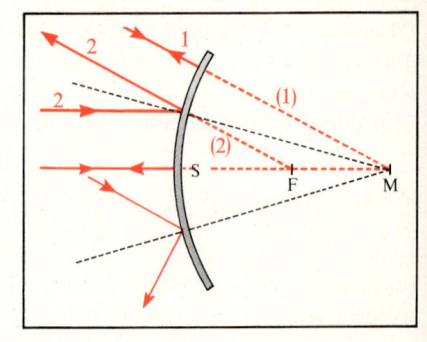

138.1 Reflexion am erhabenen Spiegel

Aufgabe:

Prüfe die Angabe, daß in Abb. 136.2 der Punkt C den Krümmungsradius angenähert halbiert, in einer entsprechenden Zeichnung nach, in der der Radius 15 cm und der Abstand optische Achse — Parallelstrahl 5 cm betragen!

§ 41 Die Brechung des Lichts

1. Das Verhalten eines Lichtstrahls beim Übergang von einem Stoff in einen anderen

Versuch 17: Wir stellen einen Stab schräg in ein Gefäß mit Wasser. Betrachten wir die Anordnung von vorne oben, so scheint der Stab an der Wasseroberfläche geknickt zu sein, und zwar so, als ob der eingetauchte Teil des Stabs gehoben wäre *(Abb. 138.2)*. Zur Erklärung dieser Erscheinung untersuchen wir, wie sich Lichtstrahlen verhalten, wenn sie von *einem* durchsichtigen Stoff in einen *anderen* durchsichtigen Stoff übertreten.

Versuch 18: Wir lassen einen Lichtstrahl schräg aus der Luft auf eine Wasserfläche fallen. In der Versuchsanordnung nach *Abb. 139.1* machen wir den Weg des Strahls in Luft durch Rauch, im Wasser durch leichte Trübung sichtbar. Ein Teil des Lichtes wird an der Wasserfläche reflektiert. Ein anderer Teil aber tritt in das Wasser ein. Er ändert dabei sprunghaft seine Richtung. Man sagt, *er wird gebrochen*. Im Wasser läuft dann der Strahl geradlinig weiter.

138.2 In Wasser getauchter Stab

§ 41 Die Brechung des Lichts

Versuch 19: Wir untersuchen jetzt den Strahlengang auf der optischen Scheibe, auf der wir nach *Abb. 139.3* ein Glasstück mit halbkreisförmigem Querschnitt befestigen. Die Nullgradlinie soll dabei im Mittelpunkt M senkrecht auf dem Durchmesser des Halbkreises stehen. Diese Gerade ist somit Einfallslot für jeden Lichtstrahl, der im Fußpunkt M des Lotes auftrifft. Wir verwenden einfarbiges Licht.

Ein Strahl, der aus der Luft in Richtung des Lotes, also senkrecht, auf das Glas trifft, verläuft geradlinig ungebrochen weiter. Beim Verlassen des Glaskörpers trifft er in Richtung des Radius, also wieder senkrecht, auf die Grenzfläche gegen Luft und wird wiederum nicht gebrochen. Gleiches gilt für alle Strahlen, die von M aus auf den Halbkreis fallen. Diese Strahlen treten nur dann ungebrochen aus dem Glaskörper aus, wenn er die besondere Form eines Halbzylinders hat.

Ein Strahl, der wie in *Abb. 139.3* schräg auftrifft, wird ähnlich gebrochen wie beim Übergang in Wasser. Wir nennen den Winkel zwischen ihm und dem Einfallslot den **Einfallswinkel** α, den zwischen Lot und gebrochenem Strahl den **Brechungswinkel** β. Der einfallende Strahl, der gebrochene Strahl und das Einfallslot liegen immer in einer Ebene. Der Brechungswinkel ist kleiner als der Einfallswinkel.

> **Ein Lichtstrahl wird beim Übergang von Luft in Wasser zum Lot hin gebrochen, und zwar um so mehr, je flacher der einfallende Strahl auf die Grenzfläche trifft.**

In einer Meßreihe ermitteln wir Werte zusammengehöriger Einfalls- und Brechungswinkel, ordnen sie in *Tabelle 140.1* und stellen den Zusammenhang zwischen den Winkeln graphisch dar *(Abb. 140.1)*.

Andere durchsichtige, homogene Stoffe, zum Beispiel Wasser, zeigen bei gleichem Einfallswinkel einen größeren, Diamant einen kleineren Brechungswinkel als Glas. Der Stoff, in dem der Brechungswinkel kleiner ist, heißt das optisch dichtere Mittel oder Medium. Im *Schaubild 140.1* erkennen wir den optisch dichteren Stoff daran, daß die zugehörige Kurve tiefer liegt. Entsprechend bezeichnet man in *Abb. 139.2* Wasser gegenüber Luft als optisch dichter, weil der Winkel β in Wasser kleiner als der Winkel α in Luft ist.

139.1 Diese Versuchsanordnung zeigt, wie Licht von Luft in Wasser übergeht: Es wird „gebrochen".

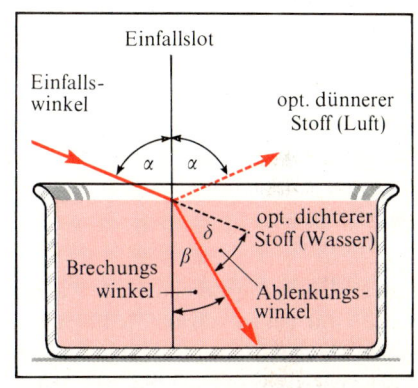

139.2 Von einem auf die Wasseroberfläche treffenden Lichtstrahl wird ein kleiner Teil reflektiert, der Hauptteil zum Einfallslot hin gebrochen. Für den Winkel δ, um den das gebrochene Licht abgelenkt wurde, gilt $\delta = \alpha - \beta$.

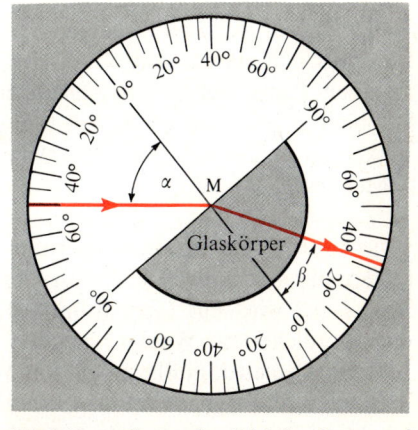

139.3 Darstellung der Lichtbrechung auf der optischen Scheibe

140 Optik

Tabelle 140.1

Lichtbrechung beim Übergang			Ablenkung in Glas gegenüber Luft
von Luft	in Wasser	in Glas	
Einfallswinkel α	Brechungswinkel β		$\delta = \alpha - \beta$
0°	0°	0°	0°
20°	14,8°	13,2°	6,8°
40°	28,8°	25,4°	14,6°
60°	40,5°	35,3°	24,7°
80°	47,6°	41,0°	39,0°
90°	48,6°	41,8°	48,2°

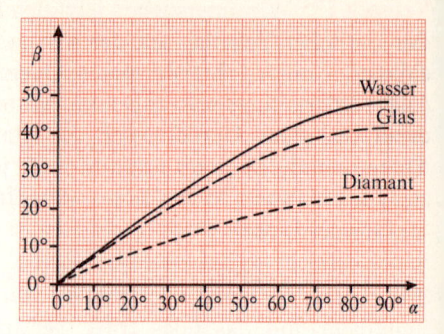

140.1 Graphische Darstellung des Zusammenhangs zwischen Einfallswinkel und Brechungswinkel beim Übergang des Lichts von Luft in einen anderen Stoff

Versuch 20: Wir drehen im Versuch 19 die optische Scheibe um 180°, so daß ein Lichtstrahl jetzt senkrecht auf die kreisförmige Seite des Glaskörpers trifft. Er verläuft radial zum Mittelpunkt M des Glases. Nun wählen wir aus der *Tabelle 140.1* einen der dortigen Brechungswinkel β als Einfallswinkel und suchen in der Luft den zugehörigen Brechungswinkel. Er stimmt mit dem früheren Einfallswinkel α der Tabelle überein. Dies trifft auch bei den anderen Winkeln aus der Tabelle zu.

> **Beim Übergang aus einem Stoff in einen anderen werden Lichtstrahlen (im allgemeinen) gebrochen, und zwar um so stärker, je flacher sie auf die Grenzfläche beider Stoffe auftreffen. Der Stoff, in dem sie den kleineren Winkel mit dem Lot bilden, heißt das optisch dichtere Mittel (Medium), der andere das optisch dünnere Mittel (Medium). Einfallender Strahl, Einfallslot und gebrochener Strahl liegen in einer Ebene. Auch bei der Brechung ist der Lichtweg umkehrbar.**

2. Der Grenzwinkel der Totalreflexion

In der *Tabelle 140.1* fällt auf, daß bei der Brechung zwar im optisch dünneren Mittel der Einfallswinkel bis 90° wachsen kann, der Brechungswinkel aber stets unter 90° bleibt. Was wird geschehen, wenn wir den Versuch umkehren und den Einfallswinkel im optisch dichteren Mittel bis 90° ändern?

Versuch 21: Eine in ein Aquarium getauchte Lampe sendet durch mehrere Schlitzblenden Licht aus. Nach *Abb. 140.2* wird ein Lichtstrahl beim Übergang vom optisch dichteren Wasser in die optisch dünnere Luft bei kleinen Einfallswinkeln im Wasser aufgespalten in einen gebrochenen und einen reflektierten Strahl. Dagegen werden Strahlen, die flacher als Strahl 2 in *Abb. 140.2* auftreffen, nur noch reflektiert. Man sagt, sie werden *total reflektiert* (totus, lat.; gänzlich). Nach *Tabelle 140.1* beträgt der Grenzwinkel für Wasser 48,6°.

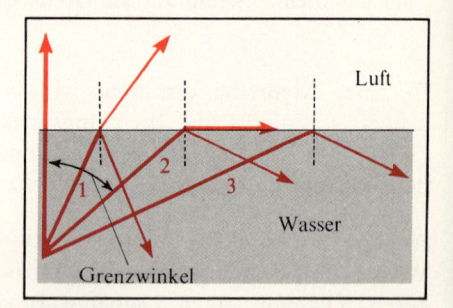

140.2 Strahl 2 tritt zum Teil entlang der Oberfläche aus, der größte Teil wird reflektiert. Strahl 3 wird total reflektiert.

§ 41 Die Brechung des Lichts 141

Versuch 22: Auf der optischen Scheibe befestigen wir das halbzylindrische Glasstück von Versuch 26 so, daß ein Strahl senkrecht auf die gekrümmte Fläche fällt *(Abb. 141.1)*. Lassen wir den Einfallswinkel im Glas durch Drehen der Scheibe von 0° anwachsen, so wird zunächst zwar ein schwacher Teil des Lichtes in das Glas zurückgeworfen, der größere Teil tritt aber als gebrochener Strahl in die Luft über. Mit wachsendem Einfallswinkel α nimmt die Helligkeit des reflektierten Strahls zu, die des gebrochenen ab. Der Brechungswinkel β wird schnell größer. Erreicht er 90°, so streift der gebrochene Strahl über die Grenzfläche. Der zugehörige Einfallswinkel beträgt jetzt 42°. Er heißt *Grenzwinkel der Totalreflexion*. Ist der Einfallswinkel größer als der Grenzwinkel der Totalreflexion, so werden alle Lichtstrahlen in das Glas zurückgeworfen. Diese Strahlen nennt man totalreflektierte Strahlen. Sie sind ebenso hell wie die einfallenden Strahlen. An der Scheibe können wir ablesen, daß auch hier gilt: **Einfallswinkel = Ausfallswinkel.**

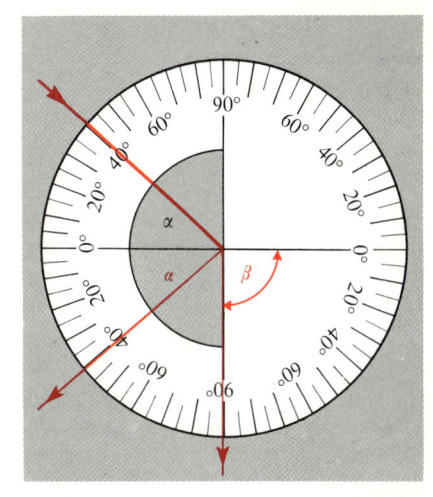

141.1 Der Einfallswinkel α ist Grenzwinkel der Totalreflexion. Der Brechungswinkel β beträgt 90°, der gebrochene Strahl tritt streifend aus.

Totalreflexion tritt ein, wenn Licht aus einem optisch dichteren Mittel kommend auf die Grenzfläche zu einem optisch dünneren Mittel trifft und der Grenzwinkel der Totalreflexion überschritten ist. Das Reflexionsgesetz am ebenen Spiegel gilt auch für total reflektierte Lichtstrahlen.

Aufgaben:

1. *Zeichne mit Hilfe des Schaubildes in Abb. 140.1 oder der Tabelle dazu den gebrochenen Strahl beim Übergang des Lichtes von Luft in Glas bei einem Einfallswinkel von 35° (20°)!*

2. *Zeichne den gebrochenen Strahl beim Übergang von Luft in Glas und Diamant für die Einfallswinkel 20° und 60°! Verwende dabei die Angaben der Tabelle 140.1!*

3. *Warum können wir einen Glasstab in Luft oder Wasser sehen, obwohl Glas durchsichtig ist?*

4. *Bestimme aus Abb. 141.2 und mit Hilfe des Schaubildes 140.1 den unbekannten Stoff!*

5. *Halte das Rohrende eines Glastrichters zu und tauche ihn umgekehrt unter Wasser! Beobachte von oben die Totalreflexion an der schrägen Trichterwand (Abb. 141.3)!*

6. *Stelle hinter ein größeres, mit Wasser gefülltes Aquarium oder Einmachglas eine brennende Kerze und blicke von der Vorderseite schräg von unten gegen die Wasserfläche! Wo scheint das Bild der Kerze zu liegen? Erkläre die Beobachtung!*

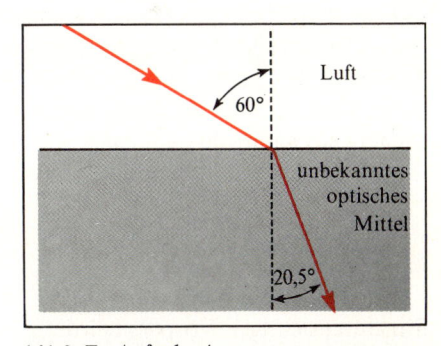

141.2 Zu Aufgabe 4

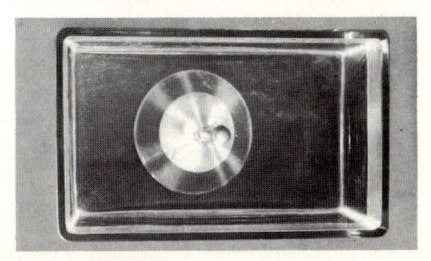

141.3 Zu Aufgabe 5

§ 42 Der Strahlengang durch eine planparallele Platte und ein Prisma

1. Die planparallele Platte

Legen wir eine dicke *planparallel* geschliffene Glasplatte auf eine Schrift, so erscheinen uns die Buchstaben bei schräger Betrachtung verschoben *(Abb. 142.1)*.

Versuch 23: Wir bringen eine solche Platte auf der optischen Scheibe an *(Abb. 142.2)*. Trifft ein Lichtstrahl aus Luft unter dem Einfallswinkel α auf eine der parallelen Seiten auf, wird er beim Eintritt in die Platte zum Lot hin gebrochen. Der Winkel β, der hier als Brechungswinkel entsteht, tritt an der zweiten Grenzfläche als Einfallswinkel im Glas erneut auf. Aus diesem Grunde wird der Strahl beim Verlassen der Platte um einen Winkel vom Lot weggebrochen, der gleich dem Winkel α ist. Der ausfallende Strahl ändert daher seine Richtung gegenüber dem in Luft einfallenden nicht. Er erfährt eine Parallelversetzung um die in *Abb. 142.2* eingetragene Strecke d.

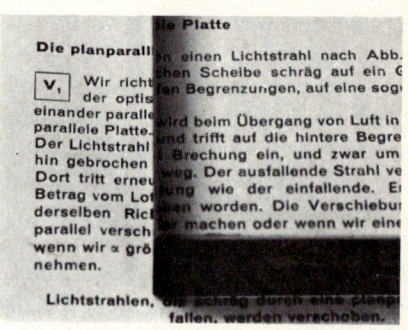

142.1 Planparallele Platte verschiebt die Schrift.

> **Ein Lichtstrahl wird beim schrägen Durchgang durch eine planparallele Platte parallel verschoben.**

Die Verschiebung d wächst mit dem Einfallswinkel und der Plattendicke. Bei senkrechtem Einfall des Strahls ist bei exakt planparallelen Platten d gleich Null. Durch fehlerfreies Fensterglas können wir unsere Umwelt ohne Verzerrung, wenn auch mit einer kaum merklichen seitlichen Verschiebung, betrachten. Verzerrungen entstehen, wenn die Flächen der Glasvorder- und -rückseite nicht völlig parallel zueinander sind.

142.2 Lichtstrahl in planparalleler Platte

2. Das optische Prisma

Ein durchsichtiger Körper, bei dem Eintritt- und Austrittgrenzfläche für Lichtstrahlen nicht parallel sind, ist ein **optisches Prisma**. Die Flächen schneiden sich und schließen den *Keilwinkel γ* ein.

Versuch 24: Wir befestigen ein Glasprisma auf der optischen Scheibe und richten einen einfarbigen Lichtstrahl wie in *Abb. 142.3* schräg auf die Prismenfläche. Er wird hier gebrochen. Beim Verlassen des Prismas wird er erneut im selben Sinne gebrochen, so daß seine Richtung erheblich geändert wird.

142.3 Strahlengang durch ein Prisma auf der optischen Scheibe

§ 42 Der Strahlengang durch eine planparallele Platte und ein Prisma

Wir benutzen nun Prismen, die größere Keilwinkel haben. Der Winkel, um den die Strahlen aus der ursprünglichen Richtung abgelenkt werden, nimmt mit dem Keilwinkel zu. Bei einer planparallelen Platte waren Keilwinkel und Richtungsablenkung Null.

> **Ein Lichtstrahl, der durch ein Prisma geht, wird aus seiner Richtung abgelenkt, und zwar immer nach dem breiten Ende des Prismas hin.**
> **Die Ablenkung durch ein Prisma ist um so größer, je größer der Keilwinkel γ ist.**

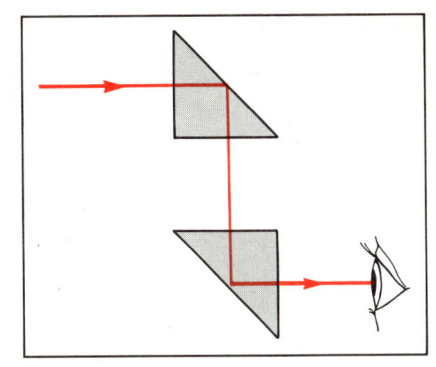

143.1 Totalreflektierende Prismen

Das **totalreflektierende Prisma** ist ein prismatischer Glaskörper mit einem gleichschenklig-rechtwinkligen Dreieck als Querschnitt. Senkrecht zur Kathetenfläche einfallendes Licht wird an der Hypotenusenfläche unter 45°, also total reflektiert *(Abb. 143.1)*. Fällt dagegen das Licht senkrecht durch die Hypotenusenfläche, so wird es an beiden Katheten total reflektiert *(Abb. 164.2)*. Bei der Reflexion an Glasspiegeln treten dagegen Doppelreflexe (Aufgabe 1, S. 135) und eine erhebliche Lichtschwächung auf.

3. Rückblick

Bei unseren Untersuchungen über die Spiegelung und Brechung haben wir in Gedanken die tatsächlich vorhandenen Lichtbündel durch „Lichtstrahlen" ersetzt. Das Modell des Lichtstrahls gab uns die Möglichkeit, zu erklären, wie Bilder von Gegenständen entstehen, zum Beispiel hinter einer Lochblende oder bei einem Spiegel. Nur mit Hilfe des Lichtstrahls ließen sich einfache Gesetze finden, welche die zunächst unverständlichen und schwierigen optischen Vorgänge verständlich machten. Bilder werden vielfach auch von Linsen, zum Beispiel im Fotoapparat, erzeugt. Wir wollen nun mit Hilfe von Lichtstrahlen untersuchen, wie diese Bilder entstehen. Die Aufgabe der geometrischen Optik ist, mit Hilfe der Lichtstrahlen zu erklären, wie bei Spiegeln, Linsen, Fernrohren usw. Bilder entstehen und welche Eigenschaften sie haben.

Aufgaben:

1. *Zeichne den Weg eines Lichtstrahls, der unter einem Einfallswinkel von 60° auf eine planparallele Glasplatte fällt! Untersuche die Bedingungen, von denen die Größe der Parallelverschiebung des austretenden Strahls abhängt!*
2. *Zeichne mit Hilfe von Schaubild 140.1 die Ablenkung eines Lichtstrahls durch ein Glasprisma mit $\gamma = 25°$! Einfallswinkel: a) 30°, b) 40°.*
3. *Stelle durch eine genaue Zeichnung den Verlauf von Strahlen fest, die senkrecht von außen auf die Hypotenusenfläche eines gleichschenklig-rechtwinkligen Prismas fallen!*
4. *Zeichne den Strahlengang bei dem trapezförmigen Prisma nach Abb. 143.2 für drei parallel zu den Parallelseiten des Trapezes einfallenden Strahlen und erkläre die für dieses Gerät übliche Bezeichnung Umkehrprisma!*

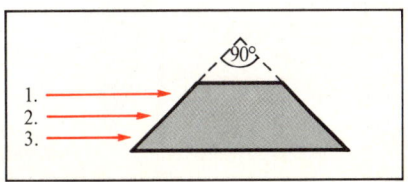

143.2 Zu Aufgabe 4

§ 43 Der Strahlengang durch konvexe Linsen

1. Linsenformen

Beim Betasten einer Lupe fällt auf, daß sie in der Mitte dicker ist als am Rande. Man nennt sie eine **konvexe Linse**. Die Oberflächen von optischen Linsen sind im allgemeinen Teile von Kugelflächen, das heißt sie sind *sphärisch* gekrümmt. Die Linsen werden meist aus Glas, für Sonderzwecke auch aus Quarz oder Steinsalz hergestellt.

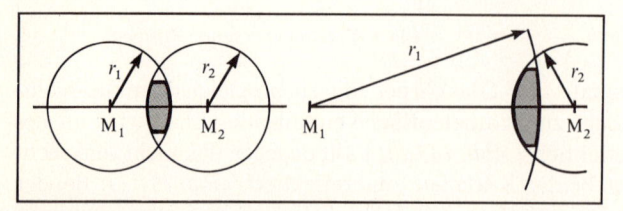

144.1 Querschnitte durch Bikonvexlinsen mit gleichen bzw. verschiedenen Krümmungsradien r_1 und r_2

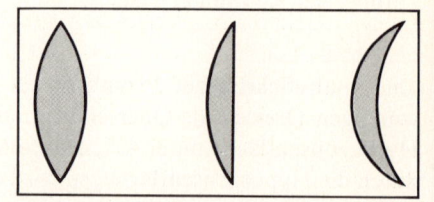

144.2 Bikonvexe, plankonvexe, konkavkonvexe Linse

Wir stellen uns vor, die Figur *Abb. 144.1* rotiere um $M_1 M_2$ als Achse. Dann erhalten wir aus der dunklen Fläche räumlich die Form einer konvexen Linse. Je nach Länge der Radien der Kreise und dem Abstand $\overline{M_1 M_2}$ entstehen verschiedene (auch unsymmetrische) Formen von Konvexlinsen, von denen *Abb. 144.2* drei im Schnitt zeigt. Wir verabreden noch einige Bezeichnungen: Die Verbindungslinie der Krümmungsmittelpunkte $M_1 M_2$ in *Abb. 144.1* heißt **optische Achse**. Ihr Schnittpunkt mit der zu ihr senkrechten Mittelebene einer Linse heißt **optischer Mittelpunkt**.

2. Der Strahlengang für achsenparallele Strahlen bei konvexen Linsen

Versuch 25: Eine Konvexlinse kann die parallelen Sonnenstrahlen in einem Punkt, dem **Brennpunkt**, sammeln *(Abb. 144.4)*. Sie wird daher als Sammellinse oder auch Brennglas bezeichnet. Den Abstand des Brennpunkts von der Linsenmitte nennt man Brennweite f.

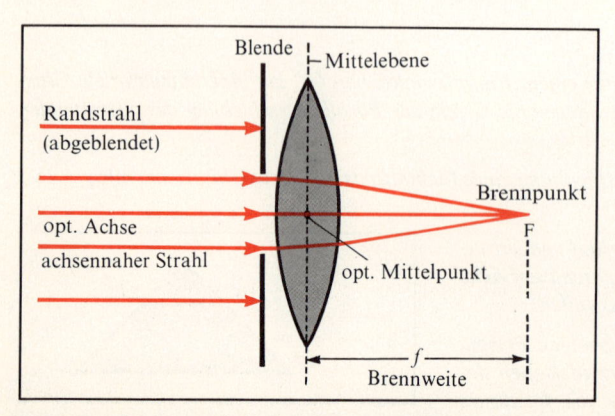

144.3 Bezeichnungen bei Linsen wie bei Hohlspiegeln

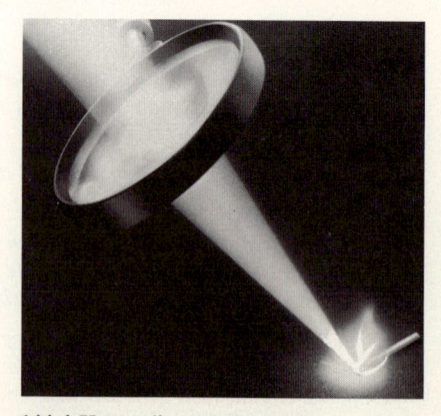

144.4 Konvexlinse als Brennglas

§ 43 Der Strahlengang durch konvexe Linsen 145

Versuch 26: Wir bringen ein Glasstück, dessen Form dem Schnitt durch eine Sammellinse entspricht, auf der optischen Scheibe an und lassen mehrere achsenparallele Strahlen auftreffen. Sie werden durch die Linse konvergent gemacht.

Abb. 145.1 erklärt die Wirkungsweise der Linse. Wir denken sie uns in mehrere Stücke mit ebenen Außenflächen aufgeteilt. Jedes Stück wirkt wie ein Prisma. Die äußeren haben größere brechende Keilwinkel als die, die näher zur Mitte liegen. Von den achsenparallel auftreffenden Strahlen werden daher die weiter außen ankommenden, die sogenannten Randstrahlen, stärker gebrochen als die in der Nähe der Mitte. Bei Linsen mit sphärisch gekrümmten brechenden Flächen werden die Randstrahlen sogar soviel stärker gebrochen, daß ihr Schnittpunkt näher zur Linse liegt als der von achsennahen Strahlen. Der Unterschied ist bei dicken, stärker gewölbten Linsen größer als bei dünnen. Wir halten störende Randstrahlen künftig durch Blenden zurück und beschränken uns außerdem auf dünne Linsen. Unter diesen Voraussetzungen können wir sagen:

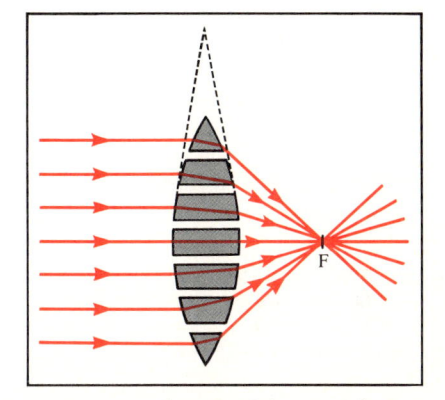

> Strahlen, die parallel zur optischen Achse verlaufen, werden durch eine konvexe Linse so gebrochen, daß sie sich in einem Punkt der Achse, dem Brennpunkt F, schneiden. Seine Entfernung vom optischen Mittelpunkt der Linse heißt Brennweite f.

145.1 Sammellinse aus Prismenstücken

Eigentlich müßte die Brechung der Strahlen an der Vorder- und Rückseite der Linse konstruiert werden. Bei dünnen Linsen verabreden wir vereinfachend, die Strahlen ungebrochen bis zur Mittelebene der Linse zu zeichnen und dort nur einmal abzuknicken.

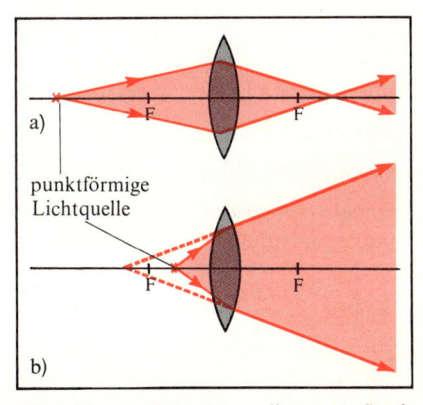

3. Der Strahlengang für nicht achsenparallele Strahlen bei konvexen Linsen

Versuch 27: Wir bringen eine Punktlichtlampe in den Brennpunkt einer *Konvexlinse*. Dann sehen wir, daß die gebrochenen Strahlen die Linse achsenparallel verlassen.

145.2 Konvexlinsen lassen divergente Strahlenbündel a) konvergent werden oder b) sie mindern die Divergenz.

Strahlen, die durch den Brennpunkt gehen, nennen wir Brennstrahlen. Sie verlassen die Linse als Parallelstrahlen. Verschieben wir die Lampe längs der optischen Achse, so erhalten wir Strahlengänge nach *Abb. 145.2* und stellen fest:

> Konvexlinsen machen divergente Strahlenbündel konvergent oder mindern die Divergenz.

Versuch 28: Richten wir einen Strahl auf den optischen Mittelpunkt einer Konvexlinse, einen sogenannten *Mittelpunktstrahl*, so verläuft er ungebrochen durch die Linse. Genau genommen tritt eine geringe Parallelverschiebung ein, weil wir das Mittelstück der Linse als planparallele Platte ansehen dürfen. Alle Strahlen, die parallel zu einem Mittelpunktstrahl schräg auf die Linse fallen, werden so gebrochen, daß ihr Schnittpunkt in einer Ebene liegt, die im Brennpunkt senkrecht auf der optischen Achse steht, der sogenannten *Brennebene (Abb. 146.1)*.

Dies läßt sich mit *Abb. 146.2* erklären. Der Brennstrahl F_1A und der Mittelpunktstrahl MB fallen schräg auf die Linse. Da der Brennstrahl zum Parallelstrahl wird, ist $\overline{MA} = \overline{F_2B}$. Die Dreiecke F_1MA und MF_2B haben gleiche Winkel, sind also kongruent. Deshalb ist $\overline{BA} = \overline{F_2M} = \overline{MF_1} = f$. Die schräg einfallenden und zueinander parallelen Strahlen schneiden sich also im Punkt B der Brennebene.

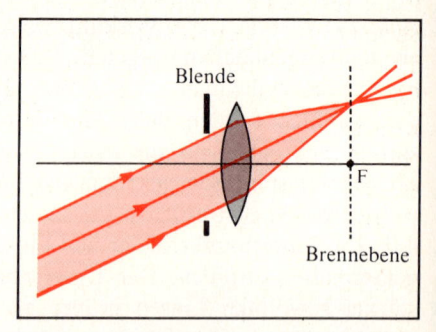

Fallen von weit entfernten Gegenständen hinreichend genau parallele Strahlen auf die Konvexlinse, so vereinigen sie sich in einem Punkt der Brennebene. Achsenparallele Strahlen vereinigen sich im Brennpunkt F.

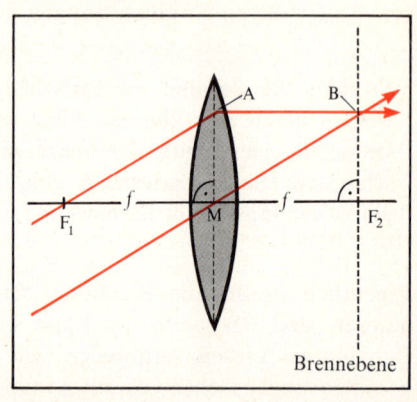

146.1 Ein weit entfernter Punkt wird in der Brennebene abgebildet.

Wir fassen unsere Ergebnisse in einer Tabelle zusammen:

Tabelle 146.1

Einfallender Strahl	Strahl hinter der Konvexlinse
Mittelpunktstrahl	verläuft ungebrochen weiter
Brennstrahl	verläuft parallel zur Achse
achsenparalleler Strahl	verläuft durch den Brennpunkt
Parallelstrahlen zum Mittelpunktstrahl	schneiden sich in der Brennebene

146.2 Brennstrahlen werden zu achsenparallelen Strahlen.

Aufgabe:
Zeichne den Strahlenverlauf hinter einer Konvexlinse, wenn der einfallende Strahl a) Mittelpunktstrahl, b) Brennstrahl, c) achsenparalleler Strahl ist oder d) parallel zum Mittelpunktstrahl verläuft!

§ 44 Das Entstehen von Bildern durch Konvexlinsen und Hohlspiegel

1. Die Konstruktion eines Bildpunktes bei einer Konvexlinse

Mit Hilfe von Linsen kann man scharfe Bilder erhalten, wie zum Beispiel beim Fotoapparat. Wir wollen untersuchen, wie diese Bilder entstehen und welche Eigenschaften sie haben. Dies wird uns optische Geräte wie Dia-Projektor, Lupe, Mikroskop und Fernrohr verständlich machen.

§ 44 Das Entstehen von Bildern durch Konvexlinsen und Hohlspiegel 147

Versuch 29: Eine Kerze befindet sich in größerem Abstand vor einer Konvexlinse. Wir fangen ein Bild hinter ihr auf und untersuchen, wie ein einzelner Bildpunkt entsteht *(Abb. 147.1).*

Ein Punkt A der Kerze sendet allseitig Strahlen aus. Von ihnen wählen wir diejenigen aus, deren Verlauf hinter der Linse einfach anzugeben ist. Nach § 43 wird der Parallelstrahl, der von A ausgeht, auf der Bildseite zum Brennstrahl durch F_2. Der Brennstrahl von A durch F_1 wird Parallelstrahl. Der Mittelpunktstrahl bleibt ungebrochen. Diese drei Strahlen schneiden sich in einem Punkt, dem **Bildpunkt** B. Zu allen in derselben Gegenstandsebene liegenden Punkten kann auf diese Weise ein Bildpunkt konstruiert werden. Diese Bildpunkte liegen in einer Bildebene, die wiederum senkrecht zur Achse steht. Die Bildpunkte sind nach Lage, gegenseitigen Abständen, Farbe und Helligkeit so angeordnet wie die entsprechenden Gegenstandspunkte. Wir erhalten also ein **optisches Bild** des Gegenstandes. Da sich in einem Bildpunkt tatsächlich Strahlen schneiden, ist es ein **reelles Bild.** Wenn im Bildpunkt B kein Schirm steht, durchdringen sich die Strahlen und gelangen so in unser Auge, als ob in B der Gegenstandspunkt selbst stünde. Das Bild „schwebt" frei im Raum. Es ist umgekehrt und seitenvertauscht.

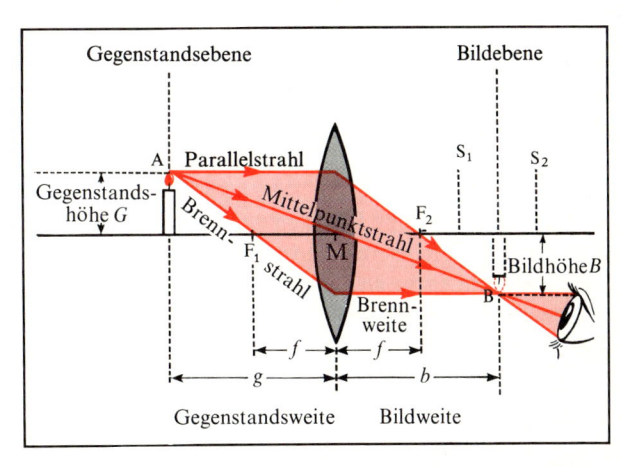

147.1 Strahlenbündel, die von einem Punkt der Gegenstandsebene ausgehen, schneiden sich in einem Punkt der Bildebene.

Versuch 30: Auf einer Mattscheibe, die wir in die Bildebene bringen, wird das Bild sichtbar und kann von allen Seiten beobachtet werden. Dann gehen nämlich von jedem Bildpunkt auf dem Schirm Strahlen nach allen Richtungen aus. Verschieben wir den Schirm in die Stellung S_1 oder S_2 in *Abb. 147.1*, so fängt er statt scharfer Bildpunkte kreisförmige Querschnitte der Lichtbündel auf, sogenannte **Zerstreuungskreise.** Die Kreise von benachbarten Bildpunkten überschneiden sich, daher wird das Bild unscharf.

2. Lage und Größe der Bilder bei einer Konvexlinse

Versuch 31: Nähern wir eine Kerze aus größerer Entfernung einer Konvexlinse in Richtung auf den Brennpunkt F_1 *(Abb. 147.2),* so bewegt sich das Bild auf der anderen Seite der Linse vom Brennpunkt F_2 in derselben Richtung fort. Es wird dabei immer größer. Erreicht die Kerze eine Stelle, an der sie und ihr Bild gleich groß sind, dann stehen Kerze und Bild auch gleich weit von der Linse entfernt, Bild- und Gegenstandsweite sind dann gleich der dop-

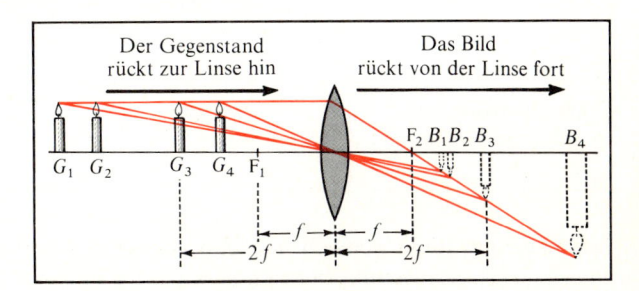

147.2 Beachte, wie sich die Bildweite verhält, wenn sich die Gegenstandsweiten in den Lagen G_1 und G_2 beziehungsweise G_3 und G_4 um die gleichen Beträge ändern!

pelten Brennweite der Linse. Schieben wir die Kerze noch näher an die Linse heran, wird ihr Bild rasch größer und rückt weiter fort. Steht die Kerze im Brennpunkt, so ist es nicht mehr möglich, ein reelles Bild aufzufangen. Man sagt, es liege im *Unendlichen*.

Versuch 32: Wir stellen die Kerze zwischen Brennpunkt und Linse auf. Es gelingt nicht, ein reelles Bild aufzufangen.

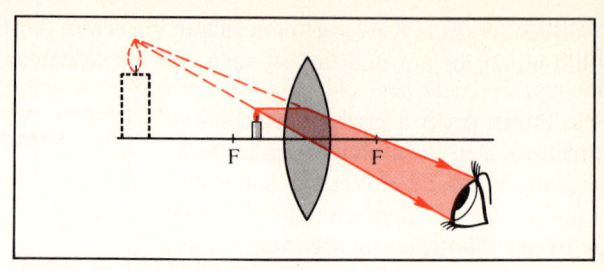

148.1 Vom virtuellen Bild (gestrichelt) scheinen die das Auge treffenden Strahlen auszugehen.

Schaut man aber durch die Linse zur Kerze hin, dann sieht man ein aufrechtes, vergrößertes Bild auf der Seite der Kerze. Wie es zustande kommt, zeigt *Abb. 148.1*. Die gebrochenen Strahlen divergieren, haben also keine reellen Schnittpunkte. Jedoch schneiden sich ihre rückwärtigen Verlängerungen. Es entsteht ein **virtuelles Bild** wie beim ebenen Spiegel. Es muß streng von dem im Raum schwebenden reellen Bild unterschieden werden, das wir zuvor kennenlernten.

Tabelle 148.1 Lage und Größe der Bilder bei einer Konvexlinse

Gegenstand	Bild			
Ort	Ort	Art	Orientierung	Bildhöhe, Abbildungsmaßstab
1. außerhalb der doppelten Brennweite $g>2f$	zwischen einfacher und doppelter Brennweite $f<b<2f$	reell	umgekehrt, seitenvertauscht	verkleinert $B<G, A<1$
2. in der doppelten Brennweite $g=2f$	in der doppelten Brennweite $b=2f$	reell	umgekehrt, seitenvertauscht	gleich groß $B=G, A=1$
3. zwischen einfacher und doppelter Brennweite $f<g<2f$	außerhalb der doppelten Brennweite $b>2f$	reell	umgekehrt, seitenvertauscht	vergrößert $B>G, A>1$
4. in der einfachen Brennweite $g=f$	im Unendlichen	—	—	—
5. innerhalb der einfachen Brennweite $g<f$	auf derselben Linsenseite $b>g$	virtuell	aufrecht, seitenrichtig	vergrößert $B>G, A>1$

Das reelle, im Raum schwebende Bild kommt dadurch zustande, daß sich Lichtstrahlen, die von einem Gegenstandspunkt herkommen, wieder in einem Punkt schneiden. Da sich hier das Licht konzentriert, wird ein Schirm in diesem Punkt hell beleuchtet. Nimmt man den Schirm weg, dann gehen die Strahlen geradlinig weiter. Fallen sie in ein Auge, so bekommt man den zutreffenden Eindruck, daß die Strahlen von diesem Punkt herkommen. Man sieht dort ein reelles Bild. Beim virtuellen Bild hat man jedoch fälschlicherweise den Eindruck, sie kämen vom „gesehenen" Bildpunkt her. Die Knickstelle zwischen diesem Bildpunkt und dem Auge nimmt das Auge ja nicht wahr (siehe die Bildentstehung am ebenen Spiegel). Aus Gewohnheit verfolgen wir stets die ins Auge fallenden Strahlen rückwärts und „sehen" im tatsächlichen oder scheinbaren Ausgangspunkt einen Bildpunkt *(Abb. 128.2)*.

3. Die Bilder beim Hohlspiegel

Vom Rasierspiegel her ist bekannt, daß *Hohlspiegel* Bilder erzeugen. Wie bei *Sammellinsen* werden parallele und nicht zu stark divergente Strahlenbündel *konvergent* gemacht (Seite 137). Dabei entstehen Bildpunkte. Nach *Abb. 149.1* konstruiert man sie am einfachsten durch die beiden folgenden Strahlen: a) Parallel auf den Hohlspiegel fallende Strahlen werden Brennstrahlen; b) Strahlen, die durch den Krümmungsmittelpunkt M gehen, treffen den Spiegel senkrecht (Radien) und werden in sich reflektiert. Nach diesem Prinzip werden in *Abb. 149.2* zu G_1, G_3, G_4 und G_5 die zugehörigen Bilder konstruiert; allerdings rückt das Bild B_4 von G_4 ins Unendliche; G_4 liegt in der Brennebene. Das Bild B_2 ist mit Hilfe des im Scheitel S nach dem Reflexionsgesetz zurückgeworfenen Strahls gewonnen. Das Bild B_5 vom Gegenstand G_5, der innerhalb der Brennebene liegt, ist aufrecht, *virtuell* und vergrößert. Es liegt als einziges hinter dem Spiegel und wird beim *Rasierspiegel* benutzt. Man kann die Angaben in *Tabelle 148.1* auf die Hohlspiegelbilder übertragen, wenn man in Zeile 5 beim virtuellen Bild „auf derselben Linsenseite" durch „hinter dem Hohlspiegel" ersetzt.

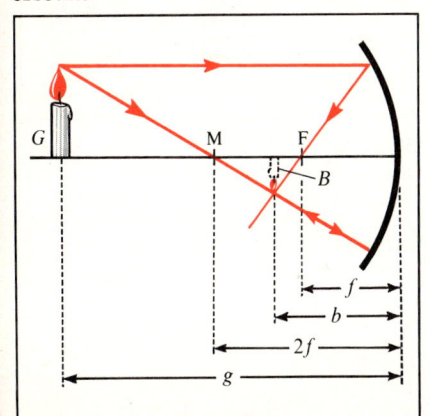

149.1 Bildkonstruktion beim Hohlspiegel mit Parallel- und Mittelpunktsstrahl

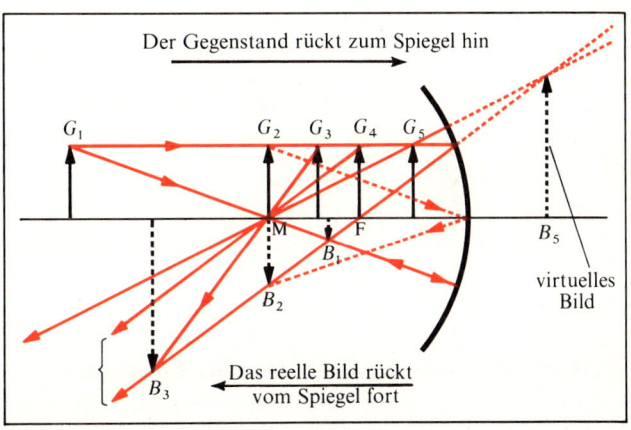

149.2 Lage der Bilder beim Hohlspiegel bei unterschiedlichen Gegenstandsweiten

Aufgaben:

1. *Wie ändert sich das Bild, wenn man bei der Sammellinse in Abb. 147.1 die untere Hälfte abdeckt? Wie ändert es sich, wenn die abdeckende Blende dicht vor der Linse verschoben wird? Wie ändert es sich, wenn die Blende in der Nähe des Gegenstandes oder des Bildes in den Strahlengang gebracht wird?*

2. *Wie läßt sich aus Fall Nr. 2 der Tabelle 148.1 die Brennweite einer Konvexlinse bestimmen?*

3. *Ein Gegenstand bewegt sich mit konstanter Geschwindigkeit aus großer Entfernung auf eine Konvexlinse zu. Das reelle Bild bewegt sich von der Linse fort. Wann ist seine Geschwindigkeit a) kleiner, b) größer als die des Gegenstandes?*

§ 45 Der Strahlengang und die Bildentstehung bei konkaven optischen Linsen

1. Der Strahlengang durch konkave Linsen

Ein Brillenglas kann in der Mitte *dünner* sein als am Rande. Dann spricht man von einer *konkaven Linse*. Die *Abb. 150.1* zeigt verschiedene Formen von Konkavlinsen im Schnitt.

Um zu verstehen, wie Strahlen durch eine *bikonkave* Linse abgelenkt werden, denken wir sie uns in prismenförmige Teilstücke zerlegt wie bei den konvexen Linsen. Jedoch liegen hier die abgeschnittenen Prismenkanten zur Linsenmitte hin. Dann werden achsenparallel auftreffende Strahlen von der Achse weg gebrochen. Die Strahlen werden zerstreut und divergent gemacht. Man nennt konkave Linsen auch **Zerstreuungslinsen** *(Abb. 150.2)*.

Verlängert man die gebrochenen Strahlen nach rückwärts, schneiden sie sich in einem Punkt der Achse, der auf der Seite der einfallenden Strahlen liegt. Wir bezeichnen ihn als *(scheinbaren) Brennpunkt*. Bei Konkavlinsen scheinen achsenparallel einfallende Strahlen vom Brennpunkt herzukommen. Mittelpunktstrahlen bleiben Mittelpunktstrahlen.

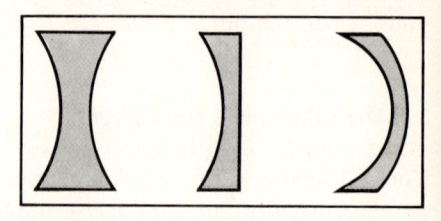

150.1 Bikonkave, plankonkave, konvexkonkave Linse

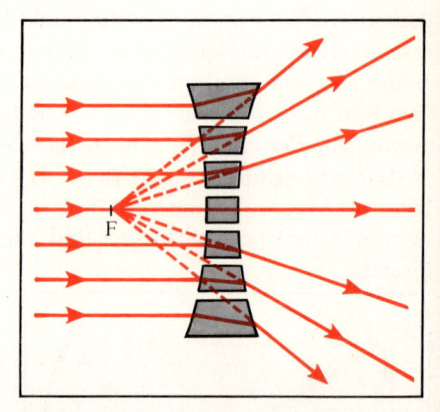

150.2 Modell einer Zerstreuungslinse, aus Prismenstücken zusammengesetzt

> **Konkavlinsen schwächen die Konvergenz, erzeugen oder stärken die Divergenz von Licht.**

2. Lage und Größe der Bilder bei einer Konkavlinse

Weil Parallelstrahlen durch eine Konkavlinse divergent gemacht werden, kann von einem Gegenstand kein reelles Bild hinter der Linse entstehen. Die gebrochenen Strahlen können sich nämlich dort nicht schneiden; nur ihre rückwärtigen Verlängerungen schneiden sich vor der Linse.

Versuch 33: Schauen wir durch eine Zerstreuungslinse zum Gegenstand hin, sehen wir auf seiner Seite ein *virtuelles Bild*. Wie ein Bildpunkt und entsprechend ein Bild mit Hilfe der drei charakteristischen Strahlen konstruiert werden kann, zeigt *Abb. 150.3*. Schieben wir die Kerze nach dieser Abbildung immer näher an die Linse heran, so wird das

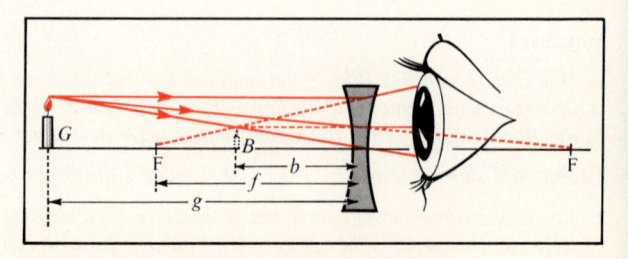

150.3 Virtuelles Bild bei einer Konkavlinse

Bild zwar größer, bleibt aber stets kleiner als der Gegenstand. Erst wenn dieser die Linse berührt, ist das Bild nahezu gleich groß. Es kann niemals ein reelles Bild des Gegenstandes entstehen.

> Durch eine Konkavlinse sehen wir von einem Gegenstand immer ein virtuelles, aufrechtes und verkleinertes Bild.

3. Die Bilder beim erhabenen Spiegel

Beim erhabenen Spiegel schneiden sich die reflektierten Strahlen nicht. Dagegen schneiden sich die nach rückwärts verlängerten Strahlen hinter dem Spiegel. Es gibt nur virtuelle, aufrechte und verkleinerte Bilder, die immer innerhalb der (scheinbaren) Brennweite liegen *(Abb. 151.1)*.

> Bilder beim erhabenen Spiegel sind immer aufrecht, verkleinert, seitenrichtig und virtuell.

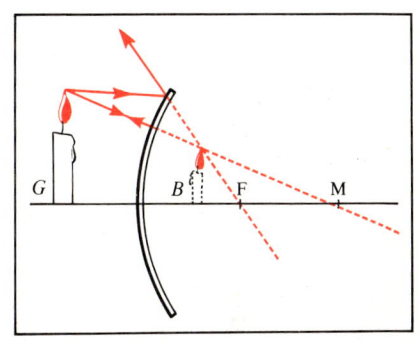

151.1 Entstehung des virtuellen Bildes beim erhabenen Spiegel

Aufgabe:

Wie kommt ein reelles, auf einem Schirm aufgefangenes, wie ein reelles im Raum schwebendes, wie ein scheinbares Bild zustande? Wo liegen diese Bilder?

§ 46 Die Linsengleichung

Wir wollen jetzt untersuchen, ob sich die durch Linsen erzeugten Bilder berechnen lassen. Wie bei der Lochkamera nennen wir den Quotienten aus Bildhöhe B und Gegenstandshöhe G den Abbildungsmaßstab A:

$$A = \frac{B}{G} \qquad (151.1)$$

Der Zusammenhang zwischen Gegenstandsweite g und Bildweite b bei einer bestimmten Brennweite f ergibt sich aus der sogenannten **Linsengleichung,** die wir nach Versuch 34 *(Abb. 152.1)* ableiten wollen:

$$\frac{1}{f} = \frac{1}{g} + \frac{1}{b}. \qquad (151.2)$$

152 Optik

Versuch 34: Wir überzeugen uns von der Richtigkeit der Linsengleichung, indem wir g und b in einem Versuch nach *Abb. 152.1* messen und in die Gleichung *(151.2)* einsetzen (f bestimmt man durch Abbilden eines weit entfernten Gegenstandes).

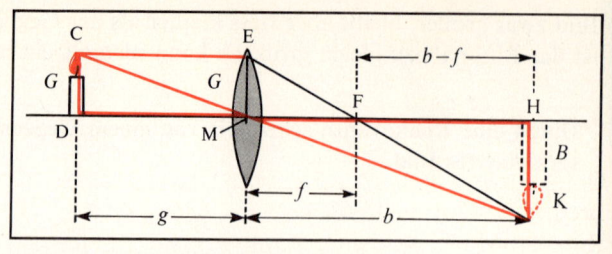

152.1 Zur Ableitung der Linsengleichung

In *Abb. 152.1* verhält sich in den ähnlichen Dreiecken CDM und KHM $\quad B:G = b:g$.

Desgleichen gilt in den Dreiecken FME und FHK, da $\overline{EM} = \overline{CD} = G$ ist, $\quad B:G = (b-f):f$.

Wir setzen die rechten Seiten der Proportionen gleich und formen um: $b:g = (b-f):f$ oder $bf = bg - fg$.

Wir dividieren durch $b \cdot f \cdot g$, ordnen und erhalten die Linsengleichung $\quad \dfrac{1}{f} = \dfrac{1}{g} + \dfrac{1}{b}$.

Beispiel:
Wir können die Linsengleichung verwenden, um die Brennweite f einer Linse zu bestimmen, wenn die Bildweite b und die Gegenstandsweite g gemessen wurden: Ist z.B. $g = 20$ cm und $b = 60$ cm, gilt

$$\frac{1}{f} = \frac{1}{20\,\text{cm}} + \frac{1}{60\,\text{cm}}, \qquad f = 15 \text{ cm}.$$

Aufgaben:

1. *Vor einer Sammellinse mit $f = 25$ cm steht ein 60 cm hoher Gegenstand im Abstand $g = 150$ cm. Berechne die Höhe des Bildes und seinen Abstand von der Linse!*

2. *Ein Gegenstand soll durch eine Sammellinse mit 15 cm Brennweite 3fach (10fach, n-fach) linear vergrößert abgebildet werden. Wo muß er vor der Linse aufgestellt werden, wo liegt das Bild? Rechnung und Strahlenkonstruktion!*

3. *Welche Brennweite muß eine Linse haben, wenn ein Gegenstand, der sich 60 cm vor ihr befindet, in natürlicher Größe abgebildet werden soll?*

§ 47 Die Brechkraft von Linsen; Linsenkombinationen

1. Das Maß für die Brechkraft

Je stärker die Krümmung einer Konvexlinse ist, desto kleiner ist ihre Brennweite f. Als Maß für die brechende Eigenschaft einer Sammellinse wählt man die sogenannte Brechkraft D und definiert $D = 1/f$. Die Brechkraft D wird in **Dioptrien**, abgekürzt dpt, angegeben (optos, griech.; zum Sehen geeignet). Dabei ist f in Metern zu messen $\left(1 \text{ dpt} = \dfrac{1}{\text{m}}\right)$.

> **Eine Dioptrie ist die Brechkraft D einer Linse mit der Brennweite $f = 1$ m. $D = \dfrac{1}{f}$.** (153.1)

Beispiel: Eine Konvexlinse mit $f = 0{,}20$ m hat die Brechkraft $D = \dfrac{1}{0{,}20 \text{ m}} = 5$ dpt.

Optiker und Augenarzt geben die Stärke von Brillengläsern in *Dioptrien* an. Wegen der negativen Brennweite von Zerstreuungslinsen hat auch ihre Dioptrienzahl negatives Vorzeichen. Aus dem Rezept eines Arztes kann man daher an den Vorzeichen feststellen, ob eine Konvex- oder eine Konkavlinse verordnet wurde.

2. Der Strahlengang durch eine Kombination von Linsen

Versuch 35: Wir stellen zwei Sammellinsen mit bekannten Brennweiten f_1 und f_2 hintereinander und lassen ein achsenparalleles Lichtbündel auffallen. Die Strahlen konvergieren stärker als bei *einer* Linse. Sie werden in einem Brennpunkt F gesammelt, der näher an der Kombination der Linsen liegt als die Brennpunkte F_1 und F_2 der einzelnen Linsen *(Abb. 153.2)*. Wendet man nach Abb. 153.2 die Linsengleichung 152.1 mit $g \approx f_1 = 1/D_1$ und $b \approx f_2 = 1/D_2$ an, so folgt für Brennweite f und Brechkraft $D = 1/f$ der Kombination:

$$D = D_1 + D_2.\qquad(153.2)$$

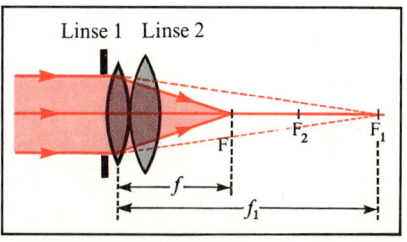

153.1 Durch Zusammenstellen zweier Sammellinsen wird eine Brennweite erzielt, die kleiner ist als die einzelnen Brennweiten.

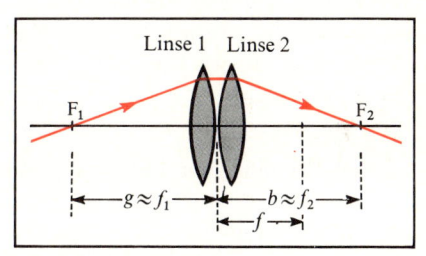

> **Die Brennweite zweier zusammengestellter Konvexlinsen ist kleiner als die der Einzellinsen. Die Gesamtbrechkraft ist gleich der Summe der einzelnen Brechkräfte.**

Beispiel: Berechne die Brennweite der Kombination zweier Sammellinsen mit $f_1 = 0{,}10$ m, $D_1 = 10$ dpt und $f_2 = 0{,}50$ m; $D_2 = 2$ dpt!

$$D = 10 \text{ dpt} + 2 \text{ dpt} = 12 \text{ dpt}; \quad f = \dfrac{1}{D} = 8{,}33 \text{ cm}.$$

153.2 Der Brennpunkt F_2 ist gleichzeitig Bildpunkt des Brennpunkts F_1 der Linse 1.

Versuch 36: Wir stellen wie in *Abb. 153.3* eine Konkavlinse hinter eine Konvexlinse mit größerer Brechkraft. Nun konvergieren die Strahlen weniger stark. Der Brennpunkt rückt von F_1 nach F, also weiter weg. Das bedeutet:

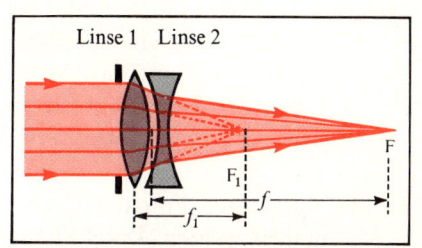

153.3 Das hinter der Konvexlinse stark konvergente Lichtbündel wird durch die Konkavlinse weniger konvergent.

> **Eine als Sammellinse wirkende Kombination einer Zerstreuungslinse mit einer Sammellinse hat eine größere Brennweite als die Sammellinse allein.**

§ 48 Der Fotoapparat

1. Das Objektiv

Das Bild in der Lochkamera ist sehr lichtschwach. Vergrößert man die kleine Öffnung der Kamera, so wird das Bild zwar heller, aber unschärfer. Ein helleres und doch gleichzeitig schärferes Bild können wir erhalten, wenn wir in die große Öffnung eine Sammellinse setzen. Sie wird **Objektiv** genannt (objectum, lat.; Gegenstand). Objektive für gute Kameras sind aus mehreren Linsen zusammengesetzt, um Linsenfehler zu vermeiden.

Im Fotoapparat *(Abb. 154.1)* wird das Bild auf einem Film aufgefangen. Er ist mit einer lichtempfindlichen Bromsilberschicht überzogen, die vom Licht so verändert wird, daß nach einem chemischen Entwicklungs- und Fixierverfahren ein sogenanntes **Negativ** entsteht. In ihm erscheinen helle Stellen des Gegenstandes dunkel und umgekehrt. Das Negativ wird auf lichtempfindliches Papier nochmals abgebildet. Nach dem Entwickeln und Fixieren des Fotopapiers entsteht das gewünschte **Positiv**, in dem Hell und Dunkel der Wirklichkeit entsprechen.

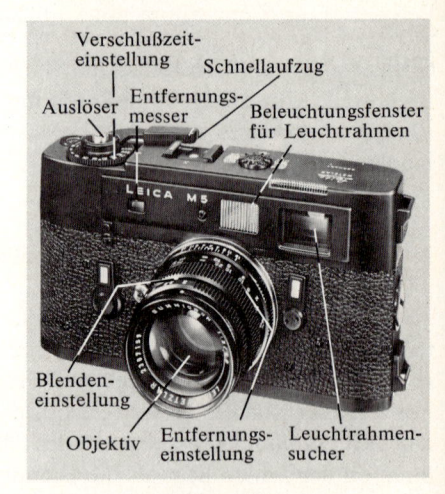

154.1 Moderne Kleinbildkamera

2. Das Einstellen der Entfernung, die Schärfentiefe

Das Objektiv bildet einen ebenen, zur optischen Achse senkrechten Gegenstand nur in einer ganz bestimmten Bildweite scharf ab. Um auf dem Film für verschiedene Gegenstandsweiten scharfe Bilder zu erzielen, muß die jeweils passende Bildweite einstellbar sein. Hierzu läßt sich die Linse mit einem Gewindegang vor- und zurückdrehen. Auf einer Skala sind die zugehörigen Gegenstandsweiten g in Metern abzulesen.

Bei den einfachsten Fotoapparaten kann die Bildweite nicht verändert werden. Dann können nur Objekte, die weiter als 6...8 m entfernt sind, hinreichend scharf abgebildet werden.

Versuch 37: Wir stellen zwei nicht mattierte Glühlampen A und B in verschiedenen Abständen vor eine Sammellinse und suchen ihre Bilder auf einem Schirm

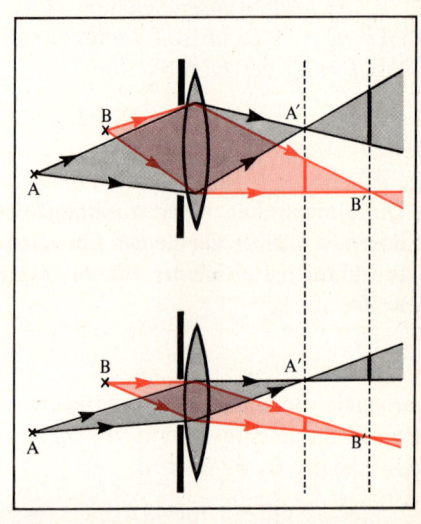

154.2 Durch stärkeres Abblenden werden die Strahlenkegel schlanker. Die Zerstreuungskreise können so klein gemacht werden, daß die vom Apparat verschieden weit entfernten Objekte A und B in den Bildebenen von A' und B' genügend scharf abgebildet werden. Beim Fotoapparat wird der Film zwischen A' und B' angebracht. – Da das entwickelte Bild aus kleinen Silberkörnern zusammengesetzt ist, dürfen die Zerstreuungskreise bis zu $1/30$ mm Durchmesser haben. Eine schärfere Abbildung ist dann nicht erforderlich.

(Abb. 154.2). Lampe A wird mit einem Farbfleck gekennzeichnet. Halten wir den Schirm in die Bildebene A', so erscheint das Bild der Glühwendel von A scharf, während das von B unscharf ist. Befindet sich der Schirm in B', so ist das Bild von B scharf, das von A nicht. *Abb. 154.2* läßt erkennen, wie das von einem Punkt A ausgehende, grau gezeichnete Lichtbündel auf dem Schirm einen Zerstreuungskreis ergibt. Verkleinern wir die Öffnung der Blende (zum Beispiel einer Irisblende *Abb. 128.1*), so wird der Zerstreuungskreis kleiner, das Bild schärfer *(Abb. 154.2, unten)*.

§ 49 Das menschliche Auge

1. Bau und Eigenschaften des Auges

Die *Abb. 155.1* erläutert den Aufbau des Auges:

Die **Netzhaut** stellt das eigentliche Sehorgan dar. In ihr enden die vielen Millionen der feinsten Verästelungen des Sehnervs. Sie nehmen die Lichtreize auf von den in der Netzhaut eingelagerten etwa 7 Millionen *Zapfen* und etwa 125 Millionen *Stäbchen*. Die ersteren sind farbempfindlich und ermöglichen im Hellen das Farbensehen und das Erkennen scharfer Konturen, die letzteren geben in der Dämmerung nur unbunte Grauwerte wieder *(Abb. 155.2)*. Die für das Farbensehen empfindlichste Stelle der Netzhaut ist die *Netzhautgrube*, der *gelbe Fleck*. Bei einem Durchmesser von kaum 1 mm liegen darin etwa 160000 Zapfen.

Versuch 38: Die Stelle, an der der Sehnerv in das Auge eintritt, der *blinde Fleck*, ist für Lichteindrücke unempfindlich. Um dies nachzuweisen, legt man zwei kleine Münzen in einem Abstand von 6 bis 8 cm vor sich auf den Tisch, schließt das linke Auge und nähert das rechte der linken Münze. In einer bestimmten Entfernung verschwindet die rechte Münze. Ihr Bild fällt dann auf den blinden Fleck.

Die **Iris** öffnet und schließt sich ohne unser Zutun wie eine Blende. Sie regelt damit die Intensität des Lichts, das die Netzhaut trifft. (Vergleiche mit *Abb. 128.1!*)

Die **Augenlinse** besteht aus einem elastischen, halbfesten, durchsichtigen Stoff. Im Normalzustand ist sie flach gewölbt. Wenn sich der *Ziliarmuskel*, der an der Auf-

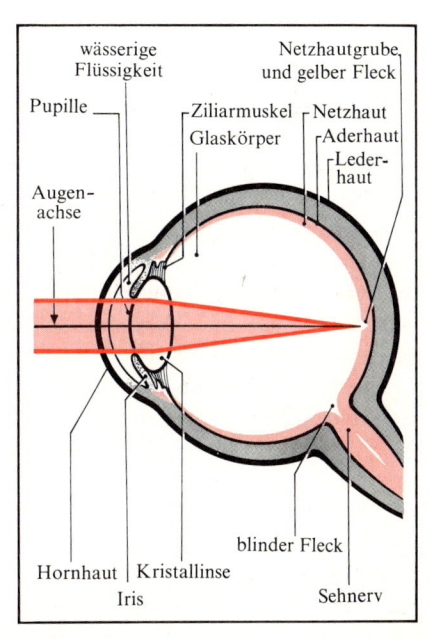

155.1 Horizontaler Schnitt durch das rechte menschliche Auge

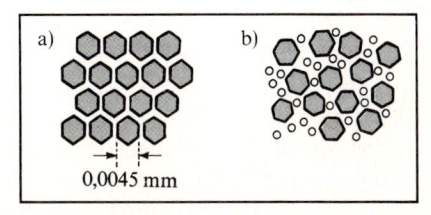

155.2 Vergrößerte Ausschnitte aus der Netzhaut. a) Zapfen im gelben Fleck, b) Zapfen und Stäbchen an anderer Stelle der Netzhaut

hängung der Linse angreift, stärker spannt, krümmt sich die Linse stärker. Hornhaut, die Flüssigkeit vor der Linse, Glaskörper und Linse haben alle eine für Lichtstrahlen brechende Wirkung. Sie bilden zusammen ein brechendes System. Zur Vereinfachung verabreden wir: In der Augenlinse sei die gesamte Brechkraft des Auges vereinigt. Sie beträgt bei Einstellung auf sehr ferne Objekte etwa 60 bis 70 dpt. Die Augenlinse entwirft von dem betrachteten Gegenstand ein reelles, umgekehrtes, seitenvertauschtes und verkleinertes Bild auf der Netzhaut. Die Netzhaut ist also der „Schirm", auf dem die Bilder unserer Umwelt aufgefangen werden.

Wenn das brechende System des Auges starr wäre, könnten wir nur eine einzige Gegenstandsebene scharf sehen. Das ist bekanntlich nicht der Fall. Strahlen, die parallel zur Augenachse (aus dem Unendlichen) ankommen, schneiden sich im gelben Fleck. Dort liegt der Brennpunkt F_1 der auf Unendlich eingestellten Linse *(Abb. 156.1)*. Das Auge ist dann auf den **Fernpunkt** eingestellt. Ein Punkt P eines Gegenstandes in beliebiger Entfernung wird nur dann scharf abgebildet, wenn sich alle von ihm kommenden Strahlen auf der Netzhaut wieder in einem Punkt P' schneiden. Nach *Abb. 156.1* ist P' der Schnittpunkt des Mittelpunktstrahls mit der Netzhaut. Der von P ausgehende Parallelstrahl muß so gebrochen werden, daß er als Brennstrahl P' trifft. Er schneidet dann die optische Achse im neuen Brennpunkt F_2, auf den

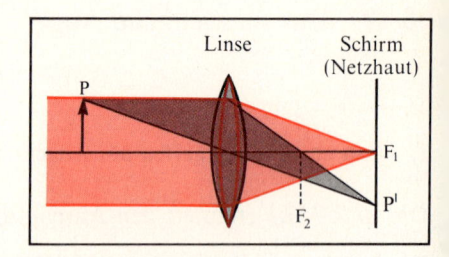

156.1 Akkommodation des Auges

sich das Auge einstellen muß, um P scharf zu sehen. Daher wölbt sich die Augenlinse mehr und verkürzt die Brennweite von f_1 auf f_2. Das Auge leistet damit unbewußt das für uns, was bei der Kamera durch Verschieben des Objektivs bewirkt wird. Diese Veränderung der Augenlinse heißt **Akkommodation** (accomodare, lat.; anpassen). Da sich die Kristallinse nicht beliebig stark krümmen kann, hat die Akkommodation eine Grenze bei einem Punkt, dem **Nahpunkt,** der (bei jungen Menschen) ca. 10cm vor dem Auge liegt. Die kürzeste Entfernung, in der wir kleine Gegenstände ohne Anstrengung längere Zeit sehen und zum Beispiel lesen können, heißt **deutliche Sehweite** *s*. Sie beträgt rund 25 cm.

2. Fehlsichtige Augen

Das **kurzsichtige Auge** ist zu lang. Der Schnittpunkt paralleler einfallender Strahlen liegt daher vor der Netzhaut. Der Fernpunkt ist dann auf endliche Entfernung herangerückt. Nach *Abb. 156.2b* kann das Auge durch Vorsetzen einer *Zerstreuungslinse* auch ferne Gegenstände scharf sehen.

Das **übersichtige Auge** ist zu kurz. Parallel einfallende Strahlen schneiden sich bei einer nicht akkommodierten Linse erst hinter der Netzhaut. Schon um die Ferne scharf zu sehen, muß das Auge also akkommodieren. Dann ist diese Fähigkeit bereits erschöpft, bevor das Nahsehen zustande kommt. Das bedeutet: der Nahpunkt ist vom Auge weggerückt. Hier muß die Augenlinse durch eine *Konvexlinse* unterstützt werden *(Abb. 156.2c)*.

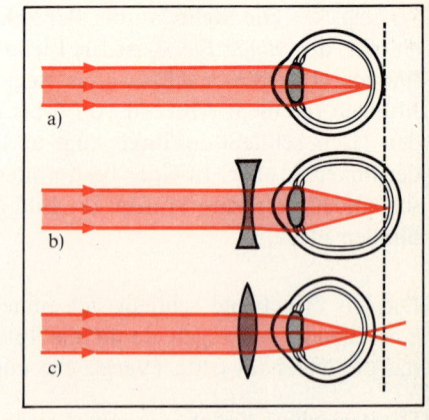

156.2 a) Normalsichtiges Auge, b) kurzsichtiges und c) übersichtiges Auge mit Brille

Bei normalsichtigen Menschen verliert das Auge mit zunehmendem Alter die Fähigkeit zu akkommodieren. Man spricht von **Alterssichtigkeit.** Der Nahpunkt entfernt sich vom Auge. Die deutliche Sehweite liegt über 25 cm. Ohne Brille muß der Alterssichtige beim Lesen die Schrift weiter weg halten **(Weitsichtigkeit),** in die Ferne kann er noch gut sehen. Für die Nähe braucht er eine Brille mit *Sammellinsen.* Sieht er bei höherem Alter auch in der Ferne nicht mehr gut, braucht er eine zweite Brille mit *Zerstreuungslinsen.*

> **Kurzsichtige brauchen konkave, Weitsichtige konvexe Brillengläser. Alterssichtige brauchen oft zwei Brillen oder eine unterteilte Brille („Zweistärkenbrille").**

3. Der Sehwinkel

Von gleich hohen Telegrafenstangen, die an einer geraden Straße stehen, erscheinen uns die in der Nähe höher als die in der Ferne. Wir benutzen diese Kenntnis von der scheinbaren Größe der Stangen, um ihre Entfernung zu schätzen.

Das Bild, das auf der Netzhaut unseres Auges entsteht, ist bei fernen Objekten kleiner als das von gleich großen nahen. In *Abb. 157.1* ist die Bildhöhe in einfacher Weise durch die von den äußersten Punkten des Gegenstandes ausgehenden Mittelpunktstrahlen ermittelt. Der Winkel, der von ihnen eingeschlossen wird, heißt **Sehwinkel.** Wir entnehmen der *Abb. 157.1*:

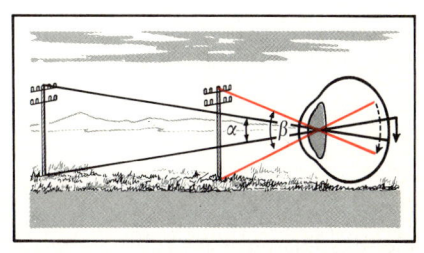

157.1 Je näher der Gegenstand, desto größer werden Sehwinkel und Netzhautbild

> **Je größer der Sehwinkel, desto größer ist das Netzhautbild und desto größer erscheint uns der Gegenstand.**

Sind die Netzhautbilder zweier uns unbekannter Objekte gleich groß, so halten wir sie selber zunächst auch für gleich groß. Dabei können wir uns aber täuschen. Denn erst wenn wir die Entfernung der Objekte berücksichtigen, erkennen wir die wirklichen Größenverhältnisse. So erscheinen uns Sonne und Vollmond unter einem Sehwinkel von etwa 0,5° gleich groß. Da aber die Sonne 400mal soweit entfernt ist wie der Mond, ist auch ihr Durchmesser 400mal so groß. Oder ein noch einleuchtenderes Beispiel: Ein Geldstück, in entsprechender Entfernung gegen den Himmel gehalten, erscheint uns „ebenso groß wie die Sonne".

4. Das Augenmodell

Versuch 39: Die Eigenschaften des Auges können wir uns an einem physikalischen Augenmodell klarmachen. Auf einer optischen Bank bauen wir einen Schirm (Netzhaut) und eine Konvexlinse mit 10 bis 15 cm Brennweite (Augenlinse) auf. Wir bilden einen fernen Gegenstand scharf ab (Einstellung auf ∞), dann einen nahen Gegenstand. Die Verschiebung der Linse ersetzt die Akkommodation durch die Augenlinse *(Abb. 157.2).*

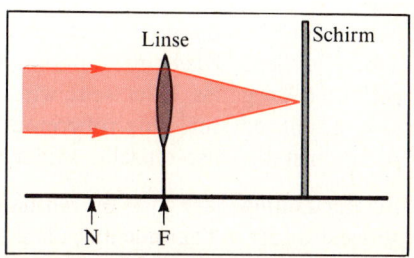

157.2 Augenmodell. N Einstellung auf den Nahpunkt, F Einstellung auf den Fernpunkt

§ 50 Die Bildwerfer

1. Das Diaskop

Ein Glasbild, ein sogenanntes **Diapositiv**, kurz **Dia** genannt (dia, griech.; hindurch) soll von vielen Beschauern gleichzeitig vergrößert betrachtet werden. Dazu projiziert man es (proicere, lat.; vorwärts werfen) mit einem **Diaskop** (skopein, griech.; sehen) an die Wand. Es benutzt die Umkehrung des Prinzips eines Fotoapparates.

Versuch 40: Wir bringen bei einem Fotoapparat an die Stelle des Films ein durchsichtiges Glasbild und beleuchten es stark von hinten. Nur ein kleiner Ausschnitt dieses Dias wird durch das Objektiv vergrößert auf eine Leinwand abgebildet. Das meiste Licht geht am Objektiv vorbei.

Den Mängeln hilft im Diaskop ein **Kondensor** ab (condensus, lat.; verdichtet). Er bildet die Lichtquelle in das Objektiv ab *(Abb. 158.1)*. Dieses erst bildet das Dia auf dem Schirm ab, indem es die von den einzelnen Diapunkten ausgehenden Strahlenbündel in den zugehörigen Bildpunkten vereinigt. Die Objektivlinse muß daher hochwertig sein, während die großen, meist plankonvexen Linsen des Kondensors sogar fehlerhaft sein dürfen.

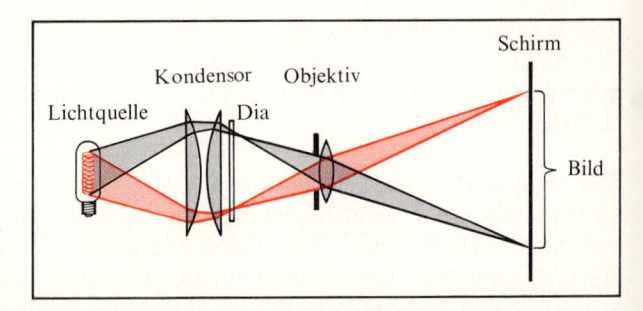

158.1 Strahlengang im Diaskop für zwei Diapunkte

Auf der Projektionswand entsteht ein umgekehrtes, seitenvertauschtes, vergrößertes, reelles Bild. Man muß deshalb das Dia umgekehrt und seitenvertauscht in den Bildwerfer bringen. Das Objektiv läßt sich in einem Gewinde vor- und zurückdrehen, damit der Abstand Objektiv – Dia der Entfernung des Apparates von der Wand angepaßt werden kann. Sind die Unterschiede in der Aufstellung des Projektors von der Wand sehr groß, so werden allerdings Objektive mit verschiedenen Brennweiten verwendet.

> Ein Diaskop kann von einem Dia ein vergrößertes, reelles Bild an die Wand projizieren.

2. Der Filmapparat

Mit einem Filmapparat erzeugt man ähnlich wie mit einem Diaskop vergrößerte Bilder. Hier werden viele kleine Dias eines Filmbandes projiziert. Sie zeigen aufeinanderfolgende Zustände des gefilmten Vorgangs. Ruckweise wird Bild auf Bild hinter das Projektionsobjektiv gebracht. Dabei unterbricht jedesmal eine rotierende Blende während des Bildwechsels das Licht. Auf der Leinwand entstehen also einzelne Bilder in rascher Folge.

Bei der **Zeitlupe** läßt man die Aufnahmekamera schneller laufen und nimmt zum Beispiel *doppelt* so viele Bilder je Sekunde auf, als man später projiziert. Der gefilmte Vorgang scheint mit *halber* Geschwindigkeit abzulaufen. Beim *Zeitraffer* nimmt man dagegen viel weniger Bilder je Sekunde auf, als projiziert werden.

3. Der Schreibprojektor

Der **Tageslicht-** oder **Schreibprojektor** entspricht einem senkrecht gestellten Diaskop, bei dem der Strahlengang durch einen Projektionskopf um 90° zur Seite gelenkt wird *(Abb. 159.1)*. Auf die Schreibplatte können auch fertige, auf Folien gedruckte Bilder und Experimentiergeräte gelegt werden.

Aufgaben:

1. *Welche Brennweite muß das Objektiv eines Diaskops haben, wenn von einem 2,4 cm hohen Diapositiv ein 1,2 m hohes Bild erzeugt werden soll und die Linse 8 m vor der Bildwand steht?*
2. *Vergleiche den Abbildungsmaßstab beim Diaskop mit dem beim Tageslichtprojektor! Wie wirkt sich der Unterschied auf die Helligkeit der Bilder aus?*
3. *Ein quadratisches Dia von 6 cm Seitenlänge wird bei der Abbildung durch ein Diaskop auf 1,80 m Seitenlänge gebracht. Wie ist der lineare Abbildungsmaßstab, wie ändert sich die Fläche?*
4. *In welcher Richtung muß man das Objektiv eines Diaskops verschieben, wenn das Bild zunächst vor der Projektionswand scharf war?*

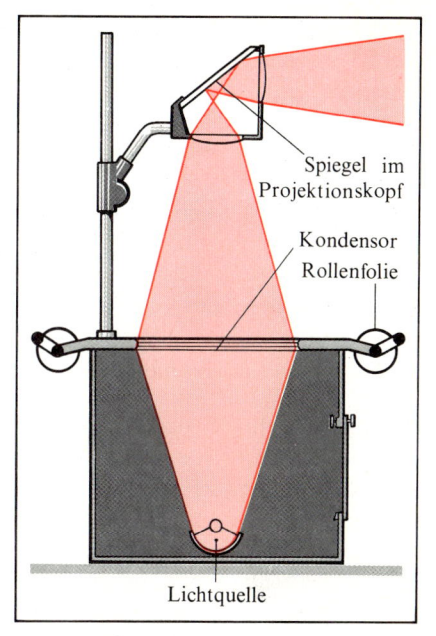

159.1 Strahlengang im Schreibprojektor: Da der Kondensor die Schreibfläche überdecken muß, wäre er als normale Linse sehr dick und schwer. Man löst ihn deshalb in ringförmige Zonen auf, die zwar die nötige Krümmung haben, aber sehr dünn sind. Die so entstandenen Stufen sieht man als dünne, schwache Ringe.

§ 51 Optische Instrumente für die Nahbeobachtung

1. Die Lupe

Wenn man bei einem Objekt, zum Beispiel einer Briefmarke, feine Einzelheiten erkennen will, bringt man es näher an das Auge. Dadurch werden Sehwinkel und Netzhautbild größer. Man kann aber das Objekt nur bis etwa 10 cm vor das Auge halten. Liegt es noch näher, so reicht die Brechkraft des Auges nicht mehr aus, um die von einem Punkt des Gegenstandes kommenden Lichtstrahlen auf der Netzhaut zu vereinigen. Das Bild wird unscharf. Man muß daher die Brechkraft künstlich verstärken. Das geschieht nach § 47 mit einer Sammellinse. Sie wird **Lupe** genannt (lupus, lat.; Wolf, linsenähnliche Geschwulst).

Versuch 41: Wir bauen auf der optischen Bank das Augenmodell nach Versuch 39 auf. Es ist auf die weit entfernte glühende Wendel einer nicht mattierten Glühlampe gerichtet. Mit der „Augenlinse" des Modells stellen wir auf dessen „Netzhaut" ein scharfes Bild der Wendel ein. Seine Höhe B_0

ist sehr klein, zum Beispiel $B_o = 0{,}1$ cm. Nun setzen wir eine Sammellinse ($f = 15$ cm) als Lupe vor die „Augenlinse" und bringen die Wendel in die gegenstandseitige Brennebene der Lupe. Die Höhe des Bildes B_m ist jetzt wesentlich größer, zum Beispiel $B_m = 1{,}3$ cm. Die Vergrößerung ist

$$V = \frac{1{,}3 \text{ cm}}{0{,}1 \text{ cm}} = 13 \text{ fach.}$$

Nach *Abb. 160.1* kommen Strahlen, die von einem Punkt des in der Brennebene der Lupe liegenden Gegenstandes ausgehen, parallel in das Auge. Dies kann aber jetzt beobachten, ohne zu akkommodieren, das heißt, es bleibt entspannt.

Hat die Lupe die Brennweite $f = 2{,}5$ cm, so wird der Gegenstand aus der deutlichen Sehweite $s = 25$ cm auf 2,5 cm der aus Lupe und Augenlinse bestehenden Linsenkombination genähert. Die Gegenstandsweite beträgt dann also $\frac{1}{10}$ der ursprünglichen Entfernung. Die Bildhöhe B_m beträgt dann $10 \cdot B_o$. Sie wächst also im Verhältnis s/f.

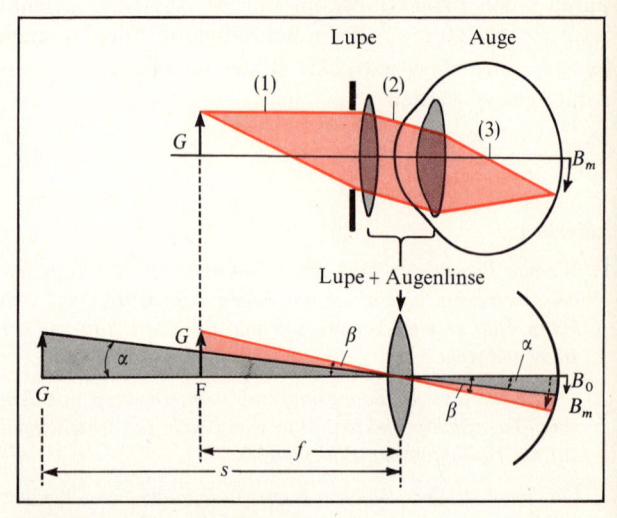

160.1 Zur Funktion der Lupe

Vergrößerung der Lupe $\quad V = \dfrac{B_m}{B_o} = \dfrac{s}{f}$ $\hspace{2cm}$ (160.1)

In unserem Beispiel wird das Netzhautbild eines kleinen Gegenstandes 10mal höher und 10mal breiter. Es überdeckt also 100mal mehr Sehzellen, so daß man 100mal mehr Einzelheiten erkennt. Hierin liegt der Sinn der Vergrößerung.

Nach Gleichung (160.1) nimmt die Vergrößerung mit kleiner werdender Brennweite der Lupe zu. Je kleiner diese aber wird, desto stärker ist die Linse gewölbt. Um so mehr stören dann Linsenfehler, zum Beispiel werden die Bilder verzerrt. Daher geht man über eine 20fache Vergrößerung bei Lupen nicht hinaus. Allgemein versteht man unter der Vergrößerung V durch ein optisches Instrument das Verhältnis der Bildhöhen B_m und B_o.

Vergrößerung $= \dfrac{\text{Höhe des Netzhautbildes mit Instrument}}{\text{Höhe des Netzhautbildes ohne Instrument}}$; $\quad V = \dfrac{B_m}{B_o}$ $\hspace{1cm}$ (160.2)

oder Vergrößerung $= \dfrac{\text{Sehwinkel mit Instrument}}{\text{Sehwinkel ohne Instrument}}$; $\quad V = \dfrac{\beta}{\alpha}$ $\hspace{1cm}$ (160.3)

2. Das Mikroskop

Häufig wollen wir aber noch viel feinere Strukturen erkennen, zum Beispiel bei Untersuchungen in der Biologie oder der Medizin. Um weiter zu vergrößern, kann man zunächst mit einer Linse ein stark vergrößertes, reelles Bild erzeugen wie bei einem Projektionsapparat und dieses mit einer Lupe betrachten.

Versuch 42: Wir erzeugen auf der optischen Bank mit einer Konvexlinse ($f = 5$ cm) – **Objektiv** genannt – in etwa 40 cm Entfernung auf einem Schirm ein reelles, umgekehrtes, stark vergrößertes Bild B' der Wendel unserer Glühlampe. Entfernen wir den Schirm, dann schneiden sich die Lichtstrahlen immer noch an derselben Stelle. Das Zwischenbild B' schwebt im Raum; die Strahlen gehen von ihm ungeschwächt weiter *(Abb. 161.1)*. Hinter B' bringen wir das Augenmodell mit vorgesetzter Lupe. Diese heißt **Okular** (oculus, lat.; Auge); ihre Brennebene liegt in B' (siehe bei der Lupe). Auf der „Netzhaut" entsteht ein helles, vergrößertes Bild. Wir haben das Modell eines **Mikroskops** aufgebaut. Es erinnert in seinem Aufbau an Diaskop und Lupe. Seine Vergrößerung steigt, wenn man die Brennweiten beider Linsen verkleinert.

> **Das Mikroskop kann mit einem Diaskop verglichen werden, dessen Bild man mit einer Lupe betrachtet.**

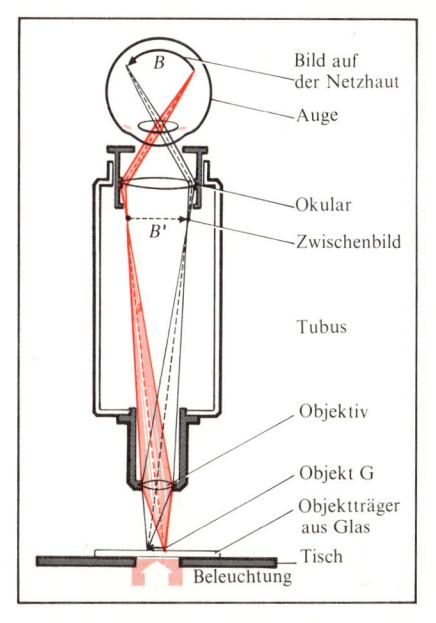

161.1 Strahlengang in Mikroskop und Auge

Objektiv und Okular eines Mikroskops sind meist in unveränderlichem Abstand in einer Metallröhre, dem **Tubus,** eingebaut. Zur Scharfeinstellung wird der ganze Tubus gehoben oder gesenkt.

Das Objekt beleuchtet man mit Hilfe eines Hohlspiegels oder eines Kondensors wie beim Diaskop. In die Ebene des reellen Zwischenbildes B' kann für Meßzwecke ein durchsichtiger Maßstab oder ein Fadenkreuz gebracht werden. Sie werden zusammen mit dem Objekt scharf gesehen. Steht zum Beispiel auf dem Objektiv die Zahl 60 und auf dem Okular die Zahl 12, dann beträgt die Vergrößerung des Mikroskops $V = 60 \cdot 12 = 720$.

Versuch 43: Um die Vergrößerung unmittelbar zu bestimmen, betrachten wir mit dem rechten Auge durch das Mikroskop einen Draht von bekannter Dicke, zum Beispiel 0,1 mm. Mit dem linken Auge schauen wir gleichzeitig auf einen in $s = 25$ cm entfernten waagerechten Maßstab. Wenn auf ihm das mit dem rechten Auge vergrößert gesehene Bild zum Beispiel 6 cm zu überdecken scheint, ist die Vergrößerung $\frac{B}{G} = \frac{6 \text{ cm}}{0,1 \text{ mm}} = 600$.

Durch Verkürzen der Brennweiten von Okular und Objektiv könnte man die Vergrößerung beliebig steigern. Doch geht man über eine 1500fache Vergrößerung nicht hinaus. Dies liegt nicht an technischem Unvermögen, sondern ist in der Natur des Lichtes bedingt. Darauf können wir erst später genauer eingehen. Schon bei viel kleineren Vergrößerungen müssen Okular und Objektiv aus mehreren nebeneinanderliegenden Linsen zusammengesetzt werden, um die Linsenfehler, zum Beispiel Verzerrungen, auszugleichen. Die Korrektur dieser Fehler bedingt die Güte, damit aber auch den Preis eines Instruments.

Aufgabe:

Eine Lupe hat die Brennweite $f = 31$ mm. Wie stark ist die Vergrößerung?

§ 52 Optische Instrumente für Fernbeobachtungen

1. Fernrohre und Spiegelteleskope

Ein Fotoapparat erzeugt von weit entfernten Objekten ein reelles Bild in der Brennebene des Objektivs. Die Bildgröße B' wächst mit der Brennweite f_1. Betrachten wir dieses Bild mit einer Lupe (Brennweite f_2), so haben wir ein **Fernrohr**. Wir zeigen es im Modellversuch:

Versuch 44: Wir stellen eine als Objekt dienende Glühwendel mindestens 4 m entfernt vor dem Augenmodell auf. Das Bild auf der „Netzhaut" ist sehr klein, seine Höhe B_o kaum meßbar. Der Sehwinkel α ist ebenfalls sehr klein. Nun stellen wir als Objektiv eine Sammellinse mit großer Brennweite ($f_1 = 50$ cm) davor. Sie gibt auf einem Schirm ein reelles Zwischenbild B'. Es ist kleiner als der Gegenstand selbst. Doch spielt dies keine Rolle, da wir uns ihm mit Augenmodell und Lupe beliebig nähern können. Wir setzen also B' in die Brennebene der Lupe und nehmen den Schirm weg. Auf der „Netzhaut" des Augenmodells entsteht ein gegen B_o etwa 8mal vergrößertes Bild B_m. Das Zwischenbild B' wird mit der Lupe unter einem cirka 8mal so großen Sehwinkel β gesehen wie der weit entfernte Gegenstand mit dem Auge allein *(Abb. 162.1)*.

> **Das astronomische Fernrohr kann mit einem Fotoapparat verglichen werden, dessen Bild durch eine Lupe betrachtet wird.**

Durch dieses Fernrohr sehen wir die Gegenstände umgekehrt und seitenvertauscht. Das stört bei astronomischen Beobachtungen nicht.

Damit das Zwischenbild B' und die Vergrößerung V groß werden, muß die Brennweite f_1 des Objektivs groß sein. Damit wächst nach *Abb. 162.1* die Länge des Fernrohrs:

$$L = f_1 + f_2.$$

Das Bild eines Fixsterns ist im Fernrohr nur als Punkt sichtbar, ohne daß wir Einzelheiten auf dem Stern erkennen können. Für die Astronomie ist die Helligkeit des Bildpunktes besonders wichtig.

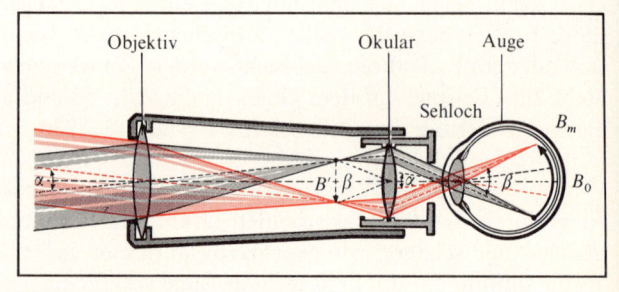

162.1 Strahlengang im astronomischen Fernrohr. Ohne Fernrohr wäre das Bild auf der Netzhaut umgekehrt.

Diese hängt von der Menge des Lichtes ab, die durch das Objektiv in das Fernrohr fällt. Daher baut man astronomische Fernrohre mit großer Objektivöffnung. Eines der größten dieser Art steht in der Yerkes-Sternwarte bei Chicago mit einem Objektivdurchmesser von 1 m und $f_1 = 19$ m.

Versuch 45: Wir erhalten bei unserem Augenmodell ein größeres Bild auf der „Netzhaut", wenn wir die „Augenlinse" durch eine andere mit größerer Brennweite ersetzen und sie weiter wegrücken. Wir müßten also vor unser wirkliches Auge eine Konvexlinse großer Brennweite setzen und zugleich die Brechkraft unserer Kristallinse durch eine Konkavlinse aufheben. Es genügt jedoch, die Brechkraft der Kristallinse durch die Zerstreuungslinse nur zu vermindern. Die vom Objektiv konvergent gemachten Strahlen würden sich im Zwischenbild B' vereinigen *(Abb. 163.1)*.

Dies würde bei einem weit entfernten Gegenstand in der Brennebene des Objektivs liegen (F in *Abb. 163.1*). Wenn dort auch der rechte Brennpunkt F der Zerstreuungslinse, also des Okulars, liegt, verlassen die Strahlen die Linse parallel. Das ist wichtig, damit das Auge nicht zu akkommodieren braucht. Die Abbildung zeigt, daß die Zerstreuungslinse den Sehwinkel von α auf β ver-

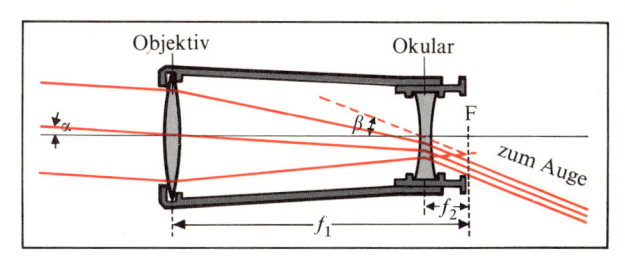

163.1 Strahlengang im holländischen Fernrohr

größert. Man erhält ein vergrößertes Netzhautbild. Die Tubuslänge ist dann nur $L = f_1 - |f_2|$. Ein solches Instrument heißt **holländisches** oder **Galileisches Fernrohr**. Bei ihm fehlt das reelle Zwischenbild. Wir sehen aufrechte Bilder der betrachteten Gegenstände. Unsere *Operngläser* sind Instrumente dieser Art. Sie sind leicht, da man keine *Umkehrprismen* wie in *Abb. 164.1* braucht.

Bei Objektiven sehr großen Durchmessers kann man die Linsenfehler nur schwer beseitigen. Man benutzt daher bei astronomischen Fernrohren als Objektiv einen Hohlspiegel. Bei der Reflexion tritt nämlich im Gegensatz zur Brechung durch Linsen keine Farbenzerstreuung auf.

Den Strahlengang in einem solchen **Spiegelteleskop** (tele, griech.; fern; skopein, griech.; blicken) zeigt *Abb. 163.2*. Die von Fixsternen kommenden Lichtstrahlen fallen durch das vorn offene Fernrohr auf den Spiegel. Das reelle Zwischenbild entsteht in seiner Brennebene. Durch einen Planspiegel werden die Strahlen zur Seite abgelenkt. Das Zwischenbild wird durch ein Okular betrachtet.

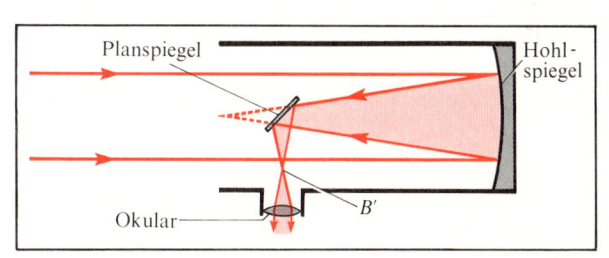

163.2 Spiegelteleskop. Die reflektierten Strahlen werden durch einen kleinen Planspiegel zur Seite gelenkt und erzeugen das Bild B', das durch das Okular betrachtet wird.

Die größten Spiegelteleskope stehen in dem Observatorium auf dem *Mount Wilson* in Kalifornien (Spiegeldurchmesser 2,5 m; Brennweite 12,9 m) und dem *Mount Palomar* (Durchmesser 5 m; Brennweite 16,8 m). Bei dem letzteren Instrument sitzt der Beobachter sogar mitten im Fernrohr in einer kleinen Kabine, die den Brennpunkt des Spiegels umschließt. Die Helligkeit der Bilder wird dadurch nur unwesentlich geschwächt. Noch größer als die amerikanischen Geräte wird ein in der Sowjetunion bei *Tiflis* (Kaukasus) im Bau befindliches Teleskop (Durchmesser des Hohlspiegels 6,10 m; Brennweite mehr als 20 m; Länge des Instruments 25 m; Gewicht 700 t).
Ein Hindernis bei der Erforschung des Weltraums mit großen Fernrohren ist in zunehmendem Maße unsere verschmutzte Erdatmosphäre; sie verschlechtert die Bildqualität, weshalb man heute schon mit astronomischen Beobachtungsstationen in entlegene Gebiete ausweichen muß.

2. Das Prismenfernglas

Wenn wir das astronomische Fernrohr auf irdische Ziele richten, stören uns die Länge (wenn starke Vergrößerung erreicht werden soll) und die Umkehrung des Bildes. Es gibt jedoch eine Möglichkeit, die Länge zu verkürzen. Man lenkt das Licht im Fernrohr in zwei gleichschenkligen, rechtwinkligen Prismen so um, daß ein Teil seines Weges rückläufig ist. Gleichzeitig wird dabei oben und unten, rechts und links vertauscht, da die Prismen gegeneinander um 90° gedreht sind.

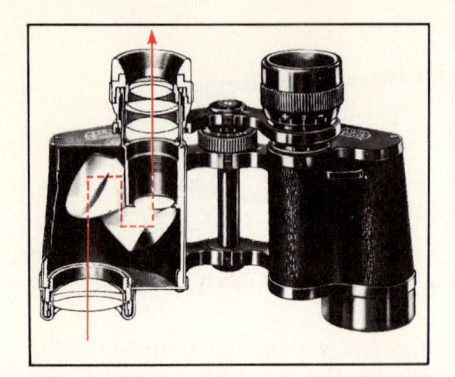

164.1 Strahlengang im Prismenfernglas

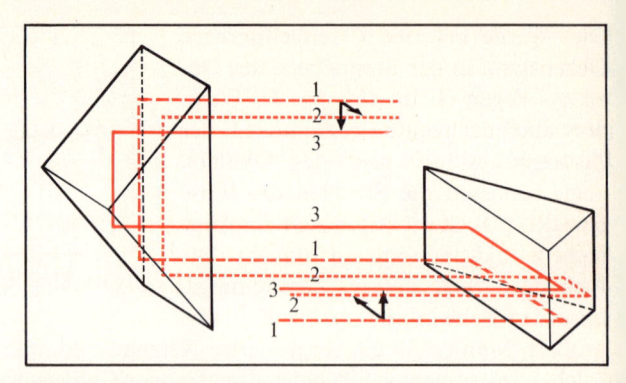

164.2 Zur Strahlenumkehr im Prismenfernglas

Das Bild erscheint also aufrecht und seitenrichtig (siehe *Abb. 164.2*). Wir erhalten ein handliches Fernrohr, das uns richtige Bilder gibt. Die Instrumente werden für zweiäugiges Sehen gebaut und geben dann außerdem noch besonders plastische Bilder, weil die Objektive weiter auseinanderliegen als die Augen *(Abb. 164.1)*.

§ 53 Farbige Lichter; das Spektrum

1. Das Entstehen des kontinuierlichen Spektrums

Versuch 46: Bei Linsenbildern stören gelegentlich farbige Ränder. Es interessiert uns, wodurch sie entstehen. In Versuch 24 ließen wir einen einfarbigen Lichtstrahl auf ein Prisma fallen. Er wurde abgelenkt. Wiederholen wir den Versuch mit weißem Licht, so wird der Strahl nicht nur gebrochen, sondern zu einem Fächer verschiedenfarbigen Lichtes verbreitert. Diese Erscheinung wollen wir genauer untersuchen.

Versuch 47: Wir stellen auf der optischen Bank den Glühfaden einer Experimentierleuchte senkrecht und bilden ihn mit einer Sammellinse auf einem einige Meter entfernten Schirm ab (gestrichelte Strahlen in *Abb. 164.3*). Eine rote Glasscheibe, die wir in den Strahlengang des weißen Lichtes halten, läßt nur rotes Licht durch. Das Bild des Glühfadens sieht rot aus. Jetzt schieben wir dicht hinter der Linse ein **Prisma** in den Weg des Lichts (brechende Flächen parallel zum Glühfaden). Die Strahlen werden ge-

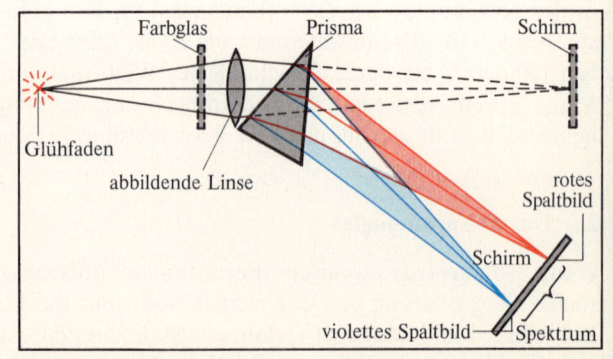

164.3 Versuchsaufbau zur Erzeugung eines Spektrums. Der Glühfaden und seine Bilder stehen senkrecht zur Zeichenebene.

§ 53 Farbige Lichter; das Spektrum 165

brochen und das rote Bild zur Seite hin abgelenkt. Ersetzen wir die rote Glasscheibe durch eine gelbe, so sehen wir ein gelbes Bild, das aber etwas stärker als das rote abgelenkt wird. So können wir mit verschiedenfarbigen Gläsern die entsprechenden farbigen Bilder erzeugen. Ohne alle Farbgläser sehen wir nicht etwa ein einziges Bild des Glühfadens, sondern ein zusammenhängendes Farbenband, ein **Spektrum** (spicere, lat.; schauen), das aus vielen Farben besteht *(Abb. 165.1)*.

165.1 Kontinuierliches Spektrum

Verschiedenfarbige Lichter werden durch ein Prisma verschieden stark gebrochen. Fällt weißes Licht durch ein Prisma, so entsteht ein kontinuierliches Spektrum.

Man hebt 6 Spektralfarben namentlich hervor: Rot, Orange, Gelb, Grün, Blau und Violett.

Wir sehen allerdings weit mehr Farbtöne (etwa 140), die im kontinuierlichen Spektrum fließend ineinander übergehen. Ein ganz entsprechendes Spektrum liefert das Licht anderer glühender fester Körper (Bogenlampenkohle) und flüssiger Körper (Eisenschmelze). Auch das Sonnenlicht gibt ein kontinuierliches Spektrum. Deshalb sehen wir zum Beispiel Farben, wenn die Sonne auf geschliffene Glasschalen, Weingläser und dergleichen scheint.

2. Spektralreines farbiges Licht

Versuch 48: Wir wollen nun klären, ob sich eine einzelne Spektralfarbe noch weiter in Farben aufspalten läßt oder anderweitig durch ein Prisma verändert wird. Hierzu blenden wir nach *Abb. 165.2* aus dem Spektrum zum Beispiel Grün aus und lassen es auf ein zweites Prisma fallen. Dieses ergibt keine neuen anderen Farben. Man sagt, das Licht ist **spektralrein** oder **monochromatisch** (monos, griech.; einzeln; chroma, griech.; Farbe).

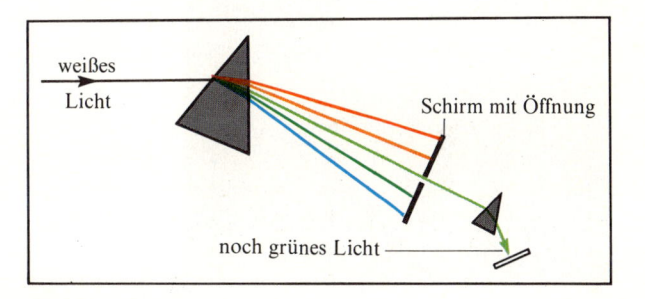

165.2 Eine Spektralfarbe läßt sich nicht weiter zerlegen. Das linke große Prisma zerlegt das einfallende weiße Licht in die Spektralfarben. Eine davon, Grün, fällt auf das kleine Prisma. Sie wird zwar genau so wie im großen nach unten abgelenkt, aber nicht weiter zerlegt.

Farbiges Licht, dessen Farbe sich in einem Prisma nicht verändern läßt, heißt spektralrein. Das Spektrum ist aus solchen spektralreinen Farben zusammengesetzt.

3. Die Wiedervereinigung des Spektrums zu weißem Licht

Versuch 49: Nach *Abb. 166.1* halten wir eine Sammellinse in das Spektrum hinter einem Prisma. Sie holt das ursprünglich auf dem Schirm erzeugte Spektrum näher heran. Es kann mit einem Schirm zum Beispiel an der Stelle A aufgefangen werden. Bewegt man den Schirm von der Linse

166　Optik

weg, so vereinigen sich zuerst in der Mitte, dann auch an den Rändern die farbigen Lichter zu Weiß. Die Vereinigung geschieht also nicht in der Linse, sondern erst im Raum hinter ihr. Aus den Versuchen 47 und 49 folgt, daß das weiße Licht aus farbigen Lichtern zusammengesetzt ist und in diese wieder zerlegt werden kann. Diese Zerlegung nennt man auch **Dispersion** des Lichts (dispersio, lat.; Zerstreuung).

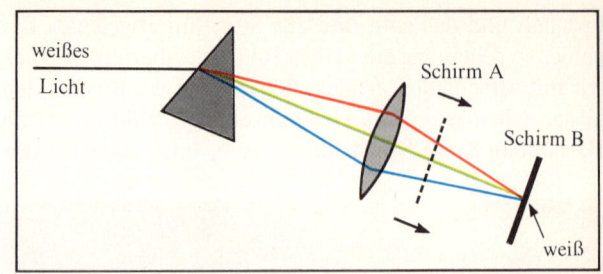

166.1 Das Spektrum läßt sich zu weißem Licht vereinigen, wenn man mit dem Schirm A auf B zugeht. Man erhält in B weißes Licht, genau wie vor dem Prisma.

Weißes Glühlicht ist nicht spektralrein, sondern enthält alle farbigen Lichter des Spektrums.

4. Der Regenbogen

166.2 Regenbogen

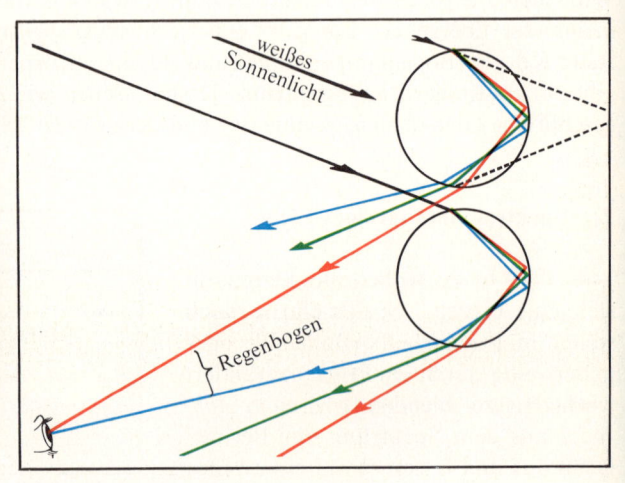

166.3 Strahlengang im Hauptregenbogen

Fällt weißes Sonnenlicht auf eine Regenwand, so wird es beim Eintritt in die Wassertröpfchen gebrochen, in ihnen reflektiert und beim Austritt erneut gebrochen. Den Strahlengang zeigt die *Abb. 166.3*. Der Hauptregenbogen kommt durch einmalige Reflexion in den Tropfen zustande. Die entstehenden Farben gehen von Rot (außen) zu Violett (innen). Bei dem manchmal außerdem sichtbaren, aber lichtschwächeren Nebenregenbogen erfolgt zweimalige Reflexion (Rot ist innen).

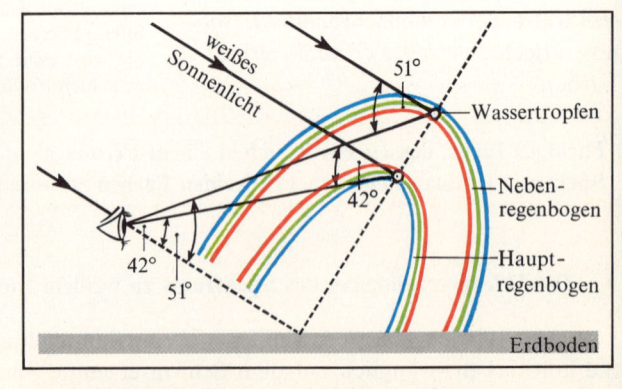

166.4 Schema des Haupt- und Nebenregenbogens

§ 54 Die Addition von Farben

1. Komplementärfarben

Versuch 50: In Versuch 49 haben wir alle farbigen Lichter zu Weiß vereinigt. Hinter der Linse gab es in *Abb. 166.1* bei A noch ein Spektrum. Wir schieben dort ein schmales Prisma in den Strahlengang und lenken das Rot zur Seite *(Abb. 167.1)*. Der Rest des Spektrums wird jetzt zu Grün zusammengefaßt. Nehmen wir das Prisma wieder fort, dann ergänzt das Rot das Grün zu Weiß. Rot und Grün heißen daher Ergänzungs- oder **Komplementärfarben** (complementum, lat.; Ergänzung).

Wir schieben nun das schmale Prisma durch das ganze Spektrum und blenden so der Reihe nach die einzelnen Spektralfarben aus. Dabei finden wir die folgende Zuordnung (*Tabelle 167.1* und *Abb. 167.2*).

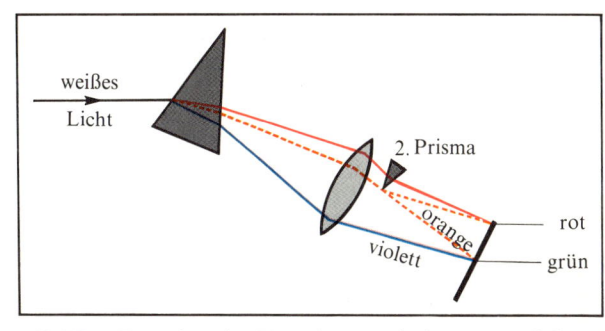

167.1 Das Entstehen der Komplementärfarben Rot und Grün; sie geben nach Wegnahme des zweiten Prismas wieder Weiß.

Tabelle 167.1

Ausgeblendete Spektralfarbe	Rot	Orange	Gelb	Grün	Blau	Violett
Mischfarbe des Restes	Grün	Blau	Violett	Rot	Orange	Gelb

167.2 Hier stehen Paare von Komplementärfarben übereinander.

Jede Farbe taucht in der Tabelle zweimal auf, als *spektralreine* und als *Mischfarbe*. Spiegeln wir mit zwei schmalen Spiegelstreifen aus dem Spektrum zwei spektralreine Farben, zum Beispiel Rot und Grün, auf dieselbe Stelle eines Schirms, so ergänzen sie sich ebenfalls zu Weiß. Die Tabelle gilt demnach auch für spektralreine farbige Lichter. Unser Auge gibt allerdings keine Auskunft, um welche Art Farbe es sich handelt. Das läßt sich nur durch das physikalische Verfahren der Farbenzerlegung entscheiden. – Eine *Farbscheibe* trägt sektorweise getrennt Komplementärfarben (ähnlich *Abb. 168.1*). Wenn man sie hell beleuchtet und schnell rotieren läßt, so erhält das Auge schnell nacheinander die Farbreize; sie verschmelzen zu Weiß.

Die Farben zweier Lichter, die sich zu Weiß ergänzen, heißen Komplementärfarben.

2. Addition farbiger Lichter

Versuch 51: Bei den letzten Versuchen addierten wir auf dem Schirm zwei Komplementärfarben. Nun werfen wir aus zwei Projektoren mit vorgeschalteten Farbfiltern zwei im Spektrum nebeneinanderliegende Farben, zum Beispiel Rot und Gelb, auf einen Schirm. Dann entsteht dort kein Weiß. Das Auge erhält den Farbeindruck Orange. Werfen wir spektralreines Rot und Gelb auf den Schirm, so können wir die entstandene Farbe Orange durch ein Spektroskop wieder in Rot und Gelb zerlegen. Es handelt sich also um eine Mischfarbe.

Die beiden Endfarben des Spektrums Rot und Violett ergeben, wenn sie aufeinander projiziert werden, die nicht im Spektrum enthaltene Mischfarbe *Purpur*. Ein monochromatisches Licht mit dieser Farbempfindung gibt es nicht.

Im Spektralapparat stellt sich das Spektrum als kontinuierliches Band dar, dessen Enden Rot und Violett keine Verwandtschaft erkennen lassen. Nun haben wir gesehen, daß man diese Enden *für das Auge* zur Mischfarbe Purpur addieren kann. Dabei bekommt man durch Ändern des Mischungsverhältnisses von Rot und Violett einen kontinuierlichen Übergang zwischen den beiden Enden des Spektrums über diese Purpurtöne. Auch die verschiedenen Orangetöne können als Mischfarbe aus den benachbarten Spektralfarben Rot und Gelb hergestellt werden. Folglich wird *für das Auge* das Spektrum über die Purpurtöne zum **Farbenkreis** geschlossen *(Abb. 168.1)*. Anhand dieses Farbenkreises kann man mit folgenden einfachen Merkregeln voraussagen, wie sich farbige Lichter addieren.

168.1 Der Farbenkreis

> Addiert man Lichter, deren Farben sich im Farbenkreis gegenüberliegen (Komplementärfarben), so erhält man Weiß. Addiert man Lichter, deren Farben im Farbenkreis näher beieinanderliegen, so erhält man eine Farbempfindung, die der dazwischenliegenden Farbe entspricht.
> Die Gesetze der additiven Farbenmischung gelten für monochromatisches wie für Mischlicht.

§ 55 Körperfarben; die subtraktive Farbenmischung

1. Körperfarben

Bisher experimentierten wir mit farbigen Lichtern, die wir auf einen weißen Schirm fallen ließen, der uns dann farbig erschien. Es gibt aber auch Körper, die bei Beleuchtung mit weißem Licht farbig sind. Wir untersuchen nun, wie ihre Farbe entsteht.

§ 55 Körperfarben; die subtraktive Farbenmischung 169

Versuch 52: Wir lassen die Lichter eines Spektrums auf ein Stück Tuch fallen, das im Sonnenlicht leuchtend rot aussieht. Dann kann es sein, daß das Tuch nur im roten Teil des Spektrums rot erscheint, sonst schwarz. In diesem Falle verschluckt oder absorbiert der Stoff alle im weißen Licht enthaltenen Farben außer Rot. Es gibt aber auch rote Körper, die mehrere Bezirke des Spektrums reflektieren. Nach den Regeln der additiven Farbenmischung empfindet dann das Auge die Farbe Rot.

Ein nicht selbstleuchtender Körper erzeugt kein farbiges Licht, er wählt nur aus dem auffallenden Licht Farben aus, die er in unser Auge reflektiert. Man schreibt sie trotzdem dem Körper als sogenannte **Körperfarben** zu. Dies ist strenggenommen nicht richtig, da die Farbe, in der wir den Körper sehen, nicht nur von ihm, sondern auch vom auffallenden Licht abhängt.

> **Körper erscheinen farbig, wenn sie entweder eine Spektralfarbe reflektieren oder wenn sie mehrere Spektralfarben als Mischfarbe reflektieren.**

Versuch 53: Im gelben Licht einer Natriumdampflampe sehen rote und blaue Stoffe schwarz aus, denn sie reflektieren Gelb nicht. Reflektiert ein Körper alle Farben des Spektrums in gleicher Stärke, erscheint er uns weiß oder grau; wenn er alle Farben völlig absorbiert, schwarz. — Was geschieht, wenn der Körper Licht durchläßt (Filter)?

2. Die subtraktive Farbenmischung

Versuch 54: Wir lassen weißes Licht eines Projektors nacheinander durch ein gelbes und ein blaues Filter gehen *(Abb. 169.1)*. Auf dem Schirm sehen wir die Farbe, die von beiden durchgelassen wird, nämlich Grün. Diese Farbe entsteht durch Wegnahme (Subtraktion) aller anderen farbigen Lichter aus dem weißen Licht.

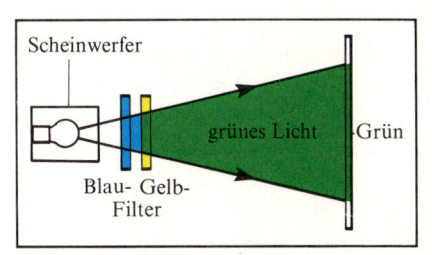

169.1 Subtraktive Farbenmischung durch Farbfilter

Versuch 55: Wir lösen etwas Blau und Gelb aus dem Tuschkasten in Wasser auf, mischen die Farben und streichen die Mischung auf Papier. Wir erhalten Grün.

Da die Farbkörnchen in mehreren Schichten auf dem Papier liegen und innig vermischt sind, dringt weißes Licht, bevor es reflektiert wird, durch beide Arten der Farbkörnchen. Nacheinander werden alle farbigen Lichter mit Ausnahme von Grün weggenommen. Man spricht von einer **subtraktiven Farbenmischung.** Hier werden farbige Körper gemischt, keinesfalls farbige Lichter wie bei der *additiven Farbenmischung* (siehe *Abb. 169.2* und vergleiche mit *Abb. 170.1*).

169.2 Subtraktive Farbenmischung bei Farbstoffen

> **Die Mischung farbiger Körper (materielle Farbmischung) führt zu einer subtraktiven Farbmischung. Bei ihr werden aus weißem Licht mehrere Spektralbereiche absorbiert; die restlichen farbigen Lichter addieren sich und geben den Farbeindruck der Mischung.**

§ 56 Die Farbwahrnehmung des Auges und Anwendungen der Farbenlehre

1. Die Dreifarbentheorie

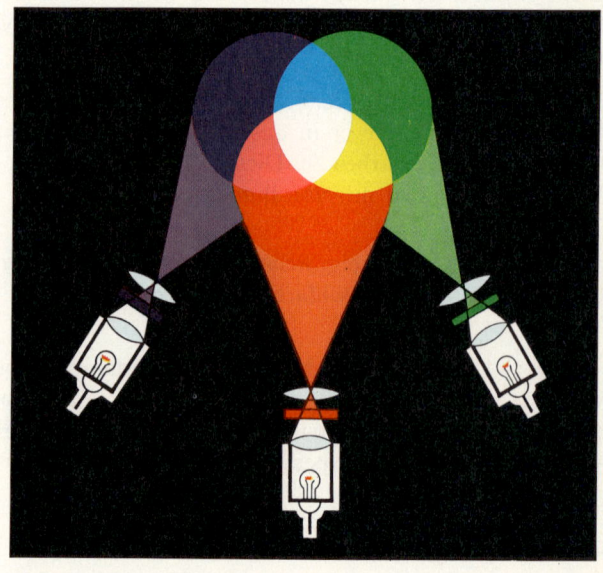

Unsere Netzhaut ist so beschaffen, daß sich alle farbigen Eindrücke aus drei *Grundfarben* additiv zusammensetzen lassen. Es sind Rot, Gelbgrün und Blauviolett. Die *Abb. 170.1* zeigt, wie man durch Projektion dieser Grundfarben auf einem Schirm den Farbeindruck Weiß erhält. Addiert man nur zwei von ihnen, so entstehen andere Farben wie Gelb, Hellblau oder Purpur.

In der Netzhaut des Auges gibt es drei Arten von Zapfen, rot-, gelbgrün- und blauempfindliche. Die *Abb. 170.2* zeigt, daß jede Art für einen Teilbereich des Spektrums empfindlich ist. Die für Rot empfindlichen Zapfen lösen im Gehirn auch dann die Empfindung Rot aus, wenn sie von benachbarten Spektralfarben getroffen werden, jedoch weniger stark. Gelbes Licht zum Beispiel läßt die rot- und gelbgrünempfindlichen Zapfen etwa gleich stark ansprechen. Weiß empfinden wir dann, wenn alle Zapfen gleichmäßig starke Eindrücke empfangen. Diese Eigenart der Zapfen ist die Voraussetzung für **farbiges Sehen.** Bei *farbfehlsichtigen* Menschen sind die von einem der 3 Zapfen im Gehirn ausgelösten Reize zu schwach. Sie empfinden Farben anders als Normalsichtige. Man erkennt dies daran, daß sie Farben verwechseln, die Normalsichtige unterscheiden können (Hellrot mit Orange, Braun mit Gelb usw.). Total *Farbenblinde* können zum Beispiel rote Erdbeeren an der Farbe nicht von den grünen Blättern unterscheiden und haben es beim Erdbeerpflücken schwer. Größte Vorsicht ist für sie im Straßenverkehr geboten (Verkehrsampeln!).

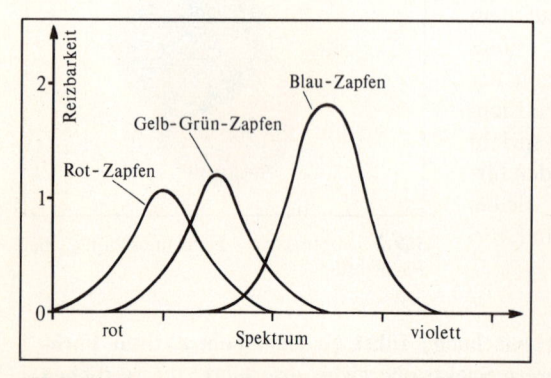

170.1 Additive Mischung der drei Grundfarben durch Projektion auf einen Schirm

170.2 Die Farbempfindlichkeit der Zapfen der Netzhaut

170.3 Farbaussendende Scheibchen des Bildschirms eines Farbfernseh-Empfängers

2. Das Farbfernsehen

Für die Übertragung von farbigen Fernsehsendungen werden die Vorgänge bzw. Objekte durch drei in einem Aufnahmegerät vereinigte Kameras mit vorgesetzten Farbfiltern in den drei Grundfarben aufgenommen. Die Farben und ihre Sättigung werden in elektrische Signale umgewandelt, die der Sender ausstrahlt. Sie steuern am Empfangsort in der Bildröhre des Empfängers drei Erzeuger von Elektronenstrahlen. Diese sind so gerichtet, daß sie gemeinsam, aber immer mit etwas verschiedenen Richtungen durch die 357000 Löcher in einer sogenannten *Lochmaske* hindurchlaufen *(Abb. 171.2)*.

Die durchlaufenden Elektronenstrahlen treffen auf dem dicht dahinterliegenden Bildschirm auf Scheibchen verschiedenartiger Farbstoffe. Wegen der verschiedenen Richtungen der Elektronenstrahlen werden die rotes Licht aussendenden Scheibchen nur von einem der drei Strahlen, die Grün aussendenden von dem zweiten, die Blau aussendenden von dem dritten Strahl getroffen. Sie leuchten entsprechend der Helligkeit des aufgenommenen Objektes verschieden stark auf. Die Scheibchen liegen so eng nebeneinander, daß die von ihnen ausgehenden farbigen Lichter im Auge zu dem gewünschten Farbeindruck addiert werden *(Abb. 171.1 und 171.2)*.

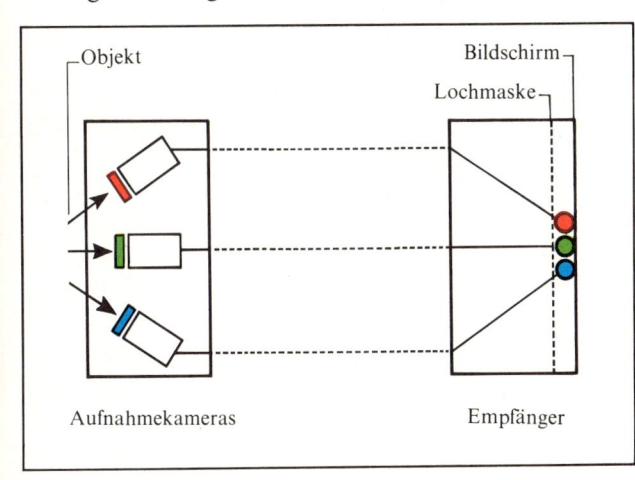

171.1 Farbfernsehübertragung: Drei Bilder in jeweils einer der drei Grundfarben werden gesendet und im Empfänger zu einem vielfarbigen Bild zusammengesetzt.

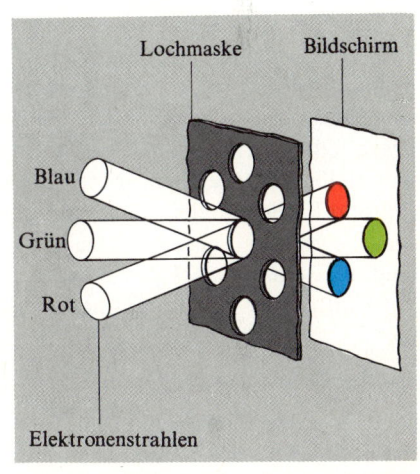

171.2 Farbpunkte auf dem Bildschirm leuchten in den drei Grundfarben beim Auftreffen der Elektronenstrahlen auf.

3. Der Drei- und Vierfarbendruck

Soll eine farbige Vorlage im Druck wiedergegeben werden, muß man zuerst Farbfotos in den drei Grundfarben herstellen. Nach ihnen werden Druckplatten im Rasterverfahren geätzt. Sie übertragen die drei Farben beim Druck auf das Papier (Dreifarbendruck). Dabei fallen die farbigen Rasterpunkte teils aufeinander, teils nebeneinander. Der Betrachter sieht dann teils subtraktiv (wie auf Seite 169), teils additiv (wie beim Farbfernsehen) die Farbtöne des Originals. Um dem Bild scharfe Konturen und plastische Wirkung zu geben, wird meist zusätzlich eine Schwarzplatte mitgedruckt (Vierfarbendruck).

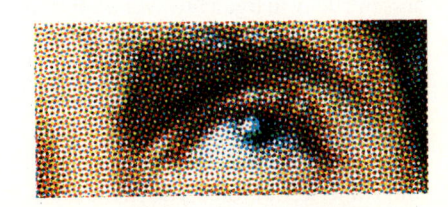

171.3 Ausschnitt aus einem Farbdruck

Aufgaben:
1. *Wie kann man spektralreines farbiges Licht von Mischlicht unterscheiden?*
2. *Warum haben Geschäfte, die Kleiderstoffe verkaufen, sogenannte „Tageslichtlampen"?*
3. *Wann sieht ein durchsichtiger Körper grün aus?*
4. *Weshalb darf man für Versuch 54 keine spektralreinen Farbfilter verwenden?*

Rückblick

In der Optik beschäftigten wir uns zunächst mit dem *Verhalten* des Lichts, idealisiert durch *Lichtstrahlen*: Sie breiten sich in einem gleichförmigen Medium geradlinig aus, werden an Spiegeln nach dem Reflexionsgesetz zurückgeworfen und beim Übergang in ein anderes Medium gebrochen. Diese einfachen Erscheinungen wandten wir bei Linsen und Hohlspiegeln an, um *optische Bilder* zu erzeugen. Diese Geräte vereinigen nämlich die Strahlenbündel, die von einem Gegenstandspunkt ausgehen, in einem Bildpunkt. Aus solchen Bildpunkten setzen sich dann die optischen Bilder zusammen. Besonders wichtig ist die Eigenschaft des *Auges*, in der rückwärtigen Verlängerung von divergierenden Bündeln ein scheinbares (virtuelles) Bild zu erkennen. Wir finden es am ebenen Spiegel und bei der Lupe, also bei Okularen von Fernrohren und Mikroskopen. Bei all diesen Anwendungen haben wir nicht geklärt, *warum* sich das Licht geradlinig ausbreitet, warum es reflektiert bzw. gebrochen wird. Um dies zu untersuchen, muß man die *physikalische Natur* des Lichts erforschen. Dies soll später geschehen. — Bei den *Farbwahrnehmungen des Auges*, insbesondere der *Dreifarbentheorie* auf Seite 170, gingen wir über physikalische Fragestellungen hinaus und beschäftigten uns mit *subjektiven Empfindungen*, also mit dem, was wir unmittelbar wahrnehmen. Diese subjektiven Empfindungen sind nicht allen Menschen gemeinsam: ein total Farbenblinder kennt die Empfindungen Rot, Grün, Blau usw. nicht. Er kann aber trotzdem die physikalischen Gesetze der Lichtausbreitung erforschen und anwenden. Diese Lichtausbreitung ist ja ein *objektiver* Vorgang, der außerhalb des Menschen abläuft und zum Beispiel mit Fotoplatten und Belichtungsmessern, also auch außerhalb des Menschen, registriert werden kann.

Aus der Geschichte der Optik

Optische Bilder konnte man mit Hilfe der *Lochkamera* wohl schon im Altertum erzeugen, aber erst 1551 setzte *G. Cardano* in ihre Öffnung eine Linse, 1839 machte *L. Daguerre* die erste fotografische Aufnahme. *Johannes Kepler* (1571 bis 1630) lernte die wesentlichen Gesetze der geometrischen Optik beherrschen, entwickelte das nach ihm benannte *Fernrohr* (S. 162) und erklärte die Bildentstehung im Auge. *Chr. Scheiner* baute das keplersche Fernrohr und bestätigte 1615 Keplers Theorie, indem er das umgekehrte Netzhautbild auf einem Ochsenauge beobachtete, dessen rückwärtige Häute er abgekratzt hatte. Schon 20 Jahre früher hatten Brillenschleifer (durch Zufall) *Mikroskop* und *Fernrohr* erfunden. Mit diesen Instrumenten eröffneten sich dem Menschen neue Welten: 1665 fand *Hooke* die Pflanzenzelle, um 1700 *Leeuwenhoek* die Blutkörperchen, 1828 *Brown* die nach ihm benannte Brownsche Bewegung (S. 64). *Galilei* richtete das Fernrohr gegen den Himmel, entdeckte um 1610 die Mondgebirge und erkannte, daß die Milchstraße aus ungeheuer vielen Einzelsternen besteht. Er sah, daß der Planet Jupiter von Monden umkreist wird und folgerte, daß die Erde nicht der einzige Ort sei, um den sich andere Körper bewegen, also nicht im Mittelpunkt der Welt zu stehen brauche. Die Gegner Galileis wandten ein, daß im Fernrohr die Natur verfälscht werde und nicht genauer beobachtet werden könne (S. 80). 1672 zeigte *Isaak Newton*, daß ein Prisma das weiße Licht in *Farben* zerlegt und nicht (wie später noch *Goethe* glaubte) irgendwie verfärbt, also verfälscht. Mittels der großen Fernrohre gewinnen Astronomie und Astrophysik immer genauere Vorstellungen über den Aufbau der Sterne und des Weltalls.

Magnetismus und Elektrizitätslehre 1. Teil

§ 57   Der Magnet und seine Pole; Elementarmagnete

An vielen Stellen der Erde, zum Beispiel in Skandinavien und im Ural, findet man *Eisenerzstücke (Abb. 173.1)*, die Eisen, Kobalt und Nickel anziehen. Auf andere Stoffe wie Holz, Messing, Glas oder Blei wirken sie nicht merklich ein. Nach dem angeblichen Fundort dieser Erzstücke, einer Stadt *Magnesia*[1], nennt man sie **Magnete**. Diese natürlichen *Magneteisensteine* sind nur sehr schwach magnetisch. Deshalb benutzt man heute künstliche Magnete aus Stahl oder bestimmten Legierungen, die ähnliche magnetische Eigenschaften wie Eisen (lat. ferrum) haben. Man nennt Stoffe mit solchen Eigenschaften **ferromagnetisch.** Wie man Magnete herstellt, werden wir auf Seite 175 erfahren. *Abb. 173.2* zeigt Magnete verschiedener Form, deren Eigenschaften wir durch Experimente kennenlernen wollen.

Versuch 1: Für Auge und Tastsinn unterscheidet sich ein Magnet von einem gewöhnlichen Stück Eisen nicht. Taucht man ihn aber in Eisenfeilspäne, so überzieht er sich vor allem an seinen Enden, den **Polen**[2], mit dicken Bärten *(Abb. 173.3)*. Die Mitte des Magneten, die sogenannte **Indifferenzzone** (indifferens, lat.; gleichgültig, wirkungslos), übt dagegen nur unbedeutende magnetische Kräfte aus.

> Die Stellen stärkster Anziehung eines Magneten nennt man Pole.

Versuch 2: Hänge nach *Abb. 174.1* Stabmagnete an dünnen Fäden waagerecht und leicht drehbar auf! Jeder Magnet zeigt nach einigen Schwingungen mit dem einen Pol, dem sogenannten **Nordpol N,** annähernd nach Nor-

173.1 Der Magneteisenstein zieht Eisenfeilspäne an.

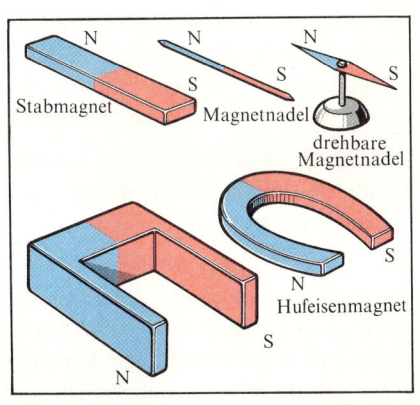

173.2 Künstliche Magnete verschiedener Form

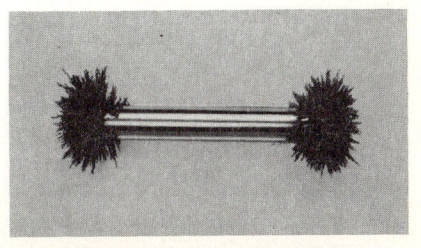

173.3 Stabmagnet mit Eisenfeilspänen

---

[1]) Der römische Dichter *Lukrez* nennt die Stadt *Magnesia* in *Thessalien;* doch finden sich dort heute keine Magneteisensteine.

[2]) Unter Polen versteht man in der Physik besondere Stellen, vor allem, wenn sie durch einen Gegensatz gekennzeichnet sind: Pole der Erde, Pole einer Batterie, einer Steckdose.

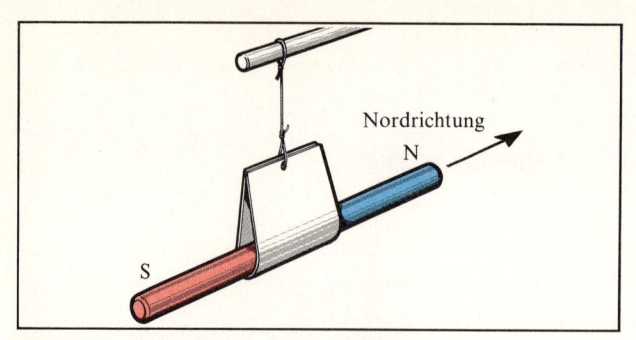

174.1 Der an einem Faden aufgehängte Magnet zeigt in Nord-Süd-Richtung.

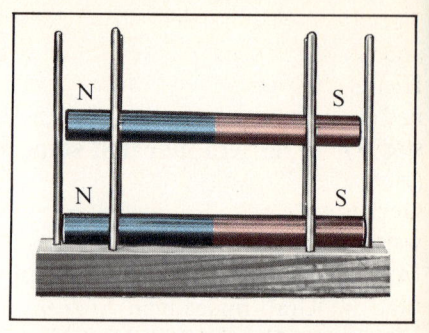

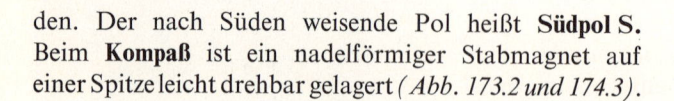

174.2 Der obere Magnet schwebt frei, da sich die gleichnamigen Pole abstoßen.

den. Der nach Süden weisende Pol heißt **Südpol S**. Beim **Kompaß** ist ein nadelförmiger Stabmagnet auf einer Spitze leicht drehbar gelagert *(Abb. 173.2 und 174.3)*.

Versuch 3: Nähere den Polen des drehbaren Magneten nach *Abb. 174.1* die Pole anderer Magnete! Die Nordpole stoßen sich gegenseitig ab, desgleichen die Südpole *(Abb. 174.2)*. Dagegen ziehen die Nordpole die Südpole an und umgekehrt. Diese Kräfte werden um so größer, je näher man die Pole einander bringt. Wir kennzeichnen den Nordpol mit blauer, den Südpol mit roter Farbe (man findet aber auch den Nordpol *rot*, den Südpol *grün* markiert).

174.3 Kompaß mit Windrose

> **Es gibt zwei Arten magnetischer Pole, Nord- und Südpole. Gleichnamige Pole stoßen sich ab, ungleichnamige ziehen sich an.**

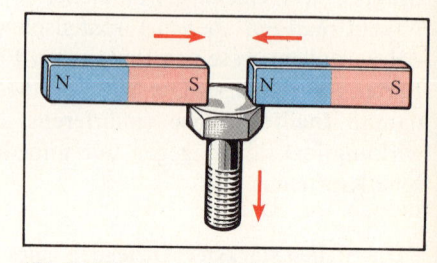

Versuch 4: Man nehme ein Eisenstück, das vom Nordpol eines Magneten gerade nicht mehr festgehalten wird, weil er zu schwach ist. Bringt man dann einen zweiten Nordpol unmittelbar neben den ersten, so halten beide zusammen das Eisenstück sicher fest.

174.4 Nähert man Nord- und Südpol einander, so fällt die Schraube ab.

Versuch 5: Bringt man jedoch nach *Abb. 174.4* Süd- und Nordpol nahe zusammen, so ziehen sie sich zwar untereinander an. Doch sinkt die magnetische Wirkung nach außen hin erheblich ab: Ein leichtes Eisenstück, wie zum Beispiel eine Schraube, fällt ab.

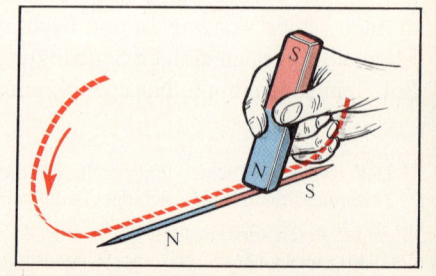

> **Bringt man Nord- und Südpol nahe zusammen, so schwächen sie sich in ihren Wirkungen nach außen hin gegenseitig ab. Zwei gleichnamige Pole verstärken sich.**

174.5 So magnetisiert man eine Stahlnadel.

§ 57 Der Magnet und seine Pole; Elementarmagnete

Versuch 6: Wir können Schraubenzieher, Messer und andere Gegenstände aus Stahl leicht magnetisieren. Hierzu streichen wir zum Beispiel unmagnetische Stricknadeln oder Laubsägeblätter nur mit dem Nordpol eines starken Magneten mehrmals von links nach rechts *(Abb. 174.5)*. Sie werden magnetisch. Obwohl diese Gegenstände nur mit dem Nordpol bearbeitet wurden, weisen sie überraschenderweise beide Pole auf. Eine Magnetnadel zeigt, daß sich jeweils links ein Nord-, rechts ein Südpol gebildet hat. Man erhält **magnetische Dipole,** das heißt Magnete mit jeweils zwei Polen (di..., griech. Vorsilbe; zweimal, doppelt).

Versuch 7: Wir versuchen die Pole dadurch voneinander zu trennen, daß wir ein magnetisiertes Laubsägeblatt in seiner unmagnetischen Mitte zerbrechen. Wider Erwarten erhalten wir wiederum nur vollständige Magnete: An der Bruchstelle bildet sich nämlich ein neuer Süd- und ein neuer Nordpol *(Abb. 175.1)*. Zerteilen wir einen Magneten beliebig oft, so ist jedes Bruchstück stets wieder ein vollständiger Dipol. Nun weiß man heute, daß man beim fortgesetzten Unterteilen von Körpern auf kleinste Teilchen stößt. Wenn wir also das Ergebnis von Versuch 7 folgerichtig weiterdenken, so kommen wir zur Annahme (Hypothese), daß die kleinsten Teilchen nicht Einzelpole, sondern Dipole darstellen. Man nennt sie **Elementarmagnete.** Sie liegen im nicht magnetisierten Eisen wirr durcheinander *(Abb. 175.2, oben)*. Dann zeigen nach jeder Seite ungefähr gleich viele Nord- und Südpole, die sich nach außen hin in ihren Wirkungen aufheben (siehe Versuch 5). Beim Magnetisieren der Nadel nach *Abb. 174.5* streichen wir mit dem Nordpol von links nach rechts. Dabei drehen sich die Südpole der zunächst ungeordneten Elementarmagnete in der Nadel dem magnetisierenden Nordpol nach, also nach rechts. Dort entsteht ein starker Südpol, links ein Nordpol. Wir können dieses Ausrichten der zunächst ungeordneten Elementarmagnete beim Magnetisieren im folgenden Modellversuch veranschaulichen:

Versuch 8: Fülle ein Probierglas mit magnetisierten Stahlspänen und streiche mit einem starken Nordpol darüber wie über die Stricknadel nach *Abb. 174.5*. Die Späne werden ausgerichtet und wirken wie *ein* Magnet. Rechts ist sein Südpol. Durch Schütteln stellt man die ursprüngliche Unordnung wieder her. Obwohl jeder Stahlspan für sich magnetisch bleibt, wird die magnetische Wirkung nach außen hin zerstört.

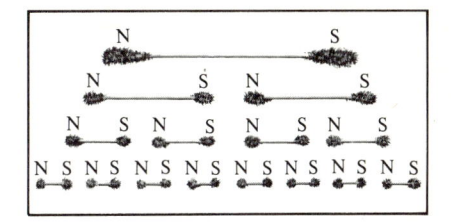

175.1 Beim Zerteilen eines Magneten erhält man immer Dipole, niemals Einzelpole.

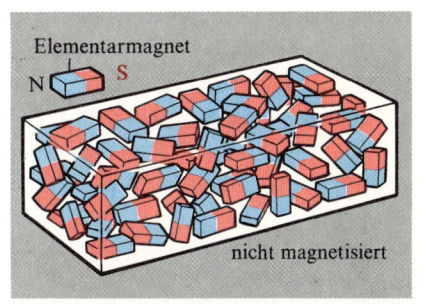

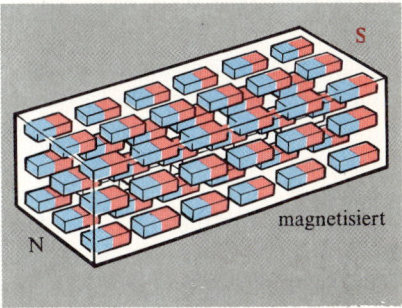

175.2 Durch Ordnen der Elementarmagnete wird nicht magnetisiertes Eisen magnetisch; es handelt sich hier um eine symbolische Darstellung.

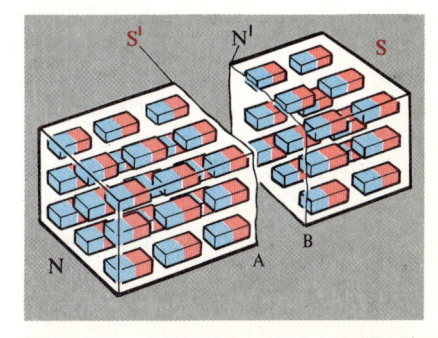

175.3 Beim Zerbrechen werden auch die Elementarmagnete in der Indifferenzzone AB wirksam und bilden neue Pole N′ und S′; denn bei A stehen nur Südpole, bei B nur Nordpole von Elementarmagneten frei.

Wir können nun auch verstehen, warum beim Zerbrechen des Laubsägeblatts in Versuch 7 neue Pole entstehen: Man kann nämlich die Elementarmagnete selbst nicht zerreißen, da sie nicht weiter unterteilbar sind. Man kann nur benachbarte Dipole voneinander trennen. Deshalb zeigen sich in *Abb. 175.3* an der Bruchstelle AB die beiden Pole S′ und N′. Fügt man jedoch die Teile wieder zusammen, so heben sich die entgegengesetzten Pole S′ und N′ nach außen hin in ihren Wirkungen auf (siehe Versuch 5). Der Magnet erscheint nach dem Zusammenfügen an der Bruchstelle wieder unmagnetisch, obwohl er in Wirklichkeit durchgängig magnetisiert ist.

Man kann keine magnetischen Einzelpole herstellen; stets treten magnetische Dipole auf. Beim Magnetisieren richtet man die im Eisen vorhandenen Elementarmagnete (Dipole) aus. Sie sind im nicht magnetisierten Eisen ungeordnet.

In **weichmagnetischen Werkstoffen** (oft sagt man **Weicheisen**) lassen sich die Elementarmagnete sehr leicht ausrichten. Sie verlieren ihre Ordnung aber fast ganz, wenn die magnetisierende Kraft nicht mehr wirkt. Es handelt sich dabei um *reinstes Eisen*, um *Legierungen* von *Eisen* mit *Silizium* oder mit sehr viel *Nickel* (50 bis 80%). — Zusätze von *Kohlenstoff*, *Aluminium*, *Kobalt*, *Kupfer* und andere behindern dagegen das Drehen der Elementarmagnete. Einerseits erschwert dies das Magnetisieren, andererseits läßt es die einmal erzwungene Ordnung bestehen. Aus solchen **hartmagnetischen Werkstoffen** (bisweilen sagt man **Stahl**) werden **Dauermagnete** hergestellt.

Versuch 9: Hänge an einen starken Nordpol einen Eisennagel! Sein vom Magnetpol abgewandtes Ende kann nun einen zweiten Nagel festhalten, dieser einen dritten. So kann man ganze Nagelketten mit einem starken Magneten tragen *(Abb. 176.1)*. Wenn man die Kette vom Magneten löst, so fallen ihre Glieder wieder auseinander. Der starke Magnet hat die in den weichmagnetischen Nägeln leicht drehbaren Elementarmagnete vorübergehend ausgerichtet. Man nennt diesen Vorgang **magnetische Influenz**.

Versuch 10: Influenz ist nicht immer möglich: Hänge an einem dünnen Draht einen Nagel auf und erhitze ihn zur Weißglut! Er wird von einem Magnetpol genau so wenig angezogen wie ein Kupferstück. Die Wärmebewegung verhindert das Ausrichten der Elementarmagnete oberhalb 769 °C. Sie strecken dem Magnetpol gleich viele Nord- wie Südpole entgegen: Keine Anziehung.

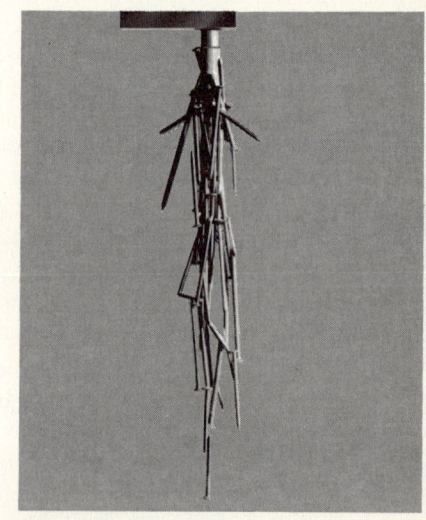

176.1 Durch Influenz werden die Nägel magnetisch und bilden eine Kette.

Ein Magnet zieht Eisen erst dann an, wenn dessen Elementarmagnete ausgerichtet sind.

Aufgaben:
1. *Warum läßt sich ein Stück Eisen nur bis zu einem gewissen Wert magnetisieren? (Es ist gesättigt.)*
2. *Wirkt ein Magnet auch durch Glas, Holz, Papier und Messing (betrachte Versuch 11)?*
3. *Welche Versuche zeigen, daß die Kraft zwischen Magnetpolen mit der Entfernung abnimmt?*

§ 58 Das magnetische Feld; die Erde als Magnet

1. Was versteht man unter einem Magnetfeld?

Mit Seilen oder Stangen kann man Kräfte auf entfernte Körper ausüben. Ein Magnet zieht jedoch Eisen an, ohne daß man eine solche, aus Materie bestehende Verbindung braucht. Dies zeigt der folgende anschauliche Versuch:

Versuch 11: Ein Eisenkörper hängt an einem Faden in einem Glasgefäß *(Abb. 177.1)* und wird von außen durch einen Magneten abgelenkt. An dieser Ablenkung ändert sich nichts, wenn man die Luft wegpumpt. Die magnetischen Kräfte wirken also nicht nur durch Luft und Glas, sondern auch durch das Vakuum. Man nennt den Raum, in dem sie auftreten, ein **magnetisches Feld** oder ein **Magnetfeld.** In den Versuchen 12 bis 14 untersuchen wir das Magnetfeld um einen Stabmagneten:

Versuch 12: In einem Wassertrog schwimmt ein Korkstück, das von einer magnetisierten Stricknadel durchbohrt ist *(Abb. 177.2)*. Nun halten wir einen Stabmagneten mit den Polen N′ und S′ oben an die Wanne. Der Nordpol N der Nadel beschreibt die weiß gestrichelte, weit ausladende Bahn von N′ nach S′. Längs dieser Bahn erfährt nämlich der Nordpol N der Nadel Kräfte im Feld des Stabmagneten. Wir nennen diese Bahn eine **magnetische Feldlinie** und zeichnen sie im folgenden weiß. Von der Kraftwirkung auf den Südpol S der Stricknadel durften wir absehen, da er verhältnismäßig weit entfernt ist. – Halten wir den Stabmagneten jedoch unten an die Wanne, so überwiegt die Kraft auf den Südpol S der Stricknadel. Er wird von S′ abgestoßen und bewegt sich auf der Feldlinie zurück nach N′. Damit wir uns künftig kurz und eindeutig ausdrücken können, versehen wir die Feldlinien durch Pfeile mit einem *Richtungssinn:*

> **Die Pfeile an den Feldlinien geben die Richtung an, nach der ein Nordpol gezogen wird. Südpole erfahren Kräfte gegen die so vereinbarte Feldlinienrichtung.**

Nach dieser *Vereinbarung* laufen die mit Pfeilen versehenen Feldlinien außerhalb eines Magneten vom Nord- zum Südpol.

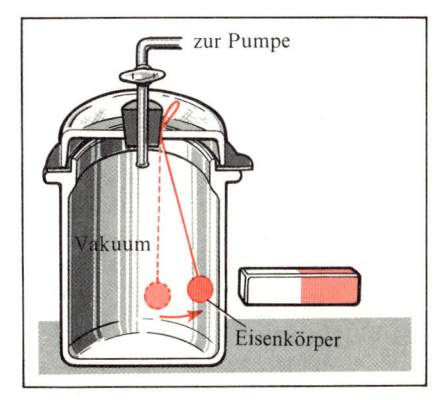

177.1 Der Magnet wirkt auch im Vakuum.

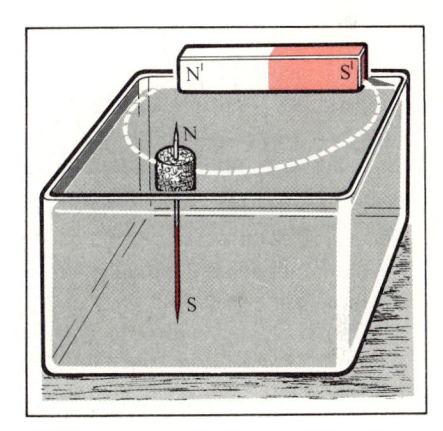

291.2 Zu Versuch 12

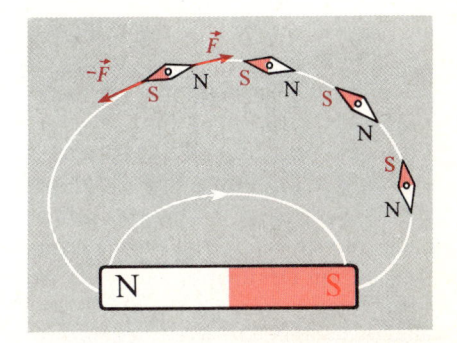

177.3 Magnetnadeln stellen sich in Richtung der Tangente an magnetische Feldlinien ein. Der Nordpol zeigt in der vereinbarten Feldlinienrichtung, der Südpol ihr entgegen.

> **Feldlinien zeigen am Nordpol vom Magneten weg. Am Südpol kehren sie wieder zu ihm zurück.**

Versuch 13: Wir bringen viele kleine Magnetnadeln in das Feld des Stabmagneten. Sie stellen sich nach einigen Schwingungen in die Richtung der Tangente an die jeweilige Feldlinie ein; denn die Pole erfahren Kräfte längs der Feldlinie, der Nordpol in der Feldlinienrichtung, der Südpol ihr entgegen *(Abb. 177.3)*.

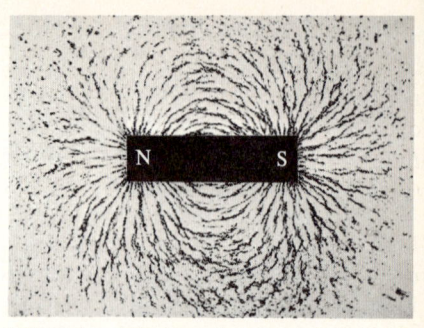

178.1 Eisenfeilspäne zeigen das Feld des Stabmagneten. Wie sind die Feldlinien gerichtet?

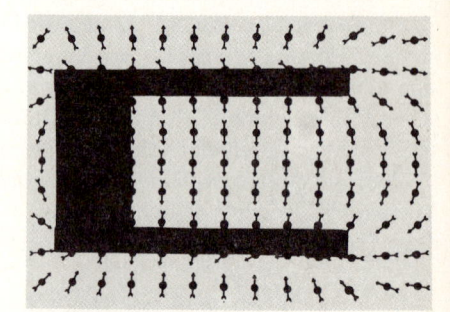

Versuch 14: Lege auf einen Magneten ein Stück Filzkarton, streue Eisenfeilspäne darauf und klopfe! Die Späne ordnen sich längs der Feldlinien kettenförmig an *(Abb. 178.1)*; denn durch Influenz werden die Eisensplitter zu kleinen Magnetnadeln. Nord- und Südpole benachbarter Späne ziehen sich dann an (vergleiche mit *Abb. 177.3* und *173.3*). Dieser wichtige Versuch zeigt die *Struktur* des Magnetfelds mit einem Blick. Die Feldlinien sind Hilfsmittel zum Darstellen dieser Struktur (Struktur bedeutet innere Gliederung, Aufbau). Im Grunde können wir nur Kräfte feststellen. Da man diese Kräfte nach Versuch 11 auch im Vakuum nachweisen kann, wäre es sinnlos zu glauben, Feldlinien seien gespannte Fäden oder dergleichen.

178.2 Die Feldlinien eines Hufeisenmagneten sind zwischen den Polen parallel

> **Im Raum um einen Magneten besteht ein magnetisches Feld. Wir zeichnen Feldlinien, um seine Struktur darzustellen. Längs ihrer Richtung erfahren Magnetpole, die man ins Feld bringt, Kräfte; Magnetnadeln stellen sich deshalb tangential zu den Feldlinien ein.**

Abb. 178.2 zeigt das Feld eines *Hufeisenmagneten*. Die Feldlinien laufen zwischen seinen Polen weitgehend parallel. Diesen Bereich nennt man *homogen* (gleichartig). Dort stellen sich Magnetnadeln in einheitlicher Richtung ein.

2. Die Erde als Magnet

Etwa seit dem Jahre 1200 benutzt man in Europa Magnete als Kompaß *(Abb. 174.3)*. Doch nur an wenigen Orten zeigt der Nordpol seiner Magnetnadel genau in die geographische Nordrichtung (sie kann mit dem Polarstern bestimmt werden). Bei uns weicht die Nadel um 1° bis 5° nach Westen ab. Diese **Mißweisung** wird oft auch **Deklination** genannt. Kennt man in einer Gegend die Deklination, so kann man mit Hilfe eines Kompasses die Landkarte in die richtige Lage bringen (sie *einnorden*). So steigt im Atlantik die Deklination bis auf maximal −30° an. Dies entdeckte als erster *Kolumbus*. Starke örtliche Änderungen der Deklination deuten auf Eisenerzlager hin. Die Deklination ändert sich im Laufe der Zeit. Sie nimmt bei uns jährlich um etwa 0,1° ab. − Verändert man bei uns die Lage der Drehachse einer Magnetnadel in die Ost-West-Horizontale, so weist die Nadel schräg zur Erde. Wie kommt es dazu?

Wie der Kompaß zeigte, ist die Erde selbst ein Magnet. Nach *Abb. 179.1* gehen seine Feldlinien in der südlichen Halbkugel von der Erde weg. Sie durchlaufen weite Bögen und kehren in der nördlichen Halbkugel wieder zurück. Nur in der Äquatorgegend laufen sie parallel zur Erdoberfläche. Nach *Abb. 179.1* muß man also gewöhnlich neben der Deklination auch eine *Horizontalabweichung* der Feldlinien erwarten. Sie heißt **Inklination** (inclinare, lat.; neigen). Bei uns beträgt sie etwa 67°.

Über die *Ursachen des Erdmagnetismus* wissen wir heute noch nicht genau Bescheid. Zu etwa 95% entsteht er im Erdinnern, zu circa 5% in der hohen Atmosphäre, die Magnetosphäre genannt wird (oberhalb 150 km Höhe). Sicher ist, daß magnetische Kräfte völlig andere Ursachen haben als die Schwerkraft, auch wenn beide durch den leeren Raum hindurch wirken. Die Schwerkraft wirkt auf alle Körper, ein Magnet zieht nur ferromagnetische Stoffe an.

Aufgaben:

1. *Warum sagt man, der magnetische Nordpol der Erde sei im Süden? Welche Folgen hätte eine konsequente Umbenennung für die Bezeichnung der Pole einer Kompaßnadel?*
2. *Fahre mit einer Magnetnadel an den Rippen der Warmwasserheizungskörper von oben nach unten! Was zeigt die Nadel? Erkläre!*

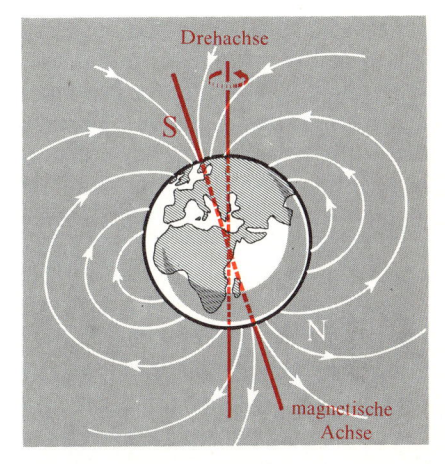

179.1 Magnetfeld der Erde

§ 59 Der elektrische Stromkreis

Täglich schalten wir elektrische Geräte ein, sehen, wie Lampen aufleuchten, und fühlen, wie elektrische Heizkörper *(Abb. 179.2)* Wärme abgeben. Dabei überlegen wir nur selten, was in den Geräten und ihren Anschlußkabeln, häufig auch Zuleitungen genannt, vor sich geht. Wir sagen zwar, **„es fließt Strom"**. Doch erkennen wir nicht, ob in diesen Leitungen etwas strömt. Unsere Sinnesorgane nehmen nur gewisse Wirkungen wie *Licht* und *Wärme* wahr. Wir müssen also untersuchen, wann diese Wirkungen auftreten: Eine Tischlampe leuchtet erst, wenn sie mit der Steckdose durch eine Leitung verbunden wurde. Man könnte nun vermuten, durch diese Leitung fließe „*Elektrizität*" zur Lampe, so wie Stadtgas durch Rohre zum Küchenherd strömt und dort verbrennt. Wir prüfen diese Vorstellung nach, indem wir völlig ungefährlich mit den Teilen einer Taschenlampe experimentieren:

179.2 Zum Heizstrahler führt ein Leitungskabel, das Kupferdrähte enthält. Im Heizkörper sind wendelförmige Drähte, die man im Reflektor vergrößert sieht. Vom Strom erhitzt senden sie Wärmestrahlen aus, die vom Reflektor gerichtet werden.

Versuch 15: Führe nach *Abb. 180.1* von einem der beiden Messingstreifen der Batterie einen Kupferdraht zur Lötstelle unten am Lämpchen! Dieses bleibt dunkel. Der Vergleich mit der Gasleitung, in der Gas zum Herd strömt, ist also zumindest unvollständig. Der dünne Draht in der Lampe leuchtet nämlich erst, wenn man auch den zweiten Metallkontakt am Lämpchen, das Gewinde, über eine weitere Leitung mit dem anderen Messingstreifen der Batterie verbindet *(Abb. 180.2)*. Man sagt, nun sei der **elektrische Stromkreis geschlossen.** Das Wort *Stromkreis* deutet darauf hin, daß die Elektrizität einen *Kreislauf* ausführt, also von der Batterie zur Lampe eine Hin- und von dort eine Rückleitung braucht (denke an den Blutkreislauf; weiteres Seite 184).

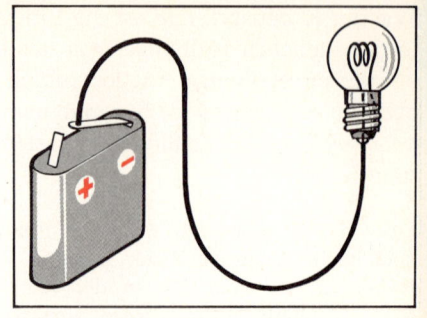

180.1 Die Lampe bleibt dunkel.

Versuch 16: Unterbrich *(öffne)* den Stromkreis an einer beliebigen Stelle! Die Lampe erlischt. Mit **Schaltern** *(Abb. 180.2 bis 181.3)* öffnet und schließt man Stromkreise. Der Pfeil in *Abb. 180.3* zeigt, wie man durch Eindrücken des „Knopfs" zwei Metallstreifen miteinander verbindet und so den Stromkreis schließt. *Abb. 181.2* zeigt einen Kippschalter ohne Schutzgehäuse. Die rot gezeichneten Teile sind stromdurchflossen.

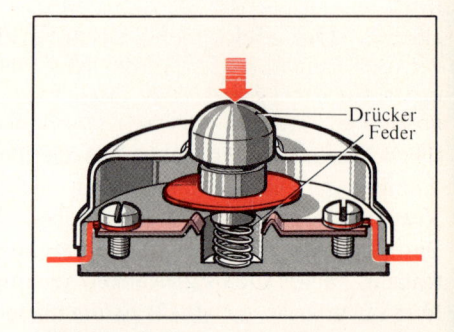

180.2 Das Lämpchen leuchtet, wenn seine beiden Anschlüsse mit den Polen der Batterie verbunden sind. Hierzu muß man den Schalter S durch Niederdrücken des Metallstreifens schließen (Pfeil). Die rote Leitung ist von Strom durchflossen.

Der geschlossene Stromkreis muß eine Stromquelle enthalten, zum Beispiel eine *Taschenlampenbatterie*, einen *Fahrraddynamo*, einen *Akkumulator* (kurz *Akku*) oder die *Dynamomaschinen* im Elektrizitätswerk. Im Physikunterricht benützt man häufig sogenannte *Netzgeräte* (zum Beispiel *Abb. 184.1* und *209.3*). Sie werden an eine Steckdose angeschlossen, liefern aber im allgemeinen genauso ungefährliche Ströme wie der *Transformator* einer Spielzeugeisenbahn (kurz *Trafo* genannt). Die Anschlüsse einer Stromquelle nennt man **Pole** oder **Klemmen.** Sie haben nichts mit magnetischen Polen zu tun; so bestehen die beiden Pole einer Taschenlampenbatterie aus Messing und werden häufig durch *Plus*- und *Minuszeichen* unterschieden *(Abb. 180.2;* siehe auch Seite 183). *Abb. 181.3* zeigt, daß bei vielen Taschenlampen das Gehäuse ein Teil des Stromkreises ist. Der Schalter S verbindet das Gehäuse mit dem kurzen Pol der Batterie.

180.3 Durch die rote Metallplatte wird der Stromkreis geschlossen.

Um sich die genaue Zeichnung einer Schaltung zu ersparen, stellt man Geräte und Leitungen durch einfache *Symbole* in einer **Schaltskizze** dar: *Abb. 180.4* zeigt links die Batterie, rechts die Lampe, unten den Schalter. Da er geöffnet ist, fließt kein Strom. Links ist das Schaltzeichen für eine Batterie (langer Strich: Pluspol).

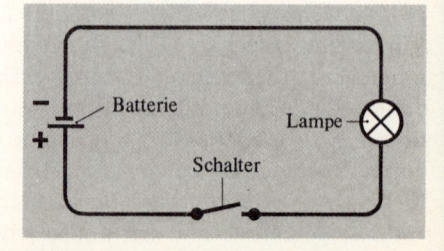

180.4 Schaltskizze zu Abb. 180.2

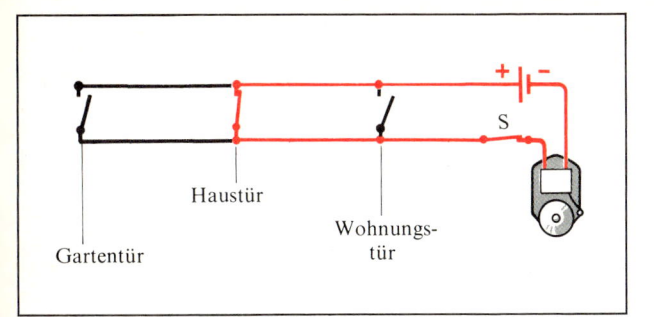

§ 59 Der elektrische Stromkreis   181

181.1 Verfolge die möglichen Stromkreise bei dieser Klingelanlage (rot: stromdurchflossen)!

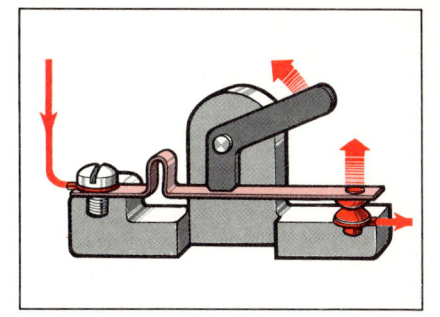

181.2 Suche die Unterbrechungsstelle beim Umlegen des Hebels an diesem Kippschalter!

Abb. 181.1 zeigt die Schaltung einer *Klingelanlage*, die man an drei Türen durch Druckknopfschalter betätigen kann. Die Klingel läutet, wenn mindestens 1 „Drücker" den Stromkreis schließt. Mit dem Schalter S kann man die Anlage außer Betrieb setzen. Die Klingel läutet dann nicht, auch wenn man auf alle 3 Knöpfe drückt. Häufig bedient man eine Zimmerlampe von zwei Schaltern aus. In jedem von ihnen läßt sich die Kontaktstelle 0 mit der Leitung 1–1 oder 2–2 verbinden *(Abb. 181.4)*. Bei dieser **Wechselschaltung** leuchtet die Lampe, wenn beide Schalthebel nach oben oder beide nach unten gekippt sind, sonst nicht.

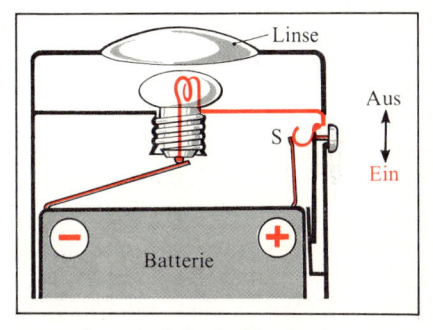

In Heizstrahlern *(Abb. 179.2)* und Brotröstern sind die rotglühenden Heizdrähte deutlich sichtbar. Beim Bügeleisen wird die Heizwendel mit nichtleitendem, feuerfestem Zement in eine Nut der Sohle gekittet. Der nichtglühende Heizdraht im Heizkissen lagert gut isoliert in einer biegsamen, hitzebeständigen Asbestschnur.

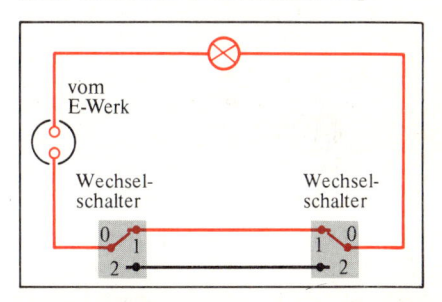

Versuch 17: Zum Stromkreis von *Abb. 181.5* gehört ein Bimetallstreifen, dessen linkes Ende bei A einen Kontaktstift berührt. Erwärmt die Glühlampe diesen Streifen (Temperaturstörung), so krümmt er sich stark nach oben und unterbricht dabei diesen Stromkreis. Nach Absinken der Temperatur biegt sich der Bimetallstreifen wieder zurück und schließt den Stromkreis. Man kann den Kontaktstift nach oben oder unten verschieben und dadurch eine bestimmte Ausschalttemperatur einstellen. Auf diese Weise bleibt die Temperatur auf einem nahezu gleichbleibenden Wert stehen. Deshalb nennt man diese Vorrichtung **Thermostat** (stare, lat.; stehen). Solche Thermostaten regeln die Temperaturen unter anderem in Heizkissen, Bügeleisen, Waschautomaten und Zentralheizungen.

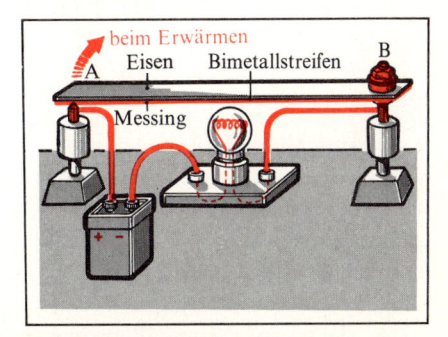

181.3 Stromkreis in der Taschenlampe

181.4 Wechselschaltung; wann leuchtet die Lampe nicht?

181.5 Regelung der Temperatur mit Hilfe eines Bimetallstreifens

§ 60 Leiter und Isolatoren; Glimmlampe

Versuch 18: Bisher stellten wir Stromkreise nur aus Kupfer- oder Messingteilen zusammen. Um zu prüfen, welche anderen Stoffe sich auch noch zum Aufbau eines Stromkreises eignen, unterbrechen wir den Kreis nach *Abb. 180.2* an einer beliebigen Stelle. Die Lampe leuchtet wieder, wenn wir diese Unterbrechungsstelle durch ein beliebiges Metallstück oder einen Kohlestift überbrücken. Solche Stoffe nennt man **elektrische Leiter;** man sagt, sie *leiten den Strom.*

Versuch 19: Wir wollen nun prüfen, ob auch Flüssigkeiten leiten. Hierzu stecken wir nach *Abb. 182.1* zwei Kohlestäbe in ein Glasgefäß, ohne daß sie sich berühren. Das Lämpchen leuchtet, wenn man verdünnte *Säuren, Basen (Laugen)* oder *Salzlösungen* einfüllt. Reines (destilliertes) Wasser, Öl und Benzin leiten dagegen nicht. Bei Leitungswasser und feuchtem Erdreich glüht der Lampendraht höchstens ganz schwach; es handelt sich um *schlechte Leiter.* Über sogenannte *Halbleiter* siehe Seite 237.

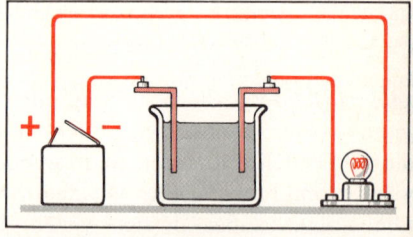

182.1 Mit dieser Anordnung prüft man nach, welche Flüssigkeiten leiten.

Versuch 20: Überbrücke eine Unterbrechungsstelle im Stromkreis durch Glas, Porzellan, Gummi, Paraffin, Bernstein, Wolle, Seide oder irgendwelche Kunststoffe! Der Stromkreis wird nicht geschlossen. Diese Stoffe nennt man **Nichtleiter** oder **Isolatoren.** Sie sind sehr wichtig, weil man sich durch sie vor den Gefahren des Stroms schützt *(Seite 183).* Auch Luft und andere Gase sind im allgemeinen sehr gute Isolatoren. Doch gibt es eine für uns wichtige Ausnahme:

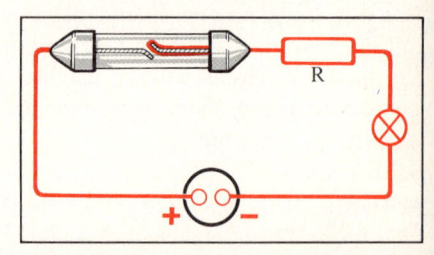

182.2 Stabglimmlampe mit Begrenzungswiderstand R. Das Gas um die dem Minuspol zugewandte Elektrode leuchtet; das Gas an der dem Pluspol zugewandten Elektrode bleibt dunkel.

Versuch 21: Bei der **Glimmlampe** nach *Abb. 182.2* sind zwei Drähte (**Elektroden** genannt) in ein Glasröhrchen eingeschmolzen. Es enthält das Gas Neon bei vermindertem Druck (0,01 bar). Beim Anschluß an geeignete Stromquellen leuchtet das Gas in der Umgebung der einen Elektrode rötlich auf. Die Drähte selbst glühen nicht. Daß Strom fließt, zeigt sich, wenn man eine größere Glimmlampe benutzt und eine 15-Watt-Glühlampe in die Zuleitung legt; sie leuchtet. — Bei *Reklamebeleuchtungen (Neonröhren)* und **Leuchtstoffröhren** wird diese Stromleitung in Gasen von vermindertem Druck vielfach angewandt. Auch beim Blitz leitet die Luft.

Der menschliche Körper leitet den Strom ebenfalls, insbesondere die Blutbahnen, die Muskeln und die Nervenstränge, also gerade die besonders empfindlichen Teile. Dagegen leitet die trockene Haut nur schlecht und bietet einen gewissen Schutz. Folglich wird der Strom dem Menschen sehr gefährlich, wenn die Haut durch Regen, Schweiß oder im Bad feucht wurde oder wenn er über die feuchte Zunge zufließen kann.

Der elektrische Strom fließt nur in Leitern. *Leiter* des Stromes sind Metalle, Kohle, Säuren, Basen, Salzlösungen und unter besonderen Umständen auch Luft sowie andere Gase.

> Wichtige *Nichtleiter* oder *Isolatoren* sind Bernstein, Glas, Gummi, Glimmer, Keramik, die meisten Kunststoffe (Bakelit, Trolitul, Plexiglas usw.), Öl und normalerweise auch Gase (Luft).

Versuch 22: In der Glimmlampe nach *Abb. 182.2* leuchtet das Gas nur an der Elektrode, die mit dem *Minus*pol verbunden ist. Dies gilt auch, wenn man die Anschlüsse an der Stromquelle vertauscht. Die Pole der Stromquelle sind also nicht gleichartig und werden als **Pluspol (+)** und **Minuspol (−)** unterschieden.

> **In Glimmlampen leuchtet das Gas nur um die Elektrode, die mit dem Minuspol verbunden ist.**

Unsere Häuser sind häufig durch *Freileitungen* aus Kupferdrähten an das elektrische *Versorgungsnetz* angeschlossen. Diese werden nicht unmittelbar am Mast, sondern an Isolatoren aus Glas, Kunststoff oder Porzellan befestigt. Die blanken Kupferdrähte selbst sind gegeneinander durch die Luft isoliert. Die elektrischen Leitungen im Haus bestehen aus Kupferdrähten, die mit Kunststoffen gegeneinander isoliert sind. Sie werden in Rohren oder als sogenannte *Stegleitungen* *(Abb. 183.1)* in den Wandputz verlegt. Wenn man Löcher in die Wand bohrt oder Nägel einschlägt, darf man nicht auf solche Leitungen treffen; es könnte — vor allem im Badezimmer — sehr gefährlich werden. Drähte für Klingelleitungen usw. sind an ihrer Oberfläche durch eine dünne Lackschicht isoliert. Diese muß man an den Drahtenden entfernen, bevor man die Drähte anschließt. Auch *Experimentierkabel, Bananen-Stecker, Buchsen, Lüsterklemmen, Krokodilklemmen* usw. bestehen aus Metallteilen, die meist von Isolierstoffen umgeben sind *(Abb. 183.1)*. Diese Isolation schützt vor unerwünschtem Berühren der stromführenden Metallteile. Die Anschlußkabel elektrischer Geräte enthalten mindestens zwei Metalldrähte, die je von einer Gummi- oder Kunststoffschicht umhüllt sind (ein häufig anzutreffender dritter Draht heißt *Schutzleiter* und wird auf Seite 230 besprochen). Wird die Isolierschicht beschädigt, so kann der Strom unmittelbar vom einen Draht zum andern fließen; es entsteht ein gefährlicher **Kurzschluß**. Wurde gar die äußere Isolierhülle durchbrochen, so daß ein Draht blank liegt, kann das Berühren lebensgefährlich sein.

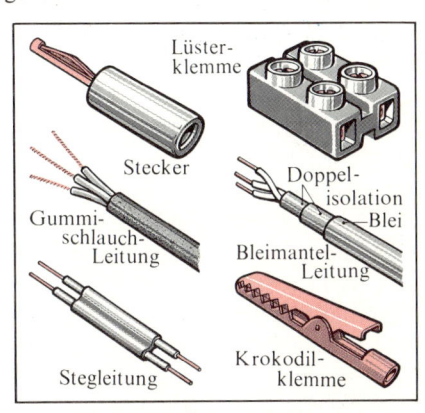

183.1 Leitungen und Verbindungsstücke

> **Elektrische Leitungen und Geräte werden so isoliert, daß der Strom nur den vorgesehenen Weg nehmen kann. Das Berühren nicht isolierter Netzleitungen und der Pole von Steckdosen ist lebensgefährlich.**

Abb. 183.2 zeigt, wie die beiden Enden des *Glühfadens* einer Lampe mit den beiden Zuleitungsdrähten verbunden sind. Da der Strom auch durch das Gewinde der Lampe fließt, darf dieses beim Ein- und Ausschrauben nicht berührt werden. Man fasse deshalb die Lampe am Glaskolben und nicht am Gewinde an!

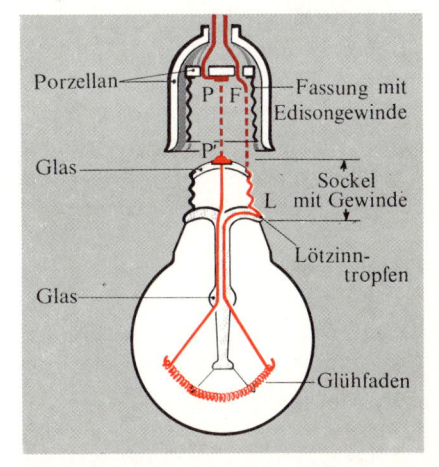

183.2 Verfolge die Leitungsführung in Glühlampe, Glühlampensockel und Glühlampenfassung! Bei eingeschraubter Lampe berühren sich die gestrichelt verbundenen Punkte P und P′ sowie L und F.

§ 61 Der elektrische Strom ist fließende Ladung

Wir wollen nun die Frage klären, ob in einem Leitungsdraht etwas strömt. Am Ende einer Wasserleitung kann man Wasser *portionsweise* in Eimern auffangen und weitertransportieren. Vielleicht läßt sich auch „Elektrizität" an einer Leitung „abzapfen"?

Versuch 23: Wir bringen zwei hintereinandergeschaltete Glimmlampen mit einem geeigneten Netzgerät zum Leuchten. Sie erlöschen, wenn wir den Stromkreis nach *Abb. 184.1* zwischen den Glimmlampen unterbrechen. Nun berühren wir die linke mit einem **Konduktor** (Metallkugel, die auf einem Isolierstiel befestigt ist). Sie blitzt kurz auf; offensichtlich fließt über sie ein *Stromstoß* auf den Konduktor. Wenn „Strom" bedeutet, daß eine elektrische Substanz *fließt*, so müßte es möglich sein, diese Substanz mit dem Konduktor über die Unterbrechungsstelle von links nach rechts zu transportieren. Tatsächlich leuchtet die rechte Glimmlampe kurz auf, wenn man sie mit dem Konduktor berührt. Damit sind wir dem Geheimnis des elektrischen Stroms wesentlich näher gekommen: Der Konduktor nahm links sogenannte **elektrische Ladung** auf, *er wurde geladen* (der „Elektrizitätseimer" wurde gefüllt). Rechts gab er diese Ladung wieder ab; sie floß über die rechte Glimmlampe zur Stromquelle zurück.

Versuch 24: Wir können den Konduktor mit einer elektrischen Ladung durch das Zimmer tragen. Berühren wir ihn mit einer Stabglimmlampe, so leuchtet diese kurz auf; der Konduktor *entlädt* sich *(Abb. 184.2)*. Auf keinen Fall dürfen wir sagen, im Konduktor sei „Strom"; dort ist *ruhende* Ladung. „Strom" bezeichnet dem Wortsinn nach nur *strömende Ladung*.

184.1 Der Konduktor transportiert Ladung von der linken zur rechten Glimmlampe.

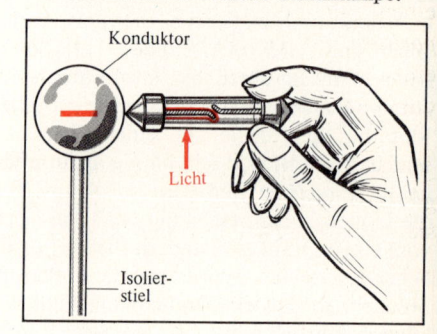

184.2 Der Konduktor war negativ geladen.

Die Ladung auf dem Konduktor können wir weder mit dem Auge, noch mit dem Ohr, noch mit dem Geruchssinn wahrnehmen. Man sieht deshalb auch nicht unmittelbar, wie sie in den Drähten strömt. Man erkennt nur bestimmte *Wirkungen*, zum Beispiel Wärme- und Lichtentwicklung in Glüh- und Glimmlampen. Beim Entladen eines Konduktors kann man ein Knistern hören und im Dunkeln einen kleinen Funken sehen. Funken und Blitze sind also auch Strom.

Versuch 25: Wir stellen der Kugel des **Bandgenerators** in *Abb.* 5.2 eine zweite Metallkugel gegenüber, die mit dem Fuß des Generators leitend verbunden wird. Eine Glimmlampe, die man zwischen die beiden Kugeln bringt, leuchtet und zeigt, welche Kugel der Plus- und welche der Minuspol ist. Der Bandgenerator ist also auch eine Stromquelle. Seinen Polen kann man mit Konduktoren besonders viel Ladung entnehmen.

§ 61 Der elektrische Strom ist fließende Ladung   185

> **Mit einem Konduktor kann man elektrische Ladung portionsweise transportieren. Der elektrische Strom ist fließende Ladung.**

Mit dem Konduktor entnahmen wir dem einen Pol der Stromquelle in Versuch 23 eine kleine Ladungsportion. Diese ließ die Glimmlampe nur kurz aufleuchten. Damit die Lampe *dauernd* leuchtet, muß man den *Stromkreis schließen*. Dabei fließt die Ladung der Stromquelle am andern Pol wieder zu. **Sie fließt nun dauernd im Kreis.** Im Versuch nach *Abb. 184.2* fließt jedoch die Ladung über die Hand zur Erde ab. Diese kann als großer Konduktor aufgefaßt werden, der die Ladung aufnehmen und (später) wieder an die Stromquelle zurückgeben kann.

Versuch 26: Dem *Minus*pol des Bandgenerators, den wir in Versuch 25 kennenlernten, entnehmen wir mit einem Konduktor Ladung und lassen sie über eine Glimmlampe wie in *Abb. 184.2* zur Erde abfließen. Das Gas leuchtet an der *dem Konduktor zugewandten Elektrode* kurz auf. Hier ist der Stromkreis zwar nicht geschlossen. Doch verhält sich der Konduktor während des Entladevorgangs wie der *Minus*pol einer Stromquelle. Da dem Konduktor keine Ladung nachgeführt wird, ist er sehr schnell entladen.

Versuch 27: Lädt man den Konduktor am *positiven* Pol auf, so leuchtet das Gas jedoch an der *dem Konduktor abgewandten Elektrode*. Offensichtlich gibt es **zwei Arten von Ladung:**

Versuch 28: Ein leichtes, leitendes Kügelchen wird an einem dünnen, isolierenden Faden aufgehängt und am *positiven* Pol des Bandgenerators geladen. Nähert man einen am *negativen* Pol geladenen Konduktor, so wird das Kügelchen angezogen *(Abb. 185.1, rechts)*.

Versuch 29: Nähert man einander zwei Ladungen vom *gleichen* Pol, zum Beispiel vom Pluspol, dann stoßen sie sich ab *(Abb. 185.1, links)*.

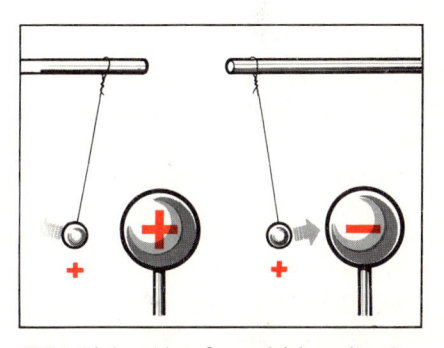

185.1 Links: Abstoßung gleichnamiger Ladungen; rechts: Anziehung ungleichnamiger Ladungen

> **Es gibt zwei verschiedene Arten der Elektrizität: positive und negative Ladungen. Sie sitzen auf den Polen der Stromquelle. Gleichnamige Ladungen stoßen sich ab, ungleichnamige ziehen sich an.**

Die Kräfte zwischen elektrischen Ladungen benutzt man in einfachen Instrumenten zum Nachweis ruhender Ladungen. Mit Glüh- und Glimmlampen weisen wir dagegen das Fließen von Ladung nach.

Versuch 30: An eine Metallkugel auf dem Bandgenerator werden lange, dünne Papierstreifen mit dem einen Ende geklebt; das andere Ende hängt zunächst herab. Lädt man die Kugel am Bandgenerator auf, so spreizen sich die Papierstreifen *(Abb. 185.2)*. Die vom Bandgenerator

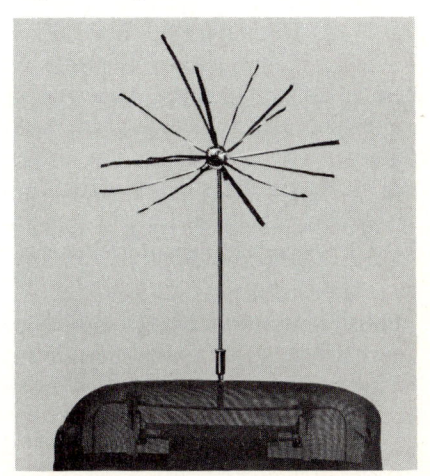

185.2 Die gleichnamig geladenen Papierstreifen stoßen sich gegenseitig ab.

zugeflossene Ladung verteilt sich auf die Kugel und die Streifen (Papier leitet ein wenig). Jeder Streifen wird von der Kugel wie auch von den anderen Streifen abgestoßen, da sie alle gleichnamige Ladungen tragen.

Mit Versuch 30 verstehen wir ein einfaches Anzeigegerät für ruhende Ladungen, das **Elektroskop** (skopein, griech.; sehen): In ein Metallgehäuse mit Glasfenstern ist – durch Kunststoff gut isoliert – ein Metallstab eingeführt. Er trägt ein leichtes Aluminiumblättchen *(Abb. 186.1, oben)*.

Versuch 31: Man berührt den oberen Knopf des Elektroskops mit einem geladenen Konduktor. Seine Ladung fließt zum Teil in den Stab und auf das Blättchen; dieses wird vom Stab abgestoßen.

Versuch 32: Lade das weniger empfindliche **Braunsche Elektroskop** *(Abb. 186.1, unten)* auf! Sein leicht drehbarer Aluminiumzeiger schlägt aus. Der Ausschlag bleibt bestehen, bis man die Ladung portionsweise mit einem Konduktor wegnimmt oder schnell über einen Leiter abfließen läßt. Entlädt man das Elektroskop über eine Glimmlampe, so erkennt man am Aufleuchten der Elektroden, ob es positive oder negative Ladung trug (Versuch 26 und 27; *Abb. 184.2; ebenso auch Abb. 194.1).*

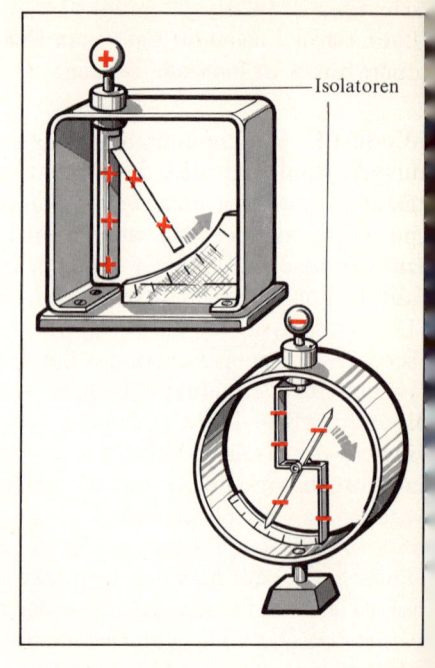

186.1 Blättchenelektroskop (oben), Braunsches Elektroskop (unten); das eine positiv, das andere negativ geladen. Man darf die Isolatoren nicht berühren, da sie sonst leitend werden können (Feuchtigkeit!).

Versuch 33: Verbinde ein Elektroskop mit einem isoliert stehenden Metallbecher und lade beide *positiv* auf. Bringe dann kleine *negative* Ladungsportionen mit einem Konduktor in den Becher! Der Ausschlag des Elektroskops nimmt stufenweise auf Null ab. *Positive* Zusatzladungen vergrößern dagegen den Ausschlag. Man erkennt, daß sich gleichnamige Ladungen verstärken, ungleichnamige dagegen abschwächen. Sie können sich in ihrer Wirkung auch ganz aufheben:

Versuch 34: Zwei gleiche Elektroskope werden entgegengesetzt bis zum gleichen Ausschlag geladen. Wir dürfen annehmen, daß sie gleich große Ladungsportionen von entgegengesetztem Vorzeichen tragen. Dann verbinden wir sie durch einen Leiter; er ist an einem Isolator befestigt, so daß keine Ladung zur Erde abfließt. Dabei geht der Ausschlag beider Elektroskope auf Null zurück:

> **Entgegengesetzte Ladungen heben sich in ihrer Wirkung nach außen hin auf, wenn man sie in gleichen Mengen zusammenbringt; sie neutralisieren sich.**

Die Neutralisation, die wir in Versuch 34 kennenlernten, läßt es sinnvoll erscheinen, die beiden Ladungsarten durch die mathematischen Zeichen + und − zu unter-

186.2 Neutralisation nach Versuch 34

scheiden. Elektrische Ladung bezeichnet man mit dem Buchstaben Q. Die Neutralisation beschreibt man dann durch die Gleichung $(+Q)+(-Q)=+Q-Q=0$.

Versuch 35: In *Abb. 187.1* erscheinen das Elektroskop und der es berührende Konduktor B zunächst ungeladen. Dann nähert man mit dem Konduktor A von oben die positive Ladung $+Q_1$, ohne jedoch den Konduktor B zu berühren. Das Elektroskop schlägt dabei zunehmend aus, obwohl keine Ladung vom Konduktor A übergeht. Der Ausschlag kann also nur von Ladung herrühren, die schon im ungeladen erscheinenden Elektroskopstab und im Konduktor B vorhanden war. Die positive Konduktorladung $+Q_1$ zieht nämlich beim Annähern immer mehr von der negativen Ladung $(-Q_2)$ im Elektroskopstab nach oben. Unten bleiben positive Ladungen $(+Q_2)$ zurück und rufen den Ausschlag hervor. Eine Glimmlampe zeigt die positive Ladung.

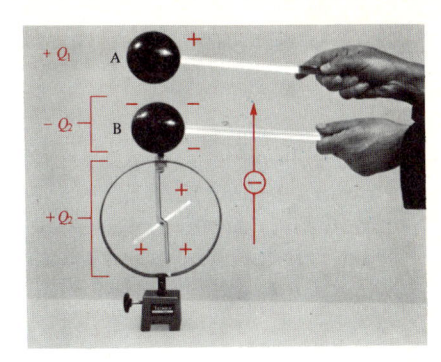

187.1 $+Q_1$ influenziert die Ladungen $-Q_2$ und $+Q_2$.

Versuch 36: Wird der Konduktor A entfernt, so verschwindet der Ausschlag; denn die positive und die negative Ladung ($+Q_2$ und $-Q_2$) verteilt sich wieder gleichmäßig im Elektroskop und im Konduktor B. Beide sind dann so neutral wie vorher.

Versuch 37: Wir können auch den Konduktor B entfernen, während A bleibt. Dann nimmt B einen Teil der nach oben gezogenen negativen Ladung $-Q_2$ mit sich. Eine Glimmlampe, mit der man B berührt, bestätigt dies. Die Glimmlampe zeigt auch, daß auf dem Elektroskop positive Ladung $(+Q_2)$ zurückblieb. – Diese Versuche gelingen mit allen Leitern, auch mit solchen, die noch nie elektrisch geladen wurden. Hieraus folgern wir:

> **Leiter enthalten auch im neutralen Zustand bewegliche Ladungen. Diese werden beim Annähern eines geladenen Körpers teilweise getrennt. Man nennt dies elektrische Influenz.**

$+Q_1$ in *Abb. 187.1* nennt man die *influenzierende Ladung*, $+Q_2$ und $-Q_2$ die *influenzierten Ladungen*. Das Wort „Influenz" (influere, lat.; hineinfließen) ist irreführend; man könnte ihm entnehmen, daß etwas in den „influenzierten" Körper geflossen sei. In Wirklichkeit waren die durch Influenz getrennten Ladungen schon vorher im Körper vorhanden. Vergleiche mit der *magnetischen Influenz*, Seite 176!

Versuch 38: An einem isolierenden Faden hängt nach *Abb. 187.2* ein ungeladenes, leitendes Kügelchen. Wir nähern ihm den Konduktor mit der negativen Ladung $-Q_1$. Er zieht das Kügelchen an. Dies ist zunächst unverständlich, da es ungeladen ist. In Wirklichkeit trägt es gleich viel positive wie negative Ladungen, die durch Influenz getrennt werden ($+Q_2$ links, $-Q_2$ rechts). Die Abstände a und b dieser beiden Ladungen zum Konduktor sind verschieden groß. Die Kraft F_1, mit der die Ladung $+Q_2$ angezogen wird, ist also größer als die Kraft F_2, welche die Ladung $-Q_2$ abstößt.

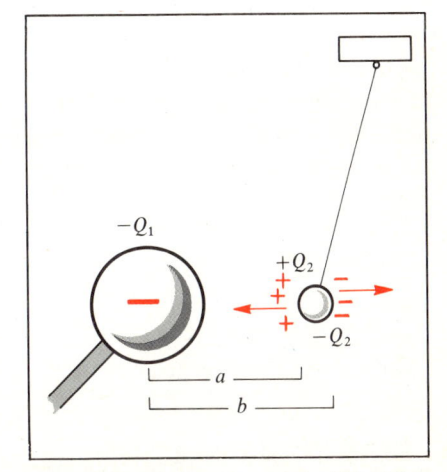

187.2 Die Ladung $-Q_1$ ruft im Kügelchen Influenz hervor und zieht es dann an.

§ 62 Konventionelle Stromrichtung; Elektrizitätsleitung durch Ionen

Wir sehen die in einem Draht fließende Ladung nicht und können deshalb auch nicht sagen, in welcher Richtung sie fließt. Zudem gibt es *zwei Arten* von Ladung. Deshalb wäre ein „*Gegenverkehr*" von positiver und von negativer Ladung möglich:

Versuch 39: Auf den positiven Pol eines Bandgenerators werden kleine, zerzauste Wattestücke gebracht. Sie laden sich positiv auf, werden abgestoßen und fliegen zum negativen Pol *(Abb. 188.1)*. Dabei handelt es sich um einen „Strom" positiver Ladung in der Richtung von Plus nach Minus. — Am negativen Pol werden die Wattestücke negativ geladen und kehren zurück. Dies entspricht einem „Strom" negativer Ladung vom Minus- zum Pluspol. *Abb. 188.1* zeigt beide Vorgänge.

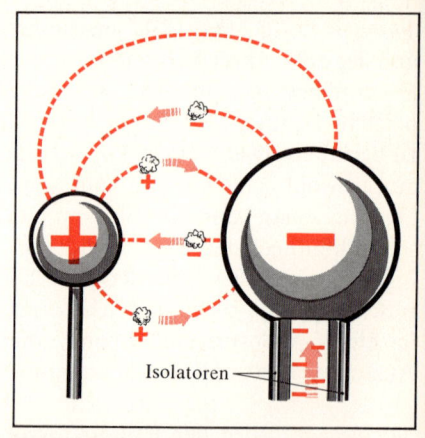

188.1 Geladene Wattestückchen fliegen zwischen den Polen des Bandgenerators.

Wir müssen nun untersuchen, welche dieser Möglichkeiten bei verschiedenen elektrischen Leitungsvorgängen zutrifft. Zunächst betrachten wir flüssige Leiter, da man bei ihnen am ehesten eine Bewegung feststellen kann:

Versuch 40: Ein Gefäß wird mit blauer *Kupferchloridlösung* (chemische Formel $CuCl_2$) gefüllt. Sie enthält Kupfer (Cu) und Chlor (Cl) und entsteht durch Auflösen von Kupfer in Salzsäure (HCl). Wir tauchen zwei Kohlestifte als sogenannte *Elektroden* ein *(Abb. 188.2)*; den einen verbinden wir mit dem Minuspol einer Stromquelle und nennen ihn **Kathode** (griech.; „Ausgang"). Der andere wird mit dem Pluspol verbunden und heißt **Anode** (griech.; „Eingang"). Nach einiger Zeit hat sich die *Kathode* mit einer dünnen Kupferschicht überzogen. An der *Anode* sehen wir Gasblasen aufsteigen und riechen das Gas Chlor (Cl_2). Bei dieser sogenannten **Elektrolyse** wird also das Kupferchlorid in seine Bestandteile Cu und Cl_2 zerlegt. Wenn dabei die Kupferteilchen wie die Wattestückchen in *Abb. 188.1* zum Minuspol gezogen werden, so dürfen wir annehmen, daß sie positiv geladen sind. Man nennt sie positive **Kupferionen**. Entsprechend werden negativ geladene **Chlorionen** zum Pluspol gezogen. An den Polen werden die Ionen neutralisiert; es bilden sich neutrales Kupfermetall und neutrales Chlorgas.

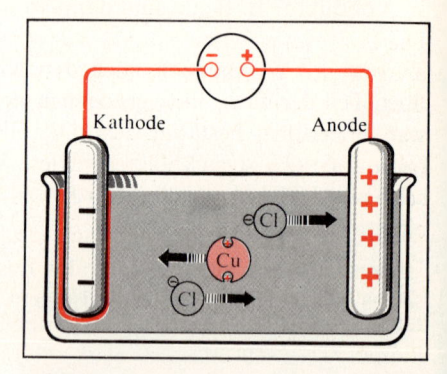

188.2 Zu Versuch 40: Kupfer- und Chlor-Ionen transportieren elektrische Ladung durch die Kupferchlorid-Lösung.

> **Ionen sind elektrisch geladene Atome oder Molekülteile.**

Versuch 41: Nach einiger Zeit werden die Anschlüsse an der Stromquelle vertauscht *(umgepolt)*. Dann verschwindet der Kupferbelag an der neuen Anode und entsteht an der neuen Kathode (Minuspol). Dies bestätigt, daß bei der Elektrolyse positive Metallionen in der Richtung vom

Plus- zum Minuspol wandern. Sie sind am elektrischen Strom beteiligt, indem sie kleine Ladungsportionen durch die Lösung tragen. Ebenso hat in Versuch 23 der Konduktor Ladungen befördert, wenn auch weit größere. Man nahm lange Zeit an, auch *in Metallen* fließe *positive* Ladung vom Pluspol durch den Stromkreis zum Minuspol der Stromquelle. Deshalb legte man durch *Übereinkunft* (Konvention) eine Stromrichtung fest:

> **Konventionelle Stromrichtung: Der Strom fließt vom Pluspol der Stromquelle durch den Stromkreis zu ihrem Minuspol.**

§ 63 Elektrizitätsleitung in Metallen; Elektronen

1. Die Stromleitung in Metallen

Die konventionelle Stromrichtung (vom Plus- zum Minuspol) läßt völlig offen, welche Ladungsart in Metallen in Wirklichkeit fließt. Diese Frage wird auch nicht beantwortet, wenn man zum Beispiel Kupfer- und Silberdrähte hintereinanderschaltet und von Strom durchfließen läßt. Weder wandert Kupfer in den Silberdraht, noch dringt umgekehrt Silber in Kupfer ein. Man fand in Metallen — im Gegensatz zu Elektrolyten — keine Bewegung eines nachweisbaren Stoffes. Wir müssen also durch andere Versuche klären, welcher Art die Ladung ist, die in Metallen fließt. Hier half ein auf *Th. A. Edison* (amerikanischer Erfinder, 1847 bis 1931) zurückgehendes Experiment:

Versuch 42: In einen luftleer gepumpten Glaskolben ist (wie bei einer Glühlampe) ein Glühdraht, *Kathode K* genannt, eingeschmolzen. Er wird durch die Heizbatterie zum Glühen gebracht (*Abb. 189.1*). Oben im Kolben befindet sich die zweite Elektrode, *Anode A* genannt. Mit ihr ist ein Elektroskop verbunden; beide werden *positiv* geladen. Wenn man den Glühdraht K zur Weißglut erhitzt, geht der Ausschlag des Elektroskops zurück. Da wir weder Anode noch Elektroskop berührt haben, kann ihre positive Ladung nicht abgeflossen sein. Sie wurde also durch zuströmende *negative* Ladungsteilchen

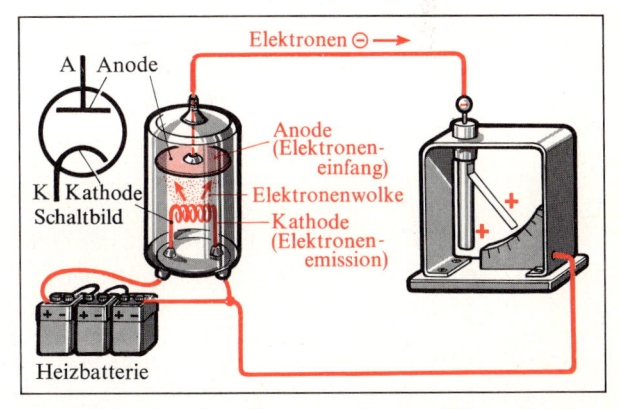

189.1 Glühelektrischer Effekt: Aus der zum Glühen gebrachten Kathode K dampfen negativ geladene Elektronen ab und neutralisieren die Pluslagung auf dem Elektroskop (links Schaltbild).

neutralisiert. Diese können nur aus dem glühenden Draht stammen. Nun wissen wir, daß zum Beispiel aus einem Apfel beim Erwärmen zunächst die locker sitzenden Bestandteile (Wasser und Duftstoffe) abdampfen. Also dürfen wir annehmen, daß das Metall der Kathode *negativ* geladene Teilchen enthält, die nur schwach festgehalten werden und die beim Erhitzen die Kathode verlassen. Durch das Vakuum werden sie zur positiv geladenen Anode gezogen und neutralisieren deren Ladung. Diese Teilchen bilden aber auch nach stundenlangem Glühen in der Röhre weder Niederschläge noch Gase. Sie geben also für sich noch keinen chemisch nachweisbaren Stoff. Man nennt sie **Elektronen.** Jedes Elektron trägt eine sogenannte **negative Elementarladung.**

Versuch 43: Wir laden in Versuch 42 die Platte A und das Elektroskop nunmehr *negativ* auf. Sein Ausschlag bleibt bestehen. Also verlassen keine positiven Ladungen den Glühdraht; sie sitzen in ihm viel fester als die negativen. Die auch jetzt abgedampften Elektronen werden von der negativen Ladung der Platte A abgestoßen, gelangen also nicht zu ihr. — Wenn man den Glühdraht jedoch kurz überhitzt, so geht der Ausschlag des Elektroskops zurück. Dann verdampfen auch positiv geladene Wolframionen, das heißt Materie. Sie bilden einen dunklen Wolframniederschlag im Innern des Glaskolbens. Man kennt ihn von überlasteten Glühlampen her.

> **Glühelektrischer Effekt: Ein zum Glühen erhitztes Metall sendet Elektronen aus. Sie sind negativ geladen und sitzen in Metallen verhältnismäßig locker. Die positive Ladung ist in Stoffen stets an chemisch nachweisbare Materie gebunden.**

In *Abb. 190.1* ist die Röhre durch ein Schaltsymbol vereinfacht dargestellt, bei dem man die Heizbatterie wegließ. Die Schaltskizze zeigt nur noch zwei Anschlüsse (Elektroden K und A). Deshalb nennt man diese Röhre eine **Diode.**

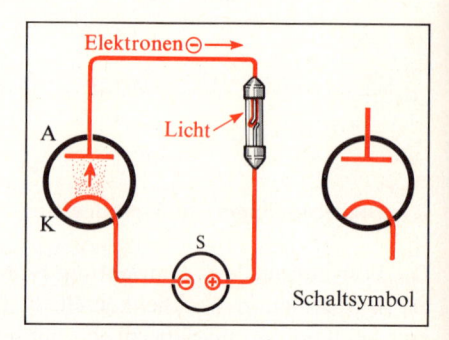

190.1 Diode im Stromkreis

2. Die Stromquelle als Elektronenpumpe

Die Influenz zeigte, daß alle Metalle bewegliche Ladungen enthalten. Nach dem glühelektrischen Effekt sind dies Elektronen, also negative Ladungen. Die positiven Ladungen sitzen jedoch fest. Wie verhalten sich nun die Elektronen im Stromkreis?

Versuch 44: Wir stellen nach *Abb. 190.1* einen Stromkreis aus der Stromquelle S und einer Glimmlampe her. Die Kathode K der Diode ist mit dem Minuspol verbunden. Erst wenn wir sie zum Glühen bringen, leuchtet die Glimmlampe, und zwar ständig. Die aus der Kathode K abgedampften Elektronen überbrücken die Vakuumlücke in der Diode, indem sie völlig unsichtbar von K nach A fliegen. Dann fließen sie in der Leitung zur oberen Elektrode der Glimmlampe. Diese leuchtet, da sie dem Minuspol der Stromquelle zugewandt ist. Die Elektronen fließen weiter zum Pluspol der Stromquelle. Unterbrechen wir nämlich die Rückführung in den Pluspol, so hört der Strom sofort auf zu fließen. Die Stromquelle erzeugt die Elektronen also nicht ständig neu, sondern zieht sie zum Pluspol hin und pumpt sie am Minuspol wieder in den Stromkreis zurück. Auch hier zeigt sich, daß Ladung weder neu erzeugt noch vernichtet wird. In den Leitungsdrähten sind Elektronen vorhanden, schon bevor wir den Stromkreis aufbauen. Ähnlich bringt das Herz das in den Adern vorhandene Blut in Bewegung, erzeugt es aber nicht (Blutkreislauf).

> **Elektronen sind von vornherein in den Drähten eines Stromkreises vorhanden. Die Stromquelle setzt die Elektronen in Bewegung; sie wirkt als Elektronenpumpe.**

Versuch 45: Wir polen die Stromquelle S in *Abb. 190.1* um. Die Glimmlampe erlischt. Jetzt werden die nach wie vor aus dem Glühdraht abdampfenden Elektronen von der nunmehr negativ geladenen Platte A abgestoßen (und vom Glühdraht wieder aufgenommen). Die Diode läßt also Elektronen durch den Stromkreis nur in einer Richtung, nämlich von K nach A, fließen; sie wirkt als **elektrisches Ventil** (ein Fahrradventil läßt Luft auch nur in einer Richtung durch).

3. Wechselstrom; Gleichrichtung

Versuch 46: Die von uns bisher benutzten Stromquellen liefern **Gleichstrom**; die Glimmlampe leuchtet nur an *einer* Elektrode. Wenn wir die Glimmlampe aber an eine *Steckdose* anschließen (Vorwiderstand nicht vergessen!), so leuchtet das Gas an beiden Elektroden. Bewegen wir die Lampe schnell hin und her, so sehen wir, daß ihre beiden Elektroden nie gleichzeitig, sondern nacheinander von einer Lichthaut bedeckt sind *(Abb. 191.1)*. Die Polung der Steckdose wechselt in rascher Folge: 50mal in jeder Sekunde ist die eine Buchse negativ geladen, dazwischen positiv. Die andere Buchse hat jeweils die entgegengesetzte *Polarität*. Nach *Abb. 191.2* fließt der Elektronenstrom im

191.1 Fotografie einer schnell bewegten Glimmlampe bei Wechselstrombetrieb; oben: ohne Gleichrichtung, unten: mit Gleichrichtung (Versuch 47)

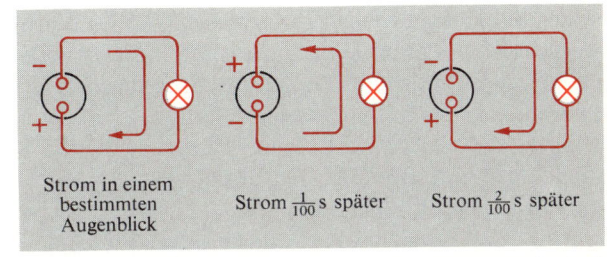

191.2 Die Elektronen ändern bei Wechselstrom jeweils nach 0,01 s ihre Richtung.

Strom in einem bestimmten Augenblick   Strom $\frac{1}{100}$ s später   Strom $\frac{2}{100}$ s später

angeschlossenen Kreis 50mal je Sekunde in der einen und 50mal in der entgegengesetzten Richtung. Bei diesem **Wechselstrom** schwingen die Elektronen mit der Frequenz 50 Hz hin und her (Hz: Kurzzeichen für die Frequenzeinheit 1 Hertz, das heißt 1 Schwingung je Sekunde). Auch wenn dieser Wechsel sehr schnell erfolgt, so hat doch der Strom in jedem Augenblick eine bestimmte Richtung. Unsere für Gleichstrom gefundenen Aussagen bleiben richtig, wenn wir uns auf sehr kurze Zeitspannen beschränken. Das Zeichen für Wechselstrom ist ~, das für Gleichstrom —. Häufig benutzen wir Geräte, die den Wechselstrom des Netzes gleichrichten:

Versuch 47: Wir ersetzen in *Abb. 190.1* die Gleichstromquelle S durch eine *Wechselstromquelle*. Nur die obere Elektrode der Glimmlampe leuchtet. Wenn man sie bewegt, so sieht man nur die oberen hellen Bögen in *Abb. 191.1*; dazwischen ist die Glimmlampe dunkel. Die als Ventil wirkende Diode läßt die Elektronen jeweils 0,01 s lang in der in *Abb. 190.1* angegebenen Richtung fließen. In den nächsten 0,01 s fließt kein Strom. Die Diode ist eine **Gleichrichterröhre.** Überbrückt man sie zwischen K und A durch einen Draht, so leuchtet das Neongas wieder um beide Elektroden abwechselnd jeweils 0,01 s lang (Vorwiderstand nicht vergessen!). Heute verwendet man zum Gleichrichten statt Vakuumröhren meist *Halbleiterdioden* (Seite 240).

Nach diesen Versuchen mit Elektronen würde es naheliegen, die konventionelle Stromrichtung umzukehren und durch die Bewegungsrichtung der Elektronen vom Minus- zum Pluspol zu ersetzen. Dies geschah bisher nicht; alle Schaltzeichen der sogenannten *Elektronik* (Seite 237) benutzen die konventionelle Stromrichtung. Wir müssen also stets daran denken, daß sich in Metallen die Elektronen der konventionellen Stromrichtung entgegen bewegen. Doch wollen wir nicht vergessen, daß es auch positiv geladene Ionen gibt, die in Elektrolyten tatsächlich vom positiven zum negativen Pol wandern (Seite 188).

4. Die Braunsche Röhre

Weder in der Diode noch in Metalldrähten sehen wir die fließenden Elektronen unmittelbar. Aber wir können Elektronen im Vakuum zu einem Strahl bündeln und diesen **Elektronenstrahl** von außen ablenken. Hierzu ist in den hochevakuierten Glaskolben der in *Oszillographen* und Fernsehern benutzten **Braunschen Röhre** nach *Abb. 192.1* eine Kathode K eingeschmolzen, die durch die Heizbatterie H zum Glühen erhitzt wird und Elektronen aussendet. Die Anodenstromquelle lädt die Anode A positiv, die Kathode K negativ auf. Deshalb werden die Elektronen zur Anode A hin beschleunigt. Der gestrichelt gezeichnete Zylinder W ist so stark negativ geladen, daß er die von K weggehenden Elektronen auf das Loch in der Anode A hin konzentriert. Ein großer Teil durchsetzt diese Öffnung und fliegt geradlinig weiter zum Leuchtschirm L, der die Röhre rechts abschließt. Er trägt eine dünne Leuchtschicht, zum Beispiel aus Calciumwolframat. Diese sendet im Auftreffpunkt der unsichtbaren Elektronen Licht aus.

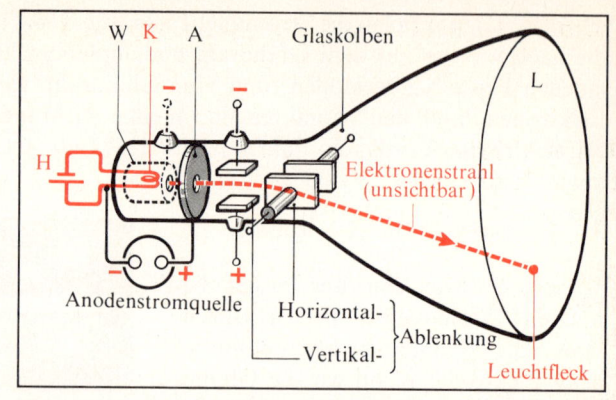

192.1 Schematischer Aufbau einer Braunschen Röhre und Ablenkung der Elektronen

Versuch 48: In die Röhre nach *Abb. 192.1* sind rechts von der Anode zwei übereinanderliegende Metallplatten eingeschmolzen. Die obere Platte wird von einer Gleichstromquelle negativ, die untere positiv geladen. Das Plattenpaar lenkt die Elektronen nach unten ab, da sie negative Ladung tragen. Dies zeigt deutlich *Abb. 192.2*. Durch das rechte, zweite Plattenpaar in *Abb. 192.1* kann man den Elektronenstrahl auch horizontal ablenken (Weiteres Seite 209).

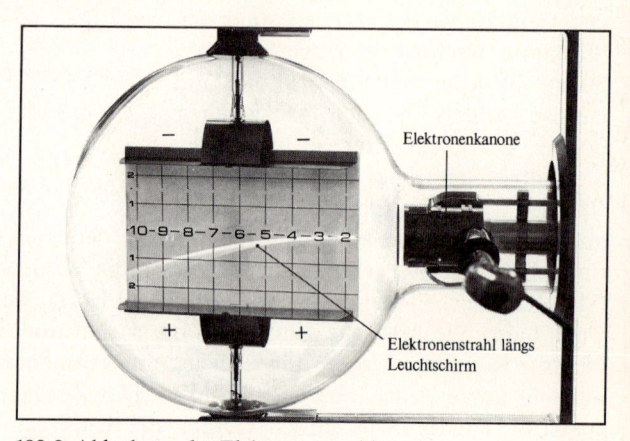

192.2 Ablenkung des Elektronenstrahls: Die Elektronen (negativ) werden von der positiven Platte angezogen.

Versuch 49: Wir betrachten eine Röhre, die etwas Wasserstoffgas enthält. Die längs des Strahls von Elektronen getroffenen Gasmoleküle leuchten dann (wie in einer Glimmlampe oder Neonröhre) und machen den Weg der Elektronen sichtbar. Die Elektronen selbst sieht man auch hier nicht. Noch besser ist es, den Elektronenstrahl an einem Leuchtschirm entlang streifen zu lassen. Dann erkennt man die Flugbahn der Elektronen als hell leuchtenden Streifen *(Abb. 192.2)*.

Aufgaben:

1. In *Abb. 192.1* wird die hintere der Ablenkplatten positiv geladen, die vordere negativ. Wie lenkt dies den Elektronenstrahl ab?
2. Wie wird der Elektronenstrahl in *Abb. 192.1* abgelenkt, wenn man an das vertikal ablenkende Plattenpaar eine Wechselstromquelle legt?

§ 64 Atombau, statische Aufladung und Influenz im Elektronenbild

1. Ein Metallstück sieht so massiv aus, daß wir uns kaum vorstellen können, wie in ihm Elektronen fließen sollten. Doch enthält die Materie unsichtbare, fast leere Räume. Um sie nachzuweisen, schießen wir Elektronen durch eine Folie:

Versuch 50: Über die Anodenöffnung einer Braunschen Röhre nach *Abb. 192.1* ist eine dünne Folie geklebt. Trotzdem zeigt der Leuchtschirm einen hellen Lichtfleck. Er rührt von Elektronen her, die geradlinig durch die Folie geflogen sind. Allerdings leuchten auch die übrigen Teile des Schirms etwas auf; denn viele Elektronen werden beim Flug durch die Folie zur Seite hin abgelenkt. Dieses Experiment und viele weitere zeigen, daß der größte Teil eines Atoms fast leer ist. Sein positiv geladener **Kern** enthält über 99,9 % aller Masse, ist aber winzig klein ($\frac{1}{100\,000}$ des Atomdurchmessers). Die restliche Masse steckt in den Elektronen. Sie halten sich in einem großen, sonst völlig leeren Bereich um den Kern auf, ohne daß man ihre Bahn genau angeben könnte *(Abb. 193.1)*. Sie bilden die sogenannte **Elektronenhülle,** deren Struktur die *chemischen Eigenschaften* der Stoffe bestimmt. Der Durchmesser der Elektronenhülle ist der auf Seite 65 abgeschätzte Atomdurchmesser von etwa 10^{-8} cm. Ein Atom ist neutral, wenn den Kern so viele Elektronen umgeben, daß seine positive Ladung neutralisiert wird.

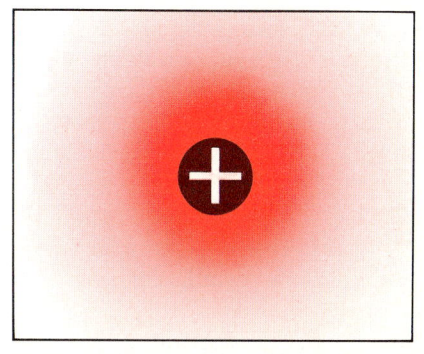

193.1 Atomkern (+) und Elektronenhülle eines Atoms. Je stärker die rote Tönung, um so größer die Wahrscheinlichkeit, Elektronen an der betreffenden Stelle zu finden.

> **Atome bestehen aus sehr kleinen, positiv geladenen Kernen, in denen fast alle Masse konzentriert ist. Die Kerne werden von Elektronen umgeben, welche im neutralen Atom die Kernladung neutralisieren.**

In Metallen haben sich von jedem Atom 1 bis 3 Elektronen getrennt (in *Abb. 193.2* rot). Diese Elektronen bewegen sich bereits im stromlosen Zustand in den großen, fast leeren Räumen zwischen den Atomkernen unregelmäßig hin und her, sie verhalten sich ähnlich wie die Atome eines Gases. Man spricht von einem **Elektronengas.** Schließt man eine Stromquelle an, so werden diese **freien Elektronen** zum Pluspol gezogen. Die Stromquelle pumpt sie an ihrem Minuspol wieder in den Kreis. Warum sie beim Fließen den Leiter erwärmen, zeigt der folgende Versuch:

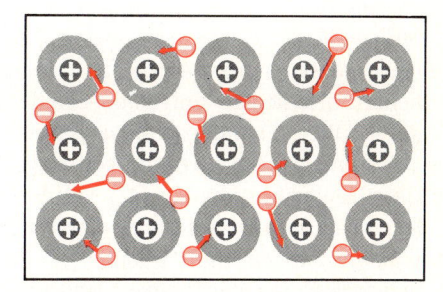

193.2 In Kupfer gibt jedes Atom (grau) ein Elektron (rot) frei.

Versuch 51: Eine Diode wird an eine kräftige Stromquelle in Durchlaßrichtung angeschlossen. Das Blech der Anode kommt zum Glühen; denn die von der Kathode abgedampften Elektronen werden schnell beschleunigt und prallen mit großer Wucht auf das Anodenblech, dessen Atome sie zu starken Schwingungen anregen; nach Seite 93 steigt dabei die Temperatur. Auch wenn in einem Draht Elektronen fließen, stoßen sie überall auf Atome und bringen diese zu stärkerem Schwingen. Deshalb erwärmt sich ein stromdurchflossener Leiter. Zudem werden die Elektronen bei diesen Stößen abgebremst; sie erfahren einen *Widerstand* (siehe Seite 215).

2. Nach den Vorstellungen vom Atombau müßte es auch in Isolatoren Elektronen geben. Erst die moderne Atomphysik erklärt, warum in Isolatoren kein Strom fließen kann (siehe auch Seite 238). Die Elektronen lassen sich jedoch bei engem Berühren den Oberflächenatomen eines Isolators entreißen:

Versuch 52: Bringe einen Hartgummistab durch kräftiges Reiben in enge Berührung mit einem Fell! Der Stab zieht anschließend Papierschnitzel an. Hält man ihn an eine Glimmlampe, so leuchtet das Gas an der dem Stab zugewandten Elektrode kurz auf *(Abb. 194.1)*. Die Oberfläche des Hartgummistabs wurde also negativ geladen. Nun haben wir bisher noch nie gefunden, daß Elektronen neu entstehen. Wir müssen also annehmen, daß der Hartgummistab dem Fell Elektronen entriß. Wenn dies richtig ist, so überwiegt beim Fell nach dem Reiben die positive Ladung. Dies bestätigt der folgende Versuch:

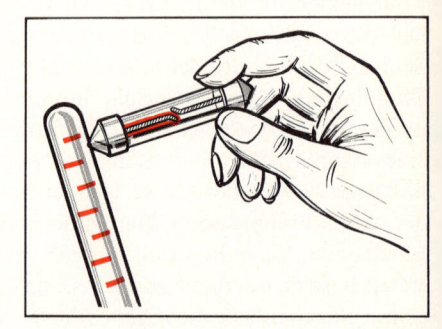

194.1 Die Glimmlampe zeigt, daß der geriebene Hartgummistab negativ geladen ist.

Versuch 53: Ein kleines Stück Fell ist an einem Isolierstab befestigt und wird mit einem Hartgummistab gerieben. Hält man dann Stab und Fell nacheinander in einen isolierten Metallbecher, der mit einem Elektroskop verbunden ist, so schlägt dieses beidemal gleich stark aus. Bringt man jedoch Stab und Fell zusammen in den Becher, so tritt nicht etwa der doppelte, sondern kein Ausschlag auf: Das Fell wurde durch den Verlust von Elektronen genau so stark positiv geladen wie der Hartgummi durch die Übernahme dieser Elektronen negativ. Dies veranschaulicht *Abb. 194.2:*

Links ist jeweils das Fell, rechts der Hartgummi dargestellt. Vor dem Reiben (oben) sind beide Körper elektrisch neutral; sie enthalten gleichviel an positiver wie an negativer Ladung. Man sagt, sie seien „ungeladen". Nun ziehe der Hartgummi (beispielsweise) 5 Elektronen nach rechts. Er bekommt einen *Überschuß* an 5 Elektronen, ist also negativ aufgeladen. In der unteren Skizze ist diese Überschußladung blau gezeichnet; die übrigen, sich neutralisierenden Ladungen sind dort nur noch durch Grautönung angedeutet. Das Fell hat 5 Elektronen verloren; 5 positive Ladungseinheiten (unten links rot) überwiegen. Die positive Ladung rührt vom *Elektronenmangel* her. (In Wirklichkeit sind nicht 5, sondern viele Milliarden Elektronen übergetreten.)

Bei dieser statischen Aufladung kann keine *positive* Ladung übertreten. Sie ist nach Versuch 43 an Materie, das heißt an die Atomkerne, gebunden und sitzt viel fester als die negativ geladenen Elektronen der Atomhülle.

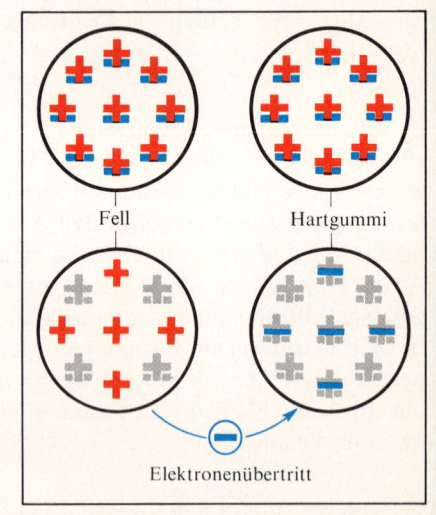

194.2 Oben: Fell und Hartgummi neutral. Unten: Nach Übertritt von 5 Elektronen rechts Elektronenüberschuß, links -mangel

Solche *Elektronenübergänge* treten beim Berühren sehr häufig auf. Es wäre verwunderlich, wenn alle Stoffe ihre Elektronen gleich stark festhalten würden. Derjenige, der sie stärker festhält, bekommt beim Berühren einen kleinen Elektronenüberschuß. Der andere verliert Elektronen und wird positiv geladen. Bei Isolatoren läßt sich die übergetretene Ladung leicht nachweisen; denn sie kann nicht sofort abfließen. Dies erzeugt die **statische Auflading**.

Versuch 54: Ein Glasstab wird durch Reiben mit Seide, die an einem Isolierstab befestigt ist, positiv geladen, die Seide negativ. Hier zog die Seide Elektronen von der Glasoberfläche ab. Ein Hartgummikamm, mit dem man durch trockenes Haar fährt, wird so stark geladen, daß er kleine Papierschnitzel anzieht. Ein Kunststoffpullover lädt sich stark auf, wenn man ihn vom Hemd wegzieht. Geht man mit Kunststoffsohlen über Kunststoffböden, so wird man bisweilen stark aufgeladen. Eine Glimmlampe, mit der man die Wasserleitung berührt, leuchtet dann hell auf.

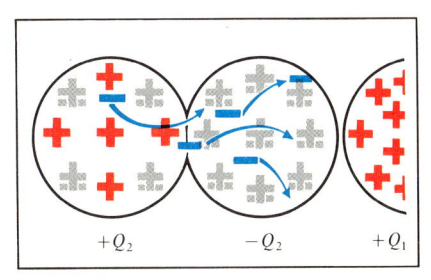

195.1 Bei der Influenz werden Elektronen im Metall verschoben; rechts die influenzierende Ladung $+Q_1$ (siehe Seite 187).

> **Jeder Körper enthält im neutralen Zustand gleichviel an positiver und an negativer Ladung. Ein negativ geladener Körper hat einen Überschuß an Elektronen gegenüber seiner positiven Ladung. Ein positiv geladener Körper hat Mangel an Elektronen; die positive Ladung überwiegt.**

Rückblick

Mit Hilfe der Elektronenvorstellung können wir nicht nur den Atombau, die Vorgänge in Dioden und Braunschen Röhren, sondern auch den elektrischen Strom, die Influenz und die elektrostatische Auflading verstehen. Doch dürfen wir dabei nicht die positiven Ladungen vergessen, die im Atomkern konzentriert sind; ohne sie könnte es keine elektrisch neutralen Körper geben. Die positiven und negativen Ladungen, aus denen die Materie besteht, ziehen sich gegenseitig an; dies verhindert, daß die Materie in ihre Bestandteile zerfällt. Bei elektrolytischen Vorgängen spielen die positiven Ladungen ebenfalls eine große Rolle.

Aufgaben:

1. *Erkläre, wie sich die Elektronen verhalten, wenn man ein ungeladenes Elektroskop mit einem negativ beziehungsweise positiv geladenen Konduktor berührt!*
2. *Lies nochmals die Versuche 33 bis 38 und erkläre sie mit Hilfe der Elektronenvorstellung (Abb. 195.1)!*
3. *Erkläre den Ladungstransport in Abb. 188.1 durch die geladenen Wattestückchen mit der Elektronenvorstellung! Worin besteht das Umladen von einem negativ zu einem positiv geladenen Wattestück am Pluspol? Was geschieht mit einem Wattestück, das am Minuspol ankommt?*
4. *Die Glaswand einer Braunschen Röhre ist innen etwas leitend gemacht. Warum ist dies nötig?*
5. *Vergleiche elektrische und magnetische Influenz! Was ist beiden Vorgängen gemeinsam, worin unterscheiden sie sich (Abb. 195.1)?*
6. *Kann man einen Magneten elektrisch aufladen, einen Messingkonduktor magnetisieren? Begründe!*
7. *Das Kügelchen in Abb. 187.2 wird abgestoßen, wenn es den Konduktor berührt hat. Erkläre dies mit der Elektronenvorstellung!*

§ 65 Messung von Ladung und Stromstärke

1. Meßverfahren für fließende Ladung

In der mit Lauge gefüllten **Knallgaszelle** *(Abb. 196.1)* werden durch den elektrischen Strom Wassermoleküle ($2 H_2O$) in ihre Bestandteile Wasserstoff ($2 H_2$) und Sauerstoff (O_2) zerlegt. Kann man diesen chemischen Vorgang auch als Meßverfahren für fließende elektrische Ladung benutzen?

Versuch 55: In der Knallgaszelle nach *Abb. 196.1* werden Sauerstoff und Wasserstoff zusammen aufgefangen. Sie bilden hochexplosibles *Knallgas*. Man darf es auf keinen Fall an der Öffnung des Rohrs entzünden, sondern nur damit gefüllte Seifenblasen in größerer Entfernung. – Nach *Abb. 196.1* wird das Knallgas in einer Bürette (Hahnröhre) aufgefangen. Die gleichmäßige Gasentwicklung deutet auf gleichmäßigen Stromfluß hin.

Bei der **Elektrolyse** wird Ladung von Ionen durch die Lösung transportiert und anschließend von den Elektronen im Draht weitergetragen. Da wir weder die Elektronen noch die Ionen zählen können, messen wir das Volumen der in einer Knallgaszelle *(Abb. 196.1)* entwickelten Gasmenge. Um zu klären, wie es von der transportierten Ladung abhängt, machen wir die folgenden Versuche:

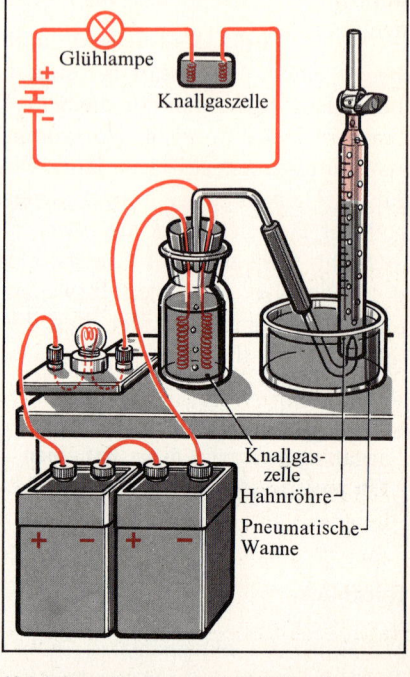

196.1 Der Strom entwickelt Knallgas, das aufgefangen und gemessen wird. Dargestellt sind sowohl der tatsächliche Aufbau der Knallgaszelle als auch das Schaltbild.

Versuch 56: Mehrere mit Kalilauge gefüllte Knallgaszellen werden hintereinandergeschaltet *(Abb. 196.2)*. In jeder Zelle bildet sich die gleiche Gasmenge. Daran ändert sich nichts, auch wenn man Glühlampen zwischen die Zellen geschaltet oder die Stromrichtung umgekehrt hat. Dies können wir nur so deuten, daß von der fließenden Ladung nichts verlorengeht; sie wird von der Stromquelle durch den Stromkreis gepumpt. Deshalb ist es gleichgültig, an welcher Stelle wir die Knallgaszelle in einen *unverzweigten* Kreis schalten. Wir können auch Konzentration, Temperatur, Elektrodenabstand oder Elektrodengröße in einer Zelle ändern, ja sogar die Kalilauge durch Natronlauge oder verdünnte Schwefelsäure ersetzen. Wieder wird in allen Zellen die gleiche Knallgasmenge entwickelt. Diese hängt also nur von der Ladung Q ab, die durch die Zelle geflossen ist.

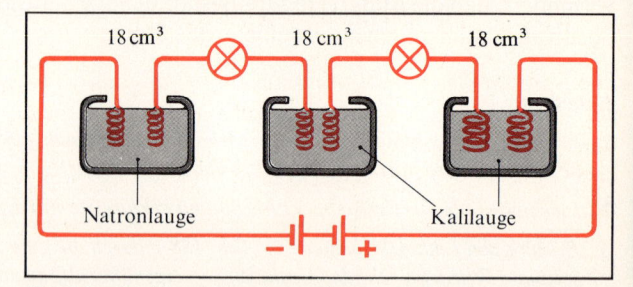

196.2 In den hintereinandergeschalteten Zellen wird die gleiche Gasmenge abgeschieden (die Zellen sind, wie in *Abb. 196.1* oben, nur schematisch dargestellt).

> Im Stromkreis geht keine Ladung verloren; Ladung wird nicht verbraucht. Gleiche Ladungen scheiden bei der Elektrolyse gleiche Knallgasmengen ab.

Aufgrund dieser Erkenntnis können wir messen, ob zwei Ladungen *gleich groß* sind. Fließt die doppelte Ladung, so wird die doppelte Zahl von Ionen, d.h. die doppelte Gasmenge, abgeschieden. Man legt fest:

> Die in Elektrolysierzellen abgeschiedenen Gasmengen sind den hindurchgeflossenen Ladungsmengen Q proportional. (Vergleich von Vielfachen und von Teilen einer Ladung.)

Mit Knallgaszellen können wir fließende Ladungen leicht miteinander vergleichen. Zum Messen brauchen wir jedoch noch eine allgemein anerkannte *Einheit*. Die Einheit der elektrischen Ladung heißt 1 **Coulomb (C)** nach dem französischen Physiker *Ch. A. de Coulomb* (1736 bis 1806). Nun hängen zwar Masse und Atomzahl der abgeschiedenen Gasmenge nicht von Temperatur und Druck ab, wohl aber das Volumen. Durch Vergleich mit der heute gesetzlichen Einheiten-Festlegung fand man, daß 1 C bei 20 °C und dem Druck 1 bar 0,19 cm³ Knallgas abscheidet. Andere Verfahren zum Messen der fließenden Ladung werden wir in den nächsten Paragraphen kennenlernen.

> Die Einheit der elektrischen Ladung nennt man 1 Coulomb (1 C). 1 Coulomb scheidet 0,19 cm³ Knallgas ab (bei 20 °C und 1 bar Druck).

Haben sich zum Beispiel 40 cm³ Knallgas angesammelt, so ist die Ladung
$$Q = \frac{40 \text{ cm}^3}{0,19 \text{ cm}^3/\text{C}} = 210 \text{ C}$$
geflossen. 20 C scheiden $20 \text{ C} \cdot 0,19 \frac{\text{cm}^3}{\text{C}} = 3,8 \text{ cm}^3$ ab.

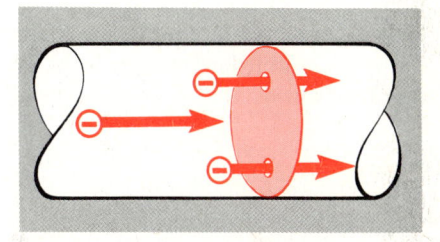

197.1 Ladungsfluß durch den roten Leiterquerschnitt

2. Messung der Stromstärke; das Ampere

Die Stärke einer Quelle wird durch die in 1 Sekunde gelieferte Wassermenge gemessen. Sind es zum Beispiel 10 l/s, so ist es gleichgültig, ob das Wasser aus einer engen Röhre schnell oder aus einer weiten langsam fließt. In der Leitung strömen durch jeden Querschnitt 10 l/s; ein Verbraucher kann nur 10 l/s bekommen, nicht mehr. Entsprechend bestimmt man die Stärke I (Intensität) des elektrischen Stroms durch die in 1 s durch einen Leiterquerschnitt *(Abb. 197.1)* fließende Ladung Q (Quantität). Fließt zum Beispiel in $t = 5$ s die Ladung $Q = 20$ C, so beträgt die Stromstärke
$$I = \frac{Q}{t} = \frac{20 \text{ C}}{5 \text{ s}} = 4 \frac{\text{C}}{\text{s}}.$$
Man nennt diese Stromstärke 4 Ampere (4 A).

> Fließt in der Zeit t die Ladung Q durch einen Querschnitt des Leiters, so definiert man die Stromstärke I als Quotient
> $$I = \frac{Q}{t}. \qquad (197.1)$$

> **Die Einheit der elektrischen Stromstärke ist 1 Ampere (A). Unter 1 A versteht man die Stromstärke, bei der 1 Coulomb in 1 s durch einen Leiterquerschnitt fließt:**
>
> $$1\,\text{A} = 1\,\frac{\text{C}}{\text{s}}\,;\; 1\,\text{mA (Milliampere)} = \frac{1}{1000}\,\text{A}. \qquad (198.1)$$

Ein Strom der Stärke 1 A scheidet 0,19 cm³ Knallgas in 1 s ab (bei 20 °C und 1 bar Druck). Beträgt die Stromstärke $I = 4$ A, so fließt in der Zeit $t = 20$ s durch einen Leiterquerschnitt nach Gleichung (198.1) die Ladung

$$Q = I \cdot t = 4\,\frac{\text{C}}{\text{s}} \cdot 20\,\text{s} = 80\,\text{C}.$$

Sie scheidet 15,2 cm³ Knallgas ab.

Die Einheit Ampere wurde nach dem französischen Physiker *A. M. Ampère* (1775 bis 1836) benannt. Da 1 A = 1 C/s ist, kann man auch schreiben: 1 C = 1 A · 1 s = 1 As und für 1 Coulomb auch **1 Amperesekunde** sagen.

Bei einer bestimmten Stromstärke I fließt in der doppelten beziehungsweise der dreifachen Zeit t die doppelte beziehungsweise dreifache Ladung Q. Der Quotient $I = \frac{Q}{t} = \frac{2Q}{2t} = \frac{3Q}{3t}$ bleibt konstant. Bei einer größeren Stromstärke fließt dagegen in der gleichen Zeit mehr Ladung. Da mehr Elektronen durch ihre Stöße die Metallatome zu stärkeren Schwingungen anregen (siehe Versuch 51), entsteht in jeder Sekunde mehr Wärme. Hierauf beruht ein einfacher Strommesser, das **Hitzdrahtinstrument**. Um es zu verstehen, führen wir den folgenden Versuch aus:

Versuch 57: Nach *Abb. 198.1* ist ein dünner Eisendraht zwischen zwei Isolierklemmen gespannt und mit einer leistungsfähigen Stromquelle verbunden. Der Strom erwärmt und verlängert den Draht; der in der Mitte hängende Körper sinkt ab. Der Draht glüht zuerst rot, dann weiß. Schließlich schmilzt er durch. Eisenperlen an seiner Oberfläche zeigen, daß Teile von ihm flüssig wurden. Der Stromkreis ist nun unterbrochen. Dies nützt man in Schmelzsicherungen aus.

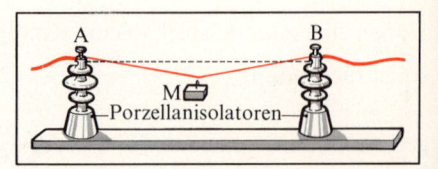

198.1 Der Strom erhitzt den Eisendraht zwischen A und B.

Im Hitzdrahtinstrument nach *Abb. 198.2* durchfließt der zu messende Strom den Hitzdraht AMB; dieser wird erwärmt und damit länger. Dann ist die gespannte Feder F in der Lage, über den Faden MF die Mitte M des Hitzdrahts nach unten zu ziehen. Da dieser Faden um die Rolle R geschlungen ist, dreht sich der Zeiger Z mit der Rolle R nach rechts. Wenn der Strom nicht mehr fließt, verkürzt sich der kälter werdende Draht AMB und bringt den Zeiger wieder zum Nullpunkt der Skala.

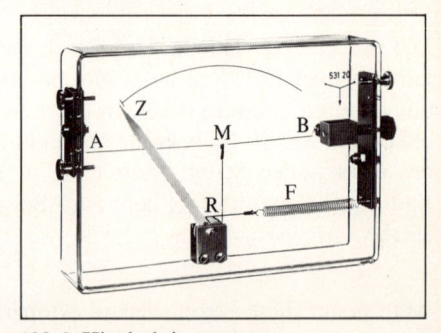

198.2 Hitzdrahtinstrument

Versuch 58: Um das Hitzdrahtinstrument zu *eichen*, schaltet man es zusammen mit einer Knallgaszelle und einer Glühlampe hintereinander in einen Stromkreis. Alle Geräte werden in der gleichen Zeit t von der gleichen Ladung Q durchflossen, unabhängig von der Reihenfolge (man vertausche diese!). Die Stromstärke $I = Q/t$ ist in allen Geräten gleich groß. Aus der Gasentwicklung je

Sekunde bestimmt man die Stromstärke und markiert diese beim Zeigerausschlag auf der Skala des Instruments. Wenn man die Stromstärke ändert — etwa durch Auswechseln der Lampe —, so erhält man mehrere Marken. Der so geeichte **Strommesser** gibt mit einem Blick die Stromstärke an; man muß nicht mehr Ladung und Zeit einzeln bestimmen. Schaltet man einen geeichten Strommesser nacheinander an verschiedenen Stellen in einen Stromkreis, so stellt man fest:

> **Im unverzweigten Stromkreis ist die Stromstärke überall gleich groß.**

Wir werden bald genauere Strommesser kennenlernen.

Später werden wir experimentell die Ladung e eines Elektrons bestimmen. Diese beträgt $e = 1{,}6 \cdot 10^{-19}$ C; also erst $6{,}25 \cdot 10^{18}$ Elektronen geben 1 Coulomb. Wenn also eine Knallgaszelle anzeigt, daß 1 C geflossen ist, so sind durch einen *Querschnitt*, den man an *beliebiger Stelle* im Stromkreis durch den Leiter gelegt denkt (in *Abb. 197.1* rot getönt) $6{,}25 \cdot 10^{18}$ Elektronen getreten. Die Zahl der Elektronen, die ein Leiter enthält, ist dagegen viel größer; in 1 cm³ Kupfer sind insgesamt $2{,}5 \cdot 10^{24}$ Elektronen enthalten, das heißt 400000mal so viele. Wenn wir künftig fließende Ladung messen, so meinen wir immer die Ladung, die während der Messung durch einen beliebigen Querschnitt des Leiters tritt (das linke Elektron in *Abb. 197.1* ist noch nicht durch den herausgegriffenen Querschnitt getreten, seine Ladung wird also nicht mitgezählt). Wenn an einer Stelle der Leitungsdraht dünner wird, so müssen dort die Elektronen schneller fließen. Dann treten durch den kleineren Querschnitt in der gleichen Zeit gleich viele Elektronen (vergleiche mit Wasser in einem Fluß wechselnder Breite); ihre Stöße sind heftiger und erzeugen mehr Wärme (Glühfaden!).

Aufgaben:

1. *In 60 s werden 23,4 cm³ Knallgas (bei 20 °C und 1000 mbar) abgeschieden. Welche Ladung ist geflossen? Wie groß ist die Stromstärke?*

2. *1 C nennt man auch 1 Amperesekunde (As). Sie ist ein Produkt. Wieviel C sind somit 1 Ah (Amperestunde)? Ein frisch geladener Bleiakkumulator „gibt 84 Ah ab". Wie lange kann ihm der Strom von 1 A „entnommen" werden? Wieviel Knallgas könnte er erzeugen? Wie lange kann er zwei parallel geschaltete Glühlampen, die von je 3 A durchflossen werden, speisen?*

3. *Eine Taschenlampenbatterie gibt 8 h lang 0,2 A ab. Wieviel Knallgas kann sie entwickeln?*

4. *Warum ist bei der Definition der Einheit 1 Ampere der Zusatz „durch einen Querschnitt des Leiters" wichtig?*

5. *Unterscheide zwischen der Größengleichung $I = Q/t$ und der Einheitengleichung $1\,A = 1\,C/s$! Führe weitere derartige Gleichungspaare aus der Mechanik an!*

6. *Eine Kupferplatte von 200 cm² Oberfläche soll einen Silberüberzug von 0,03 mm Dicke erhalten. Wie lange dauert der Vorgang, wenn die Stromstärke höchstens 0,8 A betragen darf (bei zu großer Stromstärke haftet der Überzug nicht)? (1 C scheidet 1,118 mg Silber ab.)*

Tabelle 199.1

Stromstärke in	
Glimmlampe	0,1 bis 3 mA
Taschenlampe	0,07 bis 0,6 A
Haushaltsglühlampe	0,07 bis 0,7 A
Heizkissen	ca. 0,3 A
Bügeleisen	2 bis 5 A
Autoscheinwerfer	ca. 5 A
Elektrischer Ofen	5 bis 10 A
Straßenbahnmotor	150 A
Überlandleitung	100 bis 1000 A
E-Lok	1000 A
Blitz	100000 A

7. *Die kleinste Stromstärke, die man mit Schulgeräten messen kann, beträgt 10^{-12} A. Wie viele Elektronen fließen bei ihr in 1 s durch den Leiterquerschnitt?*

§ 66 Die magnetische Wirkung des elektrischen Stroms; Anwendungen

1. Das Magnetfeld von Strömen

Der Strom entwickelt Wärme und zerlegt Stoffe bei der Elektrolyse. Beides geschieht innerhalb des Leiters, in dem er fließt. 1820 fand der dänische Physiker *Oersted*, daß der Strom auch außerhalb seiner Bahn eine Wirkung ausübt:

Versuch 59: Ein Kupferdraht ist nach *Abb. 200.1* über einer Magnetnadel in Nord-Süd-Richtung ausgespannt. Fließt ein starker Gleichstrom (etwa 10 A) durch den Draht, so wird der Nordpol der Magnetnadel quer zum Leiter nach hinten abgelenkt. Der Strom erzeugt also in seiner Umgebung ein Magnetfeld. Kehrt man die Stromrichtung um, so wird der Nordpol der Nadel nach vorn ausgelenkt. Die Pole der Magnetnadel erfahren also Kräfte *quer* zur Stromrichtung.

200.1 Oersteds Versuch

> **Der elektrische Strom ist von einem Magnetfeld umgeben.**

Diese Versuche *Oersteds* erregten großes Aufsehen, verbanden sie doch die bis dahin getrennten Gebiete Magnetismus und Elektrizität. Für Physik und Elektrotechnik wurden diese Experimente gleichermaßen bedeutsam.

Versuch 60: Wir erfassen das Magnetfeld des Stroms erst richtig, wenn wir den Verlauf der magnetischen Feldlinien kennen. Hierzu führen wir den stromdurchflossenen Leiter (ca. 50 A) nach *Abb. 200.3* durch ein Loch in einem waagerechten Karton, auf den wir Eisenfeilspäne streuen. Wenn man durch Klopfen die Reibung überwindet, so ordnen sich die Späne zu Kreisen, deren gemeinsamer Mittelpunkt im Leiter liegt *(Abb. 200.2)*.

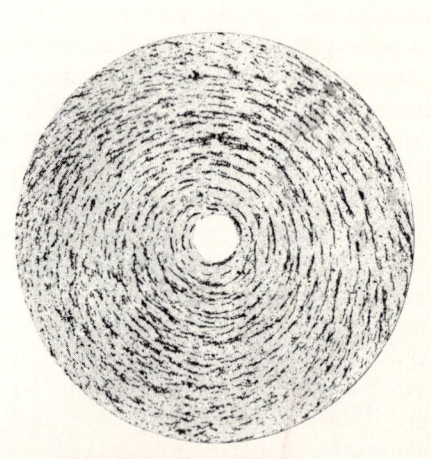

200.2 Magnetfeld des Stroms

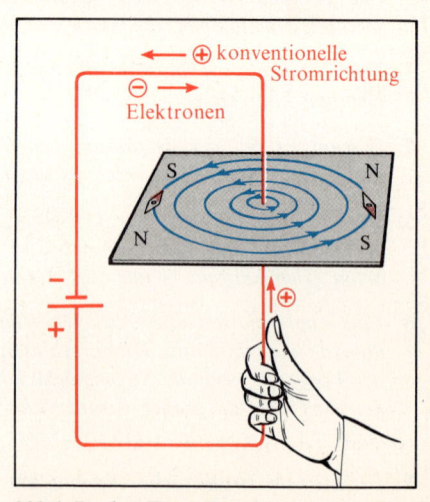

> **Die magnetischen Feldlinien des Stroms in einem geraden Leiter sind konzentrische Kreise in Ebenen senkrecht zum Leiter.**

Versuch 61: Die kleinen Magnetnadeln in *Abb. 200.3* geben die Richtung der Feldlinien an. Wir merken uns die folgende **Rechte-Faust-Regel:**

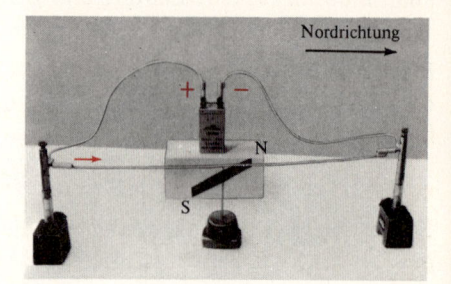

200.3 Rechte-Faust-Regel

§ 66 Die magnetische Wirkung des elektrischen Stroms; Anwendungen

> Umfasse den Leiter so mit der rechten Faust, daß der abgespreizte Daumen in die konventionelle Stromrichtung (von + nach −) zeigt; dann geben die Finger die Richtung der magnetischen Feldlinien an.

Das Feld des geraden Leiters hat keine Pole. Dies zeigt, daß Feldlinien die magnetischen Erscheinungen umfassender beschreiben als Pole.

Versuch 62: Das Magnetfeld um einen langen, geraden Leiter ist schwach, es sei denn, man arbeitet mit einer großen Stromstärke. Deshalb wickeln wir den Draht zu einer **Spule** auf. Die magnetischen Wirkungen der Leiterteile addieren sich. Im wesentlichen konzentrieren sie sich auf das Innere der Spule. Dies zeigt *Abb. 201.1*. Um das Feld zu verstehen, betrachten wir nach *Abb. 201.2* zunächst nur 1 Windung. Die in sich geschlossenen Feldlinien treten rechts in die Windungsfläche A ein und links wieder aus. Sie bleiben auch dann geschlossen, wenn wir nach *Abb. 201.3* viele Windungen nebeneinander legen und zu einer Spule zusammenfassen. Die Feldlinien verlassen die Spule am linken Ende; dort wird die kleine Magnetnadel mit ihrem Südpol zum Spulenende gezogen; dieses Ende verhält sich wie der Nordpol eines Stabmagneten. Am rechten Ende kehren die Feldlinien wieder in die Spule zurück; dort zeigt der Nordpol einer kleinen Nadel zum rechten Spulenende hin, das sich also wie ein Südpol verhält. Dies erinnert an das Feld eines Stabmagneten. Bei ihm haben wir auch die Austrittsstelle der Feldlinien als Nord-, die Eintrittsstelle als Südpol bezeichnet (siehe *Abb. 177.3*). Während wir bei einem geraden Leiter (*Abb. 200.2*) keine Pole finden, verhält sich eine stromdurchflossene Spule wie ein Stabmagnet. Dies bestätigt der folgende Versuch:

Versuch 63: Wir hängen an dünnen Lamettafäden eine große, leichte Spule auf und führen ihr durch die Fäden Strom (etwa 2 A) zu. Nach einigen Schwingungen zeigt ihr Nordpol nach Norden. Er wird vom Nordpol eines Dauermagneten oder einer anderen stromdurchflossenen Spule abgestoßen. Im Gegensatz zum Stabmagneten kann man das Spulenfeld beliebig ein- und ausschalten.

> Eine stromdurchflossene Spule verhält sich wie ein Stabmagnet. An ihrem Nordpol verlassen die Feldlinien die Spule, am Südpol kehren sie wieder zurück.

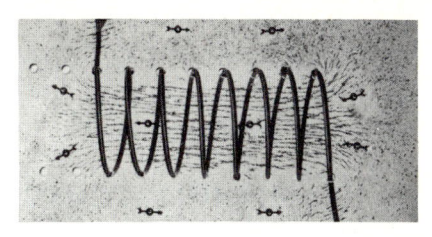

201.1 Feld einer stromdurchflossenen Spule

201.2 Magnetische Feldlinien um einen stromdurchflossenen kreisförmigen Leiter

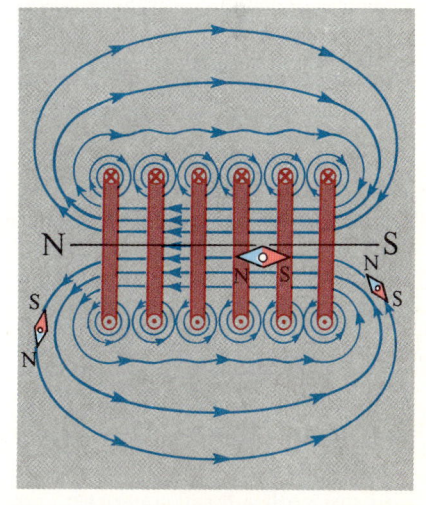

201.3 Magnetfeld einer Spule; ⊗ bedeutet: Strom konventioneller Richtung fließt in die Zeichenebene; ⊙ bedeutet: Strom fließt dem Betrachter entgegen.

Im Innern der Spule verlaufen nach *Abb. 201.1* und *201.3* die Feldlinien parallel zur Spulenachse von S nach N; denn die Feldlinien der einzelnen Windungen zeigen dort alle in diese Richtung. Das Feld ist homogen.

> **Im Innern der Spule laufen die Feldlinien von S nach N zurück und bilden ein starkes, homogenes Magnetfeld.**

Wir finden die Richtung der Feldlinien im Innern einer Spule und damit die Lage ihres Nordpols, wenn wir die Rechte-Faust-Regel auf ein beliebiges, kleines Drahtstück ihrer Wicklung anwenden (siehe *Abb. 200.3*).

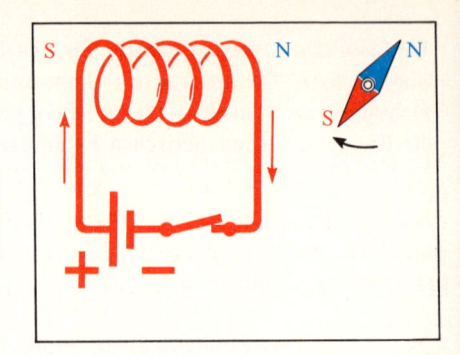

202.1 Die Magnetnadel wird durch das Spulenfeld abgelenkt.

Versuch 64: Bringe eine kleine Magnetnadel ins Innere einer Spule! Nach *Abb. 201.3* zeigt ihr Nordpol in Richtung der Feldlinien, das heißt zum Spulennordpol, und verstärkt diesen.

Versuch 65: Nach *Abb. 202.1* steht eine Magnetnadel etwa 30 cm entfernt von einer Spule, deren Achse in OW-Richtung liegt. Schaltet man den Spulenstrom (etwa 2 A) ein, so lenkt sein Magnetfeld die Nadel nur wenig ab. Schiebt man dann magnetisch weiches Eisen in die Spule, so wird die Magnetnadel stark abgelenkt. Denn das Spulenfeld richtet die vielen Elementarmagnete im Eisen genau so aus wie in Versuch 64 die kleine Magnetnadel. Die Nordpole der Elementarmagnete zeigen zum Spulennordpol und verstärken diesen wesentlich (Seite 174). Man erhält einen **Elektromagneten.**

Versuch 66: Beim Ausschalten des Stroms verliert die Spule ihr eigenes Magnetfeld völlig. Im magnetisch weichen Eisen bleibt jedoch ein schwacher, sogenannter **remanenter Magnetismus** zurück (remanere, lateinisch; zurückbleiben). Stäbe aus magnetisch „hartem" Material (Seite 176) bleiben stark magnetisch; sie werden zu **Dauermagneten.**

> **Ein Eisenkern verstärkt das Magnetfeld einer stromdurchflossenen Spule wesentlich. Beim Ausschalten des Stromes verliert der Elektromagnet mit magnetisch weichem Eisen sein Feld fast ganz.**

2. Der Elektromagnet, Klingel und Relais

Versuch 67: Die Kraft eines Elektromagneten ist besonders groß, wenn die magnetischen Feldlinien vollständig im Eisen laufen. Hierzu setzen wir auf einen dicken, U-förmigen Eisenkern 2 Spulen und lassen einen Strom von etwa 5 A fließen. Sie sind so gewickelt, daß oben die eine Spule ihren Nord- und die andere ihren Südpol aufweist *(Abb. 202.2)*. Ein aufgelegtes *Eisenjoch* wird mit großer Kraft angezogen. Wenn aber zwischen Kern und Joch ein Spalt aus Luft oder einem anderen unmagnetischen Stoff (Holz, Pappe) besteht, so können wir das Joch leicht abnehmen. Elektromagnete hängt man an

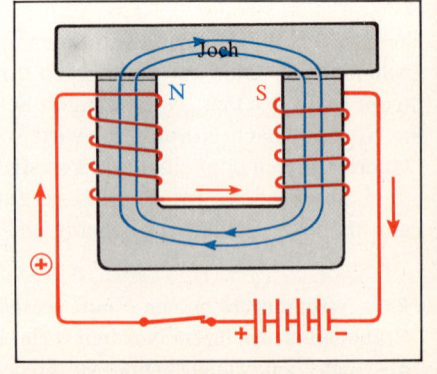

202.2 Magnetische Feldlinien im Eisen

Kräne und kann dann schwere Eisenbrocken bei eingeschaltetem Strom hochziehen. Dabei erspart man sich das mühsame Fest- und Losbinden.

Versuch 68: Ein langer Eisenstab A ist an seinem rechten Ende waagerecht über dem Tisch befestigt *(Abb. 203.1)*. Unter seinem linken, freien Ende steht die Spule S mit Eisenkern. Der feste Kontaktstab B führt dem Eisenstab beim Berühren Strom zu. Dieser wird über D zur Spule weitergeleitet. Sie zieht das linke Ende des Eisenstabs nach unten. Dabei unterbricht der Strom bei B sich selbst, und die Spule wird unmagnetisch. Deshalb schnellt der Eisenstab A nach oben zurück und schließt den Stromkreis wieder; das Spiel beginnt von neuem. — In der technischen Ausführung *(Abb. 203.2)* trägt der Eisenanker A rechts den Klöppel K, der auf die Glocke G schlägt. Der Anker A kann schnell schwingen, da er an einer Blattfeder befestigt ist. Ihm führt die Kontaktschraube B Strom zu. — Auf diesem Prinzip der *Selbstunterbrechung* beruht auch die elektrische *Hupe*. In ihr ersetzt eine elastische Stahlmembrane den Anker.

Versuch 69: *Abb. 203.3a* zeigt rechts neben dem Elektromagneten den roten *Steuerstromkreis*. Schließt man dessen Schalter, so zieht der Elektromagnet die Blattfeder an, deren rechtes Ende festgeschraubt ist. Die am linken Ende nach unten gebogene Blattfeder schließt dort am sogenannten **Arbeitskontakt** den blau gekennzeichneten *Arbeitsstromkreis*; die Lampe leuchtet auf. Man nennt diese Anordnung ein **Relais**.

Versuch 70: In *Abb. 203.3b* berührt die Kontaktspitze zunächst von oben her das linke Ende der Blattfeder. Dann fließt Strom im sogenannten *Ruhestromkreis*, solange der Steuerkreis unterbrochen ist; die Kontaktspitze wird als **Ruhekontakt** bezeichnet. Der Ruhestrom wird unterbrochen, sobald der Elektromagnet im Steuerkreis die Feder anzieht.

Relais aller Größen werden in der Technik oft verwendet, um durch verhältnismäßig schwache Steuerströme starke Arbeits- oder Ruheströme oft über große Entfernungen zu schalten, zum Beispiel im Autoanlasser, in Verkehrsampeln, Bahnsignalen und bei künstlichen Satelliten. — In **elektrischen Türöffnern** löst der Strom durch einen Elektromagneten eine Verriegelung im Schloß. Da man mit Wechselstrom arbeitet, hört man dabei ein Summen; beim Umpolen entstehen im Eisen Schwingungen.

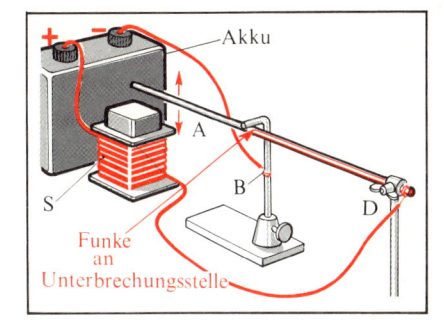

203.1 Modell einer elektrischen Klingel

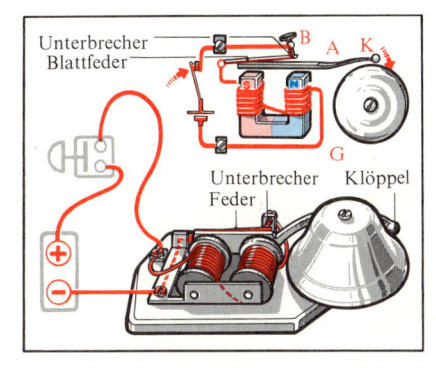

203.2 Technische Ausführung einer Klingel

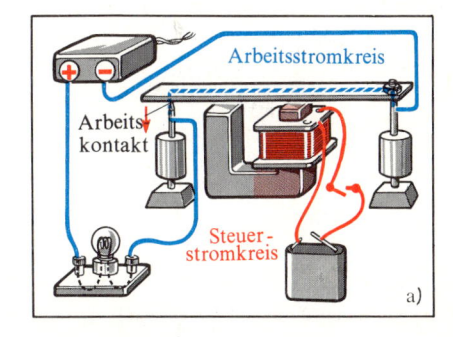

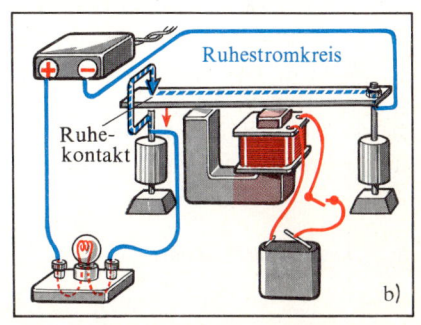

203.3 Relais; oben: mit Arbeitskontakt; unten: mit Ruhekontakt

Versuch 71: In *Abb. 204.1* fließt Strom durch Glühlampe und Spule. Seine Stärke reicht jedoch nicht aus, um den runden, gleichfalls vom Strom durchflossenen Anker A von den beiden horizontalen Stricknadeln wegzuziehen. Erst wenn man die Lampe kurzschließt, wird die Stromstärke so groß, daß A vom Elektromagneten angezogen wird. Dadurch wird der Stromkreis schlagartig unterbrochen. Nach dem eben besprochenen Prinzip arbeiten **magnetische Sicherungen**.

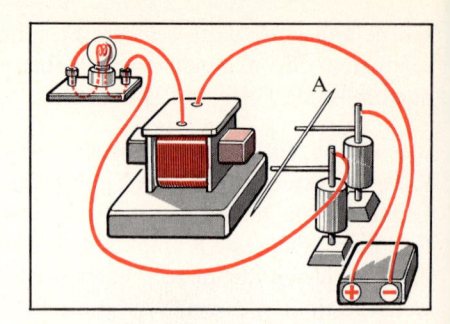

204.1 Prinzip der magnetischen Sicherung

3. Das Dreheiseninstrument; Rückstellkraft

Versuch 72: Zwei gleich lange Stifte aus weichmagnetischem Eisen liegen nach *Abb. 204.2*, links, in einer Spule. Wenn Strom fließt, wird jeder Stift zu einem Magneten. Vorn liegen die beiden Südpole; sie stoßen sich ab, desgleichen die beiden Nordpole hinten. In einem Meßinstrument ist nach *Abb. 204.2*, rechts, das eine Eisenstück (a) an der Spule, das zweite (b) an einem drehbaren Zeiger befestigt. Die *Rückstellfeder* bringt im stromlosen Zustand den Zeiger auf den Nullpunkt der Skala. Je stärker der Strom, um so stärker die Abstoßkraft und deshalb auch der Zeigerausschlag (siehe Ziffer 4). Ändert man die Stromrichtung, so wechseln die Pole, doch stoßen sich die Stäbe wiederum ab. Mit diesem Dreheiseninstrument kann man deshalb auch die Stärke von Wechselströmen messen. Da es billig und gegen Überlastung wenig empfindlich ist, wird es bei Schalttafeln häufig benutzt.

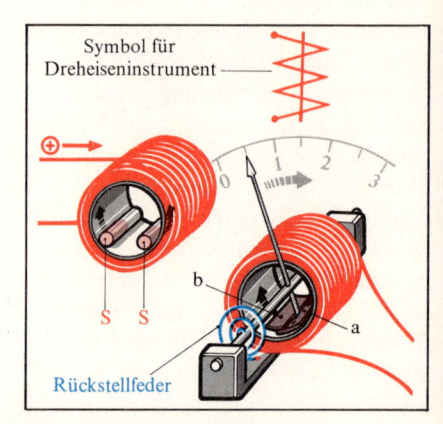

204.2 Zum Dreheiseninstrument

Fast alle elektrischen Meßinstrumente enthalten Federn, arbeiten also wie Federkraftmesser. Meist sind es Spiralfedern *(Abb. 204.2 und Abb. 205.2)* wie bei der Unruhe einer Taschen-Uhr, die nach dem *Hookeschen Gesetz* eine dem Ausschlag proportionale *Rückstellkraft* erzeugen. Der Zeiger bleibt stehen, wenn Gleichgewicht mit der vom Strom erzeugten Kraft eingetreten ist. Deshalb kann man aus der Größe des Ausschlags auf die Stärke des Stroms schließen. Ohne diese Rückstellkraft würde der Zeiger schon bei ganz schwachen Strömen bis zum Ende der Skala ausschlagen.

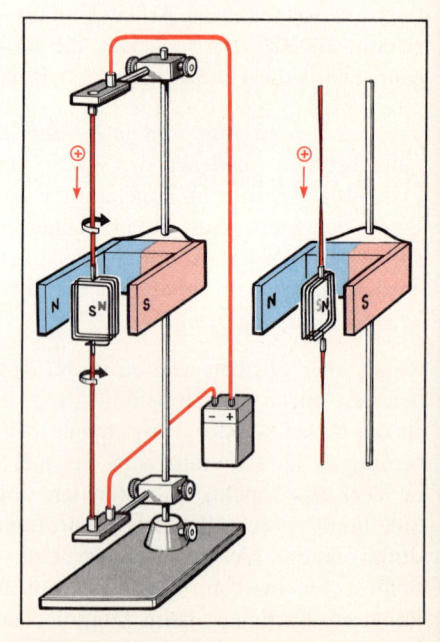

4. Drehspulinstrumente

Versuch 73: Um das Prinzip des **Drehspulinstruments** zu verstehen, hängen wir nach *Abb. 204.3* eine Spule an dünnen Metallbändchen zwischen die Pole eines Huf-

204.3 Zum Drehspulinstrument

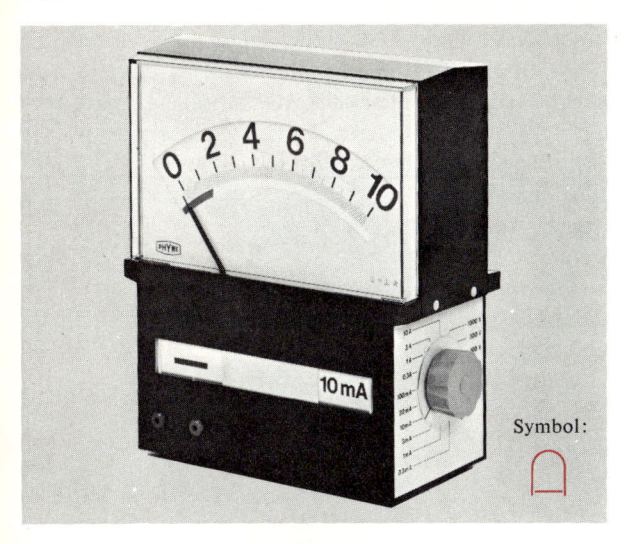

§ 66 Die magnetische Wirkung des elektrischen Stroms; Anwendungen 205

205.1 Bei 10 mA Gleichstrom zeigt dieses Drehspulmeßgerät Vollausschlag. Am Drehknopf kann man den Meßbereich ändern (Seite 223). Rechts: Symbol für Drehspulinstrumente.

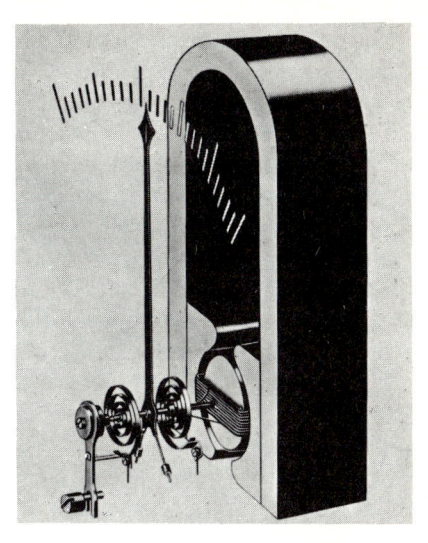

205.2 Meßwerk eines Drehspulinstruments mit Zeiger; die beiden Spiralfedern führen den Strom zu.

eisenmagneten. Diese Bändchen leiten den zu messenden Strom durch die Spule; zudem erzeugen sie die nach Ziffer 3 nötige Rückstellkraft. Fließt Strom, so verhält sich die Spule wie ein Stabmagnet (Versuch 63, Seite 201). Ihre Pole werden zu den ungleichnamigen Polen des Hufeisenmagneten gezogen. Dabei dreht sich die Spule, und die Aufhängebändchen werden verdrillt, bis nach Ziffer 3 Gleichgewicht eingetreten ist. Sie sind im sehr empfindlichen **Spiegelgalvanometer** so dünn, daß bereits Ströme von 10^{-7} A die Spule merklich drehen. An ihr ist ein Spiegelchen befestigt, das von einer Lampe ausgehendes Licht zu einer Skala reflektiert. – Bei den weitverbreiteten Drehspulinstrumenten mit Zeigern sitzt die Spule wie die Unruhe einer Uhr auf einer spitzengelagerten Achse *(Abb. 205.2)*. An ihr ist ein langer Zeiger befestigt. Die beiden Spiralfedern führen der Spule den zu messenden Strom (etwa 1 mA = 10^{-3} A) zu und erzeugen die nach Ziffer 4 nötige Rückstellkraft. – Ändert man in einem Drehspulinstrument die Stromrichtung, so schlägt es nach der entgegengesetzten Seite aus; denn in *Abb. 204.3* vertauschen sich die Pole der Drehspule, nicht aber die des Dauermagneten. Fließt *Wechselstrom*, so zittert der Zeiger kaum merklich um die Ruhelage. Um Wechselstrom zu messen, wandelt man ihn vorher mit *Gleichrichtern* (Seite 240) in Gleichstrom um. Infolge ihrer großen Empfindlichkeit und hohen Präzision benutzt man Drehspulinstrumente zu genauen Messungen. Auf Seite 223 werden wir sehen, wie man ihren Meßbereich von etwa 1 mA auf viele Ampere erweitern kann.

5. Elektromotoren

Elektromotoren wandeln elektrische Energie in Kraft und Bewegung, also in mechanische Energie, um. Eine solche Umwandlung fanden wir bereits im Drehspulinstrument (siehe oben). Doch dreht sich in ihm die Spule nur so weit, wie es die Rückstellkraft der Spiralfedern zuläßt. Ohne diese Federn würde der Nordpol N der drehbaren Spule *(Abb. 204.3)* zum Südpol S' des feststehenden Hufeisenmagneten gezogen und dort festgehalten *(Totpunkt)*. Ein Motor, der sich ständig dreht, entsteht erst durch einen Kunstgriff: Man wechselt in diesem Totpunkt die Stromrichtung in der Spule und damit auch deren Pole. Nun stehen sich zwei *gleichnamige* Pole gegenüber und stoßen sich ab. Da die Spule noch Schwung besitzt, dreht sie sich über den Totpunkt hinaus in der ursprünglichen Richtung weiter. Die magnetischen Kräfte wirken nun in dieser Richtung. Doch stehen sich nach einer weiteren halben Umdrehung wieder zwei ungleichnamige Pole gegenüber; man muß wieder umpolen. Dieses Ändern der Stromrichtung in der Spule besorgt selbständig der Stromwender, auch **Kommutator** (commutare, lat.; vertauschen) genannt. Er besteht aus zwei gegeneinander isolierten Halbringen (in *Abb. 206.1* und *206.2* weiß), die sich mit der Spule drehen. Auf ihnen schleifen zwei feststehende Kohlestifte (schwarz), Bürsten genannt. Diese leiten den Strom so zu den Halbringen und damit zur Spule, daß in ihr der Strom vorn stets nach rechts fließt. Dann hat die Spule oben immer einen Nordpol N *(Abb. 206.1 und 206.2)*. Um ihr Magnetfeld zu verstärken, ist die Spule auf einen mitrotierenden Eisenkern gewickelt und bildet mit ihm den sogenannten Anker. Damit der Motor den Totpunkt gut überwindet und nicht stoßweise läuft, gibt man dem Anker viele Wicklungen, die gegeneinander um bestimmte Winkel versetzt sind. Dann muß man auch den Kommutator weiter unterteilen *(Abb. 206.3)*. Je mehr Wicklung und Kommutator unterteilt sind, desto ruhiger läuft der Motor.

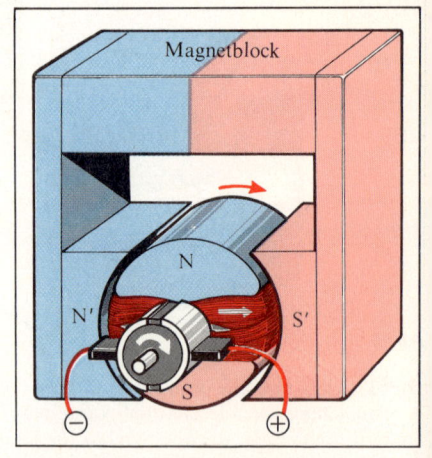

Bei Spielzeugmotoren rotiert der Anker meist im Feld eines Dauermagneten. Dann ändert sich der Drehsinn, wenn man an der Stromquelle umpolt. Bei größeren Motoren benutzt man Elektromagnete. Sie sind ein Bestandteil des Gehäuses (rote Wicklung in *Abb. 206.3*). Ändert man jetzt die Polung an der Batterie, so werden die Pole des Elektromagneten wie die des Ankers vertauscht; der Motor behält seinen Drehsinn bei. Solche Motoren laufen auch mit Wechselstrom.

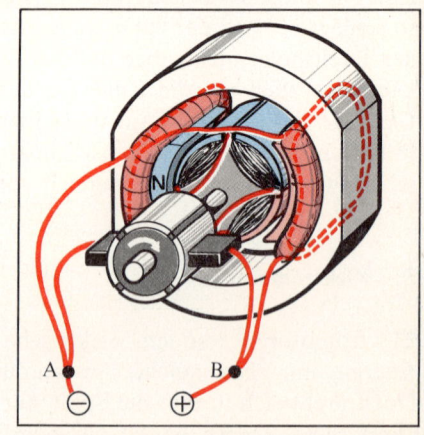

206.1 Motor mit Kommutator. In der roten Ankerwicklung fließt der Strom vorne stets nach rechts; der Nordpol ist deshalb stets oben und wird nach rechts zu S' gezogen.

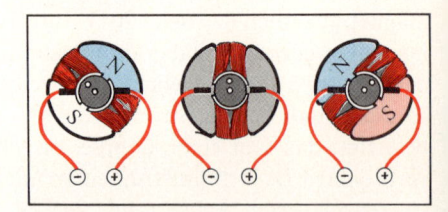

206.2 Drei aufeinanderfolgende Stellungen von Anker und Kommutator

6. Rückblick

Wie Versuch 51 (Seite 193) zeigt, gibt der Elektronenstrahl in der Braunschen Röhre eine gute Vorstellung vom Elektronenstrom in Metalldrähten. Allerdings sind in Drähten die Elektronen durch positive Ladungen neutralisiert. Sie machen sich erst bemerkbar, wenn sie fließen, und zwar durch die Wärme- und die magnetische Wirkung. Die Wärmewirkung ist uns allen vertraut; die magnetische aber technisch nicht minder wichtig. Wegen der Neutralisation bemerkt man die Ladung im allgemeinen nicht. Wir fassen das Bisherige zusammen:

206.3 Anker und Schleifringe sind in 4 Segmente unterteilt. Bei A und B wird der Strom für den Elektromagneten abgezweigt.

Wirkungen der elektrischen Ladungen:

a) Ungleichnamige Ladungen **ziehen** sich an, gleichnamige **stoßen** sich ab. Diese Kräfte setzen in den Leitungen des Stromkreises Ladungen in Bewegung, so daß Strom fließt.
b) Positive und negative Ladungen können sich **neutralisieren.**

Bewegte Ladungen (Strom) haben darüber hinaus noch folgende Wirkungen:

a) Sie erzeugen ein **Magnetfeld** (magnetische Stromwirkung).
b) Wenn sie abgebremst werden, rufen sie Erwärmung hervor (Wärmewirkung) oder erzeugen **Licht** (Glimmlampe, Funke, Blitz, Leuchtschirm der Fernsehröhre).
c) Bei der **Elektrolyse** transportieren bewegte Ladungen Materie und scheiden sie ab (chemische Wirkung).

Aufgaben:

1. Wie kann man Dauermagnete herstellen?
2. Kann man eine elektrische Klingel auch mit Wechselstrom betreiben?
3. Schlägt ein Drehspulinstrument auch bei Wechselstrom aus?
4. Wo steht der Zeiger des Instruments in Abb. 205.1 bei 5 mA? Was geschieht, wenn man an den Anschlußbuchsen unten links umpolt?

§ 67 Die elektrische Spannung

1. Definition der Spannung

Die Pole des Bandgenerators tragen entgegengesetzte Ladungen; sie ziehen sich an. Geladene Wattestücke werden nach *Abb. 188.1* zwischen diesen Polen in Bewegung gesetzt; an ihnen wird *Arbeit* verrichtet. Dies wollen wir nun quantitativ erfassen:

Versuch 74: Man hefte dünne Streifen aus Metallfolie an die Pole des Bandgenerators. Ihre freien Enden ziehen sich an. Bequemer ist es, ein Elektroskop „*zwischen die Pole zu legen*", indem man das Blättchen mit dem einen und das Gehäuse mit dem andern Pol verbindet. Das Blättchen wird zum entgegengesetzt geladenen Gehäuse gezogen. Man sagt, **zwischen den beiden besteht eine elektrische Spannung.**

Versuch 75: Auch zwischen den Polen einer Steckdose zeigt das Elektroskop Spannung. Allerdings ist die an seinem Blättchen angreifende Kraft sehr klein. Sie eignet sich nicht dazu, die Spannung zu definieren. Zur Definition der Spannung benutzt man die *Arbeitsfähigkeit* der elektrischen Kräfte. Wie hängt diese Arbeitsfähigkeit von der fließenden Ladung ab?

Tabelle 208.1

Leistung in Watt	Arbeit W während 1 s in Joule	Stromstärke in A	Ladung Q während 1 s in C	W/Q in J/C
300	300	1,36	1,36	220
600	600	2,73	2,73	220
1 000	1 000	4,55	4,55	220

Versuch 76: Wir schalten zwischen die Pole der Steckdose einen Tauchsieder *(Abb. 208.1)*. In seiner Heizwendel werden die Ladungen Q von den elektrischen Kräften in Bewegung gesetzt. Dabei verrichten diese Kräfte Arbeit, die der Tauchsieder als Wärme abgibt. Hat er zum Beispiel eine Leistung von $P = 600$ Watt, so liefert er in jeder Sekunde $W = 600$ J (Seite 95). Der Strommesser zeigt die Stromstärke $I = 2{,}73$ A = $2{,}73$ C/s. In 1 s wird von elektrischen Kräften die Ladung $Q = 2{,}73$ C transportiert. *Tabelle 208.1* zeigt auch die Meßwerte bei anderen Tauchsiedern. Man erkennt, daß die in 1 s verrichtete Arbeit W der in der gleichen Zeit transportierten Ladung Q proportional ist. Deshalb erweist sich der Quotient W/Q als konstant. Er ist vom benutzten Wärmegerät unabhängig und beträgt 220 J/C. Deshalb kennzeichnet er den vom Elektroskop angezeigten elektrischen Zustand zwischen den Polen der Steckdose *eindeutig*. Es ist kein Zufall, daß hier der Zahlenwert 220 auftritt, der auf unseren Haushaltsgeräten die vorgeschriebene Spannung, nämlich 220 V (220 Volt), vermerkt. *Laut Definition gibt die Spannung 220 V an, daß in einem an die Steckdose gelegten Gerät die Arbeit 220 Joule je Coulomb verrichtet wird.* Unabhängig von jedem Gerät bedeutet 1 V also 1 Joule/Coulomb; bei 1 V wird an 1 C die Arbeit 1 J verrichtet.

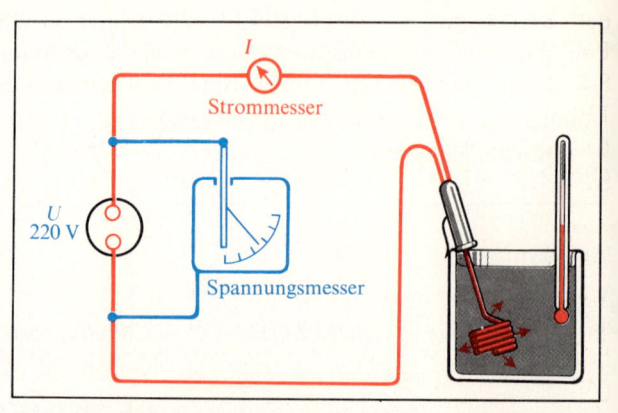

208.1 Der Strommesser mißt die Stromstärke I, die durch die Heizwendel im Tauchsieder fließt. Das Elektroskop liegt zwischen den Polen der Steckdose, deren Spannung U gemessen wird, und ist nicht von Strom durchflossen.

Zwischen den Polen einer Stromquelle herrscht Spannung. An einer fließenden Ladung Q wird die Arbeit W verrichtet. Unter der Spannung U versteht man den Quotienten

$$U = \frac{W}{Q}. \qquad (208.1)$$

Die Einheit der Spannung ist 1 Volt = 1 $\frac{\text{Joule}}{\text{Coulomb}}$ (1 V = 1 J/C). Man kann die Spannung mit einem zwischen die Pole gelegten Elektrometer messen.

Tabelle 208.1 Einige Spannungen

Zelle eines	
Nickel-Cadmium-Akkus	1,3 V
Bleiakkus (Auto)	2 V
Taschenlampenbatterie neu	4,5 V
Lichtanlage im Auto	6 oder 12 V
Lichtnetz	110 bis 220 V
Elektrische Eisenbahn	15 000 V
Hochspannungsleitungen	bis 380 000 V
Gewitter	etwa 10^8 V

Da $W = P \cdot t$ und $Q = I \cdot t$ ist, gilt ferner:

$$U = \frac{W}{Q} = \frac{P \cdot t}{I \cdot t} = \frac{P}{I}; \quad 1\,\text{V} = \frac{1\,\text{W}}{1\,\text{A}}. \quad (209.1)$$

Versuch 77: Wir bestimmen die Spannung U einer Akku-Batterie. Sie besteht aus 10 Nickel-Cadmium-Zellen, die nach *Abb. 209.1* wie Batterien so *hintereinander* gelegt sind, daß der Pluspol der einen mit dem Minuspol der nächsten verbunden ist. In einer zwischen die beiden Pole am Ende gelegten Heizwendel fließt Strom der Stärke $I = 5\,\text{A} = 5\,\text{C/s}$ und erzeugt in 200 s die Wärme 13000 J. In 1 s wird also an der Ladung $Q = 5\,\text{C}$ die Arbeit $W = 65\,\text{J}$ verrichtet. Die Spannung beträgt nach Gleichung (208.1)

$$U = \frac{W}{Q} = \frac{65\,\text{J}}{5\,\text{C}} = 13\,\frac{\text{J}}{\text{C}} = 13\,\text{V}.$$

Wenn wir die Zahl der Zellen von 10 auf 5 halbieren, so erhalten wir in 1 s die Wärme 16,2 J bei 2,5 A, also bei 2,5 C/s. Die 5 Zellen verrichten also an der Ladung $Q = 1\,\text{C}$ die Arbeit $W = 6,5\,\text{J}$.

Die Spannung ist mit

$$U = \frac{W}{Q} = 6,5\,\frac{\text{J}}{\text{C}} = 6,5\,\text{V}$$

halbiert. *Sie ist der Zellenzahl proportional.*

Beim Hintereinanderschalten von Spannungsquellen addiert sich die Spannung. Sie beträgt bei 1 Zelle eines Nickel-Cadmium-Akkus 1,3 V.

Es ist viel zu mühsam, Spannungen nach Versuch 77 zu messen; ein Elektroskop wäre bequemer. Doch ist sein Ausschlag bei kleinen Spannungen kaum erkennbar. Für die kleinen Feldkräfte ist das Blättchen viel zu schwer. Wir lassen diese Kräfte deshalb auf freie Elektronen in einer **Braunschen Röhre** wirken *(Abb. 192.1)*:

Versuch 78: Verschiedene Zellen einer Akkubatterie werden an die zur Vertikalablenkung bestimmten Buchsen eines **Oszillographen** (Schwingungsschreibers) gelegt. Der Ausschlag des Leuchtflecks auf dem Schirm *(Abb. 209.2)* ist der Zahl der Zellen und damit der Spannung U proportional. Man kann also den Oszillographen als *Spannungsmesser* eichen. Gibt zum Beispiel die Spannung 1,3 V einer Akkuzelle den Ausschlag 1,3 cm, so bedeutet 1 cm auch 1 V. Die Spannung einer flachen Taschenlampenbatterie mißt man so zu 4,5 V. Sie enthält 3 hintereinandergelegte Zellen von je 1,5 V. So mißt man auch schnell veränderliche Wechselspannungen.

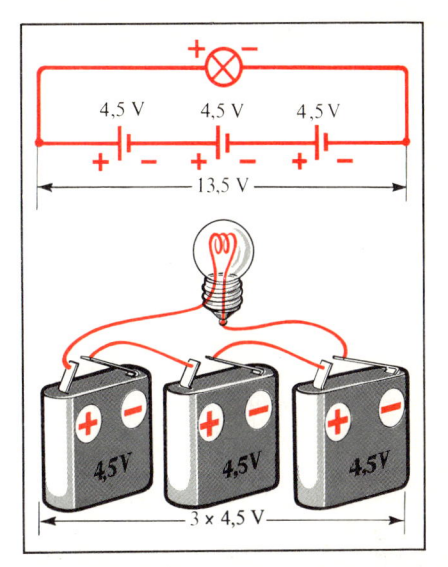

209.1 Drei hintereinander geschaltete Taschenlampenbatterien geben 13,5 V (oben: Schaltskizze).

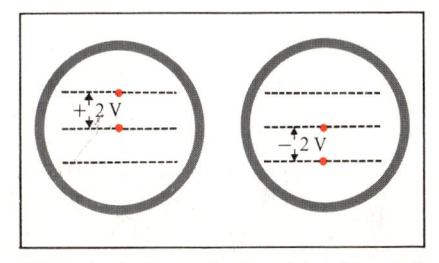

209.2 Auslenkung des Leuchtpunkts (rot) aus der Mitte des Oszillographenschirms durch 2 V Gleichspannung; links: obere Ablenkplatte positiv, rechts: negativ

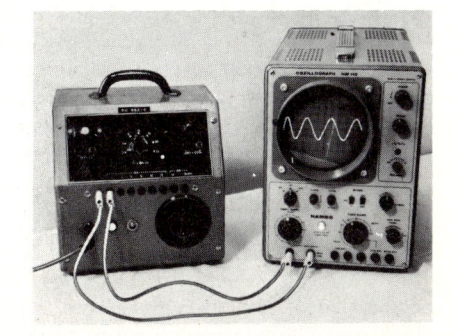

209.3 Der Oszillograph zeigt den Verlauf der Wechselspannung. Eine schnell anwachsende Spannung an den Horizontalablenkplatten *(Abb. 192.1)* führt den Strahl nach rechts.

2. Spannung und elektrische Energie

Versuch 79: Nach *Abb. 210.1* stehen sich zwei große Metallplatten gegenüber. Sie sind durch eine dünne Plastikfolie voneinander isoliert und stellen einen **Plattenkondensator** dar. Wir verbinden sie kurz mit den Polen einer Spannungsquelle (300 V) und laden sie dabei entgegengesetzt auf. Nun ziehen wir die isolierten Platten auseinander. Da wir dabei positive und negative Ladungen voneinander trennen, verrichten wir *Arbeit gegen ihre Anziehungskräfte*. Entladen wir die Platten dann über eine Glimmlampe, so leuchtet diese wesentlich heller; die fließende Ladung gibt mehr Energie ab als vor dem Auseinanderziehen. Beim Trennen haben wir die Ladung Q nicht vermehrt, wohl aber Arbeit verrichtet und so die Arbeitsfähigkeit W (Energie) der Ladung vergrößert; der Lichtblitz war heller. Wie das angeschlossene Elektrometer zeigt, steigt dabei die Spannung $U = W/Q$. (*Elektrometer*: In Volt geeichtes Elektroskop.)

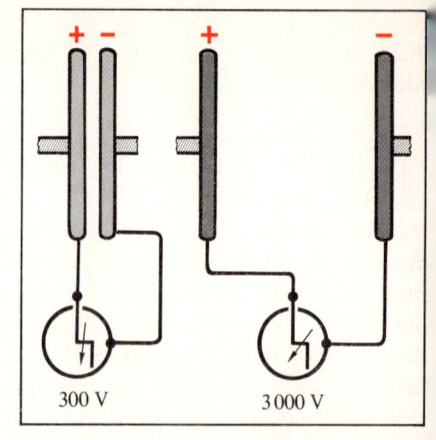

210.1 Wenn man entgegengesetzte Ladungen unter Arbeitsaufwand trennt, steigt die Spannung.

Trennt man entgegengesetzte Ladungen unter Arbeitsaufwand, so steigt die Spannung zwischen ihnen an. Mit der Spannung nimmt auch die Arbeitsfähigkeit (Energie) der Ladung zu.

Diese wichtigen Zusammenhänge lassen sich durch Wasser veranschaulichen: Je höher man 1 Liter Wasser pumpt, desto mehr Arbeit hat man zu verrichten, desto energiereicher wird es. Das Wasser wird zwar nicht schwerer; es kann aber beim Herabstürzen in einer Turbine mehr Arbeit leisten. Nach *Abb. 210.2* seien n Pumpen, von denen jede 5 m hoch fördert, *übereinandergestaffelt*. Der Arbeitsaufwand je Liter wird ver-n-facht. Doch kann jedes Liter beim Verbraucher n-fache Arbeit verrichten, da es aus der n-fachen Höhe herabstürzt. Entsprechend pumpt eine Stromquelle (Elektronenpumpe) Ladung in ihrem Innern unter Arbeitsaufwand vom einen zum andern Pol. Sind nach *Abb. 209.1* mehrere Akkuzellen hintereinandergeschaltet, so durchfließt dieselbe Ladungsmenge nacheinander die einzelnen Zellen. Die an ihr verrichteten Arbeitsbeträge summieren sich. Deshalb addieren sich nach Versuch 77 die Spannungen beim Hintereinanderschalten.

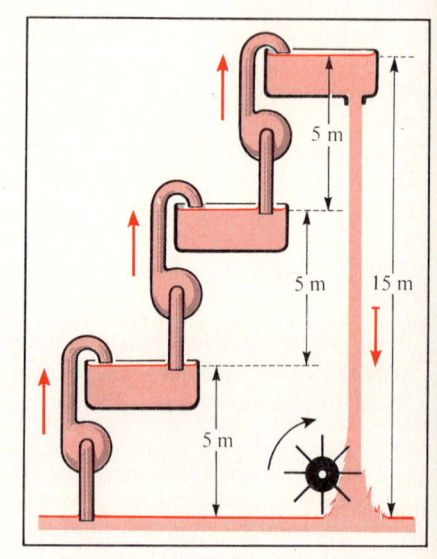

Fördern n Pumpen *nebeneinander* Wasser aus demselben Teich, so liefern sie im ganzen die n-fache Wassermenge je Sekunde (*Abb. 210.3*). Doch wird die Förderhöhe und damit die Arbeitsfähigkeit von 1 Liter nicht größer.

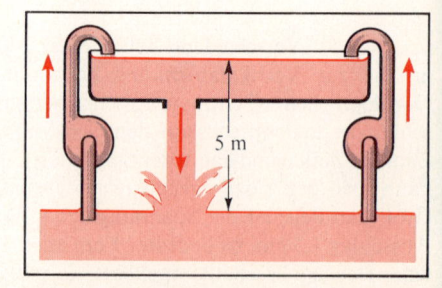

Versuch 80: Man kann gleiche Akkuzellen auch *parallel* schalten (Plus mit Plus und Minus mit Minus verbinden; *Abb. 211.1*). Wenn man dann Versuch 78 wiederholt, so er-

210.2 Die Förderhöhen und damit die Energien je Liter werden addiert.

210.3 Nur die geförderten Wassermengen werden addiert, nicht die Energie je Liter.

kennt man, daß die Spannung bleibt. Ein Ladungsteilchen fließt entweder durch die eine oder die andere Zelle; dabei wird nur einmal an ihm Arbeit verrichtet.

> **Beim Parallelschalten von gleichen Stromquellen bleibt die Spannung unverändert.**

Wenn man elektrische Energie übertragen will, so führt man die getrennten Ladungen durch Leitungen zum Verbraucher. Dieser findet zwischen den getrennten Ladungen auf den Polen der Steckdose Kraft und Arbeitsfähigkeit, also Spannung. Wenn Strom fließt, so wandelt sich die Arbeitsfähigkeit der unter Spannung stehenden Ladungen in Lichtenergie und Wärme um. *Wenn der Strom unterwegs keine Wärme liefert, ist an allen Steckdosen der Verbraucher die Arbeitsfähigkeit der Ladung und damit die Spannung gleich groß.*

> **Im Elektrizitätswerk und in jeder Stromquelle werden entgegengesetzte Ladungen unter Arbeitsaufwand getrennt. Dabei bildet sich zwischen ihnen Spannung. Durch Leitungen führt man die Ladungen in die Ferne. Fließt Strom, so wird die aufgewandte Arbeit wieder frei.**

Die in elektrischen Geräten umgesetzte elektrische Energie zeigt ein **Elektrizitätszähler** *(Abb. 211.3)* unmittelbar in der Energieeinheit 1 kWh an. Nach Seite 32 ist 1 kWh = 3 600 000 J. Das Rad im Zähler dreht sich – wie die Aufschrift 800 U/kWh angibt – bei der Lieferung von 1 kWh jeweils 800mal. Ist ein Tauchsieder mit der Leistungsangabe 1000 W = 1 kW während der Zeitspanne $t = 36\,\text{s} = \frac{1}{100}$ h in Betrieb, so wird in ihm die elektrische Energie $W = P \cdot t = \frac{1}{100}$ kWh umgesetzt. Das Rad im Zähler dreht sich dabei 8mal. Wenn 1 kWh 12 Dpf kostet, so muß man 0,12 Dpf bezahlen.

3. Blitz und Blitzschutz

In Gewitterwolken werden durch fallende geladene *Schneeflocken* und *Regentropfen* Ladungen getrennt (positive Ladung oben, negative unten). So entsteht eine ungeheure Spannung (etwa 10^8 V). Die genaueren Einzelheiten bei der Ladungstrennung sind auch heute noch umstritten (auch die kleinen Wassertröpfchen eines Wasserfalls sind geladen). Die getrennten Ladungen vereinigen

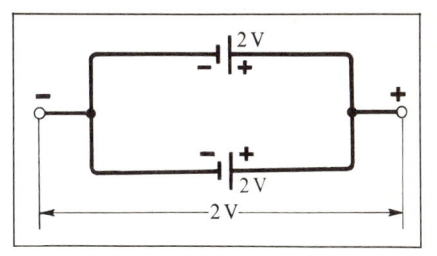

211.1 Parallelschaltung zweier gleicher Akkuzellen von je 2 V. Die Spannung bleibt unverändert 2 V.

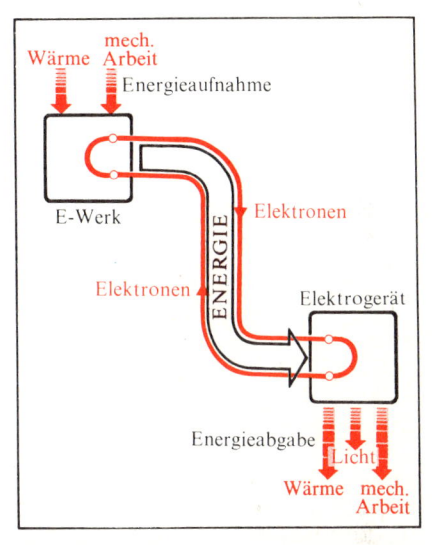

211.2 Energie wandert vom E-Werk ins Elektrogerät. Die Elektronen dagegen laufen im Kreis und werden nicht verbraucht.

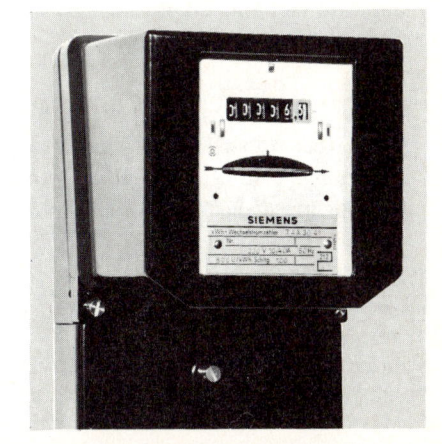

211.3 Elektrizitätszähler. Hier kann die vom Elektrizitätswerk gelieferte Energie direkt abgelesen werden.

sich bisweilen wieder in gewaltigen **Blitzen** (*Abb. 5.1*; transportierte Ladung etwa 10 C; Zeitdauer $5 \cdot 10^{-5}$ s; Stromstärke etwa 10^5 A). — Der Blitz nimmt im allgemeinen einen gut leitenden Weg zur Erde, zum Beispiel über hochragende metallische oder feuchte Gegenstände, etwa nasse Bäume. Man suche deshalb beim Gewitter möglichst tiefliegende Mulden auf, gehe dort in Hockstellung und meide die Nähe einzelner hoher Bäume. — Zum Schutz vor Blitzen setzt man auf Gebäude **Blitzableiter,** die an der Außenseite des Hauses durch dicke Metallbänder mit dem feuchten Erdreich verbunden sind. Der Blitz sucht in einem ungeschützten Haus seinen Weg entlang guter Leiter, also längs der Wasser- und Gasrohre, der Kamine oder Antennen. Man meide deshalb in solchen Häusern bei einem nahen Gewitter diese Gefahrenpunkte.

4. Spannungserzeugung durch chemische Reaktionen (galvanische Elemente)

Versuch 81: Bei der Elektrolyse legt man mit Hilfe von zwei Elektroden Spannung an einen Elektrolyten. Die positiv und negativ geladenen Ionen wandern zum jeweils entgegengesetzt geladenen Pol; sie werden also getrennt. Man kann anschließend eine kleine Spannung zwischen den Polen nachweisen. — Bei manchen chemischen Vorgängen kommen Ionen in Bewegung, ohne daß man von außen Spannung anlegt. Zum Beispiel löst sich Zink (Zn) in verdünnter Schwefelsäure (H_2SO_4). Dabei gehen Zinkatome als *positiv* geladene Ionen in Lösung; die von ihnen abgegebenen Elektronen (siehe in *Abb. 188.2* die Cu-Ionen) bleiben in der Zinkplatte zurück und laden sie negativ auf. Die *Lösung* wird durch die Ionen *positiv* geladen. Dies zeigt sich, wenn man eine Elektrode aus Kohle in die Flüssigkeit bringt; denn Kohle gibt keine Ionen ab und wird durch die positiv geladene Lösung zum Pluspol dieses **galvanischen Elements.** Statt Kohle kann man auch das „edlere" Metall Kupfer als Pluspol verwenden. Es gibt kaum Ionen an die Lösung ab. Aus Zink (Minuspol) und Kupfer (Pluspol) entsteht das **Volta-Element** mit etwa 1 Volt Spannung (der Italiener *A. Volta* entwickelte so 1800 die erste brauchbare Stromquelle). Ein Teil der Energie, die beim Auflösen von Zink in Schwefelsäure als Wärme abfließt, wird hier zum *Trennen von Ladung*, das heißt zum Erzeugen von Spannung, benutzt.

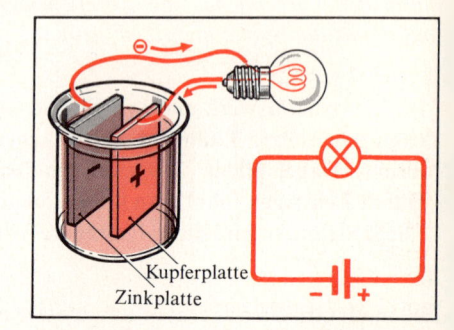

212.1 Volta-Element, 1 V (Zink-Kupfer-Element)

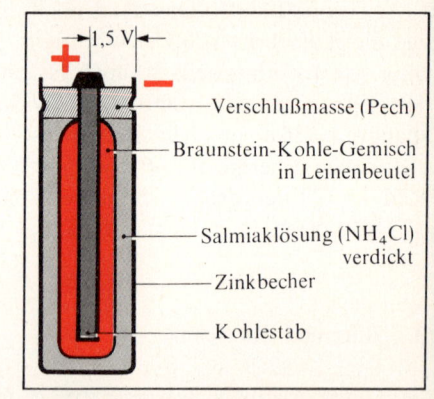

> **Wenn man zwei Metalle, die sich verschieden gut in Säure lösen, (oder Kohle) in einem Elektrolyten einander gegenüberstellt, entsteht ein galvanisches Element. Das leichter lösliche Metall wird der Minuspol.**

Die Entwicklung dieser *galvanischen Elemente* geht auf den italienischen Arzt und Naturforscher *Luigi Galvani* (1737 bis 1798) zurück. Er entdeckte, daß ein Froschschenkel zusammenzuckt, wenn er mit zwei verschiedenen Metalldrähten berührt wird, die untereinander verbunden sind. Mit dieser Stromquelle konnte man viel stärkere Ströme erzeugen als bis dahin mit Hilfe der „Reibungselektrizität" (Seite 194). Dies eröffnete der elektrischen Forschung neue Wege: Man baute Glühlampen (*Goebel* 1854, *Edison* 1879) und fand den Elektromagnetismus (*Oersted* 1820) mit seinen zahlreichen Anwendungen. Heute wird die elektrische Energie meist mit Generatoren erzeugt (Seite 234).

212.2 Einzelzelle einer Taschenlampenbatterie, 1,5 V (Zink-Kohle-Element)

5. Taschenlampenbatterie

Man kann auf verschiedene Arten galvanische Elemente zusammenstellen. Nur wenige haben sich bewährt: In der Zelle einer Taschenlampenbatterie steht ein Kohlestab in einem Zinkbecher *(Abb. 212.2)*. Beide verbindet mit Kleister eingedickte Salmiaklösung (Ammoniumchlorid, NH_4Cl) mit Zusätzen. Vom Zink treten positive Ionen (Zn^{++}) in die Lösung. Diese Ladungstrennung gibt eine Spannung von etwa 1,5 V. Dabei ist die Kohle der Plus-, das Zink der Minus-Pol. Wenn Strom fließt, wird das Zink allmählich aufgelöst (zerfressen) und in Zinkchlorid überführt. Dabei erschöpft sich die Batterie. Im äußeren Stromkreis fließt der Strom (konventionelle Richtung) vom Plus- zum Minuspol, getrieben von elektrischen Kräften. Im Batterieinnern fließt er vom Minus- zum Pluspol zurück, so daß im ganzen ein *geschlossener Stromkreis* vorliegt.

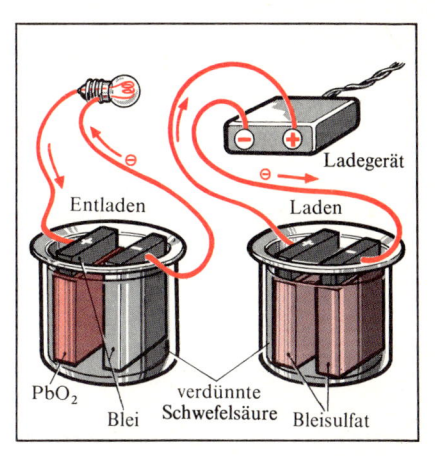

213.1 Entladen und Laden eines Bleiakkus: Unter Arbeitsaufwand pumpt das Ladegerät (oben rechts) Elektronen im Stromkreis.

6. Akkumulatoren

Versuch 82: Wir tauchen zwei gleiche Bleiplatten (Pb) längere Zeit in verdünnte Schwefelsäure (H_2SO_4). Beide überziehen sich mit einer weißen Schicht aus Bleisulfat ($PbSO_4$). Da sie unter sich gleich sind, finden wir keine Spannung. Wenn wir aber Strom hindurchschicken und den Akkumulator „*laden*" *(Abb. 213.1,* rechts), so wird an der mit dem positiven Pol der Stromquelle verbundenen linken Platte das Bleisulfat zu dunkelbraunem Bleidioxid (PbO_2) oxydiert *(Abb. 213.1,* links). Gleichzeitig wird an der rechten Platte das Bleisulfat zu Blei reduziert. Nunmehr stehen sich zwei verschiedenartige Platten gegenüber und bilden ein *galvanisches Element* mit der Spannung 2 V. Die dunkelbraune Bleidioxid-Platte ist der Pluspol. Wir können diesem Akkumulator kurzzeitig Strom entnehmen. Dabei bildet sich an beiden Platten wieder Bleisulfat, und die Spannung sinkt auf Null. Im Akku wird dabei keine Ladung gespeichert, wohl aber Energie in chemischer Form.

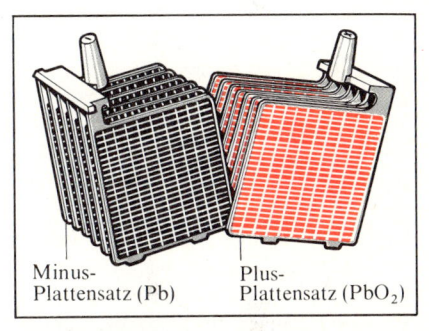

213.2 Plattensätze einer Bleiakkuzelle, auseinandergeklappt

Im geladenen Akkumulator ist nicht Ladung, sondern Energie gespeichert.

7. Rückblick

Mit der elektrischen Spannung haben wir einen neuen Begriff kennengelernt: Sie beschreibt nicht etwa die *Kraft*wirkung zwischen Ladungen, sondern die *Arbeitsfähigkeit* getrennter Ladungen, zwischen denen Kräfte bestehen. Denn in Versuch 79 steigt die Spannung zwischen den Kondensatorplatten erheblich an, obwohl die Anziehungs*kraft* zwischen ihren Ladungen abnimmt. – Der Spannungsbegriff ist deshalb so überaus wichtig, weil man in Haushalt und Wirtschaft die Elektrizität wegen ihrer Arbeitsfähigkeit benützt. Die elektrischen Kräfte zwischen den Polen einer Spannungsquelle setzen in einem Leiter Ladung in Bewegung. Deshalb sagt man oft, *Spannung* sei die *Ursache von Strom*. Hierauf gehen wir im nächsten Paragraphen ein.

Aufgaben:

1. Zerlege eine ausgebrauchte, flache Taschenlampenbatterie und suche die Plus- und Minuspole ihrer drei Zellen! Wie sind sie geschaltet (Siehe Abb. 209.1!)?
2. Die Zelle eines Eisen-Nickel-Akkus hat 1,3 V Spannung (sie ist mit verdünnter Kalilauge gefüllt). Wie viele Zellen braucht man für 220 V?
3. Schlagen Elektrometer nach Abb. 186.1 auch bei Wechselspannung aus?
4. Löse Gleichung (209.1) nach I auf und berechne die Stromstärke, die in einem 1000 Watt-Heizofen bei 220 V auftritt! — Ein Taschenlampenbirnchen für 4,5 V wird von einem Strom der Stärke 0,2 A durchflossen. Welche Leistung hat es?
5. Welche Wärmeleistung hat ein Tauchsieder, der bei 220 V von 2,5 A durchflossen wird? Wieviel Wasser kann man mit ihm in 1 min um 50 K erwärmen? (Siehe Gleichung 208.1!)
6. Eine Sicherung im Haushalt (220 V) kann bis 10 A belastet werden. Welche Leistung darf ein elektrischer Heizofen höchstens haben, daß man ihn gerade noch anschließen kann, ohne daß die Sicherung den Strom unterbricht?

§ 68 Das Ohmsche Gesetz; der elektrische Widerstand

1. Wie hängt die Stromstärke von der Spannung ab?

Zu starke Ströme zerstören elektrische Geräte bisweilen sehr schnell. Deshalb genügt es oft nicht, Stromstärken zu messen; man muß in der Lage sein, die Stärke von Strömen in einer Versuchsanordnung vorauszuberechnen. Deshalb untersuchen wir, wovon die Stromstärke I abhängt. Hier ist zunächst die Spannung U zu nennen; denn ohne Spannung fließt kein Strom. Zudem dürfte die Stromstärke von den Geräten, die der Strom zu durchfließen hat, abhängen. Um beide Einflüsse klar zu trennen, bauen wir zunächst einen ganz bestimmten Stromkreis auf und ändern in ihm die Spannung U. Er enthält als wesentlichen Teil einen dünnen *Konstantandraht* (Legierung aus 58% Kupfer, 41% Nickel und 1% Mangan):

Versuch 83: Ein Konstantandraht der Länge $l = 0,75$ m mit 0,1 mm Durchmesser wird zwischen zwei Fußklemmen B und C ausgespannt und mit dicken Kupferdrähten[1]) über einen Strommesser (A) an Akkuzellen gelegt. Jede Zelle hat 2 V Spannung *(Abb. 214.1)*; zum Beispiel geben 4 hintereinandergeschaltete Zellen 8 V. *Tabelle 215.1* zeigt die Versuchsergebnisse, die man erhält, wenn man die Zahl der Zellen und damit die Spannung U ändert, den Draht aber beläßt.

---

[1]) Die dicken Kabel sind ohne Einfluß auf die Stromstärke; diese ändert sich nicht, wenn man ein langes Kabel gegen ein kurzes austauscht.

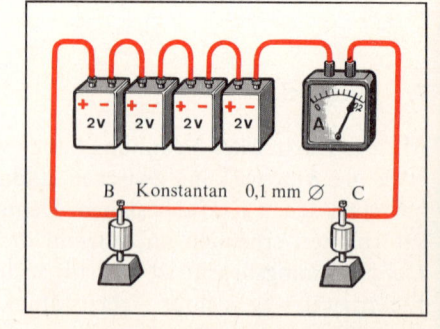

214.1 Zu Versuch 83; man erhöht die Spannung U durch Zufügen von Akkuzellen.

§ 68 Das Ohmsche Gesetz; der elektrische Widerstand 215

Tabelle 215.1

$l = 0{,}75$ m; $d = 0{,}1$ mm

U in V	I in A	U/I in V/A
0	0	—
2	0,04	50
4	0,08	50
6	0,12	50
8	0,16	50
10	0,20	50
50	1,0	50

Tabelle 215.2

$l = 1{,}5$ m; $d = 0{,}1$ mm

U in V	I in A	U/I in V/A
0	0	—
2	0,02	100
4	0,04	100
6	0,06	100
8	0,08	100
10	0,10	100
50	0,5	100

Tabelle 215.3

$l = 0{,}75$ m; $d = 0{,}2$ mm

U in V	I in A	U/I in V/A
0	0	—
2	0,16	12,5
4	0,32	12,5
6	0,48	12,5
8	0,64	12,5
10	0,80	12,5
50	4,0	12,5

Man erkennt bereits an *Tabelle 215.1*:

a) Bei n-facher Spannung U wird auch die Stromstärke I n-fach.
b) Hieraus folgt, daß der Quotient $U/I = nU/nI$ (in *Tabelle 215.1* 50 V/A) konstant, also von der Spannung U unabhängig, ist.
c) Wenn man in einem Schaubild I über U aufträgt (*Abb. 215.1*), so erhält man die sogenannte *I-U*-**Kennlinie**. Sie ist eine Gerade durch den Ursprung.

Diese drei Aussagen lauten zusammengefaßt:

Die Stromstärke I ist bei Konstantandrähten der Spannung U proportional ($I \sim U$). Genau dann, wenn bei einem Leiter Spannung U und Stromstärke I einander proportional sind ($I \sim U$; $U/I =$ konstant), sagt man, für diesen Leiter gelte das Ohmsche Gesetz.

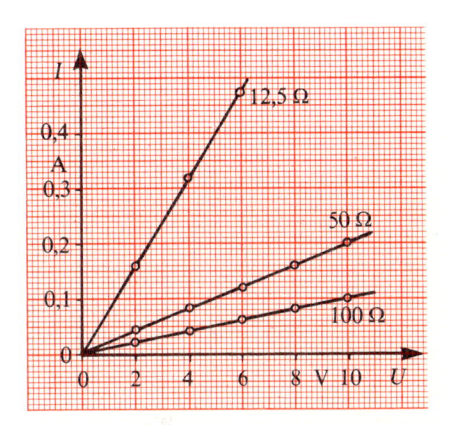

215.1 Die Schaubilder zu *Tabelle 215.1* bis *3* sind die sogenannten *I-U*-Kennlinien von Konstantandrähten. Es handelt sich um Ursprungsgeraden. Je steiler die Gerade, desto kleiner ist der Widerstand; bei gleicher Spannung wird der Strom I stärker.

Das **Ohmsche Gesetz** wurde vom Gymnasiallehrer *Georg Simon Ohm* um 1826 in Köln gefunden. Nach diesem Gesetz ist der Quotient U/I bei Konstantandrähten konstant (siehe b). Welche Bedeutung er hat, klären wir, indem wir den Leiter verändern:

2. Der Widerstand von Leitern verschiedener Ausdehnung

Versuch 84: Wir verdoppeln die Länge l des Konstantandrahts auf 1,5 m. Nach *Tabelle 215.2* sinkt die Stromstärke gegenüber Versuch 83 jeweils bei der gleichen Spannung auf die Hälfte (zum Beispiel bei 2 V von 0,04 A auf 0,02 A). Ein Elektron stößt bei seinem doppelt so langen Weg auf doppelt so viele Atome und wird doppelt so oft abgebremst wie bei der einfachen Drahtlänge; es erfährt den doppelten *Widerstand*. Wir können diese Stöße zwar nicht zählen; doch ist bei der gleichen Spannung U wegen der halben Stromstärke der Quotient U/I doppelt so groß (100 V/A statt 50 V/A). Man nennt ihn deshalb den **Widerstand** R des Drahtes. Wie Versuch 84 zeigt, ist dieser Widerstand $R = U/I$ der Drahtlänge l proportional.

Zwischen den Enden eines Leiters liege die Spannung U, die Stromstärke in ihm sei I. Dann definiert man als Widerstand des Leiters den Quotienten

$$R = \frac{U}{I}. \qquad (216.1)$$

Die Einheit des elektrischen Widerstands ist

$$1 \frac{\text{Volt}}{\text{Ampere}} = 1 \text{ Ohm (Abkürzung } \Omega, \text{ griechischer Buchstabe Omega}); 1 \text{ k}\Omega = 1000 \, \Omega. \qquad (216.2)$$

Die Maßzahl des Widerstands R gibt an, welche Spannung (in Volt) man braucht, damit Strom der Stärke 1 A fließt. Der Stromkreis nach *Tabelle 215.1* hat den Widerstand 50 V/A = 50 Ω: wenn man 50 V anlegt, fließt Strom der Stärke 1 A. Je kleiner die Stromstärke ist, die man bei einer bestimmten Spannung mißt, um so größer ist der Widerstand; in *Tabelle 215.2* beträgt er 100 V/A = 100 Ω. *Abb. 216.1* zeigt das Schaltsymbol für Widerstände, nämlich ein Rechteck.

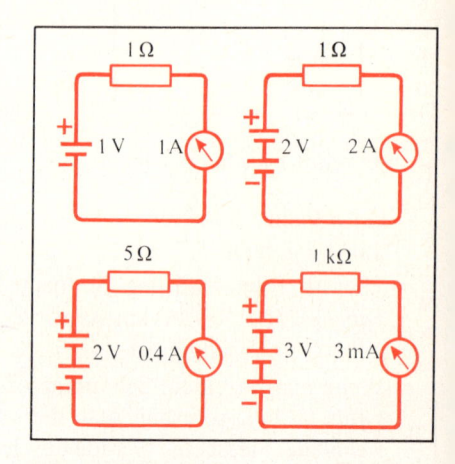

Versuch 85: Wir nehmen gegenüber Versuch 83 einen Draht vom doppelten Durchmesser d (0,2 mm statt 0,1 mm), aber gleicher Länge l. Nach *Tabelle 215.3* ist bei der gleichen Spannung die Stromstärke 4mal so groß (zum Beispiel bei 2 V beträgt sie 0,16 A statt 0,04 A). Der Widerstand $R = U/I$ sinkt also auf den 4. Teil, nämlich auf 12,5 V/A = 12,5 Ω. Um dies zu verstehen, denken wir uns 4 Drähte mit der Querschnittsfläche A parallelgelegt *(Abb. 216.2)*. Werden sie zu *einem* Draht verschmolzen, so hat dieser 4fache Querschnittsfläche, aber nur doppelten Durchmesser. Bei gleicher Spannung fließen in ihm durch einen Querschnitt in 1 s 4mal so viele Elektronen wie im Einzeldraht; der Widerstand $R = U/I$ sinkt auf $1/4$.

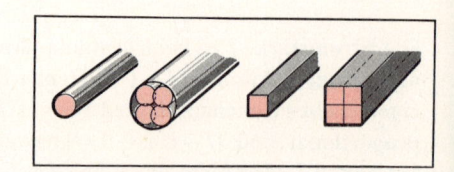

216.1 Prüfe Gleichung (216.1) durch Einsetzen der angegebenen Werte nach!

216.2 Ein Draht doppelten Durchmessers hat vierfache Querschnittsfläche A. Bei einem Kreis mit Radius r ist $A = 3,14 \, r^2$.

Der Widerstand $R = U/I$ eines Drahtes ist der Länge l und dem Kehrwert der Querschnittsfläche A proportional.

3. Die Temperaturabhängigkeit des Widerstands

Versuch 86: Der Widerstand eines Konstantandrahts bleibt konstant, wenn man diesen nach *Abb. 216.3* mit einer Flamme erhitzt. Erwärmt man dagegen eine Wendel aus Eisendraht, so sinkt die Stromstärke erheblich, obwohl die Spannung U konstant bleibt. Nach der Definitionsgleichung $R = U/I$ wächst also der Widerstand von Eisen mit der Temperatur. Dies gilt nach *Abb. 217.1* auch für die anderen reinen Metalle, nicht dagegen für die Legierung Konstantan.

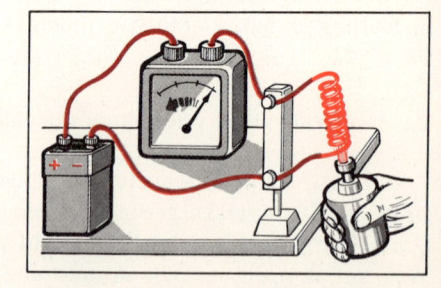

216.3 Die Stromstärke sinkt beim Erwärmen der Wendel aus Eisendraht. Besteht die Wendel aus Konstantandraht, so bleibt die Stromstärke auch bei starkem Erwärmen konstant.

§ 68 Das Ohmsche Gesetz; der elektrische Widerstand

Der Widerstand von Metallen nimmt im allgemeinen beim Erwärmen zu. Bei Konstantan bleibt er konstant.

Stellt man durch Versuche den Zusammenhang zwischen Widerstand und Temperatur fest, so kann man nachher aus dem gemessenen Widerstand auf die Temperatur schließen. Mit sogenannten **Widerstandsthermometern,** die nach diesem Prinzip arbeiten, mißt man auf elektrischem Wege Temperaturen an entfernten oder schwer zugänglichen Orten sowie bei großer Hitze (Motoren, Öfen).

Das *Ohmsche Gesetz* lautet $I \sim U$ oder $R = U/I =$ konstant. Es gilt aber strenggenommen nur bei konstanter Temperatur (es sei denn, man verwendet Konstantan). Nun erhöht sich nach *Abb. 217.1* der Widerstand von

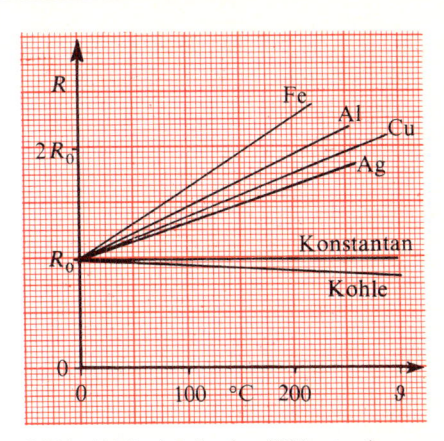

217.1 Abhängigkeit des Widerstands von der Temperatur

Kupfer beim Erwärmen um 1 K nur um ca. 0,4%. Wenn also die Stromstärke nicht zu groß ist und die entwickelte Wärme gut abfließen kann, so darf man im allgemeinen von der Widerstandsänderung absehen. Dann bekommen die aus der Definitionsgleichung $R = U/I$ für den Widerstand gebildeten Gleichungen $I = U/R$ und $U = I \cdot R$ große Bedeutung: Man kann mit ihnen Stromstärken bzw. Spannungen vorausberechnen, wenn man den konstanten Widerstand R kennt:

Bei kleinen Temperaturänderungen ist der Widerstand $R = U/I$ eines Leiters angenähert konstant. Kennt man R, so läßt sich die Stromstärke I bzw. die Spannung U berechnen nach

$$I = \frac{U}{R} \quad \text{bzw.} \quad U = I \cdot R. \tag{217.1}$$

a) Man legt zwischen die Enden eines Kupferdrahts (etwa einer Spule) die Spannung $U = 20$ V und mißt die Stromstärke $I = 0,04$ A. Sein Widerstand beträgt $R = U/I = 20$ V/0,04 A $= 500$ V/A $= 500$ Ω. Würde sich der Widerstand nach dem Einschalten merklich durch Erwärmen ändern, so ginge die Anzeige des Strommessers allmählich zurück. Da dies nicht der Fall ist, können wir die Stromstärke zum Beispiel bei $U = 12$ V berechnen zu

$$I = \frac{U}{R} = \frac{12 \text{ V}}{500 \text{ Ω}} = \frac{12 \text{ V}}{500 \text{ V/A}} = 0,024 \text{ A}.$$

b) Mit Gleichung (217.1) läßt sich aber auch die Spannung U berechnen: Damit im Kupferdraht mit 500 Ω Widerstand ein Strom der Stärke $I = 0,001$ A fließt, braucht man die Spannung

$$U = I \cdot R = 0,001 \text{ A} \cdot 500 \text{ Ω} = 0,001 \text{ A} \cdot 500 \text{ V/A} = 0,5 \text{ V}.$$

Dies führt zu einem einfachen Verfahren, Spannungen zu messen:

4. Spannungsmesser nach dem Ohmschen Gesetz

Wir können den Versuch 83 auch umkehren und zunächst am Strommesser die Stromstärke I ablesen. Das Diagramm in *Abb. 215.1* gibt sofort die angelegte Spannung an, wenn man den Widerstand kennt. So kann man mit einem Strommesser Spannungen ermitteln, insbesondere, wenn man ihm Widerstandsdrähte vorgeschaltet hat. Die Skala des Meßgeräts wird unmittelbar

218 Magnetismus und Elektrizitätslehre 1. Teil

in Volt geeicht. Auf Seite 223 werden wir genauer kennenlernen, wie man den Meßbereich ändert. Im Gegensatz zu Elektrometern oder zur Braunschen Röhre (Seite 209) fließt bei dieser Spannungsmessung ein merklicher Strom (etwa 1 mA; man wählt R groß, um ihn klein zu halten). Bei ergiebigen Stromquellen (Steckdose, Batterie usw.) stört 1 mA nicht, wohl aber, wenn man die Spannung eines geladenen Konduktors oder eines Bandgenerators messen wollte. Die vorhandene Ladung würde sofort abfließen und die zu messende Spannung zusammenbrechen lassen.

> **Die meisten Spannungsmesser bestehen aus einem Widerstand und einem Strommesser, der nach dem Ohmschen Gesetz umgeeicht wurde.**

Aufgaben:

1. *Wie groß ist der Widerstand eines Bügeleisens, das bei 220 V Spannung von einem Strom der Stärke 4 A durchflossen wird?*
2. *Welcher Strom fließt durch das Bügeleisen in Aufgabe 1, wenn die Spannung auf 200 V sinkt? — Bei welcher Spannung würde nur 1 A fließen (konstanter Widerstand vorausgesetzt)?*
3. *Manchmal bezeichnet man die Gleichung $I = U/R$ als Ohmsches Gesetz. Unter welcher Voraussetzung ist dies richtig?*
4. *Warum wäre es wenig sinnvoll, den Widerstand eines Stromkreises nur mit Hilfe der Stromstärke (etwa ihres maximal zulässigen Werts) zu beschreiben?*
5. *Ein Draht hat den Widerstand 100 Ω. Wie groß wird er, wenn man die Länge verdreifacht und die Querschnittsfläche verfünffacht?*

§ 69 Der spezifische Widerstand; technische Widerstände

1. Der spezifische Widerstand

Der Widerstand R eines Drahtes ist seiner Länge l und dem Kehrwert der Querschnittsfläche A proportional. Er hängt aber auch vom Material ab:

Versuch 87: Wir vergleichen die Widerstände eines Kupfer- und eines Konstantandrahts gleicher Länge l und gleicher Querschnittsfläche A. Im Kupferdraht ist bei der gleichen Spannung U die Stromstärke I 30fach; sein Widerstand $R = \dfrac{U}{I}$ beträgt also nur $1/30$ des Werts beim Konstantandraht. Wenn wir die Länge eines Drahts verfünffachen, so steigt sein Widerstand auf das 5fache. Wird zudem die Querschnittsfläche A verdoppelt, dann erhöht sich R nur auf das $5/2$fache. Der Widerstand R ist also dem Quotienten $\dfrac{l}{A}$ proportional: $R \sim \dfrac{l}{A}$. Somit ist der Quotient $\dfrac{R}{l/A}$ bei Drähten aus dem gleichen Material konstant; er wird mit dem Buchstaben ϱ (Rho) bezeichnet. Nach Versuch 87 hat diese Materialkonstante $\varrho = \dfrac{R}{l/A}$ bei Kupfer nur $1/30$ des Werts wie bei Kon-

§ 69 Der spezifische Widerstand; technische Widerstände 219

stantan. Man nennt sie den **spezifischen Widerstand** ϱ. *Tabelle 215.1* liegt ein Konstantandraht der Länge $l = 0,75$ m vom Radius $r = 0,05$ mm und damit vom Querschnitt $A = 3,14\, r^2 = 0,00785$ mm² zugrunde. Er hat den Widerstand $R = 50\, \Omega$. Daraus berechnet sich der spezifische Widerstand von Konstantan zu

$$\varrho = \frac{R \cdot A}{l} = \frac{50\, \Omega \cdot 0,00785\, \text{mm}^2}{0,75\, \text{m}} = 0,52 \frac{\Omega\, \text{mm}^2}{\text{m}}. \tag{219.1}$$

Wir lösen nach R auf und erhalten:

> Der Widerstand R eines Drahtes der Länge l und der Querschnittsfläche A aus einem Material mit dem spezifischen Widerstand ϱ ist
> $$R = \varrho \cdot \frac{l}{A}. \tag{219.2}$$

Setzt man $l = 1$ m und $A = 1$ mm², so sieht man, daß die Maßzahl des spezifischen Widerstandes ϱ den Widerstand R (in Ω) angibt, den ein Leiter aus dem betreffenden Material bei 1 m Länge und 1 mm² Querschnitt besitzt; bei Konstantan sind dies nach Gleichung (219.1) $0,52\, \Omega$. ϱ hat die Einheit $1 \frac{\Omega \cdot \text{mm}^2}{\text{m}}$.

Beispiel: Ein Kupferdraht hat die Länge $l = 4$ m und den Radius $r = 1$ mm, also die Querschnittsfläche $A = 3,14\, r^2 = 3,14$ mm². Nach *Tabelle 219.1* und Gleichung (219.2) beträgt sein Widerstand

$R = \varrho \cdot \frac{l}{A}$

$R = 0,017 \frac{\Omega\, \text{mm}^2}{\text{m}} \cdot \frac{4\, \text{m}}{3,14\, \text{mm}^2} = 0,022\, \Omega$.

Tabelle 219.1 Spezifische Widerstände bei 18 °C in $\frac{\Omega\, \text{mm}^2}{\text{m}}$

Silber	0,016	Quecksilber	0,958
Kupfer	0,017	Messing	0,08
Gold	0,023	Konstantan	um 0,5
Aluminium	0,028	Kohle	50 bis 100
Eisen	um 0,1	Akkusäure	um 13 000
Wolfram	0,05		

Solche kleinen Widerstände spielen im Stromkreis nach *Abb. 214.1* gegenüber dem Widerstand des Konstantandrahts von 50 Ω keine Rolle. Deshalb konnten wir dort den Widerstand der kupfernen Leitungsdrähte vernachlässigen. Würden wir solche Kupferdrähte aber *unmittelbar* zwischen die Pole einer starken Stromquelle mit der konstanten Spannung 220 V legen, so müßte ein Strom der Stärke $I = \frac{U}{R} = \frac{220\, \text{V}}{0,022\, \Omega} = \frac{220\, \text{V}}{0,022\, \text{V/A}} = 10000$ A fließen. Bei einem defekten Bügeleisenkabel tritt ein derartig starker Strom kurzzeitig auf, wenn sich die beiden Leitungsdrähte berühren *(Abb. 219.1)*. Bevor er die Leitungen gefährlich erhitzt, unterbricht er sich selbst, indem er den dünnen Draht in der Schmelzsicherung durchschmilzt. Man spricht von einem **Kurzschluß** (siehe Versuch 57 und 71).

2. Technische Widerstände

Nicht nur den Quotienten U/I nennt man *Widerstand*, sondern auch ein *Gerät*, das dem Strom „Widerstand entgegensetzt". Beim **Schiebewiderstand** nach *Abb. 220.1* ist ein Konstantandraht auf ein isolierendes Keramikrohr gewickelt. Eine Isolierschicht auf der Oberfläche des Drahtes verhindert, daß der Strom parallel zur Achse des Keramikrohrs durch die sich berührenden

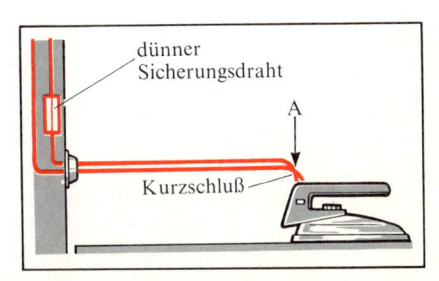

219.1 Bei einem Kurzschluß im Kabel schmilzt der Sicherungsdraht.

Drahtlagen fließt. Er muß jede Windung um das Rohr durchfließen. Oben kann ein *Schieber* verstellt werden; er hat längs seiner Bahn die Isolierschicht abgerieben und findet deshalb Kontakt mit dem Konstantandraht. Je weiter wir den Schieber in *Abb. 220.1* nach rechts rücken, um so länger wird der vom Strom durchflossene Teil des Drahtes (rot gezeichnet), um so größer der Widerstand im Stromkreis. Die Stromstärke sinkt, die Lampe wird dunkler. In Theatern und Lichtspielhäusern kann man durch solche Schiebewiderstände die Lampen langsam aufleuchten und erlöschen lassen. Häufig sind sie auch zum Drehen eingerichtet (*Lautstärkeregler* im Radio).

Die nicht regelbaren **Schichtwiderstände** in Radios, Fernsehern und Meßgeräten brauchen nur wenig Platz. Bei ihnen ist auf ein kleines Porzellanrohr eine dünne Kohle- oder Metallschicht aufgedampft. Früher druckte man den Wert des Widerstands auf die isolierende Lackschicht. Heute werden die Widerstandswerte durch einen Farbcode dargestellt, der aus vier farbigen Ringen besteht.

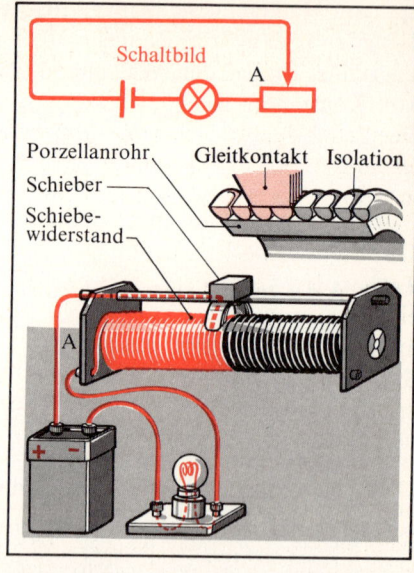

220.1 Schiebewiderstand ohne Schutzgitter. Oben Schaltskizze, darunter Ausschnitt, der zeigt, wie der Schieber Kontakt mit dem Konstantandraht bekommt.

3. Der Fernsprecher

Man hält ein Blatt Papier vor den Mund und spricht laut dagegen. Berührt man es mit den Fingerspitzen, so spürt man, wie es vibriert: Beim Sprechen entstehen schnelle Schwankungen des Luftdrucks; durch diese wird das Papier in Schwingungen versetzt, ebenso wie das Trommelfell im Ohr.

Soll das gesprochene Wort durch Leitungen elektrisch in die Ferne übertragen werden, müssen zunächst Luftschwingungen in Schwankungen der Stromstärke umgewandelt werden. Hierzu ersetzt man die oben angesprochene Papiermembran im sogenannten **Mikrofon** durch eine dünne Metall- oder Kohlemembran, hinter der in einem Kohleblock Kohlekörner locker liegen. Erzeugt die Schallwelle Überdruck, wird die Membran etwas nach rechts gebogen, die Kohlekörner werden stärker zusammengepreßt. Sie berühren sich dann an mehr Stellen und insgesamt mit größerer Querschnittsfläche als bei Normaldruck. Dadurch sinkt der Widerstand zwischen Membran und Kohleblock. In dem Stromkreis, in dem das Mikrofon liegt, liefert die Batterie B einen stärkeren Strom. Erzeugt die Schallwelle Unterdruck, wird die Membran etwas nach links gebogen, der Kontakt der Kohlekörner wird gelockert. Dabei steigt der Widerstand des Mikrofons, die Stromstärke sinkt. Die Teile des Kohlekörnermikrofons sind so leicht gebaut, daß sie Schalldruckschwankungen folgen.

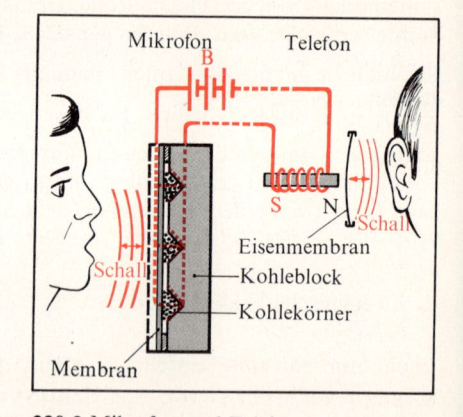

220.2 Mikrofon und Telefon

> **Im Stromkreis des Mikrofons rufen die Luftdruckschwankungen, welche beim Sprechen auftreten, Änderungen der elektrischen Stromstärke hervor.**

Der Schall breitet sich vom Sprechenden nach allen Seiten aus und ist deshalb auf große Entfernungen nicht mehr wahrzunehmen. Den elektrischen Strom dagegen kann man durch Drähte in ganz bestimmte Richtungen übertragen und sogar noch unterwegs verstärken.

Um nun die Schwankungen des Mikrofonstroms wieder hörbar zu machen, läßt man ihn im **Telefon** des Empfängers eine Spule durchfließen. In dieser befindet sich ein Dauermagnet, der eine Eisenmembran leicht anzieht. Diese magnetische Kraft wird durch das Magnetfeld des sich ändernden Stroms mehr oder weniger verstärkt. Die Membran schwingt demnach im Takt der Sprachschwingungen. Ihre raschen Bewegungen übertragen sich auf die Luft, die sie als Schall zum Ohr weiterleitet. Mikrofon und Telefon (im engeren Sinn) sind heute im Telefonhörer vereinigt. Unter dem Telefon im weiteren Sinn versteht man den ganzen Fernsprechapparat.

Die erste brauchbare Übertragung der menschlichen Sprache auf einer Leitung gelang 1861 dem Lehrer *Philipp Reis* (1834–1874). Der Schotte *Graham Bell* konstruierte 1876 in Amerika den Fernhörer mit permanentem Magneten, der auch als Geber diente. 1878 führten *Hughes* und *Edison* das Kohlekörnermikrofon ein. Beim modernen Selbstwählbetrieb wird die bekannte Nummernscheibe zum Beispiel um 3 Löcher gedreht. Beim Rücklauf gibt sie 3 Stromstöße in die Leitung zum Vermittleramt. Bei jedem Stromstoß zieht ein Elektromagnet seinen Anker einmal an und schiebt dadurch einen Kontakt mit Hilfe eines Zahnrads wie bei der elektrischen Uhr um einen Anschlußpunkt weiter. Durch mehrmalige sinnreiche Wiederholung wird so die Verbindung zum gewünschten Teilnehmer hergestellt.

Aufgaben:

1. *Welchen Widerstand muß ein Kupferdraht haben, damit bei einer Spannung von 220 V, die man zwischen seine Enden legt, ein Strom von $\frac{1}{2}$ A fließt? Wie lang ist der Draht, wenn er $\frac{1}{10}$ mm² Querschnitt hat?*
2. *Wie lang muß ein Draht von 1 mm² Querschnitt sein, damit er 1000 Ω Widerstand aufweist, wenn er a) aus Kupfer, b) aus Konstantan ist? — Welchen Durchmesser müßte man dem Kupferdraht geben, damit er bei der Länge des Konstantandrahtes noch 1000 Ω Widerstand behalten würde?*
3. *Eine 1 km lange Kupferleitung hat 10 Ω Widerstand. Sie soll durch eine gleich lange Aluminiumleitung von ebenfalls 10 Ω ersetzt werden. Vergleiche Durchmesser und Gewicht (siehe Tabelle auf Seite 219)!*
4. *Ein auf eine Spule gewickelter Kupferdraht hat einen Querschnitt von 0,002 mm². Legt man zwischen seine Enden 20 V, so fließt ein Strom von $\frac{1}{1000}$ A. Wie lang ist der Draht?*
5. *Der Wolframdraht einer Glühlampe hat 0,04 mm Durchmesser. Legt man an die Lampe 220 V, so fließen 0,2 A. Wie lang ist der Draht? (Spezifischer Widerstand im Betrieb 0,35 Ω mm²/m.)*
6. *Welche Spannung darf höchstens an einen Widerstand von 100 Ω gelegt werden, für den 0,1 A als maximale Stromstärke angegeben ist?*
7. *An einer Stelle des Stromkreises verdreifacht sich der Leitungsquerschnitt. Wie wirkt sich dies auf die Geschwindigkeit der Elektronen und wie auf die Ladung aus, die in 1 Sekunde durch einen Querschnitt fließt? Vergleiche mit einem Wasserstrom!*
8. *Zeige mit Gleichung (219.2), daß der Strom über den Querschnitt A gleichmäßig verteilt ist und nicht nur an der Oberfläche fließt! (Bedenke, daß die Oberfläche dem Durchmesser, der Querschnitt aber dem Quadrat des Durchmessers proportional ist!)*
9. *Die Batterie B in Abb. 220.2 hat links ihren Pluspol. Verstärkt also der Mikrofonstrom den Magnetismus des Stabmagneten im Telefonhörer? Wie verhält sich die Eisenmembran im Hörer, wenn die Kohlemembran im Mikrofon vom Schall nach rechts gedrückt wird?*

§ 70 Der verzweigte Stromkreis

1. Die Kirchhoffschen Gesetze

Im Haushalt haben alle elektrischen Geräte die gleiche Spannung (meist 220 V). Wenn man eines ausschaltet, bleiben die andern in Betrieb; denn jedes ist nach *Abb. 222.1* für sich an die beiden Leitungsdrähte, welche die Spannung U vom Elektrizitätswerk ins Haus führen, geschaltet. In *Abb. 222.2* sind diese beiden Leitungen in größerem Abstand voneinander gezeichnet und die Geräte als Widerstände R_1 und R_2 dazwischen gelegt; sie liegen *parallel* zueinander.

Versuch 88: Zwischen die beiden Zuleitungen in *Abb. 222.2* wird die konstante Spannung $U = 100$ V gelegt. Zunächst ist nur der Widerstand $R_1 = 10$ kΩ angeschlossen. Er wird vom Strom $I_1 = U/R_1 = 10$ mA durchflossen. Legt man den Widerstand $R_2 = 20$ kΩ parallel, so mißt man in diesem den Strom $I_2 = U/R_2 = 5$ mA. Der Strommesser in der unverzweigten Leitung zeigt als Gesamtstrom die Summe $I = 10$ mA $+ 5$ mA $= 15$ mA der beiden Zweigströme 10 mA und 5 mA an. Schaltet man noch mehr Widerstände parallel, so steigt der Gesamtstrom I weiter an; man öffnet dabei dem Strom weitere Wege. Dies ist etwa der Fall, wenn man im Haushalt immer mehr Geräte einschaltet. Der Elektrizitätszähler liegt in der unverzweigten Zuleitung und wird vom Gesamtstrom I durchflossen.

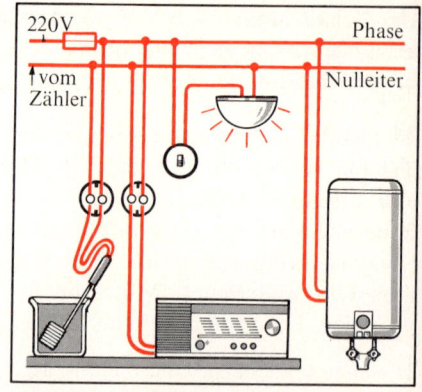

222.1 Parallelschaltung im Haushalt

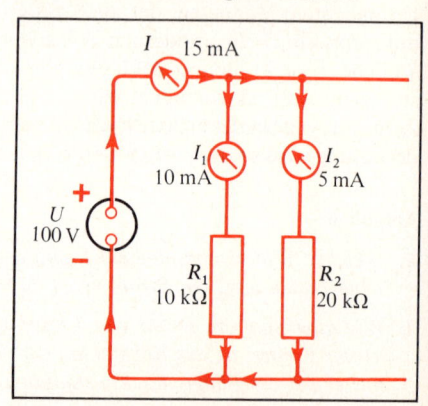

222.2 Parallelschaltung von R_1 und R_2

> **1. Kirchhoffsches Gesetz:** Bei einer Stromverzweigung ist der Gesamtstrom I im unverzweigten Teil gleich der Summe der Zweigströme I_1, I_2, I_3 usw.:
> $$I = I_1 + I_2 + I_3 + \ldots .\tag{222.1}$$

An parallelgeschalteten Widerständen liegt stets dieselbe Spannung (prüfe mit einem Spannungsmesser). Dividieren wir die Gleichungen für zwei Zweigströme, also $I_1 = U/R_1$ durch $I_2 = U/R_2$, so wird die gemeinsame Spannung U eliminiert, und wir erhalten damit ein weiteres Gesetz:

> **2. Kirchhoffsches Gesetz:**
> $$\frac{I_1}{I_2} = \frac{R_2}{R_1}.\tag{222.2}$$
> Bei einer Stromverzweigung (Parallelschaltung) verhalten sich die Zweigströme umgekehrt wie die Verzweigungswiderstände. An allen Verzweigungswiderständen liegt die gleiche Spannung.

Nach *Abb. 222.2* wird der doppelte Widerstand (20 kΩ) von Strom der halben Stärke (5 mA) durchflossen.

2. Ersatzwiderstand bei Parallelschaltung und Meßbereichserweiterung der Strommesser

Je mehr Widerstände parallel gelegt sind, um so größer ist der Leitungsquerschnitt, der dem Strom insgesamt zur Verfügung steht, „um so leichter hat es der Strom". So fließt in *Abb. 222.2* der Gesamtstrom $I = 15$ mA bei der Spannung $U = 100$ V. Ohne daß sich an diesen beiden Werten etwas ändert, kann man die parallel gelegten Widerstände durch *einen* ersetzen. Er muß den Betrag $R = \frac{U}{I} = \frac{100 \text{ V}}{15 \text{ mA}} = 6{,}67$ kΩ haben. Dieser *Ersatzwiderstand R* ist – wie zu erwarten – kleiner als der kleinste Einzelwiderstand (10 kΩ). Um ihn zu berechnen, bedenken wir, daß der Ersatzwiderstand R bei der Spannung U vom Gesamtstrom $I = U/R$ durchflossen werden muß, für den nach Gleichung 222.1 gilt: $I = I_1 + I_2 + \dots$. Setzen wir die Zweigströme $I_1 = U/R_1$, $I_2 = U/R_2$ usw. ein, so erhalten wir

$I = \frac{U}{R} = \frac{U}{R_1} + \frac{U}{R_2} + \dots$. Hieraus folgt:

$$\frac{1}{R} = \frac{1}{R_1} + \frac{1}{R_2} + \frac{1}{R_3} + \dots \quad (223.1)$$

Der Kehrwert $1/R$ des Ersatzwiderstands R einer Parallelschaltung ist die Summe der Kehrwerte der Einzelwiderstände $R_1, R_2, \dots$.

Schaltet man zum Beispiel 4 gleiche Widerstände von je 100 Ω parallel, so gilt für den Ersatzwiderstand R

$$\frac{1}{R} = \frac{1}{100\,\Omega} + \frac{1}{100\,\Omega} + \frac{1}{100\,\Omega} + \frac{1}{100\,\Omega} = \frac{4}{100\,\Omega}$$

oder $R = 100\ \Omega/4 = 25\ \Omega$. Der Ersatzwiderstand ist hier nur der 4. Teil eines Einzelwiderstands. Beim Parallelschalten von 4 gleichen Drähten vervierfacht sich ja die Querschnittsfläche.

Ein Drehspulmeßwerk *(Abb. 205.2)* habe 50 Ω Eigenwiderstand. Es zeige Ströme bis zu 2 mA an. Um etwa den Strom einer Glühlampe messen zu können, müssen wir den Meßbereich von 2 mA auf $I = 200$ mA erweitern. Durch das Meßwerk selbst darf aber nur der Strom $I_1 = 2$ mA fließen. Deshalb muß der Rest, nämlich $I_2 = 198$ mA, über einen ins Instrument eingebauten Parallelwiderstand R_x seitlich vorbeigeleitet werden *(Abb. 223.1)*. Nach dem 2. Kirchhoffschen Gesetz gilt für diese Stromverzweigung

$$\frac{R_x}{R_1} = \frac{R_x}{50\,\Omega} = \frac{I_1}{I_2} = \frac{2\text{ mA}}{198\text{ mA}}$$

oder $\quad R_x = \frac{100\,\Omega}{198} \approx 0{,}5\,\Omega.$

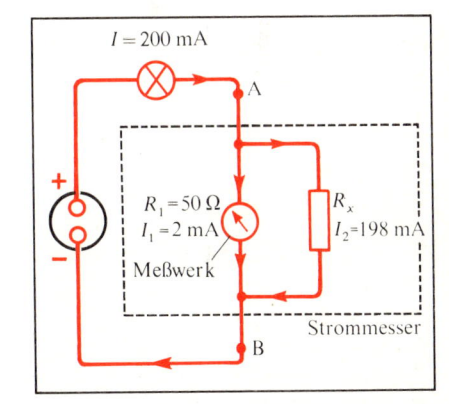

223.1 Das schwarz gestrichelte Rechteck stellt den Strommesser dar, die Punkte A und B seine Anschlüsse. Er mißt die Stromstärke 200 mA in der Glühlampe.

Man schaltet also den Widerstand $\frac{100\,\Omega}{198}$ parallel zum Meßwerk mit 50 Ω. Das Instrument verhält sich dann wie *ein* Widerstand R, für den gilt

$$\frac{1}{R} = \frac{1}{50\,\Omega} + \frac{198}{100\,\Omega} = \frac{1}{50\,\Omega} + \frac{99}{50\,\Omega} = \frac{100}{50\,\Omega} \quad \text{oder} \quad R = \frac{50\,\Omega}{100} = 0{,}5\,\Omega.$$

Wenn man also den Meßbereich von 2 mA auf 200 mA verhundertfacht, so sinkt der Widerstand des ganzen Meßgeräts von 50 Ω auf 0,5 Ω, das heißt auf $\frac{1}{100}$. Schaltet man einen derartig kleinen Widerstand in einem Stromkreis mit wesentlich größeren Widerständen in Reihe (hintereinander), so verändert sich die zu messende Stromstärke kaum.

Man erweitert den Meßbereich eines Strommessers durch Parallelschalten kleiner Widerstände, die im Gerät eingebaut sind. Dabei sinkt der Ersatzwiderstand des Strommessers erheblich ab.

Aufgaben:

1. *Wie groß muß ein Parallelwiderstand sein, damit beim Instrument nach Abb. 223.1 der Bereich auf 1 A erweitert wird? Wie groß ist dann der Ersatzwiderstand des Strommessers?*

2. *Ein Meßwerk hat 100 Ω Eigenwiderstand und zeigt bei 1 mA Vollausschlag an. Wie ist zu verfahren, damit der Meßbereich auf 5 A erweitert wird? Gib in einer Schaltskizze an, wie das Instrument anzuschließen ist, um die Stromstärke der Glühlampe nach Abb. 223.1 zu messen!*

3. *Eine Glühlampe für 220 V hat den Widerstand 660 Ω. Wie viele Lampen kann man höchstens parallelschalten, damit die Stromstärke den Wert 6 A nicht überschreitet? (Grenze durch Sicherung gegeben.) Wie groß müßte ein Widerstand sein, der diese Lampen ersetzen könnte, ohne daß sich die Stromstärke ändert? Wie lautet das Ergebnis, wenn die Höchststromstärke 12 A beträgt?*

4. *Vögel sitzen mit beiden Füßen auf einer Starkstromleitung. Warum zweigt sich kein für sie merklicher Strom von der Leitung ab und fließt vom einen Fuß durch den Körper zum anderen? Was geschieht jedoch, wenn sie die andere Leitung berühren oder ihr bei hohen Spannungen zu nahe kommen?*

5. *Drei Widerstände von 5 Ω, 10 Ω und 20 Ω sind parallelgeschaltet und an 10 V gelegt. a) Wie groß ist der Gesamtstrom? b) Wie groß wäre ein Ersatzwiderstand für die Anordnung? c) Wie würde sich ein Strom von 2 A auf die drei Widerstände verteilen? (Rechne erst die Spannung aus!)*

§ 71 Der unverzweigte Stromkreis

1. Ersatzwiderstand und Teilspannungen

Versuch 89: Wir legen den Widerstand $R_1 = 10\,\Omega$ an die Spannung $U = 10$ V; es fließt der Strom $I = U/R_1 = 1$ A. Nun schalten wir noch die 2 weiteren Widerstände $R_2 = 20\,\Omega$ und $R_3 = 70\,\Omega$ nach *Abb. 225.1* in Reihe (hintereinander). Der Strom hat es jetzt „schwerer", jedes Elektron wird durch mehr Zusammenstöße abgebremst. Wir messen, daß die Stromstärke auf $I = 0{,}1$ A sinkt. Sie ist in jedem Teilwiderstand gleich groß; Ladung geht unterwegs nicht verloren. Dies sahen wir bereits auf Seite 197 und können es durch weitere Strommesser nachprüfen.

Beim Hintereinanderschalten ist die Stromstärke in jedem Teilwiderstand gleich groß.

Man kann nun die 3 hintereinandergelegten Widerstände durch 1 Widerstand ersetzen, ohne daß sich an Spannung und Stromstärke etwas ändert. Dieser Ersatzwiderstand muß den Wert

$R = \dfrac{U}{I} = \dfrac{10\text{ V}}{0{,}1\text{ A}} = 100\,\Omega$ haben. Er ist gleich der Summe $10\,\Omega + 20\,\Omega + 70\,\Omega$ der 3 hintereinandergelegten Einzelwiderstände.

> **Der Ersatzwiderstand R einer Reihenschaltung ist gleich der Summe der hintereinandergelegten Teilwiderstände $R_1, R_2, R_3, \ldots$**
> $$R = R_1 + R_2 + R_3 + \ldots \quad (225.1)$$

Versuch 90: Wir wollen nun versuchen, die Gleichung $U = I \cdot R$ von Seite 217 auf jeden der 3 Einzelwiderstände in *Abb.* 225.1 anzuwenden. Zum Beispiel muß der Strom $I = 0{,}1$ A durch den Teilwiderstand $R_1 = 10\,\Omega$ fließen. Hierzu braucht man die Spannung

$$U_1 = I \cdot R_1 = 0{,}1\text{ A} \cdot 10\,\Omega = 1\text{ V}.$$

Für den Teilwiderstand $R_2 = 20\,\Omega$ ist die Spannung $U_2 = 2$ V nötig; für $R_3 = 70\,\Omega$ braucht man $U_3 = 7$ V. Wir erkennen sofort, daß die Summe $U_1 + U_2 + U_3$ dieser 3 Teilspannungen gerade die von der Stromquelle gelieferte Spannung $U = 10$ V gibt. Diese Spannung 10 V wurde von uns zwischen die Endpunkte A und D der Hintereinanderschaltung gelegt. Sie teilte sich — wie Spannungsmesser nach *Abb.* 225.2 zeigen — in die berechneten Teilspannungen zwischen den Enden der Teilwiderstände auf.

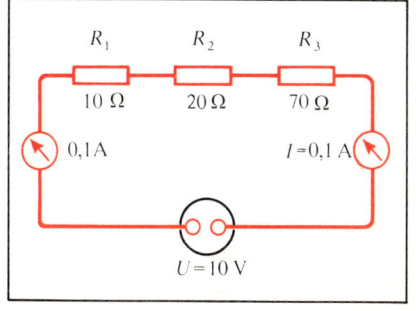

225.1 Reihenschaltung von R_1, R_2 und R_3

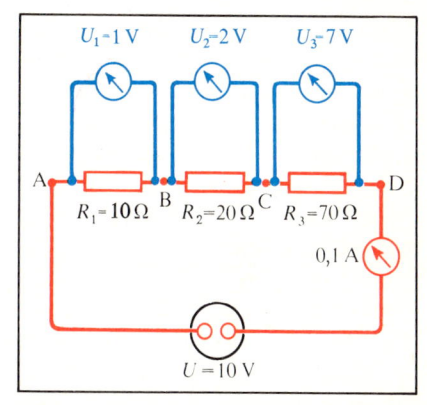

> **Beim Hintereinanderschalten bildet sich zwischen den Enden eines jeden Teilwiderstandes R_i eine Teilspannung U_i nach dem Gesetz $U_i = I \cdot R_i$ aus.**
> **Die Summe der Teilspannungen ist gleich der angelegten Gesamtspannung U:**
> $$U = U_1 + U_2 + U_3 + \ldots = I \cdot R_1 + I \cdot R_2 + I \cdot R_3 + \ldots$$
> $$= I \cdot (R_1 + R_2 + R_3 + \ldots) = I \cdot R.$$

Für die Stromstärke I gilt:
$$I = \dfrac{U_1}{R_1} = \dfrac{U_2}{R_2} = \ldots = \dfrac{U_n}{R_n}. \text{ Hieraus folgt}$$

225.2 Zwischen den Enden der Teilwiderstände werden die Teilspannungen U_1, U_2 und U_3 gemessen. Die Spannungsmesser sind blau gezeichnet und werden nur von einem sehr schwachen Strom (etwa 1 mA) durchflossen (Seite 217). Man kann deshalb von den Strömen absehen, die durch die Spannungsmesser fließen.

$$\dfrac{U_1}{U_2} = \dfrac{R_1}{R_2}; \quad \dfrac{U_1}{U_3} = \dfrac{R_1}{R_3} \quad \text{usw.} \quad (225.1)$$

> **Beim Hintereinanderschalten von Widerständen verhalten sich die Teilspannungen wie die Teilwiderstände.**

Dicke Zuleitungskabel zu einer Lampe haben im allgemeinen so kleine Widerstände, daß in ihnen kaum Spannung abfällt; die ganze Spannung liegt am dünnen Glühfaden.

2. Vorwiderstand; Spannungsmesser

Versuch 91: Man kann ein kleines Lämpchen für 4 V und 0,2 A auch an einer 220 V-Steckdose betreiben, wenn man einen geeigneten Vorwiderstand R_1 vorschaltet *(Abb. 226.1)*. Er muß die Spannung $U_1 = 216$ V vom Lämpchen fernhalten; sie fällt an ihm ab, und er wird ebenfalls von $I = 0,2$ A durchflossen. Deshalb gilt

$$R_1 = \frac{U_1}{I} = \frac{216 \text{ V}}{0,2 \text{ A}} = 1080 \, \Omega.$$

Das Lämpchen selbst hat im Betrieb den Widerstand $R_2 = 4$ V/0,2 A $= 20 \, \Omega$; also ist der Gesamtwiderstand 1100 Ω. Er läßt tatsächlich den gewünschten Strom $I = U/R = 220$ V/1100 $\Omega = 0,2$ A fließen. Am Vorwiderstand beziehungsweise am Lämpchen messen wir die Spannungen 216 V bzw. 4 V. Dabei kommt es auf die Reihenfolge der Widerstände nicht an. Wenn zum Beispiel das Lämpchen unmittelbar am Minuspol liegt, so braucht man nicht zu befürchten, daß sich die Elektronen aus ihm ungehindert in den Glühdraht stürzen und erst im nachfolgenden Widerstand gebremst werden. Denn Lampendrähte, Leitungen und Widerstände sind von vornherein mit Elektronen gefüllt. Wenn wir die Spannungsquelle anschließen, so baut diese im ganzen Kreis ein elektrisches Feld auf. Dieses Feld setzt alle Elektronen fast gleichzeitig in Bewegung. Der Vorwiderstand könnte also auch ein „Nachwiderstand" sein.

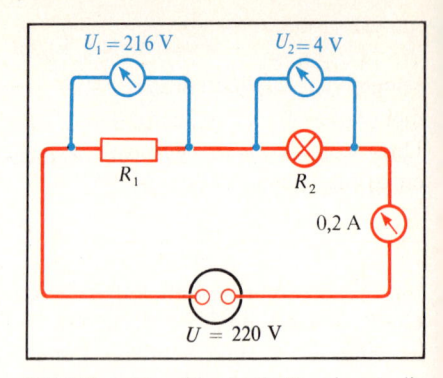

226.1 Der Vorwiderstand R_1 nimmt die Teilspannung 216 V auf und schützt das Lämpchen.

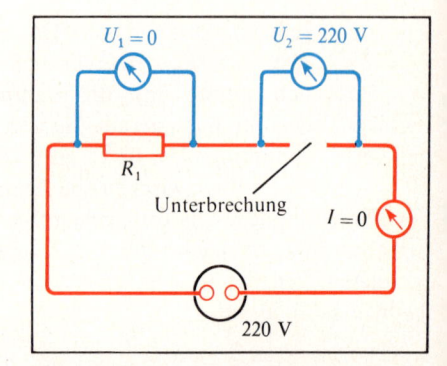

226.2 An der Unterbrechungsstelle des Stromkreises fällt die ganze Spannung ab.

Versuch 92: Wenn man das Lämpchen aus der Fassung dreht, ist der Vorwiderstand stromfrei, die Teilspannung an ihm Null. Die ganze Spannung 220 V (Vorsicht!) liegt nun an der Fassung (vergleiche *Abb. 226.1* und *226.2*). – Öffnet man entsprechend einen *Lichtschalter*, so liegt zwischen seinen Kontakten die volle Spannung, da an der stromlosen Lampe keine Spannung abfällt. Man darf diese Kontakte also keinesfalls berühren!

Wir sahen auf Seite 217, daß man mit Strommessern auch Spannung messen kann, wenn man die Instrumente mit der Gleichung $U = I \cdot R$ umeicht. Um dies genauer zu betrachten, gehen wir von einem Meßwerk aus, das 50 Ω Eigenwiderstand hat und bei 2 mA Vollausschlag zeigt (Seite 223). Dann liegt zwischen seinen Klemmen die Spannung $U_1 = I \cdot R_1 = 0,1$ V. Vollausschlag bedeutet also neben 2 mA auch 0,1 V (der halbe Ausschlag sowohl 1 mA wie auch 0,05 V). Wir wollen den Meßbereich auf 10 V erweitern. Dann liegen 9,9 V zuviel am Instrument. Wir halten sie durch den Vorwiderstand $R_V = 9,9$ V/2 mA $= 4950 \, \Omega$ vom Meßwerk fern *(Abb. 226.3)*. Der Widerstand des ganzen Span-

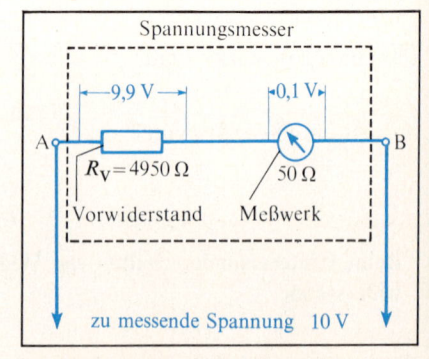

226.3 Der Meßbereich wird von 0,1 V auf 10 V erweitert. A und B sind die Anschlüsse.

nungsmessers wird also von 50 Ω auf 5000 Ω vergrößert. Zur Probe stellen wir fest, daß jetzt die Spannung $U = 10$ V den Strom 10 V/5000 Ω = 0,002 A, das heißt Vollausschlag, erzeugt. Solche Vorwiderstände zur Spannungsmessung sind zusammen mit den der Strommessung dienenden Nebenwiderständen (Seite 223) in Meßgeräte eingebaut und werden durch einen Umschalter vor das Meßwerk beziehungsweise parallel dazu gelegt. Am Umschalter wird der eingestellte Meßbereich (in V bzw. A) angegeben (siehe *Abb. 205.1*).

Man erweitert den Meßbereich eines Spannungsmessers durch Vorschalten großer Widerstände, die im Gerät eingebaut sind. Dabei steigt der Ersatzwiderstand des Spannungsmessers.

---

3. Spannungsteilerschaltung

Versuch 93: Wir wollen nun zeigen, daß sich auch längs eines homogenen (überall gleich beschaffenen) Drahts Teilspannungen ausbilden. Hierzu schließen wir nach *Abb. 227.1* eine Spannungsquelle mit 2 V an die Enden A und B eines dünnen Drahts, der zwischen 2 Klemmen gespannt ist. Der eine Anschluß eines Spannungsmessers liegt fest an B, der andere (S) gleitet längs des Drahts von A nach B. Wir messen also die Spannung U_2 zwischen S und B. Wie das Diagramm zeigt, fällt sie gleichmäßig von 2 V auf Null ab, wenn der Gleitkontakt S nach rechts verschoben wird. Denn das Stück SB ist ein der abgegriffenen Länge SB proportionaler Widerstand R_2. Er wird von einem Strom I durchflossen, der von der Stellung des Gleitkontakts S unabhängig ist (den schwachen Strom durch den Spannungsmesser kann man vernachlässigen). Also findet man eine der Länge SB proportionale Teilspannung $U_2 = R_2 \cdot I$. Diese wird Null, wenn man den Abgriff S an das Ende B heranführt. Für diese sogenannte **Potentiometerschaltung** benutzt man meist Schiebe- oder Drehwiderstände.

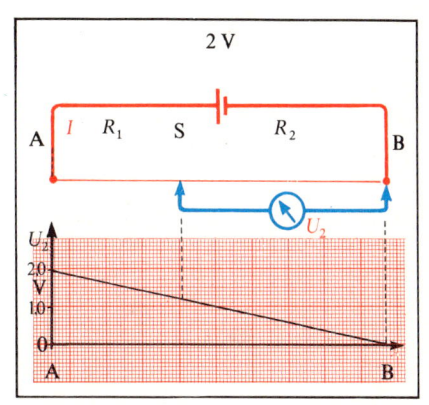

227.1 Spannungsverlauf längs eines stromdurchflossenen Leiters

---

Längs eines homogenen, stromdurchflossenen Leiters fällt die angelegte Spannung gegen eines der Enden proportional zur Länge ab. Mit Potentiometerschaltungen kann man eine Spannung beliebig unterteilen.

---

4. Die Klemmenspannung

Versuch 94: Wir legen einen starken Heizofen ans Netz; die Glühlampen in der Wohnung leuchten etwas dunkler. Man könnte nun glauben, der Heizofen „entziehe" den Lampen Strom. Doch widerspricht diese Vorstellung der Gleichung $I = U/R$. Nach ihr ist die Stromstärke I_1 in den Lampen nur durch die an ihren Anschlußklemmen liegende **Klemmenspannung** U_{K1} und ihren Widerstand R_1 nach $I_1 = U_{K1}/R_1$ bestimmt. Schalten wir den Heizofen mit dem Widerstand R_2 parallel, so liefert das Elektrizitätswerk *zusätzlich* den Strom $I_2 = U_{K1}/R_2$. Wenn dabei der Lampenstrom I_1 kleiner wird, so kann dies nur von einem Absinken der Klemmenspannung U_{K1} herrühren. Man braucht nämlich bereits längs der Leitung vom Widerstand R_L zwischen E-Werk und Verbraucher die Spannung $U_L = I \cdot R_L$, um den Strom I durch R_L zu „treiben".

Wenn zum Beispiel bei einer Stromentnahme von $I = 10$ A die Klemmenspannung von 220 V auf 218 V sinkt, so beträgt der Spannungsverlust U_L in der Zuleitung 2 V; diese hat also den Widerstand $R_L = U_L/I$ = 2 V/10 A = 0,2 Ω. Die Klemmenspannung U_{Kl} ist um den Betrag $U_L = I \cdot R_L$ kleiner als die vom E-Werk erzeugte **Urspannung** U_0. Es gilt

$$U_{Kl} = U_0 - I \cdot R_L.\tag{228.1}$$

Aus dieser Gleichung folgt: Nur wenn kein Strom entnommen wird ($I=0$), ist $U_{Kl} = U_0$. Die Klemmenspannung U_{Kl} sinkt um so mehr ab, je stärker der Strom I und je größer der Leitungswiderstand R_L ist. Für starke Ströme braucht man deshalb Leitungen mit großem Querschnitt.

Auch an Taschenlampenbatterien sinkt die Klemmenspannung U_{Kl} ab, wenn der Strom I fließt. Die Ursache ist der Spannungsverlust $I \cdot R_i$ am sogenannten Innenwiderstand R_i. Der Strom muß ja im Inneren verschiedene Widerstände durchfließen *(Abb. 212.2)*.

Bei Parallelschaltungen haben alle Zweige die gleiche Spannung; die Stromstärken addieren sich. Beim Hintereinanderschalten sind dagegen die Ströme gleich und die Gesamtspannung teilt sich in Teilspannungen auf. Beide Fälle muß man streng auseinanderhalten. Ferner müssen wir uns merken, daß man Strommesser **in** den Stromkreis legt; sie müssen ja vom zu messenden Strom durchflossen werden *(Abb. 223.1)*. Dabei ist es günstig, daß beim Erweitern des Meßbereichs ihr Widerstand erheblich absinkt, so daß er meist vernachlässigt werden kann. Spannungsmesser legt man dagegen **parallel** zum Gerät, an dem die Spannung bestimmt werden soll. Da ihr Widerstand beim Erweitern des Meßbereichs erheblich steigt, werden sie nur von einem schwachen Strom durchflossen, den man meist vernachlässigen kann.

Aufgaben:

1. *Christbaumkerzen für je 11 V und 0,3 A sollen aus der 220 V-Steckdose gespeist werden. Wieviele kann man hintereinanderschalten? Leuchten alle gleich hell?*

2. *Eine Lampe für 12 V und 3 A soll an der 220 V-Steckdose betrieben werden. Wie groß muß der Vorwiderstand sein? – Man tauscht sie dann gegen eine 12 V-Lampe, die nur 0,6 A braucht, aus. Welchen Vorwiderstand braucht man jetzt?*

3. *Eine Bogenlampe braucht 55 V und 5 A. Wie kann man sie an der 220 V-Steckdose betreiben?*

4. *Wie erweitert man den Meßbereich des Spannungsmessers in Abb. 226.3 auf 100 V, wie auf 500 V? Zeige, daß der Vorwiderstand die überschüssige Spannung vom Meßwerk fernhält! Wie groß ist jeweils der Widerstand des Spannungsmessers?*

5. *In der Anordnung nach Abb. 225.1 wird noch ein Widerstand von 100 Ω in Reihe geschaltet. Ist für ihn noch Spannung vorhanden? Wie ändern sich die Teilspannungen an den 3 bisherigen Widerständen?*

6. *Prüfe die Werte für U_1 und U_2 in Abb. 228.1 rechnerisch nach!*

7. *Dem Spannungsmesser in Abb. 228.1 und damit dem Widerstand R_1 wird ein Widerstand $R_3 = 110$ Ω parallel gelegt. Wie groß ist der Ersatzwiderstand für die Parallelschaltung aus R_1 und R_3 (Seite 223)? Was zeigt jetzt der Strommesser? Welche Werte nehmen die Teilspannungen U_1 und U_2 an? Hier handelt es sich um ein sogenanntes belastetes Potentiometer. Wie ändert sich U_1, wenn man zu R_1 noch 9 weitere, gleiche Widerstände parallel legt?*

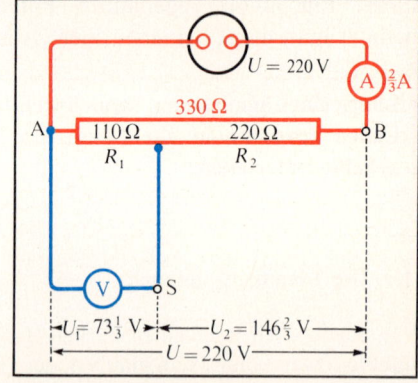

228.1 Zu Aufgabe 6 und 7. Der Strommesser ist mit A (Ampere), der Spannungsmesser mit V (Volt) gekennzeichnet.

§ 72 Gefahren des Stroms

Im sogenannten *Elektrokardiogramm* werden elektrische Ströme, die mit der Herztätigkeit zusammenhängen, aufgezeichnet. Man leitet sie mit Elektroden, die an Armen und Beinen angebracht werden, nach außen, registriert und untersucht ihren Verlauf. Alle Muskel-, Nerven- und Gehirntätigkeiten sind von schwachen elektrischen Strömen begleitet, die wir nicht wahrnehmen. Wenn aber von außen stärkere Ströme durch den Körper geleitet werden, so stören sie diese Tätigkeiten und werden wahrgenommen. Sie können schon bei geringer Stärke gefährlich sein, wenn sie lebenswichtige Zellen durchfließen: Ströme über 25 mA lähmen Atmung und Herztätigkeit, wenn sie durch die Brust fließen. Wechselströme über 6 mA und Gleichströme über 40 mA ziehen die Muskeln so stark zusammen, daß man von der angefaßten Leitung nicht mehr loskommt und dem Strom machtlos ausgesetzt ist. Die Spannungen geriebener Kämme, elektrostatisch aufgeladener Kleider oder auch eines Bandgenerators sind zwar hoch; doch brechen sie sofort zusammen, wenn ein Funke überschlägt, wenn also Strom fließt. Deshalb besteht hier keine Gefahr.

Heimtückischerweise kann man schon dann einen *elektrischen Schlag* erhalten, wenn man nur *einen* blanken Leiter oder *einen* Pol der Steckdose berührt. Wie der folgende, nicht ungefährliche Versuch zeigt, kann hierbei Strom fließen:

Versuch 95: Der Lehrer legt die Lampe nach *Abb. 229.1* mit einem Draht an die Wasserleitung. Sie leuchtet nicht auf, wenn ihr zweiter Anschluß mit dem einen (hier dem linken) Steckdosenpol verbunden wird. Dieser Pol liegt am sogenannten **Null-Leiter**, der nach *Abb. 229.2* beim E-Werk wie auch in den Häusern „geerdet", das heißt mit der Wasserleitung oder einem langen, im Grundwasser versenkten Metallband verbunden ist. Zwischen dem Null-Leiter und der Erde besteht also keine Spannung. Am anderen (hier dem rechten) Steckdosenpol leuchtet die Lampe; dieser Pol ist an die sogenannte **Phasenleitung** (kurz „Phase" genannt) angeschlossen. Diese bekommt vom E-Werk gegen den Null-Leiter und damit gegen die Erde und alle mit ihr leitend verbundenen Gegenstände Spannung **(Vorsicht!).** Das Wort Phase wird später bei der Erzeugung von Wechselstrom und in der Schwingungslehre erläutert.

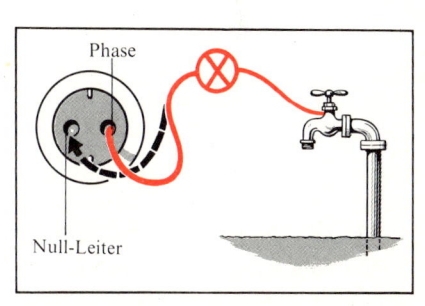

229.1 Zu Versuch 95 (Gefahr, wenn die Wasserleitung Kunststoffröhren enthält!)

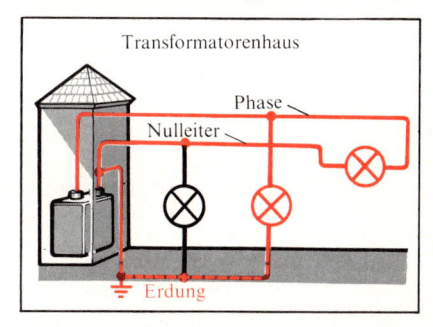

229.2 Der Null-Leiter ist geerdet; die „Phase" hat Spannung gegen „Erde".

> **Die Phasenleitung hat Spannung gegen Erde, nicht aber der Null-Leiter.**

Versuch 96: Die **Polsuchlampe** nach *Abb. 230.2* leuchtet nur an der Phasenleitung; von ihr fließt ein sehr schwacher Strom über den Hochohmwiderstand (1 MΩ) und den Finger zur Erde. Am Null-Leiter bleibt die Glimmlampe dunkel. — In *Abb. 230.1* erhält die zweite Person von rechts einen elektrischen Schlag, weil sie die Phase berührt und gleichzeitig auf der Erde steht. Durch solche **Erdschlüsse** werden die meisten elektrischen Unfälle verursacht. Sie sind besonders gefährlich, wenn man auf feuchtem Erdreich (zum Beispiel im Garten mit einem defekten Rasenmäher) oder barfuß bzw. mit feuchten Schuhen auf Steinboden steht (zum Beispiel mit einer defekten Tischlampe in der Hand auf der Veranda). Ein Erdschluß ist meist tödlich, wenn man in der Badewanne ein defektes Gerät, zum Beispiel einen Fön, berührt. Falls nämlich die Haut feucht ist, sinkt der Widerstand des Körpers auf etwa 100 Ω. Dann rufen schon kleine Spannungen gefährliche Ströme hervor (siehe Seite 229). Bei trockener Haut kann der Widerstand des Körpers bis zu 0,5 MΩ ansteigen. – Beim Experimentieren arbeite man also immer mit trockenen Händen und berühre nie eine elektrische Anlage mit beiden Händen, sonst könnte der Strom durch das Herz fließen. Vor allem vermeide man es, Kontakt mit Wasser- und Gasleitungen zu bekommen. Bevor man in eine Schaltung greift, nehme man stets die Spannung weg.

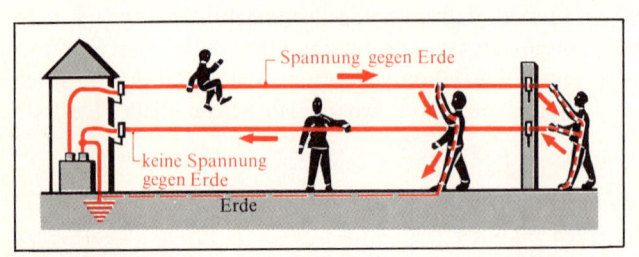

230.1 Welche der vier Personen wird von Strom durchflossen? Wie fließt er jeweils?

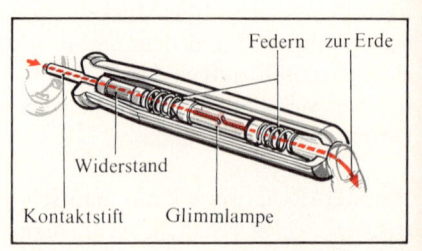

230.2 Die Glimmlampe des Leitungsprüfers leuchtet an der Phasenleitung auf.

Heute werden elektrische Geräte mit Metallgehäuse (Fön, Bügeleisen, elektrische Küchen- und Waschmaschinen) gegen diese gefährlichen Erdschlüsse gesichert. Hierzu verbindet man ihr Metallgehäuse nach *Abb. 230.3* über den dort schwarz-rot gestrichelten Schutzleiter und die beiden Schutzkontakte in der Schutzkontakt-Steckdose mit dem Null-Leiter. Der Schutzleiter wird als 3. Draht (rot oder grün und gelb) zunächst im Anschlußkabel verlegt. Weiter ist er in der Hausinstallation als 3. Kabel bis zum Zähler geführt und dort mit dem Null-Leiter verbunden. Wenn nun die Phasenleitung infolge schadhafter Isolation das Metallgehäuse von innen berührt (roter Pfeil in *Abb. 230.3*), so ist der Stromkreis mit geringem Widerstand zur Erde geschlossen. Wegen der sehr großen Stromstärke trennt die in der Phasenleitung liegende Sicherung das Gerät vom Netz. Sonst würde Strom über die Hand zur Erde fließen (hellrot gestrichelt).

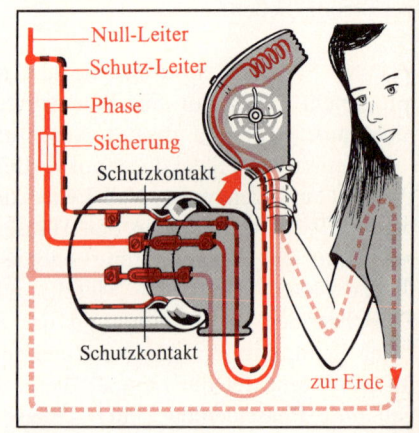

230.3 Die Phasenleitung ist dunkelrot, der Null-Leiter hellrot gezeichnet. Der Strom fließt am Isolationsfehler von der Phase über Gehäuse, Schutzleiter (rot-schwarz) und den Schutzkontakt zum Null-Leiter beim Zähler.

Elektrorasierer und viele Küchenmaschinen haben heute gut isolierende Kunststoffgehäuse; bei ihnen sind Schutzleiter entbehrlich. Man darf sie aber nicht mehr benutzen, wenn das Gehäuse defekt ist.

Bei elektrischen Bahnen fließt der Strom durch die Oberleitung zu und durch die Schienen zurück. Dabei besteht zwischen Schiene und Erde fast keine Spannung; wenn man die Schienen berührt, wird man nicht elektrisiert, obwohl sie stromdurchflossen sind; Widerstand und Spannungsabfall sind klein. Große Gefahr besteht dagegen, wenn die Schienen unterbrochen werden!

§ 73 Elektrische Arbeit und Leistung

Wenn wir eine Lampe ans Netz legen, so fließen ihr aus dem Minuspol Elektronen zu. Am Pluspol kehren sie aber wieder ins Netz zurück. Der Verbraucher entnimmt ihm also keine Ladung, sondern auf bequeme Weise Energie, die sich in Wärme, Licht oder mechanische Arbeit umsetzt. Ein Maß für die Arbeitsfähigkeit von Ladung ist die Spannung, welche wir auf Seite 208 durch die Gleichung $U=W/Q$ definiert haben. Mit $I=Q/t$ folgt:

$$W = U \cdot Q = U \cdot I \cdot t. \qquad (231.1)$$

Die elektrische Arbeit W ist das Produkt aus Spannung U, Stromstärke I und Zeit t. Ihre Einheit ist 1 Joule.

Auf elektrischen Geräten ist die Leistung P angegeben. Darunter versteht man den Quotienten

$$P = \frac{W}{t} = \frac{U \cdot I \cdot t}{t} = U \cdot I.$$

Die elektrische Leistung P ist das Produkt aus Spannung U und Stromstärke I:

$$P = U \cdot I. \qquad (231.2)$$

Da $1\,\text{V} = 1\,\text{J/C}$ (Seite 208) und $1\,\text{A} = 1\,\text{C/s}$ (Seite 198), so folgt aus Gleichung (231.2) für die Einheit der Leistung $1\,\text{V} \cdot 1\,\text{A} = 1\,\text{J/s} = 1\,\text{Watt}$ (1 W). Größere Leistungseinheiten sind

$$1\,\text{kW} = 10^3\,\text{W} \quad \text{und} \quad 1\,\text{MW} = 10^6\,\text{W}.$$

Tabelle 231.1 Leistungsaufnahme von Geräten (ungefähre Werte)

Taschenlampe	1 W	Bügeleisen	500 W
Elektrischer Rasierapparat	10 W	Kochplatten	1 500 W
Kraftwagenscheinwerfer	35 W	Elektrischer Ofen	1...10 kW
Glühlampen im Zimmer	15...200 W	Straßenbahn	100 kW
Heizkissen	60 W	Elektrische Lokomotiven	5 000 kW
Fön	500 W	Empfindliches elektrisches Meßgerät	10^{-14} W

Auf keinen Fall darf man die Einheit 1 kW mit 1 kWh (Kilowattstunde) verwechseln. 1 kWh ist als Produkt einer Leistungseinheit (1 kW) und der Zeiteinheit 1 h nach Gleichung (231.1) eine Arbeits- oder Energieeinheit.

Gebräuchliche elektrische Arbeits- und Energieeinheit:

$$1\,\text{kWh} = 3\,600\,000\,\text{Ws} = 3\,600\,000\,\text{J}.$$

Ein Heizofen von 1 kW Leistung entnimmt in 1 h die elektrische Arbeit 1 kWh, ein Ofen von $\frac{1}{2}$ kW erst in 2 h, ein Ofen von 2 kW bereits in $\frac{1}{2}$ h, eine Glühlampe von 25 Watt in 40 h.

1 kWh braucht man zur Herstellung von etwa 1 kg Edelstahl, 3 kg Reinstkupfer durch Elektrolyse, 45 g Aluminium, 300 g Karbid, 50 g Perlon, 10 kg Mehl beim Mahlen oder zum Herstellen von 10 000 Zigaretten.

Elektrische Energie kann man nicht wie Leuchtgas billig speichern. Man muß sie im gleichen Augenblick verwenden, in dem sie erzeugt wird. Da nachts das Angebot überwiegt, wird der Preis für 1 kWh um etwa 50 % gesenkt, sofern man einen besonderen Zähler mit Uhr besitzt. In elektrischen Heizanlagen erhitzt man mit billigem **Nachtstrom** große Kacheln, die tagsüber die gespeicherte Wärme abgeben.

Für die im Haushalt entnommene elektrische Energie erhält man eine sogenannte Stromrechnung. Dieses Wort ist irreführend; denn es wird nicht die Stromstärke, sondern die Zahl der dem Netz entnommenen Kilowattstunden nach der Gleichung $W = U \cdot I \cdot t$ in Rechnung gestellt.

Allerdings ist die Spannung U im Netz nahezu konstant. Der Energieverbrauch ist also im wesentlichen durch die Stromstärke I und die Zeit t, in der Strom fließt, bestimmt. Zum Zähler siehe Aufgabe 4!

Versuch 97: Eine Glühlampe für 220 V mit etwa 15 W Leistung wird nach Gleichung (231.2) vom Strom $I = P/U = 0{,}07$ A durchflossen. Sie hat den Widerstand $R_1 = 220$ V$/0{,}07$ A $= 3140\,\Omega$. Diese Lampe schalten wir in Reihe mit einem Lämpchen für 4 V und ebenfalls 0,07 A vom Widerstand $R_2 = 57\,\Omega$ an die Spannung 220 V. Der Widerstand steigt auf $R \approx 3200\,\Omega$, die Stromstärke sinkt kaum ab ($I = 220$ V$/3200\,\Omega = 0{,}069$ A). Obwohl beide Lampen vom gleichen Strom durchflossen sind, entwickelt die große viel mehr Wärme; denn an ihr fällt die Spannung $U_1 = I \cdot R_1 = 216$ V ab, am Lämpchen nur $U_2 = I \cdot R_2 = 4$ V. Die elektrischen Leistungen betragen

$$P_1 = U_1 \cdot I = I^2 \cdot R_1 \quad \text{und} \quad P_2 = U_2 \cdot I = I^2 \cdot R_2.$$

Da die Stromstärke I gleich ist, erhält man durch Division dieser beiden Gleichungen:

$$\frac{P_1}{P_2} = \frac{R_1}{R_2}. \qquad (232.1)$$

In hintereinandergeschalteten Widerständen verhalten sich die Wärmeleistungen wie diese Widerstände.

Dies erklärt, warum dünne Drähte mit hohem Widerstand in Lampen und Schmelzsicherungen heiß werden, während die vom gleichen Strom durchflossenen dicken Zuleitungen kalt bleiben. Wir sehen wiederum, daß der Strom in hintereinandergeschalteten Widerständen dort am meisten leistet, wo die Spannung am stärksten abfällt. Auch in einem Fluß hat das Wasser beim größten Gefälle die größte Leistungsfähigkeit. Dort bekommt es viel Bewegungsenergie.

Ganz anders liegen die Verhältnisse bei Parallelschaltung; dort kommt allen Geräten die gleiche Spannung U zu; die Stromstärken in ihnen betragen $I_1 = U/R_1$ und $I_2 = U/R_2$. Für die Leistungen gilt: $P_1 = U \cdot I_1 = U^2/R_1$ und $P_2 = U \cdot I_2 = U^2/R_2$. Hieraus folgt:

$$\frac{P_1}{P_1} = \frac{R_2}{R_2}. \qquad (232.2)$$

Bei Parallelschaltung verhalten sich die Leistungen umgekehrt wie die Widerstände.

Eine 15 W-Lampe hat deshalb einen viel dünneren und längeren Draht als eine 100 W-Lampe oder gar ein 2 kW-Heizofen (jeweils für die gleiche Spannung).

Aufgaben:

1. *Ein Heizofen für 220 V wird von 2 A durchflossen. Berechne die Leistung! Welche Wärme erzeugt er in einer Stunde?*

2. *Ein Tauchsieder hat bei 110 V eine Leistungsaufnahme von 600 W. Berechne Stromstärke und Widerstand! Wie lange muß er im Betrieb sein, um 2 l Wasser von 20 °C auf 80 °C zu erwärmen?*

3. *Ein Bügeleisen für 110 V entnimmt der Leitung 4 A. Berechne seinen Widerstand! Wie groß ist die Leistung? Welche Wärme entsteht in 3 h? Vergleiche mit Aufgabe 1!*

4. *An das Bügeleisen in Aufgabe 3 legt man 220 V an. Wie groß werden dann Stromstärke und Leistung, wenn der Widerstand gleich bleibt? — Weshalb gilt die an einem Gerät angegebene Leistung nur, wenn man die beigedruckte Spannung anlegt?*

5. *Man schaltet 3 Geräte, deren Widerstände sich wie 1:2:3 verhalten, parallel, das heißt man legt sie an die gleiche Spannung. Wie verhalten sich die Leistungen in ihnen? Vergleiche die Widerstände einer 15 W- und einer 150 W-Lampe bei gleicher Spannung (220 V)!*

6. *Der Glühfaden einer Lampe wird heiß, die vom gleichen Strom durchflossenen Leitungsdrähte bleiben kalt. Warum?*

7. *Zwei Widerstandsspiralen von je 80 Ω können in einem Heizgerät nach Abb. 233.1 geschaltet werden. Gib an, welche Schaltung „schwach", welche „mittel" und welche „stark" ergibt. Wie verhalten sich die Leistungen?*

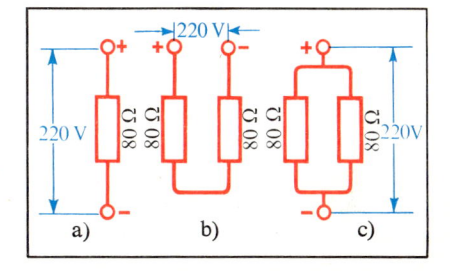

233.1 Zu Aufgabe 7; man erhält mit 2 Widerständen 3 verschiedene Wärmestufen.

8. *Die Netzspannung wird von 110 V auf 220 V umgestellt. Wie sind die Vorwiderstände zu wählen, wenn man die alten Geräte weiterbenützen will (bei gleicher Leistung)? Warum ist dieses Verfahren unwirtschaftlich? Wie groß sind die Verluste in den Vorwiderständen?*

9. *Die Netzspannung wird von 110 V auf 220 V umgestellt. Wie sind die Stromstärken aller Geräte zu ändern, damit sie gleiche Leistung abgeben? Welche Widerstandsänderung ist in den Heizapparaten vorzunehmen? Welche Vorteile bringt die Umstellung für die Spannungs- und Leistungsverluste in der Zuleitung vom E-Werk? (Berücksichtige die Stromstärke und den Spannungsverlust in der Leitung!)*

10. *Darf man einen Heizlüfter für 220 V, 2 kW anschließen, wenn die Wohnungssicherung nur bis 6 A belastet werden kann? — Wie lang ist der Heizdraht ($\varrho = 0{,}42\ \Omega\ \text{mm}^2/\text{m}$) bei $0{,}4\ \text{mm}^2$ Querschnitt?*

11. *Zwei Lampen (220 V, 15 W und 220 V, 100 W) werden hintereinander an 220 V angeschlossen. Wie stark ist der Strom? Warum leuchtet die 15 W-Lampe fast normal, die andere gar nicht? (Vergleiche die Leistungen jetzt und bei Normalbetrieb! Der Widerstand des Glühfadens soll von der Temperatur unabhängig sein!)*

12. *Jemand schaltet zwei alte 110 V-Lampen (die eine für 15 W, die andere für 75 W) hintereinander an 220 V. Warum brennt eine durch? Welche ist es?*

13. *Eine Lampe von 60 W ist täglich 4 h in Betrieb. Wieviel kWh werden in 365 Tagen verbraucht? Was kostet dies bei 12 Dpf/kWh?*

14. *Das Rad im Zähler dreht sich laut Aufschrift beim Verbrauch von 1 kWh 2400mal. Fließt schwacher Strom, so dreht es sich langsam; dann dauert es lange, bis 1 kWh verbraucht ist. Berechne die Leistung eines Radioapparates, wenn sich das Rad bei seinem Betrieb in 5 min 16mal dreht! — Bestimme mit Deinem Zähler zu Hause die Leistungen anderer Geräte! Was ist hierbei zu beachten?*

15. *Zu einem Vollbad braucht man 150 l Wasser von 40 °C, zu einem Duschbad 45 l von 40 °C. Was kostet dies bei 12 Dpf/kWh, wenn das Leitungswasser 14 °C hat?*

16. *Ein Kompressorkühlschrank (100 l Inhalt) hat im Betrieb eine Leistung von 120 W. In 30 Tagen verbraucht er 20 kWh. Wieviel % der Zeit ist er durch seinen thermischen Regler eingeschaltet?*

§ 74 Die elektromagnetische Induktion

1. Energieumwandlungen

Oersted entdeckte 1820, daß der elektrische Strom ein Magnetfeld erzeugt (Seite 200). Der Stromkreis ist also selbst ein Magnet und kann auf andere Magnete Kräfte ausüben. Man benutzt diese Kräfte in Elektromagneten, Meßinstrumenten, elektrischen Klingeln und Motoren. Dabei wird elektrische Energie in mechanische umgewandelt. Die heutige Elektrotechnik mit ihren vielfältigen Anwendungen konnte erst entstehen, als es umgekehrt gelang, mechanische Energie, wie sie in Wasser-, Dampf- und Atomkraftwerken verfügbar ist, in elektrische Energie umzuwandeln. Diese Umwandlung zeigte erstmals 1831 der englische Physiker *M. Faraday*.

Versuch 98: Man führt nach *Abb. 234.1* den roten Leiter im ruhenden Magnetfeld (blaue Feldlinien) von unten nach oben. Der angeschlossene empfindliche Spannungsmesser zeigt, daß Spannung induziert wird (inducere, lateinisch; einführen). Diese Induktionsspannung ist Null, wenn der Leiter zur Ruhe kommt oder parallel zu den magnetischen Feldlinien gleitet. — Die Spannung ändert ihre Polarität, wenn man den Leiter im Feld nach unten statt nach oben bewegt; in beiden Fällen „schneidet" er Feldlinien:

> **1. Grundversuch zur Induktion:** Wenn ein Leiter magnetische Feldlinien „schneidet", so wird in ihm Spannung induziert.

Versuch 99: Man dreht nach *Abb. 234.2* eine Spule, von der nur 1 Windung gezeichnet ist, um ihre waagerechte Achse im Magnetfeld. Der Spannungsmesser zeigt eine Spannung wechselnder Richtung, also Wechselspannung an. Dabei bewegt sich das rechte Drahtstück nach unten, das linke nach oben. Die in ihnen induzierten Spannungen sind hintereinandergeschaltet und addieren sich. Von den mitrotierenden Schleifringen (weiß) wird die induzierte Spannung durch zwei feststehende *Kohlebürsten* (schwarz) abgenommen. Jeweils nach $\frac{1}{2}$ Umdrehung *(Abb. 234.3)* bewegt sich das bisher nach unten gleitende Leiterstück nach oben und umgekehrt; die Polung wechselt. Um technischen Wechselstrom mit der Frequenz 50 Hz (Hertz) zu erzeugen,

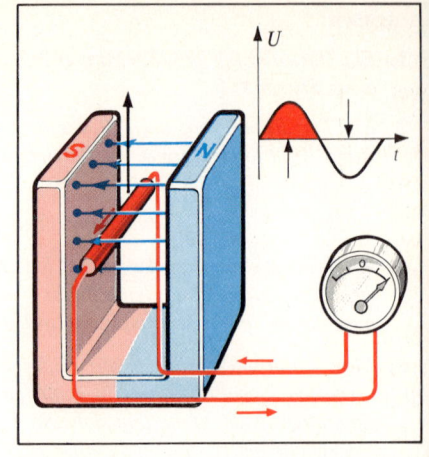

234.1 Erster Grundversuch zur Induktion

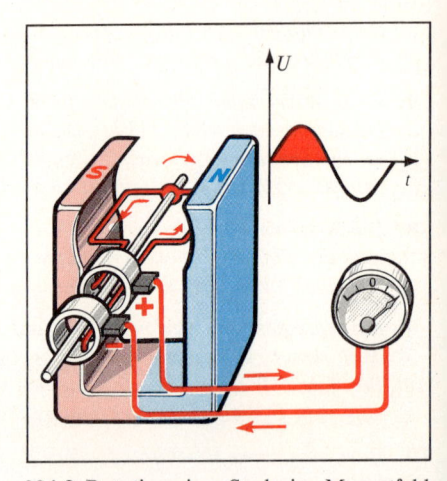

234.2 Rotation einer Spule im Magnetfeld

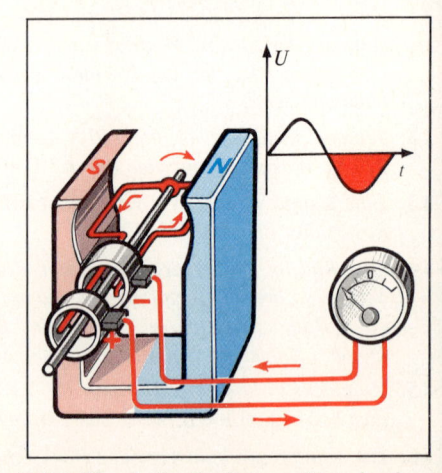

234.3 Eine halbe Drehung später als oben

muß die Leiterschleife 50 Umdrehungen in 1 s ausführen. Die Elektronen ändern dabei 100mal ihre Bewegungsrichtung.

Versuch 100: Man ersetzt die beiden Schleifringe durch zwei Halbringe, die wir bereits vom Motor *(Abb. 206.1)* her kennen. Sobald die Ebene der rot gezeichneten Windung vertikal steht, kehrt sich die Stromrichtung um. Da sich dann für einen Augenblick die Leiterstücke parallel zu den Feldlinien bewegen, ist die Spannung Null und am Kommutator werden die Anschlüsse zum äußeren Stromkreis umgepolt. Während in der rotierenden Spule nach wie vor Wechselstrom fließt, finden wir im äußeren Kreis wegen der zweimaligen Umpolung einen Gleichstrom. (Sowohl die Stromrichtung in der Spule wie auch deren Anschlüsse an den äußeren Kreis ändern sich.) Dieser Gleichstrom ist aber nicht konstant; er pulsiert zwischen Null und einem Höchstwert *(Abb. 235.1* oben). — In *Abb. 235.2* sind drei Windungen gegeneinander versetzt; sie geben ihre Spannungen an den 6fach unterteilten Kommutator. Bei 1 Umdrehung entstehen 6 Spannungsmaxima; die Bürsten nehmen eine Gleichspannung ab, die nur noch in geringem Maße schwankt *(Abb. 235.2* oben).

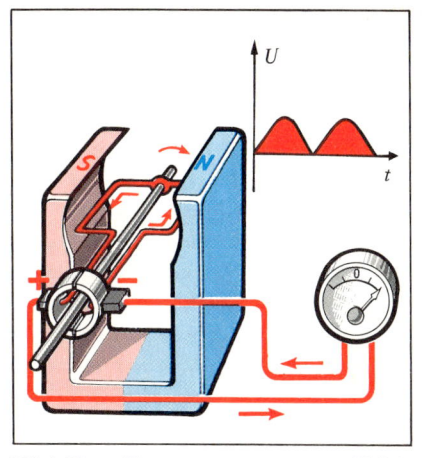

235.1 Der Kommutator erzeugt Gleichstrom.

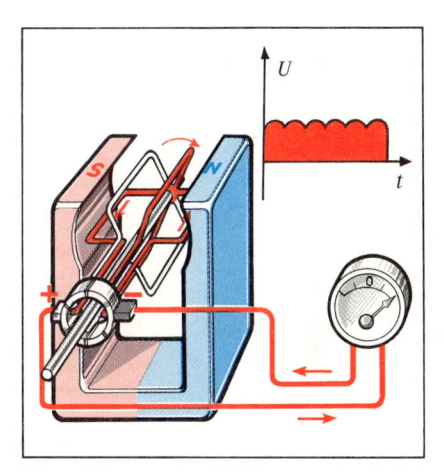

> **In einer Spule wird Wechselspannung induziert, wenn sie zwischen den Polen eines Magneten rotiert. Durch einen Kommutator kann diese Spannung für den äußeren Kreis gleichgerichtet werden.**

235.2 Glättung des Gleichstroms durch drei gegeneinander versetzte Leiterschleifen

2. Der 2. Grundversuch zur Induktion

Versuch 101: Man kann auch auf andere Weise Induktionsspannung erzeugen: Nach *Abb. 235.3* bleibt die Spule in Ruhe. Ein Magnet wird schnell in sie eingeführt und dadurch das Feld in der Spule verstärkt. Ein angeschlossener Spannungsmesser schlägt kurzzeitig aus. Wenn der Magnet in Ruhe, sein Feld in der Spule also konstant ist, wird keine Spannung induziert. Die Polarität der Spannung ändert sich, wenn man den Magneten herauszieht und damit das Feld in der Spule abnehmen läßt. Ist der Magnet stark, so genügt es, ihn der Spule zu nähern oder zu entfernen:

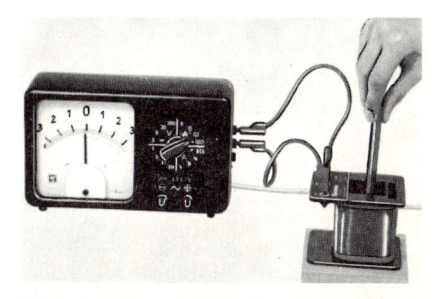

Versuch 102: Nach *Abb. 236.1* rotiert ein starker Magnet, der an einer verdrillten Schnur hängt, dicht über dem Eisenkern der Induktionsspule (rot). Das Magnet-

235.3 Zu Versuch 101: Spannung wird in einer Spule immer dann induziert, wenn sich das Magnetfeld in ihr ändert, gleichgültig, ob man den Magneten oder die Spule bewegt.

feld in ihr ändert ständig Stärke und Richtung, und das angeschlossene Instrument zeigt Wechselspannung. Da die Spule ruht, braucht man die Spannung nicht mehr durch Schleifringe abzunehmen. Nach diesem Prinzip arbeitet die **Fahrradlichtmaschine**. Bei ihr rotiert ein vierpoliger Magnet zwischen den am Gehäuse befestigten Induktionsspulen. Im Gegensatz zu den bisher besprochenen Maschinen befinden sich die Pole innen und rotieren. Solche **Innenpolmaschinen** findet man auch in großen Elektrizitätswerken (bis $P = 2 \cdot 10^9$ W). Sie erzeugen Wechselspannungen bis zu 20 kV und Ströme bis 100000 A. Im Innern rotieren starke Elektromagnete, die durch Gleichstrom gespeist werden.

Versuch 103: Man kann auch Spannung induzieren, ohne Spule oder Magnet zu bewegen. In *Abb. 236.2* wird links in der Feldspule ein Magnetfeld beim Betätigen des Tasters auf- und abgebaut. Dieses Feld verläuft im Eisenkern und durchsetzt auch die rechte Induktionsspule. Immer wenn es sich ändert, entsteht eine hohe Induktionsspannung.

---
2. Grundversuch zur Induktion: Ändert sich das Magnetfeld in einer Spule, so wird in ihr Spannung induziert.

Der **Generator** ist als wichtige Anwendung zu nennen. Auch der **Transformator** (Trafo) arbeitet nach dem Prinzip des 2. Grundversuchs: Man legt an die Feldspule mit n_1 Windungen *(Abb. 236.2)*, *Primärspule* genannt, die Wechselspannung U_1. Das sich ständig ändernde Magnetfeld im Eisenkern induziert in der rechten *Sekundärspule* mit n_2 Windungen die Wechselspannung U_2. Messungen zeigen, daß gilt:

$$\frac{U_2}{U_1} = \frac{n_2}{n_1}. \qquad (236.1)$$

Diese Gleichung werden wir später auch theoretisch begründen. Durch Ändern des Verhältnisses n_2/n_1 der Windungszahlen kann man die Spannung erhöhen oder erniedrigen.

Die **Zündanlage** im Auto wird durch Versuch 103 erklärt: Nach *Abb. 236.3* durchfließt der Batteriestrom die dick gezeichnete, untere Wicklung der Zündspule. Diesen Strom unterbricht der vom Motor angetriebene „Unterbrecher" immer dann, wenn an der Zündkerze ein Funke überspringen soll. Das sich dabei schnell ändernde Magnetfeld induziert kurzzeitig in den vielen, dünn gezeichneten Windungen der Zündspule eine Spannung von etwa 15 kV.

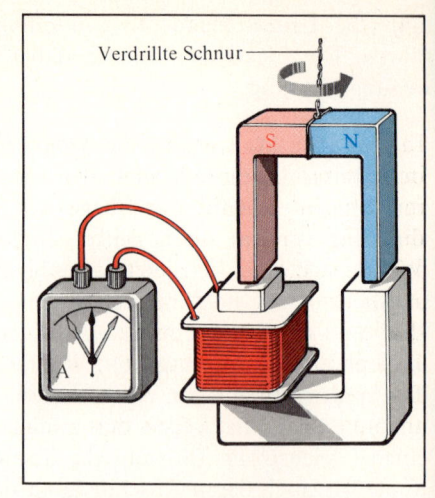

236.1 Prinzip der Fahrradlichtmaschine

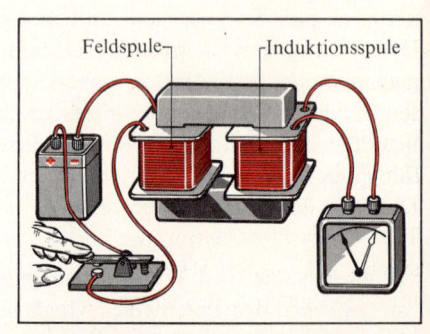

236.2 Induktionswirkung beim Ein- und Ausschalten des Magnetisierungsstroms in der Feldspule

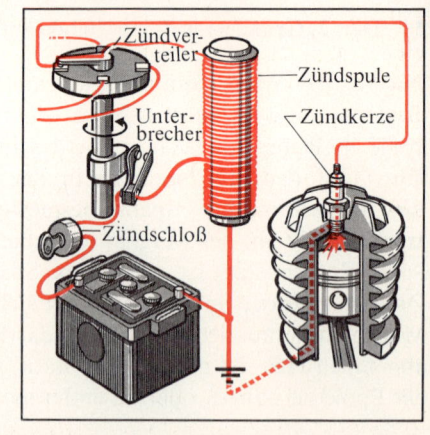

236.3 Autozündanlage. An den Zündverteiler sind die Zündkerzen der vier Zylinder angeschlossen. Nur einer ist gezeichnet. Welche Aufgabe hat der Verteiler?

§ 75 Halbleiter

In der Elektrizitätslehre spielen Elektronen als Ladungsträger eine wichtige Rolle. Von **Elektronik** im engeren Sinn spricht man aber erst dann, wenn man die Elektrizitätsleitung durch Elektronen im Vakuum, in Gasen und im *Kristallgitter* der sogenannten **Halbleiter** betrachtet. Die Röhrendiode und die Braunsche Röhre des Oszillographen (§ 63) gehören zum Beispiel zur Elektronik. Weitere Geräte sollen jetzt untersucht werden. Dabei beschränken wir uns auf die sogenannten *Halbleiterbauelemente*, da die früher in der Elektronik weit verbreiteten Röhren (z. B. Röhrendioden) viel von ihrer praktischen Bedeutung verloren haben. Sie werden heute fast nur noch als Bildröhren in Fernsehgeräten verwendet und arbeiten nach dem Prinzip der Braunschen Röhre. Bevor wir uns mit den Anwendungen der Halbleiterbauelemente befassen, sollen zunächst die theoretischen Grundlagen in vereinfachten Modellen erläutert werden.

1. Aufbau des Halbleiterkristalls

Die Elektrotechnik arbeitet einerseits mit möglichst guten Leitern, zum Beispiel mit reinem Kupfer. Andererseits braucht sie sehr gute Isolatoren. Seit etwa 30 Jahren benutzt man in steigendem Maße Stoffe, deren Leitfähigkeit weder dem einen noch dem anderen entspricht. Diese **Halbleiter** haben besondere Eigenschaften, die in Transistorradios, Computern usw. eine wichtige Rolle spielen. Wir untersuchen ihre Eigenschaften an den chemischen Elementen Silizium (Si) und Germanium (Ge). Dabei gehen wir stets von den reinsten Kristallen aus. In ihnen ist jedes Atom von 4 Nachbarn umgeben *(Abb. 237.1)*, denn es besitzt wie das Kohlenstoffatom 4 äußere Elektronen. Jedes entfernt sich ein wenig von seinem Atom und hält sich bevorzugt in der Mitte zu einem der vier Nachbaratome auf. Da auch jedes dieser Nachbaratome ein Elektron liefert, halten sich in diesem Bereich jeweils 2 Elektronen auf. Die Atomrümpfe bleiben positiv geladen zurück und werden durch die negative Ladung der dazwischen liegenden Elektronen zusammengehalten; man nennt diese daher **Bindungselektronen.**

Zur Vereinfachung denken wir uns das Kristallgitter in die Zeichenebene gepreßt *(Abb. 237.2)*. Wieder muß jeder Atomrumpf (+) von 4 Nachbarn umgeben sein, die durch die dazwischen liegenden Bindungselektronen (=) zusammengehalten werden. Wir vereinfachen schließlich noch weiter und denken uns eine geradlinige Kette herausgeschnitten (in *Abb. 237.2* gestrichelt gezeichnet) und in *Abb. 238.1* für sich allein eingetragen.

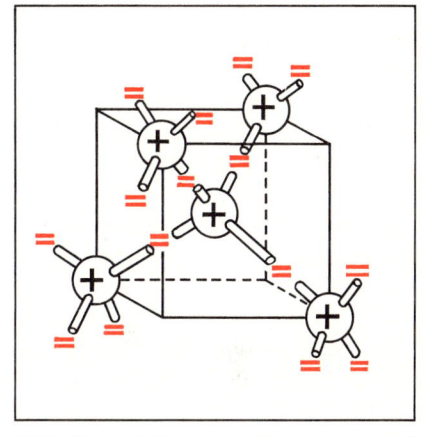

237.1 Kristallgitter von Germanium und Silizium in räumlicher Darstellung

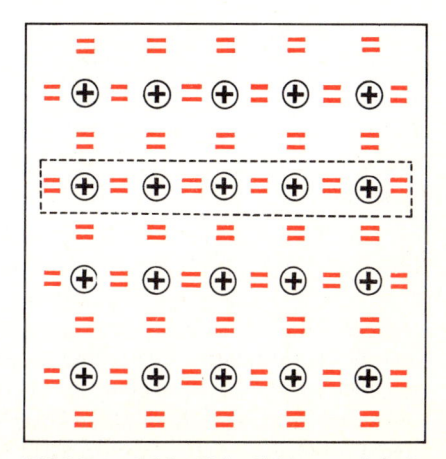

237.2 Das gleiche Kristallgitter, vereinfacht

2. Halbleiter im Stromkreis

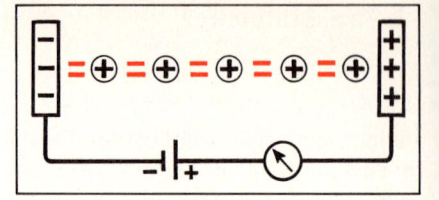

Versuch 104: Wir bringen in den Stromkreis von *Abb. 238.1* einen Halbleiter zwischen 2 Metallelektroden. Bei Zimmertemperatur fließt nur ein schwacher Strom, der jedoch beim Erwärmen stark ansteigt. Der Halbleiter besitzt also einen temperaturabhängigen Widerstand; er verhält sich dabei gerade umgekehrt wie ein Metall: sein Widerstand sinkt bei Temperaturerhöhung.

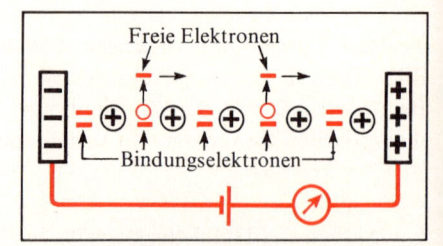

238.1 Modell einer Halbleiterkette im Stromkreis bei tiefer Temperatur

Dieses Verhalten läßt sich vom Aufbau des Halbleiterkristalls her verstehen: Bei sehr tiefen Temperaturen sind reine Halbleiterkristalle sehr gute Isolatoren. Die Bindungselektronen werden nämlich im Bereich zwischen den Atomkernen festgehalten. Darüber hinaus zeigt die moderne Atomphysik, daß dieser Bereich mit 2 Elektronen abgesättigt ist. Das bedeutet: Es können sich dort nie mehr als 2 Elektronen aufhalten. Deshalb können vom Minuspol in *Abb. 238.1* keine zusätzlichen Elektronen einwandern. Bei steigender Temperatur „schüttelt" nun die zunehmende Wärmebewegung immer mehr Elektronen aus ihren Bindungen frei. Diese **freien Elektronen** spielen eine große Rolle. Wir trennen sie in *Abb. 238.2* symbolisch von den Bindungselektronen, indem wir sie oberhalb der Kette zeichnen. Sie bewegen sich natürlich auch zwischen den Atomrümpfen, doch wollen wir durch dieses Bild ausdrücken, daß an ihnen von der Wärmebewegung Arbeit verrichtet wurde. Sie besitzen also mehr Energie als die Bindungselektronen, sind energetisch „angehoben" worden. Nach Anlegen einer Spannung werden sie zum Pluspol gezogen und am Minuspol wieder aus dem Stromkreis ersetzt. Der Kristall bleibt somit elektrisch neutral. Die bei den Bindungselektronen verbliebenen Löcher zeichnen wir als leere Kreise (○).

238.2 Modell einer Halbleiterkette im Stromkreis nach Temperaturerhöhung

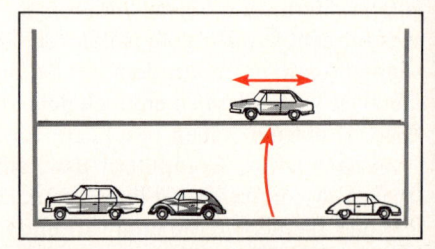

238.3 Parkhausmodell: Verdeutlicht das Verhalten der Bindungselektronen

Um diese Vorgänge zu veranschaulichen, stellen wir uns ein Parkhaus vor, das dicht mit Autos gefüllt ist (siehe *Abb. 238.3*). Kein Auto kann vor oder zurück. Dies liefert uns ein Modell für das Verhalten der Bindungselektronen bei tiefen Temperaturen. Nun werden durch Kräne unter Arbeitsaufwand (siehe Wärmebewegung) einige Wagen in das nächste, leere Stockwerk gehoben. Dort können sie sich ungestört bewegen und stellen in unserem Modell die freien Elektronen dar. Unten entstehen Lücken, so daß nun auch dort eine Bewegung möglich wird. Ob sich diese Bewegungsmöglichkeit im unteren Stockwerk auch auf die Bindungselektronen übertragen läßt, prüfen wir in Ziffer 4.

In Halbleitern ist zwischen zwei Arten von Elektronen zu unterscheiden: Bindungselektronen halten die Kerne zusammen; dabei können sich zwischen zwei Atomrümpfen höchstens zwei Bindungselektronen aufhalten. Durch die Wärmebewegung werden einige Elektronen aus der Bindung freigeschüttelt. Sie haben höhere Energie (oberes Niveau) und bewegen sich als Leitungselektronen frei im Kristall.

In Kupfer und Silber finden sich auch bei tiefsten Temperaturen freie Elektronen, und zwar etwa eines je Atom. Deshalb sind diese Metalle stets gute Leiter. In reinem Germanium ist bei Zimmertemperatur nur etwa jedes 10^{10}te Elektron frei; bei sehr tiefen Temperaturen gibt es fast gar keine freien Elektronen. Deshalb leiten Halbleiter viel schlechter als Metalle. Die Leitfähigkeit von Halbleitern nimmt aber mit steigender Temperatur merklich zu. Deshalb kann man sie als sogenannte **Heißleiter** bei der Temperaturmessung verwenden.

3. n-Halbleiter

Wenn wir anstreben, daß Halbleiter auch bei Zimmertemperatur besser leiten, müssen wir die Zahl der freien Elektronen vergrößern. Dies gelingt nur, wenn man gleichzeitig die positive Ladung der Kerne erhöht; sonst wäre der Kristall nicht mehr elektrisch neutral. Hierzu ersetzt man zum Beispiel jedes 10^6te Siliziumatom durch ein Arsenatom; man sagt: Der Siliziumkristall wird mit Arsen **dotiert** (dos, lat.; Gabe). Arsenatome haben ein äußeres Elektron mehr (5 statt 4) und auch eine zusätzliche Kernladung. Die Bindung zu den Nachbaratomen ist aber schon mit 4 Elektronen abgesättigt; das 5. Elektron kann sich also an dieser Bindung nicht beteiligen. Es tritt in die Reihe der freien Elektronen ein und erhöht so die Leitfähigkeit. Da diese beim Dotieren mit Arsen auf der Zugabe **n**egativ geladener Elektronen beruht, spricht man von einem **n-Halbleiter.** Die von der Wärmebewegung herrührenden Löcher werden jetzt durch die um Größenordnungen zahlreicheren freien Elektronen fast ganz „zugeschüttet".

4. p-Halbleiter

Man kann reine Ge- und Si-Kristalle auch mit Aluminiumatomen dotieren. Diese haben ein Elektron und eine Kernladung weniger. Dann fehlt jeweils ein Elektron in der Bindungsreihe. Dort entstehen sehr viele Löcher *(Abb. 239.1)*. Die wenigen aus der Wärmebewegung stammenden freien Elektronen verschwinden, da sie einen kleinen Teil der Löcher auffüllen. Trotzdem

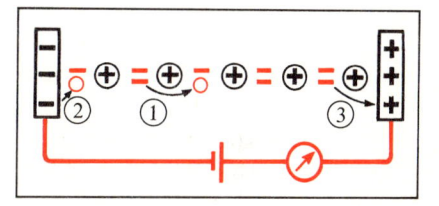

239.1 p-Halbleiter (bewegliche Bindungselektronen)

leitet der Kristall besser als in reinem Zustand bei Zimmertemperatur. Wir haben dies schon im Parkhausmodell durch das Nachrücken von Autos in die entstandenen Lücken des unteren Stockwerks erläutert. Wie die Pfeile (1) zeigen, können nämlich Bindungselektronen von links in das rechts vom Atomrumpf liegende Loch „hüpfen", also zum Pluspol hin. Das Elektron bleibt hierbei gebunden (Parkhausmodell unteres Stockwerk), so daß hierzu keinerlei Energie gebraucht wird. Wie Pfeil 2 zeigt, können jetzt auch Elektronen aus dem Minuspol benachbarte Löcher auffüllen. Damit der Kristall als ganzes elektrisch neutral bleibt, müssen dafür gleichviel Bindungselektronen zum Pluspol abwandern (Pfeil 3). Dort entstehen neue Löcher. Durch „Hüpfen" von Bindungselektronen nach rechts (Pfeil 1) wandern diese Löcher nach links zum Minuspol hin. Sie entstehen durch Elektronenmangel an der betreffenden Stelle und erscheinen **p**ositiv geladen, weil die benachbarte Kernladung überwiegt. Man nennt deshalb einen mit Aluminium dotierten Kristall einen **p-Halbleiter.**

> Bindungselektronen können wandern, wenn zwischen ihnen Löcher entstanden sind. Man sagt dann: „Positiv geladene Löcher" wandern zum Minuspol. Dieser Vorgang heißt p-Leitung.

§ 76 Halbleiterbauelemente und ihre Anwendungen

1. Die Halbleiterdiode

Versuch 105: In einer Halbleiter-(Kristall-)Diode grenzen ein n- und ein p-Halbleiter ohne Störung der Gitterstruktur aneinander. Der Anschluß zum n-Halbleiter ist durch einen Ring gekennzeichnet, im Schaltsymbol *(Abb. 240.1)* durch einen Querstrich. Wir legen den n-Halbleiter an den Minuspol, den p-Halbleiter an den Pluspol. Es fließt Strom *(Abb. 240.2a)*. Der Pfeil im Schaltsymbol gibt dabei die technische Stromrichtung an. Polen wir die Diode um, so sperrt sie wie ein Ventil *(Abb. 240.2b)*.

Bei der Durchlaßpolung fließen die sehr zahlreichen freien Elektronen des n-Halbleiters über die Grenzschicht zum p-Halbleiter und damit zum Pluspol (rechts in *Abb. 240.3*). Sie werden am Minuspol (links) wieder in den n-Halbleiter zurückgeführt. Aber auch Bindungselektronen treten vom n- in den p-Halbleiter, denn dieser hat sehr viele Löcher (siehe Parkhausmodell, unteres Stockwerk). Die Bindungselektronen hinterlassen nun im n-Halbleiter Löcher; doch rücken diese nach links zum Minuspol hin und werden dort aufgefüllt. Am Pluspol bilden sich dagegen neue Löcher, weil dort Bindungselektronen abgesaugt werden. Elektronenbewegungen spielen sich also in beiden „Stockwerken" ab. Dabei tritt wie bei einem Kupferdraht keinerlei Verschleiß des Kristalls ein. Man hat allerdings zu beachten, daß eine gewisse Höchststromstärke nicht überschritten wird, sonst wird die Kristallstruktur durch die Wärmewirkung des Stroms zerstört.

Bei entgegengesetzter Polung liegt in *Abb. 240.3* der Pluspol links. Dorthin erfahren sowohl freie wie Bindungselektronen eine Kraft. Doch beide kommen nicht über

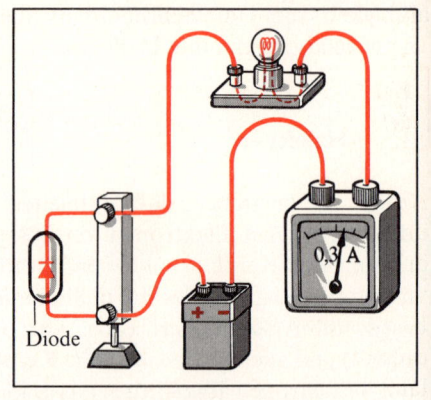

240.1 Halbleiterdiode im Stromkreis; sie ist hier in Durchlaß gepolt.

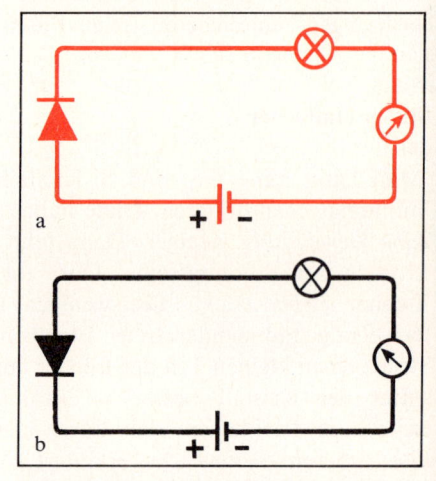

240.2 Diode in Durchlaßrichtung (a), beziehungsweise in Sperrichtung (b). Der Sperrstrom reicht nicht aus, um die Glühlampe zum Leuchten zu bringen.

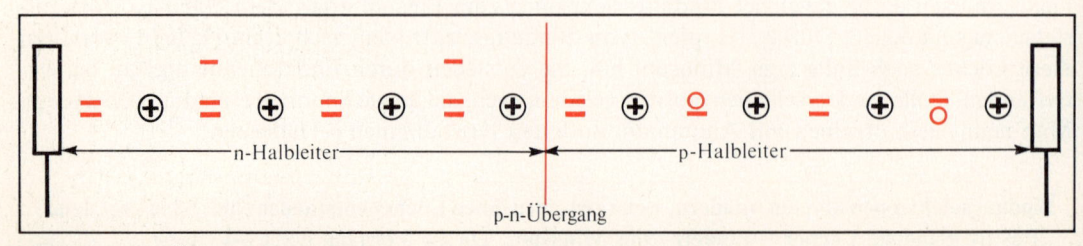

240.3 Zum p-n-Übergang der Elektronen

die Grenzschicht: Der p-Halbleiter besitzt keine freien Elektronen, die im oberen Stockwerk nach links fließen könnten (nur ganz wenige werden durch Wärmebewegung freigeschüttelt, so daß zum Beispiel in Siliziumdioden ein Sperrstrom von etwa 10^{-9} A fließt). Bindungselektronen kann der n-Halbleiter aber auch nicht aufnehmen, weil in ihm alle Bindungsplätze belegt sind. Es findet also praktisch kein Ladungstransport durch die p-n-Grenzschicht statt; die Diode sperrt.

> **Eine Kristalldiode leitet, wenn man den n-Halbleiter mit dem Minuspol und den p-Halbleiter mit dem Pluspol der Stromquelle verbindet. Andernfalls fließt nur ein unbedeutender Sperrstrom.**

Auf Seite 191 haben wir eine Röhrendiode verwendet, um Wechselstrom gleichzurichten. Diese Aufgabe kann auch eine Halbleiterdiode übernehmen. Die Schaltung von *Abb. 240.2* hat allerdings noch den Nachteil, daß beim technischen Wechselstrom (50 Hz) nur dann Strom durch die Diode fließt, wenn diese $\frac{1}{100}$ s lang in Durchlaßrichtung gepolt ist; anschließend fließt $\frac{1}{100}$ s lang gar kein Strom. Diese Schwierigkeit läßt sich mit der Schaltung von *Abb. 241.1* umgehen. Liegt dort für $\frac{1}{100}$ s der Pluspol oben und der Minuspol unten, so fließt Strom über D_1 und D_4 durch die Glühlampe; ändert sich die Polung, so wird die Glühlampe über D_3 und D_2 in der gleichen Richtung wie bisher vom Strom durchflossen. Der Strom durch die Lampe wird als pulsierender Gleichstrom bezeichnet.

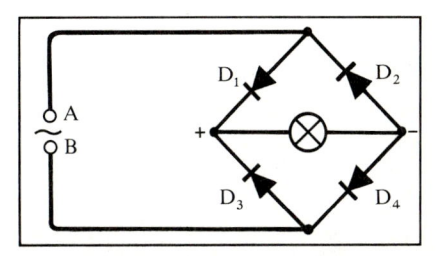

241.1 Gleichrichterschaltung mit 4 Dioden (Brückenschaltung)

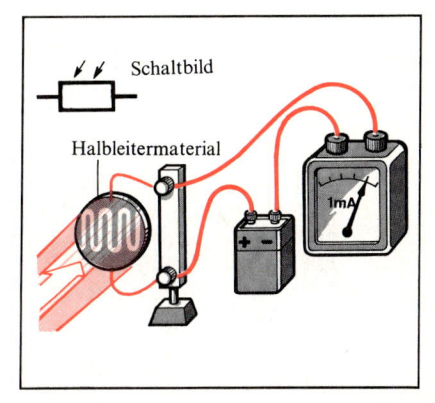

2. Der Fotowiderstand

Versuch 106: Nach *Abb. 241.2* wird ein reiner (undotierter) Halbleiter, zum Beispiel Cadmium-Sulfid, in einen Stromkreis gelegt. Die Polung ist dabei gleichgültig. Je stärker man den Halbleiter belichtet, um so besser leitet er. Durch Belichten führen wir nämlich dem Kristall Energie zu. Dadurch können Bindungselektronen befreit, das heißt „angehoben" werden, so daß nun elektrische Ladung in Bewegung gesetzt werden kann: Die befreiten Elektronen werden zum Pluspol gezogen (oberes „Stockwerk" in *Abb. 238.3*), die im unteren „Stockwerk" entstandenen Löcher zum Minuspol. Die Leitfähigkeit eines Fotowiderstands hängt also von der Stärke der Belichtung ab.

241.2 Fotowiderstand im Stromkreis

3. Die Fotodiode

Hierbei handelt es sich um eine Halbleiterdiode mit durchsichtigem Glasgehäuse oder einem Lichteintrittsfenster. Sie wird stets in Sperrichtung betrieben (Pluspol links in *Abb. 240.3*). Fällt Licht auf die pn-Grenzschicht, so werden dort Bindungselektronen frei, das heißt „angehoben". Tritt dieser Fall im p-Halbleiter (rechts in *Abb. 240.3*) auf, so werden die angehobenen Elektronen nach links zum Pluspol hin gezogen. Spielt sich der Vorgang im n-Halbleiter (links in *Abb. 240.3*) ab, so entstehen dort Löcher, welche von rechts her aufgefüllt werden. In beiden Fällen können also während des Belichtens Elektronen von rechts nach links die Grenzschicht überschreiten. Der zunächst ganz unbedeutende Sperrstrom wächst merklich an.

Fotowiderstände und Fotodioden werden als lichtabhängige Bauelemente bei Steuerungsvorgängen aller Art eingesetzt, zum Beispiel zum Überwachen der Flamme von Ölbrennern oder zum automatischen Einschalten der Straßenbeleuchtung. Auf Seite 244 geben wir eine dafür geeignete Schaltung an.

4. Das Foto-Element

Versuch 107: Wir schalten eine Fotodiode ohne weitere Spannungsquelle an einen empfindlichen Strommesser. Beim Belichten fließt Strom. Offenbar wirkt die Fotodiode selbst beim Belichten als Spannungsquelle (Fotoelement, siehe *Abb. 242.1*). Lichtenergie wird hier unmittelbar in elektrische Energie umgewandelt. Dies benutzt man bei den Sonnenbatterien (Solarzellen) der Raumfahrzeuge. Hierbei werden etwa 15% der eingestrahlten Energie in elektrische Energie umgewandelt. Fotoelemente verwendet man auch bei elektrischen Belichtungsmessern.

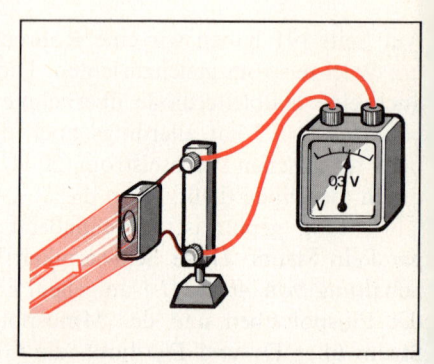

242.1 Fotoelement als Spannungsquelle

5. Der Transistor

Im sogenannten npn-Transistor besteht der Halbleiterkristall aus drei unterschiedlich dotierten Zonen (siehe *Abb. 242.2*): Auf den **Emitter** (n-Halbleiter) folgt die **Basis** (p-Halbleiter), und an diese schließt sich der **Kollektor** (n-Halbleiter) an. Verbindet man den Emitter E mit dem Minuspol, den Kollektor K über eine Glühlampe mit dem Pluspol einer Spannungsquelle, so fließt kein nennenswerter Strom; Basis und Kollektor wirken nämlich jetzt wie eine in Sperrichtung geschaltete Diode.

Versuch 108: Wir wollen nun auch den Basisanschluß B' an die Pole unserer Spannungsquelle legen. Dazu bauen wir zwischen B' und die Basisschicht des Transistors einen Schutzwiderstand von etwa 1 kΩ ein. Dieser schützt den Transistor vor zu starken Strömen, welche den Halbleiterkristall zerstören könnten. Verbinden wir nun B' mit dem Pluspol der Stromquelle *(Abb. 243.1a)*, so werden freie Elektronen aus dem Emitter in die Basis hineingezogen. Ein Strommesser in diesem sogenannten **Basisstromkreis** zeigt diesen Strom I_B an. Gleichzeitig leuchtet die Glühlampe im **Kollektorstromkreis** (in *Abb.*

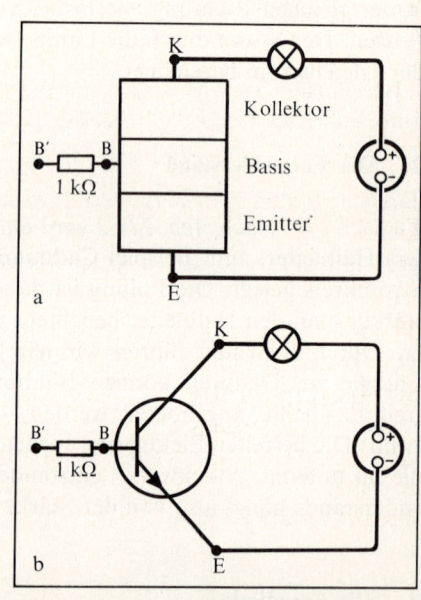

242.2 Transistor: (a) schematisch, (b) als Schaltsymbol. K bedeutet Kollektor, E Emitter, B Basis. Der Kontakt B liegt unmittelbar an der Basisschicht; als Basisanschluß verwenden wir jedoch stets den Kontakt B', weil der Widerstand zwischen B und B' den Transistor vor Überlastung schützt.

243.1a rot eingezeichnet) hell auf; sie wird offenbar von einem Strom I_C durchflossen, der viel stärker ist als der Strom I_B im Basisstromkreis. Der Grund für dieses Verhalten liegt in der außerordentlich geringen Dicke der Basisschicht (etwa $\frac{1}{100}$ mm): Werden Elektronen in diese dünne Basisschicht gezogen, so diffundieren sie durch diese hindurch und werden vom positiven Kollektor angezogen; sie wandern also vom Emitter über die Basis zum Kollektor. Der Transistor stellt jetzt einen geschlossenen Schalter im Kollektorstromkreis dar. Dort fließt ein kräftiger Strom (Kollektorstrom I_C). Nur ein ganz geringer Anteil (etwa 1%) der vom Emitter ausgehenden Elektronen wandert seitlich über den Basisanschluß ab (Basisstrom I_B). Der Emitter sendet also Elektronen aus (emittere, lat.; aussenden); der Kollektor sammelt den größten Teil dieser Elektronen (colligere, lat.; sammeln).

Ganz andere Verhältnisse liegen vor, wenn wir den Basisanschluß mit dem Minuspol verbinden *(Abb. 243.1b)*. Dann werden die freien Elektronen am Übertritt in die Basis und damit in den Kollektor gehindert. Wir messen in diesem Fall weder im Basis- noch im Kollektorstromkreis einen nennenswerten Strom. Der Transistor stellt jetzt einen unterbrochenen Schalter im Kollektorstromkreis dar.

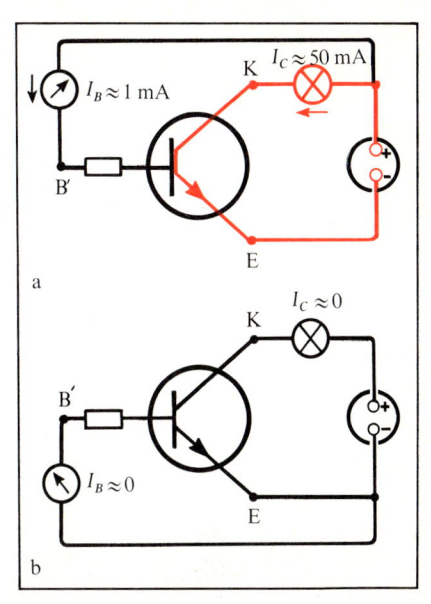

243.1 Transistor leitet (a), sperrt (b).

Ist beim npn-Transistor die Basis positiv (negativ) gegenüber dem Emitter, so wirkt der Transistor im Kollektorstromkreis wie ein geschlossener (unterbrochener) Schalter.

Diese Schaltereigenschaften des Transistors nutzt man in Computern aus. Aber auch die Aufgabe, kleine Spannungen zu verstärken, wird heute in erster Linie mit Transistoren statt mit Trioden gelöst. Wie man dabei vorgeht, zeigen die folgenden Versuche:

Versuch 109: Wir ermitteln zunächst, wie die Stärke I_C des Kollektorstroms von der Spannung $U_{B'E}$ zwischen Emitter und Basis beeinflußt wird *(Abb. 243.2)*. Mit Hilfe einer Spannungsteiler-Schaltung (§ 71) vergrößern wir vorsichtig die Spannung zwischen Emitter und Basis. Machen wir hierbei die Basis positiv gegenüber dem Emitter, so beginnt der Transistor zu leiten. Es fließt ein Kollektorstrom, dessen Stärke I_C zunimmt, wenn wir die Basisspannung $U_{B'E}$ erhöhen. Aus zusammengehörigen Werten von $U_{B'E}$ und I_C erhalten wir die $U_{B'E}$-I_C-Kennlinie des Transistors, siehe *Abb. 244.1*. Betrachten wir etwa das Intervall $0,9\,\text{V} < U_{B'E} < 1,1\,\text{V}$, so sehen wir: eine Zunahme bei $U_{B'E}$ um 0,2 V ruft bei I_C eine Zunahme von 20 mA hervor. Zwischen den Enden des sogenannten Arbeits-

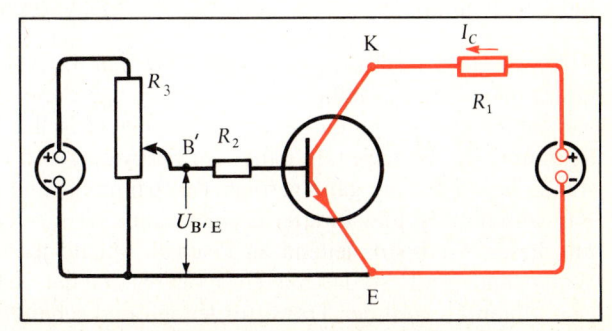

243.2 Aufnahme der $U_{B'E}$-I_C-Kennlinie des Transistors BC 140
$R_1 = 120\,\Omega$; $R_2 = 1\,\text{k}\Omega$; $R_3 = 100\,\Omega$

widerstands R_1 im Kollektorstromkreis (120 Ω) wächst dadurch die Spannung um 0,02 A · 120 Ω = 2,4 V an: Eine Spannungsänderung zwischen Emitter und Basis ruft am Arbeitswiderstand die 12fache Spannungsänderung hervor bei $U_{B'E}$ im angegebenen Intervall.

> **Kleine Spannungsschwankungen zwischen Emitter und Basis rufen am Arbeitswiderstand große Spannungsschwankungen hervor.**

Versuch 110: Wollen wir nun eine kleine Wechselspannung vom Scheitelwert 0,1 V verstärken, so stellen wir mit Hilfe des Spannungsteilers zunächst $U_{B'E}$ auf 1,0 V ein, siehe *Abb. 244.2*. Legen wir zusätzlich die Wechselspannung an die Eingangsklemmen A und B' unserer Schaltung, so schwankt $U_{B'E}$ zwischen 0,9 V und 1,1 V. I_C ändert sich dadurch zwischen 20 und 40 mA; die Spannung am Arbeitswiderstand schwankt daher zwischen 2,4 V und 4,8 V. Die Klemmen A und B' bezeichnet man als Eingang des Verstärkers (dort liegt die zu verstärkende Wechselspannung). Die beiden Enden des Widerstandes R_1 bilden den Ausgang (dort greift man die verstärkte Spannung ab).

Transistorverstärker haben große Vorteile: Sie sind klein, unempfindlich gegen Stöße und arbeiten bei niedrigen Betriebsspannungen.

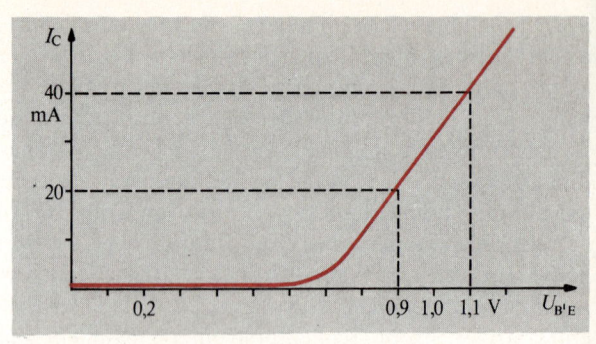

244.1 $U_{B'E}$-I_C-Kennlinie eines Si-Transistors (BC 140). Bei einem Ge-Transistor würde ein merklicher Kollektorstrom schon ab $U_{B'E}$ = 0,2 V auftreten.

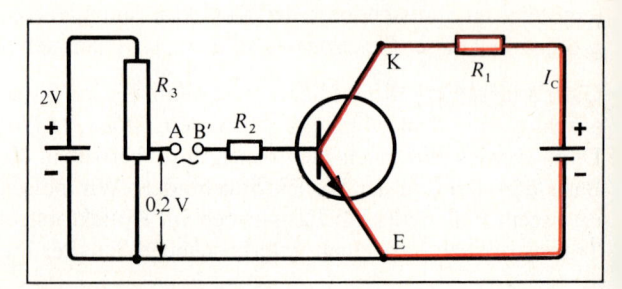

244.2 Transistorverstärker

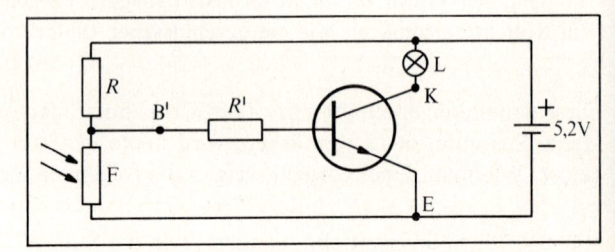

244.3 Regelung der Raumhelligkeit mit Hilfe eines Fotowiderstands. Eingezeichnet sind die Verhältnisse bei belichtetem Fotowiderstand. Verwendete Bauelemente: Transistor 2N 3055; L: 6 V; 0,5 A; Fotowiderstand: LDR 03; R = 4 kΩ.

Versuch 111: Die Schaltung von *Abb. 244.3* hat die Aufgabe, die Raumhelligkeit nicht unter einen bestimmten Wert absinken zu lassen. Solange diese Helligkeit groß genug ist, stellt der Fotowiderstand F einen guten Leiter dar; sein elektrischer Widerstand ist also gering. Fast die ganze Spannung der Batterie fällt daher am Festwiderstand R ab; zwischen den Enden des Fotowiderstands liegt nur eine ganz geringe Teilspannung, und da diese Teilspannung zugleich zwischen Basisanschluß B' und Emitter E eines Transistors gelegt ist, wird sie zunächst nicht ausreichen, um diesen Transistor leitend zu machen. Sobald jedoch die Raumhelligkeit absinkt, steigt der Widerstand von F, so daß nun ein größerer Teil der Spannung an F und damit zwischen B' und E liegt. Dadurch wird der Transistor leitend und schaltet die Glühlampe L im Kollektorstromkreis ein. Steigt die Raumhelligkeit etwa infolge von Sonnenbestrahlung wieder an, so sinkt die Spannung zwischen B' und E wieder ab, so daß L automatisch abgeschaltet wird.

Aus der Geschichte von Magnetismus und Elektrizität

Wann der Mensch **magnetische Kräfte** entdeckte, ist unbekannt (Seite 173); Altertum und Mittelalter verbanden sie mit Magie und Zauberei. Die Richtkraft der *Kompaßnadel* war den *Chinesen* schon im 1. Jahrhundert bekannt; in Europa lernte man den Kompaß erst im 13. Jahrhundert durch die Kreuzzüge kennen; mit seiner Hilfe wagten sich die Seeleute aus den Küstengewässern auf die hohe See (*Kolumbus*, Seite 178). 1600 klärte der Engländer *W. Gilbert* die verworrenen Vorstellungen vom *Erdmagnetismus* auf und zeigte, daß die Erde als Ganzes ein Magnet ist. *Newton* unterschied klar zwischen Magnetismus und Schwerkraft.

Wenn heute von der **Elektrizität** die Rede ist, so denkt jeder an den elektrischen *Strom*. Doch lernten die Menschen als erstes die Kraft zwischen *elektrischen Ladungen* kennen: Vor $2\frac{1}{2}$ Jahrtausenden wußten bereits die *Griechen*, daß geriebener *Bernstein* kleine Körper anzieht. Vom Bernstein, der auf griechisch *Elektron* heißt, bekam um 1600 die Elektrizität ihren Namen. Um 1550 hatte man begonnen, zwischen magnetischen und elektrischen Erscheinungen zu unterscheiden. Die Elektrizität kannte man für lange Zeit nur aus *Reibungsversuchen* (Seite 194). Sie ließ sich genauer untersuchen, als es gelang, Nachweis- und Meßgeräte zu bauen, zum Beispiel 1733 das *Elektroskop*. *Gray* unterschied 1729 als erster zwischen *Leitern* und *Nichtleitern*, *du Fay* nahm an, daß es zwei verschiedene Arten der Ladung gebe. 1750 vermutete der Amerikaner *Franklin*, daß der *Blitz* elektrischer Natur sei und fand die Unzerstörbarkeit der elektrischen Ladung. Man lernte, zwischen Ladung und Strom und um 1770 zwischen Ladung und *Spannung* zu unterscheiden.

1790 entdeckte *Luigi Galvani*, daß ein Froschschenkel zusammenzuckt, wenn er mit zwei verschiedenen Metalldrähten berührt wird, die miteinander verbunden sind. Dies regte *Alessandro Volta* an, 1800 das erste *galvanische Element* zu bauen; für die Stromstärke schrieb er die Gleichung $I = Q/t$. Mit dieser Stromquelle konnte man viel stärkere Ströme erzeugen als bis dahin mit Hilfe der ,,Reibungselektrizität". Damit eröffneten sich der elektrischen Forschung völlig neue Wege: *Davy* brachte um 1800 als erster einen dünnen Draht durch Strom zum Glühen und entdeckte 1809 den elektrischen *Lichtbogen*. Der Engländer *Joule* fand 1840 die Gesetze der *Wärmewirkung* des Stroms (Seite 231), *Goebel* entwickelte 1854 und *Edison* 1879 die *Glühlampe*.

1820 zeigte *Oersted*, daß der Strom eine Magnetnadel ablenken kann. Die Beziehung zum Magnetismus war hergestellt. Diesen **Elektromagnetismus** erforschte vor allem Ampère (Seite 198). Die praktischen Anwendungen (elektrische Meßinstrumente, Telegraf ab 1837, elektrische Klingel, Telefon ab 1861. Elektromotor ab 1821 usw.) beeinflussen unser heutiges Leben in einer kaum noch zu erfassenden Weise. Hierzu war es allerdings noch nötig, starke Ströme zu erzeugen. Dies nahm seinen Anfang, als 1831 *Faraday* den Oerstedschen Versuch umkehrte und Strom durch Bewegung eines Magneten erzeugte (siehe Induktion, Seite 234). Damit schuf er die Grundlagen der *Dynamomaschinen* (*Werner v. Siemens*, 1866). Schon 1821 baute *Faraday* den ersten *Elektromotor*, *Siemens* 1879 die erste *elektrische Lokomotive* und 1880 den ersten elektrischen *Aufzug*. 1882 setzte *Edison* in *New York* das erste *elektrische Kraftwerk* in Betrieb; es speiste 400 Lampen und 1884 einen Elektromotor; 1891 übertrug man 15 kW Leistung elektrisch von Lauffen am Neckar nach Frankfurt am Main über 178 km. Heute ist es ein wichtiges technisches, volkswirtschaftliches und politisches Problem, die Energie zu beschaffen, mit der man die Dynamomaschinen in den Elektrizitätswerken betreibt; alle 16 Jahre verdoppelt sich der Bedarf! Fragen des *Umweltschutzes* werden dabei zunehmend diskutiert.

Die *Elektrolyse* untersuchte *Faraday* um 1831 genauer und fand dabei wichtige Zusammenhänge zwischen der elektrischen *Ladung* und der *Materie*, das heißt zwischen *Physik* und *Chemie*. Die *elektrochemische Industrie* spielt heute eine wichtige Rolle. Aus den Untersuchungen zur *Elektrizitätsleitung* in *Flüssigkeiten* und in *Gasen* entwickelte sich die heute so bedeutsame **atomphysikalische Forschung**. Um 1895 entdeckte man das **Elektron** und erkannte es als Bestandteil des Atoms *(Thomson, Lenard, Lorentz)*. Damit begann unser ,,**elektronisches Zeitalter**": Nach dem ersten Weltkrieg bekam die *Nachrichtenübermittlung* durch die *Elektronenröhre* ganz neue Impulse, insbesondere im Funkverkehr und im Rundfunk. Die *Halbleiter* wurden nach dem zweiten Weltkrieg entwickelt und leiteten durch *Rechenautomaten, Datenverarbeitungsanlagen* (EDV: Elektronische Datenverarbeitung) und *Regelgeräte* die *zweite industrielle Revolution* ein.

Mechanik, 2. Teil

Dynamik

Die Mechanik ist eines der ältesten und auch noch heute das grundlegende Teilgebiet der Physik. Ihr Name bedeutet *Maschinenkunst* (griech. mēchanikē téchnē). Diese Wissenschaft entstand aus dem Bedürfnis, die schon im Altertum bekannten einfachen Maschinen wie Seile, Rollen, Hebel und schiefe Ebenen (Rampen) wissenschaftlich zu erforschen. Dabei beschränkte man sich ursprünglich auf das *Gleichgewicht der Kräfte und Drehmomente* und entwickelte die **Statik.**

Wenn sich Kräfte oder Drehmomente an einem Körper nicht das Gleichgewicht halten, so wird er in Bewegung gesetzt. Diese Beobachtung führt zur **Dynamik**, dem zweiten Teilgebiet der Mechanik (dynamis, griech.; Kraft). In ihm wird der *Zusammenhang zwischen den Kräften, die auf Körper wirken, und den Bewegungen, die diese ausführen, untersucht*. Dieser Zusammenhang ist bei allen Verkehrsmitteln wichtig.

§77 Trägheitssatz und Bezugssystem

1. Bewegung relativ zu einem Bezugssystem

Man wartet im Zug auf die Abfahrt, doch bewegt sich ein Nachbarzug. Erst ein Blick auf den Bahnsteig zeigt, ob nicht der eigene Zug in entgegengesetzter Richtung anfährt (relativ zur Erde). Neben mir steht ein Stuhl. Ich sehe, daß er in Ruhe ist. Wie ich aber weiß, dreht er sich mit der Erde, bewegt sich mit ihr um die Sonne, fliegt mit der Sonne innerhalb der Milchstraße und mit ihr im Weltraum fort. Die Mondfahrer konnten vom Mond aus sehen, wie sich die Erde um ihre Achse dreht, wie sich also die Kontinente bewegen, während die Menschheit jahrtausendelang überzeugt war, daß die Erde ruhe. Je nach dem Standpunkt, den ein Beobachter einnimmt, beschreibt er die Bewegung eines Körpers ganz verschieden.

Nach *Abb. 246.1* sind an einem rollenden Rad zwei Lämpchen angebracht. Man fotografierte es bei Nacht und öffnete dabei den Verschluß längere Zeit. Als dabei der Fotoapparat auf gleicher Höhe neben dem Rad mitfuhr, erhielt man zwei konzentrische Kreise als Bahnpunkte der Lämp-

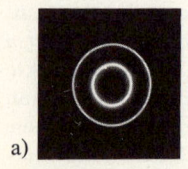

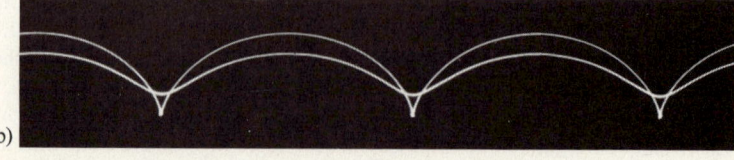

246.1 Bewegung zweier Punkte eines rollenden Rades a) von einem mitfahrenden, b) von einem auf dem Boden stehenden Fotoapparat aus gesehen.

chen *(Abb. 246.1a)*. Ein auf dem Boden stehender Apparat lieferte dagegen **Zykloiden** (Radlinien) nach *Abb. 246.1b*. Die Spitzen der einen Zykloide geben die Punkte an, in denen das umlaufende Lämpchen den Boden kurz berührte. Ihr Abstand ist gleich dem Umfang $U=2\pi r$ des Rades, die Höhe h gleich dem Raddurchmesser $2r$. In beiden Fällen stellt der Fotoapparat jeweils ein anderes **Bezugssystem** dar, *von dem aus die Bewegung des Rades völlig anders registriert wird*. Vorläufig wollen wir alle Bewegungen von der ruhend gedachten Erdoberfläche aus betrachten; sie gibt uns das bequemste Bezugssystem.

Bewegungen beschreibt man stets als Ortsveränderungen gegenüber einem Bezugssystem. Vorläufig verwenden wir als Bezugssystem den ruhend gedachten Experimentiertisch, häufig ,,*Laborsystem*" genannt.

---

2. Der Trägheitssatz

Wann behält ein bewegter Körper seine Geschwindigkeit bei? Diese Frage wurde erst vor etwa 300 Jahren klar beantwortet, und mit dieser Antwort begann im Grunde die wissenschaftliche Erforschung der Bewegungsvorgänge. Einen Sonderfall können wir sofort klären, nämlich die Frage, wann der Wagen in Ruhe verharrt:

Beim Studium der Kräfte fanden wir, daß ein Körper dann in Ruhe bleibt, wenn die Resultierende der an ihm angreifenden Kräfte der Nullvektor ist. Selbstverständlich bliebe er auch in Ruhe, wenn überhaupt keine Kraft an ihm angreifen würde; doch ist dies in unserem Erfahrungsbereich wegen der stets vorhandenen Schwerkraft nirgends erfüllt. — Kommt jedoch der Wagen auf der Fahrbahn in Bewegung, so suchen wir sofort nach einer von außen auf ihn einwirkenden *Ursache*, etwa nach einem Luftzug, nach der Anziehungskraft eines versteckten Magneten oder nach dem Hangabtrieb bei geneigter Bahn. Wir sind aufgrund vielfältiger Erfahrung überzeugt, daß der Körper nicht ,,*von selbst*" in Bewegung kommt. Auch *innere Kräfte*, wie zum Beispiel die im Motor bei der Explosion des Gasgemischs auftretenden Kräfte, setzen als solche das Auto nicht in Bewegung. Sie wecken aber die reactio des Bodens, welche *als äußere Kraft* das Fahrzeug antreibt. Bei Glatteis fehlt diese äußere Kraft bekanntlich weitgehend.

Ein Ball rollt über eine Rasenfläche; unregelmäßig verläßt er seine jeweilige Richtung, manchmal nach rechts, manchmal nach links. Wenn wir genau hinsehen, so finden wir als Ursache hierfür Bodenerhebungen und sonstige Hindernisse, die durch äußere Kräfte den Ball zur Seite lenken; gleichzeitig wird er immer langsamer. Auf einer glatten Eisfläche dagegen behält der Ball seine Bewegungsrichtung bei; hier fehlen ablenkende Kräfte weitgehend. Der Ball wird dabei auch nur allmählich langsamer. Wenn man auf einer waagerechten Straße den Motor eines Autos auskuppelt, so wird es ebenfalls langsamer und kommt schließlich zum Stehen. Dies könnte zwei Gründe haben:

a) Die Körper könnten ,,von sich aus" zur Ruhe kommen. Dies nahm der griechische Philosoph *Aristoteles* (384 bis 322 v. Chr.) an. Nach seiner Auffassung, die auch im Mittelalter als richtig angesehen wurde, braucht man einen ständigen Antrieb — wir sagen heute eine Kraft —, um Körper in Bewegung zu halten.

b) Es könnte sein, daß die Körper erst durch *äußere Kräfte*, etwa durch Reibungs- und Luftwiderstandskräfte, abgebremst werden. Ohne solche von außen auf sie einwirkende Kräfte würden sie eine einmal erhaltene Geschwindigkeit beibehalten.

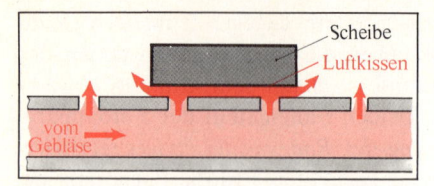

248.1 Die Scheibe gleitet reibungsfrei auf dem Luftkissen (dunkelrot), das die ausströmende Luft unter ihr bildet.

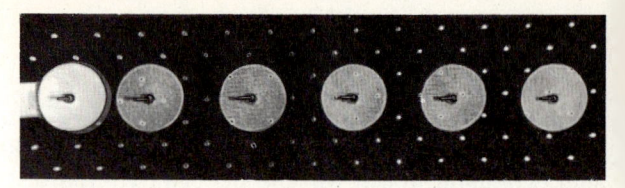

248.2 Gleichförmige, kräftefreie Bewegung auf dem Luftkissen. Die Scheibe wurde bei länger geöffnetem Verschluß des Fotoapparats durch Blitze in gleichen Zeitabständen belichtet.

Für die zweite Auffassung spricht, daß eine angestoßene Kugel zwar auf einem weichen Sandboden schnell zur Ruhe kommt, auf einer Eisfläche dagegen um so weiter rollt, je glatter die Fläche ist. Dann ist die Hemmung durch äußere Kräfte, die der Bewegungsrichtung entgegen auf die Kugel einwirken, geringer. Im nahezu leeren Weltraum fehlen solche Bremskräfte fast ganz. Ein Nachrichtensatellit wird deshalb auf seiner Bahn ohne Antrieb kaum langsamer. Eine solche fast reibungslose Bewegung können wir auf einer sogenannten *Luftkissenplatte* herstellen:

Versuch 1: Auf einer horizontalen Platte kommt eine angestoßene Scheibe durch Reibung auf der Unterlage schnell zur Ruhe. Wenn man aber durch viele feine Löcher in der Platte (weiße Punkte in *Abb. 248.2*) Luft unter die Scheibe bläst, so wird sie ein wenig angehoben und verliert ihre Berührung mit der Unterlage und damit die Reibung. Sie schwebt auf einem *Luftkissen*. In *Abb. 248.2* wurde die Scheibe in genau gleichen Zeitabständen durch Blitze beleuchtet. Auf dem Foto erkennt man (bei länger geöffnetem Verschluß):

a) Die Scheibe fährt exakt geradlinig weiter; sie bleibt also in der ursprünglichen Bewegungsrichtung;

b) sie legt ferner in gleichen Zeiten gleichlange Wege zurück.

Die Scheibe behält also ihre Geschwindigkeit nach Betrag und Richtung bei. Ihr Bewegungszustand ändert sich nicht von selbst. Man sagt, sie habe **Beharrungsvermögen**, sie sei **träge**. Diese wichtige Aussage formulierte Isaak Newton als das 1. Axiom (Grundgesetz) der Mechanik im berühmten **Trägheitssatz** (1686):

> **Jeder Körper behält den Betrag seiner Geschwindigkeit und seine Bewegungsrichtung bei, wenn er nicht durch *äußere* Kräfte gezwungen wird, seinen Bewegungszustand zu ändern; er ist träge.**
> ***Umkehrung:*** **Wenn ein Körper Betrag oder Richtung seiner Geschwindigkeit ändert, so wird dies durch *äußere* Kräfte verursacht.**

Wenn ein Magnet ein Stück Eisen festhält, so sind in diesem System starke innere Kräfte wirksam. Sie können das System jedoch nicht in Bewegung setzen (Seite 20). Wir müssen also auch in der Dynamik streng zwischen inneren und äußeren Kräften unterscheiden.

3. Inertialsysteme

Für uns ist es selbstverständlich, daß ein Körper ohne Einwirkung einer äußeren Kraft im Zustand der Ruhe verharrt. Das Verharren in der Bewegung scheint jedoch der täglichen Erfahrung zu widersprechen. Es ist für uns ungewohnt. Außerdem konnten wir es nicht exakt durch Experimente bestätigen; denn selbst bei der Luftkissenplatte nimmt die Geschwindigkeit bei genauem Hinsehen langsam ab. Man erklärt dies durch die verbleibenden geringen Luftwiderstandskräfte. Durch einen Trick kann man sie ausschalten:

In einem schnell mit konstanter Geschwindigkeit geradeaus fahrenden D-Zug liegt eine Kugel auf ebener, glatter Unterlage. Wenn keine Kraft auf sie wirkt, bleibt sie — relativ zum Zug — in Ruhe. Im geschlossenen Wagen wirkt auf sie auch kein Fahrtwind, da sich die Luft mitbewegt. Ein *mitfahrender Beobachter*, der von der Fahrt des Zuges absieht, stellt fest, daß die Kugel kräftefrei im Zustand der Ruhe verharrt. Ein *außenstehender Beobachter* sieht durch das Fenster, wie die Kugel mit konstanter Geschwindigkeit an ihm vorbeifährt. Was der außenstehende Beobachter als Verharren in der Bewegung ansieht, kann der im Zug mitfahrende Beobachter als Verharren in der Ruhe auffassen. *Der Trägheitssatz umfaßt beide Betrachtungen gleichermaßen*; sie sind von ihm aus gesehen gleichberechtigt. Jeder der beiden Beobachter befindet sich in einem Bezugssystem, in dem der Trägheitssatz gilt, in einem sogenannten **Inertialsystem** (inertia, lat.; Trägheit). Jedes der beiden Bezugssysteme ist also hinsichtlich der zum Beschleunigen nötigen Kräfte völlig gleichberechtigt und nicht von anderen zu unterscheiden. — Ein schnell bremsender Zug ist kein Inertialsystem: In ihm rollt eine Kugel wegen ihrer Trägheit weiter, obwohl keine äußeren Kräfte auf sie wirken. Man könnte glauben, der Trägheitssatz sei verletzt.

Definition: **Unter einem Inertialsystem versteht man ein Bezugssystem, von dem aus gesehen der Trägheitssatz gilt, das heißt, in dem jede Änderung des Bewegungszustands eines Körpers nur durch äußere Kräfte verursacht wird.**

Die Erde und alle relativ zu ihr gleichförmig bewegten Bezugssysteme können angenähert als Inertialsysteme angesehen werden.

4. Beispiel

Auf einer ebenen, geraden Straße fährt ein Wagen mit der konstanten Geschwindigkeit vom Betrag $v = 60$ km/h (*Abb. 249.1*). Der Motor zieht dabei mit der Kraft $F = 500$ N und gleicht so Reibung und Luftwiderstand ($F_R + F_L$) aus. Dieses Gleichgewicht wird gestört, sobald man mittels des Gaspedals die Motorkraft auf $F = 1000$ N erhöht. Dadurch vergrößert sich die Geschwindigkeit aber nur langsam, da das Beharrungsvermögen des Wagens zu überwinden ist (auf Seite 260 werden wir hierfür ein quantitatives Maß finden). Mit zunehmender Geschwindigkeit steigt vor allem der Luftwiderstand F_L, wie jeder vom Radfahren her weiß. Sind zum Beispiel bei 80 km/h die bewegungshemmenden Kräfte $F_R + F_L$ ebenfalls auf 1000 N angewachsen, dann tritt erneutes Gleichgewicht ein. Der Wagen fährt dann mit der konstanten Geschwindigkeit 80 km/h weiter. Wenn man den Motor abstellt, so bleibt der Wagen nicht plötzlich stehen. Infolge seines Beharrungsvermögens müßte er die Geschwindigkeit nach Betrag und Richtung beibehalten. Aber Reibung und Luftwiderstand verzögern die Bewegung. Sie bringen den Wagen schließlich zum Halten, da sie der Bewegung entgegengesetzt gerichtet sind.

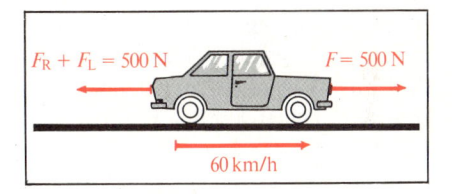

249.1 Kräftegleichgewicht bei konstanter Geschwindigkeit

Reibung und Luftwiderstand sind Kräfte. Wenn sie der Bewegung entgegenwirken, wird der Körper langsamer, sofern ihnen nicht Kräfte in der Bewegungsrichtung das Gleichgewicht halten.

250 Dynamik

§78 Die Geschwindigkeit als Vektor; Momentangeschwindigkeit

1. Die Geschwindigkeit als Vektorgröße

Versuch 2: Auf einer genau waagerechten Bahn ist ein Wagen leicht beweglich; seine Räder sind spitzengelagert, oder er gleitet auf einem Luftkissen *(Abb. 248.1)*. Wir stoßen ihn an und überlassen ihn dann sich selbst. Infolge der Reibung und des unvermeidlichen Luftwiderstands wird er langsamer. Um die hemmenden Kräfte auszugleichen, kann man die Bahn leicht neigen, oder man befestigt am Wagen einen Faden, der über eine Rolle läuft und an den man Wägestücke hängt. Wenn dieser *Reibungsausgleich* richtig gewählt ist, führt der angestoßene Wagen eine sogenannte **gleichförmige Bewegung** aus; er wird weder schneller noch langsamer. Dies zeigt sich, wenn der Wagen wie in *Abb. 248.2* in gleichen Zeitabständen mit Lichtblitzen fotografiert wird. Oder aber der Wagen führt die Kante eines Schleifkontakts über eine Schiene, die mit Bärlappsporen bestreut wurde. Eine angelegte Wechselspannung (50 Hz; 2 MΩ) gibt auf der Schiene *Staubfiguren* in Abständen von exakt 0,02 s *(Abb. 252.1)*.

In der Umgangssprache versteht man unter der Geschwindigkeit nur ein Maß dafür, wie schnell sich ein Körper bewegt; über die Richtung der Bewegung sagt man dabei nichts aus. Nach dem Trägheitssatz braucht man jedoch nicht nur Kräfte, um Körper schneller oder langsamer werden zu lassen, sondern auch, um sie in eine andere Richtung zu lenken. Deshalb faßt man in der Physik die Geschwindigkeit grundsätzlich als Vektorgröße auf, der man Betrag und Richtung zuschreibt: Ein Wagen bewege sich auf einer geraden Bahn nach rechts gleichförmig. In der Zeit t legt er die vom (willkürlich gewählten) Nullpunkt 0 aus gemessene, gerichtete Wegstrecke $\vec{s}$ zurück, die wir als Vektor auffassen, in der Zeit $n \cdot t$ also den Weg $n \cdot \vec{s}$ *(Abb. 250.1)*. Der Quotient aus Weg und Zeit ist nach Betrag und Richtung konstant. Dabei kann n beliebig sein (in *Abb. 250.1* ist $n = 4$).

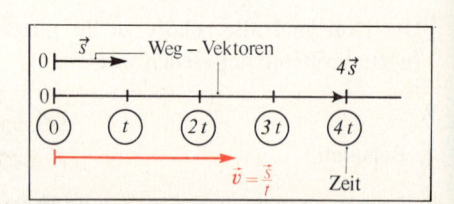

250.1 Die Geschwindigkeit als Vektor (rot) entsteht bei der gleichförmigen Bewegung aus den Weg-Vektoren (schwarz).

Man nennt den Quotienten $\vec{v} = \dfrac{\vec{s}}{t} = \dfrac{n \cdot \vec{s}}{n \cdot t}$ die Geschwindigkeit. Sie ist wie der Weg $\vec{s}$ ein Vektor[1]) und wird durch einen Pfeil in Richtung von $\vec{s}$ dargestellt.

Die Vektorgleichung $\vec{v} = \dfrac{\vec{s}}{t}$ faßt zwei Beziehungen zusammen:

a) Der Betrag v der Geschwindigkeit $\vec{v}$ ist gleich dem Quotienten aus dem Betrag s des Vektors $\vec{s}$ durch die Zeit t. Für die Beträge gilt die Gleichung $v = \dfrac{s}{t}$. Man schreibt auch $|\vec{v}| = \dfrac{|\vec{s}|}{t}$.

b) Der Vektor $\vec{v}$ hat die Richtung des Vektors $\vec{s}$ (für $t > 0$).

---

[1]) $n \cdot \vec{s}$ ist für $n > 0$ ein zu $\vec{s}$ gleichgerichteter Vektor von n-facher Länge. Multipliziert man einen Vektor $\vec{s}$ mit einem positiven Skalar, zum Beispiel mit n oder $1/t$, so erhält man einen zu $\vec{s}$ gleichgerichteten Vektor, zum Beispiel

$$\frac{1}{t} \cdot \vec{s} = \frac{\vec{s}}{t} = \vec{v}.$$

§ 78 Die Geschwindigkeit als Vektor; Momentangeschwindigkeit 251

> *Definition:* Legt ein Körper in gleichen Zeitspannen auf einer Geraden gleiche Wegstrecken zurück, dann versteht man unter seiner Geschwindigkeit $\vec{v}$ den Quotienten aus der gerichteten Wegstrecke $\vec{s}$ und der zugehörigen Zeit t:
> $$\vec{v} = \frac{\vec{s}}{t}. \tag{251.1}$$
> Die Geschwindigkeit ist wie der Weg $\vec{s}$ eine Vektorgröße.

Aus Gleichung (251.1) folgt die Vektorgleichung $\vec{s} = \vec{v} \cdot t$.
Sie sagt aus: Multipliziert man den Vektor $\vec{v}$ mit dem Skalar t ($t > 0$), so entsteht ein $\vec{v}$ gleichgerichteter Vektor, nämlich der Weg-Vektor $\vec{s} = \vec{v} \cdot t$. Die zugehörige Betragsgleichung lautet: $s = v \cdot t$ *(Abb. 251.1)*.
Damit können wir den Trägheitssatz exakt und kurz formulieren:

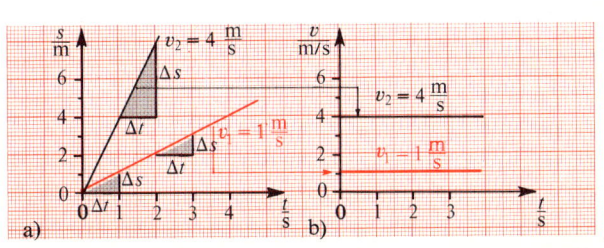

251.1 a) Weg-Zeit-Diagramm, b) Geschwindigkeits-Zeit-Diagramm bei der gleichförmigen Bewegung. Über die Bezeichnungen s/m und t/s an den Achsen siehe *Abb. 254.1*!

> **Ein Körper, auf den keine äußere Kraft wirkt oder an dem sich die von außen wirkenden Kräfte das Gleichgewicht halten, führt eine Bewegung aus, deren Geschwindigkeitsvektor $\vec{v}$ konstant ist. Man nennt sie eine gleichförmige Bewegung.**

Bei einer Bewegung auf gekrümmter Bahn ändert der Geschwindigkeitsvektor $\vec{v}$ zumindest seine Richtung, auch wenn der Körper in gleichen Zeiten gleich lange Wege zurücklegt. Wie *Abb. 251.2* zeigt, ist $\vec{v}_1 \neq \vec{v}_2$.

Wenn der Geschwindigkeitsvektor dabei seine Länge beibehält, so müssen wir uns auf die Aussage beschränken, daß der Betrag der Geschwindigkeit konstant ist: $v_1 = v_2$.

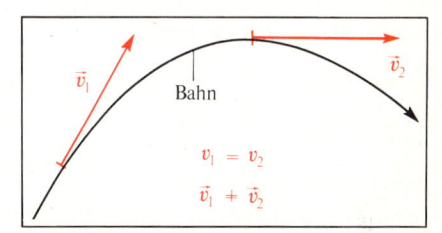

251.2 Auf gekrümmter Bahn gibt es keinen konstanten Geschwindigkeitsvektor.

> **Auf einer gekrümmten Bahn gibt es keinen konstanten Geschwindigkeitsvektor.**

Bei einer Geschwindigkeitsmessung muß man nicht über die ganze Wegstrecke s vom Anfangspunkt 0 bis zur Kontrollstelle abstoppen *(Abb. 251.3)*, sondern nur über die Wegzunahme $\vec{s}_2 - \vec{s}_1$ zwischen zwei Kontrollmarken A und B. Die zugehörige Zeitzunahme sei $t_2 - t_1$. Für diese Differenz schreibt man kurz

$$\Delta \vec{s} = \vec{s}_2 - \vec{s}_1 \quad \text{bzw.} \quad \Delta t = t_2 - t_1.$$

Das Zeichen Δ (Delta) bedeutet Differenz.
Nach *Abb. 251.3* ist $\Delta \vec{s}$ eine Wegstrecke, die sich an $\vec{s}_1$ anschließt und folglich zu $\vec{s}_1$ addiert den Vektor $\vec{s}_2$ ergibt; denn aus $\Delta \vec{s} = \vec{s}_2 - \vec{s}_1$ folgt $\vec{s}_2 = \vec{s}_1 + \Delta \vec{s}$.

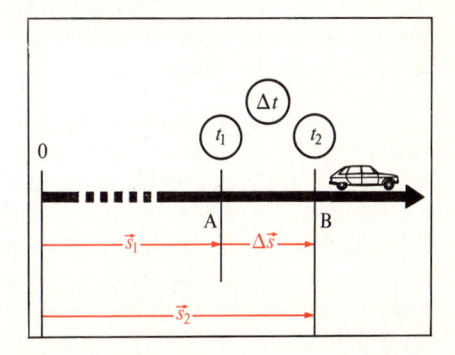

251.3 Mittlere Geschwindigkeit $\overline{\vec{v}} = \Delta \vec{s} / \Delta t$; es gilt: $\vec{s}_2 = \vec{s}_1 + \Delta \vec{s}$ oder $\Delta \vec{s} = \vec{s}_2 - \vec{s}_1$.

252   Dynamik

Zwischen den beiden Marken A und B berechnet man den Quotienten $\vec{v} = \dfrac{\vec{s}_2 - \vec{s}_1}{t_2 - t_1} = \dfrac{\Delta \vec{s}}{\Delta t}$ (252.1). Wir greifen nun zwei Beispiele für diesen Differenzenquotienten heraus:

a) Bei einer Bewegung mit konstantem Geschwindigkeitsbetrag (siehe Versuch 2) ist $v = \Delta s / \Delta t$ unabhängig von Größe und Lage der Strecke Δs auf der Bahn. Der Körper legt in der n-fachen Zeit ($n \cdot \Delta t$) auch den n-fachen Weg ($n \cdot \Delta s$) zurück: Dann bedeutet v in Gl. 252.1 den konstanten Geschwindigkeitsbetrag.

b) Wird der Körper auf seiner geraden Bahn schneller oder langsamer, so gibt $\dfrac{\Delta s}{\Delta t}$ die sogenannte **mittlere Geschwindigkeit** $\bar{v}$ an (manchmal auch **Durchschnittsgeschwindigkeit** genannt; der Autofahrer sagt „im Schnitt"). Darunter versteht man den konstanten Geschwindigkeitsbetrag $\bar{v} = \Delta s / \Delta t$, den ein Körper haben müßte, um (bei gleichförmiger Bewegung) in der gleichen Zeit Δt die gleiche Wegstrecke $\Delta s = \bar{v} \cdot \Delta t$ zurückzulegen. Diese mittlere Geschwindigkeit $\bar{v}$ hängt von der Größe und Lage der herausgegriffenen Strecke Δs ab. Dies erkennt man insbesondere bei der Anfahrbewegung eines Autos: Je weiter von der Startstelle entfernt eine Strecke Δs ist, über die man abstoppt, desto kürzer ist die gemessene Zeit Δt, also um so größer wird i. a. die mittlere Geschwindigkeit $\bar{v} = \Delta s / \Delta t$.

2. Die Momentangeschwindigkeit

Selbst beim Anfahren kann der Autofahrer an seinem Tachometer in jedem Augenblick die jeweilige Geschwindigkeit ablesen. Diese **Momentangeschwindigkeit** v wollen wir nun aus Weg- und Zeitmessungen ermitteln:

Versuch 3: Nach *Abb. 253.1* wird ein Wagen durch den an den Faden gehängten Körper aus der Ruhe heraus beschleunigt. Mit einem der in Versuch 2 beschriebenen Verfahren registriert man zu vielen Zeitpunkten t den jeweiligen Ort des Wagens *(Abb. 252.1)*. Die Abstände der Registriermarken nehmen nach rechts ständig zu; der Wagen wurde immer schneller. Nun soll in einem bestimmten Punkt B ein Maß für die dortige Momentangeschwindigkeit v entwickelt werden:

Hierzu berechnen wir zunächst für eine Reihe von Intervallen BC_i der Länge Δs, die sich alle rechts an B anschließen,

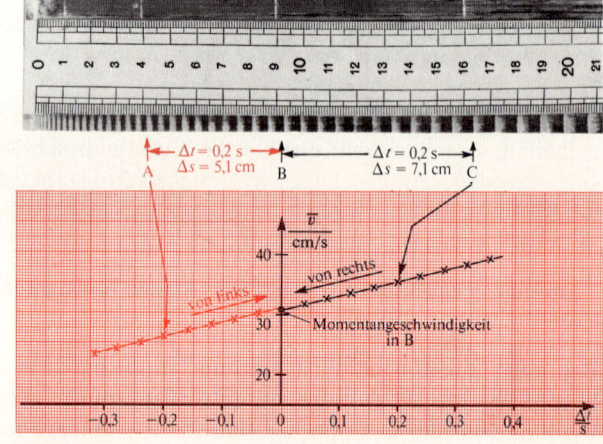

252.1 Bestimmung der Momentangeschwindigkeit v als Grenzwert von mittleren Geschwindigkeiten $\bar{v}$.

die mittleren Geschwindigkeiten $\bar{v}$. Der schwarze Pfeil greift ein Beispiel heraus und zeigt zum Schaubild in *Abb. 252.1*. Dort ist $\bar{v}$ über Δt aufgetragen. Man erkennt, wie zu erwarten, daß $\bar{v}$ abnimmt, wenn das Intervall Δs, das sich rechts an den festgehaltenen Punkt B anschließt, kleiner wird. Je kleiner dabei Δs ist, um so weniger ändert sich die Geschwindigkeit des Wagens im Meßintervall, um so besser beschreibt die berechnete mittlere Geschwindigkeit $\bar{v}$ das Geschwindigkeitsverhalten des Wagens im festgehaltenen Punkt B. Allerdings dürfen wir Δs nicht zu klein wählen, sonst fallen die Meßfehler zu sehr ins Gewicht. Wir können aber die schwarze

Gerade nach links bis zum Schnitt mit der Ordinatenachse verlängern. Der Schnittpunkt mit ihr gibt als Grenzwert (limes, lat.; Grenze) der Durchschnittsgeschwindigkeiten den Wert $v = 30{,}5$ cm/s. Dieser Grenzwert wird als **Momentangeschwindigkeit** v im Punkt B definiert.

Definition der Momentangeschwindigkeit: $\vec{v} = \lim\limits_{\Delta t \to 0} \dfrac{\Delta \vec{s}}{\Delta t}$	(253.1)

Man kann auch die Wegintervalle A_iB *links* vom festgehaltenen Punkt B ausmessen (roter Geradenteil in *Abb. 252.1*; $\Delta t < 0$). Bei der Bewegung eines Körpers erhält man für $\Delta t \to 0$ den gleichen Grenzwert $v = 30{,}5$ cm/s, jetzt „von links her". Die Geschwindigkeit springt in B nicht.

Bei der vorliegenden Anfahrbewegung erhält man die Momentangeschwindigkeit $v = 30{,}5$ cm/s in B schnell und genau, wenn man die mittlere Geschwindigkeit $\bar{v}$ eines *großen* Intervalls berechnet, das *zeitlich gesehen symmetrisch* zu B liegt. Dies gilt zum Beispiel für AC, da A um genau so viele Zeitmarken vor B liegt wie C dahinter. In *Abb. 252.1* ist in AC $\Delta t = 0{,}4$ s, $\Delta s = 12{,}2$ cm, $\bar{v} = \Delta s / \Delta t = 30{,}5$ cm/s stimmt mit der Momentangeschwindigkeit v in B überein. Dies gilt nur für die vorliegende Anfahrbewegung. Ein weiteres Verfahren zeigt Versuch 6.

§79 Die geradlinige Bewegung mit konstanter Beschleunigung

1. Das Weg-Zeit-Gesetz

Bisher untersuchten wir im wesentlichen die gleichförmige Bewegung. Bei ihr war (nach einem kurzen Anstoß) der Körper kräftefrei (die Resultierende der auf ihn wirkenden Kräfte war Null); nach dem Trägheitssatz führte er eine Bewegung mit konstantem Geschwindigkeitsvektor $\vec{v}$ aus. Nunmehr soll auf den Körper von der Ruhe aus ständig eine konstante Kraft $\vec{F}$ einwirken:

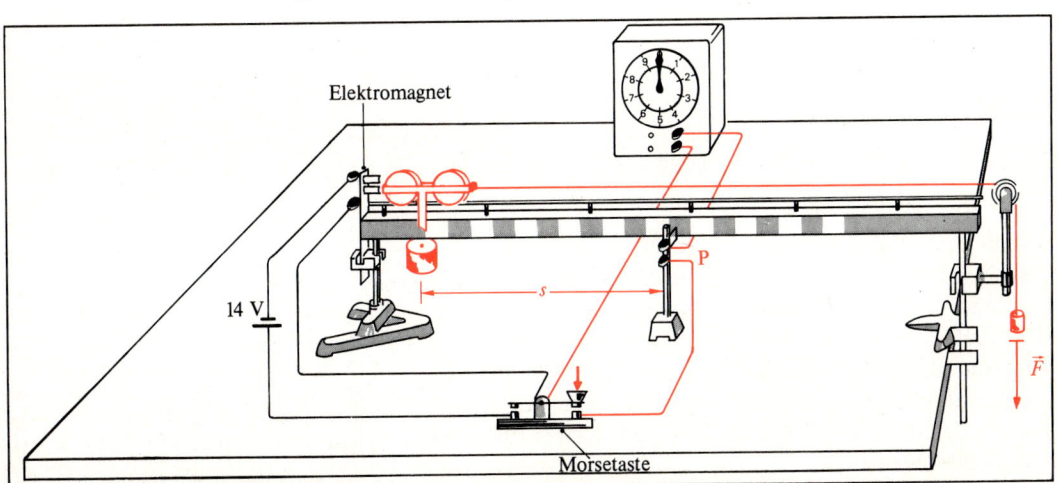

253.1 Anordnung zu Versuch 4

Versuch 4: Auf der Fahrbahn wird links ein Wagen (Masse 1 kg) von einem Elektromagneten festgehalten; vorher wurde die Reibung durch geeignetes Neigen der Bahn ausgeglichen. Am Wagen ist ein Faden befestigt, der rechts über eine Rolle gelegt und durch ein angehängtes Wägestück von 20 g Masse gespannt wird *(Abb. 253.1)*. Es erfährt die konstante Gewichtskraft von $\vec{F} = 0{,}196$ N. Diese Kraft $\vec{F}$ setzt den Wagen und das Wägestück in Bewegung, wenn man auf die Morsetaste drückt und so den Strom im Elektromagneten (schwarze Leitung) ausschaltet. Gleichzeitig wird der Stromkreis der elektrischen Uhr (rot ausgezogene Leitung) geschlossen, und diese setzt sich gleichzeitig mit dem Start des Wagens in Gang. Der Wagen wird immer schneller; er führt eine **beschleunigte Bewegung** aus. Dabei legt er in der doppelten Zeit mehr als den doppelten Weg zurück.

Tabelle 254.1
(Masse des Wagens $m_1 = 1{,}00$ kg, des Antriebskörpers $m_2 = 20$ g)

t in s	s in m	$s/t^2 = C$ in m/s²	v in m/s	$a = v/t$ in m/s²
0	0	—	0	—
1,03	0,100	0,0943	0,195	0,189
1,45	0,200	0,0951	0,270	0,186
1,78	0,300	0,0947	0,337	0,189
2,06	0,400	0,0943	0,384	0,187
2,30	0,500	0,0945	0,435	0,189
2,52	0,600	0,0945	0,476	0,189
2,91	0,800	0,0945	0,551	0,189
3,09	0,900	0,0943	0,590	0,191

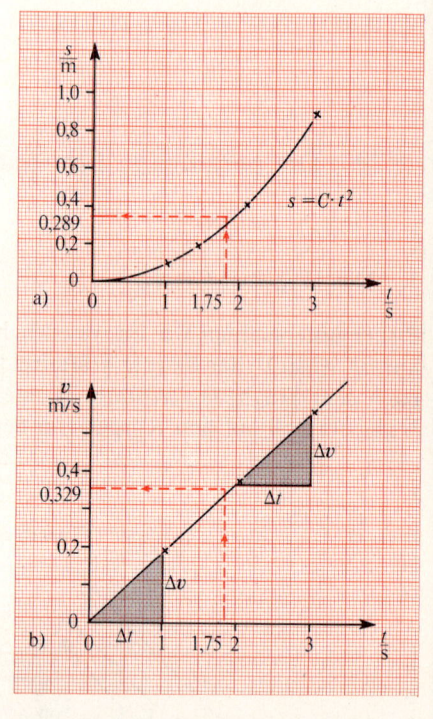

Um das *Weg-Zeit-Gesetz* dieser beschleunigten Bewegung zu ermitteln, läßt man den Wagen nach einer vorgegebenen Strecke s eine kleine Kontaktplatte P berühren und so den Stromkreis der Uhr unterbrechen. Diese kommt sofort zum Stehen und gibt die vom Anfahrpunkt aus verstrichene Zeit t an. Wie die *Tabelle 254.1* zeigt, braucht der Wagen für die Anfahrstrecke $s = 0{,}100$ m die Zeit $t = 1{,}03$ s. Verdoppelt man die Anfahrstrecke auf $s = 0{,}200$ m und läßt den Wagen nochmals laufen, so braucht er 1,45 s, also weniger als die doppelte Zeit. Er wurde ja — im Gegensatz zur gleichförmigen Bewegung — immer schneller. Die doppelte Zeit, nämlich $t = 2{,}06$ s, erhält man erst bei der 4fachen Anfahrstrecke $s = 0{,}400$ m. Zur 9fachen Anfahrstrecke 0,900 m wird die dreifache Zeit gebraucht. Die Anfahrstrecke s ist also dem Quadrat t^2 der Anfahrzeit t proportional; das heißt der Quotient

$$C = \frac{s}{t^2} = \frac{0{,}100 \text{ m}}{(1{,}03 \text{ s})^2} = \frac{0{,}400 \text{ m}}{(2{,}06 \text{ s})^2} = 0{,}0943 \frac{\text{m}}{\text{s}^2} \quad (254.1)$$

ist konstant. Dies bestätigt an vielen Meßwerten die 3. Spalte in der *Tabelle 254.1*. Wenn man die Meßwerte in einem Weg-Zeit-Diagramm aufträgt *(Abb. 254.1 a)*, so drängt sich als einfachste Beschreibung der *Parabelzweig* mit der Funktionsgleichung $s = C \cdot t^2$ (Gl. 254.1) auf. Er hat im Anfahr-(Null-)Punkt die t-Achse zur Tangente. Aus Gl. (254.1) folgt als *Weg-Zeit-Gesetz* für die vorliegende Bewegung:

$$s = C \cdot t^2 = 0{,}0943 \frac{\text{m}}{\text{s}^2} \cdot t^2. \quad (254.2)$$

254.1 a) Weg-Zeit-Diagramm, b) Geschwindigkeits-Zeit-Diagramm bei der gleichmäßig beschleunigten Bewegung. Auf den Achsen ist zum Beispiel der Quotient s/m aufgetragen, der aus der Größe s (kursiv) und der Einheit m (steil) den Zahlenwert gibt: Aus $s = 0{,}8$ m folgt ja $0{,}8 = s/m$. Der Angabe $\frac{v}{m/s}$ entnimmt man, daß die Geschwindigkeit v in der Einheit m/s angegeben ist.

§ 79 Die geradlinige Bewegung mit konstanter Beschleunigung

Versuch 5: Mit diesem Weg-Zeit-Gesetz kann man nun zu einer beliebigen Anfahrzeit t die zugehörige Anfahrstrecke s berechnen. Zum Beispiel folgt für $t=1{,}75$ s die Strecke

$$s = C \cdot t^2 = 0{,}0943 \, \frac{\text{m}}{\text{s}^2} \cdot (1{,}75 \text{ s})^2 = 0{,}289 \text{ m}.$$

Wir bringen an diese Stelle die Kontaktplatte P; der Wagen stoppt die Zeit $t=1{,}75$ s selbst ab.

2. Das Geschwindigkeits-Zeit-Gesetz

Da nunmehr die Geschwindigkeit ständig zunimmt, gibt der Quotient s/t nur die mittlere Geschwindigkeit auf der Anfahrstrecke s. Um die Momentangeschwindigkeit zum Beispiel bei $s=0{,}100$ m, das heißt bei $t=1{,}03$ s, zu messen, wenden wir den Trägheitssatz an:

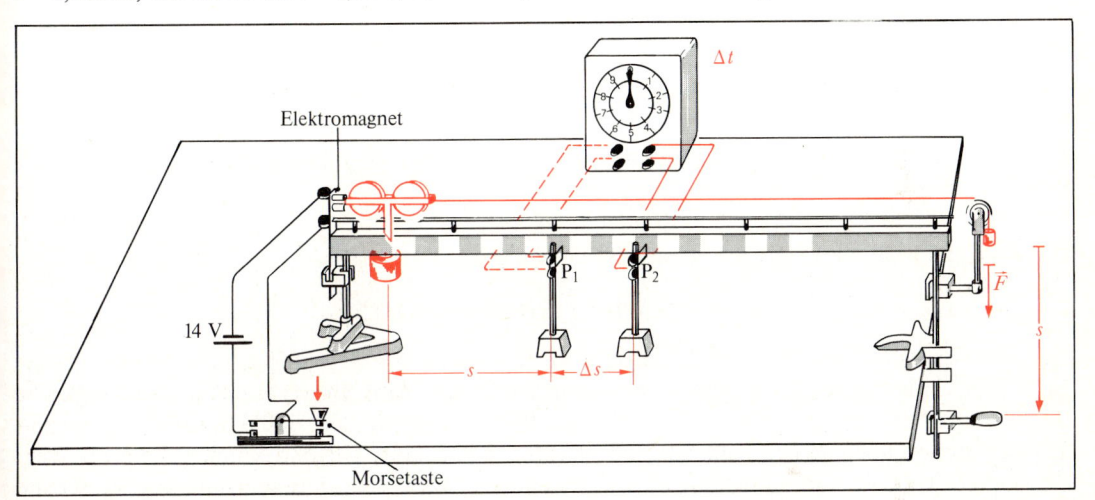

255.1 Anordnung zu Versuch 6

Versuch 6: Der beschleunigende Körper setzt auf einer Platte auf, während der Wagen nach dem Trägheitssatz mit der erreichten Momentangeschwindigkeit gleichförmig weiterfährt. Hierzu werden nach Durchlaufen der Anfahrstrecke s zwei Kontaktplatten P_1 und P_2 in größerem Abstand $\Delta s=0{,}200$ m aufgestellt. Wenn der Wagen die linke Platte P_1 berührt, öffnet sich der linke Stromkreis zur Uhr (rot gestrichelt); die Uhr beginnt nun die Zeit Δt zu messen. Wenn der Wagen zur rechten Kontaktplatte P_2 kommt, öffnet sich der rote Stromkreis; die Uhr steht und zeigt Δt (die Anfahrzeit t wird nicht mehr gemessen; sie ist aus Versuch 4 bekannt). Die so nach verschiedenen Anfahrzeiten t erreichten Momentangeschwindigkeiten $v=\Delta s/\Delta t=0{,}200$ m/Δt sind in *Tabelle 254.1*, 4. Spalte, berechnet und im *Geschwindigkeits-Zeit-Diagramm* nach *Abb. 254.1b* aufgetragen. Wir sehen, die Momentangeschwindigkeit ist der Anfahrzeit t proportional; sie steigt also in gleichen Zeiten (nicht auf gleichen Strecken) um den gleichen Betrag an, im Beispiel um $\Delta v=0{,}194$ m/s in jeweils $\Delta t=1{,}03$ s. In der doppelten Zeit t wird die doppelte Geschwindigkeit erreicht und so weiter. Der Quotient

$$a = \frac{v}{t} = \frac{\Delta v}{\Delta t} = \frac{0{,}194 \text{ m/s}}{1{,}03 \text{ s}} = \frac{0{,}388 \text{ m/s}}{2{,}06 \text{ s}} = 0{,}188 \, \frac{\text{m}}{\text{s}^2} \qquad (255.1)$$

bleibt also bei der vorliegenden Bewegung konstant (5. Spalte in *Tabelle 254.1*).

Dieser Quotient $a = \Delta v/\Delta t$ gibt die Geschwindigkeitszunahme je Sekunde an und erhält die anschauliche Bezeichnung **Beschleunigung** a (acceleration, engl.; Beschleunigung). Sie beträgt im Versuch 6

$$a = 0{,}188 \,\frac{\text{m}}{\text{s}^2} = \frac{0{,}188 \text{ m/s}}{1 \text{ s}}.$$

Die zweite Schreibweise zeigt deutlich, daß die Geschwindigkeit in jeweils $\Delta t = 1$ s um $\Delta v = 0{,}188$ m/s steigt. Bei der vorliegenden geradlinigen Bewegung zeigen alle Geschwindigkeitsvektoren $\vec{v}_1, \vec{v}_2, \ldots, \vec{v}_n$ in die gleiche Richtung, desgleichen die Vektoren $\Delta \vec{v} = \vec{v}_2 - \vec{v}_1$ und so weiter der Geschwindigkeitszunahme. Man definiert deshalb hier die Beschleunigung $\vec{a}$ als Vektor in Richtung der Geschwindigkeitsänderung:

> *Definition:* Unter der konstanten Beschleunigung $\vec{a}$ versteht man den Quotienten aus der Geschwindigkeitsänderung $\Delta \vec{v}$ und dem zugehörigen Zeitabschnitt Δt:
>
> $$\vec{a} = \frac{\Delta \vec{v}}{\Delta t}; \quad \text{skalar} \quad a = \frac{\Delta v}{\Delta t}. \tag{256.1}$$
>
> **Die Beschleunigung gibt die Zunahme der Geschwindigkeit je Sekunde an. Ihre Einheit ist $1 \,\frac{\text{m}}{\text{s}^2}$.**

Da die Bewegung aus der Ruhe beginnt (wenn $t = 0$, dann $v = 0$), lautet das Geschwindigkeits-Zeit-Gesetz nach Gl. (255.1)

$$v = a \cdot t. \tag{256.2}$$

Für $t = 1{,}75$ s folgt zum Beispiel bei der Beschleunigung $a = 0{,}188$ m/s²

$$v = a \cdot t = 0{,}188 \,\frac{\text{m}}{\text{s}^2} \cdot (1{,}75 \text{ s}) = 0{,}329 \,\frac{\text{m}}{\text{s}}.$$

Die im *Weg-Zeit-Gesetz* (Gl. 254.2) auftretende Konstante $C = s/t^2 = 0{,}0943$ m/s² hat die gleiche Einheit m/s² wie die Beschleunigung a, aber nur den halben Zahlenwert; es gilt $C = \tfrac{1}{2}a$ (vergleiche Spalte 3 und 5 in *Tabelle 254.1*). Wir werden auf Seite 257 begründen, daß dies für alle Bewegungen der vorliegenden Art (beschleunigende Kraft $\vec{F} = $ konstant) gilt und können dann im Weg-Zeit-Gesetz $s = C \cdot t^2$ die Konstante C durch den geläufigen Begriff Beschleunigung a ersetzen. Dabei erhalten wir die Gleichung $s = \tfrac{1}{2}a \cdot t^2$.

> *Erfahrungssätze:* Wird ein Körper zur Zeit $t = 0$ von der Wegmarke $s = 0$ aus durch eine konstante Kraft $\vec{F}$ in Bewegung gesetzt, dann erhöht sich in jeder Sekunde der Betrag der Geschwindigkeit $\vec{v}$ um den gleichen Wert Δv. Die Beschleunigung ist nach Betrag und Richtung konstant; ihr Vektor $\vec{a}$ zeigt in Richtung der beschleunigenden Kraft $\vec{F}$. Zur Zeit t gelten bei dieser gleichmäßig beschleunigten Bewegung, die aus der Ruhe beginnt, die folgenden Gesetze:
>
> **Geschwindigkeits-Zeit-Gesetz:** $\qquad \vec{v} = \vec{a} \cdot t;$ \hfill (256.3)
>
> **Weg-Zeit-Gesetz:** $\qquad \vec{s} = \frac{1}{2}\vec{a} \cdot t^2.$ \hfill (256.4)

Wenn sich bei einer geradlinigen Bewegung die Geschwindigkeitszunahme in gleichen Zeitabständen ändert, so gibt der Quotient $\bar{a} = \Delta v/\Delta t$ die mittlere Beschleunigung an. Der Grenzwert von $\Delta \vec{v}/\Delta t$ für $\Delta t \to 0$ ist die Momentanbeschleunigung:

> *Definition* der Momentanbeschleunigung:
>
> $$\vec{a} = \lim_{\Delta t \to 0} \frac{\Delta \vec{v}}{\Delta t}. \tag{256.5}$$

§79 Die geradlinige Bewegung mit konstanter Beschleunigung

Tabelle 257.1 Werte einiger Beschleunigungen

Anfahren von Personenzügen	0,15 m/s²	Anfahren von Krafträdern (15 kW)	4 m/s²
Anfahren von D-Zügen	0,25 m/s²	Freier Fall	9,81 m/s²
Anfahren von U-Bahnen	0,6 m/s²	Rennwagen	8 m/s²
Anfahren von Kraftwagen (60 kW)	3 m/s²	Geschoß im Lauf	500000 m/s²

Auf Seite 256 lasen wir an Meßwerten (induktiv) ab, daß die Konstante $C = s/t^2$ halb so groß ist wie die Beschleunigung a. Um den Faktor $\frac{1}{2}$ in der Beziehung $C = \frac{1}{2}a$ und damit im Weg-Zeit-Gesetz $s = \frac{1}{2} a \cdot t^2$ zu verstehen, müssen wir den Zusammenhang zwischen diesem Gesetz und dem Geschwindigkeits-Zeit-Gesetz $v = a \cdot t$ theoretisch aufdecken. Hierzu formen wir $s = \frac{1}{2} a \cdot t^2$ um zu $s = \frac{1}{2}(a \cdot t) \cdot t$. Dabei gibt $(a \cdot t) = v$ die nach der Zeit t von der Ruhe ($v=0$) aus erreichte Geschwindigkeit an. $\frac{1}{2}(a \cdot t)$ ist dann die mittlere Geschwindigkeit $\bar{v}$, das heißt der Mittelwert aus Null und $(a \cdot t)$; denn v steigt proportional zu t an *(Abb. 257.1)*. Wenn sich nun ein Körper mit der mittleren Geschwindigkeit $\bar{v}$ während der Zeit t gleichförmig bewegt, so legt er die gleiche Strecke wie der beschleunigte Körper zurück. Für sie gilt

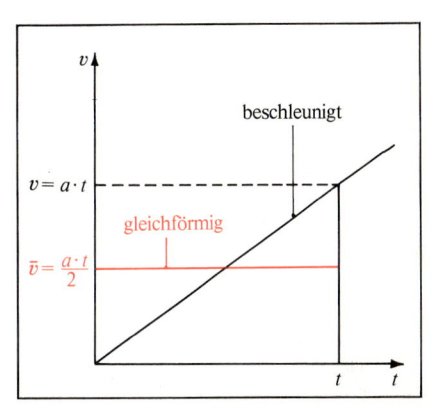

257.1 Momentangeschwindigkeit v und mittlere Geschwindigkeit $\bar{v}$ im Intervall zwischen $t=0$ und dem Zeitpunkt t

$$s = \bar{v} \cdot t = \tfrac{1}{2}(a \cdot t) \cdot t = \tfrac{1}{2} a \cdot t^2.$$

Diese Mittelwertsbildung macht den Faktor $\frac{1}{2}$ verständlich. — Der Weg s ist nicht der Zeit, sondern dem Quadrat t^2 aus folgendem Grund proportional: In der doppelten Zeit sind die erreichte Endgeschwindigkeit und somit auch die mittlere Geschwindigkeit $\bar{v}$ verdoppelt. Wenn sich ein Körper während der doppelten Zeit mit der doppelten mittleren Geschwindigkeit $\bar{v}$ gleichförmig bewegt, so legt er den 4fachen Weg zurück ($s = \bar{v} \cdot t$).

Aufgaben:

1. *Bei einer 30 min dauernden Fahrt betrug die mittlere Geschwindigkeit 72 km/h. Ist durch diese Angabe der Weg eindeutig bestimmt, den das Auto in diesen 30 min zurücklegte? Wie steht es mit dem Weg in einer beliebigen Minute dieses Zeitintervalls?*

2. *Warum hat die Beschleunigung eine andere Einheit als die Geschwindigkeit?*

3. *Ein Auto fährt mit der konstanten Beschleunigung 3,0 m/s² an. Welchen Weg hat es nach 4,0 s zurückgelegt? Wie groß ist dann seine Geschwindigkeit? — Wie weit bewegt es sich in den nächsten 5,0 s, wenn man nach 4,0 s Anfahrzeit die beschleunigende Kraft wegnimmt? Zeichen Sie das v-t-Diagramm!*

4. *Ein Zug erreicht aus der Ruhe nach 10 s die Geschwindigkeit 5 m/s. Wie groß ist seine als konstant angenommene Beschleunigung? Welchen Weg legt er in dieser Zeit zurück?*

5. *Ein anfahrender Wagen legt in den ersten 12 s durch eine konstante Kraft 133 m zurück. Wie groß ist die Beschleunigung? Welche Geschwindigkeit erreicht er nach 12 s?*

6. *Ein Körper erreicht nach konstanter Beschleunigung von der Ruhe nach 20 m Weg die Geschwindigkeit 20 m/s. Wie lange braucht er hierzu? (Stellen Sie zwei Gleichungen mit zwei Unbekannten auf!)*

7. *Berechnen Sie die Geschwindigkeit (in km/h) und den Weg des Kraftrads nach 2,0 s Anfahrzeit aufgrund der Tabelle 257.1!*

§80 Die Newtonsche Bewegungsgleichung (Grundgleichung der Mechanik)

1. Zusammenhang zwischen Kraft und Beschleunigung

Offensichtlich besteht ein enger Zusammenhang zwischen Kraft $\vec{F}$ und Beschleunigung $\vec{a}$. Zum Beispiel verleiht ein starker Motor mit großer Kraft $\vec{F}$ einem Auto auch eine große Anfahrbeschleunigung $\vec{a}$. Deshalb untersuchen wir zunächst den Zusammenhang zwischen der beschleunigenden Kraft F und der erzielten Beschleunigung a. Dabei halten wir die zu beschleunigende Substanz konstant:

Versuch 7: Wir lassen einen Wagen, also einen bestimmten Körper, nacheinander durch die einfache, die doppelte und die dreifache Kraft F aus der Ruhe anfahren. Hierzu hängen wir an den Zugfaden nach *Abb. 258.1* nacheinander die Wägestücke 10 g, 20 g, 30 g[1]). Die Reibung ist durch Neigen der Bahn ausgeglichen. Hat der Wagen selbst die Masse 0,500 kg, so findet man die Werte nach *Tabelle 258.1*. Nach ihnen ist die Beschleunigung a, die ein bestimmter Körper erfährt, der ihn beschleunigenden Kraft F proportional.

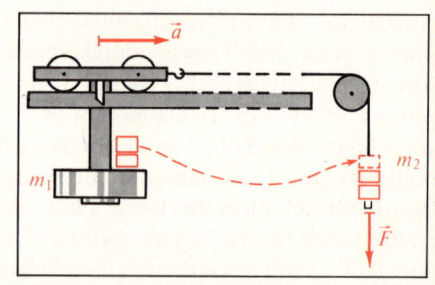

258.1 Für die Beschleunigung sind die Gesamtmasse $m = m_1 + m_2$ und $\vec{F}$ entscheidend.

Tabelle 258.1

Masse des beschleunigenden Körpers	in g	10	20	30
Beschleunigende Kraft F (von einem Kraftmesser bestimmt)	in cN	9,8	19,6	29,4
Beschleunigungszeit t (für $s=1$ m)	in s	3,35	2,37	1,94
Beschleunigung a	in m/s²	0,18	0,36	0,53

> **Die Beschleunigung a eines bestimmten Körpers ist der ihn beschleunigenden Kraft F proportional: $F \sim a$.**

2. Zusammenhang zwischen Kraft und Masse

Um einen beladenen Wagen gleich schnell anzuschieben wie einen leeren, braucht man eine viel größere Kraft; man sagt, der beladene sei *träger*, er habe ein *größeres Beharrungsvermögen*. Bisweilen führt man als „Begründung" an, er sei auch schwerer, das heißt, er erfahre eine größere

---

[1]) Damit bei allen drei Anfahrversuchen stets die gleiche Substanz in Bewegung gebracht wird, legen wir alle zum Beschleunigen nötigen Wägestücke zunächst auf den Wagen. Die Stücke, die man zum Erzeugen der beschleunigenden Kraft F braucht, nimmt man dort weg und hängt sie an den Faden. Das Beharrungsvermögen aller Wägestücke ist beim Beschleunigen in waagerechter wie auch in senkrechter Richtung gleichermaßen zu überwinden. *Nicht die Wägestücke beschleunigen, sondern die an ihnen angreifenden Gewichtskräfte! Die Wägestücke für sich sind nur träge.*

Gewichtskraft. Doch ist diese Kraft beim Beschleunigen aus folgenden Gründen belanglos:

a) Die Gewichtskraft des Wagens wird von der waagerechten Straße durch eine Gegenkraft ausgeglichen, kann also die Bewegung weder unterstützen noch hemmen.

b) Raketen brauchen auch im schwerefreien Raum eine Kraft zum Beschleunigen. Sie ist um so größer, je größer die gesamte zu beschleunigende Masse ist (Masse der Nutzlast plus Masse der Rakete selbst).

c) Im folgenden Versuch wirken sich Gewichtskraft und Trägheit ganz verschiedenartig aus:

Versuch 8: Nach *Abb. 259.1* hängt ein großes Eisenstück am dünnen Faden AB. Unten setzt sich der gleiche Faden bis zum Handgriff fort (CD). Wenn wir am Griff die Zugkraft allmählich erhöhen, so reißt der obere Faden AB; denn an ihm wirkt zusätzlich die Gewichtskraft, welche der Körper nach unten erfährt. Wenn man dagegen ruckartig zieht, so reißt der untere Faden CD. Hier zeigt sich das Beharrungsvermögen des Körpers, es schützt den oberen Faden: Vor dem Reißen müßte er etwas verlängert werden; hierzu wäre der Körper gegen sein Beharrungsvermögen nach unten um ein Stück zu beschleunigen. Doch fehlt dazu beim ruckartigen Reißen die Zeit.

Gewichtskraft und *Beharrungsvermögen (Trägheit)* sind also zwei ganz verschiedene Begriffe. Bei einem fallenden Körper verursacht die Gewichtskraft als Vektor die Beschleunigung nach unten. Das Beharrungsvermögen hemmt dagegen die Beschleunigung, unabhängig davon, nach welcher Richtung sie erfolgt; man wird deshalb das Beharrungsvermögen durch einen Skalar beschreiben. Die folgenden Versuche sollen klären, ob sich hierzu der schon von früher her bekannte Skalar *Masse* eignet:

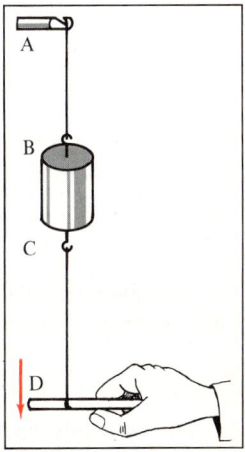

259.1 Trägheit und Gewichtskraft wirken sich in Versuch 8 ganz verschieden aus.

Versuch 9: Wir lassen den in Versuch 7 benutzten Wagen wiederum durch 10 g beschleunigen, also mit $F = 9{,}81$ cN. Dann hängen wir nach *Abb. 259.2, links*, an ihn einen zweiten, genau gleichen Wagen. Wenn wir außerdem 20 g an den Faden hängen, das heißt die beschleunigende Kraft verdoppeln, so erhalten wir die gleiche Beschleunigung. Da die Reibung durch Neigen der Bahn ausgeglichen ist, überwindet die Kraft $F = 19{,}6$ cN nur die Trägheit. Da beide Wagen zusammen zur gleichen Beschleunigung die doppelte Kraft F brauchen wie einer allein, sagen wir, sie seien doppelt so träge.

Versuch 10: Der zweite Wagen in Versuch 9 wird durch einen Körper aus anderem Material, aber genau gleicher Masse m ersetzt *(Abb. 259.2, rechts)*. *Die gleiche Masse wurde auf einer Waage durch Vergleich der Gewichtskräfte festgestellt.* Nach dem oben Gesagten ist es keineswegs selbstverständlich, daß die neue Anordnung auch gleich *träge* ist. Sie erfährt jedoch durch die gleiche Kraft 19,6 cN genau die gleiche Beschleunigung wie die beiden Wagen in Versuch 9 zusammen. Auch überall im Weltall würden sie durch die gleiche Kraft dieselbe Beschleunigung erfahren:

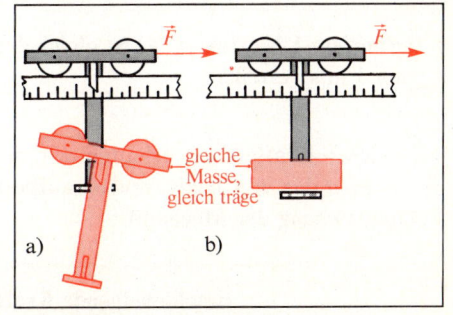

259.2 Die beiden rot gezeichneten Körper sind gleich träge und gleich schwer.

> *Erfahrungssatz:* Zwei Körper mit gleicher Masse sind nicht nur überall gleich träge, sie sind auch am gleichen Ort gleich schwer, selbst wenn sie aus verschiedenen Stoffen bestehen.

Nach dem oben Gesagten sind *Trägsein* und *Schwersein* begrifflich zwei völlig verschiedene Eigenschaften; daß sie trotzdem so eng miteinander verbunden sind, können wir nicht weiter begründen; es ist aber durch genaueste Versuche an den verschiedensten Stoffen vielfältig erwiesen. Wir wollen uns nochmals vergegenwärtigen: Wenn ein Körper zum Beispiel die Masse 1 kg hat, so bedeutet dies zweierlei:

a) Er ist so *schwer* wie das in Paris aufbewahrte Ur-Kilogramm, das heißt, er wird am gleichen Ort genau so stark wie dieses zur Erde gezogen. Dies zeigt ein Vergleich an der Tafelwaage aufgrund der Definition der Massengleichheit (Seite 14).

b) Er ist gleich *träge* wie das Ur-Kilogramm; er erfährt überall durch die gleiche Kraft auch die gleiche Beschleunigung wie dieses.

Die Versuche 9 und 10 zeigten weiter:

> *Erfahrungssatz:* Die Kraft F, die man zur gleichen Beschleunigung braucht, ist der Masse m des zu beschleunigenden Körpers proportional, unabhängig von der Art des Stoffs: $F \sim m$.

3. Die Grundgleichung der Mechanik und die Krafteinheit 1 Newton

Unsere Experimente zeigen:

a) $F \sim a$ (bei konstanter Masse m),

b) $F \sim m$ (für die gleiche Beschleunigung a).

Hieraus folgt $F \sim m \cdot a$ oder $F = k \cdot m \cdot a$, und zwar unabhängig vom Ort und von der Art der beschleunigten Körper. Man kann also mit Hilfe der Masse m und der Beschleunigung a eine universelle Krafteinheit definieren, die unabhängig von Gewichtskräften und von Federkraftmessern ist. Wenn man dabei die Zahlenwerte für F, m und a zu 1 wählt, so erhält auch der Proportionalitätsfaktor k in $F = k \cdot m \cdot a$ den Zahlenwert 1. Wenn man also $k = 1$ setzt, so erhält man $F = m \cdot a$ und zugleich eine strenge Definition der Krafteinheit 1 Newton:

> *Definition:* 1 Newton (1 N) ist gleich der Kraft, die einem Körper der Masse 1 kg die Beschleunigung 1 m/s² erteilt.   1 N = 1 kg m/s²

Mit dieser Krafteinheit erhalten wir dann aus der durch Experimente gewonnenen Gleichung $F = k \cdot m \cdot a$ das von *Isaak Newton* aufgestellte **Newtonsche Beschleunigungsgesetz**, die sogenannte **Grundgleichung der Mechanik**:

> Beschleunigende Kraft F = Masse m mal Beschleunigung a
>
> $F = m \cdot a$;   vektoriell: $\vec{F} = m \cdot \vec{a}$.   (260.1)

§ 80 Die Newtonsche Bewegungsgleichung (Grundgleichung der Mechanik)

Die Vektorgleichung sagt aus, daß die Beschleunigung $\vec{a}$ stets in Richtung der Kraft $\vec{F}$ erfolgt. Nunmehr können wir prüfen, ob unsere schon im ersten Teil der Mechanik benutzten Kraftmesser die Kraft richtig in der Einheit Newton anzeigen:

Versuch 11: Auf der Fahrbahn steht ein Wagen der Masse $m_1 = 1{,}500$ kg; die Reibung ist durch Neigen sorgfältig ausgeglichen. An den Zugfaden hängt man einen beschleunigenden Körper der Masse $m_2 = 40$ g. Die Anordnung mit der gesamten Masse $m = m_1 + m_2 = 1{,}540$ kg wird aus der Ruhe beschleunigt und braucht zum Anfahrweg $s = 1{,}000$ m die Beschleunigungszeit $t = 2{,}80$ s. Folglich ist die Beschleunigung

$$a = \frac{2s}{t^2} = \frac{2{,}000 \text{ m}}{7{,}84 \text{ s}^2} = 0{,}255 \frac{\text{m}}{\text{s}^2}.$$

Nach der Gleichung $F = m \cdot a$ und damit nach der Definition der Krafteinheit 1 Newton hatte die beschleunigende Kraft den Betrag

$$F = m \cdot a = 1{,}540 \text{ kg} \cdot 0{,}255 \frac{\text{m}}{\text{s}^2} = 0{,}393 \frac{\text{kg m}}{\text{s}^2} = 0{,}393 \text{ N}.$$

Es war die Gewichtskraft, die der Antriebskörper der Masse 0,04 kg erfuhr. Einem Körper der Masse 1 kg kommt also die Gewichtskraft 0,393 N/0,04 = 9,82 N zu. Dies stimmt mit den Angaben eines in Newton geeichten Kraftmessers überein (wäre er in einer anderen Einheit, etwa in Kilopond, geeicht, so könnte man nun den Umrechnungsfaktor zwischen ihr und der gesetzlichen Krafteinheit 1 N erhalten). Damit haben wir zum ersten Mal eines unserer Meßgeräte unmittelbar nach der durch das Bundesgesetz für das Einheitenwesen von 1969 vorgeschriebenen Definition nachgeprüft. Bei Längen- und Zeiteinheiten ist dies viel schwieriger. Durch genaue Beschleunigungsversuche fand man:

In Mitteleuropa erfährt ein Körper der Masse 1 kg die Gewichtskraft $9{,}81 \frac{\text{kg m}}{\text{s}^2} = 9{,}81$ N.

Folglich erfährt ein Körper der Masse 1 kg/9,81 = 0,102 kg = 102 g bei uns die Gewichtskraft 1 Newton, 1 g-Stücke also etwa 0,01 N = 1 cN (genauer 2% weniger). Dies ist unabhängig von der Größe der Beschleunigung, die der Körper erfährt und gilt auch, wenn er an einem Kraftmesser hängt, also in Ruhe ist (dann haben wir den Grenzfall $a \to 0$).

Die Rechnungen zeigen zudem, daß 1 Newton eine Abkürzung für die zusammengesetzte Einheit $1 \frac{\text{kg m}}{\text{s}^2}$ ist:
$$1 \text{ N} \equiv 1 \frac{\text{kg m}}{\text{s}^2}. \tag{261.1}$$

Es mag überraschen, daß nach der Gleichung $F = m \cdot a$ die Kraft F mit der Beschleunigung a, nicht aber mit der Geschwindigkeit v zusammenhängt. Fahrzeuge erreichen ja nach der Beschleunigungsphase eine von der Antriebskraft F_A abhängige Geschwindigkeit. Doch klärten wir dies bereits auf Seite 249: Beim Anfahren steigt der Luftwiderstand F_L so lange, bis er der Antriebskraft F_A das Gleichgewicht hält ($F_A = F_L$). Dann ist die für die beschleunigende Kraft übrigbleibende Differenz $F = F_A - F_L = 0$; die weitere Beschleunigung $a = F/m$ sinkt auf Null, das heißt, die weitere Geschwindigkeitszunahme Δv ist Null, die Geschwindigkeit bleibt konstant. Wir müssen also stets beachten:

In der Gleichung $\vec{F} = m \cdot \vec{a}$ bedeutet die beschleunigende Kraft $\vec{F}$ die Resultierende der am beschleunigten Körper der Masse m angreifenden äußeren Kräfte $\vec{F}_i$. Es gilt $\vec{F} = \sum_i \vec{F}_i = m \cdot \vec{a}$.

Der Trägheitssatz ist in der Grundgleichung $\vec{F}=m\cdot\vec{a}$ enthalten: Besteht Kräftegleichgewicht (beschleunigende Kraft $F=0$), so ist auch die Beschleunigung a Null; das heißt die Geschwindigkeit $\vec{v}$ bleibt nach Betrag und Richtung konstant.

Beim Autofahren ändert sich die Motorkraft F oft ruckweise, folglich auch die Momentan-Beschleunigung $a=F/m$. Hierauf können wir die Gleichung $F=m\cdot a$ anwenden; denn sie berücksichtigt nur das, was im jeweiligen Augenblick geschieht. Die Gleichungen $s=\frac{1}{2}a\cdot t^2$ und $v=a\cdot t$ gelten nur, wenn während der ganzen Zeit t die Beschleunigung a konstant ist, andernfalls nicht.

4. Beispiele

a) Welche Kraft braucht ein Auto der Masse $m_1=1000$ kg, um mit der Beschleunigung $a=6$ m/s² anzufahren? Aus $F=m\cdot a$ folgt $F=1000$ kg $\cdot\, 6\,\frac{m}{s^2} = 6000$ N.

b) Wie groß ist die Beschleunigung, wenn das Auto mit der Kraft 6000 N auch noch einen Anhänger der Masse $m_2=400$ kg zu ziehen hat? Aus $F=m\cdot a$ folgt mit $m=m_1+m_2$:

$$a=\frac{F}{m}=\frac{6000\,\text{N}}{m_1+m_2}=\frac{6000\,\text{N}}{1400\,\text{kg}}=4{,}3\,\frac{\text{kg m}}{\text{s}^2\,\text{kg}}=4{,}3\,\frac{\text{m}}{\text{s}^2}.$$

c) In *Abb. 258.1* soll der Wagen der Masse $m_1=5{,}0$ kg mit der Beschleunigung $a=2{,}0$ m/s² anfahren. Der an die Schnur zu hängende Körper muß die noch unbekannte Masse $m_2=x$ kg haben. Er erfährt die Gewichtskraft $G_2=9{,}8x$ N $=9{,}8x$ kg m/s². Diese beschleunigt die beiden Körper mit der Gesamtmasse $m=m_1+m_2=(5{,}0+x)$ kg (Fußnote Seite 258). Da die beschleunigende Kraft $F=G_2$ ist, gilt nach $F=m\cdot a$:

$$9{,}8x\,\frac{\text{kg m}}{\text{s}^2}=(5{,}0+x)\,\text{kg}\cdot 2{,}0\,\frac{\text{m}}{\text{s}^2};\text{ d.h. }x=1{,}3;\quad m_2=1{,}3\text{ kg}.$$

Aufgaben:

1. *Was ist beim Aufstellen der Gleichung $F=m\cdot a$ durch Erfahrung gewonnen, was ist Definition? (Bedenken Sie, daß der Proportionalitätsfaktor zwischen F und $m\cdot a$ den Wert 1 hat.)*

2. *Welche konstante beschleunigende Kraft ist nötig, um ein Auto (1000 kg Masse) in 10 s von der Ruhe auf 20 m/s zu beschleunigen? Welchen Weg hat es dann zurückgelegt?*

3. *An einem auf Eis praktisch reibungsfrei beweglichen Schlitten der Masse 80 kg zieht man mit der Kraft 50 N. Wie groß sind die Beschleunigung sowie Weg und Geschwindigkeit nach 4,0 s, wenn der Schlitten zu Beginn in Ruhe ist?*

4. *Ein Zug der Masse 700 t (1 t=1000 kg) fährt mit der Beschleunigung 0,15 m/s² an. Welche Kraft braucht man zum Beschleunigen?*

5. *Ein Fahrbahnwagen (2,00 kg) steht reibungsfrei auf waagerechter Unterlage. Über einen Faden beschleunigt ihn ein Körper der Masse 100 g. Wie groß sind die Beschleunigung und der nach 5,00 s zurückgelegte Weg sowie die dann erreichte Geschwindigkeit? (Siehe die Fußnote auf Seite 258.) Könnte man mit einem Antriebskörper von 100 kg Masse eine 1000mal so große Beschleunigung erreichen?*

6. *Ein Faden liegt über einer reibungs- und massefreien Rolle und ist rechts mit 1,0 kg, links mit x kg balastet. Wie groß muß x sein, daß in 2,0 s aus der Ruhe 30,0 cm zurückgelegt werden?*

7. *Ein Aufzug (1,5 t Masse) wird aus der Ruhe auf 2,0 m Weg auf die Geschwindigkeit 3,0 m/s a) nach oben, b) nach unten beschleunigt. Wie groß ist die Kraft, mit der das Aufhängeseil an ihm zieht, solange die Beschleunigung konstant ist?*

§ 81 Der freie Fall

1. Was versteht man unter dem freien Fall?

Wenn man Körper losläßt, so fallen sie nach unten. Doch finden wir beträchtliche Unterschiede: Ein Eisenstück fällt so schnell, daß wir kaum sagen können, ob seine Geschwindigkeit ständig zunimmt, oder ob sie nach einer gewissen „Anlaufstrecke" konstant bleibt. Ein Blatt Papier dagegen taumelt langsam und unregelmäßig nach unten. Hat man es dagegen zusammengeknüllt, so fällt es wider Erwarten auf den ersten zwei Metern neben dem Eisenstück her, bleibt dann allerdings zurück. Das Taumeln des ausgebreiteten Blatts rührt von Kräften her, welche die Luft ausübt. Sie erschweren unsere Betrachtung; wir wollen deshalb zunächst von ihnen absehen und untersuchen, wie ein Körper aus der Ruhe heraus frei, das heißt ohne Einfluß der umgebenden Luft, fällt.

> **Unter dem freien Fall versteht man die Fallbewegung eines Körpers aus der Ruhe heraus, auf den allein seine Gewichtskraft einwirkt.**
> **Beim freien Fall wird vom Luftwiderstand abgesehen.**

2. Die Gesetze des freien Falls

Wenn wir vom Luftwiderstand absehen, so greift am fallenden Körper allein die Gewichtskraft G, die er von der Erde erfährt, an. Sie wirkt voll als beschleunigende Kraft F; es gilt $F=G$. In Erdnähe, insbesondere innerhalb eines Zimmers, ist diese Gewichtskraft G hinreichend konstant. Nach dem Newtonschen Grundgesetz $F = m \cdot a$ erwarten wir, daß der Körper mit der konstanten Masse m auch die konstante Beschleunigung

$$\vec{a} = \frac{\vec{F}}{m} = \frac{\vec{G}}{m} \qquad (263.1)$$

erfährt. Hier steht die Gewichtskraft $\vec{G}$ im Zähler: Wir erwarten, daß sehr schwere Körper mit großer Beschleunigung fallen, und glauben dies durch die Erfahrung bestätigt. Auf Seite 260 fanden wir jedoch an Fahrbahnversuchen, daß die Masse m, die ein Maß für die Trägheit darstellt, der Gewichtskraft G (am gleichen Ort) proportional ist ($m \sim G$). Die Masse m steht im Nenner von Gl. 263.1. Wenn wir also die an der Fahrbahn gewonnene Erkenntnis hier verwerten dürfen, so müßte die Beschleunigung a beim freien Fall am gleichen Ort für alle Körper gleich groß sein. Dies können wir natürlich nur im luftleeren Raum nachprüfen:

Versuch 12: Die über 1 m lange Fallröhre enthält ein schweres Bleistück und eine leichte Flaumfeder (Abb. 263.1). Wenn sie luftleer gepumpt ist, dreht man

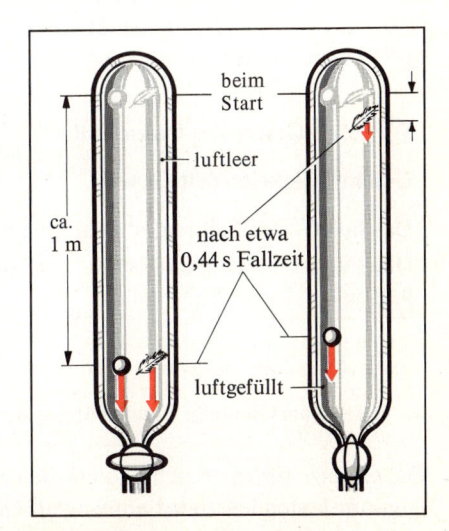

263.1 Fallröhre zu Versuch 12

sie schnell um, so daß beide Körper gleichzeitig zu fallen beginnen. Sie kommen auch gleichzeitig unten an, durchlaufen also in der gleichen Zeit $t_1 = t_2$ die gleiche Strecke $s_1 = s_2$. Aus $s_1 = \frac{1}{2} a_1 \cdot t_1^2$ und $s_2 = \frac{1}{2} a_2 \cdot t_2^2$ folgt somit $a_1 = a_2 = g$. Man bezeichnet allgemein mit g die **Fallbeschleunigung.** — Wenn die Fallröhre jedoch mit Luft gefüllt ist, ändert sich an der Fallbewegung der Bleikugel fast nichts, während die Flaumfeder langsam und gleichförmig nach unten schwebt.

> **Beim freien Fall erfahren alle Körper am selben Ort die gleiche, konstante Fallbeschleunigung $\vec{g}$.**

Nehmen wir zum Beispiel an, die Bleikugel erfahre die 1000fache Gewichtskraft gegenüber der Flaumfeder, so ist sie nach Seite 260 auch genau 1000mal so träge, sie hat 1000fache Masse. Es gilt:

$$a = g = \frac{F}{m} = \frac{G}{m} \quad \text{(für die Flaumfeder)}$$

$$= \frac{1000\,G}{1000\,m} \quad \text{(für die Bleikugel).}$$

Der Versuch zum freien Fall bestätigt also in hervorragender Weise die eigenartige, von uns nicht weiter erklärbare Proportionalität zwischen Trägheit und Schwere. Zudem zeigt er, wie verschiedenartig diese beiden Begriffe sind: Die Schwere, also die Gewichtskraft $\vec{G}$, beschleunigt die Körper nach unten (im Zähler von Gl. 263.1); die Trägheit hemmt dagegen die Fallbewegung (Masse m im Nenner). Wir haben deshalb schon auf Seite 259 streng zwischen beiden unterschieden. Man lese diesen Abschnitt nochmals!

Wir wollen nun versuchen, mit Gl. 263.1 auch den Betrag der Fallbeschleunigung zu berechnen. Da g bei allen Körpern am gleichen Ort gleich groß ist, nehmen wir der Einfachheit halber ein Kilogrammstück. Seine Masse ist $m = 1$ kg; es erfährt in Mitteleuropa die Gewichtskraft $G = 9{,}81$ N. Also gilt:

$$g = a = \frac{G}{m} = \frac{9{,}81\ \text{N}}{1\ \text{kg}} = \frac{9{,}81\ \text{kg} \cdot \text{m/s}^2}{1\ \text{kg}} = 9{,}81\ \frac{\text{m}}{\text{s}^2}. \tag{264.1}$$

Da die Beschleunigung $a = g$ konstant ist und der freie Fall aus der Ruhe heraus beginnt (für $t = 0$ gilt $v = 0$ und $s = 0$), erhalten wir für jeden Körper am gleichen Ort mit demselben Zahlenwert für die Fallbeschleunigung g:

> **Weg-Zeit-Gesetz des freien Falls:** $\qquad s = \frac{1}{2} g \cdot t^2 \qquad$ (264.2)
>
> **Geschwindigkeits-Zeit-Gesetz:** $\qquad v = g \cdot t \qquad$ (264.3)
>
> Das heißt: Der Fallweg ist dem Quadrat der Fallzeit proportional.
> Die Fallgeschwindigkeit ist der Fallzeit t proportional und erhöht sich in jeder Sekunde um 9,81 m/s.

3. Die experimentelle Nachprüfung der Fallgesetze

Die Gesetze für die beschleunigte Bewegung fanden wir auf Seite 254 bis 256 an verhältnismäßig langsam laufenden Fahrbahnwagen. Ob diese Gesetze auf die Fallbewegung übertragen werden dürfen, kann nur durch genaue Versuche ermittelt werden. Hierzu lassen wir massive und schwere

Metallkörper mit kleiner Oberfläche fallen und beschränken uns auf Fallwege unter 1 m *(Abb. 265.1)*. Dann dürfen wir erwarten, daß der Luftwiderstand noch nicht merklich stört.

Versuch 13: Die Eisenkugel K wird nach *Abb. 265.1* vom Elektromagneten NS gehalten und gegen zwei Kontakte gepreßt. Der rot gezeichnete Stromkreis ist geschlossen, der elektronische Kurzzeitmesser zeigt $t = 0{,}0000$ s an. Öffnet man mit dem Schalter S den Stromkreis des Magneten, so beginnt die Kugel zu fallen und der Kurzzeitmesser läuft an. Sobald die Kugel auf die Kontaktplatte P fällt, öffnet sie den rot gestrichelten Stromkreis und stoppt den Kurzzeitmesser augenblicklich. Die Fallstrecken s und die Fallzeiten t sind in *Tabelle 265.1* zusammengestellt, ferner die daraus berechnete Beschleunigung $g = 2s/t^2$.

Wir sehen:

a) Die Beschleunigung ist im benutzten Bereich praktisch konstant. Die Fallwege sind den Quadraten (t^2) der Fallzeiten proportional.

b) g hat den in Gl. 264.1 vorhergesagten Wert $g = 9{,}8$ m/s².

Versuch 14: Um die Geschwindigkeit v des fallenden Körpers in einem Punkt seiner Bahn zu bestimmen, lassen wir eine Kugel *(Abb. 265.2)* die Höhe $s = 0{,}40$ m durchfallen. Hierzu braucht sie nach Gl. 264.2 die Fallzeit $t = \sqrt{2s/g} = 0{,}286$ s. Nach Gl. 264.3 sollte sie dann die Momentangeschwindigkeit $v = g \cdot t = 2{,}81$ m/s haben. Um dies nachzuprüfen, läßt man die Kugel vom Durchmesser $\Delta s = 2{,}0$ cm einen waagerecht laufenden Lichtstrahl unterbrechen. Hierbei wird eine dahinter aufgestellte Fotozelle (oder Fotodiode, ein Halbleiterbauelement) für die kurze Zeit $\Delta t = 0{,}0072$ s verdunkelt, wie der ange-

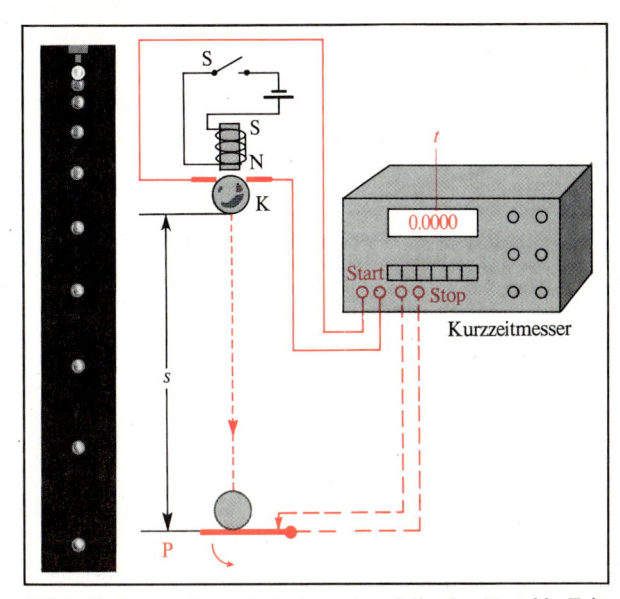

265.1 Stroboskopische Aufnahme einer fallenden Kugel in Zeitabständen von 0,05 s (links), Messung von Fallzeit t und Fallbeschleunigung $g = 2s/t^2$ (rechts)

Tabelle 265.1 zu Versuch 13; die Werte der kleinen Ziffern sind nicht gesichert.

s in m	t in s	g in m/s²
0,1000	0,1428	9,80$_8$
0,400$_0$	0,28565	9,80$_4$
0,900$_0$	0,4287	9,79$_2$

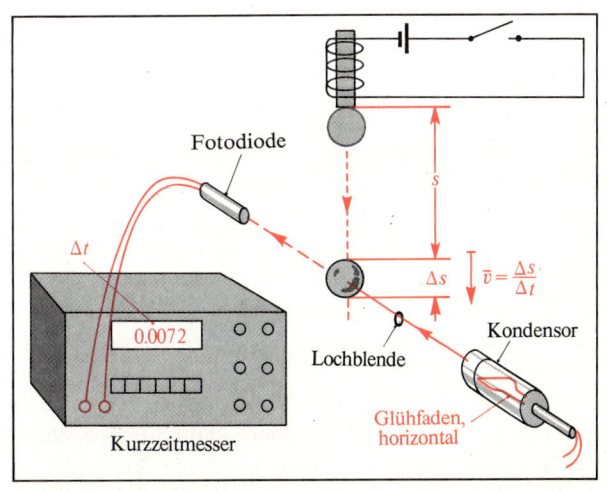

265.2 Messung der Geschwindigkeit einer fallenden Kugel mit einer Lichtschranke

schlossene Kurzzeitmesser angibt. Auf der Strecke Δs hatte der Fallkörper also die Durchschnittsgeschwindigkeit $\bar{v} = \Delta s / \Delta t = 2{,}8$ m/s. Da Δs gegenüber der ganzen Fallstrecke s klein ist, änderte sich die Momentangeschwindigkeit im Intervall Δs nicht wesentlich. Sie stimmt mit der Durchschnittsgeschwindigkeit $\bar{v}$ gut überein.

Häufig kann man für die Fallbeschleunigung den gerundeten Wert $g = 10$ m/s² benutzen. Dann erhält man für Fallwege und Geschwindigkeiten die leicht zu merkenden Werte der *Tabelle 266.1*. Man erkennt, daß die Fallwege quadratisch steigen, während sich die Geschwindigkeit in jeder Sekunde um 10 m/s erhöht. Der hierbei gemachte Fehler liegt bei 2% und damit in der Größenordnung des Fehlers vieler Meßinstrumente.

Tabelle 266.1 Bequeme Näherungswerte für t, s und v beim freien Fall

Zeit t in s	Fallweg s in m	Geschwindigkeit v in m/s
0	0	0
1	5	10
2	20	20
3	45	30
4	80	40

4. Zusammenhang zwischen Gewichtskraft G und Masse m

Ein Körper der Masse m sei nur seiner Gewichtskraft $\vec{G}$ ausgesetzt. Er erfährt die Beschleunigung $\vec{g}$. Folglich gilt nach $\vec{F} = m \cdot \vec{a}$:

$$G = m \cdot g; \quad \text{vektoriell: } \vec{G} = m \cdot \vec{g}.$$

Hieraus folgt, daß ein Körper der Masse $m = 1$ kg bei uns ($g = 9{,}81$ m/s²) die Gewichtskraft $G = 1$ kg $\cdot$ 9,81 m/s² $= 9{,}81$ N erfährt. Da sich die Gewichtskraft G, mit der die Erde auf ein und denselben Körper wirkt, mit dem Ort ändert, verändert sich auch die Fallbeschleunigung $g = G/m$: Bei einer geographischen Breite von 45° hat sie in Meereshöhe den Wert 9,80629 m/s², an den Polen 9,83221 m/s², am Äquator 9,78049 m/s². Für die Mondoberfläche ist aufgrund der Anziehung durch den Mond $g = 1{,}7$ m/s².

$$G = m \cdot g; \quad \text{vektoriell: } \vec{G} = m \cdot \vec{g} \tag{266.1}$$

Fallbeschleunigung in geographischen Breiten zwischen 44° und 54°: $g = 9{,}81 \dfrac{\text{m}}{\text{s}^2}$.

5. Die schiefe Ebene

a) Bei der schiefen Ebene *(Abb. 266.1)* greift die Gewichtskraft $\vec{G}$ am Wagen schräg zur geneigten Ebene AB an. Der Wagen kann sich nur parallel zu AB bewegen. Sein Abrollen wird durch einen Kraftmesser, der parallel zu AB liegt, verhindert; er zeigt eine Kraft $\vec{F}_H$ an, die schräg nach unten weist und **Hangabtrieb** genannt wird. Um den Betrag F_H dieses Hangabtriebs zu bestimmen, muß man $\vec{G}$ sinnvoll zerlegen. Als die eine Komponentenrichtung bietet sich die Richtung der gesuchten Kraft $\vec{F}_H$ an. Die andere soll so liegen, daß sie die Bewegung längs der schiefen Ebene AB weder auf- noch abwärts unmittelbar beeinflußt. Dies ist dann der Fall, wenn diese zweite Komponente $\vec{F}_N$ senkrecht zu

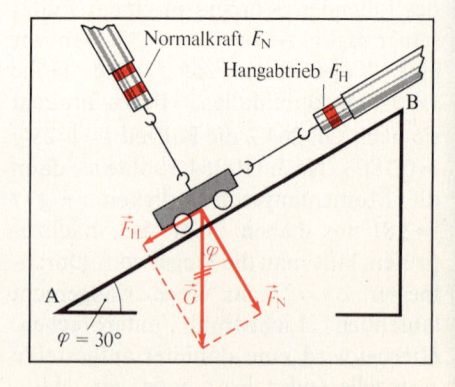

266.1 Kraftzerlegung an der schiefen Ebene. Im roten Kräfteplan tritt der Steigungswinkel φ der schiefen Ebene nochmals auf.

AB steht. Man nennt sie die **Normalkraft** („Normale" bedeutet „Senkrechte"). Mit der Normalkraft $\vec{F}_N$ wirkt der Wagen senkrecht zur Ebene AB und verbiegt sie. In dem rechtwinkligen Dreieck, das durch $\vec{G}$ und $\vec{F}_N$ bestimmt ist, gilt:

$$\text{Hangabtrieb} \quad F_H = G \cdot \sin \varphi \qquad (267.1)$$
$$\text{Normalkraft} \quad F_N = G \cdot \cos \varphi \qquad (267.2)$$

Der Körper wird auf die schiefe Ebene nicht mit der Gewichtskraft G, sondern der kleineren Normalkraft F_N gepreßt. Deshalb beträgt nach Seite 22 die Gleitreibungskraft $R = f \cdot F_N$ und die Haftreibungskraft $R' = f' \cdot F_N$. Dabei ist f die Gleitreibungszahl und f' die Haftreibungszahl.

Aufgaben:

1. *Nach welchen Zeiten hat ein frei fallender Körper a) die Geschwindigkeit 25 m/s, b) den Fallweg 10 m aus der Ruhe heraus erreicht ($g = 10$ m/s²)?*

2. *Wie lange braucht ein Stein von der Spitze des Ulmer Münsters (160 m), vom Eiffelturm (300 m), bis er am Boden aufschlägt? Welche Geschwindigkeit hat er dann? ($g = 10$ m/s²; vom Luftwiderstand ist abzusehen).*

3. *Aus welcher Höhe müßte ein Körper frei fallen, damit er Schallgeschwindigkeit erreicht (340 m/s)? Vom Luftwiderstand ist abzusehen!*

4. *Aus welcher Höhe müßte ein Auto frei fallen, damit es die Geschwindigkeit 108 km/h erreicht (Demonstration der Wucht bei einem Unfall)?*

5. *Ein Junge drückt einen Holzmaßstab mit dem Nullpunkt nach unten an eine glatte Wand. Ein zweiter hält seinen Daumen über diese Nullmarke und preßt mit ihm den Stab an die Wand, sobald er erkennt, daß dieser vom ersten unerwartet losgelassen wurde. Der Daumen trifft die 25 cm-Marke. Wie lange war die Reaktionszeit des zweiten?*

6. *Aus welcher Höhe müßte man auf den Mond herabspringen, um mit der gleichen Geschwindigkeit anzukommen, wie wenn man auf der Erde aus 1 m Höhe springt?*

7. *Ein Auto (900 kg) fährt mit der Beschleunigung 0,10 m/s² auf einer Straße mit Steigungswinkel 15°. Welche Kraft braucht man wegen der Steigung, welche zum Beschleunigen?*

8. *Welchen Hangabtrieb erfährt ein Klotz (20 kg) auf einer schiefen Ebene mit Neigungswinkel 30°? Wie groß sind Normalkraft und Gleitreibungskraft, wenn $f = 0,2$? Welche Kraft bleibt zum Beschleunigen, wie groß ist die Beschleunigung? Wie ändert sich die Beschleunigung, wenn die Masse doppelt ist?*

9. *Wie groß sind nach Abb. 266.1 Hangabtrieb und Normalkraft an einer schiefen Ebene mit 20° Neigung, wenn der aufgelegte Körper die Masse 20 kg hat? — Bei welchem Winkel ist $F_H = G/2$, bei welchem $F_H = G$?*

10. *Der Raketenmotor eines Raumschiffes wirbelt beim Landen auf dem Mond sehr viel Staub auf. Warum ist nach dem Abstellen des Motors die Sicht sofort wieder klar — im Gegensatz zur Erde?*

11. *Mit welcher Beschleunigung gleitet ein Körper der Masse m eine schiefe Ebene mit Winkel φ hinab (ohne Reibung)?*

12. *a) Im Beispiel c von Seite 262 wird der Wagen durch einen Holzklotz der Masse 5,0 kg ersetzt, der auf einem waagerechten Brett mit der Reibungszahl $f = 0,50$ gleitet. Welche Masse m_2 muß der anzuhängende Körper haben, damit die Beschleunigung wieder 2,0 m/s² beträgt? b) Wie groß muß m_2 sein, wenn das Brett mit $\varphi = 30°$ ansteigt?*

§ 82 Die Vektoraddition bei Bewegungen; Wurfbewegungen

1. Bewegungen mit konstanter Geschwindigkeit

Ein Fährboot erreicht in *ruhendem* Wasser die Geschwindigkeit $v_1 = 4$ m/s. Nun fahre es in einem Fluß, dessen Wasser mit $v_0 = 3$ m/s *relativ zum Ufer* talwärts fließt. Das Boot behalte dabei seine Eigengeschwindigkeit $v_1 = 4$ m/s (nun relativ zu einem Beobachter, der sich mit dem Wasser treiben läßt). Wir fragen nach der Geschwindigkeit v des Boots *relativ zum Ufer*. Sie hängt wesentlich davon ab, in welcher Richtung das Boot fährt, genauer, wie die Vektoren $\vec{v}_0$ von der Flußgeschwindigkeit und $\vec{v}_1$ der Eigengeschwindigkeit des Boots zueinander gerichtet sind. Wir untersuchen 4 verschiedene Fälle *(ohne den Luftwiderstand zu berücksichtigen)*:

a) Das Boot fährt talwärts, die Flußgeschwindigkeit $v_0 = 3$ m/s und die Eigengeschwindigkeit $v_1 = 4$ m/s sind also *gleichgerichtet*. Das antrieblose Boot würde vom Wasser in 1 s um 3 m mitgenommen; durch seinen Antrieb wird es relativ zum Wasser um 4 m in der gleichen Richtung weiterbewegt. *Relativ zum Ufer* legt das Boot in der Sekunde also 7 m zurück; seine Geschwindigkeit $\vec{v}$ *relativ zum Ufer* beträgt $v = 7$ m/s. Nach *Abb. 268.1* werden die Vektoren $\vec{v}_0$ und $\vec{v}_1$ in gleicher Richtung aneinander gelegt und so addiert. Für diese Vektoren gilt $\vec{v} = \vec{v}_0 + \vec{v}_1$.

b) Nun fahre das Boot *gegen* die Strömung. Von ihr würde es ohne Antrieb wiederum in 1 s um 3 m mitgenommen. Durch Antrieb legt es aber in 1 s relativ zum Wasser 4 m flußaufwärts zurück; es kommt also — vom Ufer aus gesehen — flußaufwärts nur 1 m voran. Für den Betrag seiner Geschwindigkeit *relativ zum Ufer* gilt $v = v_1 - v_0 = 1$ m/s. Dabei haben wir nach *Abb. 268.1* wiederum das Ende des Vektors $\vec{v}_1$ an die Spitze von $\vec{v}_0$ anzuheften; doch zeigt $\vec{v}_1$ jetzt dem Vektor $\vec{v}_0$ entgegen; für diese Beispiele ist es sehr anschaulich, die beiden Vektoren aus Pappe zu schneiden und das Ende von $\vec{v}_1$ am Gelenk G drehbar an der Spitze von $\vec{v}_0$ zu befestigen *(Abb. 268.1)*. Dieses Modell zeigt, daß man auch hier eine *Addition der Vektoren* vornimmt, für die man schreibt: $\vec{v} = \vec{v}_0 + \vec{v}_1$: die resultierende Geschwindigkeit $\vec{v}$ zeigt stets vom Ende E des Vektors $\vec{v}_0$ zur Spitze S von $\vec{v}_1$. Die Differenz der Beträge, nämlich $v = v_1 - v_0$, liest man am Vektormodell unmittelbar ab.

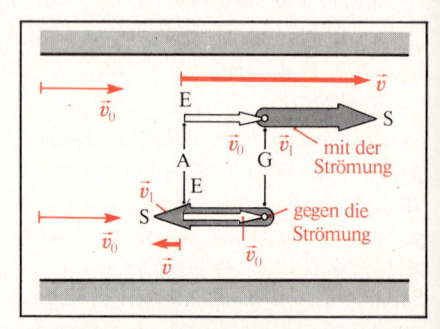

268.1 Das Boot fährt mit der Strömung, bzw. gegen sie. Die beiden aus Pappe geschnittenen Geschwindigkeitspfeile können um G gedreht werden.

c) Das Boot fahre nun mit seiner Eigengeschwindigkeit vom Betrage $v_1 = 4$ m/s quer zur Strömung über den Fluß der Breite $\overline{AB} = 200$ m, indem es seine Längsachse quer zur Strömung stellt. Wäre das Wasser in Ruhe, so hätte das Boot nach $t = 50$ s den Punkt B des gegenüberliegenden Ufers erreicht *(Abb. 268.2)*; es gilt $\overline{AB} = v_1 \cdot t$. Auch wenn das Wasser strömt, erreicht das Boot nach $t = 50$ s das andere Ufer. Es wird aber in dieser Zeit $t = 50$ s von der Strömung ($v_0 = 3$ m/s) um die Strecke $\overline{BC} = v_0 \cdot t = 150$ m flußabwärts getrieben und kommt

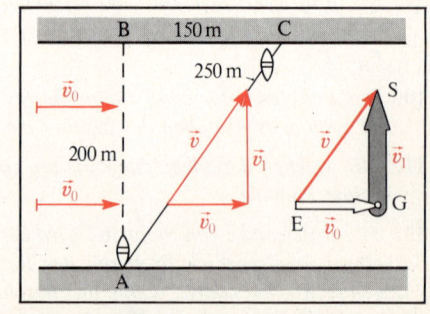

268.2 Das Boot fährt quer zur Strömung.

in C an. Dabei fährt es längs der Geraden AC. Nach dem Satz des Pythagoras ist $\overline{AC}=\sqrt{\overline{AB}^2+\overline{BC}^2}=250$ m. Da hierfür das Boot $t=50$ s braucht, ist seine Geschwindigkeit $\vec{v}$ relativ zum Ufer $v=\overline{AC}/t=250$ m/50 s $=5$ m/s. Man kann diese Geschwindigkeit v auch unmittelbar aus den Einzelgeschwindigkeiten errechnen. Durch Einsetzen folgt nämlich:

$$v = \frac{\overline{AC}}{t} = \frac{\sqrt{\overline{AB}^2+\overline{BC}^2}}{t} = \frac{\sqrt{(v_1 \cdot t)^2+(v_0 \cdot t)^2}}{t} = \frac{t \cdot \sqrt{v_1^2+v_0^2}}{t} = \sqrt{v_1^2+v_0^2}.$$

Unmittelbar lesen wir dies am Vektormodell ab, wenn nach *Abb. 268.2* $\vec{v}_1$ senkrecht zu $\vec{v}_0$ steht. Die aus $\vec{v}_0$ und $\vec{v}_1$ resultierende Geschwindigkeit $\vec{v}$ des Bootes relativ zum Ufer ist die Diagonale des Vektordreiecks aus $\vec{v}_0$ und $\vec{v}_1$. Wie in den beiden obigen Fällen gilt also die Vektorgleichung $\vec{v}=\vec{v}_0+\vec{v}_1$.

d) Nun soll der Fluß trotz der Strömung auf dem kürzesten Weg AB überquert werden *(Abb. 269.1)*. Hierzu ist die Eigengeschwindigkeit $\vec{v}_1$ des Bootes relativ zum Wasser (das heißt die Längsachse des Bootes) schräg gegen die Strömungsgeschwindigkeit $\vec{v}_0$ zu richten. Wir drehen in unserem Vektormodell den Vektor $\vec{v}_1$ so um die Spitze G von $\vec{v}_0$, daß die resultierende Geschwindigkeit $\vec{v}$ nun senkrecht zu $\vec{v}_0$, das heißt senkrecht zum Ufer, steht. Wiederum gilt die Vektorgleichung $\vec{v}=\vec{v}_0+\vec{v}_1$. Für den Betrag v erhält man dagegen

$$v=\sqrt{v_1^2-v_0^2}=\sqrt{4^2-3^2}\text{ m/s}=2{,}65\,\frac{\text{m}}{\text{s}}.$$

Zur Überfahrt braucht jetzt das Boot die Zeit $t=\overline{AB}/v=75{,}6$ s, also länger als nach *Abb. 268.2*. Es hat ja teilweise gegen die Strömung anzukämpfen, während es sich in *Abb. 268.2* einfach abtreiben ließ. Deshalb sollte ein Schwimmer, den die Kräfte in einer Strömung verlassen, nicht einen festen Punkt am Ufer (zum Beispiel B) anzustreben suchen. Er kommt schneller ans Ufer, wenn er senkrecht zur Strömung schwimmt und nicht teilweise gegen sie ankämpft.

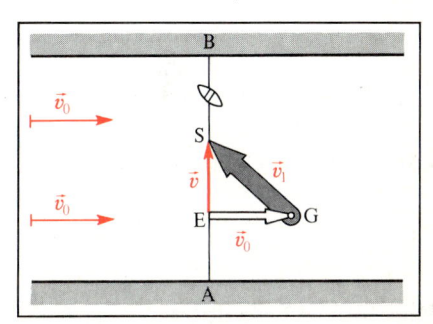

269.1 Das Boot nimmt den kürzesten Weg AB vom einen zum anderen Ufer, von einem dort stehenden Beobachter registriert. Für einen treibenden Beobachter bewegt sich das Boot in Richtung von v_1!

2. Der waagerechte Wurf

Wir setzten die Geschwindigkeitsvektoren zweier gleichförmiger Bewegungen (Boot relativ zum Wasser und Wasser relativ zum Ufer) zusammen und erhielten eine geradlinige, gleichförmige Bewegung (Boot relativ zum Ufer). Nun gehen wir zu beschleunigten Bewegungen über *(wieder ohne Luftwiderstand)*:

Versuch 15: In dem vertikalen Gestell nach *Abb. 269.2* preßt die Blattfeder B die Kugel II gegen das Holz und hindert sie daran, senkrecht nach unten zu fallen. Die Kugel I liegt auf einer schmalen Leiste. Wenn man nun von links auf die Blattfeder schlägt, so beginnt die Kugel II sofort senkrecht zu fallen (siehe Vektor (2) in

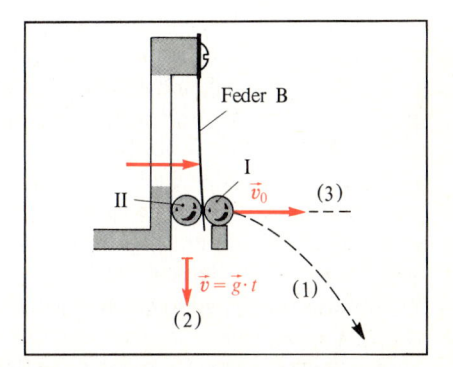

269.2 Die Kugel I braucht für ihre längere Bahn (1) die gleiche Zeit wie die Kugel II zum freien Fall. Den Bahnverlauf zeigt *Abb. 270.1* stroboskopisch.

Abb. 269.2 und die stroboskopische Aufnahme der fallenden Kugel in *Abb. 270.1*). Die Kugel I wird gleichzeitig waagerecht mit der Anfangsgeschwindigkeit $\vec{v}_0$ abgestoßen. Von diesem Augenblick an sind beide Kugeln ihrer Gewichtskraft $\vec{G}$ überlassen. Dabei hat die Kugel I einen längeren Weg zurückzulegen (Bahn 1 in *Abb. 269.2*). Trotzdem schlagen beide Kugeln *gleichzeitig* am waagerechten Boden auf. Dies gilt unabhängig davon, wie stark man auf die Feder B schlägt, also unabhängig davon, wie groß die horizontale Anfangsgeschwindigkeit $\vec{v}_0$ der Kugel I ist. Auch die Höhe h über dem Boden spielt keine Rolle. Also brauchen beide Kugeln zum Durchfallen dieser Höhe h die gleiche Zeit t. Dies erkennt man in *Abb. 270.1* an den *horizontalen* Linien. Folglich kann man sich in die krummlinige Wurfbewegung der Kugel I eine vertikale Fallbewegung hineindenken: Wir stellen uns einen Beobachter vor, der sich nach dem Abwurf mit der Geschwindigkeit $\vec{v}_0$ in der Horizontalen *gleichförmig* weiterbewegt (Bahn 3 in *Abb. 269.2*; siehe die gleichabständigen vertikalen Linien in *Abb. 270.1*). *Von seinem Bezugssystem aus sieht er die Kugel I stets senkrecht unter sich fallen und wendet auf ihre Bewegung die Fallgesetze* ($s = \frac{1}{2} g \cdot t^2$) *an.* — Im Grunde sind wir auch beim freien Fall nach Seite 265 in der Lage solch eines Beobachters; bewegen wir uns doch — zusammen mit dem fallenden Körper — wegen der Erdrotation mit 300 m/s nach Osten!

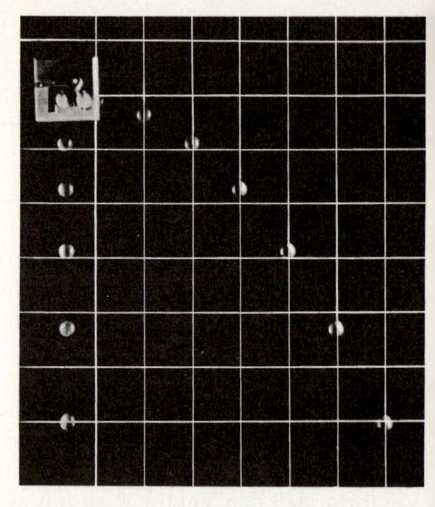

270.1 Die beiden Kugeln in *Abb. 269.2* werden mit Lichtblitzen in gleichen Zeitabständen beleuchtet. Sie sind in jedem Augenblick auf gleicher Höhe; die geworfene Kugel entfernt sich gleichmäßig von der fallenden.

Die Kugel I werde relativ zum Erdboden waagerecht mit der Geschwindigkeit $v_0 = 10$ m/s abgestoßen. Anschließend wirkt in *waagerechter* Richtung (in *Abb. 270.2* ist es die x-Richtung) keine Kraft; vom Luftwiderstand sehen wir ab. Im schwerefreien Raum würde die Kugel nach dem Trägheitssatz die Abstoßgeschwindigkeit $\vec{v}_0$ beibehalten und in der Zeitspanne t in x-Richtung die Vektorstrecke $\vec{x} = \vec{v}_0 \cdot t$ zurücklegen; für $t = 1$ s, 2 s, und so weiter würde sie die Punkte $x_1 = 10$ m, $x_2 = 20$ m, und so weiter erreichen. Man betrachte in *Abb. 270.1* die gleichen Abstände der vertikalen Linien! Nach Versuch 15 können für die vertikalen Strecken in y-Richtung die Gesetze des freien Falls angewandt werden, nämlich $y = \frac{1}{2} g \cdot t^2$ und $v_y = g \cdot t$; denn in Richtung der Gewichtskraft $\vec{G}$ verhält sich die abgestoßene Kugel I wie die frei fallende Kugel II. Beide legen in vertikaler Richtung die Vektorstrecken $\vec{y}_1$ und $\vec{y}_2$ mit den Längen 5 m beziehungsweise 20 m zurück. Um den Ort der Kugel zur Zeit $t = 1$ s zu erhalten, braucht man nur die Vektoren $\vec{x}_1$ (Betrag 10 m) und $\vec{y}_1$ (Betrag 5 m) zu addieren. Man erhält den Punkt P_1 mit den Koordinaten $x_1 = 10$ m und $y_1 = 5$ m. Nach $t = 2$ s ist der Ort P_2 mit den Koordinaten $x_2 = 20$ m und $y_2 = 20$ m und so weiter erreicht. Durch Verbinden dieser Punkte erhält man die gekrümmte Bahnkurve. Sie stimmt hier aber nicht mit dem *geraden Ortsvektor* $\overrightarrow{OP_1} = \vec{x}_1 + \vec{y}_1$ überein!

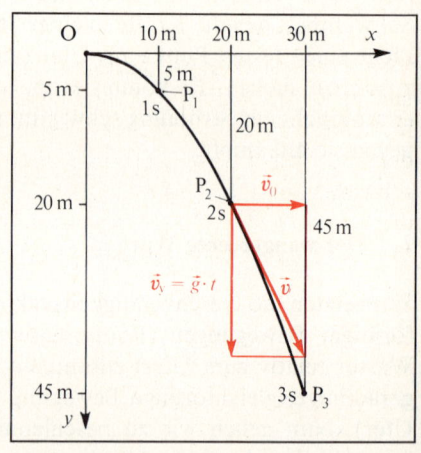

270.2 Bahn und Geschwindigkeit beim waagerechten Wurf, konstruiert

Im Punkt P_2 sind ferner die *Geschwindigkeitsvektoren* mit den Beträgen $v_0 = 10$ m/s und $v_y = g \cdot t = 20$ m/s eingetragen. Der resultierende Geschwindigkeitsvektor $\vec{v}$ liegt in der Tangente an die Bahnkurve. Denn $\vec{v}$ gibt nach Betrag und Richtung den Weg an, den der Körper in der nächsten Sekunde zurücklegen würde, falls er sich nach dem Trägheitssatz kräftefrei weiterbewegen könnte, das heißt, wenn man im Zeitpunkt $t = 2$ s die Schwerkraft hätte ausschalten können. Da die Gewichtskraft jedoch weiter angreift, ist die Bahn nach unten gekrümmt.

Die *Abb. 270.1* legt die Vermutung nahe, daß die Bahnkurve eine **Parabel** ist. Um ihre Gleichung zu erhalten, eliminiert man aus den Bewegungsgleichungen der beiden Teilbewegungen, nämlich aus $x = v_0 \cdot t$ und $y = \frac{1}{2} g \cdot t^2$, die Zeit t und erhält die Gleichung der Bahnkurve des waagerechten Wurfs: $y = \frac{g}{2 v_0^2} \cdot x^2$. Da $\frac{g}{2 v_0^2}$ konstant ist, stellt dies die bekannte Form der Parabelgleichung $y = C \cdot x^2$ dar. Man kann ihr allerdings nicht mehr den Ort des Körpers in einem bestimmten Zeitpunkt t entnehmen. Dies war bei den Parametergleichungen $x = v_0 \cdot t$ und $y = \frac{1}{2} g \cdot t^2$ möglich.

Beim waagerechten Wurf gilt im luftleeren Raum:

a) **für die Koordinaten x und y der Bahnkurve**

$$x = v_0 \cdot t \quad (271.1)$$

$$y = \tfrac{1}{2} g \cdot t^2 \quad (271.2)$$

b) **für die Geschwindigkeitskomponenten**

$$v_x = v_0 = \text{konstant} \quad (271.3)$$

$$v_y = g \cdot t \quad (271.4)$$

c) **Gleichung der Wurfparabel:** $y = \dfrac{g}{2 v_0^2} \cdot x^2$ **(271.5)**

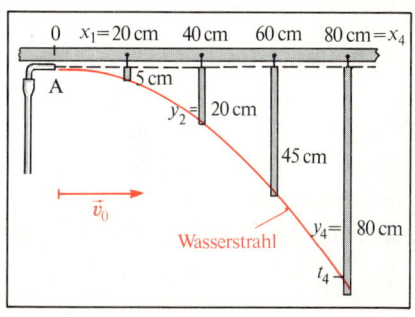

271.1 Der Wasserstrahl beschreibt eine Parabelbahn und streift die Holzstäbchen an ihrem unteren Ende.

Versuch 16: Um diese Überlegungen und damit die Parabelform der Bahnkurve nachzuprüfen, stellen wir ein einfaches Lattenmodell her *(Abb. 271.1)*: An eine waagerechte Holzlatte werden in Abständen von 20 cm Stäbe der Länge 5 cm, 20 cm, 45 cm und 80 cm gelenkig gehängt. Aus dem bei A befestigten Glasröhrchen mit Spitze spritzt ein Wasserstrahl. Wenn man seine Geschwindigkeit richtig einstellt, streifen die Wasserteilchen bei ihrem waagerechten Wurf die Enden der Holzstäbchen. Projiziert man den Strahl auf die Wandtafel, so erkennt man die Wurfparabel. Wir können nun die Abspritzgeschwindigkeit v_0 berechnen:

Zum Durchfallen von $y_4 = 80$ cm (Länge des 4. Stäbchens) braucht das Wasser nach Gl. 271.2 die Zeit $t_4 = \sqrt{2 y_4 / g} = 0{,}4$ s. In dieser Zeit hat es horizontal die Strecke $x_4 = 0{,}8$ m zurückgelegt (Abstand des 4. Stäbchens von der Düsenöffnung). Nach Gl. 271.1 ist also $v_0 = x_4 / t_4 = 2$ m/s. Gl. 271.5 der Wurfparabel lautet:

$$y = \frac{g}{2 v_0^2} \cdot x^2 = 1{,}25 \, \frac{1}{\text{m}} \cdot x^2.$$

3. Der schiefe Wurf

Versuch 17: Wenn wir die Latte unseres Modells aus Versuch 16 schräg nach oben halten, so wird das Wasser schräg abgespritzt, die Wasserteilchen führen einen **schiefen Wurf** aus. Wenn sich beim Übergang vom waagerechten Wurf die Abspritzgeschwindigkeit nicht geändert hat, so streifen sie wiederum die Enden der vertikal hängenden Holzstäbchen. Offensichtlich addieren sich die *Vektoren der kräftefreien geradlinigen Bewegung in der Abwurfrichtung.*

Abb. 272.1 zeigt die Bahnkurve eines Körpers, der im luftleeren Raum mit der Anfangsgeschwindigkeit $v_0 = 28$ m/s unter dem Erhebungswinkel $\varphi = 45°$ abgeworfen wurde. Ohne Schwerkraft würde er in Abwurfrichtung in jeder Sekunde die Strecke 28 m zurücklegen (Punkte A_1, A_2 und so weiter). Infolge der Schwerkraft fällt er vertikal um $s_1 = 5$ m in der 1. Sekunde, um $s_2 = 20$ m in den beiden ersten Sekunden und so weiter. Man findet ihn also zum Beispiel im Zeitpunkt $t_3 = 3$ s im Punkt B_3. Dort ist auch seine Abwurfgeschwindigkeit $v_0 = 28$ m/s schräg nach oben und die Fallgeschwindigkeit $v_{y,3} = g \cdot t = 30$ m/s vertikal nach unten eingetragen. Die Resultierende $\vec{v} = \vec{v}_0 + \vec{v}_{y,3}$ zeigt in Richtung der Bahntangente. Die Bewegungsgleichungen stellen wir im nächsten Paragraphen auf.

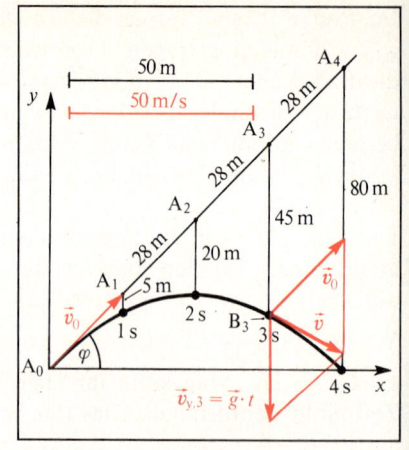

272.1 Konstruktion der Wurfparabel und eines Geschwindigkeitsvektors beim schiefen Wurf. Die Vektoren $\vec{v}_0$ und $\vec{v}$ sind auch hier Tangenten an die Bahnkurve in A_0 bzw. B_3.

Erfahrungssatz: **Beim Wurf im luftleeren Raum addieren sich die Vektoren einer kräftefreien, geradlinigen Bewegung der Anfangsgeschwindigkeit $\vec{v}_0$ mit denen der Fallbewegung ungestört:**

Es gilt: $\quad\quad\quad \vec{v} = \vec{v}_0 + \vec{g} \cdot t \quad$ und $\quad \vec{s} = \vec{v}_0 \cdot t + \frac{1}{2} \vec{g} \cdot t^2.$ \hfill (272.1)

Diese Gleichungen gelten für alle Wurfbewegungen im Vakuum; ihnen ist der Vektor $\vec{g}$ der Fallbeschleunigung gemeinsam, da die Körper während des Flugs nur der Gewichtskraft $\vec{G} = m \cdot \vec{g}$ unterliegen. *Wurfbewegungen am selben Ort unterscheiden sich in Betrag und Richtung von $\vec{v}_0$.* In *Luft* vergrößert v_0 den Widerstand; $x = v_0 \cdot t$ und $y = \frac{1}{2} g \cdot t^2$ sind dann nur Näherungsgesetze.

4. Der senkrechte Wurf nach oben (ohne Luftwiderstand)

Ein Körper wird mit der Anfangsgeschwindigkeit $\vec{v}_0$ senkrecht nach oben geschleudert. Aufgrund seines Beharrungsvermögens würde er im schwerefreien Raum eine Bewegung mit der konstanten Geschwindigkeit $\vec{v}_0$ nach oben ausführen und die Strecken $\vec{s} = \vec{v}_0 \cdot t$ zurücklegen. Im Schwerefeld der Erde führt der Körper relativ hierzu einen freien Fall mit der Beschleunigung $\vec{g}$ nach unten aus. Wir erkennen dies am Lattenmodell des Versuchs 16, wenn wir die Latte senkrecht nach oben halten. Die Wasserteilchen bewegen sich verzögert senkrecht nach oben, kommen im höchsten Punkt für einen Augenblick zur Ruhe und fallen dann wieder zurück. Wir stellen nun Gleichungen auf, welche die Auf- und die Abwärtsbewegung zusammengefaßt darstellen.

Dieser senkrechte Wurf ist in *Tabelle 273.1* für $v_0 = 30$ m/s berechnet. Während der *Aufwärtsbewegung* werden nach $h(t) = v_0 \cdot t - \frac{1}{2} g \cdot t^2$ für $t = 1$ s, 2 s und 3 s die Höhen $h = 25$ m, 40 m und 45 m erreicht (4. Spalte). Die in der letzten Spalte errechneten Momentangeschwindigkeiten $v(t) = v_0 - g \cdot t$ nehmen in jeder Sekunde gleichmäßig um 10 m/s ab, nämlich von $v_0 = 30$ m/s über 20 m/s und 10 m/s auf Null. Hier liegt eine **gleichmäßig verzögerte Bewegung** vor. Die **Verzögerung** beträgt 10 m/s².

§ 82 Die Vektoraddition bei Bewegungen; Wurfbewegungen

> **Die Verzögerung gibt die Abnahme der Geschwindigkeit je Sekunde an und wird als negative Beschleunigung definiert.**

Tabelle 273.1 Ein Körper wird mit $v_0 = 30$ m/s senkrecht nach oben geworfen.

Zeit t in s	Höhe ohne Fallbewegung $v_0 \cdot t$ in m	Fallweg $\frac{1}{2} g \cdot t^2$ in m	Tatsächliche Höhe $h(t) = v_0 \cdot t - \frac{1}{2} g t^2$ in m	Fallgeschwindigkeit $g \cdot t$ in m/s	Tatsächliche Geschwindigkeit $v(t) = v_0 - g \cdot t$ in m/s	
0	0	0	0	0	30	
1	30	5	25	10	20	verzögert
2	60	20	40	20	10	
3	90	45	45	30	0	Umkehrpunkt
4	120	80	40	40	−10	
5	150	125	25	50	−20	beschleunigt
6	180	180	0	60	−30	

Man erhält in *Tabelle 273.1* die sich an $t = 3$ s anschließende Abwärtsbewegung, wenn man nach $t = 3$ s die Rechnung fortsetzt (betrachte die Stäbchen im Lattenmodell!). Diese Abwärtsbewegung verläuft genau so ab, wie wenn man im Umkehrpunkt ($t = 3$ s, $v = 0$) den Körper aus der Ruhe losgelassen hätte. Die Auf- und die Abwärtsbewegung sind zueinander völlig *symmetrisch (Abb. 273.1)*; denn beidemal wirkt die gleiche Kraft, nämlich die Gewichtskraft. Bei der Aufwärtsbewegung verzögert sie, bei der Abwärtsbewegung beschleunigt sie. Bei der Aufwärtsbewegung sind die Geschwindigkeiten — wie die Abwurfgeschwindigkeit v_0 — mit positivem, bei der Abwärtsbewegung die entgegengesetztgerichteten Geschwindigkeiten mit negativem Vorzeichen angegeben.

273.1 Auf- und Abwärtsbewegung erfolgen beim senkrechten Wurf symmetrisch (stroboskopische Aufnahme).

> **Unter dem Einfluß derselben Kraft ist die verzögerte Bewegung eine Umkehrung der beschleunigten; beide laufen bezüglich des Umkehrpunkts symmetrisch zueinander ab.**

Der 4. Spalte in *Tabelle 273.1* entnehmen wir auf- wie abwärts die Höhe $h(t)$ über der Abwurfstelle ($t = 0$) als Funktion der Zeit t (v_0: nach oben positiv gerechnete Anfangsgeschwindigkeit):

$$h(t) = v_0 \cdot t - \tfrac{1}{2} g \cdot t^2. \tag{273.1}$$

Die Momentangeschwindigkeit $v(t)$ wird nach der 6. Spalte als Funktion der Zeit t:

$$v(t) = v_0 - g \cdot t. \tag{273.2}$$

Man kann — wie es in *Tabelle 273.1* geschah — nach Gl. 273.2 zu jedem beliebigen Zeitpunkt die zugehörige Geschwindigkeit $v(t)$ berechnen und umgekehrt. Zum Beispiel ist im höchsten Punkt der Körper für einen Augenblick in Ruhe ($v = 0$). Da bis dahin die Steigzeit $t = T$ verstrichen ist, gilt für den höchsten Punkt:

$$v(T) = v_0 - g \cdot T = 0.$$

Hieraus berechnet man die **Steigzeit** T zu

$$T = \frac{v_0}{g}.\tag{274.1}$$

Bei der verzögerten Aufwärtsbewegung nimmt die Geschwindigkeit vom Anfangswert v_0 (zum Beispiel 30 m/s) in jeder Sekunde um 10 m/s ab, nämlich bis sie Null ist. Dies ergibt im Beispiel die Steigzeit $T=3$ s. Wenn man nun den so erhaltenen Wert für die Steigzeit $t=T$ in die Gl. 273.1 einsetzt, so erhält man die Wurfhöhe

$$H = h(T) = v_0 \cdot T - \tfrac{1}{2} g \cdot T^2 = \frac{v_0^2}{2g}.\tag{274.2}$$

Sie hat bei $v_0 = 30$ m/s den Wert $H = 45$ m.

5. Bremsbewegung mit konstanter Verzögerung

Wir betrachten nun eine andere verzögerte Bewegung: Ein Fahrzeug der Masse m fahre mit der Geschwindigkeit v_0 nach links. Zum Zeitpunkt $t=0$ setze der Bremsvorgang ein, indem nach rechts die konstante Bremskraft F wirkt (Skizze!). Nunmehr überlagert sich der Bewegung mit der konstanten Geschwindigkeit v_0 nach links ($s_0 = v_0 \cdot t$; Trägheitssatz) eine solche mit der konstanten Beschleunigung $a = F/m$ nach rechts ($v_1 = a \cdot t$; $s_1 = \tfrac{1}{2} a \cdot t^2$). Die nach links gerichtete (positiv gezählte) Geschwindigkeit nimmt deshalb nach dem Gesetz

$$v(t) = v_0 - a \cdot t \tag{274.3}$$

gleichmäßig ab. Während a bisher eine Geschwindigkeitszunahme angab, bedeutet $-a$ die auftretende konstante **Verzögerung**. Wenn man in Ziff. 4 den Buchstaben g durch a ersetzt, so erkennt man, daß hier in der Zeit $T = v_0/a$ die Geschwindigkeit von v_0 auf Null abnimmt. In dieser **Bremszeit** T wird — analog zu Gl. 274.2 — der **Bremsweg** $S = v_0^2/2a$ zurückgelegt.

> Wenn auf einen Körper der Masse m die Bremskraft F wirkt, so erfährt er die Bremsverzögerung vom Betrag $a = F/m$. Ist v_0 die Anfangsgeschwindigkeit, dann berechnen sich Bremszeit T und Bremsweg S nach
>
> $$T = \frac{v_0}{a} \quad \text{bzw.} \quad S = \frac{v_0^2}{2a}.\tag{274.4}$$

Die Bremsverzögerung von Autos läßt sich mit den Reibungsgesetzen nach Seite 22 berechnen: Ein Fahrzeug der Masse m wird durch Blockieren aller Räder gebremst. Da diese über die Straße gleiten, ist die verzögernde Gleitreibungskraft $F = R = f \cdot N = f \cdot G = f \cdot m \cdot g$ (siehe Gl. 266.1 und Seite 267).
Also ist die Bremsverzögerung

$$a = \frac{F}{m} = f \cdot g.$$

Dabei entfällt die Masse m: Wenn ein Fahrzeug doppelt so schwer ist, so sind auch die Normalkraft N und damit die Reibungskraft R doppelt so groß. Das Fahrzeug hat dann aber auch das doppelte Beharrungsvermögen.

6. Beispiele

a) Von einem $h = 1{,}25$ m hohen Tisch wird ein Körper waagerecht abgeschleudert. Er trifft den Boden in der Horizontalen gemessen 2 m von der Tischkante entfernt ($g = 10$ m/s^2). Wenn man *Abb. 270.2* betrachtet, so berechnet man zunächst die reine Fallzeit zu $t = 0{,}5$ s. Da der Körper in dieser Zeit die waagerechte Strecke $x = 2$ m zurücklegte, war seine waagerechte Abwurfgeschwindigkeit $v_0 = x/t = 4$ m/s. — Man könnte auch die Gleichung 271.5 für die Wurfparabel heranziehen, die Koordinaten des Auftreffpunktes $x = 2$ m und $y = 1{,}25$ m einsetzen und dann v_0 berechnen. Doch erhält man nach dem ersten Verfahren sofort die Zeit t und die vertikale Geschwindigkeitskomponente im Auftreffpunkt zu $v_y = g \cdot t = 5$ m/s und die resultierende Geschwindigkeit zu $v = 6{,}4$ m/s. Gegen die Waagerechte ist sie um den Winkel φ nach unten geneigt, für den nach *Abb. 270.2* gilt: $\tan \varphi = v_y/v_0 = 1{,}25$ und $\varphi = 51{,}3°$.

b) Eine Uhr der Masse $m = 100$ g fällt mit der Geschwindigkeit $v = 5$ m/s auf einen harten Steinboden. Ihr Gehäuse wird um 1 mm an der Auftreffstelle eingebeult. Der Bremsweg beträgt also $S = 1$ mm. Wir nehmen an, die Bremsverzögerung a sei konstant, und berechnen sie nach Gl. 274.4 zu $a = v_0^2/2\,S = 12\,500$ m/s² (!). Denn die Auftreffgeschwindigkeit 5 m/s ist für die sich anschließende Bremsbewegung die Anfangsgeschwindigkeit v_0. Diese hohe Bremsverzögerung braucht die Bremskraft $F = m \cdot a = 1250$ N, die 1250mal so groß wie die Gewichtskraft $G = 1$ N der Uhr ist! Jedes Teil in der Uhr, zum Beispiel die empfindliche Unruhe, muß kurzzeitig eine Bremskraft aushalten, die das 1250fache seines Eigengewichts ist! Dabei brechen in erster Linie die dünnen Achszapfen der Unruhe.

Aufgaben:

1. *Ein Flugzeug mit der Eigengeschwindigkeit $v_1 = 540$ km/h soll eine auf der Karte in Ost-West-Richtung ausgesteckte Strecke von $s = 1200$ km hin und zurück fliegen. Wie lange braucht es bei Windstille, wie lange bei einem Westwind mit $v_0 = 60$ km/h?*

2. *Ein Boot fahre mit der Eigengeschwindigkeit $v_1 = 8$ m/s quer zur Strömung über einen 240 m breiten Fluß, der überall mit 5,0 m/s strömt. Um wieviel wird es abgetrieben? — Nun überquert das Boot den Fluß auf dem kürzesten Weg. Um welche Zeit verlängert sich die Fahrt (Abb. 268.2 und 269.1)?*

3. *Zeichnen Sie die Bahn des waagerechten Wurfs mit der Anfangsgeschwindigkeit $v_0 = 20$ m/s und die Geschwindigkeitsvektoren für $t = 2{,}0$ s und $4{,}0$ s! Längenmaßstab 1:1000; Geschwindigkeitsmaßstab 1 cm $\triangleq$ 10 m/s.*

4. *1,5 m über dem Boden wird eine Kugel waagerecht abgeschleudert und fliegt in horizontaler Richtung gemessen 4,0 m weit. Wie lange war sie unterwegs? Mit welcher Geschwindigkeit wurde sie abgeschossen? Unter welchem Winkel gegen die Horizontale und mit welcher Geschwindigkeit trifft sie am Boden auf?*

5. *Ein unerfahrener Pilot läßt einen schweren Versorgungssack genau senkrecht über dem Zielpunkt aus der in 500 m Höhe horizontal fliegenden Maschine fallen. Der Sack schlägt 1,0 km vom Ziel entfernt auf. Welche Geschwindigkeit hatte das Flugzeug? (Vom Luftwiderstand sei abzusehen.)*

6. *Zeichnen Sie entsprechend Aufgabe 3 die Bahnen von Körpern, die mit $v_0 = 28$ m/s unter den Erhebungswinkeln $\varphi = 30°$ und $60°$ abgeworfen wurden (Abb. 272.1 ist für $\varphi = 45°$ gezeichnet; vergleichen Sie)!*

7. *In einem Eisenbahnwagen, der mit konstanter Geschwindigkeit fährt, läßt ein Reisender einen Körper fallen. Welche Bahnkurve registriert der Reisende, welche ein am Bahndamm stehender Beobachter?*

8. *Ein Wasserstrahl steigt 80 cm hoch. Mit welcher Geschwindigkeit verläßt er die Düse senkrecht nach oben? Mit einer Geschwindigkeit von diesem Betrag spritzt man ihn waagerecht ab, so daß er 1,2 m tiefer auf dem Boden auftrifft. Wie weit kommt er in waagerechter Richtung? Unter welchem Winkel trifft er am Boden auf?*

9. *Ein Auto der Masse 800 kg wird durch Blockieren aller Räder gebremst. Wie groß ist die verzögernde Gleitreibungskraft ($f = 0{,}50$), wie groß die Bremsverzögerung, die Bremszeit und der Bremsweg bei $v_0 = 36$ km/h beziehungsweise 72 km/h? Mit welcher Kraft muß sich der Fahrer (75 kg) halten, um nicht gegen die Windschutzscheibe geschleudert zu werden? (In der Kraftfahrzeugtechnik nennt man die Reibungszahlen auch Kraftschlußbeiwerte.)*

10. *Berechnen Sie die maximale Anfahrbeschleunigung eines Autos mit Vierrad-Antrieb bei einer Haftreibungszahl von $f' = 0{,}80$.*

§ 83 Die Newtonschen Axiome; Modelle; Massenpunkt; Kausalität

1. Die Newtonschen Axiome

Im Jahre 1687 erschien das Buch *Newtons* „*Philosophiae naturalis principia mathematica*" mit den folgenden mechanischen Grundgesetzen:

a) Newtonsches Beschleunigungsgesetz $F = m \cdot a$ mit dem *Trägheitssatz* als Sonderfall,

b) Newtonsches Wechselwirkungsgesetz: *actio und reactio*,

c) Gesetz über die *Vektoraddition von Kräften*.

Wie der Titel des Newtonschen Werkes angibt, sind diese Grundgesetze mathematisch formuliert; aus ihnen können die mechanischen Vorgänge berechnet werden. Die Grundgesetze selbst werden aber mathematisch (logisch) nicht weiter zurückverfolgt, sondern als gültig vorausgesetzt. Deshalb nennt man sie die *Newtonschen Axiome der Mechanik*. Dabei versteht man unter *Axiomen* die als gültig vorausgesetzten Grundsätze einer mathematischen oder physikalischen Theorie, aus denen alle weiteren Aussagen dieser Theorie *durch rein logisches Schließen* hergeleitet werden können (deduktiv). Die Axiome dürfen keinerlei Widersprüche enthalten oder zu solchen führen. Axiome in der *Physik* müssen darüber hinaus *der beobachteten Wirklichkeit* entsprechen, diese also so weit wie möglich wiedergeben (abbilden). Diese Forderung ist zum einen durch die *Experimente* gewährleistet, die zu den Axiomen führen (Seite 248 bis 261); zum anderen müssen die vielen aus den Axiomen gezogenen Folgerungen der experimentellen Prüfung standhalten. Die Newtonschen Axiome bewähren sich dabei im weiten Bereich der *makroskopischen Physik*, dagegen nur eingeschränkt bei Annäherung an die Lichtgeschwindigkeit und im Atom. Dort werden sie durch die *Relativitätstheorie* und die *Quantenmechanik* abgelöst, genauer gesagt erweitert und verfeinert.

Da *Newton* diese Axiome für einen sehr weit gesteckten Bereich des Naturgeschehens aufstellte, mußte er sie von einzelnen Beispielen losgelöst, das heißt *abstrakt*, formulieren. Sie enthalten zwar Begriffe, die man an Körpern messen kann, wie Masse, Beschleunigung und so weiter, dagegen keine unmittelbaren Hinweise auf konkrete Körper wie „Stein", „Planet" oder Stoffe wie „Wasser" und so weiter. Deshalb versteht man die Bedeutung dieses großartigen Gedankengebäudes der Mechanik nur dann, wenn man in den anschaulich ablaufenden Vorgängen das Allgemeingültige sieht, das in den Axiomen niedergelegt ist.

2. Der Massenpunkt als Modellvorstellung

Die Gleichung $F = m \cdot a$ entwickelten wir an Fahrbahnversuchen. Dabei sahen wir von Form, Größe und anderen Eigenschaften der Wagen ab; insbesondere berücksichtigten wir die Rotation der Räder nicht. Wir benutzten vom Körper im Grunde nur die in seinem *Schwerpunkt* vereinigt gedachte Masse und arbeiteten mit der Modellvorstellung **„Massenpunkt"**. Von ihr müssen wir abgehen, wenn wir die Rotation eines Rades oder die Verformung eines Körpers betrachten. Doch lassen sich dann immer noch kleine Bezirke (sogenannte „*kleinste Teilchen*") in diesen Körpern als Massenpunkte ansehen. Dies gibt der Modellvorstellung Massenpunkt eine überragende Bedeutung. *Dabei ist ein* **Modell** *(genauer eine Modellvorstellung) eine idealisierte, klar zu definierende Vorstellung von der Wirklichkeit, die wir in unserem Denken bilden.*

> „Massenpunkt" ist die Modellvorstellung, die man sich von einem Körper macht, wenn man von Form, Größe und Drehungen absieht und nur die fortschreitende Bewegung des Körpers betrachtet.

3. Die Kausalität

Läßt man unter 45° Breite einen Körper frei fallen, so erfährt er die Beschleunigung $g = 9,80629$ m/s². Es ist sinnvoll, diesen Wert so genau anzugeben, weil sich der Körper unter dem Einfluß der gleichen Kraft stets gleich verhält, also auch bei beliebiger Wiederholung aus dem gleichen Ausgangszustand in der gleichen Zeit in den gleichen Endzustand gelangt. *Die gleiche Ursache* (lat.: causa) *ruft die gleiche Wirkung hervor,* die man mit den mechanischen Gesetzen vorausberechnen kann. Man spricht von einem *kausalen Zusammenhang* zwischen Ursache und Wirkung. Soweit sich Vorgänge durch die Gesetze der *Newtonschen Mechanik* erfassen lassen, ist dieser kausale Zusammenhang erfüllt; sie kennt innerhalb ihres Gültigkeitsbereichs kein willkürliches Walten des Zufalls. Ihre Gesetze sind streng kausal. Das gleiche gilt für die Gebiete, die wir in allen Abschnitten bisher kennengelernt haben, für die sogenannte **klassische Physik** (Mechanik, Akustik, Wärmelehre, Magnetismus, Elektrizitätslehre, Optik). Die Grundgesetze dieser klassischen Physik waren im wesentlichen bis zum Jahre 1900 aufgestellt.

> **In der klassischen Physik ist das Künftige eindeutig aufgrund der kausal formulierten Naturgesetze durch das Gegenwärtige bestimmt und im Prinzip berechenbar.**

In der *Atomphysik* werden wir Grenzen dieser kausalen Auffassung kennenlernen.

§ 84 Die Arbeit

1. Die Definition der Arbeit bei konstanter Kraft; Hubarbeit

Mit den Newtonschen Gesetzen können mechanische Probleme mathematisch bearbeitet werden. Doch sind diese Rechnungen nicht immer einfach auszuführen und anschaulich zu verstehen. Deshalb wurden einige Begriffe geschaffen, die zudem auch außerhalb der Mechanik bedeutsam sind, nämlich *Arbeit, Energie* und *Leistung.* Bereits auf Seite 26 sahen wir, daß der physikalische Begriff Arbeit von Kraft und Weg abhängt und legten fest:

> *Definition:* **Die an einem Körper verrichtete Arbeit W der konstanten Kraft $\vec{F}$ ist das Produkt aus der Kraftkomponente F_s in der Wegrichtung und dem geradlinigen Verschiebungsweg s. Die Arbeit ist ein Skalar**
> $$W = F_s \cdot s. \tag{277.1}$$

> Die Einheit der Arbeit ist 1 Joule (J) = 1 Nm = $1\,\frac{\text{kg} \cdot \text{m}^2}{\text{s}^2}$.

Wir wollen uns nun der Arbeit zuwenden, die man im Schwerefeld der Erde aufbringen muß, um einen Körper zu heben. Wenn man sich auf hinreichend kleine Bereiche beschränkt, so sind die Vektoren der Gewichtskraft parallel zueinander und überall gleich groß; man spricht von einem **homogenen Schwerefeld** (analog zum homogenen Magnetfeld). Wenn man sich von der Erde weit entfernt, muß man berücksichtigen, daß ihr Schwerefeld inhomogen ist.

Im homogenen Schwerefeld wird ein Körper mit konstanter Geschwindigkeit durch eine konstante Kraft F_s gehoben, die so groß wie seine Gewichtskraft G ist ($F_s = G$). Hebt diese nach oben gerichtete Kraft F_s den Körper um die Strecke $s = h$, so verrichtet sie an ihm die Hubarbeit $W = F_s \cdot s = G \cdot h$ *(Abb. 278.1a)*. Nun kann man den gleichen Höhenunterschied h auf einer

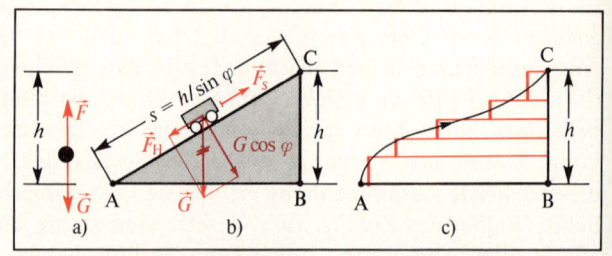

278.1 In allen drei Fällen ist die Hubarbeit $W_H = G \cdot h$.

schiefen Ebene mit dem Neigungswinkel φ bewältigen *(Abb. 278.1b)*. Dann braucht man nur den Hangabtrieb $F_H = G \cdot \sin \varphi$ zu überwinden, also nur die Kraft $F_s = G \cdot \sin \varphi$ aufzubringen (von Reibung und Beschleunigung sehen wir zunächst ab). Dafür ist der Verschiebungsweg s größer und beträgt $s = h/\sin \varphi$ (es gilt $\sin \varphi = h/s$). Die Arbeit

$$W = F_s \cdot s = G \cdot \sin \varphi \cdot \frac{h}{\sin \varphi} = G \cdot h \tag{278.1}$$

erweist sich jedoch als vom Winkel φ unabhängig. – Man könnte den Körper zunächst auch auf waagerechter Strecke von A nach B bringen. Dazu braucht man keine Hubarbeit, weil $\vec{F}$ und $\vec{s}$ aufeinander senkrecht stehen. Anschließend müßte man den Körper von B senkrecht nach C heben und wiederum die Hubarbeit $G \cdot h$ aufbringen. – Wir fragen nun nach der Arbeit für eine *beliebige Bahn* von A nach C *(Abb. 278.1c)*. Hierzu zerlegen wir diese Bahn in kleine Treppenstufen. Die Summe der Hubarbeiten auf den *vertikalen Strecken* ist so groß wie die Arbeit von B nach C, nämlich $W = G \cdot h$; auf den *waagerechten Teilstücken* hat man dagegen am Körper keine Hubarbeit aufzubringen. – Wir bezeichnen dabei die Arbeit an einem System als *positiv*, wenn wir seine Energie erhöhen.

> **Die Hubarbeit im homogenen Schwerefeld ist unabhängig vom Weg, auf dem man den Körper in die vorgesehene Lage bringt. Sie hängt nur von der Gewichtskraft G des zu hebenden Körpers und vom Höhenunterschied h ab.**
>
> Hubarbeit im homogenen Schwerefeld $W_H = G \cdot h$. (278.2)

2. Die Reibungsarbeit

Die Gleitreibungskraft R ist stets der Bewegungsrichtung entgegengerichtet. Sie fordert also eine Kraft $F_s = R$ in der Wegrichtung und somit den Arbeitsaufwand $W_R = R \cdot s$. Die Reibungsarbeit hängt meist stark vom eingeschlagenen Weg ab. Zum Beispiel kann ein Radfahrer sein

Ziel auf einer guten Straße mit nur wenig Aufwand an Reibungsarbeit erreichen; fährt er aber querfeldein, so ist die Reibungsarbeit sehr groß. Mit aus diesem Grund unterscheidet sich die Reibungsarbeit wesentlich von anderen Arbeitsformen.

$$\textbf{Reibungsarbeit } W_R = R \cdot s. \tag{279.1}$$

3. Die Beschleunigungsarbeit

Ein Körper der Masse $m=10$ kg soll aus der Ruhe heraus auf die Geschwindigkeit $v=1$ m/s beschleunigt werden. In der *Tabelle 279.1* ist die nötige Arbeit für verschieden große *konstante* Kräfte F_s berechnet. Hierzu wurde jeweils die Beschleunigung $a = F_s/m$, die Beschleunigungszeit $t = v/a$ und der Beschleunigungsweg $s = \frac{1}{2} a \cdot t^2$ ermittelt:

Tabelle 279.1

Beschleunigende Kraft F_s in Newton	Beschleunigung a in m/s²	Zeit t in s	Weg s in m	Beschleunigungsarbeit W_B in Joule
0,1	0,01	100	50	5
1,0	0,1	10	5	5
10	1,0	1	0,5	5

Die Beschleunigungsarbeit $W_B = F_s \cdot s$ ist unabhängig von der Kraft F_s; eine große Kraft bringt den Körper schon auf einer kurzen Strecke s auf die vorgesehene Geschwindigkeit $v=1$ m/s. Dies gilt — wie die folgende Gleichung zeigt — allgemein:

$$W_B = F_s \cdot s = m \cdot a \cdot \tfrac{1}{2} a \cdot t^2 = \tfrac{1}{2} m \cdot (a \cdot t)^2 = \tfrac{1}{2} m \cdot v^2.$$

Bei veränderlichen Kräften erhält man das gleiche Ergebnis; siehe Seite 280.

Um einen Körper der Masse m aus der Ruhe auf die Geschwindigkeit v zu beschleunigen, braucht man die Beschleunigungsarbeit

$$W_B = \tfrac{1}{2} m \cdot v^2. \tag{279.2}$$

Für die Werte der *Tabelle 279.1* gilt $W_B = \frac{1}{2} m \cdot v^2 = \frac{1}{2} 10 \text{ kg} \cdot 1 \frac{\text{m}^2}{\text{s}^2} = 5 \frac{\text{kg m}^2}{\text{s}^2} = 5 \text{ J}$.

Wenn der Körper zu Beginn bereits die Geschwindigkeit v_1 besitzt, so hat man sich die Beschleunigungsarbeit $W_{B1} = \frac{1}{2} m \cdot v_1^2$ erspart. Um ihn auf die Geschwindigkeit v_2 zu beschleunigen, braucht man nur noch die Beschleunigungsarbeit

$$\Delta W_B = \tfrac{1}{2} m v_2^2 - \tfrac{1}{2} m v_1^2 = \tfrac{1}{2} m (v_2^2 - v_1^2).$$

Wegen $v_2^2 - v_1^2 = (v_2 + v_1)(v_2 - v_1) > (v_2 - v_1)^2$ ist dies für $v_1 \neq 0$ größer als $\frac{1}{2} m (v_2 - v_1)^2$; siehe Aufgabe 3! Bei der Hubarbeit im homogenen Schwerefeld darf man die Differenz zweier Höhen h_2 und h_1 einsetzen und schreiben: $W_H = G(h_2 - h_1)$; diese Gleichung ist in h linear. Bei der in v quadratischen Gleichung $W_B = \frac{1}{2} m \cdot v^2$ darf dagegen die Differenz $(v_2 - v_1)$ nicht benutzt werden. Dies gilt analog für die Berechnung der Spannarbeit auf Seite 280, unten (Aufgabe 2).

4. Die Arbeit bei nichtkonstanter Kraft; Arbeitsdiagramm

In Physik und Technik muß man oft einen Arbeitsaufwand berechnen, bei dem die Kraft F_s *nicht konstant* ist. Dann trägt man die Kraft F_s in einem Diagramm über dem Verschiebungsweg s auf (es gibt auch Geräte, die dies selbständig ausführen). Wenn die Kraft F_s konstant ist, so erhält man in einem solchen **Arbeitsdiagramm** eine waagerechte Gerade *(Abb. 280.1a)*. Die Fläche unter ihr hat beim Benutzen der Einheiten, in denen man F_s und s auf den Achsen abtrug, die Größe $F_s \cdot s$. Diese Fläche gibt die verrichtete Arbeit $W = F_s \cdot s$ der *konstanten* Kraft F_s an. — Nun sei die Kraft F_s veränderlich. Dann können wir sie im allgemeinen längs eines genügend kleinen Wegstückes Δs als hinreichend konstant (F_s) ansehen und auf ihm die zugehörige Arbeit $\Delta W = F_s \cdot \Delta s$ berechnen. Im Arbeitsdiagramm nach *Abb. 280.1b* stellt ΔW die schmale, rote Fläche dar. Der ganze Flächeninhalt unter der Kurve gibt die gesamte Arbeit der veränderlichen Kraft an. Wenn man das Arbeitsdiagramm auf Millimeterpapier gezeichnet hat, erhält man diese Fläche durch Auszählen der Quadratmillimeter. Vorher bestimmt man die Arbeit, die einem Quadratmillimeter unter Beachtung der an den Achsen angegebenen Einheiten entspricht. Analog dazu erhält man in *Abb. 257.1* den Weg s als Fläche unter der Kurve im $v(t)$-Diagramm.

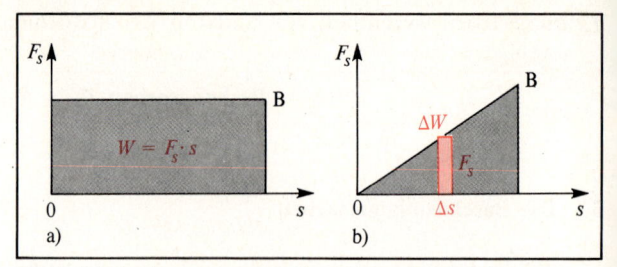

280.1 Arbeitsdiagramme zum Berechnen der Arbeit
a) bei konstanter Kraft, b) beim Hookeschen Gesetz ($F \sim s$)

> Im Arbeitsdiagramm ist die Kraftkomponente F_s über dem Verschiebungsweg s aufgetragen. Der Flächeninhalt unter dieser Kurve gibt die verrichtete Arbeit an, auch wenn sich F_s ändert.

5. Die Spannarbeit beim Verlängern einer Feder

Eine zunächst entspannte Feder wird um die Strecke s verlängert; nach dem *Hookeschen Gesetz* nimmt die Kraft F_s proportional zum Weg s von Null auf $F_s = D \cdot s$ zu. Dabei ist D die allgemein als *Richtgröße* bezeichnete Konstante. Das Arbeitsdiagramm stellt eine Ursprungsgerade nach *Abb. 280.1b* dar. Die ganze Arbeit wird durch den Flächeninhalt des Dreiecks mit der waagerechten Kathete s und der senkrechten Kathete $F_s = D \cdot s$ angegeben, das heißt durch $W_{Sp} = \frac{1}{2} s \cdot F_s = \frac{1}{2} D \cdot s^2$. — Dies gilt natürlich nur, soweit die Feder dem *Hookeschen Gesetz* folgt, also nur in dem Bereich, in dem die Richtgröße D konstant ist.

> Um eine zunächst entspannte Feder mit der Richtgröße D um die Strecke s zu verlängern, braucht man die Spannarbeit
> $$W_{Sp} = \tfrac{1}{2} D \cdot s^2. \tag{280.1}$$

Ein zunächst entspannter Kraftmesser wird durch $F = 4\,\text{N}$ um $s = 0{,}04\,\text{m}$ verlängert. Die Richtgröße beträgt $D = F/s = \dfrac{4\,\text{N}}{0{,}04\,\text{m}} = \dfrac{100\,\text{N}}{\text{m}}$, die Spannarbeit $W_{Sp} = \tfrac{1}{2} D \cdot s^2 = \tfrac{1}{2} \cdot 100\,\dfrac{\text{N}}{\text{m}} \cdot (0{,}04\,\text{m})^2 = 0{,}08\,\text{J}$. Verlängert man um weitere 4 cm, so ist die Gesamtverlängerung doppelt, die gesamte Spannarbeit jedoch 4fach, das heißt 0,32 J ($W \sim s^2$). Zur zusätzlichen Verlängerung von $s = 4$ cm auf 8 cm braucht man also die Differenz aus 0,32 J und 0,08 J, das heißt 0,24 J.

Aufgaben:

1. *Welche Arbeit braucht man, um einen Ball (500 g Masse) auf 15 m/s zu beschleunigen? — Wie hoch hätte man diesen Ball mit dem gleichen Arbeitsaufwand heben können? Vergleichen Sie dies mit der Steighöhe, die er bei einem senkrechten Wurf mit $v_0 = 15$ m/s erreicht! Welche Geschwindigkeit erlangt er beim freien Fall aus dieser Höhe?*
   (Diese Aufgabe bereitet auf den Energieerhaltungssatz vor!)

2. *Eine zunächst entspannte Feder wird durch 20 N um 10 cm verlängert. Welche Arbeit braucht man? — Welche Arbeit ist zusätzlich nötig, um sie um weitere 10 cm zu verlängern? Arbeitsdiagramm zeichnen!*

3. *Ein Auto (1 000 kg) wird von Null auf 36 km/h, dann von 36 km/h auf 72 km/h beschleunigt. Braucht man in beiden Abschnitten die gleiche Arbeit? Berechnen Sie!*

4. *Warum muß man an der schiefen Ebene nur Arbeit gegen den Hangabtrieb und die Reibungskraft verrichten, nicht aber gegen die Normalkraft?*

5. *Ein Körper (100 kg) wird eine 20 m lange schiefe Ebene, die 10 m Höhenunterschied überwindet, hochgezogen. a) Wie groß ist die Hubarbeit? b) Wie groß ist die Reibungsarbeit ($f = 0,8$)? c) Wie groß ist die Beschleunigungsarbeit, wenn der Körper unten die Geschwindigkeit 1 m/s, oben 3 m/s hat? d) Wie groß ist die gesamte Arbeit? (Darf man die Einzelbeträge addieren?)*

6. *Ein Junge (60 kg) hat sich nach Abb. 281.1 ein Seil um den Bauch gebunden, das über eine Rolle läuft. a) Mit welcher Kraft muß er am andern Ende mit den Händen ziehen, wenn er über dem Boden schweben will? b) Mit welcher Kraft zieht dann sein Bauch? c) Wieviel Seil muß er „durch die Hand" ziehen, damit er 5 m höher kommt? d) Welche Arbeit hat er dabei mit den Händen aufzubringen, welche bringt sein Bauch auf?*

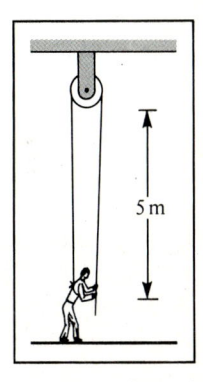

281.1 Zu Aufgabe 6

§ 85 Die drei mechanischen Energieformen

1. Die Lageenergie

Wir heben einen Körper gegen seine Gewichtskraft G um die Höhe h. Hierzu brauchen wir die Hubarbeit $W_H = G \cdot h$. Die Gewichtskraft G verrichtet nun ihrerseits Arbeit, wenn der Körper in das ursprüngliche Niveau zurücksinkt. Man denke an Wasser, das in einem Pumpspeicherwerk nachts in den hochliegenden Speicher gepumpt wurde. Bei Spitzenbedarf fließt es zurück und treibt die Generatoren an, welche elektrische Energie liefern. — Ein Uhr„gewicht" wird unter Arbeitsaufwand gehoben; dann ist es selbst in der Lage, Arbeit zu verrichten. Dabei tritt die wichtige Frage auf: **Wird die Arbeit verlustlos gespeichert oder geht von ihr etwas verloren?** Wir beantworten diese Frage an einer Reihe von Gedankenversuchen, bei denen Reibung und Luftwiderstand unberücksichtigt bleiben. Um die Bedeutung des Energiebegriffs für Physik und Technik zu erfassen, lese man nochmals Seite 28 bis 32!

a) Ein Körper vom Gewicht $G = m \cdot g$ fällt in der Zeit t um die Strecke $h = \frac{1}{2} g \cdot t^2$ und erlangt die Geschwindigkeit $v = g \cdot t$. Nach § 84 hat dann seine Gewichtskraft, das heißt die Erdanziehung, die Beschleunigungsarbeit $W_B = \frac{1}{2} m \cdot v^2 = \frac{1}{2} m \cdot (g \cdot t)^2 = (m \cdot g)(\frac{1}{2} g \cdot t^2) = G \cdot h$ beim Beschleunigen verrichtet. Von der aufgewandten Hubarbeit $G \cdot h$ ging also nichts verloren. Sie war im gehobenen Zustand im System Erde-Körper verlustlos gespeichert (die Erde dürfen wir nicht vergessen, da sie die Gewichtskraft verursacht). Dies können wir allgemein begründen: Der Körper wird beim Herabfallen mit einer Kraft von gleichem Betrage beschleunigt, mit der er gehoben wurde, und zwar längs der gleichen Strecke h. Wären allerdings Reibung oder Luftwiderstand wirksam, so würde man zum Heben eine Kraft brauchen, die größer als die Gewichtskraft G ist; die nötige Arbeit wäre größer als $G \cdot h$. Beim Herabfallen wäre dagegen zum Beschleunigen wegen der Widerstände nur eine Kraft verfügbar, die kleiner als G ist; die Beschleunigungsarbeit wäre kleiner als $G \cdot h$. Wie wir schon mehrfach sahen (z.B. auf Seite 273), sind mechanische Vorgänge beim Fehlen von Reibung und Luftwiderstand umkehrbar, wenn sich an den äußeren Kräften nichts ändert. Dann wird die an einem System verrichtete Arbeit bei der Umkehr des Vorgangs vom System wieder abgegeben.

b) Der in (a) gehobene Körper gleite nach *Abb. 282.1* längs der schiefen Ebene der Länge $s = h/\sin \varphi$ reibungsfrei ins ursprüngliche Niveau zurück. Dabei kann er mit der Kraft $F_s = F_H = G \cdot \sin \varphi$ (Hangabtrieb) über Seil und Rolle einen zweiten Körper, der die Gewichtskraft $G' = F_H = G \cdot \sin \varphi$ erfährt, um die Strecke $s = h/\sin \varphi$ senkrecht hochziehen. Der erste verrichtet dabei am zweiten die Arbeit

$$W = F_s \cdot s = G \cdot \sin \varphi \cdot \frac{h}{\sin \varphi} = G \cdot h.$$

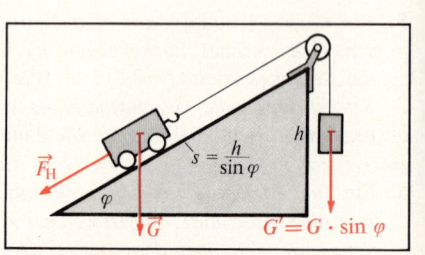

282.1 Der linke Körper verrichtet beim Hinabgleiten am rechten Hubarbeit und verliert dabei Lageenergie.

Es ist genau die gleiche Arbeit, die aufgebracht wurde, um den ersten zu heben, nicht mehr, aber auch nicht weniger. Dabei ist es nach Seite 278 gleichgültig, auf welchem Weg man ihn gehoben hat.

Gegenüber dem ursprünglichen Niveau besitzt der gehobene Körper, genauer das System Körper-Erde, die Arbeitsfähigkeit $G \cdot h$. Wir sagen künftig hierfür, er besitze die Lageenergie $W_L = G \cdot h$. Wie die Beispiele zeigen, *hängt sie nicht davon ab, auf welchem Weg der Körper wieder in das ursprüngliche Niveau zurückkehrt* (*Abb. 282.2*). Deshalb kennzeichnet die Lageenergie die Arbeitsfähigkeit in der erhöhten Lage eindeutig. Man braucht also nicht zu wissen, wie später diese Arbeitsfähigkeit wieder in Arbeit umgesetzt, also „ausgenutzt"

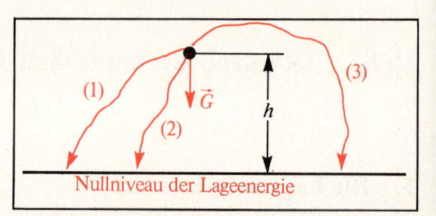

282.2 Die Lageenergie ist unabhängig davon, auf welchem Weg der Körper in das Nullniveau zurückkehrt.

wird. Hierin liegt eine der wichtigsten Aussagen der Physik! Allerdings muß man immer das *Niveau* angeben, auf das die Lageenergie bezogen werden soll. Sie kennzeichnet ja nicht den Körper allein, sondern das System Körper-Erde.

Energie bedeutet Arbeitsfähigkeit. **Man mißt die Energie eines Systems durch die Arbeit, die es verrichten kann. Energie ist wie die Arbeit ein Skalar. Energieeinheiten sind Joule und kWh.**

> Die Lageenergie W_L eines Körpers am Ort P gegenüber einem Nullniveau N mißt man durch die Arbeit, die der Körper verrichten kann, wenn er auf irgendeinem Weg von P in das Niveau N zurückkehrt:
> Lageenergie im homogenen Schwerefeld $W_L = G \cdot h = m \cdot g \cdot h$. (283.1)

2. Die Spannungsenergie

Die Arbeit zum Spannen einer elastischen Feder ist nach Seite 280 $W_{Sp} = \frac{1}{2} D \cdot s^2$. Beim Entspannen wirkt die Feder auf jedem Wegelement genau mit den gleichen Kräften, mit denen man beim Spannen an ihr ziehen mußte. Die aufgewandte Arbeit wurde also verlustlos in der gespannten Feder gespeichert. Die Feder besitzt diese Arbeit als **Spannungsenergie** W_{Sp}. Man erkennt auch hier, daß die Arbeit wegen der Umkehrbarkeit bei idealisiertem Vorgehen (vollelastisch, reibungsfrei) nicht verlorengeht.

> $$\text{Spannungsenergie } W_{Sp} = \frac{1}{2} D \cdot s^2. \qquad (283.2)$$

Häufig faßt man Spannungs- und Lageenergie unter der Bezeichnung **potentielle Energie** W_{pot} zusammen (potentia, lat.; Möglichkeit).

3. Die kinetische Energie (Bewegungsenergie)

Ein Wagen wird durch eine Kraft $\vec{F}_s$ beschleunigt; sie verrichtet längs des Weges s die Beschleunigungsarbeit $\frac{1}{2} m \cdot v^2$. Man kann nun den Wagen durch eine gleich große Kraft $-\vec{F}_s$ abbremsen lassen. Dann läuft die verzögerte Bewegung völlig symmetrisch zur beschleunigten ab (gleiche Kraft, gleicher Weg, Seite 273), wenn man von Reibung und so weiter absieht. Der Wagen übt auf den abbremsenden Körper die gleiche Kraft F aus, mit der er beschleunigt wurde, und zwar längs des gleich langen Wegs s. Der Wagen verrichtet also an dem ihn abbremsenden Körper die gleiche Arbeit $W = F_s \cdot s = \frac{1}{2} m \cdot v^2$, die beim Beschleunigen des Wagens aufgebracht wurde. Sie ist als **Bewegungsenergie**, auch **kinetische Energie** genannt, in dem mit der Geschwindigkeit v bewegten Wagen der Masse m gespeichert und kann ohne Verlust wiedergewonnen werden. Sie ist — analog zur Beschleunigungsarbeit — unabhängig von der bremsenden Kraft.

> Die kinetische Energie eines mit der Geschwindigkeit v bewegten Körpers der Masse m ist
> $$W_{kin} = \frac{1}{2} m \cdot v^2. \qquad (283.3)$$
> **Sie hängt wie die Geschwindigkeit vom gewählten Bezugssystem ab.**

Diese Überlegungen gelten nur, wenn keine Reibungsarbeit zu verrichten ist: Ein Körper gleite infolge der Reibung langsam eine schiefe Ebene hinab und bleibe unten liegen. Er verliert seine mechanische Arbeitsfähigkeit, ohne sie auf einen andern zu übertragen. Dabei erhöht sich die Temperatur, das heißt die ungeordnete Molekülbewegung. Sie kann nicht ohne weiteres in geordnete Bewegung des Körpers zurückverwandelt werden.

> Mechanische Vorgänge sind ohne Reibung und Luftwiderstand umkehrbar. Deshalb wird Hubarbeit als Lageenergie, Beschleunigungsarbeit als Bewegungsenergie und Spannarbeit als Spannungsenergie gespeichert. Die verrichtete Arbeit kann verlustlos wiedergewonnen werden.

Das Wort *Arbeit* beschreibt einen *Vorgang*, bei dem ein System *Energie* gewinnt oder abgibt. *Energie* bezeichnet dagegen den *Zustand* erhöhter Arbeitsfähigkeit des Systems; für beide wird der gleiche Buchstabe W benutzt.

§86 Der Energieerhaltungssatz

1. Energieumwandlungen im abgeschlossenen System

Hubarbeit wird als Lageenergie, Beschleunigungsarbeit als Bewegungsenergie und Spannarbeit als Spannungsenergie gespeichert. Schon von Seite 28 her wissen wir, daß sich diese Energieformen ineinander umwandeln können und suchen nun ein Gesetz, das diese Umwandlung einfach und übersichtlich beschreibt. Hierzu stellen wir uns zunächst ein *energetisch abgeschlossenes System* vor, um das wir eine Hülle gelegt denken. Durch sie hindurch soll keine Arbeit übertragen werden und auch kein Körper, der Energie besitzt, treten:

a) Als abgeschlossenes System betrachten wir die Erde und einen aus 45 m Höhe auf sie frei fallenden Körper der Masse 10 kg. In der *Tabelle 285.1* sind die an ihm beobachteten Energieformen in verschiedenen Zeitpunkten zusammengestellt. Wir berechnen sie mit den uns bekannten Gesetzen der Mechanik, hier den Fallgesetzen. Das *Nullniveau* für die Lageenergie lassen wir zweckmäßigerweise mit dem Erdboden ($h=0$) zusammenfallen. Nach der letzten Spalte der Tabelle bleibt beim freien Fall die Summe aus Lage- und Bewegungsenergie konstant:

$$G \cdot h_1 + \tfrac{1}{2} m \cdot v_1^2 = G \cdot h_2 + \tfrac{1}{2} m \cdot v_2^2 = \cdots = \text{konstant}.$$

b) Wurde der Körper vom Boden mit 30 m/s senkrecht in die Höhe geworfen, so durchläuft er zunächst die in *Tabelle 285.1* dargestellten Zustände in entgegengesetzter Richtung. Dies zeigt der Vergleich mit *Tabelle 273.1*. Beim Zurückfallen kehrt sich der reibungsfreie Vorgang genau um, die Energiesumme bleibt auch jetzt erhalten.

c) Versuch 18: Nach *Abb. 284.1* fällt eine kleine Stahlkugel (etwa 3 mm Durchmesser) auf eine dicke Glasplatte. Die Energieumwandlungen sind bei *Abb. 28.2* beschrieben.

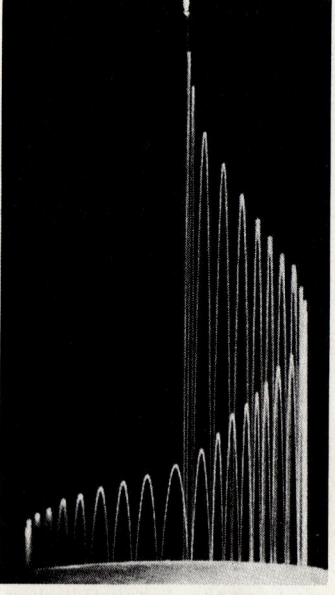

284.1 Tanzende Kugel (Versuch 18); jeweils 5% Verlust durch Luftwiderstand und Schallabgabe

Tabelle 285.1 Ein Körper (10 kg) fällt aus 45 m Höhe

Zeit t in s	Fallweg s in m	Höhe h über dem Boden in m	Lageenergie $G \cdot h$ in Joule	Geschwindigkeit $v = g \cdot t$ in m/s	Bewegungsenergie in Joule	Lage + Bewegungsenergie $G \cdot h + \frac{1}{2} m v^2$ in Joule
0	0	45	4500	0	0	4500
1	5	40	4000	10	500	4500
2	20	25	2500	20	2000	4500
3	45	0	0	30	4500	4500

d) Versuch 19: Eine große Metallkugel wird nach *Abb. 285.1* an einem langen Faden aufgehängt. Lenkt man sie etwa aus, so wird sie gegenüber ihrem tiefsten Punkt A gehoben, erhält also Lageenergie. Beim Loslassen wandelt sich diese in Bewegungsenergie um. Doch ist hier die Geschwindigkeit so klein, daß der Luftwiderstand fast vernachlässigt werden kann. Deshalb erreicht die Kugel fast wieder die ursprüngliche Höhe und damit die ursprüngliche Lageenergie, selbst nach mehreren Schwingungen. – Wenn man nun bei B einen unbeweglichen Stab anbringt, erfolgt die rechte Halbschwingung auf einem viel kürzeren Bogen. Die Kugel steigt trotzdem in die ursprüngliche Höhe h (rot ausgezogene Bahn); sie erhält die ursprüngliche Lageenergie; die Energieumwandlung ist also vom speziellen Weg, auf dem sie erfolgt, unabhängig (Seite 282). Die Geschwindigkeit der Kugel im tiefsten Punkt kann mit der Lichtschranke nach Seite 265 gemessen werden.

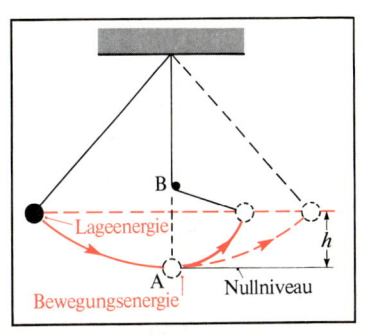

285.1 Energieumwandlung am Pendel, das bei B verkürzt wurde

e) Der folgende Versuch berücksichtigt alle drei Energieformen:

Versuch 20: An eine vertikale Feder der Richtgröße $D = 5{,}00$ N/m wird nach *Abb. 285.2* ein eiserner Körper der Masse $m = 0{,}200$ kg gehängt, nach unten gezogen und dort von einem Elektromagneten festgehalten. Hierbei ist die Feder um $s_1 = 0{,}500$ m verlängert und in ihr die Spannungsenergie $W_{Sp1} = \frac{1}{2} D \cdot s_1^2 = 0{,}625$ J gespeichert. Die kinetische Energie ist Null, desgleichen die Lageenergie, wenn wir in diesen tiefsten Punkt ihr Nullniveau legen. Für den *Zustand 1* gilt also:

$$W_1 = W_{L1} + W_{kin1} + W_{Sp1}$$
$$= 0 + 0 + 0{,}625 \text{ J} = \mathbf{0{,}625 \text{ J}}.$$

Wenn man den Magnetstrom ausschaltet, wird der Körper von der Feder

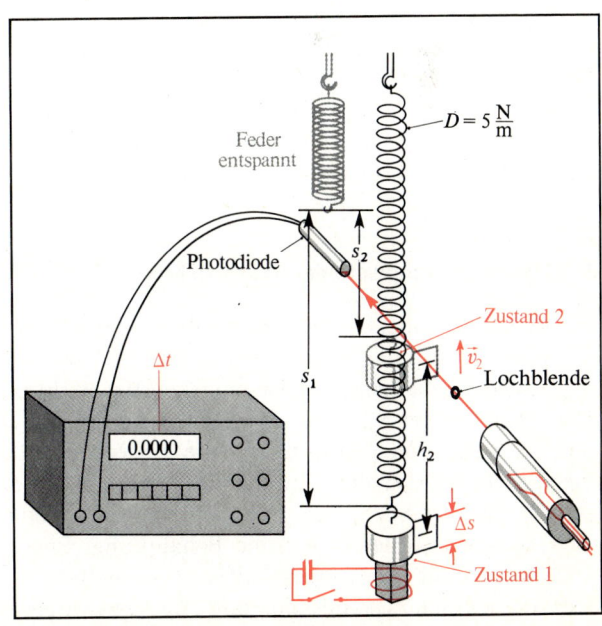

285.2 Messung der Geschwindigkeit v_2 nach Versuch 20 (die feine Lochblende ist nur angedeutet; siehe auch *Abb. 265.2*)

nach oben gezogen. An einer beliebigen Stelle, die zum Beispiel $h_2 = 0{,}150$ m über dem Nullniveau liegt, ist eine Lichtschranke angebracht. Dort hat der Körper die Lageenergie $W_{L2} = m \cdot g \cdot h_2 = 0{,}294$ J. Ein seitlich an ihm angebrachter Flügel der Höhe $\Delta s = 0{,}020$ m unterbricht den Lichtstrahl während der Zeit $\Delta t = 0{,}041$ s. In diesem *Zustand 2* beträgt die Geschwindigkeit $v_2 = 0{,}488$ m/s und die Bewegungsenergie $W_{\text{kin}\,2} = \frac{1}{2} m \cdot v_2^2 = 0{,}024$ J. Da die Feder nur noch um $s_2 = s_1 - h_2 = 0{,}350$ m verlängert ist, beträgt ihre Spannungsenergie $W_{\text{Sp}\,2} = \frac{1}{2} D \cdot s_2^2 = 0{,}306$ J. Im *Zustand 2* berechnet man die Energiesumme zu:

$$W_2 = W_{L2} + W_{\text{kin}\,2} + W_{\text{Sp}\,2} = 0{,}294\text{ J} + 0{,}024\text{ J} + 0{,}306\text{ J} = \mathbf{0{,}624\text{ J}}.$$

Sie ist — im Rahmen der Meßfehler — so groß wie im Zustand 1.

Zusammenfassend formulieren wir den Energieerhaltungssatz der Mechanik:

> **Die Summe aus Lage-, Bewegungs- und Spannungsenergie ist bei reibungsfrei verlaufenden mechanischen Vorgängen in einem energetisch abgeschlossenen System konstant. Energie geht hierbei nicht verloren, nur die Energieformen wandeln sich ineinander um.**
>
> $$G \cdot h_1 + \tfrac{1}{2} m \cdot v_1^2 + \tfrac{1}{2} D \cdot s_1^2 = G \cdot h_2 + \tfrac{1}{2} m \cdot v_2^2 + \tfrac{1}{2} D \cdot s_2^2 = \cdots = \text{konstant} \qquad (286.1)$$

2. Nicht abgeschlossenes System

Damit der Körper nach *Tabelle 285.1* fallen konnte, mußte er zunächst vom Boden (Lage- und Bewegungsenergie Null) unter Aufwand von 4500 Joule gehoben werden. Dabei wurden in das aus Körper und Erde bestehende System 4500 Joule von außen gebracht. — Man kann auch einem System Energie entnehmen, zum Beispiel einem Wasserkraftwerk, wenn man die Energie des herabstürzenden Wassers in elektrische Energie umsetzt und weiterleitet. Ein Teil erhöht die Temperatur, das heißt die *ungeordnete Molekülbewegung* der beteiligten Körper, also deren **innere Energie** U. Sie können ihn als **Wärme** Q wieder abgeben (Ziffer 3 und Seite 103).

> **Wenn das System nicht abgeschlossen ist, vermehrt oder vermindert sich die Energiesumme um die Energie (bzw. Arbeit oder Wärme), die dem System zugeführt oder ihm entzogen wurde.**

3. Der erste Hauptsatz der Wärmelehre

Einem Körper (oder einem System von Körpern) werde die Arbeit W und die Wärme Q zugeführt. Erfolgt einer dieser Energieübergänge in der umgekehrten Richtung, also vom System weg, so sei W beziehungsweise Q negativ, siehe *Abb. 286.1*. Durch die Energiezu- oder -abfuhr ändert sich der Zustand des Körpers (Farbe, Temperatur, Volumen, Druck und so weiter) in bestimmter Weise. Was bedeutet nun die Behauptung, Energie sei unzerstörbar und unerschaffbar? Offenbar muß dann die bei der Zustandsänderung zugeführte Energie im Körper als innere Energie gespeichert werden. Wir formulieren demgemäß:

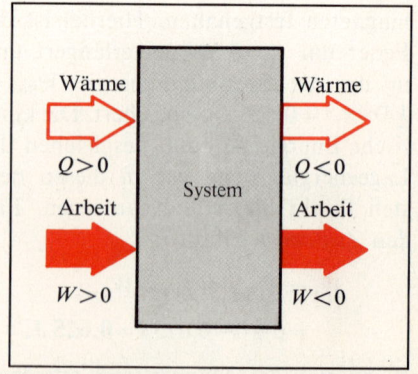

286.1 Vereinbarung über das Vorzeichen von Q und W

> **Erster Hauptsatz der Wärmelehre**
> Ein System besitzt in jedem Zustand eine bestimmte innere Energie U. Wird ihm beim Übergang vom Zustand 1 in den Zustand 2 die Arbeit W und die Wärme Q zugeführt, so gilt
> $$W + Q = U_2 - U_1 = \Delta U. \tag{287.1}$$

Das Vertrauen der Naturwissenschaftler auf den Satz von der Energieerhaltung gründet sich nicht zuletzt auf die zahllosen vergeblichen Bemühungen von Erfindern seit dem Altertum bis in die Gegenwart hinein, die Natur zu überlisten und ein „**perpetuum mobile**" zu bauen (perpetuus, lat.; ewig; mobilis, lat.; beweglich). Solche Maschinen sollten nicht nur von selbst ewig weiterlaufen, sondern dabei auch noch Energie abgeben. Mit einiger Übung in physikalischem Denken sieht man diesen Konstruktionen meist sehr schnell an, daß sie nur mechanische Energie umwandeln und dabei einen Teil davon durch Reibung verlieren.

Versuch 21: Ins Innere einer Glasspritze wird ein Thermoelement zur Temperaturmessung gebracht *(Abb. 287.1)*. Beim Verschieben des Kolbens beobachtet man einen Ausschlag am Galvanometer. Er zeigt bei *Kompression* eine *Zunahme* der Temperatur, bei *Expansion* eine *Abnahme* an. Bei Kompression verrichtet man Arbeit ($W > 0$) und erhöht die innere Energie U des Gases ($\Delta U > 0$). Beim Expandieren hilft das Gas, den Kolben gegen den äußeren Luftdruck hinauszuschieben; U nimmt ab.

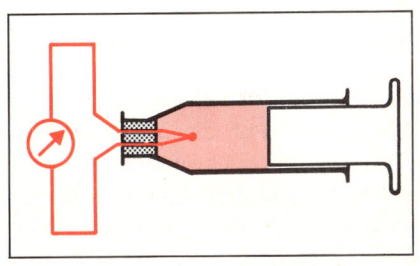

287.1 Adiabatische Kompression eines Gases. Die Temperatur nimmt zu.

Im molekularen Bild läßt sich diese Erwärmung des Gases leicht verstehen: Wenn sich der Kolben nach innen bewegt, erhalten die auf ihn stoßenden Moleküle im Mittel eine größere Geschwindigkeit, als sie vor dem Stoß hatten. Man denke an einen Tennisschläger, der dem ankommenden Ball entgegenbewegt wird! Die zusätzliche kinetische Energie verteilt sich sehr schnell auf alle Gasmoleküle. Beim Zurückziehen des Kolbens werden die aufprallenden Moleküle wieder langsamer; das Gas verrichtet Arbeit gegen den äußeren Luftdruck.

Ein Gas kann sich ausdehnen, ohne Arbeit zu verrichten und die innere Energie zu ändern: Man braucht es nur ins Hochvakuum ausströmen zu lassen, dann kann es keine Arbeit an einem Kolben verrichten oder Wärme an etwas abgeben. Mit $W = 0$ und $Q = 0$ gilt auch $\Delta U = 0$. Gay-Lussac führte den entsprechenden Versuch aus und untersuchte dabei sorgfältig die Temperatur des Gases. Er fand bei idealen Gasen keine Temperaturänderung. Da wir bei ihnen von Anziehungskräften zwischen den Molekülen absehen können, haben diese auch keine sogenannte *innere Arbeit* gegen solche Kräfte bei der Expansion zu verrichten, werden also nicht langsamer.

Die Moleküle realer Gase üben jedoch aufeinander Anziehungskräfte aus. Läßt man solche Gase ohne Arbeitsverrichtung und ohne Wärmezufuhr in ein Vakuum einströmen und sich ausdehnen, so müssen die Moleküle gegen diese Anziehungskräfte Arbeit verrichten und werden im allgemeinen langsamer: ihre Temperatur sinkt. Hierauf beruhen Verfahren zur Luftverflüssigung.

Im *2. Hauptsatz der Wärmelehre* kommt zum Ausdruck, daß man in Wärmeenergiemaschinen (Seite 120) nur einen Bruchteil (heute etwa 40%) der in Form ungeordneter Molekülbewegung zugeführten Wärme in mechanische oder elektrische Energie, also in „geordnete Form" umwandeln kann. Der Rest (60%) muß als „Wärmemüll" an Flüsse oder an die Luft abgegeben werden.

4. Beispiele zum Energiesatz der Mechanik

a) Auf einer schiefen Ebene ($\varphi = 30°$) wird ein Körper der Masse $m = 10$ kg mit $v_1 = 10$ m/s abwärts gestoßen. Welche Geschwindigkeit hat er nach $s = 6$ m? ($g = 10$ m/s²)
Nach $s = 6$ m hat der Körper $h = s \cdot \sin 30° = 3$ m an Höhe verloren. Dorthin setzen wir das Nullniveau für die Lageenergie. Dann besitzt er im oberen Niveau (1) die folgenden Energien:

α) Lageenergie $\qquad W_{L1} = G \cdot h_1 = 100$ N $\cdot$ 3 m $= 300$ Nm,

β) Bewegungsenergie $\qquad W_{\text{kin}1} = \frac{1}{2} m v_1^2 = 500$ Nm,

γ) Spannungsenergie $\qquad W_{\text{Sp}1} = 0$.

Energiesumme im oberen Niveau: $\qquad W_1 = W_{L1} + W_{k1} + W_{\text{Sp}1} = 800$ Nm.

Energiesumme im unteren Niveau: $\qquad W_2 = G \cdot h_2 + \frac{1}{2} m \cdot v_2^2 + \frac{1}{2} D \cdot s_2^2 = 0 + \frac{1}{2} 10$ kg $\cdot v_2^2 + 0$.

Da keine Energie verlorengeht, gilt $W_1 = W_2$. Hieraus folgt: $v_2 = 12{,}6$ m/s.

b) An einem Faden der Länge l hängt ein Körper mit Masse m. Durch einen Stoß erhält er in horizontaler Richtung die Geschwindigkeit v_1 und wird um die waagerechte Strecke d ausgelenkt *(Abb. 288.1)*. Dabei steigt er um die Strecke h_2. Nach dem Höhensatz gilt:

$$d^2 = h_2(2l - h_2) \approx h_2 \cdot 2l \quad \text{(für } h_2 \ll 2l\text{)}.$$

Der Energiesatz liefert die Gleichung

$$\frac{1}{2} m \cdot v_1^2 = m \cdot g \cdot h_2 \approx m \cdot g \cdot \frac{d^2}{2l} \quad \text{oder} \quad v_1 \approx d \cdot \sqrt{\frac{g}{l}}.$$

> **Die Auslenkung d eines Pendels ist bei kleinen Ausschlägen proportional seiner Geschwindigkeit v_1 in der Gleichgewichtslage, unabhängig von der Masse.**

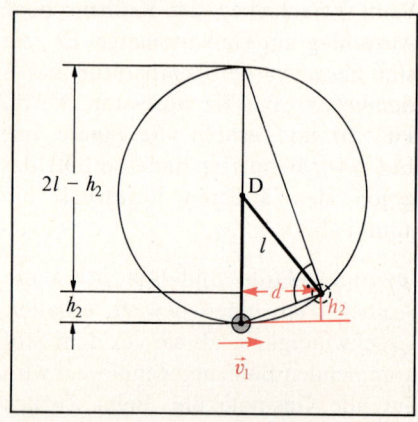

288.1 Aus der Auslenkung d des Pendels kann man die Geschwindigkeit v_1 im tiefsten Punkt berechnen.

Aufgaben:

1. *Berechnen Sie nach dem Energiesatz die Geschwindigkeit, mit der ein Körper der Masse $m = 10$ kg am Boden ankommt, wenn er in 45 m Höhe a) aus der Ruhe losgelassen, b) mit 10 m/s nach unten, c) mit 10 m/s nach oben, d) mit 10 m/s waagerecht geworfen wurde! (Die Energie ist ein Skalar!)*

2. *In einem Auto der Masse 800 kg werden bei 72 km/h die Bremsen gezogen. Berechnen Sie die Bremskraft, wenn die Gleitreibungszahl $f = 0{,}50$ beträgt, und die anfängliche Bewegungsenergie! Nach welcher Wegstrecke ist sie zur Verrichtung von Reibungsarbeit aufgebraucht?*

3. *Ein Lastzug von 20 t vermindert auf 50 m Weg seine Geschwindigkeit durch Bremsen von 30 m/s auf 20 m/s. Wie groß ist die mittlere Bremskraft?*

4. *Ein Fadenpendel der Länge 1 m wird um 60° ausgelenkt und losgelassen. Welche Lageenergie hat der Pendelkörper gegenüber dem tiefsten Punkt; welche Geschwindigkeit bekommt er im tiefsten Punkt?*

5. *Ein Junge rennt mit $v_1 = 3$ m/s auf das Brett einer Schwingschaukel, das an 4 m langen Seilen hängt und dessen Masse vernachlässigt werden kann. Um welche Strecke d schwingt die Schaukel aus?*

§ 87 Der Impulssatz

1. Der Impulssatz für abgeschlossene Systeme

Zwei Billardkugeln stoßen aufeinander. Will man die Geschwindigkeiten der beiden *nach dem Stoß* berechnen, so reicht der Energiesatz nicht aus; denn er liefert nur 1 Gleichung, mit der man nur 1 Unbekannte bestimmen kann. Wir müssen also die Stoßvorgänge gesondert betrachten:

Versuch 22: Auf einer Fahrbahn ruht ein Wagen, der links eine elastische Feder trägt (*Abb. 289.1*; $v_2 = 0$). Auf sie stößt von links ein zweiter Wagen gleicher Masse mit der Geschwindigkeit $v_1 = 0{,}8$ m/s, wie eine automatische Zeitmessung (Seite 250) zeigt. Durch den Stoß kommt der stoßende Wagen zum Stehen ($u_1 = 0$), während der gestoßene mit $u_2 = 0{,}8$ m/s weiterfährt. Der gestoßene Wagen übernahm also voll die Energie des stoßenden. Der Energieerhaltungssatz wäre bei diesem **elastischen Stoß** aber auch erfüllt, wenn der gestoßene Wagen nur die Hälfte der Energie übernommen hätte. Mit dem Energiesatz allein kann man also die mit u bezeichneten Geschwindigkeiten nach dem Stoß nicht berechnen. Ferner gibt es Stoßvorgänge, bei denen der Energieerhaltungssatz der Mechanik offenbar nicht gültig ist:

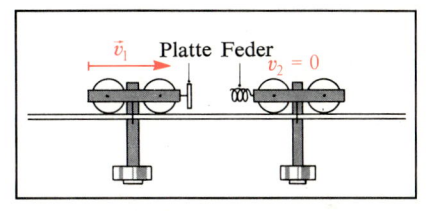

289.1 Der elastische Stoß

Versuch 23: Man wiederholt Versuch 22, ersetzt aber die elastische Feder durch einen Klumpen *Klebwachs*. Er hält nach dem Stoß beide Wagen zusammen; diese fahren nun nur mit $u = 0{,}40$ m/s, also der halben Geschwindigkeit, weiter. Dabei ging kinetische Energie verloren: Wenn die Masse jedes Wagens 1 kg beträgt, so hatte der stoßende vorher die kinetische Energie $W_{kin\,1} = \frac{1}{2} m \cdot v_1^2 = 0{,}32$ J. Beide zusammen haben nachher nur noch $W_{kin\,2} = \frac{1}{2}(m_1 + m_2) \cdot u^2 = 0{,}16$ J. Beim Stoß wurde nämlich das Klebwachs *plastisch* verformt; dabei verschoben sich Teile im Wachs unter Reibung gegeneinander. Da diese Verschiebungen nicht wieder rückgängig gemacht wurden, blieben bei diesem sogenannten **unelastischen Stoß** die beiden Wagen beisammen. Wir dürfen auf ihn den Energieerhaltungssatz der Mechanik nicht anwenden. Vielmehr müssen wir auf die *Newtonschen Grundgesetze* zurückgehen, wenn wir sowohl den unelastischen Stoß in Versuch 23 wie auch den elastischen in Versuch 22 verstehen wollen:

Der Körper 2 der Masse m_2 befinde sich in Ruhe oder habe die Geschwindigkeit $\vec{v}_2$ (*Abb. 289.2*; rechter Wagen in den obigen Versuchen). Auf ihn stößt ein anderer Körper (Masse m_1) mit der Geschwindigkeit $\vec{v}_1$. In den Versuchen änderten beide Körper ihre Geschwindigkeiten, der Körper 1 mit der Masse m_1 um $\Delta \vec{v}_1$, der Körper 2 um $\Delta \vec{v}_2$. Nun kennen wir weder die Zeit Δt, während der die Körper aufeinander einwirken, noch ihre Verformbarkeit; trotzdem können wir eine allgemeingültige Aussage machen: Nach dem Gesetz von *actio und reactio* ist die Kraft $\vec{F}_2$, welche der Körper 2 vom andern erfährt, untrennbar mit der gleich großen, aber entgegengesetzt gerichteten Kraft $\vec{F}_1$ verbunden, welche der Körper 1 erfährt. Wir setzen nun voraus, daß das

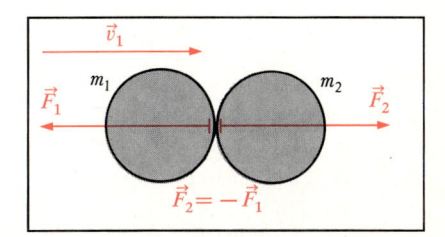

289.2 Actio und reactio beim Stoß

System gegenüber äußeren Kräften abgeschlossen ist (die Gewichtskräfte der Wagen waren durch die Schienen ausgeglichen; der Luftwiderstand spielte während des kurzzeitigen Zusammenpralls gegenüber den großen Stoßkräften $\vec{F}_1$ und $\vec{F}_2$ keine Rolle). Also gilt für die Kräfte $\vec{F}_1$ und $\vec{F}_2$ während des Stoßes:

$$\vec{F}_2 = -\vec{F}_1. \tag{290.1}$$

Hieraus folgt mit der Newtonschen Bewegungsgleichung $\vec{F} = m \cdot \vec{a} = m \cdot \Delta\vec{v}/\Delta t$:

$$m_2 \cdot \vec{a}_2 = -m_1 \cdot \vec{a}_1 \quad \text{oder} \quad m_2 \frac{\Delta\vec{v}_2}{\Delta t} = -m_1 \frac{\Delta\vec{v}_1}{\Delta t}. \tag{290.2}$$

Da der Körper 1 genau so lange auf den Körper 2 mit der Kraft $\vec{F}_2$ wirkt wie Körper 2 auf 1 mit $\vec{F}_1$, so können wir mit dieser gemeinsamen Zeit Δt multiplizieren und erhalten[1]):

$$m_2 \cdot \Delta\vec{v}_2 = -m_1 \cdot \Delta\vec{v}_1. \tag{290.3}$$

In Übereinstimmung mit dem Versuch 22 gibt das Minuszeichen an, daß die Geschwindigkeitsänderungen entgegengesetzt gerichtet sind: Vergrößert sich die Geschwindigkeit des gestoßenen Wagens, so nimmt die des stoßenden ab. Sind zum Beispiel die beiden Massen gleich, so wird $\Delta\vec{v}_2 = -\Delta\vec{v}_1$: Die Geschwindigkeitsänderungen der beiden Körper sind beim Stoß gleich groß und entgegengesetzt gerichtet.

Um den Inhalt der Gl. (290.3) auch beim Stoß *verschiedener* Massen einfach aussprechen zu können, nennen wir das Produkt *Masse mal Geschwindigkeit* den **Impuls** (impellere, lat.; anstoßen).

> *Definition:* **Unter dem Impuls $\vec{p}$ eines Körpers der Masse m, der sich mit der Geschwindigkeit $\vec{v}$ bewegt, versteht man die Vektorgröße**
>
> $$\vec{p} = m \cdot \vec{v}. \tag{290.4}$$
>
> **Die Einheit des Impulses ist 1 kg · m/s.**

Wird beim elastischen Stoß in Versuch 22 der stoßende Wagen 1 der Masse $m_1 = 1$ kg von $v_1 = 0{,}8$ m/s auf Null abgebremst, so nimmt sein Impuls von $p_1 = m_1 \cdot v_1 = 0{,}8$ kgm/s auf Null ab; die Impulsänderung beträgt $\Delta p_1 = 0 - 0{,}8$ kg m/s $= -0{,}8$ kg m/s. Dafür nimmt der Impuls des zweiten Wagens der Masse $m_2 = 1$ kg von Null auf 0,8 kg m/s zu. Gl. (290.3) lautet in Worten: Die Impulsänderung $\Delta\vec{p}_1 = m_1 \cdot \Delta\vec{v}_1$ am Körper 1 ist von gleichem Betrag wie die Impulsänderung $\Delta\vec{p}_2 = m_2 \cdot \Delta\vec{v}_2$ am Körper 2, ihr aber entgegengesetzt gerichtet. Faßt man also beide Körper zu einem *abgeschlossenen System* zusammen, dann ändert sich die Vektorsumme der Impulse, das heißt der Gesamtimpuls $\vec{p} = m_1 \cdot \vec{v}_1 + m_2 \cdot \vec{v}_2$, nicht. Wir bezeichnen mit $\vec{v}_1$ und $\vec{v}_2$ die Geschwindigkeiten von Körper 1 bzw. 2 vor dem Stoß und mit $\vec{u}_1$ und $\vec{u}_2$ nach dem Stoß. Dann folgt aus Gl. (290.3) mit $\Delta\vec{v}_1 = \vec{u}_1 - \vec{v}_1$ und $\Delta\vec{v}_2 = \vec{u}_2 - \vec{v}_2$:

$$m_1 \cdot \vec{v}_1 + m_2 \cdot \vec{v}_2 = m_1 \cdot \vec{u}_1 + m_2 \cdot \vec{u}_2 = \vec{p} \quad \text{(konstanter Gesamtimpuls).} \tag{290.5}$$

---

[1]) Die Herleitung gilt zunächst für Kräfte, die im Zeitintervall Δt konstant sind; hiervon kann während der ganzen Stoßzeit keine Rede sein. Man kann diese aber in sehr kurze Zeitelemente $\Delta t'$ unterteilen, in denen sich die momentanen Kräfte kaum ändern. Gl. (290.2) gilt dann für die dabei erzeugten kleinen Geschwindigkeitsänderungen $\Delta \vec{v}'$. Diese summieren sich zu den $\Delta\vec{v}$, die wir messen und durch Gl. (290.3) erfaßt werden.

Wir verallgemeinern nun auf ein abgeschlossenes System, das aus Körpern der Masse m_i besteht, die sich mit den Geschwindigkeiten $\vec{v}_i$ im 1. Zustand bzw. $\vec{u}_i$ im 2. Zustand bewegen. Sie sollen in der Zwischenzeit nur untereinander Kräfte ausüben (sogenannte innere Kräfte). Dann gilt:

> *Impulserhaltungssatz:* **Die Vektorsumme der Impulse** $\vec{p}_i = m_i \cdot \vec{v}_i$ **eines impulsmäßig abgeschlossenen Systems ist ein konstanter Vektor, nämlich der Gesamtimpuls** $\vec{p}$:
>
> $$\sum_i m_i \cdot \vec{v}_i = \sum_i m_i \cdot \vec{u}_i = \vec{p}. \tag{291.1}$$

Unter einem **impulsmäßig abgeschlossenen System** versteht man eine Gesamtheit von Körpern, die nur *innere* Kräfte aufeinander ausüben und dabei *Impulse untereinander austauschen*, von *außen* aber keine (merklichen) Kräfte erfahren. So sind die Kräfte zwischen zwei aufeinanderstoßenden Kugeln oder Eisenbahnwagen innere Kräfte, sofern man jeweils beide Körper zum System zählt. Reibungskräfte sind — wie wir sahen — zugelassen, wenn sie innere Kräfte sind, das heißt, wenn die beiden aneinander reibenden Körper zum System gehören. Das Gesetz über actio und reactio, auf dem der Impulserhaltungssatz beruht, gilt ja auch für Reibungskräfte. Der folgende Versuch zeigt die Erhaltung des Gesamtimpulses beim Wirken einer inneren Kraft:

Versuch 24: Das abgeschlossene System besteht aus zwei Wagen, die durch einen Faden zusammengehalten werden, während sie die Feder F auseinanderzudrücken sucht *(Abb. 291.1)*. Brennen wir den Faden durch, so stößt die Feder die Wagen mit zwei gleich großen, aber entgegengesetzt gerichteten Kräften auseinander. Vorher war die Vektorsumme $\sum_i m_i \cdot \vec{v}_i$ der Impulse Null, nach dem Stoß ist sie $\sum_i m_i \cdot \vec{u}_i = m_1 \cdot \vec{u}_1 + m_2 \cdot \vec{u}_2$. Da die waagerechte Bahn den Gewichtskräften das Gleichgewicht hält, ist die resultierende äußere Kraft Null, das System der beiden Wagen abgeschlossen (Reibung und Luftwiderstand sind beim Stoß gegenüber der Federkraft zu vernachlässigen). Nach Gl. (291.1) gelten die Vektorgleichungen:

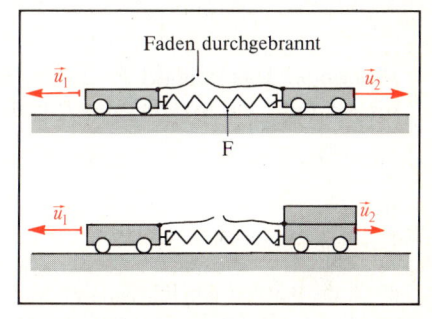

291.1 Nach dem Stoß verhalten sich die Geschwindigkeiten umgekehrt wie die Massen, wenn die Wagen vorher in Ruhe waren: Oben sind die Geschwindigkeiten gleich, unten fährt der linke Wagen doppelt so schnell.

$$0 = m_1 \cdot \vec{u}_1 + m_2 \cdot \vec{u}_2 \quad \text{oder} \quad m_1 \cdot \vec{u}_1 = -m_2 \cdot \vec{u}_2. \tag{291.2}$$

Das Minuszeichen besagt, daß die Geschwindigkeiten $\vec{u}_1$ und $\vec{u}_2$ nach dem Stoß entgegengesetzt gerichtet sind; ihre Beträge verhalten sich umgekehrt wie die Massen:

$$\frac{|\vec{u}_1|}{|\vec{u}_2|} = \frac{m_2}{m_1}. \tag{291.3}$$

Hat der eine Wagen die doppelte Masse, so fährt er mit der halben Geschwindigkeit ab.

Man kann also durch Stoßversuche Massen miteinander vergleichen; hierbei wirkt sich das Beharrungsvermögen der Körper, das heißt ihre Trägheit, aus. Deshalb lassen sich Massen durch solche Stoßversuche auch im schwerefreien Raum messen. Dort würde die Balkenwaage versagen, da sie die Massen aufgrund ihres Schwerseins miteinander vergleicht. Wie wir auf Seite 260 sahen, führen diese beiden Meßmethoden zum gleichen Ergebnis.

2. Impulsänderungen im nicht abgeschlossenen System

Wir betrachten nun die Wirkung einer Kraft F auf einen Körper der Masse m *für sich*. Die reactio von F berücksichtigen wir nicht; der zweite Körper, von dem die Kraft F ausgeht und an dem ihre reactio angreift, soll also *nicht zum System* zählen. Dieses ist folglich impuls- und kräftemäßig gesehen nicht abgeschlossen. Wir können etwa an den ruhenden Wagen für sich denken, der im Versuch 22 von links angestoßen wurde, also die Kraft $\vec{F}$ und die Impulsänderung $\Delta \vec{p}$ erfuhr: Aus $\vec{F} = m \cdot \vec{a} = m \cdot \frac{\Delta \vec{v}}{\Delta t}$ und $m \cdot \vec{v} = \vec{p}$ folgt: $\vec{F} = m \frac{\Delta \vec{v}}{\Delta t} = \frac{\Delta \vec{p}}{\Delta t}$.

> **Wirkt auf einen Körper bzw. ein System mit der Masse m die konstante äußere Kraft $\vec{F}$, so ändert sich im Zeitraum Δt der Impuls $\vec{p}$ um Δp. Es gilt: $\vec{F} = \frac{\Delta \vec{p}}{\Delta t}$.** (292.1)

Nach der Gleichung $\vec{F} = \Delta \vec{p}/\Delta t$ erzeugt die konstante äußere Kraft $\vec{F}$ während ihrer Einwirkungsdauer Δt an einem Körper (System) die Impulsänderung $\Delta \vec{p} = \vec{F} \cdot \Delta t$. Die Impulsänderung ist proportional zu $\vec{F}$ und zu Δt. Man nennt nun das Produkt $\vec{F} \cdot \Delta t$ den **Kraftstoß**; seine Einheit ist wie die des Impulses 1 Ns oder 1 kg m/s. Der Kraftstoß gibt an, wie groß der Impuls ist, der von einem System in ein anderes übergeht.

> **Definition: Das Produkt $\vec{F} \cdot \Delta t$ aus der konstanten Kraft $\vec{F}$, die während der Zeit Δt auf einen Körper (oder ein System) wirkt, heißt Kraftstoß.**
>
> **Satz: Der Kraftstoß $\vec{F} \cdot \Delta t$, der auf einen Körper wirkt, ändert dessen Impuls $\vec{p}$ um $\Delta \vec{p}$:**
>
> $$\vec{F} \cdot \Delta t = \Delta \vec{p},$$ (292.2)

Fällt zum Beispiel ein Körper der Masse $m = 1$ kg während der Zeit $\Delta t = 2$ s, dann übt die Gewichtskraft $F = G = 10$ N den Kraftstoß $F \cdot \Delta t = 10$ N $\cdot$ 2 s $= 20$ Ns aus. Um diesen Wert ändert sich der Impuls. Wurde der Körper aus der Ruhe losgelassen (Impuls Null), so erhält er den Impuls $p = m \cdot v = 20$ Ns $= 20$ kg m/s und die Geschwindigkeit $v = p/m = 20$ m/s.

3. Raketen und Flugzeuge

Versuch 25: Fülle die Rakete nach *Abb. 292.1* teilweise mit Wasser und pumpe noch viel Luft dazu. Im Innern entsteht ein Überdruck, der beim Lösen der Sperre das Wasser nach unten mit großer Kraft herausschleudert. Die *Gegenkraft* des Wassers wirkt auf den Raketenkörper und treibt ihn in die Höhe. Die umgebende Luft ist nicht nötig; *der Versuch gelänge auch im Vakuum*:

Versuch 26: Diese Gegenkraft erkennen wir auch an der *Handbrause* im Bad. Wenn aus ihr das Wasser nach links strömt, so spürt man deutlich die Gegenkraft auf die Brause nach rechts. Man könnte nun einwenden, diese

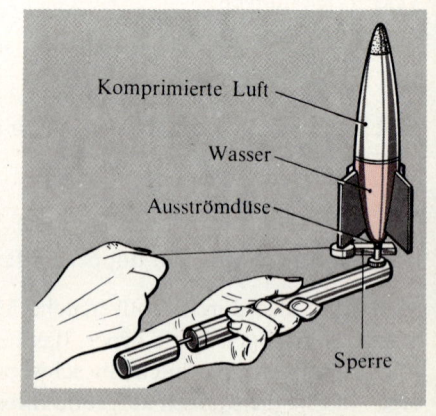

292.1 Rakete, die Wasser ausstößt

Gegenkraft rühre vom Stoß des ausströmenden Wassers gegen die umgebende Luft her. Wenn dies richtig wäre, so müßte diese Gegenkraft viel größer werden, wenn man den Wasserstrahl unmittelbar auf eine feste Wand richtet. Doch erhöht sich dabei die Gegenkraft, die man an der Brause spürt, nicht. Die umgebende Luft ist also ohne Belang; der Rückstoß würde auch im luftleeren Raum auftreten.

Eine Rakete stößt auf einem Prüfstand in $\Delta t = 10$ s Treibgase der Masse 5 kg mit der Geschwindigkeit $v = 2 \cdot 10^3$ m/s aus. Man weiß dabei nicht, ob jeweils große Gasmengen langsam oder kleine schnell beschleunigt werden. Sicher ist jedoch, daß die Masse $m = 5$ kg in $\Delta t = 10$ s aus der Ruhe den Impuls $p = m \cdot v = 5$ kg $\cdot 2 \cdot 10^3$ m/s erhält. Die Impulsänderung ist $\Delta p = 10^4$ kg m/s. Hierzu hat die Rakete die Kraft $F = \Delta p / \Delta t = 10^3$ kg m/s$^2 = 10^3$ N auf die Gase auszuüben. Die reactio wirkt auf die Rakete.

Das Innere von **Feststoff-Raketen** *(Feuerwerkskörper, militärische Raketen)* ist mit einem festen Treibsatz gefüllt *(Schwarzpulver, Nitrozellulose* und *Nitroglyzerin* oder *Ammoniumnitrat* mit *Ammoniumperchlorat* und Zusätzen). Dieser Treibsatz brennt von der Düse aus langsam mit Geschwindigkeiten zwischen 3 mm/s und 30 cm/s ab. Dabei entwickelt er Gase von einem Druck bis zu 200 bar. Sie strömen mit hoher Geschwindigkeit aus (bis 3 km/s) und erzeugen eine Gegenkraft, **Schub** genannt, bis zu $5 \cdot 10^6$ Newton. Diese Feststoffraketen sind ständig betriebsbereit.

Die **Flüssigkeitsraketen,** zum Beispiel die 111 m hohe **Saturn V** der *NASA (National Aeronautics and Space Administration in USA)*, müssen vor dem Start betankt werden: Die Brennstofftanks enthalten Alkohol, Flugbenzin oder flüssigen Wasserstoff (-253 °C). Zum Verbrennen muß man zudem *Sauerstoff* oder ein anderes *Oxydationsmittel* in komprimierter, also verflüssigter Form in den Weltraum mitnehmen. Je nach Bedarf werden beide Flüssigkeiten in die *Brennkammer* gespritzt. So kann man Brenndauer und Größe der Schubkraft ständig regeln. Nach dem Zünden entwickeln sich Verbrennungsgase von hohem Druck (bis 200 bar), die mit Geschwindigkeiten bis zu 4,6 km/s aus der Düse strömen. Diese muß wegen der hohen Verbrennungstemperatur (4000 °C) gekühlt werden. Die 1. Stufe von Saturn V *(Mondrakete)* erzeugt eine Schubkraft von $3,4 \cdot 10^7$ N und brennt 2,5 min lang. Sie beschleunigt die Rakete in 65 km Höhe auf 8500 km/h. Dann wird die leere Hülle der 1. Stufe als unnötiger Ballast abgeworfen und die 2. Stufe gezündet. Sie erzeugt 6,5 min lang $4,6 \cdot 10^6$ N Schubkraft. Die 3. Stufe hat nur noch 4% der gesamten Masse (2700 t) und beschleunigt mit $9,3 \cdot 10^5$ N während insgesamt 8 min auf 40000 km/h. Um vom Mond mit seiner geringen Anziehungskraft abzuheben, braucht man für die Mondfähre nur noch eine Schubkraft von 10^5 N. – Im leeren Raum kann man Raketen nicht wie Flugzeuge mit Leitwerken steuern, welche die Gegenkraft der anströmenden Luft nutzen. Man benutzt Steuerdüsen.

Die **Tragflächen** des **Flugzeugs** sind etwas geneigt oder nach unten gekrümmt *(Abb. 293.1)*. Hierdurch werden beim Flug Luftmassen nach unten abgelenkt. Dies genügt bei den hohen Geschwindigkeiten, die nötige Kraft nach oben zu vermitteln. Sie hält der Gewichtskraft das Gleichgewicht, wenn das Flugzeug seine Höhe beibehält.

Wenn wir im Wasser *Schwimmbewegungen* ausführen, so stoßen wir Wassermassen zunächst nach hinten; dies treibt uns voran. Wir stoßen sie aber auch etwas nach unten. Deshalb können wir den Kopf weiter über Wasser halten, als es der hydrostatische Auftrieb allein ermöglichte.

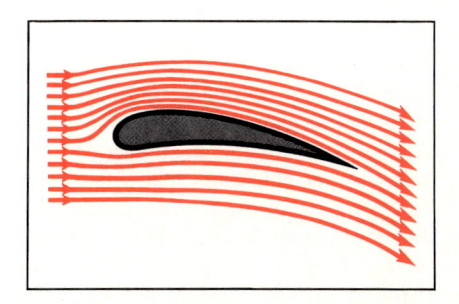

293.1 Querschnitt durch den Tragflügel eines Flugzeuges; die ihn umströmende Luft wird etwas nach unten abgelenkt.

4. Der gerade unelastische Stoß

Versuch 27: Ein bifilar (an zwei Fäden) aufgehängter Sandsack stößt auf einen ruhenden. (Oder ein Fahrbahnwagen stößt auf einen andern, wobei nach Versuch 23 die Stoßstelle mit Klebwachs versehen ist.) Beide Körper bewegen sich anschließend mit der gleichen Geschwindigkeit weiter; sie kleben aneinander. Beim Stoß verschieben sich die Sand- oder Wachsteilchen gegeneinander und zeigen keinerlei elastische Kraft, um die erlittene Verformung rückgängig zu machen und um die Körper wieder auseinanderzutreiben. Wir haben einen **völlig unelastischen Stoß**. Dabei geht ein Teil der kinetischen Energie verloren, da im Sand Reibungsarbeit verrichtet wird.

> **Nach einem völlig unelastischen Stoß bewegen sich die Stoßpartner mit der gleichen Geschwindigkeit weiter. Beim unelastischen Stoß geht kinetische Energie verloren.**

Trotz der Reibungsvorgänge gilt der Satz über actio und reactio und deshalb auch der Impulssatz (Gleichung 290.5) (v Geschwindigkeit vor, u nach dem Stoß):

$$m_1 \cdot \vec{v}_1 + m_2 \cdot \vec{v}_2 = m_1 \cdot \vec{u}_1 + m_2 \cdot \vec{u}_2. \tag{294.1}$$

Infolge der bifilaren Aufhängung stoßen die Säcke aufeinander. Die noch unbekannten Geschwindigkeiten $\vec{u}_1$ und $\vec{u}_2$ nach dem unelastischen Stoß sind gleich ($\vec{u}_1 = \vec{u}_2$). Nach ihnen können wir die Impulsgleichung (294.1) auflösen:

$$\vec{u}_1 = \vec{u}_2 = \frac{m_1 \cdot \vec{v}_1 + m_2 \cdot \vec{v}_2}{m_1 + m_2}. \tag{294.2}$$

Für den unvermeidlichen Verlust ΔW an kinetischer Energie erhält man durch Einsetzen in die Energiebilanz (Seite 286) die Gleichung:

$$\Delta W = \frac{1}{2} \frac{m_1 \cdot m_2}{m_1 + m_2} \cdot (v_1 \mp v_2)^2. \tag{294.3}$$

Dabei gilt das Minuszeichen, wenn die Geschwindigkeiten $\vec{v}_1$ und $\vec{v}_2$ vor dem Stoß gleichgerichtet, das Pluszeichen, wenn sie entgegengerichtet waren. Bei einander entgegenfliegenden Körpern sind Deformation und Energieverlust größer.

Versuch 28: Ein Geschoß (Masse m_1, Geschwindigkeit v_1) wird in eine mit Sand gefüllte, als Pendel aufgehängte Kiste (Masse m_2, Geschwindigkeit $v_2 = 0$) geschossen und bleibt dort stecken. (Man kann auch aus der Federkanone *(Abb. 294.1)* eine Kugel in eine aufgehängte Haltevorrichtung schießen.) Geschoß und Pendel beginnen anschließend eine Schwingbewegung mit der gemeinsamen Geschwindigkeit $u_1 = u_2$. Sie wird mit dem Energiesatz der Mechanik nach Seite 288 aus dem Ausschlag d des Pendels berechnet; denn der Energieverlust durch den Luftwiderstand ist beim ersten Ausschlag unbedeutend. Beim Abbremsen der Kugel im Sand geht dagegen viel an mechanischer Energie verloren (Aufgabe 2); doch berührt dies die Anwendung des Impulssatzes in Gl. (294.1) nicht. Mit diesem **ballistischen Pendel** mißt man Geschoßgeschwindigkeiten. Man schießt das Geschoß nach *Abb. 294.1* in ein aufgehängtes Brett.

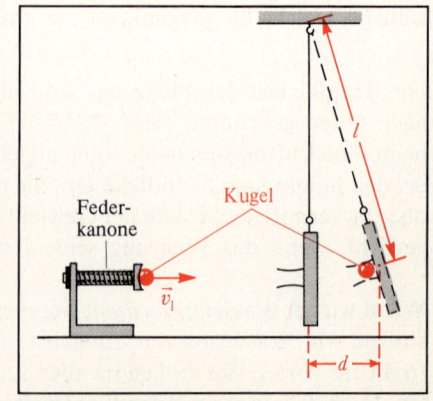

294.1 Ballistisches Pendel zum Bestimmen der Kugelgeschwindigkeit v_1

Aufgaben:

1. *Ein Auto* (1 000 kg) *fährt mit* 108 km/h *gegen eine starre Wand. Wie groß sind Kraftstoß und (mittlere) Bremskraft, wenn es nach* 0,20 s *zum Stehen kommt?*

2. *Eine Kugel der Masse* 20,0 g *wird in einem ballistischen Pendelkörper der Masse* 2,00 kg *abgebremst. Dieser hängt an einer* 2,00 m *langen Schnur und schlägt um* $d = 60,0$ cm *aus. Welche Geschwindigkeit hatte das Geschoß? Wieviel Prozent seiner Bewegungsenergie gingen als mechanische Energie verloren?*

3. *Ein Körper stößt völlig unelastisch mit einem ruhenden von n-facher Masse zusammen. Welche Geschwindigkeit haben beide nachher? Welcher Bruchteil an mechanischer Energie ging verloren?*

4. *Ein Ball* (0,40 kg) *fliegt nach einem Bombenschuß mit* 30 m/s *in die Arme eines senkrecht hochspringenden Torwarts* (75 kg). *Welchen Impuls erhält dieser? Mit welcher Geschwindigkeit fliegt der Torhüter nach dem völlig unelastischen Stoß rückwärts? Welche Kraft erfährt er, wenn er den Ball innerhalb* 0,010 s *abfängt?*

5. *Bei einer Rakete strömen die Gase mit* 4,0 km/s *aus. Welche Masse ist in jeder Sekunde abzuschleudern, damit die Schubkraft* $2,00 \cdot 10^5$ N *beträgt? Mit welcher Beschleunigung erhebt sich die Rakete senkrecht, wenn sie selbst die Masse* 10 t *hat?*

§88 Kreisbewegung eines Massenpunktes

Kreisbewegungen spielen in Physik und Technik eine große Rolle; man denke an die zahlreichen Räder in Maschinen aller Art, an das Durchfahren von Kurven und so weiter. Wenn man in der Umgangssprache sagt, ein Rad drehe sich schnell, so meint man, daß es viele Umläufe je Sekunde ausführt. Da die Kreisbewegung im allgemeinen *periodisch* ist, zieht man den von Schwingungen in der Akustik geläufigen Begriff *Frequenz* heran und führt den Begriff **Drehfrequenz** f ein. Hierunter versteht man den Quotienten $f = n/t$ aus der Zahl n der Umläufe des Rads und der dazu gebrauchten Zeit t. Ihre Einheit ist $1/s = s^{-1}$, da der Zahl n der Umläufe als reiner Zahl keine Einheit zukommt. Die Zeit für 1 Umdrehung des Rades heißt **Umlaufdauer** T und beträgt mit den obigen Bezeichnungen $T = t/n$. Sie ist also der Kehrwert der Drehfrequenz $f = n/t$. Führt zum Beispiel ein Rad in $t = 2$ s insgesamt $n = 20$ Umdrehungen aus, so ist seine Drehfrequenz $f = \frac{n}{t} = \frac{20}{2\,s} = 10\,s^{-1}$, die Umlaufdauer $T = \frac{t}{n} = \frac{1}{10}$ s. Es gilt $T = \frac{1}{f}$ und $f = \frac{1}{T}$.

Für die Drehfrequenz f sagt man manchmal auch Drehzahl oder Tourenzahl, obwohl sie keine Zahl, sondern eine Größe mit der Einheit s^{-1} ist. Im Unterschied zur Frequenz von Schwingungen bezeichnet man hier s^{-1} nicht mit Hertz.

Definition: **Die Drehfrequenz** $f = \frac{n}{t}$ **ist der Quotient aus der Zahl** n **der Umdrehungen eines Körpers und der dazu gebrauchten Zeit** t.

Die Drehfrequenz ist der Kehrwert der Umlaufdauer $T = \frac{t}{n}$. **Es gilt** $T = \frac{1}{f}$. (295.1)

Bei gleicher Drehfrequenz f haben die äußersten Teilchen eines Rades wegen des großen Radius ihrer Kreisbahn eine viel größere *Bahngeschwindigkeit v* als die Teilchen in der Nähe der Achse. Deshalb ist die Drehbewegung *(Rotation)* eines *Körpers* viel schwieriger zu beschreiben als seine fortschreitende Bewegung längs einer (geraden) Bahn, die sogenannte *Translation*. Wir gehen deshalb auf die Rotation starrer Körper nur beim *Drehmoment* (Seite 40) ein. Hier beschränken wir uns auf die *Kreisbewegung eines einzelnen Teilchens*, dessen Ausdehnung klein gegenüber dem Radius r der Kreisbahn ist. Wir können es dann als *Massenpunkt* auffassen. Wenn zum Beispiel ein Stein an einer Schnur im Kreis geschleudert wird, so ist dieses *Modell des Massenpunktes* (Seite 276) hinreichend gut erfüllt, desgleichen bei der Bahn des Mondes um die Erde, obwohl er einen Durchmesser von 3470 km hat.

Die **Bahngeschwindigkeit** $\vec{v}$ eines solchen Massenpunktes ändert auf der Kreisbahn ständig die Richtung; der Betrag v bleibt jedoch bei der sogenannten **gleichförmigen Kreisbewegung** konstant. (Wir erinnern uns: Bei der gleichförmigen (Translations-)Bewegung blieb auch die Richtung des Geschwindigkeitsvektors konstant.) Für die Kreisbewegung berechnet man den Betrag v aus dem Weg $s = 2\pi r$ für 1 Umdrehung, das heißt dem Umfang des Kreises mit Radius r, und der Umlaufdauer T:

> Ein Massenpunkt führt eine gleichförmige Kreisbewegung aus, wenn der Betrag v seiner Bahngeschwindigkeit konstant ist. Hat der Kreis den Radius r und beträgt die Drehfrequenz $f = 1/T$, so gilt für den Betrag der Bahngeschwindigkeit
> $$v = \frac{2\pi r}{T} = 2\pi r \cdot f. \qquad (296.1)$$
> v ist um so größer, je größer Radius r und Drehfrequenz f sind.

§ 89 Zentripetalbeschleunigung und Zentripetalkraft

1. Die Zentripetalbeschleunigung $\vec{a}_z$ eines Massenpunktes

Beim freien Fall wie auch bei den Wurfbewegungen war die Kraft $\vec{F}$ bekannt; mit der Grundgleichung $\vec{F} = m \cdot \vec{a}$ berechneten wir die Beschleunigung $\vec{a}$ und daraus die Geschwindigkeit und den Bahnverlauf. Bei einer gleichförmigen Kreisbewegung ist umgekehrt der Bahnverlauf vorgegeben. Die Bahngeschwindigkeit behält zwar ihren Betrag v bei, ändert aber ständig die Richtung. Wir fragen nun nach der Kraft, die hierzu nötig ist. Deshalb betrachten wir in *Abb. 296.1a* zwei um das

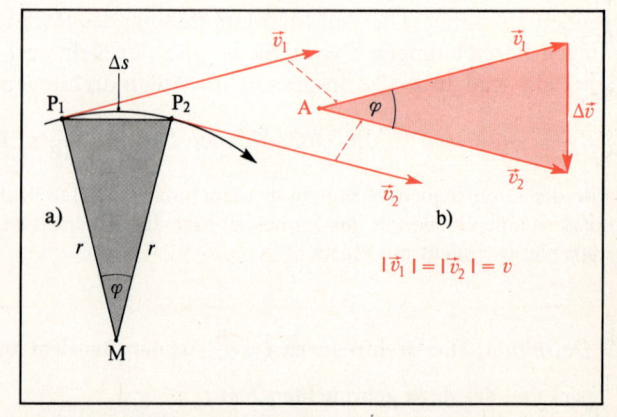

296.1 Die Geschwindigkeitsvektoren in (a) sind in (b) vom gleichen Punkt A aus aufgetragen, um die Geschwindigkeitsänderung $\Delta \vec{v}$ zu berechnen.

Kreisbogenstück $\widehat{P_1P_2} = \Delta s$ getrennte Bahnpunkte P_1 und P_2. Wenn der Massenpunkt die Zeit Δt braucht, um von P_1 nach P_2 zu kommen, so ist $\Delta s = v \cdot \Delta t$. Um die Geschwindigkeitsvektoren $\vec{v}_1$ und $\vec{v}_2$ in P_1 und P_2 vergleichen zu können, tragen wir sie von einem gemeinsamen Punkt A aus auf *(Abb. 296.1 b)*. Dann erkennt man, daß zum Geschwindigkeitsvektor $\vec{v}_1$ eine bestimmte *Zusatzgeschwindigkeit* $\Delta\vec{v}$ addiert werden muß, um den Geschwindigkeitsvektor $\vec{v}_2$ zu erhalten. (Auch beim Wurf haben wir zu einer Anfangsgeschwindigkeit eine Zusatzgeschwindigkeit vektoriell addiert.) **Bei der gleichförmigen Kreisbewegung müssen nun Betrag und Richtung von $\Delta\vec{v}$ so gewählt werden, daß $\vec{v}_2$ den gleichen Betrag v wie $\vec{v}_1$ hat.** Es gilt:

$$\vec{v}_1 + \Delta\vec{v} = \vec{v}_2 \quad \text{oder} \quad \Delta\vec{v} = \vec{v}_2 - \vec{v}_1 \quad \text{mit} \quad v_1 = v_2 = v.$$

$\Delta\vec{v}$ stellt also eine Änderung des Geschwindigkeitsvektors dar. Nach der Gleichung (256.5)

$$\vec{a} = \lim_{\Delta t \to 0} \frac{\Delta\vec{v}}{\Delta t} \qquad (297.1)$$

folgt aus ihr der Beschleunigungsvektor $\vec{a}$. Um ihn zu berechnen, bestimmen wir zunächst den Betrag von $\Delta\vec{v}$. Hierzu beachten wir, daß in *Abb. 296.1 b* zwischen den Vektoren $\vec{v}_1$ und $\vec{v}_2$ der gleiche Winkel liegt wie zwischen den Radien MP_1 und MP_2 des Kreises; denn diese Radien stehen senkrecht auf den Geschwindigkeitsvektoren in P_1 und P_2. Deshalb sind das grau getönte gleichschenklige Dreieck MP_1P_2 mit der schmalen Basis P_1P_2 und das rot getönte Dreieck mit der Basis $\Delta\vec{v}$ ähnlich. Hieraus folgt

$$\frac{\Delta v}{v} = \frac{\overline{P_1P_2}}{r} \quad (v = |\vec{v}_1| = |\vec{v}_2|). \qquad (297.2)$$

Um den Betrag der Beschleunigung a im Punkt P_1 zu ermitteln, muß nach Gl. 297.1 Δt gegen Null gehen, das heißt P_2 gegen P_1 rücken. Dann ersetzt die Sehne $\overline{P_1P_2}$ den Bogen $\widehat{P_1P_2} = v \cdot \Delta t$ immer besser. Für $\Delta t \to 0$ gilt $\overline{P_1P_2} \to \widehat{P_1P_2} = \Delta s = v \cdot \Delta t$. Aus Gl. (297.2) folgt

$$\frac{r \cdot \Delta v}{v \cdot v \cdot \Delta t} \to 1 \quad \text{oder} \quad \frac{\Delta v}{\Delta t} = \frac{v^2}{r}.$$

Der Grenzwert $\vec{a} = \lim_{\Delta t \to 0} \frac{\Delta\vec{v}}{\Delta t}$ hat also den Betrag v^2/r; er ist der *Betrag* der Beschleunigung $\vec{a}$ des Massenpunktes infolge der Änderung der Geschwindigkeits*richtung*.

Um auch die *Richtung* der Beschleunigung $\vec{a}$ zu erhalten, beachten wir die Richtung der Zusatzgeschwindigkeit $\Delta\vec{v}$ im Grenzfall $\Delta t \to 0$: sie steht senkrecht zu $\vec{v}_1$ (in Abb. 296.1 steht $\Delta\vec{v} \perp P_1P_2$). *Also zeigt die Beschleunigung $\vec{a}$ in jedem Bahnpunkt zum Kreiszentrum;* sie heißt **Zentripetalbeschleunigung** $\vec{a}_z$ (petere, lat.; erstreben). Würde sie in Richtung der Kreisbahn zeigen, so müßte sich der *Betrag* der Bahngeschwindigkeit erhöhen; wir hätten eine *Bahnbeschleunigung*. Doch beschränken wir uns hier auf Kreisbewegungen mit konstantem Geschwindigkeitsbetrag.

Bei einer gleichförmigen Kreisbewegung führt ein Massenpunkt eine Bewegung mit der zum Kreismittelpunkt gerichteten Zentripetalbeschleunigung vom Betrag

$$a_z = \frac{v^2}{r} \quad \text{aus.} \qquad (297.3)$$

Ein Stein wird an einer Schnur 5mal in 1 s auf einer Kreisbahn mit Radius $r = 1$ m geschleudert. Die Drehfrequenz ist $f = 5 \text{ s}^{-1}$, die Bahngeschwindigkeit $v = 2\pi r f = 31{,}4$ m/s, die Zentripetalbeschleunigung $a_z = 985$ m/s². Der Stein würde auf der Kreistangente weiterfliegen, wenn er nicht ständig diese große Beschleunigung zum Kreismittelpunkt hin hätte (von der Tangente aus gesehen).

2. Die Zentripetalkraft $\vec{F}_z$

Im täglichen Leben spricht man nur dann von einer Beschleunigung, wenn der Körper schneller wird. Bei der gleichförmigen Kreisbewegung ändert sich jedoch nur die Richtung der Geschwindigkeit. Hieraus haben wir (zunächst formal) die Zentripetalbeschleunigung $\vec{a}_z$ berechnet. Wir prüfen nun, ob sie genauso nach $\vec{F} = m \cdot \vec{a}$ durch eine Kraft erzeugt werden muß wie Beschleunigungen bei geradlinigen Bewegungen:

Nach dem Trägheitssatz braucht man auch eine Kraft, um nur die *Richtung* eines Körpers zu ändern. Kräftefrei würde sich nämlich der Körper nach *Abb. 298.1* in P_1 mit der Geschwindigkeit $\vec{v}_1$ längs der Tangente von der Kreisbahn entfernen. Etwa ein Hammerschlag in Richtung von $\Delta \vec{v}$, also zum Kreiszentrum hin, könnte den Massenpunkt wieder auf die Kreisbahn bringen; der Schlag würde die Geschwindigkeit $\vec{v}_1$ in $\vec{v}_2$ überführen, indem er zu $\vec{v}_1$ die Zusatzgeschwindigkeit $\Delta \vec{v}$ addiert. Damit der Körper ständig auf der Kreisbahn bleibt, muß eine äußere Kraft *stetig* zum Kreiszentrum hin wirken:

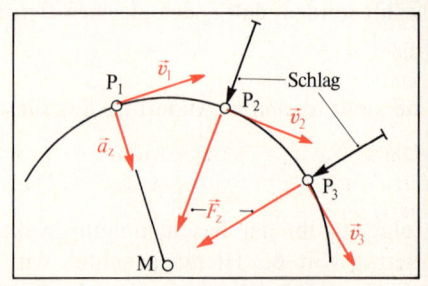

298.1 Um die Geschwindigkeit $\vec{v}_1$ in $\vec{v}_2$ überzuführen, braucht man eine Zentripetalkraft $\vec{F}_z$.

Versuch 29: Nach *Abb. 298.2* steht ein Wagen der Masse $m = 0,10$ kg auf einer Bahn, die um die vertikale Achse in Rotation versetzt wird. Der Wagen bewegt sich entsprechend *Abb. 298.1* zunächst auf der Tangente, entfernt sich also von der Drehachse. Hierbei verlängert sich der Kraftmesser, der über die Schnur (mit Umlenkrolle) mit dem Wagen verbunden ist. Der gespannte Kraftmesser übt deshalb auf den Wagen eine zum Kreismittelpunkt M gerichtete Kraft aus, der Schwerpunkt S des Wagens beschreibt eine Kreisbahn (Radius $r = 0,45$ m). Wenn er zu einem Umlauf die Zeit $T = 0,40$ s braucht, beträgt die Bahngeschwindigkeit $v = 2\pi r/T = 7,1$ m/s, die Zentripetalbeschleunigung nach Gl. (297.3)

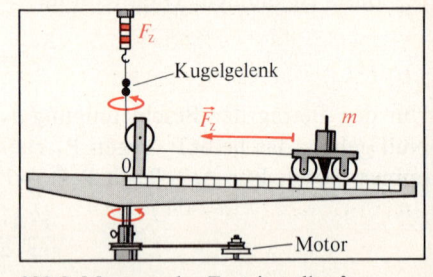

298.2 Messung der Zentripetalkraft

$$a_z = \frac{v^2}{r} = 112 \, \frac{\text{m}}{\text{s}^2}.$$

Durch Multiplikation mit der Masse $m = 0,10$ kg finden wir die sogenannte **Zentripetalkraft** vom Betrag $F_z = m \cdot a_z = 11,2$ N. Sie wird vom gespannten Kraftmesser ausgeübt und angezeigt:

> **Damit der Körper der Masse m bei der Geschwindigkeit vom Betrag v auf einen Kreis mit Radius r gezwungen wird, muß am Körper eine zum Kreismittelpunkt gerichtete Zentripetalkraft vom Betrage**
>
> $$F_z = \frac{m \cdot v^2}{r} \tag{298.1}$$
>
> **angreifen.**

Kennt man bei einer Kreisbewegung die Geschwindigkeit v, so ist die Gleichung $F_z = m \cdot v^2/r$ zweckmäßig; ist dagegen die Umlaufdauer T bekannt, dann ersetzt man v durch T und erhält

$$F_z = \frac{4\pi^2 \cdot m \cdot r}{T^2} \tag{298.2}$$

Versuch 30: Um die Zentripetalbeschleunigung unmittelbar zu zeigen, zieht man den Wagen nach *Abb. 298.2* bei ruhendem Gerät so weit nach außen, bis der Kraftmesser wieder 11,2 N anzeigt. Wenn man dann den Wagen losläßt, erfährt er im ersten Augenblick die Beschleunigung 112 m/s² zum Kreiszentrum hin. Bei der Kreisbewegung hält er nur deshalb konstanten Abstand von diesem Zentrum, weil sich zu dieser Bewegung nach innen entsprechend *Abb. 298.1* die Tangentialbewegung mit dem Geschwindigkeitsvektor $\vec{v}$ addiert, *die für sich vom Zentrum wegführt*. Ohne Zentripetalkraft würde der Körper infolge seiner Trägheit tangential so weiterfliegen wie die Funken am Schleifstein nach *Abb. 299.1*.

Diese Versuche zeigen deutlich: Die Kreisbewegung wird erst erzwungen, wenn auf den Körper eine zum Zentrum gerichtete *äußere Kraft* wirkt. Die Gleichung $F_z = mv^2/r$

299.1 Die Funken am Schleifstein fliegen tangential weg.

gibt an, wie groß sie sein muß, aber nicht, wie sie entsteht und wer sie aufbringt. Bei den Versuchen 29 und 31 wirkt die Zugkraft einer Schnur nach innen, beim Mond die Anziehung durch die Erde als Zentripetalkraft. In Ziff. 4 werden wir weitere Möglichkeiten zum Erzeugen von Zentripetalkräften kennenlernen. Wir fassen zusammen:

---

a) Auch wenn sich nur die Richtung der Geschwindigkeit ändert, so ist der Vektor $\vec{a} = \lim_{\Delta t \to 0} \Delta \vec{v}/\Delta t$ vom Nullvektor verschieden.

b) Für diese Beschleunigung $\vec{a}$ gilt ebenfalls das Grundgesetz der Mechanik $\vec{F} = m \cdot \vec{a}$ in Vektorform.

c) Die sogenannte gleichförmige Kreisbewegung ist eine auf das Kreiszentrum zu beschleunigte Bewegung, obwohl der Betrag der Geschwindigkeit konstant bleibt. Die Beschleunigung steht nämlich senkrecht zum jeweiligen Geschwindigkeitsvektor.

---

3. Zentrifugalkraft (Fliehkraft)

Wir benutzten das Wort Zentrifugalkraft nicht. Um dies zu verstehen, betrachten wir nochmals die Funken am Schleifstein. Sie entfernen sich von der Mitte M der Scheibe (Punkte 1′, 2′, 3′ und so weiter in *Abb. 299.2*). *Ein auf der Scheibe mitrotierender Beobachter* würde sich dabei auf dem Kreisbogen (Punkte 1, 2, 3) bewegen und sagen, die Funken entfernen sich von ihm aus gesehen *nach außen weg,* und zwar beschleunigt, sie erfahren eine Kraft nach außen. (Man betrachte die roten Bogenstücke.) Dies erinnert an die vom *Karussell* her bekannte, nach *außen* gerichtete **Zentrifugalkraft**. Sie spüren wir als *mitrotierende Beobachter*, die stets von einer Bewegungsrichtung in eine andere gezwungen werden. Dabei unterliegen wir der Zentripetalbeschleunigung und sind nicht in einem Inertialsystem (Seite 248). Ein *außenstehender Beobachter* (zum Beispiel der Fotoapparat für Abb. 299.1) ist dagegen im Inertialsystem und sieht die Funken entsprechend dem Trägheitssatz tangential und unbeschleunigt wegfliegen; von einer Zentrifugalkraft merkt er nichts. Dies verdeutlicht auch der folgende Versuch:

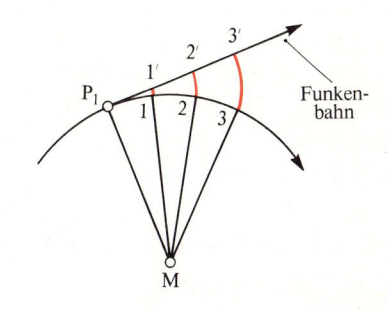

299.2 Ein auf der Scheibe mitrotierender Beobachter (1, 2, 3, ...) sieht die Funken (1′, 2′, 3′, ...) längs der rot gezeichneten Strecken nach außen beschleunigt wegfliegen; diese Strecken wachsen etwa wie die Quadratzahlen an. Er sagt, die Funken erfahren eine beschleunigende Kraft nach außen und nennt sie Zentrifugalkraft.

300 Dynamik

Versuch 31: Die horizontale Scheibe nach *Abb. 300.1* kann um ihre vertikale Achse in Rotation versetzt werden. Dabei schleudert sie den an einem Faden befestigten weichen Gummi auf die Kreisbahn. Man nähert dem Faden von unten eine schräg gehaltene Rasierklinge im Punkt P_1; sie schneidet den Faden durch. Dabei entfällt die Zentripetalkraft, und der Gummi fliegt für uns *außenstehende Beobachter* tangential — nicht radial — weg. Eine auf den Gummi nach außen wirkende Zentrifugalkraft ist für uns nicht vorhanden. Wer daran zweifelt, der bedenke, daß die Gl. (298.1) ohne Benutzung der Zentrifugalkraft hergeleitet und im Versuch 29 voll bestätigt wurde! Welche Bedeutung sie für einen mitbeschleunigten Beobachter hat, zeigt *Abb. 299.2*.

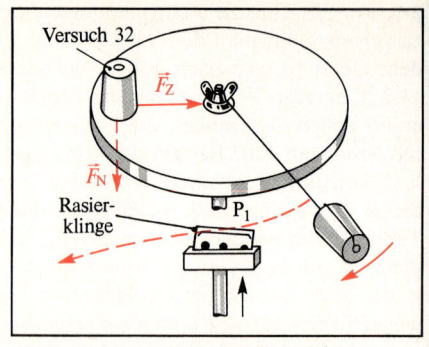

300.1 Zu Versuch 31 und Beispiel 4a

4. Beispiele

a) **Versuch 32:** Eine waagerechte Scheibe dreht sich um ihre vertikale Achse (*Abb. 300.1*, links). Der auf ihr liegende Gummistopfen würde ohne Reibung tangential wegfliegen und sich, von der Scheibe aus gesehen, nach außen entfernen *(Abb. 299.2)*. Deshalb übt der Stopfen auf die Scheibe eine Kraft aus, die nach außen zeigt. Die reactio der Scheibe, die *Haftreibungskraft* R', ist zum Mittelpunkt M gerichtet und zwingt den Stopfen auf die Kreisbahn um M, falls ihr Maximalwert $R'_{max} = f' \cdot F_N$ größer als die nötige Zentripetalkraft F_z ist. Hier wird F_z von der Haftreibung geliefert (Aufgabe 3).

b) Beispiel a kann auf ein Fahrzeug übertragen werden, das eine nicht überhöhte Kurve durchfährt. Die Räder rollen zwar in der Bewegungsrichtung ab, erfahren aber trotzdem quer dazu eine Haftreibungskraft zum Kurvenmittelpunkt, wenn das Fahrzeug nicht schleudert, es gilt $f' \cdot G \geqq m v^2/r$. — Ein Radfahrer neigt sich nach innen, damit auch sein hoch liegender Schwerpunkt die nötige Zentripetalkraft erfährt.

c) Man kann ein mit Wasser gefülltes Glas in einem *vertikalen* Kreis schleudern; im obersten Punkt der Kreisbahn zeigt seine Öffnung nach unten. Das Wasser fließt trotzdem nicht aus, wenn die von der Gewichtskraft G erzeugte Fallbeschleunigung g kleiner als die im höchsten Punkt auftretende Zentripetalbeschleunigung a_z ist. Man braucht dann zusätzlich zur Gewichtskraft des Wassers noch die Zugkraft des Arms nach unten, um das Wasser auf die Kreisbahn zu zwingen, um also die nötige Zentripetalkraft $F_z = m \cdot a_z > G = m \cdot g$ aufzubringen (Aufgabe 5).

Aufgaben:

1. *Zeigen Sie, daß in Gl. (298.1) und (298.2) die Kraft die Maßbezeichnung* $kg\ m/s^2 = N$ *erhält!*

2. *Ein Stein* (0,20 kg) *wird immer schneller an einer* 50 cm *langen Schnur in einem horizontalen Kreis geschleudert. Bei welcher Drehfrequenz reißt sie, wenn sie maximal* 100 N *aushält?*

3. *Bei welcher Drehfrequenz f fliegt der Körper* (30 g), *der* 20 cm *von der Achse der Scheibe nach Abb. 300.1 entfernt liegt, weg, wenn die Haftreibungszahl* $f' = 0,40$ *ist? Würde er bei einer Bahngeschwindigkeit von* 1,0 m/s *liegen bleiben? Hängt das Ergebnis von der Masse m ab?*

4. *Welche Geschwindigkeit darf ein Auto in einer nicht überhöhten, ebenen Kurve von* 100 m *Radius höchstens haben, wenn es bei der Haftreibungszahl* $f' = 0,70$ *nicht rutschen soll?*

5. *Eine Milchkanne wird in einem vertikalen Kreis mit Radius* 1,0 m *geschwungen. Wie groß muß die Geschwindigkeit im höchsten Punkt mindestens sein, damit keine Milch ausläuft? Wie schnell ist dann die Kanne am tiefsten Punkt, wenn der Schleudernde keine Arbeit verrichtet? Mit welcher Kraft muß er die Kanne* (2,0 kg) *am tiefsten bzw. höchsten Punkt halten?*

Planetenbewegung und Gravitation

§ 90 Beobachtungen am Himmel und ihre Beschreibung

1. Der Fixsternhimmel; geozentrisches System

Wir betrachten in einer klaren mondlosen Nacht den Sternenhimmel. *Abb. 301.1* gibt einen Ausschnitt wieder, wie er sich uns darbieten kann, wenn wir in nördliche Richtung blicken. Da die gegenseitige Lage der meisten Sterne erhalten bleibt, konnte man in die Vielzahl der Sterne etwas Ordnung bringen. Man faßte auffällige Gruppen zu sogenannten *Sternbildern* zusammen. Diese am Himmel scheinbar fest verankerten Sterne nannte man **Fixsterne.** Allerdings ändert sich der Gesamteindruck des Sternhimmels schon nach Stunden. Das Himmelsgewölbe dreht sich als Ganzes in einer Stunde um 15° gegen den Uhrzeigersinn um einen Punkt am nördlichen Himmel, den *Himmelspol*. Nur 1° neben diesem Punkt befindet sich ein heller Stern, der **Polarstern,** den man meist stellvertretend als den Himmelspol ansieht. Besonders eindrucksvoll stellt sich die Drehung des Fixsternhimmels dar, wenn man einen Fotoapparat mit geöffnetem Verschluß einige Stunden gegen den Nachthimmel richtet und dann den Film entwickelt *(Abb. 301.2)*. Die Fixsternbahnen haben sich dann selbst als Teile von konzentrischen Kreisen um den Himmelspol eingezeichnet. *Alle* Kreisbögen besitzen gleich große Mittelpunktswinkel.

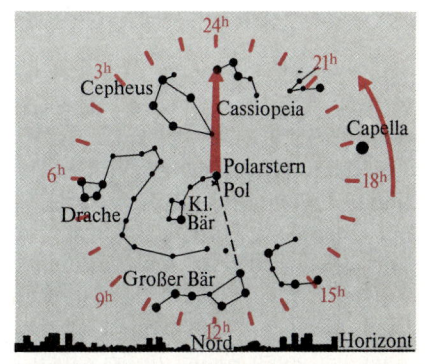

301.1 Sternbilder des nördlichen Himmels

301.2 Bahnen von Zirkumpolarsternen auf einem Foto nach 8-stündiger Belichtung

Fixsterne, die so nahe am Himmelspol liegen, daß ihre ganze Kreisbahn über dem Horizont liegt, heißen **Zirkumpolarsterne.** Ihr Winkelabstand vom Polarstern ist kleiner als der Erhebungswinkel des Polarsterns vom Horizont aus gemessen, die sogenannte **Polhöhe**. Sie beträgt bei uns etwa 50° und nimmt zum Äquator hin auf Null ab. Der Schnitt der Äquatorebene der Erde mit dem Himmelsgewölbe bildet den **Himmelsäquator.** Er teilt den Sternhimmel in eine nördliche und eine südliche Hälfte. Das bekannte *Kreuz des Südens* ist ein helles Sternbild des südlichen Sternhimmels.
Die Bahnen aller übrigen Fixsterne tauchen zu einem mehr oder weniger großen Teil unter den Horizont. Diese Sterne gehen wie die Sonne auf der östlichen Seite des Horizonts auf und gehen auf der westlichen unter. Sie beschreiben jeweils einen Bogen am Himmel, dessen höchster Punkt, der *obere Kulminationspunkt*, auf dem **Meridian** liegt. Der *Meridian* ist ein gedachter Kreis am Himmel, der im *Südpunkt* des Horizonts senkrecht aufsteigt, durch den höchsten Punkt am Himmel, den **Zenit,** geht, zum *Himmelspol* absteigt und den Horizont wieder im Nordpunkt erreicht. Diese Bogen der Fixsterne bleiben das Jahr über gleich.

Hier beschreiben wir die Bewegungen der Himmelskörper so, wie sie uns als Beobachter erscheinen, die *auf der Erde ruhen*. Diesen sog. **geozentrischen Standpunkt** (gē, griech.; Erde) hielt man im Altertum und im Mittelalter für den absolut richtigen. Man war überzeugt, die Erde ruhe im Mittelpunkt des Weltalls und *alle* Himmelskörper bewegten sich um die Erde. So konnte vor allem der griechische Astronom *Ptolemäus* (um 150 n. Chr.) die Bewegungsvorgänge am Himmel mathematisch beschreiben.

> **Das Ptolemäische Weltsystem steht auf dem geozentrischen Standpunkt; nach ihm bewegen sich die Himmelskörper um die ruhende Erde.**

2. Die Bahn der Sonne vor dem Hintergrund des Fixsternhimmels

Die Bahn der Sonne scheint sehr kompliziert zu sein. Im Sommer beschreibt sie einen ziemlich hohen Bogen am südlichen Himmel, im Winter einen niedrigen. In der Zeit dazwischen läuft sie auf einer Art *Schraubenlinie* mit sehr kleiner Ganghöhe zwischen diesen beiden Extremlagen. Die Bahn wird wesentlich einfacher, wenn man untersucht, wie sich die Sonne gegenüber dem *Fixsternhimmel* bewegt. Sie bleibt dabei jeden Tag um etwa vier Minuten zurück. In einem Jahr gibt das einen Tag. Nach einem Jahr ist sie also um 360° zurückgeblieben und steht zur selben Tageszeit auch wieder in derselben Höhe über dem Horizont. Die Sonne befindet sich wieder an derselben Stelle des Fixsternhimmels. Sie hat während dieser Zeit auf dem Fixsternhimmel einen *Kreis* beschrieben. Auf diesem Kreis liegen die 12 Sternbilder des sogenannten **Tierkreises** recht genau in den zugehörigen 30°-Sektoren. In jedem Monat tritt also die Sonne in ein neues Sternbild dieses *Tierkreises* ein *(Abb. 303.1* und *302.1).*

3. Das heliozentrische System des Kopernikus

Nikolaus Kopernikus (1473 bis 1543), Domherr von Frauenburg (Ostpreußen), gab in seinem berühmten Werk „*De revolutionibus orbium coelestium*" („Über die Umdrehungen der Himmelssphären"; 1542 gedruckt) den geozentrischen Standpunkt des Ptolemäischen Systems auf. Seine Thesen leiteten einen bedeutenden Wandel des Weltbilds im Abendland ein und lauten:

a) Die Erde dreht sich täglich einmal um ihre Achse. Für einen Beobachter, der am Nordpol steht, dreht sie sich gegen den Uhrzeiger, wie in *Abb. 302.1* angegeben. Da wir Menschen uns bei der Erdumdrehung mitbewegen, sehen wir alles, was im Weltall um uns ausgebreitet liegt, im Laufe eines Tages nacheinander am Himmel an uns vorüberziehen. **Die tägliche Bewegung der Gestirne ist also nur scheinbar.**

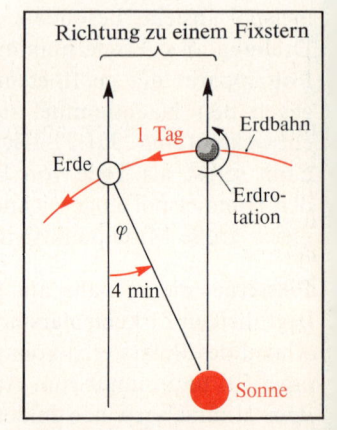

302.1 Der Sonnentag ist etwa 4 min länger als der Sterntag.

b) Die Erde bewegt sich in einem Jahr streng gleichförmig auf einer Kreisbahn um die Sonne. Die Sonne selbst betrachtete *N. Kopernikus* als ruhend und (fast) als das Zentrum des Weltalls. Man nennt ein System mit ruhender Sonne **heliozentrisch** (helios, griech.; Sonne).

c) Die Sonne wird auch noch von den anderen Planeten umkreist; **die Erde ist also nur ein Planet unter vielen und hat keine Sonderstellung im Weltall.** Sie nimmt den *Mond* als einzigen natürlichen Satelliten auf ihrer Bahn um die Sonne mit.

§ 90 Beobachtungen am Himmel und ihre Beschreibung 303

> **Kopernikus zeigte, daß man sich die Sonne als ruhend vorstellen kann (heliozentrisches Weltsystem) und forderte für die Planetenbewegung exakte Kreise.**

Abb. 303.1 zeigt die vereinfachte Darstellung dieses *heliozentrischen* Systems. In ihr sind die Namen und Zeichen der Sternbilder des *Tierkreises* eingetragen. Man muß sich den schematisch dargestellten Tierkreis (siehe Seite 302) oben und unten durch zwei Halbkugelschalen ergänzt vorstellen, welche die übrigen *Sternbilder* enthalten. Neben dem Tierkreis zeigt *Abb. 303.1* die Sonne und die Erdbahn mit vier ausgezeichneten Stellungen der Erde zu Beginn von Frühling, Sommer, Herbst und Winter. Die Verlängerung der Verbindungslinie Erde-Sonne trifft den Tierkreis jeweils an der Stelle, an der man die Sonne „sieht". Für den 21. März *(Frühlingspunkt)* ist diese Linie rot eingezeichnet und die Projektion der Sonne auf den Fixsternhimmel im Tierkreiszeichen *Widder* (♈) ebenfalls rot eingetragen.

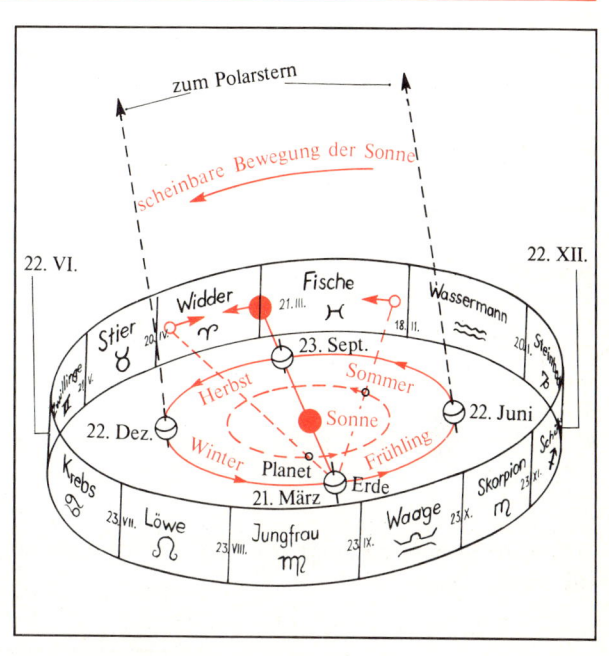

303.1 Zur Erklärung des Laufs der Sonne und eines Planeten durch die Sternbilder des Tierkreises

In *Abb. 303.1* sind nur zwei der großen Planeten eingetragen, die Erde und ein innerer Planet. Tatsächlich wird unser Zentralgestirn von den Planeten Merkur, Venus, Erde, Mars, Jupiter, Saturn, Uranus, Neptun und Pluto umkreist. Ihre Entfernung von der Sonne ist, verglichen mit der der Fixsterne, gering. Während das Licht von der Sonne zu den Planeten Minuten oder Stunden braucht, überbrückt es die Entfernung zum nächsten Fixstern erst in mehr als vier Jahren. Die Bahnen der Planeten sowie die ihrer Monde liegen alle etwa in der *gleichen Ebene* wie die Erdbahn, *Ekliptik* genannt. Auch ihr Umlaufsinn und der ihrer eigenen Drehung ist *derselbe*. Von uns aus gesehen bewegen sich deshalb die Planeten wie die Sonne durch die Tierkreiszeichen.

Die *Abb. 303.1* zeigt, daß am 22. Dezember die Sonne bei der Drehung der Erde um ihre Achse senkrecht über Punkten der südlichen Erdhalbkugel steht. Diese Punkte liegen auf einem Parallelkreis von $23\frac{1}{2}°$ südlicher Breite (Wendekreis des *Steinbocks*). Um einen Winkel von $23\frac{1}{2}°$ ist nämlich die Erdachse gegen die Ebene ihrer Bahn geneigt. Am 22. Juni dagegen steht die Sonne senkrecht über dem Wendekreis des *Krebses* auf der nördlichen Halbkugel. In unserem Sommerhalbjahr strahlt die Sonne infolgedessen der Nordhalbkugel mehr Energie zu als in unserem Winterhalbjahr. Als *Kreiselachse* behält die Erdachse im Weltraum ihre Richtung immer bei; deshalb bleiben die Jahreszeiten immer an die gleichen Abschnitte der Erdbahn gebunden.

Kopernikus überwand die ichbezogene Enge der mittelalterlichen Betrachtungsweise, nach der die Erde (und folglich auch der Mensch) im Mittelpunkt des Weltalls stehe, und leitete zur universellen Auffassung der Neuzeit über. Diese sogenannte **kopernikanische Wende** vermochten damals nur wenige Gelehrte geistig zu vollziehen. Zwar wurden die Astronomen mit dem aufwendigen System des *Ptolomäus* immer unzufriedener, denn genauer werdende Beobachtungen machten immer weitere und kompliziertere Korrekturen nötig. Im *Kopernikanischen System* konnte man jedoch trotz des heliozentrischen Standpunkts die Planetenbewegungen auch nicht genauer vorausberechnen, da *Kopernikus* noch starrer an der *gleichförmigen Kreisbewegung* festhielt als *Ptolemäus*.

4. Die Keplerschen Gesetze

Die endgültige Entscheidung zwischen den Weltsystemen wurde durch *Messungen* des Dänen *Tycho Brahe* (1546 bis 1601) an der Marsbahn mit einer für die damaligen Verhältnisse (ohne Fernrohr!) unvorstellbaren Präzision von etwa 1 Bogenminute vorbereitet. *Brahe* selbst sah allerdings noch die Erde als ruhend an.

Johannes Kepler wertete nun die genauen Meßergebnisse *Brahes* aus und erkannte dabei als erster nach mühsamen numerischen Rechnungen, daß sich die Marsbahn einem Kreis nicht fügt, sondern eine *Ellipse* ist. Damit überwand er das spekulative Vorurteil, nach dem die Bahnen Kreise sein müssen und dem auch noch *Kopernikus* anhing. Aus den *Braheschen Messungen*, also *induktiv*, ohne eine physikalische Theorie vorauszusetzen, erschloß *Kepler* seine drei Gesetze:

Erstes Keplersches Gesetz: **Die Planeten bewegen sich auf Ellipsen, in deren einem Brennpunkt die Sonne steht.**

Kepler ging auch von der Annahme der *Griechen* ab, daß der Betrag der Bahngeschwindigkeit des Planeten konstant sein müsse; er fand, daß sich dieser in der *Sonnennähe* (*Perihel* Pe) schneller bewegt als in der *Sonnenferne* (*Aphel* A; siehe die roten Pfeile auf der Ellipsenbahn in *Abb. 304.1*). Die Meßwerte *Brahes* führten *Kepler* zum sogenannten **Flächensatz**, dem nach ihm benannten zweiten Keplerschen Gesetz:

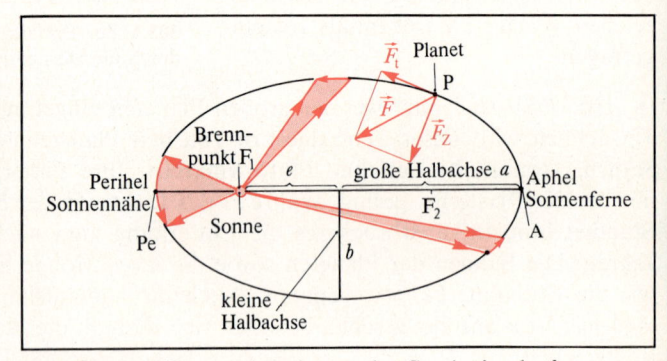

304.1 Kepler-Ellipse und Zerlegung der Gravitationskraft

Zweites Keplersches Gesetz: **Der von der Sonne zum Planeten gezogene Fahrstrahl überstreicht in gleichen Zeiten gleiche Flächen (in *Abb. 304.1* rot getönt).**

Kepler beschäftigte sich auch mit den Bahnen der übrigen Planeten und zeigte:

Drittes Keplersches Gesetz: **Die Quadrate der Umlaufzeiten T_1 und T_2 zweier beliebiger Planeten verhalten sich wie die dritten Potenzen der großen Halbachsen a_1 und a_2 der Bahnellipsen:**

$$\frac{T_1^2}{T_2^2} = \frac{a_1^3}{a_2^3} \quad \text{oder} \quad \frac{T_1^2}{a_1^3} = \frac{T_2^2}{a_2^3} = \cdots = C. \tag{304.1}$$

Johannes Kepler wurde 1571 in Weil der Stadt, Württemberg, geboren und starb 1630 in Regensburg. Bevor wir *Newtons* physikalische Erklärung der Planetenbewegung kennenlernen, müssen wir des temperamentvollen und tragischen Kampfes gedenken, den der italienische Physiker *Galileo Galilei* (1564 bis 1642) um das revolutionäre neue heliozentrische Weltsystem führte: 1609 stellte er auf Nachrichten aus Holland hin das nach ihm benannte Fernrohr her und richtete es gegen den Himmel. Dabei entdeckte er, daß die *Mondoberfläche* Gebirge wie die Erde aufweist und nicht die für Himmelskörper bis dahin angenommene ideale Kugelgestalt hat. Er sah vor allem, daß der Planet *Jupiter* von Monden umkreist wird. Die Erde ist also nicht das einzige Zentrum himmlischer Kreisbewegungen, wie es *Aristoteles* lehrte. *Galilei* sagte, diese Jupitermonde müßten bei jedem Umlauf die Äthersphäre durchstoßen und zertrümmern, an die nach Aristoteles der Planet Jupiter geheftet sei (wie jeder andere Himmelskörper). Mit diesen Argumenten trat *Galilei* öffentlich gegen das von den Gelehrten und der Kirche anerkannte *Ptolemäisch-Aristotelische* System auf, fand aber heftigen Widerspruch. Die Gelehrten weigerten sich zum Teil, durch das Fernrohr zu blicken; sie schenkten den Schriften des *Aristoteles* mehr Glauben als der unmittelbaren Wahrnehmung. Das heliozentrische System widersprach auch dem Wortlaut der Bibel. *Galilei* wurde deshalb der Ketzerei angeklagt, zum Widerruf der kopernikanischen Lehre und der Form nach zu Gefängnis verurteilt. Er schwor der *kopernikanischen* Lehre ab, hing ihr aber insgeheim doch noch an. Man war immer noch der Ansicht, daß der heliozentrische Standpunkt nur eine *denkmögliche Hypothese* darstelle, in Wirklichkeit aber die geozentrische Auffassung richtig sei. Endgültige Beweise für das heliozentrische System wurden erst von *Newton* und seinen Nachfolgern beigebracht.

§ 91 Das Gravitationsgesetz, allgemeine Massenanziehung

1. Das Gravitationsgesetz und die Masse von Himmelskörpern

Der Mond kreist um die Erde, die Planeten bewegen sich um die Sonne. Wir nehmen an — was früher nicht selbstverständlich war —, daß auch für diese Körper die auf der Erde gefundenen physikalischen Gesetze gelten. Dann ist eine Zentripetalkraft nötig, welche die Himmelskörper auf ihre Bahnen zwingt. Newton vermutete, daß es eine Kraft ist, mit der jeder Körper auf jeden wirkt, eine **allgemeine Massenanziehung.** Die Gewichtskraft, die sog. Schwerkraft, wäre ein Sonderfall von ihr. Man nennt deshalb diese allgemeine Massenanziehung auch **Gravitationskraft** (gravis, lat.: schwer). Sie wurde erst im Jahre 1798 von *Cavendish* im Laboratorium mit einer empfindlichen **Drehwaage** gemessen. Er setzte zwei kleine Bleikügelchen der Masse m_1 auf den waagrechten Arm, der an einem langen, dünnen Draht sehr leicht drehbar aufgehängt war (*Abb. 305.1* und *306.1*). Dieser Draht verdrillte sich ein wenig, als den beiden Kügelchen zwei schwere Bleikugeln der Masse m_2 genähert wurden. Diese so unmittelbar gezeigte **Massenanziehungskraft F** erweist sich nicht nur der angezogenen Masse m_1 der Bleikügelchen, sondern auch der anziehenden Masse m_2 proportional und umgekehrt proportional dem Quadrat des Abstandes r der Mittelpunkte der jeweiligen Massen m_1 und m_2. Es gilt $F \sim m_1 m_2 / r^2$ oder $F = f \cdot m_1 \cdot m_2 / r^2$. Der Proportionalitätsfaktor f in die-

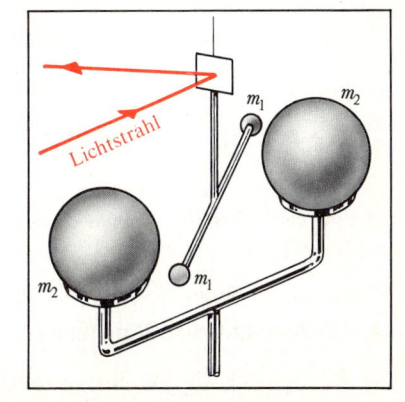

305.1 Gravitationswaage (Prinzip)

ser Gleichung ist für alle Stoffarten gleich und heißt **Gravitationskonstante**. Er wurde zu $f = 6{,}670 \cdot 10^{-11} \frac{\text{m}^3}{\text{kg s}^2}$ bestimmt.

> Alle Körper üben aufeinander Gravitationskräfte aus. Zwei kugelförmige Körper der Massen m_1 und m_2, deren Mittelpunkte voneinander den Abstand r haben, ziehen sich mit der Kraft
> $$F = f \frac{m_1 m_2}{r^2} \qquad (306.1)$$
> an (Newtonsches Gravitationsgesetz).
>
> Die Gravitationskonstante f hat den Wert
> $$f = 6{,}670 \cdot 10^{-11} \frac{\text{m}^3}{\text{kg s}^2}.$$

Zur Bestätigung berechnen wir die Zentripetalkraft $F_z = 4\pi^2 m r / T^2$, die nötig ist, um 1 kg der Mondmasse auf ihre Kreisbahn um die Erde zu zwingen. Mit $r \approx 60$ Erdradien $\approx 384\,000$ km und $T = 27{,}3$ Tagen erhält man $F_z = 0{,}00272$ N. Würde dieses eine Kilogrammstück unmittelbar an der Erdoberfläche kreisen, dann wäre nach (Gl. 306.1) infolge des 60mal kleineren Abstandes vom Erdmittelpunkt die Kraft 60^2mal so groß; sie würde betragen $F = 60^2 \cdot 0{,}00272$ N $= 9{,}81$ N. Dies ist aber die Kraft, die wir als Gewichtskraft eines Kilogrammstücks an der Erdoberfläche kennen. Mit dieser Rechnung bewies Newton, daß die Gewichtskraft, die den Apfel vom Baum fallen läßt, von der gleichen Art ist wie die Kraft, welche die Himmelskörper auf ihre Bahnen zwingt: Es handelt sich um die Anziehung von Körpern. Zum erstenmal wurde gezeigt, daß unsere irdische Physik auch auf das Geschehen im Weltraum anwendbar ist, daß also unsere Erde keine Sonderstellung im Kosmos einnimmt. — Die Massenanziehung wirkt nach actio und reactio wechselseitig. Folglich zieht die Erde nicht nur den Apfel und den Mond an; sondern beide ziehen auch die Erde an.

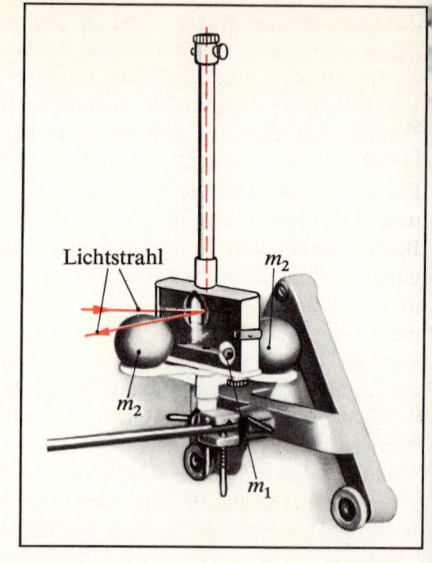

306.1 Gravitationswaage (Fa. Leybold). Die große Kugel (m_2) zieht die kleine (m_1) zu sich her.

Der Engländer *Isaac Newton* (1643—1727) war einer der bedeutendsten Naturforscher. In § 80 würdigten wir bereits sein grundlegendes Werk, die „Principia", in dem er die Grundlagen der Mechanik (einschließlich Strömungslehre und Akustik) darlegte. Schon 1666 hatte er mit seinem Gravitationsgesetz die Planetenbewegung auf die gleichen Kräfte zurückgeführt, die auch auf der Erde walten. In seinen berühmten optischen Untersuchungen verriet *Newton* zudem ein großes experimentelles Geschick.

Die Masse irgendwelcher Himmelskörper kann man „auf dem Papier" bestimmen, wenn man Umlaufdauer T und Abstand r eines sie umkreisenden Trabanten kennt. Zur Erläuterung greifen wir nochmals das Paar Erde-Mond heraus: Als Zentripetalkraft $F_z = 4\pi^2 m_1 r / T^2$ wirkt hier die Massenanziehungskraft $F = f m_1 m_2 / r^2$. Setzt man beide gleich, so entfällt die unbekannte Mondmasse m_1, und die Erdmasse m_2 kann berechnet werden ($r = 384\,000$ km; $T = 27{,}3$ Tage). Man erhält $m_2 = 6 \cdot 10^{24}$ kg (siehe auch Aufgabe 2).

Aus Erdmasse und Erdvolumen erhält man die mittlere Dichte unseres Planeten zu 5,5 g/cm³. Da die Dichte der uns zugänglichen oberen Gesteinsschichten 2,7 g/cm³ beträgt, müssen wir dem Erdinnern größere Dichte zuschreiben.

2. Erdsatelliten und Raumfahrt

a) Bewegt sich ein Satellit auf einem Kreis um die Erde, so wirkt seine Gewichtskraft $G = m \cdot g$ als Zentripetalkraft F_z; es gilt $m g = m v^2 / r$ oder $v = \sqrt{g \cdot r}$. Die Masse m ist also ohne Einfluß auf Geschwindigkeit und Umlaufdauer. Allerdings bedeutet g die Fallbeschleunigung in der jeweiligen Höhe. Da sie nach dem Gravitationsgesetz umgekehrt proportional dem Quadrat des Abstands r vom Erdmittelpunkt ist, nimmt v mit wachsender Höhe ab: $v \sim 1/\sqrt{r}$. Die UdSSR schossen ihren ersten Erdsatelliten (Sputnik I) am 4. Oktober 1957, die USA am 1. Februar 1958 (Explorer I) in den Weltraum.

Ein mitrotierender Beobachter setzt am Satelliten und den in ihm befindlichen Körpern Gewichtskraft G und Zentrifugalkraft $\vec{F}_z^* = -\vec{F}_z = -\vec{G}$ ins Gleichgewicht. Sie erscheinen gewichtslos. — Ein ruhender Beobachter stellt fest, daß das ganze Gewicht eines jeden Körpers im Satelliten zur Zentripetalbeschleunigung gebraucht wird; zu einer Druckkraft auf die Unterlage bleibt nichts mehr übrig. Alle Gegenstände im Satelliten fallen wie dieser beschleunigt zum Erdmittelpunkt hin, bewegen sich also relativ zum Satelliten nicht; sie scheinen in ihm zu schweben.

b) In der Aufgabe 5 werden wir berechnen, daß ein **Erdsatellit** in etwa 100 km Höhe die Geschwindigkeit 7,9 km/s = 28000 km/h haben muß, um die Erde auf einer Kreisbahn (häufig *Parkbahn* genannt; siehe *Abb. 307.1*) in etwa 1,5 h zu umfliegen. Dabei braucht er keinen Antrieb. — Ein *Nachrichtensatellit* muß in 36000 km Höhe mit „nur" 3 km/s fliegen. Dann braucht er zu einem Umlauf 24 h und kann über einem bestimmten Punkt des Äquators „stehen"; denn die Erde dreht sich in dieser Zeit auch einmal um ihre Achse.

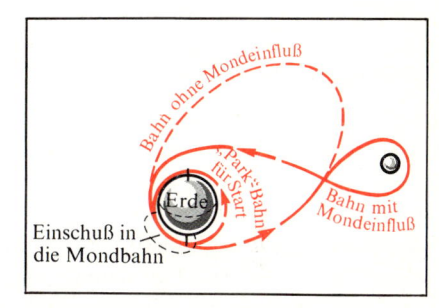

307.1 Flugbahn zum Mond mit Rückkehrschleife

c) Um das Schwerefeld der Erde zu verlassen, muß man die Rakete aus der Parkbahn heraus auf 40000 km/h beschleunigen. Da hier Lufteinflüsse (Wind, Luftwiderstand) fehlen, kann man genau im richtigen Bahnpunkt in exakt vorausberechneter Richtung („*Startfenster*") starten. Nach einem antriebslosen Flug erreicht man dann das „Schwerefeld" des gewünschten Himmelskörpers (Mond, Planet, *Abb. 307.1*). Man fliegt an ihm vorbei oder läßt sich vom Triebwerk abbremsen und vom Himmelskörper einfangen. Man kann dabei diesen wieder auf einer Parkbahn umkreisen und nach einer weiteren Abbremsung gezielt landen. Von der Parkbahn aus kann man sich aber auch wieder zur Erde beschleunigen lassen. Nur von Computern schnell und genau berechnete Daten ermöglichen es, Weltraumflüge durchzuführen.

d) Für die Erde sind **Raumlaboratorien** *(Skylab)* von großer Bedeutung, die ohne Antrieb als Satelliten ständig kreisen. Von ihnen aus können Wettergeschehen, Vegetation und Bodenschätze auf der Erde mit empfindlichen Methoden erforscht werden. Zudem lassen sich astronomische Beobachtungen ohne störende Erdatmosphäre ausführen. Auch an ständige Mondstationen ist gedacht.

Aufgaben:

1. *In welcher Entfernung von der Erde wiegt 1 kg nur noch $1/4$ von dem Wert an der Erdoberfläche?*
2. *Wie groß ist die Masse m_1 der Erde, wenn man davon ausgeht, daß sie in $r = 6370$ km Entfernung von ihrem Mittelpunkt die Masse 1 kg mit der Kraft $F = 9,81$ N anzieht?*
3. *Man zeige, daß das 3. Keplersche Gesetz aus dem Gravitationsgesetz folgt. Hierzu nehme man vereinfachend an, die Planeten bewegen sich auf Kreisbahnen mit dem Radius $r = a$ und überlege, welche Kraft die nötige Zentripetalkraft aufbringt.*
4. *Bestimme die Sonnenmasse aus dem Erdbahnhalbmesser $1,5 \cdot 10^8$ km und der Dauer eines Jahres!*
5. *Wie groß ist die Fallbeschleunigung in 100 km Höhe über dem Erdboden? — Welche Geschwindigkeit müßte ein in dieser Höhe kreisender Erdsatellit haben? — Welche Umlaufzeit hat er? — Berechnen Sie die entsprechenden Werte für den Mond (Entfernung vom Erdmittelpunkt: 60 Erdhalbmesser)! — Warum bewegt sich ein Satellit über einem Großkreis und nicht auf einem beliebigen Breitenkreis?*

Mechanische Schwingungen

§ 92 Beobachtung und Beschreibung von Schwingungen

Mechanische Schwingungen spielen bei Naturvorgängen und in der Technik eine ähnlich große Rolle wie die bisher im Rahmen der Mechanik behandelten Bewegungen, also wie zum Beispiel die kräftefreien Bewegungen, die Bewegungen unter Einfluß konstanter Kräfte oder die Kreisbewegungen. Es ist deshalb zweckmäßig, sie gesondert zu untersuchen.

Mit dem Wort „Schwingung" der Umgangssprache werden recht verschiedenartige Vorgänge bezeichnet: die Hin- und Herbewegungen eines Uhrpendels oder einer Schaukel und die Schwingungen einer Blattfeder ebenso wie die Bewegungen einer gezupften oder gestrichenen Saite. Auch das Einschwingen des Zeigers eines Meßgeräts, das Schwanken der Halme eines Getreidefelds, über das der Wind streicht, das Auf- und Absteigen des Maxwellschen Rads *(Abb. 308.1)* oder die Auf- und Ab-Bewegungen des Leuchtflecks auf dem Schirm eines Oszilloskops, das an eine Wechselspannung sehr kleiner Frequenz angeschlossen ist, vielleicht sogar die rhythmischen Ausbrüche eines Geysirs können als Schwingungen aufgefaßt werden.

Wir greifen aus der Fülle dieser Erscheinungsformen eine besondere Klasse mechanischer Schwingungsvorgänge heraus. Einige Beispiele zeigt *Abb. 308.1*.

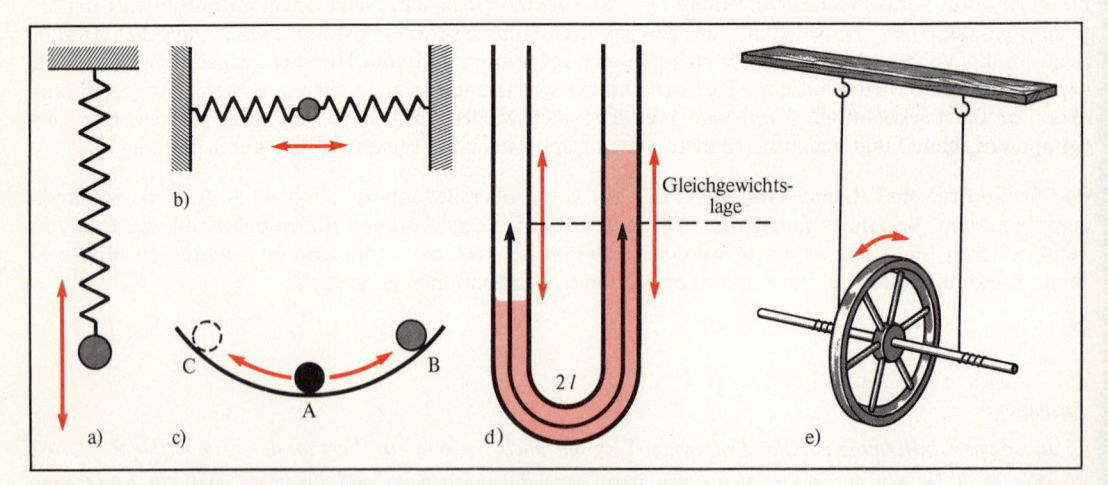

308.1 a) Feder-Schwere-Pendel, b) Feder-Pendel, c) Schwingbewegung einer Kugel in einer Rinne, d) Schwingende Flüssigkeit im U-Rohr, e) Maxwellsches Rad

In jedem der in *Abb. 308.1* dargestellten Beispiele gibt es für den schwingenden Körper eine stabile Gleichgewichtslage. Besonders deutlich wird dies an der Kugelrinne *(Abb. 308.1c)*. Der tiefste Punkt A der Rinne ist die Lage des stabilen Gleichgewichts der Kugel. Wenn die Kugel durch eine einmalig wirkende, nicht zu große Kraft aus dieser Lage herausgestoßen wird (bis Punkt B), kehrt sie wieder in diese Lage zurück, weil durch die Formgebung der Rinne eine Komponente der Schwerkraft als eine **rücktreibende Kraft** oder **Rückstellkraft** auftritt. Ob die

Rinne rechts und links bezüglich der Gleichgewichtslage symmetrisch oder unsymmetrisch ansteigt, ist für das Zustandekommen der Schwingung ohne Belang; dies bestimmt nur die Form der Schwingung. Die Kugel bewegt sich wegen ihrer **Trägheit** über die Gleichgewichtslage hinweg. Dadurch kann wieder die *rücktreibende Kraft* — nun in der anderen Richtung — wirksam werden, und das Spiel beginnt von neuem. Ohne Reibung würde sich dieser Vorgang vollkommen periodisch wiederholen. Schwingungen können dagegen nicht auftreten, wenn sich die Kugel auf waagerechter Unterlage — das heißt im indifferenten Gleichgewicht — oder im höchsten Punkt der nach unten gekrümmten Rinne — das heißt im labilen Gleichgewicht — befindet.

Daraus ist zu schließen:

> **Mechanische Schwingungen werden durch die Wirkung einer Rückstellkraft (rücktreibenden Kraft) auf einen Körper und infolge der Trägheit dieses Körpers aufrecht erhalten.**

Sobald eine Schwingung im Gang ist, wird zu ihrer Aufrechterhaltung eine weitere äußere Einwirkung nicht gebraucht. Solche Schwingungen nennen wir deshalb **freie Schwingungen** oder **Eigenschwingungen.** Bei Reibung oder anderer **Dämpfung** klingt allerdings die Schwingung nach einiger Zeit ab.

Die wesentlichen Begriffe, die wir zur Beschreibung von Schwingungen brauchen, können an Hand dieses Versuchs eingeführt werden:

a) **Periodendauer T:** Für einen vollen Hin- und Rücklauf, das heißt eine volle Periode, wird die Zeitdauer T gebraucht, die **Periodendauer.** Eine gleich lange Zeitdauer verstreicht zwischen zwei aufeinanderfolgenden *gleichsinnigen* Durchgängen des Pendelkörpers durch einen beliebigen Punkt der insgesamt von ihm durchlaufenen Bahn.

b) **Frequenz f:** Mit der Periodendauer hängt die **Frequenz** der Schwingung zusammen. Sie ist definiert als Quotient einer beliebigen Zahl n von ganzen Schwingungsperioden und der dafür benötigten Zeit t:
$$f = \frac{n}{t}.$$
Für eine Periode ist $n=1$ und $t=T$; also gilt
$$f = \frac{1}{T}. \tag{309.1}$$
Die Einheit der Frequenz ist $\frac{1}{s} = 1$ Hertz $= 1$ Hz.

Wenn die Periodendauer des benutzten Pendels zum Beispiel 2,0 s ist, so beträgt die Frequenz 0,50 Hz.

c) **Elongation s:** Nachdem die Schwingung abgeklungen ist, befindet sich der Pendelkörper in der Gleichgewichtslage. Diese liegt bei symmetrischer Anordnung etwa in der Mitte zwischen den Endpunkten der Schwingungsbahn, den **Umkehrpunkten.** Die Strecke oder Bogenlänge von der Gleichgewichtslage zu einem beliebigen Punkt der ganzen Schwingungsbahn heißt **Elongation s.** Zweckmäßigerweise rechnet man die Elongation nach der einen Seite positiv, nach der anderen negativ. Die Elongation ist demnach eine Koordinatengröße.

d) **Amplitude s_m:** Die Wegstrecke von der Gleichgewichtslage zum Umkehrpunkt wird als Amplitude s_m bezeichnet. In einem solchen Umkehrpunkt hat der Betrag der Elongation ein relatives Maximum. Der Index m weist auf „maximal" hin. $s_m = \text{Max}(s)$. Für s_m gilt anders als bei s: $s_m \geq 0$.

§ 93 Das Kraftgesetz für Sinusschwingungen

Die Veränderung der Elongation s mit der Zeit t wird in einem s-t-Diagramm dargestellt.

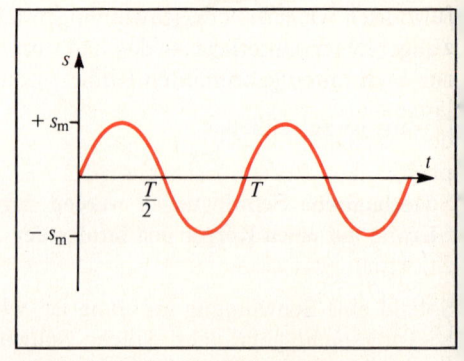

Versuch 33: Eine besonders einfache Möglichkeit, das Elongation-Zeit-Diagramm einer Schwingung aufzuzeichnen, bietet die *Schreibstimmgabel*. Die schwingende Stimmgabel wird gleichförmig über eine berußte Glasplatte gezogen, die auf den Schreibprojektor gelegt ist. Die Entstehung des Elongation-Zeit-Diagramms kann in der Projektion verfolgt werden: Was die Schreibspitze zeitlich nacheinander ausführt, ist im s-t-Diagramm räumlich nebeneinandergesetzt *(Abb. 310.1).*

310.1 Elongation-Zeit-Diagramm

Zur Messung ändern wir den Versuch etwas ab *(Abb. 310.2):*

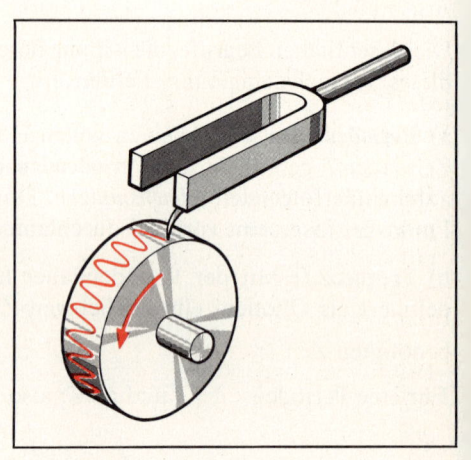

Versuch 34: Wir bringen auf dem Umfang eines Rades einen Streifen Kohlepapier an und lassen das Rad gleichmäßig umlaufen. Dann drücken wir die Spitze der angeschlagenen Schreibstimmgabel leicht gegen das Papier. Wir erhalten eine *Sinuskurve* *(Abb. 310.1).* Diesmal können wir bei bekannter Umfangsgeschwindigkeit die *Frequenz* berechnen, mit der die Stimmgabel schwingt. Bei 26 Perioden auf einer Strecke von 10 cm finden wir bei einer Umfangsgeschwindigkeit von $1\,\frac{m}{s}$ eine Frequenz $f = 260\,\frac{1}{s}$.

310.2 Schreibstimmgabel über einer sich drehenden Trommel

Auch viele andere Schwingungsvorgänge lassen ein sinusförmiges Elongation-Zeit-Diagramm vermuten. Die Sinusfunktion kann geometrisch als senkrechte Projektion des Radius des Einheitskreises auf die Ordinatenachse aufgefaßt werden. Wir nutzen dies in folgendem Versuch aus, um eine Sinusschwingung zu erzeugen.

Versuch 35: Ein Plattenspieler (oder Elektromotor) ist auf 33 Umdrehungen pro Minute eingestellt. Nahe am Rand des Plattentellers befindet sich nach *Abb. 311.1* als Markierung ein Kork K. Dieser läuft mit der konstanten Bahngeschwindigkeit v_K um. Durch Beleuchtung mit möglichst parallelem Licht entsteht auf einer zur Richtung der Lichtstrahlen senkrechten Wand das Schattenbild K' von K. K' führt Sinusschwingungen aus. Diese durch Projektion – also geometrisch-optisch – gewonnene periodische Sinusschwingung wird Punkt für Punkt mit der mechanischen freien Schwingung eines ebenen Fadenpendels verglichen. Das Pendel mit dem

§ 93 Das Kraftgesetz für Sinusschwingungen 311

Pendelkörper P schwingt *parallel* zur Projektionswand. (Dies ist durch die bifilare Pendelaufhängung bei richtiger Justierung sichergestellt.) Der durch die Lichtstrahlen erzeugte Schatten P′ von P führt deswegen eine Schwingung aus, die zu der des Pendelkörpers P kongruent ist. Durch geeignete Wahl der Pendellänge (0,821 m) läßt sich die Frequenz der Pendelschwingung auf die der Kreisprojektionsschwingung abstimmen. Im Schattenbild kann man die beiden Schwingungen zusammen beobachten. Zusätzlich zur Frequenz werden auch die Amplituden gleich groß gemacht. (Beim Pendel ist dabei die Amplitude noch klein gegenüber der Fadenlänge.) Wenn nun das Pendel im richtigen Augenblick in einem Umkehrpunkt losgelassen wird, stellt man fest, daß die Elongationen von K′ und von P′ zu jedem Zeitpunkt übereinstimmen. Der Versuch zeigt demnach:

Die Schwingung eines ebenen Fadenpendels mit hinreichend kleiner Amplitude ist eine Sinusschwingung.

Insbesondere definiert man:

Periodische Sinusschwingungen werden auch als *harmonische Schwingungen* bezeichnet.

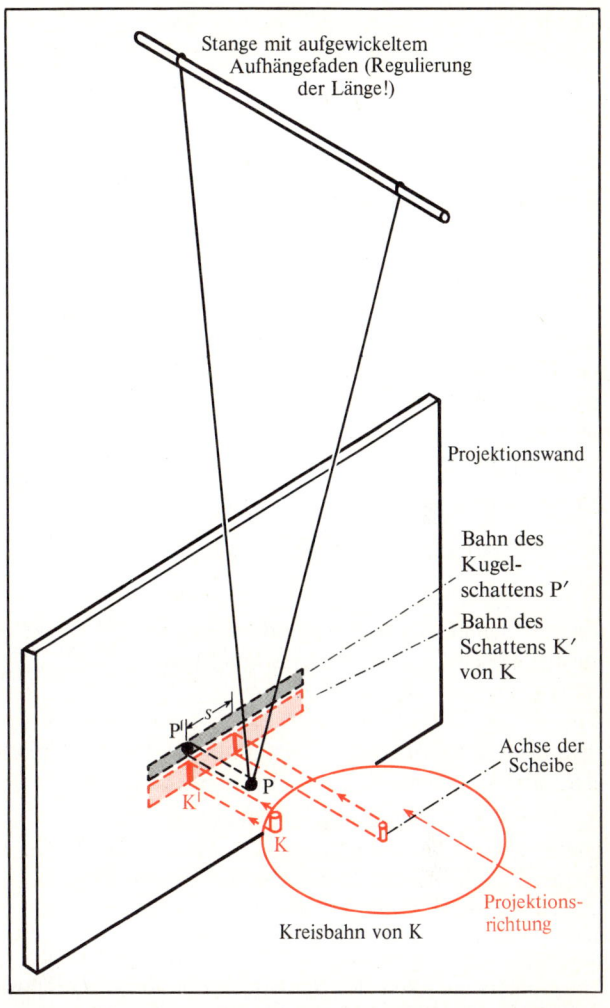

Abb. 311.1 Projektion von Kreisbewegung und Pendelschwingung

Das Elongation-Zeit-Gesetz einer Sinusschwingung kann mit Hilfe der zugehörigen gleichförmigen Kreisbewegung ermittelt werden. Die dazu nötigen Überlegungen werden an Hand von *Abb. 312.1* durchgeführt. Bei gleichförmiger Kreisbewegung vergrößert sich der vom Radius der Länge s_m überstrichene Winkel φ proportional zur Zeit t, es gilt also

$$\varphi \sim t \quad \text{oder} \quad \varphi = \omega t \tag{311.1}$$

mit dem Proportionalitätsfaktor ω. Dieser gibt die sogenannte Winkelgeschwindigkeit $\omega = \frac{\varphi}{t}$ an. Der Begriff Winkelgeschwindigkeit als Quotient von Winkel (im Bogenmaß) und Zeit entspricht dem Begriff Geschwindigkeit als Quotient von Weg und Zeit. Die Einheit der Winkelgeschwindigkeit ist $\frac{\text{rad}}{\text{s}}$ $\left(1 \text{ rad} = \frac{360°}{2\pi}\right)$. Während der Kreispunkt K in der Umlaufsdauer T einen vollen Umlauf macht, vergrößert sich der Winkel φ um 2π, es ist demnach $\omega = \frac{\varphi}{t} = \frac{2\pi}{T}$. (In Versuch 35 ist die Winkelgeschwindigkeit $\omega = \frac{33 \cdot 2\pi \text{ rad}}{1 \text{ Minute}} = \frac{33 \cdot 6{,}28}{60} \frac{\text{rad}}{\text{s}} = 3{,}45 \frac{\text{rad}}{\text{s}}$.)

Aus dem grau getönten Dreieck der *Abb. 312.1* liest man ab: $\sin \varphi = \dfrac{s}{s_m}$. $s = s(t)$ ist die zur Zeit t vorliegende Elongation des Sinusschwingers. Also ist das Elongation-Zeit-Gesetz der periodischen Sinusschwingung

$$\begin{aligned}s(t) &= s_m \cdot \sin \varphi \\ &= s_m \cdot \sin \omega t \\ &= s_m \cdot \sin \frac{2\pi}{T} t.\end{aligned} \quad (312.1)$$

Im Nullpunkt der Zeitmessung befindet sich der Schwinger dabei in der Gleichgewichtslage [$s(0) = s_m \cdot \sin 0 = 0$]. Für die Schwingung ist T die Periodendauer. Die Größe $\omega = \dfrac{2\pi}{T} = 2\pi \cdot f$ wird **Kreisfrequenz** genannt. s_m ist die **Amplitude** der Schwingung. $\varphi = \omega t = \dfrac{2\pi}{T} \cdot t$, das heißt allgemein das Argument der Sinusfunktion, wird als ihr **Phasenwinkel** bezeichnet.

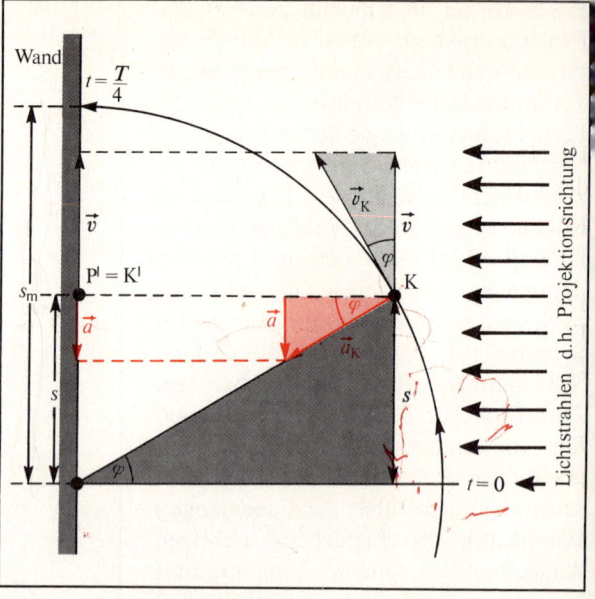

312.1 Zusammenhang zwischen Geschwindigkeit v_K sowie Beschleunigung a_K des Kreispunkts K und Geschwindigkeit v sowie Beschleunigung a des schwingenden Punkts P′

Wirksam wird nur der Überschuß des Phasenwinkels φ über ein ganzzahliges Vielfaches von 2π (360°); Beispiel: 9π ist gleichbedeutend mit π; $9\pi \equiv \pi \pmod{2\pi}$.

Man darf die konstante Kreisfrequenz, die die Bewegung von K auf dem Vollkreis in *Abb. 312.1* beschreibt, nicht verwechseln mit der sich stets ändernden Winkelgeschwindigkeit des Pendelkörpers auf seiner Bahn. Ebenso darf der Phasenwinkel φ nicht mit dem Auslenkungswinkel δ des Pendelfadens in *Abb. 316.2* verwechselt werden.

Da die Sinusschwingung außerdem hinsichtlich der Energie untersucht werden soll, wird auch die Geschwindigkeit des Schwingers benötigt. **Geschwindigkeit** und **Beschleunigung** werden ebenfalls anhand von *Abb. 312.1* berechnet. Die Momentangeschwindigkeiten der Schatten K′ und P′ stimmen in jedem Augenblick überein und liefern die Momentangeschwindigkeit v des Schwingers als Projektion des Geschwindigkeitsvektors $\vec{v}_K$ auf die Ordinatenachse. Aus dem hellgrau getönten Dreieck liest man ab:

$v(t) = v_K \cdot \cos \varphi = v_K \cdot \cos \omega t$. Die Geschwindigkeit des Punktes K auf dem Kreis mit dem Radius s_m ist $v_K =$ Kreisumfang : Umlaufdauer $= 2\pi s_m / T = \omega \cdot s_m$. Damit erhält man für die **Geschwindigkeit des Schwingers:**

$$v(t) = \omega \cdot s_m \cdot \cos \omega t. \quad (312.2)$$

Die Geschwindigkeit v nimmt also ihren größten Betrag stets beim Durchgang des Körpers durch die Gleichgewichtslage, das heißt zu den Zeitpunkten $0, \dfrac{T}{2}, 2\dfrac{T}{2}$ und so weiter an. Sie ist stets Null an den Umkehrpunkten, das heißt für die Zeitpunkte $\dfrac{T}{4}, 3\dfrac{T}{4}, 5\dfrac{T}{4}$ und so weiter (vgl. *Abb. 312.1* und *314.1*).

Die Schatten K′ und P′ haben auch die gleichen Momentanbeschleunigungen wie der Schwinger.

Nach den Gesetzen der Kreisbewegung weist der Beschleunigungsvektor $\vec{a}$ des umlaufenden Körpers stets auf den Kreismittelpunkt (Zentripetalbeschleunigung) und hat den Betrag

$$a_K = \frac{v_K^2}{s_m} = \frac{\omega^2 \cdot s_m^2}{s_m} = \omega^2 \cdot s_m.$$

Die **Beschleunigung** $a(t)$ des Punktes K' erhält man als Projektion des Beschleunigungsvektors $\vec{a}_K$ des umlaufenden Körpers K. Aus dem rot getönten Dreieck entnimmt man $a(t) = -a_K \cdot \sin \varphi$. Mit $a_K = \omega^2 \cdot s_m$ ergibt sich

$$\boldsymbol{a(t) = -\omega^2 \cdot s_m \cdot \sin \omega t}. \tag{313.1}$$

Das Minuszeichen drückt aus, daß die Beschleunigung $a(t)$ stets entgegengesetzt zur zugehörigen Elongation $s(t) = s_m \cdot \sin \omega t$ ist. So erhält man für den Zusammenhang von Beschleunigung und Elongation

$$a(t) = -\omega^2 \cdot s(t). \tag{313.2}$$

Die Momentanbeschleunigung des Körpers ist also immer auf die Gleichgewichtslage hingerichtet (Minuszeichen) und zur Elongation s proportional. Wegen $\omega = 2\pi f$ wächst die Beschleunigung außerdem mit dem Quadrat der Frequenz. Bei Durchgang des Körpers durch die Gleichgewichtslage ist die Beschleunigung Null, in den Umkehrpunkten nimmt sie jeweils den maximalen Betrag an.

Die obigen Berechnungen geben nach *Abb. 311.1, 312.1* nicht nur $s(t)$, $v(t)$ und $a(t)$ für den Schatten K', sondern auch für den Pendelkörper P wieder. Vorausgesetzt, daß die Newtonsche Grundgleichung der Dynamik auch bei variablen Beschleunigungen gültig ist, ergibt sich mit der Masse m des Pendelkörpers P und seiner Beschleunigung $a(t)$

$$\boldsymbol{F(t) = m \cdot a(t) = -m \cdot \omega^2 \cdot s(t)}. \tag{313.3}$$

> **Bei einer harmonischen Schwingung ist die Rückstellkraft proportional zur Elongation.**

Die Gleichungen (312.2) für $v(t)$ und (313.1) für $a(t)$ lassen sich aus der Gleichung (312.1) für $s(t)$ mit Hilfe der Differentialrechnung folgern, indem man jeweils s beziehungsweise v nach t ableitet und dabei beachtet, daß die Ableitung der sin-Funktion die cos-Funktion ergibt und daß die Ableitung der cos-Funktion die Funktion ($-\sin$) ist. Damit erhält man, wenn man außerdem die Kettenregel der Differentialrechnung anwendet,

$$s(t) = s_m \sin \omega t \tag{313.4}$$

$$v(t) = \dot{s}(t) = s_m \omega \cos \omega t \tag{313.5}$$

$$a(t) = \dot{v}(t) = -s_m \omega^2 \sin \omega t. \tag{313.6}$$

Zusammenfassung der Gesetze der harmonischen Schwingung

a) **Elongation-Zeit-Gesetz** $\quad s(t) = \quad s_m \cdot \sin \omega t \quad$ (313.7)

b) **Geschwindigkeit-Zeit-Gesetz** $\quad v(t) = s_m \cdot \omega \cos \omega t \quad$ (313.8)

c) **Beschleunigung-Zeit-Gesetz** $\quad a(t) = -s_m \cdot \omega^2 \cdot \sin \omega t \quad$ (313.9)

d) **Kraft-Zeit-Gesetz** $\quad F(t) = -s_m \cdot m \cdot \omega^2 \cdot \sin \omega t \quad$ (313.10)

e) **Kraft-Elongation-Gesetz** $\quad F(s) = -m \cdot \omega^2 \cdot s \quad$ (313.11)

314 Mechanische Schwingungen

Die Zeit-Diagramme der Größen $s(t)$, $v(t)$, und $F(t)$ sind in *Abb. 314.1* dargestellt. Die Beschleunigung $a(t)$ verläuft proportional zu $F(t)$, da $a = \frac{F}{m}$ ist.

Ist also eine Schwingung harmonisch, so gilt für ihre Rückstellkraft ein lineares Kraftgesetz $F = -Ds$, (vgl. Gleichung 313.11). Auch die Umkehrung läßt sich mathematisch beweisen: Gilt für einen Körper ein lineares Kraftgesetz der Form $F = -Ds$, so schwingt er harmonisch. Daraus folgern wir den Satz über die harmonische Schwingung:

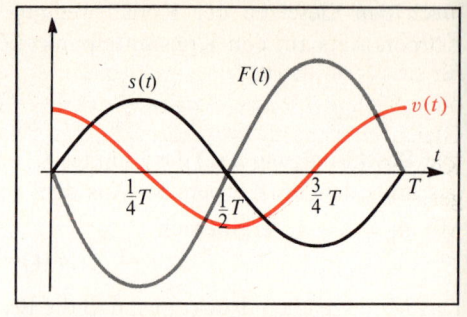

314.1 Elongation s, Gewindigkeit v und Kraft F als Funktionen der Zeit

> Eine harmonische Schwingung ist genau dann möglich, wenn die Rückstellkraft dem linearen Kraftgesetz $F = -D \cdot s$ mit konstantem $D > 0$ genügt. Dabei bestimmt die Richtgröße D die Kreisfrequenz $\omega = \frac{2\pi}{T}$ und damit die Periodendauer T der Schwingung. Es gilt:
>
> $$D = m\omega^2 = m \cdot \frac{4\pi^2}{T^2} \quad (314.1\text{a}), \quad \text{also} \quad T = 2\pi \sqrt{\frac{m}{D}} \quad (314.1\text{b}).$$

Mit Gleichung (314.1b) kann also bei Gültigkeit des linearen Kraftgesetzes die Periodendauer berechnet werden. Davon wird in den Beispielen des § 94 Gebrauch gemacht.

Nach dieser Gleichung hängt bei periodischen Sinusschwingungen die Periodendauer T nur von m und von D ab, zum Beispiel also nicht von der Amplitude s_m der Schwingung.

> **Bei harmonischen Schwingungen ist die Periodendauer von der Amplitude der Schwingung unabhängig.**

§ 94 Periodendauer, Energieumwandlung und Dämpfung

1. Feder-Schwere-Pendel

Ein Feder-Schwere-Pendel besteht aus einer vertikal hängenden Schraubenfeder und einem daran befestigten Körper, der sich in einem homogenen Schwerefeld befindet. Dabei werden nur vertikale Bewegungen zugelassen.

In *Abb. 314.2* sind drei Zustände der Feder gezeichnet: a) *unbelastet*, b) mit der Gewichtskraft des angehängten Körpers der Masse m *statisch belastet*

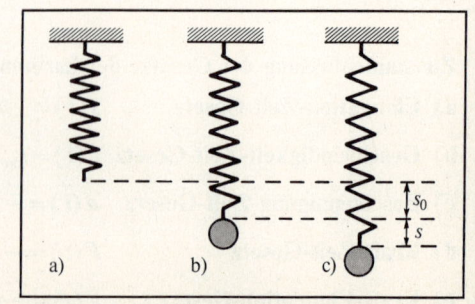

314.2 Feder-Schwere-Pendel

und c) *während der Schwingung*. Die Federverlängerungen werden vom Endpunkt der unbelasteten Feder aus — nach unten positiv — gerechnet. In der Gleichgewichtslage ist die Verlängerung s_0; für sie gilt, wenn das Hookesche Gesetz erfüllt ist, $G = m \cdot g = D \cdot s_0$; dabei ist D die Federkonstante oder Richtgröße der Feder. Während der Schwingung ist die Verlängerung $s_0 + s$; die von der Gleichgewichtslage aus gerechnete Elongation beträgt also s. Die Resultierende der auf den Körper wirkenden Kräfte wird nach unten positiv gerechnet und ergibt sich aus der nach oben gerichteten Federkraft und der nach unten wirkenden Gewichtskraft:

$$F = -D(s_0 + s) + mg = -Ds_0 - Ds + mg = -mg - Ds + mg = -Ds. \qquad (315.1)$$

Die resultierende Kraft ist also rücktreibend (zur Gleichgewichtslage hin) und zur Elongation s proportional. Die Schwingung ist deshalb harmonisch. Nach den Ergebnissen von § 93 gilt dann die Gleichung (314.1b).

Periodendauer des Feder-Schwere-Pendels: $\qquad T = 2\pi \sqrt{\dfrac{m}{D}}.\qquad (315.2)$

Die Periodendauer ist demnach um so größer, je größer die Masse m des angehängten Körpers und je kleiner die Richtgröße D, das heißt, je weicher die Feder ist. Bei Vervierfachung der Masse verdoppelt sich die Periodendauer. Interessanterweise geht die Fallbeschleunigung g nicht in die Formel für die Periodendauer ein. Ein Feder-Schwere-Pendel schwingt also zum Beispiel auf dem Mond mit derselben Periodendauer wie auf der Erde, weil weder die Masse des angehängten Körpers noch die Richtgröße der Feder sich ändert.

Versuch 36: a) Eine Schraubenfeder wird durch Anhängen von Körpern mit 50 g, 100 g, 150 g belastet. Die zugehörigen Verlängerungen sind 13,8 cm, 27,7 cm, 41,5 cm. Es ist also $s \sim F_a = G$ (F_a = äußere Kraft), das heißt $F_a = D \cdot s$ (Hookesches Gesetz). Aus den Meßwerten erhält man $D = 3{,}54 \, \dfrac{\text{N}}{\text{m}}$.

b) Die Masse des Pendelkörpers ist $m = 100$ g. Aus Gl. (315.2) berechnet man dann für die Periodendauer der Schwingung $T = 1{,}06$ s.

Aus der Zeitmessung für 10 Schwingungen erhält man $T_{\text{gemessen}} = 1{,}09$ s. Die gemessene Periodendauer liegt also um 3% höher als die berechnete. Diese Abweichung ist nicht allein durch die Meßfehler zu erklären. Sie rührt hauptsächlich daher, daß die Federmasse unberücksichtigt geblieben ist. Auch erweist sich die Periodendauer T als von der Amplitude s_m unabhängig. Die Versuche rechtfertigen nachträglich die Anwendung der Gleichung $F = m \cdot a$ auch auf diesen Fall variabler Kraft.

2. Ebenes Fadenpendel

Als nächstes schwingendes System betrachten wir ein sogenanntes **ebenes Fadenpendel**. Der Pendelkörper ist am unteren Ende eines Fadens angebracht, dessen oberes Ende eingespannt ist. Die Masse des Fadens ist dabei vernachlässigbar klein gegenüber der des Pendelkörpers, die Ausdehnung des Pendelkörpers klein gegenüber der Fadenlänge. Wenn die Bewegung so abläuft, daß der Faden stets in derselben Ebene bleibt, heißt das Pendel *ebenes Fadenpendel*.

Der Faden eines solchen Pendels sei um den Winkel δ aus der Gleichgewichtslage ausgelenkt (vgl. *Abb. 316.1*). Auf den Pendelkörper wirkt als rücktreibende Kraft die Komponente F_1 der Gewichtskraft G, die jeweils senkrecht zum gespannten Faden wirkt. (Die andere Komponente F_2 wird durch die Spannkraft des Fadens aufgehoben.) Winkel δ und Elongation s auf dem Kreisbogen werden von der Gleichgewichtslage aus nach rechts positiv gezählt. Die Kraft hat die entgegengesetzte Richtung, in der δ und s wachsen.

Aus *Abb. 316.1* erkennt man damit:

$F_1 = -mg \cdot \sin \delta$ und wegen $\delta = \frac{s}{l}$ (δ im Bogenmaß, vgl. Seite 311): $F_1 = -mg \cdot \sin\left(\frac{s}{l}\right)$. Die rücktreibende Kraft ist zum Sinus von $\frac{s}{l}$ proportional, also nicht zur Elongation s.

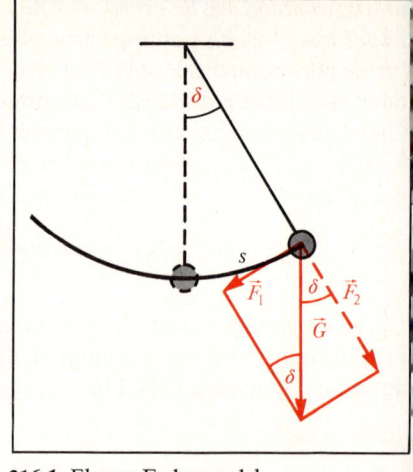

316.1 Ebenes Fadenpendel

Wenn $|s| \ll l$ ist, das heißt, wenn $|\delta| = \frac{|s|}{l} \ll 1$ ist, gilt $\sin \frac{s}{l} \approx \frac{s}{l}$, also $F_1 = -\frac{mg}{l} s$. Die Genauigkeit, mit der dies erfüllt ist, zeigt die folgende Tabelle.

Tabelle 316.1

Winkel δ	30°	20°	10°	5°
Abweichungen von s/l gegen $\sin s/l$ in %	4,7	2,1	0,5	0,13

Bei hinreichend kleinen Amplituden des Winkels δ ist demnach das **lineare Kraftgesetz** erfüllt, die Schwingung ist **harmonisch**. Die Richtgröße ist dann $D = \frac{mg}{l}$. Durch Einsetzen erhält man:

$$T = 2\pi \sqrt{\frac{m}{D}} = 2\pi \sqrt{\frac{ml}{mg}} = 2\pi \sqrt{\frac{l}{g}}.$$

Periodendauer des ebenen Fadenpendels mit hinreichend kleinen Amplituden des Winkels δ:

$$T = 2\pi \sqrt{\frac{l}{g}}. \tag{316.1}$$

An ein und demselben Ort (unveränderliches g!) ist nach diesem Gesetz die Schwingungsdauer des Fadenpendels bei kleinen Ausschlägen nur von seiner Länge, nicht von der Amplitude abhängig. – Die Schwingungsdauer ist ferner immer unabhängig von der Masse des Pendelkörpers.

3. Energieumwandlung

Freie mechanische Schwingungen kommen nur zustande, wenn ein Körper an eine **stabile** Gleichgewichtslage gebunden ist (vergleiche Seite 308). Um ihn aus dieser Lage zu entfernen, muß Arbeit an ihm verrichtet werden, beim Fadenpendel gegen die Gewichtskraft, beim Feder-Pendel gegen die Spannkraft der Feder, beim Feder-Schwere-Pendel (*Abb. 314.2a*) gegen die Resultierende aus Gewichtskraft und Spannkraft der Feder. Damit gewinnt der Körper **potentielle Energie**, zum Beispiel Lageenergie beim Fadenpendel, Spannenergie beim Federpendel. In der Gleichgewichtslage hat er gegenüber allen Lagen seiner Nachbarschaft die geringste potentielle Energie. Die Gleichgewichtslage wird deshalb als **Potentialmulde** bezeichnet.

In energetischer Hinsicht kann eine Schwingung so beschrieben werden: In den Umkehrpunkten der Bewegung hat die potentielle Energie Maxima, beim Durchgang des Schwingers durch die Gleichgewichtslage ein Minimum. Da es nur auf die Differenzen der potentiellen Energie ankommt, kann man das Nullniveau der potentiellen Energie in der Gleichgewichtslage ansetzen. Die **kinetische Energie** ist in den Umkehrpunkten stets Null. Durch die beschleunigende Wirkung der rücktreibenden Kraft gewinnt der Schwinger zwischen Umkehrpunkt und Gleichgewichtslage kinetische Energie auf Kosten der potentiellen Energie. Wenn keine Dämpfung, zum Beispiel durch Reibung, vorhanden ist, ist die kinetische Energie beim Durchgang des Körpers durch die Gleichgewichtslage maximal. Ohne Dämpfung wandeln sich die beiden Energieformen kinetische und potentielle Energie während der Schwingung **periodisch** ineinander um.

Für die freie harmonische Schwingung kann die Gültigkeit des Energiesatzes der Mechanik mit den bisher gewonnenen Ergebnissen deduktiv gezeigt werden. Die Gesamtenergie des schwingenden Systems ist die Summe aus der potentiellen und der kinetischen Energie. Für die kinetische Energie gilt $W_{kin} = \frac{1}{2} \cdot m \cdot v^2$. Die potentielle Energie kann jedoch nicht einfach aus „Kraft mal Elongation" gewonnen werden, weil die Kraft nicht längs der Elongationsstrecke konstant ist. Bei der harmonischen Schwingung ist $F = -D \cdot s$; dabei ist die Federkraft F die Gegenkraft, gegen welche eine äußere Kraft $F_a = -F$ Arbeit verrichten muß. Nach Seite 283 gilt dafür: $W_{pot} = \frac{1}{2} D \cdot s^2$. Mit $D = m \cdot \omega^2$ und $s = s_m \cdot \sin \omega t$ erhält man

$$W_{pot} = \tfrac{1}{2} \cdot m \cdot \omega^2 \cdot s_m^2 \cdot \sin^2 \omega t.$$

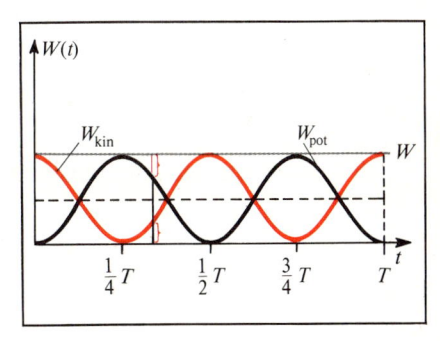

317.1 Zeit-Diagramm der Energien bei der harmonischen Schwingung

Mit Gleichung (312.2) für die Geschwindigkeit ergibt sich

$$W_{kin} = \tfrac{1}{2} \cdot m \cdot v^2 = \tfrac{1}{2} \cdot m \cdot \omega^2 \cdot s_m^2 \cdot \cos^2 \omega t.$$

Damit ist die Gesamtenergie zu berechnen:

$$W = W_{pot} + W_{kin} = \tfrac{1}{2} m \omega^2 s_m^2 \sin^2 \omega t + \tfrac{1}{2} m \omega^2 s_m^2 \cos^2 \omega t = \tfrac{1}{2} m \cdot \omega^2 s_m^2 (\sin^2 \omega t + \cos^2 \omega t)$$
$$= \tfrac{1}{2} m \cdot \omega^2 \cdot s_m^2 = \tfrac{1}{2} \cdot D \cdot s_m^2.$$

Die Gesamtenergie des harmonischen Schwingers ist also zeitlich konstant. Sie ist der Masse des schwingenden Körpers, dem Quadrat der Amplitude und dem Quadrat der Frequenz (wegen $\omega = 2\pi f$) proportional. Der zeitliche Verlauf der Energien ist aus *Abb. 317.1* zu ersehen.

4. Dämpfung

Infolge von Reibung kommt jede freie Schwingung nach und nach zur Ruhe. Die Schwingungsenergie vermindert sich laufend um die entstehende Reibungsarbeit. Die Amplituden bilden daher eine monoton fallende Folge, deren Gesetz von der Art der Reibung abhängt. Will man trotz vorhandener Reibung die Amplitude einer Schwingung konstant halten, so muß man die Energieverluste laufend in geeigneter Weise durch Energienachschub ausgleichen. Im folgenden Paragrafen wird an einem mechanischen Beispiel eine Möglichkeit gezeigt, diesen Energienachschub zu bewerkstelligen. Andere Möglichkeiten behandeln wir später nur für den elektrischen Fall.

Aufgaben:

1. 40 *Schwingungen eines Federpendels dauern* 21 s. *Die Masse des Schwingers beträgt* 250 g. *Berechnen Sie die Richtgröße der Feder! Welchen Einfluß hat die Schwerkraft?*
2. *In einen Omnibus steigen* 20 *Personen von je* 75 kg *Masse. Hierdurch senkt sich die Karosserie um* 10 cm. *Berechnen Sie die Richtgröße D der Federung! Wie groß ist die Periodendauer a) des leeren, b) des so beladenen Wagens, wenn der mitschwingende Teil des Wagens* 3000 kg *wiegt? (Es handle sich um vertikale Schwingungen.)*
3. *Der Faden eines Fadenpendels wird auf die Hälfte (auf den vierten Teil) verkürzt. In welchem Verhältnis ändert sich seine Schwingungsdauer?*
4. *Bestimme die Fallbeschleunigung g nach Gl. (316.1) mit einem Fadenpendel, dessen Länge und Schwingungsdauer möglichst genau gemessen werden. Beurteile die Fehler!*

Verfahren entsprechend der Aufgabe 4 haben es möglich gemacht, g an vielen Orten der Erde genau zu ermitteln. Die gefundenen Werte gestatten auch Rückschlüsse auf die materielle Struktur des tieferen Untergrunds der Erdhülle (Salz-, Erdöl- und Erzlager).

§ 95 Erzwungene mechanische Schwingungen, Resonanz

Das Schaukelpferd, auf dem Kinder im Kaufhaus reiten können, wird von einem Motor getrieben. Es führt *erzwungene* Schwingungen aus, deren Frequenz der antreibende Motor bestimmt. Eine eventuelle Eigenfrequenz spielt keine Rolle. Auch die Amplitude wird durch den Antrieb allein bestimmt. Anders beim Schaukelpferd, das frei schwingen kann. Es schwingt zwar gedämpft, wenn das schaukelnde Kind nicht nachhilft. Aber das Kind kann mit einer eigenen *Zwangsfrequenz* auf die Schaukel einwirken. Wählt es diese Zwangsfrequenz richtig, so kann es das Schaukeln ungedämpft in Gang halten oder gar „*aufschaukeln*". Im folgenden wollen wir dieses Zusammenspiel zwischen *Zwangsfrequenz* und *Eigenfrequenz* untersuchen.

Versuch 37: Der Schwinger ist ein mit einem 50-Gramm-Wägestück belasteter Kraftmesser mit $D = 9,8 \frac{N}{m}$. Er hängt mit einer Schnur an einer Exzenterscheibe, die von einem genügend „starken" Motor über ein Untersetzungsgetriebe gedreht wird (vergleiche Abb. 318.1). Auch bei sich ändernden Drehzahlen, das heißt Erregerfrequenzen, bleibt die Amplitude s des Exzenters konstant. An einem festen Zeiger, an dem sich die Kraft-

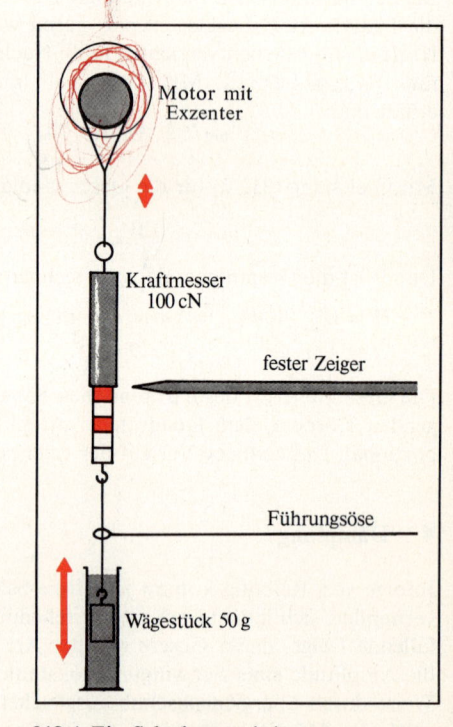

318.1 Ein Schwinger wird zu erzwungenen Schwingungen angeregt.

messerhülse vorbeibewegt, kann man die periodische Bewegung des Erregers beobachten. Die Bewegung des Schwingers wird an der Skala des Kraftmessers verfolgt.

a) Zunächst berechnen wir die Dauer einer Eigenschwingung des Feder-Schwere-Pendels und seine Eigenfrequenz: $T = 2\pi \sqrt{\frac{0{,}05}{9{,}8}}$ s $= 0{,}45$ s, $f_0 = \frac{1}{0{,}45}$ Hz $= 2{,}22$ Hz $= 134$ min^{-1}. Auf diese Frequenz stellen wir ein Metronom ein.

b) Nun wird der Exzenter in Gang gesetzt, zunächst mit einer Frequenz von $f = 0{,}5$ Hz. Infolge der Dämpfung an der Kraftmesserhülse hört nach kurzer Zeit die beim ersten Anstoß angeregte Eigenschwingung auf. Danach haben Erreger und Schwinger die gleiche Frequenz und sind etwa in Phase: Hülse und Skala des Kraftmessers sind im Gleichtakt. Die erzwungene Amplitude des Schwingers ist etwa gleich der des Erregers. Wir steigern nun nach und nach die Erregerfrequenz f (Zwangsfrequenz). Mit ihr steigt die Frequenz des Schwingers und ist ihr stets gleich. Die Amplituden nehmen zu. Sie erreichen ihren Höchstwert, hier 25 mm, wenn die Erregerfrequenz f mit der vom Metronom angezeigten Eigenfrequenz f_0 etwa übereinstimmt. Diese Erscheinung heißt **Resonanz**. Der Erreger ist bei Resonanz dem Schwinger um $\frac{T}{4}$ voraus, die Phasenverschiebung beträgt $\frac{\pi}{2}$. Deshalb zieht der Erreger den Schwinger ständig hinter sich her und verrichtet an ihm fortgesetzt Arbeit. Der Schwinger steigert seine Amplitude, bis er in jeder Sekunde so viel Energie durch Dämpfung verliert, wie ihm der Erreger zuführt (Versuch 38). – Läßt man dann die Erregerfrequenz weiter anwachsen, so nehmen die erzwungenen Amplituden ab. Das Feder-Schwere-Pendel schwingt schließlich fast in Gegenphase zum Erreger. Die Phasenverschiebung hat nahezu den Wert π.

Versuch 38: Ein 2 kg-Wägestück ist an einem langen Faden aufgehängt. Wenn man dieses Fadenpendel in seiner Eigenfrequenz und dabei in der richtigen Phasenlage anbläst, kann man es allmählich zu kräftigen Schwingungen aufschaukeln.

Den Frequenzgang der Amplitude der erzwungenen Schwingung zeigen die **Resonanzkurven** nach *Abb. 319.1*. In ihr ist die erzwungene Amplitude s_m des Schwingers über der Zwangsfrequenz f des Erregers aufgetragen. Wenn f (etwa) gleich der Eigenfrequenz f_0 des Erregers ist, erhält man das die Resonanz anzeigende Maximum. Bei stärkerer Dämpfung ist das Maximum nicht so stark ausgeprägt (2); bei sehr starker Dämpfung tritt es überhaupt nicht mehr auf (3).

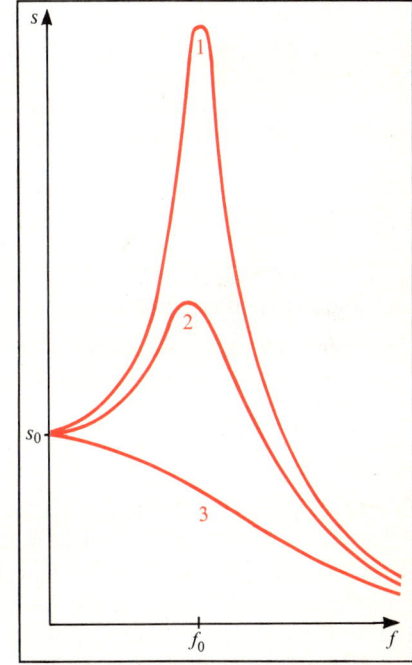

319.1 Resonanzkurven, vertikal Amplitude, horizontal Zwangsfrequenz

Resonanzerscheinungen spielen in vielen Gebieten der Physik, der Technik und der Musik eine wichtige Rolle. Es sei zum Beispiel an die „*Resonanzböden*" vieler Musikinstrumente erinnert, die durch ihr Mitschwingen die durch das Instrument erzeugten Töne an die Luft weitergeben. Auch in der Rundfunktechnik hat die Resonanz besondere Bedeutung erlangt, wie wir später sehen werden. Im folgenden geben wir zwei Beispiele aus der *Akustik* (Lehre vom Schall) bzw. aus der Technik.

Versuch 39: Zwei gleiche Stimmgabeln sind je auf einem hohlen, einseitig offenen Holzquader (Resonanzkasten) befestigt. Die offenen Seiten stehen einander gegenüber. Eine der Gabeln wird angeschlagen. Die zweite klingt dann ebenfalls mit. Dies wird hörbar, wenn man die Schwingung der ersten Gabel durch Anfassen löscht. Wird die Eigenfrequenz einer der Stimmgabeln durch Anbringen eines Reiters verkleinert, die Stimmgabel also „verstimmt", so schwingt die nichtangeschlagene Stimmgabel nicht mehr hörbar mit.

Dieser Versuch ist nun mit den gewonnenen Ergebnissen über erzwungene Schwingungen zu erklären. Die angeschlagene Stimmgabel ist der Erreger, der mit der Frequenz f schwingt, die zweite Stimmgabel, welche die Eigenfrequenz f_0 hat, führt erzwungene Schwingungen aus. Ihre Amplitude ist bei $f \approx f_0$ so groß, daß ihre Schwingung hörbar wird, wenn man die Schwingung der ersten Stimmgabel mit der Hand löscht. Dann liegt Resonanz vor.

Mit einem Zungenfrequenzmesser *(Abb. 320.1)* ist die Frequenz einer mechanischen oder elektrischen Schwingung zu ermitteln. Das zu untersuchende schwingende System wirkt bei diesem Gerät auf eine Reihe von Blattfedern („Zungen") ein, die verschiedene Eigenfrequenz haben. Diejenige Blattfeder, die dabei maximal mitschwingt, gibt die Frequenz der zu untersuchenden Schwingung an. Die Meßgenauigkeit hängt davon ab, wie eng benachbart die Eigenfrequenzen der Blattfedern sind und wie schmal ihre Resonanzkurve ist (geringe Dämpfung).

320.1 Frequenzmesser

Eine harmonische Erregung erzeugt an einem schwingungsfähigen System (nach Abklingen des Einschwingungsvorgangs) eine harmonische erzwungene Schwingung. Für sie gilt:

a) Die Frequenz des Schwingers ist gleich der Zwangsfrequenz f.
b) Wenn die Zwangsfrequenz f in der Nähe der Eigenfrequenz f_0 des schwingungsfähigen Systems liegt, tritt Resonanz auf: Der Frequenzgang der Amplitude hat ein Maximum.
c) Die Amplituden des Schwingers sind um so größer, je kleiner die Dämpfung ist.

In vielen Fällen ist die Resonanz eine erwünschte und technisch vielseitig genützte Erscheinung. Gelegentlich aber tritt sie auch störend oder sogar gefahrbringend auf. Ein Kraftfahrzeug-Motor erregt zum Beispiel manchmal Karosserieteile bei bestimmten Drehzahlen zu Schwingungen. Ebenso übertragen feststehende Motoren und Maschinen Schwingungen auf Gebäudeteile und andere Apparaturen. Solche unerwünschten Resonanzen kann man vermeiden, wenn man die Eigenfrequenzen mitschwingungsfähiger Bauelemente genügend außerhalb des Frequenzbereichs der Erreger legen kann oder durch genügend große Dämpfung. Es gibt allerdings Fälle, wo dies nicht möglich ist. Es ist zum Beispiel vorgekommen, daß der Gleichschritt einer marschierenden Militärkolonne oder sogar Windstöße Brücken zu Resonanzschwingungen angeregt haben, deren Amplituden so groß wurden, daß die Brücken auseinanderbrachen. Daß normalerweise solche Resonanzkatastrophen nicht eintreten, liegt daran, daß bei größer werdenden Amplituden der erzwungenen Schwingung infolge der Dämpfung immer mehr mechanische Energie verloren geht. So stellt sich meist ein Gleichgewicht zwischen zugeführter und verlorener Energie bei einer bestimmten Höchstamplitude ein, bevor die Festigkeit des Materials überbeansprucht ist.

§ 96 Schall und Ton

1. Schallerreger schwingen

Versuch 40: Wir spannen ein Stück Federstahlband an einem Ende ein und versetzen es in Schwingungen. Je kürzer wir den schwingenden Streifen machen, desto höher wird die Frequenz. Bei genügend großer Frequenz tritt etwas Neues ein: wir sehen nicht nur die schwirrende Bewegung, *wir hören einen Ton*, der bei weiterer Verkürzung, also bei steigenden Frequenzen, höher wird. Offenbar löst eine so rasche Schwingung eine Hörempfindung aus, sofern ein geeigneter Stoff, zum Beispiel Luft, als Vermittler zwischen dem Schallerreger und dem Schallempfänger, unserem Ohr, vorhanden ist.

2. Im Vakuum keine Schallfortpflanzung

Versuch 41: Wir hängen eine elektrische Klingel an Gummifäden ins Innere einer Glasglocke, die luftleer gepumpt wird. Je weniger Luft in der Glocke bleibt, desto leiser tönt uns die Klingel. Bei starker Luftleere hören wir sie nicht mehr, sehen aber ihren Klöppel unverändert weiter schlagen: Im Vakuum pflanzt sich der Schall nicht fort.

Wir müssen zwischen den **physikalischen Begriffen** (Schwingung des Erregers, Schallausbreitung in der Luft) und den **subjektiven Empfindungen** (Ton, Klang, Geräusch), die der Schall beim Auftreffen auf das Ohr auslöst, unterscheiden.

3. Frequenz und Tonhöhe; die Tonleiter

Bei der eingespannten Feder fanden wir, daß höhere Frequenzen des Erregers höhere Töne ergeben. Die genaue Zuordnung finden wir mit Hilfe einer **Sirene** *(Abb. 321.1)*.

Bei Versuch 40 erhält die Luft durch die Berührung mit dem schwingenden Körper periodische Stöße. Bei der Sirene dagegen bewegen sich die Lochreihen unter dem Glasrohr vorbei, und die Luft auf der andern Seite der Scheibe bekommt Stöße mit einer Frequenz, die durch die Zahl der in der Sekunde vorbeiziehenden Löcher gegeben ist *(Abb. 321.2)*.

Versuch 42: Eine um ihren Mittelpunkt drehbare Blechscheibe besitzt acht konzentrisch angeordnete Lochreihen. In den einzelnen Reihen befinden sich 24, 27, 30, 32, 36, 40, 45 und 48 Löcher in jeweils gleichen Abständen. Wenn bei beliebiger, aber gleichbleibender

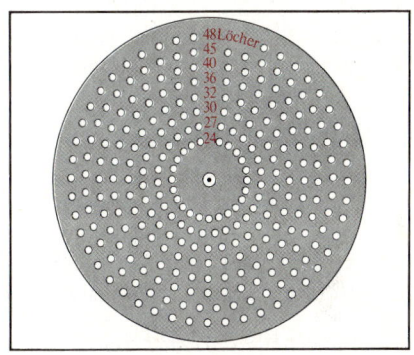

321.1 Scheibe einer Lochsirene

321.2 Lochsirene wird angeblasen.

Drehzahl durch ein Glasrohr gegen eine der Lochreihen geblasen wird, so hören wir einen Ton gleichbleibender Höhe. Bläst man nacheinander alle acht Lochreihen an, so erklingt eine **Durtonleiter.**

Setzt man die Drehfrequenz auf einen neuen Wert herauf und hält diesen wieder fest, so klingen auch alle 8 Töne höher, bilden aber wieder eine Durtonleiter. Die subjektive Empfindung „*Tonhöhe*" kann also durch die Frequenz gemessen werden. Die subjektive Empfindung „*musikalisches Tonintervall*" ist aber offenbar nur vom *Quotienten* der beiden beteiligten Frequenzen abhängig, nicht von den Frequenzen selbst. So ist zum Beispiel die Oktav eines Tons durch die doppelte Frequenz bestimmt. Aus der jeweiligen Zahl der Löcher in den acht Reihen folgern wir also, daß die Frequenzen einer von einem beliebigen Ton aus gebildeten Durtonleiter stets ein entsprechendes Vielfaches folgender acht Zahlen sind: 24, 27, 30, 32, 36, 40, 45, 48.

Man hat international vereinbart, dem sogenannten Kammerton a′ die Frequenz 440 Hz zuzuordnen. Da a′ die musikalische Sexte über c′ als Grundton ist, so hat man die vorige Zahlenfolge mit 11 zu multiplizieren, um die Durtonleiter über c′ zu erhalten (sogenannte reine Stimmung):

c′	d′	e′	f′	g′	a′	h′	c″
264	297	330	352	396	440	495	528 Hz

4. Hörbereich; Ultraschall

In Versuch 40 erhielten wir die Empfindung „Ton" oberhalb von Frequenzen von etwa 16 Hertz. Mit einem geeichten Tonfrequenzgenerator läßt sich feststellen, daß das menschliche Ohr Frequenzen bis ungefähr 17000 Hertz als Töne wahrzunehmen vermag. Allerdings nimmt die Obergrenze dieses Hörbereichs mit zunehmendem Alter stark ab.

Auch oberhalb der Hörgrenzfrequenz wird von geeigneten Erregern noch Schall ausgesandt. Man nennt diesen Bereich „Ultraschall". Mit modernen technischen Hilfsmitteln hat man Ultraschall-Frequenzen von über 10^7 Hertz erreicht. Wir wissen heute, daß manche Tierarten (Hunde, Fledermäuse) Ultraschallfrequenzen wahrnehmen können. Ultraschall verschiedenster Frequenzen findet vielerlei technische und medizinische Verwendung. So können zum Beispiel Fernsehgeräte durch Ultraschall bedient werden. Auch bei Prüfung von Werkstoffen und bei Entfernungsmessungen wird Ultraschall eingesetzt.

Aufgabe:
Berechnen Sie die Frequenzen der Durtonleiter mit g′ als Grundton (g′; a′; h′; c″; d″; e″; fis″; g″). Mit welchem Faktor sind hierbei die Frequenzen der c′-Tonleiter zu multiplizieren?

Mechanische Wellen

§ 97 Beobachtungen

Die Umgangssprache meint mit „Wellen" meist Wasserwellen. Man denkt an die Wellenfronten, die auf der Meeresoberfläche dem Ufer entgegenlaufen, oder an die kreisförmigen Wellen, die ein in ruhiges Wasser geworfener Stein erregt und die sich von der Einwurfstelle über die Wasseroberfläche ausbreiten. Auch das Wogen eines Kornfeldes im Sommer erinnert an eine bewegte Wasseroberfläche, also an Wellen. Schließlich spricht man von Schallwellen, von Erdbebenwellen, ja auch von Radiowellen und Lichtwellen.

In den folgenden Abschnitten wollen wir den physikalischen Wellenbegriff an geeigneten Modellen erarbeiten. Wir beschränken uns dabei auf mechanische Wellen. Das sind Wellen, die durch Störungen in materiellen Trägern zustandekommen, in festen Körpern, in Flüssigkeiten oder in Gasen. Die entsprechenden „Wellenfelder" sind im allgemeinen dreidimensional. Schall pflanzt sich zum Beispiel von der Schallquelle aus nach allen Richtungen des dreidimensionalen lufterfüllten Raumes fort (Querschnittzeichnung *343.1*). Einen bequem zu beobachtenden zweidimensionalen Sonderfall bieten die oben erwähnten Wasseroberflächenwellen. Wir dürfen diese Oberflächenwellen nicht verwechseln mit den Schallwellen, die den dreidimensionalen Träger „Wasser" etwa beim Echolot durchdringen. Am Modell der Wasseroberflächenwelle können wir folgendes beobachten:

1. Die einzelnen Wasserteilchen führen Schwingungen aus, die mit kleinen Schwimmern sichtbar gemacht werden können. Die Schwimmer behalten ihren Ort bei und tanzen nur etwas um ihre Gleichgewichtslage herum. Die Materie bleibt also an ihrem Ort, nur die Gleichgewichtsstörung wandert weiter.

2. Die Richtung, in der die Störung wandert, heißt Ausbreitungs- oder Fortschreitungsrichtung. Senkrecht zu dieser Richtung verläuft bei den Wasseroberflächenwellen die Wellenfront. So laufen die Wellenfronten des Meeres etwa parallel zum Strand; ihre Fortschreitungsrichtung ist dann senkrecht auf den Strand zu orientiert. Die Ausbreitungsrichtungen der vom Steinwurf erregten Welle gehen radial vom Erregungszentrum aus nach allen Seiten, die entsprechenden Wellenfronten bilden senkrecht zu den Radien verlaufende Kreise (vergleiche *Abb. 324.1*).

3. Die Störung durchwandert eine Strecke s längs ihrer Fortschreitungsrichtung in einer Zeit t, sie läuft also mit der „**Ausbreitungsgeschwindigkeit**" $c = \dfrac{s}{t}$ über den Träger hinweg. *Man beachte genau, daß diese Geschwindig-*

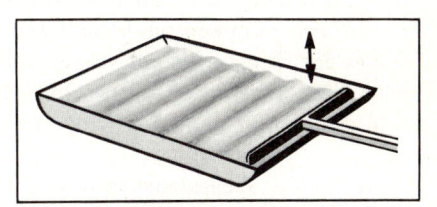

323.1 Ein streifenförmiger Schwinger erregt fortschreitende Wellen paralleler Fronten auf der Wasseroberfläche.

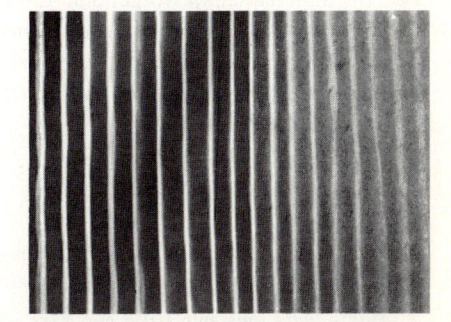

323.2 Lineare Wellenfronten, die vom streifenförmigen Erreger nach *Abb. 323.1* periodisch ausgesandt werden

keit $c = \frac{s}{t}$ nichts zu tun hat mit der Geschwindigkeit v der Wasserteilchen selbst!

4. Eine einzelne Störung sendet eine einzelne Wellenfront aus; ein periodisch arbeitender Erreger ruft eine periodische Folge von Wellenfronten hervor.

Versuch 43: *(Abb. 323.1 und Abb. 324.1)* Versuche mit der „Wellenwanne" bestätigen die oben gemachten Feststellungen. In einer flachen Wanne, durch deren Glasboden Licht von einer punktförmigen Lichtquelle fällt, steht Wasser. Das Licht bildet jede noch so geringe Verformung der Wasseroberfläche infolge deren Linsenwirkung auf die Zimmerdecke ab. Taucht ein Stift als Erreger in das Wasser, so geht von der Eintauchstelle eine Kreiswellenfront aus. Taucht der Stift periodisch ein, so laufen in periodischen Abständen Kreiswellen nach außen. Tauchen wir einen streifenförmigen Erreger ein, so läuft eine lineare Wellenfront von ihm weg. Schwingt der Streifen periodisch auf und nieder, so laufen in periodischen Abständen lineare Wellenfronten von ihm weg. Die hellen Linien an der Zimmerdecke sind Bilder von Wellenfronten. Alle Punkte auf einer Wellenfront haben stets die gleiche Phase, da sie sich vom Erreger zur gleichen Zeit abgelöst hat. In der Zwischenzeit haben zudem alle Punkte einer Wellenfront vom Erreger die gleiche Strecke zurückgelegt, sofern der Wellenträger nach allen Richtungen gleich beschaffen (isotrop) ist. Bei den zweidimensionalen Wellen an der Wasseroberfläche bilden diese Wellenfronten ebene *Kurven*; ist der Erreger ein Stift, so sind es Kreise. Bei den dreidimensionalen Schallwellen im Raum liegen die Punkte gleicher Phase jeweils auf *Kugelflächen* um den punktförmigen Erreger.

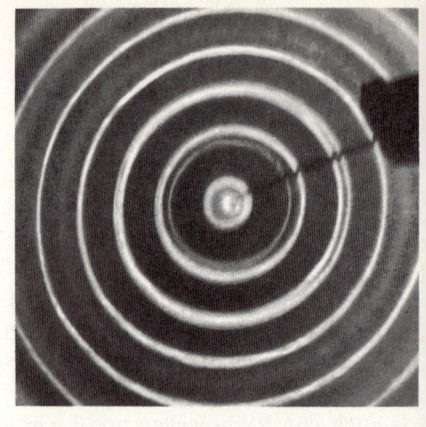

324.1 Ein periodisch eintauchender Stift sendet kreisförmige, konzentrische Wellenfronten aus.

Wenn der Erreger für die Wasserwellen durch einen Motor (mit Exzenter) betrieben wird, kann man über längere Zeit Wellen mit gleicher Frequenz erzeugen; ferner läßt sich mit der Drehzahl des Motors auch die Erregerfrequenz ändern.

> **Die in einer Wellenfront liegenden Teilchen schwingen gleichphasig.**

Wir werden später auf das zweidimensionale Wassermodell zurückgreifen. Es wird auch für andere, sehr wichtige, durch Wellen erklärbare Erscheinungen wertvoll sein, zum Beispiel in der Optik. Für die nun zunächst folgenden Untersuchungen vereinfachen wir die Modellvorstellung noch weiter und beschränken uns auf **eindimensionale** Träger, auf denen wir das Fortschreiten mechanischer Störungen untersuchen und erklären wollen. Der Begriff Wellenfront verliert hier seinen Sinn, da auf einem linearen Wellenträger keine Nachbarpunkte in der Richtung senkrecht zur Ausbreitung existieren.

Aufgaben:

1. *An der Zimmerdecke über der Wellenwanne fallen die hellen Linien besonders auf. Sind es Wellenfronten von Bergen oder Tälern der Wasserwelle? Begründen Sie Ihre Antwort!*
2. *Wie könnte man mit Hilfe von Messungen am projizierten Bild von Wasserwellen in der Wellenwanne die Ausbreitungsgeschwindigkeit der Wellen bestimmen?*
3. *Inwiefern kann man Wellenfronten mit Höhenlinien einer Landkarte vergleichen?*

§ 98 Das Fortschreiten mechanischer Störungen

1. Die Querstörung

Früher betrachteten wir die Bewegung eines einzelnen Schwingers. Das Modell, an dem wir uns dabei orientierten, war das des „Massenpunktes", auf den eine zur Auslenkung proportionale Rückstellkraft wirkt. In den folgenden Abschnitten wollen wir uns mit entsprechenden Vorgängen in ausgedehnten Körpern beschäftigen. Dafür ziehen wir ein Modell heran, bei dem *viele* Masseteilchen elastisch miteinander gekoppelt sind. Zunächst behandeln wir einen Körper, der sich nur in *einer* Richtung erstreckt, wie ein Seil oder ein langer Gummischlauch. Wie verhält sich ein solcher Körper, wenn auf eines seiner Enden eine Kraft quer zu ihm wirkt und damit das zu Anfang bestehende Gleichgewicht stört?

Versuch 44: Eine lange Schraubenfeder liegt lose und geradlinig auf dem Tisch. Ihr linkes Ende wird ruckartig um 5 bis 10 cm seitlich ausgelenkt, wie es die mit 2 bezeichneten Pfeile der *Abb. 325.1* zeigen. Die zuerst ausgelenkten Teile der Feder reißen wegen der elastischen Bindung weitere Teile mit und kommen dann selbst in der neuen Lage zur Ruhe. Dies geschieht ebenso bei allen in der Folge nacheinander von der Auslenkung erfaßten Teilen der Feder. So wandert die Störung des Gleichgewichts die Feder entlang (Pfeil 1).

Versuch 45: Bei der **Torsionswellenmaschine** nach *Abb. 325.2* koppelt ein elastisch verdrillbares Band horizontale Stäbchen aneinander, die an ihren Enden Massenstücke tragen. Lenkt man zum Beispiel das oberste Körperchen zur Seite aus, so sieht man, wie eine Querstörung nach unten läuft; sie beruht auf einer sich nach unten fortsetzenden Verdrillung des Bandes. *Abb. 325.2b* zeigt, wie die Störung durch die Teilchenreihe läuft.

Wie kann das Verhalten solcher eindimensionalen Träger gegenüber der Querstörung aus den allgemein gültigen Grundgesetzen der Trägheit und der Elastizität erklärt werden? Wir bauen uns hierzu ein Gedankenmodell gemäß *Abb. 325.3*. Träge Körperchen bilden eine gerade Kette. Jedes ist mit seinem Nachbarn durch Federchen gekoppelt. Die Körperchen seien so geführt, daß sie sich nur senkrecht zur Richtung der Kette, also

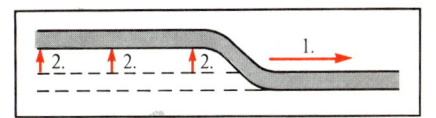

325.1 Querstörung durchwandert eindimensionalen Träger. 1. Ausbreitung, 2. Richtung der Querauslenkung

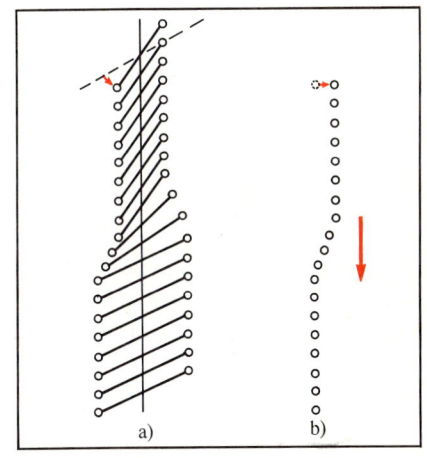

325.2 Querstörung durcheilt die Körperkette der Torsionswellenmaschine

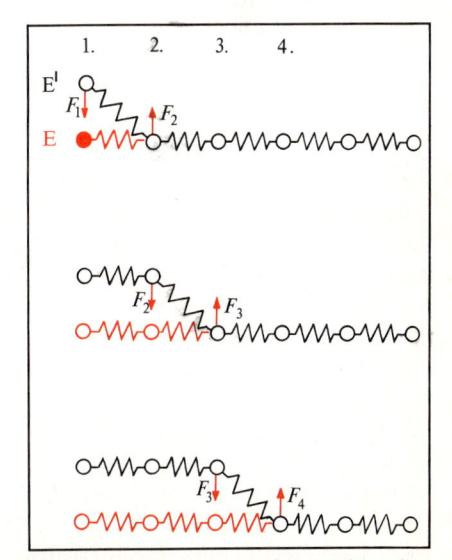

325.3 Eine Störung wandert nach rechts, $F_n = -F_{n+1}$. Rot: ursprüngliche Lage der ersten n Körper.

vertikal, bewegen können. Zunächst wird Körper 1 durch den nach oben rückenden Erreger E ausgelenkt. Dabei geschieht folgendes: Die Feder zwischen 1 und 2 *spannt* sich. Körper 2 wird beschleunigt und rückt aus der rot gezeichneten auf die schwarz gezeichnete Lage zu. Da sich inzwischen die Feder zwischen 2 und 3 gespannt hat, beschleunigt sie nun das träge Körperchen 3, verzögert aber das Körperchen 2, das ja infolge seiner Trägheit nach oben weiterfliegen würde (Kraft und Gegenkraft!). Körper 2 kommt also in der neuen Lage zur Ruhe. Da sich jetzt die Feder zwischen 3 und 4 gespannt hat, wirkt sie verzögernd auf 3 und beschleunigend auf 4. Infolge der Verzögerung kommt auch 3 in der neuen Lage (schwarz) zur Ruhe. So wandert die Störung des Gleichgewichts, gekennzeichnet durch „**Spannung**" in der Kopplungsfeder und „**Schnelle,,** v des erfaßten trägen Körperchens, nach rechts weiter. Wir haben es hier mit zweierlei Geschwindigkeiten zu tun: 1. Ausbreitungsgeschwindigkeit c der Störung längs des Wellenträgers, 2. Geschwindigkeit v eines Teilchens in seiner Schwingungsrichtung; v wird „Schnelle" genannt.

Die beschriebenen Vorgänge wiederholen sich, wie Fortsetzungen der Abbildungen zeigen, bis zum Ende des Wellenträgers. Alle so erfaßten Körperchen bleiben oben in Ruhe, und nach dem Durchgang der Störung liegt der ganze Träger oben.

Nach dem Grundgesetz der Mechanik gilt für die Beschleunigung der Körperchen $a = \frac{F}{m}$, und die Kraft F selbst ist proportional zur Richtgröße D der Kopplungsfeder. Daraus dürfen wir schließen, daß die Auslenkung der Körperchen aus der roten in die schwarze Lage um so rascher erfolgen wird, je stärker die elastische Kopplung ist und je kleiner die Massen sind. Die Wanderungsgeschwindigkeit c der Störung wird demnach um so größer sein, je „härter" die Kopplungen und je kleiner die Massen sind.

2. Der „Wellenberg"

Versuch 46: Läßt der Erreger auf eine Störung sofort die gleichgroße, entgegengesetzt auslenkende Störung folgen, so kehrt jedes Teilchen, über das die „Doppelstörung" hinweglief, nach seiner Auslenkung wieder in seine ursprüngliche Lage zurück. Es entsteht der Eindruck eines wandernden Wellenbergs *(Abb. 326.1).* Diese Erscheinung beobachten wir in Versuchen mit der langen Schraubenfeder auf dem Tisch, mit einem Schlauch, einem Seil oder an der Wellenmaschine.

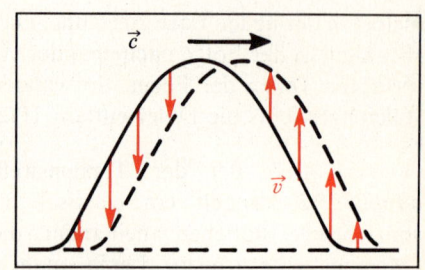

326.1 Wellenberg. Vertikale Schnellepfeile rot, horizontaler schwarzer Pfeil Ausbreitungsrichtung

So wandert der Wellenberg die Schraubenfeder, das Seil, den Schlauch, kurz „den Träger" entlang. Die Ausbreitungsrichtung der Welle zeigt in der *Abb. 326.1* der Pfeil parallel zum Träger. Die Auslenkung der Teilchen erfolgt dagegen wie die erregende Störung quer (genauer: senkrecht) zum Träger. Wir sprechen daher von einer „**Querwelle**" (Transversalwelle). Ihre **Schnelle** (rote Pfeile) zielt rechts vom Berg nach oben, da kurze Zeit später der Berg nach rechts gerückt sein wird. Links vom Berg zielt die Schnelle nach unten (rote Pfeile). Da der Träger der Welle in unseren Beispielen sich nur in einer Dimension erstreckt, nennen wir die Welle „eindimensional". Im Gegensatz hierzu ist zum Beispiel die auf einer Wasseroberfläche sich ausbreitende Welle zweidimensional, die von einer Schallquelle sich ausbreitende Welle oder eine Erdbebenwelle um einen Herd im Erdinnern dreidimensional.

Zusammenfassung: Eine Querstörung des Gleichgewichts in einem eindimensionalen Träger, dessen Masseteilchen elastisch gekoppelt sind, wandert auf dem Träger mit der Ausbreitungsgeschwindigkeit c weiter. Für das einzelne Teilchen des Trägers bedeutet diese Störung eine Auslenkung aus seiner bisherigen Gleichgewichtslage quer zum Träger.

Ist die Störung über das Teilchen hinweggelaufen, so ist es in seiner neuen Lage wieder im Gleichgewicht, es sei denn, die entgegengesetzte Störung folge nach und führe zur alten Gleichgewichtslage.

Der Erreger verrichtet Spann- und Beschleunigungsarbeit. Mit der Störung wandern Spannungs- und Bewegungsenergie längs des Trägers weiter. Die Energien stecken jeweils in denjenigen Teilen des Wellenträgers, die gerade von der Störung erfaßt sind. Handelt es sich um eine *dauernde* Folge von Störungen, so muß der Erreger dem Träger *dauernd* Energie zuführen, die dann mit der **Welle**, wie eine solche Kette von Störungen genannt wird, wegläuft. Ein solcher *Energietransport* ist für alle fortschreitenden Wellen *charakteristisch*.

Fortschreitende Wellen transportieren Energie.

3. Reflexion

Wir erzeugten in Versuch 44 durch ruckartige seitliche Bewegung des Anfangs einer langen Schraubenfeder eine Störung, die dann über den ganzen Träger lief. Wir haben dabei noch nicht untersucht, was geschieht, wenn eine solche wandernde Störung das *Ende* des Trägers erreicht. Wir wollen uns nun anhand des Modellträgers von *Abb 325.3* überlegen, was wir in diesem Fall zu erwarten haben. Dabei müssen wir *zwei* Möglichkeiten durchdenken: Das Ende des Trägers kann irgendwo *befestigt* sein. Man spricht dann von einem **festen Ende**. Das letzte Körperchen des Trägers kann aber auch *nicht befestigt* oder in einer Querführung frei beweglich sein. Dann nennt man dieses Ende **lose**. In *Abb. 327.1a* kennzeichnet eine angedeutete Wand ein *festes Ende*, in *Abb. 327.1b* hört die Kette der Körperchen nach rechts ohne Begrenzung einfach auf und stellt so ein *loses Ende* dar.

a) „Festes Ende": Der letzte Körper sei fest, also keiner Auslenkung fähig *(Abb. 327.1a)*. Die letzte Feder verzögert daher zunächst den vorletzten nach oben schnellenden Körper. Da der letzte Körper festgehalten ist, bleibt diese Feder gespannt und zieht den oben (schwarze Lage) kurz zur Ruhe gekommenen Körper nach unten, so

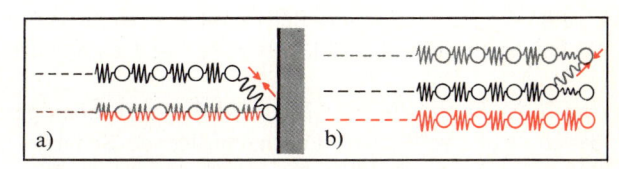

327.1 a) Reflexion am festen Ende, b) Reflexion am losen Ende
Rot: ursprüngliche Lage der Körperkette
Schwarz: Querstörung am Ende angekommen
Grau: Querstörung nach der Reflexion zurückgelaufen

daß die Störung jetzt nach links zurück läuft. Der vom Erreger nach oben erteilte Impuls wird über die Körperchen nach rechts weitergegeben, bis er am festen Ende infolge der äußeren Kraft durch einen nach unten gerichteten Gegenimpuls aufgehoben und nach links von Teilchen zu Teilchen zurückgegeben wird. Schließlich befindet sich der Träger wieder in der alten Stellung (rot, grau).

Am festen Ende erfolgt Reflexion der Störung mit Richtungsumkehr der Schnelle.

b) „Loses Ende": Der letzte Körper sei in seiner Querführung frei beweglich *(Abb. 327.1b)* und zum Beispiel an einer sehr langen, gespannten, fast massefreien Schnur befestigt. Er schwingt daher von seiner ersten Stellung (rot) infolge seiner Trägheit über die zweite (schwarz) hinaus in die dritte Stellung (grau). Hierbei ist die letzte Feder kurzzeitig so gespannt (grau), daß sie den letzten Körper verzögert und den vorletzten Körper in die dritte Stellung (grau) zieht. Dadurch wird nun die vorletzte Feder gespannt und zieht den linken Nachbarn ebenfalls in die dritte Stellung (grau). Auch diesmal läuft also die Störung nach links zurück. Aber bei der Reflexion am losen Ende behält die Teilchenschnelle ihre Richtung bei. Der vom Erreger nach oben eingebrachte Impuls bleibt nämlich ein Impuls nach oben, da äußere Kräfte bei der Reflexion am freien Ende fehlen. Der Wellenträger bewegt sich auf diese Weise in die dritte Stellung (grau) nach oben, in der er zur Ruhe kommt.

> **Am losen Ende erfolgt Reflexion der Störung unter Beibehalten der Schnellerichtung.**

Versuch 47: Die Reflexion solcher Störungen am festen oder losen Ende beobachten wir in verschiedenen Versuchen mit der langen Schraubenfeder. Das Ende ist fest, wenn wir die Feder an einem Wandhaken festbinden. Wir bekommen ein loses Ende durch den langen Faden zwischen Federende und Haken. Bei diesen Versuchen zeigt sich insbesondere, daß der Wellenberg am festen Ende als Tal, am losen Ende jedoch als Berg reflektiert wird *(Abb. 328.1)*.

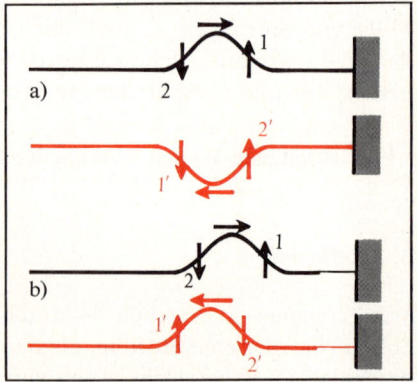

328.1 a) Eine Seilwelle wird am festen Ende reflektiert. Wellenberg (schwarz) kehrt als Tal (rot) zurück.
b) Reflexion am losen Ende: Wellenberg kehrt als Berg zurück. (Die vertikalen Pfeile stellen Schnellevektoren dar.)

Diesen empirischen Befund begründen wir für den Wellenberg am *festen Ende* anhand der *Abb. 328.1a*: Der Wellenberg ist eine Doppelstörung, deren zeitlich erster Schnellepfeil (1) nach oben gerichtet ist. Dies riß das vorletzte Teilchen zunächst nach oben. Wegen der Reflexion am festen Ende kehrte es sofort in die Ausgangsstellung zurück. Dann folgte eine Bewegung der Trägerteilchen mit nach unten gerichteter Schnelle (2). Dies erzeugt ein Wellental, das nach links läuft ((1') als erster, (2') als nachfolgender Schnellevektor).

Am *losen Ende (Abb. 328.1b)* wird die nach oben gerichtete Schnelle (1) wieder als nach oben gerichtet (1') reflektiert. Die nachfolgende Schnelle (2) reißt aber das Teilchen wieder in die Ausgangsstellung zurück, da auch sie bei der Reflexion (2') ihre Richtung beibehält. Im Gegensatz zum festen Ende fehlt hier eine äußere Kraft, welche die Impulse umkehrt.

> **Am festen Ende wird ein Berg als Tal, am losen Ende ein Berg als Berg reflektiert.**

Aufgaben:
1. *Warum muß der das lose Ende darstellende Faden in Abb. 328.1b lang und fast massefrei sein?*
2. *Ist eine senkrechte Ufermauer ein festes oder ein loses Ende für anlaufende Wasserwellen, die als Transversalwelle angesehen werden sollen?*

§ 99 Die sinusförmige Querwelle

1. Die Ausbreitung der sinusförmigen Querwelle

Versuch 48: Bisher betrachteten wir einzelne Querstörungen, die ein Erreger durch einen eindimensionalen Träger sandte. Nun möge der Erreger *ununterbrochen sinusförmig* auf und ab schwingen. Er schickt damit fortdauernd aufeinanderfolgende Querstörungen in den Träger. Durch eine geeignete Vorrichtung (Dämpfung) sei dafür gesorgt, daß am Ende keine Reflexion auftrete, daß vielmehr die ganze Energie der ankommenden Störungen dort absorbiert werde. Auf dem Träger sehen wir eine ununterbrochen fortlaufende Querwelle (Transversalwelle). Jedes Teilchen des Trägers führt dabei Sinusbewegungen um seine Gleichgewichtslage quer zur Trägerrichtung aus. Dies sind jedoch *keine Eigenschwingungen* des Teilchens, sondern durch den Erreger über die Kopplung erzwungene Elongationen $s(t)$, deren Frequenz stets mit der Erregerfrequenz übereinstimmt. Je weiter das Teilchen vom Erreger entfernt ist, desto größer ist der Phasenunterschied zwischen seiner Schwingung und der des Erregers, – desto mehr schwingt es gegenüber dem Erreger „verspätet". *Diese Phasendifferenz ist der auf dem Träger gemessenen Entfernung x vom Erreger proportional.*

Wenn wir eine **Momentaufnahme** aller Teilchen machen, etwa im Augenblick $t=T$, so finden wir die zeitlich aufeinanderfolgenden Lagen des Erregers räumlich längs der x-Achse aneinandergereiht wieder. Die Gesamtheit aller Auslenkungen zu einer bestimmten Zeit bildet demnach ebenfalls eine Sinuslinie. Diese besondere Welle heißt daher Sinuswelle.

> **Die mechanische Sinuswelle ist ein raumzeitlicher Vorgang, bei dem die elastisch aneinander gekoppelten Masseteilchen des Trägers erzwungene Sinusschwingungen ausführen, deren Phasenverschiebung gegenüber dem Erreger in der Ausbreitungsrichtung linear zunimmt.**

In *Abb. 329.1* ist das **Elongation-Zeit-Diagramm** $s(t)$ des Erregers für eine volle Schwingung wiedergegeben. Dabei begann der Erreger mit einer Bewegung nach oben. In der zugehörigen Zeit T (Periodendauer des Erregers) hat sich die Welle auf dem Träger um eine Strecke λ ausgebreitet, die man **Wellenlänge** nennt. Das räumliche Momentbild der Welle für den Augenblick $t=T$ ist in *Abb. 329.2* dargestellt. Dabei entspricht dem ersten Erregerausschlag nach oben im $(s;t)$-Diagramm (rote Ziffer 2) der nach rechts gerückte Wellenberg im $(s;x)$-Diagramm

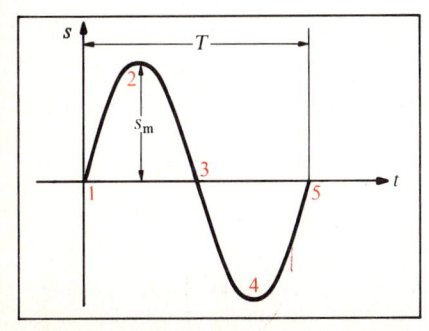

329.1 Weg-Zeit-Diagramm des Erregers für eine Schwingung

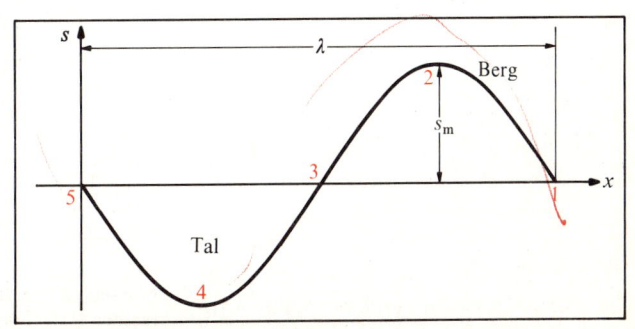

329.2 Momentbild der vom Erreger ausgehenden Welle für $t=T$. Der Erreger begann mit positiven Elongationen.

(rote Ziffer 2), dem *danach* folgenden Erregerausschlag nach *unten* im $(s; t)$-Diagramm (rote Ziffer 4) das Wellental (rot 4) im $(s; x)$-Diagramm, das noch nicht so weit gelaufen ist.

Fünf in der Phase einander entsprechende Punkte in den beiden Diagrammen sind durch rote Ziffern aufeinander bezogen. Für die konstante Ausbreitungsgeschwindigkeit c der Welle auf dem Träger gilt $c = \dfrac{\text{Weg}}{\text{Zeit}} = \dfrac{\lambda}{T}$; da $T = \dfrac{1}{f}$ ist, folgt:

$$c = f \cdot \lambda. \qquad (330.1)$$

Abb. 330.1 gibt für eine schon dauernd über den Träger laufende Sinuswelle neun im zeitlichen Abstand von $T/8$ aufeinanderfolgende *Momentaufnahmen* wieder. Man beachte das Fortschreiten eines Wellenbergs: In der Zeit T ist er um die Strecke λ nach rechts gewandert. Jedes einzelne Teilchen dagegen vollführt eine vertikale Sinusschwingung an seinem festen Ort x.

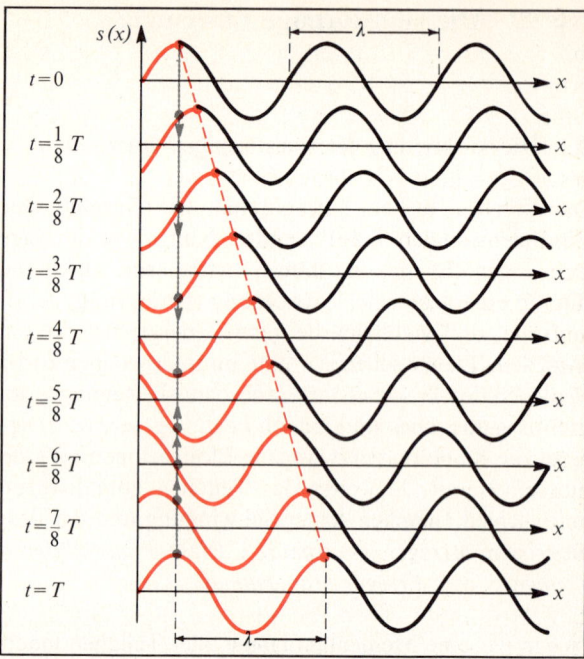

330.1 Neun Momentaufnahmen einer nach rechts laufenden Transversalwelle. Die rot gestrichelte Gerade zeigt das Vorrücken der Welle um die Strecke λ in der Zeit T. Die graue Vertikale greift das Teilchen bei $x = \lambda/4$ heraus. Die Pfeile auf ihr kennzeichnen dessen Schnelle in den 9 verschiedenen Momenten.

Bemerkung: Die Sinuswelle ist hier zu dem willkürlich gewählten Zeitpunkt $t = 0$ schon auf dem ganzen Träger in vollem Gang. Der Übergang vom ruhenden Träger zur Sinuswelle am „Kopfende" wird hier weder erörtert noch benötigt. Der Moment $t = 0$ ist also keinesfalls der Beginn der Erregerbewegung!

> **Die Wellenlänge λ ist die Entfernung zwischen zwei benachbarten Wellenbergen, allgemein zwischen zwei benachbarten Punkten gleicher Phase, das heißt gleichen Schwingungszustandes.**

Abb. 330.2 beschreibt das Fortschreiten der Sinuswelle während einer kurzen Zeitspanne Δt aus der schwarzen in die rote Lage. Alle Teilchen ändern ihre Auslenkung im Sinne der vertikalen Pfeile, die auch ungefähr die Schnelle v wiedergeben. Die rote Momentaufnahme ist gegen die schwarze um $\Delta x = c \cdot \Delta t$ nach rechts gerückt.

Wir machen uns die Zusammenhänge bei der fortschreitenden Welle abschließend an folgendem Modellversuch klar:

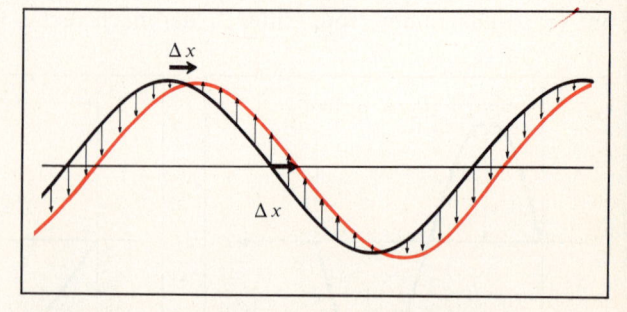

330.2 Die schwarzen Pfeile stellen die Wegstücke dar, die die Massenteilchen des Wellenträgers in der kurzen Zeit Δt in senkrechter Richtung (nach oben oder unten) zurückgelegt haben. Aus dem schwarz gezeichneten Wellenumriß ist so der um Δx nach rechts verschobene rote Wellenumriß geworden.

Versuch 49: Eine Schraubenlinie wird mit parallelem Licht auf eine Wand projiziert. Ihr Bild ist eine Sinuskurve *(Abb. 331.1)*. Nun drehen wir die Schraubenlinie mit konstanter Winkelgeschwindigkeit um ihre Längsachse. Das Schattenbild vermittelt jetzt den Eindruck einer fortschreitenden Welle. Der einzelne Schattenpunkt P′ jedoch führt dabei nur vertikale Schwingungen aus. Sein Original P beschreibt ja die rote Kreisbahn. — Der Eindruck des Fortschreitens entsteht hier dadurch, daß nebeneinander liegende Teilchen zeitlich nacheinander ihren Höchstpunkt erreichen. Eine volle Umdrehung des Modells führt ein Maximum in der Zeit T und die Strecke λ weiter.

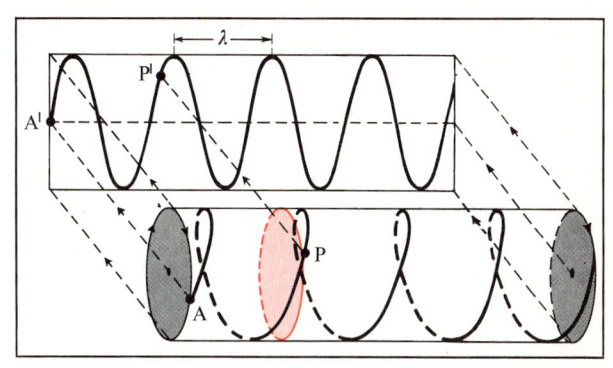

331.1 Fortschreitende Welle als Projektion einer sich drehenden Schraubenlinie

2. Polarisation

Die Querwellen, die sich auf einem eindimensionalen Träger ausbilden, schwingen in der Ebene, die durch die Erregerschwingung und die Trägergerade festgelegt ist. Solche Schwingungen heißen **„polarisiert"**. Ihre Schwingungsebene heißt **„Polarisationsebene"**.

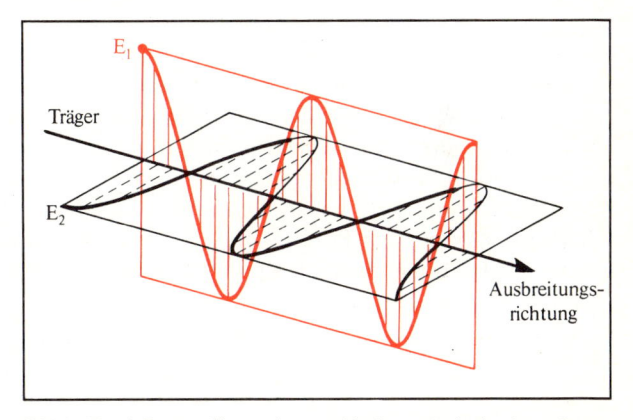

331.2 Zwei Querwellen mit verschiedenen Polarisationsebenen (schwarz und rot)

§ 100 Überlagerung von Störungen und Sinuswellen, Interferenz

1. Überlagerung von Störungen

Zwei verschiedene Störungen mögen sich auf dem gleichen Träger ausbreiten. Wir untersuchen den Vorgang während und nach ihrer Überlagerung.

Versuch 50: **a)** Zwei Tropfen fallen in die Wellenwanne. Die Kreisfronten der von ihnen erregten Wellen durchdringen sich, ohne sich gegenseitig zu stören. Jede Welle läuft dann genau so weiter, wie wenn sie der anderen nicht begegnet wäre *(Abb. 331.3)*.

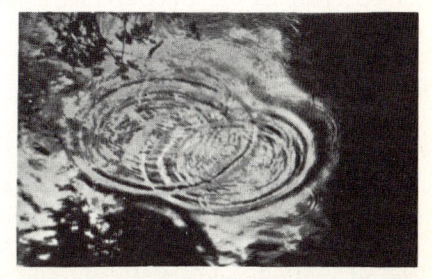

331.3 Verschiedene Kreiswellen durchdringen sich und laufen anschließend ungestört weiter.

b) Zwei einander entgegenlaufende Störungen auf der Wellenmaschine zeigen dasselbe Verhalten.

> **Störungen durchdringen sich auf einem Wellenträger, ohne sich zu beeinflussen.**

Die Vorgänge während der Überlagerung betrachten wir in folgenden Versuchen:

Versuch 51: a) Eine lange Schraubenfeder liegt auf dem Tisch. Auf ihr laufen zwei Querstörungen etwa gleichgroßer und gleichgerichteter Amplitude einander entgegen *(Abb. 332.1a und b)*. Eine Reihe von Papperreitern ist längs der Schraubenfeder so aufgestellt, daß sie von der maximalen Elongation einer Störung gerade nicht erreicht werden. An der Überlagerungsstelle aber wird ein Reiter weggeschoben: Gleichgerichtete Elongationen addieren sich. Die Schnellen dagegen, in *Abb. 332.1* als rote Pfeile gezeichnet, heben sich im Moment voller Überlagerung auf. Der Berg in *Abb. 332.1* „steht" also einen kurzen Moment und ist daher besonders deutlich sichtbar.

b) Auf derselben Schraubenfeder lassen wir zwei entgegengesetzt gerichtete Querstörungen (Berg und Tal) gegeneinander laufen *(Abb. 332.2)*. An der Stelle des Zusammentreffens heben sich die Elongationen auf. Das Seil ist für einen Augenblick gerade. Die Schnellen dagegen, in *Abb. 332.2* als rote Pfeile gezeichnet, verstärken sich im Moment voller Überlagerung auf das Doppelte. Sie bewirken das Auseinanderlaufen beider Störungen nach der Begegnung, indem sie einen Berg wie auch ein Tal erzeugen. Beide laufen nach der Begegnung ungestört weiter.

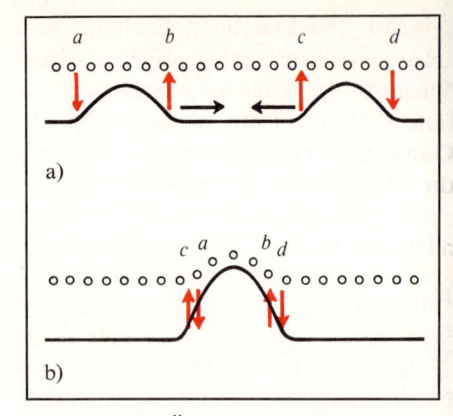

332.1 An der Überlagerungsstelle addieren sich die Schnellen und Elongationen: Auslöschung der Schnellen, Verdopplung der Elongation bei gleichgroßen, gleichgerichteten Amplituden.

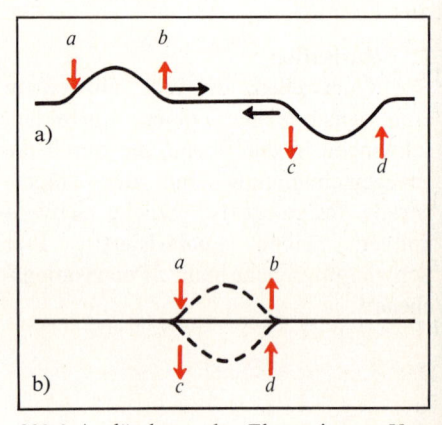

332.2 Auslöschung der Elongationen, Verdopplung der Schnellen an der Überlagerungsstelle bei gleichgroßen, entgegengerichteten Amplituden

> **Interferenz ist die Überlagerung zweier Wellen im gleichen Bereich, bei der die Elongationen und Schnellen unter Beachtung des Vorzeichens addiert werden.**

2. Interferenz von Sinuswellen

Wir betrachten nun folgenden wichtigen Sonderfall: Die sich überlagernden Wellen haben dieselbe Schwingungsebene und die gleiche Wellenlänge (Interferenz im engeren Sinn). In *Abb. 333.1* werden die Elongationen zweier solcher gleichlaufenden Wellen gleicher Ausbreitungsgeschwindigkeit grafisch addiert. Es entsteht eine Sinuswelle gleicher Wellenlänge und von derselben Ausbreitungsgeschwindigkeit. Dies Ergebnis kann mathematisch bestätigt werden. Die Entfernung d, um welche der Nulldurchgang der Welle 2 (schwarz) vor dem Nulldurchgang der Welle 1 (grau) herläuft, heißt „**Gangunterschied**". Er beträgt im Bild etwa $\frac{1}{10}$ Wellenlänge. Wichtig sind zwei Sonderfälle der Überlagerung, nämlich die der Gangunterschiede $d=0$ und $d=\lambda/2$, die jetzt näher erörtert werden sollen:

a) „Gleichphasige Überlagerung"

Der Gangunterschied d zweier interferierender Wellen mit der gemeinsamen Wellenlänge λ und den Amplituden $s_{m\,1}$ und $s_{m\,2}$ betrage Null oder ein ganzzahliges Vielfaches von λ. Die um einen beliebigen Punkt der x-Achse von den beiden Wellen erzwungenen Schwingungen sind dabei gleichphasig. Dann heißen die beiden Wellen im ganzen „in Phase". Auch ihre Summe ist nun mit ihnen phasengleich, und die resultierende Amplitude $s_{m\,3}$ erreicht den größtmöglichen Wert:

$$s_{m\,3} = s_{m\,1} + s_{m\,2}.$$

Haben beide Wellen insbesondere noch gleiche Amplitude s_m, so hat ihre Summe die Amplitude $2\,s_m$ *(Abb. 333.2)*.

b) „Gegenphasige Überlagerung"

Der Gangunterschied zweier in gleicher Richtung laufender Wellen betrage $\frac{1}{2}\lambda$ oder ein ungerades Vielfaches hiervon. Die Wellen heißen dann gegenphasig (vergleiche Ziffer 1), und die resultierende Amplitude nimmt den kleinstmöglichen Wert an:

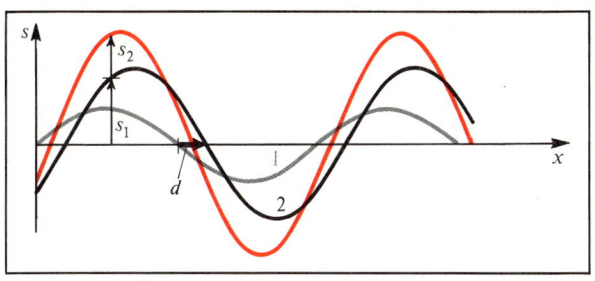

333.1 Durch Überlagerung zweier Sinuswellen gleicher Frequenz und Wellenlänge entsteht eine neue Sinuswelle derselben Frequenz; d ist der Gangunterschied zwischen 1 und 2.

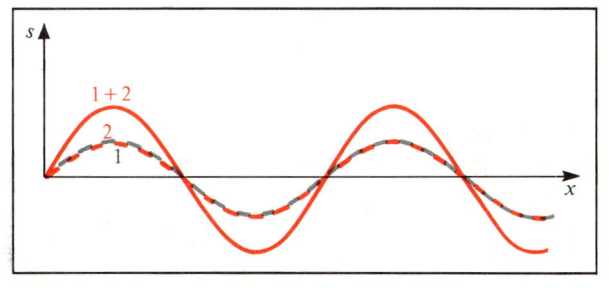

333.2 Zwei phasen- und amplitudengleiche Wellen ergeben eine Welle doppelter Amplitude und gleicher Phase.

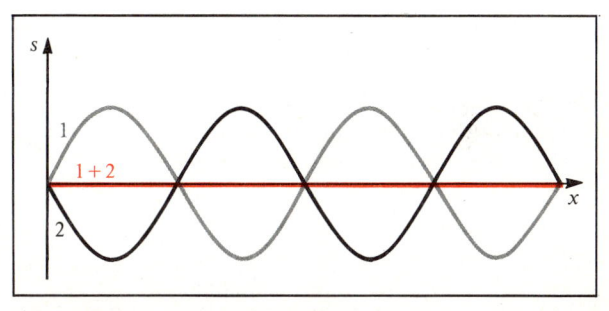

333.3 Zwei amplitudengleiche Wellen mit dem Gangunterschied $\lambda/2$ (oder $\frac{3}{2}\lambda$; $\frac{5}{2}\lambda$; ...) löschen sich aus.

$$s_{m\,3} = |s_{m\,1} - s_{m\,2}|.$$

Ist speziell $s_{m\,1} = s_{m\,2}$, so wird $s_{m\,3} = 0$. Die beiden Wellen löschen sich dann völlig aus *(Abb. 333.3)*.

Gangunterschiede haben als Strecken die Einheit Meter; man gibt sie meist als Vielfache der Wellenlänge λ an. Phasendifferenzen mißt man im Bogen- oder Gradmaß.

Dem Gangunterschied Null beziehungsweise λ zweier Wellen entspricht die Phasendifferenz Null beziehungsweise 2π ($360°$). Dabei sind die beiden Wellen „gleichphasig" und geben bei der Überlagerung maximale Verstärkung.

Dem Gangunterschied $\lambda/2$ oder $3\lambda/2$ entspricht die Phasendifferenz π ($180°$). Die beiden Wellen sind „gegenphasig". Sie löschen sich aus, wenn ihre Amplituden gleich groß sind.

§ 101 Stehende Querwellen

1. Interferenz gegenläufiger Wellen

Bei der Interferenz gegenläufiger Wellen beschränken wir uns auf einen wesentlichen Sonderfall: Zwei Querwellen mit derselben Schwingungsebene, Wellenlänge und Amplitude laufen einander mit gleicher Geschwindigkeit entgegen. *Abb. 334.1* zeigt eine graphische Addition der beiden Elongationen. Die schwarz gezeichnete Welle schreitet nach links, die grau gezeichnete nach rechts fort. Die Überlagerung wird hier an zwölf aufeinanderfolgenden Momentbildern durchgeführt (rot), die im zeitlichen Abstand von je $T/12$ aufeinanderfolgen. Die rote Kurve ergibt sich als Summe der Elongationen. Das Ergebnis ändert sich von Augenblick zu Augenblick und unterscheidet sich zudem grundsätzlich von den bisher besprochenen fortschreitenden Wellen:

Die durch Punkte markierten Stellen bleiben während des ganzen Vorgangs in Ruhe. Sie heißen **Knoten der Schnelle** oder Bewegungsknoten und folgen aufeinander im Abstand einer halben Wellenlänge der fortschreitenden Welle. Alle Punkte zwischen zwei benachbarten Knoten schwingen in gleicher Phase, das heißt, sie erreichen gleichzeitig ihr Maximum, gehen gleichzeitig durch die Gleichgewichtslage und so weiter; doch sind ihre Amplituden verschieden groß. Dabei weisen die Punkte in der Mitte zwischen zwei benachbarten Knoten größte Amplitude auf. Man nennt diese

334.1 Ausschnitt aus einer stehenden Welle in 12 Momentaufnahmen.
Schwarz: nach links fortschreitende Welle;
grau: nach rechts fortschreitende Welle;
rot: stehende Welle als Überlagerung aus den fortschreitenden Wellen

Stellen Bewegungs- oder **Schnellebäuche**. Gerade in den Momenten $\frac{3}{12}T$ und $\frac{9}{12}T$ sind dort die Schnellen extremal; der Träger hat dann dort maximale kinetische Energie. Dies macht das Weiterschwingen aus der gestreckten Lage verständlich. Die Punkte links und rechts eines Knotens schwingen gegenphasig. Die entstandene Welle heißt **stehende Welle**. Im Gegensatz zur „fortschreitenden Welle" wandert ihr räumliches Bild nicht weiter, es „steht".

Versuch 52: Das Modell der *Abb. 335.1* veranschaulicht den Ablauf einer stehenden Querwelle: Eine um ihre Achse rotierende Sinuslinie wird auf einen Bildschirm projiziert. — *Abb. 335.2* zeigt die zeitliche Verteilung von Schnelle und Elongation in vier ausgezeichneten Momenten einer stehenden Welle. In Zeile 1 ist nur kinetische Energie vorhanden. Sie hat sich in Zeile 2 völlig in potentielle Energie verwandelt. Diese ist in Zeile 3 wieder ganz in kinetische Energie übergegangen, und in Zeile 4 hat die stehende Welle wieder nur potentielle Energie.

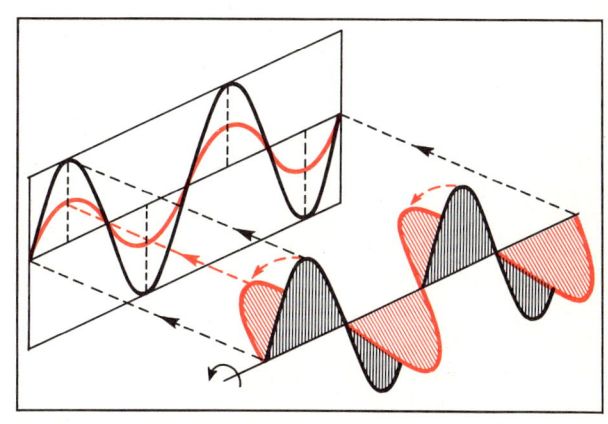

335.1 Stehende Welle als Schattenbild einer rotierenden ebenen Sinuslinie

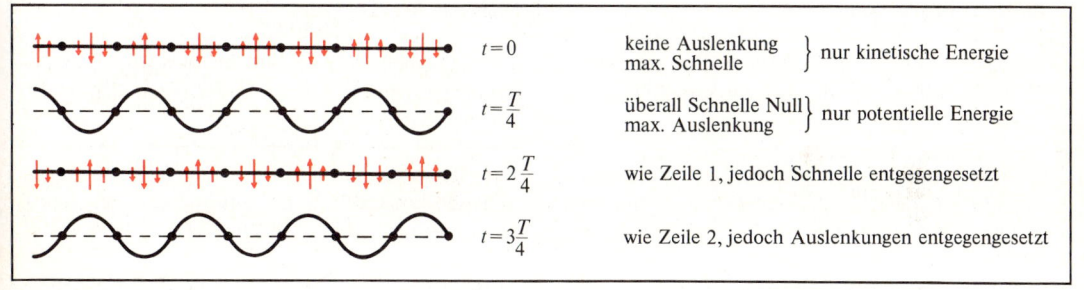

$t=0$	keine Auslenkung max. Schnelle	} nur kinetische Energie
$t=\frac{T}{4}$	überall Schnelle Null max. Auslenkung	} nur potentielle Energie
$t=2\frac{T}{4}$	wie Zeile 1, jedoch Schnelle entgegengesetzt	
$t=3\frac{T}{4}$	wie Zeile 2, jedoch Auslenkungen entgegengesetzt	

335.2 Stehende Querwellen in Abständen von je $\frac{1}{4}$ Periodendauer mit Schnellepfeilen (rot)

2. Erzeugung stehender Wellen auf einem ausgedehnten Träger durch Reflexion

Versuch 53: Auf einem mehrere Meter langen Schlauch, der am rechten Ende festgeklemmt ist, laufen vom linken Ende her Wellen. Am eingeklemmten, also festen Ende wird nach § 98 die Welle reflektiert, und zwar so, daß ein ankommender Wellenberg als Wellental zurückgeht und umgekehrt. Die grau gezeichnete Welle in *Abb. 334.1* bedeutet jetzt die nach der Reflexion zurücklaufende. Alles andere bleibt wie unter Ziffer 1 beschrieben. Es entsteht also die rot gezeichnete stehende Welle, die am rechten, festen Ende einen Bewegungsknoten besitzt. In jedem Augenblick haben ankommende und reflektierte Welle gleichgroße, entgegengesetzt gerichtete Elongationen.

Ist das Ende des Schlauchs nicht festgeklemmt, sondern lose, so können wir die *Abb. 334.1* zur Erklärung noch einmal heranziehen, müssen aber ihren Kurven eine andere Bedeutung geben: Die graue Welle stellt jetzt die von rechts nach links laufende primäre Welle dar. Die schwarze Welle ist die am linken losen Ende reflektierte Welle. Wir erkennen, daß am losen Ende ein Bewegungsbauch entsteht, da ein Berg als Berg reflektiert wird.

Wir haben zunächst außer acht gelassen, daß sich auf der Erregerseite des Schlauchs durch erneute Reflexion Schwierigkeiten ergeben könnten. Da wir jedoch vorläufig einen sehr langen Schlauch benutzen, klingt infolge der unvermeidlichen Reibungsverluste die reflektierte Welle auf dem langen Weg allmählich ab. Sie erreicht den Erreger nicht mehr in merklicher Stärke, so daß sich in der Nähe des reflektierenden Endes die stehende Welle bildet.

Versuch 54: In der Wasserwellenwanne erregen wir gemäß *Abb. 323.1* Wellen paralleler Fronten und mäßiger Amplitude. Am anderen Ende stellen wir einen zu den Fronten parallelen Reflektor auf. Es bildet sich auf der Wasseroberfläche vor diesem Reflektor eine stehende Welle aus. Beobachten Sie das „Stehen" der Bewegungsbäuche und -knoten! Ändern wir die Erregerfrequenz kontinuierlich, so paßt sich ihr die Wellenlänge der stehenden Welle jeweils an.

Aus der Frequenz f des Erregers und der an der *stehenden* Welle leicht zu messenden Wellenlänge λ errechnet man die Ausbreitungsgeschwindigkeit c nach der Gleichung $c = f \cdot \lambda$.

Beispiel: Erregerfrequenz $f = 6$ Hz, gemessene Wellenlänge $\lambda = 3,3$ cm; Ausbreitungsgeschwindigkeit $c = 6 \cdot 3,3 \cdot 10^{-2}$ m $\cdot$ s$^{-1} \approx 0,20$ m/s.

3. Zusammenfassende Gegenüberstellung fortschreitender und stehender Wellen

Fortschreitende Welle	Stehende Welle
1. Das räumliche Kurvenbild erfährt eine stetige Verschiebung mit der Geschwindigkeit c.	Das räumliche Kurvenbild bleibt am *Ort*; es erleidet periodisch affine Änderungen senkrecht zur x-Achse.
2. Alle Punkte haben gleiche Bewegungsamplitude, erreichen sie aber *nacheinander*, und zwar um so später, je weiter sie vom Erreger entfernt sind.	Die Bewegungsamplitude ist in den Schnellebäuchen am größten. Sie nimmt nach den Knoten zu ab und ist dort gleich Null.
3. In keinem Moment ist *überall* Stillstand.	Im Moment größter Elongation ist überall Stillstand.
4. In keinem Moment ist *überall* die Elongation gleich Null.	Alle Punkte gehen gleichzeitig durch die Gleichgewichtslage und haben dabei ihre größte Schnelle.
5. *Kein Punkt* ist ständig in Ruhe.	Die Knoten der Schnelle sind ständig in Ruhe.
6. Jeder Punkt auf der Strecke einer Wellenlänge hat eine *andere* Phase.	Alle Punkte zwischen zwei benachbarten Knoten haben *gleiche* Phase.
7. Modell: Schattenbild einer rotierenden Schraubenlinie *(Abb. 331.1)*.	Modell: Schattenbild einer rotierenden ebenen Sinuslinie *(Abb. 335.1)*.
8. Energie schreitet fort.	Energie bleibt im Träger; kein Energietransport.

§ 102 Transversale Eigenschwingungen

1. Erzeugung von Eigenschwingungen

Beim Federpendel der *Abb. 308.1* war gemäß unserer Modellvorstellung die Masse m auf einen Massenpunkt lokalisiert, auf den die Federkraft als Rückstellkraft wirkte; entsprechend wirkte beim Fadenpendel eine Schwerkraftkomponente auf den Massenpunkt als Rückstellkraft. Wir sahen, daß solche Schwinger zu genau *einer* Eigenschwingung fähig sind *(Gl. 314.1 b)*.

Nun erweitern wir unsere Betrachtungen auf Schwinger, bei denen Masse und elastische Kopplung gleichmäßig über einen ausgedehnten Körper verteilt sind, zum Beispiel einen Gummischlauch. Wir vermuten ein vielfältigeres Schwingungsverhalten, das wir in folgendem Versuch betrachten wollen.

Versuch 55: Ein Schlauch *(Abb. 337.1)* ist an der Decke bei 0 und an einer Tischklemme bei U befestigt. Bei E wird er durch einen von einem Motor betriebenen Exzenter periodisch ausgelenkt. Bei einer ganz bestimmten Drehfrequenz des Motors tritt Resonanz auf:

Der Schlauch schwingt als Ganzes mit zwei Knoten an seinen Enden und einem Bauch in seiner Mitte: Er schwingt in seiner ersten harmonischen Schwingung, kurz in der ersten Harmonischen, mit der Grundfrequenz f_1. Der Name „harmonisch" rührt daher, daß die Schwingung *(Abb. 337.1)* eine reine Sinusform aufweist. Erst bei der Drehfrequenz $2f_1$ gerät durch neuerliche Resonanz der Schlauch wieder in deutliche Schwingung. Jetzt befinden sich an den Enden und in der Mitte Knoten; der Schlauch schwingt in zwei Abschnitten, in der 2. Harmonischen, $f_2 = 2f_1$. Steigern wir die Erregerfrequenz weiter, so schwingt der Schlauch immer nur bei ganzzahligen Vielfachen der Grundfrequenz f_1. Abb. 337.1 zeigt die ersten fünf Harmonischen. Mit diesem Versuch können wir durch Steigern der Drehfrequenz bis etwa zur 15. Harmonischen kommen.

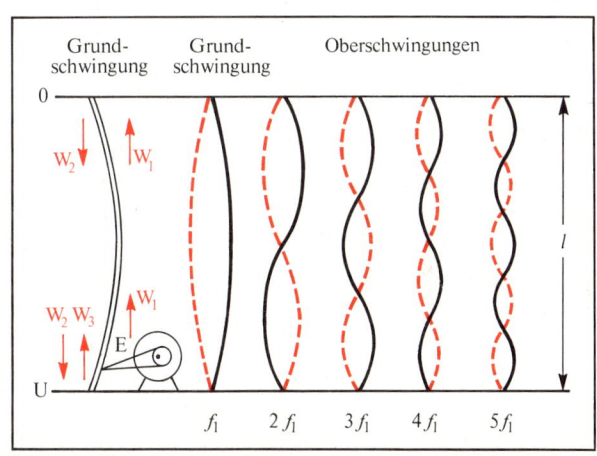

337.1 Durch Exzentervorrichtung zu Eigenschwingungen angeregter Schlauch („Querschwingungen")

Es zeigt sich also gegenüber den Versuchen zu den stehenden Wellen nach Versuch 53 (Seite 335) ein wichtiger Unterschied: Im Versuch 53 wurde durch die Einspannung des Schlauchs am rechten Ende ein Knoten erzwungen; dies gab nur eine **„Randbedingung"**. Wie am Ende von Versuch 53 ausgeführt ist, trat am linken Ende des Schlauchs keine stehende Welle auf; es fehlte also die zweite Randbedingung, und beliebige Wellenlängen waren möglich. Diese 2. Randbedingung wird in Versuch 55 durch die feste Einspannung auch am linken Ende gegeben. *Der Wellenträger läßt dann nur stehende Wellen ganz bestimmter Wellenlängen zu.* Die **Anregungsfrequenzen** müssen also ganz bestimmte „diskrete" (discernere, lat. unterscheiden; Gegensatz:

kontinuierlich) Werte besitzen; denn auf dem Wellenträger der Länge *l* hat bei *beiderseits festem Ende* nur eine ganze Zahl *k* halber Wellenlängen Platz, wobei gilt:

$$l = k\frac{\lambda}{2}, \quad \lambda = \frac{2l}{k} \quad (k = 1, 2, 3, \ldots).$$

Dazu gehören wegen $c = f \cdot \lambda$ die Frequenzen $f = \frac{c}{\lambda} = k \cdot \frac{c}{2l}$. Dabei ist *c* die Ausbreitungsgeschwindigkeit der fortschreitenden Welle auf dem Wellenträger. Für $k = 1$ erhalten wir die Grundfrequenz (1. Harmonische)

$$f_1 = \frac{c}{2l}, \tag{338.1}$$

für $k = 2, 3, \ldots$ die Frequenzen der weiteren Harmonischen

$$f_k = k f_1 \tag{338.2}$$

als ganzzahlige Vielfache der Grundfrequenz f_1.

Man nennt für solche Schwinger die 1. Harmonische auch Grundschwingung ($k = 1$), die weiteren Harmonischen auch Oberschwingungen.

2. Schwingende Saiten; andere Querschwinger

Die Saiten der Musikinstrumente schwingen analog zu Versuch 55: Bäuche und Knoten lassen sich durch aufgesetzte Papierreiter nachweisen. Die entsprechenden Frequenzen liegen im Hörbereich. So entstehen die **Töne** der Saiteninstrumente. Dabei schwingt die Saite meist mit mehreren ihrer Eigenfrequenzen *zugleich*. Die zugehörigen Schwingungen überlagern sich. Der Intensitätsanteil der einzelnen Harmonischen hängt davon ab, wie die Saite angeregt wird, ob zum Beispiel durch Streichen oder Zupfen, und ob dies mehr oder weniger entfernt vom Saitenende erfolgt.

Die **Tonhöhe** wird durch die 1. Harmonische bestimmt (Grundton), die **Klangfarbe** wird aber bewirkt durch die Anteile der weiteren Harmonischen am Gesamtklang (Obertöne).

Querschwingende Stäbe, Platten und Glocken haben im allgemeinen „nichtharmonische" Obertonfolgen. Die in Telefonen und Lautsprechern benutzten **Membranen** sollen nur die ihnen aufgezwungenen Schwingungen ausführen. Hier sind also Eigenfrequenzen unerwünscht. Sie müssen daher möglichst außerhalb des zu übertragenden Frequenzbereichs liegen oder durch Dämpfung unterdrückt werden.

Aufgaben:

1. *Zeichnen Sie bei einer Saite die Schwingungsformen, die zur 5. bzw. 6. Harmonischen gehören! Wieviel halbe Wellenlängen liegen jeweils auf der Saite? Um welche Töne handelt es sich, wenn die 1. Harmonische mit $f_1 = 88$ Hz schwingt?*
2. *Versuchen Sie auf Grund des Unterschieds zwischen Haft- und Gleitreibungszahl zu erklären, warum eine Saite beim Streichen mit einem Geigenbogen schwingt! Wenn der Bogen nur dauernd mit gleicher Reibungskraft über die Saite glitte, dann entstünde an der gestrichenen Stelle nur Wärme!*
3. *Eine Drahtlocke wird auf die Länge $l = 5{,}0$ m ausgezogen und an beiden Enden fest eingespannt. Durch Erregung mit der Frequenz $f = 2{,}5$ Hz bildet sich eine stehende Welle mit 3 „Bäuchen". Wie groß ist die Ausbreitungsgeschwindigkeit der zugrundeliegenden fortschreitenden Wellen? Wie lange dauert es, bis eine kurze Querstörung, die man am einen Ende auslöst, die Drahtlocke 5mal hin und zurück läuft?*

§ 103 Längswellen

1. Ausbreitung einer Längsstörung

Versuch 56: Die Wägelchen in *Abb. 339.1* sind mit dünnen Stahldrähten elastisch gekoppelt. Wir lenken den ersten Wagen nach links oder rechts aus. Die Störung wandert die Reihe der Wägelchen entlang. Vergrößern wir die Masse der Wägelchen oder nehmen wir nachgiebigere Drähte, so wandert die Störung langsamer. Entsprechendes beobachtet man bei Versuchen mit einer Kette sich abstoßender Scheibenmagnete auf gemeinsamer Laufschiene *(Abb. 339.2)*.

339.1 Längsstörung bei elastisch gekoppelten Wagen

339.2 Longitudinale Wellen mit Magnetrollen. Das Foto zeigt die Magnetrollen in Ruhelage.

Zur Erklärung denken wir uns in einer waagerecht liegenden Reihe elastisch gekoppelter Masseteilchen das am weitesten links liegende nach rechts gestoßen. Der Stoß wandert durch die Reihe. In *Abb. 339.3* hat die dadurch bewirkte Druckstörung das *n*-te Teilchen erreicht, das sich folglich dem $(n+1)$-ten Teilchen genähert hat. Zwischen diesen beiden Teilchen herrscht **Überdruck**. Das $(n+1)$-te wird durch ihn beschleunigt, während das *n*-te hierbei infolge der Gegenkraft verzögert wird und zur Ruhe kommt, falls keine weitere Störung nachfolgt. *Schnelle* der Teilchen und *Ausbreitung* der Störung sind hierbei *gleichgerichtet*. Wird das erste Teilchen jedoch schnell nach links gezogen, so breitet sich gemäß *Abb. 339.4* eine Unterdruckstörung (Sogstörung) nach rechts aus. Jetzt ist die *Schnelle* der Teilchen der *Wanderung der Störung entgegen* gerichtet.

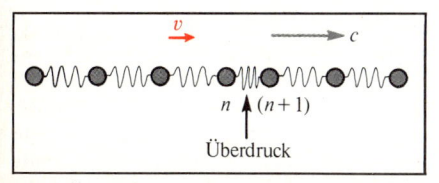

339.3 Überdruckstörung wandert nach rechts $v > 0$; $\Delta p > 0$ (v = Schnelle; c = Ausbreitungsgeschwindigkeit der Welle).

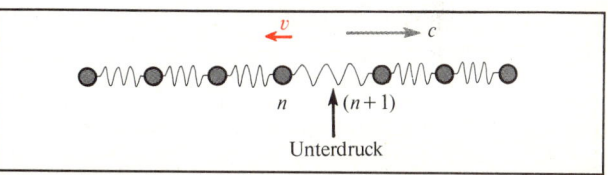

339.4 Unterdruckstörung wandert nach rechts; $v < 0$; $\Delta p < 0$. Die 4 linken Teilchen sind schon in der ausgelenkten Lage, die 3 rechten folgen.

Führt der Erreger eine Sinusschwingung in Richtung der Körperkette aus, so folgen Druck und Sog dauernd aufeinander, verknüpft mit den entsprechenden Schnellevektoren *(Abb. 340.1)*. Da hier immer der Schnellevektor in *der* Geraden liegt, längs der die Ausbreitung erfolgt, nennen wir den Vorgang „**Längswelle**" (Longitudinalwelle). **Bei Längswellen gibt es keine Polarisation.** Die einzelnen Teilchen führen erzwungene Schwingungen aus, die um so mehr gegen die des Erregers verspätet sind, je weiter das Teilchen vom Erreger entfernt ist.

Bei den Längswellen schwingen die Teilchen in der Ausbreitungsrichtung hin und zurück. Wo sie in der Ausbreitungsrichtung schwingen, herrscht Überdruck, wo sie gegen die Ausbreitungsrichtung der Welle schwingen, besteht Unterdruck. Bei den Teilchen mit maximaler Auslenkung ist die Schnelle Null, und der Druck ist ungestört.

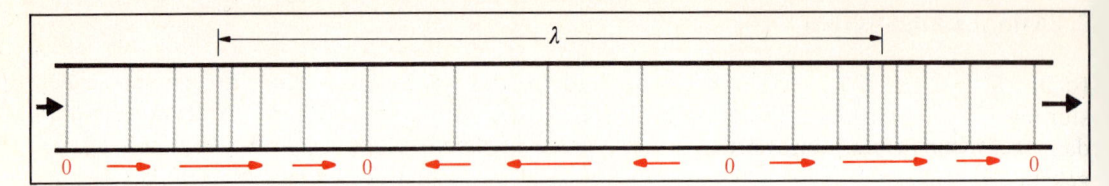

340.1 Die Strichdichte kennzeichnet die Dichte der Materie bei einer fortschreitenden Längswelle; die darunterliegenden Pfeile geben die Teilchenschnelle v an.

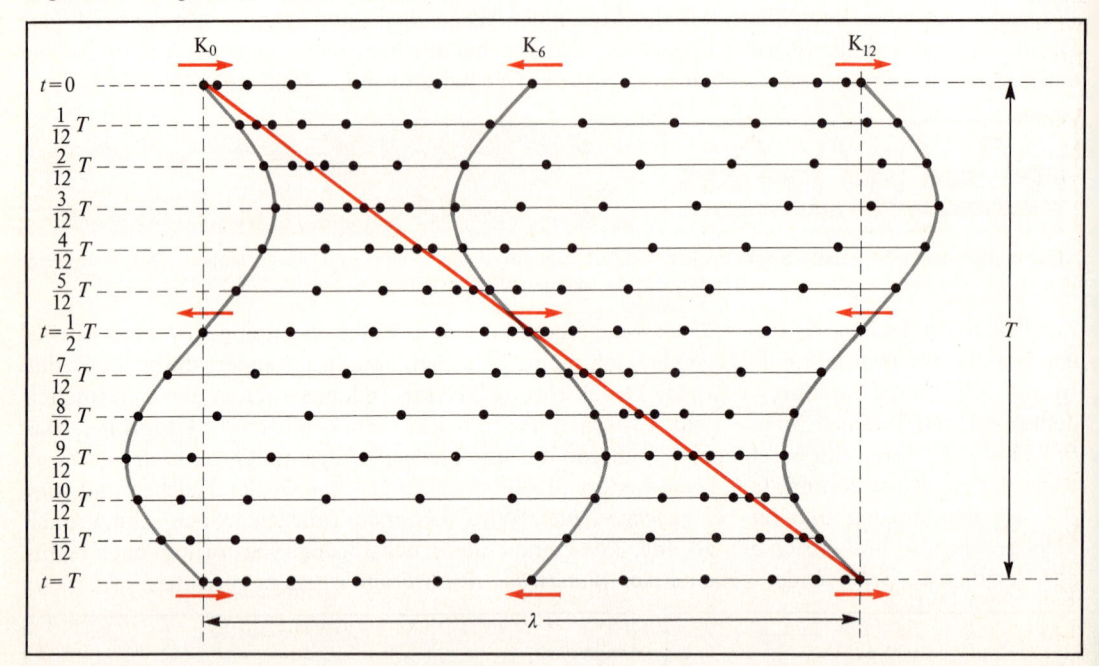

340.2 13 Momentaufnahmen einer nach rechts fortschreitenden Längswelle in zeitlichen Abständen von $1/12\,T$; das 12. Körperchen K_{12} schwingt mit dem Erreger bei K_0 in Phase: Streckenlänge $\overline{K_0 K_{12}} = \lambda$; graue Sinuslinien: Elongation-Zeit-Diagramme; rote Pfeile: Schnelle.

Abb. 340.2 zeigt 13 Momentaufnahmen einer in einer solchen Körperchenkette nach rechts fortschreitenden Längswelle in zeitlichen Abständen von je $\frac{1}{12}T$. Das n-te Körperchen ist gegen den Erreger in seiner Schwingung um $n \cdot \frac{T}{12}$ verspätet. Die grauen Sinuslinien stellen Elongations-Zeit-Diagramme des entsprechenden Körperchens dar.

Ein Teilchen, das gegenüber dem Erreger um die Schwingungsdauer T (zeitliche Periode des Elongation-Zeit-Diagramms) verspätet schwingt, ist mit diesem in Phase und von ihm um die Wellenlänge λ (räumliche Periode des Momentbilds) entfernt. Hieraus folgt — wie bei Querwellen — für die Ausbreitungsgeschwindigkeit c von Längswellen:

$$c = \frac{\lambda}{T} = f \cdot \lambda. \tag{340.1}$$

Das 6. Teilchen K_6 schwingt gegenphasig zum Erreger bei K_0. Deshalb ist zum Beispiel zur Zeit $t = 3T/12$ zwischen ihm und dem Erreger Überdruck, zur Zeit $9T/12$ Unterdruck. Dafür ist der Überdruck zur Zeit $t = 9T/12$ zum 9. Teilchen K_9 gewandert.

2. Reflexion

Ist in *Abb. 340.2* das letzte Teilchen rechts fest, so wird das vorletzte zunächst von der Druckstörung ergriffen und anschließend wie ein Ball wieder zurückgeworfen. Die Druckstörung läuft dann als Druckstörung nach links zurück, und die Schnellevektoren haben ihre Richtung umgekehrt. Entsprechend wird auch Sog als Sog reflektiert. Ist jedoch das letzte Teilchen frei, so schwingt es bei Druckstörung infolge seines Beharrungsvermögens über die Gleichgewichtslage hinaus und reißt das vorletzte nach. Das bewirkt eine zurücklaufende Sogstörung. Entsprechend wird am freien Ende Sog als Druck reflektiert. Bei der Reflexion am freien Ende bleibt die Richtung der Schnelle stets erhalten.

Versuch 57: Wir bestätigen diese Überlegungen durch Versuche mit den Wägelchen oder Magneten aus Versuch 56.

> **Am festen Ende wird Druck als Druck und Sog als Sog reflektiert. Am freien Ende wird dagegen Druck als Sog, Sog als Druck reflektiert.**

3. Die Ausbreitung des Schalls

Wichtige Längswellen sind die Schallwellen in Gasen, Flüssigkeiten und meist auch in festen Körpern. *Abb. 340.1* zeigt modellhaft die Ausbreitung einer durch ein Rohr begrenzten Schallwelle. Die Ausbreitungsgeschwindigkeit in Luft wird mit folgendem Versuch bestimmt:

Versuch 58: Zwei Mikrofone I und II sind so an einen Kurzzeitmesser geschaltet, daß dieser auf ein Signal von I startet, auf ein Signal von II anhält. Das Schallsignal erzeugen wir mit einer Knallplätzchen-Pistole. Bei einem gegenseitigen Abstand der Mikrofone von 1,70 m beträgt die Laufzeit des Schallsignals 5,0 Millisekunden. Das ergibt für die **Schallgeschwindigkeit** $c = 340 \text{ ms}^{-1}$. Ändert man die Mikrofondistanz, so ändert sich die Laufzeit proportional, und c erweist sich als konstant. Weiteres zur Schallgeschwindigkeit erfahren wir im folgenden § 104.

Die Reflexion des Schalls ist als *Echo* bekannt. Mit dem Echolot werden zum Beispiel Wassertiefen ermittelt, indem die Laufzeit eines Ultraschallsignals gemessen wird. Fledermäuse orientieren sich vornehmlich mit Hilfe des Echos der von ihnen ausgesandten Ultraschallsignale, vergleiche § 96.

Aufgaben:

1. *Wie müssen die in Abb. 339.2 dargestellten Magnetchen gepolt sein?*

    Was geschieht, wenn man das erste Magnetchen vom linken Rand mit der Hand rasch nach rechts schiebt und dort festhält?

    Wie verhalten sich die anderen Magnetchen, wenn man es anschließend wieder rasch in die alte Stellung zurückbringt?

2. *Suchen Sie in Abb. 340.2 Stellen mit der Schnelle Null und mit maximaler Schnelle! Prüfen Sie dabei den relativen Abstand benachbarter Teilchen und vergleichen Sie mit dem Merksatz von Seite 339 unten!*

3. *Beim Schall kann eine Schnelle der Moleküle von 0,25 mm/s das Trommelfell erregen, eine thermische Molekülbewegung von 500 m/s dagegen nicht. Warum?*

§ 104 Längs- und Querwellen im Raum

1. Kopplungskräfte

Abb. 342.1 zeigt ein Gitter von Massepunkten. Es soll uns als Modell dienen für den festen Körper, dessen Masseteilchen allseitig elastisch gekoppelt sind. Nun lenken wir einen Punkt seitlich schnell aus (rot gezeichnet). Damit werden in waagrechter Richtung wegen der Kopplungen a und b zwei auseinanderlaufende Längsstörungen erregt, nach links eine Unterdruck- und nach rechts eine Überdruckstörung. In vertikaler Richtung laufen wegen der Kopplungen c und d zwei Querstörungen vom Ort der Erregung fort. In der Waagrechten sind die Verformungen der Federn stärker als in der Senkrechten. In der Waagrechten wird die Störung rascher übertragen als in der Senkrechten: Die Längsstörung wandert im ausgedehnten elastischen Stoff schneller als die Querstörung. Dies spielt unter anderem in der Erdbebenforschung eine Rolle. Aus der Laufzeit von Erdbebenwellen ermittelt man die Entfernung des Herdes: Ist dieser zum Beispiel 2000 km entfernt, so trifft die *Querwelle* 3 min 19 s später als die *Längswelle* ein. Da es außer den angeführten noch *Oberflächenwellen* gibt und zudem zahlreiche Reflexionen an Inhomogenitäten auftreten, löst ein Erdbeben ein sehr kompliziertes Wellensystem aus.

Im Modell der *Abb. 342.1* ist die mittlere vertikale Teilchenreihe elastisch in ihrer Gestalt verändert und wie ein Stab verbogen. Da ein verbogener Stab aus festem elastischem Material seine ursprüngliche Gestalt wiederherzustellen bestrebt ist, sagt man, er habe **Gestaltelastizität**.

Flüssigkeiten und besonders Gase entsprechen dem Modell der *Abb. 342.1* jedoch *nicht*. Sie haben nur Volumenelastizität, dagegen keine Gestaltelastizität, das heißt sie sind zwar bestrebt, eine erlittene Volum-, nicht aber eine Gestaltänderung rückgängig zu machen. Daraus folgt, daß sie nur Längswellen weiterleiten können.

> **Im Innern von Flüssigkeiten und Gasen können keine Querwellen, sondern nur Längswellen auftreten. Schall breitet sich deshalb in Luft als Längswelle aus.**

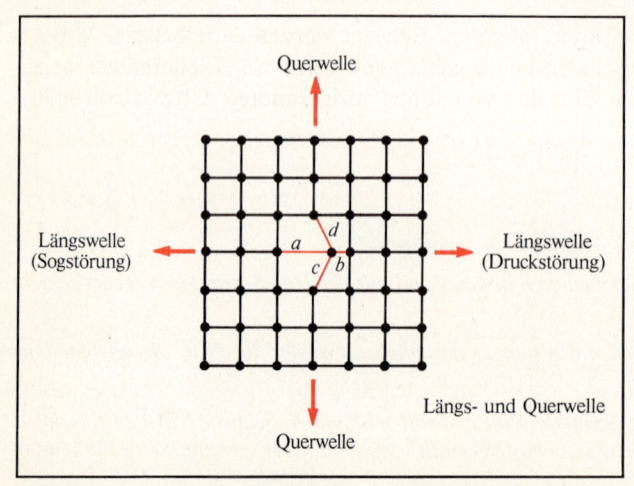

342.1 Bei der *Querwelle* ist die mittlere vertikale Teilchenreihe verformt, bei der *Längswelle* die mittlere horizontale Reihe.

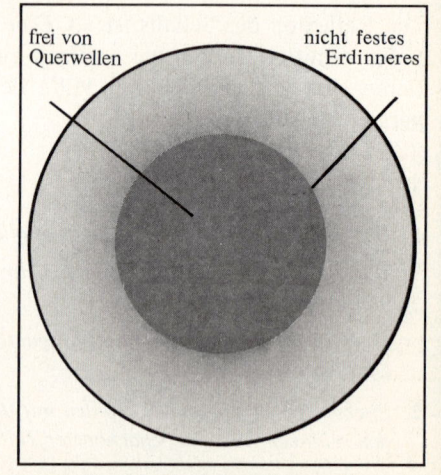

342.2 Nur der dunkel getönte Erdkern ist frei von Querwellen.

Da Flüssigkeiten bestrebt sind, waagrechte Oberflächen zu bilden, also an ihrer Oberfläche eine „Gestaltelastizität" zeigen, können dort durch eine Störung Oberflächenwellen entstehen. Die Wasserwellen sind solche Oberflächenwellen.
Die Argumente der Seite 342 sind für die Erdbebenforschung wichtig: Es ist noch keine Querwelle beobachtet worden, die die Erde in tieferen Bereichen als 2900 km durchdrungen hätte. Man schließt daraus, daß der Erdkern kein „fester Körper" im üblichen Sinn sein kann *(Abb. 342.2)*.

2. Die Ausbreitung des Schalls

Die Schallwellen breiten sich bei hinreichend punktförmigen Schallquellen in Form von Kugelwellen um den Schallerreger aus: Alle Punkte auf einer Kugelfläche um den Erreger befinden sich in der gleichen Phase ihrer Schwingung. In *Abb. 343.1* sind Kugelschalen aus lauter Punkten im Druckmaximum ausgezogen und solche im Druckminimum gestrichelt gezeichnet. Dieses ganze Feld breitet sich radial mit Schallgeschwindigkeit aus. Für Luft von 20 °C haben wir diese im Versuch 58 auf Seite 341 zu 340 m/s bestimmt. Die vom Schallerreger radial ausgesandte Leistung tritt im Lauf ihrer Ausbreitung durch immer größere Kugelflächen, die mit dem Quadrat ihres Radius wachsen. Nun messen wir die „Schallstärke" durch die Leistung, die durch eine senkrecht zur Ausbreitungsrichtung gestellte Flächeneinheit tritt. Die Schallstärke nimmt also im Quadrat der Entfernung von der Schallquelle ab, wenn das Schallfeld kugelsymmetrisch ist.

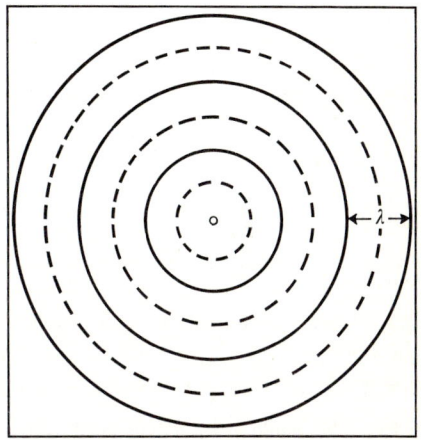

343.1 Um einen als punktförmig angenommenen Erreger breiten sich Schallwellen aus. Die Wellenfronten stellen (konzentrische) Kugelschalen dar, deren Radien mit Schallgeschwindigkeit wachsen.

3. Schallstärke und Lautstärke

Schall transportiert *Energie*. Die Schall-Leistung je Quadratmeter einer Fläche, die senkrecht zur Ausbreitungsrichtung steht, heißt **Schallstärke *I***. Sie wird in W/m² gemessen und ist ein *physikalisches* Maß für die Schallintensität an dieser Stelle.

Bei etwa 1000 Hz ist das Ohr imstande, eine Schallstärke von 10^{-12} W/m² eben noch wahrzunehmen (Hörschwelle); eine Schallstärke von 10 W/m² löst Schmerzempfindungen aus (Schmerzschwelle). Diese Werte der Schallstärke verhalten sich wie $1:10^{13}$. Die *subjektive* Empfindungsstärke E, die sogenannte **Lautstärke**, wächst aber nur proportional zum Logarithmus der objektiven Schallstärke I. Für die **Lautstärke** hat man das Maß **Phon** eingeführt. Es ist eine reine Zahl. Bei 1000 Hz ist der Zusammenhang zwischen Lautstärke und Schallstärke in *Tabelle 344.1* angegeben.

Die Phonzahl bei 1000 Hz ist $E = 10 \cdot \lg(I/I_0)$. Dabei ist I_0 die Schallstärke 10^{-12} W/m² der Reizschwelle. Ihr kommt also die Lautstärke $E = (10 \lg 1)$ phon $= 0$ phon zu. Wirken 100 Schallquellen mit einer Lautstärke von je 0 phon zusammen, so wächst die Schallstärke auf das 100fache: $I = 100 \cdot I_0$. Die Lautstärke hat dann einen Wert von $E = 10 \cdot \lg (100 \cdot I_0/I_0)$ phon $= 20$ phon. Hat ein Motorrad die Lautstärke 80 phon, so gilt für seine Schallstärke I die Gleichung: $10 \cdot \lg(I/I_0)$ phon $= 80$ phon. 100 solcher Motorräder haben eine Lautstärke $E = 10 \cdot \lg(100 \cdot I/I_0)$ phon $= 10 [\lg 100 + \lg(I/I_0)]$ phon $= (20 + 80)$ phon $= 100$ phon. Die Lautstärke ist also in beiden Fällen um 20 phon gestiegen. Das Phonmaß ist deshalb angemessen, weil das Ohr im Durchschnitt Lautstärkeunterschiede von 1 phon gerade noch wahrnimmt.

Tabelle 344.1

Art des Schalls	Lautstärke in phon	Schallstärke in 10^{-12} W/m²
Hörschwelle	0	1
Flüstersprache	20	100
Normales Sprechen in 2 m Entfernung	40	10000
Lautsprechermusik im Zimmer	60	1000000
Sehr lauter Straßenlärm	80	100000000
Nietarbeiten in Fabrikhalle	100	10000000000
Flugzeugmotor in 4 m Abstand	120	1000000000000
Schmerzschwelle	130	10000000000000

Für andere Frequenzen wird die Phonzahl durch Hörvergleich mit einem 1 000 Hz-Ton bestimmt: Ein Schall hat dann 40 phon, wenn er so laut erscheint wie ein Schall von 1 000 Hz und 10000 · 10^{-12} W/m². Seine Schallstärke liegt im allgemeinen jedoch weit über 10^{-8} W/m².

Bei lauter Radiomusik (75 phon) betragen die Druckschwankungen ±0,001 mbar. Der ungeordneten Molekularbewegung (500 m/s) überlagert sich hierbei eine Schnelle von maximal 0,25 mm/s! Bei 1 000 Hz führen dabei die Luftteilchen Schwingungen mit der Amplitude $0,5 \cdot 10^{-4}$ mm aus.

Aufgabe:

Eine Schallquelle, die sich in einer Entfernung von 20 m *befindet, vermittelt eine Lautstärke von* 0 phon. *In welcher Entfernung r von ihr stellen wir eine Lautstärke von* 20 phon *fest (die Schallstärke soll proportional mit* $1/r^2$ *abnehmen)?*

§ 105 Stehende Längswellen

1. Freie stehende Längswellen

Auch Längswellen können sich überlagern. Daher lassen sich mit ihnen auch „Stehende Längswellen" erzeugen, zum Beispiel durch Überlagern einer Längswelle mit ihrer reflektierten. Dies zeigt uns folgender Versuch:

Versuch 59: Wir erzeugen durch Reflexion stehende Schallwellen in Luft. Ein Lautsprecher strahlt einen Ton gegen eine Wand. Im Luftraum vor der Wand bilden sich stehende Wellen *(Abb. 344.1)*. (Bei der geringen Größe des Lautsprechers im Vergleich mit der Wand und seiner Entfernung von ihr spielt die erneute Reflexion der ohnehin schon geschwächten Wellen an ihm keine Rolle.) Mit dem Ohr oder mit einem auf Druck-

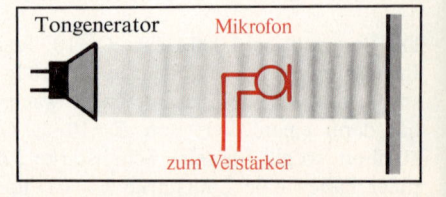

344.1 Ausmessung des Schallfeldes einer stehenden Welle vor einem Reflektor

schwankungen ansprechenden Mikrofon, das über einen Verstärker an einen Strommesser angeschlossen ist, lassen sich die Knotenebenen nachweisen. Dabei spielt die Orientierung der Membran des Mikrofons zur Welle keine Rolle, da die Größe der Druckkräfte hiervon unabhängig ist. Die Wand wirkt als „festes Ende" gemäß Seite 341; Überdruck wird an ihr als Überdruck reflektiert, Sog als Sog: Wir finden unmittelbar an der Wand einen Druckbauch. Dort spricht das Mikrofon maximal an.

Die Schnelle erfährt dagegen an der Wand eine Richtungsumkehr, und damit entsteht dort ein Schnelleknoten. Die Luftteilchen an der Wand sind stets in Ruhe.

Ändern wir die Frequenz des Lautsprechers, so entstehen wieder stehende Wellen mit der entsprechenden anderen Wellenlänge. Aus den Abständen zwischen den Knotenebenen lassen sich die Wellenlängen bestimmen, und nach $c = \lambda \cdot f$ ergibt sich auch die Schallgeschwindigkeit.

2. Longitudinale Eigenschwingungen

Erfolgen wiederholte Reflexionen an beiden Enden des Wellenträgers, so treten longitudinale **Eigenschwingungen** auf, wenn die Länge des Wellenträgers an die Wellenlänge angepaßt ist:

Versuch 60: In einer waagrecht liegenden Glasröhre wird etwas Korkmehl gleichmäßig über die ganze Länge verteilt *(Abb. 345.1)*. Rechts besitzt die Röhre einen verschiebbaren Stempel, links erregen wir mit dem Lautsprecher einen kräftigen Ton in der Nähe der Öffnung. Bei passender Abgleichung der Länge der Luftsäule mit Hilfe des Stempels oder durch Verändern der Tonfrequenz erhalten wir „Resonanz". In der Röhre bildet sich eine Eigenschwingung der Luftsäule aus, erkennbar am Verhalten des Korkmehls. An den Bäuchen der Bewegung, die auch Schnellebäuche sind, wird das Korkmehl durch Wirbelbildung infolge der starken Luftschwingungen entlang der Glaswand zu Rippelmarken angeordnet, während es an den Schnelleknoten in Ruhe bleibt. Unmittelbar am Stempel ist ein solcher Bewegungsknoten. Der Abstand zweier Knoten gibt auch die halbe Wellenlänge der fortschreitenden Welle an. Aus der Gleichung $c = f \cdot \lambda$ kann wieder die Schallgeschwindigkeit ermittelt werden (vergleiche die Tabelle 345.1).

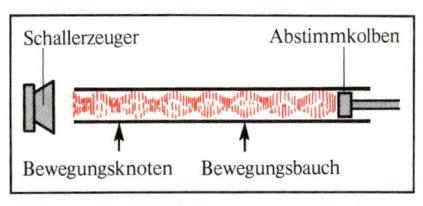

345.1 Korkmehl in der Röhre zeigt stehende Längswelle an.

Dabei war das Rohrende durch den Kolben verschlossen – „festes Ende" –, dort wurde Druck als Druck reflektiert. Das ergab am Rohrende einen Druckbauch, der zugleich ein Bewegungsknoten ist. – Der Lautsprecher erzeugt Schallwellen mit etwa 10^{-3} mbar Druckschwankungen (Seite 344). Diese werden durch Resonanz, das heißt durch die zahlreichen Reflexionen, auf etwa das 10^4fache „aufgeschaukelt". Das Korkmehl schwingt stark mit!

Tabelle 345.1 Aus gemessenen Frequenzen und Wellenlängen wird die Schallgeschwindigkeit berechnet.

f in Hz	λ in m	c in m/s
2000	0,169	338
3000	0,113	339
4000	0,085	340

Die hier an stehenden Wellen gemessene Schallgeschwindigkeit stimmt gut überein mit der in Versuch 58 ermittelten Schallgeschwindigkeit. Mit den beschriebenen und anderen Verfahren wurden Schallgeschwindigkeiten in den verschiedensten gasförmigen, flüssigen und festen Stoffen bestimmt; vergleiche die Tabelle im Anhang.

3. Lippenpfeifen

Bei den Lippenpfeifen *(Abb. 346.1)* bläst der Luftstrom gegen eine Schneide und führt dort zu Wirbelablösungen. Die Luftsäule in der Pfeife gerät dadurch in *Eigenschwingungen*, die rückwärts wieder den Rhythmus der Wirbelablösungen steuern. Je nach der Weite der Pfeife und Art des Anblasens schwingt die Luftsäule in der 1. Harmonischen oder erst in einer höheren Harmonischen als Grundton, zudem gleichzeitig in weiteren Harmonischen als Obertöne, was den *Klang* ergibt.

Versuch 61: Die Druckverhältnisse in den Pfeifen lassen sich mit einem kleinen Druckmikrofon untersuchen. An der Schneide stellen wir damit stets einen Druckknoten fest, dort ist ein loses Ende. Bei der offenen Pfeife ist auch am anderen Ende ein Druckknoten, in der Mitte ein Druckbauch, wie es der Druckverteilung in *Abb. 346.2* für den Grundton der offenen Pfeife entspricht. Die Länge der Luft-

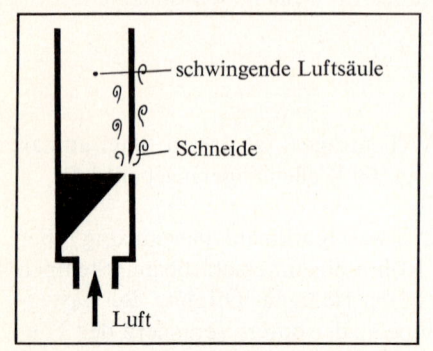

346.1 Anregung der Luftsäule in einer Lippenpfeife durch Anblasen der Schneide. Die an der Schneide gebildeten Wirbel treten periodisch in das Innere der Röhre und erregen so die Luftschwingung; sie passen sich deren Frequenz an.

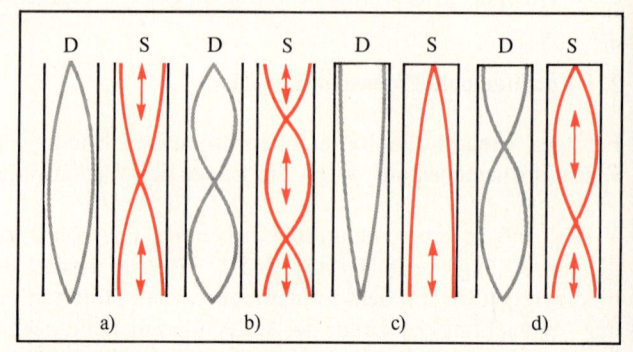

346.2 Die in den Pfeifen auftretenden stehenden Längswellen sind symbolisch durch stehende Querwellen dargestellt, die die Lage der Knoten und Bäuche von Druck grau (D) und Schnelle rot (S) erkennen lassen. a) Offene Pfeife, Grundton, b) offene Pfeife, 2. Harmonische; c) gedeckte Pfeife, Grundton; d) gedeckte Pfeife, 3. Harmonische

säule ist gleich der halben Wellenlänge. Nun blasen wir die Pfeife stärker an („Überblasen"). Es erklingt als Oberton die 2. Harmonische, die Oktav. Wir beobachten jetzt in der Mitte einen weiteren Druckknoten. Die Wellenlänge ist die Hälfte der vorigen, die Frequenz das Doppelte *(Abb. 346.2b)*. − Bei der gedeckten Pfeife ist das andere Ende geschlossen; dort stellen wir einen Druckbauch fest. Die Länge der schwingenden Luftsäule ist bei der Grundschwingung gleich einer Viertelwellenlänge. Beim Überblasen entsteht als nächster Oberton der, bei dem drei Viertelwellenlängen im Rohr Platz finden (3. Harmonische). Es ist die Quint über der Oktav. Die neue Wellenlänge ist ein Drittel der Grundwelle *(Abb. 346.2d)*, die neue Frequenz das Dreifache der Grundfrequenz. So verstehen wir, daß bei gedeckten Pfeifen wegen der ungeraden Aufteilung der Rohrlänge nur ungerade Harmonische entstehen können.

Aufgaben:

1. *Welche Frequenz hat ein Erreger, der in Luft von 20 °C eine Schallwelle der Wellenlänge $\lambda = 15$ cm erzeugt?*

2. *Mit welcher Geschwindigkeit breitet sich der Schall in einem Stoff aus, in dem eine Schallquelle der Frequenz $f = 4000$ Hz eine Welle mit $\lambda = 80$ cm erregt?*

3. *In einem Versuch nach Abb. 345.1 wurde für Luft ein Abstand zweier benachbarter Knoten von 9,1 cm gemessen, in CO_2 dagegen von 7,1 cm. Wie groß ist die Geschwindigkeit von Schall in CO_2 bei herrschenden Temperatur, wenn sie in Luft $c = 340$ m/s ist? Die Frequenz sei beidemal dieselbe!*

Elektrizitätslehre, 2. Teil

§ 106 Elektrische Feldlinien und Feldformen

1. Elektrische Feldlinien und ihre Eigenschaften

Mit Hilfe von Seilen und Stangen überträgt man Kräfte auf entfernte Körper. Elektrisch geladene Körper ziehen sich jedoch an oder stoßen sich ab, auch wenn sie sich nicht berühren. Wie Magnete wirken sie sogar durch den leeren Raum hindurch aufeinander. Da wir mit unseren Sinnesorganen allein im Raum zwischen Ladungen nichts wahrnehmen können, bringen wir dorthin als Testkörper kleine, leicht bewegliche *Probeladungen:*

Versuch 1: Wir bringen auf den positiven Pol einer Influenzmaschine oder eines Bandgenerators sehr leichte, zerzauste Watteflocken. Sie werden dort positiv geladen und fliegen auf Bahnen, die im allgemeinen gekrümmt sind, zum negativen Pol. Dort werden sie negativ geladen und kehren wieder zum positiven Pol zurück (*Abb.* 347.1; der vom Feld ausgeübten Kraft $\vec{F}$ hält im

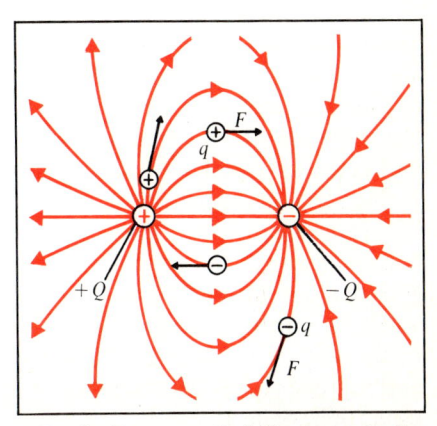

347.1 Im Raum um die felderzeugenden Ladungen $+Q$ und $-Q$ besteht ein elektrisches Feld. Die Feldlinien geben die Richtungen der Feldkräfte (schwarz) auf Probeladungen (q) an.

wesentlichen der Luftwiderstand das Gleichgewicht, so daß Gewichtskraft und Beharrungsvermögen kaum eine Rolle spielen). Die von den Watteflocken beschriebenen Bahnen nennen wir **elektrische Feldlinien.** Der Raum, der durch diese Linien gekennzeichnet wird, heißt **elektrisches Feld.** Diese Linien geben an jeder Stelle die Richtung der *Feldkraft $\vec{F}$* an, die dort eine zur Untersuchung angebrachte Probeladung erfährt. Diese Feldlinien dürfen wir aber nicht etwa als gespannte materielle Fäden auffassen; vielmehr kennzeichnen sie nur Eigenschaften des Feldes, sind also *Symbole* zum Beschreiben des Feldes.

> Im Raum um elektrische Ladungen besteht ein elektrisches Feld. In ihm erfahren Ladungen Kräfte. Die Tangenten an die elektrischen Feldlinien geben in jedem Punkt des Feldes die Richtung dieser Feldkräfte an.

In *Abb.* 347.1 sind Pfeile an die Feldlinien gezeichnet. Sie zeigen — wie man vereinbart hat — die Richtung, in der eine *positive* Ladung gezogen wird. Die Feldkräfte, welche *negative* Ladungen erfahren, sind der so festgelegten Feldlinienrichtung entgegen gerichtet. Nach dieser Vereinbarung beginnen die elektrischen Feldlinien an einer positiven felderzeugenden Ladung ($+Q$) und enden an einer negativen ($-Q$).

> Die Pfeile an den elektrischen Feldlinien geben die Richtung der Feldkraft an, die eine positive Probeladung erfährt. Elektrische Feldlinien beginnen an positiven und enden an negativen Ladungen; sie beginnen oder enden nie frei im Raum.

Watteflocken können an sich auf beliebig benachbarten Bahnen laufen; ihre Bahn hängt jeweils davon ab, an welcher Stelle des Pols sie starten. Man könnte also die Feldlinien beliebig dicht zeichnen. Doch erkennt man die Struktur des Feldes besser, wenn man nur wenige Linien angibt. Zwischen ihnen kann man sich noch beliebig viele weitere denken. — Man erkennt in *Versuch 1*, daß die Watteflocken in der Nähe der Pole schneller fliegen als weit ab von ihnen. Offensichtlich ist an den Polen das Feld stärker; dort liegen die Feldlinien dichter beisammen.

Versuch 2: Wir wollen nun die *Struktur* des Feldes mit einem Blick überschauen. Hierzu gießen wir auf den ebenen Boden einer Glasschale eine dünne Schicht Rizinusöl und streuen feinkörnigen Grieß darauf. Dann senken wir zwei runde Metallscheiben hinein und laden sie mit dem Bandgenerator oder der Influenzmaschine zueinander entgegengesetzt auf. Die Grießkörner reihen sich kettenförmig an; denn in ihnen wird Ladung durch Influenz getrennt, sie werden so zu *elektrischen Dipolen*. Dabei ziehen sich die entgegengesetzten Ladungen benachbarter Körner an *(Abb. 348.1)*. Wir sehen so einen ebenen Schnitt durch das räumlich ausgedehnte Feld. Die räumliche Struktur kann man an dünnen, leichten Papierstreifen erkennen, die man auf die Pole der Influenzmaschine klebt (siehe Seite 185).

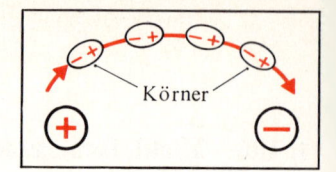

348.1 Grießkörner ordnen sich zu Ketten längs der Feldlinien. Die Influenzladungen in den Grießkörnern können zu Störungen des Bildes führen.

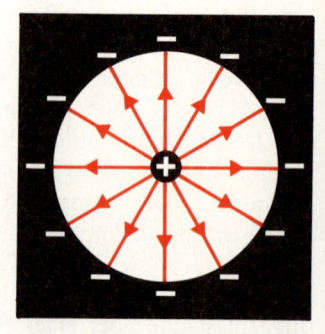

348.2 Radiales Feld einer Einzelladung

2. Wichtige Feldformen

a) Von einer einzelnen, *positiv* geladenen Kugel gehen Feldlinien *radial* nach allen Seiten weg. Sie enden an entfernten negativen Ladungen, die in *Abb. 348.2* auf einem Ring am Rande der Schale sitzen. — Das gleiche radiale Feld zeigt eine *negativ* geladene Kugel; doch enden an ihr die Feldlinien.

b) Das Feld zweier entgegengesetzter und gleich großer Ladungen zeigt die *Abb. 347.1*. — Das Feld um zwei gleichnamige und gleich große Ladungen ist in der *Abb. 348.3* wiedergegeben. Man beachte, daß von der einen positiven Ladung keine Feldlinie zur anderen positiven läuft. Die Feldlinien enden an den entfernt angebrachten negativen Ladungen.

c) Eine wichtige Feldform finden wir zwischen zwei parallelen, einander gegenüberstehenden Metallplatten. Wenn sie entgegengesetzt geladen sind, bilden sie einen *Plattenkondensator (Abb. 349.1)*. Zwischen ihnen haben wir ein *homogenes Feld*, in dem die Feldlinien parallel zueinander von der einen Platte zur andern laufen. Eine Probeladung — etwa eine geladene Watteflocke — erfährt in ihm überall Kräfte von gleicher Richtung. Am Rand sind die Feldlinien nach außen gebogen; *das Randfeld ist inhomogen*. Doch stehen auch dort die Feldlinien senkrecht auf den Oberflächen der leitenden Platten.

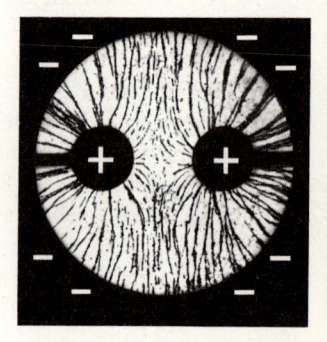

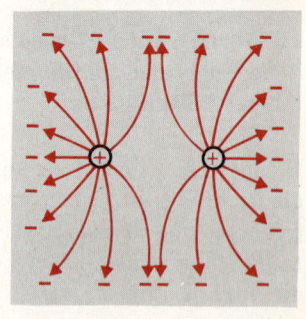

348.3 Feld in der Umgebung zweier gleich großer, gleichnamiger Ladungen; außen sitzt die entgegengesetzte Ladung; oben: Grießkörnerbild

§ 107 Die elektrische Feldstärke und die Spannung

1. Die Definition der elektrischen Feldstärke

Um die für elektrische Felder geltenden Gesetze zu finden, müssen wir nach physikalischen Größen suchen, die die Eigenschaften der Felder quantitativ beschreiben können. Wir wollen zunächst ein Maß für ihre Stärke festlegen. Hierzu leiten uns die folgenden Versuche an:

Versuch 3: Ein kleines Kügelchen hängt an einem gut isolierenden Perlonfaden und wird aufgeladen. Wenn sich keine zweite Ladung in der Nähe befindet, wenn das Kügelchen also nicht in einem fremden Feld ist, erfährt es keine Kraft: Das radiale Feld einer Einzelladung bevorzugt nach *Abb. 348.2* keine Richtung und übt auf diese Ladung selbst keine resultierende Kraft aus.

Versuch 4: Man hängt nach *Abb. 349.2* ein Metallplättchen bifilar, d.h. an zwei nach oben stark auseinanderlaufenden Perlonfäden, in das *homogene Feld* des Plattenkondensators. Solange das Plättchen ungeladen ist, erfährt es keine Kraft. Wenn man ihm aber durch Berühren an der linken Kondensatorplatte eine positive „Probeladung" q gibt, so zeigt sich eine Auslenkung s nach rechts. Die Auslenkung wird deutlich sichtbar, wenn man das Plättchen mit einer Glühlampe (vertikaler Glühfaden, ohne Linse) auf einen entfernten Maßstab projiziert. Man kann die Kraft $\vec{F}$, welche die Probeladung q im Feld erfährt, auch mit einer empfindlichen Drehwaage nachweisen. – Die kleinen Probeladungen bezeichnen wir künftig mit q, um sie von den viel größeren felderzeugenden Ladungen (Q) zu unterscheiden.

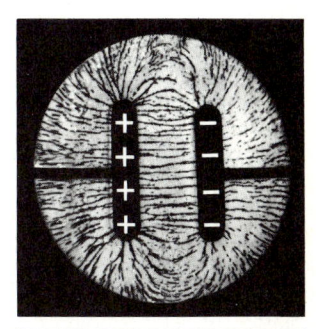

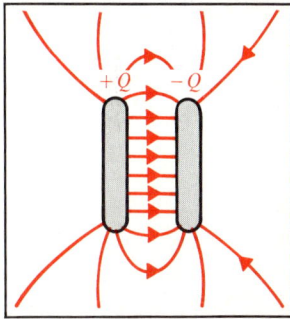

349.1 Zwischen den Platten des Kondensators ist ein homogenes Feld.

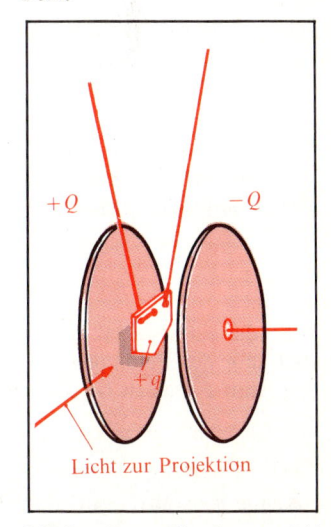

Versuch 5: Nun wird der Kondensator quer und auch parallel zur Feldlinienrichtung verschoben. Solange dabei die Probeladung q im *homogenen* Feldbereich *(Abb. 349.1)* bleibt, ändert sich ihre Auslenkung s nicht. *Das homogene Feld ist also überall gleich stark.* Dies gilt auch, wenn die Probeladung näher an die das Feld erzeugenden Ladungen $+Q$ bzw. $-Q$ herankommt. Im *inhomogenen Randfeld* wird jedoch die Auslenkung s kleiner; das Feld ist dort schwächer. Mit Hilfe der Kraft $\vec{F}$, welche die Probeladung erfährt, kann man also die Stärke von Feldern definieren und vergleichen. Dabei haben wir bisher die Größe der Probeladung q nicht verändert. In Versuch 6 untersuchen wir, wie sich die Kraft ändert, wenn man die Probeladung q halbiert. Vorher wird untersucht, wie man aus der Auslenkung s der Probeladung die Feldkraft F berechnen kann:

349.2 Das Kondensatorfeld wird mit der Probeladung q ausgemessen, die sich auf dem Plättchen befindet. Es ist bifilar aufgehängt.

Nach *Abb. 350.1a* erfährt die Probeladung q die horizontale Feldkraft $\vec{F}$ und die Gewichtskraft $\vec{G}$. Beide setzen sich zur Resultierenden $\vec{R}$ zusammen. Da sich der Faden in der Richtung von $\vec{R}$ einstellt, gilt für kleine Ausschläge s, d. h. für $h \approx l$: $\frac{F}{G} = \frac{s}{h} \approx \frac{s}{l}$.

Die Feldkraft beträgt $F \approx G \cdot \frac{s}{l}$. (350.1)

Versuch 6: Wir ersetzen das Plättchen durch ein leitendes Kügelchen und laden es an der einen Kondensatorplatte auf. Dann holen wir es *ganz aus dem Feld* und berühren es mit einem zweiten, gleich großen und isoliert gehaltenen, das vorher ungeladen war. Dabei verteilt sich die Probeladung q gleichmäßig auf beide Kügelchen (Nachprüfung mit Meßverstärker). Bringt man das eine ins Feld zurück, so erfährt seine halbe Ladung $(q/2)$ nur noch die halbe Kraft $(F/2)$, bei nochmaligem Halbieren $F/4$. Der Quotient

$$\vec{E} = \frac{\vec{F}}{q} = \frac{\vec{F}/2}{q/2} = \frac{\vec{F}/4}{q/4}$$

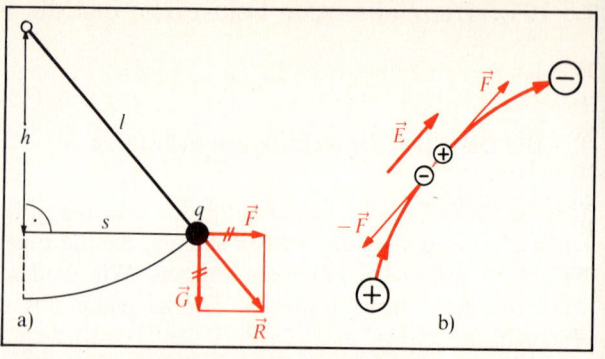

350.1 a) Die Feldkraft $F \approx G \cdot s/l$ ist bei kleinen Auslenkungen s diesen proportional. b) Die Feldstärke $\vec{E}$ zeigt in Richtung der Feldlinien, auch wenn die Probeladung negativ ist.

bleibt gleich; er ist von der Größe der benutzten Probeladung unabhängig. Wenn man also den gleichen Feldpunkt mit verschiedenen Probeladungen ausmißt, so erhält man zwar verschiedene Kräfte $\vec{F}$, jedoch den gleichen Quotienten $\vec{E} = \frac{\vec{F}}{q}$. Er wird im schwächeren Randfeld kleiner; denn $\vec{F}$ nimmt ab, obwohl q unverändert bleibt. $\vec{E} = \vec{F}/q$ ist also ein sinnvolles, von der Probeladung unabhängiges Maß für die Stärke des elektrischen Feldes.

Erfahrungssatz: **Die Kraft $\vec{F}$, die eine Ladung q in einem elektrischen Feld erfährt, ist zu q proportional:**

$$F \sim q. \qquad (350.2)$$

Definition: **Unter der Feldstärke $\vec{E}$ in einem Feldpunkt versteht man den von der Probeladung q unabhängigen Vektor**

$$\vec{E} = \frac{\vec{F}}{q}. \qquad (350.3)$$

Nach der auf Seite 347 getroffenen Vereinbarung zeigt die Kraft $\vec{F}$ auf eine positive Probeladung $(q > 0)$ in Richtung der Feldlinien, die Kraft auf eine negative Ladung $(q < 0)$ der Feldlinienrichtung entgegen $(-\vec{F}$ statt $\vec{F})$. Nach Gl. 350.3 hat die Feldstärke $\vec{E}$ in beiden Fällen dieselbe Richtung wie die Feldlinie:

Die Feldstärke $\vec{E}$ ist ein Vektor in Richtung der Feldlinien. Für die Feldkraft $\vec{F}$, die eine Probeladung q erfährt, gilt unabhängig von der Größe und dem Vorzeichen der Probeladung q

$$\vec{F} = \vec{E} \cdot q. \qquad (350.4)$$

In einem *homogenen* elektrischen Feld hat die Feldstärke $\vec{E}$ überall den gleichen Betrag und die gleiche Richtung, ist also an jedem Punkt des homogenen Feldes der gleiche Vektor.

2. Messung und Einheit der elektrischen Feldstärke $\vec{E}$

Versuch 7: Wir messen die Feldstärke E zwischen zwei Kondensatorplatten, die den Abstand $d = 7{,}0$ cm voneinander haben und durch die Spannung $U = 7{,}0$ kV aufgeladen wurden. Das Kügelchen ($G = 0{,}50$ cN) hängt an einem Faden der Länge $l = 2{,}0$ m und wird um die Strecke $s = 6{,}0$ cm ausgelenkt. Nach *Gl. 350.1* erfährt es die Feldkraft $F = 1{,}5 \cdot 10^{-4}$ N. Seine Ladung q gibt ein empfindlicher Meßverstärker zu $1{,}5 \cdot 10^{-9}$ C an. Die Feldstärke beträgt folglich $E = F/q = 10^5$ N/C. Eine Probeladung der Größe $q = 1$ C würde die sehr große Kraft 10^5 N erfahren (wenn man sie auf eine Stelle konzentrieren könnte). Die Einheit der elektrischen Feldstärke E ist $1 \frac{\text{N}}{\text{C}}$.

Ein *Meßverstärker* verstärkt schwache Ströme oder kleine zufließende Ladungen, so daß sie mit einem Zeigerinstrument bestimmt werden können.

3. Die Definition der elektrischen Spannung U

Wir erinnern uns an frühere Versuche, bei denen wir zwei geladene und isolierte Kondensatorplatten auseinandergezogen und gegen ihre Anziehungskraft Arbeit verrichtet haben. Dies erhöhte die Arbeitsfähigkeit der Ladung: Beim Abfließen brachte sie eine Glimmlampe zu hellerem Leuchten. Zugleich stieg beim Auseinanderziehen die Spannung U. Wie man die Spannung durch die *Arbeitsfähigkeit von Ladung* definiert, wird nun geklärt:

Wir denken uns in *Abb. 349.1* die Probeladung $+q$ im *homogenen Feld* von links nach rechts bewegt. Dabei verrichtet die Feldkraft $F = E \cdot q$ an ihr die Arbeit $W = F \cdot s = E \cdot q \cdot d$, wenn s gleich dem Plattenabstand d ist. Die von den Feldkräften an q verrichtete Überführungsarbeit $W = E \cdot q \cdot d$ ist also dem Plattenabstand d und der Feldstärke E proportional, sofern das Feld homogen ist. Diese Überführungsarbeit $W = E \cdot q \cdot d$ hängt aber auch noch von der benutzten Probeladung q ab. Von q unabhängig ist dagegen der Spannung U genannte Quotient

$$U = \frac{W}{q} = E \cdot d. \tag{351.1}$$

> *Definition:* Die elektrische Spannung U zwischen zwei Punkten ist der Quotient aus der Überführungsarbeit W, welche die Feldkräfte an der überführten Ladung q verrichten, und dieser Ladung q:
>
> $$U = \frac{W}{q}. \tag{351.2}$$
>
> Die Einheit der elektrischen Spannung ist $1 \frac{\text{Joule}}{\text{Coulomb}} = 1\,\text{Volt}$; $1\,\text{V} = 1 \frac{\text{J}}{\text{C}}$.
>
> **Die Spannung ist wie die Arbeit ein Skalar und von der überführten Ladung q unabhängig.**

Zur Veranschaulichung betrachten wir das folgende praktisch wichtige *Beispiel:* Vom Minuspol einer Taschenlampenbatterie mit $U = 4{,}5$ V $= 4{,}5$ J/C Spannung fließt durch ein Lämpchen die negative Ladung $q = 1$ C zum Pluspol. Die Feldkräfte verrichten dabei an ihr die Arbeit $W = U \cdot q = 4{,}5$ J. Sie wird als Wärme und Licht abgegeben. Dabei bewegt sich die Ladung, es fließt Strom. Aber auch bei geöffnetem Stromkreis besteht zwischen den Polen Spannung; denn das Feld zwischen ihnen hat die *Fähigkeit*, an einer Ladung Arbeit zu verrichten. Die Spannung ist also ein Maß für die *Arbeitsfähigkeit der Ladung.*

Versuch 8: In Versuch 7 kann die Ladung Q durch eine pendelnde Kugel sichtbar zwischen den beiden Kondensatorplatten transportiert werden. Wenn wir einen Tauchsieder oder eine Glühlampe an eine Spannungsquelle legen, findet der Ladungstransport unsichtbar im Leiter statt, erzwungen von den Feldkräften. Dabei stoßen die bewegten Elektronen die Metallatome an, so daß diese stärker schwingen. Die von den Feldkräften verrichtete Arbeit wird als Wärme abgeführt. Die je Sekunde fließende Ladung liest man am Strommesser ab; es gilt $Q = I \cdot t$. Die von den Feldkräften an der Ladung Q verrichtete Arbeit W wird von der Spannung $U = W/Q$ angegeben. Sie kann von einem Spannungsmesser angezeigt werden, den man bei beliebiger Leitungsführung zwischen die Pole der Stromquelle legt. Dies zeigt, daß die *Spannung vom Überführungsweg unabhängig* ist. Auch die Arbeit an einer schiefen Ebene ist vom Weg unabhängig (Mechanikteil). Für die Arbeit, die als Wärme abgeht, gilt $W = U \cdot Q = U \cdot I \cdot t$. Dabei kann das Feld durchaus inhomogen sein. Die Spannung ist deshalb so wichtig, weil sie vom Weg und der Feldform nicht abhängt und die Arbeitsfähigkeit von Ladung und Strom angibt.

Beispiel: Ein Tauchsieder wird bei der Spannung $U = 220$ V vom Strom der Stärke $I = 1{,}36$ A $= 1{,}36$ C/s durchflossen. In 1 s fließt die Ladung $Q = I \cdot t = 1{,}36$ C. Die in der Zeit $t = 100$ s entwickelte Wärme beträgt $W = U \cdot I \cdot t = 30000$ J. Sie hängt nach der Gleichung $W = c \cdot m \cdot \Delta \vartheta$ mit der Temperaturerhöhung $\Delta \vartheta$ und der spezifischen Wärmekapazität $c = 4{,}19$ J/gK des erwärmten Wassers ($m = 500$ g) zusammen. Die Temperaturerhöhung beträgt

$$\Delta \vartheta = \frac{W}{c \cdot m} = \frac{30000 \text{ J} \cdot \text{g K}}{4{,}19 \text{ J} \cdot 500 \text{ g}} = 14{,}3 \text{ K}.$$

Die Leistung P des Tauchsieders ist $P = \dfrac{W}{t} = U \cdot I = 300 \dfrac{\text{J}}{\text{s}} = 300$ Watt.

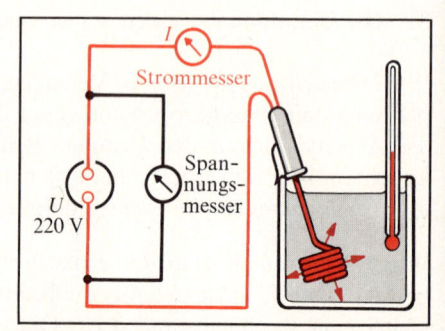

352.1 Die Feldkräfte verrichten Arbeit an fließender Ladung; der Tauchsieder gibt sie als Wärme ab.

Für die Arbeit bzw. die Wärmeentwicklung W des Stroms gilt $\quad W = U \cdot I \cdot t.\quad$ (352.1)

Die Einheit von Arbeit und Wärme ist 1 Joule = 1 Wattsekunde ($= 0{,}239$ cal).

1 kWh $= 3{,}6 \cdot 10^6$ Ws (Wattsekunden) ($= 860$ kcal).

Für die Leistung P des Stroms gilt $P = \dfrac{W}{t} = U \cdot I = I^2 \cdot R \;\left(R = \dfrac{U}{I} \text{ ist der Widerstand}\right).$ (352.2)

---

4. Spannung und Feldstärke im homogenen Feld

Die Definitionsgleichung $U = W/q$ gilt auch für inhomogene Felder (Versuch 8). Zunächst betrachten wir aber nur die für homogene Felder ($E =$ konstant) entwickelte Beziehung $U = E \cdot d$ aus Gl. 351.1. Mit ihr können wir den Betrag der Feldstärke $E = U/d$ unmittelbar aus der Spannung $U = 7{,}0$ kV und dem Plattenabstand $d = 7{,}0$ cm in Versuch 7 berechnen:

$$E = \frac{U}{d} = \frac{7000 \text{ V}}{0{,}07 \text{ m}} = 1 \cdot 10^5 \frac{\text{V}}{\text{m}} = 10^5 \frac{\text{J}}{\text{Cm}} = 10^5 \frac{\text{Nm}}{\text{Cm}} = 10^5 \frac{\text{N}}{\text{C}}. \quad (352.3)$$

Dieser berechnete Wert für E stimmt mit dem Meßergebnis nach $E = F/q$ in Versuch 7 überein. Unsere Überlegungen sind bestätigt, der benutzte Spannungsmesser gibt die durch Gl. 351.2 definierte Spannung korrekt an. Nach Gl. 352.3 kann man für die Einheit 1 N/C der Feldstärke auch 1 V/m schreiben.

§ 107 Die elektrische Feldstärke und die Spannung

> **Der Betrag E der elektrischen Feldstärke im homogenen Feld eines Plattenkondensators mit dem Plattenabstand d beträgt bei der Spannung U zwischen den Platten**
>
> $$E = \frac{U}{d}. \qquad (353.1)$$
>
> **Die Einheit der elektrischen Feldstärke ist** $1\,\frac{\text{V}}{\text{m}} = 1\,\frac{\text{N}}{\text{C}}$; **kurz:** $[E] = 1\,\frac{\text{V}}{\text{m}} = 1\,\frac{\text{N}}{\text{C}}$.

Die Gleichung $E = U/d$ zeigt nicht nur, warum es möglich ist, die Feldstärke in der Einheit 1 V/m anzugeben; mit ihr kann man auch Feldstärken in homogenen Feldern viel einfacher bestimmen, als es über die Kraftmessung nach $E = F/q$ in Versuch 7 möglich ist. Allerdings gilt die Definitionsgleichung $\vec{E} = \vec{F}/q$ auch in inhomogenen Feldern, z.B. im Randfeld eines Kondensators. Zudem zeigt die Gleichung $\vec{E} = \vec{F}/q$, daß jedem Punkt eines elektrischen Feldes schon für sich ein *Feldstärkevektor* zugeordnet ist. Die Spannung U dagegen kann man stets nur zwischen zwei Punkten angeben, da sie die Überführungsarbeit zwischen ihnen bestimmt.

Aufgaben:

1. *Welche Kraft erfährt eine Ladung von* $+10^{-8}$ *C bzw.* -10^{-8} *C in einem Feld von* 10^4 *N/C?*
2. *Die Ladung* $q_1 = 1 \cdot 10^{-9}$ *C erfährt in einem Feld die Kraft* $F_1 = 1 \cdot 10^{-2}$ *cN, die Ladung* $q_2 = 3 \cdot 10^{-9}$ *C in einem anderen die Kraft* $F_2 = 2 \cdot 10^{-4}$ *N. Welches Feld ist stärker?*
3. *Welchen Ausschlag s erfährt ein Kügelchen der Masse* 0,40 *g, das am Faden der Länge* 1,0 *m hängt, wenn es die Ladung* $q = 5,0 \cdot 10^{-9}$ *C (5 nC) im Feld der Stärke* $7,0 \cdot 10^{+4}$ *N/C trägt?*
4. *Ein Tauchsieder entnimmt bei* $U = 220$ *V* 1 *min lang* 3,0 *A. Wieviel Wärme gibt er ab? Wieviel Wasser kann man damit von* 15 °C *auf* 85 °C *erwärmen? Wieviel kostet dies bei* 20 *Pf/kWh?*
5. *Ein Heizofen* (1,0 *kW) ist* 1,0 *h in Betrieb. Wie groß ist sein Widerstand* ($U = 220$ *V)? Um wieviel Kelvin würde die Luft eines Zimmers von* 40 *m^3 Inhalt erwärmt, wenn sie keine Wärme abgäbe (Dichte* 1,24 *g/dm^3; spezifische Wärmekapazität* 1,0 *J/(gK)).*
6. *Ein elektrischer Rasierapparat* (10 *W) wird täglich* 2,0 *min in Betrieb gesetzt. Was kostet dies bei* 20 *Pf/kWh in* 30 *Tagen?*
7. *Zwischen zwei Kondensatorplatten mit* 2,0 *cm Abstand liegt die Spannung* 1 000 *V. Wie groß sind die Feldstärke und die Kraft auf eine Probeladung von* $1 \cdot 10^{-8}$ *C? — Welche Arbeit wird von den Feldkräften beim Transport von der einen zur anderen Platte verrichtet. Prüfen Sie mit Gl.* 351.1 *nach!*
8. *Ein Wattestück hat* 0,01 *g Masse und ist mit* $1 \cdot 10^{-10}$ *C geladen. Welche Geschwindigkeit würde es erlangen, wenn es im Vakuum die Spannung* $U = 100 000$ *V „durchfällt" (man benutzt das Wort „Durchfallen einer Spannung" gern wegen der Analogie mit der Hubarbeit)? Vom Gewicht ist abzusehen!*
9. *Wie groß müßte die Spannung zwischen zwei waagerecht liegenden Kondensatorplatten vom Abstand* 10 *cm sein, damit das Wattestück aus Aufgabe* 8 *darin schwebt?*
10. *Welche Versuche und Überlegungen zeigen, daß die elektrische Spannung nichts mit einer mechanischen Kraft, sondern mit der Arbeit zu tun hat?*
11. *Ein Kügelchen* (0,50 *g) hängt an einem* 1,5 *m langen Faden und wird in Versuch* 7 *um* 5,0 *cm ausgelenkt. Die Spannung zwischen den Platten* (7,0 *cm Abstand) beträgt* 7,0 *kV. Welche Ladung trägt das Kügelchen? Welche Arbeit wird an ihm verrichtet, wenn es sich von der einen Platte zur anderen bewegt?*

§ 108 Feldstärke und Flächendichte der Ladung

1. Die Flächendichte der Ladung

Wir wenden uns nun der wichtigen Frage zu, wie die Feldstärke E zwischen den Kondensatorplatten mit den das *Feld erzeugenden Ladungen* $+Q$ und $-Q$ zusammenhängt:

Versuch 9: Man berührt nach *Abb. 354.1* die Innenseite einer geladenen Kondensatorplatte mit einer am Isolierstiel befestigten dünnen Metallplatte der Fläche A'. Die auf A' sitzende Ladung Q' (rot) wird von den Feldkräften so weit wie möglich nach innen gezogen. Sie geht also von der Kondensatorplatte auf die am Isolierstiel gehaltene Platte über und kann mit ihr abgehoben und am Meßverstärker bestimmt werden (Platte beim Abheben nicht verkanten!). Man findet:

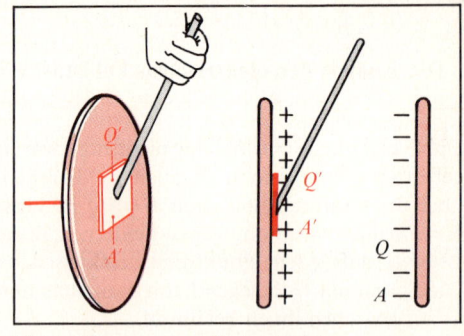

354.1 Messung der Flächendichte σ

a) Auf der ganzen Innenseite wird überall die gleiche Ladung Q' abgenommen: Im Bereich des *homogenen* Feldes sitzt also die felderzeugende Ladung überall gleich dicht. Auf der Außenseite finden wir dagegen nur wenig Ladung; dort ist das Feld schwach.

b) Man nehme auf der doppelten Fläche A' Ladung ab; Q' wird auch verdoppelt. Deshalb ist im homogenen Feld der Quotient Q'/A' konstant. Er gibt ein Maß dafür, wie „*dicht*" die Ladung auf den Kondensatorplatten sitzt; man nennt ihn die Flächendichte $\sigma = Q'/A'$ der Ladung.

Definition: Unter der Flächendichte σ einer über die Fläche A gleichmäßig verteilten Ladung Q versteht man den Quotienten

$$\sigma = \frac{Q}{A}. \tag{354.1}$$

Versuch 10: a) Man ändert die Spannung U zwischen den Platten bei konstantem Abstand d. Die Flächendichte σ der Ladung erweist sich der Spannung U und damit auch der Feldstärke $E = U/d$ proportional.

b) Man vergrößert den Plattenabstand d, läßt aber die Spannungsquelle angeschlossen. Da jetzt U konstant ist, sinkt nach $E = U/d$ die Feldstärke E (Nachprüfung mit Probeladung!). Auch hier ändert sich die Flächendichte σ der felderzeugenden Ladung proportional zur Feldstärke E. Der Proportionalitätsfaktor in der gefundenen Beziehung $\sigma \sim E$ wird in Versuch 11 bestimmt:

2. Die elektrische Feldkonstante ε_0

Versuch 11: Man legt zwischen zwei Kondensatorplatten mit dem Abstand $d = 6{,}0$ cm die Spannung $U = 8{,}0$ kV; die Feldstärke ist $E = U/d = 1{,}33 \cdot 10^5$ V/m. Dann nimmt man mit einer Platte der Fläche $A' = 48$ cm² nach *Abb. 354.1* die Ladung $Q' = 5{,}6 \cdot 10^{-9}$ C ab; die Flächendichte ist $\sigma = Q'/A' = 0{,}116 \cdot 10^{-5}$ C/m². Die Proportionalität $\sigma \sim E$ formen wir durch Einfügen des Proportionalitätsfaktors ε_0 in die Gleichung $\sigma = \varepsilon_0 \cdot E$ um. Dieser Faktor ε_0 gibt die wichtige Beziehung zwischen der Flächendichte σ der felderzeugenden Ladung Q (als der *Ursache des Feldes*) und der durch sie erzeugten Feldstärke E (als der *Wirkung*) an. Man nennt diesen Faktor die **elektrische Feldkonstante ε_0.** Ihr Wert folgt aus den Messungen zu

$$\varepsilon_0 = \frac{\sigma}{E} = \frac{0{,}116 \cdot 10^{-5}\,\text{C m}}{1{,}33 \cdot 10^{5}\,\text{V m}^2} = 8{,}7 \cdot 10^{-12}\,\frac{\text{C}}{\text{V m}}.$$

Die Flächendichte σ der felderzeugenden Ladung eines homogenen Feldes ist dessen Feldstärke E proportional. Es gilt (in Luft):

$$\sigma = \varepsilon_0 \cdot E. \tag{355.1}$$

Der Proportionalitätsfaktor ε_0 heißt elektrische Feldkonstante und hat den Wert

$$\varepsilon_0 = 8{,}85419 \cdot 10^{-12}\,\frac{\text{C}}{\text{V m}}. \tag{355.2}$$

Aufgaben:

1. *Zwischen zwei Kondensatorplatten mit dem Abstand $d = 5{,}0$ cm und je 450 cm² Fläche besteht die Spannung 10 kV. Wie groß ist die Feldstärke zwischen ihnen, wie groß die Ladung auf ihnen? Wie ändern sich diese Werte, wenn man die Platten auseinanderzieht a) bei konstanter Plattenladung (Platten isoliert), b) bei konstanter Spannung (Spannungsquelle angeschlossen)?*

2. *Welche Spannung U muß man zwischen zwei Platten vom Abstand $1{,}0$ cm und der Fläche 100 cm² legen, damit diese Platten die Ladung $Q = \pm 8{,}85 \cdot 10^{-9}$ C tragen? Ist Q proportional zu U?*

§ 109 Der Kondensator, die Kapazität

1. Die Kapazität des Plattenkondensators

Bisher beschäftigten wir uns mit der elektrischen Feldstärke $E = U/d$ im homogenen Feld des Plattenkondensators, der Spannung U zwischen seinen Platten und der Ladungsdichte σ auf ihnen. Nun wollen wir uns unmittelbar den felderzeugenden Ladungen Q auf den Platten zuwenden. Sie spielen in der Nachrichtentechnik bei Kondensatoren aller Art eine große Rolle. Auf Seite 18 sahen wir, daß die Flächendichte $\sigma = Q/A$ der Feldstärke $E = U/d$ proportional ist. Mit der Feldkonstanten $\varepsilon_0 = 8{,}85 \cdot 10^{-12}\,\frac{\text{C}}{\text{V} \cdot \text{m}}$ gilt:

$$\sigma = \frac{Q}{A} = \varepsilon_0 \cdot E = \varepsilon_0 \cdot \frac{U}{d}\,; \quad \text{also} \quad \frac{Q}{U} = \varepsilon_0 \cdot \frac{A}{d}. \tag{355.3}$$

Wenn Plattenfläche A und Plattenabstand d gleich bleiben, sind Q und U zueinander proportional:

Versuch 12: Zwei Kondensatorplatten der Fläche $A=450$ cm² werden durch kleine hochisolierende Stücke im Abstand $d=2{,}0$ mm parallel zueinander gehalten. Man lädt sie auf die Spannung U auf und mißt ihre Ladung mit dem Meßverstärker. Dann findet man die Meßwerte der *Tabelle 356.1*. Es zeigt sich, daß die Ladungen auf den beiden Platten nicht nur entgegengesetztes Vorzeichen haben, sondern auch gleich groß sind; sie betragen $+Q$ und $-Q$. Man findet $Q \sim U$. Dabei ist Q die Ladung, welche die Spannungsquelle unter Arbeitsverrichtung von der einen Platte geholt und auf die andere gepumpt hat.

Tabelle 356.1 ($A=450$ cm²; $d=2{,}0$ mm)

U in V	50	100	150	200
Q in 10^{-9} C	10	20	30	40
$C = \dfrac{Q}{U}$ in $10^{-9}\,\dfrac{\text{C}}{\text{V}}$	0,20	0,20	0,20	0,20

> **Die Platten (Belegungen) eines Kondensators tragen einander entgegengesetzte, gleich große Ladungen $+Q$ und $-Q$. Diese Ladungen sind der Spannung U zwischen den entgegengesetzt geladenen Teilen proportional:**
> $$Q \sim U. \tag{356.1}$$

Diese Proportionalität gilt auch für Kondensatoren, deren Feld nicht homogen ist, z. B. für geladene und freistehende Kugeln. Wollte man nun das „Fassungsvermögen" eines Kondensators für Ladung allein durch Q angeben, so würde man Werte erhalten, die der angelegten Spannung U proportional sind. Der Quotient $C=Q/U$ ist dagegen von der Spannung U unabhängig; er gibt die bei 1 V aufgenommene Ladung an. Man nennt ihn die **Kapazität C**.

> *Definition:* **Unter der Kapazität C eines beliebigen Kondensators versteht man den von der Spannung U unabhängigen Quotienten aus der Ladung Q und der Spannung U:**
> $$C = \frac{Q}{U}. \tag{356.2}$$
> **Die Einheit der Kapazität ist $1\,\dfrac{\text{C}}{\text{V}} = 1\,\text{F}$** (**Farad**, zu Ehren von *M. Faraday, Seite 361*).

Da man Kondensatoren von 1 F kaum verwendet, benutzt man meist die kleineren Einheiten $1\,\mu\text{F}=10^{-6}\,\text{F}$; $1\,\text{nF}=10^{-9}\,\text{F}$; $1\,\text{pF}=10^{-12}\,\text{F}$ ($\mu=$ mikro $=10^{-6}$; n$=$ nano $=10^{-9}$; p$=$ pico $=10^{-12}$). Der für die *Tabelle 356.1* benutzte Kondensator hatte die Kapazität $C=0{,}20 \cdot 10^{-9}\,\text{F} = 0{,}20\,\text{nF} = 200\,\text{pF}$.

Versuch 13: Man ändert den Plattenabstand d und die Plattenfläche A und findet bei Wiederholung des Versuchs 12:

> **Die Kapazität C eines Plattenkondensators ist der Plattenfläche A und dem Kehrwert $\dfrac{1}{d}$ des Plattenabstands d proportional, solange das Feld noch genügend homogen ist (d sehr klein gegenüber dem Plattendurchmesser):**
> $$C \sim \frac{A}{d}. \tag{356.3}$$

Dies folgt sofort aus *Gl. 355.3*, wenn man dort $\dfrac{Q}{U} = C$ setzt. Man ermittelt mit den genauen Werten der *Tabelle 356.1* die elektrische *Feldkonstante* $\varepsilon_0 = \dfrac{Q \cdot d}{U \cdot A} = 8{,}89 \cdot 10^{-12}\,\dfrac{\text{F}}{\text{m}}$. (356.4)

2. Der Einfluß von Nichtleitern (Dielektrika) im Feld; Dielektrizitätszahl ε_r

Versuch 14: Zwischen die Platten des Kondensators in Versuch 13 bringt man einen guten Nichtleiter, z. B. eine Glas- oder Hartgummiplatte, die den ganzen felderfüllten Raum einnimmt. Dabei erhöht sich die nach Versuch 12 bestimmte Kapazität um einen Faktor, der bei gewöhnlichem Glas um 5 liegt; man nennt ihn die **Dielektrizitätszahl** ε_r (früher *relative Dielektrizitätskonstante*). *M. Faraday*, der diesen Einfluß von Nichtleitern auf elektrische Felder zuerst beobachtete, schloß daraus, daß auch Nichtleiter elektrische Eigenschaften haben und nannte sie **Dielektrika** (dia, griech.; durch; sie werden vom elektrischen Feld durchsetzt). In Ziffer 3 werden wir ihren Einfluß auf das Feld begründen. Luft erhöht die Kapazität gegenüber dem Vakuum nur geringfügig. Man bezieht ε_r auf das Vakuum und gibt ihm den Wert $\varepsilon_r = 1$. Auch wenn sich Luft zwischen den Kondensatorplatten befindet, werden wir nach *Tabelle 357.1* $\varepsilon_r = 1$ setzen.

Definition: Die Dielektrizitätszahl ε_r ist der Zahlenfaktor, um den sich die Kapazität erhöht, wenn man den leeren Raum zwischen den Kondensatorplatten durch das betreffende Dielektrikum ausfüllt:

$$C \sim \varepsilon_r . \quad (357.1)$$

Für Vakuum gilt $\varepsilon_r = 1$.

Tabelle 357.1 Dielektrizitätszahlen ε_r

Paraffin	2
Glas	5 bis 16
Glimmer	4 bis 8
Plexiglas	3 bis 3,5
Papier	1,2 bis 3
Keramik mit Ba, Sr, Ti	10^4
Wasser	81
Äthylalkohol	26
Benzol	2,3
Nitrobenzol	36
Aceton	21
Methylalkohol	32
Öl	2 bis 2,5
Luft (1 bar)	1,00058
Luft (100 bar)	1,054

Wenn wir die Kapazität eines Plattenkondensators berechnen wollen, so müssen wir noch den Faktor ε_r nach *Gl. 357.1* und *Tabelle 357.1* berücksichtigen:

Die Kapazität C eines Plattenkondensators mit der Fläche A und dem Plattenabstand d beträgt bei hinreichend homogenem Feld

$$C = \varepsilon_0 \cdot \varepsilon_r \cdot \frac{A}{d} . \quad (357.2)$$

3. Die Verschiebungspolarisation im Dielektrikum

Warum erhöht ein Nichtleiter zwischen den Platten eines Kondensators dessen Kapazität? Betrachten wir ein atomistisches Modell (*Abb. 357.1*)! Im Nichtleiter sind die Elektronen jeweils an ihr Atom gebunden. Doch verschieben sie sich – in ein Feld gebracht – um einen kleinen Bruchteil des Atomdurchmessers zur positiven Platte hin; die Atomkerne rücken ein wenig zur negativen. Im Innern des homogenen Dielektrikums gleichen sich diese verschobenen Ladungen nach wie vor aus. Um dies zu verstehen, betrachten wir das in *Abb. 357.1* schwarz gestrichelte, im Raum festgehaltene Volumenelement. Wenn das Dielektrikum ins Feld kommt, verlassen dieses Volumenelement genau so viele Elektronen nach links zur positiven Platte hin, wie auf der rechten Seite neu eintreten. Auch die Verschiebung aller Atomkerne nach rechts

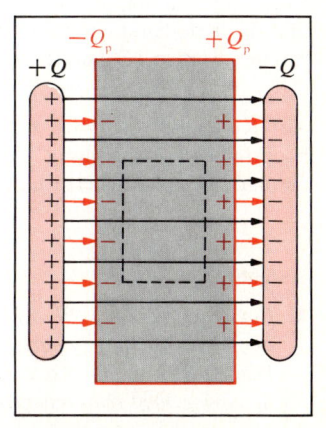

357.1 Wirkungsweise des Dielektrikums ($\varepsilon_r = 2$)

ändert an der Neutralität nichts. An der rechten und linken Oberfläche des Dielektrikums jedoch zeigen sich diese verschobenen Ladungen als **Polarisationsladungen** $+Q_P$ und $-Q_P$. Ein Teil der von $+Q$ ausgehenden Feldlinien endet also an $-Q_P$ und beginnt neu an $+Q_P$. Deshalb ist die Feldstärke E im Dielektrikum kleiner als im Vakuum, falls die Plattenladung Q konstant bleibt, weil man die Platten isoliert hat. Nach der Gleichung $U = E \cdot d$ sinkt mit E auch die Spannung U; nach $C = \dfrac{Q}{U} = \dfrac{Q}{E \cdot d}$ steigt die Kapazität C, so wie es Versuch 14 zeigte.

4. Technische Kondensatoren

a) In *Papierfolien-Kondensatoren* bestehen die „Platten" (*Belegungen* genannt) aus zwei langen, bandförmigen Aluminiumfolien. Um Durchschläge zu verhindern, werden sie durch mindestens zwei Lagen Kondensatorpapier gegeneinander isoliert, das mit Paraffin getränkt ist. Das Ganze wird nach *Abb. 358.1* wie ein Stoffballen gewickelt und in einem Gehäuse verpackt (*siehe Aufgabe 1 und 2*).

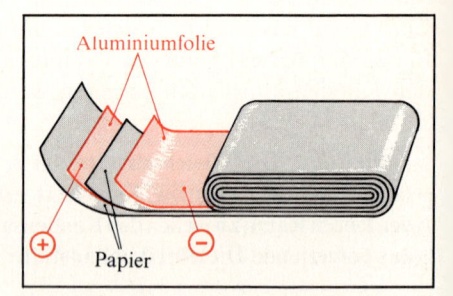

358.1 Papierfolien-(Block-)Kondensator; siehe Aufgabe 1.

b) In der Radiotechnik werden *Drehkondensatoren (Abb. 358.2)* benutzt. Sie bestehen aus zwei voneinander isolierten Plattensätzen, die sich gegeneinander drehen lassen. Beim Drehen ändern sich die Größe der einander gegenüberstehenden Flächenteile und deshalb die Kapazität kontinuierlich.

c) *Elektrolyt-Kondensatoren* haben eine Aluminium- oder Tantalfolie als „Pluspol" (+) und eine saugfähige, mit einem Elektrolyten getränkte Papierschicht als „Minuspol" (−). Beim Herstellen bildet man elektrolytisch durch Gleichstrom zwischen beiden Elektroden eine außerordentlich dünne Oxidschicht. Sie gibt eine sehr hohe Kapazität auf kleinem Raum (einige mF). Doch muß man die zulässige Höchstspannung genau beachten, desgleichen die vorgeschriebene Polung (es sei denn, zwei Kondensatoren wurden „gegeneinandergeschaltet"). Sonst kann die Oxidschicht abgebaut und der Kondensator durch eine Gas- und Dampfexplosion zerstört werden (Gefahr!).

Auf Kondensatoren wird neben der Kapazität C auch die höchstzulässige Spannung U vermerkt. $Q = C \cdot U$ gibt dann die maximal gespeicherte Ladung Q an.

358.2 Drehkondensator, drehbarer Teil rot. Mit Drehkondensatoren stellt man in Rundfunkgeräten den gewünschten Sender ein; die Kapazität liegt um 100 pF.

Aufgaben:

1. *Ein Streifen eines Blockkondensators hat 20 m² Fläche und 0,05 mm Abstand zum anderen ($\varepsilon_r = 2$). Berechnen Sie die Kapazität! (Nach Abb. 358.1 gehen von beiden Seiten eines Streifens Feldlinien aus. Wie ist dies in der Rechnung zu berücksichtigen?) Welche Ladung nimmt er bei 100 V auf? Welche Spannung muß man anlegen, damit er 10^{-4} C aufnimmt?*

2. *Wie lang müssen zwei 5,0 cm breite Staniolstreifen sein, die, durch ein 0,050 mm dickes Papier ($\varepsilon_r = 2{,}0$) getrennt, einen Kondensator von 10 μF bilden sollen? (Nach Abb. 358.1 gewickelt.)*

§ 110 Coulomb-Gesetz; Feldliniendichte

Das Dielektrikum erhöht nicht nur die Kapazität $C=Q/U$, sondern auch die felderzeugende Ladung Q und ihre Flächendichte $\sigma = Q/A$ um den Faktor ε_r, wenn U konstant bleibt. Wir erweitern *Gl. 355.1*:

Aus $C = \dfrac{Q}{U} = \varepsilon_0 \cdot \varepsilon_r \cdot \dfrac{A}{d}$ folgt für die Flächendichte $\sigma = \dfrac{Q}{A} = \varepsilon_0 \cdot \varepsilon_r \cdot \dfrac{U}{d} = \varepsilon_0 \cdot \varepsilon_r \cdot E$:

> **Die Flächendichte σ der felderzeugenden Ladung hängt im homogenen Feld mit dem Betrag der Feldstärke E zusammen nach**
> $$\sigma = \varepsilon_0 \cdot \varepsilon_r \cdot E. \qquad (359.1)$$

Der Zusammenhang zwischen der Flächendichte σ und der Feldstärke E läßt sich *symbolisch* durch die *Dichte der Feldlinien* darstellen: Da Feldlinien an Plusladung beginnen und an Minusladung enden, liegt es nahe, der doppelten felderzeugenden Ladung auch doppelt so viele Feldlinien zuzuordnen:

> **Die Dichte der Feldlinien, d.h. die Zahl der Feldlinien, die durch eine senkrecht zu ihnen stehende Flächeneinheit treten, symbolisiert anschaulich die elektrische Feldstärke.**

Diese Anschauungshilfe bewährt sich auch im *radialen* Feld: Je näher man dort der felderzeugenden Ladung Q kommt, um so dichter sind die Feldlinien, um so größer ist die Feldstärke. Eine um die punktförmige Ladung Q gelegte Kugelschale hat in der halben Entfernung r nur den 4. Teil an Oberfläche; eine Flächeneinheit wird deshalb von 4mal so viel Feldlinien durchsetzt *(Abb. 348.2)*. Tatsächlich ist dort die Feldstärke auch 4mal so groß:

Versuch 15: Wir geben einer freistehenden, isolierten Kugel die Ladung Q und beobachten den Ausschlag einer im Punkt P mit dem Abstand r vom Kugelmittelpunkt aufgehängten Probeladung q. Dann stülpen wir über die Kugel zwei an langen Isolierstielen gehaltene metallische Halbkugeln, setzen sie zu einer Hohlkugel von größerem Radius zusammen und übertragen ihr die Ladung Q der inneren Kugel. Die Feldstärke E im Punkt P ändert sich nicht; *sie ist vom Radius der geladenen Kugel unabhängig*. Wenn wir uns diese bis zum Punkt P ausgeweitet denken, können wir nach *Gl. 359.1* die Flächendichte $\sigma = Q/A$ und die Feldstärke E im Abstand r vom Kugelmittelpunkt berechnen; denn in einem sehr kleinen Bereich an der Kugeloberfläche ist das Feld hinreichend homogen (man fertige eine Skizze). Es gilt:

$$\sigma = \frac{Q}{A} = \frac{Q}{4\pi r^2} = \varepsilon_r \cdot \varepsilon_0 \cdot E \quad \text{oder} \quad E = \frac{1}{4\pi \varepsilon_0 \cdot \varepsilon_r} \cdot \frac{Q}{r^2}. \qquad (359.2)$$

Die Ladung q erfährt in der Entfernung r vom Mittelpunkt der Ladung Q die Kraft $F = E \cdot q$. Dies führt zu einem wichtigen Gesetz der Elektrostatik:

> ***Coulomb-Gesetz:***
> $$F = \frac{1}{4\pi \varepsilon_0 \cdot \varepsilon_r} \cdot \frac{Q \cdot q}{r^2}. \qquad (359.3)$$
>
> **Die Kraft F, mit der die beiden kugel- oder punktförmigen Ladungen Q und q aufeinander wirken, ist dem Produkt $Q \cdot q$ dieser Ladungen und dem Kehrwert des Quadrats der Entfernung r der Kugelmitten proportional. Die Kraft F zeigt in Richtung der Verbindungslinie der beiden Kugelmitten und ist je nach Vorzeichen anziehend oder abstoßend.**

Im Vakuum ($\varepsilon_r = 1$) hat der Proportionalitätsfaktor in diesem *Coulomb-Gesetz* den Wert

$$\frac{1}{4\pi\,\varepsilon_0 \cdot 1} = 8{,}9875 \cdot 10^9 \,\frac{\text{N m}^2}{\text{C}^2}; \text{ in Luft angenähert } 9 \cdot 10^9 \,\frac{\text{N m}^2}{\text{C}^2}. \tag{360.1}$$

Das *Coulomb-Gesetz* hat algebraisch die gleiche Form wie das *Newtonsche Gravitationsgesetz* (Mechanikteil Seite 306). Zwei gleichnamige Ladungen von je 1 C würden sich in der Entfernung $r = 1$ m mit der Kraft $F = 9 \cdot 10^9$ N abstoßen (sie entspricht der Gewichtskraft der Cheopspyramide). Deshalb nimmt man die Coulomb-Kraft schon zwischen sehr kleinen Ladungen wahr.

Aufgaben:

1. *Mit welcher Kraft stoßen sich zwei gleichnamige, punktförmige Ladungen von je 1 µC ($=10^{-6}$ C) bei 1 m Abstand ab?*
2. *Wie groß sind zwei gleiche Ladungen, die sich bei 10 cm Abstand mit 2,0 cN abstoßen?*
3. *Wie groß ist die Feldstärke in 30 cm Entfernung von einer punktförmigen Ladung $Q = 10^{-9}$ C? Welche Kraft erfährt dort eine gleich große Ladung? Welche Ladung q müßte man anbringen, damit die Kraft 10 cN beträgt? Gilt hier auch der Satz von actio und reactio? (Beachten Sie Gl. 359.3!)*
4. *Im Wasserstoffatom beträgt die Ladung von Kern und Elektron je $1{,}6 \cdot 10^{-19}$ C. Ihr durchschnittlicher Abstand ist $r = 5{,}3 \cdot 10^{-11}$ m. Berechnen Sie die elektrische Anziehungskraft!*

§ 111 Energie des Kondensators und des elektrischen Feldes; Feldtheorie

1. Die Energie eines geladenen Kondensators und des elektrischen Feldes

Versuch 16: Ein Kondensator von 10 µF wird durch langsames Hochregeln der Spannung auf 1 kV geladen (Vorsicht!). Wenn man seine Belegungen miteinander verbindet, so entsteht ein Funke mit lautem Knall. Bei kleineren Spannungen und Kapazitäten ist der Knall wesentlich schwächer. Offensichtlich ist im geladenen Kondensator *Energie* gespeichert. Beim *Elektronenblitz* wird sie in einer glimmlampenähnlichen Röhre in sehr kurzer Zeit (etwa 10^{-3} s), also bei großer Leistung, freigesetzt.

Ein geladener Kondensator hat Energie gespeichert.

Um diese Energie zu berechnen, betrachten wir zunächst die Arbeit, die man braucht, um den Kondensator aufzula-

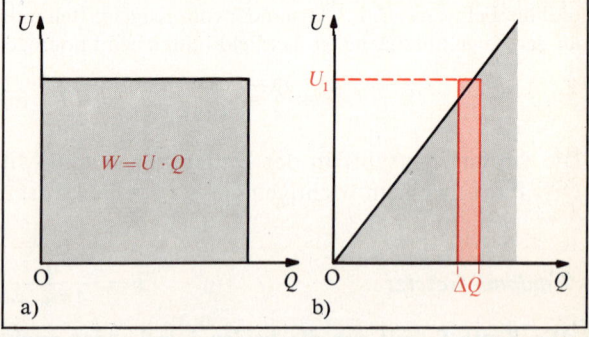

360.1 a) Arbeit $W = U \cdot Q$ einer Batterie konstanter Spannung U beim Transport der Ladung Q; b) Arbeit beim Aufladen eines Kondensators. In beiden Fällen wird die Arbeit durch die getönte Fläche unter der Kurve angegeben. Man vergleiche mit der Spannarbeit (Mechanikteil Seite 280)!

den. Wenn man hierzu die Spannung U allmählich vergrößert, so hat nach der Gleichung $\Delta W = U \cdot \Delta Q$ die Spannungsquelle bei kleinen Spannungen wenig Arbeit aufzuwenden, um die Ladung ΔQ dem Kondensator zuzuführen. Mit steigender Gesamtladung Q und steigender Spannung $U = Q/C$ nimmt diese Arbeit ΔW zu. Sie ist in *Abb. 360.1b* durch die Fläche des schmalen, rot getönten Rechteckstreifens dargestellt. Die grau getönte Dreiecksfläche gibt folglich die ganze Arbeit W zum Aufladen auf die Spannung U an und beträgt wegen $Q = C \cdot U$

$$W = \frac{1}{2} Q \cdot U = \frac{1}{2} C \cdot U^2 = \frac{1}{2} \frac{Q^2}{C}. \tag{361.1}$$

Beim Entladen wird diese Arbeit wieder frei, da der Vorgang rückwärts abläuft; sie war als Energie im Kondensator gespeichert.

Die Energie eines geladenen Kondensators beträgt $W = \frac{1}{2} C \cdot U^2$. (361.2)

Der in Versuch 16 aufgeladene Kondensator speicherte also die Energie

$$W = \tfrac{1}{2} \, 10^{-5} \, \mathrm{F} \cdot 10^6 \, \mathrm{V}^2 = 5 \, \frac{\mathrm{CV}^2}{\mathrm{V}} = 5 \, \mathrm{C} \cdot \mathrm{V} = 5 \, \mathrm{J}.$$

Dies ist gegenüber der Verbrennungswärme von 1 kg Kohle ($3 \cdot 10^7$ J) ein sehr kleiner Betrag; doch steht er im Bedarfsfall sofort zur Verfügung (Elektronenblitz).

Man bringt in Gl. 361.1 die Feldstärke $E = U/d$ und die Kapazität $C = \varepsilon_0 \cdot \varepsilon_r A/d$ ein und erhält:

$$W = \frac{1}{2} C \cdot U^2 = \frac{1}{2} \varepsilon_0 \, \varepsilon_r \cdot \frac{A}{d} \cdot E^2 \cdot d^2 = \frac{1}{2} \varepsilon_0 \cdot \varepsilon_r \cdot E^2 \cdot (A \cdot d) = \frac{1}{2} \varepsilon_0 \cdot \varepsilon_r \cdot E^2 \cdot V. \tag{361.3}$$

Dabei ist $V = A \cdot d$ das Volumen des vom Feld der Stärke E erfüllten Raums. In dieser Gleichung kommen rechts nur Größen vor, die das Feld beschreiben, dagegen nicht mehr die Ladung Q. Dies legt die Vermutung nahe, daß die Energie im Feld sitzt. Auch die Energie eines gespannten Gummibandes sitzt im Band und nicht an den Enden. Offensichtlich kann auch der leere Raum, in dem sich Felder ausbilden, Energie speichern ($\varepsilon_r = 1$ in *Gl. 361.3*).

Das elektrische Feld ist Sitz von Energie.

2. Die historische Entwicklung des Feldbegriffs

a) Wie kann eine elektrische Ladung auf eine entfernte andere eine Kraft ausüben? Mit unseren Sinnesorganen allein können wir im Raum zwischen den beiden Ladungen nichts wahrnehmen. Deshalb glaubte man vor *M. Faraday (1791 bis 1867)* allgemein, daß eine Ladung unmittelbar in die *Ferne* auf die andere einwirke, ohne irgendeine Beteiligung des Zwischenraums (**Fernwirkungshypothese**).

b) *Faraday* stellte fest, daß die Kraft zwischen Ladungen durch einen dazwischengehaltenen Nichtleiter verändert wird, desgleichen die Kapazität eines Kondensators. Hieraus schloß er, daß der Raum irgendwie an den elektrischen Wirkungen beteiligt ist und in der Umgebung einer Ladung elektrisch „erregt" wird. *Faraday* wandte sich also dem „*Feld*" zwischen Ladungen bzw. zwischen Magneten zu und beschrieb diese „Erregung" des Raums durch Feldlinien. Damit führte er intuitiv eine Feldvorstellung ein, ohne allerdings genauer zu sagen, worin diese Erregung bestehe. Kraft und Energie breiten sich nach dieser **Feldtheorie** von Raumpunkt zu Raumpunkt aus, überspringen also nicht den Zwischenraum, wie es die Fernwirkungshypothese forderte.

c) Später „verdinglichte" man diese Vorstellung und nahm als Träger der elektrischen und magnetischen Felder und ihrer Erregung einen fein verteilten *Stoff*, den **„Äther"**, an, der den ganzen Raum erfüllen und auch der Träger der Lichtausbreitung sein sollte. Diese *mechanisch-stoffliche Feldvorstellung* „erklärte" die elektrische Kraftübertragung durch *mechanische Spannkräfte*, wie wir sie etwa in einem gespannten Gummituch annehmen. Doch brachte sie mehr Schwierigkeiten als Nutzen. Wir führen eine von ihnen an: Jedes Atom enthält Ladungen, die auf winzige Bereiche konzentriert sind. Sie ziehen sich gegenseitig an, obwohl zwischen ihnen leerer Raum, also keine Materie, liegt. Daß die Materie zusammenhält, ist also alles andere als selbstverständlich und nicht mechanisch deutbar, sondern die Folge der elektrischen Feldkräfte. Wir haben deshalb unsere Vorstellungen völlig umzukehren und müssen die uns angeblich so vertraute Übertragung mechanischer Kräfte durch Seile, Stangen und Gummibänder auf Feldvorgänge zurückführen. Keiner der zahllosen Versuche, die Feldwirkung stofflich, etwa durch einen Äther, erklären zu wollen, hat sich bewährt. Wir nehmen vielmehr die elektrischen und magnetischen Felder als eine über die Vorstellungen der Mechanik hinausgehende Gegebenheit in die Physik auf.

d) *Physikalische Realität* bekommt die Feldvorstellung, wenn man nicht nur einem geladenen Kondensator als Ganzem, sondern auch den *Raumelementen seines Feldes Energie zuschreibt*. Zum Beispiel stammt die Energie, die bei chemischen Reaktionen frei wird, von der Feldenergie zwischen Elektronen und Protonen, die bei den Reaktionen umgelagert werden (Bindungen werden „aufgerissen"). Auch die Energie einer gespannten Feder ist in den elektrischen Feldern zwischen Elektronen und Atomkernen gespeichert.

§ 112 Der Millikan-Versuch

Wir wollen nun die Ladung einzelner geladener Teilchen bestimmen. Das hierzu geeignete Experiment dachte sich *Ehrenhaft* (Wiener Physiker) aus; der Amerikaner *Millikan* führte es ab 1909 mit großer Präzision durch.

Versuch 17: Mit einem Mikroskop betrachtet man den Raum zwischen zwei horizontalen Kondensatorplatten, der durch ein Gehäuse sorgfältig vor Luftzug geschützt ist. Im Mikroskop erkennt man Strichmarken, deren Abstand Δs genau bekannt ist (etwa durch Ausmessen der Strecke 1 mm, die auf einer Glasplatte in 100 gleiche Teile geteilt wurde). Dann bläst man durch eine Öffnung kleine Öltröpfchen aus einem Zerstäuber

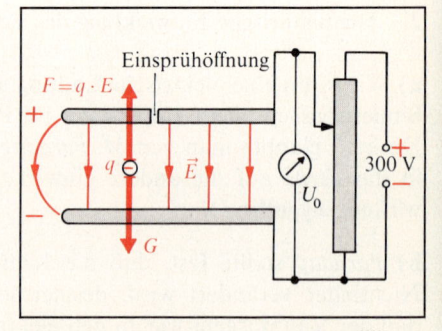

362.1 Schwebekondensator nach Millikan; Rechts das Potentiometer zum Regeln der Schwebespannung U_0

zwischen die Platten. Man sieht sie bei seitlicher Beleuchtung als helle Lichtpunkte nach unten sinken (da das Mikroskop umkehrt, scheinen sie nach oben zu wandern). Nun legt man eine Spannung zwischen die Platten (untere zum Beispiel negativ geladen, *Abb. 362.1*). Dann sinkt ein Teil der Tröpfchen unbeeinflußt weiter, ist also ungeladen. Ein Teil steigt zur oberen Platte auf, ist also negativ geladen. Die positiv geladenen sinken noch schneller als die ungeladenen. Die Ladung rührt daher, daß beim Zerstäuben des Öls das eine Tröpfchen einige Elektronen zuviel, das andere einige zu wenig erhält. Man beobachtet nun ein und dasselbe negativ geladene Tröpfchen über längere Zeit genau und ändert die Spannung U_0 am Potentiometer *(in Abb. 362.1 rechts)* solange, bis es *schwebt*. Dann besteht am Tröpfchen Gleichgewicht zwischen der nach oben gerichteten elektrischen Kraft $F = q \cdot E$, die seine Ladung q im Feld der Stärke $E = U_0/d$ erfährt, und der nach unten gerichteten Gewichtskraft G (d ist der Plattenabstand). Es gilt: $q \cdot E = G$. Die Hauptschwierigkeit dieses an sich einfach zu durchschauenden Versuchs besteht darin, die Gewichtskraft G zu ermitteln. Auch unter einem starken Mikroskop kann man den Durchmesser des Tröpfchens nicht messen, G also nicht unmittelbar bestimmen. Vielmehr muß man davon ausgehen, daß ohne ein elektrisches Feld ein Tröpfchen in Luft um so schneller sinkt, je schwerer es ist (so sinken Nebeltröpfchen in Luft kaum; große Regentropfen schnell). Der Zusammenhang zwischen der Sinkgeschwindigkeit v_0 ohne Feld und der Gewichtskraft G ist in *Abb. 363.1* für Tröpfchen aus Öl der Dichte $\varrho = 0{,}973$ g/cm³ aufgetragen. Man schaltet nach Messung der Schwebespannung U_0 das Feld ab und bestimmt die Sinkgeschwindigkeit v_0 längs der Meßstrecke Δs mit der Stoppuhr; G entnimmt man der *Abb. 363.1*. Für die Ladung

$$q = \frac{G}{E} = \frac{G \cdot d}{U_0} \tag{363.1}$$

ergeben sich auch bei Wiederholung an vielen Tausenden solcher Tröpfchen immer nur kleine ganzzahlige Vielfache einer wichtigen Größe, der **Elementarladung** e, nämlich e selbst oder $2e$, $3e$ usw. Zwischenwerte wie $0{,}7e$; $3{,}4e$ usw. werden auch hier nicht beobachtet *(Abb. 363.2)*. Man beachte, daß *Abb. 363.1* einen kontinuierlichen Zusammenhang zwischen v_0 und G liefert.

Beispiel: Die Strecke $\Delta s = 2{,}50$ mm wird in $\Delta t = 35{,}0$ s durchfallen; also ist $v_0 = \Delta s/\Delta t = 7{,}14 \cdot 10^{-5}$ m/s. *Abb. 363.1* entnimmt man $G = 15{,}8 \cdot 10^{-15}$ N. Aus der Schwebespannung $U_0 = 255$ V und dem Plattenabstand $d = 5{,}0$ mm folgt nach Gl. 363.1 $q = 3{,}1 \cdot 10^{-19}$ C, das heißt 2 Elementarladungen.

Versuch 18: Man polt die Spannung an den Platten um und mißt die Ladung eines *positiv* geladenen Tröpfchens. Der Wert für e ist der gleiche. Man kann Tröpfchen auch laden, indem man ein radioaktives Präparat kurzzeitig in die Nähe hält. Man hat auch schon Elektronen, die aus einem glühenden Draht stammen, auf die Tröpfchen gebracht und die gleiche Ladung erhalten.

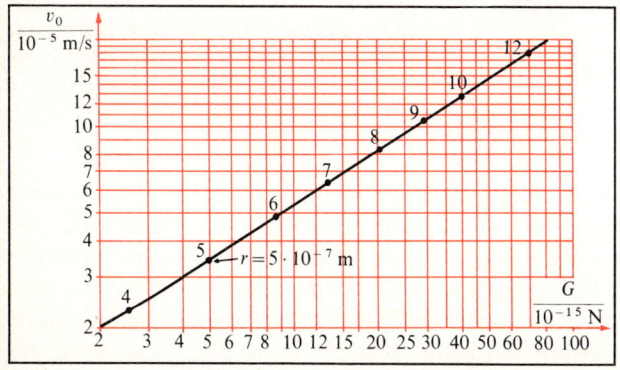

363.1 Sinkgeschwindigkeit v_0 von Öltröpfchen in Luft als Funktion des Gewichts G; r bedeutet den Tröpfchenradius.

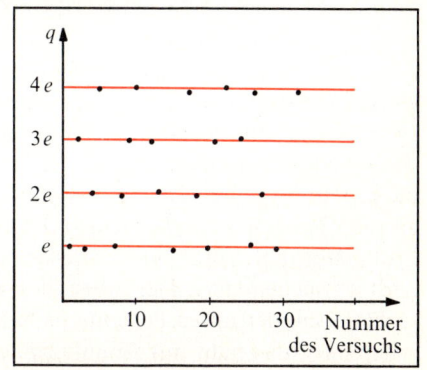

363.2 Streuung zahlreicher Meßwerte für die Tröpfchenladung q um $n \cdot e$

> **Positive wie negative Ladungen treten stets als ganzzahlige Vielfache der Elementarladung $e = 1{,}602 \cdot 10^{-19}$ C auf.**
>
> **Die Ladung eines Elektrons beträgt $-e = -1{,}602 \cdot 10^{-19}$ C.**

Aufgaben:

1. *Ein Öltröpfchen der Masse $2{,}4 \cdot 10^{-12}$ g kommt in einem Kondensator von 0,50 cm Plattenabstand bei 250 V zum Schweben. Welche Ladung trägt es? Wie viele Elementarladungen sind das? Wie kann man das Vorzeichen dieser Ladung ermitteln? Mit welcher Geschwindigkeit würde es in Luft ohne elektrisches Feld sinken?*

2. *Ein Plattenkondensator (3,0 mm Plattenabstand) ist auf 3 000 V geladen. Wie viele freie Elektronen trägt 1 cm^2 der negativen Platte? Auf wie viele Kupferatome der negativen Oberfläche kommt also ein freies Elektron (Flächenbedarf eines Atoms etwa 10^{-15} cm^2)?*

§ 113 Die Kraft auf Ströme im Magnetfeld

Versuch 19: Ein dünnes Metallband aus unmagnetischem Material ist vertikal aufgehängt. Schickt man Strom durch das Band, so erzeugt er zwar ein Magnetfeld *(Abb. 200.3)*; das Band erfährt in diesem Eigenfeld jedoch keine Kraft: Die Feldlinien bilden konzentrische Kreise; keine Richtung und keine Stelle ist vor anderen ausgezeichnet. Dies ändert sich, wenn man nach *Abb. 364.1* einen Hufeisenmagneten nähert: Das Band erfährt eine Kraft nach rechts, *senkrecht zu den Feldlinien* des Magneten; ein gerader stromdurchflossener Leiter verhält sich in einem Magnetfeld anders als ein Nord- oder Südpol. Er hat für sich weder Nord- noch Südpole!

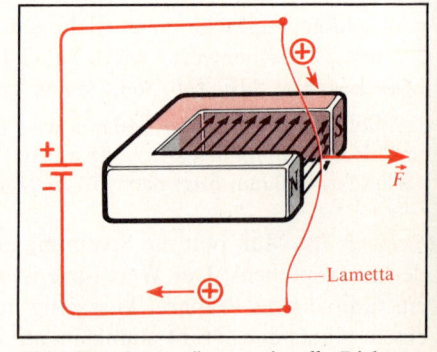

364.1 Der Strom (konventionelle Richtung rechts nach unten, Elektronen nach oben) erfährt eine Kraft senkrecht zu den Feldlinien des Hufeisenmagneten. Ihre Richtung gibt die Dreifingerregel *(Abb. 365.3)* an.

Zur *Erklärung* zeigt *Abb. 365.1* das Magnetfeld des stromdurchflossenen Leiters als eine Schar konzentrischer Kreise, die im Uhrzeigersinn orientiert sind (konventionelle Stromrichtung *in* die Zeichenebene gerichtet, dargestellt als roter Kreis mit Kreuz). Die Geraden geben die Feldlinien des Hufeisenmagneten an (von N nach S). Links zeigen die beiden Felder in die gleiche Richtung; ihre Kräfte auf den Probe-Nordpol (rotes N) verstärken sich also. Rechts sind die Felder entgegengesetzt gerichtet und schwächen sich. Der oben liegende Probe-Nordpol erfährt eine resultierende Kraft nach rechts oben, der unten liegende nach links oben. Die beiden Felder setzen sich zu einem einzigen zusammen, das man mit Eisenfeilspänen nachweisen kann *(Abb. 365.2a und b)*. Man sieht, wie durch die Überlagerung die Symmetrie gestört wurde. Das Experiment zeigt, daß der Leiter eine Kraft nach rechts erfährt.

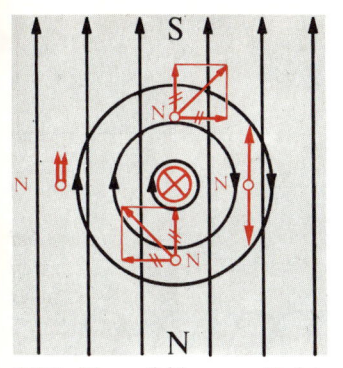

§ 113 Die Kraft auf Ströme im Magnetfeld 365

365.1 Magnetfelder von Hufeisenmagnet und Strom (*Abb. 364.1* von oben gesehen). Das rote Kreuz bedeutet, daß der Strom in die Zeichenebene fließt.

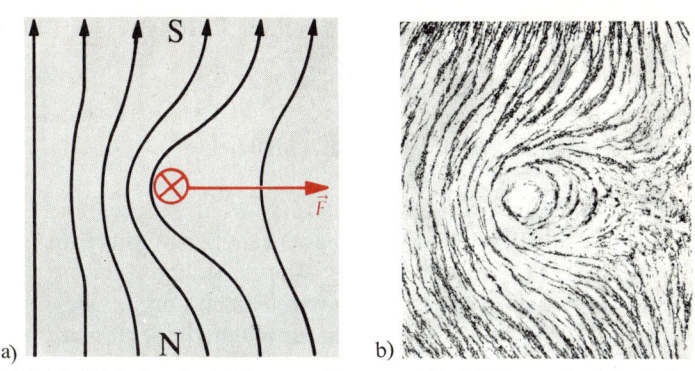

365.2 a) Feld, das durch Superposition aus *Abb. 365.1* entsteht. Der Leiter erfährt die Feldkraft $\vec{F}$ nach rechts.
b) Eisenfeilspan-Bild zu (a); in Leiternähe ist das Feld des Stromes so stark, daß man noch die Andeutung von Kreisen erkennt. Rechts davon ist das Feld so geschwächt, daß die Eisenfeilspäne ungeordnet bleiben.

> **Ein Strom erfährt in einem fremden Magnetfeld eine Kraft, die senkrecht zu dessen Feldlinien und senkrecht zum Strom steht.**

Die Richtung dieser Kraft gibt die **1. Dreifingerregel der rechten Hand** (*Abb. 365.3*; man prüfe an *Abb. 364.1*; der Strom gilt als *Ursache*, die Kraft als *Wirkung*):

> **Zeigt der Daumen der rechten Hand in die konventionelle Stromrichtung (von + nach −) und der Zeigefinger in Richtung des Fremdfeldes, so gibt der ausgestreckte Mittelfinger die Richtung der magnetischen Kraft $\vec{F}$ an.**

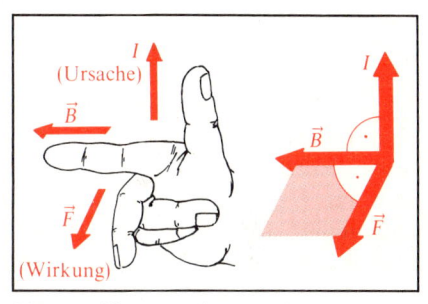

365.3 Dreifingerregel. Die drei Finger stehen senkrecht zueinander.

Versuch 20: Wir wollen nun klären, ob Ströme auch dann eine Kraft erfahren, wenn sie *parallel zu magnetischen Feldlinien* fließen. Hierzu hängen wir einen langen horizontalen Stab an beweglichen Metallbändern auf. Er liegt genau in der Achse einer stromdurchflossenen Spule, also parallel zu deren Feldlinien *(Abb. 365.4)*. Auch wenn Strom durch ihn fließt, so erfährt er keine Kraft. Bei der Überlagerung der Felder wird keine Richtung vor einer anderen ausgezeichnet, im Gegensatz zu *Abb. 365.2*. Stellt man dagegen die Spule vertikal und unter den Leiter, so wird er abgelenkt; denn dann steht der Leiter senkrecht zu ihren vertikalen Feldlinien.

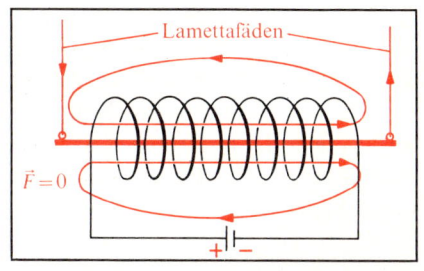

365.4 Der Strom, der genau parallel zu den Feldlinien fließt, erfährt keine Kraft. Wenn ein Strom schräg zu magnetischen Feldlinien fließt, so zerlegt man den Geschwindigkeitsvektor der Elektronen in eine Komponente parallel zu den Feldlinien (erfährt keine Kraft) und eine Komponente senkrecht zu den Feldlinien. Mit ihrer Hilfe berechnet man die Kraft.

> **Ein Magnetfeld übt keine Kraft auf einen Strom aus, der parallel zu den magnetischen Feldlinien fließt.**

§ 114 Messung an magnetischen Feldern; die magnetische Flußdichte

1. Die Definition der magnetischen Flußdichte

Man könnte die Stärke magnetischer Felder durch die Kraft auf „Probemagnete" definieren. Hierzu müßte man zunächst ein Maß für die Stärke solcher Magnete vereinbaren, zumal sie im Laufe der Zeit abnehmen könnte. Deshalb ist es zweckmäßiger, die Stärke magnetischer Felder durch die Kraft zu definieren und zu messen, die ein **Prüfstrom** erfährt, den man in das Magnetfeld bringt. Ein solcher Prüfstrom ist analog zur *Probeladung q*, mit der man die elektrische Feldstärke $\vec{E} = \vec{F}/q$ mißt (Seite 350). Wie dort beginnen wir mit der Ausmessung eines *homogenen Feldes*. Wir finden es im Innern einer langgestreckten, stromdurchflossenen Spule *(Abb. 366.1)* oder angenähert zwischen den Polen mehrerer nebeneinanderstehender, gleicher Hufeisenmagnete.

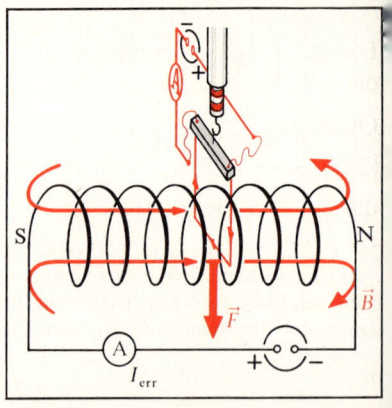

366.1 Die waagerechten unteren Teile des rot gezeichneten Rähmchens erfahren im Feld der Spule die Kraft $\vec{F}$ nach unten.

Versuch 21: In einer langgestreckten Spule *(Abb. 366.1;* 2660 Windungen auf 1 m Länge) erregt der Strom I_{err} ein Magnetfeld. In dieses ragt der untere Teil eines 5,0 cm breiten Drahträhmchens (rot) mit 100 Windungen; seine waagerechten Drahtstücke haben insgesamt die Länge $s = 5,0$ m. Sie erfahren nach der *Dreifingerregel* die Kraft $\vec{F}$ nach unten, wenn sie vom *Prüfstrom I* in der Pfeilrichtung durchflossen werden. Diese Kraft ändert sich nicht, wenn man das Rähmchen in der Querschnittsfläche verschiebt *(Abb. 366.2)*. Das Magnetfeld ist also im Innern der Spule über ihren ganzen Querschnitt hinweg gleich stark, es ist dort *homogen*. — Die vertikalen Drahtteile erfahren zwar in diesem Feld die horizontalen Kräfte $\vec{F}_1$ und $\vec{F}_2$; diese halten sich jedoch das Gleichgewicht und werden nicht gemessen. — Hängt man das Rähmchen außerhalb der Spule auf, so zeigt der Kraftmesser nur dessen Gewichtskraft an; das äußere Magnetfeld kann also vernachlässigt werden (siehe *Abb. 201.1*; dort werden außerhalb der Spule die Eisenfeilspäne kaum ausgerichtet.)

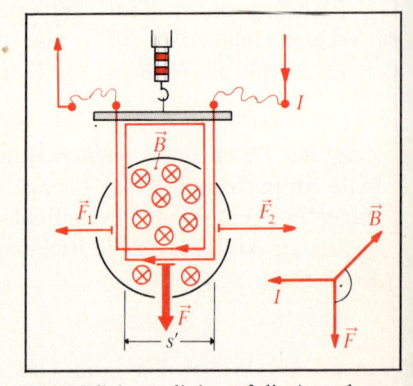

366.2 Blick von links auf die Anordnung der *Abb. 366.1*; die magnetischen Feldlinien zeigen nach hinten (rote Kreuze).

> Das Magnetfeld im Innern einer langgestreckten stromdurchflossenen Spule ist homogen.

Versuch 22: Nun ändern wir die Stärke des Prüfstroms I im Rähmchen, während die Erregerstromstärke in der Spule den konstanten Wert $I_{err} = 2,0$ A behält. Nach *Tabelle 367.1* ist die Kraft F auf den Prüfstrom I diesem proportional. — Dann benutzen wir vom Rähmchen nur die halbe Windungszahl (50 statt 100 Windungen) oder ein Rähmchen halber Breite. In beiden Fällen sinkt die Gesamtlänge der waagerechten Drahtstücke auf $s = 2,5$ m. Bei gleichem Prüfstrom I wird dabei die Kraft F halbiert. Insgesamt ist die auf den Prüfstrom I ausgeübte Kraft F dem Produkt $I \cdot s$ proportional:

Die Kraft F allein gibt also noch kein Maß für die Stärke eines Magnetfeldes. Dagegen ist der Quotient $\frac{F}{I \cdot s}$ von I und s unabhängig. (3. Zeile in *Tabelle 367.1*). Die Einheit von $\frac{F}{I \cdot s}$ ist $\frac{N}{A \cdot m}$; der Quotient $\frac{F}{I \cdot s}$ gibt die Kraft an, die ein Leiter der Länge $s=1$ m erfährt, wenn er senkrecht zu Feldlinien steht und vom Prüfstrom $I=1$ A durchflossen wird.

Tabelle 367.1 $s=5{,}0$; $I_{err}=2{,}0$ A
Spule mit 2660 Windungen auf 1,0 m Länge

I in A	1,0	0,75	0,50	0,25	0
F in cN	3,35	2,5	1,7	0,82	0
$\frac{F}{I \cdot s}$ in $\frac{cN}{Am}$	0,67	0,67	0,68	0,66	—

Versuch 23: Man vergrößert in Versuch 21 den felderregenden Strom I_{err} in der Spule oder verstärkt ihr Magnetfeld durch Eisenstäbe, die man von beiden Seiten in die Spule nahe an das Rähmchen schiebt. Dabei wächst die Kraft F auf den Prüfstrom und mit ihr der Quotient $\frac{F}{I \cdot s}$; dieser Quotient gestattet also, die Stärke magnetischer Felder zu definieren und zu messen. Man nennt ihn **magnetische Flußdichte B** oder auch magnetische *Induktion*, da er bei den Induktionsvorgängen auf Seite 384 eine große Rolle spielt.

Definition: **Ein Leiter der Länge s, der senkrecht zu magnetischen Feldlinien steht und vom Strom I durchflossen wird, erfährt die Kraft $\vec{F}$. Man nennt den Quotienten**

$$B = \frac{F}{I \cdot s} \tag{367.1}$$

den Betrag der magnetischen Flußdichte des Feldes. Die Flußdichte $\vec{B}$ selbst ist ein Vektor in Richtung der magnetischen Feldlinien, also nicht in Richtung der Kraft $\vec{F}$ auf den Probestrom.

In *Tabelle 367.1* hat B den Wert $B=0{,}67 \cdot 10^{-2} \frac{N}{A m}$. Die Einheit $1 \frac{N}{A m}$ nennt man 1 **Tesla** (*N. Tesla*, 1856 bis 1943, kroatisch-amerikanischer Physiker).

Die Einheit der magnetischen Flußdichte (Induktion) B ist $1 \frac{N}{A m} = 1$ Tesla (T).

2. Die Kraft auf stromdurchflossene Leiter

Die Kraft $\vec{F}$ auf stromdurchflossene Leiter spielt in der Elektrotechnik bei *Motoren, Meßinstrumenten*, aber auch in *Generatoren* eine große Rolle. Für sie gilt nach *Gl. 367.1*:

Ein von Strom der Stärke I durchflossener gerader Leiter der Länge s, der senkrecht zu den Feldlinien eines Magnetfeldes der Flußdichte B_s steht, erfährt die Kraft vom Betrag

$$F = I \cdot s \cdot B_s. \tag{367.2}$$

Ihre Richtung gibt die Dreifingerregel nach *Abb. 365.3* an.

3. Die magnetische Flußdichte B in einer Spule

Wir können die Flußdichte B messen. Nun wollen wir untersuchen, von welchen Größen sie beim homogenen Feld in einer langgestreckten Spule abhängt:

Versuch 24: Bei der Anordnung nach *Abb. 366.1* findet man:

a) Die magnetische Flußdichte B ist der *Erregerstromstärke* I_{err} in der Spule proportional. Diese Proportionalität zeigt sich auch bei anderen Leiteranordnungen.

b) Man läßt denselben Strom I_{err} noch durch eine zweite Windungslage fließen, die unmittelbar zwischen oder auf die erste gewickelt ist. Dabei verdoppelt sich die *Windungszahl n* bei gleicher Länge. Man findet dann die doppelte Flußdichte B. Es gilt $B \sim n$ bei gleichbleibender Spulenlänge l.

c) Der Erregerstrom I_{err} wird nicht an den Enden, sondern in $\frac{1}{5}$ und in $\frac{4}{5}$ der Spulenlänge l zugeführt. Dies schwächt das Feld *in der Mitte* der noch hinreichend langgestreckten Spule nicht merklich; in der Mitte haben die Windungen der Enden keinen merklichen Einfluß mehr. Bei dieser Verkürzung des stromdurchflossenen Spulenteils bleibt der Quotient n/l, die sogenannte **Windungsdichte,** erhalten und mit ihr B. Aus (b) und (c) folgt also $B \sim n/l$. — Wenn die Spule hinreichend langgestreckt ist, hängt die Flußdichte B in der Mitte nicht vom *Querschnitt* ab.

d) Bringen wir Eisen oder andere *ferromagnetische Stoffe* in eine Spule, so erhöht sich die magnetische Flußdichte B (ferrum. lat.; Eisen). Die Elementarmagnete im Eisen werden ausgerichtet und verstärken das vom Strom erzeugte Spulenfeld bisweilen wesentlich. Hierauf beruhen die *Elektromagnete* (Seite 202) mit ihren Anwendungen (Klingel, Relais, Telegraf, Fernhörer). Als *Verstärkungsfaktor* (relativ zum Vakuum) führt man die **Permeabilitätszahl** μ_r ein, auch *relative Permeabilität* genannt (permeare, lat.; hindurchtreten; Feldlinienverdichtung). Für Luft gilt $\mu_r = 1{,}00000037 \approx 1$. Um die in weitem Bereich streuenden Werte der Permeabilitätszahl von Eisen zu umgehen, benutzen wir für Messungen luftgefüllte, langgestreckte Spulen mit $\mu_r \approx 1$.

Definition: Die Permeabilitätszahl μ_r gibt an, auf das Wievielfache sich die magnetische Flußdichte B gegenüber Vakuum erhöht, wenn man den ganzen leeren Raum, in dem das Feld besteht, mit diesem Stoff ausfüllt. Vakuum erhält den Wert $\mu_r = 1$.

Fassen wir die Ergebnisse (a) bis (e) zusammen, so erhalten wir $B \sim \mu_r \cdot I_{err} \cdot \dfrac{n}{l}$,

oder mit dem Proportionalitätsfaktor μ_0 geschrieben:

$$B = \mu_0 \cdot \mu_r \cdot I_{err} \cdot \frac{n}{l}. \tag{368.1}$$

Die als Proportionalitätsfaktor eingeführte **magnetische Feldkonstante** μ_0 kann mit Hilfe geeichter Strommesser bestimmt werden. Hierzu lösen wir *Gl. 368.1* nach μ_0 auf:

$$\mu_0 = \frac{B \cdot l}{\mu_r \cdot I_{err} \cdot n}. \tag{368.2}$$

Beispiel: In der für die *Tabelle 367.1* benutzten Spule der Länge $l = 1{,}00$ m mit $n = 2660$ Windungen erzeugt der Erregerstrom $I_{err} = 2{,}00$ A die magnetische Flußdichte $B = 0{,}67 \cdot 10^{-2}$ T. Da die Spule mit Luft ($\mu_r \approx 1$) gefüllt ist, folgt

$$\mu_0 = 1{,}26 \cdot 10^{-6} \, \frac{\text{T m}}{\text{A}}.$$

Die magnetische Flußdichte B in der Mitte einer langgestreckten Spule der Länge l, in welcher der Strom I_{err} durch n Windungen fließt, beträgt

$$B = \mu_0 \cdot \mu_r \cdot I_{err} \cdot \frac{n}{l}. \qquad (369.1)$$

Dabei ist die magnetische Feldkonstante $\mu_0 = 1{,}257 \cdot 10^{-6} \frac{\text{T m}}{\text{A}}$, $\qquad (369.2)$

Aufgaben:

1. *Ein Strom von* 10 A, *der ein* 4,0 cm *langes Drahtstück im Feld eines Elektromagneten durchfließt, erfährt die Kraft* 20 cN. *Wie groß ist die magnetische Flußdichte B senkrecht zum Leiter?*
2. *Welche Kraft erfahren* 100 *Drahtstücke von je* 6,0 cm *Länge im Anker eines Motors, wenn sie von* 2,0 A *in dem Feld der Aufgabe 1 durchflossen werden?*
3. *Welcher Strom müßte durch ein* 50 cm *langes Drahtstück fließen, damit es in einem Feld von* 0,10 T *die Kraft* 1,0 cN *erfährt, wenn es senkrecht zum Feld steht?*
4. *Wie groß ist die magnetische Flußdichte B in einer* 60 cm *langen Spule, die* 1000 *Windungen aufweist und von* 2,0 A *durchflossen ist (Luftfüllung)?*
5. *Eine langgestreckte Spule hat zwei Lagen von gleicher Windungszahl und gleicher Länge. Sie sind übereinandergewickelt, besitzen also verschiedene Querschnitte, werden aber vom gleichen Strom durchflossen. Dabei entsteht entweder ein Feld doppelter Stärke oder vom Betrage Null. a) Wie sind die Wicklungen geschaltet? – b) Inwiefern bestätigt der Versuch, daß die Flußdichte ein Vektor ist?*

§ 115 Elektronen im Vakuum; Lorentzkraft

1. Ablenkung von Elektronen im Magnetfeld

Wie wir sahen, erfährt ein Leiter im Magnetfeld eine Kraft, wenn in ihm Elektronen fließen. Wir prüfen nun, ob auch Elektronen, die im Vakuum durch ein Magnetfeld fliegen, Kräfte erfahren:

Versuch 25: Im luftleeren Glaskolben einer *Braunschen Röhre* werden aus einer Glühkathode Elektronen freigesetzt und zur positiv geladenen Anode beschleunigt. Sie treten durch eine Öffnung im Anodenblech und fliegen im anschließend feldfreien Raum geradlinig als Elektronenstrahl weiter. Wenn sie auf einen Leuchtschirm treffen, so erzeugen

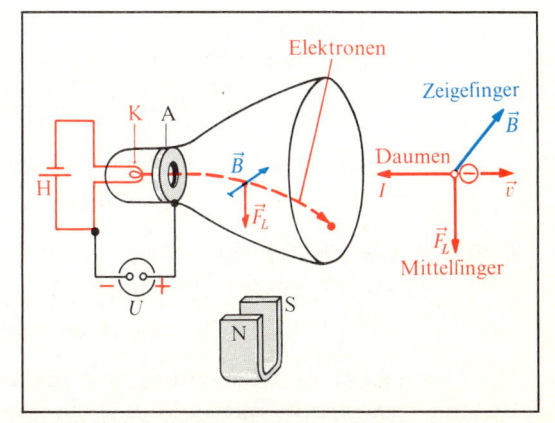

369.1 Das in die Zeichenebene gerichtete Magnetfeld lenkt den Elektronenstrahl durch die Lorentzkraft $\vec{F}_L$ nach unten ab.

sie Licht. Der Leuchtfleck wird abgelenkt, wenn man der Röhre einen Hufeisenmagneten nähert *(Abb. 369.1)*. Die Richtung der Ablenkung kann mit der *Dreifingerregel (Abb. 365.3)* vorhergesagt werden. Hierbei muß der Daumen in die *konventionelle Stromrichtung* zeigen, das heißt der Elektronenbewegung entgegen vom Leuchtschirm zur Glühkathode! Besonders eindrucksvoll ist das Experiment, wenn die Röhre noch etwas Wasserstoffgas (10^{-2} mbar) enthält. Die längs des Strahls von Elektronen getroffenen Gasmoleküle leuchten wie in einer Glimmlampe, wenn sie von Elektronen getroffen werden. Die leuchtenden Gasmoleküle machen dabei den Weg derjenigen Elektronen sichtbar, die bei dem geringen Gasdruck zufällig kein Molekül treffen und wie in einem vollständigen Vakuum weiterfliegen. Man kann den Elektronenstrahl auch längs eines Leuchtschirms in der Röhre entlang streifen lassen. Dann erkennt man die Flugbahn der sonst unsichtbaren Elektronen als hell leuchtenden Streifen. Die auf bewegte Elektronen im Magnetfeld wirkende Kraft nennt man **Lorentzkraft** $\vec{F}_L$ *(H. A. Lorentz, holländischer Physiker, 1853 bis 1928)*. Sie wird zum Ablenken des Elektronenstrahls in *Fernsehröhren* benutzt.

Die Lorentzkraft F_L steht nach der Dreifingerregel *(Abb. 365.3)* stets senkrecht zur Bewegungsrichtung und senkrecht zum $\vec{B}$-Vektor. Das gleiche gilt für die Kraft $F = I \cdot s \cdot B$, die ein stromdurchflossener Leiter erfährt. Wir nehmen deshalb an, diese Kraft $\vec{F}$ sei die Summe der Lorentzkräfte, die als äußere Kräfte auf alle N sich im Leiter bewegenden Elektronen wirken (die positiven Ladungen, nämlich die Atomkerne, sind in Ruhe, erfahren also keine Kräfte). Wir drücken nun die am Strommesser abgelesene Stromstärke $I = Q/t$ durch Größen aus, die den Elektronen zukommen und die wir folglich nicht unmittelbar messen können. So nehmen wir an, alle N beweglichen Elektronen haben die gleiche Geschwindigkeit v_s senkrecht zum Magnetfeld (der Leiter steht senkrecht zu $\vec{B}$). Zum Durchlaufen des Leiterstücks der Länge s brauchen sie also die Zeit $t = s/v_s$. Im Laufe dieser Zeit t treten alle N durch den am Ende der Strecke s gedachten Querschnitt *(Abb. 370.1)* und transportieren durch ihn die Ladung $Q = N \cdot e$. Folglich ist die Stromstärke

$$I = \frac{Q}{t} = \frac{N \cdot e}{s} v_s. \qquad (370.1)$$

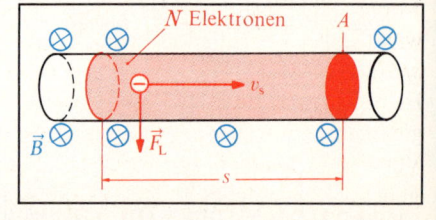

370.1 Zur Herleitung von *Gl. 370.1*. Im Leiterstück der Länge s seien N freie Elektronen.

I ist der Elektronengeschwindigkeit v_s proportional. Wenn man $I = N \cdot e \cdot v_s/s$ in die Gleichung $F = I \cdot s \cdot B$ einsetzt, so erhält man die Kraft F auf alle N Elektronen, die sich mit der Geschwindigkeit v_s bewegen zu

$$F = I \cdot s \cdot B = \frac{N \cdot e \cdot v_s}{s} s \cdot B = N \cdot B \cdot e \cdot v_s. \qquad (370.2)$$

Ein einzelnes bewegtes Elektron erfährt also die Lorentzkraft $F_L = \dfrac{F}{N} = B \cdot e \cdot v_s$.

Bewegt sich ein Elektron der Ladung $-e$ mit der Geschwindigkeit v_s senkrecht zu den Feldlinien eines Magnetfeldes mit der Flußdichte B, so erfährt es die Lorentzkraft vom Betrage

$$F_L = B \cdot e \cdot v_s. \qquad (370.3)$$

Die Lorentzkraft $\vec{F}_L$ steht sowohl zu $\vec{v}_s$ als auch zu $\vec{B}$ senkrecht und verrichtet deshalb am Elektron keine Arbeit, sondern lenkt es nur senkrecht zum Geschwindigkeitsvektor ab.
Die Lorentzkraft F_L ist Null, wenn das Elektron ruht oder sich parallel zu den Feldlinien bewegt ($v_s = 0$).

2. Die spezifische Ladung e/m des Elektrons und seine Masse m

Wir kennen die Ladung e des Elektrons und haben sie an Öltröpfchen und an Ionen bestimmt. Wir wissen aber noch nicht, ob es sinnvoll ist, dem Elektron auch eine Masse m zuzuschreiben. Nun sahen wir in Versuch 25, daß Elektronen, welche die Anodenöffnung einer Braunschen Röhre durchlaufen haben, im sich anschließenden feldfreien Raum geradlinig weiterfliegen. Sie können ein Blech, auf das sie prallen, zum Glühen bringen, wie wir schon früher sahen. Man wird also — zunächst noch durchaus hypothetisch — die Elektronen als negativ geladene Gebilde von noch unbekannter Ausdehnung ansehen, die Beharrungsvermögen, also Masse, haben.

Wenn Elektronen in der Braunschen Röhre zwischen Kathode und Anode die Spannung U durchlaufen, so verrichtet das elektrische Feld an ihnen die Arbeit $W = q \cdot U = e \cdot U$ *(Gl. 351.2)*. War das Elektron an der Kathode praktisch in Ruhe und verlor es unterwegs keine Energie — etwa durch Stöße mit Luftmolekülen —, so bekommt es die kinetische Energie $W_{kin} = \frac{1}{2} m \cdot v^2$. Es gilt:

$$\tfrac{1}{2} m \cdot v^2 = e \cdot U. \qquad (371.1)$$

Aus dieser Gleichung läßt sich m nicht bestimmen, da man v nicht kennt. Deshalb unterzieht man die Elektronen einem weiteren „Test", indem man sie durch ein Magnetfeld ablenkt. Damit man gut beobachten kann, wird dieses Feld nach *Abb. 371.1* durch ein *Helmholtzspulenpaar* und nicht durch eine massive Spule erzeugt. Es besteht aus zwei großen Ringspulen, deren Radius R gleich ihrem Abstand d ist. Die Messung von B nach Versuch 21 zeigt in der vertikalen Mittelebene ein weitgehend homogenes Feld, dessen Feldlinien senkrecht zur Mittelebene stehen.

Versuch 26: Man bringt nach *Abb. 371.2* eine **Wehneltröhre** (auch *Fadenstrahlrohr* genannt) so zwischen die beiden Spulen in *Abb. 371.1*, daß sich die Elektronen in deren Mittelebene bewegen. Eine Gasfüllung zeigt nach Seite 370 den Elektronenstrahl als dünnen Faden. Er verläuft senkrecht zu den Feldlinien. Auf jedes Elektron wirkt die Lorentzkraft $F_L = B \cdot e \cdot v_s$ senkrecht zu v_s in der Mittelebene *(Abb. 372.1)*. F_L verrichtet also an den Elektronen keine Arbeit, sondern lenkt sie nur ab. Deshalb bleiben der Betrag von v_s und damit auch von der Lorentzkraft im homogenen Feld B konstant. F_L wirkt also als *konstante Zentripetalkraft* $F_z = m \cdot v_s^2 / r$ *und zwingt die Elektronen auf eine ebene Kurve mit dem konstanten Krümmungsradius r; dies kann nur ein Kreis sein.* In *Abb. 371.3* ist er fotografiert. Da die Lorentzkraft F_L als Zentripetalkraft F_z wirkt, gilt:

$$B \cdot e \cdot v_s = \frac{m \cdot v_s^2}{r}. \qquad (371.2)$$

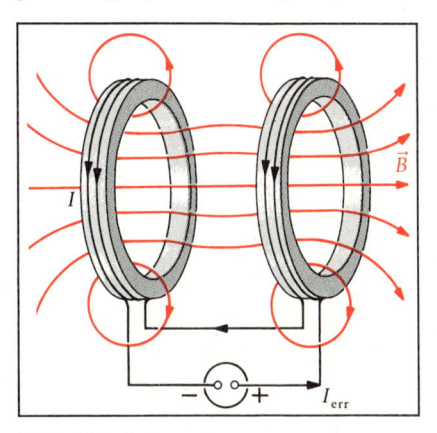

371.1 Helmholtzspulenpaar

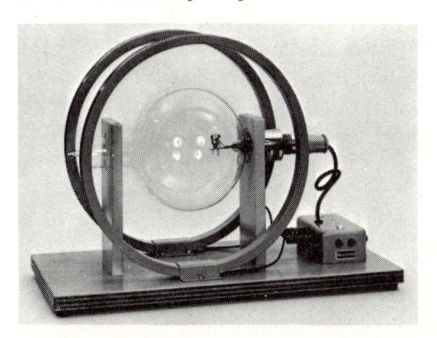

371.2 Wehneltröhre zwischen Helmholtzspulen, deren Feldlinien längs der Spulenachse nach hinten zeigen. Rechts im Glaskolben werden die Elektronen nach unten beschleunigt und auf den in *Abb. 35.3* gezeigten Kreis gezwungen. F_L zeigt zum Kreismittelpunkt.

371.3 Foto der Kreisbahn in *Abb. 371.2*

Zusammen mit *Gl. 371.1* (dort wird v durch v_s ersetzt) können wir die beiden unbekannten Größen v_s und m ermitteln. Die Beschleunigungsspannung U zwischen Kathode K und Anode A *(Abb. 372.1)* wird an einem Spannungsmesser abgelesen, B nach Versuch 21, r nach *Abb. 372.2* bestimmt. *Bei all diesen Ablenkungsversuchen treten e und m nie einzeln, sondern stets als Quotient $\frac{e}{m}$ auf.* Man nennt ihn die **spezifische Ladung** und erhält ihn aus *Gl. 371.1* und *371.2* zu

$$\frac{e}{m} = \frac{2U}{B^2 \cdot r^2} = 1{,}76 \cdot 10^{11} \frac{\text{C}}{\text{kg}}. \qquad (372.1)$$

Eine Menge Elektronen der Masse 1 kg hat also die riesige Ladung $1{,}76 \cdot 10^{11}$ C. Mit der Elementarladung $e = 1{,}602 \cdot 10^{-19}$ C erhält man die Masse m_e des Elektrons. Die heute genauesten Werte sind:

Spezifische Ladung des Elektrons $\frac{e}{m} = 1{,}758796 \cdot 10^{11} \frac{\text{C}}{\text{kg}}$,

Masse des Elektrons $m_e = 9{,}109 \cdot 10^{-31}$ kg.

Mit dem Wert von e/m kann man nun sofort aus *Gl. 371.1* die Geschwindigkeit v der Elektronen nach dem Durchlaufen der Beschleunigungsspannung U berechnen zu

$$v = \sqrt{2 \frac{e}{m} \cdot U}. \qquad (372.2)$$

In Versuch 26 ist bei $U = 200$ V die Geschwindigkeit $v = 8{,}39 \cdot 10^6$ m/s. Beträgt die Flußdichte $B = 1{,}0 \cdot 10^{-3}$ Tesla, dann erfährt ein Elektron die Lorentzkraft $F_L = 1{,}34 \cdot 10^{-15}$ N. Sie erzeugt die Zentripetalbeschleunigung $a_z = F_z/m = 1{,}5 \cdot 10^{15}$ m/s²!

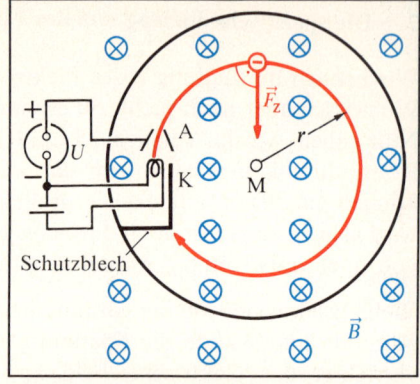

372.1 Kreisbahn der Elektronen und Zentripetalkraft $\vec{F}_z = \vec{F}_L$ in der Wehneltröhre

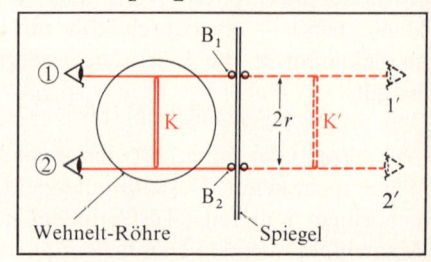

372.2 Parallaxenfreie Ablesung des Kreisdurchmessers mit einem Spiegel: Man blickt senkrecht auf den Spiegel, wenn der oberste bzw. unterste Punkt der Kreisbahn K mit dem Spiegelbild der Augenpupille zusammenfällt (1′ und 2′). Auf diese Höhe schiebt man die beiden Gummibändchen B_1 und B_2. Ihr Abstand gibt $2r$.

Aufgaben:

1. *Welche Spannung ist nötig, um einem Elektron D-Zug-Geschwindigkeit (144 km/h) zu verleihen?*

2. *Welche Geschwindigkeit erhält ein Elektron durch die Beschleunigungsspannung 5,0 V? Welche Energie hat es dann?*

3. *Welche Geschwindigkeit erhält ein Elektron in einer Fernsehröhre, wenn die Beschleunigungsspannung 18 kV beträgt? Wie lange braucht es dann von der Anode zum Leuchtschirm (40 cm)?*

4. *Welche Flußdichte braucht man, um Elektronen, die durch 2,0 kV beschleunigt wurden, auf einen Kreis von 10 cm Radius abzulenken?*

5. *Elektronen, die durch 200 V beschleunigt wurden, beschreiben im Magnetfeld von $B = 9{,}5 \cdot 10^{-4}$ Tesla einen Kreis mit 5,0 cm Radius. Berechnen Sie e/m! Mit welcher Geschwindigkeit verlassen die Elektronen die Anodenöffnung? Wie lange brauchen sie zu einem Umlauf?*

6. *Die Gravitationskraft der Sonne kann einen Planeten sowohl auf eine gekrümmte Bahn zwingen wie auch den Betrag seiner Geschwindigkeit erhöhen (Mechanikteil Seite 306). Gilt Entsprechendes auch für die Lorentzkraft?*

7. *In der Fernsehröhre werden die Elektronen durch magnetische Felder, also durch Lorentzkräfte, abgelenkt. Könnte man die Beschleunigungskanone auch durch Magnetfelder betreiben?*

§ 116 Ablenkung von Elektronen in elektrischen Feldern

1. Die Ablenkung des Elektronenstrahls im elektrischen Querfeld

Versuch 27: In den hochevakuierten Glaskolben einer *Braunschen Röhre* nach *Abb. 373.1* ist eine Kathode K eingeschmolzen, die durch die Heizbatterie H zum Glühen erhitzt wird und Elektronen aussendet. Die Anodenspannung U_a gibt zwischen Anode A(+) und Kathode K(−) ein elektrisches Feld. Bei höheren Spannungen dürfen wir die Energie vernachlässigen, mit der die Elektronen die Kathode verlassen (sie werden abgedampft). Dann haben die Elektronen nach dem Durchlaufen der Spannung U_a die kinetische Energie

$$W_{kin} = \tfrac{1}{2} m \cdot v_x^2 = e \cdot U_a. \quad (373.1)$$

373.1 Braunsche Röhre mit 2 Ablenkplattenpaaren, die im rechten Winkel zueinander angeordnet sind; W: Wehneltzylinder, A: Anode, L: Leuchtschirm

Dabei ist es gleichgültig, ob das beschleunigende Feld homogen ist oder nicht. Auch die negative Ladung des *Fokussierungszylinders* W ändert an v_x nichts. Vielmehr konzentriert (fokussiert; focus, lat.; Brennpunkt) er die Elektronen auf die Öffnung in der Anode; außerdem regelt er deren Zahl, steuert also die *Helligkeit des Leuchtflecks* auf dem Leuchtschirm L (Seite 376). Dieser besteht meist aus Calciumwolframat mit Zusätzen. Bei modernen Röhren bringt man zwischen K und A noch weitere Focussierungsvorrichtungen an, die durch ihre elektrischen Felder die Elektronen zu einem scharfen Strahl bündeln. Damit die Elektronen hinter der Öffnung in der Anode kräftefrei und geradlinig mit der erreichten Geschwindigkeit v_x weiterfliegen, „erdet" man das Anodenblech und gibt der Kathode negative Polarität. Dann ist der Raum rechts von der Anode frei vom Feld der Anodenspannung U_a. Um die Elektronen in diesem Raum durch elektrostatische Kräfte in der y-Richtung ablenken zu können, ist das erste Plattenpaar mit dem Plattenabstand d_y angebracht und zwischen dessen Platten die *Ablenkspannung U_y* gelegt. Im (angenähert) homogenen Feld der Stärke $E_y = U_y / d_y$ erfahren die Elektronen nach oben die Beschleunigung

$$a_y = \frac{F_y}{m} = \frac{e \cdot E_y}{m} = \frac{e}{m} \frac{U_y}{d_y}. \quad (373.2)$$

a_y ändert an der Horizontalkomponente v_x nichts. Folglich brauchen die Elektronen zum Durchlaufen des Ablenkkondensators der Länge l die Zeit $t_1 = l/v_x$ und bekommen in y-Richtung die Geschwindigkeit

$$v_y = a_y \cdot t_1 = \frac{e}{m} \cdot \frac{U_y}{d_y} \cdot \frac{l}{v_x}. \quad (373.3)$$

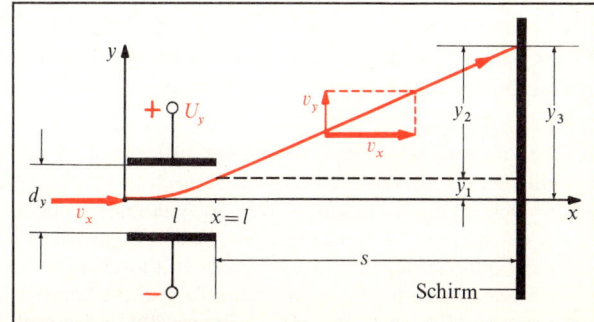

373.2 Elektrostatische Ablenkung

Sie werden dabei auf einer Parabelbahn um die Strecke

$$y_1 = \frac{1}{2} a_y \cdot t_1^2 = \frac{1}{2} \frac{e}{m} \frac{U_y}{d_y} \frac{l^2}{v_x^2} = \frac{1}{4} \frac{l^2}{d_y} \cdot \frac{U_y}{U_a} \qquad (374.1)$$

am Ende des Ablenkkondensators nach oben abgelenkt *(Gl. 373.1)*. Bis zum Schirm im Abstand s brauchen sie von hier ab die Zeit $t_s = s/v_x$. In ihr fliegen sie kräftefrei und geradlinig weiter, und zwar mit der Geschwindigkeitskomponente v_y nach oben. Deshalb legen sie in der Zeit t_s in y-Richtung zusätzlich die Strecke

$$y_2 = v_y \cdot t_s = \frac{e}{m} \cdot \frac{U_y}{d_y} \cdot \frac{l}{v_x} \cdot \frac{s}{v_x} = \frac{1}{2} \cdot \frac{l \cdot s}{d_y} \cdot \frac{U_y}{U_a} \qquad (374.2)$$

zurück. Die gesamte Ablenkung nach oben beträgt

$$y_3 = y_1 + y_2 = \frac{1}{2} \frac{l}{d_y} \cdot \left(\frac{l}{2} + s\right) \frac{U_y}{U_a}. \qquad (374.3)$$

a) Die gesamte Ablenkung y_3 ist der Ablenkspannung U_y proportional. Dies benutzt man, um Spannungen mit Oszillografen zu messen. Da die Laufzeiten t_1 und t_2 sehr kurz sind, kann man auch Wechselspannungen registrieren.

b) y_3 ist dem Kehrwert der Beschleunigungsspannung U_a proportional. Ein Oszillograf wird deshalb um so empfindlicher, je kleiner man U_a wählt. Allerdings wird im allgemeinen die Empfindlichkeit an eingebauten *Verstärkern* geregelt, und man hält U_a konstant.

c) Die Ablenkung y_3 im *elektrischen* Feld hängt *nicht* von der spezifischen Ladung e/m ab.

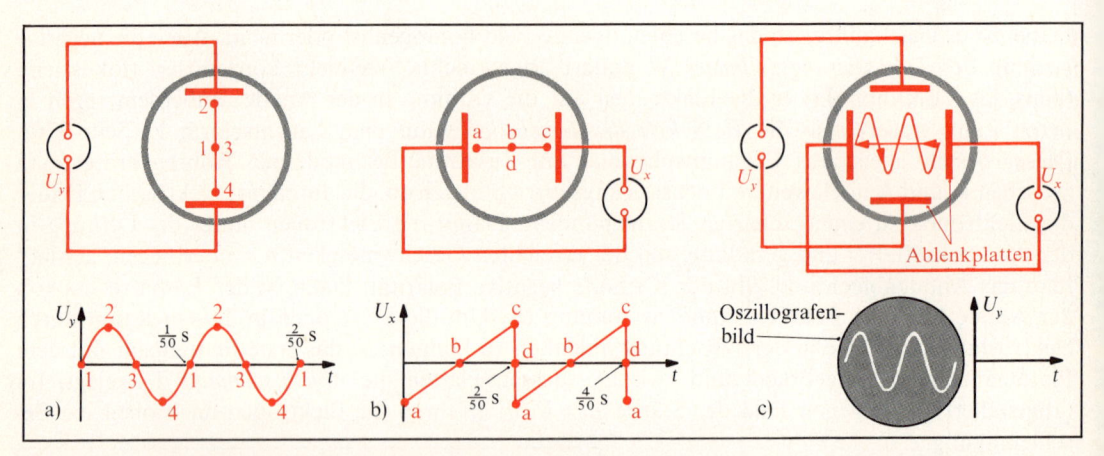

374.1 a) Die Wechselspannung $U_y(t)$ lenkt den Elektronenstrahl vertikal ab (vgl. die Punkte 1, 2, 3, 4).
b) Die Kippspannung $U_x(t)$ lenkt an den vertikalen Platten in horizontaler Richtung ab.
c) Das Zusammenwirken von U_y und U_x zeigt die Wechselspannungskurve.

2. Die **Vakuumdiode** besteht aus einem luftleeren Kolben, der eine Glühkathode (K) und eine Anode (A) enthält. Da die Elektronen nur von K nach A fliegen können, wirkt sie wie ein elektrisches Ventil und eignet sich zum *Gleichrichten*. Bei der **Vakuum-Triode** wird der Elektronenstrom von der Anode zur Kathode durch die Auflading eines *Gitters* G gesteuert. Es liegt zwischen A und K und wirkt ähnlich wie der Fokussierungszylinder W in der Braunschen Röhre beim Steuern der Helligkeit des Leuchtflecks. Da die Elektronen sehr schnell sind, erfolgt diese Steuerung praktisch verzögerungsfrei bis zu sehr hohen Frequenzen. Hier sind diese Hochvakuumröhren den heute sonst ausschließlich benutzten Kristalldioden und Transistoren überlegen. Wie bei Transistoren kann diese Steuerung zum Verstärken benutzt werden.

§ 117 Der lichtelektrische Effekt (Fotoeffekt)

1. Der äußere Fotoeffekt

Versuch 28: Eine frisch abgeschmirgelte Zink- oder Aluminiumplatte wird mit dem *ultravioletten Licht (UV)* einer Quecksilberdampf- oder Bogenlampe ohne Linse (oder mit Röntgen„licht") bestrahlt. Wenn die nach *Abb. 375.1* mit einem Elektroskop verbundene, sonst gut isolierte Platte vorher *negativ* geladen wurde, geht der Ausschlag beim Belichten schnell zurück. Eine positive Ladung bleibt dagegen bestehen.

Man könnte nun vermuten, daß das Licht positive Ladung mit sich führt. Dann würde es aber von Magneten oder Bandgeneratoren abgelenkt werden! Außerdem würde es beim Einfall in einen Faradaybecher diesen immer weiter aufladen. Dies ist aber nicht der Fall. Der Versuch 28 kann nur so erklärt werden, daß die *vom Licht mitgeführte Energie Elektronen aus dem Metall freisetzt.* Um einen eventuellen Einfluß der umgebenden Luft auszuschalten, verwenden wir eine technische **Fotozelle**. In ihrem Hochvakuum kann man das sonst leicht oxidierende Alkalimetall *Cäsium* verwenden, mit dem die Versuche auch im sichtbaren Licht, ja sogar im *infraroten Spektralbereich (IR;* „Wärmestrahlen"*),* gelingen *(Abb. 375.2).*

Versuch 29: Man legt zwischen den Anodenring A und die Cäsium-Kathode K der Fotozelle nach *Abb. 375.2* die Saugspannung U_a. *Abb. 375.3* zeigt, wie von ihr der Fotostrom I abhängt. Wenn U_a genügend groß ist, werden *alle* vom Licht freigesetzten Elektronen zum Anodenring A gezogen und vom Strommesser erfaßt. Man sagt, der Fotostrom I sei „gesättigt". Dieser *Sättigungsstrom* ist der Zahl der je Sekunde vom Licht freigesetzten Elektronen proportional. Wie genau diese Zahl der Lichtintensität proportional ist, zeigt Versuch 30:

Versuch 30: Man beleuchtet eine Fotozelle zuerst mit einer, dann mit einer zweiten Lampe, dann mit beiden gemeinsam (damit dabei die Helligkeit der Einzellampe nicht sinkt, benutzt man getrennte Stromquellen; auch müssen helle Flächen – auch Kleider – im Raum ihre Lage beibehalten). Man findet, daß sich die Sättigungsströme exakt addieren.

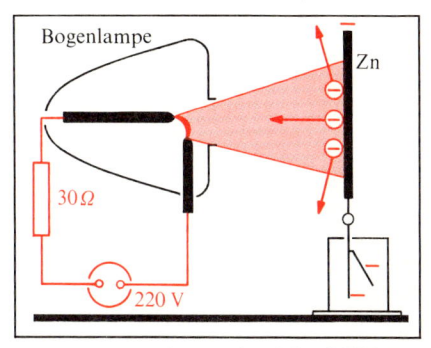

375.1 Licht macht aus dem Metall Elektronen frei; das negativ geladene Elektroskop entlädt sich. Ein positiv geladenes Elektroskop würde seine Ladung behalten.

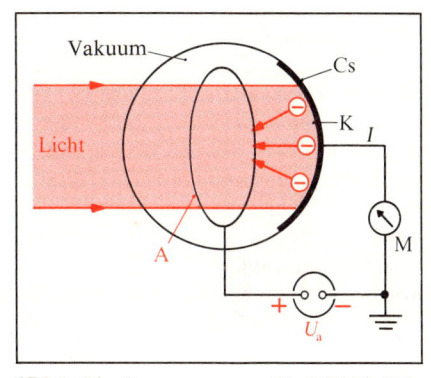

375.2 Die Saugspannung U_a (100 V) läßt alle vom Licht freigesetzten Fotoelektronen über den Strommesser fließen.

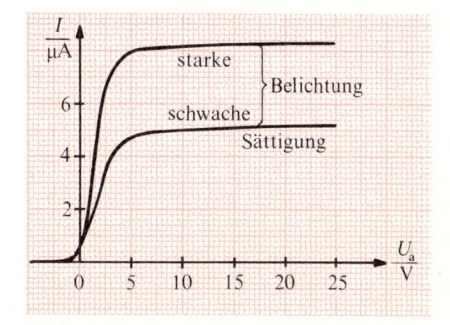

375.3 Der Fotostrom I als Funktion der Saugspannung U_a. Man erkennt die Sättigung des Fotostroms I. Sie hängt stark von der Belichtung ab.

> Beim äußeren lichtelektrischen Effekt werden durch Licht, durch ultraviolette oder durch Röntgenstrahlen aus der Oberfläche von Körpern Elektronen freigesetzt. Die Zahl dieser Fotoelektronen ist der Lichtintensität streng proportional.

Mit der Fotozelle lassen sich Lichtschwankungen in Strom- und Spannungsschwankungen mit einer Verzögerung von 10^{-9} s umsetzen. Die von *Elster* und *Geitel* 1893 entwickelten *Vakuumfotozellen* werden beim *Tonfilm*, zum *Fernsehen* (siehe *Ziffer 2*) sowie zu mannigfachen *Signal-*, *Sicherungs-* und *Steuereinrichtungen* benutzt, etwa zum Sortieren von Gegenständen und zum Steuern von Maschinen nach gelochten oder bedruckten Schablonen. Heute werden die Vakuum-Fotozellen weitgehend durch *lichtempfindliche Halbleiterbauelemente* ersetzt, bei denen man den sogenannten *inneren lichtelektrischen Effekt* benutzt (Seite 241).

2. Grundzüge des Fernsehens

Man kann ein Bild — etwa beim Bildtelegraf — elektrisch übertragen, indem man es in viele kleine nebeneinanderliegende Punkte aufteilt und deren Helligkeitswerte schnell nacheinander dem Empfänger zuleitet. Dieser muß sie wieder zum Bild zusammensetzen. In der *Fernsehaufnahmeröhre*, dem **Ikonoskop**, projiziert man das optische Bild auf die Glimmerplatte G *(Abb. 376.1)*. Sie trägt vorn wie ein Mosaik viele kleine, gegeneinander isolierte Alkalistäubchen als *Mikrofotokathoden*. Je heller der Bildpunkt ist, um so mehr Fotoelektronen sendet das Stäubchen aus, um so stärker positiv lädt es sich auf. Die Glimmerplatte trägt ein dem optischen Bild entsprechendes „*Ladungsbild*". Auf ihrer Rückseite liegt die zusammenhängende metallische Signalelektrode. Sie bildet mit jedem Alkalistäubchen einen *Mikrokondensator*. Durch die Ablenkvorrichtung wird ein Elektronenstrahl zeilenweise über das Ladungsbild geführt — synchron zum Elektronenstrahl in den Empfängern. Er ergänzt die fehlende negative Ladung der belichteten Alkalistäubchen. Dies gibt in der Signalelektrode durch Influenz Stromstöße, die der Helligkeit des optischen Bildpunktes proportional sind. Sie werden verstärkt und über Sende- und Empfangseinrichtungen dem Wehneltzylinder der Fernsehröhre im *Empfänger* zugeleitet. Man führt die Schaltung so aus, daß beim Abtasten eines nur schwach beleuchteten Alkalistäubchens die Wehneltzylinder aller Empfänger hohe negative Spannung erhalten und so deren Elektronenstrahlen drosseln. (Wehneltzylinder ist der Zylinder W in *Abb. 373.1*.)

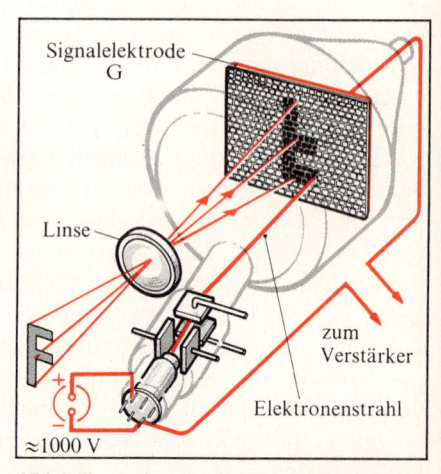

376.1 Ikonoskop in der Fernsehkamera

Die Elektronenstrahlen in Sender und Empfänger müssen sich völlig gleichlaufend *(synchron)* bewegen und in jedem Augenblick über einander entsprechende Punkte laufen. Hierzu wird das Fernsehbild in 625 waagrechte Zeilen zerlegt, über die eine *Kippspannung* mit 15 625 Hz Zeilenfrequenz den Elektronenstrahl von links nach rechts führt (Seite 374). Eine zweite, niederfrequente Kippspannung verschiebt dabei den Strahl wesentlich langsamer von oben nach unten. Die ganze Bildfläche wird in jeder Sekunde 25mal überstrichen. Infolge der optischen Nachwirkung im Auge und wegen eines schwachen Nachleuchtens des Schirmmaterials erhalten wir einen geschlossenen Bildeindruck. Wenn man in einer Zeile 800 Bildpunkte unterbringen will, so muß man $12{,}5 \cdot 10^6$ Bildsignale je Sekunde übertragen. Die *Zeilenablenkung* erfolgt durch stromdurchflossene Spulen, die über den Röhrenhals gestülpt sind, also durch die Lorentzkraft. Um das lästige Flimmern zu unterdrücken, wird zunächst innerhalb 1/50 s jede zweite Zeile „geschrieben", anschließend durchläuft in der gleichen Zeit der Elektronenstrahl die ausgelassenen Zeilen *(Zeilensprungverfahren)*. Dann ist jedes Stück des Bildschirms nur halbsolange dunkel (1/50 s), wie wenn Zeile für Zeile geschrieben würde (1/25 s).

§ 118 Elektrizitätsleitung in Gasen

1. Die unselbständige Gasentladung

Die Atome und Moleküle von Gasen sind normalerweise elektrisch neutral und erfahren in elektrischen Feldern keine Kraft. Elektrische Felder können auch nicht unmittelbar aus Gasmolekülen Elektronen herausreißen. Man braucht andere Verfahren:

Versuch 31: Eine Fotozelle ist mit einem Edelgas von etwa 10^{-2} mbar Druck gefüllt. Abb. 377.1 zeigt den Fotostrom I als Funktion der angelegten Spannung U bei schwächerer (1) und stärkerer (2) Belichtung. Unterhalb der Spannung $U_i = 18$ V stimmen diese Kennlinien genau mit denen einer gleich gebauten Vakuum-Zelle überein; das Gas ist ohne jeden Einfluß auf I. Oberhalb von U_i liefert das Gas zusätzliche Elektrizitätsträger: Die vom Licht aus der Kathode freigesetzten Fotoelektronen erhalten nämlich vom angelegten Feld eine so große Energie $W_i = e \cdot U_i$, daß sie aus den Gasmolekülen durch „Stoß" Elektronen herausschlagen und positive Ionen bilden; man spricht von **Stoßionisation**. Auch die freigesetzten Elektronen nehmen aus dem Feld Energie auf und ionisieren weitere Gasmoleküle. Dies vervielfacht den Fotostrom gegenüber dem der Vakuumzelle erheblich. Mit solchen *gasgefüllten Fotozellen* kann man geringere Lichtintensitäten nachweisen und messen als mit Vakuumzellen. Zu ihrem Betrieb braucht man einen Vorwiderstand (Seite 379).

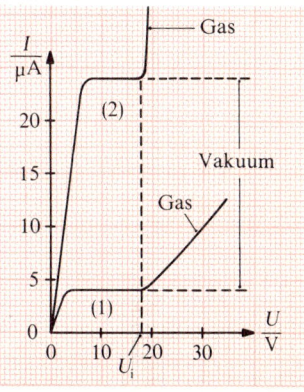

377.1 *I-U*-Kennlinien von gasgefüllten und Vakuum-Fotozellen; zu Versuch 31. Erst oberhalb der Ionisierungsspannung $U_i = 18$ V macht sich das Gas bemerkbar.

Die zur Stoßionisation nötige Arbeit $W_i = e \cdot U_i$ nennt man **Ionisierungsarbeit.** Sie beträgt hier etwa $W_i = 1{,}6 \cdot 10^{-19}$ C $\cdot$ 18 J/C $= 29 \cdot 10^{-19}$ J.

> Um Atome oder Moleküle zu ionisieren, braucht man eine charakteristische Ionisierungsarbeit W_i. Sie kann durch Stoß hinreichend schneller Elektronen aufgebracht werden. Bei dieser Stoßionisation entstehen positive Ionen und freie Elektronen.

Wenn in Versuch 31 die Beleuchtungsstärke und die Spannung $U > U_i$ konstant sind, so behält der Fotostrom I einen bestimmten Wert, obwohl durch Stoßionisation ständig neue Ladungsträger entstehen. Es hat sich nämlich ein *Gleichgewicht* eingestellt, bei dem in der gleichen Zeit genau so viele Ionen ein Elektron einfangen und so zum neutralen Teilchen *rekombinieren* (sich wieder vereinigen), wie durch Stoß neu entstehen.

Versuch 32: Dem Knopf eines geladenen Elektrometers nähert man eine Flamme oder ein radioaktives Präparat; man kann das Elektroskop auch einem Röntgenstrahl aussetzen. Dabei wird es – mehr oder weniger schnell – entladen. Radioaktive Strahlen und Röntgenstrahlen ionisieren offenbar die Moleküle der Luft. Sie sind im Gegensatz zum sichtbaren Licht so energiereich, daß sie die nötige Ionisierungsarbeit verrichten können. In Flammen haben die freien Elektronen eine so große Geschwindigkeit, daß sie durch Stoß ionisieren und viele weitere freie Elektronen erzeugen (Moleküle selbst können erst ab etwa 10^6 Kelvin durch Stoß ionisieren).

Die Ursache für die Leitfähigkeit wurde von außen an das Gas herangetragen. Der Strom kann allein nicht weiterbestehen, auch wenn man die Spannung beläßt; es handelt sich um eine **unselbständige Elektrizitätsleitung**, auch **unselbständige Gasentladung** genannt, da durch sie ein Elektroskop entladen werden kann (Versuch 32).

> **Gasmoleküle können durch hohe Temperaturen, aufprallende Elektronen sowie durch radioaktive und Röntgen-Strahlen ionisiert werden. Bei nicht zu hoher Spannung findet eine unselbständige Elektrizitätsleitung statt.**

2. Die selbständige Gasentladung

Versuch 33: Nach *Abb. 378.1* sind in eine Glasröhre zwei durchbohrte Elektroden mit etwa 50 cm Abstand eingeschmolzen. Auch wenn man eine Spannung von 5000 V anlegt, zeigt das Instrument keinen Strom an; die Luft leitet nicht. Erst wenn man mit einer Pumpe den Druck herabsetzt, so fließt bei etwa

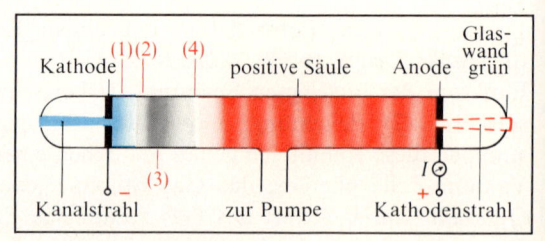

378.1 Glimmentladung in Luft von etwa 1 mbar Druck

10 mbar plötzlich ein Strom; gleichzeitig leuchtet das Gas: An die Anode schließt sich die rote **positive Säule** an; häufig ist sie aus leuchtenden Schichten zusammengesetzt, die in gleichen Abständen nebeneinanderliegen. Bei dieser **Glimmentladung** finden wir an der Kathode eine blaue *Lichthaut* (1), durch einen dunkleren Raum (2) vom **negativen Glimmlicht** (3) getrennt; dieses setzt sich durch den *Dunkelraum* (4) von der positiven Säule ab. — Wird der Druck weiter vermindert, so zieht sich die positive Säule zurück und verschwindet ganz. Sie ist also für den Vorgang nicht wesentlich. Dafür haben sich die Leuchterscheinungen um die Kathode auf die ganze Röhre ausgedehnt. Unterhalb von 0,1 mbar fallen auch Leuchterscheinungen auf, die sich durch die Öffnungen in den Elektroden fortsetzen. Die *Kathodenstrahlen (Abb. 378.1, rechts)* sind Elektronen, die von der Kathode wegfliegen *(Seite 379)*. Bei hohen Spannungen treten dann auch *Röntgenstrahlen* auf (Seite 380).

Im Gegensatz zur unselbständigen Entladung scheint in Versuch 33 ein Anlaß zur Ionisierung der Luftmoleküle, also etwa eine radioaktive Strahlung, zu fehlen; es ist zunächst unverständlich, wie der Strom einsetzen kann. Doch erzeugen radioaktive Strahlen aus der Umgebung (Erdboden, Wände usw.) und die *kosmischen Strahlen* (Seite 468) in 1 cm³ Luft etwa 10 positive Ionen und Elektronen je Sekunde. Wir können sie selbst mit einem Meßverstärker nicht nachweisen. Diese wenigen freien Elektrizitätsträger werden vom elektrischen Feld der angelegten Spannung beschleunigt. Bei 1 bar beträgt aber die *freie Weglänge l*, das heißt der Weg bis zum nächsten Zusammenstoß mit einem neutralen Molekül, nur etwa $5 \cdot 10^{-6}$ cm. Auf dieser Wegstrecke l durchlaufen die geladenen Teilchen bei der Feldstärke E nur die kleine Spannung $\Delta U = E \cdot l$. Sie reicht in Versuch 33 nicht aus, um den Teilchen die kinetische Energie

$$\tfrac{1}{2} m \cdot v^2 = e \cdot \Delta U = e \cdot E \cdot l \qquad (378.1)$$

zu erteilen, die nötig wäre, um die Ionisierungsarbeit W_i zu verrichten, um also aus neutralen Molekülen Elektronen zu befreien. Nach *Gl. 378.1* gibt es nun zwei Möglichkeiten, den geladenen Teilchen im Feld E die nötige Energie W_i zum Auslösen der Stoßionisation zu vermitteln:

a) Man benutzt wie in Versuch 33 eine verhältnismäßig kleine Feldstärke E. Dann muß man die freie Weglänge l vergrößern, indem man die meisten Moleküle aus der Röhre pumpt.

b) Bei normalem Druck — also bei kleiner freier Weglänge l — tritt erst dann Stoßionisation ein, wenn die Feldstärke E sehr groß wird, etwa im Blitz.

Versuch 34: Die beiden Möglichkeiten (*a*) und (*b*) zeigt die *Hittorfsche Umwegröhre* nach *Abb. 379.1*. Zwischen ihre Elektroden A und B wird die Spannung $U = 6$ kV gelegt. Der Abstand $d = 3$ mm ist so klein, daß schon beim Druck 1 bar die Feldstärke $E = U/d$ genügt, um unmittelbar zwischen den Elektroden Stoßionisation auszulösen *(Fall b)*. Auf dem rot gezeichneten Umweg ist hierfür die Feldstärke zu klein. — Wenn man dann den Druck stark erniedrigt, so erlischt die Elektrizitätsleitung unmittelbar zwischen A und B. Die freie Weglänge l ist nun so groß geworden, daß auf der Strecke $d = 3$ mm ein fliegendes Elektron kaum noch ein Gasmolekül trifft, also durch Stoß kaum noch weitere

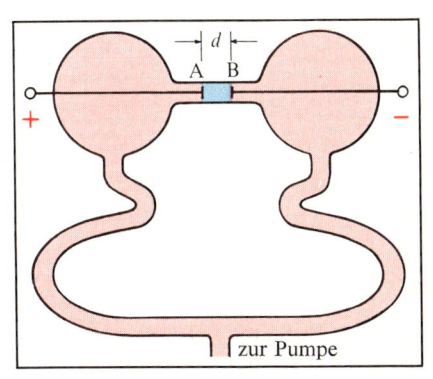

379.1 Hittorfsche Umwegröhre

Elektrizitätsträger erzeugt. Dafür setzt nun im Umweg die Elektrizitätsleitung ein; das Gas leuchtet dort rot auf. Bei der nun viel größer gewordenen freien Weglänge l genügt die kleinere Feldstärke E zum Auslösen der Stoßionisation (Fall a).

Ein im negativen Glimmlicht durch Stoßionisation gebildetes positives Gasion wird zur Kathode hin beschleunigt. Die Metallkathode ist deshalb wichtig, weil aus ihr dieses Ion beim Aufprall leicht Elektronen befreit. Diese fliegen als **Kathodenstrahlen** längs der Feldlinien, also senkrecht von der Kathode weg. Sie ionisieren nach Aufnahme der nötigen Energie aus dem Feld Gasmoleküle, auf die sie nach dem Durchlaufen der freien Weglänge l stoßen. Die so gebildeten Ionen fliegen wieder zur Kathode und befreien weitere Elektronen usw.:

Die Zahl der beweglichen Ladungsträger wächst auf dieser Strecke lawinenartig an, der Widerstand der Gasstrecke sinkt erheblich. Man muß deshalb die Stromstärke durch einen äußeren Widerstand begrenzen (Vorwiderstand bei Glimm- und Bogenlampen, Innenwiderstand des Netzgeräts in *Versuch 33*).

Beim Betrieb einer selbständigen Elektrizitätsleitung in Gasen werden alle beweglichen Ladungen durch die Leitungsvorgänge selbst freigesetzt; Ionisierung von außen ist nur beim Zünden nötig.

Durch Stoß auf Gasmoleküle erzeugen die von der Kathode weg beschleunigten Elektronen im negativen Glimmlicht positive Ionen. Diese werden zur Kathode hin beschleunigt und setzen aus ihr weitere Elektronen frei. Beide Vorgänge bedingen sich gegenseitig.

Die zur Kathode gezogenen positiven Ionen des Füllgases können wir im Versuch nach *Abb. 378.1* beobachten, wenn sie durch ein Loch (einen „Kanal") in der Kathode in den sich anschließenden entladungsfreien Raum weiterfliegen. Befindet sich Luft in der Röhre, so leuchten diese **Kanalstrahlen** gelblich; in Wasserstoff erzeugt, bestehen sie aus Wasserstoffionen und leuchten rosa. Sie wurden 1886 von *Goldstein* entdeckt. Mit sehr starken elektrischen und magnetischen Feldern, die man in der Schule nicht leicht herstellen kann, lassen sie sich ablenken.

§ 119 Die Röntgenstrahlen

Im Jahr 1895 entdeckte der deutsche Physiker *Wilhelm Conrad Röntgen* (1845 bis 1923; 1. Nobelpreisträger 1901) in Würzburg bei der Untersuchung von Gasentladungen eine unsichtbare Strahlung, die er selbst (wie auch heute noch das Ausland) **X-Strahlen** nannte. Konzentriert man in einer gasgefüllten **Röntgenröhre** mit hohlspiegelförmiger Kathode *(Abb. 380.1)* die Kathodenstrahlen auf einen möglichst punktförmigen Fleck der Anode, so gehen von ihm die unsichtbaren Röntgenstrahlen aus.

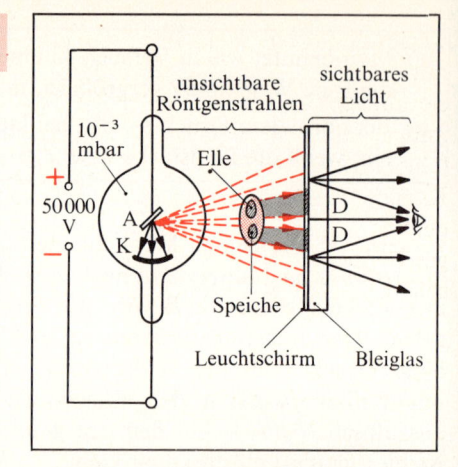

Sie durchdringen Fett- und Muskelgewebe (aus leichten C-, H- und O-Atomen aufgebaut) leicht und gelangen *geradlinig* zum Leuchtschirm, der in den Auftreffpunkten leuchtet *(fluoresziert)*. Dagegen geben die Knochen ein dunkles Schattenbild. Sie enthalten schwerere Atome (Ca), welche die Röntgenstrahlen stärker *absorbieren*. Am stärksten werden sie durch schwere Metalle, vor allem Blei, geschwächt. – Das Röntgenbild ist deshalb so scharf, weil Röntgenstrahlen – im Gegensatz zum Licht – kaum gebrochen werden (hält man im Dunkeln die Hand über eine Taschenlampe, so erkennt man ohne weiteres, daß Licht durch die Hand dringt; doch sieht man keinerlei Schattenbild der Knochen, da das Licht auf seinem Weg durch die Gewebe oft gebrochen und gestreut wird). Über Entstehung und Natur der Röntgenstrahlen siehe Kapitel Atomphysik, Seite 435.

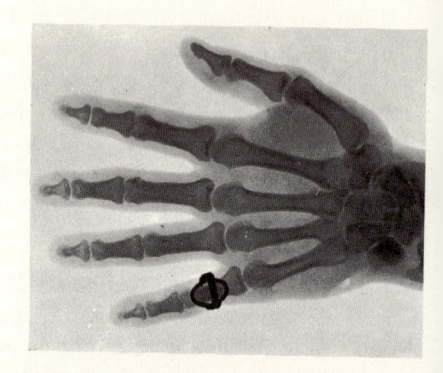

380.1 Gasgefüllte Röntgenröhre

380.2 Röntgenbild einer Hand

> **Prallen schnelle Elektronen auf ein Hindernis, so gehen von ihm unsichtbare Röntgenstrahlen aus. Sie sind dem Licht ähnlich, da sie weder durch elektrische noch durch magnetische Felder abgelenkt werden können.**
>
> **Röntgenstrahlen durchdringen Stoffe um so leichter, je kleiner deren relative Atommasse ist. Im Gegensatz zum Licht werden sie nicht gebrochen.**

Die in *Abb. 380.1* dargestellte gasgefüllte Röntgenröhre ist heute völlig durch die **Hochvakuumröntgenröhre** mit Glühkathode verdrängt *(Abb. 380.3)*. Hohe Spannungen (10^4 bis 10^7 V) beschleunigen die Elektronen zur Anode hin. Erhöht man den Heizstrom I_H, so werden die Röntgenstrahlen stärker *(intensiver)*, da sich mehr Elektronen an ihrer Erzeugung beteiligen; das Leuchtschirmbild

380.3 Technische Röntgenröhre

wird *heller*. Doch ändert sich das *Durchdringungsvermögen* der Strahlen nicht. Dieses nimmt erst mit wachsender Anodenspannung U_a zu. Der Arzt sagt dann, die Röntgenstrahlen werden *härter*; sie durchdringen Knochen besser, während sie das Gewebe kaum noch absorbiert. Mit Spannungen von 500000 V durchleuchtet man in der Technik dicke Metallteile, um Guß- und Schweißfehler zu erkennen. In der *Medizin* verwendet man die Röntgenstrahlen zum Durchleuchten des Körpers *(Abb. 380.2)* bei Knochenbrüchen, zur Lungenuntersuchung usw. (**Diagnostik**) und zudem zur Heilung (**Therapie**): Röntgenstrahlen schädigen nämlich Wucherungen und Krebsgeschwüre stärker als die gesunden Zellen. Doch kann eine zu starke Bestrahlung gesundheitsschädlich, ja sogar tödlich sein.

§ 120 Induktionsvorgänge im Magnetfeld

Schon früher sahen wir, wie man mit Hilfe von Magnetfeldern Spannung induzieren kann. Alle Induktionserscheinungen lassen sich auf *zwei Grundversuche* zurückführen:

> (I) **Ein Leiter bewegt sich in einem zeitlich konstanten Magnetfeld.**
>
> (II) **Die Stärke des Magnetfelds in einer ruhenden Spule ändert sich.**

1. Induktion beim Bewegen von Leitern (Grundversuch I)

Versuch 35: Auf zwei waagerechten Metallschienen kann nach *Abb. 381.1* ein Aluminiumstab zwischen den Polen eines Hufeisenmagneten hin- und herrollen. Die Akkubatterie erzeugt im Stab einen Elektronenstrom von C nach D. Die Elektronen erfahren im Magnetfeld eine Lorentzkraft F_L senkrecht zu ihrer Bewegung, also senkrecht zum Stab und bewegen ihn nach links (Dreifingerregel). Darauf beruht das Prinzip des *Elektromotors*. Die *Umkehrung* gibt den **Grundversuch I** der Induktion:

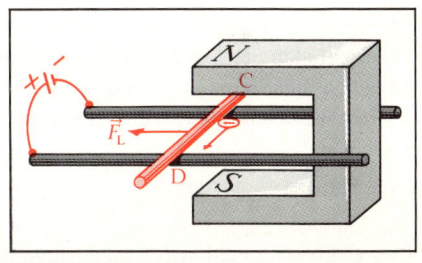

381.1 Zu Versuch 35

Versuch 36: Man ersetzt den Akku durch einen empfindlichen Spannungsmesser *(Abb. 381.2)*. Dann bewegt man wiederum die Elektronen des Stabs senkrecht zu den Feldlinien. Doch verschiebt man den Stab diesmal mit der Hand nach rechts. Die Elektronen erfahren wiederum eine Lorentzkraft senkrecht zu B und senkrecht zu ihrer Bewegung; *sie zeigt nun in Richtung des Stabs*. Man registriert die so erzeugte Elektronenverschiebung nach vorn durch eine Induktionsspannung zwischen den Schienen. Ihre Polarität ändert sich mit

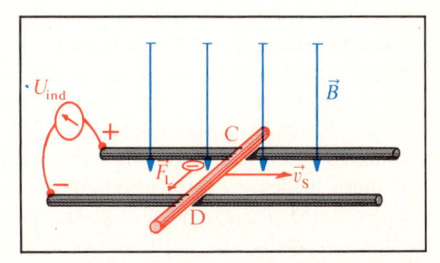

381.2 Grundversuch I: Wenn man den Stab senkrecht zu den *B*-Linien bewegt, entsteht zwischen den Schienen eine Induktionsspannung.

dem Richtungssinn der Bewegung; sie hängt aber auch von dem der Feldlinien ab. – Dann dreht man den Magneten so, daß er mit den Polen nach oben zeigt. Der Stab wird zwischen den Schenkeln des Magneten *parallel zu den Feldlinien* bewegt. Dabei findet man keine Spannung zwischen den beiden Schienen.

Um diesen Grundversuch I quantitativ zu erfassen, denken wir uns nach *Abb. 382.1* den Leiter mit der Geschwindigkeit $v_s = \Delta s / \Delta t$ auf den Schienen mit dem Abstand $\overline{CD} = d$ senkrecht zum konstanten Magnetfeld B

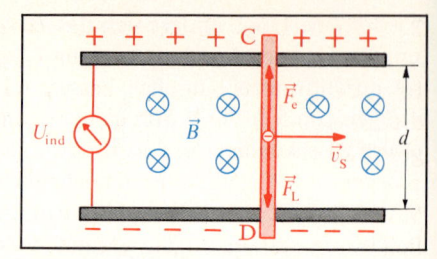

382.1 Die Lorentzkraft F_L trennt Ladung und erzeugt Induktionsspannung.

nach rechts bewegt. Die Elektronen im Leiter werden dabei nach rechts mitgenommen. Um die Richtung der Lorentzkraft zu bekommen, denke man sich einen Elektronenstrahl nach rechts gerichtet; er ist einem positiven Strom nach links gleichwertig: Die Elektronen des bewegten Leiters erfahren die *Lorentzkraft*

$$F_L = e \cdot v_s \cdot B \quad \text{nach unten.} \tag{382.1}$$

Bei D entsteht Elektronenüberschuß, bei C Elektronenmangel. Im Stab zwischen den beiden Schienen wird also ein elektrisches Feld der Stärke E aufgebaut; man mißt die Induktionsspannung $U_{ind} = E \cdot d$. Infolge der Feldstärke vom Betrage $E = U_{ind}/d$ wirkt auf jedes Elektron die *elektrische Feldkraft*

$$F_e = e \cdot E = e \cdot \frac{U_{ind}}{d} \quad \text{nach oben,} \tag{382.2}$$

das heißt der Lorentzkraft F_L entgegen. Nach unmeßbar kurzer Zeit (etwa 10^{-12} s) hat sich zwischen den beiden Kräften F_L und F_e im bewegten Leiter ein Gleichgewicht eingestellt: [1]

$$e \cdot \frac{U_{ind}}{d} = e \cdot v_s \cdot B \quad \text{oder} \quad U_{ind} = B \cdot d \cdot v_s.$$

> **Bewegt sich ein Leiter der Länge d mit der Geschwindigkeitskomponente v_s senkrecht zu magnetischen Feldlinien in einem zeitlich und räumlich konstanten Feld der Flußdichte B, so kann zwischen seinen Enden die Spannung**
>
> $$U_{ind} = B \cdot d \cdot v_s \tag{382.3}$$
>
> **nachgewiesen werden.**

Das elektrische Feld wirkt auch außerhalb des bewegten Leiters; die Spannung U_{ind} kann deshalb zwischen den ruhenden Schienen gemessen werden; verbindet man die Schienen, so fließt Strom. – Dieser Induktionsversuch wird wie die Kraft auf stromdurchflossene Leiter mit der Lorentz-Kraft erklärt. Nur wirkt als *Ursache* jetzt nicht der Strom im Leiter, sondern die Mitführung der Elektronen durch den bewegten Leiter. Als *Wirkung* beobachten wir keine Kraft, sondern bei geschlossenem Kreis einen Strom. Unter diesem Gesichtspunkt von Ursache und Wirkung läßt sich die Dreifingerregel auf diese beiden – nur äußerlich verschiedenen – Vorgänge anwenden *(Abb. 382.2)*. Stets zeigt der Daumen in Richtung der jeweiligen Ursache, der Mittelfinger in Richtung der Wirkung, der Zeigefinger in Richtung von $\vec{B}$.

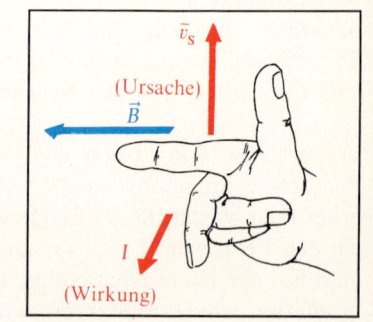

382.2 Dreifingerregel für die Induktion

---

[1] Wenn $\vec{B}$ konstant ist, so muß es auch $\vec{E}$ sein; im Leiter hat deshalb die elektrische Feldstärke $\vec{E}$ überall den gleichen konstanten Wert.

2. Induktion bei Flächenänderungen; magnetischer Fluß

Beim Messen von Induktionsspannungen an bewegten Leitern können sich unter Umständen die Zuleitungen zum Spannungsmesser mitbewegen. Sie bilden mit dem bewegten Leiter einen geschlossenen Stromkreis:

Versuch 37: Zwischen den großen Polschuhen eines Elektromagneten wird ein starkes und zeitlich konstantes Feld erregt, das in einem möglichst großen Bereich homogen ist.

a) Man schiebt nach *Abb. 383.1a* die Leiterschleife ABCD senkrecht zu den Feldlinien ins homogene Feld. Die im Teilstück AB induzierte Spannung wird so lange angezeigt, bis auch das Teilstück CD ins Feld taucht.

b) Schiebt man dann die Schleife weiter, so werden in CD genau so Elektronen nach links verschoben wie in AB *(Abb. 383.1b)*. Die in AB und CD induzierten Spannungen sind im vorliegenden Stromkreis hintereinandergeschaltet, aber entgegengesetzt gepolt. Deshalb registriert man die Spannung Null, solange man die ganz ins homogene Feld getauchte Schleife weiterhin senkrecht zu den Feldlinien verschiebt.

c) Wenn in *Abb. 383.1c* das Teilstück AB unten das Feld verläßt, so bleibt nur noch die in CD induzierte Spannung: Das Instrument schlägt entgegengesetzt zu (a) aus. *Jetzt nimmt die vom Feld umfaßte, blau getönte Fläche ab; bei (a) nahm sie zu, bei (b) blieb sie konstant. Die registrierte Spannung hängt mit der Änderung der Fläche des Stromkreises zusammen. Ändert sich diese blau getönte Fläche nicht, so ist $U_{ind}=0$.*

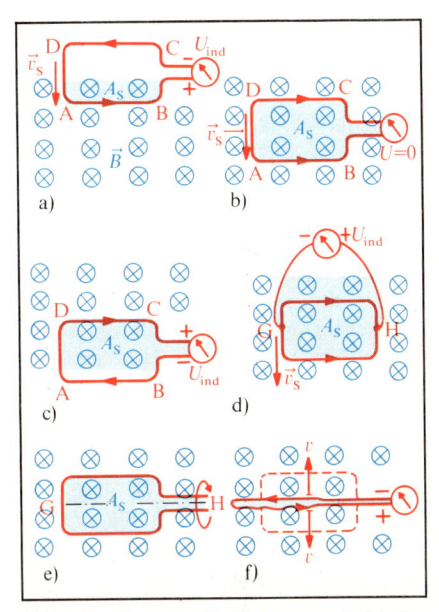

383.1 Zu Versuch 37. Spannung wird induziert, wenn sich die blau getönte, vom Feld durchsetzte Fläche ändert.

d) Wenn man die Zuleitungen zum Meßgerät nach *Abb. 383.2d* an die Seitenteile der nun geschlossenen Schleife bei G und H anlötet, bekommt man eine Spannung gleicher Polarität wie bei (a), auch wenn die Schleife ganz ins Feld getaucht ist. Der für die Spannungsmessung benutzte Stromkreis hat jetzt eine ganz andere Gestalt und vergrößert die blau getönte Fläche beim Bewegen. Offensichtlich ist dies beim Registrieren der Spannung wichtig!

Die Polung kehrt sich um, wenn man den Leiter nach oben verschiebt; die blau getönte Fläche nimmt jetzt ab. Man erkennt daran, daß die Induktionsspannung mit der Zu- oder Abnahme der vom Kreis umfaßten und von einem Magnetfeld durchsetzten Fläche zusammenhängt.

e) Man bekommt mit der in (b) benutzten Anordnung auch im homogenen Feld Spannung, wenn man die Schleife um ihre Achse GH dreht *(Abb. 383.2e)*. Wenn sich dabei AB nach oben und CD nach unten bewegt, so addieren sich die Spannungen (Elektronenverschiebungen); die blau getönte Fläche ändert sich (Seite 391).

f) Wir erhalten auch Spannung, wenn wir im homogenen Feld die Leiterschleife zusammendrücken oder zu einer großen Fläche auseinanderziehen *(Abb. 383.1f)*.

Die Versuche (a) bis (g) zeigen, daß man immer dann Spannung nachweisen kann, wenn sich bei der Bewegung des Leiters die vom Leiterkreis umschlossene und vom konstanten Magnetfeld durchsetzte Fläche ändert (in *Abb. 383.1* blau getönt). Diese Fläche ändert sich nicht, wenn man die Leiterschleife parallel zu den Feldlinien verschiebt; man erhält dann keine Spannung, da es nach *Gl. 382.3* auf die Geschwindigkeitskomponente v_s senkrecht zum Magnetfeld ankommt.

Der Leiter CD der Länge d verschiebt sich in *Abb. 384.1* mit dieser Geschwindigkeit v_s in der Zeit Δt um die Strecke Δs; es gilt $v_s = \Delta s / \Delta t$. Dann überstreicht er die senkrecht zum Magnetfeld stehende Fläche $\Delta A_s = d \cdot \Delta s$. Dies induziert die Spannung

$$U_\text{ind} = B \cdot d \cdot v_s = B \cdot d \cdot \frac{\Delta s}{\Delta t} = \frac{B \cdot \Delta A_s}{\Delta t} = \frac{\Delta \Phi}{\Delta t}. \tag{384.1}$$

Man nennt das Produkt $B \cdot A_s$ den vom Stromkreis umfaßten magnetischen Fluß Φ. Dann ist $B \cdot \Delta A_s$ seine Änderung $\Delta \Phi$.

Das Wort „*Fluß*" bedeutet hier, daß Feldlinien die Fläche durchsetzen, nicht etwa, daß Substanz oder Strom entlang diesen Feldlinien fließt. Da man die Flußdichte B symbolisch durch die Feldliniendichte (Zahl der Feldlinien je Flächeneinheit) veranschaulichen kann, ist der magnetische Fluß Φ ein Maß für die Zahl der Feldlinien, die durch die Fläche treten. Spannung wird beim Bewegen eines Leiters dann induziert, wenn sich die Feldlinienzahl ändert, die den geschlossenen Stromkreis durchsetzt *(Abb. 384.1)*. Einheit:

$$[\Phi] = [B \cdot A_s] = \text{T} \cdot \text{m}^2 = \frac{\text{N}}{\text{A} \cdot \text{m}} \cdot \text{m}^2 = \frac{\text{N} \cdot \text{m}}{\text{C/s}} = \frac{\text{J} \cdot \text{s}}{\text{C}} = \text{V} \cdot \text{s}.$$

Die *Einheit Voltsekunde* ist bequem, da nach Division mit Sekunde die Spannungseinheit Volt entsteht. Für die Flußdichte $B = \Phi / A$ kann man auch die Einheit $1\,\text{Vs/m}^2$ benutzen; sie ist gleich 1 Tesla:

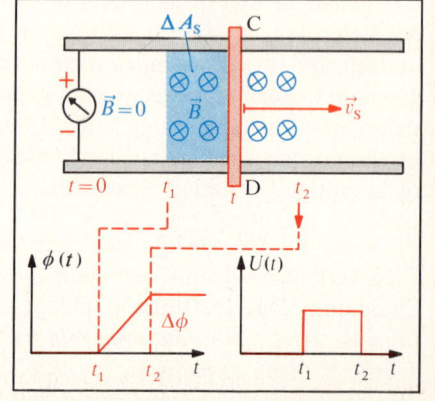

$$1\,\frac{\text{Vs}}{\text{m}^2} = 1\,\text{T}.$$

384.1 Wenn man den Leiter CD nach rechts verschiebt, so nimmt der vom Stromkreis umfaßte Fluß $\Phi(t)$ nur im Bereich des Feldes B zu $(v_s = \Delta s / \Delta t)$.

Definition: Unter dem **magnetischen Fluß Φ** versteht man das Produkt aus dem Betrag B der Flußdichte und der Fläche A_s des Stromkreises (senkrecht zum Magnetfeld): $\Phi = B \cdot A_s$. (384.2)

Die Einheit des Flusses ist 1 Voltsekunde (Vs), auch 1 Weber (Wb) genannt.

Beispiel: In *Abb. 384.1* haben die Schienen den Abstand $d = 0{,}10$ m: der Leiter bewegt sich mit $v = 1{,}0$ m/s in der Zeit $\Delta t = t_2 - t_1 = 2{,}0$ s durch das Feld der Flußdichte $B = 0{,}20$ T $= 0{,}20$ Vs/m². Er überstreicht dabei die Fläche $\Delta A_s = d \cdot v \cdot \Delta t = 0{,}20$ m²; der umfaßte Fluß nimmt um $\Delta \Phi = B \cdot \Delta A_s = 0{,}040$ Vs zu; $U_\text{ind} = \Delta \Phi / \Delta t = 0{,}020$ V. Dies wird durch die Gleichung $U_\text{ind} = B \cdot d \cdot v_s$ bestätigt.

3. Grundversuch II und das allgemeine Induktionsgesetz

Versuch 38: Man benutzt die Anordnung aus Versuch 37. Die Leiterschleife bleibt aber völlig in Ruhe. Dafür schaltet man den Erregerstrom für die Flußdichte B schnell ein oder aus. Der angeschlossene Spannungsmesser zeigt einen kurzen Ausschlag **(Grundversuch II)**. Dieser ist genau so groß, wie wenn man die Leiterschleife schnell aus dem Feld bei konstanter Flußdichte B zieht (*Grundversuch I*). Die Gleichung $U_\text{ind} = \Delta \Phi / \Delta t$ gilt also auch beim *Grundversuch II*. Dabei rührt die Flußänderung $\Delta \Phi$ von der Änderung ΔB der Flußdichte und nicht von der Flächenänderung ΔA_s her. Ändert sich der Fluß Φ, der eine Spule mit n Windungen senkrecht durchsetzt, so werden alle in ihren n Windungen induzierten Spannungen addiert. Es gilt:

> *Faradays Induktionsgesetz:* **Ändert sich der magnetische Fluß $\Phi = B \cdot A_\text{s}$, der eine Spule von n Windungen durchsetzt, in der Zeitspanne Δt um $\Delta \Phi$, so wird in dieser Spule die Spannung U induziert:**
> $$U = n \frac{\Delta \Phi}{\Delta t}; \quad \text{im Grenzwert} \quad U = n \cdot \lim_{\Delta t \to 0} \frac{\Delta \Phi}{\Delta t} = n \cdot \dot{\Phi}. \qquad (385.1)$$

Beispiel: In einer *Feldspule* steigt in $\Delta t = 20$ s die Flußdichte B um $2{,}1 \cdot 10^{-3}$ Tesla $= 2{,}1 \cdot 10^{-3}$ Vs/m² gleichmäßig an, da auch der Erregerstrom gleichmäßig erhöht wird. In ihr liegt (mit paralleler Achse) eine *Induktionsspule* mit $n = 2000$ Windungen. Da ihre senkrecht zum B-Feld stehende Querschnittsfläche $A_\text{s} = 28 \cdot 10^{-4}$ m² beträgt, steigt in $\Delta t = 20$ s in ihr der Fluß Φ um $\Delta \Phi = A_\text{s} \cdot \Delta B = 5{,}87 \cdot 10^{-6}$ Vs. Die induzierte Spannung beträgt $U_\text{ind} = n \dfrac{\Delta \Phi}{\Delta t} = 2000 \cdot \dfrac{5{,}87 \cdot 10^{-6} \text{ Vs}}{20 \text{ s}} = 0{,}58 \cdot 10^{-3}$ V.

Die im *Grundversuch I* induzierte Spannung wird durch die *Lorentzkraft* erklärt, da sich Ladungen im Magnetfeld bewegen. Beim *Grundversuch II* braucht man zum Nachweis der Spannung U_ind eine ruhende Spule; in ihr tritt keine Lorentzkraft auf. Trotzdem erfahren die zunächst in ihr ruhenden Elektronen eine Kraft F. Also besteht längs der Spulendrähte ein *elektrisches Feld* ($E = F/q$; Abb. 385.2). Da U_ind nicht vom Widerstand R dieser Spule abhängt, darf man erwarten, daß dieses elektrische Feld auch in Nichtleitern, ja sogar im Vakuum auftritt ($R \to \infty$), falls sich dort das Magnetfeld ändert ($\dot{B} \neq 0$) ($\dot{B}$ und $\dot{\Phi}$ bedeuten Ableitungen nach der Zeit t):

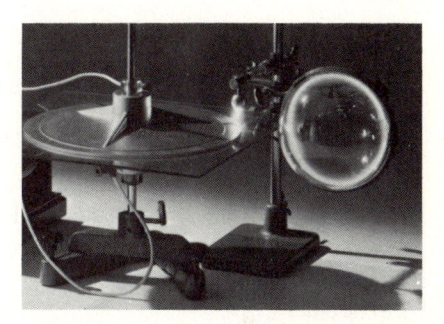

385.1 Elektrodenlose Ringentladung; zu Versuch 39

Versuch 39: Eine Glaskugel ist mit Gas von geringem Druck (unter 1 mbar) gefüllt und liegt in einer Spule (*Abb. 385.1*). Durch diese schickt man Stromstöße, wie sie etwa beim Entladen einer Leidener Flasche über eine Funkenstrecke entstehen oder von einem besonderen Netzgerät geliefert werden. Ihr sehr schnell veränderliches Magnetfeld ($\dot{B}$ sehr groß) weist man mit einer Induktionsschleife am Oszillografen nach. Die Feldlinien verlaufen parallel zur Spulenachse. Nach *Abb. 385.1* leuchtet das Gas in der Röhre auf einem *geschlossenen Kreisring* um diese magnetischen Feldlinien hell auf! Obwohl durch keinerlei Elektroden von außen Spannung angelegt ist, fließt im Gas ein Strom! Ein solcher Strom setzt bekanntlich erst bei sehr hohen elektrischen Feldstärken ein. Hier haben sich elektrische Feldlinien längs geschlossener Kreise ausgebildet, die

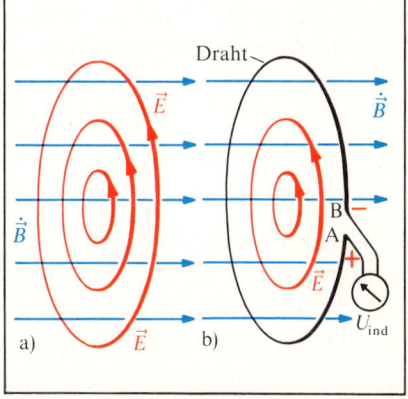

385.2 a) Zusammenhang zwischen $\vec{\dot{B}}$ und $\vec{E}$; b) die im Draht verschobenen Elektronen ermöglichen die Messung von U_ind.

das sich rasch ändernde Magnetfeld ($\dot{B}$) umgeben und durchsetzen *(Abb. 385.2)*. Erst die Feldstärke machte das Gas leitend; sie bestand also schon vor dem Zünden im nichtleitenden Gas! *Wir stehen hier vor einem Zusammenhang zwischen elektrischen und magnetischen Feldern, den man nicht weiter begründen kann.* Bisher kannten wir nur elektrische Feldlinien, die an Plusladung beginnen und an Minusladung enden.

4. Gilt bei der Induktion der Energieerhaltungssatz?

Der Leiter der Länge d bewegt sich im Magnetfeld nach rechts; der Induktionsstrom I fließt nach oben. Deshalb erfährt er im Magnetfeld B die Kraft $F = I \cdot d \cdot B$ nach links (Dreifingerregeln nach Seite 365 und 382). Diese Kraft wirkt der Bewegung nach rechts, welche die Induktionsspannung U verursacht, entgegen. Wenn man während des Zeitintervalls Δt den Leiter gegen diese Kraft längs des Weges $\Delta s = v \cdot \Delta t$ durch das Magnetfeld schiebt, muß man die *mechanische Arbeit*

$$W_{\text{mech}} = F \cdot \Delta s = F \cdot v \cdot \Delta t = I \cdot d \cdot B \cdot v \cdot \Delta t \quad (386.1)$$

aufwenden. Dafür wird die *elektrische Arbeit*

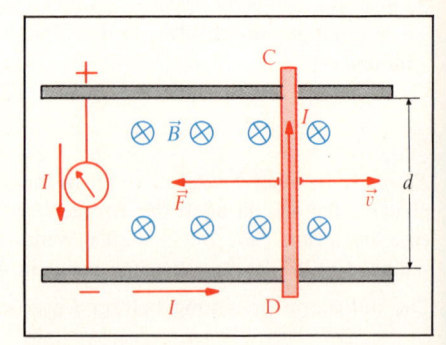

386.1 Der Induktionsstrom I erfährt eine Kraft $\vec{F}$ nach links, die seiner Ursache, nämlich der Bewegung des Leiters nach rechts, entgegenwirkt.

$$W_{\text{el}} = U \cdot I \cdot \Delta t = (B \cdot d \cdot v) I \cdot \Delta t \quad (386.2)$$

abgegeben. Beide Arbeitsbeträge sind gleich:
Auch bei der Induktion wird der Energieerhaltungssatz erfüllt, ein perpetuum mobile ist unmöglich. Wäre der Stromkreis nicht geschlossen, so wäre $I=0$. Dann brauchte man nach *Gl. 386.2* keine elektrische Energie zu erzeugen und nach *Gl. 386.1* auch keine mechanische Arbeit aufzuwenden.

> **Auch bei Induktionsvorgängen ist der Energieerhaltungssatz erfüllt.**

Die Polung der Induktionsspannung ist durch den Energieerhaltungssatz festgelegt: Wäre im Leiter CD in *Abb. 386.1* der Strom nach unten gerichtet, so würde er im Magnetfeld eine Kraft nach rechts erfahren. Diese Kraft würde den Leiter beschleunigen und so den Induktionsstrom vergrößern. Der vergrößerte Strom würde eine noch größere Kraft erfahren usw. Nach einem kleinen Anstoß des Leiters könnte man dem System gleichzeitig elektrische und mechanische Energie entnehmen; wir hätten ein *perpetuum mobile*. Dies erkannte bereits 1834 der Physiker *Heinrich Lenz*:

> **Lenzsches Gesetz:** Die Induktionsspannung ist so gepolt, daß sie durch einen von ihr erzeugten Strom der Ursache des Induktionsvorgangs entgegenwirken kann.

In *Abb. 381.1* erfährt der Batteriestrom I im Leiter CD eine Kraft nach links. Wenn sich dabei der Leiter nach links in Bewegung setzt, so wird in ihm eine Induktionsspannung U_{ind} erzeugt, die diesem Strom und damit der Spannung U_1 entgegenwirkt. Um dies auszudrücken, schreibt man häufig das Induktionsgesetz mit einem Minuszeichen: $U_{\text{ind}} = -n\Delta\Phi/\Delta t$. Das Minuszeichen soll dabei an das Lenzsche Gesetz erinnern.

Aufgaben:

1. *In einer Spule von* 10,7 cm *Länge mit* 1000 *Windungen steigt in* 10 s *die Stromstärke gleichmäßig von* 1,0 A *auf* 6,0 A. *Berechnen Sie die Zunahme der magnetischen Flußdichte je Sekunde! In dieser Feldspule liegt eine Induktionsspule mit* 100 *Windungen und der Fläche* 20 cm². *Welche Spannung wird induziert, wenn die Achsen beider Spulen parallel sind?*

2. *Prüfen Sie das Lenzsche Gesetz an Hand der Abb. 383.1!*

3. *Ein quadratischer Kupferrahmen von* 50 cm *Seitenlänge wird binnen* 0,50 s *ganz in ein homogenes Magnetfeld von* 2,0 T *aus dem feldfreien Raum kommend senkrecht zu den Feldlinien geschoben (Abb. 383.1 a). Berechnen Sie die induzierte Spannung auf zwei Arten (Seite 382 und 385)! Das Band, aus dem der Kupferrahmen besteht, hat* 50 mm² *Querschnitt ($\varrho = 0{,}017$ Ωmm²/m). Wie groß ist beim Einschieben der Strom und die durch einen Querschnitt fließende Ladung?*
Welche Kraft erfährt hierbei der Rahmen, und welche mechanische Arbeit ist aufzuwenden?
Welche elektrische Energie wird frei?
Wie groß ist die aufzuwendende Leistung beim Einschieben?

§ 121 Die Selbstinduktion

1. Selbstinduktion beim Einschalten eines Stromes

Wir erwarten, daß Glühlampen beim Einschalten sofort aufleuchten. Deshalb überrascht der folgende Versuch:

Versuch 40: Zwei gleiche Lämpchen L_1 und L_2 können über den Schalter S gleichzeitig an die Gleichspannung U_1 gelegt werden. Vor L_2 liegt eine Spule (1000 Windungen) mit geschlossenem Eisenkern *(Abb. 387.1)*. Der Schiebewiderstand R vor L_1 ist so eingestellt, daß beide Lämpchen gleich hell leuchten. Wenn man dann den Schalter erneut schließt, so leuchtet L_2 mit erheblicher Verzögerung auf. Die Länge des Spulendrahts erklärt diese Verzögerung nicht. L_2 leuchtet nämlich fast gleichzeitig mit L_1 auf, wenn man den Eisenkern aus der Spule nimmt. Offensichtlich erzeugt das Magnetfeld die Verzögerung. Wir untersuchen sie genauer:

Versuch 41: Eine Spule mit geschlossenem Eisenkern und dem Widerstand $R_1 = 8{,}3$ kΩ wird an die konstante Gleichspannung $U_1 = 2{,}5$ V gelegt. Ein Strommesser mit nicht zu träger Anzeige registriert beim Einschalten im ersten Augenblick einen schnellen Anstieg der Stromstärke I; dieser Anstieg verlangsamt sich dann zusehends. Schließlich erreicht die Stromstärke I allmählich den konstanten Endwert $I_1 = U_1/R_1 = 0{,}3$ mA. Man erhält die Kurve nach *Abb. 387.2*

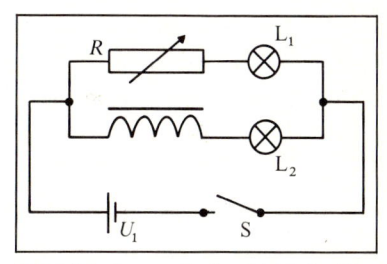

387.1 Die Lampe L_2 leuchtet beim Einschalten mit erheblicher Verzögerung auf.

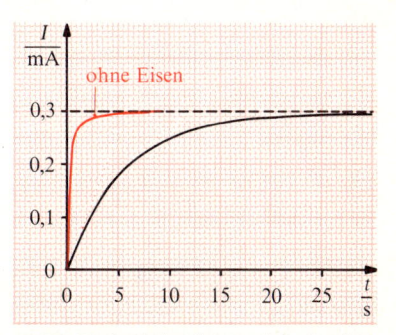

387.2 Verlauf der Stromstärke in einer Spule mit Eisenkern beim Anlegen der konstanten Spannung U_1 (rot: ohne Eisenkern).

punktweise, wenn man mit Stoppuhren die Zeiten für das Anwachsen auf 0,05 mA, 0,10 mA usw. bestimmt.

Zur *Erklärung* bedenken wir, daß mit der Stromstärke I in der Spule auch die Flußdichte B und damit der Fluß Φ ansteigen (in *Abb. 388.1* blau). Dieser Fluß Φ durchsetzt alle Windungen der Spule, in der er erzeugt wurde, und induziert *in ihr selbst* eine Spannung $U_{\text{ind}} = -n \cdot \dot{\Phi}$, **Selbstinduktionsspannung** genannt. Sie wirkt nach Lenz ihrer Ursache, das heißt dem Strom*anstieg*, entgegen und zögert ihn hinaus. Bei einer langgestreckten Spule hat der magnetische Fluß Φ den Wert $\Phi = B \cdot A = \mu_0 \mu_r n \cdot A \cdot I/l$. Wenn wir annehmen, daß die Permeabilitätszahl μ_r konstant ist (etwa in eisenlosen Spulen), dann ändern sich nur I und Φ. Für $\dot{\Phi}$ und damit die induzierte Spannung U_{ind} gilt:

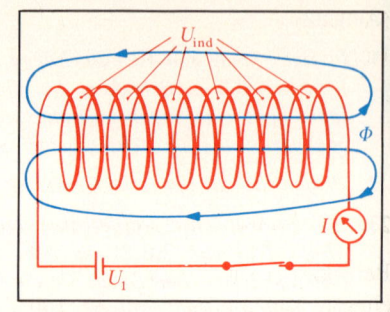

388.1 Beim Ändern der Stromstärke I ändert sich der Fluß Φ, der die Spule durchsetzt. Deshalb wird in ihr eine Spannung U_{ind} erzeugt, die zusammen mit der Batteriespannung U_1 die Stromstärke bestimmt.

$$U_{\text{ind}} = -n \cdot \dot{\Phi} = -\frac{\mu_0 \cdot \mu_r \cdot n^2 \cdot A}{l} \cdot \dot{I} = -L \cdot \dot{I}. \tag{388.1}$$

Dabei wurden die Spulenkonstanten n (Windungszahl), A (Querschnitt) und l (Länge) mit μ_0 und μ_r zu einer einzigen Größe, der **Eigeninduktivität** $L = \mu_0 \cdot \mu_r \cdot n^2 \cdot A/l$ der langgestreckten Spule zusammengefaßt. $\dot{I} = \lim_{\Delta t \to 0} \Delta I / \Delta t$ wird *Änderungsgeschwindigkeit der Stromstärke* genannt.

Wenn sich ein Strom ändert, so induziert er im eigenen Leiterkreis eine Selbstinduktionsspannung. Sie wirkt ihrer Ursache, das heißt der Stromstärke*änderung* (Zu- oder Abnahme) entgegen. Man nennt diesen Vorgang Selbstinduktion.

Die Selbstinduktionsspannung U_{ind} ist der Änderungsgeschwindigkeit $\dot{I}$ der Stromstärke I proportional:

$$U_{\text{ind}} = -L \cdot \dot{I}. \tag{388.2}$$

Definition: **Der Proportionalitätsfaktor L zwischen U_{ind} und $\dot{I}$ heißt Eigeninduktivität.**

$$[L] = 1 \frac{\text{Vs}}{\text{A}} = 1 \text{ H (Henry)}.$$

Satz: **Die Eigeninduktivität L einer langgestreckten Spule beträgt**

$$L = \mu_r \mu_0 n^2 \frac{A}{l}. \tag{388.3}$$

Henry war ein amerikanischer Physiker (1797 bis 1878). Die Einheit der Eigeninduktivität $[L] = 1$ Vs/A = 1 Henry (H) weist eine Spule dann auf, wenn in ihr 1 V induziert wird, falls sich die Stromstärke in 1 s um 1 A ändert. Dies folgt aus der Gleichung $U_{\text{ind}} = -L \cdot \dot{I}$. Auch kurze Spulen haben eine Eigeninduktivität L, die man aber nicht nach *Gl. 388.3* berechnen kann.

Versuch 42: Man kann die Selbstinduktionsspannung U_{ind} nicht unmittelbar in der Selbstinduktionsspule messen, da die angelegte Batteriespannung U_1 stört. Deshalb wickelt man auf sie eine genau gleiche Spule; beide werden vom gleichen Fluß Φ durchsetzt, der in beiden die gleiche Spannung induziert. In der unteren erzwingt ein elektronisches Gerät einen Strom, der in $\Delta t = 3{,}7$ s um $\Delta I = 0{,}060$ A ansteigt.
Seine Anstiegsgeschwindigkeit beträgt $\Delta I / \Delta t = 0{,}060$ A/3,7 s = 0,0162 A/s.

Sie ist konstant. In der oberen Spule mißt man die Spannung $U_{\text{ind}} = 0{,}130 \cdot 10^{-3}$ V. Also beträgt nach *Gl. 388.2* die Eigeninduktivität einer dieser Spulen

$$L = \frac{|U_{\text{ind}}|}{\Delta I / \Delta t} = \frac{0{,}130 \cdot 10^{-3} \text{V}}{0{,}0162 \text{ A/s}} = 8{,}0 \cdot 10^{-3} \frac{\text{V s}}{\text{A}} = 8{,}0 \cdot 10^{-3} \text{ H (siehe Aufgabe 5)}.$$

2. Selbstinduktion beim Ausschalten eines Stromes

Bei *Ausschaltvorgängen* spielt die Induktionsspannung eine noch größere Rolle als beim Einschalten. Hier gibt es zwei Möglichkeiten:

Versuch 43: In der Anordnung nach *Abb. 389.1a* wird der Schalter S geöffnet und damit die Batteriespannung U_1 weggenommen. Der Widerstand R_2, die Spule mit ihrem Widerstand R_1 und der Strommesser bilden aber noch einen Stromkreis. Wir beobachten, daß der Strom $I(t)$ nach *Abb. 389.2* allmählich absinkt, und zwar auf Null. Das dabei zusammenbrechende Magnetfeld induziert nämlich die Spannung $U_{\text{ind}} = -L \cdot \dot{I}$. Sie ist so gerichtet, daß sie ihre Ursache, hier das *Absinken* des Stromes, hemmt, indem sie Strom der bisherigen Richtung erzeugt. *Der Strom behält also seine Richtung bei.*

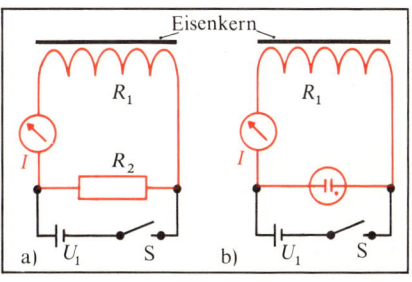

389.1 a) Schaltung zu Versuch 43, b) zu Versuch 44

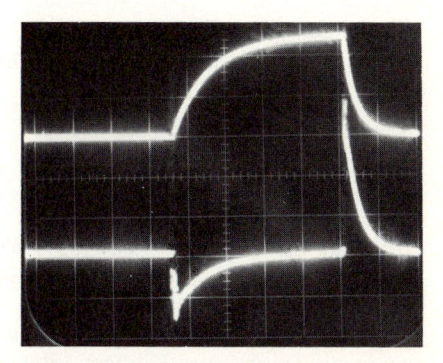

> Die Selbstinduktionsspannung $U_{\text{ind}} = -L \cdot \dot{I}$ verzögert nach dem Lenzschen Gesetz sowohl den Anstieg des Stromes wie auch seine Abnahme um so stärker, je größer die Eigeninduktivität L ist. Beim Abschalten der äußeren Spannung U_1 fließt der Strom in der ursprünglichen Richtung weiter.

389.2 Oszillogramm beim Ein- und Ausschalten des Stroms nach *Abb. 389.1a*; oben: Stromverlauf $I(t)$; unten: induzierte Spannung $U_{\text{ind}}(t)$ nach Versuch 42

Versuch 44: In der Anordnung nach *Abb. 389.1a* konnte der Strom über den Widerstand R_2 weiterfließen, als man die Batteriespannung U_1 wegnahm. Wir entfernen nunmehr R_2. Beim Öffnen des Schalters muß der Strom in sehr kurzer Zeit vom Wert I_1 auf Null absinken; $\dot{I}$ hat einen hohen negativen, $U_{\text{ind}} = -L \cdot \dot{I}$ einen hohen positiven Wert. Es entsteht ein hoher, der Batteriespannung U_1 gleichgerichteter Spannungsstoß. Er äußert sich am Schalter als heller Funke; eine Glimmlampe, die anstelle von R_2 parallel zur Spule gelegt wurde, leuchtet kurz auf, obwohl ihre Zündspannung (etwa 80 V) viel größer als die Batteriespannung $U_1 = 2{,}5$ V ist!

Diese hohen Spannungsstöße können beim Ausschalten von *Motoren* und *Elektromagneten* mit großer Eigeninduktivität L gefährlich werden. Auch an den Spulen einer *elektrischen Klingel* treten sie bei jeder Unterbrechung auf und geben beim Berühren leichte Schläge. Beim elektrischen *Weidezaun* werden sie zwischen den isoliert ausgespannten Draht und die Erde gelegt. In der *Medizin* verwendet man sie in der *Reizstromtherapie* zum Behandeln gelähmter Nerv-Muskel-Elemente. — Will man Funken beim Ausschalten unterbinden, so legt man parallel zum Schalter einen Kondensator. Er fängt die beim Induktionsvorgang getrennten Ladungen vorübergehend auf und hält die Spannung niedrig. Die Unterbrecherkontakte werden geschont und Rundfunkstörungen vermieden (Entstörkondensatoren).

3. Die Energie des Magnetfeldes

Im Versuch 43 fließt der Strom weiter, auch wenn man die Spannungsquelle U_1 durch Öffnen des Schalters abtrennt. Dabei wird Energie frei und als Wärme abgeführt. Sie kann nicht von der Bewegungsenergie — also der Trägheit — der Elektronen herrühren (diese wäre viel zu klein). Vielmehr entstammt sie dem Magnetfeld: Wenn man nämlich ohne Eisenkern arbeitet, so hört ein Strom gleicher Stärke viel schneller auf zu fließen und erzeugt viel weniger Wärme. Da U_1 weggenommen ist, kann der Strom $I(t)$ nur von der induzierten Spannung $U_{\text{ind}}(t) = -L \cdot \dot{I}$ herrühren. Sie erzeugt die Momentanleistung

$$P(t) = U_{\text{ind}}(t) \cdot I(t) = -L \cdot I \cdot \dot{I}. \tag{390.1}$$

Aus $P = \dfrac{\Delta W}{\Delta t}$ folgt für $\Delta t \to 0$:

$$\Delta W = P \cdot \Delta t = -L \cdot I \frac{\Delta I}{\Delta t} \cdot \Delta t = -L \cdot I \cdot \Delta I \quad \text{und} \quad W = \int P \cdot \mathrm{d}t = -L \int_I^0 I \cdot \mathrm{d}I = \frac{1}{2} L \cdot I^2.$$

> **Ein magnetisches Feld enthält Energie. Fließt durch eine Spule mit der Eigeninduktivität L der Strom I, dann ist in ihrem Magnetfeld die Energie W gespeichert:**
>
> $$W = \tfrac{1}{2} L \cdot I^2. \tag{390.2}$$

Mit den Selbstinduktionsvorgängen haben wir eine weitere Spannungsquelle kennengelernt. Sie ist immer dann von großer Bedeutung, wenn sich in Spulen mit Eisenkern die Stromstärke ändert. Die von der Mittelstufe her bekannte Gleichung $I = U/R$ können wir immer noch anwenden, wenn wir in jedem Augenblick zu den „äußeren" Spannungen von Batterien und dergleichen noch die Selbstinduktionsspannung addieren. Nach dem *Lenzschen Gesetz* sucht sich das Magnetfeld über die induzierte Spannung jeder *Änderung* zu „widersetzen": Anstieg wie Abfall von Magnetfeld und Strom werden verlangsamt. Dies mag an die Trägheit von Körpern erinnern. Doch wäre es verkehrt, dem Strom an sich ein Beharrungsvermögen zuschreiben zu wollen; hierzu ist die träge Masse der Elektronen viel zu klein. Die Analogie zur Trägheit mag eine gute Gedächtnisstütze bilden. Als solche wollen wir auch daran erinnern, daß die Gleichung $W = \tfrac{1}{2} L \cdot I^2$ für die Energie im Magnetfeld eine ähnliche Form hat wie die Gleichungen für andere Energien ($\tfrac{1}{2} C \cdot U^2$; $\tfrac{1}{2} m \cdot v^2$; $\tfrac{1}{2} D \cdot s^2$).

Aufgaben:

1. *Jemand behauptet, die Selbstinduktionsvorgänge würden von der Trägheit der Elementarmagnete beim Magnetisieren (Umklappen) herrühren. Welcher Versuch widerlegt diese Aussage?*

2. *Welcher Versuch zeigt, daß die Energie einer stromdurchflossenen Spule nicht in den fließenden Elektronen, sondern im Magnetfeld steckt?*

3. *Die Flußdichte B einer Spule ist ihrer Windungszahl n proportional. Warum tritt in Gl. 388.3 n^2 auf?*

4. *Welche magnetische Energie hat eine Spule von 4,0 H bei $I = 3,0$ A? Wieviel Energie wird frei, wenn das Feld zusammenbricht? Wie oft müßte man den Versuch ausführen, um mit ihr 1,0 kg Wasser um 1,0 K zu erwärmen?*

5. *Wie groß ist die Eigeninduktivität einer 1,0 m langen, eisenfreien Spule, die 1140 Windungen und 49 cm^2 Querschnitt aufweist? Welche magnetische Energie ist in ihr bei 10 A gespeichert? (Spule zu Versuch 42)*

§ 122 Erzeugung sinusförmiger Wechselspannungen

1. Erzeugung sinusförmiger Wechselspannung

Versuch 45: In einem homogenen Magnetfeld rotiert nach *Abb. 391.1* eine Spule gleichförmig um eine Achse, die senkrecht zu den magnetischen Feldlinien steht. Die in der Spule induzierte Spannung wird zwei mitrotierenden, gegeneinander isolierten Schleifringen zugeführt (hell). Zwei Kohlestäbe, *Bürsten* genannt, nehmen die Spannung ab und führen sie einem Oszillografen zu, der ihren sinusförmigen Verlauf anzeigt.

Die Drehspule sei aus n rechteckigen Leiterschleifen zusammengesetzt. In *Abb. 391.2* steht die Drehachse senkrecht zum Magnetfeld und zur Zeichenebene. Die Leiterstücke parallel zur Achse sind durch zwei kleine Kreise angedeutet und haben die Länge d. Sie bewegen sich mit der Geschwindigkeit vom konstanten Betrag v auf dem schwarz gezeichneten Kreis im Uhrzeigersinn. Nach der Gl. $U = B \cdot d \cdot v_s$ trägt zur Induktionsspannung U nur die Komponente $v_s = v \cdot \sin \alpha$ bei. Dabei ist α der Winkel, den in der Zeit t die Leiterschleife aus der vertikalen Stellung heraus zurückgelegt hat. Zu einer vollen Umdrehung ($\alpha = 2\pi \triangleq 360°$) braucht sie die Umlaufdauer T. Folglich gilt:

$$\frac{t}{T} = \frac{\alpha}{2\pi} \quad \text{oder} \quad \alpha = \frac{2\pi}{T} \cdot t. \quad (391.1)$$

Der Winkel α ist der Zeit t proportional. Hieraus folgt:

$$U(t) = 2n \cdot B \cdot d \cdot v \cdot \sin\left(\frac{2\pi}{T} \cdot t\right). \quad (391.2)$$

Der Faktor $2n$ berücksichtigt, daß jede der n Leiterschleifen zwei Leiterstücke der Länge d hat; die in ihnen induzierten Spannungen sind „hintereinandergeschaltet" und addieren sich: nach der Dreifingerregel ist der Induktionsstrom in der rechten Hälfte der *Abb. 391.2* aus der Zeichenebene heraus- (⊙), in der linken in die Ebene hineingerichtet (⊗). Wenn die Spule senkrecht zum Magnetfeld steht, wenn also $\alpha = 0°$, 180°, 360° usw. ist, so bewegen sich die Drahtstücke der Länge d für einen Augen-

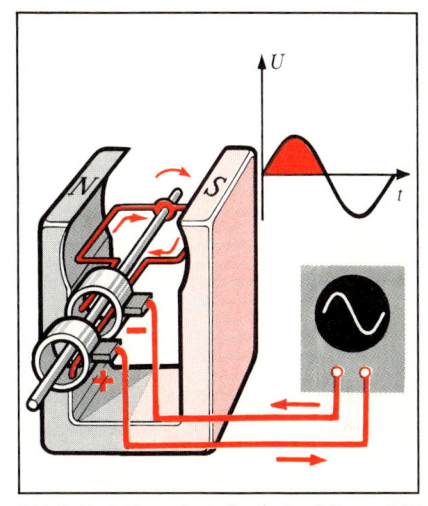

391.1 Rotation einer Spule im Magnetfeld

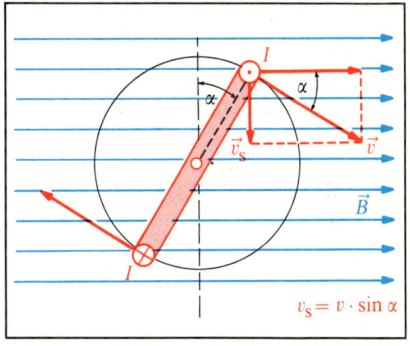

391.2 Induktion bei der Rotation der Leiterschleife. $\vec{v}$ ist in 2 Komponenten zerlegt.

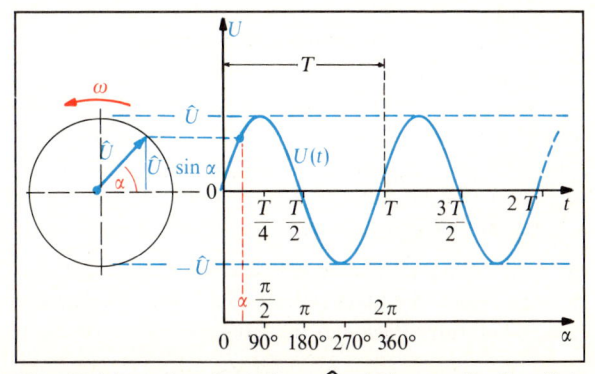

391.3 Bei Rotation des Zeigers $\hat{U}$ erhält man die Sinuslinie durch Projektion auf eine Vertikale.

blick parallel zu den Feldlinien; v_s ist Null und ändert zusammen mit der Spannung $U(t)$ das Vorzeichen. Dies zeigt das Diagramm nach *Abb. 391.3*. Jeweils $\frac{1}{4}$ Umdrehung später haben v_s und damit $U(t)$ ihr Maximum, den sogenannten **Scheitelwert** $\hat{U}$, erreicht. Er ist nach *Gl. 391.2* $\hat{U} = 2n \cdot B \cdot d \cdot v$; denn dann nimmt $|\sin \alpha| = \left|\sin\left(\frac{2\pi}{T}t\right)\right|$ sein Maximum 1 an. In *Abb. 391.3* ist $U(t)$ sowohl über der Zeit t wie auch über dem ihr proportionalen **Phasenwinkel** α aufgetragen. Während einer *Periodendauer T* wird eine volle Sinuslinie durchlaufen. Die *Frequenz* $f = \frac{1}{T}$ gibt die Zahl der Perioden in 1 s an und hat die Einheit $\frac{1}{s} = 1$ Hz (Hertz). Bei der technischen Wechselspannung des Netzes ist $f = 50$ Hz. Um sie zu erzeugen, muß sich die Leiterschleife nach *Abb. 391.2* in 1 s 50mal drehen. Die hohen Frequenzen der Radio- und Fernsehtechnik mißt man in Kilohertz (1 kHz = 10^3 Hz), in Megahertz (1 MHz = 10^6 Hz) oder Gigahertz (1 GHz = 10^9 Hz).

Unter dem Phasenwinkel α versteht man das Argument der Sinus-(oder Cosinus-)Funktion $y = \sin \alpha$ bzw. $z = \cos \alpha$; α durchläuft während einer Periodendauer T den Bereich zwischen Null und 2π, erhöht sich also um 2π. Die **Kreisfrequenz** $\omega = \frac{2\pi}{T} = 2\pi f$ hat die Einheit $\frac{1}{s}$ (bei der rotierenden Leiterschleife wird sie auch *Winkelgeschwindigkeit* genannt). Für den momentanen Phasenwinkel $\alpha(t)$ gilt nach *Gl. 391.1*

$$\alpha(t) = \frac{2\pi}{T} t = 2\pi f \cdot t = \omega t. \tag{392.1}$$

α bestimmt zusammen mit dem Scheitelwert U die Momentanwerte $U(t)$ der induzierten Spannung. Die Sinuslinie erhält man nach *Abb. 391.3* durch Projektion des rotierenden Zeigers $\hat{U}$.

Rotiert eine Leiterschleife in einem homogenen Magnetfeld, so entsteht eine sinusförmige Wechselspannung

$$U(t) = \hat{U} \cdot \sin\left(\frac{2\pi}{T} \cdot t\right) = \hat{U} \cdot \sin \omega t. \tag{392.2}$$

Die Kreisfrequenz ω der Wechselspannung beträgt $\omega = \frac{2\pi}{T} = 2\pi f.$ (392.3)

Die Spannung $U(t)$ ist Null und ändert ihre Polarität, wenn die Leiterschleife senkrecht zu den Feldlinien steht. Liegt die rechteckige Leiterschleife parallel zu ihnen, so erreicht die Spannung den Scheitelwert $\hat{U} = 2n \cdot B \cdot d \cdot v$. (392.4)

---

2. Effektivwert für Strom und Spannung

An einer Wechselstromsteckdose steht „220 V". Dies kann aber nicht der Scheitelwert $\hat{U}$ der Spannung sein; sonst müßte eine Glühlampe an ihr schwächer leuchten als an der konstanten Gleichspannung 220 V. Vielmehr gibt diese Wechselspannung im gleichen Widerstand R den gleichen *Wärme„effekt"* wie die Gleichspannung 220 V. Man sagt, der **Effektivwert** der Wechselspannung betrage $U_{eff} = 220$ V; wie groß ihr Scheitelwert ist, wird im folgenden berechnet:

Definition: **Der Effektivwert U_{eff} einer Wechselspannung $U(t)$ gibt die Gleichspannung U_{eff} an, die über volle Perioden im selben Widerstand die gleiche mittlere Leistung hervorbringt.**

Rechnungen, die wir hier nicht ausführen, zeigen:

Der Effektivwert U_{eff} der sinusförmigen Wechselspannung $U(t) = \hat{U} \cdot \sin \omega t$ ist

$$U_{eff} = \frac{\hat{U}}{\sqrt{2}} \approx 0{,}707\,\hat{U} \quad (70{,}7\,\% \text{ vom Scheitelwert } \hat{U}).\qquad(393.1)$$

Die Angabe „220 V" an der Steckdose bedeutet U_{eff} = 220 V. Der Scheitelwert beträgt also bei sinusförmiger Wechselspannung $\hat{U} = U_{eff} \cdot \sqrt{2} \approx 310$ V; die Momentanspannung $U(t)$ schwankt zwischen +310 V und −310 V. Dies gilt aber nur bei einer sinusförmigen Spannung. Meßinstrumente für Wechselspannung geben im allgemeinen die Effektivwerte an.

Um mit Drehspulgeräten auch Wechselstrom- und -spannung messen zu können, schaltet man Gleichrichter vor. Doch gilt die Skala streng genommen nur bei sinusförmigem Verlauf der Wechselgröße. Auch hängt die Angabe bisweilen nicht unerheblich von der Frequenz ab und ist für 50 Hz geeicht. Mit Oszillografen registriert man dagegen die Momentanwerte.

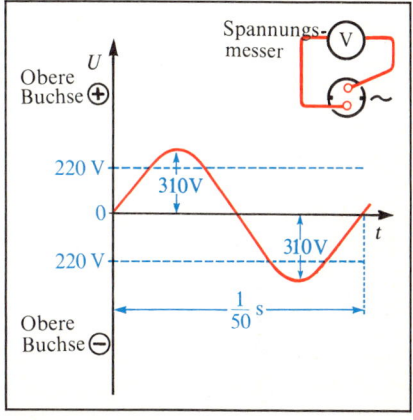

393.1 Spannungsverlauf an der Steckdose

Die bisherigen Überlegungen lassen sich auf die Stromstärke übertragen:

Definition: Der Effektivwert I_{eff} eines Wechselstroms gibt die konstante Stromstärke an, die im selben Widerstand über volle Perioden die gleiche mittlere Leistung hervorbringt.
Der Effektivwert I_{eff} des sinusförmigen Wechselstroms $I(t) = \hat{I} \cdot \sin \omega t$ ist

$$I_{eff} = \frac{\hat{I}}{\sqrt{2}} \approx 0{,}707\,\hat{I} \quad (70{,}7\,\% \text{ vom Scheitelwert } \hat{I}).\qquad(393.2)$$

3. Kondensator und Spule im Wechselstromkreis

Versuch 46: Wir legen an einen **Kondensator** von 10 µF eine Wechselspannung von 220 V. In der Zuleitung brennt eine Niedervoltlampe mit 0,8 A und ein Strommesser mit Gleichrichter schlägt aus; denn die Platten werden in schnellem Wechsel umgeladen. Durch den Isolator zwischen ihnen fließen keine Elektronen. Das Birnchen zeigt aber den Auf- und Entladestrom in den Leitungen an. Bei Wechselstrom wirkt ein Kondensator wie ein Vorwiderstand, ohne sich zu erwärmen. Das Birnchen würde beim Anlegen von 220 V Gleichspannung nur kurz aufleuchten.

Versuch 47: Man legt zuerst 2 V Gleich-, dann 2 V Wechselspannung an eine **Spule** mit geschlossenem Eisenkern und vergleicht die Stromstärken! Der Wechselstrom ist wesentlich schwächer (1 bis 2% des Gleichstroms). Die Spule verhält sich also Wechselstrom gegenüber wie ein sehr großer Widerstand; man spricht von einem **induktiven Widerstand.** Denn der sich ständig ändernde Wechselstrom erzeugt ein magnetisches Wechselfeld. Dieses induziert, wie wir in Versuch 41 sahen, eine Spannung, die der angelegten entgegengesetzt ist. Diese induzierte Gegenspannung ist fast so groß wie die angelegte Spannung; deshalb fließt nur ein schwacher, stark gedrosselter Wechselstrom. In solchen **Drosselspulen** wird nur wenig Wärme erzeugt. Deshalb sind sie in

Wechselstromkreisen den üblichen Vorwiderständen überlegen. Durch Öffnen des Eisenjochs kann man den induktiven Widerstand und damit die drosselnde Wirkung verkleinern, die Stromstärke also auf den gewünschten Wert einstellen.

Versuch 48: Wenn man die Frequenz der Wechselspannung vergrößert, steigt der induktive Widerstand: Eine kleinere Stromstärke genügt, um die Gegenspannung zu erzeugen, die der angelegten Netzspannung das Gleichgewicht hält. – *Kondensatoren* verhalten sich in dieser Hinsicht entgegengesetzt. Sie blockieren Gleichstrom und stellen Wechselstrom gegenüber einen um so kleineren Widerstand dar, je höher dessen Frequenz ist. Durch geeignete Kombination von Spulen und Kondensatoren kann man deshalb Wechselstrom aus einem Gemisch mit Gleichstrom aussieben:

Versuch 49: Nach *Abb. 394.1* werden eine Wechselspannung $U_\sim$ (etwa 1000 Hz) und eine Gleichspannung U_1 hintereinandergelegt. Zwischen A und B soll der von ihnen erzeugte *Mischstrom* I_1 wieder getrennt werden: Der Strommesser I_2 gibt dabei nur die *Wechselkomponente*, der Strommesser I_3 fast nur die *Gleichkomponente* an. Die genaue Kurvenform greift man mit einem Gleichspannungsoszillografen (DC; direct current) an diesen 3 Instrumenten ab, die dabei als ohmsche Widerstände wirken. – Drehspulinstrumente ohne Gleichrichter geben nur den Gleichanteil an. Ist vor die Gleichrichter eines Meßinstruments ein kleiner Transformator (sogenannter Meßwandler) gelegt, dann wird nur der Wechselanteil registriert, da Transformatoren nach dem Induktionsgesetz keine Gleichströme übertragen, wie im folgenden gezeigt wird.

$C = 10\ \mu\text{F}$
L: 1000 Windungen

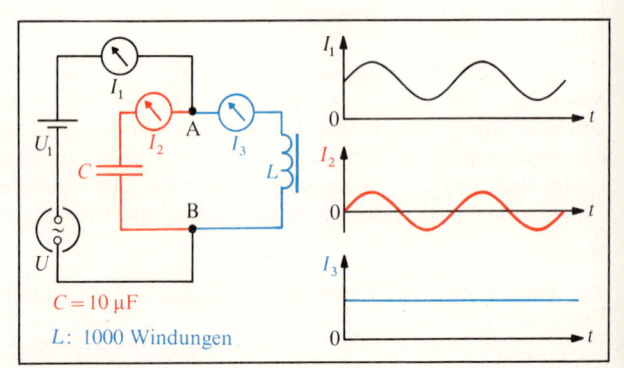

394.1 Der Mischstrom I_1 wird in den Wechselanteil I_2 und den Gleichanteil I_3 durch die aus Kondensator und Drossel bestehende „*elektrische Weiche*" aufgeteilt.

Aufgaben:

1. *Wie ändert sich in Versuch 45 die Sinuslinie auf dem Oszillografenschirm, wenn man a) die Flußdichte B, b) die Drehfrequenz f verdoppelt? (Vergleiche mit Abb. 391.3.)*

2. *Wie groß ist die Kreisfrequenz für den technischen Wechselstrom der Frequenz $f = 50$ Hz (in den USA 60 Hz)?*

3. *Zur Zeit $t = 0$ geht die Spannung $U(t)$ durch Null von negativen zu positiven Werten. Wie groß ist bei $f = 50$ Hz die Spannung nach $1/600$ s, nach $1/200$ s, $1/4$ s, nach 2 s, wenn $\hat{U} = 10$ V ist?*

4. *Eine rechteckige Leiterschleife (10 cm und 4 cm Seitenlänge) hat 100 Windungen und rotiert um ihre längere Flächenachse 20mal je Sekunde. Die Drehachse steht senkrecht zu den Feldlinien eines homogenen Feldes mit $B = 0{,}20$ T. Wie groß ist der Scheitelwert der Spannung? Wie lautet $U(t)$? Wie groß ist die Kreisfrequenz? Bei welchen Phasenwinkeln hat die Spannung den Betrag 5,0 V, wenn beim Phasenwinkel Null die Spannung Null ist?*

§ 123 Der Transformator (Trafo); Elektrizitätsversorgung

1. Der Transformator

Transformatoren, kurz *Trafos* genannt, benutzt man sehr häufig. Mit ihnen kann man Wechselspannungen in weiten Bereichen erhöhen oder erniedrigen. Auch die Stromstärke ändert sich.

Versuch 50: Man legt an die *Primärspule* in *Abb. 395.1* und *395.2* die Wechselspannung U_1. In der rechten, der sogenannten *Sekundärspule*, entsteht dann eine Wechselspannung gleicher Frequenz. Dies zeigt ein Oszillograph, den man zunächst an die Primär-, dann an die Sekundärspule legt. Da die Sekundärspule viel weniger Windungen hat, ist ihre Spannung viel kleiner.

Versuch 51: Die Sekundärspule habe n_2, die Primärspule n_1 Windungen. Wählen wir beide Zahlen gleich ($n_1 = n_2$), so ist auch die rechts induzierte Sekundärspannung U_2 gleich groß wie die links von außen angelegte Primärspannung U_1. Dies erläutert der folgende Versuch:

Versuch 52: An die Primärspule wird zunächst die Gleichspannung $U_1 = 2$ V gelegt. Der Primärstrom I_1 ist wegen des geringen Widerstands der Spule groß (etwa 2A). Legt man dagegen $U_1 = 2$ V Wechselspannung an, dann sinkt I_1 auf 20 mA. Das vom Wechselstrom erzeugte, sich ständig ändernde Magnetfeld erzeugt nämlich auch in der Primärspule eine Selbstinduktionsspannung (siehe S. 393). Den geringen Wert des Wechselstroms I_1 können wir nur so erklären, daß diese Selbstinduktionsspannung der angelegten Wechselspannung U_1 entgegengerichtet und fast so groß wie U_1 ist. Nun durchsetzt das gleiche Magnetfeld auch die Sekundärspule. Hat diese gleich viele Windungen ($n_2 = n_1$), so induziert es in ihr auch fast die gleiche Wechselspannung $U_2 \approx U_1$. Schaltet man in der Sekundärwicklung doppelt so viele Windungen hintereinander ($n_2 = 2 n_1$), so addieren sich in ihnen die induzierten Spannungen; man mißt $U_2 \approx 2 U_1$. Allgemein gilt:

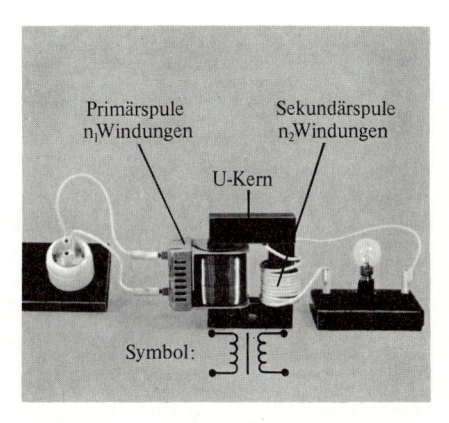

395.1 Experimentiertransformator mit Schaltsymbol

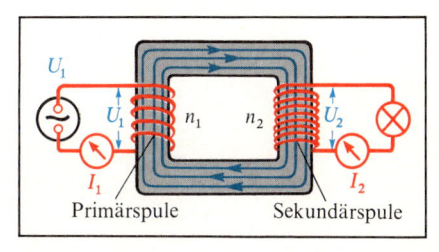

395.2 Transformator, Schaltung und Magnetfeld (blau)

> Beim Transformator verhalten sich die Spannungen wie die Windungszahlen der Spulen:
> $$\frac{U_2}{U_1} \approx \frac{n_2}{n_1}. \qquad (395.1)$$

Versuch 53: Man lege an die Primärspule mit $n_1 = 46$ Windungen die Primärspannung $U_1 = 10$ V. In der Sekundärspule mit $n_2 = 1000$ Windungen wird infolge der 22fachen Windungszahl auch die 22fache Spannung $U_2 \approx 220$ V induziert (Vorsicht; Transformatorversuche sind gefährlich!).

Man kann damit eine Glühlampe (220 V; 15 W) betreiben. Die Primärspannung $U_1 = 220$ V würde auf etwa $22 \cdot 220$ V ≈ 5000 V hochtransformiert. Solche **Hochspannungstransformatoren** *(Abb. 396.1)* findet man am Anfang von Hochspannungsleitungen und beim Betrieb von Röntgenröhren. – In den Transformatoren für Spielzeugeisenbahnen befinden sich demgegenüber in der Sekundärspule weniger Windungen als in der Primärspule, ebenso wie in Netzanschlußgeräten für kleine Spannungen, die im Physikunterricht vielfach verwendet werden *(Abb. 396.2)*. An den verschiedenen Anzapfungen der Sekundärspule kann man eine Reihe ungefährlicher Spannungen abgreifen. Im Gegensatz zur Spannungsteilerschaltung *(Abb. 362.1)* fehlt hier jegliche metallische Verbindung der Sekundärspule mit dem Netz. Die beiden Trafospulen sind nur durch das Magnetfeld im Eisenkern miteinander gekoppelt.

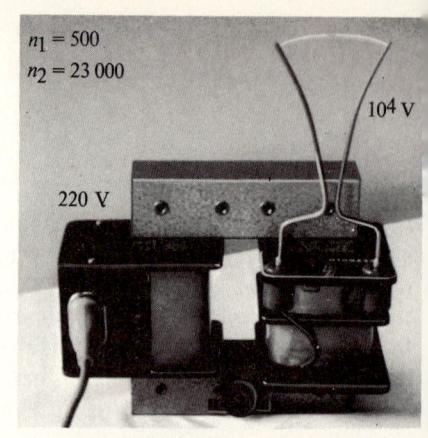

396.1 Transformator mit dem Übersetzungsverhältnis 1:46. Er liefert sekundär 10000 V für den Hochspannungslichtbogen.

> **Wechselspannungen kann man mit Hilfe von Transformatoren in weiten Grenzen ändern (umspannen).**

Versuch 54: Die Primärseite eines guten Transformators wird über einen Elektrizitätszähler ans Netz gelegt. Zunächst sei auf der Sekundärseite noch kein Gerät angeschlossen, das elektrische Energie entnimmt. Der Trafo ist also unbelastet; der Zähler läuft nicht, er registriert keinen Verbrauch. Ein Trafo kann also ständig am Netz angeschlossen bleiben. Erst wenn man auf der Sekundärseite durch den Strom I_2 die Leistung $P_2 = U_2 \cdot I_2$ entnimmt, läuft der Zähler; der Primärstrom I_1 steigt. Ein gut gebauter Trafo benötigt für sich selbst nur wenig Energie. Die von ihm aufgenommene Leistung $P_1 = U_1 \cdot I_1$ ist angenähert gleich der sekundärseitig abgegebenen Leistung P_2:

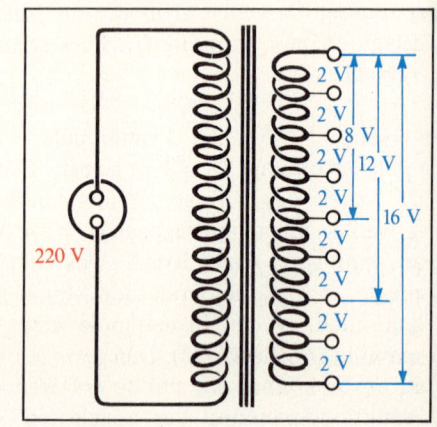

$$P_2 = U_2 \cdot I_2.$$

396.2 Netzanschlußgerät; die linke Spule hat 14mal so viele Windungen wie die rechte.

$$\text{Es gilt } U_1 \cdot I_1 \approx U_2 \cdot I_2 \quad \text{oder} \quad \frac{I_2}{I_1} \approx \frac{U_1}{U_2} \approx \frac{n_1}{n_2}. \tag{396.1}$$

Versuch 55: Ein Experimentiertrafo nach *Abb. 395.1* mit dem Windungsverhältnis $n_1/n_2 = 2/1$ liegt an der Wechselspannung $U_1 = 10$ V. Die Sekundärseite wird mit einem Strommesser kurzgeschlossen (mit dem höchsten Meßbereich beginnend!); er zeigt den Sekundärstrom $I_2 \approx 1$ A. Dabei steigt der zunächst unbedeutende Primärstrom I_1 auf den Wert $I_1 \approx I_2/2$. Dies bestätigt Gleichung 396.1.

> **Beim Transformator verhalten sich die Ströme umgekehrt wie die Windungszahlen:**
>
> $$\frac{I_2}{I_1} \approx \frac{n_1}{n_2}. \tag{396.2}$$
>
> **Dabei hängt der Primärstrom vom entnommenen Sekundärstrom ab.**

§ 123 Der Transformator (Trafo); Elektrizitätsversorgung

Versuch 56: Im Trafo nach *Abb. 397.1* wird die Netzspannung $U_1 = 220$ V auf den 100. Teil, also etwa 2 V, herabtransformiert. Der in den Sekundärkreis geklemmte dicke Nagel hat nur einen sehr kleinen Widerstand R (etwa $\frac{1}{100}$ Ω). Der Sekundärstrom I_2 beträgt also etwa $I_2 = U_2/R = 200$ A und schmilzt den Nagel durch. Dabei nimmt nach *Gleichung (396.2)* der Primärstrom nur den Wert $I_1 \approx 2$ A an und belastet das Netz nicht wesentlich. Man kann die beiden Nagelteile auch wieder zusammenschweißen, wenn sie sich berühren. Einen solchen **Hochstromtrafo** benützt man zum elektrischen Schweißen und zum Schmelzen von Metallen in Induktionsschmelzöfen. — Am Ende von Hochspannungsleitungen erzeugen Hochstromtrafos in den Transformatorenhäuschen (-Stationen) die normale Netzspannung von 220 V bei großer Stromstärke für die zahlreichen Verbraucher.

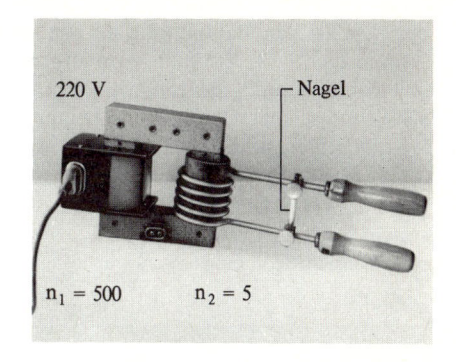

397.1 Trotz des großen Sekundärstroms fließt nur ein kleiner Primärstrom: Stromübersetzung.

2. Die elektrische Energieübertragung

Ein E-Werk mittlerer Größe liefert die Leistung $P = 440\,000$ kW = 440 MW (Megawatt). Wollte man diese Leistung bei der Spannung $U = 220$ V den Verbrauchern zuführen, so müßte die Stromstärke den Wert $I = P/U = 2 \cdot 10^6$ A haben. Dieser Strom gäbe in der Fernleitung mit dem Widerstand R_L den Spannungsverlust $U_L = I \cdot R_L$ und den Leistungsverlust $P_L = U_L \cdot I = I^2 \cdot R_L$ (Wärme!). Nun soll aus wirtschaftlichen Gründen der Leistungsverlust P_L höchstens 10% der erzeugten Leistung betragen, also 44 MW. Dann dürfte der Leitungswiderstand den Wert $R_L = P_L/I^2 = 1{,}1 \cdot 10^{-5}$ Ω nicht überschreiten. Die Kupfer„drähte" für eine 100 km lange Doppelleitung müßten nach Gleichung $R = \varrho \cdot l/A$ den Querschnitt $A \approx 300$ m², das heißt etwa den Durchmesser 20 m, haben! Der gesamte Kupfervorrat der Erde würde nur zur Hälfte für solch eine Leitung ausreichen! Deshalb transformiert man am Anfang der Leitung die Spannung auf 220 000 V hoch; die Stromstärke sinkt auf $\frac{1}{1000}$ ($2 \cdot 10^3$ A), die Verluste gehen beim gleichen Leitungswiderstand R_L sogar auf $\frac{1}{1000000}$ zurück. Läßt man aber wieder 10% Verlust zu, so darf der Widerstand R_L der Leitung 10^6 mal so groß sein; der Leitungsquerschnitt darf auf $\frac{1}{1000000}$, das heißt auf 4 cm², verkleinert werden. In Verbrauchernähe formt man die Spannung stufenweise über 60 000 V, 15 000 beziehungsweise 6000 V auf 220 V herab:

Versuch 57: Eine Wechselspannung von 4 V wird nach *Abb. 397.2* auf 800 V hochgespannt (Vorsicht!) und über eine „Fernleitung" vom Widerstand $R_L = 10\,000$ Ω einem 2. Trafo zugeleitet. Dieser spannt sie wieder auf etwa 4 V herab. Das 4 V-Lämpchen leuchtet trotz des hohen Widerstands der „Fernleitung". Würde man diesen Widerstand in den Niederspannungskreis bringen, so bliebe das Lämpchen dunkel. Die Zahlenangaben in *Abb. 397.2* sind idealisiert.

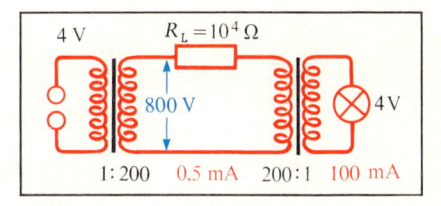

397.2 Modell einer Fernleitung

3. Verbundsysteme

Die elektrische Übertragung ist die teuerste unter den üblichen Arten des Energietransports: In der Bundesrepublik betragen die Übertragungsverluste im Mittel 10%. Bei 500 km Entfernung sind die Kosten für den elektrischen Energietransport fast doppelt so hoch wie der Transport von Kohle im Spezialzug oder von Erdgas in der Pipeline oder 6mal höher als der Energietransport in der Ölpipeline oder von flüssigem Erdgas! Man ist deshalb bestrebt, die Elektrizitätswerke in der Nähe der Verbraucher, also insbesondere der industriellen Ballungsräume, anzusiedeln. Dabei gerät man zum einen mit den Forderungen des *Umweltschutzes* in Konflikt; zum andern hätte der Ausfall eines solchen Werkes, insbesondere zur Zeit der Spitzenbelastung, katastrophale Folgen. Auch wird man die in manchen Gebieten und vor allem nach der Schneeschmelze billig zur Verfügung stehende Energie aus Wasserkraftwerken, die sich zudem gut speichern läßt, in Zeiten besonders hohen Bedarfs in die industriellen Verbraucherzentren leiten.

Dies macht ein **internationales Verbundsystem** nötig: Die E-Werke sind in einem europäischen Verbundsystem vereinigt *(Abb. 398.1)* und helfen sich gegenseitig aus. Bei plötzlich auftretendem erhöhtem Bedarf oder beim Ausfall eines Werks erhöhen andere sofort ihre Leistung.

398.1 Verbundsystem Bundesrepublik und Nachbarländer

Schwingungen und Wellen

§ 124 Zweidimensionale Wellenfelder; das Huygenssche Prinzip

Unsere Untersuchung der elektromagnetischen Erscheinungen wird uns die elektromagnetischen Schwingungen und Wellen verstehen lernen, die uns ja heute in vielerlei Anwendungen begegnen. Wir greifen zunächst noch einmal auf unsere Erörterungen über mechanische Wellen zurück und wollen sie hier durch einige wichtige Zusammenhänge bei zweidimensionalen Trägern ergänzen. Als experimentell leicht zugängliches Teilgebiet wählen wir wieder das der Wellen auf der Wasseroberfläche. Als erstes lernen wir eine Hypothese kennen, die sich bei der Deutung vieler zwei- und dreidimensionaler Wellenerscheinungen sehr bewährt hat: **das Huygenssche Prinzip der Elementarwellen.** Einige Versuche sollen uns dieses Prinzip verdeutlichen:

1. Elementarwellen, Beugung

Versuch 1: In der Wellenwanne stellen wir in den Weg einer sich ausbreitenden linearen Welle ein gerades Hindernis mit einem Schlitz, eine sogenannte Blende. Hinter der Blendenöffnung als Mittelpunkt breitet sich ein neues, halbkreisförmiges Wellensystem nach *Abb. 399.1* aus; denn die Wasserteilchen in der Blendenöffnung schwingen ähnlich wie der Erregerstreifen. (Sie bewegen sich gegenüber dem Erregerstreifen verspätet und im allgemeinen mit geringerer Amplitude, weil die Welle auf dem Weg vom Erreger zum Spalt schon eine Dämpfung erfahren hat.)

Während links vom Spalt die Welle eine einheitliche Fortschreitungsrichtung hat, gekennzeichnet durch ein einziges Lot als „Strahlrichtung", geht eine Elementarwelle rechts vom Spalt kreisförmig nach allen Richtungen weiter mit radial gerichteten Loten als „Strahlrichtungen". Da diese neuen Lotrichtungen gegenüber dem links ankommenden Lot abgebogen sind, spricht man von **Beugung.** Diese Beugung wird wesentlich geringer, wenn die Spaltöffnung viel breiter als die Wellenlänge λ ist. Dann behalten die Wellen auch nach dem Durchtreten durch die Öffnung ihre ursprüngliche Ausbreitungsrichtung, und wir beobachten, wie von der Öffnung aus ein parallel begrenztes Bündel ausgeht, wie wir es von der Strahlenoptik her kennen.

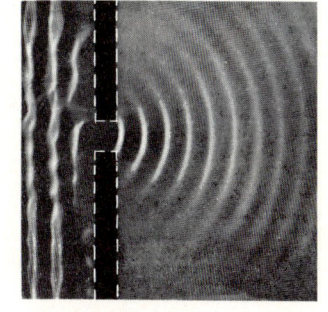

399.1 Treffen Wellen auf ein Hindernis mit einer schmalen Öffnung, so entsteht dahinter eine kreisförmige Welle (Elementarwelle).

> Beugung ist dann besonders ausgeprägt, wenn die Spaltöffnung in oder unter der Größenordnung der Wellenlänge liegt.

Der Versuch wird besonders deutlich bei nur einmaligem Eintauchen des Erregers. Eine Kreiswelle geht auch dann vom Spalt aus nach rechts, wenn links irgend eine andere Welle auf den Spalt trifft, zum Beispiel eine Kreiswelle, deren Zentrum links vom Spalt liegt.

Da es gleichgültig ist, an welcher Stelle der ankommenden Wellenfront sich die Blendenöffnung befindet, gilt:

> **Jeder Punkt einer Wellenfront kann als Ausgangspunkt einer neuen, sogenannten Elementarwelle angesehen werden (Huygenssches Prinzip, 1. Teil).**

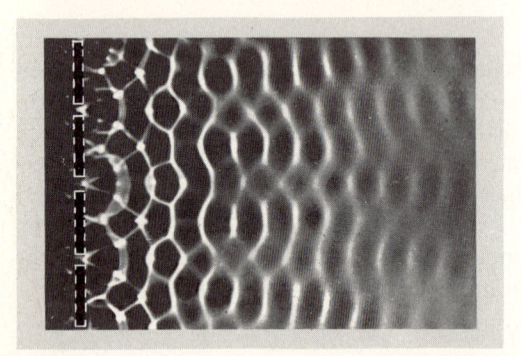

400.1 Elementarwellen in der Wellenwanne hinter einer Blende mit 5 Öffnungen. Je mehr Öffnungen die Blende besitzt, desto besser werden die Elementarwellen von einer einhüllenden Wellenfront umgeben.

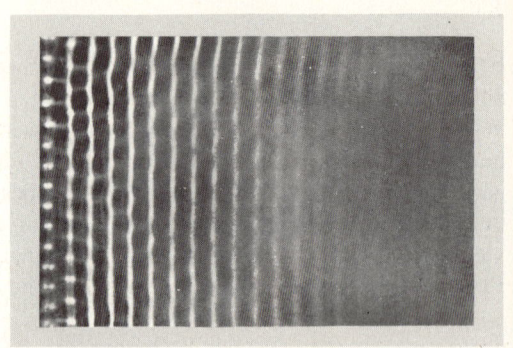

400.2 Wellenfronten wie in *Abb. 400.1* ergeben sich auch, wenn anstelle einer Blende mit Öffnungen gleich viele Erregerstifte in die Wasserfläche der Wellenwanne getaucht werden.

Versuch 2: Bringen wir ein Hindernis mit zahlreichen Schlitzen in den Weg der Welle, so breitet sich hinter jeder Öffnung eine Elementarwelle mit derselben Geschwindigkeit aus *(Abb. 400.1)*. Diese Elementarwellen überlagern sich und bilden eine neue Wellenfront, die mit der Einhüllenden aller Elementarwellen zusammenfällt. Je dichter die Öffnungen im Hindernis liegen, um so genauer gleicht die Einhüllende der Wellenfront, die auch ohne das Hindernis bei der weiteren Ausbreitung der ursprünglichen Welle entsteht. Deshalb kann man die Bildung einer neuen Wellenfront stets durch das Zusammenwirken von Elementarwellen erklären. Ihre Zentren können auf beliebigen, dem Erreger näher liegenden Wellenfronten angenommen werden.

> **Jede Wellenfront kann als Einhüllende von Elementarwellen aufgefaßt werden (Huygenssches Prinzip, 2. Teil).**

Versuch 3: Um zu zeigen, wie sich eine **ebene Welle** aus Elementarwellen aufbaut, verwenden wir als Erreger eine gerade Querleiste *(Abb. 400.2)*. An ihr sind in gleichen Abständen Stifte aufgereiht. Sie erzeugen beim Schwingen gleichzeitig Elementarwellen. Nun können wir in Gedanken die Zahl dieser Stifte auf der Leiste immer größer werden lassen und kommen dann zu einem streifenförmigen Erreger, wie er in *Abb. 400.1* und *400.2* benutzt wurde. Von allen seinen Punkten gehen Elementarwellen aus, deren Einhüllende die *ebene Wellenfront* bilden, die wir tatsächlich beobachten *(Abb. 400.3)*.

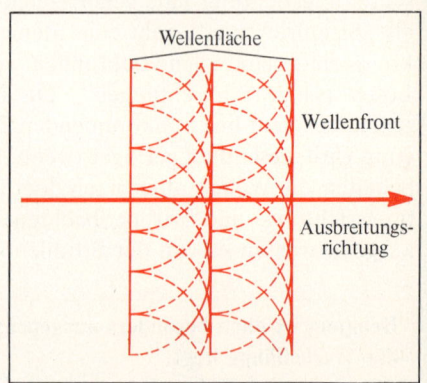

400.3 Elementarwellen, die von den Punkten einer ebenen Wellenfront ausgehen, haben als Einhüllende wieder eine ebene Wellenfront. Dort sind die Elementarwellen in gleicher Phase und verstärken sich.

2. Die Reflexion von Wellen

Versuch 4: Bei Versuch 2 stoppen wir den Erreger nach einer kurzen Anlaufzeit. Dann können wir beobachten, daß sich nicht nur an den Öffnungen Elementarwellen bilden, die weiterlaufen; auch von den Stegen zwischen diesen Öffnungen gehen Elementarwellen aus, aber rückwärts, zum Erreger hin. Sie haben ebenfalls eine Einhüllende. Bei einem vollständig geschlossenen Hindernis gibt es nur solche reflektierte Wellen.

Wir können auch den Streifen gemäß *Abb. 401.1* schräg zu einem geraden Hindernis ins Wasser tauchen. Die Wellenfront läuft dann als AB auf das Hindernis zu und als DC reflektiert von ihm weg. Diese Erscheinung verfolgen wir anhand des Huygensschen Prinzips:

Trifft eine ebene Wellenfront AB schräg auf ein gerades Hindernis auf, so erreichen es nicht alle ihre Punkte zur gleichen Zeit *(Abb. 401.1)*. Während die Erregung noch von B nach C fortschreitet, schwingt das Teilchen bei A so, daß von ihm als Zentrum eine Elementarwelle ausgeht und in dieser Zeit eine kreisförmige Welle mit dem Radius $\overline{AD} = \overline{BC}$ bildet. Die von der Mitte H weiterlaufende Erregung braucht nur die halbe Zeit, bis sie zum Punkt F am Hindernis gelangt. Die sich dann von F ausbreitende Elementarwelle erreicht daher nur noch den Radius $\overline{FG} = \overline{BC}/2$. Entsprechendes können wir uns für alle von den Punkten zwischen A und C ausgehenden Elementarwellen überlegen. Sie haben als Einhüllende die neue Wellenfront CD; die Senkrechte darauf (FG) gibt die neue Ausbreitungsrichtung an.

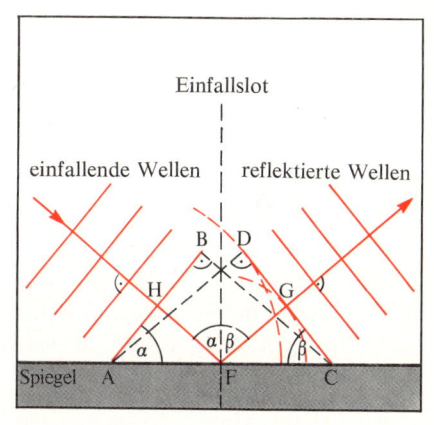

401.1 Erklärung des Reflexionsgesetzes nach Huygens

Der Einfallswinkel α tritt in dem Dreieck BAC *(Abb. 401.1)*, der Reflexionswinkel β in dem Dreieck DAC noch einmal auf. Da die beiden rechtwinkligen Dreiecke kongruent sind ($\overline{AC} = \overline{AC}$; $\overline{AD} = \overline{BC}$), ergibt sich: der Einfallswinkel α ist gleich dem Reflexionswinkel β.

Dies ist für die Lote (Wellennormalen) auf den Wellenfronten dasselbe Gesetz, das wir von den Lichtstrahlen kennen.

3. Die Brechung von Wellen

Versuch 5: Wir legen eine Glasplatte auf den Boden der Wellenwanne, so daß in einem Teil der Wanne (über der Glasplatte) die Wassertiefe geringer ist als in einem andern. In diesem seichten Wasser laufen die Wellen mit kleinerer Geschwindigkeit c_2 als in dem tiefen (c_1). Wir beobachten, daß die Wellenlängen λ_2 über dem seichten Wasser kürzer sind als die Wellenlängen λ_1 über dem tieferen. Dies ergibt sich deduktiv aus $c_2 < c_1$, also $\frac{c_2}{f} = \lambda_2 < \frac{c_1}{f} = \lambda_1$. Trifft eine ebene Wellenfläche *(Abb. 401.2)* aus dem Bereich tiefen Wassers schräg auf die Grenze zum flachen Wasser, so entsteht an dieser

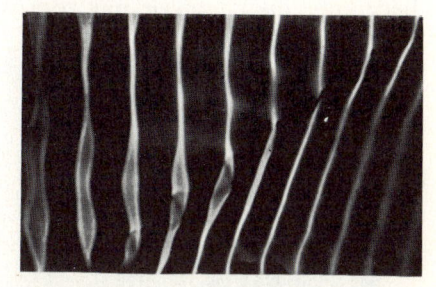

401.2 In der Wellenwanne werden die von links nach rechts laufenden Wellen beim Übergang vom Gebiet tieferen Wassers ins Gebiet flacheren Wassers (rechts unten) gebrochen.

Stelle ein Knick in der Wellenfläche. Auch das Lot auf den Wellenfronten wird beim Übergang in das seichte Wasser geknickt (in *Abb. 401.2* nach rechts unten).

Im tiefen Wasser breitet sich die Welle mit der Geschwindigkeit c_1 aus, im seichten mit c_2 (*Abb. 402.1*; es gilt $c_1 > c_2$). Die Wellenfläche erreicht im Punkt A die Grenze zum Bereich des flachen Wassers und bildet dort eine Elementarwelle aus. Während die ursprüngliche Erregung in der Zeit t noch von B nach C fortschreitet, wobei $\overline{BC} = c_1 t$ ist, bildet die Elementarwelle von A einen Kreis mit Radius $\overline{AD} = c_2 t$. Die von der Mitte E der ursprünglichen Wellenfläche weiterschreitende Erregung braucht nur die halbe Zeit, um die Grenze in F zu erreichen. Deshalb hat die von F ausgehende Elementarwelle nur den Radius $\overline{FG} = c_2 t/2$. Alle von den Punkten zwischen A und C ausgehenden Elementarwellen haben als Einhüllende die ebene Wellenfläche CD. Die neue Richtung, in der die Wellenfront fortschreitet, wird durch die darauf senkrecht stehende Wellennormale FG angegeben. Sie bildet mit dem Einfallslot den Brechungswinkel β, den im rechtwinkligen Dreieck ADC als Winkel ACD noch einmal vorliegt. (Die Schenkel der beiden Winkel stehen paarweise aufeinander senkrecht.)

Dort gilt: $\sin \beta = \overline{AD}/\overline{AC} = \dfrac{c_2 t}{\overline{AC}}$.

Die Richtung, in der sich ursprünglich die Welle ausbreitet, wird durch die Wellennormale EF angegeben, die mit dem Einfallslot den Einfallswinkel α bildet. Im rechtwinkligen Dreieck ABC ist der Winkel BAC gleich dem Einfallswinkel α und

$$\sin \alpha = \overline{BC}/\overline{AC} = c_1 t/\overline{AC}.$$

Durch Division erhalten wir

$$\frac{\sin \alpha}{\sin \beta} = \frac{c_1 t \cdot \overline{AC}}{c_2 t \cdot \overline{AC}} = \frac{c_1}{c_2} \qquad (402.1)$$

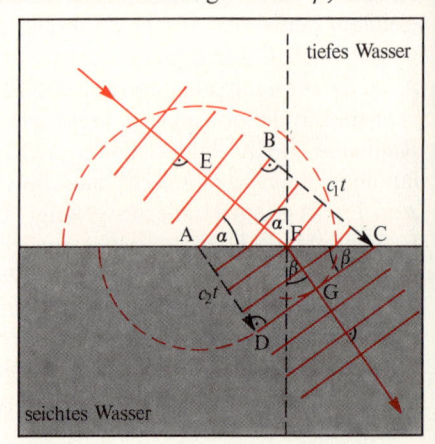

402.1 Erklärung des Brechungsgesetzes nach Huygens

Dieses Gesetz wird bei der Brechung von Wasserwellen bestätigt. Vor allem beobachten wir, daß im seichteren Wasser die Wellennormale zum Lot *hin* gebrochen wird. Das Medium mit der geringeren Geschwindigkeit c_2 ist also für die Wellenausbreitung das „dichtere".

Die „Brechung" der Wasseroberflächenwellen gestattet es, auch „Linsen" für diese Wellen zu bilden und die Linsenwirkung vom Wellenmodell her zu verstehen, vergleiche *Abb. 402.2*.

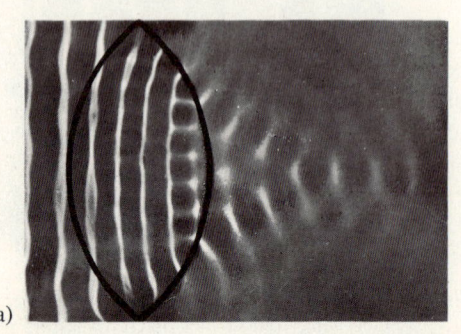

402.2 Versuch in der Wellenwanne für den Wellenverlauf in einer Linse; a) Sammellinse, b) Zerstreuungslinse. Auf dem Boden der Wanne liegt eine Glasplatte entsprechender Form.

4. Der Dopplereffekt

a) Bis jetzt befanden wir uns als Beobachter gegenüber dem Wellenerreger in Ruhe. Nun wollen wir den Erreger gegenüber dem Beobachter mit konstanter Geschwindigkeit bewegen:

Versuch 6: Wir wiederholen zunächst den Versuch 43 von der Seite 324. Die ausgesandten Wellenfronten bilden konzentrische Kreise gleichen Abstands. Nun bewegen wir den schwingenden Erregerstift mit konstanter Geschwindigkeit gegenüber dem Beobachter über die Wasseroberfläche hinweg. Die Kreiswellenfronten liegen jetzt für den im Bezug auf das Medium „Wasseroberfläche" ruhenden Beobachter nicht mehr konzentrisch *(Abb. 403.1)*. Vor dem Stift drängen sie sich enger zusammen, hinter dem Stift liegen sie weiter auseinander. Ein Beobachter, auf den sich der Wellenerreger zubewegt, stellt daher eine kleinere Wellenlänge und eine höhere Frequenz fest. Ein Beobachter jedoch, von dem sich der Erreger wegbewegt, konstatiert eine größere Wellenlänge und eine geringere Frequenz. Im akustischen Bereich ist diese Erscheinung wohlbekannt: Die Tonhöhe von Autohupen bzw. Zugpfeifen ist für den ruhenden Hörer bei Herannahen des Fahrzeugs höher als die Schwingung des Erregers und tiefer, wenn sich das Fahrzeug entfernt. — Diese Erscheinung heißt **Doppler-Effekt** (*Ch. Doppler*, 1803 bis 1852, Wien).

403.1 Der Erreger bewegt sich nach rechts.

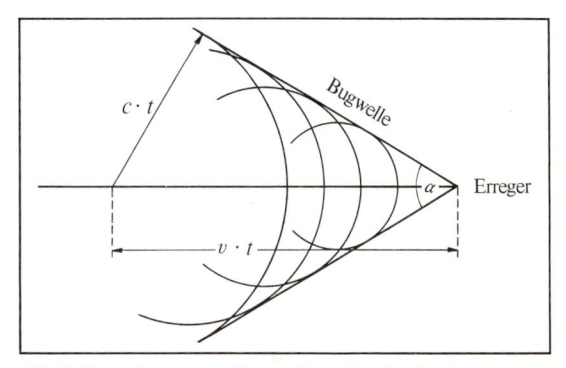

403.2 Entstehung von Bugwellen (Kopfwellen)

b) Ein entsprechender Doppler-Effekt wird auch beobachtet, wenn der Erreger im Bezug auf das Medium ruht, der Beobachter sich aber auf ihn zubewegt. Es erreichen ihn dann je Sekunde mehr Wellenfronten als bei gegenseitiger Ruhe und er registriert daher eine höhere Frequenz. Bewegt er sich vom ruhenden Erreger fort, dann kommen bei ihm je Sekunde weniger Fronten an, er notiert eine niedrigere Frequenz. Man hört dies zum Beispiel deutlich, wenn man rasch an einem ruhenden Tonerreger vorbeifährt.

c) Bugwellen, Machscher Kegel

Versuch 7: Wir erhöhen nun in Versuch 6 die Geschwindigkeit v des Erregers über die Ausbreitungsgeschwindigkeit c der Welle hinaus: $v>c$. Dann überschneiden sich die vom Erreger ausgehenden Kreisfronten, und auf ihrer gemeinsamen Einhüllenden sind jetzt die Amplituden besonders groß. Diese Einhüllenden *(Abb. 403.2)* sind zwei Halbgeraden, die vom Erreger ausgehen und als *Bugwelle* den **Machschen Winkel** einschließen (*E. Mach*, Wien, 1838 bis 1916). Man beobachtet diesen Machschen Winkel auch hinter schwimmenden Wasservögeln oder Booten auf ruhigem Gewässer. Hinter Geschossen und Flugzeugen, die mit **Überschallgeschwindigkeit** fliegen, bildet die Einhüllende der entsprechenden vom Erreger ausgehenden Kugelfronten eine räumliche *Kopfwelle* in Form eines Kegelmantels, den **Machschen Kegel**. Für den halben Öffnungswinkel $\frac{\alpha}{2}$ der Bug- bzw. Kopfwelle entnehmen wir der *Abb. 403.2* die Beziehung $\sin\frac{\alpha}{2}=\frac{c}{v}$. Je schneller also der Erreger das Medium durchmißt, um so spitzer ist seine Kopfwelle.

Durchsetzt ein Flugkörper die Luft mit Überschallgeschwindigkeit ($v>c$), so addieren sich die Drücke der Einzelwellen auf dem Kegelmantel. Wegen des großen Druckunterschieds entsteht ein explosionsartiger Knall, den der Beobachter wahrnimmt, wenn der Kegelmantel über ihn wegstreicht. Nicht sehr sachgemäß nennt man diese Erscheinung „Durchbrechen der Schallmauer".

§ 125 Interferenzen bei Kreiswellen

1. Interferenz bei Wasserwellen

Versuch 8: Wir lassen zwei Stifte, die nur wenige Zentimeter voneinander entfernt am gleichen Arm befestigt sind, durch einen Motor periodisch und gleichphasig in das Wasser der Wellenwanne eintauchen. Um diese Zentren E_1 und E_2 bilden sich gleiche Kreiswellensysteme, und zwar so, daß von ihnen Wellenberge und -täler jeweils zur gleichen Zeit ausgehen *(Abb. 404.1)*. Daher treffen in allen Punkten der Mittelsenkrechten auf der Verbindungsstrecke der Erregungsstellen Wellen gleicher Phase zusammen, so daß sich dort die Elongationen verdoppeln. Längs dieser Senkrechten entsteht also nach beiden Seiten je eine fortschreitende Welle.

Für einen Punkt P seitlich des Mittellotes auf der Wasseroberfläche betrage der Wegunterschied zu den beiden Wellenzentren E_1 und E_2 gerade $\lambda/2$. Wenn sich nun in diesem Punkt die beiden Wellen überlagern, löschen sie sich dort in jedem Augenblick fast aus; denn die Elongationen der beiden Wellen sind etwa **gleich groß**, aber **entgegengesetzt**, wie *Abb. 404.1* zeigt. Das gleiche gilt für alle anderen Punkte, für welche die Entfernungsdifferenz von E_1 und E_2 gleich $\lambda/2$ ist. Aus geometrischen Gründen liegen sie auf der Hyperbel, die die Erregungsstellen E_1 und E_2 als Brennpunkte hat und deren Punkte P die konstante Entfernungsdifferenz $\frac{\lambda}{2} = |\overline{E_1P} - \overline{E_2P}|$ von E_1 und E_2 aufweisen. Dieselbe Phasenverschiebung π für die beiden ankommenden Wellen tritt ferner ein in den Punkten der Interferenzhyperbeln mit denselben Brennpunkten E_1 und E_2 mit den Entfernungsdifferenzen $3 \cdot \frac{\lambda}{2}, \ldots, (2m+1) \cdot \frac{\lambda}{2}$; $(m=0, 1, 2, \ldots)$. Zwischen ihnen liegen Hyperbeln, deren Punkte die Entfernungsdifferenzen $\lambda, 2\lambda, \ldots, m \cdot \lambda$ haben. In ihnen haben die ankommenden Wellen den Phasenunterschied Null. Längs dieser Kurven verlaufen fortschreitende Wellen *(Abb. 404.1, ausgezogene Hyperbeln)*.

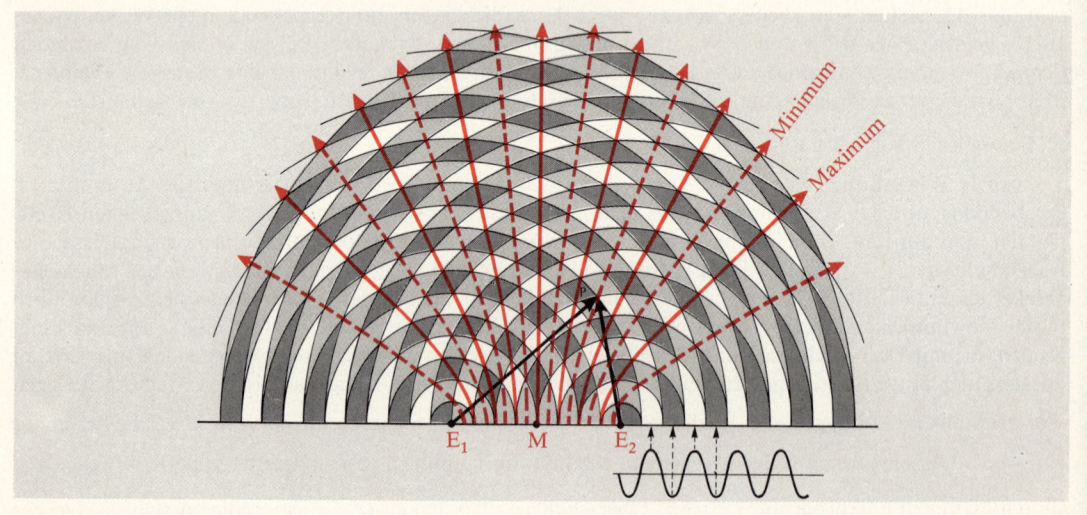

404.1 Schematische Darstellung der Überlagerung zweier Wellensysteme, die sich von den Erregungsstellen E_1 und E_2 mit gleicher Wellenlänge und Geschwindigkeit ausbreiten. In den Richtungen der gestrichelten Hyperbeln löschen sich die Wellen aus. $\overline{E_1P} - \overline{E_2P} = 3 \cdot \frac{\lambda}{2}$.

Die Hyperbeln der Auslöschung überqueren also in *Abb. 404.1* die gleichmäßig hellgrau getönten Gebiete, wo ein Wellenberg der einen Welle stets auf ein Wellental der andern trifft. Bei Hyperbeln der Maxima dagegen trifft stets ein Berg der einen Welle auf einen Berg der andern. Längs dieser Hyperbeln haben wir einen starken Wechsel zwischen hellen und dunklen Gebieten.

Versuch 8a: Wir verändern nun beim Wellenwannenversuch *(Abb. 405.1)* den Erregerabstand $\overline{E_1 E_2}$ bei gleichbleibender Frequenz. Je größer er wird, desto größer wird die Zahl der Interferenzhyperbeln.

Danach verändern wir bei konstantem Erregerabstand die Erregerfrequenz. Je höher sie wird, desto größer wird die Zahl der Interferenzhyperbeln, wobei diese näher zusammenrücken.

Das Interferenzfeld hinter einem sogenannten **Doppelspalt** ist für andere Wellenarten, als es die mechanischen Wellen darstellen, von großer Bedeutung, zum Beispiel für elektromagnetische Wellen. Im nächsten Versuch wollen wir die Doppelspaltbeugung bei Wasserwellen untersuchen:

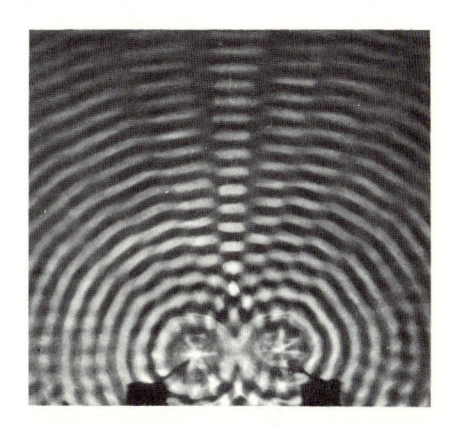

405.1 Interferenz zweier Kreiswellensysteme

Versuch 9: Wir legen ein stabförmiges Hindernis mit zwei gegen die Wellenlänge kleinen Öffnungen in die Wellenwanne. Die Entfernung zwischen beiden Öffnungen beträgt einige Wellenlängen. Auf dieses Hindernis lassen wir ebene Wellen zulaufen, deren Fronten parallel zu der Längserstreckung des Stabes sind. Das Wasser in den Öffnungen wird dadurch zu phasengleichen Schwingungen angeregt. Die Öffnungen wirken deshalb als Zentren für ein Doppelsystem von Elementarwellen wie es in *Abb. 404.1* schematisch dargestellt ist. Wir beobachten aus diesem Grund ein Interferenzsystem, das dem entspricht, das in *Abb. 405.1* oberhalb einer Geraden durch die beiden Tauchstifte zu sehen ist.

2. Interferenz bei Schallwellen

Versuch 10: Als Schallquellen benutzen wir zwei am gleichen Tongenerator angeschlossene, daher frequenzgleich und phasengleich schwingende Lautsprecher, die auf einem Stab montiert sind. Dreht sich der Stab mit den Lautsprechern um seine Mitte, so kann man an jedem Punkt des Raums nacheinander Maxima und Minima des Schallfeldes wahrnehmen. Tastet man andererseits bei ortsfesten Tonquellen das Schallfeld mit einem Druckmikrofon ab, so kann man Anzahl und Lage der Interferenzhyperbeln nach *Abb. 405.2* ermitteln.

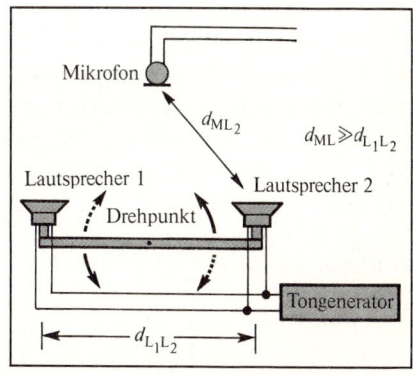

405.2 Drucksonde im Schallfeld

Aufgabe:

Nach *Abb. 405.2* ist ein Schnitt durch das räumliche Interferenzfeld zweier Lautsprecher gelegt, und man findet Hyperbeln als Interferenzfiguren. Was findet man, wenn man den ganzen Raum untersucht? (Die Schallquellen werden dabei als punktförmig vorausgesetzt.)

Elektromagnetische Schwingungen und Wellen

§ 126 Der geschlossene elektromagnetische Schwingkreis

1. Die Entladung eines Kondensators über eine Spule

Versuch 11: Ein Kondensator von etwa 40 µF wird gemäß *Abb. 406.1* von einer Spannungsquelle U_0 aufgeladen. Dann werden seine Platten durch Umlegen des Schalters S mit einer Spule verbunden. Diese Spule hat eine hohe Eigeninduktivität $L \approx 600$ H. Dies erreicht man durch ungefähr 10000 Windungen und Verwendung eines Kernmaterials hoher Permeabilität. Den Spannungsverlauf prüfen wir mit einem Spannungsmesser U von sehr hohem Eigenwiderstand, zum Beispiel einem Meßverstärker oder einem Kathodenstrahloszillografen. Den Stromverlauf beobachten wir mit einem Strommesser I.

Nach dem Umschalten von S stellen wir am Spannungsmesser eine stark gedämpfte **Wechselspannung** fest mit einer Periodendauer von etwa einer Sekunde (schwarze Kurve der *Abb. 406.2*), sowie am Strommesser einen ebenso gedämpften **Wechselstrom** gleicher Periodendauer (rote Kurve der *Abb. 406.2*). Ein Vergleich der Phasen zeigt, daß die Spannung an der Spule gegenüber dem Strom durch die Spule um $\frac{1}{4}T$ verschoben ist. Verringert man die Eigeninduktivität L oder die Kapazität C, so wird die Periodendauer T kleiner. Die aus Kondensator und Spule aufgebaute Schaltung heißt **„geschlossener Schwingkreis"**. Vergrößert man den ohnehin unvermeidlichen ohmschen Widerstand des Schwingkreises durch Einschalten eines Schiebewiderstands in die Strombahn, so erhöht sich die Dämpfung, das heißt die Amplituden von Strom und Spannung nehmen rascher ab. Beide Größen können mit dem Zweikanaloszillografen auch gleichzeitig beobachtet werden. Phasenverschiebung zwischen Spannung und Strom sowie Dämpfung werden dann deutlich sichtbar, vergleiche *Abb. 406.2*.

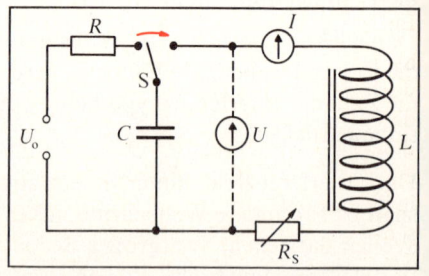

406.1 Entladung eines Kondensators über eine Spule; U Spannungsmesser sehr hohen Widerstands, I Strommesser geringen Widerstands, R Schutzwiderstand, R_S Schiebewiderstand

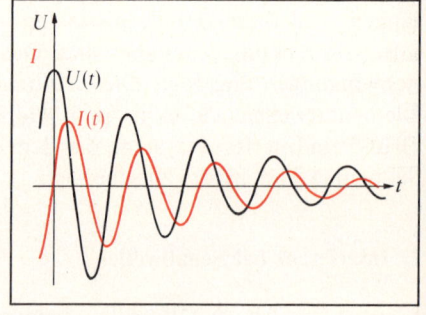

406.2 Phasenverschiebung zwischen Strom und Spannung bei Versuch 11

2. Erklärung

Das Zustandekommen dieser elektromagnetischen Schwingungen machen wir uns verständlich, indem wir ihre Analogie zu den Schwingungen eines Federpendels betrachten, die wir schon früher untersucht haben. Wir beschreiben diese Analogie anhand der *Abb. 407.1a bis d* durch folgende Gegenüberstellung:

Federpendel

a) Im Augenblick, in dem der nach rechts ausgelenkte Körper losgelassen wird, ist die Stahlfeder gespannt. Zunächst wirkt die maximale Spannkraft $\hat{F}$ beschleunigend auf den Körper, der infolge seiner Trägheit nicht plötzlich, sondern allmählich in Gang kommt, und zwar desto langsamer, je größer seine Masse m ist. Spannungsenergie wandelt sich in kinetische Energie um.

b) Jetzt ist die Federspannung von ihrem Höchstwert auf Null gesunken; die Geschwindigkeit v des Körpers erreicht ihren Höchstwert, wenn die Feder entspannt ist. Zugleich hat sich für einen Augenblick die gesamte Spannungsenergie in kinetische Energie umgewandelt. Mit dieser Geschwindigkeit würde der Körper aufgrund seiner Trägheit weiterfliegen, wenn er nicht durch die nun entgegenwirkende Spannkraft F der Feder verzögert würde. Die Feder wird nun entgegengesetzt zu a) gespannt. Kinetische Energie wandelt sich in Spannungsenergie um.

c) Diese Spannkraft und die entsprechende Elongation nach links erreichen ihre Höchstbeträge, wenn die Geschwindigkeit des Körpers auf Null abgenommen hat. Der zu a) entgegengesetzte Zustand ist erreicht. Die kinetische Energie hat sich in Energie der Federspannung zurückverwandelt.

Elektromagnetischer Schwingkreis

a) Im Augenblick, in dem der Schalter S umgelegt wird, liegt die volle Kondensatorspannung U_c an der Spule. Wie wir auf Seite 51 sahen, steigt der Spulenstrom infolge der Trägheit des Magnetfeldes nicht plötzlich, sondern allmählich an, und zwar desto langsamer, je größer die Eigeninduktivität L der Spule ist. Die elektrische Energie des Kondensators wandelt sich in magnetische Energie des Spulenfeldes um.

b) Die Kondensatorspannung ist auf Null abgesunken, der Strom I sowie das Magnetfeld B der Spule erreichen ihren Höchstbetrag, wenn der Kondensator entladen ist. Wegen der Trägheit des Magnetfeldes fließt der Spulenstrom in derselben Richtung weiter (Seite 389) und lädt den Kondensator entgegengesetzt zu a) auf. Die nötige Spannung wird durch die Abnahme des Spulenstroms und seines Magnetfeldes B induziert. Die dabei frei werdende magnetische Energie erhöht die elektrische Energie im Kondensator.

c) Diese entgegengesetzte Aufladung des Kondensators erreicht ihren Höchstbetrag, wenn Spulenstrom und Magnetfeld auf Null gesunken sind. Die magnetische Energie der Spule hat sich in elektrische Energie des Kondensators zurückverwandelt. Der zu a) entgegengesetzte Aufladezustand ist erreicht.

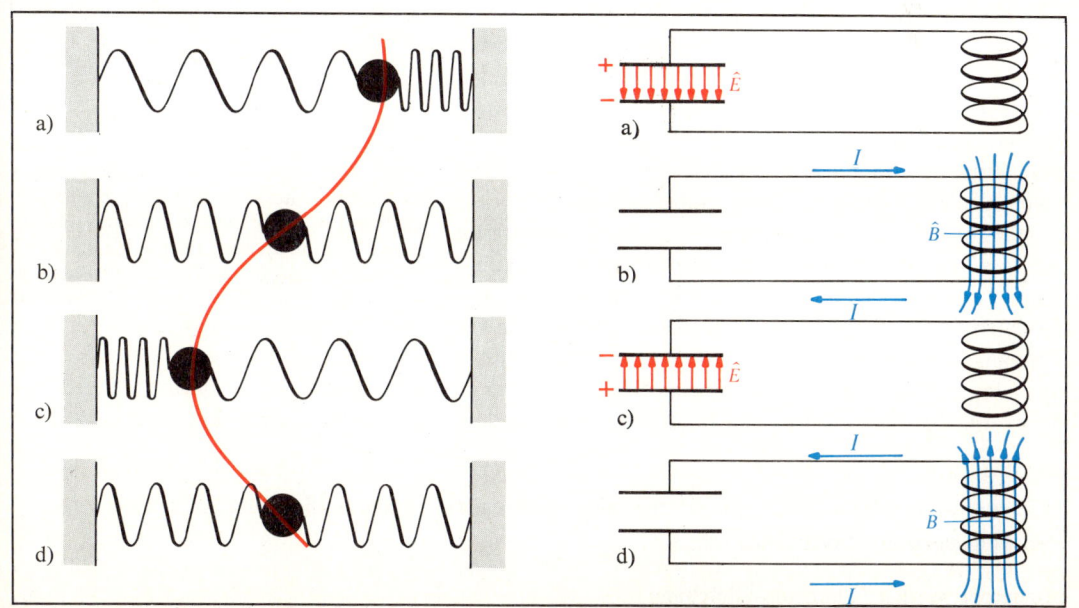

407.1 Gegenüberstellung mechanischer und elektromagnetischer Schwingungen

Elektromagnetische Schwingungen und Wellen

Nun beginnt sowohl im mechanischen als auch im elektromagnetischen Fall das gleiche Spiel von neuem, nur in entgegengesetzter Richtung, und führt auf die in den *Abb. 407.1d, a* usw. dargestellten Zustände, die sich so periodisch fortlaufend wiederholen.

Der maximalen potentiellen Energie $\hat{W}_{pot} = \frac{1}{2} \cdot D \cdot \hat{s}^2 = \frac{1}{2} \cdot \frac{1}{D} \cdot \hat{F}^2$ entspricht die maximale elektrische Energie $\frac{1}{2} \cdot C \cdot \hat{U}^2$. Analog entspricht der maximalen kinetischen Energie $\hat{W}_{kin} = \frac{1}{2} \cdot m \cdot \hat{v}^2$ die maximale magnetische Energie $\frac{1}{2} \cdot L \cdot \hat{I}^2$. Der durch die Masse m ausgedrückten mechanischen Trägheit entspricht in diesen Gleichungen die Eigeninduktivität L, welche die Trägheit des magnetischen Feldes kennzeichnet, vergleiche Seite 390. Wir setzen die Kraft F der Feldstärke $E = U/d$ und so der Spannung U analog, ferner die beim Schwingen verschobene Ladung Q der Elongation s. Dann können wir die Kapazität $C = Q/U$ mit der „elastischen Nachgiebigkeit" $s/F = 1/D$ der Feder analog setzen. Dies läßt vermuten, daß diese Analogie auch bei der Gleichung für die Periodendauer gilt. Aus der Gleichung für die Periodendauer beim Federpendel $T = 2\pi\sqrt{m/D}$ entsteht dann eine Gleichung für die Periodendauer der elektromagnetischen Schwingung:

$$T = 2\pi \cdot \sqrt{LC}. \tag{408.1}$$

Diese Gleichung beschreibt die bisherigen Beobachtungen zutreffend, wonach beim Vermindern der Eigeninduktivität L oder der Kapazität C die Periodendauer kleiner wird, die Frequenz also steigt. Diese Gleichung, deren mathematische Herleitung wir hier nicht behandeln, wollen wir nun experimentell bestätigen.

Versuch 12: In der Spule S (1000 Windungen mit kurzem Eisenkern) wird durch ein mit 50 Hz betriebenes Relais ein Strom periodisch ein- und ausgeschaltet *(Abb. 408.1)*. Das beim Ausschalten plötzlich zusammenbrechende Magnetfeld induziert in der eisenlosen Spule L des Schwingkreises (1140 Windungen; $L = 8 \cdot 10^{-3}$ H nach Seite 388f.) einen kurzen Spannungsstoß. Zusammen mit dem Kondensator der Kapazität $C = 2\,\mu F$ wird eine Schwingung angeregt (wie beim Anschlagen einer Glocke). Nach *Gl. 408.1* errechnen wir die Periodendauer $T \approx 795 \cdot 10^{-6}$ s. Dem entspricht die Frequenz $f \approx 1258$ Hertz. Wir machen die nach jedem Anstoß gedämpft verlaufenden Schwingungen auf dem Schirm eines Kathodenstrahloszillografen sichtbar. Mit Hilfe der geeichten horizontalen Zeitablenkung finden wir die berechnete Periodendauer empirisch gut bestätigt. Dann ändern wir die Kapazität ab und bestätigen auch die durch die Gleichung gegebene Abhängigkeit. Zum Beispiel erhalten wir bei vierfacher Kapazität die doppelte Periodendauer. Entsprechendes läßt sich für L mit Spulen anderer, bekannter Eigeninduktivität zeigen.

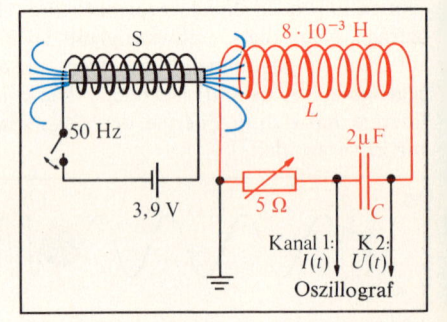

408.1 Die Spule S wird in raschem Wechsel ein- und ausgeschaltet; ihr Magnetfeld induziert in der Spule L des Schwingkreises einen Spannungsstoß. Dies führt dann zu Eigenschwingungen des Schwingkreises. Kanal 1 des Ozillografen zeigt den Strom-, Kanal 2 den Spannungsverlauf.

Ein aus Kondensator und Spule bestehender Schwingkreis kann zu elektromagnetischen Eigenschwingungen der Periodendauer

$$T = 2\pi \cdot \sqrt{LC} \tag{408.1}$$

angeregt werden (**Thomson-Gleichung**).

3. Resonanz

Die elektromagnetischen Schwingungen der vorigen Versuche erfolgten *frei* mit der Eigenfrequenz $f = \frac{1}{2\pi\sqrt{LC}}$. Wegen des ohmschen Widerstands waren sie *gedämpft (Abb. 406.2)*. Das entsprach früheren Versuchen mit dem Federpendel, das nach einem Anstoß freie, wegen der Reibung gedämpfte Schwingungen in seiner Eigenfrequenz $\frac{1}{2\pi}\sqrt{\frac{D}{m}}$ ausführte. Die Dämpfung konnten wir im mechanischen Fall vermeiden, indem wir das Federpendel zu **erzwungenen** Schwingungen mit einer äußeren *periodischen Zwangskraft* anregten. In folgendem Versuch erzeugen wir analog hierzu *erzwungene elektromagnetische Schwingungen*.

Versuch 13: Ein Schwingkreis *(Abb. 409.1 rot)* besteht aus einem Kondensator der Kapazität $C = 2\,\mu F$ und einer Spule der Eigeninduktivität $L = 8 \cdot 10^{-3}$ H. Die Eigenfrequenz des Schwingkreises berechnet sich nach *Gl. 408.1* zu $f_0 = 1258$ Hz. Für die *Zwangsanregung* dieses Schwingkreises benutzten wir eine kurze Spule *(Abb. 409.1 schwarz)*, die nicht mit Stromstößen, sondern durch einen Tonfrequenzgenerator mit Wechselstrom variabler Frequenz f gespeist wird. Das in dieser Erregerspule erzeugte magnetische Wechselfeld *(Abb. 409.1 blau)* induziert in der Schwingkreisspule eine elektrische Wechselspannung der Zwangsfrequenz f. Wir untersuchen nun, ob der Schwingkreis in seiner Eigenfrequenz f_0 angeregt wird, oder ob er in der ihm jeweils aufgezwungenen Frequenz f schwingt. Letzteres wäre nach dem mechanischen Analogon wahrscheinlicher. Zur Prüfung legen wir sowohl die Kondensatorspannung U_C als auch die Erregerspannung U_{err} an den Zweikanaloszillografen und vergleichen beide nach Frequenz und Amplitude. Ergebnis:

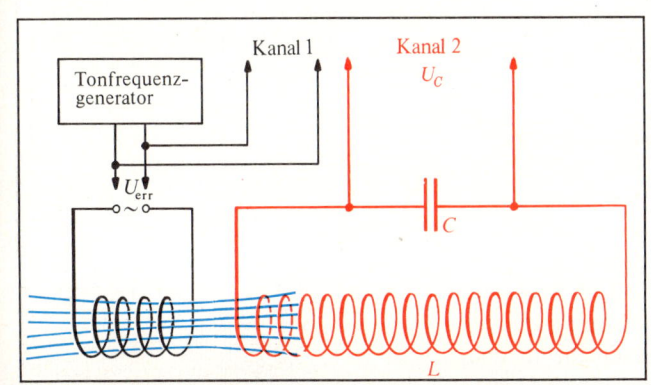

409.1 Erzwungene elektromagnetische Schwingungen. Die aufgezwungene Schwingung wird im Oszillografen sichtbar gemacht (Kanal 2). Die Tonfrequenz wird auf Kanal 1 gegeben.

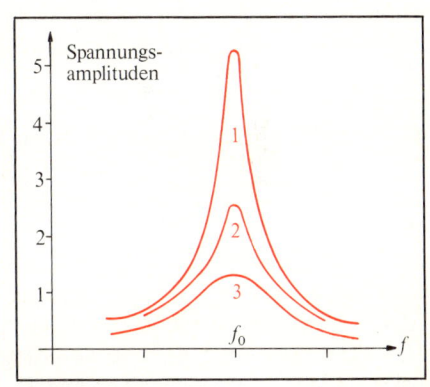

409.2 Resonanzkurven; 1: Spule ohne Zusatzwiderstand; 2, 3: Spule mit verschiedenen Widerständen

a) Der Schwingkreis schwingt stets mit der ihm vom Tonfrequenzgenerator aufgezwungenen Frequenz f, der sogenannten „*Zwangsfrequenz*", und zwar *ungedämpft*. Die Amplitude der Schwingung regelt sich nämlich auf *den* Wert ein, bei dem die auftretenden Energieverluste („Ohmsche Wärme") gerade vom Erreger ausgeglichen werden. Es handelt sich also um **„erzwungene Schwingungen"**, die schon vom Federpendel her bekannt sind.

b) Resonanz. Wie beim Federpendel dürfen wir daher erwarten, daß Resonanz eintritt, wenn wir die Erregerfrequenz der Eigenfrequenz $f_0 = 1258$ Hz annähern. Stellt man die gemessene Amplitude der erzwungenen Schwingungen als Funktion der variablen Zwangsfrequenz f dar, so erhält man tatsächlich die bekannte „**Resonanzkurve**" *(Abb. 409.2)*. Ändert man die Eigenfrequenz f_0

durch Änderung von C oder L, so tritt die Resonanz stets ein, wenn die Zwangsfrequenz f gleich der neuen Eigenfrequenz f_0 wird. Damit wird die *Gl. 408.1* für T nochmals empirisch bestätigt.

c) Dämpfung. Wir vergrößern nun den ohmschen Widerstand im Schwingkreis und beobachten, daß die Resonanzamplitude dadurch kleiner wird. Die stärkere Dämpfung verhindert ein Aufschaukeln zu hohen Resonanzamplituden, vergleiche *Abb. 409.2*, Kurven 2 und 3. Solange die Dämpfung nicht zu groß ist, weicht die Resonanzfrequenz nur geringfügig von der Eigenfrequenz ab.

d) Bei konstanter Erregerfrequenz erzielen wir Resonanz, indem wir die Eigenfrequenz des Schwingkreises, die jetzt *veränderlich* sein muß, anpassen:

Versuch 14: Analog zu *Abb. 409.1* koppeln wir den Tonfrequenzgenerator induktiv mit einem Schwingkreis, dessen mit Eisenkern versehene Spule etwa 4 H hat, und bei dem durch einen Drehkondensator die Kapazität von 100 pF bis 500 pF geändert werden kann. Stellt man nun den Generator *fest* auf 5000 Hz ein, so erhält man bei einer ganz bestimmten Stellung des Drehkondensators Resonanz (etwa bei 250 pF).

Diese Resonanzversuche zeigen eine wichtige Grundlage des Rundfunkempfangs: Gemäß Versuch 14 gleicht man die Eigenfrequenz f des Empfängerschwingkreises der im Rundfunkprogramm angegebenen Zwangsfrequenz f_0 des gewünschten Senders an. Dessen Schwingungen werden dann durch die „*Resonanzüberhöhung*" aus dem von der Antenne aufgenommenen Wellenangebot mit besonderer Intensität herausgeholt, die Wellen der anderen Sender dagegen unterdrückt. Diese Auslese durch Resonanz wiederholt man in mehreren hintereinander liegenden Schwingkreisen, damit man auch Sender benachbarter Frequenzen noch voneinander trennen kann: Je mehr (Schwing-)„*Kreise*" ein Empfänger besitzt, um so besser ist seine „*Trennschärfe*".

4. Ungedämpfte Schwingungen durch Rückkopplung

In Versuch 13 erzielten wir *ungedämpfte* Schwingungen durch Resonanz und Anregung mit einer periodischen Zwangsspannung. Nun wollen wir mit dem Prinzip der *Selbststeuerung* die Energieverluste periodisch ersetzen. Als Energielieferant dient eine Gleichspannungsquelle. Der Nachschub der Energie aus dieser Quelle in den Schwingkreis wird durch einen **npn-Transistor** gesteuert, dessen Basis gemäß *Abb. 410.1* mittels der Rückkopplungsspule L_R induktiv an die Schwingkreisspule L gekoppelt wird. (Die Steuerung des Energienachschubs kann auch mit einer *Röhrentriode* besorgt werden; Gitter statt Basis, Kathode statt Emitter, Anode statt Kollektor.)

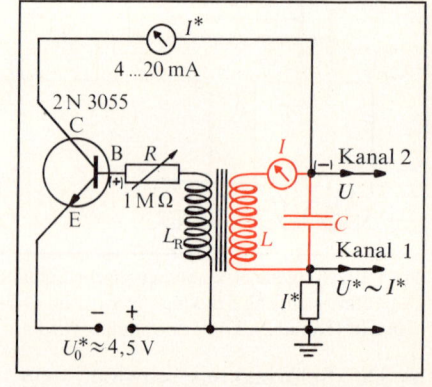

410.1 Steuerung eines Schwingkreises (rot) mit npn-Transistor, langsame Schwingungen. Man verkleinert R solange, bis die Schwingung einsetzt. Durch Verringerung von C oder L läßt sich die Frequenz in den Tonfrequenzbereich und höher steigern.

Versuch 15: Zunächst erzeugen wir langsame ungedämpfte Schwingungen der Frequenz $f \approx 0{,}7$ Hz, das heißt $T \approx 1{,}4$ s, um den Verlauf von Strom, Spannung und Energienachlieferung verfolgen zu können. Für L_R und L nehmen wir die beiden Spulen eines eisengeschlossenen Transformators mit möglichst hohen Windungszahlen. Der Kondensator habe eine möglichst hohe Kapazität C, etwa ein Elektrolytkondensator von 500 μF. An den Meßwerken bzw. am Doppelstrahloszillografen erkennen wir, daß der Kreis schwingt. Bei I^* wird pulsierender Gleichstrom angezeigt, bei U Wechselspannung, bei I ein Wechselstrom, der gegen U um eine Viertelperiode verschoben ist. Der Transistor sorgt dafür, daß der pulsierende Gleichstrom jeweils im richtigen Zeitabschnitt jeder Periode fließt und damit Energie nachliefert. Die Basis B muß durch Probieren so an die Spule L_R angeschlossen werden, daß sie *positive* Polarität erhält, wenn der obere Schwingkreisteil *negative* Polarität hat. Dann pumpt die Spannungsquelle unter Arbeitsaufwand weitere Elektronen über den geöffneten Transistor und die Kollektorleitung in diesen Schwingkreisteil und zieht Elektronen aus dem unteren. Dies gleicht die *Energieverluste* aus. Hat der obere Schwingkreisteil *positive* Polarität, so muß die Basis *negativ* werden und die Elektronenzufuhr sperren, sonst würde die *Dämpfung* vergrößert.

Versuch 16: Verringern wir nun C oder L oder beide, so steigt gemäß *Gl. 408.1* die Frequenz. Da die Zeigermeßwerke jetzt zu träge sind, ersetzen wir sie durch den Oszillografen. Bei I setzen wir einen Lautsprecher ein und zeigen damit Schwingungen im Tonfrequenzbereich. Übersteigt die Frequenz die Hörgrenze, so zeigt nach wie vor der Oszillograf die Schwingungen an. Wir können nun auch eine 3. Spule P mit Glühlämpchen *(Abb. 411.1)* benutzen, um die Schwingungen nachzuweisen. Wir bringen P so in die Nähe der Schwingkreisspule, daß sie von deren magnetischem Wechselfeld durchsetzt wird. Die in der Prüfspule induzierte Wechselspannung treibt einen Wechselstrom durch das Lämpchen, so daß es leuchtet.

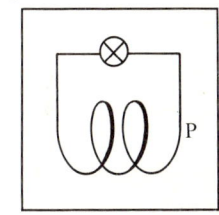

411.1 Prüfspule

Aufgaben:

1. *Ein Kondensator mit $C = 1,8$ μF und eine Spule bilden einen Schwingkreis, in den noch die Primärspule des sekundärseitig mit einem Lautsprecher verbundenen Trafos geschaltet ist (Abb. 411.2). Die gesamte Eigeninduktivität beträgt $L = 0,2$ H. Die Entladung löst einen Knack klar feststellbarer Tonhöhe aus. Berechnen Sie deren Frequenz! Welche Töne erklingen, wenn man die Kapazität auf $1/4$ bzw auf $4/9$ der ursprünglichen Kapazität herabsetzt? Die Ergebnisse können im Experiment nachgeprüft werden.*

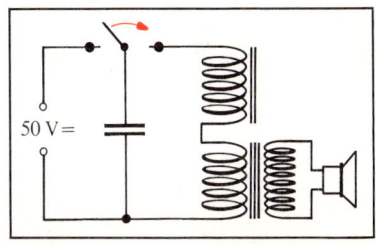

411.2 Schwingkreis mit angekoppeltem Lautsprecher

2. *Ein Schwingkreis, dessen Kondensator die Kapazität $C = 0,2$ μF hat, resoniert bei 8000 Hz. Wie groß ist die Eigeninduktivität der beteiligten Spule?*

3. *In einem Schwingkreis ist ein Kondensator $C_1 = 1$ nF zu einem Drehkondensator mit variabler Kapazität 100 pF $< C_2 <$ 500 pF parallel geschaltet. Für die Spule ist $L = 0,2$ H. In welchem Bereich kann die Eigenfrequenz f_0 des Schwingkreises durch den Drehkondensator geändert werden?*

4. *Erklären Sie, warum in Abb. 410.1 der Kanal 1 den Stromverlauf zeigt, Kanal 2 den Spannungsverlauf (R sei klein)!*

5. *Ein Schwingkreis mit der Spule des Versuchs 13 ($L = 8 \cdot 10^{-3}$ H) schwingt mit der Frequenz $f = 440$ Hz. Welche Kapazität hat der beteiligte Kondensator?*

6. *Der Kondensator eines Schwingkreises habe die Kapazität $C = 100$ μF und sei auf 100 V aufgeladen. Er entlädt sich über eine Spule der Eigeninduktivität $L = 40$ H. Geben Sie die jeweilige maximale elektrische bzw. magnetische Energie an! Wie groß ist der maximale Spulenstrom der Schwingung?*

§ 127 Der Hertz-Dipol als offener Schwingkreis

1. Vom geschlossenen Schwingkreis zum Dipol

Bei den bis jetzt besprochenen geschlossenen Schwingkreisen sind die elektromagnetischen Wechselfelder auf Kondensator, Spule und deren nächste Umgebung beschränkt. In größerer Entfernung sind diese Felder kaum noch nachweisbar. Nun ziehen wir aber entsprechend *Abb. 412.1a* die Kondensatorplatten mehr und mehr auseinander. Dann wandert das elektrische Feld weiter und weiter in den Raum hinaus. Lassen wir schließlich die Kondensatorplatten überhaupt weg, so haben wir ein elektrisches Feld gemäß *Abb. 412.1b*, das *noch* weiter in die Umgebung hinausreicht. Da hierbei die Kapazität abnimmt, steigt die zu erwartende Frequenz. Für die folgenden Versuche ist es günstig, diese Frequenz noch weiter zu erhöhen. Man erreicht dies, indem man die Windungszahl der Spule verringert und die Spule schließlich zu einem *geraden Draht* entarten läßt *(Abb. 412.1b* bzw. *412.2)*, wie es zuerst *Heinrich Hertz* (1857 bis 1894) tat.

Versuch 17: Im folgenden Versuch zeigen wir, daß auch dieser gerade Draht ein elektromagnetischer **Schwinger** ist. Wir koppeln ihn mit einem hochfrequenten Röhrengenerator, zum Beispiel mit der Frequenz $f = 434$ MHz.

Ein in die Drahtmitte geschaltetes Lämpchen zeigt die Wechselströme der Schwingungen an. Zur Abstimmung auf den Generator ändern wir die Länge des Drahtes mit zwei über seine Enden geschobenen Metallhülsen. Bei einer Länge von etwa 34 cm leuchtet das Lämpchen am stärksten. Der Draht *resoniert* bei dieser Länge mit der Generatorfrequenz. Er stellt also einen elektromagnetischen Schwinger dar, dessen *Eigenfrequenz* durch seine Länge festgelegt ist. Ein ans Drahtende geschaltetes Lämpchen bleibt dunkel. Die Effektivstromstärke des hochfrequenten Wechselstroms im Draht nimmt also von ihrem Maximalwert in der Mitte nach den Enden zu auf Null ab, wie wir in Versuch 19 genau sehen werden. Die Elektronen schwingen in der Längsrichtung des Drahtes hin und her mit einer von der Mitte zum Ende hin abfallenden Amplitude. Diese Ladungsbewegung wird von einem *magnetischen Wechselfeld* nach *Abb. 412.2 a* begleitet, dessen ringförmige Feldlinien in Ebenen senkrecht zum Leiter liegen, und dessen Stärke zu den Leiter-

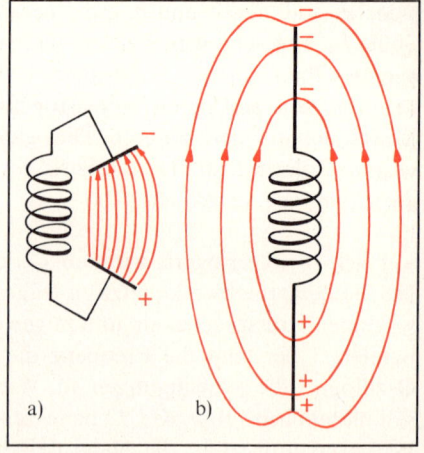

412.1 Aus dem geschlossenen Schwingkreis wird ein offener, sogenannter Hertzscher Dipol (vgl. *Abb. 76.2*)

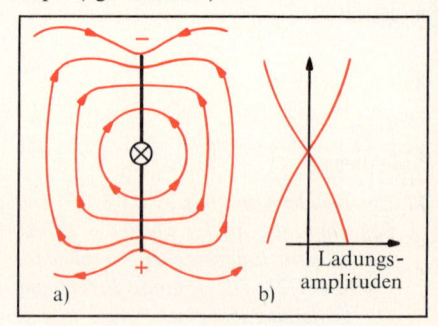

412.2 a) Elektrische Feldlinien des schwingenden Dipols, Magnetfeld verschwunden, b) Amplituden der elektrischen Ladung

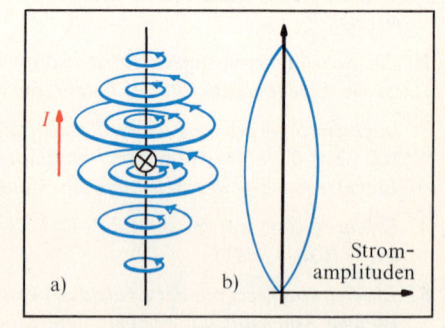

412.3 a) Magnetische Feldlinien um einen schwingenden Dipol, elektrisches Feld verschwunden, b) Amplituden des Magnetfeldes und des Stroms

enden hin abnimmt. Analog zur Saitenschwingung bezeichnen wir die Mitte als **Bauch** des Stroms und des Magnetfeldes, die Enden als **Knoten** dieser Wechselgrößen. Entsprechend bezeichnen wir die Mitte als Knoten der elektrischen Feldstärke und die beiden Enden als Bäuche der elektrischen Feldstärke.

Haben in einem bestimmten Augenblick die Elektronen größte Elongation nach oben, so stauen sie sich dort maximal. Am anderen Drahtende herrscht entsprechend Überschuß an positiver Ladung. Der Leiter hat dann einen Plus- und einen Minuspol. Er wird deshalb **Dipol** genannt. Die *elektrischen* Feldlinien verlaufen in diesem Moment gemäß *Abb. 412.2a* vom Pluspol zum Minuspol in allen Ebenen, in denen der Dipol liegt. Nach der Zeit $T/4$ sind die Elektronen wieder gleichmäßig verteilt, bewegen sich aber jetzt mit maximaler Geschwindigkeit auf das andere Ende zu (ihre Amplitude beträgt nur Bruchteile von Millimetern und nimmt zum Ende hin ab). Wir haben jetzt das schon besprochene *magnetische* Feld der *Abb. 412.3a*; dagegen ist nun das elektrische Feld verschwunden. Nach einer weiteren Viertelschwingungsdauer ist die Polung des Dipols entgegengesetzt zu der in *Abb. 412.2* dargestellten. Nochmals eine Viertelperiode später ist das elektrische Feld wieder verschwunden, und das magnetische Feld ist wieder maximal gemäß *Abb. 412.3*, jedoch mit entgegengesetzt verlaufenden Magnetlinien. Man mache sich klar, daß für den Dipol unseres Beispiels $T/4$, also der Zeitspanne zwischen *Abb. 412.2* und *Abb. 412.3*, nur knapp 0,6 Nanosekunden beträgt. Die an den vorigen Versuch geknüpften Überlegungen wollen wir experimentell bestätigen.

2. Prüfung des elektrischen Wechselfeldes

Versuch 18: Wir fahren mit einer geeigneten *Glimmlampe* den Dipol entlang. An den Dipolenden zeigt das Aufleuchten beider Elektroden des Glimmröhrchens die schnell wechselnden Ladungen an. Das durch diese Wechselladungen im *Raum* erregte elektrische Feld weisen wir durch einen zweiten, auf gleiche Frequenz abgestimmten Dipol nach, der in seiner Mitte ein Glühlämpchen trägt. Dieses Lämpchen leuchtet am hellsten, wenn wir den Prüfdipol tangential zu den elektrischen Feldlinien des Sendedipols *(Abb. 412.2)* halten. Durch Influenz wird in ihm Ladung periodisch verschoben und im Falle der Resonanz ein beträchtlicher Wechselstrom erzeugt. — Steht dagegen der Empfangsdipol senkrecht zu den elektrischen Feldlinien, so erlischt das Lämpchen.

3. Prüfung des magnetischen Wechselfeldes

Versuch 19: Das sich ändernde Magnetfeld weisen wir durch seine Induktionswirkungen in einer offenen Leiterschleife mit eingeschaltetem Glühlämpchen (0,07 A) nach. Dies ist ein Schwingkreis mit einer Windung. Die offenen, gegeneinander isolierten Enden stellen die verkleinerten Kondensatorplatten dar. Das Lämpchen leuchtet maximal auf, wenn die Windungsebene senkrecht zu den magnetischen Feldlinien steht *(Abb. 413.1)* und die Windung etwa in Höhe des Lämpchens liegt.

> **Der Hertzsche Dipol ist ein stabförmiger elektromagnetischer Schwinger, dessen Eigenfrequenz durch seine Länge bestimmt ist.**

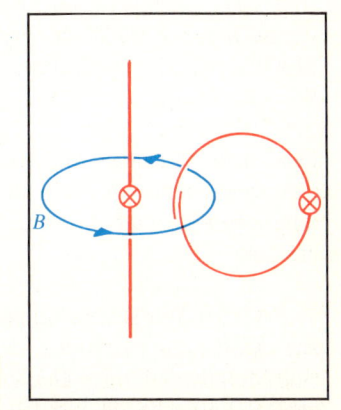

413.1 Nachweis des magnetischen Feldes um einen Dipol

§ 128 Das Fernfeld des Dipols

Elektrostatische Felder und Magnetfelder von Gleichströmen klingen in verhältnismäßig kleinen Entfernungen auf unmerklich kleine Werte ab. Anders hier. Noch in einiger Entfernung vom Sendedipol leuchtet das Lämpchen im Empfängerdipol auf. Es werden also beträchtliche Energiemengen vom Sender zum Empfänger drahtlos übertragen. Ersetzen wir das Lämpchen durch empfindlichere Anordnungen, so können wir im ganzen Zimmer, ja sogar in Nachbarräumen, die Wechselfelder nachweisen:

Versuch 20: Für den Sender der Frequenz $f = 434$ MHz gelingt das zum Beispiel mit einem abgestimmten Empfängerdipol nach *Abb. 414.1*, in dessen Mitte eine Halbleiterdiode geschaltet ist. Die gesperrte Halbschwingung fließt durch das Meßwerk, welches daher ausschlägt. Dieser Resonanzdipol spricht auf das *elektrische* Feld an, und zwar maximal, wenn er in Richtung der elektrischen Feldlinien verläuft.

Versuch 21: Auch das *magnetische* Wechselfeld läßt sich noch in größerer Ferne mit einer Prüfschleife nach *Abb. 413.1* nachweisen, in die eine Gleichrichterdiode mit parallel geschaltetem Meßwerk eingeschaltet wird. Wir vermuten nun, daß sich das elektromagnetische Wechselfeld mit endlicher Geschwindigkeit vom Sender her ausbreitet. Wie wir auf den nächsten Seiten sehen werden, hat sich diese Vermutung vielfach empirisch bestätigt. *Bei endlicher Ausbreitungsgeschwindigkeit müßten in einem „Momentbild" (Mechanische Wellen, S. 330) alle Phasenzustände, die der Erreger während einer Schwingungsdauer T nacheinander aussandte, im Bereich einer „Wellenlänge" $\lambda = c \cdot T$ räumlich nebeneinander anzutreffen sein.* Das würde bedeuten, daß die Ausbreitung der elektromagnetischen Störung, die von einem sinusförmig schwingenden Sender ausgeht, die Struktur einer **Sinuswelle** hat, die mit der Geschwindigkeit $c = \lambda/T = \lambda \cdot f$ fortschreitet. Trifft sie auf eine Metallwand, so wird sie reflektiert.

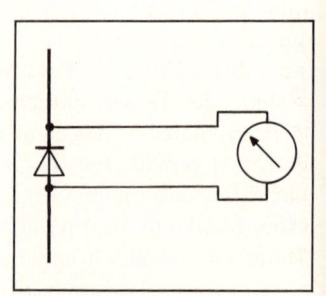

414.1 Empfängerdipol mit Gleichrichterdiode und Milliamperemeter

Versuch 22: Diese Reflexion kann durch den Versuch gemäß *Abb. 414.2* nachgewiesen werden. Der zum Sender S parallele Empfangsdipol E spricht an, wenn die zu beiden Dipolen parallele Metallwand M_1 entsprechend dem Reflexionsgesetz orientiert ist. Wir werden auf Seite 421 darauf zurückkommen.

Den entscheidenden Nachweis für die Existenz fortschreitender elektromagnetischer Wellen führen wir nun, indem wir durch Interferenz mit der reflektierten Welle **stehende Wellen** im Raum erzeugen:

Versuch 23: Wir stellen einige Meter vom Sender entfernt senkrecht zur Ausbreitungsrichtung der erwarteten fortschreitenden Welle eine Metallwand auf *(Abb. 415.1)*. Die beiden empfindlichen Prüfgeräte (Versuche 18 und 19) zeigen in dem Raum vor der Wand **Knoten** und **Bäuche** des elektrischen bzw. magnetischen Feldes. An

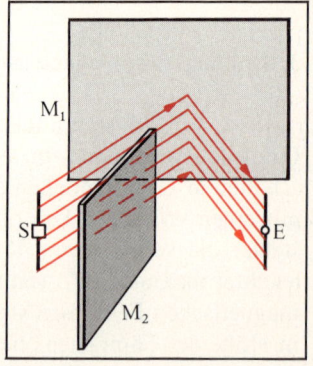

414.2 Elektromagnetische Wellen können an einer Metallwand reflektiert werden. S Sender, E Empfänger, M_1 Reflektor, M_2 Abschirmung

der Wand wird die Welle reflektiert. Der Abstand zweier benachbarter Knoten ist die halbe Wellenlänge der fortschreitenden Welle.

Heinrich Hertz wandte die Thomsonsche Gleichung auf seinen Sender an und konnte so bei seinen berühmten Versuchen des Jahres 1888 die Sendefrequenz ermitteln. Er berechnete die Geschwindigkeit dieser Wellen nach $c = f \cdot \lambda$ zu $c = 3 \cdot 10^8$ m/s, also gleich der Lichtgeschwindigkeit. Aus unserem Versuch 23 ergibt sich für die fortschreitende elektromagnetische Welle, aus der die stehende Welle durch Interferenz mit ihrer reflektierten entstand, folgendes: Die Frequenz des Senders beträgt $f = 434 \cdot 10^6$ Hz, die Wellenlänge wird zu $\lambda = 69$ cm gemessen. Damit erhalten wir für die Ausbreitungsgeschwindigkeit $c \approx 434 \cdot 10^6 \cdot 0{,}69$ m/s $\approx 3 \cdot 10^8$ m/s.

Diese **Ausbreitungsgeschwindigkeit für elektromagnetische Wellen** ist inzwischen oftmals unmittelbar gemessen worden. So ist es gelungen, elektromagnetische Signale am *Mond* bzw. an Planeten zu

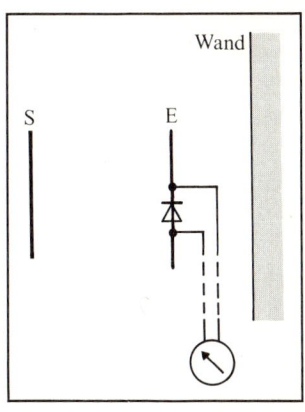

415.1 Stehende elektromagnetische Welle vor reflektierender Wand

reflektieren. Für den Mond betrug zum Beispiel die Zeit für den Hin- und Rückweg des Signals etwa 2,56 s. Der entsprechende Weg ist gleich der doppelten mittleren Mond-Erde-Distanz, das heißt $768 \cdot 10^6$ m. Daraus ergibt sich für die Laufgeschwindigkeit

$$c \approx (768 \cdot 10^6 : 2{,}56) \text{ m/s} \approx \mathbf{3 \cdot 10^8 \text{ m/s}}.$$

Andere Messungen im interplanetaren Raum sowie im Laboratorium haben den genannten Zahlenwert bestätigt, der übrigens mit dem der **Lichtgeschwindigkeit** genau übereinstimmt. Theoretisch konnte gezeigt werden, daß die Ausbreitungsgeschwindigkeit elektromagnetischer Wellen aus den elektrischen und magnetischen Feldkonstanten ε_0 und μ_0 berechnet werden kann:

$$c = \frac{1}{\sqrt{\varepsilon_0 \varepsilon_r \mu_0 \mu_r}} \; (Maxwell). \text{ Im Vakuum ist } \varepsilon_r = \mu_r = 1. \tag{415.1}$$

Die elektrischen Feldlinien im Fernfeld des Dipols verlaufen *parallel* zu diesem, solange wir etwa in der Ebene senkrecht zur Dipolmitte bleiben. Die magnetischen Feldlinien bilden in diesem Bereich Kreise um den Dipol. Beide Felder stehen also senkrecht aufeinander und zudem senkrecht zur Ausbreitungsrichtung, die hier radial vom Sender weg verläuft.

Die Länge des *Sendedipols* in unserem Versuch 23 ist gleich der *halben* Wellenlänge der stehenden Welle vor dem reflektierenden Schirm. Dies deuten wir so, daß sich auch auf dem Dipol eine stehende Welle ausbildet, die sich aus den Reflexionen der auf ihm mit Lichtgeschwindigkeit fortschreitenden Welle an seinen Enden ergibt. Die stehende elektromagnetische Welle vor der Metallwand kann mit der stehenden Schallwelle vor einer den Schall reflektierenden Wand verglichen werden. Jedoch ist hier bei den elektromagnetischen Wellen *kein materieller Träger* vorhanden. Diese Wellen breiten sich vielmehr auch im *Vakuum* aus, vergleiche die am Mond reflektierten Signale oder die etwa von Marssonden zur Erde gesandten elektromagnetischen Impulse. Ferner handelt es sich bei den elektromagnetischen Wellen um **Transversalwellen:** Elektrische und magnetische Feldlinien stehen *senkrecht* zur Ausbreitungsrichtung.

Auf dem zu elektromagnetischen Schwingungen erregten Hertz-Dipol bildet sich eine stehende Welle aus. Ferner breitet sich von ihm eine fortschreitende Transversalwelle in den Raum aus, deren Wellenlänge gleich der doppelten Dipollänge ist.

Versuch 24: Dieser Zusammenhang gilt auch, wenn man den Dipol in Wasser taucht. Da dessen Dielektrizitätszahl $\varepsilon_r = 81$ ist, sinkt nach *Gl. 415.1* die Ausbreitungsgeschwindigkeit $c = f \cdot \lambda$ auf 1/9. Da beim Übertritt ins Wasser die Frequenz f unverändert bleibt, nimmt λ auf 1/9 ab. Man muß den Dipol im Wasser auf etwa 1/9 verkürzen, damit das Lämpchen leuchtet.

§ 129 Die Ausbreitung der elektromagnetischen Wellen

1. Erweiterung des Induktionsgesetzes; geschlossene elektrische Feldlinien

Das elektrische Feld in der unmittelbaren Umgebung des Dipols ließ sich noch mit bisherigen Vorstellungen begreifen, nämlich als das elektrische Wechselfeld, das zu den rasch bewegten Ladungen gehört. Ebenso konnte das Magnetfeld nahe am Dipol noch verstanden werden als das magnetische Wechselfeld der hochfrequenten Wechselströme auf dem Leiter. Das Davonwandern dieser Felder vom Sender weg als Welle mit endlicher Ausbreitungsgeschwindigkeit in den Raum hinaus ist jedoch nur über neue Vorstellungen verständlich: Die Felder lösen sich vom Sender ab. Einmal abgelöst, wandern sie weiter, selbst wenn der Sender zu schwingen aufhört.

> **Die aus elektrischen und magnetischen Wechselfeldern gebildete Welle, die sogenannte elektromagnetische Welle, löst sich vom Sender und wird samt der in ihr mitgeführten Energie selbständig.**

Dieser Vorgang kann mit fortschreitenden Wasserwellen oder Schallwellen verglichen werden, freilich mit den am Ende von § 128 gekennzeichneten Merkmalen hinsichtlich des Wellenträgers und der Transversalität. Die elektromagnetische Welle breitet sich auch in einem von Leitern, Ladungen und Strömen freien Raum aus. Die *Änderung* des Magnetfeldes in irgend einem Raumteil der Welle induziert ein elektrisches *Wirbelfeld*. Dies entspricht unseren Erkenntnissen des § 17, nach denen jedes sich ändernde Magnetfeld von ringförmigen elektrischen Feldlinien durchsetzt und umgeben ist (vergleiche *Abb. 385.2*). Dieses Modell wollen wir nun durch eine entsprechende Vorstellung über sich ändernde elektrische Felder ergänzen.

2. Der Verschiebungsstrom

Wir gewinnen diese neue Vorstellung anhand des vertrauten Modells von der Aufladung eines *Kondensators* (*Abb. 416.1*). Der Aufladestrom ist von ringförmigen Magnetlinien umgeben. Der aus bewegten Ladungen bestehende Strom selbst endigt zwar auf den Kondensatorplatten und erhöht die Ladung auf ihnen. Solange Ladestrom fließt, wird das elektrische Feld zwischen den Platten stärker. *Maxwell* stellte sich nun vor, daß auch dieses sich ändernde elektrische Feld von ringförmig

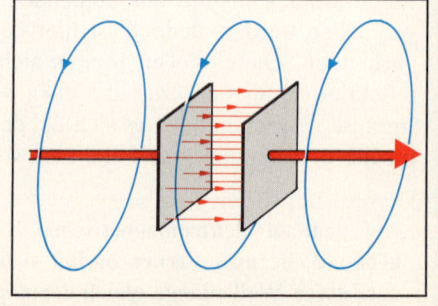

416.1 Maxwellscher Verschiebungsstrom

geschlossenen Magnetlinien umgeben ist. Um den bisher stets beobachteten Zusammenhang zwischen Strom und Magnetfeld auch in diesem Fall beibehalten zu können, nennt man das sich ändernde elektrische Feld **Verschiebungsstrom**. Beim Aufladen eines Kondensators schließt dieser Verschiebungsstrom zwischen den Platten den Elektronenstrom in den Zuleitungen. So erhalten wir:

> Jedes sich ändernde elektrische Feld ist (solange es sich ändert!) von ringförmigen Magnetlinien durchsetzt und umgeben.

3. Die elektromagnetische Welle

Nun ziehen wir die in Ziffer 1 und 2 genannten **Feldgesetze** heran, um zu verdeutlichen, wie sich beim Fortschreiten eine elektromagnetische Welle selbst erhält und selbständig weiterwandert, auch wenn der Sender, den sie hinter sich läßt, zu schwingen aufhört. Das sich beim Fortschreiten ändernde elektrische Feld bewirkt nämlich nach Ziffer 2 ein magnetisches, das sich seinerseits auch ändert. Dieses sich ändernde Magnetfeld erregt nach dem allgemeinen Induktionsgesetz (1.) wiederum ein elektrisches Feld usw. Die Felder halten sich gegenseitig aufrecht, ohne Ströme und Ladungen.

Abb. 417.1 zeigt eine *Momentaufnahme* der Verteilung des elektrischen und des magnetischen Feldes längs der Ausbreitungsrichtung $\vec{c}$. Die Bilder der elektrischen und der mit ihr phasengleichen magnetischen Feldverteilung wandern mit Lichtgeschwindigkeit in Richtung $\vec{c}$ weiter. An jedem Punkt ändert sich daher die Stärke der Felder periodisch:

Die elektromagnetische Welle stellt eine für $\vec{E}$- und $\vec{B}$-Vektor polarisierte Querwelle dar, wobei die Richtung des Sendedipols die Richtung des elektrischen Feldvektors $\vec{E}$ festlegt. — Eine „bloß elektrische" Welle, das heißt eine fortschreitende periodische Änderung des elektrischen Feldes für sich allein kann es nach unseren Überlegungen nicht geben. Stets sind elektrische und magnetische Wellen unlösbar miteinander gekoppelt: **„Elektromagnetische Welle"**. Die *Abb. 417.1* beschränkt sich idealisierend auf eine Ausbreitungsrichtung $\vec{c}$. In *Abb. 417.2* wird gezeigt, wie sich die vom Dipol kommenden Wellen radial im ganzen Raum ausbreiten.

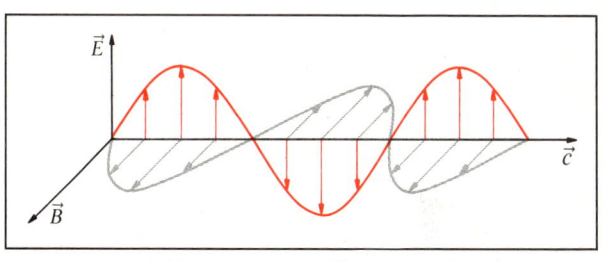

417.1 Momentbild einer in der $\vec{c}$-Richtung fortschreitenden elektromagnetischen Welle. Rot: elektrisches Feld; grau: magnetisches Feld

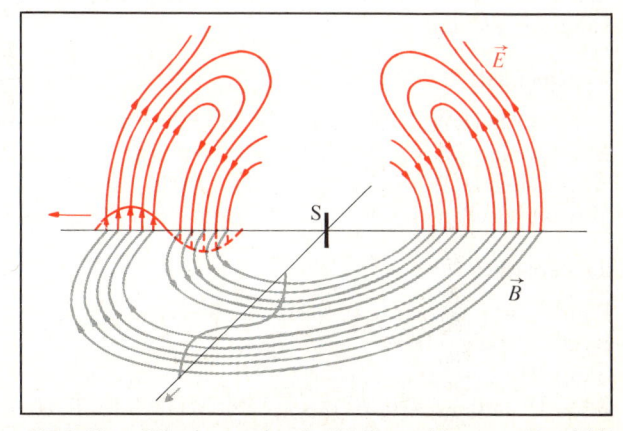

417.2 Vom Dipol ausgehende Wellenstrahlung — Fernfeld! Schnitte vertikal rot (elektrisches Feld) und horizontal grau (magnetisches Feld), die räumlich zu ergänzen sind.

Es ist eine *Momentaufnahme*, die erst in einer gewissen Entfernung vom Sender zutrifft, im sogenannten „*Fernfeld*". Erst dort sind elektrisches und magnetisches Feld in Phase und bilden eine fortschreitende Welle. In der *Nahzone* dagegen überwiegen die Felder der Ladungen und Ströme des Dipols. Die rot gezeichneten elektrischen Feldlinien umgeben den Sender zwiebelschalenförmig. Die grau gezeichneten Magnetlinien verlaufen senkrecht zu ihnen und bilden Kreise, deren Mittelpunkte auf der Geraden liegen, längs der sich der Dipol erstreckt. Die eingezeichneten Sinuslinien veranschaulichen die jeweilige Stärke des elektrischen beziehungsweise Magnetfelds. Die Wellen ziehen, vom Sender kommend, mit **Lichtgeschwindigkeit** über den Beobachter hinweg, der an einer beliebigen Stelle im Fernfeld steht. Er registriert also an seinem Ort einen sinusförmigen Wechsel der Feldstärken. Auf ein und derselben Zwiebelschale sind die Amplituden in der Äquatorebene am größten. In seiner Längsrichtung dagegen strahlt der Dipol nichts ab. Ferner nehmen die Amplituden mit wachsender Entfernung vom Sender ab.

Aufgaben:

1. *Wie lange war ein elektromagnetisches Signal von einer Marssonde zur Erde unterwegs, wenn diese sich in der Nähe des Mars in etwa* $214 \cdot 10^6$ km *Entfernung von der Erde befand?*
2. *Die Laufzeit eines elektromagnetischen Signals von einem irdischen Sender um die Erde zu ihm zurück betrug* 0,133 s. *Welche Länge hatte der Weg?*

§ 130 Radiowellen

1. Wellenbereiche. Unter „Radiowellen" versteht man die von „**Antennen**", das heißt von Hertz-Dipolen oder geeigneten Dipol-Kombinationen abgestrahlten elektromagnetischen Wellen. Ihre Wellenlängen erstrecken sich über das weite Intervall von vielen tausend Metern bis etwa 0,1 mm. Auf den Skalen der Rundfunk- und Fernsehgeräte finden wir zum Beispiel folgende Frequenzbereiche, die der drahtlosen Übertragung von Musik, Sprache und Bild für den öffentlichen Empfang dienen:

a) Rundfunk

Langwellen (LW): 150 kHz $< f <$ 285 kHz; also 2000 m $> \lambda >$ 1050 m;
Mittelwellen (MW): 535 kHz $< f <$ 1605 kHz; also 560 m $> \lambda >$ 187 m;
Kurzwellen (KW): 6 MHz $< f <$ 21,4 MHz; also 50 m $> \lambda >$ 14 m;
Ultrakurzwellen (UKW): 87 MHz $< f <$ 100 MHz; also 3,45 m $> \lambda >$ 3,00 m.

b) Fernsehen

Band I: 41 MHz $< f <$ 68 MHz; also 7,3 m $> \lambda >$ 4,4 m;
Band II: siehe UKW;
Band III: 174 MHz $< f <$ 230 MHz; also 1,72 m $> \lambda >$ 1,30 m;
Band IV und V: 470 MHz $< f <$ 790 MHz; also 0,64 m $> \lambda >$ 0,38 m.

Die übrigen Bereiche sind den vielfältigen Aufgaben von Fernsprecher, Fernschreiber, Nautik, Flugdienst, Radar, Amateurfunk usw. vorbehalten.

2. Modulation. Die von uns bisher benutzten Dipole sind für sehr hohe Frequenzen gebaut (Hochfrequenz HF). Wir wollen nun untersuchen, wie man Sprache und Musik (Niederfrequenz NF 50 Hz bis 15 000 Hz) drahtlos übertragen kann. Wenn alle Sender Wellen dieses NF-Bereichs abstrahlten, könnte kein Empfänger auf eine bestimmte Station abgestimmt werden. Deshalb ordnet man jedem Sender eine bestimmte Hochfrequenz f zu, die er nicht verlassen darf. Er variiert nur deren Amplitude im Takte der Niederfrequenz f^*; man spricht von **Amplitudenmodulation** *(Abb. 419.2)*. Hierzu wird nach *Abb. 419.1* die Basis des Transistors bzw. das Gitter der Senderöhre nicht nur durch die Hochfrequenz f des Schwingkreises beeinflußt (zur Erzeugung der ungedämpften HF), sondern auch durch durch die Tonfrequenz f^*.

Dabei schwingt der rot gekennzeichnete Schwingkreis symmetrisch. Seine Amplituden sind nun um so größer, je stärker der Energienachschub ist. In *Abb. 419.2* schwankt deshalb die Amplitude des Schwingkreisstroms I (Frequenz f, HF!) im Rhythmus der rot darüber gezeichneten Niederfrequenz f^*, mit der auf diese Weise die HF „**moduliert**" wird. Diese amplitudenmodulierte HF wird abgestrahlt.

Versuch 25: Gemäß der Schaltung in *Abb. 419.1* modulieren wir die Schwingungen des rot gezeichneten Schwingkreises mit den Frequenzen f^* von Sprache und Tönen. Hierzu wird in die Basiszuleitung ein Kohlekörnermikrofon gelegt. Die Trägerfrequenz f des Schwingkreises ist wesentlich höher als die vom Mikrofon übertragenen Modulationsfrequenzen f^*. Wir erhalten auf dem Bildschirm des Oszillografen etwa das Bild der *Abb. 419.2*.

3. Demodulation im Empfänger. Der Empfänger wird, wie auf S. 410 im Versuch 14 beschrieben, auf die Hochfrequenz f abgestimmt und empfängt sie mit einer Amplitude, die im Takte der Niederfrequenz schwankt. Auf diese Weise nimmt man nur die Schwingungen auf, die vom ausgewählten Sender stammen. Sender anderer Frequenz beeinflussen den Empfänger nicht.

Würde man nun die Hochfrequenz (gegebenenfalls verstärkt) einem Lautsprecher zuführen, so würde er deren Mittelwert, also Null, wiedergeben *(Abb. 419.2)*. Daher muß die empfangene HF-Welle erst „*demoduliert*" werden. Das geschieht mit einem Gleichrichter *(Detektor)*. Er schneidet im t-I-Diagramm der *Abb. 419.2* den unteren, negativen Teil ab *(vgl. Abb. 419.3)* und führt den restlichen zerhackten Gleichstrom dem Lautsprecher zu. Dessen Membran kann der Hochfrequenz nicht folgen, sondern stellt sich entsprechend dem Mittelwert des zerhackten Gleichstroms ein, schwingt also mit der gewünschten Niederfrequenz und gibt Sprache bzw. Musik ab.

Versuch 26: Wir verbinden gemäß *Abb. 419.4* eine Halbleiterdiode durch zwei längere Leiter, die eine größere Fläche umschließen sollen, mit dem Eingang eines Verstärkers und

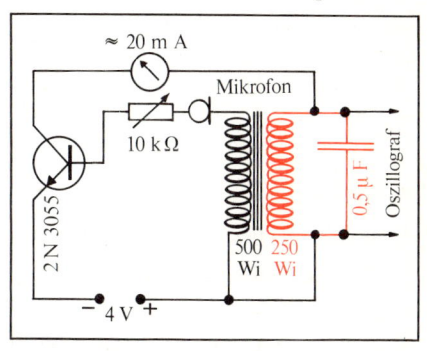

419.1 Amplitudenmodulation

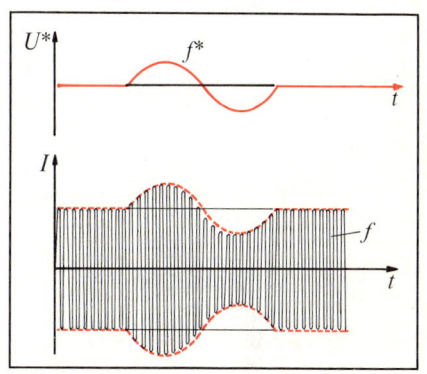

419.2 Modulierte elektromagnetische Schwingung

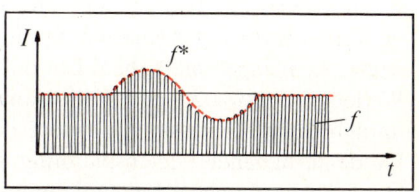

419.3 HF-Schwingung des Empfangskreises nach Gleichrichtung

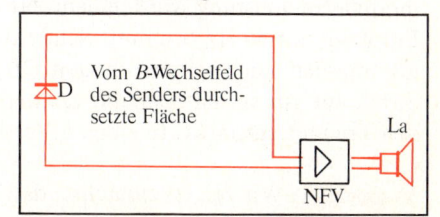

419.4 Empfänger, bestehend aus Leiterschleife, Diode D und Niederfrequenzverstärker NFV

empfangen mit dieser einfachen Anordnung einen näheren, starken Sender. Der Empfang wird besser, wenn ein abgestimmter Resonanzkreis mit Antenne die HF-Welle empfängt *(Abb. 420.1)*, so daß der Detektor D die Resonanzspannung demoduliert.

Die moderne Rundfunktechnik hat darüber hinaus eine große Zahl von Sonderschaltungen entwickelt, die wir in diesem Buch nicht darstellen. Neben der Amplitudenmodulation hat sich die Frequenzmodulation durchgesetzt (UKW-Bereich), auf die wir hier nicht eingehen.

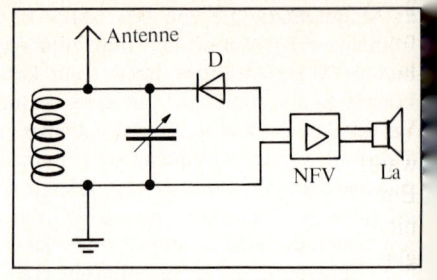

420.1 Resonanzkreis mit Detektor D

Aufgaben:

1. *Welche Wellenlänge entspricht dem technischen Wechselstrom der Frequenz* 50 Hz?
2. *Im Rundfunkprogramm lesen wir:* „*Frankfurt* 506 m, 593 kHz". *Welche Ausbreitungsgeschwindigkeit ergibt sich aus diesen Angaben?*
3. *Von der Hornisgrinde (nördlicher Schwarzwald) wird das* UKW II-*Programm auf der Welle* $\lambda_2 = 3{,}116$ m, *das* UKW I-*Programm auf der Welle* $\lambda_1 = 3{,}206$ m *abgestrahlt. Berechnen Sie die zugehörigen Frequenzen!*
4. *Nach wieviel Millisekunden kehrt ein an der E-Schicht der Ionosphäre reflektiertes elektromagnetisches Signal zurück, wenn sich diese Schicht* 120 km *hoch über der Erdoberfläche befindet?*

§ 131 Mikrowellen

1. Zentimeterwellen; geradlinige Ausbreitung. Bisher experimentierten wir mit elektromagnetischen Wellen der Wellenlänge 0,69 m. Nun gehen wir zu noch kürzeren Wellenlängen über, um an ihnen einige Eigenschaften zu untersuchen, die wir zum Beispiel an Wasseroberflächenwellen früher kennengelernt haben. Ein dafür geeigneter Mikrowellensender besonderer Bauart erzeugt Wellen von etwa 3,2 cm Wellenlänge. Als Empfänger benutzen wir eine Halbleiterdiode, die infolge ihrer Abmessungen selbst den Resonanzdipol darstellt, $\lambda/2 = 1{,}6$ cm. Die sich an der Diode aufbauende Gleichspannung wird einem empfindlichen Spannungsmesser zugeführt. Man kann die empfangene Leistung auch hörbar machen, wenn man als Anodenspannung des Senders die Wechselspannung des Netzes benutzt (Modulation!). Die von der Diode empfangene und demodulierte Leistung wird einem NF-Verstärker mit Lautsprecher zugeführt, der dann beim Empfang mit 50 Hz brummt. Senderdipol S und Empfängerdipol E befinden sich in Resonanzhohlräumen mit trichterförmigen Öffnungen. Die vom Sender ausgehende Strahlung wird dadurch auf ein verhältnismäßig schmales Bündel begrenzt, die in E empfangene Leistung durch den Trichter verstärkt. In einigen Versuchen verwenden wir E auch ohne seinen Trichter.

Versuch 27: Wir zeigen zunächst, daß dieser **Mikrowellensender** ein recht gut begrenztes Wellenbündel geradliniger Strahlrichtung aussendet, einen *Wellenstrahl*, der noch in 2 bis 3 m Entfernung von E empfangen wird, und zwar nur dann, wenn E genau in die Strahlrichtung gebracht wird, *vgl. Abb. 421.1*.

2. Durchlässige und undurchlässige Stoffe.
Da in Leitern kein elektrisches Feld bestehen bleibt, müssen wir erwarten, daß zum Beispiel Metalle die elektromagnetischen Wellen *nicht* durchlassen. Wir bestätigen dies durch folgenden Versuch:

Versuch 28: Zwischen S und E stellen wir eine Metallwand M quer in den Strahlengang *(Abb. 421.1)*. Der Empfänger schweigt. Die Welle vermag die Metallwand nicht zu durchdringen. Bringen wir dagegen Holz, Plexiglas, Glas oder sonstige Dielektrika zwischen S und E, so spricht E an. Dielektrika sind für die elektromagnetische Welle *durchlässig*, wie sie es ja auch für elektrische und magnetische Felder sind.

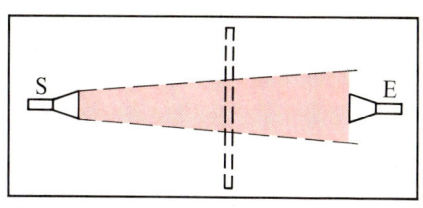

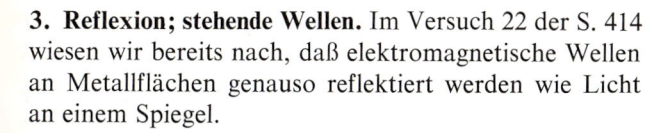

421.1 Enge Bündelung der Zentimeterwellen. Durchlässigkeit und Undurchlässigkeit von Stoffen

3. Reflexion; stehende Wellen.
Im Versuch 22 der S. 414 wiesen wir bereits nach, daß elektromagnetische Wellen an Metallflächen genauso reflektiert werden wie Licht an einem Spiegel.

Versuch 29: Jener Versuch gelingt mit Zentimeterwellen wegen ihrer gebündelten „Geradlinigkeit" ohne Schutzwand M_2, vgl. Abb. 421.2. Durch Drehen der reflektierenden Wand zeigen wir, daß das von der Optik und den Wasseroberflächenwellen her bekannte Reflexionsgesetz hier gut erfüllt ist.

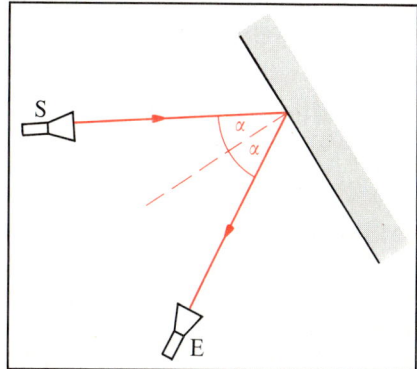

421.2 Reflexion bei Zentimeterwellen

Versuch 30: Entsprechend zu Versuch 23 der Seite 414 erzeugen wir vor einer reflektierenden Metallwand stehende Wellen. Als Empfänger dient diesmal die Diode ohne Trichter. Wir messen die Entfernung zwischen zwei Intensitätsnullstellen und berechnen aus der Anzahl der dazwischen liegenden Halbwellenlängen die Wellenlänge. Es ergibt sich $\lambda = 3{,}2$ cm. Unmittelbar am Reflektor stellen wir ein Minimum fest, dort ist also ein *Knoten* der elektrischen Feldstärke.

4. Polarisation.
Der elektrische Vektor schwingt in der durch S und die Strahlrichtung bestimmten Ebene; man sagt, er sei **polarisiert**. Das bestätigen folgende Versuche:

Versuch 31: a) Wir drehen E um die Achse SE *(Abb. 421.3)*. Die empfangene Leistung wird schwächer und hört ganz auf, wenn E senkrecht zu S steht (gekreuzt).

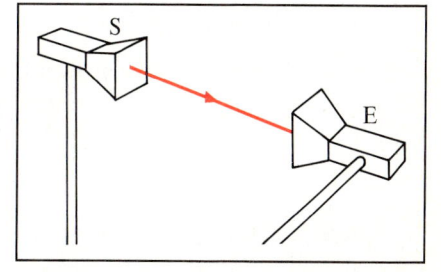

421.3 Polarisation bei Zentimeterwellen. Die Stiele weisen in die Richtung der Dipole.

b) Stellt man S und E *gekreuzt* auf, so daß gemäß a) nichts empfangen wird, und bringt dann einen Stativstab schräg in den Strahlengang, so empfängt E wieder eine Welle, wenn auch mit geringerer Amplitude. Der Stab wird von der in seiner Richtung wirkenden Komponente der elektrischen Feldstärke der Welle zu *erzwungenen Schwingungen* angeregt und sendet selbst eine Welle aus, deren $\vec{E}$-Vektor parallel zum Stab ist. Die in die Empfängerrichtung fallende Komponente des $\vec{E}$-Vektors dieser Welle läßt den Empfänger ansprechen. Die Polarisationsversuche beweisen nochmals, daß die elektromagnetischen Wellen **Transversalwellen** sind.

5. Beugung. In § 124 haben wir für zwei- und dreidimensionale Wellenfelder das **Huygenssche Prinzip** entwickelt und mit seiner Hilfe für solche Wellen einige Erscheinungen erklärt, wie Reflexion, Brechung, Interferenz; wir haben diese Erscheinungen dann in Versuchen mit Wasseroberflächenwellen empirisch bestätigt. Entsprechendes zeigen wir nun für Mikrowellen.

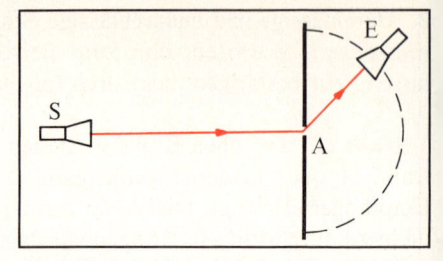

422.1 Huygens-Prinzip bei Zentimeterwellen

Versuch 32: Die von S kommenden Zentimeterwellen lassen wir auf einen aus zwei Blechplatten gebildeten Spalt A treffen *(Abb. 422.1)*, dessen Breite etwas kleiner als die Wellenlänge λ ist *(vgl. Abb. 399.1)*. Der Spalt verhält sich wie ein neuer Dipolsender *(Huygenssches Prinzip)*. Wir stellen die vom Spalt nach allen Richtungen hin gebeugten Wellen fest, indem wir den Empfänger E auf einem Kreisbogen um A schwenken.

> Auf elektromagnetische Wellen läßt sich das Huygenssche Prinzip anwenden.

6. Brechung

Versuch 33: Das Mikrowellenbündel richten wir gemäß *Abb. 422.2* auf ein Paraffinprisma. Das Bündel wird in der skizzierten Weise zweimal gebrochen. Wenn wir die Erkenntnisse von der Brechung der *Wasserwellen* heranziehen, so müssen wir folgern, daß die Geschwindigkeit elektromagnetischer Wellen im Paraffinprisma, also in *Materie, kleiner* ist als im *Vakuum*. Dies wird durch Versuch 24 bestätigt, der zeigt, daß im Wasser sich elektromagnetische Wellen mit kleinerer Geschwindigkeit ausbreiten ($\varepsilon_r > 1$).

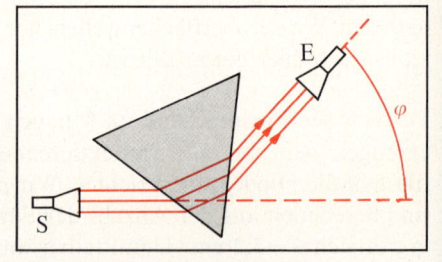

422.2 Brechung der Mikrowellen

Versuch 34: Mit hinreichend großen Linsen aus Paraffin, Glas oder einem sonstigen Dielektrikum läßt sich das Wellenbündel auf einen Brennpunkt konzentrieren; man vergleiche hierzu den Wasserwellenversuch *Abb. 402.2*. Den Nachweis führt man hier mit der Diode ohne Trichter.

7. Interferenz beim Doppelspalt

Versuch 35: Aus den zwei Blechplatten des Versuchs 32 und einem Blechstreifen bilden wir einen *Doppelspalt* mit den beiden Spalten S_1 und S_2, von denen jeder einzelne schmaler als λ ist *(Abb. 423.1)*. Damit ist für jeden der beiden Spalten das Huygenssche Prinzip anwendbar. Sie stellen synchron schwingende Sender gleicher Frequenz dar, von denen Wellen in gleicher Phase ausgehen. Der Abstand l der beiden Spaltmitten betrage etwa 2 bis 3 Wellenlängen. Auf der dem Sender abgewandten Seite des Doppelspalts beobachten wir mit dem auf einem Kreisbogen herumgeführten Empfänger E die *Maxima* und *Minima*, die durch **Interferenz** der beiden aus S_1 und S_2 kommenden Elementarwellen entstehen (vergleiche auch Seiten 404 und 405).

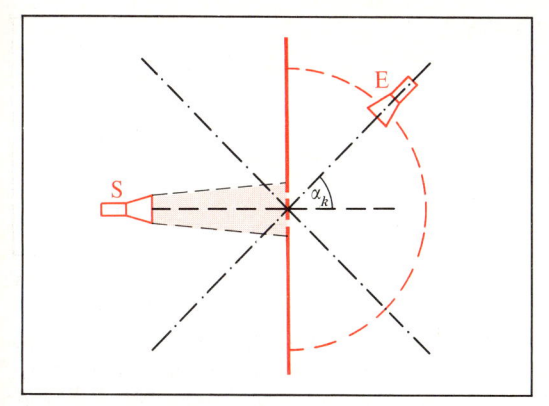

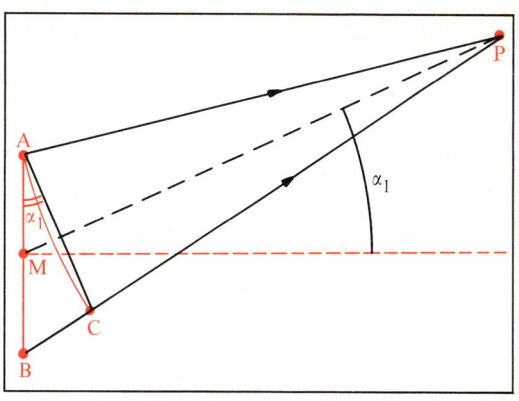

423.1 Interferenz durch Überlagerung zweier von zwei Spalten ausgehender Elementarwellen

423.2 Zum Doppelspaltversuch 35: Herleitung der Beziehung $\lambda = 2l \sin \alpha_1$

Der Winkel α_1 zwischen direkter Strahlrichtung und der Richtung zum 1. Minimum wird mit dem Winkelmesser gemessen. Wir leiten nun gemäß *Abb. 423.2* eine Beziehung zwischen α_1, dem Abstand $\overline{AB} = l$ der beiden Spalten und der Wellenlänge λ her. Dazu beschreiben wir um P den Kreisbogen durch A. Er trifft $\overline{PB}$ in C senkrecht. Die Strecke $\overline{BC}$ stellt dann genau den Gangunterschied zwischen den von A und B ausgehenden Wellenzügen dar, die in P interferieren. Ist $\overline{BC} = \lambda/2$, so haben wir das erste Minimum. Jetzt betrachten wir den im Versuch zutreffenden vereinfachten Fall, daß der Interferenzort P weit vom Doppelspalt entfernt ist, daß also $\overline{AP} \gg l$ ist. Dann dürfen wir den Kreisbogen $\overparen{AC}$ durch die Sehne $\overline{AC}$ ersetzen. Dann ist $\sphericalangle \, BAC \approx \alpha_1$. Dies ergibt im nun rechtwinkligen Dreieck ACB:

$$\sin \alpha_1 = \frac{\lambda}{2l} \quad \text{und daraus} \quad \lambda = 2l \cdot \sin \alpha_1. \tag{423.1}$$

Beobachtet man zum Beispiel bei einem Spaltabstand $l = 6$ cm das erste Minimum bei $\alpha_1 = 15°$, so erhält man $\lambda = 12 \cdot \sin 15° = 12 \cdot 0{,}259$ cm $= 3{,}1$ cm.

Ist allgemein $\overline{BC} = (2k-1) \cdot \lambda/2$, also ein ungerades Vielfaches der halben Wellenlänge, so ergibt sich ganz entsprechend für das k-te Minimum:

$$\sin \alpha_k = \frac{(2k-1) \cdot \lambda}{2l} \quad \text{und daraus} \quad \lambda = \frac{2l}{2k-1} \sin \alpha_k \quad (k = 1; 2; 3; \ldots).$$

Beim k-ten Maximum beträgt der Gangunterschied $\overline{BC} = k \cdot \lambda$; für den zugehörigen Winkel

$$\sin \beta_k = \frac{k \cdot \lambda}{l} \quad \text{und damit} \quad \lambda = \frac{l}{k} \sin \beta_k \quad (k = 1; 2; 3; \ldots). \tag{423.2}$$

8. Zusammenfassung

Die Versuche des § 133 haben insgesamt ergeben: Elektromagnetische Mikrowellen verhalten sich quasi-optisch: Sie können so gebündelt werden, daß sie sich wie Lichtbündel geradlinig ausbreiten. Sie zeigen Reflexion, Brechung und Polarisation. Andererseits zeigen sie als Wellen Beugung und Interferenz.

Da die Ausbreitungsgeschwindigkeit c bei Licht und bei elektromagnetischen Wellen im Vakuum dieselben sind, stellt sich nun die Frage, ob das Licht als elektromagnetische Welle gedeutet werden kann. Dies wird uns in den folgenden Paragrafen beschäftigen.

Deutung des Lichts als elektromagnetische Welle

§ 132 Die Geschwindigkeit des Lichts; Brechung, Dispersion und Beugung

1. Die Messung der Lichtgeschwindigkeit

Auf Seite 415 ergab sich für die Ausbreitungsgeschwindigkeit elektromagnetischer Wellen im Vakuum der gleiche Wert wie für die Lichtgeschwindigkeit im Vakuum. Dies soll nun durch eine Messung im Physiksaal bestätigt werden, wie sie erstmals von *Foucault* 1849 durchgeführt wurde.

Versuch 36: Die Versuchsanordnung ist in *Abb. 424.1* im Prinzip (ohne Linsen) dargestellt. Licht fällt durch einen Spalt A, passiert den halbdurchlässigen Spiegel S' (schwach versilberte Glasplatte) und wird vom zunächst ruhenden Drehspiegel S reflektiert. Es fällt daraufhin auf den Hohlspiegel B. Sein Krümmungsmittelpunkt liegt im Drehpunkt von S, so daß der Strahl in sich zurückgeworfen wird. Er trifft wieder auf den Drehspiegel und läuft weiter zurück nach S'. Dort wird ein Teil des Lichtes nach oben auf einen durchsichtigen Maßstab reflektiert.

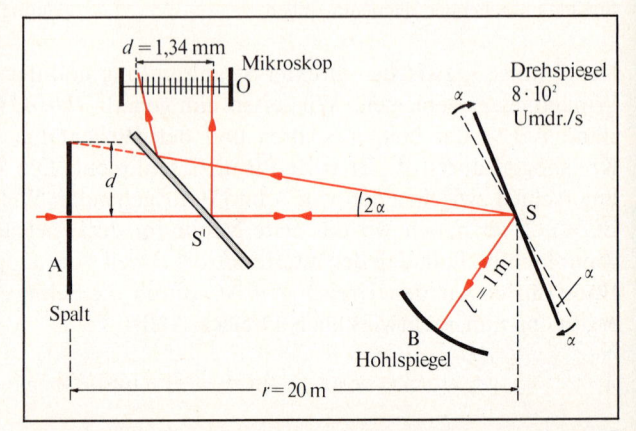

424.1 Die Versuchsanordnung von Foucault zur Bestimmung der Lichtgeschwindigkeit.

Der Beobachter sieht zunächst durch eine Lupe, die auf den Maßstab gerichtet ist, das Bild des Spaltes A. Es ist $\overline{AS} = \overline{OS'} + \overline{S'S} = r$. Dreht sich nun S in der äußerst kurzen Zeit, die das Licht für den Weg $\overline{SB} = l$ und zurück braucht, um den kleinen Winkel α, so wird der von S reflektierte Strahl um 2α abgelenkt. Das Bild des Spaltes verschiebt sich nach links um die Strecke d, die auf dem Maßstab mit Hilfe der Lupe abgelesen wird. Mit der Drehfrequenz des Drehspiegels wächst d. Aus d lassen sich der Winkel α und damit die Zeit t berechnen, in der das Licht die Strecke l hin und zurück läuft. Aus diesen und anderen Versuchen ergab sich die *Lichtgeschwindigkeit im Vakuum* zu $2{,}9979 \cdot 10^8$ m/s. Der dreistellig gerundete, bequeme Wert $3{,}00 \cdot 10^8$ m/s $=$ 300 000 km/s gilt auch für die Luft. Wir können daraus mit großer Sicherheit schließen, daß das *Licht* eine *elektromagnetische Welle* ist (über Mikroprozesse mit Licht jedoch Seite 480).

Die Lichtgeschwindigkeit im Vakuum beträgt $2{,}9979 \cdot 10^8$ m/s, aufgerundet 300 000 km/s. Licht kann als elektromagnetische Welle aufgefaßt werden.

Foucault ergänzte 1850 seinen Versuch, indem er zwischen Dreh- und Hohlspiegel einen Trog mit Wasser einschaltete. Das Spaltbild verschob sich dann stärker, das heißt die *Lichtgeschwindigkeit in Wasser* ist kleiner als in Luft. Man findet für sie $c_W = 225\,000$ km/s.

2. Die Brechung des Lichts

Versuch 37: Tritt Licht durch eine Grenzfläche zweier durchsichtiger Stoffe, so wird es *gebrochen*. Wie bei der Brechung von Wasserwellen auf Seite 401 messen wir den *Einfallswinkel* α zwischen dem Einfallslot und einfallendem Strahl, den *Brechungswinkel* β zwischen Lot und gebrochenem Strahl. *Tabelle 425.1* enthält Meßwerte für α und β, wie man sie für den Übergang von Luft in Wasser und für den von Luft nach Glas findet.

Tabelle 425.1

Einfallswinkel α in Luft	sin α	Brechungswinkel β		sin β		$\dfrac{\sin \alpha}{\sin \beta}$	
		in Wasser	in Glas	für Wasser	für Glas	für Wasser	für Glas
20°	0,3420	14,8°	13,0°	0,2554	0,2250	1,34	1,52
40°	0,6428	28,8°	25,4°	0,4818	0,4389	1,33	1,49
60°	0,8660	40,5°	35,3°	0,6494	0,5779	1,33	1,49
80°	0,9848	47,6°	41,0°	0,7385	0,6561	1,33	1,50
90°	1,0000	48,6°	41,8°	0,7501	0,6665	1,33	1,50
					Mittelwert:	1,33	1,50

In den beiden letzten Spalten sind die Werte der Quotienten sin α/sin β angegeben, wie sie sich aus den gemessenen Werten von α und β ergeben. Für den Übergang von Luft in Wasser finden wir den konstanten Wert 1,33, für Luft-Glas 1,5. Diese Stoffpaarkonstante heißt **Brechungszahl** n. Nach Seite 402 gilt für die Brechung einer jeden Welle aufgrund des *Huygensschen* Prinzips: sin α/sin $\beta = c_1/c_2$. Wenn Licht als Wellenvorgang beschrieben werden kann, muß also gelten:

$$n = \sin \alpha / \sin \beta = c_1/c_2.$$

Für Wasser können wir aus dem nach der *Foucaultschen* Messung gefundenen Wert $c_W = 225\,000$ km/s und der Lichtgeschwindigkeit im Vakuum $c = 300\,000$ km/s die Brechungszahl für Wasser richtig berechnen:

$$n = c/c_W = \frac{300\,000 \text{ km/s}}{225\,000 \text{ km/s}} = 1{,}33.$$

Damit bewährt sich unsere Auffassung, daß *Licht ein Wellenvorgang* ist.

> Die Brechungszahl n des Lichtes ist gleich dem Verhältnis c_1/c_2 der Lichtgeschwindigkeiten in den beiden Medien:
>
> $$n = \frac{c_1}{c_2}. \qquad (425.1)$$

3. Die Dispersion

Früher haben wir die Zerlegung des weißen Lichts in die farbigen Lichter des Spektrums nach der Brechung durch ein Prisma kennengelernt. Jetzt erklären wir diese Farbendispersion am Wellenmodell. Dabei beschränken wir uns zunächst auf rotes und blaues Licht. In Vakuum (und Luft) gilt $c_{rot} = c_{blau}$. Für Glas ist wegen $\beta_{blau} < \beta_{rot}$ jedoch $n_{blau} > n_{rot}$. Aus den Betrachtungen am Ende des vorigen Abschnitts folgt, daß das blaue Licht in Glas sich *langsamer* ausbreitet als das rote. Trifft die aus rotem und blauem Licht gebildete Wellenfront $\overline{AB}$ im Punkt A schräg auf die Glasoberfläche, so entstehen dort nach *Abb. 426.1* zwei Elementarwellen mit *verschiedenen* Radien. In der gleichen Zeit, in der die Elementarwelle des roten Lichts den Radius $\overline{AE}$ durchmessen hat, erreichte die blaue Elementarwelle nur den Radius $\overline{AD}$. Die zeitlich nacheinander von allen Punkten der Strecke $\overline{AC}$ ausgehenden Elementarwellen haben für jede der beiden Lichtarten eine *eigene* Einhüllende. Für rotes Licht ist es die gemeinsame Tangente $\overline{CE}$, für blaues Licht $\overline{CD}$. Deren Wellennormalen zeigen dann, wie beide Lichtarten im Glas nach verschiedenen Richtungen auseinanderlaufen (dispergieren). Dehnen wir diese Überlegungen auf alle zwischen rot und blau liegenden Lichtarten aus, so verstehen wir aufgrund ihrer verschiedenen Geschwindigkeiten in Glas das Zustandekommen des kontinuierlichen Spektrums.

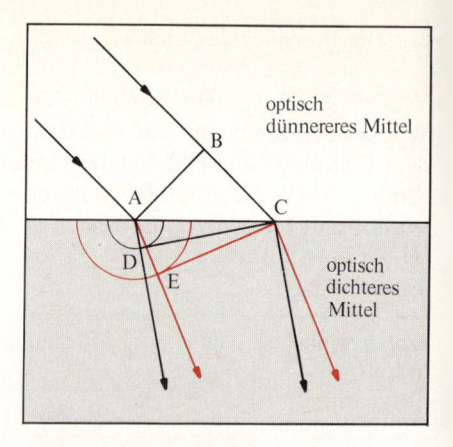

426.1 Entstehung der Dispersion

In stofflichen optischen Medien haben verschiedene farbige Lichtarten verschiedene Geschwindigkeiten. Daher werden sie verschieden stark gebrochen, es tritt Dispersion auf. Im gleichen Stoff gilt im allgemeinen

$$c_{\text{blau}} < c_{\text{rot}}, \quad \text{also} \quad n_{\text{blau}} > n_{\text{rot}}.$$

4. Die Beugung

Es gibt noch eine weitere Erscheinung, die zeigt, daß Licht einen *Wellenvorgang* darstellt:

Versuch 38: Wir beleuchten einen engen einstellbaren Spalt, der durch zwei geradlinige parallele Metallkanten begrenzt wird, mit dem Licht eines *Lasers*. Wir werden diese Lichtquelle hoher Leistung bei künftigen Versuchen noch häufig einsetzen. Sie eignet sich besonders gut für Versuche der *Wellenoptik*. Über die Art der Lichterzeugung in ihr brauchen wir vorläufig nichts weiter zu wissen. Bei größerer Öffnung des Spalts finden wir auf einem Beobachtungsschirm hinter dem Spalt einen Lichtfleck, wie wir ihn von der *Strahlenoptik* her erwarten. Machen wir aber dann den Spalt enger und enger, so wird zunächst auch dieser Lichtfleck schmaler. Dann aber *verbreitert* er sich wieder und löst sich in mehrere Flecken verschiedener Helligkeit auf *(Abb. 426.2)*. Nicht einmal der breite, vergleichsweise sehr helle zentrale Fleck könnte durch geradlinig verlaufende Lichtstrahlen, die vom Laserausgang durch den Spalt fallen, ausgeleuchtet werden. Das Licht ist vielmehr beim Durchgang durch den Spalt vom geraden Weg abgelenkt worden. Man nennt dies **Beugung des Lichts**. Das Auftreten von Dunkelstellen in der Beugungsfigur ist auf *Interferenz* zurückzuführen und soll uns in anderem Zusammenhang im nächsten Paragrafen beschäftigen.

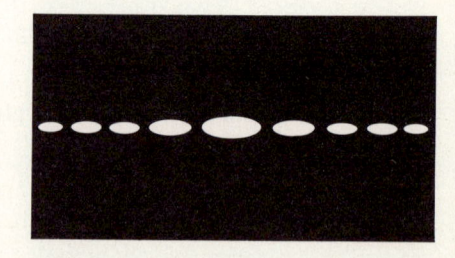

426.2 Durch einen Spalt erzeugte Beugungsfigur (zu Versuch 38)

In *Abb. 399.1* sahen wir, wie *Wasserwellen* beim Durchgang durch eine enge Öffnung gebeugt werden, so daß sie den ganzen Raum dahinter erfüllen. Bei nicht so kleiner Öffnung gibt auch der Wasserwellenversuch dasselbe Ergebnis wie unser Lichtversuch. Offenbar war unser Spalt noch mehrere Lichtwellenlängen breit. Wir ersehen daraus, wie klein Lichtwellenlängen sind.

> Licht wird beim Durchgang durch enge Öffnungen gebeugt.

Aufgaben:

1. Welche Beobachtungen veranlaßten uns, Licht als Wellenvorgang aufzufassen? Welche Tatsachen machten wahrscheinlich, daß es sich dabei um elektromagnetische Wellen handelt?
2. Ein Lichtstrahl tritt mit einem Einfallswinkel $\alpha = 50°$ von Luft in Wasser ein. Wie groß ist der Brechungswinkel β, wenn die Brechungszahl $n = 1{,}33$ beträgt?
3. Beim Übergang von Luft nach Schwefelkohlenstoff wird ein Einfallswinkel $\alpha = 65°$ und der dazu gehörige Brechungswinkel $\beta = 33{,}8°$ gemessen. Berechnen Sie die Brechungszahl n.
4. In Versuch 37 der Seite 425 fanden wir $\beta = 42°$ als Grenzwinkel der Totalreflexion von Glas gegen Luft. Zeigen Sie, daß dieser Grenzwinkel aus dem Sinusgesetz der Brechung gefolgert werden kann, indem man den Winkel α in Luft gleich $90°$ setzt. (Anleitung: $\sin 90° : \sin \beta = n$.)

§ 133 Die Messung von Lichtwellenlängen; Interferenz bei Licht

1. Der Doppelspalt

In § 127 brachten wir zwei Kreiswellensysteme von Wasseroberflächenwellen zur Interferenz. Die Erreger schwangen gleichphasig. Auf Seite 422 machten wir den analogen Versuch mit elektromagnetischen Mikrowellen. Dabei lieferte ein Doppelspalt die Erregungszentren beider Kreiswellensysteme. Auch hier waren die beiden Bedingungen der Gleichphasigkeit erfüllt. Nach Abb. 423.2 gilt für den Winkel α gegen das Lot bei der k-ten Interferenzrichtung maximaler Intensität:

$$\sin \alpha_k = \frac{k \cdot \lambda}{g}. \tag{427.1}$$

Hierbei ist g der Abstand der beiden Spaltmitten.

Wenn das Wellenmodell die Lichtausbreitung zutreffend beschreibt, dürfen wir auch hinter einem beleuchteten Doppelspalt solche Interferenzen erwarten. Allerdings müssen die Erreger wieder die Bedingung der Gleichphasigkeit erfüllen. Dies erreicht man mühelos, wenn man einen Laser als Lichtquelle benutzt.

Versuch 39: Wir beleuchten nach Abb. 428.1 einen Doppelspalt. Wir dürfen die Mitten der beiden Spalten als Zentren von kreisförmigen Elementarwellen ansehen. (Wir denken uns alles mit der Ebene geschnitten, die den Laserstrahl enthält und die senkrecht zu den Spalten verläuft.) Die Interferenz-

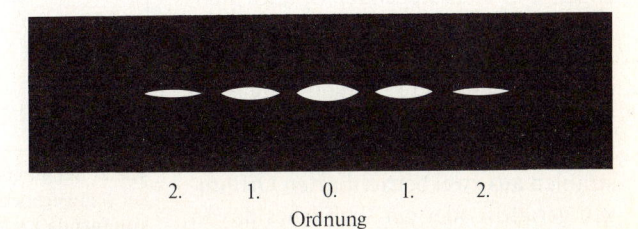

427.1 Beugungsbilder eines Doppelspalts

bilder werden auf einem Schirm in wenigen Metern Entfernung aufgefangen. Bei der Verwendung von Laserlicht erhalten wir das Bild der *Abb. 427.1* mit den Maxima 0., 1., 2. bis mindestens 10. Ordnung. Die Entfernung des Schirms vom Doppelspalt sei y, die Entfernung des Maximums k-ter Ordnung von dem nullter Ordnung auf dem Schirm betrage x. Dann kann der Winkel berechnet werden: $\tan \alpha = x/y$.

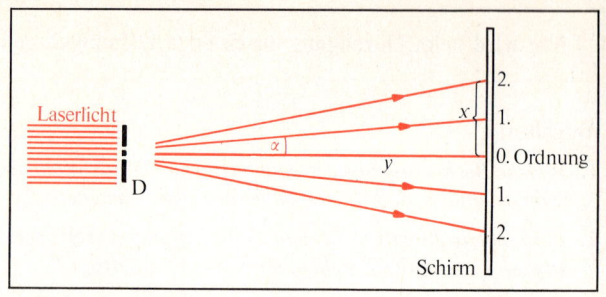

428.1 Interferenzen durch Beugung am Doppelspalt D; Schema des Aufbaus

Beispiel für eine Messung: Der Abstand g der Spaltmitten wurde durch Projektion bekannten Vergrößerungsverhältnisses gemessen: $g = 0{,}25$ mm; die Entfernung vom Schirm ist $y = 5{,}4$ m. Das 2. Maximum hat vom 0. Maximum auf dem Schirm die Entfernung $x = 27$ mm. Zunächst berechnen wir $\sin \alpha$. Da der Winkel offensichtlich weit unter $1°$ liegt, dürfen wir den Tangens durch den Sinus ersetzen und erhalten $\tan \alpha = 0{,}027:5{,}4 = \sin \alpha = 0{,}0050$. Damit erhalten wir aus *Gl. 427.1*:

$$k \cdot \lambda = g \cdot 0{,}0050, \quad \text{also} \quad 2 \cdot \lambda = 0{,}0050 \cdot 0{,}25 \cdot 10^{-3} \text{ m}.$$

Für die Wellenlänge λ ergibt dies $\lambda = 625 \cdot 10^{-9}$ m $= 625$ nm.

Genauere Messungen führen für diese vom Helium-Neon-Laser ausgesandte rote Neon-Spektrallinie auf $\lambda = 632{,}8$ nm.

2. Das optische Gitter

Solche genaueren Messungen ermöglicht das *optische Gitter*, eine Anordnung sehr vieler, gleicher und paralleler Spalte nebeneinander. Der Abstand g der Mitten zweier benachbarter Spalte heißt **Gitterkonstante**.

Versuch 40: Wir bringen ein optisches Gitter in den Weg von Laserlicht. Auf dem etwa 2 m entfernten Schirm sehen wir wieder Beugungserscheinungen. Diesmal sind es deutliche *Helligkeitsmaxima* auf sonst dunklem Grund. Zu ihrer Erklärung und Auswertung denken wir uns, daß aus jeder der sehr engen und dicht liegenden Spaltöffnungen eine *Elementarwelle* austritt. Diese Wellen breiten sich nach allen Richtungen aus. Besondere Verstärkung wird jedoch nur in *den* Richtungen auftreten, für die der Gangunterschied für Wellenstrahlen aus zwei benachbarten Öffnungen gerade λ oder ein Vielfaches davon beträgt, vgl. Abb. 428.2.

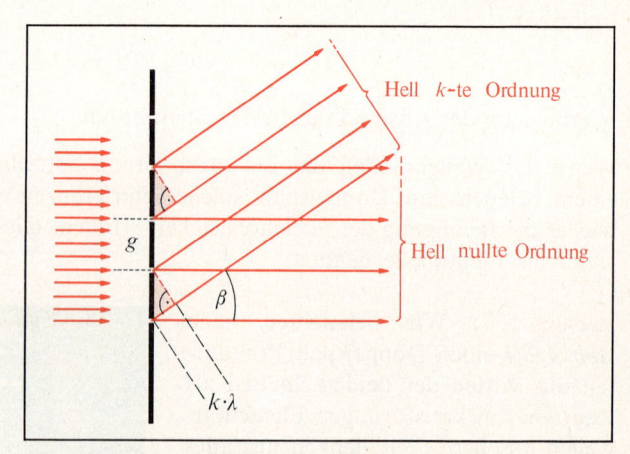

428.2 Beugung am Gitter, schematisch. In der durch den Winkel β angegebenen Richtung vereinigt sich das aus den Spalten kommende Licht mit gleicher Phase. Es entsteht die Linie k-ter Ordnung.

In der Richtung senkrecht zur Gitterebene erhalten wir das Maximum nullter Ordnung (Gangunterschied 0). Daran schließen sich links und rechts die Maxima 1., 2., 3., allgemein n-ter Ordnung an. Wie beim Doppelspalt leitet man die Beziehung zwischen Winkel β_k, Gitterkonstante und Wellenlänge her. Für die Wellenlänge gilt bei Ausmessung des k-ten Maximums:

$$\lambda = \frac{g}{k} \sin \beta_k \qquad (k = 1; 2; 3; \ldots) \qquad (429.1)$$

Auch die Winkelmessung erfolgt wie in Versuch 39. Die Entfernung des k-ten Maximums auf dem Schirm von dem Maximum nullter Ordnung sei x, die Entfernung Gitter–Schirm sei y. Dann ist

$$\tan \beta_k = \frac{x}{y} \qquad (429.2)$$

Für höhere Ordnungen wird man allerdings nun den Tangens nicht mehr gleich dem Sinus setzen können.

Mit Hilfe der beiden Gleichungen *429.1* und *429.2* läßt sich die Wellenlänge einfarbigen Lichtes noch genauer als beim Doppelspalt bestimmen, wenn die Gitterkonstante g bekannt ist. (Gute Gitter haben bis zu 1000 Striche je mm!) Wenn wir auch für andere Farben die Wellenlängen bestimmen wollen, haben wir es nicht so bequem wie mit dem Laser. Um scharfe Linien auf dem Schirm zu erhalten, muß das Licht von einem schmalen Spalt ausgehen, auf den rückwärts über einen Kondensor das zu untersuchende Licht konzentriert wird.

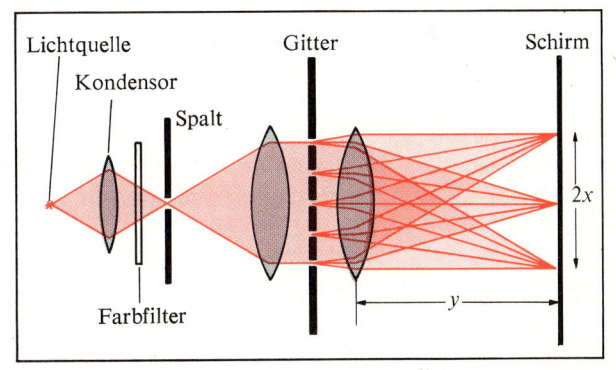

429.1 Versuchsanordnung zur Beobachtung von Beugungserscheinungen hinter einem Gitter.

Die beiden nächsten Linsen sorgen dafür, daß das von diesem Spalt ausgehende Licht zunächst (wie beim Laser von selbst) parallel durch das Gitter tritt: Der Brennpunkt der ersten Linse ist im Spalt. Die zweite Linse vereinigt das von den Gitteröffnungen parallel weggehende Licht einer bestimmten Wellenlänge jeweils in einer scharfen Linie, die ein Spaltbild darstellt. Die Versuchsanordnung zeigt *Abb. 429.1*.

3. Gitterspektren

Versuch 41: Verwenden wir bei unseren Beugungsversuchen nacheinander Licht von verschiedenen Farben, dann beobachten wir, daß die Helligkeitsmaxima für rotes Licht weiter auseinander liegen als für gelbes, grünes usw. Benutzen wir weißes Glühlicht, dann lagern sich die einzelnen farbigen Spaltbilder so aneinander, daß ein **kontinuierliches Spektrum** entsteht.

Ein *Gitterspektrum* unterscheidet sich von einem durch ein *Prisma* erzeugten zunächst dadurch, daß das langwellige rote Licht stärker abgelenkt wird als das kurzwellige blaue. Die Farbfolge ist also umgekehrt. Der wesentliche Unterschied aber besteht darin, daß beim Gitter Beugungswinkel und Wellenlänge annähernd proportional sind. (Bei kleinem Winkel kann der Sinus gleich dem Bogenmaß gesetzt werden.)

Glüh- und Bogenlampen senden wie alle glühenden festen Körper ein Licht aus, das ein *kontinuierliches Spektrum* liefert. Das Spektrum des Lichts einer mit *Natriumdampf* gefüllten Gasentladungsröhre (§ 118) besteht im wesentlichen aus zwei sehr dicht beisammen liegenden Linien im gelben Bereich (588,99 nm und 589,59 nm). Auch eine Gasentladung in *Quecksilberdampf* (zum Beispiel künstliche Höhensonne) liefert ein **Linienspektrum** (siehe Spektraltafel). Ebenso liefern Gase, die durch elektrische Vorgänge zum Leuchten angeregt werden, Linienspektren, so zum Beispiel Wasserstoff, Sauerstoff, Stickstoff, Helium. Anzahl, Lage und Farbe der Linien sind für jedes chemische Element so charakteristisch, daß *Bunsen* (1811 bis 1899) und *Kirchhoff* (1824 bis 1887) im Jahre 1859 darauf die Methode der **Spektralanalyse** aufbauten. Mit ihr ist es nicht nur möglich, chemische Substanzen in unseren Laboratorien zu analysieren, vielmehr können wir durch die Spektraluntersuchung des Lichtes von Gestirnen Auskunft über ihren stofflichen Aufbau erhalten. Die zugehörigen Geräte nennt man **Spektroskope.** Das Spektrum des Lichts von *Leuchtstoffröhren* zeigt auf einem kontinuierlichen Untergrund (der vom Leuchtstoff herrührt) die „Quecksilberlinien". Wie Linienspektren bei Gasen entstehen, wird in § 161 behandelt.

J. von Fraunhofer entdeckte 1814 im sonst kontinuierlichen Sonnenspektrum eine große Zahl *dunkler* Linien. Sie entstehen infolge von Absorption des Lichtes entsprechender Farbe mit der bestimmten Wellenlänge durch die Dämpfe der Sonnenoberfläche. *Rowland* hat über 20000 solcher Fraunhoferscher Linien mit hoher Genauigkeit gemessen. Derartige Arbeiten im 19. Jahrhundert lieferten Unterlagen für die heutige Atomtheorie. Die folgende Tabelle gibt die Wellenlängen der wichtigsten Fraunhoferschen Linien an. Sie sind auch im Spektrum des Sonnenlichts auf der *Spektraltafel* eingezeichnet.

Tabelle 430.1 Wichtige Fraunhofersche Linien (Absorptionslinien im Sonnenspektrum)

Farbe	Rot B	Gelb D	Grün E	Blau F	Violett	
					G	H
Wellenlänge λ in nm (im Vakuum)	687	589	527	486	431	397
Frequenz f in 10^{12} Hz	437	509	569	617	696	755

4. Farbe, Wellenlänge, Frequenz

Wie wir zwischen der subjektiven Empfindung „*Ton*" und der physikalischen Kennzeichnung durch die *Frequenz* unterschieden haben, so unterscheiden wir auch beim Licht zwischen der subjektiven Empfindung „*Farbe*" und deren physikalischer Festlegung durch die *Wellenlänge* des betreffenden Lichts im Vakuum. Dabei müssen wir allerdings die *Mischfarben* ausscheiden und uns auf *spektralreine* Farben beschränken (vergleiche Farbenoptik). Jede solche Farbe ist durch ihre Wellenlänge im Vakuum gekennzeichnet. Da sich beim Übergang einer Lichtart in ein anderes Medium mit der Geschwindigkeit auch die Wellenlänge, jedoch nicht die Frequenz ändert, dient die Frequenz f zur eindeutigen Kennzeichnung einer spektralreinen Farbe. Sie wird aus der Gleichung $c = f \cdot \lambda$ berechnet, wobei c die Lichtgeschwindigkeit und λ die Wellenlänge in dem betreffenden Medium sind. Die Frequenzen des sichtbaren Lichts liegen zwischen 400 und 800 Billionen Hertz, umfassen also etwa eine Oktave. Bezüglich der Einordnung in den Gesamtbereich des elektromagnetischen Spektrums siehe *Abb. 435.1*.

5. Dopplereffekt

Wie beim Schall tritt auch bei Licht der *Dopplereffekt* auf. Er wurde an schnell bewegten, Licht aussendenden positiven Ionen beobachtet. Fliegen sie auf den Beobachter zu, so nimmt er eine *Blauverschiebung* nach kürzeren Wellenlängen wahr, fliegen sie von ihm weg, so stellt er eine *Rotverschiebung* fest. Auch bei Fixsternen hat man an bekannten Spektrallinien solche Frequenzverschiebungen entdeckt und daraus Schlüsse zum Beispiel über die Rotation von Doppelsternen gezogen. Auffällig ist eine generelle Rotverschiebung weit entfernter Himmelsobjekte, die um so größer ist, je weiter diese Objekte von uns entfernt sind. Deutet man dies als Dopplereffekt, so würden diese Objekte sich um so rascher von uns entfernen, je weiter sie weg sind (Theorie von *Hubble*).

Aufgaben:

1. *Beobachten Sie die farbigen Beugungserscheinungen des Lichts einer Kerzenflamme, welche durch die Augenwimpern, die Fahne einer Vogelfeder oder feines Gewebe entstehen!*
2. *Welche Entfernung haben die Spektrallinien 1. und 2. Ordnung für rotes Licht ($\lambda = 760$ nm) und für blaues Licht ($\lambda = 400$ nm) bei einem Gitter mit 500 Linien pro mm und einem Schirmabstand von 1,5 m? (Die Größe des Ablenkungswinkels verbietet es hier,* $\tan \beta = \sin \beta$ *zu setzen.)*

§ 134 Transversalität der Lichtwellen

Alle bisherigen Versuche zeigen, daß das Licht als *elektromagnetische Welle* aufgefaßt werden kann. Diese Wellen sind bekanntlich *Transversalwellen*. Gilt das auch für Licht? Dann müßten Lichtwellen **polarisiert** oder mindestens *polarisierbar* sein. Zur Untersuchung dieser Frage verwenden wir sog. **Polarisationsfilter.** Es handelt sich dabei um Folien aus Kunststoff, in die besondere Kristalle, zum Beispiel schwefelsaures Jodchinin, eingelagert und die während des Erstarrungsvorgangs der Folie einer Richtkraft unterworfen werden, so daß sich eine besondere Art der Anordnung der Kristallnadeln ergibt. Eine andere Art der Filter sind Filme aus durchsichtigem Kunststoff, der sich aus langgestreckten Makromolekülen aufbaut. Diese werden durch mechanisches Recken parallel orientiert und dann schwach gefärbt. Beide Arten Filter weisen somit eine Vorzugsrichtung in der Folie auf. Die optischen Eigenschaften dieser Folien sollen in einem Versuch geprüft werden:

Versuch 42: Wir lassen Licht durch eine solche Folie, die **Polarisator** genannt wird, fallen. Außer einer geringen Absorption bemerkt unser Auge keine Veränderung am Licht, auch nicht, wenn wir die Folie in ihrer Ebene, also um die auf ihr senkrecht stehende optische Achse drehen. Dann schieben wir eine zweite, gleiche Folie, den **Analysator,** in den Strahlengang. Drehen wir diese um die optische Achse, so ändert sich die Helligkeit des Lichtflecks auf dem Schirm *(Abb. 432.1 a und b)* von einem Maximalwert (Vorzugsrichtungen *parallel*) bis zu völliger Dunkelheit (Vorzugsrichtungen der beiden Polarisationsfilter „*gekreuzt*", das heißt senkrecht zueinander). Um vom Maximum der Helligkeit zum nächsten Minimum zu kommen (oder umgekehrt), muß man den Analysator um 90° drehen.

> **Helligkeit herrscht auf dem Schirm, wenn Polarisator und Analysator parallel stehen, Dunkelheit herrscht, wenn sie gekreuzt sind.**

Das Licht ist nach Verlassen des Polarisators **polarisiert**; sein $\vec{E}$-Vektor schwingt in einer bestimmten *Schwingungsebene*. Der *Analysator* läßt nur die Komponente der Welle durch, die in der durch ihn bestimmten Schwingungsebene liegt. Dreht man den Analysator aus der Parallelstellung zum Polarisator heraus, so nimmt die durchfallende Komponente immer mehr ab und erreicht bei gekreuzter Stellung der beiden Filter den Wert Null. Zu Beginn des Versuchs 42 erhielten wir mit *einem* Polarisationsfilter *allein* keine Helligkeitsänderungen, auch wenn wir es drehten. Natürliches Licht ist also nicht polarisiert. Dies erklärt sich aus seiner Entstehung im lichtaussendenden Körper. Das nicht polarisierte Licht haben wir uns als Überlagerung vieler in verschiedenen Ebenen polarisierter, kurzer Wellenzüge vorzustellen, die von den atomaren, lichterregenden Prozessen in regelloser Zufälligkeit ausgesandt werden.

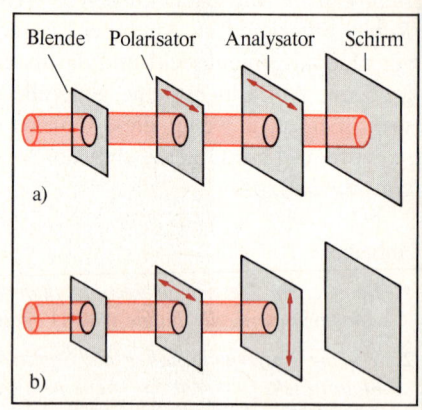

432.1 Zwei hintereinanderstehende Polarisationsfilter lassen ein Lichtbündel a) hindurch, wenn sie in paralleler Stellung stehen, b) nicht hindurch, wenn sie in gekreuzter Stellung stehen (vgl. die roten Pfeile!).

Die Polarisierbarkeit des Lichts hat vielerlei Anwendungen, auf die wir hier nicht eingehen. Insekten, zum Beispiel *Bienen*, können den Polarisationsgrad von Licht wahrnehmen. So können sie sich an dem am Himmel gestreuten teilweise polarisierten Licht orientieren. Auch das an Wasseroberflächen oder Glasflächen reflektierte Licht ist teilweise polarisiert. *Polarisationsbrillen* und *-filter* halten solche Reflexe vom Auge oder Objektiv fern. Eine *Zuckerlösung* dreht die Polarisationsebene entsprechend der Zuckerkonzentration, womit der Zuckergehalt von Lösungen bestimmt werden kann (Saccharimeter).

Als wichtige Folgerung aus der Polarisierbarkeit von Licht halten wir fest:

> **Lichtwellen sind Transversalwellen** (*Th. Young*, 1817).

§ 135 Gesamtbereich der elektromagnetischen Wellen

1. Das Licht als elektromagnetische Welle

Die in den vorangegangenen Paragrafen gewonnenen Erkenntnisse führten dazu, das Licht als elektromagnetische Welle zu betrachten. Freilich sind die Lichtwellenlängen extrem klein, $400 \text{ nm} < \lambda < 800 \text{ nm}$, die Frequenzen also extrem hoch. Diese Betrachtungsweise ergab eine fruchtbare Vereinheitlichung, die im folgenden auf weitere Frequenzbereiche ausgedehnt wird.

Spektraltafel

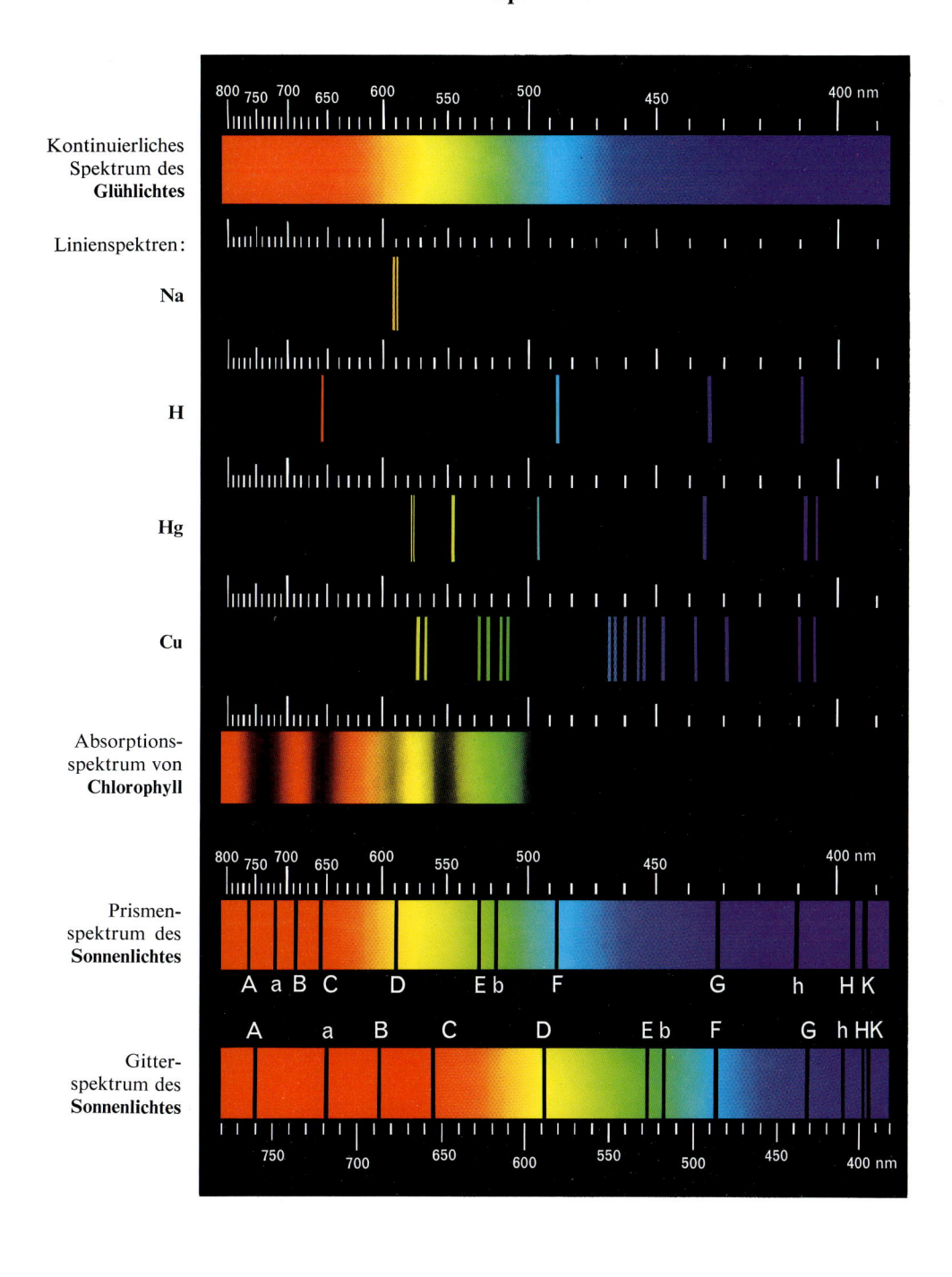

Kontinuierliches Spektrum des Glühlichtes

Linienspektren:

Na

H

Hg

Cu

Absorptionsspektrum von Chlorophyll

Prismenspektrum des Sonnenlichtes

A a B C D E b F G h H K

Gitterspektrum des Sonnenlichtes

A a B C D E b F G h HK

2. Infrarot

Zwischen dem langwelligen roten Ende des sichtbaren Lichts (800 nm = 0,8 µm) und den kürzesten Hertzschen Wellen (≈ 80 µm) liegt ein weiter Bereich von etwa sieben „Oktaven". Können wir auch in ihm elektromagnetische Wellen nachweisen?

Versuch 43: Wir bringen in das Spektrum von Bogenlampenlicht (Linsen und Prisma aus Quarz) eine **Thermosäule.** Sie besteht aus einer Reihe von hintereinander geschalteten Thermoelementen, deren geschwärzte Lötstellen in einem schmalen Rechteck angeordnet sind, während die Gegenlötstellen vor der Strahlung geschützt nach hinten liegen *(Abb. 433.1)*. Sie spricht auf sehr schwache Energiestrahlung an. Von den geschwärzten Stellen wird Strahlungsenergie absorbiert und in Wärme umgewandelt. Das Galvanometer zeigt bereits einen Ausschlag im *sichtbaren* Teil des Spektrums, der nach Rot zu stärker wird und überraschenderweise sein Maximum jenseits des sichtbaren roten Teils im völlig dunklen sogenannten **Infrarot (IR)** hat. — Ein mit Manganoxid geschwärztes Glas verschluckt — in den Strahlengang des Spektralapparates gebracht — zwar alles sichtbare Licht. Die Thermosäule gibt aber im Infrarot noch einen merklichen Ausschlag. Wenn wir dieses Infrarotfilter unmittelbar vor die Bogenlampe halten, empfinden wir mit der Hand eine deutliche Erwärmung. Auch sichtbares Licht erwärmt die beschienenen Stellen, und noch jenseits des Violett zeigt eine empfindliche Thermosäule eine geringe Temperaturerhöhung.

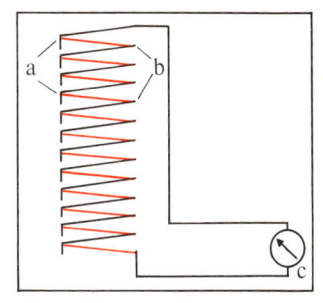

433.1 Thermosäule. a) Geschwärzte Lötstellen zum Empfang der Strahlung; b) vor der Strahlung geschützte Lötstellen; c) empfindlicher Spannungsmesser

Mit Gittern können auch die Wellenlängen von IR gemessen werden. Seit 1954 kennt man IR-Wellenlängen von 1,3 mm (aus Quecksilberdampflampen), während die kürzesten Hertzschen Wellen eine Länge von 0,08 mm haben. Die Bereiche des Infrarot (durch Atom- und Molekülschwingungen erzeugt) und der Hertzschen Wellen (elektrotechnisch erzeugt) überdecken sich also teilweise.

Praktische Bedeutung. Für kurzwelliges Infrarot ist Nebel durchlässig. Das ist für die *Infrarot-Fotografie* wichtig, die mit „sensibilisierten", das heißt für Infrarot empfindlich gemachten Filmen arbeitet. Das störende sichtbare Streulicht des Nebels wird durch Filter ferngehalten. Damit gelingt es, durch Nebel und Dunst hindurch klare Bilder zu erhalten *(Abb. 433.2 und 433.3)*. Wasser absorbiert Infrarot stark. Das wird in den *Kühlküvetten* der Mikroprojektion ausgenutzt. Auch als *Therapie* findet die Infrarot-Strahlung Verwendung (IR-Strahler, Solluxlampe).

433.2 Infrarot-Fotografie

433.3 Dasselbe Bild, normal aufgenommen

3. Ultraviolett (UV)

Versuch 44: Wir beobachten, daß im Bogenlichtspektrum sogar jenseits des sichtbaren Violett die Thermosäule noch anspricht, wenn auch gering. Ein *Fluoreszenzschirm* leuchtet in dem an das Violett anschließenden Gebiet in einem breiten fluoreszierenden Streifen auf. Das Schirmmaterial wandelt die Energie der kurzwelligen Strahlung in längerwelliges grünes Licht und Wärme. Auch helle, mit synthetischen Waschmitteln gewaschene Textilien sprechen in dieser Weise auf UV an. Porzellan fluoresziert dagegen nicht. Halten wir ein „*UV-Filter*" (besser „UV-Durchlaßfilter") in den Strahlengang, so verschwindet das sichtbare Spektrum vom Schirm, das UV-Spektrum bleibt. Bringen wir lichtempfindliches Papier ins UV-Gebiet und entwickeln es, so wird es geschwärzt.

Führt man Versuch 44 mit dem Licht einer *Quecksilberdampflampe* aus, so zeigen sich eine ganze Anzahl fluoreszierender Linien jenseits des Violett. Mit dem Verfahren der Seite 428 messen wir zum Beispiel die Wellenlängen $\lambda_1 = 360$ nm und $\lambda_2 = 310$ nm zweier besonders deutlicher Linien. Mit solchen Versuchen am Beugungsgitter sind für das **UV** zugleich Beugung und Interferenz nachgewiesen. Auch Polarisation läßt sich beim **UV** aufweisen. Seine Deutung als elektromagnetische Welle ist daher gerechtfertigt.

Die chemischen Wirkungen des UV sieht man eindrucksvoll im Vergleich zweier lichtempfindlicher Kopierstreifen gleicher Sorte, die mit Kohlebogenlicht durch ein Beugungsgitter belichtet wurden *(Abb. 434.1)*, der obere ohne Filter, der untere mit UV-Durchlaßfilter. Oben erkennt man, wie die fotochemischen Wirkungen etwa im Gelb einsetzen und weit ins UV reichen. Unten beobachtet man, wie der vom Filter allein durchgelassene UV-Anteil die gleichen chemischen Wirkungen hervorruft. — Will man übrigens fotografische Schichten auch für Rot aufnahmefähig machen, so müssen sie dafür besonders *sensibilisiert* werden.

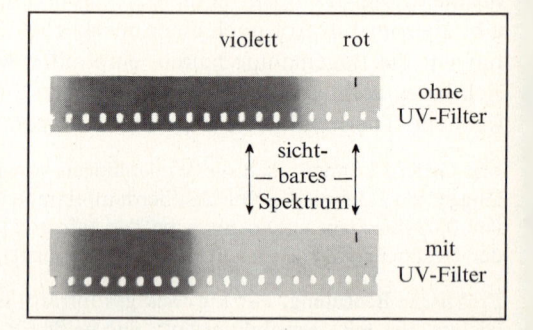

434.1 Schwärzung von rot-unempfindlichem Kopierpapier durch Bogenlicht, rechts „rot", links UV

UV löst viel stärkere chemische Wirkungen aus als Gelb oder Rot. Es bräunt die Haut oder erregt sogar *Sonnenbrand*, bleicht viele *Farbstoffe*, tötet *Bakterien* ab und verursacht den *lichtelektrischen Effekt* (§ 117); es vermag Gasmoleküle zu dissoziieren und zu ionisieren (siehe Seite 377). UV regt viele organische Stoffe zum Aussenden sichtbaren Lichts an. Dies wendet man bei der *UV-Analyse* von Kunstwerken an. Im UV fluoreszieren die organischen Reste von *Versteinerungen* und werden sichtbar. In den modernen *Leuchtstoffröhren* bringt UV den Leuchtstoff an der Innenseite der Glasröhre zum Aussenden von weißem Licht. Die Lichtausbeute bei Leuchtstoffröhren ist etwa 5mal so groß wie bei normalen Glühlampen gleicher elektrischer Leistungsaufnahme.

Von den *therapeutischen* Anwendungen des UV ist die Bekämpfung der Rachitis wichtig. Sie beruht auf der Fähigkeit des UV, Vitamin D zu bilden. Als medizinische UV-Strahler dienen vor allem die „*Höhensonnen*" (Quecksilberdampflampen in Quarzrohren). Auch das Höhenklima verdankt seine therapeutisch wertvollen Reizwirkungen besonders der mit der Höhe zunehmenden UV-Strahlung. Nicht für alle Lebewesen ist UV „unsichtbar". Wir wissen zum Beispiel, daß die Bienen gerade auch mit UV-Licht sehen.

4. Röntgen- und Gammastrahlen; das elektromagnetische Spektrum

a) Röntgenstrahlen. In § 119 haben wir von den Röntgenstrahlen berichtet. Man versuchte zunächst vergeblich, Reflexion, Brechung, Interferenz und Beugung bei ihnen aufzufinden. Erst 17 Jahre nach ihrer Entdeckung gelang es, sie in den Bereich der *elektromagnetischen Wellen* einzuordnen. Im Jahre 1912 hatte Max von Laue den großartigen Gedanken, Beugung und Interferenz und damit die Welleneigenschaft der Röntgenstrahlen an **Kristallgittern** nachzuweisen. Es stellte sich dabei heraus, daß die Wellenlängen die Größenordnung von Atomdurchmessern haben, also um 10^{-10} m. Gleichzeitig bestätigten diese von *Friedrich* und *Knipping* ausgeführten Versuche die damals noch keineswegs gesicherte Hypothese der Mineralogen, daß die Kristallformen auf einer regelmäßigen Atomanordnung in *räumlichen Gitterstrukturen* beruhen. Inzwischen wurden Röntgen-Wellenlängen auch mit Hilfe von *Strichgittern* gemessen, wobei die Strahlung flach streifend auf das Gitter fiel.

b) γ-Strahlen entstehen, wenn sich radioaktive Stoffe umwandeln. Wir werden solche Vorgänge ausführlicher auf Seite 444ff. behandeln. Die γ-Strahlen haben dieselben Wirkungen wie harte Röntgenstrahlen. Auch sie haben sich als *elektromagnetische Wellen* deuten lassen. Ihre Frequenzen erstrecken sich über mehrere Oktaven und stimmen zum Teil mit denen von harten Röntgenstrahlen überein.

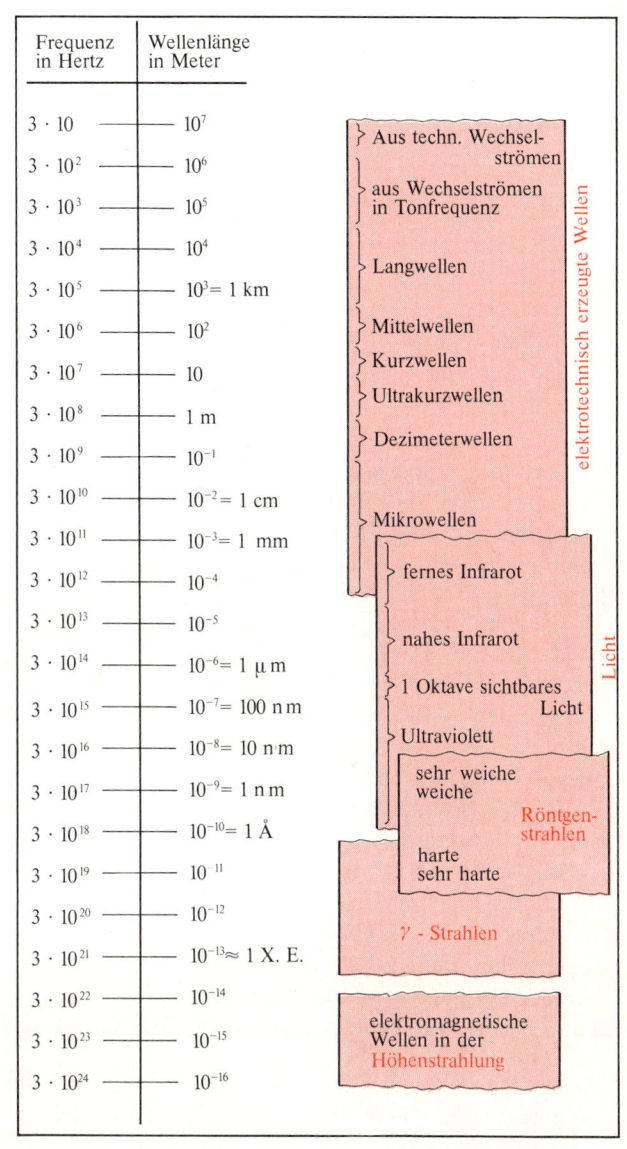

Frequenz in Hertz	Wellenlänge in Meter	Bereich
$3 \cdot 10$	10^7	Aus techn. Wechselströmen
$3 \cdot 10^2$	10^6	
$3 \cdot 10^3$	10^5	aus Wechselströmen in Tonfrequenz
$3 \cdot 10^4$	10^4	
$3 \cdot 10^5$	$10^3 = 1$ km	Langwellen
$3 \cdot 10^6$	10^2	Mittelwellen
$3 \cdot 10^7$	10	Kurzwellen
$3 \cdot 10^8$	1 m	Ultrakurzwellen
$3 \cdot 10^9$	10^{-1}	Dezimeterwellen
$3 \cdot 10^{10}$	$10^{-2} = 1$ cm	Mikrowellen
$3 \cdot 10^{11}$	$10^{-3} = 1$ mm	
$3 \cdot 10^{12}$	10^{-4}	fernes Infrarot
$3 \cdot 10^{13}$	10^{-5}	
$3 \cdot 10^{14}$	$10^{-6} = 1$ μm	nahes Infrarot
$3 \cdot 10^{15}$	$10^{-7} = 100$ nm	1 Oktave sichtbares Licht
$3 \cdot 10^{16}$	$10^{-8} = 10$ nm	Ultraviolett
$3 \cdot 10^{17}$	$10^{-9} = 1$ nm	sehr weiche / weiche Röntgenstrahlen
$3 \cdot 10^{18}$	$10^{-10} = 1$ Å	
$3 \cdot 10^{19}$	10^{-11}	harte / sehr harte
$3 \cdot 10^{20}$	10^{-12}	
$3 \cdot 10^{21}$	$10^{-13} \approx 1$ X. E.	γ-Strahlen
$3 \cdot 10^{22}$	10^{-14}	
$3 \cdot 10^{23}$	10^{-15}	elektromagnetische Wellen in der Höhenstrahlung
$3 \cdot 10^{24}$	10^{-16}	

(elektrotechnisch erzeugte Wellen; Licht)

435.1 Gesamtbereich des elektromagnetischen Spektrums

Aufgaben:

1. Warum erwärmen sich hochgelegene Seen in ihren obersten Schichten trotz „kühler" Luft? Was bemerkt man, wenn man in einem solchen See tiefer taucht?
2. Welche Rolle spielen die Glasfenster bei Frühbeeten? Beachten Sie, daß sie für sichtbares Licht gut, für Infrarot schlecht durchlässig sind!
3. Im Hochgebirge kann man auch bei bedecktem Himmel Sonnenbrand bekommen. Folgerung?

Atom- und Kernphysik

Atomare Teilchen und ihr Nachweis

§ 136 Die Entwicklung von Atommodellen bis Rutherford

Untersucht man physikalische Vorgänge, so läßt man — meist ganz bewußt — solche Erscheinungen und Merkmale weg, die für die jeweils vorliegende Fragestellung als nicht wesentlich erscheinen. Dadurch läßt sich ein Problem oft so formulieren, daß Gesetze in einfacher Form zu seiner Beschreibung benutzt werden können. Wir wenden die physikalischen Gesetze meistens nicht auf die komplexe Wirklichkeit an (obwohl sie für diese *auch* gelten), sondern im Versuch auf vereinfachte Anordnungen, beim Rechnen auf vereinfachte **Modellvorstellungen.** Der *Massenpunkt* und der *starre Körper* seien als Beispiele für solche Modelle angeführt. Das wichtigste *Kriterium* für die Anwendbarkeit von Modellen und Gesetzen ist immer die *experimentelle Bestätigung*.

In der Atomphysik gewinnt das Wort Modell noch einen weiteren Inhalt: Da unsere Erfahrungen aus der makroskopischen Welt stammen, sind die daraus gebildeten Vorstellungen nicht ohne weiteres auf den atomaren Bereich anwendbar. Zum Beispiel haben die Aussagen hart, spitz, farbig, kalt und flüssig für ein einzelnes Atom gar keinen Sinn. Das antike **Atommodell** geht auf den griechischen Philosophen *Demokrit* (gestorben 360 v. Chr.) zurück. Von ihm stammt auch das Wort *Atom*. Er stellte sich Atome als elastische Kugeln vor, die selbst nicht mehr teilbar sein sollten (atomos, griech.; unteilbar). Die Unteilbarkeit war eine völlig neuartige Idee, da alle makroskopischen Körper teilbar sind. Sie ist der wesentliche Grundsatz dieses ersten Atommodells. Elektrische Eigenschaften waren ihm von *Demokrit* nicht zugeschrieben, sie wurden erst im Jahr 1904 durch *Thomson* mit einbezogen: In eine gleichmäßig mit positiver Ladung erfüllte Kugel sollten negativ geladene Teilchen schwingungsfähig eingebettet sein. Man fand jedoch keine Möglichkeit, etwa die Linienspektren mit Hilfe dieser Schwingungen zu erklären. Außerdem führte *Lenard* Versuche aus, die dem *Thomson*-Modell widersprachen.

Sie wurden alle mit dem nach ihm benannten *Lenardrohr* gemacht. Das ist eine Kathodenstrahlröhre mit einem siebartigen Verschluß, der mit einer extrem dünnen Aluminiumfolie belegt ist *(Abb. 436.1)*. Mit einem Zinksulfidleuchtschirm kann man Elektronen im freien Luftraum nachweisen, die fast ungestreut die Folie und einige Zentimeter Luft durchlaufen haben. Bei einigermaßen gleichmäßiger Verteilung der Materie in den Atomen ist es nicht zu verstehen, daß die meisten Elektronen die Folie *geradlinig* durchdringen. Ähnliche Ergebnisse finden wir bei dem folgenden Versuch:

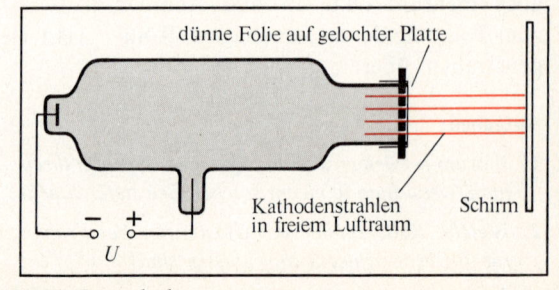

436.1 Lenardrohr

Versuch 1: In der *Braunschen Röhre* (Seite 369) passieren Elektronen eine kleine Öffnung in der Anode und ergeben auf dem Leuchtschirm einen kleinen hellen Lichtfleck. In der Röhre, die wir nun für einen Durchstrahlungsversuch benutzen wollen, bedeckt eine sehr dünne Graphitfolie mit etwa 100 Lagen Kohlenstoffatomen die Anodenöffnung. Auf dem Leuchtschirm ist auch jetzt der Mittelfleck scharf gezeichnet. Die meisten Elektronen durchsetzen also die Folie, ohne abgelenkt zu werden (scharfer Fleck). Zusätzlich ist aber der ganze Schirm leicht aufgehellt, denn einige Elektronen werden an den Graphitatomen gestreut. Bei höheren Beschleunigungsspannungen als 2,5 kV zeigt die Aufhellung ringförmige Strukturen, die wir auf Seite 489 erklären werden.

Rutherford stellte um 1911 planmäßig Versuche darüber an, wie sich Korpuskelstrahlen beim Durchgang durch Materie verhalten.

Folgender *Gedankenversuch* soll verdeutlichen, warum solche Versuche Aussagen über die Massenverteilung zulassen: Ein großer Korb sei ganz mit Äpfeln gefüllt. Es ist unmöglich, mit kleinen Steinchen bei normalen Wurfgeschwindigkeiten durch die Äpfel hindurch den Boden des Korbes zu treffen. Dazu liegen die Äpfel zu dicht beieinander. Denkt man sich jedoch die Gesamtmasse eines jeden

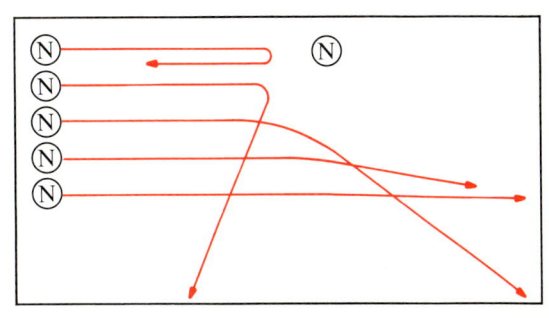

437.1 Modellversuch zur Ablenkung geladener Korpuskeln an Atomkernen

Apfels in einem kleinen Kern im Mittelpunkt konzentriert und den übrigen Raum des Apfels leer, dann ändert sich die gesamte Masse der Äpfel im Korb nicht. Jetzt wird ein geworfenes Steinchen, das nicht zu groß ist, im allgemeinen den Boden des Korbes erreichen, ohne einen der Kerne zu treffen. Natürlich werden auch einige durch Zusammenstöße mit Kernen abgelenkt. Bei vielen Würfen lassen sich aus der Zahl der Steinchen, die jeweils um bestimmte Winkel aus ihrer ursprünglichen Richtung gestreut werden, Aussagen über die **wirkenden Kernquerschnitte** machen.

Die *Rutherfordschen* Versuche lassen sich in einem Modellversuch nachahmen:

Versuch 2: Wir kleben einen kleinen, axial magnetisierten Zylindermagneten mit einer seiner Grundflächen auf eine waagerecht liegende Luftkissenplatte. Einen zweiten, gleichartigen Magneten setzen wir auf die Platte und geben ihm einen Stoß, so daß er reibungsfrei auf den festgeklebten Magneten zugleitet. (Auch durch Aufstreuen sandkorngroßer Kunststoffkügelchen auf eine Glasplatte können die Reibungskräfte sehr klein gehalten werden.) Haben beide Magnete den gleichen Pol oben, etwa den Nordpol, so erfährt der bewegte Magnet Abstoßungskräfte und beschreibt bei mehrfacher Wiederholung gekrümmte Bahnen, wie sie in *Abb. 437.1* angegeben sind.

Versuch 3: Ordnen wir viele solcher festgeklebten Magnete mit größeren Abständen regelmäßig auf der Luftkissenplatte an und stoßen wir wieder wie im Versuch 2 einzelne Magnetchen hindurch, so zeigt uns dieser Modellversuch, wie ein positiv geladenes Körperchen durch feste Stoffe hindurchfliegt: Viele Teilchen werden nicht merklich aus der ursprünglichen Richtung gestreut, manche stärker und einige wenige um mehr als 90°.

Rutherford schloß aus seinen Streuversuchen:

Die mit einer *positiven Ladung* verbundene Masse eines Atoms ist im wesentlichen im *Atomkern* auf einen Raum von höchstens 10^{-14} m Durchmesser konzentriert. Die *negative Ladung* läuft als Elektron auf *Kreisbahnen* um den Kern. Der größte Durchmesser beträgt in Übereinstimmung mit den Ergebnissen der kinetischen Gastheorie etwa 10^{-10} m und legt so die Größe eines Atoms fest. Die elektrostatische Anziehung zwischen dem positiv geladenen Kern und dem negativ geladenen Elektron liefert in diesem Modell die nötige Zentripetalkraft. Nach außen hin neutralisieren sich die Ladungen von Kern und Elektronenhülle. Der ganze übrige Raum im Atom ist leer und nur von elektrischen und magnetischen Feldern erfüllt.

> **Beim Rutherfordschen Atommodell ist die Masse fast ganz im positiv geladenen Kern konzentriert. Um ihn kreisen Elektronen. Der größte Teil des Raums im Atom ist leer.**

§ 137 Der Massenspektrograf; Kernmassen

1. Das Prinzip des Massenspektrografen

In § 115 haben wir für Elektronen die *spezifische Ladung* $e/m = 1{,}76 \cdot 10^{11}$ C/kg gefunden und daraus die Elektronenmasse bestimmt. Es ist sehr aufschlußreich, solche Messungen auch für die *Ionen* der verschiedenen Elemente durchzuführen. In den Kanalstrahlen, die bei der Gasentladung aus der durchbohrten Kathode austreten, stehen derartige schnellfliegende Ionen zur Verfügung. Da sie an verschiedenen Stellen des elektrischen Feldes gebildet werden, haben sie verschiedene Beschleunigungsspannungen durchlaufen. Sie besitzen also keine einheitliche Geschwindigkeit. Wir wollen deshalb zunächst eine Anordnung kennenlernen, die geladene Teilchen mit einer beliebig wählbaren Geschwindigkeit aus der Teilchengesamtheit aussondert. Den Versuch führen wir mit *Elektronen* aus.

Versuch 4: Die zunächst waagerecht fliegenden Elektronen einer Glühkatodenröhre durchlaufen nach dem Verlassen der durchbohrten Anode das lotrecht von unten nach oben verlaufende homogene Feld eines Plattenkondensators mit der elektrischen Feldstärke E. Unter dem Einfluß der konstanten Kraft $F_1 = e \cdot E$ beschreiben sie gemäß § 116 im elektrischen Feld eine nach unten gekrümmte Parabelbahn.

Mit Hilfe zweier *Helmholtzspulen* kann an derselben Stelle ein homogenes magnetisches Feld der Flußdichte B erzeugt werden. Seine Feldlinien verlaufen senkrecht zum E-Feld und zur Elektronenstrahlrichtung. Ohne das elektrische Feld würden die Elektronen durch die Lorentzkraft $F_2 = B \cdot e \cdot v$ auf eine nach oben gekrümmte Kreisbahn gezwungen.

Wir können nun die beiden Felder so stark machen, daß sich die Kräfte F_1 und F_2 das Gleichgewicht halten. Dann bewegen sich die Elektronen *kraftfrei*, also nach dem Trägheitsgesetz auf einer geraden Bahn. Weil in diesem Fall $B \cdot e \cdot v = e \cdot E$ ist, gilt für die Geschwindigkeit der Elektronen

$$v = \frac{E}{B}. \tag{438.1}$$

§ 137 Der Massenspektrograf; Kernmassen 439

Es wäre falsch, als Bahn eine Überlagerung von Kreis und Parabel zu erwarten. Die Richtung von F_2 hängt ja von der Richtung der Geschwindigkeit v ab, die sich erst aus der (tatsächlichen) Bahn ergibt.

Elektronen mit kleinerer Geschwindigkeit bewegen sich nicht kräftefrei, sondern werden nach unten, solche mit größerer Geschwindigkeit nach oben abgelenkt. Sie können also, wenn die Kondensatorplatten nur geringen Abstand haben, den Kondensator nicht verlassen. Dieser wirkt als Geschwindigkeitsfilter (*Wiensches* Filter).

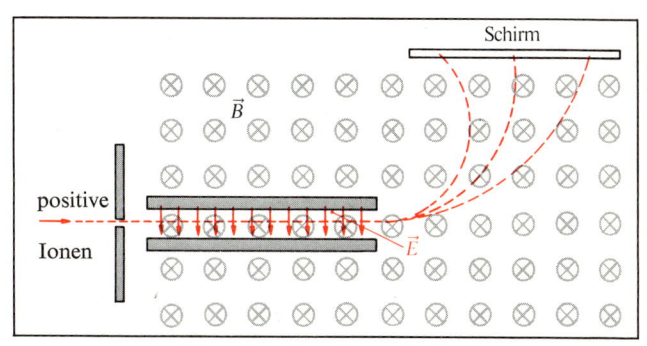

Diesen Versuch kann man auch mit den Ionen von Kanalstrahlen (S. 379) durchführen. Dabei schließt sich der Kondensator an den Kanal in der Kathode an *(Abb. 439.1)*. Er sondert alle Ionen mit der Geschwindigkeit $v = E/B$ aus, unabhängig von Ladung und Masse. Nach dem Verlassen des Kondensators wirkt nur noch die Kraft F_2 des magnetischen Feldes. Sie zwingt als *Zentripetalkraft* F_z die Ionen auf Kreise mit Radien r, die von der Masse m abhängen:

$$F_2 = B \cdot e \cdot v = F_z = \frac{m \cdot v^2}{r}.$$

Daraus folgt $\dfrac{e}{m} = \dfrac{v}{B \cdot r} = \dfrac{E}{B^2 \cdot r}$.

Die spezifische Ladung kann also bestimmt werden.

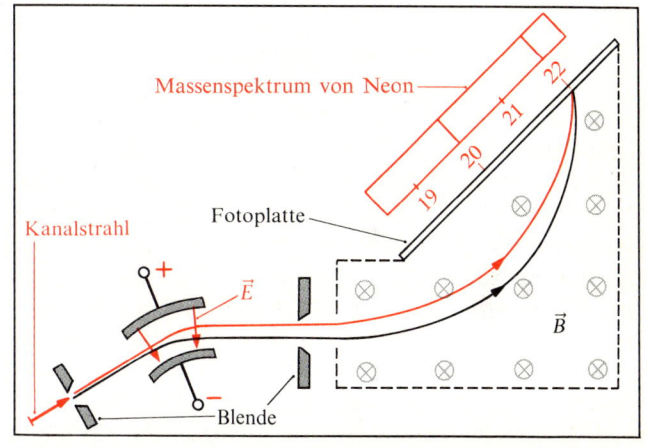

439.1 Einfacher Massenspektrograf. Ionen fliegen bei passenden Werten des E- und B-Feldes im Kondensator geradlinig, hachher auf Kreisbahnen, deren Radien von e/m abhängen. Die Richtung der Ablenkung hängt von der Ladung der Ionen ab.

439.2 Massenspektrograf (schematisch). Die Ionen werden durch das E-Feld auf eine gekrümmte Bahn, durch das B-Feld auf eine Kreisbahn gezwungen. Teilchen mit gleichen e/m-Werten werden auf der Fotoplatte vereinigt. Dadurch entstehen Linien wie bei Spektren.

2. Technische Massenspektrografen

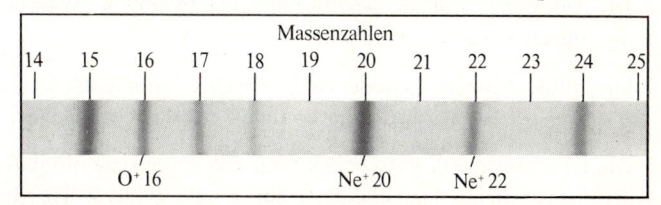

Durch zweckmäßige Anordnung der elektrischen und magnetischen Ablenkungsfelder konnte man erreichen, daß die verschiedenen Ionenarten in den Kanalstrahlen nach ihren e/m-Werten aussortiert werden, auch wenn sie vorher *kein* Geschwindigkeitsfilter passiert haben.

439.3 Massenspektrum. Neon ist ein Isotopengemisch aus 91% Ne20 und aus 9% Ne22. Es besitzt die relative Atommasse 20,183.

Dadurch werden viel mehr Ionen erfaßt. In einem solchen **Massenspektrografen** werden die Ionen zuerst in einem elektrischen Feld, dann in einem magnetischen Feld geeigneter Form abgelenkt. Ionen mit gleichen e/m-Werten treffen, unabhängig von ihrer ursprünglichen Geschwindigkeit, nur eine Stelle einer Fotoplatte. Schnellere werden in beiden Feldern schwächer, langsamere stärker abgelenkt und landen deshalb am selben Ort *(Abb. 439.2)*. Ionen mit anderen e/m-Werten werden an anderen Stellen zusammengeführt. Das Bild auf der fotografischen Platte ähnelt dem eines *Linienspektrums*. Man nennt es ein **Massenspektrum** *(Abb. 439.3)*.

> Im Massenspektrografen werden durch elektrische und magnetische Felder die Ionen von einheitlicher spezifischer Ladung e/m auf einer Stelle der fotografischen Platte vereinigt.

3. Isotope

Füllt man das Entladungsrohr mit Neon, so erwartet man entsprechend der relativen Atommasse $A_r = 20{,}18$ eine einheitliche Linie bei der Marke 20,18 Masseneinheiten (abgekürzt 20,18 u mit $u = 1{,}66 \ldots \cdot 10^{-11}$ kg; genaue Definition Seite 441). Doch dort fehlt jegliche Spur auf der Platte. Statt dessen werden 91% aller Neonionen bei der Marke 20 u und 9% bei 22 u nachgewiesen *(Abb. 439.3)*. Das chemische Element Neon besteht somit aus zwei Atomsorten, die zwar infolge ihres gleichen chemischen Verhaltens im Periodensystem der Elemente an gleicher Stelle stehen und deshalb **Isotope** genannt werden (isos, griech.; gleich — topos, griech.; Stelle), sich aber in der Masse unterscheiden. Das chemische Verhalten, das heißt die Wechselwirkung mit anderen Atomen, wird durch die Elektronenhülle bestimmt. Diese ist bei beiden Isotopen im neutralen Zustand mit 10 Elektronen völlig gleich besetzt. Mit ihnen wird die ebenfalls gleiche **Kernladung** $Q = Z \cdot e$, die von $Z = 10$ Protonen herrührt, neutralisiert. Das leichte Isotop von Neon muß im Kern zusätzlich 10 neutrale Teilchen haben, um die Massenzahl 20 zu erreichen. Diese elektrisch neutralen Teilchen, die fast die gleiche Masse wie Protonen haben, nennt man **Neutronen**. Alle Kerne bestehen nur aus Protonen und Neutronen, beide heißen deshalb **Nukleonen** (nucleus, lat.; Kern). Die Zahl der im Kern enthaltenen Protonen wird durch die **Kernladungszahl** Z angegeben. Die Kernladungszahl Z und die Gesamtzahl der Nukleonen, die **Nukleonenzahl** A, auch **Massenzahl** A genannt, vermerkt man vor dem chemischen Symbol und schreibt deshalb für das leichte Neonisotop Ne. $^{20}_{10}$Im schweren Neonisotop sind zwei weitere Neutronen eingebaut; nur sie lassen im Gegensatz zu Protonen die Kernladungszahl Z unverändert. Es wird also mit $^{22}_{10}$Ne bezeichnet. Als Kurzschreibweise für die beiden Isotope des Neons hat sich auch Ne 20 und Ne 22 eingebürgert.

> **Die Atomkerne sind aus positiv geladenen Protonen (Wasserstoffkernen) und neutralen Neutronen fast gleicher Masse aufgebaut.**
>
> **Die Nukleonenzahl (Massenzahl) A ist die Summe der Protonenzahl Z und der Neutronenzahl N: $A = N + Z$. Sie wird als oberer Index vor das chemische Symbol gesetzt.**
>
> **Die Elektronenzahl entscheidet über das chemische Verhalten und stimmt im neutralen Atom mit der Protonenzahl (Kernladungszahl Z) überein. Z ist gleich der Ordnungszahl im Periodensystem der Elemente. Die Kernladung ist $Q = Z \cdot e$. Man setzt Z als unteren Index vor das chemische Symbol.**
>
> **Atome gleicher Protonen-, aber verschiedener Neutronenzahlen unterscheiden sich in der Masse, nicht aber im chemischen Verhalten. Man nennt sie Isotope.**

> Zur kurzen Kennzeichnung eines Isotops setzt man häufig nur die Nukleonenzahl A hinter das chemische Symbol: **Ne 20.**

Die meisten chemischen Elemente sind aus *mehreren* Isotopen zusammengesetzt. Die relative Atommasse ist der ihren Anteilen entsprechende Mittelwert.

Wasserstoff besteht außer aus ^1_1H zu $0{,}15^0/_{00}$ aus ^2_1H mit einem Proton und zwei Neutronen im Kern. Man nennt dieses Isotop **schweren Wasserstoff** oder **Deuterium** (D). Das aus ihm gebildete Wasser („schweres Wasser") hat die Formel D_2O mit der relativen Molekülmasse 20. Das häufigste Heliumisotop ist ^4_2He; sein Kern besteht aus zwei Protonen und zwei Neutronen.

4. **Nukleonenzahl und Massenwert**

Die Einheit der Stoffmenge ist das *Mol*.

Definition: Ein Körper hat die Stoffmenge 1 mol, wenn er aus ebenso vielen Teilchen besteht, wie Atome in 12 g des Isotops C 12 enthalten sind. Die Avogadrokonstante N_A gibt an, um wieviel Teilchen es sich dabei handelt: $N_A = 6{,}02 \cdot 10^{23}$ mol^{-1}. Die Art der Teilchen ist dabei stets anzugeben.

Die Nukleonenzahl A ist nach ihrer Definition stets ganzzahlig. In chemischen Tabellen werden bei den einzelnen Elementen die **relativen Atommassen** A_r (früher **Atomgewicht** genannt) angeführt. Die relative Atommasse A_r ist der Quotient aus der Masse des betreffenden Atoms und $\frac{1}{12}$ der Masse eines Atoms des häufigsten Kohlenstoffisotops C 12.

In der Atomphysik benutzt man bei der Angabe der Masse eines Atoms die **atomare Masseneinheit u.** Diese Einheit ist so festgelegt, daß man dem Atom des Isotops C 12 die Masse 12,000 u zuordnet. Da die Avogadrokonstante $N_A = 6{,}023 \cdot 10^{23} \cdot$ mol^{-1} die Zahl der Atome von 1 mol Atomen angibt und 1 mol C 12 laut Definition eine Masse von 12 g besitzt, ist

$$1\,u = \frac{1}{12} \cdot \frac{12\,g}{6{,}02 \cdot 10^{23}} = 1{,}66 \cdot 10^{-27}\,kg \quad (\text{genau: } 1\,u = 1{,}660277 \cdot 10^{-27}\,kg).$$

In *atomaren Masseneinheiten* ausgedrückt ist die Masse

des Elektrons $m_e = 0{,}000\,549$ u,
des H-Atoms $m_H = 1{,}007\,825$ u,
des Protons $m_p = m_H - m_e = 1{,}007\,276$ u,
des Neutrons $m_n = 1{,}008\,665$ u.

Die Kernmasse erhält man durch Abziehen der Elektronenmassen von der Atommasse.

> Als atomare Masseneinheit benutzt man in der Atomphysik 1/12 der Atommasse des Kohlenstoffisotops $^{12}_6C$. Man nennt sie **1 u**; $1\,u = 1{,}660\,277 \cdot 10^{-27}$ kg.

Aufgabe:

Chlor besteht zu 75% aus dem Isotop $^{35}_{17}Cl$ und zu 25% aus dem Isotop $^{37}_{17}Cl$. Wieviel Protonen und Neutronen sind jeweils im Kern? Welche relative Atommasse besitzt natürliches Chlor?

§ 138 Die Energieeinheit Elektronvolt

Die SI-Einheit der Energie, das *Joule*, ist eine sehr große Einheit, wenn es sich um die Energie von Elementarteilchen bei Einzelprozessen handelt. Eine andere, sehr viel kleinere Energieeinheit ist günstiger. Man wählt dafür die Energie, die ein mit *einer* Elementarladung versehenes Teilchen gewinnt, wenn es in einem elektrischen Feld durch die Spannung *1 Volt* beschleunigt wird. Sie bekam den Namen **1 Elektronvolt** (1 eV).

In dem Ausdruck $W = e \cdot U$ kommt die Masse nicht vor. Deshalb haben beliebig schwere Teilchen nach Durchlaufen derselben Beschleunigungsspannung U alle die *gleiche* Energie, wenn sie identische Ladung tragen. Die erreichte Geschwindigkeit dagegen ist von der Masse abhängig. Sie berechnet sich aus $v = \sqrt{2\frac{e}{m}U}$ und nimmt mit der Masse des geladenen Teilchens ab.

Den Zusammenhang zwischen der SI-Einheit Joule und der ebenfalls erlaubten Einheit eV finden wir durch Einsetzen von $e = 1{,}602 \cdot 10^{-19}$ C und $U = 1$ V in die Gleichung $W = e \cdot U$:

$$1 \text{ eV} = 1{,}602 \cdot 10^{-19} \text{ C} \cdot 1 \text{ V} = 1{,}602 \cdot 10^{-19} \text{ J}. \tag{442.1}$$

Eine größere Einheit ist das *Megaelektronvolt*: $1 \text{ MeV} = 10^6 \text{ eV} = 1{,}602 \cdot 10^{-13}$ J. (442.2)

Vorgänge in der Atomhülle sind gekennzeichnet durch Energien in der Größenordnung einiger Elektronvolt, solche im Kern durch Megaelektronvolt.

Beispiele:

Elektronen in der Röntgenröhre nach *Abb. 44.1* haben vor der Anode eine Energie von 50000 eV, da sie durch eine Spannung von 50000 V beschleunigt worden sind. Ein zweifach positiv geladenes Ion, das in einer Entladungsröhre aus der Ruhe heraus durch 500 V beschleunigt wurde, hat eine Energie von 1000 eV.

Bei Messungen in der Chemie hat man gefunden, daß bei der Bildung von 1 mol Wasser aus Sauerstoff und Wasserstoff 280 kJ, bei der von 1 mol CO_2 aus Kohle und Sauerstoff 395 kJ freigesetzt werden. Die Bildungsenergie des Wasserstoffmoleküls ergibt sich daraus mit Hilfe der *Avogadro*-Konstanten $N_A = 6{,}02 \cdot 10^{23} \text{ mol}^{-1}$ zu $\frac{2{,}8 \cdot 10^5 \text{ J}}{6{,}02 \cdot 10^{23} \cdot 1{,}6 \cdot 10^{-19} \text{ J/eV}} = 2{,}9$ eV, die des CO_2-Moleküls zu 4,1 eV.

In der Atomphysik benutzt man für Einzelprozesse häufig die Energieeinheit Elektronvolt (eV). 1 eV ist die Energie, die ein beliebiges Teilchen beim Durchlaufen einer beschleunigenden Spannung von 1 V gewinnt, wenn das Teilchen *eine* positive oder negative Elementarladung trägt.

$$1 \text{ eV} = 1{,}602 \cdot 10^{-19} \text{ J} \tag{442.3}$$

Aufgaben:

1. Berechnen Sie die Geschwindigkeit von Elektronen und von Wasserstoffionen H^+ (Protonen), wenn sie eine beschleunigende Spannung von 5000 V durchlaufen haben! ($m_p = 1{,}67 \cdot 10^{-27}$ kg).
2. Geben Sie die Energie von Wasserstoffmolekülen bei 0 °C aufgrund der Geschwindigkeit $v = 1850 \text{ m s}^{-1}$ der Wärmebewegung in eV an! ($m_{H_2} = 3{,}34 \cdot 10^{-27}$ kg).
3. Berechnen Sie die kinetische Energie von 1 kg *Protonen* mit der Einzelenergie 1000 eV in der Einheit *Joule*! ($m_p = 1{,}67 \cdot 10^{-27}$ kg).

Kernumwandlungen

§ 139 Radioaktive Strahlung und ihr Nachweis

1. Die ionisierende Wirkung der Strahlen

Versuch 5: Wir laden ein Elektroskop positiv oder negativ auf. Es entlädt sich nur ganz langsam. Bringen wir aber ein Stück radiumhaltiger Pechblende oder ein Radiumpräparat in seine Nähe, so läuft die Entladung wesentlich rascher ab.

Versuch 6: Die beiden etwa 20 cm voneinander entfernten Platten eines Plattenkondensators werden an die Pole einer regelbaren Gleichspannungsquelle angeschlossen. In die Zuleitung zum Erdanschluß wird ein Meßverstärker mit dem empfindlichsten Strommeßbereich ($30 \cdot 10^{-12}$ A) eingeschaltet (Erdung beachten!). Mitten zwischen den Platten bringen wir ein kräftiges radioaktives Präparat (siehe § 145, Abschnitt 1) *(Abb. 443.1)* an. Der Meßverstärker MV zeigt einen Strom an, der zunächst größer wird, wenn wir die Spannung von Null an erhöhen. Bei höheren Spannungen nimmt der Strom nicht mehr so stark zu wie im unteren Bereich; schließlich nähert er sich asymptotisch einem Sättigungswert. Decken wir das Präparat durch ein Blatt Papier ab, so geht der Ausschlag des Meßverstärkers auf Null zurück; die Zeigerstellung ändert sich auch dann nicht, wenn wir die Spannung verändern.

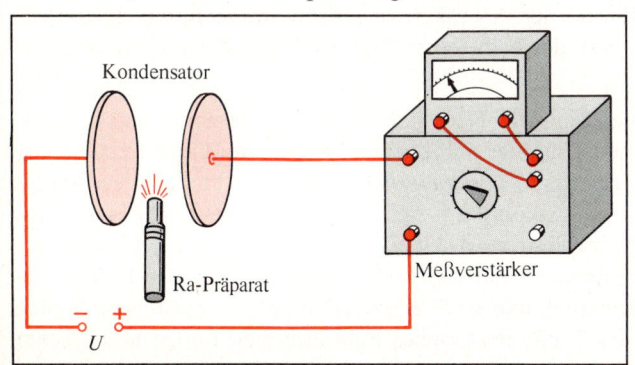

443.1 Ein Meßverstärker mißt den durch ein radioaktives Präparat erzeugten Ionisationsstrom

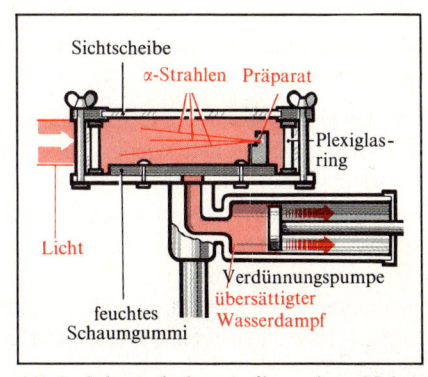

443.2 Schematischer Aufbau einer Nebelkammer

Beide Versuche zeigen, daß Radium die Luft in seiner Nähe ionisiert. Bei Versuch 5 werden solche Ionen zum Elektroskop gezogen, die ihm gegenüber eine ungleichnamige Ladung tragen. Bei Versuch 6 wandern die Ionen jeweils zur entgegengesetzt geladenen Platte und halten so einen **Ionisationsstrom** aufrecht. Ist die angelegte Spannung klein, so vereinigt sich ein Teil der ungleichnamig geladenen Teilchen wieder, ehe sie aus dem Feld gezogen sind, sie **rekombinieren**. Wird die Spannung vergrößert, so gelangen schließlich alle gebildeten Ionen auf die Platten und ergeben den *Sättigungsstrom*. Bei wesentlich höherer Spannung würde dann zusätzlich *Stoßionisation* eintreten (siehe Gasentladung Seite 378). Durch das Papier auf dem Präparat wird der Teilchenstrom unterbrochen, der vom Radium ausgesendet wird und die Luftmoleküle ionisiert.

2. Die Wilsonsche Nebelkammer; α-Strahlen

Versuch 7: Bringt man in die mit Wasserdampf gesättigte Luft einer *Wilsonschen Nebelkammer*[1]) *(Abb. 443.2)* ein schwaches radioaktives Präparat $^{226}_{88}$Ra und vergrößert plötzlich mit einem Kolben das Volumen, so sieht man von dem Präparat viele geradlinige Nebelbahnen ausgehen. Sie erinnern an die Kondensstreifen hinter Flugzeugen. In der bei der schnellen Expansion plötzlich abgekühlten und deshalb stark übersättigten Luft lagern sich Wassermoleküle an Ionen an, die wegen des elektrischen Dipolcharakters der Wassermoleküle als Kondensationskerne wirken. Diese Anordnung der Wassertröpfchen ergibt die beobachteten Nebelbahnen von maximal 7 cm Länge *(Abb. 444.1)*. Steht ein Blatt Papier im Wege, so treten sie dahinter nicht mehr auf, weil die vom Präparat ausgesandten Teilchen vom Papier absorbiert werden. Mit Hilfe sehr starker Magnetfelder kann man diese Bahnen krümmen und zeigen, daß sie von fliegenden, positiv geladenen Teilchen herrühren. Man nennt sie **α-Teilchen** und spricht von **α-Strahlen**. Sie werden fortlaufend in dem Radiumpräparat erzeugt und ionisieren die Luftmoleküle durch Stoß. Die Ionisierungsenergie für ein Stickstoffmolekül ist bekannt (≈ 34 eV). Da die entstehenden Kondenstropfen mikroskopisch ausgezählt werden können, läßt sich die Energie des α-Teilchens berechnen. Auf 1 cm der Bahn sieht man etwa 30000 Tröpfchen, das entspricht einer Energie der α-Teilchen von 4 bis 8 MeV.

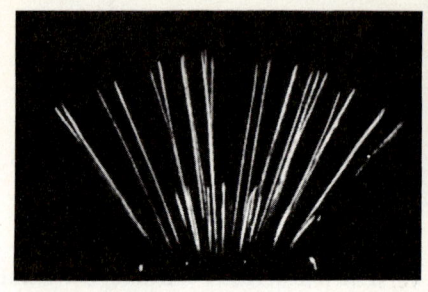

444.1 Nebelkammeraufnahme von Bahnen von α-Teilchen

Durch Ablenkungsmessungen in elektrischen und magnetischen Feldern konnte die Art der Teilchen bestimmt werden. Es handelt sich bei den α-Teilchen um He-Kerne mit Geschwindigkeiten in der Größenordnung 10^4 km/s, die aus den Atomkernen des Präparates stammen. *Rutherford* konnte das daraus entstehende Helium in der Nähe eines Radiumpräparates spektroskopisch nachweisen.

Bei der beschriebenen Nebelkammer lösen sich die Nebelbahnen durch Verwirbelung und Erwärmung sehr schnell wieder auf. Um neue Bahnen sichtbar zu machen, muß der Expansionsvorgang wiederholt werden. Es ist aber gelungen, *kontinuierlich wirkende* Kammern zu bauen. Bei ihnen bildet sich in einer Wasserdampf-Alkoholatmosphäre über einem Bodenblech, das durch unterlegtes Trockeneis (festes CO_2) gekühlt wird, eine permanent wirksame, übersättigte Dampfschicht; in dieser Schicht werden immer wieder Bahnen sichtbar. Infolge von Diffusionsvorgängen lösen sich die Kondenstropfen auch hier nach einiger Zeit auf, die zurückbleibenden Ionen werden bei beiden Kammerarten durch ein elektrisches Feld zwischen Boden und Deckel entfernt.

3. Das Geiger-Müller-Zählrohr; β-Strahlen

Versuch 8: In dem von *Geiger* und *Müller* erfundenen Zählrohr ist ein gegen das Gehäuse isolierter Draht aufgespannt. Er bekommt nach *Abb. 445.1* positive Spannung, die vorsichtig so weit erhöht wird, daß noch keine Dauerentladung eintritt. Im Rohr befindet sich ein Gas von niederem Druck (etwa 0,7 bar). Jedes in das Rohr eintretende ionisierende Teilchen setzt in der Gasfüllung Elektronen frei, die zum positiv geladenen Draht beschleunigt werden. In dem starken Feld in der Umgebung des Drahtes löst jedes Elektron durch *Stoßionisation* eine Ionen-

---

[1]) *C.T.R. Wilson* (1869 bis 1959), englischer Physiker, Nobelpreis 1927.

lawine aus. Dieser Vorgang ist mit einem Stromstoß durch den Widerstand R verbunden. Während im stromlosen Zustand die gesamte Spannung am Zählrohr liegt, tritt durch den Stromstoß am Widerstand R ein Spannungsabfall auf. Die Spannung am Zählrohr sinkt; die Entladung erlischt. Ein Zusatz von Alkohol oder Halogenen zum Gas der Röhre erleichtert das Löschen. Der am Widerstand auftretende Spannungsstoß wird verstärkt und einem mechanischen oder elektronischen Zählwerk zugeführt; dort wird jedes atomare Teilchen, das mit großer Geschwindigkeit ionisierend durchs Zählrohr fliegt, gezählt. Auch ein Lautsprecher kann mit den vom Verstärker erzeugten Stromstößen betrieben werden. Jedes gezählte Teilchen erzeugt dabei ein knackendes Geräusch.

Versuch 9: Ein Radiumpräparat wird vor einer 3 mm starken Bleiblende befestigt, die eine waagerecht verlaufende kleine Öffnung besitzt *(Abb. 445.2)*. Ein Blatt Papier vor dem Präparat beseitigt nach Versuch 7 die α-Strahlen restlos. Trotzdem spricht ein Zählrohr hinter der Blendenöffnung mit einer bestimmten Zahl von Impulsen je Minute an. Diese Zahl wird klein, wenn das Zählrohr seitlich so weit verschoben wird, daß es aus der Sichtlinie zum Präparat kommt. Bringen wir aber einen kräftigen Hufeisenmagneten so hinter die Blende, daß die Feldlinien senkrecht von unten nach oben verlaufen (Südpol oben), so wird die Zahl der in 1 min gezählten Impulse wieder größer. Diese Tatsache können wir nur auf folgende Weise deuten: α-Teilchen sind offensichtlich *nicht* die einzigen Teilchen, die Radium aussendet. Diese zweite Art von Teilchen kann das Papierblatt durchdringen und wird dann im Feld des Magneten abgelenkt. Aus der Art der Ablenkung können wir schließen, daß es sich um negativ geladene Teilchen handelt. Man nennt sie **β-Teilchen** und die aus ihnen gebildeten Teilchenströme **β-Strahlen.** *Abb. 445.3* zeigt eine Wilson-Kammeraufnahme von β-Teilchen in einem Magnetfeld, dessen Feldlinien senkrecht in die Zeichenebene hinein gerichtet sind.

β-Teilchen haben sich bei e/m-Messungen als schnellfliegende *Elektronen* erwiesen. Sie können fast Lichtgeschwindigkeit besitzen und haben dann ein Vielfaches der Masse von langsamen Elektronen. Millimeterdicke Bleischichten können sie nicht durchdringen. Wegen ihrer hohen Energie können die β-Teilchen nicht aus der Atomhülle stammen; auch sie kommen aus dem Kern (S. 442 und S. 456).

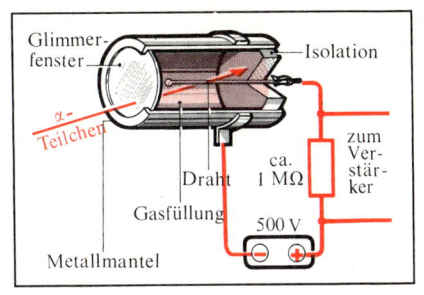

445.1 Geiger-Müller-Zählrohr im Schnitt einschließlich der elektrischen Schaltung

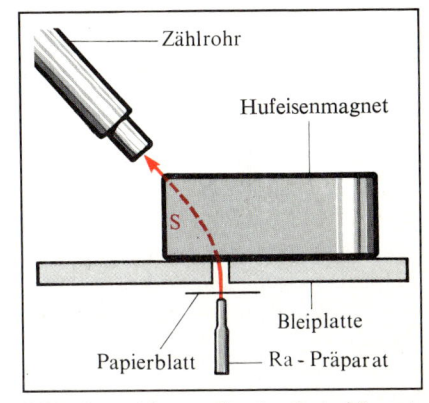

445.2 β-Strahlen werden durch ein Magnetfeld abgelenkt. Die Feldlinien zeigen nach vorn.

445.3 Wilson-Kammeraufnahme: β-Strahlenbahnen unter der Einwirkung eines Magnetfeldes, dessen Feldlinien senkrecht zur Bildebene sind.

4. γ-Strahlen

Versuch 10: Ein Zählrohr spricht auf ein Ra-Präparat auch noch hinter einer 3 mm dicken Bleiplatte an, obwohl alle α- und β-Strahlen abgeschirmt werden. Eine Beeinflussung der Zählrate durch magnetische Felder wie in Versuch 9 tritt nicht auf *(Abb. 446.1)*. Diese dritte Sorte von Strahlen, **γ-Strahlen** genannt, ist eine *elektromagnetische Wellenstrahlung*, nur viel *kurzwelliger* als sichtbares Licht *(siehe Abb. 435.1)*. γ-Strahlen unterscheiden sich nur hinsichtlich ihrer Entstehung von den Röntgenstrahlen. Diese werden technisch in Röntgenröhren erzeugt, während die γ-Strahlen aus Kernen radioaktiver Stoffe stammen.

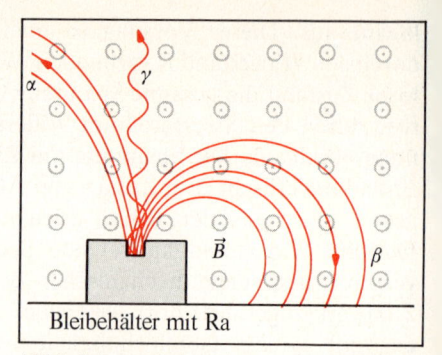

446.1 Schematische Darstellung der Bahnen von α-, β- und γ-Strahlen in einem starken Magnetfeld, das senkrecht aus der Zeichenebene herausweist

5. Fluoreszenzerregung und fotografischer Nachweis radioaktiver Strahlung

Versuch 11: Im *Spinthariskop* ist eine Spur Radium in geringem Abstand von einem Zinksulfidschirm angebracht. Beobachtet man mit dunkeladaptiertem Auge mit Hilfe einer Lupe diesen Schirm, so sieht man in unregelmäßigen zeitlichen und räumlichen Abständen kleine *Lichtpünktchen* aufblitzen. Dieser Lichteffekt wird von den α-Teilchen hervorgerufen, wenn sie auf den Schirm treffen.

Versuch 12: α-, β- und γ-Strahlen schwärzen die Schicht einer fotografischen Platte (siehe *Abb. 466.1*). Besonders für wissenschaftliche Untersuchungen ist diese Nachweismethode sehr wichtig geworden. Unter dem Mikroskop sieht man dabei die Bahnen der α- und β-Teilchen wie in einer Nebelkammer.

Radioaktive Stoffe können drei Strahlenarten aussenden: α-, β-, γ-Strahlen.

α-Strahlen sind zweifach positiv geladene Heliumkerne; sie werden durch ein Blatt Papier absorbiert.

β-Strahlen sind sehr schnelle Elektronen. Sie können Bleischichten bis zu 3 mm Stärke durchdringen.

γ-Strahlen sind kurzwellige elektromagnetische Strahlen. Sie werden nur durch dicke Metallschichten merklich geschwächt.

---

6. Geschichtliches

1896 entdeckte *Becquerel*, daß *Uranerze* in der Nähe befindliche Fotoplatten schwärzen, selbst dann, wenn diese in Papier oder dünne Metallfolie eingehüllt waren. Zwischen Erz und Platte gestellte dickere Metallgegenstände zeichneten sich dagegen hell auf der Platte ab. Er fand auch, daß in der Nähe dieser Uranerze die Luft ionisiert war und manche Stoffe dort zum Leuchten angeregt wurden (Zinksulfid). Allerdings glaubte er noch, daß die Ursache dafür das in den Erzen enthaltene Uran sei. Das Ehepaar *Curie* untersuchte daraufhin diese Vorgänge genauer und fand das bis dahin unbekannte Element *Radium* (= das Strahlende) als Hauptursache der Erscheinungen. Als Nachweisgerät für die Radioaktivität benutzten die Curies geladene Elektroskope. Aus der Geschwindigkeit, mit der sich diese entluden, schlossen sie auf die Stärke der Präparate. In mühseligen chemischen Trennverfahren konnten sie schließlich aus vielen Tonnen Uranerz knapp 1 g Radium isolieren.

Aufgaben:

1. *Wie viele Kondenströpfchen kann ein α-Teilchen von 7,7 MeV in einer mit Stickstoff gefüllten Nebelkammer erzeugen?*
2. *Welche Nachweismethoden für radioaktive Strahlung haben wir kennengelernt?*
3. *Wie kann man mit Hilfe von Magnetfeldern α- und β-Teilchen, die zunächst parallel laufen, trennen?*
4. *Prüfen Sie, ob in Abb. 109.2 die Richtung des Magnetfelds richtig angegeben ist!*

§ 140 Grundsätzliches zum Arbeiten mit Zählrohren

1. Differenzierter Nachweis der Strahlenarten

α-Strahlen können nur dünne Folien bis etwa 10 mg/cm² Massenbelegung durchdringen, β-Strahlen dagegen Blei bis über 1 mm (1500 mg/cm²). Bringt man an einem Zählrohr ein Fenster passender Stärke an, so kann man erreichen, daß es nur auf β- und γ-Strahlen oder aber auf alle drei Strahlenarten anspricht. Besitzt ein fensterloses Zählrohr eine Wand mit mehreren Millimeter Stärke, dann können weder α- noch β-Strahlen eindringen, es spricht also nur noch auf γ-Strahlen an. Dabei werden allerdings nur diejenigen erfaßt, welche in der Wand oder im Füllgas Elektronen auslösen, z. B. durch den lichtelektrischen Effekt (Seite 375).

2. Nulleffekt und statistische Schwankung von Impulszahlen

Versuch 13: Auch wenn wir sorgfältig alle Präparate aus der Nähe eines Zählrohres entfernen, gibt es noch Impulse, es zeigt einen **Nulleffekt**. Wir messen die Impulszahl Z_0 in der Zeit t, zum Beispiel in einer Minute, und finden daraus die sogenannte **Zählrate** $n_0 = Z_0/t$. Sie schwankt stochastisch (d.h. nur nach Wahrscheinlichkeitsgesetzen) um einen Mittelwert $\bar{n}_0$. Er kann um so genauer bestimmt werden, je mehr Impulse gezählt wurden.

> *Definition:* Die *Zählrate n* ist der Quotient aus der Zahl Z der Impulse und der Beobachtungszeit t:
> $$n = \frac{Z}{t}.$$
> Der *Nulleffekt* n_0 ist die Zählrate ohne Anwesenheit von strahlenden Präparaten.

Um die *Ursachen* des Nulleffekts zu ergründen, machen wir 2 Versuche:

Versuch 14: Wir bringen das Zählrohr in die Bohrung eines großen Eisenzylinders oder bauen darum einen allseitigen Schutzwall aus Bleistücken. Der Nulleffekt $n_0 = \frac{Z_0}{t}$ geht etwa auf die Hälfte zurück.

Versuch 15: Wir nähern nun dem (geschützten oder ungeschützten) Zählrohr ein schwaches radioaktives Präparat. Der Mittelwert der Zählrate n steigt je nach Präparat und Abstand gegenüber den vorhergehenden Versuchen.

Der *Nulleffekt* rührt von Spuren *radioaktiver Elemente* in der Luft und in der Umgebung des Zählrohrs her. Außerdem reagiert das Rohr auf die *kosmische Strahlung*. Der Nulleffekt kann durch Metallabschirmungen deutlich herabgesetzt werden. Er ist vor jeder Messung zu bestimmen und nachher abzuziehen; er ist zeitlichen Schwankungen unterworfen.

Unsere Versuche zeigen, daß der radioaktive Zerfall **statistischen** Gesetzen folgt. Zählen wir in gleichen Zeiten nacheinander m Impulszahlen $Z_i = 28, 22, 30, 27, 27, 21, 24, 25, 22, 24$, so ist der *Mittelwert* dieser Zahlen $\bar{Z} = \frac{\sum_i Z_i}{m} = \frac{250}{10} = 25$. Mathematische Überlegungen zeigen, daß bei solchen *statistischen* Meßergebnissen 68% aller gemessenen Zahlen Z_i im Bereich $\bar{Z} \pm \sqrt{\bar{Z}}$ zu erwarten sind. (In unserem Beispiel lagen *alle* gemessenen Impulszahlen im Bereich $25 - \sqrt{25} = 20$ bis $25 + \sqrt{25} = 30$.) Der *zu erwartende absolute Fehler* ist also $\sqrt{\bar{Z}}$ und steigt mit $\bar{Z}$. Der *relative Fehler* $\sqrt{\bar{Z}}/\bar{Z} = 1/\sqrt{\bar{Z}}$ dagegen ist um so kleiner, je größer $\bar{Z}$ ist. Bei einer Impulszahl von $\bar{Z} = 100$ ist der *absolute Fehler* $\sqrt{100} = 10$, bei $\bar{Z} = 10000$ dagegen $\sqrt{10000} = 100$. Der *relative Fehler* bei $\bar{Z} = 100$ ist 1/10 oder 10%, bei $\bar{Z} = 10000$ nur noch 1/100 oder 1%. — Bei Messungen findet man stets Z, nicht $\bar{Z}$. Man darf in den obigen Gleichungen für die Fehlerrechnung unbedenklich $\bar{Z}$ durch Z ersetzen, wenn Z hinreichend groß ist.

Bei allen Zählrohrmessungen ist der Nulleffekt zu berücksichtigen. Bei einer Zahl Z von gemessenen Impulsen ist ein wahrscheinlicher absoluter Fehler in der Größenordnung $\sqrt{Z}$, ein relativer von $1/\sqrt{Z}$ zu erwarten. Soll der relative Fehler unter 1% liegen, so müssen mehr als 10^4 Impulse gezählt werden.

Aufgaben:

1. *Bei einem Präparat zählt man* 192 *Impulse in* 3 min, *ohne Präparat mißt man in* 10 min 180 *Impulse. Welche Zählrate hat es nach Abzug des Nulleffekts?*
2. *Man findet bei einer Zählrohrmessung über eine gewisse Zeit* 1605 *Impulse. In welchen Grenzen liegt der wahrscheinliche Mittelwert für diese Zeit, den man aus einer Messung über viel längere Zeit genauer erhalten könnte?*
3. *Wie groß ist der zu erwartende absolute und relative Fehler bei einer Messung von* 400 *Impulsen und einer von* 40000 *Impulsen?*
4. *Vor einen Geigerzähler, der in Betrieb ist, wird ein Blatt Papier gehalten. Die Zählrate ändert sich nicht merklich. Was kann daraus über die Art der einfallenden Strahlen gesagt werden?*
5. *Wie kann mit einem Geigerzähler festgestellt werden, ob eine vorliegende Strahlung γ-Strahlen enthält?*

§ 141 Halbwertszeit und Zerfallsreihen

1. Die Halbwertszeit

Versuch 16: Wir blasen aus einem Gefäß, in dem sich eine kleine Menge einer *Thoriumverbindung* befindet, Luft in eine *Ionisationskammer*. Diese besteht aus zwei gegeneinander isolierten Metallkörpern, zwischen denen eine Gleichspannung liegt. Ein Meßverstärker in der Zuleitung zeigt den durch Ionisierung von Luftmolekülen hervorgerufenen Strom an (Seite 443). Mit der Luft ist also ein Stoff in die Kammer gelangt, der wie das *Radium* ionisierende Strahlen aussendet, also radioaktiv ist. Es handelt sich um das Edelgas **Thoron**, das Isotop $^{220}_{86}$Rn des *Radons*. Dieser *Ionisationsstrom* bleibt nicht konstant, sondern fällt jeweils in 55,6 s auf die Hälfte ab *(Abb. 449.1)*. Das kommt daher, daß in jeweils 55,6 s die Zahl der insgesamt noch vorhandenen *Thoron*-Atome *halbiert* wird. Damit verringert sich auch die Zahl der Atome, die je Sekunde zerfallen können und mit ihren ionisierenden Strahlen den Ionisationsstrom verursachen.

> *Definition*: **Die Zeit, in der die Hälfte eines radioaktiven Stoffs zerfallen ist, heißt seine Halbwertszeit $T_{\frac{1}{2}}$.**

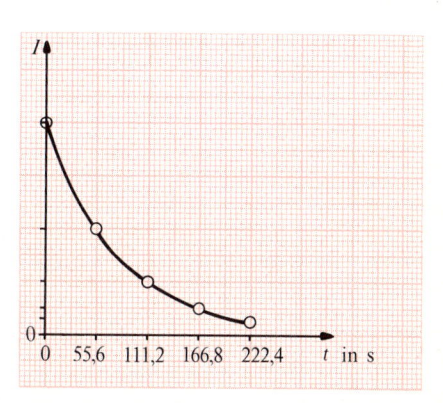

449.1 Ionisationsstrom I in einer mit Thoron beschickten Ionisationskammer. I fällt jeweils in der Halbwertszeit 55,6 s auf den halben Wert.

Nach der doppelten Halbwertszeit ist nur noch 1/4, nach der dreifachen 1/8, nach der zehnfachen nur noch $(\frac{1}{2})^{10} \approx 1/1000$ der ursprünglichen Menge Thoron vorhanden. Für jedes radioaktive **Nuklid** (Nuklid = Atomart) hat man eine *charakteristische Halbwertszeit* gefunden. Ra 226 zum Beispiel hat eine Halbwertszeit von 1600 Jahren, Po 214 eine solche von $1{,}6 \cdot 10^{-4}$ s. Allerdings kann man diese *charakteristische Halbwertszeit* nur an einer sehr großen Anzahl von Atomen exakt messen. Von einem *einzelnen* Atomkern kann man *nicht* angeben, ob er *sofort* oder vielleicht erst nach *unabsehbarer langer Zeit* zerfällt. Im Gegensatz zu Lebewesen ist seine weitere Lebenserwartung unabhängig von seinem Alter.

2. Das Verschiebungsgesetz von Soddy-Fajans

Wenn ein radioaktives Atom ein α-*Teilchen* ausstößt, verliert es zwei Kernladungen und verringert seine Nukleonenzahl um 4. Nach Abgabe von zwei Hüllenelektronen hat es sich in ein ganz anderes Element umgewandelt, das im *Periodensystem* zwei Stellen weiter links zu suchen ist. Aus *Radium* mit der Nukleonenzahl 226 und der Kernladungszahl 88 wird durch α-Zerfall *Radon* mit der Nukleonenzahl 222 und der Kernladungszahl 86. Man schreibt dafür kurz

$$^{226}_{88}\text{Ra} \xrightarrow{\alpha} {}^{222}_{86}\text{Rn}. \tag{449.1}$$

Stößt der Kern dagegen ein β-*Teilchen* aus, so bleibt die Nukleonenzahl *unverändert*, während sich die Kernladungszahl um Eins erhöht: Im Kern hat sich ein Neutron in ein Proton und ein

Elektron umgewandelt. Das Elektron ist als β-Teilchen weggeflogen. Das gebildete positive Ion nimmt ein Elektron aus der Umgebung in seine Hülle auf und ist als neu entstandenes Element im *Periodensystem* eine Stelle weiter rechts zu suchen. Als Beispiel möge dienen:

$$^{214}_{82}\text{Pb} \xrightarrow{\beta} {}^{214}_{83}\text{Bi}. \tag{450.1}$$

Diese beiden Verschiebungsgesetze fanden *Soddy* und *Fajans* 1913.

3. Die Zerfallsreihen

Die Folgeprodukte von radioaktiven Stoffen können sich solange weiter umwandeln, bis ein stabiles Endglied erreicht ist. Es wurden im wesentlichen drei natürliche **Zerfallsreihen** gefunden, eine von Uran 238, eine von Uran 235 und eine von Thorium 232 ausgehend. Sie enden alle bei einem Bleiisotop, die erste bei $^{206}_{82}$Pb, die zweite bei $^{207}_{82}$Pb, die letzte bei $^{208}_{82}$Pb. Das *natürliche Blei* ist ein **Isotopengemisch** hauptsächlich aus diesen Endprodukten.

Als Beispiel für eine Zerfallsreihe sei die von *Uran 238* angeführt *(Tabelle 450.1)*.

Tabelle 450.1

Stoff	geschichtlich bedingter Name	Halbwertszeit (a = Jahre, d = Tage)	Reichweite der α-Strahlen in Luft von 1013 mbar, 15 °C
$^{238}_{92}$U	Uran I	$4{,}47 \cdot 10^9$ a	2,69 cm
α↓			
$^{234}_{90}$Th	Uran X_1	24,1 d	—
β↓			
$^{234}_{91}$Pa	Uran X_2	1,14 min	—
β↓γ			
$^{234}_{92}$U	Uran II	$2{,}4 \cdot 10^5$ a	3,62 cm
α↓			
$^{230}_{90}$Th	Ionium	$7{,}7 \cdot 10^4$ a	3,18 cm
α↓			
$^{226}_{88}$Ra	Radium	1600 a	3,30 cm
α↓γ			
$^{222}_{86}$Rn	Radon	3,8 d	4,05 cm
α↓			
$^{218}_{84}$Po	Radium A	3,05 min	4,66 cm
α↓			
$^{214}_{82}$Pb	Radium B	26,8 min	—
β↓			
$^{214}_{83}$Bi	Radium C	19,7 min	—
β↓γ			
$^{214}_{84}$Po	Radium C'	$1{,}5 \cdot 10^{-4}$ s	6,91 cm
α↓			
$^{210}_{82}$Pb	Radium D	22 a	—
β↓γ			
$^{210}_{83}$Bi	Radium E	5 d	—
β↓			
$^{210}_{84}$Po	Polonium (Radium F)	138 d	3,84 cm
α↓γ			
$^{206}_{82}$Pb	Radium G (Uranblei)	—	—

Radium C zerfällt in ganz geringem Maß auch unter α-Teilchenabgabe zu $^{210}_{81}$Th (Radium C″), das unter β-Zerfall zu $^{210}_{82}$Pb (Radium D), also zu einem Glied der angegebenen Zerfallsreihe führt. Man entnimmt der *Tabelle 450.1*, daß *schnell* zerfallende Kerne (kleine Halbwertszeit) α-Teilchen *großer Reichweite*, also *großer Energie*, aussenden.

4. Das radioaktive Gleichgewicht

Die *Ausgangsglieder* der Zerfallsreihen sind alle sehr *langlebig*; sonst wären sie in der langen Zeit seit ihrer Entstehung zerfallen und heute nicht mehr zu finden. Aus dem Verhältnis der U238-Atome zu dem der Pb 206-Atome in Uranfundstellen konnte man schließen, daß seit der Entstehung des Urans im Laufe der Geschichte des Kosmos über $3 \cdot 10^9$ Jahre vergangen sind. Für die Anteile der kürzerlebigen *Zwischensubstanzen* hat sich schließlich ein *Gleichgewichtszustand* eingestellt. Jede von ihnen ist in dem Mineral, in dem ursprünglich nur U 238 vorhanden war, in solcher Menge entstanden, daß sich Neubildung und Zerfall ausgleichen. Die Substanz eines Zwischenglieds hat sich dabei um so mehr aufgestaut, je langsamer es zerfällt. Im **radioaktiven Gleichgewicht** ist daher von einem radioaktiven Isotop um so mehr enthalten, je größer seine Halbwertszeit ist. Wenn allerdings das einzige gasförmige Zwischenglied, das Radon, aus dem Mineral entweichen kann, wird die Kette an dieser Stelle der Zerfallsreihe unterbrochen.

5. Vergleich der Aktivität radioaktiver Präparate, die Einheit der Aktivität

Die **Aktivität** radioaktiver Präparate wird durch die *Zerfallsrate* definiert (Quotient aus Zahl der zerfallenden Atome und Beobachtungszeit). Die **Einheit der Aktivität** ist also $\frac{1}{s}$. Früher gebrauchte man dafür die Einheit Curie (Ci) bzw. μCi. Ein radioaktives Präparat hatte die Aktivität 1 Ci, wenn es in einer Sekunde gleich viel Zerfälle wie 1 g Radium aufwies, nämlich $3{,}7 \cdot 10^{10}$ Zerfälle in der Sekunde. Die früher gebräuchliche Einheit 1 μCi wird nach dem neuen Einheitengesetz also angegeben durch $3{,}7 \cdot 10^4 \frac{1}{s}$. Radium-Präparate, die nach der 2. Strahlenschutzverordnung in den Schulen verwendet werden dürfen, haben Aktivitäten bis zu $10^5 \frac{1}{s}$.

Jede radioaktive Atomart (Nuklid) besitzt eine charakteristische Halbwertszeit und geht nach dem Verschiebungsgesetz von Soddy-Fajans beim Zerfall in eine andere, meist wieder aktive Atomart über.

Die natürlichen radioaktiven Elemente bilden drei Zerfallsreihen. Jede dieser Reihen endet in einem nicht aktiven Bleiisotop.

Die Aktivität eines radioaktiven Präparats wird durch den Quotienten $\frac{\text{Zahl der zerfallenden Atome}}{\text{Zeit}}$ in der Einheit $\frac{1}{s}$ angegeben.

Aufgaben:

1. $^{235}_{92}$U *ist ein α-Strahler. Was entsteht bei seinem Zerfall?*
2. $^{87}_{37}$Rb *ist ein β-Strahler. Was entsteht bei seinem Zerfall?*

§ 142 Künstliche Atomumwandlung; Neutronenstrahlen

1. Der Kernumwandlungsversuch von Rutherford

Die energiereichsten α-Strahlen sind die von Po214 mit 7,7 MeV ($\frac{1}{16}$ Lichtgeschwindigkeit). *Rutherford* ließ 1919 solche α-Teilchen in einer Wilson-Kammer durch Stickstoff fliegen und bekam gelegentlich den in *Abb. 452.1* dargestellten Fall. Aus stereoskopischen Bildern lassen sich bei solchen Wilson-Kammeraufnahmen die Winkel zwischen den Teilchenbahnen bestimmen. Eine Auszählung der Zahl der Kondenströpfchen (= Zahl der entstandenen Ionen) führt zu Aussagen über die Energie, also die Geschwindigkeit der Teilchen. Mit Hilfe der *Erhaltungssätze* für *Energie* und *Impuls* findet man die Massen der entstandenen Teilchen.

452.1 Wilson-Kammeraufnahme der Umwandlung von Stickstoff in Sauerstoff beim Beschuß mit α-Strahlen.

Rutherford berechnete auf diese Weise aus dem Versuch:

1. Daß sich ein *Stickstoffkern* $^{14}_{7}\text{N}$ in einen *Sauerstoffkern* $^{17}_{8}\text{O}$ **umgewandelt** hat (die Bahn dieses infolge von Stoß und Rückstoß schnell wegfliegenden $^{17}_{8}\text{O}$-Kerns ist das kurze Endstück der α-Teilchenbahn nach oben links in *Abb. 452.1*).

2. Daß ein *Proton* $^{1}_{1}\text{H}$ **ausgesandt** wurde (seine Bahn verläuft vom Auftreffpunkt nach unten rechts in *Abb. 452.1*).

Offenbar fängt bei dem äußerst seltenen Stoß — bei 50000 Prozessen komt er einmal vor —, ein Stickstoffkern ein α-Teilchen ein und bildet einen Fluorkern $^{18}_{9}\text{F}^*$ mit überschüssiger Energie, der sofort unter Aussendung eines Protons in ein Sauerstoffisotop zerfällt:

$$^{14}_{7}\text{N} + ^{4}_{2}\text{He} \rightarrow ^{18}_{9}\text{F}^* \rightarrow ^{17}_{8}\text{O} + ^{1}_{1}\text{H}. \tag{452.1}$$

Das Zwischenprodukt Fluor hat nur untergeordnete Bedeutung. Wesentlich ist, daß $^{14}_{7}\text{N}$ nach α-Einfang ein Proton verliert und zu $^{17}_{8}\text{O}$ wird. Man nennt dies eine **(α, p)-Reaktion** und schreibt kurz:

$$^{14}_{7}\text{N}\,(\alpha, p)\,^{17}_{8}\text{O}. \tag{452.2}$$

Es handelt sich also nicht um eine **Atomzertrümmerung**, sondern um einen **Atomaufbau.**

2. Teilchenbeschleuniger

Kernreaktionen, wie wir sie in *Gl. 452.2* kennengelernt haben, sind technisch und wissenschaftlich von großem Interesse. Die zur Verfügung stehenden Aktivitäten zur Erzeugung der α-Teilchen durch natürliche Strahler waren früher allerdings

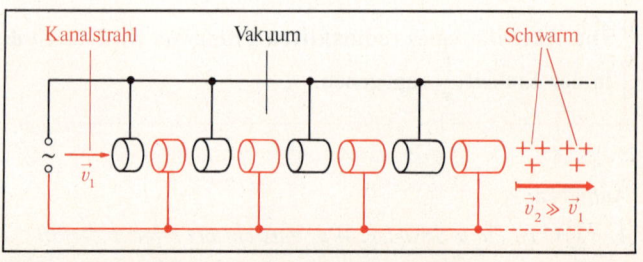

452.2 Prinzip-Skizze eines Teilchenbeschleunigers

recht klein. Außerdem erfahren zweifach positiv geladene Teilchen kleiner Energie im Kernfeld der Atome starke *abstoßende* Kräfte, so daß nur wenige in die Kerne eindringen. Sie ergeben bei **Kernreaktionen** keine gute Ausbeute. Man versuchte daher mit viel Aufwand, Ströme hoher Stromstärke aus geladenen Teilchen möglichst großer kinetischer Energie künstlich zu erzeugen. Dazu baute man **Teilchenbeschleuniger** von oft riesigen Ausmaßen *(Abb. 452.2)*. In ihnen wird ein geladenes Teilchen von Halbschwingungen derselben Polung einer hochfrequenten Wechselspannung mit Scheitelwerten um 20 kV viele Male nacheinander beschleunigt. Während der anderen Halbschwingung fliegt es kräftefrei, vor dem elektrischen Feld durch eine Metallröhre geschützt. Nach 10^7facher Wiederholung kann dann das Teilchen eine Energie von 200 GeV erhalten (G: Giga = 10^9).

3. Neutronenstrahlen und Neutronenquellen

a) Bei *α-Teilchen* und den in Beschleunigeranlagen gewonnenen schnellen *Protonen* und anderen Ionen handelte es sich immer um *geladene* Teilchen. Bessere Aussichten, in geladene Kerne einzudringen, hätten aber ungeladene Teilchen. 1932 gelang es nun dem englischen Physiker *Chadwick*, aus Kernen durch α-Beschuß Neutronen herauszuschlagen, indem er Beryllium als **Target** benutzte (target, engl.; Zielscheibe):

$$^9_4\text{Be}(\alpha, n)\, ^{12}_6\text{C}. \tag{453.1}$$

Damit wurde das Neutron zum ersten Mal als *selbständiges* Teilchen nachgewiesen. Bis dahin war seine Existenz als Nukleon (siehe Seite 440) nur theoretisch gefordert worden. Auch heute noch kann man zu seinem experimentellen Nachweis nur indirekte Methoden benutzen, da es als ungeladenes Teilchen keine ionisierende Wirkung hat, in der Wilson-Kammer und mit dem Zählrohr also nicht direkt nachgewiesen werden kann. Bei Nebelkammeraufnahmen von derartigen Versuchen findet man häufig sichtbare Bahnen von Protonen. Daß diese Protonen von den direkt nicht nachweisbaren Neutronen aus den Kernen des Füllgases herausgeschlagen worden sind, erschließt man durch Anwendung des Energie- und Impulserhaltungssatzes. Man kann Neutronen aber auch mit Zählrohren nachweisen, wenn deren Innenwand mit Bor oder einer Borverbindung ausgekleidet ist. Die durch die Neutronen bewirkte Kernreaktion

$$^{10}_5\text{B}(n, \alpha)\, ^7_3\text{Li} \tag{453.2}$$

macht α-Teilchen frei, die gezählt werden (die üblicherweise in der Schule benutzten α-, β-, γ-Zählrohre reagieren auch auf Neutronen, wenn sie mit einem Cd-Blech umhüllt werden).

b) Eine Metallkapsel mit einem Gemisch von Radium und Beryllium gibt nach *Gl. 453.1* Neutronenstrahlen ab, stellt also eine **Neutronenquelle** dar. Versuche mit solchen Neutronenquellen haben gezeigt, daß Neutronen selbst dicke Bleischichten fast ungeschwächt durchdringen können. Von *wasserstoffhaltigen* Stoffen aber werden sie rasch auf niedere Geschwindigkeit *abgebremst*. Bei elastischen Stößen übernehmen die gestoßenen Körper nur dann einen beträchtlichen Teil der kinetischen Energie der stoßenden, wenn beide etwa dieselbe Masse besitzen (man bestätigt das leicht, wenn man Münzen gegen Münzen stößt). Dies trifft auf Neutronen zu, wenn sie auf die Protonen der H-Atome treffen; nach etwa 10 Stößen haben beide Teilchen ungefähr gleiche kinetische Energie, nämlich die, die der Temperatur der Bremssubstanz entspricht. Die Geschwindigkeit bei Zimmertemperatur ist etwa 2000 m/s. Man nennt sie deshalb langsame oder **thermische Neutronen** im Gegensatz zu den schnellen Neutronen. Die Bremssubstanz heißt **Moderator.** Auf lebende Zellen wirken Neutronenstrahlen *schädigend*, weil sie Kernreaktionen auslösen, bei denen ionisierende Teilchen herausgeschlagen werden (siehe Seite 459, Strahlenschäden). Man schützt sich durch meterdicke Wasser- oder Schwerbetonschichten (Beton, der Schwerspat enthält).

> Durch Beschuß von Atomkernen mit Korpuskeln werden Kernreaktionen ausgelöst. Dabei wird das eingeschossene Teilchen eingebaut und ein anderes ausgestoßen. Die resultierenden Massen- und Kernladungszahlen bestimmen den neuen Kern. Die erste Kernreaktion erzielte Rutherford:
>
> $$^{14}_{7}\text{N} \; (\alpha, p) \; ^{17}_{8}\text{O}.$$
>
> **Teilchenbeschleuniger erzeugen starke Ströme geladener Teilchen mit sehr hoher Energie.**
>
> **Bei bestimmten Kernreaktionen werden Neutronen ausgesandt, zum Beispiel bei der Reaktion**
>
> $$^{9}_{4}\text{Be} \; (\alpha, n) \; ^{12}_{6}\text{C}.$$

Aufgaben:

1. *Was ist das Ergebnis der Reaktion $^{18}_{8}\text{O}\;(p, \alpha)$?*
2. *Wie ändern sich Nukleonen- und Kernladungszahl durch eine (n, α)- oder eine (n, p)-Reaktion?*

§ 143 Künstliche Radioaktivität; Positronen

1. Künstliche Aktivierung von Indium

Neutronen eignen sich besonders gut zu Kernreaktionen, weil sie vom Kern nicht abgestoßen werden. Wir wollen einige Neutronenreaktionen untersuchen, die neue Einblicke bringen:

Versuch 17: Wir bringen ein zylindrisches Stück *Indiumblech* in die Bohrung des Moderatormaterials (Paraffin) einer Schulneutronenquelle. Das Indiumblech selbst ist nicht radioaktiv, denn eine vorausgehende Messung mit einem Geigerzähler zeigt nur einen unbedeutenden Nulleffekt. Am nächsten Tag nehmen wir das Blech heraus und schieben es über ein β-Zählrohr, das sich in der Bohrung eines Abschirmzylinders befindet. Nach einigen Minuten zählen wir eine Minute lang die Impulse und finden jetzt eine Zählrate, die weit über dem gemessenen Nulleffekt liegt. Schirmen wir das Zählrohr durch Papier vom Indium ab, so nimmt die Impulsrate nicht merklich ab: Das Indiumblech ist zu einem *β-Strahler* geworden.

54 min nach der ersten Messung messen wir die Impulsrate noch einmal und finden innerhalb der zu erwartenden statistischen Schwankung nur noch den halben Wert der ersten Messung. Eine Kontrollmessung nach weiteren 54 min bestätigt diese Halbwertszeit von 54 min des *künstlich* radioaktiv gemachten Indiums. Natürliches Indium besteht zu fast 96% aus dem Isotop In 115. In der Neutronenquelle haben die Kerne dieses Isotops Neutronen eingefangen. Diese Neutronen werden in den Kern eingebaut und bilden unter Aussendung von γ-Strahlen Indium 116:

$$^{115}_{49}\text{In} \; (n, \gamma) \; ^{116}_{49}\text{In}. \tag{454.1}$$

Dieses Isotop ist radioaktiv und zerfällt unter β-Ausstoß in $^{116}_{50}\text{Sn}$. Es ist damit für uns ein erstes Beispiel für **künstlich erzeugte Radioaktivität.**

2. Transurane

Eine weitere sehr wichtige (n, γ)-Reaktion mit den sich anschließenden β-Zerfällen ist:

$$^{238}_{92}U(n,\gamma)\ ^{239}_{92}U \xrightarrow[25\ min]{\beta} \ ^{239}_{93}Np \xrightarrow[2,3\ a]{\beta} \ ^{239}_{94}Pu. \tag{455.1}$$

Die entstandenen Elemente *Neptunium* (Np) und *Plutonium* (Pu) sind künstlich erzeugt und heißen, da sie im Periodensystem der Elemente jenseits von Uran einzuordnen sind, **Transurane**. Diese Transurane mit Ordnungszahlen von 93 bis weit über 100 kommen auf der Erde nicht als natürliche Elemente vor, sie können nur im Laboratorium erzeugt werden. Ein schulgerechtes radioaktives Transuranpräparat ist $^{241}_{95}Am$ (Americium 241) mit einer fast reinen α-Aktivität von $3,7 \cdot 10^5 \frac{1}{s}$ ($\hat{=} 10\ \mu Ci$).

3. Positronenstrahler

Bei manchen Kernreaktionen entstehen radioaktive Kerne, die später nicht *negative* β-Teilchen, sondern *positiv* geladene, sogenannte **Positronen**, ausschleudern. Man nennt sie auch β^+-Teilchen, weil sie sich von den β^--Teilchen nur durch die entgegengesetzte Ladung unterscheiden. Ein Beispiel dafür ist

$$^{19}_{9}F(\alpha,n)\ ^{22}_{11}Na \xrightarrow[2,5\ a]{\beta^+} \ ^{22}_{10}Ne. \tag{455.2}$$

Na 22, das eine Halbwertszeit von etwa $2\frac{1}{2}$ Jahren hat, kann als schulgerechtes Präparat mit einer Aktivität von $1,85 \cdot 10^6 \frac{1}{s}$ ($\hat{=} 50\ \mu Ci$) zu Versuchen dienen, die die wichtigsten Eigenschaften der Positronen zeigen.

Versuch 18: Ein ziegelförmiges 20 cm hohes Bleistück wird auf die kleinste Seitenfläche gestellt. Das Na 22-Präparat und ein Zählrohr werden nicht weit vom oberen Rand des Stückes nach Abb. 455.1 so angebracht, daß geradlinig vom Präparat wegfliegende Teilchen das Zählrohr nicht erreichen können. Wir finden eine Zählrate von etwa 400 Impulsen/min. Halten wir nun einen kräftigen Hufeisenmagneten in den Zwischenraum von Bleiblock und Zählrohr mit senkrecht von oben nach unten verlaufenden Feldlinien, so erhöht sich die Zählrate auf etwa 1000 je Minute. Der Positronenstrahl ist wie ein Strom *positiver* Teilchen abgelenkt worden. Das beweist, daß die Positronen tatsächlich positive Ladung tragen. Dreht man den Magneten um 180°, so geht die Zählrate wieder auf den alten Betrag zurück.

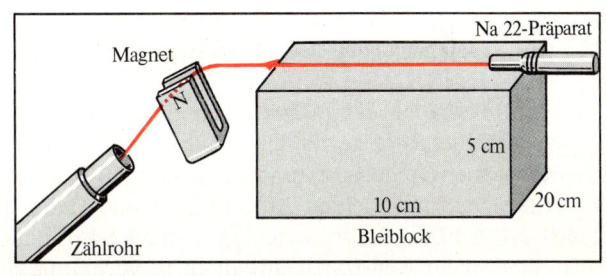

455.1 Zu Versuch 18; Ansicht von oben

Ersetzen wir zur Kontrolle den β^+-Strahler Na 22 durch den β^--Strahler Sr 90–Y 90, so erhöht sich die Zählrate in der zweiten Lage des Magneten, wenn also die Feldlinien von unten nach oben verlaufen. Die Teilchen dieses Strahlers haben gegenüber denen aus Na 22 entgegengesetzte Ladung. Sr 90 ist ein künstlich hergestellter β^--Strahler mit 28 Jahren Halbwertszeit (Seite 449). Es befindet sich in den Präparaten im radioaktiven Gleichgewicht mit seinem kurzlebigen Zerfallsprodukt Y 90, das auch ein β^--Strahler ist.

> Bei Kernreaktionen können radioaktive Kerne entstehen (künstliche Radioaktivität).
>
> Transurane sind Elemente mit Ordnungszahlen, die größer als 92 sind (z.B. Pu, Am).
>
> Positronen tragen eine positive Elementarladung. Sie haben dieselbe Masse wie Elektronen und treten beim β^+-Zerfall einiger (künstlich) radioaktiver Isotope auf, die bei Kernreaktionen entstehen.

Aufgaben:

1. Das Ergebnis der Reaktion $^{11}_{5}B\ (\alpha, p)$ ist ein β-Strahler. Wie heißt der stabile Endkern?
2. $^{239}_{94}Pu$ ist ein α-Strahler mit 24000 Jahren Halbwertszeit. Was entsteht bei seinem Zerfall?
3. $^{237}_{93}Np$ ist ein α-Strahler großer Halbwertszeit. Er ist Ausgangspunkt einer 4. künstlichen Zerfallsreihe. Es folgen ein β-, zwei α-, ein β-, drei α-, ein β-, ein α- und ein β-Strahler. Dann kommt das stabile Endglied. Welches chemische Element ist es?
4. Prüfen Sie nach, ob in Abb. 455.1 die Richtung der Feldlinien tatsächlich auf positiv geladene Teilchen schließen läßt!

§ 144 Der Bau des Atomkerns; Massendefekt und Einsteinsche Gleichung

1. Das Tröpfchenmodell des Atomkerns

Aus dem Verhalten der radioaktiven Elemente und dem aus der Chemie bekannten Periodensystem der Elemente gewinnt man über den Bau der Atomkerne folgende Vorstellungen: Die **Kernbausteine** (Nukleonen) sind **Protonen** und **Neutronen.** Die in der Natur auftretenden Kerne von Elementen mit kleinen Atommassen sind stabil. Bei ihnen ist die Zahl der Protonen etwa gleich der Zahl der Neutronen: $^{12}_{6}C$ enthält 6 Protonen und 6 Neutronen. Je schwerer der Kern wird, desto mehr Neutronen enthält er im Verhältnis zu den Protonen: $^{226}_{88}Ra$ enthält 88 Protonen und 138 Neutronen. Kerne mit hohen relativen Atommassen sind nicht stabil. Sie können zerfallen, indem sie ein α-Teilchen, das heißt einen He-Kern, oder ein β-Teilchen ausstoßen. Beim β^--Zerfall verwandelt sich ein Neutron des Kerns in ein Proton unter Emission eines Elektrons, beim β^+-Zerfall ein Proton in ein Neutron unter Emission eines Positrons. Die Gesamtladung beim β^--Zerfall bleibt erhalten, weil das entstandene positive Ion ein Elektron in die Hülle einfängt. Aus dem β^--Zerfall könnte man schließen, daß ein Neutron aus einem Proton und einem Elektron besteht, wie zum Beispiel ein H-Atom. *Das ist nicht der Fall!* **Elementarteilchen sind keine zusammengesetzten Teilchen**, sie können sich aber unter Umständen ineinander **umwandeln.**

Mit unseren bisher eingeführten Begriffen und den Gesetzen der klassischen Physik können wir nicht erklären, welche Kräfte die Teilchen als Kern zusammenhalten, da die positiv geladenen Protonen dort eng zusammengeballt sind und infolgedessen nach dem Coulombschen Gesetz sehr große Abstoßungskräfte erfahren müssen. Innerhalb des Kerns muß also eine **ganz neue Art** von **Anziehungskräften** existieren. Einerseits müssen diese Kräfte *größer* sein als die abstoßenden elektrischen Kräfte, andererseits haben sie sicher nur eine ganz *geringe Reichweite*, da sie nur zwischen unmittelbar benachbarten Kernbausteinen wirken. Mehr können wir über diese **Kernkräfte** hier nicht aussagen. Wir können uns die Kerne aus den Nukleonen ähnlich zusammengesetzt *denken* wie *Flüssigkeitströpfchen* aus den *Flüssigkeitsmolekülen*.

Anhand dieses **Tröpfchenmodells** für den Atomkern kann man die Reaktionen nachrechnen, die bei der Wechselwirkung eines Teilchens mit einem Kern eintreten. Trifft ein schnelles Teilchen einen Kern, so geschieht das Gleiche wie beim Eindringen eines schnellen Moleküls in ein Wassertröpfchen: Das Molekül gibt in vielen Stößen seine Energie an die Wassermoleküle ab, so daß die Tröpfchentemperatur höher wird. Die Energie wird aber auf die einzelnen Moleküle nicht gleichmäßig, sondern nach statistischen Gesetzen verteilt. Irgendein Molekül hat dann einmal zufällig so hohe Geschwindigkeit, daß es die Tröpfchenoberfläche gegen die Oberflächenspannung zu durchdringen vermag und das Tröpfchen verläßt.

Bei der Reaktion (452.1) wird ein schnelles α-Teilchen vom $^{14}_{7}$N-Kern eingefangen. Es bildet sich der energiereiche Zwischenkern $^{18}_{9}$F*. Wegen der stark schwankenden Verteilung der Energie des eingefangenen Teilchens auf die Kernnukleonen durch die erfolgenden Stöße kann dann ein Proton den Kern verlassen, weil es zufällig besonders viel Energie bekommen hat. Dafür wird der Großteil dieser Energie verbraucht. Nach dem Verlassen wirken aber die Kernkräfte wegen ihrer kleinen Reichweite nicht mehr auf das Proton, wohl aber die abstoßenden elektrischen Kräfte. Sie beschleunigen das Proton vom Kern weg.

> **Protonen und Neutronen setzen die Kerne zusammen wie die Moleküle ein Flüssigkeitströpfchen. Man spricht deshalb von einem Tröpfchenmodell für den Kern.**

2. Der Massendefekt und die Einsteinsche Gleichung

Messungen höchster Präzision mit dem *Massenspektrografen* (siehe Seite 439) haben ergeben: Setzt man die Masse des häufigsten Kohlenstoffisotops C 12 mit 12 u fest, so findet man überraschenderweise die Masse des Neutrons $m_n = 1{,}008\,665$ u und die des Wasserstoffatoms $m_H = 1{,}007\,825$ u. Da die Teilchenzahl des C 12-Atoms gleich der von 6 Wasserstoffatomen + 6 Neutronen ist, würde man für $^{12}_{6}$C eine Masse von $(6 \cdot 1{,}008\,665 + 6 \cdot 1{,}007\,825)$ u $= 12{,}098\,940$ u erwarten. Tatsächlich tritt gegenüber dieser Berechnung ein Massenverlust (**Massendefekt**) von 0,098 940 u je C-Atom ein.

Von großer Bedeutung ist der auftretende Massendefekt beim Helium, das man sich aus zwei Wasserstoffatomen und zwei Neutronen zusammengesetzt denken kann und das deshalb die Masse $(2 \cdot 1{,}007\,825 + 2 \cdot 1{,}008\,665)$ u $= 4{,}032\,980$ u haben sollte. Man findet dafür aber experimentell nur die Masse 4,002 600 u. Wenn also im Sonneninnern bei 20 Millionen Grad oder bei der Explosion einer Wasserstoffbombe (siehe Seite 463) zwei Protonen und zwei Neutronen zum Heliumkern *verschmelzen* (**Kernfusion**), so geht je Heliumkern eine Masse von 0,03038 u verloren. Auf 1 mol He bezogen, also auf 4,00260 g, verschwinden 0,03038 g Masse. Nach der in der speziellen Relativitätstheorie von *A. Einstein* entwickelten Gleichung $W = mc^2$ ist jeder Masse m eine Energie W äquivalent. Dabei tritt als Umrechnungsfaktor c^2, das heißt das Quadrat der Lichtgeschwindigkeit $c = 3 \cdot 10^8$ m/s, auf. Gehen 0,03038 g Masse verloren, so wird die Energie $W = mc^2 = 0{,}00003038$ kg $\cdot (3 \cdot 10^8)^2$ m^2/s$^2 = 2{,}73 \cdot 10^{12}$ J frei.

3. Die Bindungsenergie der Atomkerne

Will man einen Atomkern in seine Einzelteile zerlegen, so muß man ihm die dem Massendefekt entsprechende Energie wieder zuführen. Um 4 g Helium in Protonen und Neutronen zu zerlegen, müßte man also $2{,}73 \cdot 10^{12}$ J aufbringen. Dies nennt man die **Bindungsenergie** W_B der Atomkerne. Man erkennt, daß He-Kerne sehr stabile Gebilde sind, ihre Bindungsenergie ist groß; daß sie sich von selbst in ihre Bestandteile zerlegen, ist nicht zu befürchten.

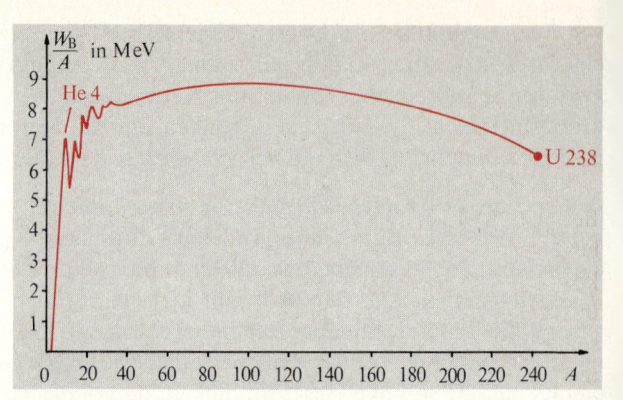

458.1 Abhängigkeit der Bindungsenergie je Nukleon von der Nukleonenzahl

Berechnet man den Anteil W_B/A der Bindungsenergie, der auf ein Nukleon kommt, so erhält man für He 4 den Wert $W_B/A = 7{,}03$ MeV, für C 12 den Wert 7,64 MeV, für die Kerne mit Nukleonenzahlen zwischen 40 und 120 steigt der Anteil bis auf 8,6 MeV und fällt dann bis zu U 238 auf den Wert von etwa 7 MeV *(siehe Abb. 458.1)*. Die relativen Maxima im Anfang der Kurve zeigen, daß es dort gegenüber den unmittelbaren Nachbarn besonders *stabile* Kerne gibt. Der erste ist der Heliumkern.

Der Verlauf der Kurve in *Abb. 458.1* hat große Bedeutung für die Energiegewinnung bei Kernprozessen. Bei der *Fusion* leichterer Kerne zu Endkernen mit $A < 100$ wird Energie frei, da der Endkern stärker gebunden ist als die beiden Ausgangskerne. Ein einfaches Beispiel dafür ist die Verschmelzung von zwei Wasserstoffkernen zu einem Heliumkern. Beim radioaktiven *Zerfall* der schweren Kerne wird ebenfalls Energie frei, da kleinere Kerne mit größerer Bindungsenergie entstehen; es handelt sich um *exotherme* Vorgänge. Gleichzeitig zeigt der Kurvenverlauf, daß Energie frei werden muß, wenn sich schwere Kerne in zwei mittelschwere *spalten*. Diese Vorgänge der Kernspaltung behandeln spätere Paragrafen (§ 146 und § 147).

Schließen sich Protonen und Neutronen zum Atomkern zusammen, so entsteht ein Massenverlust, Massendefekt genannt.

Der Massendefekt ist ein Maß für die Bindungsenergie der Atomkerne.

Masse und Energie sind einander äquivalent. Zwischen beiden besteht die Beziehung $W = mc^2$.

Aufgaben:

1. *Berechnen Sie aus der Avogadroschen Konstanten $N_A = 6{,}0 \cdot 10^{23}$ mol^{-1}, der Molmasse von $^1_1$H $= 1$ g mol^{-1} und dem Halbmesser des Wasserstoffkerns $r = 1{,}2 \cdot 10^{-15}$ m die Dichte ϱ des Kerns! (Von der Masse des Elektrons ist abzusehen!)*

2. *Die Kräfte, die im Kern auf die darin enthaltenen Protonen ausgeübt werden, sind stärker als die abstoßenden Coulombkräfte. Warum vereinigen sich trotzdem nicht die Kerne von $^{16}_{8}$O des in der Luft enthaltenen Sauerstoffs zu $^{32}_{16}$S?*

3. *Berechnen Sie das Energieäquivalent für die atomare Masseneinheit u (Seite 441)!*

§ 145 Strahlenschäden und Strahlenschutz; Energiedosis

1. Die Gefährdung durch Strahlen

Bei allen Arbeiten mit Röntgengeräten, radioaktiven Stoffen und Neutronenquellen muß man beachten, daß Röntgen-, α-, β-, γ- und Neutronenstrahlen den menschlichen Körper gefährden können. **Strahlenschäden** treten dadurch ein, daß Moleküle ionisiert werden und dabei ihre chemischen Eigenschaften ändern, so daß sie aus dem Lebensprozeß ausfallen oder ihn stören. Ein **somatischer Strahlenschaden** ist ein Schaden, der nur die bestrahlte Person, nicht die Nachkommenschaft betrifft. In leichten Fällen äußert er sich in Appetitlosigkeit, Übelkeit und allgemeiner Schwäche, wie dies empfindliche Menschen gelegentlich schon bei Röntgendurchleuchtungen in geringem Maße beobachten. In schweren Fällen gibt es schlecht heilende *Hautschäden*, *Trübungen der Augenlinse* oder sogar *Strahlenkrebs*; hohe Strahlenbelastung führt zum *Tode*.

Die Wirkung der Strahlen addiert sich bei diesen somatischen Schäden nicht über beliebige Zeiten; eine geringe Dauerbelastung kann ohne nachweisbare Folgen bleiben, dagegen könnte dieselbe Dosis, in kurzer Zeit aufgenommen, zu einer Erkrankung führen.

Außer den somatischen Schäden bewirkt Strahlung eine **genetische** (Erb-)**Schädigung. Mutationen** treten bei den Nachkommen Strahlengeschädigter gehäuft auf (Mutationen sind plötzliche Änderungen im Erbgefüge). Meist sind solche Mutationen unerwünscht. Schon ein einziges ionisierendes Teilchen kann in einem *Chromosom* (=Träger der Erbfaktoren) Änderungen hervorrufen, die bei den Nachkommen zu *Mißbildungen* führen. Allerdings werden sie in der ersten Folgegeneration im allgemeinen noch nicht erkannt, da diese Mutationen meist *rezessiv* sind: das nicht mutierte dominante Gen (=Erbfaktor) des Partners bestimmt beim Nachkommen die ihm zukommende äußere Eigenschaft. Das mutierte Gen kann aber auf spätere Nachkommen vererbt werden und zufällig auf ein zweites ähnlich mutiertes treffen. Dann tritt die Schädigung auch äußerlich in Erscheinung. Da Chromosomen sich nachweislich nicht erneuern, sind Schädigungen nicht rückgängig zu machen. Genetische Strahlenschäden addieren sich demnach über beliebige Zeiten. Deshalb ist bei jungen Menschen besondere Vorsicht bei Strahlenversuchen geboten. In der Bundesrepublik Deutschland ist durch die zweite Strahlenschutzverordnung sichergestellt, daß in Schulen nur solche Versuche mit Röntgengeräten, Neutronenquellen und radioaktiven Präparaten durchgeführt werden dürfen, die keine schädlichen Folgen für Schüler oder Lehrer haben können.

Auf jeden Fall sollte man in einem Raum, in dem Strahlenversuche durchgeführt werden, weder essen noch trinken und sich nach den Versuchen gründlich die Hände unter fließendem Wasser waschen. Außerdem kann man sich mit einem Geigerzähler davon überzeugen, daß keine **Kontamination** (Verunreinigung mit radioaktiven Stoffen) der Haut oder der Kleidung eingetreten ist. Im übrigen ist bei allen Strahlenversuchen großer Abstand der beste Strahlenschutz.

2. Die Einheit für die absorbierte Energiedosis ionisierender Strahlen

Wenn Strahlung absorbiert wird, überträgt sie auf den absorbierenden Körper *Energie*. Unter der **Energiedosis** versteht man den Quotienten aus absorbierter Energie und absorbierender Masse mit der Einheit $\frac{J}{kg}$. Bei der Energiedosis $1\,J\,kg^{-1}$ wird von 1 kg des durchstrahlten Stoffes eine

Energie von 1 J aus der Strahlung absorbiert. Die *biologischen* Wirkungen gleicher Energiedosiswerte verschiedenartiger Strahlungen sind nicht gleich. Man multipliziert die gemessenen Dosiswerte deshalb mit einem aus der Erfahrung stammenden **Qualitätsfaktor** QF und nennt die so erhaltene Größe **Äquivalentdosis**. Sie hat *auch* die Einheit J kg^{-1}. Für Röntgen-, γ- und Elektronenstrahlen ist QF=1, für Protonen, schnelle Neutronen und α-Strahlen 10, für langsame Neutronen 3. Äquivalentdosen gab man früher in der Einheit rem (radiation equivalent man) an: 1 rem = 1 cJ kg^{-1}. Die Äquivalentdosis spielt in der Biophysik eine große Rolle.

$1\,\dfrac{\text{J}}{\text{kg}}$ ist die Einheit der Energiedosis, die in durchstrahlter Materie absorbiert wird. Durch Multiplikation mit dem Qualitätsfaktor QF erhält man aus der Energiedosis die Äquivalentdosis. Für γ-Strahlen ist QF=1, für α-Strahlen ist QF=10.

Es ist nicht ganz einfach, die *Energie* zu messen, die aus einer Strahlung absorbiert wird. Zum Bau einfacher Meßgeräte für empfangene Strahlendosen geht man deshalb von einer leichter zu messenden Wirkung ionisierender Strahlung aus, nämlich eben von der *Ionisation*. Kleine, hochisolierende Elektrometer verlieren wegen der durch die Strahlung erzeugten Ionen ihre Ladung. Solche Dosismeßgeräte können in der äußeren Form und Größe von Füllfederhaltern hergestellt werden (**Pendosimeter**, wie sie zum Beispiel zum Zwecke der Luftüberwachung eingesetzt werden). Zur Ermittlung der absorbierten *Energiedosis* muß man die gefundene *Ionendosis* mit Hilfe der bekannten *Ionisationsarbeit* umrechnen. — Auch Filme, die man in *Plaketten* an der Kleidung trägt, werden zur Überwachung benutzt. Ihre Schwärzung vergleicht man mit derjenigen von Filmen, die einer bekannten Dosis ausgesetzt waren.

3. Die natürliche Strahlenbelastung; gefährliche Strahlendosen

Unsere Umgebung enthält immer radioaktive Stoffe. Die darauf beruhende *Umgebungsstrahlung* bewirkt in der Bundesrepublik Deutschland im Mittel eine *äußere* Strahlenbelastung von etwa $1\,\dfrac{\text{mJ}}{\text{kg a}}$, das entspricht 100 mrem/a. In den Knochen sind ebenfalls radioaktive Nuklide eingebaut, außerdem wirkt *Radon* samt Folgeprodukten auf die Lunge. Die *innere* Strahlenbelastung ergibt etwa $3\,\dfrac{\text{mJ}}{\text{kg a}}$, das entspricht 300 mrem/a. Die gesamte **natürliche Strahlenbelastung** beläuft sich damit auf rund $4\,\dfrac{\text{mJ}}{\text{kg a}}$ (0,4 rem/a).

Bei *Ganzkörperbestrahlungen* wird der ganze Körper der Strahlung ausgesetzt. Dabei ergeben 20 bis 30 cJ kg^{-1} vorübergehende Veränderungen im Blutbild, Knochenmark und Körpergewebe; 75 bis 100 $\dfrac{\text{cJ}}{\text{kg}}$ führen zu Strahlenkrankheiten mit längerer Regenerationsdauer; 300 bis 600 $\dfrac{\text{cJ}}{\text{kg}}$ ziehen schwere Erkrankungen nach sich, von denen etwa 50% tödlich verlaufen; 600 bis 1000 $\dfrac{\text{cJ}}{\text{kg}}$ führen fast sicher zum Tode.

Aufgabe:
An einem Arbeitsplatz wird eine Strahlenbelastung von $10^{-4}\,\dfrac{\text{J}}{\text{kg h}}$ *gemessen. Wie viele Stunden einer Arbeitswoche darf man sich dort aufhalten, wenn die wöchentliche Dosis auf* $0,3\,\dfrac{\text{cJ}}{\text{kg}}$ *begrenzt ist?*

Kernspaltung

§ 146 Atombomben

1. Kernumwandlung bei Kernreaktionen und Kernspaltung

Bis 1938 waren nur Kernumwandlungen bekannt, bei denen sich die Atommasse nicht wesentlich veränderte. Dann fanden *Hahn* und *Strassmann* beim Beschießen von natürlichem Uran mit langsamen Neutronen, daß darin enthaltene U 235-Kerne nach dem Einbau eines Neutrons in zwei ungefähr gleichschwere Teile, zum Beispiel in $^{139}_{56}$Ba und $^{94}_{36}$Kr, zerbrechen und dabei noch zusätzlich mehrere schnelle Neutronen aussenden (im Mittel 2,7 Neutronen je Spaltung) *(Abb. 461.1)*. Dabei werden ganz besonders hohe Energiebeträge in der Größenordnung von 200 MeV je Spaltung frei. Während alle früher beschriebenen Prozesse abgeschlossene *Einzelprozesse* waren, können die bei der Uranspaltung auftretenden Neutronen bei passend gewählten Versuchsbedingungen wieder neue Urankerne spalten und so zu einer **Kettenreaktion** führen, die große Stoffmengen erfaßt. Durch diese Kettenreaktionen können ungeheuer große Energiemengen freigesetzt werden im Vergleich zu anderen Arten der Energiegewinnung.

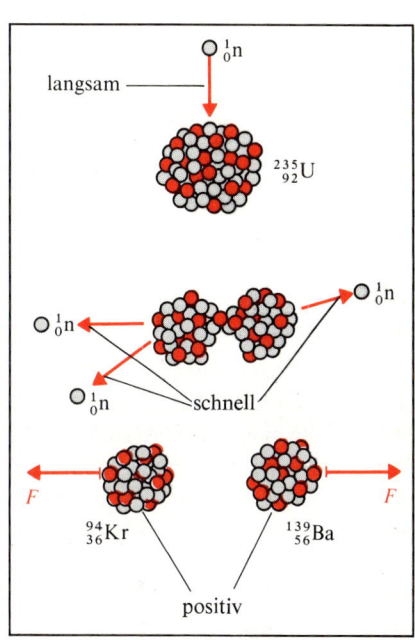

461.1 Kernspaltung von $^{235}_{92}$U

Anhand des *Tröpfchenmodells* des Kerns kann man sich veranschaulichen, wie eine **Kernspaltung** vor sich geht. Die nicht sehr stabilen Kerne, die man sich zunächst kugelförmig vorstellt, werden durch den Einfang eines Neutrons zu Formschwingungen angeregt und nehmen dabei unter anderem hantelförmige Gestalten an (siehe *Abb. 461.2*). Die Einschnürungsstelle wird immer

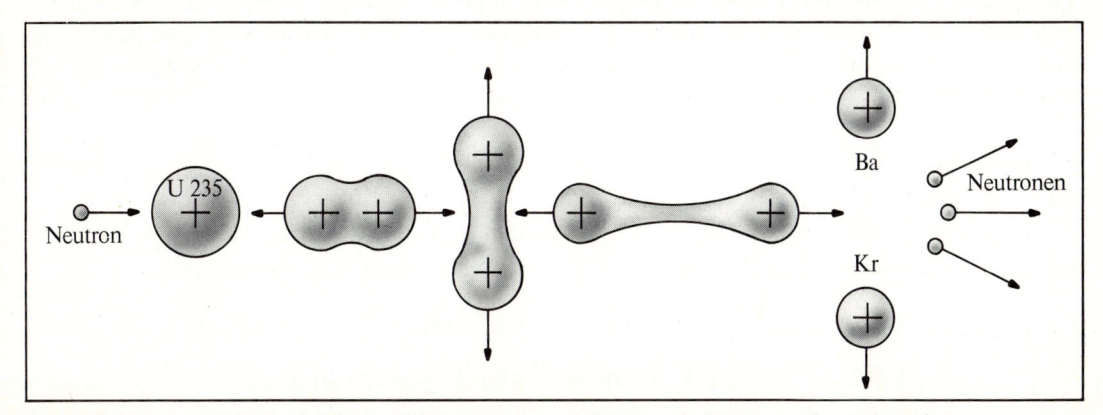

461.2 Ein Kern von U 235 zerbricht durch Schwingungen, nachdem er ein Neutron aufgenommen hat.

schmaler und schließlich reichen die Kernkräfte (siehe Seite 457) mit ihren kleinen Reichweiten nicht mehr aus, die Hantel zusammenzuhalten. Daraufhin zerfällt der Kern in zwei etwa gleich große Bruchteile *(Abb. 461.2)*, und die beiden positiv geladenen Teile stoßen sich ab. Dabei wird, wie schon gesagt, eine Energie von 200 MeV frei. Zudem werden einige Neutronen ausgestoßen, da leichte Kerne im Verhältnis zur Protonenzahl weniger Neutronen enthalten als schwere.

2. Die Uran- und die Plutonium-Bombe

U 235 kommt im natürlichen Uran mit einem Anteil von 0,7% vor. Durch leistungsfähige Massenspektrografen und andere Isotopentrennverfahren konnte es rein dargestellt werden. Zur Einleitung einer Kettenreaktion muß aber eine eigentümliche Schwierigkeit überwunden werden. Bei kleinen Mengen Uran (sogenannte *unterkritische Masse*) entweichen nämlich zu viele Neutronen durch die Oberfläche des Uranblocks, *ohne* eine neue Spaltung hervorgerufen zu haben. Erst bei einer bestimmten Größe und günstigen Form (Kugel von etwa 50 kg) veranlaßt durchschnittlich jeder Zerfall unmittelbar mehr als einen neuen, so daß die Zahl der gespaltenen Kerne lawinenartig und extrem schnell anwächst. Der zugehörige **Multiplikationsfaktor** k ist >1 geworden (k ist der Quotient $\frac{n_{l+1}}{n_l}$ aus den Zahlen n_{l+1} und n_l der wirksamen Neutronen zweier mit l und $(l+1)$ bezeichneten, aufeinander folgenden Generationen). Zur Zündung müssen nur zwei Teile mit unterkritischer Größe in der kurzen Zeit 10^{-7} s zusammengebracht werden, so daß ihre Summe **überkritische Größe** erreicht. Um den ersten Zerfall eines Kerns auszulösen, genügen die überall vorhandenen, vagabundierenden Neutronen aus der *kosmischen Strahlung* (S. 468) oder einem *spontanen Zerfall* des Urans. Bei der Explosion treten Temperaturen von mehreren Millionen Grad, Drücke von 10^{12} bar und außerdem schädliche Strahlen aller Art auf. Diese wirken infolge der großen Halbwertszeiten der entstehenden radioaktiven Produkte teilweise noch lange nach; sie werden zum Teil in den Knochen abgelagert und zerfallen dort allmählich. Außer U 235 eignet sich das durch die Reaktion *455.1* entstehende Pu 239 zum Herstellen von Atombomben. Am 6. August 1945 zerstörte eine Uranbombe die japanische Großstadt *Hiroshima*, 3 Tage später eine Plutoniumbombe *Nagasaki*. Dabei entwickelte 1 kg Uran oder Plutonium die Sprengwirkung von 20 Millionen Kilogramm Trinitrotoluol (TNT), dem stärksten Sprengstoff herkömmlicher Art. Unter den Folgeschäden dieser verheerenden Atombombenexplosionen hatte die Bevölkerung noch lange Zeit später zu leiden.

Die großen Energiebeträge, die bei der Kernumwandlung und -spaltung freiwerden, müssen nach der Einsteinschen Gleichung $W=mc^2$ als *Massendefekt* in Erscheinung treten (siehe Seite 457). Man hat durch genaue Messungen bestätigen können, daß alle Endsubstanzen zusammengefaßt immer geringere Masse als die Ausgangssubstanzen haben.

Folgende Zusammenstellung gibt einen Begriff von den auftretenden Werten:
1 kg U 235 liefert ungefähr:

| 0,989 kg Spaltprodukte | dazu: 0,7 g Massenäquivalent der kinetischen Energie |
| und 0,010 kg Neutronen; | und 0,1 g Massenäquivalent der Strahlungsenergie. |

In kWh umgerechnet ergeben diese   0,8 g Massendefekt der Atomkern-Energie

$$W=mc^2=8 \cdot 10^{-4} \cdot 9 \cdot 10^{16} \text{Ws} = 72 \cdot 10^{12} \text{Ws} = 2 \cdot 10^7 \text{kWh},$$

die als elektrische Energie mehr als 2 Millionen Mark kosten würde.

3. Die Wasserstoffbombe (Fusionsbombe); Kernvereinigung (Fusion)

Noch größere Energiebeträge als bei der *Spaltung* der Urankerne werden frei, wenn Heliumkerne aus Wasserstoffkernen aufgebaut werden *(Kernfusion)* *(Abb. 458.1)*. Das folgt aus der Größe der Bindungsenergien der Ausgangs- und Folgekerne. Die positiv geladenen Wasserstoffkerne stoßen sich aber ab und kommen nur bei der Wärmebewegung extrem hoher Temperaturen und bei sehr hohen Drücken einander so nahe, daß die Kernkräfte die abstoßenden elektrischen Kräfte überwiegen können. Diese Temperaturen und Drücke erzeugt man mit Hilfe einer *Uranbombe*; sie dient als „Zünder" für die **Wasserstoffbombe**.

4. Kernfusion, die Energiequelle der Fixsterne

Lange Zeit war es den Physikern ein Rätsel, woher die ungeheuren Energiemengen stammen, die die Sonne und andere Fixsterne seit Milliarden von Jahren abstrahlen. Wäre es die innere Energie, die sie aufgrund ihrer Anfangstemperatur besitzen, müßten sie längst erkaltet sein.

463.1 H-Bombenexplosion

Eine Erklärung hätten die beim radioaktiven Zerfall freiwerdenden Energien sein können. Aber wieder bewiesen genaue Rechnungen, daß selbst diese Wärmequelle nicht ausreiche. Auch alle anderen Erklärungsversuche versagten zunächst. Erst seit der Entdeckung der Kernfusion und der dabei freigesetzten Energie weiß man, daß in den Fixsternen in einem komplizierten Zyklus Helium aus Wasserstoff aufgebaut wird. Die Temperaturen ($20 \cdot 10^6$ K) und Drücke (die Dichte erreicht Beträge von 80 g/cm³) im Sterninneren bewirken diese Kernfusionen. Auf die Volumeneinheit bezogen erfolgen sie zwar nur verhältnismäßig selten, doch reicht bei dem ungeheuer großen Volumen von Fixsternen nach den Berechnungen die Wärmeproduktion gerade aus, um die Abstrahlungsverluste zu decken. Die Sonne hat bis jetzt etwa 23% ihres Wasserstoffvorrats in Helium verwandelt. Es ist nicht zu befürchten, daß in menschlich übersehbaren Zeiten eine merkliche Änderung der Zusammensetzung eintritt.

§ 147 Die friedliche Nutzung der Kernenergie

1. Der Reaktor mit natürlichem Uran

Der stetig wachsende Energiebedarf zwingt die Wirtschaft in zunehmendem Maße, die **Kernenergie** auszunutzen. Dazu muß sie in kontrollierter, steuerbarer Weise freigemacht werden. Man geht vom natürlichen Uran aus, das zu 99,29% aus U 238 und zu 0,71% aus U 235 besteht. U 238 fängt die bei der Kernspaltung freiwerdenden Neutronen in einem bestimmten mittleren Geschwindigkeitsbereich nach der Reaktionsgleichung *455.1* ab und bildet sich zu Pu weiter. Wenn auch diese Reaktion bisweilen erwünscht ist, so muß man doch in erster Linie die Kettenreaktion aufrechterhalten. Der Großteil der entstandenen Neutronen muß deshalb rasch über die kritischen Geschwindigkeitsbereiche hinweg auf solche Geschwindigkeiten *abgebremst* werden, daß er nur noch mit U 235 reagieren kann. Das ist bei einer Geschwindigkeit von etwa 2000 m/s (thermische Geschwindigkeit) der Fall (Seite 453).

Dazu läßt man die Neutronen auf Atomkerne geeigneter Stoffe stoßen. Die größte Energie pro Einzelvorgang wird beim zentralen Stoß auf gleich schwere Kerne abgegeben (Seite 453). Mit H-Kernen, die also besonders geeignet wären, reagieren Neutronen jedoch, sie bilden radioaktive Nuklide. Will man diese Aktivierung vermeiden, so benutzt man die D-Kerne von schwerem Wasser — was recht teuer ist — oder reinsten Graphit. Die Bremssubstanz heißt *Moderator (Abb. 464.1)*.

Wichtig für die gewünschte *kontrollierte* Kettenreaktion ist es, daß im Durchschnitt jeder Zerfall wiederum *genau* einen Folgezerfall auslöst, so daß die Reaktion weder abstirbt (Multiplikationsfaktor $k<1$), noch lawinenartig zur Explosion anwächst ($k>1$). Dies geschieht mit Hilfe von stark neutronenabsorbierenden Stoffen, zum Beispiel *Cadmium* oder *Bor*, die durch eine automatische Regelvorrichtung gerade so tief in den Reaktor eingeschoben werden, daß k genau den Wert 1 annimmt *(Abb. 464.2)*.

Da ein Neutron in einem Reaktor nur etwa 10^{-4} s lebt, ist es zunächst erstaunlich, daß man mit Hilfe mechanischer Vorrichtungen einen „durchgehenden Reaktor" rechtzeitig bremsen kann. Das ist nur deshalb möglich, weil ein Teil der Neutronen verzögert aus den Spaltprodukten entsteht. Der ganze Reaktionsmechanismus ist dadurch träger, als es der angegebenen kurzen Lebenszeit der Neutronen entspricht. Außerdem ist ein Reaktor bis zu einem gewissen Grad selbstregulierend, weil mit höherer Temperatur die Wahrscheinlichkeit für den Neutroneneinfang kleiner wird.

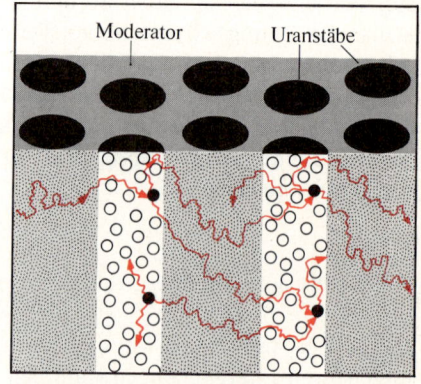

464.1 Verlangsamung der Neutronen durch Stöße mit C-Atomen und Entstehung der Kettenreaktion im Kernreaktor. (Das erste Neutron kommt von links!)

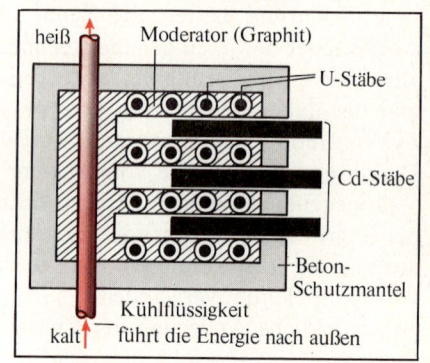

464.2 Reaktor zur Energiegewinnung, schematisch. Die Kühlflüssigkeit muß in Wirklichkeit den ganzen Reaktor durchfließen.

2. Kernkraftwerke

Im Jahre 1980 werden voraussichtlich 30%, im Jahr 1985 50% der in der Bundesrepublik gebrauchten elektrischen Energie in **Kernkraftwerken** erzeugt. In diesen Werken liefern Leistungsreaktoren die *primäre* Energie. *Überträgersubstanzen* (Gase, Wasser, flüssige Metalle), die durch den heißen Reaktorkern gepumpt werden, führen die Energie nach außen. Sie treiben entweder direkt Turbinen an oder geben die Wärme an *Austauscher* ab, in denen in einem zweiten Kreislauf der Betriebsdampf erzeugt wird *(Abb. 465.1)*.

Seine Energie wird mit einem Wirkungsgrad von etwa 35% durch Generatoren in elektrische Energie überführt. Eine *direkte* Umwandlung der Reaktorenergie in elektrische Energie mit gutem Wirkungsgrad wäre diesem konventionellen Verfahren mit schlechtem Wirkungsgrad vorzuziehen, doch hat man bis jetzt keine praktikable Lösung dieser Frage finden können.

Die meistgebauten Leistungsreaktoren sind sogenannte **Leichtwasserreaktoren.** Bei ihnen dient gewöhnliches reines Wasser sowohl als Moderator als auch zur Energieübertragung

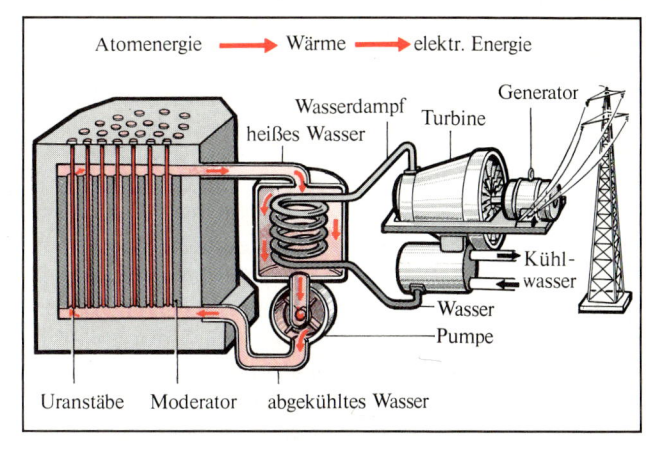

465.1 Leistungsreaktor, schematisch. Die Kühlflüssigkeit muß in Wirklichkeit die ganze Reaktorzone durchfließen.

aus dem heißen Kern. Vor der Radioaktivität dieses Wassers schützen Abscheide- und Abschirmeinrichtungen. Beim *Druckwasserreaktor*, dem erfolgreichsten Leichtwasserreaktor, durchströmt das Reaktorkühlwasser einen Wärmetauscher, in dem Dampf für die Turbinen in einem abgetrennten Kreislauf erzeugt wird. Bei den *Siedewasserreaktoren* dagegen liefert es den Betriebsdampf selbst, der Wärmetauscher entfällt also bei ihnen. Als „Brennstoff" für die Leichtwasserreaktoren benutzt man natürliches Uran, dessen U235-Anteil von 0,7% auf 2,6% *angereichert* wurde. Leichtwasserreaktoren haben zum Beispiel bei 2575 MW thermischer Leistung 900 MW elektrische Leistung, also einen Wirkungsgrad von 35%. Der Dampf hat bei 280 °C einen Druck von 70 bar. 115 t angereichertes UO_2 sind in Stabform in einem Druckgefäß von 5,85 m Durchmesser und 21 m Höhe untergebracht. 145 Steuerstäbe aus B_4C können 6,7 m in die Reaktionszone eingefahren werden. Das Reaktordruckgefäß ist von einem zusätzlichen Sicherheitsbehälter von 27 m Durchmesser umgeben. Bei unzulässiger Überhitzung bildet sich in Leichtwasserreaktoren Dampf im Reaktorkern. Dadurch wird Moderatorsubstanz verdrängt und die Zahl der abgebremsten Neutronen reduziert. Die Reaktionsgeschwindigkeit läßt nach und die Temperatur sinkt. Diese *selbstregulierenden* Vorgänge gewährleisten eine große Betriebssicherheit der Leichtwasserreaktoren.

> **In Kernkraftwerken wird die Energie der kontrollierten Kernspaltung zur Erzeugung elektrischer Energie benutzt. Bei den meist gebauten Leichtwasserreaktoren ist Wasser Moderator und Kühlmittel zugleich.**

3. Künstlich erzeugte radioaktive Nuklide

Die Neutronenströme in Kernreaktoren sind sehr groß, im Forschungsreaktor Karlsruhe zum Beispiel sind es $3 \cdot 10^{13}$ Neutronen je cm² und Sekunde. Bringt man in Hohlräume im Innern von Reaktoren geeignete Substanzen ein, so setzt die intensive Neutronenbestrahlung verschiedene Kernreaktionen in Gang, zum Beispiel (n, p)- und (n, γ)-Reaktionen. Dabei können dann Umwandlungen wie die folgende entstehen: $^{127}_{53}J$ (n, γ) $^{128}_{53}J$. Das so entstandene J 128 ist radioaktiv und zerfällt nach der Gleichung $^{128}_{53}J \xrightarrow[25 \text{ min}]{\beta} {}^{128}_{54}X$. Auf diese Weise lassen sich viele radioaktive Nuklide erzeugen, die in ihren Anwendungsmöglichkeiten natürlichen radioaktiven Stoffen überlegen und viel billiger herzustellen sind. So werden zum Beispiel der in der Schule gebräuchliche α-Strahler Am 241, der γ-Strahler Co 60 und der Positronenstrahler Na 22 in Reaktoren erzeugt. Auch in *Chemie*, *Biologie*, *Medizin* und *Technik* werden künstliche radioaktive Elemente vielseitig angewandt. Vor dem Zerfall verhalten sie sich wie normale chemische Elemente. Ihr Weg und ihr Standort etwa in einem Organismus oder einem chemischen Reaktionsablauf können aber mit dem Zählrohr verfolgt werden, weil immer einige Atome zerfallen und dabei strahlen *(siehe dazu Abb. 466.1)*. Manche Elemente werden in bestimmten Organen aufgespeichert, zum Beispiel Jod in der Schilddrüse, so daß man mit ihrer Hilfe örtlich begrenzte, genau dosier- und verfolgbare Bestrahlungen ausführen kann. Die teilweise sehr harte (energiereiche) γ-Strahlung kann zur zerstörungsfreien Werkstoffprüfung benutzt werden und die kostspieligen Röntgenstrahlen ersetzen.

466.1 Autoradiografie eines Pflanzenblattes. Das Blatt stand 2 Tage in einer Lösung eines Salzes mit 2,5 µCi P 32; dann wurde es für 1 Woche auf einen Röntgenfilm gelegt.

§ 148 Weltenergiewirtschaft; Umweltprobleme bei der Energieerzeugung

1. Die Entwicklung des Energiebedarfs

Der Energieverbrauch war in Europa bis 1930 so gering, daß die natürlichen Energiequellen wie Kohle, Holz und Wasser ausreichten. Deshalb konnte sich Europa nahezu selbst mit Energie versorgen; später mußte durch Einfuhren, vor allem von Öl, nachgeholfen werden. Der Einsatz der Kernenergie soll die Lücken schließen, die bei dem stets weiterwachsenden Bedarf immer größer werden, da die bekannten Ölreserven begrenzt sind. Die Energieversorgung ist aber nicht nur ein *europäisches*, sondern ein *weltweites* Problem. Von 1860 bis 1950 hat sich der Gesamtverbrauch an industriell erzeugter Energie etwa verzwanzigfacht, trotz teilweise empfindlicher Rückschläge durch große Kriege und Wirtschaftskrisen *(Abb. 466.2)*. Er betrug für das Jahr 1950 rund $20 \cdot 10^{12}$ kWh (dabei wurde thermische Energie nach der Beziehung 0,4 kg Kohle ≙ 1 kWh umgerechnet). **Zur Zeit ver-**

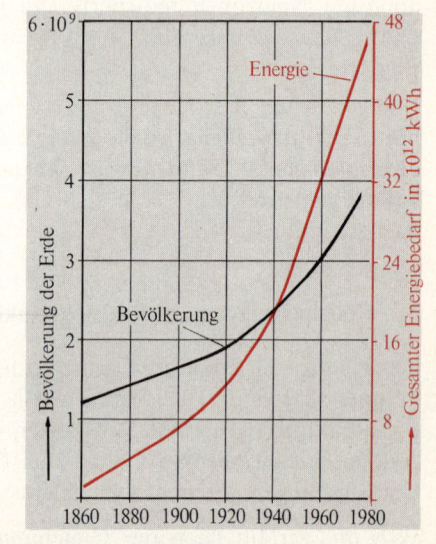

466.2 Weltenergiebedarf

doppelt sich der Energiebedarf in etwa 16 Jahren. Er verteilt sich zu fast gleichen Teilen auf die Industrie, auf den Transport auf Straße, Schiene, Luft- und Wasserwegen und auf die Haushaltungen, einschließlich Heizung. Mit Sicherheit ist auch künftig mit einem weiteren starken Wachstum des Weltenergiebedarfs zu rechnen. Diese Zunahme wird erzwungen durch die notwendige Anhebung des vergleichsweise niederen Lebensstandards des größten Teils der Menschheit, deren Zahl zudem explosionsartig zunimmt. Zur Zeit scheint die Ausnutzung der Kernenergie der einzig mögliche Weg zu sein, den wachsenden Bedarf zu decken. Das Fernziel ist, die Fusion von Wasserstoffkernen zu Heliumkernen beherrschen zu können. Wasserstoff stünde, im Gegensatz zu spaltbaren Materialien wie Uran, in fast unbegrenzter Menge zur Verfügung, weil es durch Elektrolyse leicht gewonnen werden kann.

2. Umweltprobleme

Die Probleme der Bereitstellung der nötigen Energie sind nicht die einzigen energiewirtschaftlichen Schwierigkeiten. Schon beim Bau und Betrieb konventionell betriebener Großkraftwerke sind mancherlei **Umweltänderungen** und **-schäden** hinzunehmen. Wasserenergieanlagen greifen in empfindlicher Weise in den Wasserhaushalt ein, Bäche und Flüsse werden umgeleitet und teilweise trockengelegt, der Grundwasserspiegel wird stark verändert. Das hat vielfältige, meist unerwünschte Auswirkungen auf große Gebiete. Konventionell betriebene Wärmekraftwerke schaden durch die **Emission** (Ausschüttung) großer Mengen giftiger Gase, vor allem von SO_2, und von Schmutzpartikeln, durch Bildung langer Nebelschwaden, die Sonnenlicht und -wärme abhalten, und durch die Aufheizung von Flüssen oder der Luft. Dadurch wird das natürliche System des Zusammenlebens der Organismen, zu denen auch der Mensch gehört, empfindlich gestört. Es bedarf großer wissenschaftlicher, organisatorischer und technischer Anstrengungen, diese **ökologischen Probleme** zu lösen.

Bei den Kernkraftwerken entfällt zwar der Ausstoß von Verbrennungsprodukten; die Beeinflussung der Umwelt durch die unvermeidliche **Abwärme** ist aber bei gleicher Leistung zur Zeit sogar noch größer als bei konventionellen Werken, weil die Betriebstemperaturen bei Kernkraftwerken niedriger liegen. Sie arbeiten deshalb mit kleinerem *Wirkungsgrad*. Erst *Hochtemperaturreaktoren* könnten wenigstens Gleiches bringen. So heizt der in § 147.2 beschriebene Reaktor von 90 MW Leistung in jeder Stunde 150000 m³ Kühlwasser um 10 K auf. Ist der Standort an einem großen Fluß oder dem Meer nicht möglich, so muß die Abwärme auf andere Art beseitigt werden. Man baut riesige *Kühltürme*, in denen sie an durchströmende Luft abgegeben wird. Oder man verdampft in den Kühltürmen Wasser mit dieser Abwärme. Nach dem Austritt aus dem Turm kühlt sich die entstandene feuchte Luft ab, was zur Kondensation führt. Dabei geht die Wärme als Kondensationswärme an die Umgebung und lange Nebelschwaden entstehen.

Kernkraftwerke bringen aber noch ein weiteres großes Problem mit sich. Sie *erzeugen* radioaktive Stoffe, zum Teil mit großen Halbwertszeiten. Durch strenge Vorschriften versucht man, die Abgabe flüssiger und gasförmiger Stoffe an die Umgebung so zu begrenzen, daß auch auf lange Sicht keine schädlichen Auswirkungen zu erwarten sind. Leider sind der Vorausberechnung von Unfallmöglichkeiten und -folgen Grenzen gesetzt. Das besondere Problem bildet die *gefahrlose Lagerung* der langlebigen radioaktiven Feststoffe, die im Reaktorbetrieb teils als Zerfallsprodukte, teils bei der Neutronenbestrahlung durch Kernreaktionen entstehen. Der in § 147.2 beschriebene Reaktor erzeugt im Jahr 280 Fässer solchen „heißen" Materials. In der Bundesrepublik werden diese Fässer in aufgelassenen Salzbergwerken eingelagert. Eine endgültige Entscheidung in der Frage der Atommüllbeseitigung ist jedoch noch nicht getroffen.

§ 149 Die kosmische Strahlung

Die Vorstellung, es gäbe *nur* die Elementarteilchen Proton, Neutron und Elektron, hat sich als falsch erwiesen. In § 143 war schon von Positronen die Rede. Bei der **kosmischen Strahlung,** einer aus dem Weltraum einfallenden Strahlung mit noch unbekanntem Entstehungsort, handelt es sich um außerordentlich schnelle Kerne, vor allem Protonen, mit Energien von 10^9 bis zu 10^{13} eV. Bei ihrer *Wechselwirkung* mit Materie treten verwirrend viele Erscheinungen auf. Unter anderem fand man Teilchen von 200- bis 1500facher Elektronenmasse, sogenannte **Mesonen**, teils ungeladen, teils positiv oder negativ geladen. Eines ist ihnen aber allen gemeinsam: sie haben eine außerordentlich kurze Lebensdauer von der Größenordnung 10^{-8} bis 10^{-16} s, so daß es leicht erklärlich ist, warum sie erst so spät gefunden wurden.

Für die *Archäologie* wurde eine Methode zur Altersbestimmung für Gegenstände aus den letzten 40000 Jahren geschaffen: Durch die *kosmische Strahlung (Höhenstrahlung)* gebildete Neutronen reagieren mit Luftstickstoff nach $^{14}_{7}N + ^{1}_{0}n \rightarrow ^{14}_{6}C + ^{1}_{1}H$ und bilden das radioaktive Isotop Kohlenstoff 14 mit der Halbwertszeit 5568 Jahre, das sich mit dem Sauerstoff der Luft zu radioaktivem Kohlendioxid vereinigt. Die Luft enthält hiervon den konstanten Bruchteil $0,3 \cdot 10^{-12}$, da sich in ihr längst ein Gleichgewicht zwischen Zerfall und Neubildung eingestellt hat. Lagern sich bei der Assimilation im Holz eines Baumes C 14-Atome an, so sind sie der Neubildung aus Stickstoff und Neutronen entzogen und beginnen zu zerfallen. Aus der mit Zählrohren festgestellten geringeren Konzentration der C 14-Atome kann man das Alter von Bäumen, Mumienteilen, Papyrusfunden und so weiter ermitteln. Durch Auszählen der Jahresringe uralter Bäume läßt sich diese Zahl bestätigen. Der Fehler beträgt $\pm 5\%$.

Rückblick

Bei der Darstellung der *Kernphysik* konnten wir theoretisch und experimentell auf die Methoden und Begriffe der *klassischen* Physik zurückgreifen. Nachdem in der Elektrizitätslehre schon Versuche zur Bestimmung atomarer Größen, wie Elementarladung, spezifischer Ladung oder Moleküldurchmesser, beschrieben wurden, haben wir im Massenspektrografen ein Instrument kennengelernt, das die Massen von Elementarteilchen mit höchster Präzision zu bestimmen erlaubt. Dabei hat sich die Richtigkeit der von *Einstein* gefundenen Masse-Energie-Äquivalenz $W = mc^2$ bestätigt.

Bei der Behandlung der *Radioaktivität* zeigte sich aber ein ganz neuer Gesichtspunkt: Die *kausalen Gesetze* der klassischen Physik mußten bei der Beschreibung der Zerfallsprozesse durch **Wahrscheinlichkeitsgesetze** ersetzt werden. Erst bei der statistisch zu ermittelnden Aussage über eine sehr große Zahl solcher Einzelprozesse ergaben sich dann *klassische Gesetze*, die kausale Zusammenhänge wiedergeben, zum Beispiel bei der Halbwertszeit. Wahrscheinlichkeitsgesetze dieser Art spielen in der Quantenphysik eine ausschlaggebende Rolle.

Bei den Überlegungen zum *Bau* der Atomkerne sind wir auf die **Kernkräfte** gestoßen. Nach den bekannten klassischen Kräften (Gravitation, elektrische und magnetische Kraft) wurde damit eine neuartige Kraft gefunden, die eine ungewöhnlich *kurze Reichweite* hat. Die Kernkräfte wirken nur innerhalb von circa 10^{-14} bis 10^{-15} m, sind dann aber um Zehnerpotenzen *größer* als die bekannten klassischen Kräfte.

Quantenphysik

Quantenphysik des Lichts

Zu Beginn des 20. Jahrhunderts schien es so, als seien *alle Rätsel* der Physik gelöst. Aufgabe der Physik konnte nur noch sein, neue *Beobachtungen* richtig in das vorhandene System *einzuordnen* und kleine *Lücken auszufüllen*. Prinzipiell neue Erkenntnisse konnte man sich nicht mehr vorstellen. Um 1900 aber fand der deutsche Physiker *Max Planck* ein lange gesuchtes Gesetz, das die Ausstrahlung von Licht durch glühende Körper exakt beschrieb. Hierzu brauchte er *Annahmen*, die in der klassischen Physik nicht enthalten waren. Sie gaben den Anstoß dafür, alle Aussagen der klassischen Physik neu zu überdenken. In den folgenden 30 Jahren entstand aus dieser **neuartigen Auffassung** der Physik und **neuen Experimenten** die **Quantenphysik,** die revolutionär mit vielen alten Vorstellungen brach und in ungeahnte Tiefen der Natur vorstieß.

Zunächst wollen wir aber zusammenstellen, welche gesicherten Aussagen wir bis jetzt über das Licht machen können; von der Optik ausgehend werden wir uns dann in die Quantenphysik einarbeiten.

§ 150 Voraussetzungen der Quantenphysik aus der Optik

1. **Licht transportiert Energie**

Huygens verstand das Licht als Welle, ohne indessen einen Träger dieser Wellen angeben zu können. Seine Theorie überwand die geometrische Optik und betrachtete sie als Grenzfall für große Spaltöffnungen, bei denen Beugung nicht nachweisbar ist. Später ausgeführte Interferenz- und Beugungsversuche gaben ihm recht. Viel vergebliche Mühe wurde darauf verwandt, den materiellen Träger der Lichtwellen zu finden.

Maxwell erkannte ab 1866, daß die Lichtwellen *elektromagnetischer* Natur sind. Ihre Ausbreitungsgeschwindigkeit konnte er für das Vakuum aus den Grundkonstanten des elektrischen und magnetischen Feldes nach $c = \frac{1}{\sqrt{\varepsilon_0 \mu_0}}$ zu 300000 km/s berechnen. *Licht braucht also keinen materiellen Träger*, es besteht aus elektrischen und magnetischen Feldern, die sich mit Lichtgeschwindigkeit ausbreiten und den *Maxwellschen Gleichungen* gehorchen. Nur Wellen in dem Bereich von $\lambda_v = 400$ nm bis $\lambda_r = 800$ nm reizen unsere Sehnerven, stellen also das *sichtbare* Licht dar. Nach größeren Wellenlängen schließen sich die *Infrarot-* und *elektrisch* erzeugten und genutzten *Wellen* an das sichtbare Spektrum an, nach kürzeren Wellenlängen das *Ultraviolett*, die *Röntgen-* und die *γ-Strahlen*. Licht transportiert von der Sonne Energie durch den leeren Raum. Nach *Maxwell* ist das die Energie elektrischer und magnetischer Felder, die sich bei seiner Absorption umsetzt. Die Energiedichte und damit auch die Energie, die auf eine in den Lichtstrom gebrachte Fläche je Zeit- und Flächeneinheit einfällt, ist nach *Maxwell* proportional zu E_{eff}^2, dem Quadrat des Effektivwerts der elektrischen Feldstärke. Damit ist die als $B_s = \frac{\Delta W}{\Delta A \cdot \Delta t}$ definierte *Bestrahlungsstärke* auch proportional zum Amplitudenquadrat $\hat{E}^2$ der elektrischen Feldstärke:

$$B_s = \frac{\Delta W}{\Delta A \cdot \Delta t} = c\, \varepsilon_0 E_{\text{eff}}^2 \sim \hat{E}^2, \tag{470.1}$$

unabhängig von λ und f. Bei Sinusform der Welle gilt $E_{\text{eff}} = \hat{E}/\sqrt{2}$.

Die Wellenoptik ist Teil der klassischen Physik, weil in ihr die *Maxwellschen Gleichungen* gelten, die noch der klassischen Physik zugehören. Allerdings gelang es bisher noch nicht, die elektrische Feldstärke einer Lichtwelle unmittelbar auszumessen, so wie wir es bei den Mikrowellen im Zentimetergebiet getan haben. Auch befaßten wir uns nicht mit Einzelprozessen selbst, etwa der Wechselwirkung von Licht mit einzelnen Elektronen und Atomen, sondern nur mit der Summe vieler solcher Prozesse, zum Beispiel beim lichtelektrischen Effekt. Ab Seite 472 beschäftigen wir uns mit den Einzelprozessen.

2. Licht hat einen Impuls

Die Schweife von Kometen bestehen zum Teil aus kleinen Staubteilchen *(Abb. 470.1)*; sie sind immer von der Sonne weggerichtet. Daraus kann geschlossen werden, daß durch das Sonnenlicht ein Impuls auf die Staubteilchen übertragen wird. Im Weltraum sind die Gravitationskräfte wegen der kleinen Masse der Staubteilchen und ihrer großen Entfernung zur Sonne klein. Deshalb spielt der *Lichtimpuls* die ausschlaggebende Rolle und ist für das Entstehen der breiten, gekrümmten Schweifform verantwortlich. Aus der Mechanik wissen wir, daß der Impuls $p = m v$ Körpern zukommt, die Masse haben. Besitzt demnach auch das Licht Masse? Experimente, mit denen die Konstanz der Elektronenmasse untersucht wurde, haben gezeigt, daß die Elektronenmasse *nicht* konstant ist, sondern von der Geschwindigkeit abhängt.

470.1 Komet Mrkos mit Schweif

Alle Meßergebnisse solcher Versuche beweisen, daß die von *A. Einstein* 1905 in seiner **Relativitätstheorie** veröffentlichten Überlegungen zutreffen:

a) Die Masse m eines mit der Geschwindigkeit v gegen ein Bezugssystem bewegten Körpers berechnet sich in diesem Bezugssystem aus

$$m = \frac{m_0}{\sqrt{1 - \frac{v^2}{c^2}}}; \tag{470.2}$$

dabei ist m_0 die sogenannte *Ruhemasse*, die der ruhende Körper in dem betreffenden Bezugssystem hat, c die *Vakuum-Lichtgeschwindigkeit*. Aus dieser Gleichung folgt, daß zur weiteren Beschleunigung eines nahezu mit Lichtgeschwindigkeit bewegten Körpers eine fast unendlich große Kraft gebraucht wird. Die Lichtgeschwindigkeit selbst kann er also nie erreichen.

b) Zwischen Masse und Energie besteht die Beziehung

$$W = m\,c^2. \qquad (471.1)$$

Diese Gleichung bedeutet zweierlei:

I. Die Masse eines Körpers wächst, wenn seine Energie zunimmt. Dabei ist es gleichgültig, ob der Körper größere Geschwindigkeit oder höhere Temperatur annimmt oder ob an ihm Arbeit gegen elastische oder Feldkräfte verrichtet wurde. Ein schneller oder heißer Körper ist also träger und schwerer als ein langsamerer oder kälterer. Ebenso ist es bei einer gespannten gegenüber einer ungespannten Feder oder einem Stück Eisen, das man unter Arbeitsaufwand aus dem Feld eines Magneten gebracht hat. Nach *Gl. 471.1* ist die Massenzunahme immer gegeben durch

$$\Delta m = \frac{\Delta W}{c^2}. \qquad (471.2)$$

Natürlich bedeutet diese Gleichung nicht, daß sich die Anzahl der Atome des Körpers oder die Anzahl der Elementarteilchen vergrößert hätten, aus denen sich diese Atome aufbauen. Sie besagt nur, daß sich seine Trägheit und (am gleichen Ort) seine Schwere vergrößert haben. Diese Tatsache ist nicht so erstaunlich, wie es zunächst scheinen mag; denn wir haben nur Erfahrungen mit verhältnismäßig kleinen Geschwindigkeiten (Fahrbahnwagen), bei denen die Trägheit eines Körpers nur in nicht meßbarer Weise von der Geschwindigkeit abhängt.

II. Stellt man bei irgend einem Vorgang fest, daß ein Körper ohne Verlust an materiellen Teilchen Masse verloren hat (weniger träge ist als vorher), so findet man immer, daß er einen Energiebetrag $\Delta W = \Delta m\, c^2$ abgegeben hat. Zum Beispiel sind die Masse der bei der Explosion einer Atombombe entstehenden Folgeprodukte insgesamt *kleiner* als die der Bombe vor der Explosion. Dafür ist aber eine ungeheure Energie freigeworden (Seite 462). Auf Seite 478 werden sogar Vorgänge geschildert, bei denen materielle Teilchen ganz in Energie elektromagnetischer Wellen *zerstrahlen*.

Wenn also ein Parallelbündel von Licht die Energie W mit Lichtgeschwindigkeit transportiert, so müssen wir ihm die Masse $m = W/c^2$ und den Impuls $p = m\,v = m\,c = W/c$ zuschreiben. Dieser Impuls kann heute im sogenannten Lichtdruck bei sehr starkem Laserlicht nachgewiesen werden und erzeugt, wie schon angedeutet, wenigstens zum Teil das großartige Schauspiel des Kometenschweifs (ein Teil rührt vom „Sonnenwind" her, das heißt von Elektronen und Protonen, die die Sonne abschleudert).

Bei der Masse $m = W/c^2$ des Lichtes kann es sich *nicht* um eine Ruhemasse handeln. m_0 muß bei Licht Null sein, sonst wäre nach *Gl. 470.2* die relativistische Masse unendlich groß.

Transportiert ein Lichtbündel die Energie W, so besitzt es die Masse $m = W/c^2$. Aufgrund dieser Masse hat das Bündel den Impuls $p = m\,c = W/c$. $\qquad$ **(471.3)**

Aufgaben:

1. *Die Temperatur von 1 kg Wasser wird um 90 K erhöht. Um wieviel wächst dabei die Masse des Wassers* $(c_{\text{Wasser}} = 4{,}18\ \text{kJ}\ \text{kg}^{-1}\ \text{K}^{-1})$?
2. *Die Bestrahlungsstärke durch die Sonne oberhalb der Erdatmosphäre ist* $S = 1{,}35 \cdot 10^3\ \text{Wm}^{-2}$. *Sie heißt Solarkonstante. Zeigen Sie, daß* B_s *in Gl. 470.1 dieselbe Einheit hat und berechnen Sie den Effektivwert der elektrischen Feldstärke des Sonnenlichts* $(\varepsilon_0 = 8{,}9 \cdot 10^{-12}\ \frac{\text{A s}}{\text{V m}})$!
3. *Wie groß ist die Elektronenmasse* m_e, *wenn das Elektron in einer 500 kV-Röhre beschleunigt wurde?*

§ 151 Energieumsetzungen beim Fotoeffekt

Im Gegensatz zu der bisherigen Betrachtungsweise wollen wir von nun an *Einzelprozesse* beim Licht behandeln.

1. Die Auslösung von Fotoelektronen

Aus Versuchen, die in der Elektrizitätslehre angestellt wurden, wissen wir, daß Licht beim Auftreffen auf Metalle Elektronen befreien kann (siehe dazu Seite 475). Man nannte dies den *Fotoeffekt* und die ausgelösten Elektronen *Fotoelektronen*. Wir wollen die Energie dieser Fotoelektronen bestimmen.

Versuch 1: Nach *Abb. 472.1* fällt Licht auf die Cäsiumschicht einer Fotozelle. Diese Schicht ist über einen höchstohmigen Spannungsmesser MV[1]) mit einem Drahtring in der Zelle verbunden, der so angeordnet ist, daß er vom Licht nicht getroffen wird. Zwischen Cäsiumschicht und Ring liegt keine Saugspannung. Der Meßverstärker MV zeigt, daß sich der Drahtring *negativ* gegen die Cäsiumschicht auflädt. Offensichtlich sammeln sich durch das Licht freigesetzte Elektronen auf dem Ring an. Diese müssen im Stand gewesen sein, gegen das Feld anzulaufen, das sich wegen der zunächst immer größer werdenden Zahl von Elektronen auf dem Ring zwischen Schicht und Ring ausbildete.

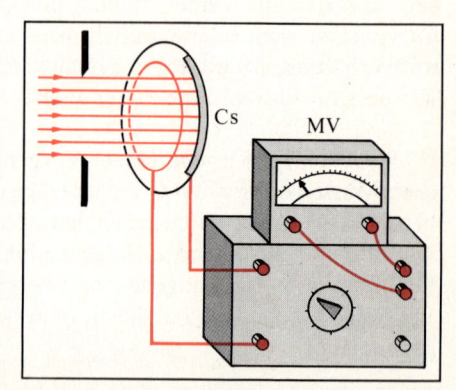

472.1 Versuch 1 zum Fotoeffekt

Das Versuchsergebnis kann am einfachsten durch die Vorstellung erklärt werden, daß die Fotoelektronen nach dem Austritt aus dem Metall eine bestimmte Geschwindigkeit besitzen. Soweit sie zufällig in Richtung auf den Drahtring fliegen, dringen sie in ihn ein und laden ihn negativ auf. Allerdings kann der Ring nur so lange aufgeladen werden, bis die kinetische Energie $\frac{1}{2}mv^2$ auch der schnellsten Teilchen nicht mehr ausreicht, die mit dem Meßverstärker bestimmte Spannung zu überwinden. Für Elektronen dieser größten Geschwindigkeit v_{max} gilt:

$$W_e = \tfrac{1}{2} m v_{max}^2 = e U. \tag{472.1}$$

Bei unserem Versuch finden wir eine Spannung von nicht ganz 1 V. Aus *Gl. 472.1* berechnet man für $U = 1$ V eine maximale Geschwindigkeit der Elektronen von

$$v_{max} = \sqrt{\frac{2eU}{m}} = \sqrt{2 \cdot 1{,}76 \cdot 10^{11} \frac{C}{kg} \cdot 1 \text{ V}} \approx 6 \cdot 10^5 \frac{m}{s} = 600 \frac{km}{s}.$$

Diese Geschwindigkeit müssen also die schnellsten Fotoelektronen bei unserem Versuch etwa gehabt haben.

---

[1]) Als Spannungsmesser wären statische Meßgeräte mit einem Meßbereich von 1 Volt am besten geeignet. Aber so empfindliche Geräte stehen Schulen im allgemeinen nicht zur Verfügung. Ein guter Meßverstärker mit mindestens 10^{10} Ω Eingangswiderstand reicht jedoch auch.

Den Einfluß der Wellenlänge beim Fotoeffekt sehen wir im nächsten Versuch.

Versuch 2: Das Licht, das von der vertikalen geraden Wendel einer Experimentierleuchte ausgeht, fällt nach *Abb. 473.1* durch eine Linse L_1 und ein Geradsichtprisma P. In A wird dadurch ein waagerecht auseinandergezogenes Spektrum erzeugt. Eine zweite Linse L_2 vereinigt das Licht des Spektrums auf der empfindlichen Schicht einer Fotozelle Z, ohne daß es vorher den Anodenring trifft. Die Elektroden dieser Zelle sind mit dem Eingang eines Meßverstärkers für Gleichspannungen verbunden. Der Zeiger des angeschlossenen Meßinstruments steigt, bis er etwa 1 V anzeigt.

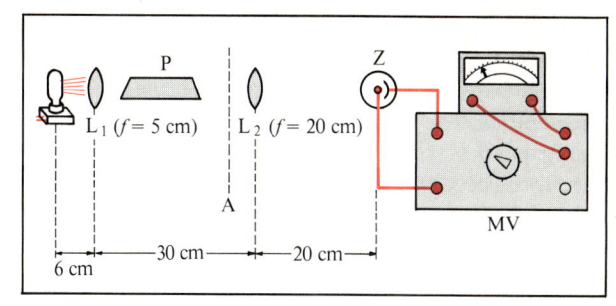

473.1 Versuch 2 zum Fotoeffekt

Wir schieben nun von unten her einen undurchsichtigen Schirm mit waagerechter Oberkante in das Spektrum bei A. Dadurch werden *alle* Farben des Lichts, das auf die Zelle fällt, *gleichmäßig* geschwächt. Nach *Gl. 470.1* ist die elektrische Feldstärke kleiner geworden, die durch sie beschleunigten Elektronen sollten also langsamer sein, das heißt die Spannung sollte sinken. Wider Erwarten bleibt aber die angezeigte Spannung U unverändert. Wir schließen daraus, daß die *maximale Energie der einzelnen Elektronen von der Feldstärke E nicht abhängt*. (Bei sehr weitgehender Abblendung geht der Ausschlag dann doch zurück, weil der Meßverstärker nicht den Widerstand ∞ hat; es fließen dann mehr Elektronen durch das Meßgerät ab als ankommen. Bei einem Meßbereich mit kleinerem Eingangswiderstand tritt das Zurückgehen schon früher ein.)

Versuch 3: Wir schieben nun den Schirm vom violetten Ende des Spektrums her in das Spektrum, so daß dieses Ende ganz verdeckt wird. Der Zeiger geht stetig zurück. Die vom violetten Licht ausgelösten Elektronen haben also die größte Geschwindigkeit. Bei einer bestimmten Farbe, also einer bestimmten Frequenz f_0 des Lichts, fällt die Spannung U auf Null ab. Unterhalb dieser Grenzfrequenz f_0 werden Elektronen aus der benutzten kalten Kathode nicht mehr ausgelöst. Dies zeigt deutlich, daß *die Energie*, die das Licht bei der Ablösung eines Elektrons vom Metall aufwenden kann, *nicht vom Amplitudenquadrat $\hat{E}^2$ der Feldstärke, sondern* **nur** *von der Frequenz f des Lichts abhängt*. Bei Versuchen mit genügend großer Saugspannung zeigt sich, daß die Stromstärke des Fotostroms mit dieser Amplitude wächst, genauer, daß die *Zahl aller* je Zeiteinheit abgelösten *Fotoelektronen proportional dem Amplitudenquadrat $\hat{E}^2$* des eingestrahlten Lichts ist.

2. Das Wirkungsquantum *h*

Um den Einzelprozeß, der nur von der Lichtfrequenz f abhängt, genauer zu erfassen, führen wir nun den Versuch ohne Saugspannung mit einzelnen Spektrallinien einer Quecksilberdampflampe aus:

Versuch 4: Wir bilden die Austrittsöffnung einer Hochdruckquecksilberlampe Q durch eine Linse L auf die Cäsiumschicht einer Fotozelle Z ab *(Abb. 473.2)*. Dabei achten wir darauf, daß der Anodenring nicht vom Licht

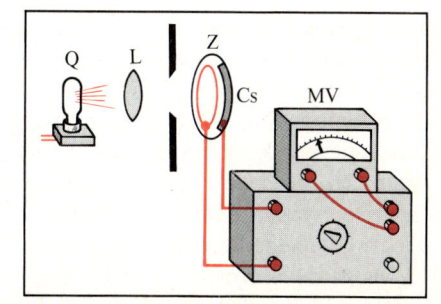

473.2 Fotoeffekt mit einzelnen Spektrallinien

getroffen wird. Die Elektroden der Zelle sind mit dem Eingang eines sehr hochohmigen Meßverstärkers MV für Gleichspannungen verbunden. Der Meßbereich des angeschlossenen Spannungsmessers beträgt 1 V. Das Spektrum des von der Lampe erzeugten Lichts ist aus der Optik bekannt. Durch Interferenzfilter, die wir in den Lichtstrom der Lampe bringen, kann jeweils nur Licht *einer* Spektrallinie die Zelle treffen. Für drei Linien finden wir so die in *Tabelle 474.1* eingetragenen Spannungen und damit die kinetische Energie W_e der Fotoelektronen.

Tabelle 474.1

Farbe	Wellenlänge λ	Frequenz f	Spannung U	Energie der Fotoelektronen W_e
blau	436 nm	$6{,}88 \cdot 10^{14}$ Hz	0,81 V	0,81 eV
grün	546 nm	$5{,}50 \cdot 10^{14}$ Hz	0,27 V	0,27 eV
gelb	578 nm	$5{,}19 \cdot 10^{14}$ Hz	0,13 V	0,13 eV

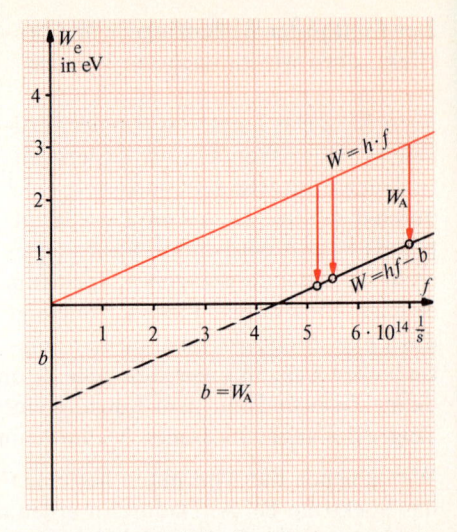

474.1 Abhängigkeit der Elektronenenergie W_e von der Frequenz f

In *Abb. 474.1* ist die Energie W_e der untersuchten Fotoelektronen über der Frequenz des auslösenden Lichts aufgetragen (schwarz gezeichnete Gerade). Benutzt man für den Versuch Fotozellen mit anderen Metallen, zum Beispiel Kalium, so bekommt man dazu *parallele* Geraden, die tiefer liegen. Bezeichnen wir den Ordinatenabschnitt der Geraden mit b und die Geradensteigung mit h, so ist die Gleichung der Geraden $W = hf - b$. Zugleich ist dies die Gleichung für die Energie der untersuchten Fotoelektronen. b hängt nur von dem gewählten Metall der Zelle ab, ist also eine *Materialkonstante*. Die Steigung h hängt weder vom Material noch von Frequenz oder Amplitude des Lichts ab; h ist eine **allgemeine Naturkonstante.** Die beiden Terme auf der rechten Seite der Gleichung müssen aus Dimensionsgründen auch Energien darstellen. Die Gleichung bekommt Sinn, wenn wir $W = hf$ als die Energie ansehen, die das Licht bei der Ablösung eines Fotoelektrons übertragen hat, und b als die sogenannte **Austrittsarbeit** W_A. *Abb. 474.1* zeigt das Bild der (rot gezeichneten) Ursprungsgeraden mit der Gleichung $W = hf$. In einigen ihrer Punkte ist die Ordinate W_A subtrahiert, und man trifft so auf Punkte der schwarz gezeichneten Geraden, die nach $W_e = hf - W_A$ die Energie der Fotoelektronen darstellt. Die vom Licht abgegebene Energie $W = hf$ teilt sich also auf in die kinetische Energie W_e des Fotoelektrons und seine Austrittsarbeit W_A:

$$W = hf = W_e + W_A \qquad (474.1)$$

Die Untersuchung des Fotoeffekts — wie auch vieler weiterer Erscheinungen — zeigt, daß Licht vorgegebener Frequenz f überraschenderweise seine Energie *nicht* in *beliebigen Werten* abgeben kann, sondern **nur** in ganz bestimmten, **diskreten** Energiebeträgen $W = hf$, die von der Amplitude unabhängig sind (zum Beispiel $1hf$, $2hf$, ..., nhf). Man nennt diese Energieportion **Lichtquant** oder **Photon**. Die *Abgabe* von Energie aus Licht erfolgt also in **quantisierter** Form. Daß Licht und andere elektromagnetische Wellen Energie auch nur in *quantisierter Form aufnehmen* können, zeigte *Max Planck* bereits 1900 theoretisch. Wir werden später auch dafür noch experimentelle Beweise bringen. Zunächst wollen wir aber anhand weiterer Versuche diese *Quantisierung* des Lichtwellenfelds bestätigen und dann weitere Eigenschaften der Photonen untersuchen. Es wäre im Augenblick völlig verfrüht, sich irgendwelchen Spekulationen über ihre sonstigen Eigenschaften hinzugeben oder voreilige Deutungen zu geben, die man dann aus der klassischen Physik unkontrolliert übernehmen müßte. Dies führt erfahrungsgemäß nur zu falschen Vorstellungen.

3. Experimentelle Bestimmung des Werts der Konstanten *h*

Das Ergebnis des Versuches erlaubt es uns, h zu berechnen. Aus *Gl. 474.1* und $W_e = eU$ folgt jeweils für die Energien $W = hf$ eines Photons der blauen und grünen Hg-Linie:

$$W_1 = hf_1 = eU_1 + W_A; \quad W_2 = hf_2 = eU_2 + W_A.$$

Ziehen wir die zweite von der ersten Gleichung ab, so fällt die unbekannte Austrittsarbeit W_A heraus:

$$h \cdot (f_1 - f_2) = e \cdot (U_1 - U_2) \text{ und daraus } h = e \cdot \frac{U_1 - U_2}{f_1 - f_2} = 1{,}6 \cdot 10^{-19} \text{C} \cdot \frac{0{,}54 \text{ V}}{1{,}38 \cdot 10^{14} \frac{1}{\text{s}}}$$

$$h \approx 6{,}3 \cdot 10^{-34} \text{ Js}.$$

Die Konstante h wurde *Max Planck* zu Ehren *Plancksche Konstante* genannt *(Abb. 475.1)*. Ihre Dimension ist Energie mal Zeit. Eine Größe mit dieser Dimension heißt „**Wirkung**". Sie ist uns in der klassischen Physik nicht begegnet. Statt *Plancksche Konstante* sagt man auch *Wirkungsquantum* oder *Plancksches Wirkungsquantum*. Der heute wissenschaftlich angegebene Wert für das *Plancksche Wirkungsquantum* ist

$$h = 6{,}625 \cdot 10^{-34} \text{ Js} = 4{,}133 \cdot 10^{-15} \text{ eV s}. \quad (475.1)$$

Die Gleichung $W = hf$ wandte *Einstein* 1905 auf den Fotoeffekt an. Mit ihrer Hilfe konnte er viele bei diesem Effekt auftretende Fragen widerspruchslos klären und erhielt 1921 für diese Erklärung und andere Beiträge zur Quantentheorie den Nobelpreis.

475.1 Max Planck (1858–1947, Nobelpreis 1908)

Setzen wir den von uns gefundenen Wert von h in eine der Ausgangsgleichungen ein, so berechnet sich die Austrittsarbeit für Cs zu

$$W_A = hf - eU_1 = 6{,}3 \cdot 10^{-34} \text{ Js} \cdot 6{,}88 \cdot 10^{14} \frac{1}{\text{s}} - 1{,}6 \cdot 10^{-19} \text{C} \cdot 0{,}81 \text{ V}$$

$$\approx 3{,}0 \cdot 10^{-19} \text{ J} = \frac{3{,}0 \cdot 10^{-19} \text{ J}}{1{,}6 \cdot 10^{-19} \frac{\text{J}}{\text{eV}}} = 1{,}9 \text{ eV}.$$

Für Cs findet man in der Literatur $W_A = 1{,}95$ eV angegeben. Für andere Metalle ist die Austrittsarbeit größer (siehe Aufgabe 1).

Die Abgabe von Energie durch Licht erfolgt in Energiequanten der Größe

$$W = hf. \quad (475.2)$$

Man nennt sie Lichtquanten oder Photonen. Die Konstante h, Wirkungsquantum oder Plancksche Konstante genannt, ist eine universelle Naturkonstante und hat den Wert

$$h = 6{,}625 \cdot 10^{-34} \text{ Js} = 4{,}133 \cdot 10^{-15} \text{ eV s}.$$

Die Zahl der abgegebenen Quanten je Zeit- und Flächeneinheit ist proportional zum Quadrat der Amplitude der Lichtwellen und bestimmt die Größe des Fotostromes.

Aufgaben:

1. Eine Fotozelle enthält Silber als emittierendes Metall. Von welcher Wellenlänge ab werden Elektronen ausgelöst? (Für Ag ist $W_A = 4{,}7$ eV.)
2. Welche Energien besitzen Photonen, die zu den in Tabelle 474.1 angegebenen Hg-Linien gehören?
3. Kann man nach den Ergebnissen dieses Paragraphen allgemein sagen, Energie sei gequantelt? Welche Größe hat einen bestimmten Wert und gibt so die Quantisierung der Lichtenergie? Was ist, energetisch gesehen, der Unterschied zwischen einem kontinuierlichen und einem Linienspektrum?
4. Welche Versuche legen nahe, daß h beim Fotoeffekt eine allgemeine Naturkonstante ist? Was hängt bei diesen Versuchen vom Kathodenmaterial, was vom Licht ab? Wie wirkt sich die Lichtintensität (Feldstärke E) beim Fotoeffekt aus? Was würde man klassisch erwarten?

§ 152 Methoden der Gewinnung physikalischer Erkenntnisse

Am Beispiel des Fotoeffekts wollen wir nochmals die beiden wesentlichen Methoden verdeutlichen, mit denen man in der physikalischen Forschung Erkenntnisse gewinnt:

a) Wir versuchten, durch logisches Folgern aus den bewährten Gesetzen für die elektromagnetischen Wellen und den *Newton*schen Prinzipien der Mechanik die Geschwindigkeit der Fotoelektronen theoretisch vorherzusagen. **Ein derartiges Vorgehen bezeichnet man als deduktive Methode.** Schon eine qualitative Betrachtung zeigt uns, daß die Fotoelektronen um so stärker beschleunigt werden sollten, je größer die Feldstärke E der Lichtwelle und damit die Bestrahlungsstärke $B_S = \varepsilon_o \varepsilon_r c \hat{E}^2$ sind. Die Energie eines einzelnen Fotoelektrons müßte also mit der Feldstärke E steigen; unterhalb einer bestimmten Feldstärke sollte das Licht nicht die zum Ablösen der Elektronen nötige Energie aufbringen können. Die Frequenz f dürfte dagegen nach $B_S = \varepsilon_o \varepsilon_r c \hat{E}^2$ keinen Einfluß auf die Energie eines Fotoelektrons haben. Alle solchen aus der klassischen Theorie *deduktiv* gezogenen Schlüsse wurden von den Experimenten *drastisch widerlegt:* Nur die **Zahl** der Fotoelektronen und damit ihre Gesamtenergie ist proportional zu $\hat{E}^2$. Diese klassische Theorie bewahrheitet sich also nur bei Vorgängen im makroskopischen Bereich, an denen viele Elektronen beteiligt sind; sie wird nur dort **verifiziert**, das heißt für wahr befunden (verus, lat.; wahr). Bei Prozessen mit einzelnen Elektronen versagt sie aber völlig: Die *deduktiven* Folgerungen werden von den Experimenten als falsch zurückgewiesen, obwohl sie in sich logisch schlüssig sind; sie werden **falsifiziert.** Bereits diese eine *Falsifikation* zeigt eine Grenze des Gültigkeitsbereichs der Theorie elektromagnetischer Wellen. Die Mikrophysik kann also nicht widerspruchsfrei in das bestehende, festgefügte System der klassischen Physik eingeordnet werden.

b) Jedes Versagen der deduktiven Methode zwingt uns, einen ganz neuen Zugang zu versuchen. Wir gehen **induktiv** vor und wählen **Versuche** als Ausgangspunkt. Diese Versuche sind in zweifacher Hinsicht unvollständig: Erstens liefern sie nur wenige Meßwerte. Um die Existenz der allgemeinen Konstanten h zu sichern, müssen wir die vielen, zum Teil andersartigen Messungen und Versuche hinzufügen, die von vielen Experimentatoren ausgeführt wurden. Zweitens bedürfen die Versuchsergebnisse einer *physikalischen Deutung,* sonst bleiben sie eben nur eine Zusammenfassung von Meßwerten. Diese Deutung wurde als kreative, schöpferische Leistung von dem großen und genialen Physiker *A. Einstein* vorgeschlagen. Sie erschien selbst dem Vater der Quantenmechanik, *Max Planck,* so kühn, daß er seine Zweifel erst nach weiteren Bestätigungen der *Einstein*schen Deutung aufgab. Die *Einstein*sche Deutung galt zunächst nur als interessante *Hypothese,* wurde dann aber durch zahlreiche *Verifikationen* in den Rang einer neuen *Theorie* erhoben. Als solche wird auf sie das unter (a) beschriebene *deduktive* Verfahren angewandt; sie kann durch viele Experimente *verifiziert* oder schon durch ein einziges *falsifiziert* werden.

> **Beim *induktiven* Verfahren** versucht man, aus hinreichend vielen experimentellen Daten Gesetze zu finden und durch Aufstellen von Hypothesen zu deuten, das heißt, sie in den Rang einer Theorie zu erheben. Hierzu bedarf es der kreativen Fähigkeit des menschlichen Geistes.
>
> ***Deduktive*** Herleitungen aus einer Theorie muß man durch Versuche prüfen. Sie werden dabei *verifiziert* oder *falsifiziert*. Verifikationen erhöhen das Vertrauen in die Theorie; eine einzige, gesicherte Falsifikation erzwingt eine Einschränkung, die Abänderung oder sogar die vollständige Aufgabe der Theorie. Durch *Verifikationen* wird die Theorie weiter gesichert, durch eine *Falsifikation* ist sie zu verwerfen oder zumindest einzuschränken.

Für uns stellt sich jetzt die wichtige Frage: Gibt es gleichzeitig zwei Lichttheorien nebeneinander, jede streng auf ihren Bereich beschränkt, oder erweist sich die klassische Lichttheorie als Grenzfall der umfassenderen Quantentheorie, wie sich die Strahlenoptik als Grenzfall der Wellenoptik bei nicht zu engen Öffnungen erwiesen hat?

§ 153 Photonenimpuls und Compton-Effekt

Nach *Gl. 471.1* hat Licht der Gesamtenergie W_{ges} die Masse $m_{ges} = W_{ges}/c^2$. Dies gilt auch für die kleinste sinnvolle Energiemenge $W = hf$, das Photon. Nach *Gl. 471.2* hat es die Masse $m = W/c^2 = hf/c^2$, jedoch keine Ruhemasse. Wegen seiner Masse wird Licht im Schwerefeld eines Weltkörpers von der geraden Bahn abgelenkt. Aus seiner Masse und der Lichtgeschwindigkeit c können wir den *Impuls* berechnen, den ein Lichtquant mit sich führt:

$$p = mc = \frac{hf}{c^2}c = \frac{hf}{c} = \frac{W}{c} = \frac{h}{\lambda}. \tag{477.1}$$

Photonen befreien mit ihrer Energie hf Elektronen aus Metallen. *A.H. Compton* untersuchte 1923, ob Photonen aufgrund ihres Impulses auch Stöße auf Elektronen ausüben können. Damit eine eventuelle Ablösearbeit ohne Bedeutung bleibt, ließ er Photonen von kurzwelligem Röntgenlicht, also mit großem Impuls, auf Elektronen in Graphit fallen, die nur schwach gebunden sind. Nach den schon in der klassischen Physik bewährten Erhaltungssätzen von Energie und Impuls lassen sich dann die Versuchsergebnisse voraussagen.

Die Elektronen werden im allgemeinen in nichtzentralem Stoß getroffen und deshalb unter verschiedenen Winkeln α bis zu 90° gegenüber der Richtung des einfallenden Lichts weggestoßen („Rückstoßelektronen"). Dabei bekommen sie aus dem Energievorrat $W = hf_0$ des Photons eine kinetische Energie W_{kin}, die um so größer wird, je kleiner α ist (siehe *Abb. 478.1*). Das Quant mit der Energie hf_0 und dem Impuls h/λ_0 verschwindet. Dafür wird ein *neues* mit kleinerer Energie hf und kleinerem Impuls h/λ, also größerer Wellenlänge $\lambda = h/p$, unter dem Winkel β ausgesandt: Der Energiesatz fordert $hf = hf_0 - W_{kin}$. Die Frequenzabnahme ist von der Größe des Streuwinkels β abhängig. Man findet bei der Messung der Wellenlänge des gestreuten Lichts um so niedrigere Frequenzen, je weiter man das auf die Auftreffstelle gerichtete Spektrometer aus der Gegenrichtung zum einfallenden Licht herausdreht *(Abb. 478.1)*. Nach den Stoßgesetzen wird

Energie an das gestoßene Teilchen nur dann in nennenswertem Maße abgegeben, wenn die Massen des stoßenden und des gestoßenen Teilchens etwa gleich groß sind. Der **Compton-Effekt** ist deshalb nur unter dieser Voraussetzung bedeutend. Die Wellenlänge des Lichts, dessen Quanten die gleiche Masse haben wie ein Elektron (m_e), nennt man *Compton-Wellenlänge* λ_c des Elektrons. Für diese Quanten gilt

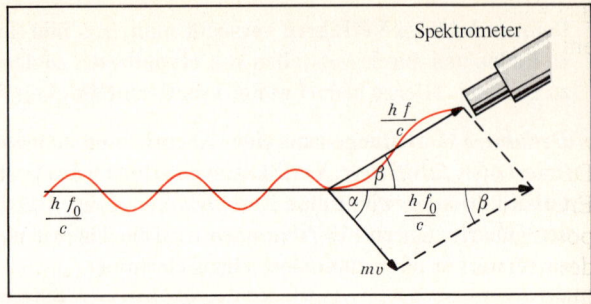

478.1 Compton-Effekt

$$W = m_e c^2 = h f_c = \frac{hc}{\lambda_c}, \quad \text{also} \quad \lambda_c = \frac{c}{f_c} = \frac{h}{m_e c} = 2{,}4 \cdot 10^{-12}\,\text{m} = 2{,}4\,\text{pm}.$$

Sie liegt also im kurzwelligen Röntgenbereich. Man braucht dafür eine Röntgenröhre, die mit der sehr hohen Spannung von 500000 V betrieben wird.

§ 154 Weitere quantenphysikalisch erklärbare Vorgänge

1. Paarbildung und Zerstrahlung

Obwohl Lichtquanten keine Ruhemasse haben, können sie sich in Teilchen mit endlicher Ruhemasse umwandeln. *Abb. 478.2* zeigt die Nebelkammeraufnahme einer Bleiplatte, auf die von unten energiereiche Röntgenstrahlen fallen. Ein magnetisches Feld durchsetzt die Kammer senkrecht zur Zeichenebene. Es fallen die von der Bleiplatte aus senkrecht nach oben beginnenden symmetrischen Bahnen gleicher Krümmung nach rechts und nach links auf. Aus der Entfernung der Kondenströpfchen voneinander konnte man auf die Geschwindigkeit der ionisierenden Teilchen schließen, aus der Ablenkung im Magnetfeld auf das Vorzeichen ihrer Ladung und aus dem Bahnradius auf ihre Masse. Das eine war positiv, das andere negativ geladen. Beide Male handelte es sich um eine Elementarladung. Sie haben gleiche Geschwindigkeit und die gleiche Masse wie Elektronen. Die Erklärung liefern *Quantenphysik* und *Relativitätstheorie:* Ein γ-Quant verwandelt sich in ein Elektron und ein Positron; diesen Vorgang nennt man **Paarbildung**. Die Quantenenergie hf geht über in die nach der *Einsteinschen Gleichung* $W = mc^2$ zu berechnende Energie $2m_e c^2$

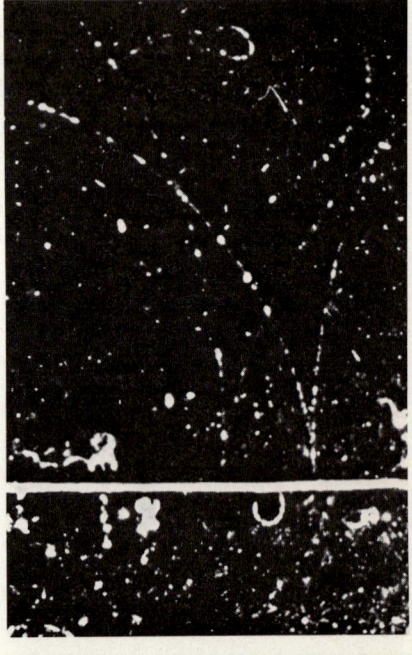

478.2 Wilsonkammeraufnahme einer Paarbildung (Elektronenzwilling)

der beiden Ruhemassen m_e, der Rest bleibt zu gleichen Teilen als kinetische Energie bei den beiden entstandenen Teilchen. Da $2m_e c^2 = 2 \cdot 9{,}1 \cdot 10^{-31} \cdot 9 \cdot 10^{16}$ J $= 16{,}4 \cdot 10^{-14}$ J $= 1{,}02$ MeV ist, gilt:

$$hf = 2m_e c^2 + W_{kin} = 1{,}02 \text{ MeV} + W_{kin}.$$

γ-Quanten mit weniger als 1,02 MeV können demnach diesen **Paarbildungseffekt** nicht zeigen. Dagegen überwiegt er bei höher werdender Energie gegenüber *Foto-* und *Compton-Effekt*. Der Energie- und der Ladungserhaltungssatz sind erfüllt. Das ungeladene Photon erzeugt je eine positive und negative Elementarladung. Die Berechnung der Impulse zeigt einen *Impulsüberschuß* des Photons. Er muß von einem *dritten* Stoßpartner, hier von einem Kern eines Bleiatoms, übernommen werden. Deshalb kann die *Paarbildung* nie im Vakuum, sondern nur im Bereich schwerer Kerne auftreten.

Versuch 5: Ein ziegelförmiges Bleistück wird auf die kleinste Seitenfläche gestellt; das Na 22-Präparat und ein γ-Zählrohr werden nicht weit vom oberen Rand angebracht. Die *Abb. 479.1* zeigt die Anordnung in der Draufsicht. Das γ-Zählrohr Z steht mit seiner Längsachse parallel zur langen Kante des Blocks und ist so durch eine ziemlich dicke Schicht Blei vor dem direkten Einfall von Strahlen geschützt. Wir messen etwa 250 Impulse je Minute. Nun bringen wir eine Metallplatte, zum Beispiel 1 cm dickes Eisen, in die Stellung 1 oder 2 (gestrichelt eingetragen) in den Weg der Strahlen. In beiden Fällen gehen die Impulszahlen stark in die Höhe, auf 450 bis 550 je Minute. Eine Hülse aus 0,5 mm starkem Messingblech um das Zählrohr hat wenig Einfluß auf die Zählraten. Diese Tatsache läßt auf γ-Strahlen schließen.

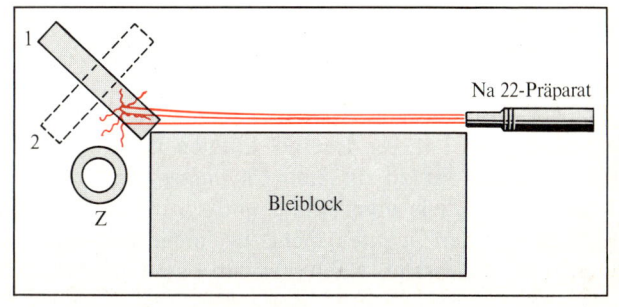

479.1 Nachweis der Zerstrahlung eines Elektronenzwillings

Man kann das Versuchsergebnis als Umkehrung der Paarerzeugung deuten. Das Positron wird zuerst im Metall abgebremst, dann reagiert es mit einem Metallelektron. Dabei verschwinden beide Teilchen und es entstehen bei dieser **Zerstrahlung** zwei γ-Quanten, die ihre Energie nach *genau entgegengesetzten* Richtungen wegschicken. Ersichtlich gilt der Ladungserhaltungssatz, nach dem Energiesatz bekommt jedes der beiden Quanten eine Energie $hf = m_e c^2 = 0{,}51$ MeV. Der Impuls vor und nach der Reaktion ist Null, weil sich die Impulse der beiden Quanten aufheben. Die hohe Anfangszählrate stammt aus Zerstrahlungen im Bleiblock. Ersetzen wir im Versuch zur Kontrolle den β^+-Strahler durch den β^--Strahler Sr 90, so finden wir ohne eingebrachte Metallplatte eine Rate von etwa 50 Impulsen je Minute. Sie wird durch die Platte in der Stellung 1 nicht beeinflußt. In der Stellung 2 dagegen kommen viele Sekundärelektronen zum Zählrohr und erhöhen die Zählrate auf etwa 340 in der Minute. Sie erniedrigt sich auf etwa 60 je Minute, wenn die Hülse aus 0,5 mm starkem Messingblech um das Zählrohr gelegt wird. Wird der Bleiblock entfernt und das Zählrohr direkt von den β^--Teilchen getroffen, dann finden wir eine sehr hohe Zählrate. Auch diese sehr hohe Zählrate geht fast auf Null zurück, wenn die Teilchen auch noch die Messinghülse durchdringen müssen. Das zeigt, daß es sich jetzt nicht mehr um Positronen, sondern um Elektronen handelt. Elektronen werden nämlich in der Messinghülse absorbiert und können nicht mehr in das Zählrohr gelangen. Positronen dagegen würden dort nach der Abbremsung zerstrahlen und γ-Quanten erzeugen, die fast gar nicht geschwächt würden und deshalb ins Zählrohr eintreten könnten.

2. Die Grenzwellenlänge von Röntgenspektren

Röntgenspektren, die man mit Hilfe von Kristallen wegen ihrer extrem kleinen Gitterabstände aufnehmen kann, brechen nach der kurzwelligen Seite in einer *Grenzwellenlänge* λ_g ab. Die auf die Anode der Röntgenröhre prallenden Elektronen geben dort ihre ganze Energie eU in einem einzigen Stoß ab und erzeugen ein Röntgenquant nach

$$W = eU = hf_g = \frac{hc}{\lambda_g}; \quad \lambda_g = \frac{hc}{eU}. \tag{480.1}$$

Nach dieser Gleichung konnte man h verhältnismäßig leicht und genau messen. Dies ist ein weiteres Argument für die Richtigkeit quantentheoretischer Vorstellungen.

3. Biologische und chemische Quantenprozesse

Die UV-Komponente des Sonnenlichts verursacht Sonnenbrand auf der menschlichen Haut, denn Lichtquanten höherer Energie können in Eiweißmolekülen der Hautzellen einen Fotoeffekt auslösen, der Anlaß für eine *Umbildung* des betroffenen Moleküls ist. Das kann die Lebensprozesse der Zelle unterbinden und zusätzlich vergiftend wirken. Bei längerwelligem Licht reicht die Energie der Quanten nicht für solche Prozesse aus, es erzeugt auch bei hohen Intensitäten keinen Sonnenbrand. Auch hier tritt eine Grenzwellenlänge λ_g auf wie beim Fotoeffekt.

Die Ärzte haben erkannt, daß die energiereichen Quanten der Röntgen- und γ-Strahlen unsere Zellen in gleicher Weise schädigen und dabei Anlaß zu Krebserkrankungen geben können. Sind die Gonadenzellen betroffen, so kann das die Gene beeinflussen und zu *Mutationen* in den Nachkommen führen (Gonaden = Geschlechtsdrüsen, Gene = Träger der Erbanlagen, Mutation = unplanmäßige Änderung im Erbgefüge).

Fotografische Schichten bestehen aus hellen Silberbromidkörnern, die — gegeneinander isoliert — in eine Gelatineschicht eingebettet sind. In den Körnern absorbierte Lichtquanten genügend großer Energie (mehr als 1 eV) lösen an einzelnen Elektronen der AgBr-Körner einen inneren Fotoeffekt aus (siehe Seite 482). Der Entwickler schwärzt nur die durch solche Prozesse präparierten AgBr-Körner durch Ausscheidung von kolloidalem Silber. Die Zahl der geschwärzten Körner mit einem Durchmesser der Größenordnung 1 µm ist deshalb ein Maß für die Zahl der absorbierten Lichtquanten. Bei diesem fotografischen Prozeß reicht also die Energie von Quanten mit weniger als etwa 1 eV (nahes Infrarot mit 1200 nm) nicht mehr aus, um Silberbromidkriställchen zu präparieren. Mit Licht größerer Wellenlänge kann man nicht fotografieren, auch wenn es in großer Intensität auffällt.

Ein ähnliches Verhalten des Lichts findet man oft in der Chemie, sei es bei der Entzündung von Chlorknallgas oder bei der *Fotosynthese*, bei der Kohlenhydrate in den grünen Teilen der Pflanzen aus Kohlendioxid und Wasser gebildet werden. Lichtquanten liefern die für diese Prozesse nötige Energie.

Erzeugung und Vernichtung eines Elektronen-Positronen-Paares können nur quantenphysikalisch erklärt werden. Um ein Elektron zu erzeugen, braucht man mindestens die Energie $W = 0{,}51$ MeV. Die Sätze der Erhaltung von Energie, Impuls, Masse und Ladung gelten bei jedem Einzelprozeß.

In *Tabelle 481.1* sind die Eigenschaften elektromagnetischer Wellen der verschiedensten Herkunft und ihrer Photonen aufgeführt. Wir entnehmen ihr insbesondere die Werte der Photonenenergien $W = hf$ für die einzelnen Herkunftsarten sowie die Massenäquivalente dieser Energien.

Tabelle 481.1

Bezeichnung	Wellenlänge λ * obere Grenze	Frequenz f in Hz	Photonenenergie W in eV	Masse m als Vielfaches von m_e
a) elektrotechnisch erzeugt: Wechselstromwelle Langwellen UKW Mikrowellen	 6000 km * 1 km * 1 m * 10 cm bis 0,05 mm	 50 $3 \cdot 10^5$ $3 \cdot 10^8$ $3 \cdot 10^9$ $6 \cdot 10^{12}$	 $2 \cdot 10^{-13}$ $1,2 \cdot 10^{-9}$ $1,2 \cdot 10^{-6}$ $1,2 \cdot 10^{-5}$ $2,5 \cdot 10^{-2}$	 $4 \cdot 10^{-19}$ $2,4 \cdot 10^{-15}$ $2,4 \cdot 10^{-12}$ $2,4 \cdot 10^{-11}$ $4,8 \cdot 10^{-8}$
b) durch Atom- bzw. Molekül- schwingungen und in der äußeren Atomhülle erzeugt: Infrarot Rot Violett Ultraviolett bis	 1 mm * 750 nm * 440 nm * 10^{-8} m	 $3 \cdot 10^{11}$ $4 \cdot 10^{14}$ $6,8 \cdot 10^{14}$ $3 \cdot 10^{16}$	 $1,2 \cdot 10^{-3}$ 1,7 2,8 $1,2 \cdot 10^2$	 $2,4 \cdot 10^{-9}$ $3,2 \cdot 10^{-6}$ $5,5 \cdot 10^{-6}$ $2,4 \cdot 10^{-4}$
c) Röntgenstrahlen	10^{-7} m bis 10^{-13} m	$3 \cdot 10^{15}$ $3 \cdot 10^{21}$	$1,2 \cdot 10$ $1,2 \cdot 10^7$	$2,4 \cdot 10^{-5}$ $2,4 \cdot 10^1$
d) Gammastrahlen	10^{-11} m bis 10^{-14} m	$3 \cdot 10^{19}$ $3 \cdot 10^{22}$	$1,2 \cdot 10^5$ $1,2 \cdot 10^8$	$2,4 \cdot 10^{-1}$ $2,4 \cdot 10^2$
e) Kosmische Strahlen	$< 10^{-14}$ m	$> 3 \cdot 10^{22}$	$> 10^8$	$> 10^2$

> **Die Strahlung des elektromagnetischen Gesamtspektrums ist gequantelt: sie nimmt Energie nur in ganzzahligen Vielfachen von hf auf und gibt sie auch nur als solche ab.**

§ 155 Die Wahrscheinlichkeitsdichte von Photonenlokalisationen

Die Verteilung von Photonenlokalisationen

Nach der *Maxwellschen Theorie* für elektromagnetische Wellen müßte die Energiedichte $\varrho = \varepsilon_0 \hat{E}^2$ auf einer Wellenfront stetig verteilt sein. Dem widerspricht die gequantelte Energieabgabe. Wir wollen nun untersuchen, ob die Energieabgabe kontinuierlich oder in „Punktereignissen" konzentriert auftritt:

Versuch 6: Laserlicht fällt auf einen Doppelspalt mit einem Abstand der Spalte von etwa 1 mm. Das entstandene Beugungsbild wird unmittelbar auf einen sehr feinkörnigen Film geworfen (Empfindlichkeit nicht über 15 Din). Hierzu schraubt man aus einem Fotoapparat das Objektiv und bringt ihn unmittelbar hinter den Doppelspalt. Die Helligkeit des Lichts wird durch Polarisationsfolien beim Austritt aus dem Laser sehr stark herabgesetzt. Dann belichtet man aufeinanderfolgende Filmbilder mit 1/1000 s, 1/100 s, usw., und entwickelt den Film. Unter dem Mikroskop sieht man bei 600facher Vergrößerung, wie sich das Beugungsbild des Doppelspalts mit steigender Belichtungszeit aus einer wachsenden Zahl unregelmäßig verteilter, gleich aussehender schwarzer Silberkörner aufbaut (*Abb. 482.1* gibt nur einen schwachen Eindruck von der im Mikroskop zu beobachtenden Kornschärfe). An Stellen großer Lichtintensität liegen sie dichter. Sie fehlen ganz an den Stellen, die wegen der Interferenz kein Licht bekamen. Mit zunehmender Belichtungszeit nimmt die *Zahl*, nicht aber die *Schwärzung* der einzelnen Körner zu. Aus der Grenzwellenlänge bei Fotoschichten (1200 nm) wissen wir, daß zur Schwärzung Quanten mit einer Energie von mindestens 1 eV nötig sind. Die geschwärzten Körner deuten auf die **scharf lokalisierten** Orte einer solchen Energieabgabe an einzelne Elektronen in einem solchen Korn hin. Diese **Photonenlokalisationen** sind auch bei gleichmäßiger Belichtung **statistisch** verteilt; sie erfolgen **stochastisch** (stochastisch = nur den Gesetzen der **Wahrscheinlichkeit** unterliegend).

> **Lokalisationen von Photonen in der fotografischen Schicht sind selbst bei gleichmäßiger Belichtung statistisch verteilt, sie erfolgen stochastisch. Die Wahrscheinlichkeit für Photonenlokalisationen (die Wahrscheinlichkeitsdichte σ) ist an stark belichteten Stellen groß, an schwach belichteten Stellen klein.**

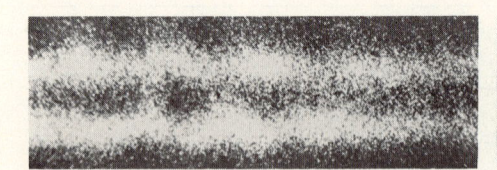

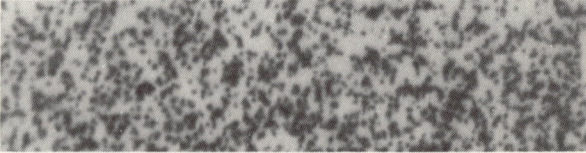

482.1 Beugungsbilder des Doppelspaltes bei verschiedener Belichtungszeit und Vergrößerung.

Nun ist die Verteilung der Bestrahlungsstärke B_S hinter einem Einzel- oder Doppelspalt durch das Intensitätsdiagramm streng bestimmt, *streng determiniert* (determinare, lat.; bestimmen). Sie kann aus Spaltweite, Spaltabstand, Wellenlänge usw. genau vorausberechnet und etwa mit einer Fotodiode exakt ausgemessen werden. Diese streng vorausberechenbare Bestrahlungsstärke B_S regelt die **Wahrscheinlichkeitsdichte** σ der *statistisch* verteilten Photonenlokalisationen. Der genaue Ort der einzelnen Lokalisation kann dagegen nicht vorausgesagt werden, er unterliegt statistischen Gesetzen.

> **Durch die geometrische Anordnung (etwa eines Beugungsversuchs) und die Wellenlänge ist die Verteilung der Bestrahlungsstärke B_S, das heißt das Amplitudenquadrat $\hat{E}^2$ streng determiniert, also auch die Wahrscheinlichkeitsdichte σ der statistisch verteilten Photonenlokalisationen.**

Damit gewinnen wir eine weitere, für die Quantenphysik äußerst charakteristische und wichtige Erkenntnis: Nach ihr unterliegen **alle Einzelprozesse** in der Quantenmechanik nur **Wahrscheinlichkeitsgesetzen**. Ein AgBr-Kristall in Versuch 6 kann durch Zufall sofort bei Beginn des Lichteinfalls ein Quant aufnehmen, benachbarte Kriställchen unter Umständen erst nach langer Zeit. Welches als nächstes getroffen wird, kann man nicht vorhersagen. Man darf aber nicht schlechtweg behaupten, die Quantenphysik sei akausal, denn die Wahrscheinlichkeitsdichte σ für solche Lokalisationsprozesse ist streng bestimmt.

> **In der Quantenphysik sind Einzelprozesse stochastischer Natur; bei großer Häufigkeit unterliegt ihre Wahrscheinlichkeitsdichte aber streng determinierten, kausalen Gesetzen.**

§ 156 Die Unbestimmtheitsrelation beim Licht

1. Beugung am Spalt

Versuch 7: Wir lassen Laserlicht auf einen engen Spalt der Breite b fallen. Ein Schirm im Abstand $a (a \gg b)$ hinter dem Spalt fängt ein Beugungsbild auf, wie es in *Abb. 483.1* wiedergegeben ist. Neben einem hellen Hauptmaximum, das breiter als der Spalt ist, gibt es nicht so helle, durch dunkle Zwischenräume getrennte Nebenmaxima. *Abb. 483.1* zeigt die Intensitätsverteilung des Lichts in der Beugungsfigur. Man erhält sie, wenn man eine kleine Fotodiode durch das Beugungsbild führt und die Anzeigen des angeschlossenen Meßverstärkers über den einzelnen Punkten des Beugungsbilds als Ordinaten aufträgt.

Wellenoptisch läßt sich das Versuchsergebnis leicht erklären. Dazu denken wir uns die Spaltbreite b nach *Abb. 483.2* in eine größere Zahl von zum Beispiel 60 Elementarzentren in gleichmäßigen Abständen zerlegt. Da $b \ll a$ ist, fällt das Licht von den verschiedenen Spaltzentren so gut parallel in einem Punkt des Schirms ein, daß wir von der leichten Konvergenz absehen können. Für einen bestimmten Winkel φ_0 ist der Gangunterschied der von den Zentren 1 und 31 ausgehenden Elementarwellen $\lambda/2$. Dies gilt aber auch für die von 2 und 32, 3 und 33 usw. ausgehenden Wellen. So löschen sich für diese Richtung alle Elementarwellen durch Interferenz aus; φ_0 ist die Richtung zum ersten Minimum. Als Bedingung hierfür finden wir aus dem Dreieck ABC

$$\sin \varphi_0 = \lambda/b. \qquad (483.1)$$

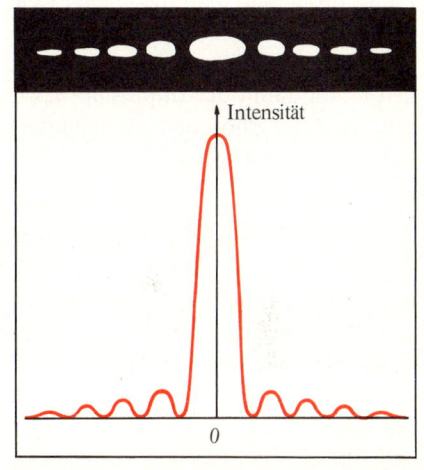

483.1 Beugungsfigur und Intensitätsverteilung für Laserlicht am Einfachspalt.

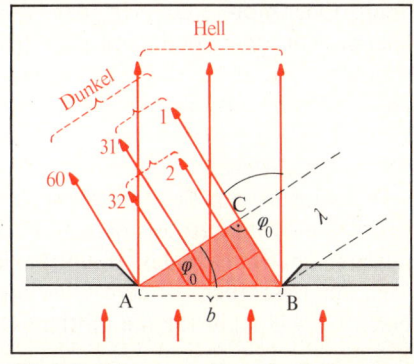

483.2 Spaltbeugung. Entstehung des ersten Minimums

Bei dieser Addition mit dem Ergebnis Null haben wir von der Tatsache Gebrauch gemacht, daß es bei einer Addition nicht auf die Reihenfolge der Summanden ankommt. Bei einem bestimmten Winkel φ_1 ($\varphi_1 > \varphi_0$) löscht sich das Licht von 1. bereits mit Licht vom 21., Licht vom 2. mit dem vom 22., ..., Licht vom 20. mit Licht vom 40. Zentrum aus und es bleibt eine geringe Intensität von den Zentren 41 bis 60 *(Abb. 484.1)*. Allerdings treten auch hier im Streifen III Gangunterschiede von den einzelnen Zentren auf; sie sind aber immer kleiner als $\lambda/2$. Das Ergebnis sind die beiden ersten Nebenmaxima.

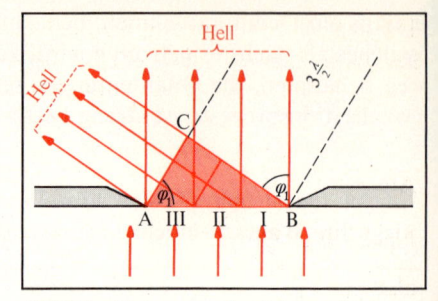

484.1 Spaltbeugung. Entstehung des ersten Nebenmaximums

2. Quantenphysikalische Betrachtung der Spaltbeugung

Wenn beim Beugungsversuch 7 die Spaltbreite b sehr groß gegenüber der Wellenlänge λ ist, so wird nach *Gl. 483.1* der Beugungswinkel φ_0 vernachlässigbar klein. In diesem Grenzfall tritt das Licht durch den Spalt ungebeugt hindurch, so wie man es nach der geometrischen Optik erwartet: Dann könnte man sich die Photonen aber als klassische Massenpunkte vorstellen, die nach dem Trägheitssatz in Strahlrichtung auf geradlinigen Bahnen fliegen, längs derer Ort und Geschwindigkeit v und damit der Impuls $p = m \cdot v$ stets scharf angegeben werden können. Wir wollen nun zeigen, daß bei Photonen als Quantenobjekten die Anwendbarkeit der Begriffe Ort und Impuls gegeneinander abgegrenzt ist.

Wir denken uns zunächst unmittelbar hinter dem Einzelspalt der Breite b eine Fotoplatte angebracht *(Abb. 484.2)*. Dann könnten wir auf ihr den Ort künftiger Photonenlokalisationen im Bereich $0 < x < b$ nur mit der Unsicherheit $\overline{\Delta x}$ der Ortskoordinate x voraussagen, die in der Größenordnung der Spaltbreite liegt: $\overline{\Delta x} \approx b$. Vergrößern wir nun den Abstand der Platte von der Spaltöffnung, so sehen wir die Beugungsfigur der *Abb. 484.2 oben*, die sich aus einzelnen Photonenlokalisationen zusammensetzt. Aus der Verbreiterung der Beugungsfigur müssen wir folgern, daß die Photonen im Spalt Querimpulse Δp_x in der x-Richtung erhalten haben. Vor dem Spalt besaßen sie einen scharf bestimmten, exakt in der Strahlrichtung liegenden Impulsvektor p vom Betrag $p = h/\lambda$; p_x war Null. Wir

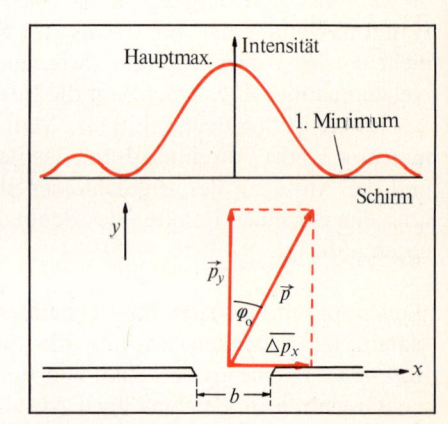

484.2 Impulsverteilung bei der Laserlichtbeugung am Einzelspalt

können nun die Größe der einzelnen Querimpulse Δp_x nicht vorhersagen. Wohl aber können wir einen Mittelwert $\overline{\Delta p_x}$ für ihre Beträge angeben, wenn wir die statistisch verteilten Photonenlokalisationen der Beugungsfigur betrachten. In grober, aber einfacher Näherung berechnen wir diesen Mittelwert aus dem Winkel φ_0 zum ersten Minimum. Zwar liegen die meisten Lokalisationen im Bereich des Hauptmaximums; aber dafür gehören zu den weiter außenliegenden Maxima wesentlich größere Querimpulse, so daß diese Art der Berechnung gerechtfertigt ist. Nach *Gl. 483.1* gilt für die mittlere Ortsunschärfe $\overline{\Delta x}$

$$\sin \varphi_0 = \frac{\lambda}{b} \approx \frac{\lambda}{\overline{\Delta x}}. \tag{484.1}$$

Da sich bei der Beugung die Wellenlänge λ des Lichts und damit der Betrag des Gesamtimpulses $p = h/\lambda$ nicht ändert, gilt für diese Richtung weiter nach *Abb. 484.2*:

$$\sin \varphi_0 = \frac{\overline{\Delta p_x}}{p}. \qquad (485.1)$$

Aus *Gl. 484.1* und *485.1* folgt $\quad \dfrac{\lambda}{\overline{\Delta x}} \approx \dfrac{\overline{\Delta p_x}}{p} \quad$ oder $\quad \overline{\Delta x} \cdot \overline{\Delta p_x} \approx p\lambda$.

Nach *Gl. 477.1* ist $\qquad\qquad\qquad\qquad p\lambda = h$,

also gilt $\qquad\qquad\qquad\qquad\qquad \overline{\Delta x} \cdot \overline{\Delta p_x} \approx h. \qquad (485.2)$

Dies ist die **Heisenbergsche** Unbestimmtheitsrelation, die wir hier zunächst einmal für Photonen erhalten haben.

Wenn man Voraussagen über Ort und Impuls von Photonen machen will, stehen diese beiden Größen nach *Gl. 485.2* **nicht gleichzeitig scharf** zur Verfügung. Sie bleiben in gegenseitiger Relation *unbestimmt*. Legt man den Ort zum Beispiel durch eine extrem enge Spaltöffnung ($\overline{\Delta x} \to 0$) fest, so findet man auf einem entfernten Schirm, daß im Zusammenhang mit dieser Ortsmessung in x-Richtung eine beträchtliche Unbestimmtheit im Impuls $\overline{\Delta p_x}$ in derselben x-Richtung eingetreten ist ($\overline{\Delta p_x} \approx h/\overline{\Delta x} \to \infty$). Bei weiter Spaltöffnung wäre eine Voraussage über die x-Koordinate einer Lokalisierung in der Spaltebene extrem ungenau. Auf einer weit entfernten Auffangfläche ist keine merkliche Beugung, keine seitliche Ablenkung, kein merklicher Querimpuls $\overline{\Delta p_x}$ beim Durchgang durch den Spalt festzustellen: $\overline{\Delta p_x} \approx h/\overline{\Delta x} \to 0$. In diesem Spezialfall einer weiten Spaltöffnung konnten wir früher von der Wellennatur des Lichts absehen. Die geometrische Optik erschien so als Grenzfall der Wellenoptik bei großen Öffnungen. In diesem Fall könnte man die Photonen als *Newtonsche* Korpuskeln ansehen, mit denen *Newton* die geometrische Optik zu erklären versuchte.

Für einen Einzelprozeß kann man in der Quantenphysik durchaus Ort und Impuls für eine Koordinatenrichtung nachträglich genau angeben: für eine Photonenlokalisation genau im Mittelpunkt M des Beugungsmaximums eines extrem engen Spalts ($\overline{\Delta x} \to 0$) ist kein Querimpuls festzustellen ($\overline{\Delta p_x} = 0$). Die Gleichung $\overline{\Delta x} \cdot \overline{\Delta p_x} \approx h$ bezieht sich nicht auf ein Einzelereignis, sondern enthält, wie die Querstriche über den Buchstaben zeigen, Mittelwerte für Voraussagen vieler Beobachtungen.

Die Unbestimmtheitsrelation hat nichts mit den Meßungenauigkeiten zu tun, die durch menschliche oder apparative Unvollkommenheit verursacht sind. Diese Ungenauigkeiten treten zusätzlich auf.

Hinter den zufälligen Einzelereignissen der Mikrophysik stehen nach den heutigen Erkenntnissen **keine** uns noch unbekannten verborgenen Größen, die doch noch eine *kausale Beschreibung* zuließen, wenn wir solche Größen kennen würden. Dagegen ist das Ergebnis eines Würfelwurfes im Grunde nicht zufällig. Vielmehr hängt es kausal von der Abwurfbewegung der Hand, der Wurfhöhe, der Oberflächenbeschaffenheit von Tisch und Würfel usw. ab. Doch kann man solche im Prinzip durchaus erkennbaren Größen wegen mangelhafter Präzision in der Beobachtung nicht genau genug verfolgen, um das Ergebnis eines Wurfes exakt vorauszusagen. In diesem klassischen Beispiel erwarten wir aber unter Berufung auf die Kausalität der klassischen Physik wenigstens im Prinzip eine exakte Vorausberechenbarkeit. Die Akausalität des klassisch betrachteten Würfelspiels ist nur *scheinbar*, die der Quantenphysik dagegen *grundsätzlich*. Natürlich wirkt diese Akausalität der Quantenphysik im Prinzip auch auf das makroskopische Würfelspiel; doch tritt sie gegenüber den oben genannten makroskopischen Meßfehlern völlig zurück.

486   Quantenphysik des Lichts

> **Für Photonen gilt die *Heisenbergsche* Unbestimmtheitsrelation**
>
> $$\overline{\Delta x} \cdot \overline{\Delta p_x} = h.$$
>
> $\overline{\Delta x}$ und $\overline{\Delta p_x}$ **stellen Mittelwerte der Unbestimmtheiten für Ort und Impuls in einem bestimmten Zeitpunkt dar.**
>
> **Nach dieser gegenseitigen Relation sind Voraussagen über gleichzeitig auftretende Werte für Ort und Impuls unbestimmt.**

Aufgaben:

1. *Kann man den Ort oder den Impuls eines Photons für sich scharf bestimmen? Geben Sie Beispiele an!*
2. *Wie groß ist die Impulsunschärfe in Querrichtung in Prozenten des Gesamtimpulses für Photonen der Wellenlänge $\lambda = 600$ nm hinter einer Öffnung von 1 cm Breite (Schlüsselloch)?*
3. *Man könnte vermuten, die Beugung der Photonen rühre daher, daß sie an den Spaltschneiden streifen und so einen Querimpuls erhalten. Was spricht dagegen?*

§ 157   Photonen — klassische Korpuskeln oder Wellen?

1.   Sind Photonen Newtonsche Korpuskeln?

Die Energie von Lichtwellen ist gequantelt; Photonen können Stöße auf Elektronen ausführen (Compton-Effekt) oder ihre Energie beim Fotoeffekt wieder an einzelne Elektronen abgeben, und zwar stets in lokalisierten „Punktereignissen". Dies könnte zum Schluß führen, die Photonen würden als kleine Körperchen *(Korpuskeln)* im Sinne der *Newtonschen Mechanik* auf Bahnen durch den Raum fliegen und auf diesen Bahnen mehr oder weniger zufällig ein Atom oder ein Elektron treffen. Betrachten wir unter diesem Aspekt den Doppelspaltversuch aus der Optik *(Abb. 486.1)*:

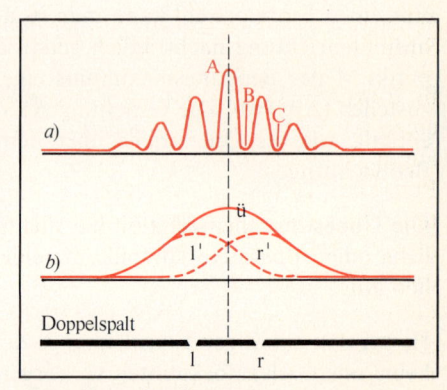

486.1 Doppelspaltversuch

Versuch 8: Verdeckt man zunächst den linken Spalt 1, so findet man die bekannte, breite Beugungsfigur r′ des rechten, engen Einzelspaltes (gezeichnet ist nur das Hauptmaximum). Verdeckt man nur den rechten Spalt r, so erhält man die nur wenig nach links verschobene, gleichartige Intensitätsverteilung l′ des linken Spaltes. Denkt man sich nun beide Spalte geöffnet und stellt sich die Photonen auch unterwegs als lokalisierbare Korpuskeln vor, dann muß jedes entweder durch den linken oder rechten Spalt gegangen sein. Deshalb erwartet man die Überlagerungskurve ü aus den Kurven l′ und r′ *(Abb. 486.1b)*. Wenn zum Beispiel ein Photon nach dieser Annahme seine Bahn durch l nimmt, so ist für sein weiteres Verhalten völlig gleichgültig, ob der rechte

Spalt r offen oder geschlossen ist. Das Versuchsergebnis widerlegt jedoch diese Vorstellung *drastisch*: Man erhält die Verteilung der *Abb. 486.1a*. Ganz nahe neben der optischen Achse mit ihrem bekannten Maximum A liegen die nach der Wellenoptik berechenbaren Minima B, C, usw. *Man kann also das Photon nicht als Teilchen ansehen, das sich auf berechenbaren Bahnen oder überhaupt auf Bahnen bewegt*! Die beobachtete Photonenverteilung auf dem Schirm steht jedoch in vollem Einklang mit der auf Seite 481 eingeführten Wahrscheinlichkeitsdichte σ, die dem Amplitudenquadrat der Lichtwelle am Auffangschirm proportional ist. Die Amplituden entstehen dabei durch Interferenz derjenigen beiden Elementarwellen, die gleichzeitig aus dem linken und rechten Spalt kommen. Diese Aussage wird sich auch künftig stets als richtig erweisen. Die Lokalisation des Photons an einem bestimmten Ort tritt erst bei der Ortsmessung auf der Fotoplatte ein. Vorher kann man ihm keinen Ort zuschreiben.

2. Bilden Photonen eine Welle?

Man kann nun auf verschiedene Weise versuchen, dieses eigenartige Zusammenspiel von ausgedehnter Welle und von den zweifelsfrei beobachteten Punktereignissen zu deuten und zu veranschaulichen:

a) Man könnte vermuten, daß die Lichtwelle — ähnlich wie eine Wasserwelle — durch die Relativbewegung vieler eng benachbarter Photonen gegeneinander entsteht. Um dies zu prüfen, führte man Interferenz- und Beugungsversuche mit so stark „verdünntem" Licht aus, daß die Photonen mit einem Abstand von etwa 100 m aufeinanderfolgen würden, also auf keinen Fall durch ihre Relativbewegung eine Welle von etwa 600 nm Wellenlänge bilden könnten. Dabei war jeweils höchstens 1 Photon in der Apparatur. Trotzdem baute sich nach monatelanger Belichtung das gewohnte Beugungsbild auf; jedes einzelne Photon fügte sich in das Interferenzbild ein. Es traf zum Beispiel nie eine Nullstelle der Intensität. Unser Versuch 6 entsprach diesem mit großer Sorgfalt ausgeführten wissenschaftlichen Experiment.

b) Es könnte nun gefolgert werden, daß jedes Photon für sich eine Welle bildet oder zumindest einen Ausschnitt aus einem Wellenfeld. Seine Energie wäre nach dieser klassischen Vorstellung auf einen größeren Bereich verteilt. Da sich ein einzelnes Photon im Versuch 6 aber stets in einem Punktereignis als Ganzes zeigt und zum Beispiel ein Silberkorn schwärzt, müßte sich diese verteilte Energie und die zugehörige Masse bei der Lokalisation momentan mit Überlichtgeschwindigkeit — also im Widerspruch zur Relativitätstheorie — in einen Punkt zusammenziehen. Noch deutlicher wird dies, wenn wir die Lichtbeugung bei geringster Intensität — etwa an einem Gitter — beobachten. Da sich eine Welle dabei in viele „Ordnungen" aufteilt, müßte sich auch ein Photon teilen. Doch es zeigt sich stets auf dem Schirm als Ganzes in einem unteilbaren Punktereignis an einer Stelle der Beugungsfigur. Wir können also zunächst nur enttäuscht feststellen:

Lichtquanten sind *weder* auf Bahnen fliegende Korpuskeln *noch* Wellen mit kontinuierlicher Energieverteilung. Sie können durch klassische Vorstellungen nicht erfaßt werden.

Man darf aber andererseits nicht sagen, Photonen seien Scheingebilde; sie sind real, wir können ihr Verhalten durch klassische Begriffe wie Energie ($W=hf$), Impuls ($p=h/\lambda$), Masse ($m=hf/c^2$), Lokalisationsort usw. beschreiben. Diese Tatsachen rechtfertigen es, das Photon als *konkretes*, *reales* und für uns neuartiges **Mikroobjekt** zu bezeichnen. Als solches reiht man es zu den anderen

Elementarteilchen wie Elektronen, Protonen und Neutronen. Wir werden später sehen, daß sich diese anderen in fast jeder Hinsicht wie das Photon verhalten; nur mit dem Unterschied, daß sie eine Ruhemasse haben. Die besonderen, der klassischen Physik widersprechenden Eigenschaften der Mikroobjekte lassen sich am Photon besonders leicht demonstrieren; deshalb wurde gerade das Photon so ausführlich behandelt.

3. Rückblick

Bei der Darstellung der Quantenphysik des Lichts haben wir immer wieder vom Licht als einer elektromagnetischen Welle gesprochen. Auch die wichtigste Bestimmungsgröße des elektrischen Feldes, die elektrische Feldstärke E, wurde dabei erwähnt. Bei der Wechselwirkung von Licht und Materie in *Einzelprozessen* trat diese Größe aber nicht auf. Man mußte die Lichtwelle neu interpretieren, nämlich als **Wahrscheinlichkeitswelle.** Ihr Amplitudenquadrat gibt die Wahrscheinlichkeit für das Eintreten beobachtbarer, lokalisierter Einzelereignisse an (Schwärzung der Körner einer Fotoplatte, Auslösung von Fotoelektronen). Solche Ereignisse nannten wir **Photonenlokalisationen.** Von *Bahnen* konnten wir bei Photonen allerdings **nicht** sprechen, denn es handelt sich bei ihnen **nicht** um *klassische Teilchen*, die stets scharfe Werte für Ort und Impuls besitzen.

Den Vorzug der *Beschreibung von Einzelereignissen* mit Hilfe einer *Wahrscheinlichkeitswelle* zeigt folgende Überlegung: Licht gehe von einem Atom aus, das in einer Gasentladungsröhre durch Stoß angeregt wurde. Die Kugelwelle, die mit Lichtgeschwindigkeit vom Ort ihrer Entstehung wegeilt, können wir uns ohne Widerspruch zu den Versuchen als Wahrscheinlichkeitswelle vorstellen. Die Wahrscheinlichkeit für eine Photonenlokalisation ist in jedem Punkt einer Kugelschale um das Atom gleich. Wäre die Welle aber elektromagnetisch im vollen *klassischen* Sinne, also mit kontinuierlicher Energie- und Masseverteilung, so müßte sich im Augenblick der Lokalisation die gesamte Photonenenergie $W = hf$ und die Photonenmasse $m = W/c^2$ auf den *Lokalisationspunkt* zusammenziehen. Da der Radius der Welle inzwischen sehr groß geworden sein könnte, müßte dies mit *Überlichtgeschwindigkeit* geschehen, was nach aller Erfahrung nicht möglich ist. Die einzelne Kugelwelle um ein Elementarereignis ist also **keine** elektromagnetische Welle im vollen klassischen Sinne mit kontinuierlicher Energieverteilung.

Man hat inzwischen erkannt, daß die *elektromagnetische* Seite der Lichtwelle erst voll in Erscheinung tritt, wenn **sehr viele** Photonen gleicher Frequenz in einem zusammenhängenden Wellenzug untersucht werden können. Dies ist zum Beispiel bei der Abstrahlung eines schwingenden elektrischen Dipols der Fall. Bringt man einen Empfangsdipol in den Raum um den Sender, so wirken sehr viele, wenn auch energiearme Photonen auf den Empfänger ein und erzeugen in ihm die elektrische Schwingung, mit der man das Senderfeld nach Feldstärke und Phasenlage ausmessen kann. Diese Photonen verschwinden zwar dabei, doch sind noch genügend viele zur Erhaltung der elektromagnetischen Welle übrig. Einen Wellenzug, dem nur ein Quant zugeordnet ist, kann man dagegen nicht in seinem ganzen Bereich ausmessen.

Die Energiegleichung $W = hf$ und die Impulsgleichung $p = h/\lambda$ geben die Möglichkeit, die nur nach **Wahrscheinlichkeitsgesetzen** eintretenden Einzelereignisse der Quantenphysik mit *klassischen Begriffen* zu beschreiben. Unsere Experimentiergeräte sind stets makroskopisch und messen deshalb Größen der klassischen Physik wie Ort, Impuls, Energie usw. Die *Unbestimmtheitsrelation* zeigt, inwieweit diese Größen auch auf Mikrogebilde anwendbar sind. Die *Mittelwerte quantenmechanischer Größen* gehorchen bei einer sehr großen Zahl von beobachteten Zufallsereignissen *denselben klassischen Gesetzen* wie die entsprechenden makroskopischen Größen. Die klassische Optik ist also ein Grenzfall der Quantenphysik.

Quantenphysik des Elektrons

§ 158 *De Broglie*-Wellen; Wahrscheinlichkeitswellen; Schrödingergleichung

1. Elektronenbeugung

1927 fanden *Davisson* und *Germer* beim Beschuß von dünnen Metallfolien mit Elektronenstrahlen höchst erstaunliche Ergebnisse. Die Elektronen wurden nämlich genau in diejenigen Richtungen gestreut, in denen auch die Beugungsmaxima von Strahlen mit Wellencharakter zu erwarten wären. Man vergleiche in Abb. 489.1 das Bild, das von an einer Silberfolie gebeugten Röntgenstrahlen stammt, mit dem von gebeugten Elektronen. Schon 1924 vermutete der französische Physiker *Louis de Broglie* aus theoretischen Erwägungen, insbesondere aus Symmetrieüberlegungen heraus, daß auch sogenannten Teilchenstrahlen eine Wellenlänge zukomme. Er sprach von **Materiewellen.** Für ihre Wellenlänge gab er dieselbe Gleichung wie für Photonen an, falls sich die Teilchen nicht in einem äußeren Kraftfeld befinden:

$$\lambda = h/p \quad (de \ Broglie\text{-Wellenlänge}).$$

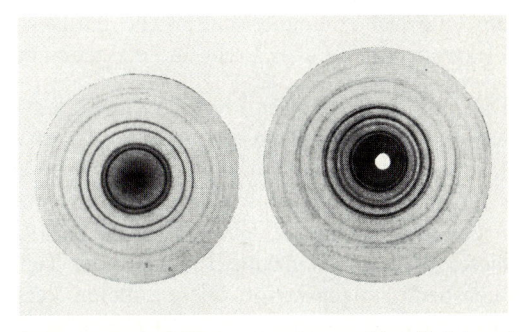

489.1 Beugungsbild von Röntgenstrahlen (links) und Elektronenstrahlen (rechts) an einer Ag-Folie

Es war ein Triumph für seine kühne Idee, daß die so berechnete Wellenlänge die Versuche von *Davisson* und *Germer* richtig erklärte. In einem Schulversuch können wir die Elektronenbeugung zeigen:

Versuch 9: In einem evakuierten Glaskolben befinden sich als „Elektronenkanone" eine Glühkathode mit Fokussierungszylinder und eine durchbohrte Anode *(Abb. 489.2)*. Die Anodenspannung beträgt 5 kV. Hinter der Anodenöffnung entsteht ein feiner Strahl parallel fliegender Elektronen. Diese durchsetzen zunächst eine dünne Schicht aus polykristallinem Graphit und treffen dann auf einen fluoreszenzfähigen Belag auf der Innenseite des Glaskolbens. Die Auftreffstellen fluoreszieren in grünlichem Licht. Wir finden einen hellen zentralen Fleck als Beugungsfigur nullter Ordnung und mehrere konzentrische Kreisringe. Abb. 489.2 zeigt neben dem vereinfachten Schnitt durch die Röhre ein Intensitätsdiagramm der Beugungsfigur.

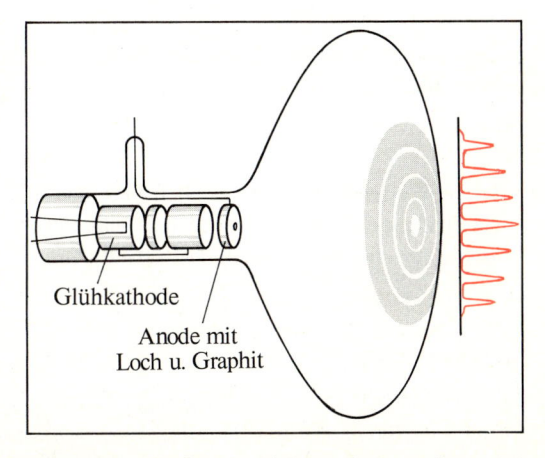

489.2 Beugungsfigur und Intensitätsverteilung bei der Elektronenbeugung an Graphit

2. Wahrscheinlichkeitswellen bei Elektronen und Schrödingergleichung

Die nächstliegende Deutung der beobachteten Interferenzerscheinung wäre die, daß sich die Elektronen gegenseitig so zueinander bewegen wie Luftteilchen in einer Schallwelle. Tatsächlich sind sie aber in einem Strahl räumlich so weit voneinander entfernt, daß diese Deutung ausgeschlossen ist: Ihr gegenseitiger Abstand ist etwa 10^5mal größer als die durch *Gl. 475.2* angegebene Wellenlänge und 10mal größer als die Foliendicke in Versuch 9.

Es gibt darüber hinaus keine Anhaltspunkte für die Vorstellung, daß es sich bei den Elektronen um eine elektromagnetische Welle handelt. Elektrische und magnetische Felder lenken zwar Elektronen, nicht aber Licht und elektromagnetische Wellen ab.

Da nach *de Broglie* für Photonen und Elektronen dieselbe Gleichung $p = h/\lambda$ gilt, liegt es nahe, Materiewellen durch dieselbe Art von Wellen zu deuten, nämlich durch Wahrscheinlichkeitswellen. Ihre Amplitude bezeichnen wir mit ψ. Das Amplitudenquadrat $|\psi|^2$ gibt die **Wahrscheinlichkeitsdichte** σ für Elektronenlokalisationen in einem Raumbezirk ΔV im Zeitraum Δt an. Der österreichische Physiker *E. Schrödinger* stellte 1926 eine Gleichung auf, mit der man die Amplitude dieser Wellen für einzelne Teilchen oder Teilchensysteme ausrechnen kann, wenn man die Versuchsbedingungen kennt. Diese äußeren Versuchsbedingungen, wie zum Beispiel die Breite eines Beugungsspaltes oder die Teilchenenergie, bezeichnet man als **Randbedingungen.** Wir werden unsere Probleme befriedigend lösen können mit einfacheren Mitteln, zum Beispiel mit der Unbestimmtheitsrelation oder durch Analogien mit Licht, bei dem wir ähnliche Probleme experimentell behandeln konnten. An den geschwärzten Stellen der Beugungsbilder der *Abb. 483.1* und *489.1* ist $|\psi|^2$ groß; ebenso auf den hellen Ringen der Elektronenbeugungsröhre, die wir in Versuch 9 beobachteten.

Die aus der *Schrödingergleichung* berechnete Antreffwahrscheinlichkeit $|\psi|^2$ ist genauso kontinuierlich, wie die aus den *Maxwellschen* Gleichungen folgende Helligkeitsverteilung in der Optik. Beide sind noch nicht „quantisiert", das heißt, sie lassen keine „Punktereignisse" erkennen, die auf diskrete Photonen oder Elektronen hindeuten. Die *Schrödingergleichung* bekommt erst ihre volle quantentheoretische Bedeutung, wenn man nach *Born* $|\psi|^2$ als *Wahrscheinlichkeitsdichte* von Elektronenlokalisationen deutet.

Den Elektronen sind Wahrscheinlichkeitswellen zugeordnet. Ihre Wellenlänge heißt *de Broglie-Wellenlänge* und ist

$$\lambda = \frac{h}{p}. \tag{490.1}$$

Diese Wahrscheinlichkeitswellen befolgen die *Schrödingergleichung*. Sie erlaubt, das Verhalten von Mikrogebilden zu berechnen, wenn man ihr Amplitudenquadrat $|\psi|^2$ als Wahrscheinlichkeitsdichte für eine Elektronenlokalisation deutet.

Aufgabe:

Berechnen Sie die de Broglie-Wellenlänge eines Staubkörnchens der Masse $m = 10^{-12}$ g und der Geschwindigkeit $v = 300$ ms^{-1}! Welche Ablenkung würde es durch ein Gitter der Gitterkonstante 10^{-3} mm in 1 m Entfernung in der 10. Ordnung erfahren? Welche Folgerung ziehen Sie hieraus für die Gültigkeit der klassischen Mechanik?

§ 159 Elektronenbeugung am Doppelspalt

Elektronen zeigen beim Durchgang durch Kristalle Beugungseffekte. Wir erwarten deshalb Beugung auch beim Durchgang von Elektronen durch einen Doppelspalt. Auf einem Auffangschirm müßten dabei die Elektronenlokalisationen in geeigneter Weise festgestellt werden, zum Beispiel durch Schwärzen von Silberbromidkörnern in einer Fotoplatte, durch Erregung von Fluoreszenz wie auf dem Schirm einer Fernsehröhre oder mit Hilfe von Geigerzählern. Die Wellenlänge von 50 kV-Elektronen beträgt nur 17 pm. Sie ist damit etwa 30000mal kleiner als die Lichtwellenlängen, die wir in der Wellenoptik mit einem solchen Doppelspaltversuch bestimmen konnten. Entsprechend kleiner fallen auch die Beugungswinkel aus. Wir können deshalb diesen Versuch nicht in der Schule ausführen. Im folgenden sei das Ergebnis beschrieben:

Öffnet man in der Anordnung nach *Abb. 491.1* jeweils nur einen Spalt, so bekommt man als Trefferbild auf dem Schirm im wesentlichen einen verbreiterten Mittelstreifen (Kurve l' oder r' in *Abb. 491.1b*). Wären die Elektronen klassische Korpuskeln, dann würde man nach dem Öffnen beider Spalte erwarten, daß sich die Intensitäten so addieren, wie es die Kurve ü der *Abb. 491.1b* zeigt. Denn ein klassisches Korpuskel kann ja entweder nur durch den Spalt l oder r gekommen sein. Man findet aber statt dessen eine Intensivitätsverteilung, wie sie Teil *a* der Abbildung wiedergibt. Diese Beugungsfigur entspricht völlig der von Licht, das durch einen Doppelspalt fiel. Tatsächlich ergibt die Berechnung der Interferenzen unter Voraussetzung der Wellenlänge $\lambda = \dfrac{h}{p}$ genau das, was der Versuch zeigt.

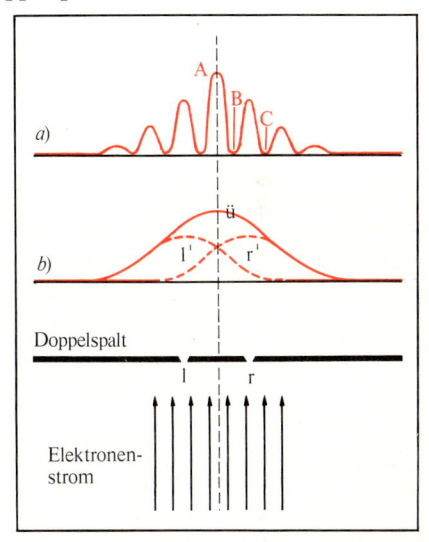

491.1 Elektronenbeugung am Doppelspalt. Klassisch zu erwartende (*b*) und tatsächlich beobachtete (*a*) Intensitätsverteilung

Dieser Vorgang kann folgendermaßen erklärt werden. Vor dem Doppelspalt haben die Wahrscheinlichkeitswellen überall die gleiche Amplitude. Die Elektronen sind in einem Zustand mit scharfem Impuls, aber völlig unbestimmtem Ort. Die Wahrscheinlichkeit einer Lokalisation, die durch das Quadrat der Amplitude gegeben ist, wäre für jeden Punkt eines dort angebrachten Auffangschirms gleich groß. Von den beiden Spalten gehen zwei interferierende Systeme von Wahrscheinlichkeitswellen aus. Die Wahrscheinlichkeit für Lokalisationen auf einem Schirm hinter dem Doppelspalt wird wieder durch das Quadrat einer Wellenamplitude gegeben, allerdings nach Interferenz an dieser Stelle. Deshalb kann diese Welle an den Stellen B und C der *Abb. 491.1* ein Amplitudenminimum haben, obwohl dort die Amplitude sowohl der Kurve l' als auch der Kurve r' recht stattliche Beträge erreicht! Anders ausgedrückt: Bei klassischen Korpuskeln würden sich hinter zwei Spalten die beiden Trefferwahrscheinlichkeiten addieren, was zu dem zunächst erwarteten Trefferbild ü führen würde. Bei Elektronen addieren sich aber zuerst die beiden Amplituden ψ_1 und ψ_2 zu $\psi = \psi_1 + \psi_2$. Aus $|\psi|^2 = |\psi_1 + \psi_2|^2$ folgt dann die Wahrscheinlichkeit von Elektronenlokalisationen. Ist zum Beispiel $\psi_1 = -\psi_2$, so bewirkt die Interferenz Auslöschung der Welle; es treten Nullstellen der Intensität wie in den Punkten B und C ein, weil $|\psi_1 + \psi_2|^2 = 0$ ist. Man beachte, daß $|\psi_1|^2 + |\psi_2|^2$ immer größer Null wäre!

Nach diesem Versuchsergebnis ist klar, daß man auch bei Elektronen **nicht** von *Bahnen* sprechen kann. Wir kommen sofort in gedankliche Schwierigkeiten, wenn wir bei unserem Versuch an Elektronenbahnen auch nur denken. Würden wir annehmen, daß bei einem sehr verdünnten Elektronenstrahl etwa jede Minute jeweils ein Elektron durch den linken Spalt oder durch den rechten gegangen wäre, so könnte keine Interferenz eintreten und nach hinlänglich langer Zeit müßte sich das Beugungsbild ü der *Abb. 491.1b* ergeben. Sehr genaue Versuche haben aber gezeigt, daß auch dann genau die alte Interferenzstruktur auftritt.

Man kann also nicht sagen, daß man aus experimentellen Gründen die Bahn nicht feststellen kann, vielmehr ist der Bahnbegriff selbst in diesen Fällen nicht zulässig! *Wie das Photon ist das Elektron also weder eine klassische Welle noch ein klassisches Teilchen.* Man kommt deshalb immer wieder in Schwierigkeiten, wenn man die Elektronen mit Hilfe der klassischen Modelle Welle oder Korpuskel verstehen will oder wenn man vom *Dualismus* Welle-Korpuskel spricht. Dagegen läßt sich alles, was man aus Messungen über das Verhalten von Elektronen erfahren kann, aus der Wahrscheinlichkeitswelle herleiten, deren Amplitudenquadrat die Wahrscheinlichkeit für eine Lokalisation angibt.

> **Elektronen verhalten sich genau wie Photonen *weder* wie klassische Wellen *noch* wie klassische Teilchen. Die aus der Wahrscheinlichkeitswelle gezogenen Folgerungen beschreiben ihr Verhalten so vollständig, wie es allen möglichen Experimenten entspricht.**

§ 160 Unbestimmtheitsrelation bei Elektronen

1. Beugung von Elektronen am Einzelspalt

Auch dieser Versuch ist in der Schule nicht durchführbar; deshalb beschränken wir uns auf seine Beschreibung. Aus einer weit entfernten Glühkathode bewegt sich ein Strom von Elektronen mit einheitlichem, scharf bestimmten Impuls p_y in y-Richtung auf einen Spalt der Breite b zu, nachdem er durch eine Spannung beschleunigt worden ist *(Abb. 492.1)*. Eine Lokalisation an irgendeiner Stelle im Spalt müßte man mit einer mittleren Unsicherheit $\overline{\Delta x}$ angeben, die in der Größenordnung der Spaltbreite b liegt: $\overline{\Delta x} \approx b$; denn sie könnte an jeder Stelle des Spaltquerschnitts mit der gleichen Wahrscheinlichkeit eintreten. Auf einem Schirm weit hinter dem Spalt würden wir ein Beugungsbild finden, das genau dem Interferenzbild bei der Beugung von Licht an einem Spalt entspricht *(Abb. 483.1)*. Wir müssen also auch bei Elektronen annehmen, daß sie im Spalt einen mittleren Querimpuls $\overline{\Delta p_x}$ bekommen haben, den sie vorher

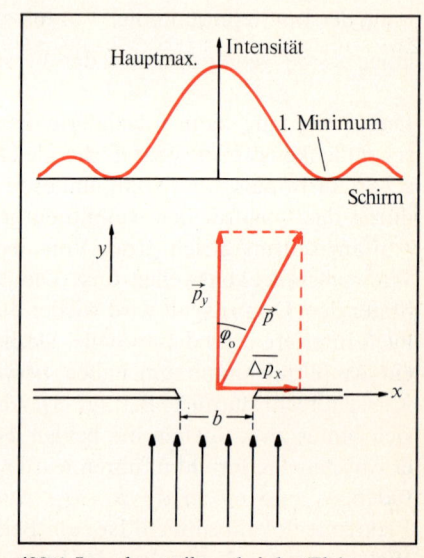

492.1 Impulsverteilung bei der Elektronenbeugung am Einfachspalt

nicht hatten. Die Überlegungen, die wir Seite 484 bei Photonen gemacht haben, gelten deshalb auch für Elektronen und damit auch die *Heisenbergsche* Unbestimmtheitsrelation:

$$\overline{\Delta x} \cdot \overline{\Delta p_x} \approx h. \tag{493.1}$$

Nach dieser Gleichung sind auch bei Elektronen Ort und Impuls nie gleichzeitig scharf.

Wir wollen noch einmal festhalten, daß sich bei Elektronenbeugungsversuchen die Elektronen in zwei extremen Zuständen befinden: *Vor* dem Spalt ist der Ort x in der Querrichtung des breiten Stroms ganz unbestimmt, der Wert des Querimpulses aber identisch Null, $\overline{\Delta p_x} \approx h/\overline{\Delta x} \to 0$. Der Strom fließt deshalb nicht merklich auseinander. Auch in der Stromrichtung ist der Ort y ganz unbestimmt, der Impuls p_y ganz scharf, also $\overline{\Delta p_y} \approx h/\overline{\Delta y} \to 0$. In einem ganz engen Spalt ($\overline{\Delta x} \to 0$) dagegen ist die Ortsunbestimmtheit $\overline{\Delta x}$ in der Querrichtung extrem klein, dafür ist aber der Mittelwert der Beträge der Querimpulse besonders groß ($\overline{\Delta p_x} \approx h/\overline{\Delta x} \to \infty$), so daß Lokalisationen hinter dem Spalt auf einem breit auseinandergezogenen Band zu erwarten sind. Somit haben *äußere* Versuchsbedingungen die Elektronen in *verschiedene* Zustände gezwungen, in denen aber nicht alle klassischen Größen gleichzeitig scharf sind. Es ist also unmöglich, Zustände herzustellen, die *Gl. 493.1* widersprechen.

2. Erweiterung

Betrachtungen über den Elektronenzustand vor dem Spalt, die wir für zwei Dimensionen (x, y) des Raums angestellt haben, machen es wahrscheinlich, und die Forschung hat die Vermutung bestätigt, daß *Gl. 493.1* für **alle drei Dimensionen** des Raumes jeweils **gleichzeitig** gültig ist. Darüber hinaus gilt sie nicht nur für Photonen und Elektronen, sondern für alle Mikroobjekte. Weiter hat man gefunden, daß Unbestimmtheitsrelationen nicht nur für das Produkt aus Ort und Impuls gelten, sondern für je zwei Größen, deren Produkt die Dimension einer Wirkung hat, also zum Beispiel für Energie und Zeitdauer:

$$\overline{\Delta W} \cdot \overline{\Delta t} \approx h. \tag{493.2}$$

Zwei solche Größen nennt man *komplementär*.

3. Die Gültigkeit der Unbestimmtheitsrelation in der Makrophysik

Da alle Makrogebilde der Physik aus Mikrogebilden zusammengesetzt sind, muß die *Heisenbergsche* Unbestimmtheitsrelation auch in der Makrophysik gelten. Betrachten wir ein Beispiel: Ein Staubkörnchen mit 10^{-3} mm Durchmesser und einer Dichte $\varrho = 2$ g cm^{-3} habe eine Geschwindigkeit $v = 300$ ms^{-1} und eine Masse von $m = 2 \cdot 10^{-12}$ g $= 2 \cdot 10^{-15}$ kg. Sein Ort sei durch ein Supermikroskop mit einer Genauigkeit von etwa 1 Atomdurchmesser, also auf $\overline{\Delta x} = 10^{-10}$ m festgestellt worden. Für die theoretische Unschärfe des Impulses folgt aus *Gl. 493.1*:

$$\overline{\Delta p_x} \approx \frac{h}{\overline{\Delta x}} = \frac{6{,}6 \cdot 10^{-34}}{10^{-10}} \frac{\text{m kg}}{\text{s}} \approx 6 \cdot 10^{-24} \frac{\text{m kg}}{\text{s}}.$$

Die Geschwindigkeit v besitzt also wegen $v = \frac{p}{m}$ die mittlere Unschärfe

$$\overline{\Delta v} \approx \frac{6 \cdot 10^{-24}}{2 \cdot 10^{-15}} \frac{\text{m kg}}{\text{s kg}} \approx 3 \cdot 10^{-9} \frac{\text{m}}{\text{s}}.$$

Das ist um Zehnerpotenzen weniger als die unvermeidlichen Meßungenauigkeiten. Die durch die *Heisenbergsche* Relation festgelegte gegenseitige Unbestimmtheit von Ort und Impuls geht also in der Makrophysik völlig in den Meßfehlern unter und muß deshalb dort nicht berücksichtigt werden. Ein Beispiel, bei dem uns Elektronen wie klassische Teilchen mit bestimmtem Ort und Impuls, also mit definierter Bahn, erschienen, ist das Fadenstrahlrohr: Hat die Öffnung der Anode einen Durchmesser von 0,1 mm, so ist die Ortsunschärfe beim Durchtritt $\overline{\Delta x} = 10^{-4}$ m. Die Unschärfe des dadurch erzwungenen Querimpulses ist

$$\overline{\Delta p_x} \approx \frac{h}{\overline{\Delta x}} \approx 6{,}6 \cdot 10^{-30} \, \frac{\text{m kg}}{\text{s}}.$$

Bei 100 V Beschleunigungsspannung ist der Impuls der Elektronen in der Flugrichtung

$$p_y = m\, v_y = m \sqrt{\frac{2eU}{m}} = \sqrt{2eUm} \approx 5 \cdot 10^{-24} \, \frac{\text{m kg}}{\text{s}}.$$

Bei einer Entfernung von $l = 0{,}5$ m von der Anode gibt das eine Aufweitung des Strahls quer zur beobachteten Kreisbahn von $\frac{\overline{\Delta p_x}}{p_y} \cdot l \approx 10^{-6}$ m. Die Meßfehler sind mindestens 100mal so groß. Wir dürfen bei solchen Versuchen also Elektronen unbedenklich wie klassische Teilchen *behandeln*. Aber wir sollten immer daran denken, daß sie **keine klassischen Teilchen sind**!

4. Ortseinschränkung und Elektronenenergie

Auch für quantenphysikalische Objekte gilt, daß sie kinetische Energie $W_{\text{kin}} = \frac{1}{2} m v^2 = \frac{p^2}{2m}$ haben, wenn sie einen Impuls besitzen. Den Elektronen in der Spaltöffnung mußten wir einen Querimpuls zuschreiben, obwohl sie vor dem Spalt keinen besaßen. Da es bei der Ableitung der mittleren Größe dieses Querimpulses $\overline{p_x}$ auf den Betrag p_y des Impulses in der Stromrichtung nicht ankam, trifft dies auch für solche Elektronen zu, die in der Grenze keinen Impuls senkrecht zur Spaltebene haben, die im Spalt also eingesperrt sind. Auf kleinen Raum beschränkte Elektronen haben also kinetische Energie, die um so größer ist, je kleiner die Abmessungen sind.

Zwei Größen heißen *komplementär*, wenn ihr Produkt die Dimension einer Wirkung (Energie mal Zeit) hat. Für zwei komplementäre Größen gilt in der Mikrophysik die *Heisenbergsche Unbestimmtheitsrelation*, zum Beispiel

für Ort und Impuls $\qquad\qquad \overline{\Delta x} \cdot \overline{\Delta p} \approx h$

für Energie und Zeit $\qquad\qquad \overline{\Delta W} \cdot \overline{\Delta t} \approx h$.

Diese Relation legt für komplementäre Größen eine gegenseitig bestimmte *Unschärfe* fest (Abweichung vom Mittelwert).

Die klassische Physik ist insofern ein Grenzfall der Quantenphysik, als in ihr die Unbestimmtheitsrelation zwar gilt, aber wegen der unvermeidlich größeren Meßfehler bedeutungslos wird.

Aufgabe:

Führen Sie anhand der Spaltbeugung die Überlegungen ganz durch, die zur Unbestimmtheitsrelation für das Elektron führen (nicht nur durch Verweis auf die Ableitung beim Photon)!

§ 161 Rückblick

1. Quantenphysik und klassische Physik

Die Quantenphysik hat sich zu einer geschlossenen physikalischen Theorie für Mikrogebilde entwickelt. An eine solche Theorie müssen vier Forderungen gestellt werden:

a) Die Theorie muß die **Erfahrungen** ihres **Gültigkeitsbereichs** richtig wiedergeben; sie darf also nicht mit Experimenten im Widerspruch stehen. Ein solcher Widerspruch wäre zum Beispiel gegeben, wenn sie Photonen und Elektronen als Korpuskeln im klassischen Sinn auffaßte; denn das ist nicht mit dem Ergebnis der Doppelspaltversuche zu vereinen.

b) Die Theorie muß in sich **logisch** und **widerspruchsfrei** sein. Die Aussage: Mikrogebilde verhalten sich teils wie Wellen, teils wie Teilchen (vorwissenschaftliche Dualismusauffassung), paßt nicht in eine geschlossene Theorie. Durch die *Bornsche* Deutung der *de Broglie*-Wellen als Wahrscheinlichkeitswellen hat sich die heutige Quantenphysik von diesem logischen Widerspruch befreit.

c) Die Theorie muß **möglichst einfach** sein; sie muß mit **wenigen Begriffen** und **Grundgesetzen** auskommen. Die Quantentheorie wird auf das beschränkt, was beobachtbar ist. Zusätzliche unbewiesene Behauptungen werden trotz ihrer möglichen Anschaulichkeit vermieden, weil sie der nicht anwendbaren Makrophysik entnommen sind. Modelle wie klassische Welle oder klassisches Teilchen führen in der Quantenphysik zu Widersprüchen. Werden die beobachteten Interferenzerscheinungen dagegen auf einen Wellenformalismus für Wahrscheinlichkeitswellen zurückgeführt, so ist darin alles Notwendige enthalten, um sämtliche Versuche mit Mikrogebilden zu beschreiben. Sucht man nach einem Träger solcher Wellen, so kommt man in die gleichen Schwierigkeiten, die der Wissenschaft so lange bei der Erforschung des Lichts zu schaffen machten, als man einen mechanischen Äther als Träger ansah. Beim Licht haben wir uns inzwischen daran gewöhnt, diese Frage nach dem Träger nicht zu stellen. Ein Mehr an Vorstellbarem führt nur zu Schwierigkeiten und Widersprüchen. Eine einfache Theorie muß eben nicht anschaulich in allen Einzelheiten vorstellbar sein, sondern mit möglichst *wenig Grundannahmen* die *Erfahrung beschreiben* und *Voraussagen erlauben*. Es ist wesentlich, letztlich das **Experiment als Prüfstein** für die Richtigkeit einer Theorie anzusehen und falsche Vorstellungen aufgrund experimenteller Erfahrungen zu korrigieren, beziehungsweise ganz aufzugeben.

d) Die Quantentheorie muß sich in das **System der Physik einfügen.** Dabei stören zunächst die zahlreichen Widersprüche zur klassischen Physik. Sie entsprechen in vielem den Widersprüchen zwischen der Strahlen- und der Wellenoptik. Die Strahlenoptik erweist sich nur dann als brauchbar, wenn die Wellenlänge λ des Lichts klein gegen die Spaltbreite d ist. Dann werden Beugungswinkel vernachlässigbar klein; das Licht breitet sich als Strahl hinreichend genau geradlinig aus. Analog kann etwa die Beugung der Elektronen beim Durchgang durch eine makroskopische Anodenöffnung vernachlässigt werden, da die *de Broglie*-Wellenlänge sehr klein ist (Seite 494). In diesem Falle wäre es töricht, wollte man das schwere Geschütz der Quantentheorie heranziehen. Dies wird erst in atomaren Dimensionen nötig, etwa wenn man über diese Öffnung eine Kristallfolie klebt (Versuch 9). Wir sehen:

> Die Quantentheorie ist die *umfassende* Theorie, die klassische Physik stellt dagegen nur einen bequemen und ausreichenden Grenzfall für makroskopische Dimensionen oder große Photonenzahlen dar.

2. Kausalitätsprinzip und Objektivierbarkeit in der Physik

Im menschlichen Geist ist der Glaube an die Gültigkeit des **Kausalprinzips** fest verwurzelt. Danach setzt alles Geschehen eine Ursache voraus, woraus es als deren Wirkung folgt. *Kant* spricht vom Kausalgesetz als Vorbedingung unseres Erkennens. *Laplace* konnte sich deshalb in idealisierter Form einen „Dämon" vorstellen, der in einem bestimmten Augenblick Ort und Impuls aller Teilchen des Weltalls und die zwischen ihnen wirkenden Kräfte kennt (man denke vereinfacht an das Planetensystem). Im Sinne der klassischen Kausalität müßte es ihm dann möglich sein, Zukunft und Vergangenheit des Universums zu berechnen — vorausgesetzt, er besitzt die hierzu nötige „Rechenkapazität" (zum Beispiel könnte er alle Finsternisse voraussagen). Die Quantenphysiker haben erkannt, daß ein solcher Dämon im Bereich der Mikrophysik seine Arbeit erst gar nicht beginnen könnte, da dort Ort und Geschwindigkeit auch nur eines Elektrons nicht zugleich scharf bestimmt sind und deshalb auch nicht vorausberechnet werden können. Die Voraussetzung für die Berechenbarkeit einer Wirkung ist ein in allen Einzelheiten **determinierter Zustand** der Ursache (determinare, lat.; bestimmen). Einen solchen voll determinierten Zustand kann man Mikrogebilden nicht zuordnen.

Ist der Ort eines Mikrogebildes scharf bestimmt, so ist er eine **objektive Eigenschaft**, die von beliebig vielen Beobachtern erkannt werden kann. Nach der Unbestimmtheitsrelation ist aber dann sein Impuls völlig unscharf, er ist nicht „*objektivierbar*", kann also dem Elektron in dem betreffenden Zustand nicht zugesprochen werden. Der Zustand, der durch einen scharfen Ort *determiniert* wäre, kann vom *Laplaceschen* Dämon nicht ausgewertet werden. Denn eine Impulsmessung nach der Ortsmessung an ein und demselben Mikroobjekt liefert zwar einen scharfen Impuls, weil sie das Gebilde notwendigerweise in einen solchen Zustand zwingt, sie zerstört aber dadurch die Ortsschärfe völlig. Es fehlt also wieder die Voraussetzung für eine Kausalrechnung im klassischen Sinne.

Von einem *Kausalprinzip* kann man also in der Mikrophysik nicht sprechen; aber man kann die **Wahrscheinlichkeit** für das Eintreten von Ereignissen berechnen. Diese Tatsache ist ein voller Ersatz für das Kausalprinzip, weil aus dieser Wahrscheinlichkeit trotz der nicht objektivierbaren Eigenschaften eines Zustands **alles** vorausgesagt werden kann, was überhaupt experimentell nachprüfbar ist.

Anwendungen auf Elektronen im Atom und Spektrallinien

§ 162 Energiequantelung in der Atomhülle

1. Das Wasserstoffspektrum

Das Licht in Na- und Hg-Lampen zeigt nach der Zerlegung durch Prisma oder Gitter sehr scharfe Spektrallinien. Die Frequenz dieser Linien hängt vom Füllgas der Lampen, also von der Atomart ab, und wurde benutzt, um den Atombau zu erforschen und die bestehenden Atommodelle exakt zu prüfen und zu verbessern. Von 1920 bis 1930 bestand eine wesentliche Aufgabe der Atom- und Quantenphysik darin, das Spektrum des einfachsten Atoms, des Wasserstoffatoms, zu erklären. Wir wollen versuchen, die Anfänge dieses Bemühens verständlich zu machen. Dazu stellen wir ein Wasserstoffspektrum her und analysieren es genauer.

Versuch 10: Eine mit Wasserstoff gefüllte Spektralröhre stellen wir mit ihrer dünnen, hell-leuchtenden Kapillare senkrecht vor einen horizontal angebrachten Maßstab. *Abb. 497.1* zeigt die Anordnung von oben. Durch einen Hochspannungsgleichrichter wird das Gas zum Leuchten angeregt. Blicken wir durch ein optisches Gitter (570 Striche/Millimeter) zur Röhre hin, so sehen wir vor dem Maßstab das weit auseinandergezogene Linienspektrum des Wasserstoffs *(Abb. 497.2)*. Das zum Beispiel in der ersten Ordnung gebeugte Licht einer bestimmten Wellenlänge verläßt das Gitter (nahezu) parallel unter einem Winkel β. Dieses Licht wird von unserem Auge

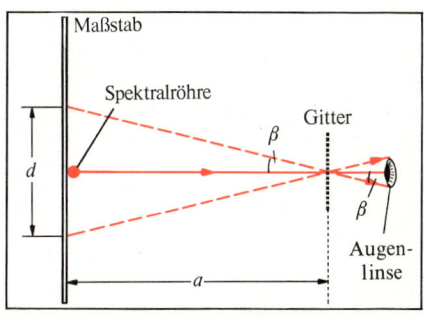

497.1 Subjektive Beobachtung des Linienspektrums von Wasserstoff

auf der Netzhaut als farbiges Bild der Spektralröhre gesammelt. Dieses Bild sehen wir gegen die ins Auge fallenden Parallelstrahlen auf dem Maßstab in der Farbe der zugehörigen Spektrallinie. Der Ablenkungswinkel β wird nach der Gleichung $\tan\beta = \dfrac{d}{2a}$ (497.1)

bestimmt, wobei d der Abstand der beiden symmetrisch liegenden Linien erster Ordnung ist und a die Entfernung des Gitters vom Maßstab. Für λ gilt die Gleichung

$$\sin\beta = \frac{\lambda}{g} \quad \text{mit} \quad g = \frac{1}{570\,000}\,\text{m}, \qquad (497.2)$$

die wir in der Wellenoptik für Gitterversuche gefunden haben (Seite 429).

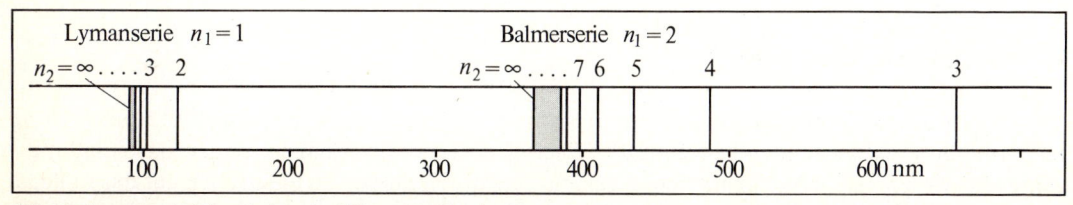

497.2 Die ersten beiden Serien des Wasserstoffspektrums

Weitergehende Messungen ergeben auch im nicht sichtbaren Bereich des Spektrums (UV, IR) Linien. *Abb. 497.2* zeigt die im sichtbaren und im UV-Bereich liegenden Linien. Man kann sie jeweils zu einer Serie zusammenfassen. Bei jeder Serie rücken am kurzwelligen Ende die Linien immer dichter zusammen (in *Abb. 497.2* grau) und brechen dann an der Seriengrenze ab (in *Abb. 497.2* $n=\infty$). Der Baseler Gymnasiallehrer *Balmer* fand 1885 durch Probieren, daß die Frequenzen aller Wasserstofflinien der Gleichung

$$f = R\left(\frac{1}{n_1^2} - \frac{1}{n_2^2}\right) \tag{498.1}$$

gehorchen. Dabei sind n_1 und n_2 natürliche Zahlen und $n_2 > n_1$; R, die sogenannte Rydbergkonstante, hat den Wert $R = 3{,}29 \cdot 10^{15} \frac{1}{s}$.

Hat n_1 den festen Wert 2 und durchläuft n_2 die Werte 3, 4, 5, ..., so erhält man aus *Gl. 498.1* die Frequenzen der fast ganz im sichtbaren Bereich liegenden sogenannten *Balmer-Serie*. Ihre Seriengrenze tritt für $n_1 = 2$ und $n_2 \to \infty$ auf und liegt im UV-Gebiet.

Ist $n_1 = 1$ und nimmt n_2 die Werte 2, 3, 4, ... an, dann erhält man die Frequenzen der sogenannten *Lyman-Serie*, die in der Abbildung neben der Balmer-Serie wiedergegeben ist und im UV-Gebiet liegt. Zu $n_1 > 2$ gehören nicht eingezeichnete Serien im IR-Gebiet.

Die durch *Gl. 498.1* beschriebenen Verhältnisse bei der Lichtemission lassen sich sehr übersichtlich darstellen, wenn man die Terme $\frac{R}{n^2}$ wie in *Abb. 498.1* einträgt. Die Differenzen je zweier Terme ergeben die Frequenzen der zugehörigen Spektrallinien. Folgende Aufstellung zeigt, wie gut Rechnung und Beobachtung übereinstimmen:

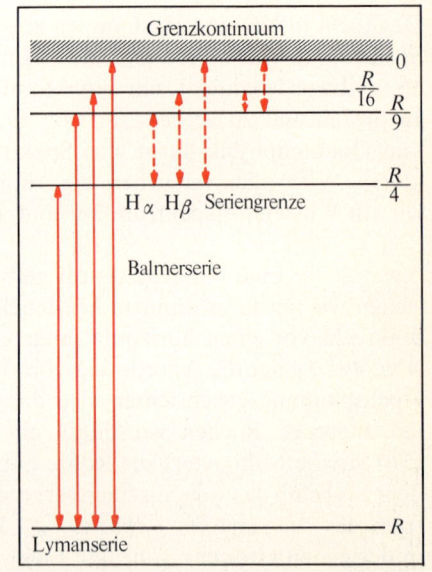

498.1 Termschema des Wasserstoffatoms

Für die Linie:	H_α	H_β	H_γ	H_δ	H_ε
ist die beobachtete Wellenlänge in nm:	656,279	486,133	434,047	410,174	397,008
ist die berechnete Wellenlänge in nm:	656,278	486,132	434,045	410,174	397,007

Bei den beobachteten Wellenlängen sind sechs geltende Ziffern eingetragen; wir sehen, mit welcher Exaktheit solche Messungen ausgeführt werden können.

Man erkennt bei der Darstellung in *Abb. 498.1* sehr gut, wie die einzelnen Serien des Wasserstoffspektrums den Termen zugeordnet sind.

2. Das *Bohrsche* Atommodell

Wir wollen dieses Termschema zunächst energetisch erklären. Ehe ein Wasserstoffatom Energie in Form von Licht aussenden kann, muß es Energie aufgenommen haben. In der Gasentladungsröhre, die wir bei Versuch 10 benutzten, geschieht dies durch Stöße von Elektronen auf das Füllgas. Der dänische Physiker *N. Bohr* kam 1913 als erster auf den Gedanken, daß das Elektron des

Atoms mehrere scharf bestimmte, **diskrete** Energiezustände einnehmen kann, die durch breite „verbotene" Energiebereiche getrennt sind. Man bezeichnet den tiefsten Energiezustand, den das Elektron einnehmen kann, als **Grundzustand.** Durch die Energiezufuhr von außen, zum Beispiel durch Elektronenstöße, kann das Elektron auf ein höheres Energieniveau gehoben werden. Ein derartiges Atom nennt man **angeregt.** Diese Energiezufuhr kann auch nur in gequantelter Form erfolgen, da nur solche Energieportionen aufgenommen werden können, die gleich dem Energieunterschied ΔW zweier Energieniveaus sind. Das angeregte Atom bleibt im allgemeinen eine kurze Zeit (etwa 10^{-8} s) in diesem Zustand. Dann kann es wieder in den ursprünglichen Zustand zurückkehren und die dabei freiwerdende Energie ΔW nach der Gleichung $\Delta W = hf$ als Lichtquant der Frequenz $f = \frac{\Delta W}{h}$ wieder abgeben. Es erfolgt ein **Quantensprung.** Es kann aber auch in einen dazwischenliegenden Zustand springen und entsprechend weniger Energie bei kleinerer Frequenz des abgestrahlten Quants abgeben. Wir bekommen Übereinstimmung mit den Frequenzen der beobachteten Linien, wenn wir dem n-ten Energieniveau die Energie $W_n = W_0 \frac{1}{n^2}$ zuschreiben. Dabei hat W_0 den Wert $W_0 = Rh$. Beim Übergang des Elektrons vom n_2- auf das n_1-Niveau wird dann die Energie

$$\Delta W = W_0 \left(\frac{1}{n_1^2} - \frac{1}{n_2^2} \right) \tag{499.1}$$

abgegeben. Die Frequenz der abgestrahlten Welle ist in Übereinstimmung mit *Gl. 498.1*

$$f = \frac{\Delta W}{h} = \frac{W_0}{h} \left(\frac{1}{n_1^2} - \frac{1}{n_2^2} \right) = R \left(\frac{1}{n_1^2} - \frac{1}{n_2^2} \right). \tag{499.2}$$

Also gilt

$$R = W_0/h. \tag{499.3}$$

Die Aussagen *Bohrs* beschreiben die experimentellen Beobachtungen richtig und sind fester Bestandteil der Quantentheorie. Sie erklären aber noch nicht, wie die diskreten Energieniveaus in den Atomen zustande kommen. Um auf diese Frage eine erste Antwort zu geben, entwickelte *Bohr* ein **Atommodell** auf der Grundlage des *Rutherfordschen* Modells (Seite 437). *Rutherford* hatte angenommen, daß die Coulombsche Anziehungskraft das Elektron auf Kreisbahnen zwinge. Allerdings wären dann wie bei Planeten und Satelliten beliebige Kreise oder Ellipsen mit beliebigen Energieniveaus möglich. Weil *Bohr* aber zur Erklärung des Wasserstoffspektrums diskrete Bahnen mit diskreten Energiestufen brauchte, **forderte** er, das Elektron könne nur auf den durch die Energiewerte $W_n = W_0 \frac{1}{n^2}$ ($n = 1, 2, 3, \ldots$) gekennzeichneten Bahnen umlaufen, und zwar strahlungsfrei. Diese *Bohrschen Postulate* stehen allerdings im **Widerspruch** zu allen sonstigen physikalischen Erfahrungen, insbesondere der benutzte Bahnbegriff.

Diese Widersprüche konnten erst ausgeräumt werden, als eine neue, von der klassischen Physik losgelöste und in sich geschlossene Theorie aufgestellt worden war, eben die Quantenphysik. Deren Berechnungen stehen in voller Übereinstimmung mit den gemessenen Werten und enthalten keine Widersprüche mit der Erfahrung, sondern erklären sie vollständig. Insbesondere sind die quantenphysikalischen Zustände strahlungsfrei, weil die Quantenphysik keine Elektronenbahnen in den Atomen im *Rutherfordschen* Sinne kennt. Trotzdem bleibt das Bohrsche Atommodell als geniale, für die Quantenphysik bahnbrechende Leistung unbestritten.

Im Gegensatz zu den *gebundenen* Elektronen können *freie* Elektronen *beliebige* Energiewerte annehmen. Man kann bei einer *Braunschen* Röhre die Anodenspannung kontinuierlich ändern, damit steigt auch die kinetische Energie der beschleunigten Elektronen stetig an (Seite 373).

Für $n=\infty$ ist das Elektron ganz aus dem Anziehungsbereich des Kerns entfernt, das Atom also ionisiert. Nun ist es allerdings auch möglich, daß ein ionisiertes Atom ein schnell fliegendes Elektron einfängt. Dann kommt dessen kinetische Energie, die nicht gequantelt ist, sondern kontinuierliche Werte haben kann, zur freiwerdenden Ionisierungsenergie ΔW hinzu. Jetzt kann also nach $\Delta W + W_{kin} = hf$ ein kontinuierliches Spektrum entstehen. Anschließend an die diskreten Linien des Spektrums erscheint das **Grenzkontinuum** (in *Abb. 498.1*, oberhalb 0). Das kontinuierliche Spektrum der Sonne entsteht bei einem solchen Elektroneneinfang durch Wasserstoffatome in der Fotosphäre. Wegen der besonderen Bedingungen in dieser außenliegenden Schicht entstehen dabei negativ geladene Wasserstoffionen.

Nach *Bohr* und der heutigen Quantentheorie kann das Elektron des Wasserstoffatoms nur diskrete, durch die Quantenzahlen n gekennzeichnete Energieniveaus besetzen; die Energie ist also gequantelt. Durch Energiezufuhr kann das Elektron auf höhere Energieniveaus gehoben werden. Die Abgabe der Energie ΔW bei einen Quantensprung erfolgt durch Emission eines Photons. Für seine **Frequenz** f gilt

$$\Delta W = hf.$$

Diese Gleichung erklärt zusammen mit der Energiequantelung im Atom die scharfen Spektrallinien.

Bohr postulierte allerdings bei seinen Modellvorstellungen strahlungsfreie Kreisbahnen der Elektronen im *Widerspruch* zur klassischen und zur Quantenphysik. Erst durch die Quantenphysik ist eine widerspruchsfreie Beschreibung möglich.

---

3. Die Anregung von Hg-Atomen beim *Franck-Hertz*-Versuch

Wir haben in Versuch 10 gesehen, daß Wasserstoffgas in einer Spektralröhre zum Leuchten angeregt werden kann und dabei Licht bestimmter Frequenzen aussendet. Der Versuch kann mit allen Gasen ausgeführt werden und liefert jeweils ein für das betreffende Gas typisches **Linienspektrum**, das durch die Lage der Energieniveaus in diesen Atomen bestimmt ist. Wir wollen nun in einem besonders eindrucksvollen Versuch die Quantelung der an ein Gasatom übertragenen Energie zeigen.

Versuch 11: Eine mit Hg-Dampf gefüllte Dreielektrodenröhre beschleunigt die von der Glühkathode K ausgehenden Elektronen zwischen K und dem Gitter G durch eine Beschleunigungsspannung U_b *(Abb. 500.1)*. Die durch das Gitter fliegenden Elektronen werden zwischen G und der Anode A durch eine kleine Verzögerungsspannung U_v wieder abgebremst.

Abb. 501.1 zeigt den Anodenstrom I_a in Abhängigkeit von der Beschleunigungsspannung U_b bei etwa 1,5 V Bremsspannung. Bei $U_b = 4{,}9$ V fällt die Kurve steil ab. Die Elektronen haben offensichtlich kurz vor dem Drahtgitter fast ihre ganze kinetische Energie an die Hg-Atome abgegeben und können nun nicht mehr gegen

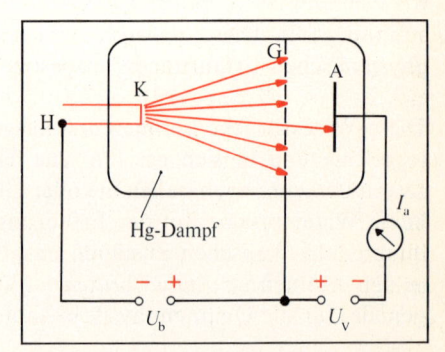

500.1 Schematischer Aufbau des *Franck-Hertz*-Versuchs. H bedeutet die Heizspannung für die Glühkathode, U_b die Beschleunigungsspannung und I_a den Anodenstrom.

die Bremsspannung ($\approx 1{,}5$ V) anlaufen. Nimmt man sinnvollerweise an, daß die Hg-Atome in der Röhre vor dem Stoß im Grundzustand waren, dann sind sie nach dem Stoß in einem angeregten Zustand. Da die Kurve vorher nicht abfällt, kann das Hg-Atom nicht von langsameren Elektronen angeregt werden. Verdoppelt man die angegebene Beschleunigungsspannung auf 9,8 V, so fällt die Kurve ein zweites Mal ab:

Die Elektronen haben schon nach der Hälfte des Weges die nötige Energie erhalten und wieder abgegeben; sie wurden aufs neue beschleunigt und verloren ihre Energie zum zweiten Mal unmittelbar vor dem Drahtgitter.

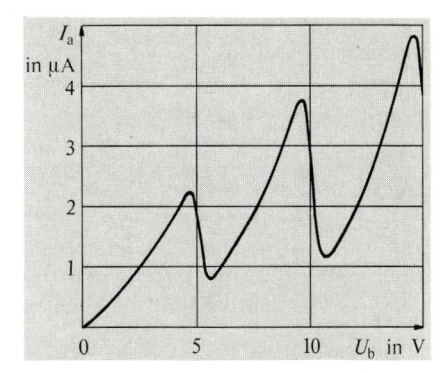

501.1 I_a als Funktion von U_b

Bei weiterer Erhöhung der Beschleunigungsspannung tritt der gefundene Spannungsabfall noch häufiger ein. (Ähnliches geschieht in der positiven Säule bei der Gasentladung und erklärt ihre Schichtung!)

Eine Energieportion von $W = 4{,}9$ eV kann also jeweils ein Hg-Atom vom Grundzustand auf das nächsthöhere Energieniveau bringen. Nach kurzer Verweilzeit gibt es in einem Quantensprung diese Energie als Lichtquant wieder ab. Nach $W = hf$ muß das emittierte Licht die Frequenz $f = 1{,}18 \cdot 10^{15}$ Hz und die Wellenlänge $\lambda = c/f = 253{,}7$ nm haben. Diese im UV-Gebiet liegende Linie haben die Physiker *Franck* und *Hertz* mit einem Quarz-Spektrometer bei ihren Versuchen 1914 auch gefunden. Andere, bei Quecksilberatomen mögliche Linien treten bei diesem Versuch nicht auf, weil Gasdruck und Zahl der Stoß-Elektronen so gewählt werden, daß jedes Elektron sofort seine Energie verliert, sobald diese den für einen „unelastischen" Stoß nötigen Wert von 4,9 eV erreicht. Damit bekommt keines der Elektronen so hohe Energiewerte, daß es eines der zahlreichen höheren Energieniveaus im Hg-Atom anregen könnte, die durch die Linien des Hg-Spektrums nachgewiesen werden.

4. Die Umkehrung der Natrium-Linie

Versuch 12: Ein evakuierter Glaskolben enthält ein Stückchen reines metallisches Natrium. Wenn wir den Kolben in den Lichtstrom einer Natriumdampflampe halten, entsteht auf einem Beobachtungsschirm eine nur schwach sichtbare Projektion des Kolbens, weil die Glaswände einen geringen Teil des Lichts reflektieren oder absorbieren. Wenn wir aber den Kolben in einem elektrischen Ofen auf 250 bis 300 °C erhitzen und damit das vorher feste Natrium verdampfen, dann erscheint der nun mit unsichtbarem Natriumdampf gefüllte Kolben als dunkle Schattenfigur gegenüber der Umgebung. Das Versuchsergebnis läßt sich durch die **Absorption** eines Großteils der von der Lampe emittierten Lichtenergie durch die Natriumdampfatome erklären, die dadurch in einen angeregten Zustand übergehen; nach kurzer Zeit kehren sie aber unter **Emission** von Photonen wieder in den Grundzustand zurück. Dabei senden sie ihre Energie als Licht gleichmäßig nach allen Raumrichtungen aus. Deshalb verteilt sich die Intensität des ursprünglich gerichteten Lichtstrahls jetzt auf den gesamten Raumbereich, was die dunkleren Stellen auf dem Beobachtungsschirm erklärt.

Die auf Seite 430 besprochenen *Fraunhoferlinien* des Sonnenlichts entstehen auf diese Weise durch Absorption in den Gasen der Sonnenoberfläche.

Tabellen-Anhang

Umrechnungstafeln

1. Krafteinheiten

		N (Newton)	dyn	kp
1 N	=	1	10^5	0,10197
1 dyn	=	10^{-5}	1	$0,10197 \cdot 10^{-5}$
1 kp	=	9,80665	$9,80665 \cdot 10^5$	1

1 kp = 1000 p   1000 kp = 1 Mp (= 1 Gewichtstonne).   1 t = 1000 kg ist Masseneinheit.

2. Druckeinheiten

		Pa = N/m²	bar	at	mm W.S.	atm	Torr
1 Pa	=	1	$1 \cdot 10^{-5}$	$1,0197 \cdot 10^{-5}$	0,10197	$0,98692 \cdot 10^{-5}$	$0,75006 \cdot 10^{-2}$
1 bar	=	$1 \cdot 10^5$	1	1,0197	$1,0197 \cdot 10^4$	0,98692	$0,75006 \cdot 10^3$
1 at	=	$0,980665 \cdot 10^5$	0,980665	1	$1,00003 \cdot 10^4$	0,96784	$0,73556 \cdot 10^3$
1 mm W.S.	=	9,8064	$0,98064 \cdot 10^{-4}$	$0,99997 \cdot 10^{-4}$	1	$0,96781 \cdot 10^{-4}$	$0,73554 \cdot 10^{-1}$
1 atm	=	$1,01325 \cdot 10^5$	1,01325	1,03323	$1,03326 \cdot 10^4$	1	760
1 Torr	=	$1,3332 \cdot 10^2$	$1,3332 \cdot 10^{-3}$	$1,3595 \cdot 10^{-3}$	13,595	$1,3158 \cdot 10^{-3}$	1

1 at = 1 kp/cm² (technische Atmosphäre).   1 bar = 10 N/cm².   1 mbar (Millibar) = 1 cN/cm²
1 mm W.S. bedeutet den Druck einer 1 mm hohen Wassersäule am Normort.
1 atm (physikalische Atmosphäre) = 760 Torr = 1,01325 bar ist der sog. Normdruck.
1 Torr bedeutet den Druck einer 1 mm hohen Quecksilbersäule am Normort.

3. Energieeinheiten

		J	erg	kWh	kpm	cal	eV
1 J	=	1	$1 \cdot 10^7$	$2,7777 \cdot 10^{-7}$	0,10197	0,23884	$0,6242 \cdot 10^{19}$
1 erg	=	$1 \cdot 10^{-7}$	1	$2,7777 \cdot 10^{-14}$	$1,0197 \cdot 10^{-8}$	$2,3884 \cdot 10^{-8}$	$0,6242 \cdot 10^{12}$
1 kWh	=	$3,6000 \cdot 10^6$	$3,6000 \cdot 10^{13}$	1	$3,6710 \cdot 10^5$	$0,8598 \cdot 10^6$	$2,247 \cdot 10^{25}$
1 kpm	=	9,80665	$9,80665 \cdot 10^7$	$2,7241 \cdot 10^{-6}$	1	2,3422	$0,6121 \cdot 10^{20}$
1 cal	=	4,1868	$4,1868 \cdot 10^7$	$1,1630 \cdot 10^{-6}$	0,42694	1	$2,613 \cdot 10^{19}$
1 eV	=	$1,602 \cdot 10^{-19}$	$1,602 \cdot 10^{-12}$	$4,45 \cdot 10^{-26}$	$1,634 \cdot 10^{-20}$	$3,826 \cdot 10^{-20}$	1

1 J (Joule) = 1 Nm (Newtonmeter);   1 erg = 1 dyn · cm;   1 kWh = 1000 W · 1 h
1 eV (= Elektronvolt) ist die kinetische Energie, die ein mit 1 Elementarladung e versehenes Teilchen nach freiem Durchlaufen der Spannung 1 Volt gewonnen hat.
1 K (Kelvin) $\triangleq 1,38 \cdot 10^{-23}$ J = $8,617 \cdot 10^{-5}$ eV (nach $W = kT$)

4. Leistungseinheiten

		W	erg/s	kpm/s	PS	cal/s
1 W	=	1	$1 \cdot 10^7$	0,10197	$1,3596 \cdot 10^{-3}$	0,23884
1 erg/s	=	10^{-7}	1	$1,0197 \cdot 10^{-8}$	$1,3596 \cdot 10^{-10}$	$2,3830 \cdot 10^{-8}$
1 kpm/s	=	9,80665	$9,80665 \cdot 10^7$	1	$1,3333 \cdot 10^{-2}$	2,3422
1 PS	=	735,5	$0,7355 \cdot 10^{10}$	75	1	$1,7573 \cdot 10^2$
1 cal/s	=	4,1868	$4,1868 \cdot 10^7$	0,42694	$0,5692 \cdot 10^{-2}$	1

1 W (Watt) = 1 Joule/s
Bis zum 31. 12. 1977 sind noch zugelassen u.a.: 1 at, 1 atm, 1 cal, 1 dyn, 1 erg, 1 Festmeter, 1 Gal für 1 cm/s², 1 kcal, 1 kp, 1 mWS, 1 mmWS, 1 mm Hg für Druck, 1 p (Pond), 1 PS, 1 Raummeter, 1 Torr.

Permeabilitätszahlen μ_r (zu Seite 368)

Gußeisen (2–4 % C)	800
Flußstahl (unter 0,1 % C)	4 000
Transformatorenblech (mit Silizium)	8 000
Mumetal (17 % Fe, 76 % Ni, 5 % Cu, 2 % Cr)	100 000
Permalloy (etwa 75 % Ni; Rest: Fe, Cu, Mo, Cr)	300 000

Brechungszahlen bei 20 °C (zu Seite 425)

Wellenlänge des Lichts	656,3 nm (rot)	486,1 nm (grün)
Kronglas	1,508	1,516
Flintglas	1,747	1,775
Diamant	2,41	2,435
Wasser	1,331	1,337
Schwefelkohlenstoff	1,618	1,652
Benzol	1,496	1,513

Radioaktive Präparate, die bei Versuchen in diesem Buch benutzt werden

Nuklid		Halbwertszeit	Aktivität SI-Einheit	Alte Einheit		Art und Energie der Strahlen	
Am 241	(Americium)	458 a	$3,7 \cdot 10^5 \, s^{-1}$	10	µCi	α 5,4 MeV; γ 0,06 MeV	S. 455
Co 60	(Kobalt)	5,3 a	$1,85 \cdot 10^6 \, s^{-1}$	50	µCi	γ 1,1 MeV und 1,33 MeV	S. 466
Na 22	(Natrium)	2,6 a	$1,85 \cdot 10^6 \, s^{-1}$	50	µCi	β 0,54 MeV; γ 0,51 MeV und 1,28 MeV	S. 455, 479
P 32	(Phosphor)	14,3 d	$9,25 \cdot 10^4 \, s^{-1}$	2,5	µCi	β 1,7 MeV	S. 466
Ra 226	(Radium)	1620 a	$7,2 \cdot 10^4 \, s^{-1}$	2	µCi	α 7,7 MeV; β 3,2 MeV; γ 2,2 MeV	S. 444, 447
Rn 220	(Thoron)	54,5 s	$3,7 \cdot 10^4 \, s^{-1}$	1	µCi	α 6,29 MeV und 5,75 MeV;	S. 449
Sr 90	(Strontium)	28 a	$1,11 \cdot 10^5 \, s^{-1}$	3	µCi	β 2,18 MeV und 0,59 MeV	S. 455

In der Tabelle ist bei β-Strahlen die maximale Energie des β-Spektrums angegeben.
Bei allen Elementen sind alle auftretenden Strahlenarten mit ihren jeweiligen Energien angegeben; außerdem ein Hinweis auf die Besprechung im Text.

Physikalische Konstanten

Gravitationskonstante	f	$= 6,670 \cdot 10^{-11} \, m^3 \, kg^{-1} \, s^{-2}$
Normfallbeschleunigung	g_n	$= 9,80665 \, ms^{-2}$
Molvolumen idealer Gase bei NB	V_0	$= 22,414 \, dm^3 \, mol^{-1}$
Absoluter Nullpunkt	T_0	$= -273,15 \, °C$
Gaskonstante	R_0	$= 8,3143 \, J \, mol^{-1} \, K^{-1}$
Physikalischer Normdruck	p_0	$= 101\,325 \, Pa = 1013,25 \, mbar$
Avogadrosche Konstante	N_A	$= 6,02252 \cdot 10^{23} \, mol^{-1}$
Vakuumlichtgeschwindigkeit	c_0	$= 2,997924562 \cdot 10^8 \, m \, s^{-1}$
Elementarladung	e	$= 1,602 \cdot 10^{-19} \, C$
Spezifische Elektronenladung	e/m_e	$= 1,7588 \cdot 10^{11} \, C/kg^{-1}$
Spezifische Protonenladung	e/m_p	$= 9,5797 \cdot 10^7 \, C/kg^{-1}$
Elektronenmasse	m_e	$= 9,109 \cdot 10^{-31} \, kg = 0,000549 \, u$
Neutronenmasse	m_n	$= 1,6748 \cdot 10^{-27} \, kg = 1,008665 \, u$
Protonenmasse	m_p	$= 1,6725 \cdot 10^{-27} \, kg = 1,007276 \, u$
Protonenmasse/Elektronenmasse	m_p/m_e	$= 1836$
atomare Masseneinheit	1 u	$= 1,660277 \cdot 10^{-27} \, kg$
Boltzmannsche Konstante	k	$= 1,381 \cdot 10^{-23} \, J \, K^{-1}$
elektrische Feldkonstante	ε_0	$= 8,85419 \cdot 10^{-12} \, F \, m^{-1}$
magnetische Feldkonstante	μ_0	$= 1,2566 \cdot 10^{-6} \, T \, m \, A^{-1} = 4\pi \cdot 10^{-7} \, H \, m^{-1}$
Faraday-Konstante	F	$= 96487 \, C \, mol^{-1}$
Plancksches Wirkungsquantum	h	$= 6,625 \cdot 10^{-34} \, J \, s$

Eigenschaften fester Stoffe

	Dichte bei 18 °C $\frac{g}{cm^3}$	Linearer Ausdehnungs-Koeff. α[5] 1/K 0,0000	Spez. Wärmekapazität $\frac{Joule}{g \cdot K}$	Spez. Widerst. ϱ bei 0 °C $\Omega\,mm^2/m$	Temp.-Koeff. β des Widerstands $R = R_0(1+\beta\vartheta)$ 1/K	Schmelzpunkt °C	Spez. Schmelzwärme $\frac{Joule}{g}$	Siedepunkt °C
Aluminium	2,70	24	0,896	0,025	0,0047	660	395	2327
Blei	11,34	29	0,129	0,193	0,0042	327,3	23	1750
Chrom	7,1	07	0,440	0,15 bis 0,4	—	1900	280	2330
Eisen, rein	7,86	12	0,450	0,088	0,0065	1535	275	2800
Germanium	5,33	—	—	10^5	—	937	—	2830
Gold	19,3	14	0,129	0,020	0,004	1063,0	64	2660
Iridium	22,4	066	0,130	0,048	0,004	2443	117	4350
Jod	4,94	83	0,22	10^{15}	—	114	125	184
Kalzium	1,55	22	0,65	0,042	0,0038	850	218	1700
Kobalt	8,8	13	0,42	0,065	0,0065	1490	263	3100
Kohlenstoff:								
Diamant	3,514	012	0,49	10^{18}	—	>3600	—	4200
Graphit	2,25	08	0,69	10^7	0,00007	>3600	—	4350
Kupfer	8,93	17	0,383	0,016	0,0043	1083	205	2582
Magnesium	1,74	26	1,01	0,043	0,0041	650	370	1120
Mangan	7,3	23	0,48	1 bis 7	$\sim 0,003$	1250	266	2087
Natrium	0,97	70	1,22	0,043	0,005	97,8	113	883
Nickel	8,8	13	0,448	0,065	0,0067	1455	300	2800
Platin	21,4	090	0,133	0,098	0,004	1769	111	4010
Schwefel								
rhombisch	2,056	64	0,715	10^{21}	—	112,8	50 ⎫	444,60
monoklin	1,96	—	0,733	10^{17}	—	118,8	42 ⎭	
Selen	4,50	37	0,32	10^{11}	—	217	67	690
Silber	10,51	20	0,235	0,015	0,004	960,5	105	2190
Silizium	2,4	08	0,703	10^{10}	—	1410	167	2600
Wolfram	19,3	04	0,134	0,049	0,0048	3380	191	5900
Zink	7,12	26	0,385	0,056	0,0041	419,5	109	910
Zinn	7,28	27	0,227	0,11	0,0046	232	61	2337
Messing[1]	$\sim 8,3$	18	0,38	0,05	0,0015	~ 920	—	—
Bronze[2]	$\sim 8,7$	18	0,38	0,18	0,0005	~ 900	—	—
Konstantan[3]	8,8	15	0,41	0,50	0,00003	—	—	—
Neusilber[4]	8,7	18	0,40	0,30	0,00035	~ 1000	—	—
Porzellan	2,3	~ 038	0,84	10^{18}	—	—	—	—
Jenaer Glas	2,6	081	0,78	10^{17}	—	—	—	—
Quarzglas	2,21	005	0,73	10^{22}	—	1710	—	—
Kochsalz								
NaCl	2,16	40	0,87	10^{21}	—	802	517	1440
Naphthalin	1,15	94	1,29	—	—	80,1	150	217,9
Rohrzucker	1,59	83	1,22	—	—	186	56	—
Hartgummi	1,20	~ 80	1,42	10^{20}	—	—	—	—

[1]) 62% Cu, 38% Zn
[2]) 84% Cu, 9% Zn, 6% Sn, 1% Pb
[3]) 60% Cu, 40% Ni
[4]) 62% Cu, 16% Ni, 22% Zn
[5]) Zwischen 0 °C und 100 °C

Flüssigkeiten

	Dichte bei 18 °C $\frac{g}{cm^3}$	Raumausdehnungskoeffizient bei 18 °C $\frac{1}{K}$	Spezifische Wärmekapazität $\frac{J}{g \cdot K}$	Schmelzpunkt °C	Siedepunkt °C
Äthylalkohol	0,790	0,00110	2,43	−114,4	78,3
Äthyläther	0,716	162	2,25	−123,4	34,6
Benzol	0,879	123	1,72	+ 5,5	80,1
Olivenöl	0,915	072	2,0	−	−
Petroleum	0,85	096	2,1	−	−
Quecksilber	13,55	0182	0,14	− 38,87	357
Wasser	0,9986	020	4,19	0,00	100

Gase

	Dichte bei 0 °C und 1013 mbar $\frac{g}{l}$	Spezifische Wärmekapazität (bei konst. Druck) $\frac{J}{g \cdot K}$	Schmelzpunkt °C	Siedepunkt bei 1013 mbar °C	Dichte als Flüssigkeit $\frac{g}{cm^3}$
Ammoniak	0,771	2,16	− 77,7	− 33,4	0,68
Chlor	3,21	0,74	−101	− 34,1	1,56
Helium	0,178	5,23	−272	−269	0,13
Kohlendioxid	1,98	0,84	− 57	− 78,5	1,56
Luft	1,293	1,005	−213	−191	−
Sauerstoff	1,43	0,92	−219	−183	1,13
Stickstoff	1,25	1,04	−210	−196	0,81
Wasserdampf bei 100 °C, 1013 mbar	0,6	2,08	−	−	0,96
Wasserstoff	0,0899	14,32	−259	−253	0,07

Vorsätze zur Bezeichnung von Vielfachen und Teilen der Einheiten

Zehnerpotenz	10^{12}	10^9	10^6	10^3	10^2	10^1	10^0	10^{-1}	10^{-2}	10^{-3}	10^{-6}	10^{-9}	10^{-12}	10^{-15}
Bezeichnung	Tera	Giga	Mega	Kilo	Hekto	Deka	−	Dezi	Centi	Milli	Mikro	Nano	Piko	Femto
Zeichen	T	G	M	k	h	da	−	d	c	m	µ	n	p	f

Beispiele: 1 µm = 10^{-6} m   1 MΩ = 10^6 Ω = 1 Megohm
1 pF = 10^{-12} F   1 GHz = 10^9 Hz

Sach- und Namenverzeichnis

Abbildungsmaßstab 127
Ablenkspannung 373
Absorptionsspektrum 502
actio-reactio 20, 276, 289
Addition von Farben 168
Adhäsion 69
Äquivalentdosis 460
Äther 362
Aggregatzustände 7, 67, 70
Akkommodation 156
Akkumulator 209, 213
Aktivität, Einheit 451
Alkoholwaage 63
Alpha-Teilchen 444, 449
Altersbestimmung 468
Amontons, Guillaume 90
Ampere 197f.
Amperesekunde 198
Amplitude 309, 312
Amplitudenmodulation 419
Analysator für Licht 431
Angriffspunkt 24
Anode 188
Anomalie des Wassers 87
Anregung 499ff.
Antenne 410, 418
Aräometer 62
Arbeit, elektrische 95, 208, 210, 231, 351ff., 361, 386
—, innere 287
—, mechanische 26ff., 30, 39, 46, 95, 277ff.
Arbeitsdiagramm 280
Archimedes 58f., 79f.
Aristoteles 247
Atmen 77
Atmosphäre 51, 71ff., 179
Atom 362
atomare Masseneinheit 441
Atombau 193
Atombombe 344, 462f.
Atomenergie 344
Atomkern 193, 437, 440
Atommasse (relative) 441
Atommodell 436
Aufladung, stat. 195
Auftrieb 57, 78, 80
Auge 155
Augenmodell 157
Ausbreitung des Lichts 128
Ausbreitungsgeschwindigkeit bei Wellen 323, 326
— elektromagnetischen Wellen 415
— sinusförmigen Längswellen 340
— Sinuswellen 330
— Wasserwellen 402
Ausbreitungsrichtung einer Welle 323, 329
Austrittsarbeit 474f.
Autoradiografie 466
Axiome, Newtonsche 276

Bäuche bei stehenden, mechanischen Wellen 335
— bei Eigenschwingungen 337
Balkenwaage 14
Ballon 78f.
Balmerserie 498
Bandgenerator 5, 184
Bar 51
Barograph 72
Barometer 71f., 80
Basis 242f.
Batterie 213
Bauch des Magnetfeldes 413
Becquerel, Henry 446
Beharrungsvermögen 248, 258f.
Bell, Graham 221
Beobachter 249, 270, 299
Bernstein 245
Beschleunigung 256ff.
Beschleunigungsarbeit 279
Beschleunigung-Zeit-Gesetz bei Sinusschwingungen 313
Beta-Teilchen 444f., 449
Beugung bei Licht 426
— bei Mikrowellen 422
— bei Wasseroberflächenwellen 399
Bewegung, beschleunigte 253ff., 264f.
—, gleichförmige 250f.
—, verzögerte 272f.
Bewegungsenergie 28, 283
Bewegungszustand 10
Bezugssystem 246f., 270, 283, 299
Bild, optisches 126, 147
—, reelles 134, 147
—, virtuelles 134, 148, 150
— bei Linsen 146ff., 150
— bei Spiegeln 133ff., 149, 151
Bildpunkt 127, 147
Bildtelegraf 376
Bildweite 127
Bildwerfer 158
Bimetallstreifen 86, 181
Bimetallthermometer 86
Bindungsenergie 458
Blattfeder 308
Blitz 5, 211, 245
Blitzableiter 5, 212
Blockkondensator 358
Bogenlampe 375
Bohrsches Atommodell 498ff.
Bowdenzug 24
Boyle-Mariotte 75, 90
Braunsche Röhre 192, 209, 369ff., 373f.
Brechkraft 152
Brechung bei Mikrowellen 422
— bei Licht 138, 425
— bei Wasseroberflächenwellen 401ff.
Brechungsgesetz 140
— für Wasserwellen 402
Brechungswinkel 139, 402

Brechungszahl 425
Bremsbewegungen 274
Bremsen 23, 52
Brennpunkt 136, 144, 145, 150
Brennweite 136, 145
Briefwaage 42
Brillen 156
Brownsche Bewegung 64, 93
Brunnen, artesische 56
Bügeleisen 181
Bürsten 391
Bugwellen 403
Bunsen, Robert Wilhelm 430

Cavendish, Henry 305
Celsius 83
Coulomb 197
Coulomb-Gesetz 359
Curie (Ci) 451

Dämpfung 309, 317
— durch Reibung 317
— bei erzwungenen Schwingungen 320
— beim Schwingkreis 410
Dampfdruck 109
Dampfmaschine 120
Dampfturbine 120
Dauermagnete 176, 202
de Broglie-Welle 489ff.
deduktives Verfahren 60, 476
Definition 40
Deklination 178
Demodulation 419
Demokrit 436
Detektor 419
determinierter Zustand 496
Destillation 108
Diagnostik 381
Diaskop 158
Dichte 15f., 48
Dielektrikum 357f.
Dielektrizitätszahl 357, 416
diffundieren 64
Dieselmotor 123
Diode 190, 240f., 374
Dipol (Hertz) 412
—, magnetischer 175
— in Wasser 416
Dispersion 425, 426
divergentes Licht 137
Doppelspalt bei Mikrowellen 422
— bei Licht 427
— bei Wasseroberflächenwellen 405
Dopplereffekt bei Licht 431
— bei Wasseroberflächenwellen 403
Dotieren 239
Dreheiseninstrument 204
Drehfrequenz 295

Drehkondensator 358
Drehmoment 40ff., 46
Drehmomentwandler 43f.
Drehspulinstrument 204
Drehwaage 305
Dreifarbendruck 171
Dreifarbentheorie 170
Dreifingerregel 200, 365, 370, 382ff.
Drosselspule 393f.
Druck 49ff., 70ff., 90
—, absoluter 73
—, hydrostatischer 53, 72, 80
Druckbauch 345
Druckmikrofon 345, 346
Drucksonde 53
Druckverteilung in Pfeifen 346
Druckwasserreaktor 465
Dunkelraum 378
Durtonleiter 322
Dynamik 20, 246, 258ff.
Dynamomaschine 29

Ebene, schiefe 36f., 80, 266f., 282
Echo 341
Echolot 341
Edison, Thomas Alva 189, 212, 221, 245
Effektivwerte 392
Ehrenhaft, Felix 362
Eigendruck 75
Eigenfrequenz 318, 320, 409, 412
Eigeninduktivität 388f., 406ff.
Eigenschwingungen 309
—, transversale 337ff.
—, harmonische 337
—, diskrete 337
—, longitudinale 345
— von Luftsäulen 345, 346
Einfallswinkel 134, 139
Einstein, Albert 457, 470
Einsteinsche Gleichung 457
Eis 87
Eispunkt 83
Ekliptik 303
elastisch 17f., 289
Elektrizität 245
Elektrizitätsleitung in Gasen 377ff.
Elektrizitätswerk 211
Elektrizitätszähler 211
Elektroden 182, 188
Elektrokardiogramm 229
Elektrolyse 188, 196
Elektrolyt-Kondensator 358
Elektromagnet 202ff., 245, 368, 389
Elektrometer 208f.
Elektromotor 205, 245, 381
Elektronen 190ff., 199, 215, 237ff., 245, 357, 364, 369ff.
Elektronenhülle 193
Elektronenbeugung 489, 491
Elektronenblitz 360
Elektronenenergie 480
Elektronengeschwindigkeit 372f.
Elektronenmasse 371f.
Elektronenstrahl 192, 369, 371ff.
Elektronenzwilling 378

Elektronik 191, 237ff.
Elektronvolt 442
Elektroskop 186, 245
Elementarladung 190, 199, 363
Elementarmagnete 175
Elementarwellen (Huygens) bei Mikrowellen 422
— bei Wasseroberflächenwellen 399ff.
— bei Licht 428
Elemente, galvanische 212f.
Ellipsenbahnen 304
Elongation 309, 313
Elongation-Zeit-Gesetz der Sinusschwingung 312
Elongation-Zeit-Diagramm einer Schwingung 310
Elster, Julius 376
Emitter 242
Empfänger 410, 419
Energie, chemische 360f.
—, elektrische 210, 281ff., 390
—, innere 93, 286ff.
—, kinetische 283
—, mechanische 28ff.
—, potentielle 283
—, thermische 95
Energiedosis 459
Energieerhaltungssatz 284ff., 386
— beim elektromagnetischen Schwingkreis 408
Energienachschub 317
Energiequantelung 481, 497
Energie bei Sinusschwingungen
— potentielle 317
— kinetische 317
Energietransport in Wellen 327, 336
Energieübertragung, elektrische 397
Energieumwandlung bei Sinusschwingungen 316, 317
Energiewirtschaft 460f.
Entstörkondensator 389
Erdbeben 342
Erdbebenwellen 323, 342
Erde 11f., 249
Erdkern 343
Erdmagnetismus 178f., 245
Erdmasse 306
Erdsatelliten 73, 306f.
Erdschluß 230
Erklären 60
Erregerfrequenz 319
Ersatzwiderstand 223, 225
Experiment 5, 60, 80

Fadenpendel, ebenes 315, 316
Fadenstrahlrohr 371
Fahrstrahl 304
Fall, freier 263
Fallbeschleunigung 264ff., 315, 318
Faraday, Michael 234, 245, 356f., 361, 385
— (F), Einheit 356
Farbe bei Licht 430
Farbenmischung, subtraktive 169
Farbfernsehen 171

Fay, Francois de Cisternay du 245
Federhärte 18
Federkonstante 18, 315
Federn 17
Federpendel 308, 314, 315
— -analogie zum Schwingkreis 407
Feder-Schwere-Pendel 308
Federstahlband, schwingendes 321
Feldbegriff 361
Feld, elektrisches 347ff., 352, 359ff., 385f.
—, homogenes 348ff., 352ff., 366f.
—, magnetisches 177ff., 386
—, radiales 348, 359
Feldkonstante, elektrische 354ff.
—, magnetische 368
Feldkraft 347, 349f.
Feldlinien, elektrische 347ff.
—, magnetische 177, 384
— -dichte 358
Feldstärke, elektrische 349ff., 352, 354, 359
Feldtheorie 362
Fernfeld 414, 417, 418
Fernleitung, elektrische 397f.
Fernpunkt 156
Fernrohre 162ff.
Fernsehen 376, 418
Fernsehröhre 370ff.
Fernsprecher 220
Fernwirkung 361
ferromagnetisch 173, 368
feste Körper 84
Fieberthermometer 84
Filmapparat 158
Fixstern 301
Flächendichte der Ladung 354, 359
Flächensatz 304
Flaschenzug 26
Fliehkraft 299
Flüssigkeiten 48ff., 70
Flüssigkeitsreibung 22, 48
Flugzeug 73, 293
Flußdichte 382ff.
—, magnetische 367ff.
Fluß, magnetischer 384ff.
Fokussierungszylinder 373f., 376
Formelzeichen 13
Fotoapparat 154
Fotodiode 241f.
Fotoeffekt 375, 472ff., 480
Fotoelektron 376f., 472ff.
Foto-Element 242
Fotostrom 375, 377
Fotowiderstand 241
Fotozelle 375, 377
Foucault, Léon 424
Franck-Hertz-Versuch 500
Franklin, Benjamin 245
Fraunhofer, Joseph von 430
— -Linien 430
Frequenz 309, 310, 392
Frühlingspunkt 303

Galilei, Galileo 80, 305
Galvani, Luigi 212, 245

Gammastrahlen 435, 446
Gangunterschied bei Mikrowellen 423
— bei Licht 427 ff.
— bei Sinuswellen 333
Gase 6 f., 67, 70 ff., 89, 287
Gasentladung 377 ff.
Gasgesetz, allgemeines 91
Gasthermometer 89
Gay-Lussac 90, 287
Gefäße, verbundene 55
Gefahren des Stroms 182 f., 212, 229 f.
Gegenkraft 20, 276, 292
gegenphasig 333
Gegenstandsweite 127
Geigerzähler 444 f.
Geitel 376
Generator 236
geozentrisch 302
Germanium 237
Geschwindigkeit 250 ff.
Geschwindigkeit-Zeit-Gesetz bei Sinusschwingung 312, 313
Gestaltelastizität 342
Getriebe 43
Gewicht, spezifisches 48
Gewichtsdruck 53
Gewichtskraft 10 ff., 14 f., 70, 259, 264 f.
Gilbert, William 245
Gitter 374
—, optisches 428 ff.
Gitterkonstante 428
Gitterspektrum 429
Gitterstrom 511
Gitterstruktur der Kristalle 435
Glasspritze 6, 71
Gleichgewicht 40, 46, 62, 80
Gleichgewichtslagen 46
—, stabile 308, 309
—, indifferente 309
—, labile 309
gleichphasig 324, 333, 404, 422, 427
Gleichrichter 191, 205, 241, 374, 393 f.
Gleichstrom 235, 394
Gleitreibung 21
Glimmentladung 378 f.
Glimmlampe 182 ff., 229 f., 370, 379
Glimmlicht, negatives 378
Glocken 338
glühelektrischer Effekt 189 f.
Glühlampe 183, 212, 245
Goebel, Heinrich 212, 245
Goethe, Johann Wolfgang von 80
Goldstein, Eugen 379
Gramm 14 f.
Gravitation 360
Gravitationskonstante 306
Gravitationskraft 305 ff.
Gray, Stephen 245
Grenzwellenlänge 480
Grenzwinkel 141
Grießkörnerversuch 348
Größen, physikalische 40
Grundfrequenz 337
Guericke, Otto von 76, 80

Haftreibung 21 f.
Halbleiter 237 ff.
Halbwertszeit 449
Hangabtrieb 37, 267
Harmonische, erste, zweite usw. 337 ff.
— bei schwingenden Luftsäulen 346
Hauptsatz der Wärmelehre 286 f.
Hebebühne 52
Hebel 24, 38 ff.
Hebelarm 38 ff.
Hebelgesetz 39, 80
Heber 77
Heisenberg, Werner 485
Heißleiter 239
Heizwert 101
heliozentrisch 302 f.
Helmholtzspule 371
Henry, Joseph 388
— (H), Einheit 388
Heronsball 74, 80
Hertz, Heinrich 415
— (Hz), Einheit 295, 309, 392
Hertz-Dipol 412
Hieron von Syrakus 59
Himmelsäquator 301
Himmelspol 301
Hintereinanderschalten 209, 224 ff.
Hittorf, Johann Wilhelm 479
Hitzdrahtinstrument 198
Hochdruckgebiet 119
Hochfrequenz 412 ff., 419
Hochspannung 396 ff.
Hochstromtrafo 397
Höhenmesser 73
Höhensonne 434
Höhenstrahlung 468
Hörbereich 322
Hörempfindung 321
Hörschwelle 343
Hookesches Gesetz 17 f., 59, 204, 280, 315
horror vacui 78
Hubarbeit 27, 278
Hubble, Edwin 431
Hufeisenmagnet 178
Hughes 221
Huygens-Prinzip bei Licht 426 ff.
— bei Mikrowellen 422
— bei Wasseroberflächenwellen 399 ff.
Hydrostatik 48 ff.

Ikonoskop 376
Imprägnieren 69
Impuls 289 ff.
Impulserhaltungssatz 291
indifferent 46 f.
Indifferenzzone 173
Induktion 381 f.
—, elektromagnetische 234 ff.
—, magnetische 367
induktive Methode 59, 476
Innertialsystem 248 f., 299
Influenz, elektrische 187, 195
—, magnetische 176
Infrarot (IR) 375, 433

Infrarot-Fotografie 433
— -Strahlung 433
— -Wellenlängen 433
Injektionsspritze 77
Inklination 179
Innenpolmaschine 236
Interferenz
— bei Licht 427 ff.
— bei Mikrowellen 422
— bei Schallwellen 405
— bei Wasseroberflächenwellen 404
— -Hyperbeln 405
— von Sinuswellen 331 ff.
Ionen 188
Ionisationsstrom 443
Ionisierung 379
Ionisierungsarbeit 377
Iris 155
Irisblende 128
Isobaren 119
Isolation 115
Isolatoren 182 f.
Isotop 440 f., 450
isotrop 324

Joule, James Prescott 27, 245
— (J), Einheit 27, 40, 95, 231, 278
Jupiter 12 f.

Kältemaschinen 113
Kältemischung 87, 107
Kalorie 100
Kamin 79
Kammerton 322
Kanalstrahlen 380
Kapazität 356 ff.
Kapillare 69
Kathode 188, 369 f., 375
Kathodenstrahlen 378 f.
Kausalgesetz 478, 485
Kausalität 277
Kausalitätsprinzip 496
Keil 36
Kelvin, Thomson William 83
— (K), Einheit 89
Kennlinie 215, 243
Keplergesetze 304
Kernenergie 463 f.
Kernfusion 457, 463
Kernkraft 457, 468
Kernkraftwerk 464 f.
Kernladung 440
Kernquerschnitt 437
Kernreaktion 452 ff.
Kernreaktor 463
Kernspaltung 461 ff., 464 ff.
Kernumwandlung 461 f.
Kettenreaktion 461 f.
Kilogramm 14 f.
Kilopond 13
Kilowattstunde 32, 211, 231
Kippspannung 374, 376
Kirchhoff, Gustav Robert 430
Kirchhoffsche Gesetze 222 f.
Klangfarbe 338, 346

Sach- und Namenverzeichnis

Klemmenspannung 227
Klingel, elektrische 181, 203, 389
Knallgaszelle 196
Knoten bei stehenden Wellen 334, 336
— der Schnelle 334, 336
— bei transversalen Eigenschwingungen 337
— des Magnetfeldes 413
Knotenebene stehender Schallwelle 345
Körperfarben 168
Körper, menschlicher 182, 229 f.
—, physikalischer 6 f., 64 ff.
Kohäsion 67 f., 92
Kollektor 242, 513
Kolumbus, Christoph 178, 245
Kommutator 206, 235
Kompaß 174, 178, 245
komplementäre Größen 494
Komplementärfarben 167
Komponente 34
Kompression 287
Kondensationskerne 119
Kondensationswärme, spezifische 110
Kondensator 210, 348, 349, 355 ff., 393 f., 406, 407
—, Entladung über Spule 406, 407
kondensieren 110
Konduktor 184 f.
Konstantan 214
Konvektion 115
konvergentes Licht 137
Koordinatengröße 309
Kopernikus, Nikolaus 302 f.
Kopfwelle 403
Kräfte, elektrische 349 ff.
—, magnetische 364 ff., 370
—, mechanische 10 ff., 19 ff., 32 ff., 246 ff., 258 ff.
Kräftegleichgewicht 19 ff., 33 f., 48, 80
Kräftemaßstab 13
Kräfteparallelogramm 34 f., 80
Kraft-Elongation-Gesetz bei Sinusschwingungen 313
Kraftgesetz für Sinusschwingungen 310
—, lineares 314, 316
Kraftmesser 11 f., 15, 21
Kraftstoß 292
Kraft-Zeit-Gesetz bei Sinusschwingungen 313
Kraftzerlegung 35
Kreisbewegung 295 ff.
—, gleichförmige 311
Kreisfrequenz 312, 314, 392
Kristalldiode 241
Kristalle 67, 237
Kühlschrank 113
Kugelrinne 308
Kugelwellen 343
Kulmination 301
Kurbel 42 f.
Kurzschluß 183, 219
Kurzwellen (KW) 73, 418

labil 46
Laborsystem 247

Ladung, elektrische 184 ff., 196 f., 207, 245, 354 f., 359
—, spezifische 371 ff.
Ladungsbild 376
Längenausdehnung 85
Längenmessung 8
Längsstörung 339 ff.
Längswelle 339 ff.
—, fortschreitende 340
— in Materie 342
—, stehende, freie 344 ff.
Lautstärke 343
Lageenergie 28, 46, 281 f.
Langwellen (LW) 418
Laplacescher Dämon 496
Laser 426 ff.
Laue, Max von 435
Leichtwasserreaktor 465
Leistung, mechanische 30 f., 231
—, elektrische 352
Leistungsgewicht 122
Leiter, elektrischer 182 f.
Leitung, elektrische 497 f.
Leitungen, elektrische 183
Lenard, Philipp 436
Lenzsches Gesetz 386 ff.
Leuchtschirm 369, 373
Leuchtstoffröhren 182, 434
Licht 375
Lichtbogen 245
Lichtelektrischer Effekt 375, 434
Lichtgeschwindigkeit 129, 415, 418, 424, 470
— im Vakuum 424
— in Materie 424, 425
Lichtmaschine 236
Lichtquant 378, 474 ff., 487
Lichtquellen 126
Lichtschranke 265
Lichtstrahl 128
Lichtwellenlängen 427 ff.
Linienspektrum 430
Linsen, optische 144, 150
Linsengleichung 151
Linsenkombinationen 152
Linsenwirkung bei Mikrowellen 422
— bei Wasserwellen 400
Lippenpfeifen, offene 346
—, gedeckte 346
Lochkamera 126
Lochsirene 321
Löcherleitung 239 f.
Lösen 68
Lösungswärme, spezifische 107
Lorentz-Kraft 370 ff., 381 f., 385
Luft 6 f., 67, 70 ff.
Luftdruck 67, 71 ff., 80, 119
Luftwiderstand 22, 29, 249, 261
Lukrez 173
Lupe 159
Lymanserie 498

Mach, Ernst 403
— -Winkel 403
Magnesia 173
Magnet 10

Magneteisensteine 173
Magnetfeld 200 ff., 234 f., 347, 364 ff., 382 ff.
—, Energie des 390
Magnetische Stromwirkung 200 ff.
Magnetismus 173 ff., 200 ff. 245
—, remanenter 202
Manometer 51, 57
Mariotte, Edmé 75
—, Gesetz von 90
Maschinen, einfache 24 ff., 43, 80
Maschinenelemente 24, 43
Masse 14 f., 259 ff., 264
Massenanziehung 305
Massendefekt 457 f.
Masseneinheit, atomare 441
Massenmessung 291
Massenmittelpunkt 45 f.
Massenpunkt 276
Massenspektrograf 438 ff.
Massenwert 441
Massenzahl 440
Maßgleichheit 11
Materialkonstante 16
Materiewelle 489
Maxwell, James Clerc 415, 416
Maxwellsches Rad 308
Mechanik 5 ff., 80
— Grundgleichungen 258 ff.
Megawatt 30
Membran 338
Meridian 301
Meson 468
Meßbereich 223, 226
Messen 7 f., 11 f.
Meßgenauigkeit 9
Meßgeräte 7 f.
Meßinstrumente 393 f.
—, elektrische 204
Meßverstärker 351
Meßwandler 394
Meßzylinder 6
Meter 8
Mikro 356
Mikrofon 220, 345, 419
Mikrofotokathode 376
Mikrometerschraube 8
Mikroobjekt 488
Mikroskop 160
Mikrowellen 420 ff.
Milliampere 198
Millibar 51, 91, 119
Millikan-Versuch 362 f.
Mischstrom 394
Mißweisung 178
Mittelwellen (MW) 418
Modell 66 f., 276
Modellvorstellung 436
Moderator 453, 464
Modulation 419
Mol 441
Molekularkräfte 66 ff., 93
Molekül 64 ff., 70, 74 f., 287
Molekülbewegung 93
Momentanbeschleunigung 256
Momentangeschwindigkeit 252 f.

510 Sach- und Namenverzeichnis

Momentangleichgewicht 40f.
Momentaufnahme einer Welle 329
Mond 12f.
Mondfinsternisse 131
Mondrakete 293
Mondphasen 130
Motoren 367, 389

Nachrichtensatellit 307
Nahpunkt 156
nano 356
NASA 293
Natriumlinie, Umkehrung der 501
Natur 5
Naturgesetze 7, 18f., 80
Nebelkammer 443
Neigung 37
Neigungsgewichtswaage 42
Neonröhren 182
Netzanschlußgerät 396
Netzgeräte 180f.
Netzhaut 155
Neutralisation 186f., 195
Neutron 440, 453ff., 456, 464
—, thermisches 453
Newton, Isaac 12ff., 245f., 258f., 306
Newton-Meter 27
Nichtleiter 182ff., 357
Niederfrequenz (NF) 419
Nonius 8
Nordlicht 73
Normalbedingungen 91
Nordpol 173, 201
Normalkraft 37, 267
Normdruck 72
Nukleon 440, 456
Nukleonenzahl 441
Nuklid 449, 451, 465
Nulleffekt 447
Null-Leiter 229
Nußknacker 41

Oberflächenspannung 68f.
Objektivierbarkeit 496
Ökologie 467
Objektiv 154
Ölfleck-Versuch 65
Öltröpfchen-Versuch 363
Oersted, Hans Christian 200, 212, 234, 245
Ohm, Georg Simon 216
Ohmsches Gesetz 215ff.
Optik 126
—, geometrische 128
Optische Instrumente 159, 162
Optische Scheibe 133
Oszillograf 209
Ottomotor 121
Oktav 322

Paarbildung 478
Parabolspiegel 136
Papierfolien-Kondensator 358
Parabelbahn 271

Parallelschaltung 181, 210, 223
Parkbahn 307
Parkhausmodell 238
Pascal 51
Pendel 285, 288, 294
Periodendauer 309, 382
— der Sinusschwingung 314
— des Federschwerependels 315
— des Fadenpendels 316
— beim elektromagnetischen
    Schwingkreis 408
Permeabilitätszahl 368
perpetuum mobile 287, 386
Pferdestärke 31
Phase 229
Phasendifferenz bei mechanischen
    Wellen 333
Phasenunterschied in einer Welle 329
Phasenverschiebung bei Resonanz 319
— zwischen Strom und Spannung 406, 407
Phasenwinkel 312, 392
Phon 343
Photon 464ff., 486ff.
Photonenenergie 481
Photonenimpuls 477f.
Photonenlokalisation 481f., 488
Physik 5, 277
Planck, Max 475
Planeten 303
plastisch 17
Platte, planparallele 142
Plattenkondensator 335ff., 348ff., 353
Plattenspieler 310
Pleuelstange 42
Plutonium 455, 462
pico 356
pn-Übergang 240
Polarisation bei Mikrowellen 421
— bei Lichtwellen 431, 432
— bei Längswellen 339
— bei Querwellen 331
—, elektrische 357f.
Polarisationsfilter 431
Polarstern 301
Pole, elektrische 180, 229
—, magnetische 173ff., 201
Polhöhe 301
Polsuchlampe 229
Positron 455, 479
Potential, elektrisches 509
Potentiometer 227
Potentiometerschaltung 509
Presse, hydraulische 52
Preßluft 75
Prisma, optisches 140
—, totalreflektierendes 140
Prismenfernglas 163
Probeladung 347ff.
proportional 18
Proton 440, 456
Prüfspule 411
Prüfstrom 366f.
PS 31
Ptolomäus 302, 304
Pumpen 76f.

Qualitätsfaktor 460
Quecksilber 69
Querstörung 325
Querwelle, mechanische 326
—, sinusförmige 329
—, stehende 334
— im festen Körper 342

Rachitis 434
Radar 418
Radioaktivität, künstliche 454ff.
—, natürliche 443ff.
Radiowellen 418
Radium 444ff., 450, 453
Radlinie 247
Raketen 292f.
Randbedingung 337
Raumfahrt 306f.
Raumladung 510
Reflexion bei elektromagnetischen
    Wellen 414
— bei Mikrowellen 421
— bei Wasseroberflächenwellen 401
Reflexion des Lichts an gekrümmten
    Spiegeln 135
— — am ebenen Spiegel 133
Reflexion einer Welle 327
— am festen Ende 327
— am losen Ende 328
— einer Schallwelle 341, 344
Reflexionsgesetz 134
Reflexionswinkel 134, 401
Regel, goldene 80
Regelschaltung 244
Regenbogen 166
Reibung 21f., 249, 267, 274
Reibungsarbeit 28, 103, 278
Reibungselektrizität 194
Reichweite 450f.
Reihenschaltung 209, 224ff.
Reis, Phillip 221
Reizschwelle 343
Reizstromtherapie 389
Rekombinieren 377
Relais 203
Relativitätstheorie 470
Resonanz 319, 320
— beim Schwingkreis 409, 420
Resonanzkatastrophe 320
Resonanzkurve 319, 409
Resultierende 33f., 261
Rezipient 76
Richtgröße 280, 314, 315
Ringentladung, elektrodenlose 385
Röhrentriode 410
Röntgen, Wilhelm Conrad 380
Röntgenröhre 380, 396
Röntgenspektrum 480
Röntgenstrahlen 376f., 380, 435
—, Welleneigenschaft 435
Rollen 25
Rollreibung 22
Rotverschiebung 431
Rückkopplung 410
Rückstellkraft 21, 204, 309, 313, 314
Ruhemasse 470

Sach- und Namenverzeichnis 511

Rundfunkempfang 410, 418ff.
Rutherford, Ernest 437
— -Streuversuch 437
— -Kernumwandlung 452
Rydbergkonstante 498

Sättigungsstrom 375, 443
Säule, positive 378f.
Sammellinsen 144
Saite 308, 338
Satellit 29, 73, 248, 306ff.
Saturn V 293
Saugen 77f.
Schärfentiefe 154
Schall 321
Schallerreger 321
Schallfortpflanzung 321
Schallgeschwindigkeit in Luft 341, 345
— in verschiedenen Stoffen (Anhang)
— anhand stehender Welle 345
Schallintensität 343
Schall-Leistung 343
Schallmauer 403
Schallstärke 343
Schallwellen 323
Schalter 180f., 226
Schaltskizze 180
Schatten 130
Schaukel 308
Scheibenbremse 23
Scheinwerfer 137
Scheitelwerte 392
Schichtwiderstand 220
Schiebewiderstand 219f.
Schieblehre 8f.
Schlag, elektrischer 229
Schleifringe 391
Schleusen 56
Schmelzpunkt 105
Schmelzwärme, spezifische 106
Schmerzschwelle 343
Schneide 346
Schnelle 326
— der Teilchen in Längswelle 340
Schnellebauch 334, 336
Schnelleknoten 345
Schraube 37
Schraubenlinien-Modell 331
Schreibprojektor 159
Schreibstimmgabel 310
Schrödingergleichung 490
Schub 293
Schutzkontakt 230
Schweben 61
Schwerefeld, homogenes 278
Schwerpunkt 45f., 80
Schwimmen 61f., 80, 293
Schwingkreis, elektromagn. 406ff.
—, geschlossener 406
—, offener 412
Schwingungen, elektromagn. 406ff.
—, erzwungene 409
—, ungedämpfte durch Rückkopplung 410
Schwingungen, mechanische 308ff.
—, freie 309

Schwingungen, harmonische 311, 314
—, erzwungene 318, 320
Sehen, farbiges 170
Sehweite, deutliche 156
Sehwinkel 157
Seilmaschinen 24f.
Selbstinduktion 387ff., 395
Senderöhre 419
Senkwaage 62
Sexte 322
Sicherungen 198, 204
Siedepunkt 83, 107
Siedewasserreaktor 465
Siemens, Werner von 245
Silizium 237
Sinuskurve 310
Sinusschwingung 310, 311
Sinuswelle, elektromagnetische 414
—, longitudinale 339, 340
—, transversale 329
Sirene 321
Skalare 13, 51
Skylab 307
Soddy-Fajans-Gesetz 449
Solarzellen 242
Sonnenbatterie 242
Sonnenenergie 30
Sonnenfinsternisse 130
Sonnenstrahlung 101
Sonnentag 302
Sonnenwind 73
Spaltbeugung 483, 492
Spannarbeit 280
Spannung 388
—, elastische 326
—, elektrische 207ff., 245, 351ff.
—, induzierte 382ff., 388
Spannungsenergie 28, 283
Spannungsmesser 209, 217, 226, 228
Spannungsquellen 208ff., 212
Spannungsteiler 227, 396
Spektralanalyse 430
Spektraltafel, nach 432
Spektroskop 430
Spektrum 164ff.
—, kontinuierliches 429
Sperrstrom 240
Spiegelbild 133
Spiegelgalvanometer 205
Spiegelteleskope 162
Spindel 63
Spinthariskop 446
Spritzflasche 74
Spülmittel 69
Spule 201, 366ff., 388, 393f., 395f.
— im Schwingkreis 406
stabil 46, 62
Stäbe, querschwingende 338
Stange 24
Starkstromtechnik 391ff.
Startfenster 307
statistische Streuung 438
Statik 20, 48f., 80, 246
Staubfiguren 250
Staumauer 55
Steckdose 229

stehende Wellen 334ff.
— — durch Reflexion 335
stehende Schallwelle durch Reflexion 344
Steighöhe 274
Steigzeit 274
Steilheit 512
Stempeldruck 49ff.
Sternbilder 301, 303
Sterntag 302
Stevin, Simon 80
Stimmgabeln 320
Stimmung, reine 322
Störungen, mechanische 325ff.
Stoß 289, 294ff.
Stoßionisation 377
Strahlen, kosmische 468
Strahlen, radioaktive 378
Strahlenbelastung 458
Strahlendosis 459f.
Strahlengang 135, 138, 142, 144, 150
Strahlenschäden 459f.
Strahlenschutz 459, 467
Strahltriebwerk 124
Strahlungsgürtel 73
Stratosphäre 119
Streuung des Lichts 126
Strom, elektrischer 179ff., 184, 197, 200ff., 207, 245
Stromkreis 179ff.
—, unverzweigt 224
—, verzweigt 222
Strommesser 199, 223, 228
Stromquelle 180, 190, 211ff.
Stromrichtung 189, 191, 370
Stromstärke 197f., 214, 229, 370
Sublimieren 112

Taschenlampe 180f., 209ff., 212f., 228
Tauchsieder 208, 352
Technik 80
Teilchenbeschleuniger 451f.
Teilspannung 225
Telefon 221
Temperatur 81ff.
Tesla 367, 384
Theorie, physikalische 495
Therapie 381
Thermometer 81, 86, 89
Thermosäule 433
Thermostat 86, 181
Thomson-Gleichung 408
Thoron 449
Tiefdruckgebiet 119
Tierkreis 302f.
Ton 321, 338
Tonfilm 376
Tonfrequenz 419
Tonfrequenzgenerator 322
Tonhöhe 322, 338
Tonintervall, musikalisches 322
Tonne 14
Torsionswellenmaschine 325
Torr 72
Torricelli, Evangelista 72, 80

Sach- und Namenverzeichnis

Totalreflexion 140
Totpunkt 42
Trägheitssatz 247f., 255, 259, 262, 276, 298
Trägheit der Wellenteilchen 309
Trafo 395
Tragflächen 293
Transformator 236, 394ff.
Transistor 242ff., 410, 419
Transuran 455
Transversalität bei elektromagnetischen Wellen 417, 421
— bei Lichtwellen 431, 432
Transversalwellen 326
—, elektromagnetische 415
Treibriemen 43
Trennschärfe 410
Triode 384
Tröpfchenmodell 456f.
Trommelbremse 23
Troposphäre 119
Türen 43
Türöffner, elektrisch 203
Turbinen 29, 31

U-Boot 61
Überblasen 346
Überdruck 73
— in Längswellen 339ff.
Überführungsarbeit 351f.
Überlagerung bei Wellen 331ff.
—, gleichphasige bei Sinuswellen 333
—, gegenphasige bei Sinuswellen 333
Uhrpendel 308
Ultrakurzwellen (UKW) 418
Ultraschall 322
Ultraviolett (UV) 375, 434
— -Filter 434
—, chemische Wirkungen 434
U-Manometer 57
Umkehrpunkt 309
Umlaufdauer 295
Umspannen 396f.
Umweg-Röhre 379
Umwelt 80
Umweltprobleme 447
Umweltschutz 120, 398
Unbestimmtheitsrelation 485f., 492ff.
unelastisch 294
Unterdruck 73, 78
—, in Längswelle 339ff.
Uranbombe 462
Urkilogramm 14
Urspannung 228

Vakuum 71ff., 78, 177
Vakuum-Röhren 374f.
Vektoraddition 268ff.
Vektorgrößen 13, 19, 51, 250f., 268ff.
Vektorsumme 234
Verbrennungswärme 101
Verbundsysteme 397f.
Verdampfungswärme, spezifische 110
Verdunsten 64

Verdunstungskälte 111
Verschiebungsgesetz, radioaktives 449
Verschiebungspolarisation 357
Verschiebungsstrom 416
Verstärkung 244
Vierfarbendruck 171
Viertaktmotor 121
Volt 208
Volta-Element 212, 245
Voltsekunde 384
Vorwiderstand 226

Waagen 14f., 42, 80
Wärme 28ff., 94, 286ff.
Wärmeausbreitung 114
Wärmeausdehnung 82
Wärmebewegung der Moleküle 93
Wärmekapazität, spezifische 96, 99
Wärmeleitung 114
Wärmemenge 94f.
Wärmemüll 287
Wärmequellen 101
Wärmestrahlen 375
Wärmestrahlung 116
Wärmeabschirmung 352
Wahrscheinlichkeit 496
Wahrscheinlichkeitsdichte 482, 487, 490
Wahrscheinlichkeitsgesetze 468, 482, 488
Wahrscheinlichkeitswelle 490
Walchenseewerk 31
Wankelmotor 123
Waschmittel 69
Wasser 69
Wasserkraftwerke 31
Wasserleitung 56, 80
Wasseroberflächenwellen 323, 324, 399, 405
Wasser, schweres 441
Wasserstoffbombe 463
Wasserstoffspektrum 497
Wasserstrahlpumpe 70
Wasserwellen 323
Watt, James 30
— (W), Einheit 30, 231
Weber 384
Wechselschaltung 181
Wechselspannung 209, 235f., 374, 391ff.
Wechselstrom 191, 205, 393f.
Wechselwirkung 276
Weglänge, freie 378
Wehnelröhre 371
Wehneltzylinder 376
Weicheisen 176
Weidezaun, elektrischer 389
Wellen, elektromagnetische 414ff.
—, —, fortschreitende 417
—, —, stehende 414, 415
Wellen, mechanische 323
Wellenbereiche 418
Wellenberg 326
Wellenfelder 399
Wellenfront 323, 400

Wellenlänge 329, 330
— bei elektromagnetischen Wellen 414ff., 418
— bei Mikrowellen 421
— bei Lichtwellen 427ff.
— bei Farbe 430
— bei UV 434
Wellennormale 401
Wellental 328
Wellenwanne 323, 324, 336
Wellrad 43
Wendekreis 303
Wetter 72
Wetterkarte 119
Wichte 48, 62, 70
Widerstand, elektrischer 194, 215ff.
—, induktiver 393f.
—, spezifischer 218f.
Widerstandsthermometer 217
Wienscher Filter 439
Wilson-Kammer 444
Wind 119
Windungsdichte 368
Winkelgeschwindigkeit 311, 392
Wirkungsgrad 102, 120
Wirkungslinie 41f.
Wirkungsquantum 463ff.
Wolken 119
Wurfbewegungen 269ff.

X-Strahlen 380

Young, Thomas 432

Zählrate 447f.
Zählrohr 445, 447ff.
Zahnradgetriebe 44
Zange 41
Zeilensprungverfahren 376
Zeitlupe 158
Zenit 301
Zentimeterwellen 420ff.
—, stehende 421
— -Reflexion 421
— -Polarisation 421
Zenti-Newton 13
Zentrifugalkraft 299f.
Zentripetalbeschleunigung 296ff.
Zentripetalkraft 298f.
Zerfallsreihen 450
Zerlegung der Kraft 35
Zerstrahlung 478
Zerstreuungslinsen 150
Zerstreuungskreis 147
Zirkumpolarsterne 301
Zündanlage 236
Zungenfrequenzmesser 320
Zustandsformen 7, 66ff., 70, 81, 104
Zustandsgleichung 90
Zwangsfrequenz 318, 320, 409
Zweitaktmotor 122
Zykloide 247

Chen
 1 maq HI a 100 ml   pH?

a.) H_2O

Silke
Wendlingen
83831
Freunden aus Mo